완쓸 개념

공통수학 2

발행일	2025년 4월 18일
펴낸곳	메가스터디(주)
펴낸이	손은진
개발 책임	배경윤
개발	김민, 신상희, 오성한, 김건지, 성기은, 위주영
디자인	주희연, 윤재경, (주)에딩크
마케팅	엄재욱, 김세정
제작	이성재, 장병미
주소	서울시 서초구 효령로 304(서초동) 국제전자센터 24층
대표전화	1661.5431(내용 문의 02-6984-6901 / 구입 문의 02-6984-6868,9)
홈페이지	http://www.megastudybooks.com
출판사 신고 번호	제 2015-000159호
출간제안/원고투고	메가스터디북스 홈페이지 <투고 문의>에 등록

메가스터디BOOKS

'메가스터디북스'는 메가스터디㈜의 교육, 학습 전문 출판 브랜드입니다.
초중고 참고서는 물론, 어린이/청소년 교양서, 성인 학습서까지 다양한 도서를 출간하고 있습니다.

완벽한 개념 학습!
내신 만점과 수능 대비를 한번에!

수학이 쉬워지는 완벽한 솔루션

완쏠 개념

공통수학 2

저자 | 박윤근, 기승현, 김한결, 박민규, 박진희, 서지완, 정주식, 최승호

메가스터디 BOOKS

수학이 쉬워지는 완벽한 솔루션
완쏠

이 책의 짜임새

1 소단원별 개념 이해 및 적용 학습

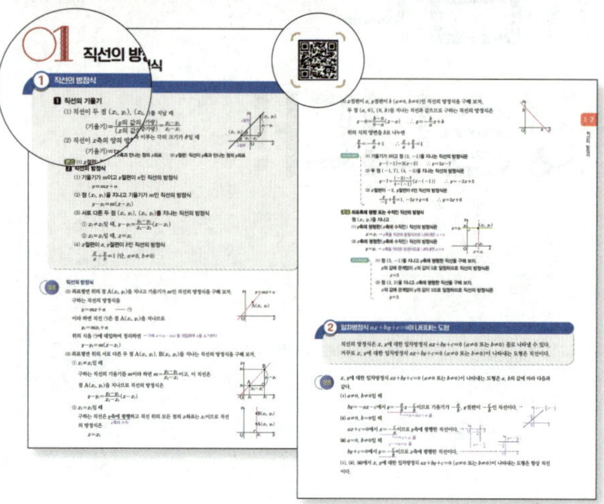

개념 정리

개념을 체계적으로 정리하고, example 을 이용하여 이해와 적용이 쉽도록 설명하였습니다.

* QR코드: 교과서 개념에서부터 실전 활용 개념까지, 더 자세한 개념 설명을 추가로 확인할 수 있습니다.

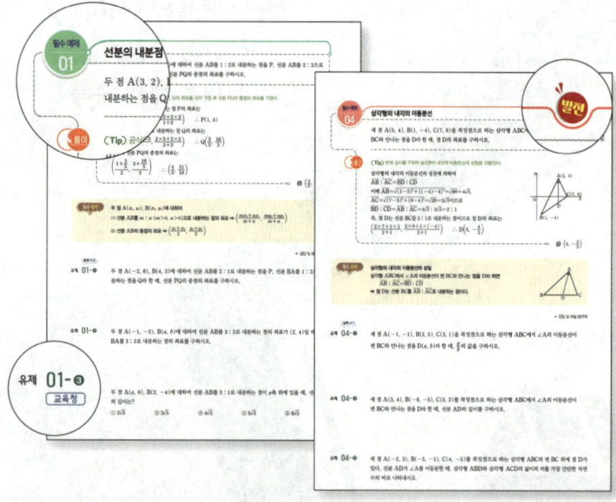

필수 예제 / 유제

개념 이해를 위해 반드시 필요한 문제와 시험에 자주 출제되는 유형의 문제만을 모아 다양한 유제와 함께 구성하였습니다.

* 발전: 필수 예제 중 어려운 예제는 '발전'으로 표시하였습니다.

* 필수 공략: 문제를 해결하기 위한 핵심 개념과 원리를 확인할 수 있습니다.

* 수능, 평가원, 교육청 기출문제를 제시하여 수능 및 모의고사까지 대비할 수 있게 하였습니다.

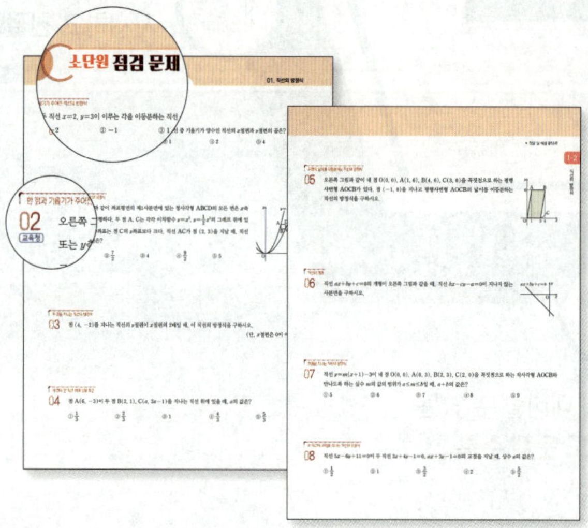

소단원 점검 문제

개념 정리 및 필수 예제/유제를 통해 학습한 내용을 스스로 확인할 수 있도록 소단원 점검 문제를 구성하였습니다.

* 수능, 평가원, 교육청 기출문제를 제시하여 수능 및 모의고사까지 대비할 수 있게 하였습니다.

메가스터디 완쏠 개념은 고등수학의 완벽한 솔루션을 제시하는 기본 개념서로서,
고등학교 수학을 처음 접하는 학생도, 내신 만점을 목표로 하는 학생도 모두가 쉽게 학습할 수 있습니다.

2 중단원별 실전 학습

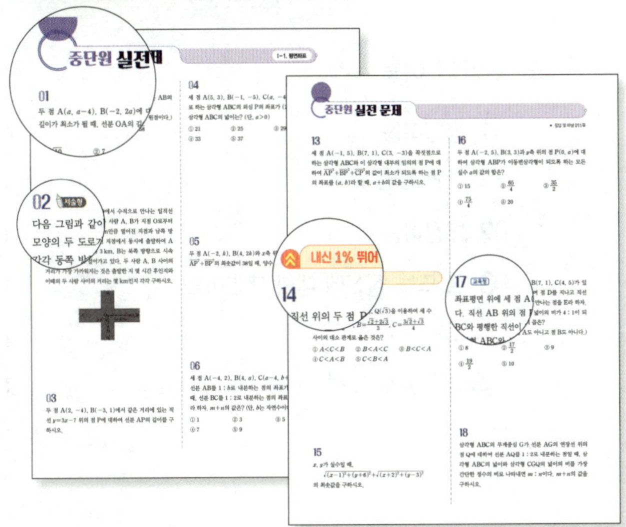

중단원 실전 문제

학교 시험 출제율이 높은 문제를 수록하여 중단원 내용을
한번에 학습할 수 있도록 구성하였습니다.

★ 내신 1% 뛰어 넘기

학교 시험에 출제된 문제 중 까다로운 문제만을 모아 구성
하였습니다.

★ 수능 , 평가원 , 교육청 기출문제와 자주 출제되는
서술형 문제를 풀어 보며 실전 감각을 높일 수 있습니다.

3 완쏠 개념만의 특별 코너

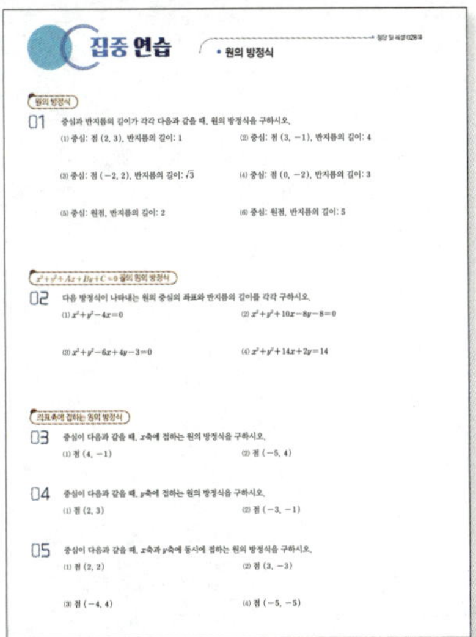

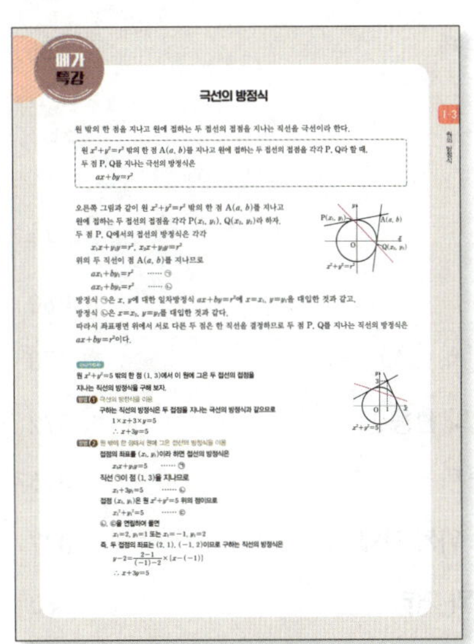

집중 연습

기본 개념과 공식이 익숙해질 수 있도록
하는 반복 연습 문제로 구성하였습니다.

메가 특강

교과서에서는 다루지 않지만 실전에 필
요한 개념이나 문제를 쉽게 해결할 수
있도록 하는 내용으로 구성하였습니다.

이 책의 차례

I 도형의 방정식

 # 집합과 명제

 # 함수

 2022 개정 교육과정 수학과 계통도 – 공통수학2

영역		수와 연산	변화와 관계	도형과 측정	자료와 가능성
중학교	중1	• 소인수분해 • 정수와 유리수	• 문자의 사용과 식 • 일차방정식 • 좌표평면과 그래프	• 기본 도형 • 작도와 합동 • 평면도형의 성질 • 입체도형의 성질	• 대푯값 • 도수분포표와 상대도수
	중2	• 유리수와 순환소수	• 식의 계산 • 일차부등식 • 연립일차방정식 • 일차함수와 그 그래프 • 일차함수와 일차방정식의 관계	• 삼각형과 사각형의 성질 • 도형의 닮음 • 피타고라스 정리	• 경우의 수와 확률
	중3	• 제곱근과 실수	• 다항식의 곱셈과 인수분해 • 이차방정식 • 이차함수와 그 그래프	• 삼각비 • 원의 성질	• 산포도 • 상자그림과 산점도

영역		수와 연산	변화와 관계	도형과 측정	자료와 가능성
고등학교	공통수학1	• 행렬과 그 연산	• 다항식의 연산 • 나머지정리 • 인수분해 • 복소수와 이차방정식 • 이차방정식과 이차함수 • 여러 가지 방정식과 부등식		• 합의 법칙과 곱의 법칙 • 순열과 조합
	공통수학2	• 집합 • 명제	• 평면좌표 • 직선의 방정식 • 원의 방정식 • 도형의 이동 • 함수 • 유리함수와 무리함수		
	대수	• 등차수열과 등비수열 • 수열의 합 • 수학적 귀납법	• 지수와 로그 • 지수함수와 로그함수 • 삼각함수 • 사인법칙과 코사인법칙		
	미적분 I		• 함수의 극한 • 함수의 연속 • 미분계수 • 도함수 • 도함수의 활용 • 부정적분 • 정적분 • 정적분의 활용		
	확률과 통계				• 순열과 조합 • 이항정리 • 확률의 개념과 활용 • 조건부확률 • 확률분포 • 통계적 추정
	미적분 II		• 수열의 극한 • 급수 • 여러 가지 함수의 미분 • 여러 가지 미분법 • 도함수의 활용 • 여러 가지 함수의 적분법 • 정적분의 활용		
	기하			• 이차곡선 • 공간도형 • 공간좌표 • 벡터의 연산 • 벡터의 성분과 내적 • 도형의 방정식	

Ⅱ-1

평면좌표

두 점 사이의 거리

1 두 점 사이의 거리

❶ 수직선 위의 두 점 사이의 거리

(1) 수직선 위의 두 점 $A(x_1)$, $B(x_2)$ 사이의 거리는
$$\overline{AB}=|x_2-x_1|=|x_1-x_2| \rightarrow |x_1-x_2|\text{는 } |x_2-x_1|\text{과 같은 값이므로 빼는 방향은 어느 쪽이든 상관없다.}$$

(2) 수직선 위의 원점 $O(0)$과 점 $A(x_1)$ 사이의 거리는
$$\overline{OA}=|x_1|$$

❷ 좌표평면 위의 두 점 사이의 거리

(1) 좌표평면 위의 두 점 $A(x_1,\ y_1)$, $B(x_2,\ y_2)$ 사이의 거리는
$$\overline{AB}=\sqrt{(x_2-x_1)^2+(y_2-y_1)^2}=\sqrt{(x_1-x_2)^2+(y_1-y_2)^2} \rightarrow \text{빼는 방향은 어느 쪽이든 상관없다.}$$
$$\underset{x\text{좌표의 차}}{} \qquad \underset{y\text{좌표의 차}}{}$$

(2) 좌표평면 위의 원점 $O(0,\ 0)$과 점 $A(x_1,\ y_1)$ 사이의 거리는
$$\overline{OA}=\sqrt{x_1^2+y_1^2}$$

 **수직선 위의 두 점 사이의 거리**

수직선 위의 두 점 $A(x_1)$, $B(x_2)$ 사이의 거리 $\overline{AB}$는

$x_1 \le x_2$일 때, $\overline{AB}=x_2-x_1$

$x_1 > x_2$일 때, $\overline{AB}=x_1-x_2$

$\therefore \overline{AB}=|x_2-x_1| \rightarrow |x_2-x_1|=|x_1-x_2|$

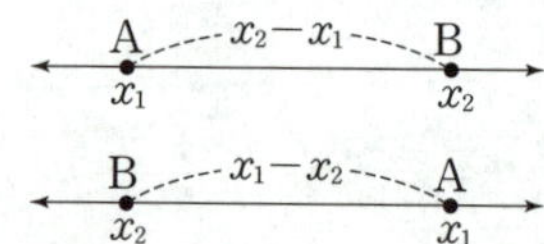

즉, 수직선 위의 두 점 사이의 거리는 오른쪽 점의 좌표에서 왼쪽 점의 좌표를 뺀 것과 같다.

> **example** 수직선 위의 두 점 A, B 사이의 거리를 구해 보자.
> (1) 수직선 위의 두 점 $A(3)$, $B(6)$ 사이의 거리는
> $$\overline{AB}=|6-3|=3$$
> (2) 수직선 위의 두 점 $A(-2)$, $B(4)$ 사이의 거리는
> $$\overline{AB}=|4-(-2)|=6$$

좌표평면 위의 두 점 사이의 거리

오른쪽 그림과 같이 두 점 $A(x_1,\ y_1)$, $B(x_2,\ y_2)$에서 각각 x축, y축에 평행한 직선을 그으면 두 직선의 교점은 점 $C(x_2,\ y_1)$이고

$$\overline{AC}=|x_2-x_1|,\ \overline{BC}=|y_2-y_1|$$

삼각형 ABC는 직각삼각형이므로 피타고라스 정리에 의하여

$$\overline{AB}^2=\overline{AC}^2+\overline{BC}^2$$
$$=|x_2-x_1|^2+|y_2-y_1|^2$$
$$=(x_2-x_1)^2+(y_2-y_1)^2$$
$$\therefore \overline{AB}=\sqrt{(x_2-x_1)^2+(y_2-y_1)^2} \rightarrow \sqrt{(x_2-x_1)^2+(y_2-y_1)^2}=\sqrt{(x_1-x_2)^2+(y_1-y_2)^2}$$

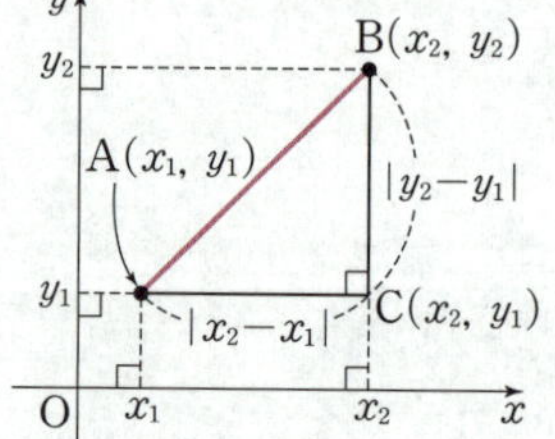

> **example** 좌표평면 위의 두 점 A, B 사이의 거리를 구해 보자.
> (1) 좌표평면 위의 두 점 $A(2,\ -1)$, $B(3,\ 4)$ 사이의 거리는
> $$\overline{AB}=\sqrt{(3-2)^2+\{4-(-1)\}^2}=\sqrt{26}$$
> (2) 좌표평면 위의 두 점 $A(4,\ 5)$, $B(-1,\ 7)$ 사이의 거리는
> $$\overline{AB}=\sqrt{\{(-1)-4\}^2+(7-5)^2}=\sqrt{29}$$

필수 예제 01 두 점 사이의 거리

다음 물음에 답하시오.

(1) 두 점 $A(-3, 0)$, $B(a, 1)$ 사이의 거리가 $5\sqrt{2}$일 때, 양수 a의 값을 구하시오.

(2) 두 점 $O(0, 0)$, $A(a, a+1)$ 사이의 거리가 $\sqrt{5}$일 때, 양수 a의 값을 구하시오.

풀이 **(Tip)** 두 점 $A(x_1, y_1)$, $B(x_2, y_2)$ 사이의 거리 공식 $\overline{AB}=\sqrt{(x_2-x_1)^2+(y_2-y_1)^2}$을 이용한다.

(1) $\overline{AB}=5\sqrt{2}$이므로

$$\sqrt{\{a-(-3)\}^2+(1-0)^2}=5\sqrt{2}$$

위의 식의 양변을 제곱하면

$$(a+3)^2+1=50$$

$$a^2+6a-40=0, \ (a+10)(a-4)=0$$

$$\therefore a=4 \ (\because a>0)$$

$(a+3)^2=49$, $a+3=\pm 7$
$\therefore a=4 \ (\because a>0)$
이와 같이 풀어도 된다.

(2) $\overline{OA}=\sqrt{5}$이므로

$$\sqrt{a^2+(a+1)^2}=\sqrt{5}$$

위의 식의 양변을 제곱하면

$$a^2+(a+1)^2=5, \ 2a^2+2a-4=0$$

$$a^2+a-2=0, \ (a+2)(a-1)=0$$

$$\therefore a=1 \ (\because a>0)$$

답 (1) 4 (2) 1

필수 공략

(1) 수직선 위의 두 점 $A(x_1)$, $B(x_2)$ 사이의 거리

➡ $\overline{AB}=|x_2-x_1|=|x_1-x_2|$

(2) 좌표평면 위의 두 점 $A(x_1, y_1)$, $B(x_2, y_2)$ 사이의 거리

➡ $\overline{AB}=\sqrt{(x_2-x_1)^2+(y_2-y_1)^2}=\sqrt{(x_1-x_2)^2+(y_1-y_2)^2}$

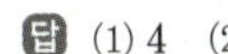

• 정답 및 해설 002쪽

유제 01-① 다음 물음에 답하시오.

(1) 두 점 $A(a, 3)$, $B(-2, 1)$ 사이의 거리가 $2\sqrt{10}$일 때, 모든 a의 값의 합을 구하시오.

(2) 두 점 $O(0, 0)$, $A(a, -a+2)$ 사이의 거리가 10일 때, 모든 a의 값의 합을 구하시오.

유제 01-② 세 점 $A(1, 2)$, $B(4, a)$, $C(a+1, 3)$에 대하여 $\overline{AB}=3\overline{AC}$를 만족시키는 모든 a의 값의 합을 구하시오.

유제 01-③ 두 점 $A(k-3, 1)$, $B(-3, k-1)$ 사이의 거리가 $\sqrt{10}$ 이하가 되도록 하는 모든 정수 k의 값의 합을 구하시오.

같은 거리에 있는 점

두 점 $A(3, 4)$, $B(4, 5)$에서 같은 거리에 있는 다음 점의 좌표를 구하시오.

(1) x축 위의 점 P

(2) y축 위의 점 Q

풀이

(Tip) x축 위의 점의 좌표는 $(a, 0)$, y축 위의 점의 좌표는 $(0, b)$로 놓는다.

(1) 점 P가 x축 위의 점이므로 $P(a, 0)$이라 하자.

$\overline{AP}=\overline{BP}$에서 $\overline{AP}^2=\overline{BP}^2$이므로

$(a-3)^2+(0-4)^2=(a-4)^2+(0-5)^2$

$a^2-6a+25=a^2-8a+41$

$2a=16$ $\quad\therefore a=8$

따라서 점 P의 좌표는 $(8, 0)$이다.

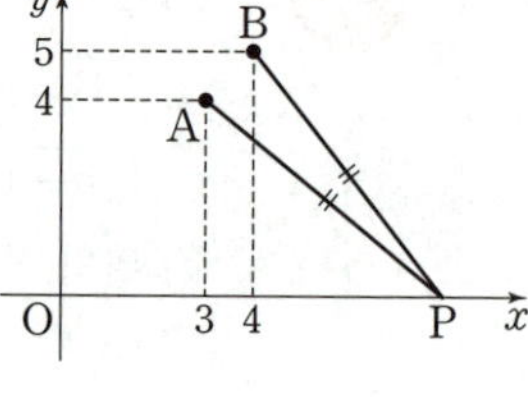

(2) 점 Q가 y축 위의 점이므로 $Q(0, b)$라 하자.

$\overline{AQ}=\overline{BQ}$에서 $\overline{AQ}^2=\overline{BQ}^2$이므로

$(0-3)^2+(b-4)^2=(0-4)^2+(b-5)^2$

$b^2-8b+25=b^2-10b+41$

$2b=16$ $\quad\therefore b=8$

따라서 점 Q의 좌표는 $(0, 8)$이다.

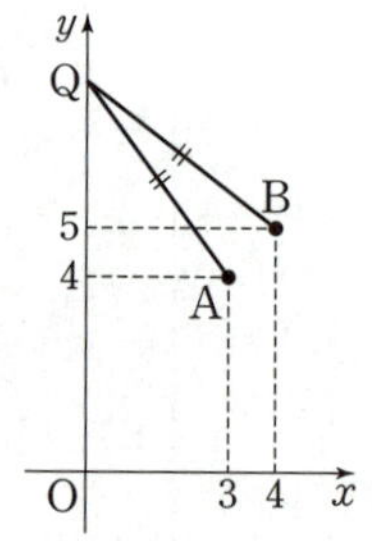

답 (1) $(8, 0)$ (2) $(0, 8)$

필수 공략

두 점 A, B에서 같은 거리에 있는 점 P의 좌표는 다음과 같은 순서로 구한다.

❶ x축 위의 점의 좌표는 $(a, 0)$, y축 위의 점의 좌표는 $(0, b)$, 좌표평면 위의 임의의 점의 좌표는 (a, b), 직선 $y=f(x)$ 위의 점의 좌표는 $(a, f(a))$로 놓는다.

❷ $\overline{AP}=\overline{BP}$, 즉 $\overline{AP}^2=\overline{BP}^2$임을 이용하여 미지수에 대한 방정식을 세운다.

❸ ❷에서 구한 방정식을 풀어 점 P의 좌표를 구한다.

• 정답 및 해설 002쪽

숫자 바꾼

유제 02-❶ 두 점 $A(2, 3)$, $B(3, -6)$에 대하여 다음 점의 좌표를 구하시오.

(1) $\overline{AP}=\overline{BP}$를 만족시키는 x축 위의 점 P

(2) $\overline{AQ}=\overline{BQ}$를 만족시키는 y축 위의 점 Q

유제 02-❷ 두 점 $A(2, -2)$, $B(4, 0)$에 대하여 $\overline{AP}=\overline{BP}$를 만족시키는 점 P가 y축 위에 있을 때, 선분 AP의 길이를 구하시오.

유제 02-❸ 두 점 $A(3, 4)$, $B(4, 5)$에서 같은 거리에 있는 직선 $y=2x-1$ 위의 점 P의 좌표를 구하시오.

필수 예제 03 | 두 점 사이의 거리를 이용한 삼각형의 모양

세 점 $A(-4, 4)$, $B(-2, -5)$, $C(4, 2)$를 꼭짓점으로 하는 삼각형 ABC는 어떤 삼각형인지 말하시오.

풀이

(Tip) 삼각형의 세 변의 길이를 각각 구한 후 세 변의 길이 사이의 관계를 파악한다.

삼각형 ABC의 세 변의 길이를 각각 구하면

$\overline{AB} = \sqrt{\{(-2)-(-4)\}^2 + \{(-5)-4\}^2} = \sqrt{85}$

$\overline{BC} = \sqrt{\{4-(-2)\}^2 + \{2-(-5)\}^2} = \sqrt{85}$

$\overline{CA} = \sqrt{\{(-4)-4\}^2 + (4-2)^2} = \sqrt{68} = 2\sqrt{17}$

$\therefore \overline{AB} = \overline{BC}$

따라서 삼각형 ABC는 $\overline{AB} = \overline{BC}$인 이등변삼각형이다.

답 $\overline{AB} = \overline{BC}$인 이등변삼각형

필수 공략 | 삼각형 ABC의 세 변의 길이가 각각 $\overline{BC}=a$, $\overline{AC}=b$, $\overline{AB}=c$일 때, 삼각형 ABC의 모양

(1) $a=b=c$ ➡ 정삼각형

(2) $a=b$ 또는 $b=c$ 또는 $c=a$ ➡ $\overline{BC}=\overline{AC}$ 또는 $\overline{AC}=\overline{AB}$ 또는 $\overline{AB}=\overline{BC}$인 이등변삼각형

(3) $c^2 = a^2 + b^2$ ➡ $\angle C = 90°$ (빗변의 길이가 c)인 직각삼각형

• 정답 및 해설 002쪽

숫자 바꾼

유제 03-❶ 세 점 $A(-2, 3)$, $B(0, -1)$, $C(6, 7)$을 꼭짓점으로 하는 삼각형 ABC는 어떤 삼각형인지 말하시오.

유제 03-❷ 세 점 $A(-2, 1)$, $B(-1, -1)$, $C(2, 3)$을 꼭짓점으로 하는 삼각형 ABC의 넓이를 구하시오.

유제 03-❸ 두 점 $A(-2, 0)$, $B(0, 2)$와 제4사분면 위의 점 C를 꼭짓점으로 하는 삼각형 ABC가 정삼각형일 때, 점 C의 좌표를 구하시오.

거리의 제곱의 합의 최솟값

두 점 $A(-1, 6)$, $B(3, 2)$와 x축 위의 점 P에 대하여 $\overline{AP}^2+\overline{BP}^2$의 최솟값과 이때의 점 P의 좌표를 각각 구하시오.

풀이

(Tip) 점 P의 좌표를 $(a, 0)$이라 하고 $\overline{AP}^2+\overline{BP}^2$을 a에 대한 이차식으로 나타낸 후 완전제곱식 꼴이 포함된 식으로 변형한다.

점 P가 x축 위의 점이므로 $P(a, 0)$이라 하면
$$\overline{AP}^2+\overline{BP}^2=\{a-(-1)\}^2+(0-6)^2+(a-3)^2+(0-2)^2$$
$$=2a^2-4a+50$$
$$=2(a^2-2a+1)+48$$
$$=2(a-1)^2+48$$
이때 a가 실수이므로
$$(a-1)^2\geq0$$
따라서 $\overline{AP}^2+\overline{BP}^2$은 $a=1$일 때 최솟값 48을 갖고, 이때의 점 P의 좌표는 $(1, 0)$이다.

답 최솟값: 48, 점 P의 좌표: $(1, 0)$

필수 공략

두 점 A, B와 임의의 점 P에 대하여 $\overline{AP}^2+\overline{BP}^2$의 최솟값은 다음과 같은 순서로 구한다.
❶ 점 P의 좌표를 (a, b)로 놓는다.
❷ 두 점 사이의 거리 공식을 이용하여 $\overline{AP}^2+\overline{BP}^2$을 a, b에 대한 이차식으로 나타낸다.
❸ ❷에서 구한 이차식을 완전제곱식 꼴이 포함된 식으로 변형하여 최솟값을 구한다.

• 정답 및 해설 003쪽

숫자 바꾼

유제 **04-❶** 두 점 $A(2, 5)$, $B(-1, 4)$와 y축 위의 점 Q에 대하여 $\overline{AQ}^2+\overline{BQ}^2$의 최솟값과 이때의 점 Q의 좌표를 각각 구하시오.

유제 **04-❷** 두 점 $A(1, 5)$, $B(-2, 2)$와 직선 $y=-x+3$ 위의 점 P에 대하여 $\overline{AP}^2+\overline{BP}^2$의 최솟값을 구하시오.

유제 **04-❸** 두 점 $A(-5, 1)$, $B(3, 3)$에 대하여 $\overline{AP}^2+\overline{BP}^2$의 값이 최소가 되도록 하는 점 P의 좌표를 구하시오.

필수 예제 05 — 좌표평면을 이용한 도형의 성질 확인

삼각형 ABC에서 변 BC의 중점을 M이라 할 때,
$$\overline{AB}^2 + \overline{AC}^2 = 2(\overline{AM}^2 + \overline{BM}^2)$$
이 성립함을 좌표평면을 이용하여 보이시오.

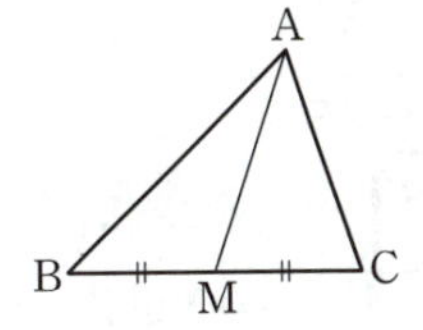

풀이

(Tip) 점 M은 원점, 변 BC는 x축 위에 오도록 삼각형 ABC를 좌표평면 위에 놓는다.

오른쪽 그림과 같이 직선 BC를 x축, 점 M을 지나고 직선 BC에 수직인
직선을 y축으로 하는 좌표평면을 잡으면 점 M은 원점이 된다.
$A(a, b)$, $B(-c, 0)$, $C(c, 0)$ $(c > 0)$이라 하면
$$\overline{AB}^2 + \overline{AC}^2 = \{(-c-a)^2 + (0-b)^2\} + \{(c-a)^2 + (0-b)^2\}$$
$$= 2(a^2 + b^2 + c^2)$$
한편, $\overline{AM}^2 = a^2 + b^2$, $\overline{BM}^2 = c^2$이므로
$$2(\overline{AM}^2 + \overline{BM}^2) = 2(a^2 + b^2 + c^2)$$
따라서 $\overline{AB}^2 + \overline{AC}^2 = 2(\overline{AM}^2 + \overline{BM}^2)$이 성립한다.

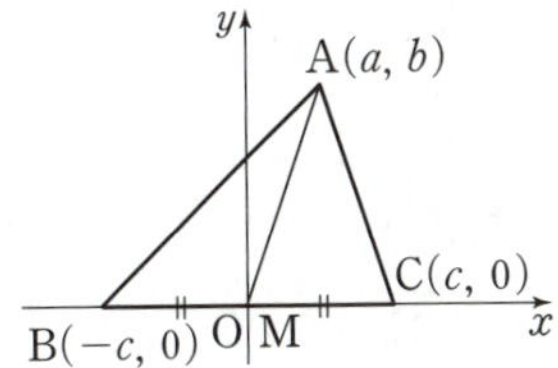

답 풀이 참조

필수 공략

좌표평면을 이용한 도형의 성질은 다음과 같은 순서로 확인한다.
❶ 원점과 x축, y축을 이용할 수 있도록 도형을 좌표평면 위에 놓는다.
❷ 도형의 꼭짓점에 해당하는 점의 좌표를 미지수로 나타낸다.
❸ 두 점 사이의 거리 공식을 이용하여 주어진 등식이 성립함을 확인한다.

• 정답 및 해설 003쪽

 **조건 바꾼**

유제 05-❶ 삼각형 ABC에서 변 BC 위의 점 D에 대하여 $2\overline{BD} = \overline{CD}$일 때,
$$2\overline{AB}^2 + \overline{AC}^2 = 3(\overline{AD}^2 + 2\overline{BD}^2)$$
이 성립함을 좌표평면을 이용하여 보이시오.

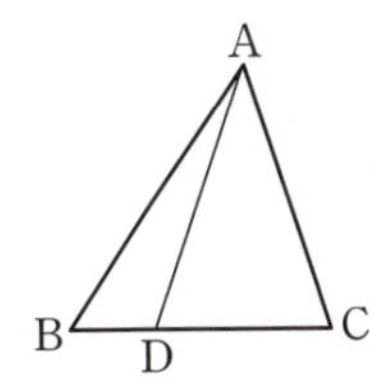

유제 05-❷ 직사각형 ABCD의 내부에 점 P가 있을 때,
$$\overline{PA}^2 + \overline{PC}^2 = \overline{PB}^2 + \overline{PD}^2$$
이 성립함을 좌표평면을 이용하여 보이시오.

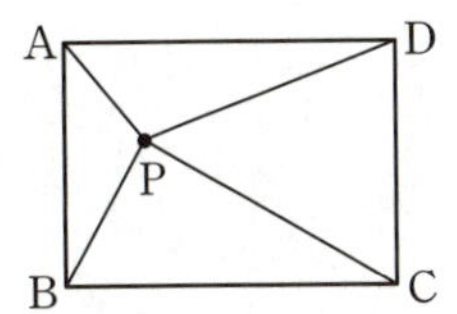

소단원 점검 문제

두 점 사이의 거리

01 좌표평면 위에 두 점 $A(2t, -3)$, $B(-1, 2t)$가 있다. 선분 AB의 길이를 l이라 할 때, 실수 t에 대하여 l^2의 최솟값을 구하시오.
(교육청)

같은 거리에 있는 점

02 두 점 $A(-3, 2)$, $B(-2, -1)$에서 같은 거리에 있는 x축 위의 점을 P라 하고 두 점 B, P에서 같은 거리에 있는 y축 위의 점을 Q라 할 때, 두 점 P, Q 사이의 거리는?

① $\sqrt{43}$ ② $\dfrac{5\sqrt{7}}{2}$ ③ $3\sqrt{5}$ ④ $\dfrac{\sqrt{185}}{2}$ ⑤ $\sqrt{47}$

같은 거리에 있는 점

03 세 점 $O(0, 0)$, $A(3, -1)$, $B(4, 4)$를 꼭짓점으로 하는 삼각형 OAB의 외심의 좌표를 구하시오.

두 점 사이의 거리를 이용한 삼각형의 모양

04 세 점 $A(-2, 1)$, $B(2, -1)$, $C(a, b)$를 꼭짓점으로 하는 삼각형 ABC가 정삼각형일 때, ab의 값을 구하시오.
(단, 점 C는 제1사분면 위의 점이다.)

05 오른쪽 그림과 같이 좌표평면 위의 세 점 $A(-2, 0)$, $B(4, 0)$, $C(0, a)$를 꼭짓점으로 하는 삼각형 ABC가 있다. $\angle ABC$의 이등분선이 선분 AC를 수직이등분할 때, 양수 a의 값을 구하시오.

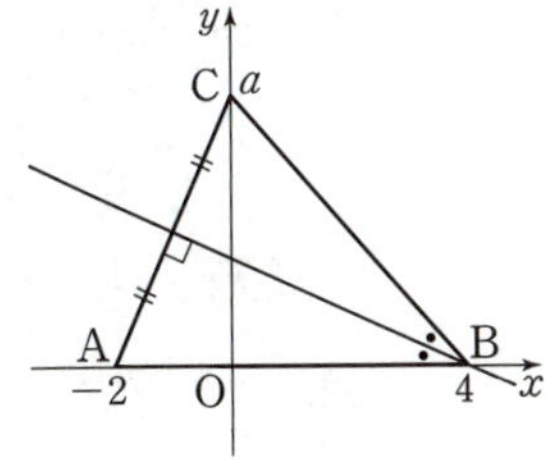

06 두 점 $A(-3, 2)$, $B(5, 4)$와 직선 $x-y+3=0$ 위의 점 P에 대하여 $\overline{AP}^2+\overline{BP}^2$의 값이 최소가 될 때, 선분 AP의 길이는?

① $\dfrac{3\sqrt{6}}{2}$ ② $\sqrt{14}$ ③ $\dfrac{\sqrt{58}}{2}$ ④ $\sqrt{15}$ ⑤ $\dfrac{\sqrt{62}}{2}$

07 세 점 $A(-3, 0)$, $B(3, 0)$, $C(1, 5)$를 꼭짓점으로 하는 삼각형 ABC에 대하여 점 P가 변 AB 위를 움직인다고 한다. $\overline{PA}^2+\overline{PB}^2+\overline{PC}^2$의 최솟값을 p, 이때의 점 P의 좌표를 (q, r)라 할 때, $3(p-q+r)$의 값을 구하시오.

08 평행사변형 ABCD의 두 대각선 AC, BD에 대하여
$$\overline{AC}^2+\overline{BD}^2=2(\overline{AB}^2+\overline{BC}^2)$$
이 성립함을 보이시오.

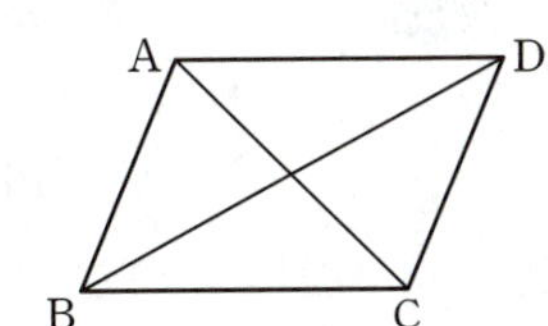

O2 선분의 내분점

1 선분의 내분점

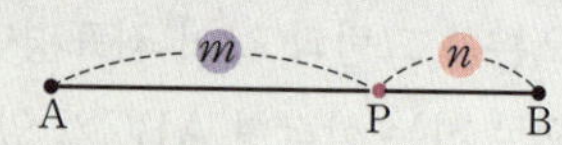

선분 AB 위의 점 P에 대하여

$$\overline{AP} : \overline{PB} = m : n \ (m>0, \ n>0)$$

일 때, 점 P는 선분 AB를 $m : n$으로 내분한다고 하며, 점 P를 선분 AB의 내분점이라 한다.

참고 $m=n$일 때, 점 P는 선분 AB의 중점이 된다.

$m \neq n$인 두 양수 m, n에 대하여 선분 AB를 $m : n$으로 내분하는 점과 선분 BA를 $m : n$으로 내분하는 점은 서로 다르다. 즉,

(1) 점 P는 선분 AB를 $m : n$으로 내분하는 점

$\iff \overline{AP} : \overline{PB} = m : n$

(2) 점 P는 선분 BA를 $m : n$으로 내분하는 점

$\iff \overline{AP} : \overline{PB} = n : m$

참고 기호 '$\iff$'는 좌우 양쪽의 문장 또는 수식이 서로 같은 의미임을 나타낸다.

example 다음 그림과 같이 선분 AB의 삼등분점을 각각 C, D라 하자.

점 C는 $\overline{AC} : \overline{CB} = 1 : 2$이므로 선분 AB를 $1 : 2$로 내분하는 점이다.
점 D는 $\overline{BD} : \overline{DA} = 1 : 2$이므로 선분 BA를 $1 : 2$로 내분하는 점이다.

2 수직선 위의 선분의 내분점

수직선 위의 두 점 $A(x_1)$, $B(x_2)$에 대하여

(1) 선분 AB를 $m : n \ (m>0, \ n>0)$으로 내분하는 점 P의 좌표는

$$\left(\frac{mx_2+nx_1}{m+n} \right)$$ → 분자는 엇갈리게 곱하여 더한다.

(2) 선분 AB의 중점 M의 좌표는

$$\left(\frac{x_1+x_2}{2} \right)$$ → 선분 AB를 $1 : 1$로 내분하는 점

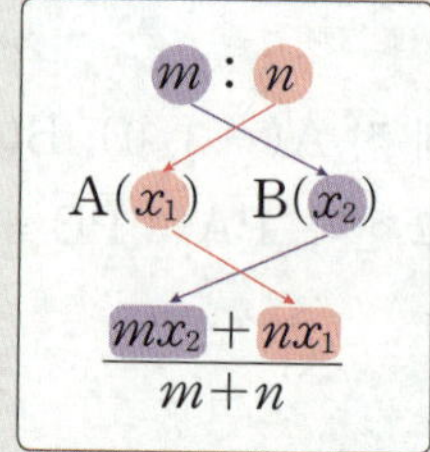

(1) 수직선 위의 두 점 $A(x_1)$, $B(x_2)$에 대하여 선분 AB를 $m : n \ (m>0, \ n>0)$으로 내분하는 점 $P(x)$의 좌표를 구해 보자.

(i) $x_1 < x_2$일 때, $\overline{AP} = x - x_1$, $\overline{PB} = x_2 - x$

$\overline{AP} : \overline{PB} = m : n$에서

$(x-x_1) : (x_2-x) = m : n$이므로

$$x = \frac{mx_2+nx_1}{m+n}$$ ← $m(x_2-x) = n(x-x_1)$, $(m+n)x = mx_2+nx_1$

(ii) $x_1 > x_2$일 때, (i)과 같은 방법으로 구하면 동일한 결과를 얻는다.

(i), (ii)에서 점 P의 좌표는 $\left(\dfrac{mx_2+nx_1}{m+n} \right)$이다.

(2) 수직선 위의 두 점 $A(x_1)$, $B(x_2)$에 대하여 선분 AB의 중점은 선분 AB를 $1:1$로 내분하는 점이므로

중점 M의 좌표 x는

$$x=\frac{1\times x_2+1\times x_1}{1+1}=\frac{x_1+x_2}{2}$$

example 수직선 위의 두 점 $A(1)$, $B(4)$에 대하여

(1) 선분 AB를 $1:2$로 내분하는 점 P의 좌표는

$$\frac{1\times4+2\times1}{1+2}=2 \qquad \therefore P(2)$$

(2) 선분 AB의 중점 M의 좌표는

$$\frac{1+4}{2}=\frac{5}{2} \qquad \therefore M\left(\frac{5}{2}\right)$$

3 좌표평면 위의 선분의 내분점

좌표평면 위의 두 점 $A(x_1,\ y_1)$, $B(x_2,\ y_2)$에 대하여

(1) 선분 AB를 $m:n\ (m>0,\ n>0)$으로 내분하는 점 P의 좌표는

$$\left(\frac{mx_2+nx_1}{m+n},\ \frac{my_2+ny_1}{m+n}\right) \rightarrow x\text{좌표는 }x\text{좌표끼리, }y\text{좌표는 }y\text{좌표끼리 계산}$$

(2) 선분 AB의 중점 M의 좌표는

$$\left(\frac{x_1+x_2}{2},\ \frac{y_1+y_2}{2}\right) \rightarrow \text{선분 AB를 }1:1\text{로 내분하는 점}$$

설명 (1) 좌표평면 위의 두 점 $A(x_1,\ y_1)$, $B(x_2,\ y_2)$에 대하여 선분 AB를 $m:n\ (m>0,\ n>0)$으로 내분하는 점 $P(x,\ y)$의 좌표를 구해 보자.

오른쪽 그림과 같이 세 점 A, P, B에서 x축에 내린 수선의 발을 각각 A′, P′, B′이라 하자.

평행선 사이의 선분의 길이의 비에 의하여

$$\overline{A'P'}:\overline{P'B'}=\overline{AP}:\overline{PB}=m:n$$

즉, 점 P′은 선분 A′B′을 $m:n$으로 내분하는 점이므로

$$x=\frac{mx_2+nx_1}{m+n}$$

같은 방법으로 세 점 A, P, B에서 y축에 수선을 내려 점 P의 y좌표를 구하면

$$y=\frac{my_2+ny_1}{m+n}$$

따라서 점 P의 좌표는 $\left(\dfrac{mx_2+nx_1}{m+n},\ \dfrac{my_2+ny_1}{m+n}\right)$이다.

(2) 좌표평면 위의 두 점 $A(x_1,\ y_1)$, $B(x_2,\ y_2)$에 대하여 선분 AB의 중점은

선분 AB를 $1:1$로 내분하는 점이므로

$$M\left(\frac{x_1+x_2}{2},\ \frac{y_1+y_2}{2}\right)$$

example 좌표평면 위의 두 점 $A(2,\ 3)$, $B(4,\ -1)$에 대하여

(1) 선분 AB를 $1:2$로 내분하는 점 P의 좌표는

$$\left(\frac{1\times4+2\times2}{1+2},\ \frac{1\times(-1)+2\times3}{1+2}\right) \qquad \therefore P\left(\frac{8}{3},\ \frac{5}{3}\right)$$

(2) 선분 AB의 중점 M의 좌표는

$$\left(\frac{2+4}{2},\ \frac{3+(-1)}{2}\right) \qquad \therefore M(3,\ 1)$$

(1) **삼각형의 무게중심**

삼각형의 세 중선은 한 점에서 만나고, 이 점은 삼각형의 무게중심이라 한다. 이때 삼각형의 무게중심은 세 중선을 꼭짓점으로부터 각각 $2 : 1$로 내분한다.

(2) **삼각형의 무게중심의 좌표**

세 점 $A(x_1, y_1)$, $B(x_2, y_2)$, $C(x_3, y_3)$을 꼭짓점으로 하는 삼각형 ABC의 무게중심 G의 좌표는

$$\left(\frac{x_1+x_2+x_3}{3},\ \frac{y_1+y_2+y_3}{3} \right)$$

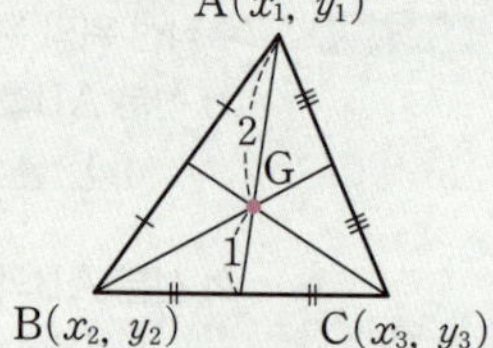

 삼각형의 한 꼭짓점과 그 대변의 중점을 이은 선분을 중선이라 하고, 세 중선의 교점을 삼각형의 무게중심이라 한다.

세 점 $A(x_1, y_1)$, $B(x_2, y_2)$, $C(x_3, y_3)$을 꼭짓점으로 하는 삼각형 ABC의 무게중심 $G(x, y)$의 좌표를 구해 보자.

오른쪽 그림과 같이 변 BC의 중점을 M이라 하면

$$M\left(\frac{x_2+x_3}{2},\ \frac{y_2+y_3}{2} \right)$$

이때 점 $G(x, y)$는 선분 AM을 $2 : 1$로 내분하므로

$$x = \frac{2 \times \dfrac{x_2+x_3}{2} + 1 \times x_1}{2+1} = \frac{x_1+x_2+x_3}{3}$$

$$y = \frac{2 \times \dfrac{y_2+y_3}{2} + 1 \times y_1}{2+1} = \frac{y_1+y_2+y_3}{3}$$

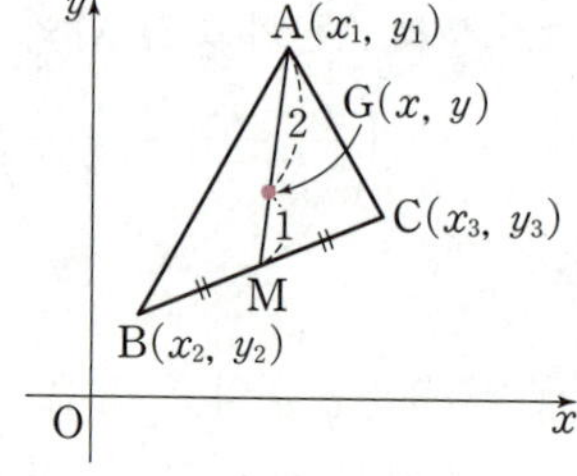

따라서 점 G의 좌표는 $\left(\dfrac{x_1+x_2+x_3}{3},\ \dfrac{y_1+y_2+y_3}{3} \right)$이다.

example 세 점 $A(-5, 2)$, $B(-1, 3)$, $C(3, 1)$을 꼭짓점으로 하는 삼각형 ABC의 무게중심 G의 좌표는

$$\left(\frac{(-5)+(-1)+3}{3},\ \frac{2+3+1}{3} \right) \qquad \therefore G(-1, 2)$$

참고 오른쪽 그림과 같이 세 점 $A(x_1, y_1)$, $B(x_2, y_2)$, $C(x_3, y_3)$을 꼭짓점으로 하는 삼각형 ABC의 세 변 AB, BC, CA를 $m : n\ (m>0,\ n>0)$으로 내분하는 점을 각각 D, E, F라 하자.

세 점 D, E, F의 x좌표는 각각

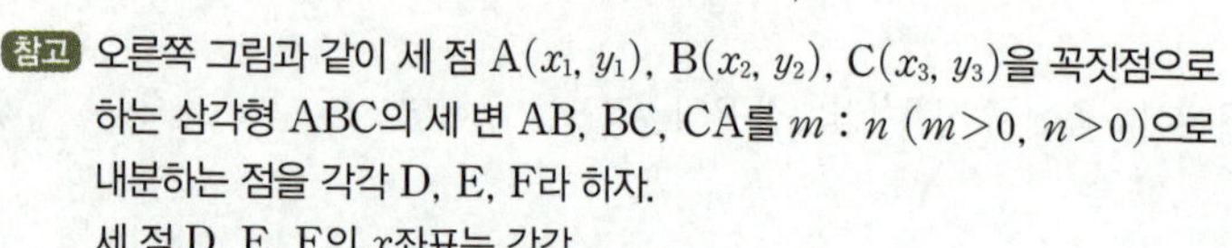

$$\frac{mx_2+nx_1}{m+n},\quad \frac{mx_3+nx_2}{m+n},\quad \frac{mx_1+nx_3}{m+n}$$

이므로 삼각형 DEF의 무게중심의 x좌표는

$$\frac{1}{3}\left(\frac{mx_2+nx_1}{m+n} + \frac{mx_3+nx_2}{m+n} + \frac{mx_1+nx_3}{m+n} \right) = \frac{x_1+x_2+x_3}{3}$$

즉, 삼각형 DEF의 무게중심의 x좌표는 삼각형 ABC의 무게중심의 x좌표와 일치한다.

같은 방법으로 삼각형 DEF의 무게중심의 y좌표는

$$\frac{y_1+y_2+y_3}{3}$$

즉, 삼각형 DEF의 무게중심의 y좌표는 삼각형 ABC의 무게중심의 y좌표와 일치한다.

따라서 삼각형 DEF의 무게중심의 좌표는

$$\left(\frac{x_1+x_2+x_3}{3},\ \frac{y_1+y_2+y_3}{3} \right)$$

이므로 삼각형 DEF의 무게중심과 삼각형 ABC의 무게중심은 일치한다.

 집중 연습

● 선분의 내분점

[01~02] 수직선 위의 두 점 A, B에 대하여 다음을 구하시오.

01 A(-2), B(4)

(1) 선분 AB를 1 : 2로 내분하는 점의 좌표

(2) 선분 AB를 3 : 1로 내분하는 점의 좌표

(3) 선분 AB의 중점의 좌표

02 A(1), B(8)

(1) 선분 AB를 2 : 1로 내분하는 점의 좌표

(2) 선분 AB를 2 : 3으로 내분하는 점의 좌표

(3) 선분 AB의 중점의 좌표

[03~08] 좌표평면 위의 두 점 A, B에 대하여 다음을 구하시오.

03 A$(5, 2)$, B$(2, -1)$

(1) 선분 AB를 1 : 2로 내분하는 점의 좌표

(2) 선분 AB의 중점의 좌표

04 A$(4, 2)$, B$(-2, 0)$

(1) 선분 AB를 2 : 1로 내분하는 점의 좌표

(2) 선분 AB의 중점의 좌표

05 A$(2, 4)$, B$(-3, -1)$

(1) 선분 AB를 2 : 3으로 내분하는 점의 좌표

(2) 선분 AB의 중점의 좌표

06 A$(-3, -1)$, B$(4, 1)$

(1) 선분 AB를 3 : 2로 내분하는 점의 좌표

(2) 선분 AB의 중점의 좌표

07 A$(-1, 6)$, B$(3, -2)$

(1) 선분 AB를 1 : 3으로 내분하는 점의 좌표

(2) 선분 AB의 중점의 좌표

08 A$(2, 7)$, B$(-2, -1)$

(1) 선분 AB를 3 : 1로 내분하는 점의 좌표

(2) 선분 AB의 중점의 좌표

09 다음 세 점 A, B, C를 꼭짓점으로 하는 삼각형 ABC의 무게중심의 좌표를 구하시오.

(1) A$(-1, 4)$, B$(0, -3)$, C$(4, 2)$

(2) A$(2, 7)$, B$(-3, -1)$, C$(7, 3)$

(3) A$(1, 6)$, B$(3, 5)$, C$(-1, -2)$

(4) A$(5, 6)$, B$(-1, 3)$, C$(2, -6)$

(5) A$(-4, 6)$, B$(2, 4)$, C$(-1, 2)$

(6) A$(4, -7)$, B$(6, -4)$, C$(-1, -4)$

선분의 내분점

두 점 $A(3, 2)$, $B(-3, 5)$에 대하여 선분 AB를 $1:2$로 내분하는 점을 P, 선분 AB를 $2:3$으로 내분하는 점을 Q라 할 때, 선분 PQ의 중점의 좌표를 구하시오.

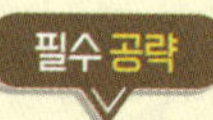

(Tip) 공식을 이용하여 두 점 P, Q의 좌표를 각각 구한 후 선분 PQ의 중점의 좌표를 구한다.

선분 AB를 $1:2$로 내분하는 점 P의 좌표는

$$\left(\frac{1\times(-3)+2\times3}{1+2}, \frac{1\times5+2\times2}{1+2}\right) \qquad \therefore P(1, 3)$$

선분 AB를 $2:3$으로 내분하는 점 Q의 좌표는

$$\left(\frac{2\times(-3)+3\times3}{2+3}, \frac{2\times5+3\times2}{2+3}\right) \qquad \therefore Q\left(\frac{3}{5}, \frac{16}{5}\right)$$

따라서 선분 PQ의 중점의 좌표는

$$\left(\frac{1+\frac{3}{5}}{2}, \frac{3+\frac{16}{5}}{2}\right) \qquad \therefore \left(\frac{4}{5}, \frac{31}{10}\right)$$

답 $\left(\frac{4}{5}, \frac{31}{10}\right)$

필수 공략

두 점 $A(x_1, y_1)$, $B(x_2, y_2)$에 대하여

(1) 선분 AB를 $m:n$ $(m>0, n>0)$으로 내분하는 점의 좌표 ➡ $\left(\dfrac{mx_2+nx_1}{m+n}, \dfrac{my_2+ny_1}{m+n}\right)$

(2) 선분 AB의 중점의 좌표 ➡ $\left(\dfrac{x_1+x_2}{2}, \dfrac{y_1+y_2}{2}\right)$

• 정답 및 해설 006쪽

숫자 바꾼

유제 01-❶ 두 점 $A(-2, 6)$, $B(4, 3)$에 대하여 선분 AB를 $2:1$로 내분하는 점을 P, 선분 BA를 $1:3$으로 내분하는 점을 Q라 할 때, 선분 PQ의 중점의 좌표를 구하시오.

유제 01-❷ 두 점 $A(-1, -2)$, $B(a, b)$에 대하여 선분 AB를 $3:2$로 내분하는 점의 좌표가 $(2, 4)$일 때, 선분 BA를 $3:2$로 내분하는 점의 좌표를 구하시오.

유제 01-❸ **교육청** 두 점 $A(a, 0)$, $B(2, -4)$에 대하여 선분 AB를 $3:1$로 내분하는 점이 y축 위에 있을 때, 선분 AB의 길이는?

① $2\sqrt{5}$ ② $3\sqrt{5}$ ③ $4\sqrt{5}$ ④ $5\sqrt{5}$ ⑤ $6\sqrt{5}$

필수 예제 02 · 조건이 주어진 선분의 내분점

두 점 A(1, 5), B(5, 3)을 이은 선분 AB의 연장선 위의 점 C에 대하여 $\overline{AC}=3\overline{BC}$일 때, 점 C의 좌표를 구하시오.

풀이

(Tip) 주어진 식을 비례식으로 표현하여 내분점을 이용한다.

$\overline{AC}=3\overline{BC}$에서 $\overline{AC}:\overline{BC}=3:1$

이때 점 B는 선분 AC를 $2:1$로 내분하는 점이므로 점 C의 좌표를 $(a,\ b)$라

하면 점 B의 좌표는

$$\left(\frac{2\times a+1\times 1}{2+1},\ \frac{2\times b+1\times 5}{2+1}\right) \qquad \therefore\ B\left(\frac{2a+1}{3},\ \frac{2b+5}{3}\right)$$

이 점이 점 $(5, 3)$과 일치하므로

$$\frac{2a+1}{3}=5,\ \frac{2b+5}{3}=3 \qquad \therefore\ a=7,\ b=2$$

따라서 점 C의 좌표는 $(7, 2)$이다.

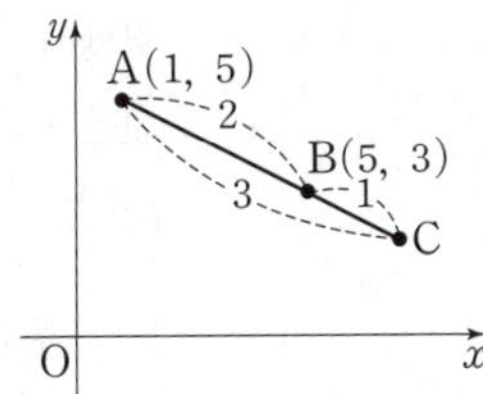

답 $(7, 2)$

필수 공략

$m\,\overline{AC}=n\,\overline{CB}\ (m>0,\ n>0) \iff \overline{AC}:\overline{CB}=n:m$

➡ (1) 점 C가 선분 AB 위의 점일 때
점 C는 선분 AB를 $n:m$으로 내분하는 점이다.

(2) 점 C가 선분 AB의 연장선 위의 점일 때
점 B는 선분 AC를 $(n-m):m$으로 내분하는 점이다. (단, $0<m<n$)

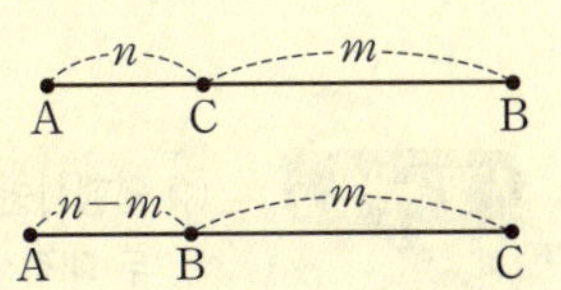

• 정답 및 해설 006쪽

숫자 바꾼

유제 02-❶ 두 점 A$(-2, 3)$, B$(a, 1)$을 이은 선분 AB의 연장선 위의 점 C$(6, -1)$에 대하여 $2\overline{AB}=\overline{AC}$일 때, a의 값을 구하시오.

유제 02-❷ 두 점 A$(1, -4)$, B$(-6, 3)$에 대하여 선분 AB를 $t:(1-t)$로 내분하는 점이 제3사분면 위에 있을 때, 실수 t의 값의 범위를 구하시오.

유제 02-❸ 두 점 A$(-5, -4)$, B$(1, 2)$에 대하여 선분 AB가 직선 $y=-x-5$와 만나는 점을 C라 하자. $\overline{AC}:\overline{CB}=1:t$일 때, 실수 t의 값을 구하시오.

사각형에서 중점의 활용

평행사변형 ABCD에서 세 꼭짓점이 A$(0, 1)$, B$(-2, -3)$, C$(5, -1)$일 때, 꼭짓점 D의 좌표를 구하시오.

풀이

(**Tip**) 평행사변형의 두 대각선은 서로를 이등분하므로 두 대각선의 중점이 일치한다.

평행사변형의 두 대각선은 서로를 이등분하므로 두 대각선 AC, BD의 중점이 일치한다.

선분 AC의 중점의 좌표는

$$\left(\frac{0+5}{2}, \frac{1+(-1)}{2} \right) \quad \therefore \left(\frac{5}{2}, 0 \right) \qquad \cdots\cdots \; \unicode{x1D4F1}$$

D(a, b)라 하면 선분 BD의 중점의 좌표는

$$\left(\frac{(-2)+a}{2}, \frac{(-3)+b}{2} \right) \quad \therefore \left(\frac{a-2}{2}, \frac{b-3}{2} \right) \qquad \cdots\cdots \; \unicode{x1D4F2}$$

㉠, ㉡이 일치하므로

$$\frac{5}{2} = \frac{a-2}{2}, \; 0 = \frac{b-3}{2}$$

$$\therefore \; a = 7, \; b = 3$$

따라서 점 D의 좌표는 $(7, 3)$이다.

답 $(7, 3)$

필수 공략

(1) 평행사변형의 성질

  두 대각선은 서로 다른 것을 이등분한다.

  ➡ 두 대각선의 중점이 일치한다.

(2) 마름모의 성질

  ① 네 변의 길이가 모두 같다.

  ② 두 대각선은 서로 다른 것을 수직이등분한다.

  ➡ 두 대각선의 중점이 일치한다.

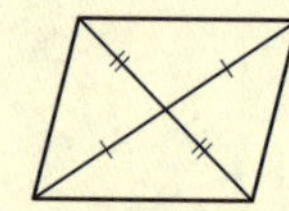
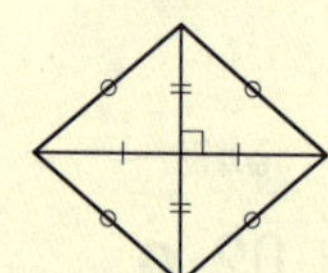

• 정답 및 해설 006쪽

숫자 바꾼

유제 03-❶ 네 점 A$(-1, a)$, B$(a, 0)$, C$(8, 4)$, D$(2, b)$를 꼭짓점으로 하는 사각형 ABCD가 평행사변형일 때, $a+b$의 값을 구하시오.

유제 03-❷ (교육청) 세 양수 a, b, c에 대하여 좌표평면 위에 서로 다른 네 점 O$(0, 0)$, A$(a, 7)$, B(b, c), C$(5, 5)$가 있다. 사각형 OABC가 선분 OB를 대각선으로 하는 마름모일 때, $a+b+c$의 값을 구하시오.

유제 03-❸ 마름모 ABCD에서 세 꼭짓점이 A$(a, 1)$, B$(a-2, a)$, C$(2, a+1)$일 때, 꼭짓점 D의 좌표와 a의 값을 각각 구하시오.

필수 예제 04

삼각형의 내각의 이등분선

세 점 A(5, 4), B(1, −4), C(7, 0)을 꼭짓점으로 하는 삼각형 ABC에서 ∠A의 이등분선이 변 BC와 만나는 점을 D라 할 때, 점 D의 좌표를 구하시오.

풀이

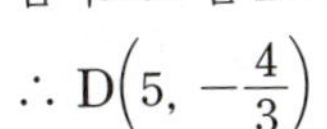 변의 길이를 구하여 삼각형의 내각의 이등분선의 성질을 이용한다.

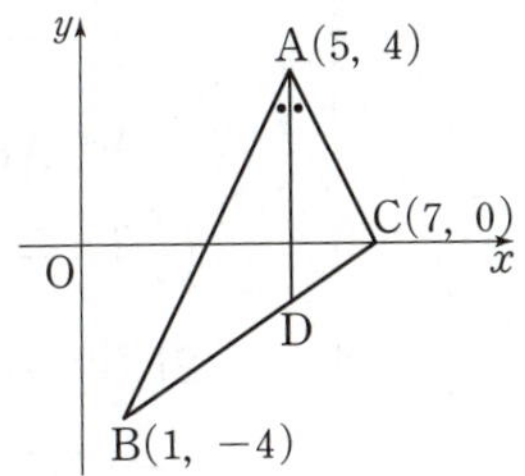

삼각형의 내각의 이등분선의 성질에 의하여

$$\overline{AB} : \overline{AC} = \overline{BD} : \overline{CD}$$

이때 $\overline{AB} = \sqrt{(1-5)^2 + \{(-4)-4\}^2} = \sqrt{80} = 4\sqrt{5}$,

$\overline{AC} = \sqrt{(7-5)^2 + (0-4)^2} = \sqrt{20} = 2\sqrt{5}$이므로

$$\overline{BD} : \overline{CD} = \overline{AB} : \overline{AC} = 4\sqrt{5} : 2\sqrt{5} = 2 : 1$$

즉, 점 D는 선분 BC를 2 : 1로 내분하는 점이므로 점 D의 좌표는

$$\left(\frac{2\times 7 + 1\times 1}{2+1}, \frac{2\times 0 + 1\times(-4)}{2+1} \right) \qquad \therefore D\left(5, -\frac{4}{3}\right)$$

답 $\left(5, -\frac{4}{3}\right)$

필수 공략 **삼각형의 내각의 이등분선의 성질**

삼각형 ABC에서 ∠A의 이등분선이 변 BC와 만나는 점을 D라 하면

$$\overline{AB} : \overline{AC} = \overline{BD} : \overline{CD}$$

➡ 점 D는 선분 BC를 $\overline{AB} : \overline{AC}$로 내분하는 점이다.

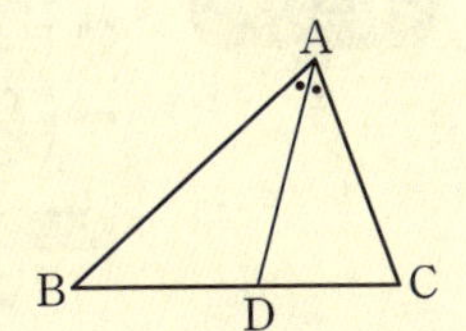

• 정답 및 해설 007쪽

숫자 바꾼

유제 04-❶ 세 점 A(−1, −1), B(2, 5), C(3, 1)을 꼭짓점으로 하는 삼각형 ABC에서 ∠A의 이등분선이 변 BC와 만나는 점을 D(a, b)라 할 때, $\dfrac{a}{b}$의 값을 구하시오.

유제 04-❷ 세 점 A(3, 4), B(−6, −5), C(5, 2)를 꼭짓점으로 하는 삼각형 ABC에서 ∠A의 이등분선이 변 BC와 만나는 점을 D라 할 때, 선분 AD의 길이를 구하시오.

유제 04-❸ 세 점 A(−2, 3), B(−5, −1), C(4, −5)를 꼭짓점으로 하는 삼각형 ABC의 변 BC 위에 점 D가 있다. 선분 AD가 ∠A를 이등분할 때, 삼각형 ABD와 삼각형 ACD의 넓이의 비를 가장 간단한 자연수의 비로 나타내시오.

세 점 A$(2, 5)$, B$(3, -5)$, C(a, b)를 꼭짓점으로 하는 삼각형 ABC의 무게중심의 좌표가 $(1, 2)$일 때, a, b의 값을 각각 구하시오.

풀이

(Tip) 세 점 A(x_1, y_1), B(x_2, y_2), C(x_3, y_3)을 꼭짓점으로 하는 삼각형 ABC의 무게중심의 좌표는 $\left(\dfrac{x_1+x_2+x_3}{3}, \dfrac{y_1+y_2+y_3}{3}\right)$이다.

삼각형 ABC의 무게중심의 좌표는

$$\left(\frac{2+3+a}{3}, \frac{5+(-5)+b}{3}\right) \quad \therefore \left(\frac{5+a}{3}, \frac{b}{3}\right)$$

이 점이 점 $(1, 2)$와 일치하므로

$$\frac{5+a}{3}=1, \frac{b}{3}=2$$

$$\therefore a=-2, b=6$$

답 $a=-2$, $b=6$

필수 공략

세 점 A(x_1, y_1), B(x_2, y_2), C(x_3, y_3)을 꼭짓점으로 하는 삼각형 ABC의 무게중심의 좌표

$$\Rightarrow \left(\frac{x_1+x_2+x_3}{3}, \frac{y_1+y_2+y_3}{3}\right)$$

참고 삼각형 ABC의 세 변 AB, BC, CA를 $m : n$ $(m>0, n>0)$으로 내분하는 점을 각각 D, E, F라 하면
➡ 삼각형 ABC의 무게중심과 삼각형 DEF의 무게중심은 일치한다.

• 정답 및 해설 007쪽

숫자 바꾼

유제 05-❶ 세 점 A$(a, 2b)$, B$(-b, -a)$, C$(3, 7)$을 꼭짓점으로 하는 삼각형 ABC의 무게중심의 좌표가 $(2, 0)$일 때, $a+b$의 값을 구하시오.

유제 05-❷ **교육청** 세 점 A$(2, 6)$, B$(4, 1)$, C$(8, a)$에 대하여 삼각형 ABC의 무게중심이 직선 $y=x$ 위에 있을 때, a의 값을 구하시오. (단, 점 C는 제1사분면 위의 점이다.)

유제 05-❸ 세 점 A$(0, 7)$, B$(3, -8)$, C$(-6, -2)$를 꼭짓점으로 하는 삼각형 ABC에서 세 변 AB, BC, CA를 $1 : 2$로 내분하는 점을 각각 D, E, F라 할 때, 삼각형 DEF의 무게중심의 좌표를 구하시오.

선분의 내분점

01 좌표평면 위의 두 점 A, B에 대하여 선분 AB의 중점의 좌표가 $(1, 2)$이고, 선분 AB를 $3:1$로 내분하는 점의 좌표가 $(4, 3)$일 때, $\overline{AB}^2$의 값을 구하시오.

[교육청]

조건이 주어진 선분의 내분점

02 두 점 $A(-3, 4)$, $B(1, 5)$를 이은 선분 AB의 연장선 위의 점 C에 대하여 $(1+t)\overline{AC}=t\overline{BC}$일 때, 점 C는 직선 $y=-x-4$ 위에 있다. 실수 t의 값을 구하시오.

사각형에서 중점의 활용

03 네 점 $A(3, 7)$, $B(2, 0)$, $C(a, b)$, $D(c, d)$를 꼭짓점으로 하는 사각형 ABCD가 평행사변형이고, 대각선 AC의 중점의 좌표가 $(5, 2)$일 때, $a-b-c+d$의 값을 구하시오.

삼각형의 무게중심

04 세 점 $A(-2, a+2)$, $B(a, -a-1)$, $C(a, a+4)$를 꼭짓점으로 하는 삼각형 ABC의 무게중심 G가 y축 위에 있을 때, 선분 AG의 길이는?

① $\sqrt{3}$ ② 2 ③ $\sqrt{5}$ ④ $\sqrt{6}$ ⑤ $\sqrt{7}$

01

두 점 $A(a,\ a-4)$, $B(-2,\ 2a)$에 대하여 선분 AB의 길이가 최소가 될 때, 선분 OA의 길이는?

(단, O는 원점이다.)

① $2\sqrt{10}$ ② 7 ③ $\sqrt{58}$

④ 8 ⑤ $2\sqrt{19}$

02 서술형

다음 그림과 같이 지점 O에서 수직으로 만나는 일직선 모양의 두 도로가 있다. 두 사람 A, B가 지점 O로부터 각각 동쪽 방향으로 10 km만큼 떨어진 지점과 남쪽 방향으로 5 km만큼 떨어진 지점에서 동시에 출발하여 A는 서쪽 방향으로 시속 3 km, B는 북쪽 방향으로 시속 4 km의 속력으로 걸어가고 있다. 두 사람 A, B 사이의 거리가 가장 가까워지는 것은 출발한 지 몇 시간 후인지와 이때의 두 사람 사이의 거리는 몇 km인지 각각 구하시오.

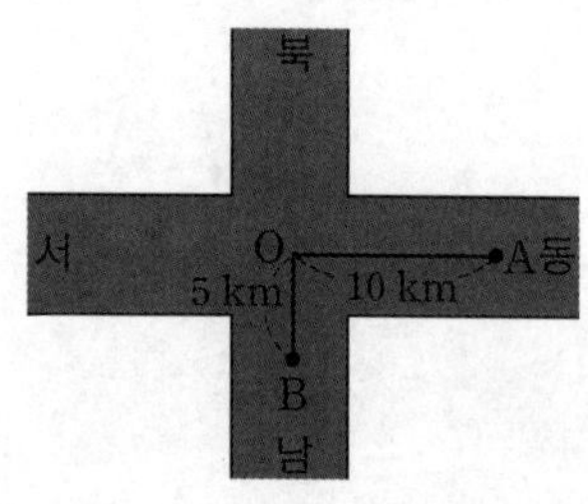

03

두 점 $A(2,\ -4)$, $B(-3,\ 1)$에서 같은 거리에 있는 직선 $y=3x-7$ 위의 점 P에 대하여 선분 AP의 길이를 구하시오.

04

세 점 $A(5,\ 3)$, $B(-1,\ -5)$, $C(a,\ -4)$를 꼭짓점으로 하는 삼각형 ABC의 외심 P의 좌표가 $(2,\ -1)$일 때, 삼각형 ABC의 넓이는? (단, $a>0$)

① 21 ② 25 ③ 29

④ 33 ⑤ 37

05

두 점 $A(-2,\ k)$, $B(4,\ 2k)$와 x축 위의 점 P에 대하여 $\overline{AP}^2+\overline{BP}^2$의 최솟값이 38일 때, 양수 k의 값을 구하시오.

06

세 점 $A(-4,\ 2)$, $B(4,\ a)$, $C(a-4,\ b+2)$에 대하여 선분 AB를 $1:b$로 내분하는 점의 좌표가 $(-2,\ 3)$일 때, 선분 BC를 $1:2$로 내분하는 점의 좌표를 $(m,\ n)$이라 하자. $m+n$의 값은? (단, b는 자연수이다.)

① 1 ② 3 ③ 5

④ 7 ⑤ 9

07

두 점 $A(3, -4)$, $B(2, 3)$에 대하여 직선 AB 위에 $2\overline{AB}=3\overline{BC}$를 만족시키는 점 C가 두 개 존재할 때, 모든 점 C의 x좌표의 합은?

① 2   ② $\dfrac{10}{3}$ ③ 4

④ $\dfrac{14}{3}$ ⑤ 6

08 서술형

네 점 $A(a, 3)$, $B(1, 0)$, $C(4, b)$, $D(6, c)$를 꼭짓점으로 하는 사각형 ABCD가 마름모일 때, 세 자연수 a, b, c에 대하여 abc의 값을 구하시오.

09

세 점 $A(1, 2)$, $B(-2, -2)$, $C(a, -8)$을 꼭짓점으로 하는 삼각형 ABC에서 ∠B의 이등분선이 변 AC와 만나는 점을 D라 할 때, 삼각형 BCD와 삼각형 BAD의 넓이의 비가 2 : 1이다. 양수 a의 값을 구하시오.

10 교육청

세 점 $A(-2, 0)$, $B(0, 4)$, $C(a, b)$를 꼭짓점으로 하는 삼각형 ABC가 있다. $\overline{AC}=\overline{BC}$이고 삼각형 ABC의 무게중심이 y축 위에 있을 때, $a+b$의 값은?

① $\dfrac{1}{2}$ ② 1   ③ $\dfrac{3}{2}$

④ 2   ⑤ $\dfrac{5}{2}$

11

삼각형 ABC에서 꼭짓점 A의 좌표가 $(5, 2)$이고 변 BC의 중점의 좌표가 $(4, -3)$이다. 삼각형 ABC의 무게중심의 좌표가 (a, b)일 때, $a+b$의 값을 구하시오.

12 교육청

곡선 $y=x^2-2x$와 직선 $y=3x+k\,(k>0)$가 두 점 P, Q에서 만난다. 선분 PQ를 $1 : 2$로 내분하는 점의 x좌표가 1일 때, 상수 k의 값을 구하시오.

(단, 점 P의 x좌표는 점 Q의 x좌표보다 작다.)

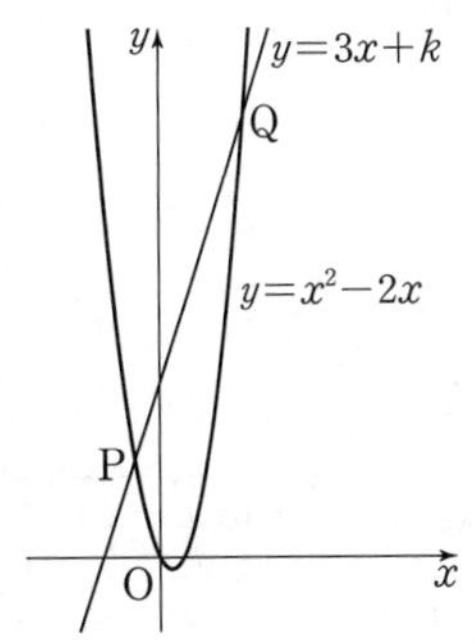

• 정답 및 해설 011쪽

13

세 점 A$(-1, 5)$, B$(7, 1)$, C$(3, -3)$을 꼭짓점으로 하는 삼각형 ABC와 이 삼각형 내부의 임의의 점 P에 대하여 $\overline{AP}^2+\overline{BP}^2+\overline{CP}^2$의 값이 최소가 되도록 하는 점 P의 좌표를 (a, b)라 할 때, $a+b$의 값을 구하시오.

내신 1% 뛰어 넘기

14

수직선 위의 두 점 P$(\sqrt{2})$, Q$(\sqrt{3})$을 이용하여 세 수
$$A=\frac{\sqrt{2}+\sqrt{3}}{2}, B=\frac{\sqrt{2}+2\sqrt{3}}{3}, C=\frac{3\sqrt{2}+\sqrt{3}}{4}$$
사이의 대소 관계로 옳은 것은?

① $A<C<B$ ② $B<A<C$ ③ $B<C<A$
④ $C<A<B$ ⑤ $C<B<A$

15

x, y가 실수일 때,
$$\sqrt{(x-1)^2+(y+6)^2}+\sqrt{(x+2)^2+(y-3)^2}$$
의 최솟값을 구하시오.

16

두 점 A$(-2, 5)$, B$(3, 3)$과 y축 위의 점 P$(0, a)$에 대하여 삼각형 ABP가 이등변삼각형이 되도록 하는 모든 실수 a의 값의 합은?

① 15 ② $\dfrac{65}{4}$ ③ $\dfrac{35}{2}$

④ $\dfrac{75}{4}$ ⑤ 20

17 교육청

좌표평면 위에 세 점 A$(2, 3)$, B$(7, 1)$, C$(4, 5)$가 있다. 직선 AB 위의 점 D에 대하여 점 D를 지나고 직선 BC와 평행한 직선이 직선 AC와 만나는 점을 E라 하자. 삼각형 ABC와 삼각형 ADE의 넓이의 비가 4 : 1이 되도록 하는 모든 점 D의 y좌표의 곱은?

(단, 점 D는 점 A도 아니고 점 B도 아니다.)

① 8 ② $\dfrac{17}{2}$ ③ 9

④ $\dfrac{19}{2}$ ⑤ 10

18

삼각형 ABC의 무게중심 G가 선분 AG의 연장선 위의 점 Q에 대하여 선분 AQ를 1 : 2로 내분하는 점일 때, 삼각형 ABC의 넓이와 삼각형 CGQ의 넓이의 비를 가장 간단한 자연수의 비로 나타내면 $m : n$이다. $m+n$의 값을 구하시오.

II-2

직선의 방정식

 **직선의 방정식**

1 직선의 기울기

(1) 직선이 두 점 (x_1, y_1), (x_2, y_2)를 지날 때

$$(\text{기울기})=\frac{(y\text{의 값의 증가량})}{(x\text{의 값의 증가량})}=\frac{y_2-y_1}{x_2-x_1}$$

(2) 직선이 x축의 양의 방향과 이루는 각의 크기가 θ일 때

$$(\text{기울기})=\tan\theta$$

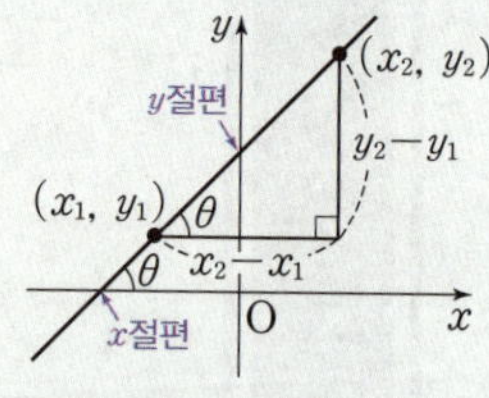

참고 (1) x절편: 직선이 x축과 만나는 점의 x좌표　　(2) y절편: 직선이 y축과 만나는 점의 y좌표

2 직선의 방정식

(1) 기울기가 m이고 y절편이 n인 직선의 방정식

$$y=mx+n$$

(2) 점 (x_1, y_1)을 지나고 기울기가 m인 직선의 방정식

$$y-y_1=m(x-x_1)$$

(3) 서로 다른 두 점 (x_1, y_1), (x_2, y_2)를 지나는 직선의 방정식

① $x_1\neq x_2$일 때, $y-y_1=\dfrac{y_2-y_1}{x_2-x_1}(x-x_1)$

② $x_1=x_2$일 때, $x=x_1$

(4) x절편이 a, y절편이 b인 직선의 방정식

$$\frac{x}{a}+\frac{y}{b}=1 \ (\text{단}, \ a\neq 0, \ b\neq 0)$$

 **직선의 방정식**

(2) 좌표평면 위의 점 $\mathrm{A}(x_1, y_1)$을 지나고 기울기가 m인 직선의 방정식을 구해 보자.

구하는 직선의 방정식을

$$y=mx+n \quad \cdots\cdots \ \unicode{x24D8}$$

이라 하면 직선 ㉠은 점 $\mathrm{A}(x_1, y_1)$을 지나므로

$$y_1=mx_1+n$$

위의 식을 ㉠에 대입하여 정리하면 → ㉠에 $n=y_1-mx_1$을 대입하여 n을 소거한다.

$$y-y_1=m(x-x_1)$$

(3) 좌표평면 위의 서로 다른 두 점 $\mathrm{A}(x_1, y_1)$, $\mathrm{B}(x_2, y_2)$를 지나는 직선의 방정식을 구해 보자.

① $x_1\neq x_2$일 때

구하는 직선의 기울기를 m이라 하면 $m=\dfrac{y_2-y_1}{x_2-x_1}$이고, 이 직선은

점 $\mathrm{A}(x_1, y_1)$을 지나므로 직선의 방정식은

$$y-y_1=\frac{y_2-y_1}{x_2-x_1}(x-x_1)$$

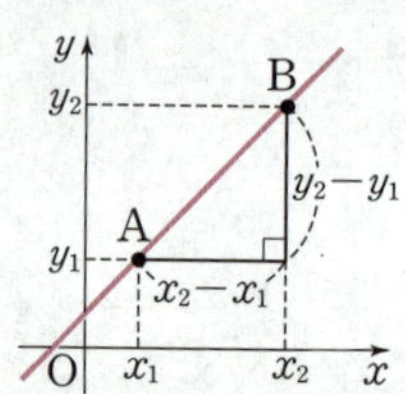

② $x_1=x_2$일 때

구하는 직선은 y축에 평행하고 직선 위의 모든 점의 x좌표는 x_1이므로 직선의 방정식은 (x축에 수직)

$$x=x_1$$

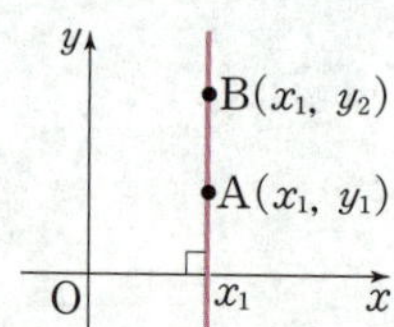

(4) x절편이 a, y절편이 b $(a\neq0, b\neq0)$인 직선의 방정식을 구해 보자.

두 점 $(a, 0)$, $(0, b)$를 지나는 직선과 같으므로 구하는 직선의 방정식은

$$y-0=\frac{b-0}{0-a}(x-a) \qquad \therefore y=-\frac{b}{a}x+b$$

위의 식의 양변을 b로 나누면

$$\frac{y}{b}=-\frac{x}{a}+1 \qquad \therefore \frac{x}{a}+\frac{y}{b}=1$$

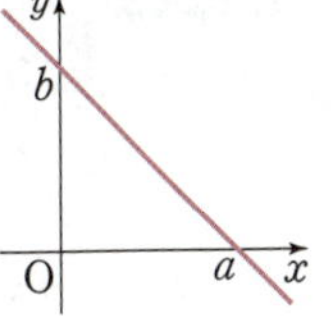

example

(1) 기울기가 3이고 점 $(2, -1)$을 지나는 직선의 방정식은
$$y-(-1)=3(x-2) \qquad \therefore y=3x-7$$

(2) 두 점 $(-1, 7)$, $(4, -3)$을 지나는 직선의 방정식은
$$y-7=\frac{(-3)-7}{4-(-1)}\{x-(-1)\} \qquad \therefore y=-2x+5$$

(3) x절편이 -2, y절편이 6인 직선의 방정식은
$$\frac{x}{-2}+\frac{y}{6}=1, \quad -3x+y=6 \qquad \therefore y=3x+6$$

참고 **좌표축에 평행 또는 수직인 직선의 방정식**

점 (x_1, y_1)을 지나고

(1) y축에 평행한(x축에 수직인) 직선의 방정식은
$$x=x_1 \rightarrow y축을 직선의 방정식으로 나타내면 x=0$$

(2) x축에 평행한(y축에 수직인) 직선의 방정식은
$$y=y_1 \rightarrow x축을 직선의 방정식으로 나타내면 y=0$$

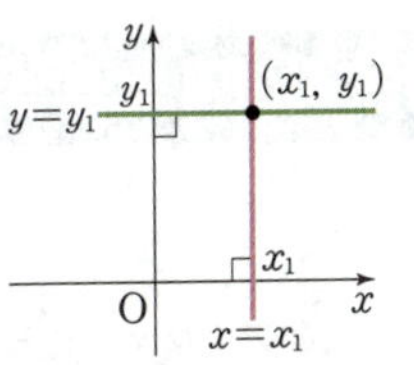

example

(1) 점 $(5, -1)$을 지나고 y축에 평행한 직선을 구해 보자.

y의 값에 관계없이 x의 값이 5로 일정하므로 직선의 방정식은
$$x=5$$

(2) 점 $(2, 3)$을 지나고 x축에 평행한 직선을 구해 보자.

x의 값에 관계없이 y의 값이 3으로 일정하므로 직선의 방정식은
$$y=3$$

2. 일차방정식 $ax+by+c=0$이 나타내는 도형

직선의 방정식은 x, y에 대한 일차방정식 $ax+by+c=0$ $(a\neq0$ 또는 $b\neq0)$ 꼴로 나타낼 수 있다. 거꾸로 x, y에 대한 일차방정식 $ax+by+c=0$ $(a\neq0$ 또는 $b\neq0)$이 나타내는 도형은 직선이다.

설명

x, y에 대한 일차방정식 $ax+by+c=0$ $(a\neq0$ 또는 $b\neq0)$이 나타내는 도형은 a, b의 값에 따라 다음과 같다.

(i) $a\neq0$, $b\neq0$일 때

$by=-ax-c$에서 $y=-\frac{a}{b}x-\frac{c}{b}$이므로 기울기가 $-\frac{a}{b}$, y절편이 $-\frac{c}{b}$인 직선이다. →
$$\longmapsto y=mx+n \text{ 꼴}$$

(ii) $a\neq0$, $b=0$일 때

$ax+c=0$에서 $x=-\frac{c}{a}$이므로 y축에 평행한 직선이다. →
$$\longmapsto x=x_1 \text{ 꼴}$$

(iii) $a=0$, $b\neq0$일 때
$$\longmapsto y=y_1 \text{ 꼴}$$

$by+c=0$에서 $y=-\frac{c}{b}$이므로 x축에 평행한 직선이다. →

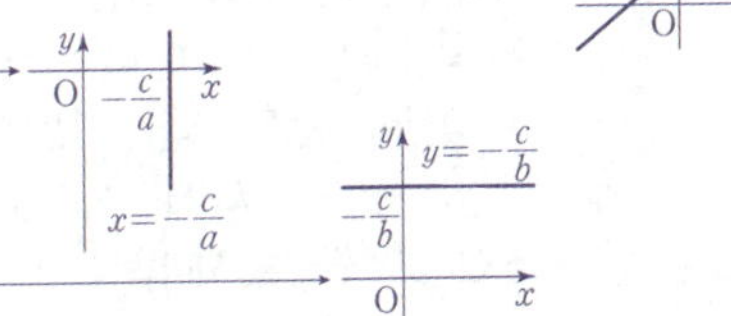

(i), (ii), (iii)에서 x, y에 대한 일차방정식 $ax+by+c=0$ $(a\neq0$ 또는 $b\neq0)$이 나타내는 도형은 항상 직선이다.

(1) 일차방정식 $2x-y+3=0$이 나타내는 도형을 좌표평면 위에 나타내면 [그림 1]과 같다.

(2) 일차방정식 $4x-8=0$이 나타내는 도형을 좌표평면 위에 나타내면 [그림 2]와 같다.

(3) 일차방정식 $3y+5=0$이 나타내는 도형을 좌표평면 위에 나타내면 [그림 3]과 같다.

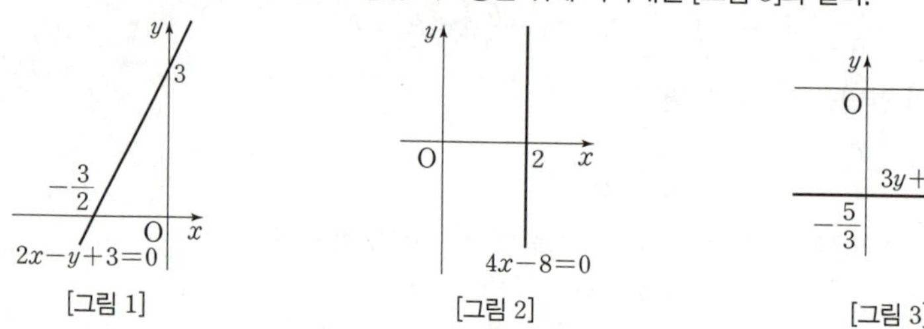

참고 일차방정식 $ax+by+c=0$ ($a\neq0$ 또는 $b\neq0$)은 모든 직선을 나타낼 수 있지만
일차방정식 $y=ax+b$는 $x=x_1$ 꼴, 즉 <u>y축에 평행한 직선은 나타낼 수 없다.</u>
$\rightarrow$ a, b가 어떤 값을 갖더라도 y가 남는다.

3 두 직선의 교점을 지나는 직선의 방정식

1 정점을 지나는 직선

두 직선 $ax+by+c=0$, $a'x+b'y+c'=0$이 한 점에서 만날 때, 방정식
$$ax+by+c+k(a'x+b'y+c')=0$$
의 그래프는 실수 k의 값에 관계없이 항상 두 직선
$$ax+by+c=0,\ a'x+b'y+c'=0$$
의 교점을 지나는 직선이다.

참고 두 직선 $ax+by+c=0$, $a'x+b'y+c'=0$이 서로 평행한 경우에는
방정식 $ax+by+c+k(a'x+b'y+c')=0$이 두 직선의 교점을 지나는 직선이 될 수 없으므로
위의 개념은 두 직선이 한 점에서 만나는 경우에만 생각한다.

2 두 직선의 교점을 지나는 직선의 방정식

두 직선 $ax+by+c=0$, $a'x+b'y+c'=0$의 교점을 지나는 직선 중
직선 $a'x+b'y+c'=0$을 제외한 직선의 방정식은
$$ax+by+c+k(a'x+b'y+c')=0 \ (\text{단, }k\text{는 실수})$$
이때 k가 어떤 값을 갖더라도 직선 $a'x+b'y+c'=0$을 나타낼 수 없다.

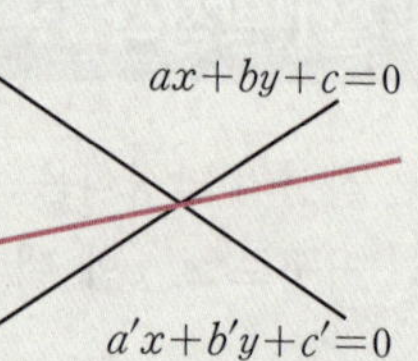

(1) 직선 $(x+2y-5)+k(x+y-3)=0$이 실수 k의 값에 관계없이 항상 지나는 점의 좌표를 구해 보자.

$(x+2y-5)+k(x+y-3)=0$이 <u>k의 값에 관계없이 항상 성립</u>해야 하므로
$\rightarrow$ k에 대한 항등식
$$x+2y-5=0,\ x+y-3=0$$
위의 두 식을 연립하여 풀면
$$x=1,\ y=2$$
따라서 구하는 점의 좌표는 $(1,\ 2)$이다.

(2) 두 직선 $x+y-3=0$, $4x+3y-1=0$의 교점과 원점을 지나는 직선의 방정식을 구해 보자.

두 직선의 교점을 지나는 직선의 방정식은
$$x+y-3+k(4x+3y-1)=0 \ (\text{단, }k\text{는 실수}) \quad \cdots\cdots ㉠$$
직선 ㉠이 원점을 지나므로 $\rightarrow$ ㉠에 $x=0$, $y=0$을 대입
$$-3-k=0 \quad \therefore k=-3$$
$k=-3$을 ㉠에 대입하여 정리하면 구하는 직선의 방정식은
$$11x+8y=0$$

한 점과 기울기가 주어진 직선의 방정식

필수 예제 01

다음 직선의 방정식을 구하시오.

(1) 점 $\left(\dfrac{\sqrt{3}}{3},\ 2\right)$를 지나고 x축의 양의 방향과 이루는 각의 크기가 $60°$인 직선

(2) 두 점 $A(-5,\ -1)$, $B(3,\ 2)$에 대하여 선분 AB를 $2:1$로 내분하는 점을 지나고 기울기가 3인 직선

풀이

(**Tip**) (1) 직선이 x축의 양의 방향과 이루는 각의 크기를 θ라 할 때, 직선의 기울기는 $\tan\theta$이다.

(2) 내분점 공식을 이용하여 직선이 지나는 한 점의 좌표를 구한다.

(1) x축의 양의 방향과 이루는 각의 크기가 $60°$이므로 구하는 직선의 기울기는

$$\tan 60° = \sqrt{3}$$

따라서 점 $\left(\dfrac{\sqrt{3}}{3},\ 2\right)$를 지나고 기울기가 $\sqrt{3}$인 직선의 방정식은

$$y-2=\sqrt{3}\left(x-\dfrac{\sqrt{3}}{3}\right) \qquad \therefore\ y=\sqrt{3}x+1$$

(2) 선분 AB를 $2:1$로 내분하는 점의 좌표는

$$\left(\dfrac{2\times3+1\times(-5)}{2+1},\ \dfrac{2\times2+1\times(-1)}{2+1}\right) \qquad \therefore\ \left(\dfrac{1}{3},\ 1\right)$$

따라서 점 $\left(\dfrac{1}{3},\ 1\right)$을 지나고 기울기가 3인 직선의 방정식은

$$y-1=3\left(x-\dfrac{1}{3}\right) \qquad \therefore\ y=3x$$

답 (1) $y=\sqrt{3}x+1$　(2) $y=3x$

필수 공략　점 $(x_1,\ y_1)$을 지나고 기울기가 m인 직선의 방정식은
$$y-y_1=m(x-x_1)$$

● 정답 및 해설 013쪽

숫자 바꾼

유제 01-❶　다음 직선의 방정식을 구하시오.

(1) 점 $(3,\ 2\sqrt{3})$을 지나고 x축의 양의 방향과 이루는 각의 크기가 $30°$인 직선

(2) 두 점 $A(1,\ 7)$, $B(5,\ -1)$에 대하여 선분 AB의 중점을 지나고 기울기가 2인 직선

유제 01-❷　점 $(-3,\ 5)$를 지나고 기울기가 $-\dfrac{1}{3}$인 직선과 x축, y축으로 둘러싸인 도형의 넓이를 구하시오.

유제 01-❸　두 점 $(-a,\ 4)$, $(a,\ 6)$을 지나고 기울기가 1인 직선의 방정식을 구하시오.

두 점을 지나는 직선의 방정식

두 점 $A(-1, 3)$, $B(2, 6)$에 대하여 선분 AB를 $1 : 2$로 내분하는 점과 점 $(4, 2)$를 지나는 직선의 방정식을 구하시오.

풀이

(**Tip**) 내분점 공식을 이용하여 구한 점과 점 $(4, 2)$를 지나는 직선의 방정식을 구한다.

선분 AB를 $1 : 2$로 내분하는 점의 좌표는

$$\left(\frac{1 \times 2 + 2 \times (-1)}{1+2},\ \frac{1 \times 6 + 2 \times 3}{1+2} \right) \qquad \therefore\ (0, 4)$$

따라서 두 점 $(0, 4)$, $(4, 2)$를 지나는 직선의 방정식은

$$y - 4 = \frac{2-4}{4-0}(x-0) \qquad \therefore\ y = -\frac{1}{2}x + 4$$

답 $y = -\dfrac{1}{2}x + 4$

필수 공략

(1) 서로 다른 두 점 (x_1, y_1), (x_2, y_2)를 지나는 직선의 방정식은

① $x_1 \neq x_2$일 때, $y - y_1 = \dfrac{y_2 - y_1}{x_2 - x_1}(x - x_1)$

② $x_1 = x_2$일 때, $x = x_1$

(2) x절편이 a, y절편이 b인 직선의 방정식은

$$\frac{x}{a} + \frac{y}{b} = 1 \ (\text{단, } a \neq 0, \ b \neq 0)$$

● 정답 및 해설 013쪽

조건 바꾼

유제 02-❶ 세 점 $A(-3, 5)$, $B(-1, 4)$, $C(4, 0)$을 꼭짓점으로 하는 삼각형 ABC의 무게중심 G와 점 B를 지나는 직선의 방정식을 구하시오.

유제 02-❷ x절편이 2, y절편이 -3인 직선이 점 $(6, a)$를 지날 때, a의 값을 구하시오.

유제 02-❸
교육청 두 점 $(-1, 2)$, $(2, a)$를 지나는 직선이 y축과 점 $(0, 5)$에서 만날 때, a의 값은?

① 5 　　② 7 　　③ 9 　　④ 11 　　⑤ 13

필수 예제 03 — 세 점이 한 직선 위에 있을 조건

세 점 $A(-1, 1)$, $B(3, 5)$, $C(a, 3a)$가 한 직선 위에 있도록 하는 a의 값을 구하시오.

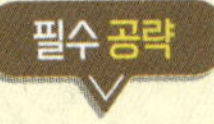

(Tip) (직선 AB의 기울기)=(직선 BC의 기울기)임을 이용한다.

세 점 A, B, C가 한 직선 위에 있으려면 직선 AB와 직선 BC의 기울기가 같아야 하므로

$$\frac{5-1}{3-(-1)}=\frac{3a-5}{a-3} \text{에서 } 1=\frac{3a-5}{a-3}$$

↳ 직선 AB의 기울기 ↳ 직선 BC의 기울기

↳ 세 직선 AB, BC, CA 중에서 두 직선을 택하여 기울기를 비교한다.

$a-3=3a-5$, $2a=2$

$\therefore a=1$

| 다른 풀이 |

세 점 A, B, C가 한 직선 위에 있으려면 두 점 A, B를 지나는 직선이 점 C를 지나야 한다.

두 점 $A(-1, 1)$, $B(3, 5)$를 지나는 직선의 방정식은

$$y-1=\frac{5-1}{3-(-1)}\{x-(-1)\} \qquad \therefore y=x+2$$

위의 직선이 점 $C(a, 3a)$를 지나므로

$3a=a+2$, $2a=2$

$\therefore a=1$

답 1

필수 공략

세 점 A, B, C가 한 직선 위에 있으면
➡ (직선 AB의 기울기)=(직선 BC의 기울기)=(직선 CA의 기울기)
   즉, 어느 두 점을 택하여 기울기를 구해도 그 값은 항상 같다.

참고 세 점 중 두 점의 좌표가 주어진 경우 두 점을 지나는 직선이 나머지 한 점을 지남을 이용해도 된다.

• 정답 및 해설 013쪽

숫자 바꾼

유제 03-❶ 세 점 $A(1, 1)$, $B(2, a)$, $C(a-2, 9)$가 한 직선 위에 있도록 하는 양수 a의 값을 구하시오.

유제 03-❷ 세 점 $A(a, -a)$, $B(3-a, -4)$, $C(4a, -10)$이 한 직선 위에 있도록 하는 모든 a의 값의 합을 구하시오.

유제 03-❸ 세 점 $A(-1, 5)$, $B(a-1, 6)$, $C(2a, 1)$을 꼭짓점으로 하는 삼각형이 존재하지 않도록 하는 a의 값을 구하시오.

도형의 넓이를 이등분하는 직선의 방정식

세 점 $A(0, 3)$, $B(-1, -1)$, $C(5, 5)$를 꼭짓점으로 하는 삼각형 ABC가 있다. 점 A를 지나고 삼각형 ABC의 넓이를 이등분하는 직선의 방정식을 구하시오.

풀이

(Tip) 삼각형의 한 꼭짓점과 그 꼭짓점의 대변의 중점을 지나는 직선은 삼각형의 넓이를 이등분한다.

점 A를 지나는 직선이 삼각형 ABC의 넓이를 이등분하려면 선분 BC의 중점을 지나야 한다.

선분 BC의 중점을 M이라 하면 점 M의 좌표는

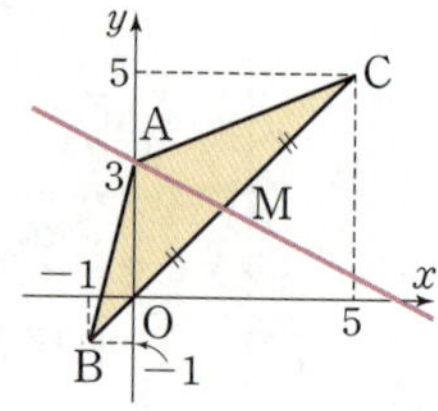

$$\left(\frac{(-1)+5}{2}, \frac{(-1)+5}{2} \right) \qquad \therefore M(2, 2)$$

따라서 두 점 $A(0, 3)$, $M(2, 2)$를 지나는 직선의 방정식은

$$y - 3 = \frac{2-3}{2-0}(x-0) \qquad \therefore y = -\frac{1}{2}x + 3$$

답 $y = -\frac{1}{2}x + 3$

필수 공략

도형의 넓이를 이등분하는 직선은 다음과 같다.

(1) 삼각형의 한 꼭짓점을 지나고 삼각형의 넓이를 이등분하는 직선
➡ 삼각형의 한 꼭짓점과 그 꼭짓점의 대변의 중점을 지나는 직선

(2) 마름모, 직사각형, 정사각형의 넓이를 이등분하는 직선
➡ 마름모, 직사각형, 정사각형의 두 대각선의 교점을 지나는 직선

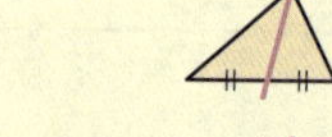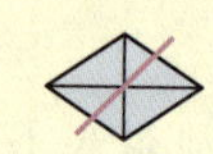

• 정답 및 해설 014쪽

숫자 바꾼

유제 **04-❶** 직선 $y = mx$가 세 점 $O(0, 0)$, $A(-1, 3)$, $B(5, -2)$를 꼭짓점으로 하는 삼각형 OAB의 넓이를 이등분할 때, 상수 m의 값을 구하시오.

유제 **04-❷** 오른쪽 그림과 같이 좌표평면 위에 직사각형 ABCD가 놓여 있다. 점 $(0, 2)$를 지나고 직사각형 ABCD의 넓이를 이등분하는 직선의 방정식을 구하시오.

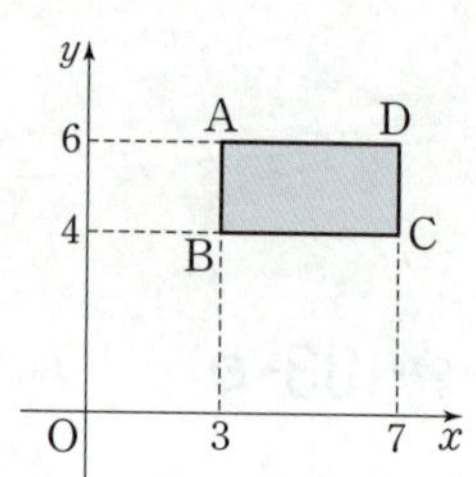

유제 **04-❸** **교육청** 네 직선 $x=1$, $x=3$, $y=-1$, $y=4$로 둘러싸인 도형의 넓이를 일차함수 $y=ax$의 그래프가 이등분할 때, 상수 a의 값은?

① $\frac{1}{4}$ 　　② $\frac{1}{2}$ 　　③ $\frac{3}{4}$ 　　④ 1 　　⑤ $\frac{5}{4}$

필수 예제 05 직선의 개형

$ab>0$, $bc<0$일 때, 직선 $ax+by+c=0$이 지나는 사분면을 모두 말하시오.

풀이

(**Tip**) 직선의 방정식을 $y=-\dfrac{a}{b}x-\dfrac{c}{b}$ 꼴로 변형한 후 주어진 조건을 이용하여 기울기와 y절편의 부호를 알아본다.

$ab>0$, $bc<0$에서 $b\neq0$이므로 $ax+by+c=0$에서

$$y=-\frac{a}{b}x-\frac{c}{b}$$

└→ b, c의 부호가 서로 다르다.

$ab>0$, $bc<0$에서 $-\dfrac{a}{b}<0$, $-\dfrac{c}{b}>0$

└→ a, b의 부호가 서로 같다.

즉, 직선 $ax+by+c=0$의 기울기는 음수이고 y절편은 양수이므로 직선의 개형은 오른쪽 그림과 같다.

따라서 직선은 제1, 2, 4사분면을 지난다.

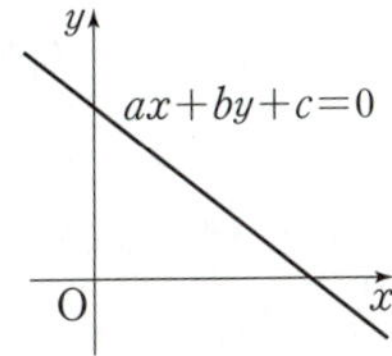

답 제1, 2, 4사분면

필수 공략

직선 $ax+by+c=0$의 개형을 파악할 때

➡ $y=-\dfrac{a}{b}x-\dfrac{c}{b}$ 꼴로 변형하여 기울기 $-\dfrac{a}{b}$와 y절편 $-\dfrac{c}{b}$의 부호를 확인한다.

참고 (1) $ab>0$이면 a, b의 부호가 서로 같으므로 $\dfrac{b}{a}>0$, $\dfrac{a}{b}>0$

(2) $ab<0$이면 a, b의 부호가 서로 다르므로 $\dfrac{b}{a}<0$, $\dfrac{a}{b}<0$

• 정답 및 해설 014쪽

유제 05-❶ $c=0$, $ab>0$일 때, 직선 $ax+by+c=0$이 지나는 사분면을 모두 말하시오.

유제 05-❷ $ab<0$, $ac>0$일 때, 직선 $ax+by+c=0$이 지나지 않는 사분면을 말하시오.

유제 05-❸ $ab=0$, $ac>0$일 때, 직선 $ax+by+c=0$의 개형은?

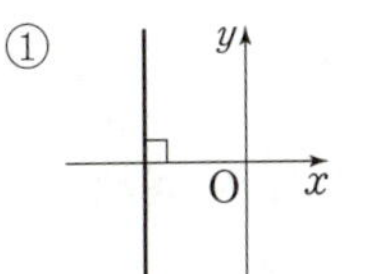
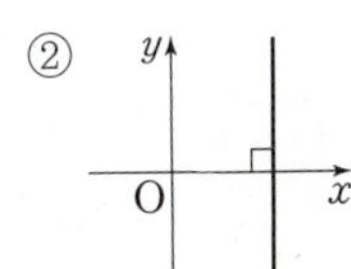
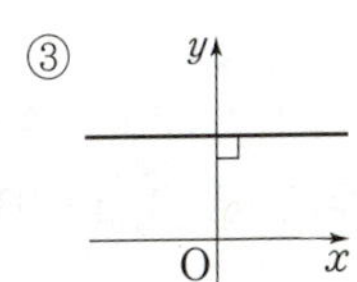
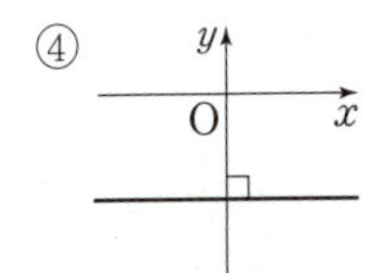
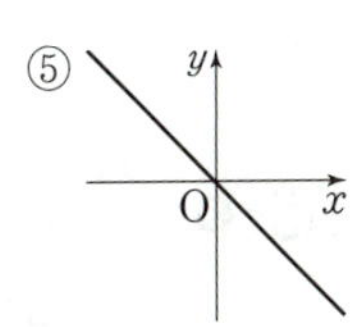

정점을 지나는 직선의 방정식

방정식 $(2k+1)x+(k-1)y-8k-1=0$이 나타내는 직선이 실수 k의 값에 관계없이 항상 지나는 점의 좌표를 구하시오.

풀이

(Tip) 먼저 주어진 식을 k에 대하여 정리한 후 k에 대한 항등식임을 이용한다.

주어진 식을 k에 대하여 정리하면

$(x-y-1)+k(2x+y-8)=0$

위의 식이 k의 값에 관계없이 항상 성립하려면

$x-y-1=0,\ 2x+y-8=0$

위의 두 식을 연립하여 풀면

$x=3,\ y=2$

따라서 구하는 점의 좌표는 $(3, 2)$이다.

답 $(3, 2)$

필수 공략

k의 값에 관계없이 항상 지나는 점의 좌표는 다음과 같은 순서로 구한다.
❶ 주어진 식을 k에 대하여 정리한다.
❷ 항등식의 성질을 이용하여 점의 좌표를 구한다.

• 정답 및 해설 014쪽

유제 06-❶ 직선 $(m+3)x-(5m+1)y+9m-1=0$이 실수 m의 값에 관계없이 항상 점 (p, q)를 지날 때, $p+q$의 값을 구하시오.

유제 06-❷ 직선 $(k+3)x-(k+2)y+3k+2=0$이 실수 k의 값에 관계없이 항상 지나는 점과 점 $(-2, -1)$ 사이의 거리를 구하시오.

유제 06-❸ 직선 $y=m(x-2)+5$가 두 점 $A(3, 1)$, $B(4, 4)$를 이은 선분 AB와 한 점에서 만나도록 하는 정수 m의 개수를 구하시오.

필수 예제 **07** 두 직선의 교점을 지나는 직선의 방정식

두 직선 $3x+2y=0$, $x+4y-2=0$의 교점과 점 $(1, 2)$를 지나는 직선의 방정식을 구하시오.

풀이

(Tip) 두 직선의 교점을 지나는 직선의 방정식 또는 두 직선의 교점의 좌표를 이용한다.

방법 ❶ 두 직선의 교점을 지나는 직선의 방정식을 이용

두 직선의 교점을 지나는 직선의 방정식은

$(3x+2y)+k(x+4y-2)=0$ (단, k는 실수) …… ㉠

직선 ㉠이 점 $(1, 2)$를 지나므로

$(3\times1+2\times2)+k(1+4\times2-2)=0$, $7+7k=0$ $\therefore k=-1$

$k=-1$을 ㉠에 대입하면 구하는 직선의 방정식은

$(3x+2y)-(x+4y-2)=0$

$\therefore x-y+1=0$

방법 ❷ 두 직선의 교점의 좌표를 이용

$3x+2y=0$, $x+4y-2=0$을 연립하여 풀면

$x=-\dfrac{2}{5}$, $y=\dfrac{3}{5}$

즉, 두 직선의 교점의 좌표는 $\left(-\dfrac{2}{5},\ \dfrac{3}{5}\right)$이다.

따라서 두 점 $\left(-\dfrac{2}{5},\ \dfrac{3}{5}\right)$, $(1, 2)$를 지나는 직선의 방정식은

$$y-2=\frac{2-\dfrac{3}{5}}{1-\left(-\dfrac{2}{5}\right)}(x-1) \qquad \therefore x-y+1=0$$

답 $x-y+1=0$

필수 공략 **두 직선 $ax+by+c=0$, $a'x+b'y+c'=0$의 교점을 지나는 직선의 방정식 구하기**

방법 ❶ 직선의 방정식 $ax+by+c+k(a'x+b'y+c')=0$ (k는 실수)을 이용한다.

방법 ❷ 두 직선의 방정식을 연립하여 구한 두 직선의 교점의 좌표를 이용한다.

• 정답 및 해설 015쪽

유제 07-❶ 두 직선 $2x-y+2=0$, $x-3y+5=0$의 교점과 점 $(1, 3)$을 지나는 직선의 방정식이 $ax+by+11=0$일 때, 두 상수 a, b에 대하여 $a+b$의 값을 구하시오.

유제 07-❷ 두 직선 $x+y-3=0$, $3x-y+5=0$의 교점을 지나고 기울기가 2인 직선의 방정식을 구하시오.

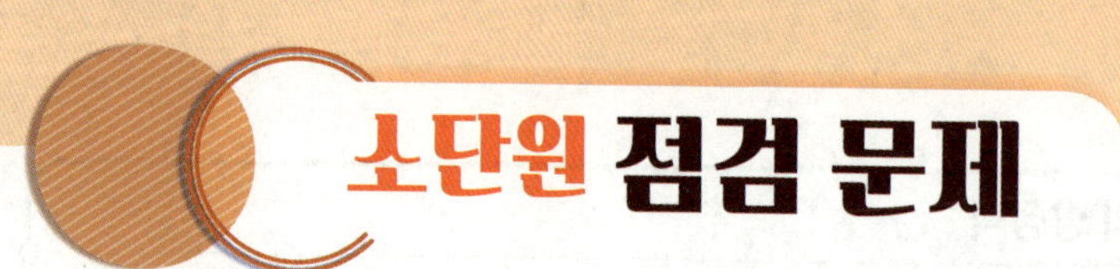

소단원 점검 문제

한 점과 기울기가 주어진 직선의 방정식

01 두 직선 $x=2$, $y=3$이 이루는 각을 이등분하는 직선 중 기울기가 양수인 직선의 x절편과 y절편의 곱은?

① -2 ② -1 ③ 1 ④ 2 ⑤ 4

한 점과 기울기가 주어진 직선의 방정식

02  오른쪽 그림과 같이 좌표평면의 제1사분면에 있는 정사각형 ABCD의 모든 변은 x축 또는 y축에 평행하다. 두 점 A, C는 각각 이차함수 $y=x^2$, $y=\dfrac{1}{2}x^2$의 그래프 위에 있고, 점 A의 y좌표는 점 C의 y좌표보다 크다. 직선 AC가 점 $(2, 3)$을 지날 때, 직선 AC의 y절편은?

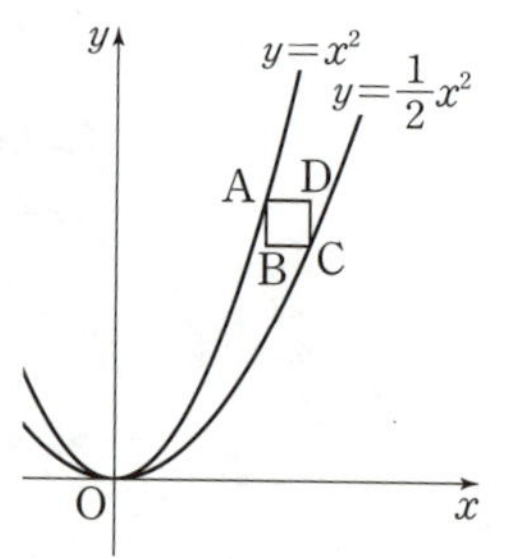

① 3 ② $\dfrac{7}{2}$ ③ 4 ④ $\dfrac{9}{2}$ ⑤ 5

두 점을 지나는 직선의 방정식

03 점 $(4, -2)$를 지나는 직선의 y절편이 x절편의 2배일 때, 이 직선의 방정식을 구하시오.

(단, x절편은 0이 아니다.)

세 점이 한 직선 위에 있을 조건

04 점 $A(6, -3)$이 두 점 $B(2, 1)$, $C(a, 2a-1)$을 지나는 직선 위에 있을 때, a의 값은?

① $\dfrac{1}{3}$ ② $\dfrac{2}{3}$ ③ 1 ④ $\dfrac{4}{3}$ ⑤ $\dfrac{5}{3}$

도형의 넓이를 이등분하는 직선의 방정식

05 오른쪽 그림과 같이 네 점 $O(0, 0)$, $A(1, 6)$, $B(4, 6)$, $C(3, 0)$을 꼭짓점으로 하는 평행사변형 $AOCB$가 있다. 점 $(-1, 0)$을 지나고 평행사변형 $AOCB$의 넓이를 이등분하는 직선의 방정식을 구하시오.

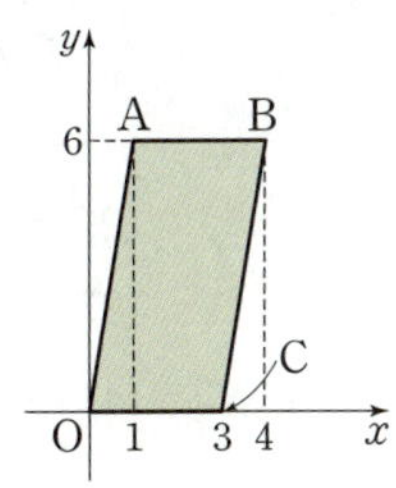

직선의 개형

06 직선 $ax+by+c=0$의 개형이 오른쪽 그림과 같을 때, 직선 $bx-cy-a=0$이 지나지 않는 사분면을 말하시오.

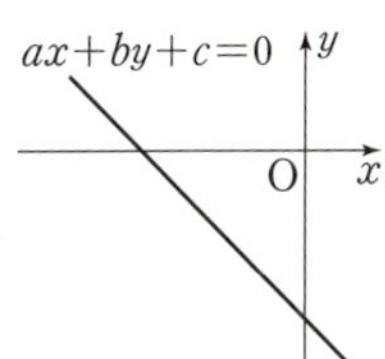

정점을 지나는 직선의 방정식

07 직선 $y=m(x+1)-3$이 네 점 $O(0, 0)$, $A(0, 3)$, $B(2, 3)$, $C(2, 0)$을 꼭짓점으로 하는 직사각형 $AOCB$와 만나도록 하는 실수 m의 값의 범위가 $a \le m \le b$일 때, $a+b$의 값은?

① 5　　　　② 6　　　　③ 7　　　　④ 8　　　　⑤ 9

두 직선의 교점을 지나는 직선의 방정식

08 직선 $5x-6y+11=0$이 두 직선 $3x+4y-1=0$, $ax+3y-1=0$의 교점을 지날 때, 상수 a의 값은?

① $\dfrac{1}{2}$　　　　② 1　　　　③ $\dfrac{3}{2}$　　　　④ 2　　　　⑤ $\dfrac{5}{2}$

 **두 직선의 위치 관계**

1 두 직선의 위치 관계; $y=mx+n$ 꼴

두 직선 $y=mx+n$, $y=m'x+n'$에 대하여

(1) 두 직선이 서로 평행하다. $\Longleftrightarrow m=m'$, $n\neq n'$ → 기울기는 같고 y절편이 다르다.

(2) 두 직선이 일치한다. $\Longleftrightarrow m=m'$, $n=n'$ → 기울기가 같고 y절편도 같다.

(3) 두 직선이 한 점에서 만난다. $\Longleftrightarrow m\neq m'$ → 기울기가 다르다.

(4) 두 직선이 서로 수직이다. $\Longleftrightarrow mm'=-1$ → 기울기의 곱이 -1이다.
  └ 두 직선이 한 점에서 만나는 경우 중 특수한 경우이다.

 한 평면 위에서 두 직선 사이의 위치 관계는 다음과 같다.

(1) 평행하다.   (2) 일치한다.   (3) 한 점에서 만난다.

이때 두 직선 $y=mx+n$, $y=m'x+n'$의 위치 관계를 기울기와 y절편을 비교하여 알아보자.

(1) 두 직선이 서로 평행하면 기울기는 같고 y절편은 다르므로 $m=m'$이고 $n\neq n'$이다.

     또한, $m=m'$이고 $n\neq n'$이면 두 직선은 서로 평행하다.

(2) 두 직선이 일치하면 기울기가 같고 y절편도 같으므로 $m=m'$이고 $n=n'$이다.

     또한, $m=m'$이고 $n=n'$이면 두 직선은 일치한다.

(3) 두 직선이 한 점에서 만나면 기울기는 다르므로 $m\neq m'$이다.

     또한, $m\neq m'$이면 두 직선은 한 점에서 만난다.

(4) 두 직선이 한 점에서 만나는 경우 중 특수한 경우인 두 직선이 서로 수직일 때를 알아보자.

     두 직선 $y=mx+n$, $y=m'x+n'$이 서로 수직이면 두 직선에 각각 평행하고 원점을 지나는 두 직선 $y=mx$, $y=m'x$도 서로 수직이다.

     오른쪽 그림과 같이 서로 수직인 두 직선 $y=mx$, $y=m'x$와 직선 $x=1$의 교점을 각각 P, Q라 하면 $\mathrm{P}(1, m)$, $\mathrm{Q}(1, m')$이다.

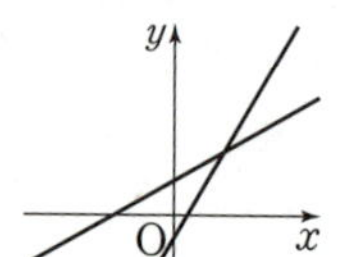

     이때 삼각형 POQ는 직각삼각형이므로 피타고라스 정리에 의하여
$$\overline{\mathrm{OP}}^2+\overline{\mathrm{OQ}}^2=\overline{\mathrm{PQ}}^2,\ (1+m^2)+(1+m'^2)=(m-m')^2$$
$$\therefore mm'=-1$$

     또한, $mm'=-1$이면 $\overline{\mathrm{OP}}^2+\overline{\mathrm{OQ}}^2=\overline{\mathrm{PQ}}^2$이므로 삼각형 POQ는 $\angle\mathrm{POQ}=90°$인 직각삼각형이다.

     따라서 $mm'=-1$이면 두 선분 OP, OQ가 서로 수직이므로 두 직선 $y=mx$, $y=m'x$는 서로 수직이고, 두 직선 $y=mx+n$, $y=m'x+n'$도 서로 수직이다.

> **example** 두 직선 $y=x+2$, $y=ax+3$의 위치 관계가 다음과 같을 때, 실수 a의 값을 구해 보자.
>
> (1) 두 직선이 서로 평행
>   두 직선의 기울기가 서로 같아야 하므로
> $$a=1$$
> (2) 두 직선이 서로 수직
>   두 직선의 기울기의 곱이 -1이어야 하므로
> $$1\times a=-1 \quad \therefore a=-1$$

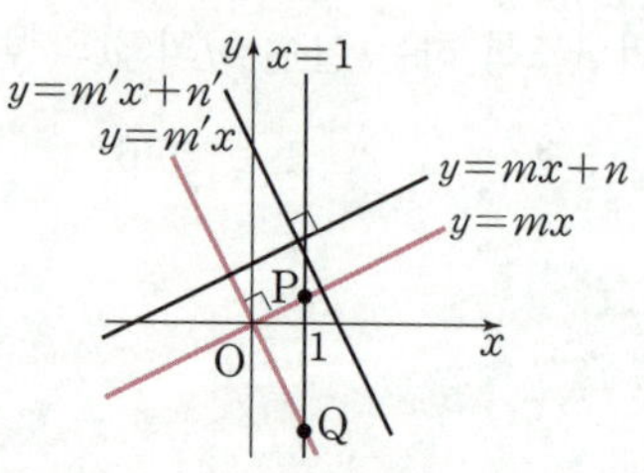

② 두 직선의 위치 관계; $ax+by+c=0$ 꼴

두 직선 $ax+by+c=0$, $a'x+b'y+c'=0$에 대하여

(1) 두 직선이 서로 평행하다. $\Longleftrightarrow \dfrac{a}{a'}=\dfrac{b}{b'}\neq\dfrac{c}{c'}$

(2) 두 직선이 일치한다. $\Longleftrightarrow \dfrac{a}{a'}=\dfrac{b}{b'}=\dfrac{c}{c'}$

(3) 두 직선이 한 점에서 만난다. $\Longleftrightarrow \dfrac{a}{a'}\neq\dfrac{b}{b'}$

(4) 두 직선이 서로 수직이다. $\Longleftrightarrow aa'+bb'=0$

 **설명**

두 직선의 방정식 $ax+by+c=0$, $a'x+b'y+c'=0$의 x, y의 계수가 모두 0이 아닐 때
$$y=-\frac{a}{b}x-\frac{c}{b},\ y=-\frac{a'}{b'}x-\frac{c'}{b'}$$

으로 변형하면 두 직선의 기울기는 각각 $-\dfrac{a}{b}$, $-\dfrac{a'}{b'}$이고 y절편은 각각 $-\dfrac{c}{b}$, $-\dfrac{c'}{b'}$이다.

(1) 두 직선이 서로 평행하면 ➡ $-\dfrac{a}{b}=-\dfrac{a'}{b'}$, $-\dfrac{c}{b}\neq-\dfrac{c'}{b'}$이므로 $\dfrac{a}{a'}=\dfrac{b}{b'}\neq\dfrac{c}{c'}$

(2) 두 직선이 일치하면 ➡ $-\dfrac{a}{b}=-\dfrac{a'}{b'}$, $-\dfrac{c}{b}=-\dfrac{c'}{b'}$이므로 $\dfrac{a}{a'}=\dfrac{b}{b'}=\dfrac{c}{c'}$

(3) 두 직선이 한 점에서 만나면 ➡ $-\dfrac{a}{b}\neq-\dfrac{a'}{b'}$이므로 $\dfrac{a}{a'}\neq\dfrac{b}{b'}$

(4) 두 직선이 서로 수직이면 ➡ $\left(-\dfrac{a}{b}\right)\times\left(-\dfrac{a'}{b'}\right)=-1$이므로 $aa'+bb'=0$

example

(1) 두 직선 $x-4y+3=0$, $-x+4y-2=0$은 $\dfrac{1}{-1}=\dfrac{-4}{4}\neq\dfrac{3}{-2}$이므로 서로 평행하다.

(2) 두 직선 $x-y+1=0$, $2x-2y+2=0$은 $\dfrac{1}{2}=\dfrac{-1}{-2}=\dfrac{1}{2}$이므로 일치한다.

(3) 두 직선 $3x+y-1=0$, $x-3y+5=0$은 $\dfrac{3}{1}\neq\dfrac{1}{-3}$이므로 한 점에서 만난다.

이때 $3\times1+1\times(-3)=0$이므로 두 직선은 서로 수직이다.

두 직선의 위치 관계를 표로 나타내면 다음과 같다.

두 직선의 위치 관계	$\begin{cases}y=mx+n\\y=m'x+n'\end{cases}$	$\begin{cases}ax+by+c=0\\a'x+b'y+c'=0\end{cases}$	두 직선의 교점의 개수	연립방정식의 해의 개수
평행하다.	$m=m'$, $n\neq n'$	$\dfrac{a}{a'}=\dfrac{b}{b'}\neq\dfrac{c}{c'}$	없다.	없다. (불능)
일치한다.	$m=m'$, $n=n'$	$\dfrac{a}{a'}=\dfrac{b}{b'}=\dfrac{c}{c'}$	무수히 많다.	무수히 많다. (부정)
한 점에서 만난다.	$m\neq m'$	$\dfrac{a}{a'}\neq\dfrac{b}{b'}$	한 개	한 쌍
수직이다.	$mm'=-1$	$aa'+bb'=0$		

example

두 직선 $2x-y+1=0$, $4x+ay+5=0$의 위치 관계가 다음과 같을 때, 실수 a의 값을 구해 보자.

(1) 두 직선이 서로 평행

$\dfrac{2}{4}=\dfrac{-1}{a}\neq\dfrac{1}{5}$이므로

$\dfrac{2}{4}=\dfrac{-1}{a}$에서 $2a=-4$ $\quad\therefore a=-2$

(2) 두 직선이 서로 수직

$2\times4+(-1)\times a=0$이므로 $a=8$

두 직선의 위치 관계 ; $y=mx+n$ 꼴

다음 직선의 방정식을 구하시오.

(1) 직선 $y=2x+5$와 평행하고 점 $(3, 1)$을 지나는 직선

(2) 직선 $y=-3x+2$와 수직이고 x절편이 3인 직선

풀이

(Tip) 두 직선의 위치 관계를 이용하여 직선의 기울기를 구한다.

(1) 직선 $y=2x+5$의 기울기는 2이므로 평행한 직선의 기울기는 2이다.

따라서 점 $(3, 1)$을 지나고 기울기가 2인 직선의 방정식은

$$y-1=2(x-3) \qquad \therefore y=2x-5$$

(2) 직선 $y=-3x+2$의 기울기는 -3이므로 이 직선과 수직인 직선의 기울기를 m이라 하면

$$(-3)\times m=-1 \qquad \therefore m=\frac{1}{3}$$

따라서 x절편이 3이고 기울기가 $\frac{1}{3}$인 직선의 방정식은
$\rightarrow$ 점 $(3, 0)$을 지난다.

$$y-0=\frac{1}{3}(x-3) \qquad \therefore y=\frac{1}{3}x-1$$

답 (1) $y=2x-5$ (2) $y=\frac{1}{3}x-1$

필수 공략

두 직선 $y=mx+n$, $y=m'x+n'$에 대하여

(1) 두 직선이 서로 평행 $\Rightarrow m=m'$, $n\neq n'$

(2) 두 직선이 서로 수직 $\Rightarrow mm'=-1$

• 정답 및 해설 017쪽

숫자 바꾼

유제 01-❶ 다음 직선의 방정식을 구하시오.

(1) 직선 $y=-2x-2$와 평행하고 점 $(-5, 3)$을 지나는 직선

(2) 직선 $y=-\dfrac{1}{5}x+5$와 수직이고 y절편이 6인 직선

유제 01-❷ 두 점 $(-1, 2)$, $(2, 8)$을 지나는 직선에 평행하고 점 $(3, -3)$을 지나는 직선의 방정식이
$y=ax+b$일 때, $a+b$의 값을 구하시오. (단, a, b는 상수이다.)

유제 01-❸ 두 점 $(-3, 2)$, $(5, 4)$를 이은 선분의 중점을 지나고 직선 $y=-\dfrac{1}{3}x+1$에 수직인 직선이 점 $(a, 6)$을
지날 때, a의 값을 구하시오.

필수 예제 02 — 두 직선의 위치 관계 ; $ax+by+c=0$ 꼴

직선 $ax+(a+1)y+1=0$이 직선 $x+(3a-1)y+a=0$과 평행하고 직선 $bx+2y-1=0$과 수직일 때, 두 상수 a, b의 값을 각각 구하시오.

풀이

(Tip) x, y항의 계수 및 상수항을 비교하여 주어진 두 직선의 위치 관계를 만족시키는 미지수의 값을 구한다.

두 직선 $ax+(a+1)y+1=0$, $x+(3a-1)y+a=0$이 서로 평행하므로

$$\frac{a}{1}=\frac{a+1}{3a-1}\neq\frac{1}{a} \qquad \cdots\cdots \text{㉠}$$

$\dfrac{a}{1}=\dfrac{a+1}{3a-1}$에서 $a(3a-1)=a+1$

$3a^2-2a-1=0$, $(3a+1)(a-1)=0$

$\therefore a=-\dfrac{1}{3}$ 또는 $a=1$

이때 $a=1$이면 ㉠에서 $\dfrac{1}{1}=\dfrac{1+1}{3-1}=\dfrac{1}{1}$이므로 두 직선이 일치한다. → a의 값을 ㉠에 대입하여 두 직선이 일치하는 경우는 제외한다.

$\therefore a=-\dfrac{1}{3}$

또한, 두 직선 $ax+(a+1)y+1=0$, $bx+2y-1=0$이 서로 수직이므로

$$ab+2(a+1)=0 \qquad \cdots\cdots \text{㉡}$$

$a=-\dfrac{1}{3}$을 ㉡에 대입하면

$$\left(-\frac{1}{3}\right)\times b+2\times\left\{\left(-\frac{1}{3}\right)+1\right\}=0, \quad -\frac{b}{3}+\frac{4}{3}=0 \qquad \therefore b=4$$

답 $a=-\dfrac{1}{3}$, $b=4$

필수 공략

두 직선 $ax+by+c=0$, $a'x+b'y+c'=0$에 대하여

(1) 두 직선이 서로 평행 ⇒ $\dfrac{a}{a'}=\dfrac{b}{b'}\neq\dfrac{c}{c'}$

(2) 두 직선이 서로 수직 ⇒ $aa'+bb'=0$

• 정답 및 해설 017쪽

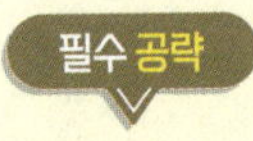

유제 02-❶ 직선 $ax+2y+1=0$이 직선 $(b+1)x-4y+c=0$과 일치하고 직선 $bx+cy+2=0$과 평행할 때, 세 상수 a, b, c의 값을 각각 구하시오.

유제 02-❷ 두 직선 $-x+ay+2=0$, $-2x+by+c=0$이 서로 수직이고 두 직선의 교점의 좌표가 $(4, 1)$일 때, 세 상수 a, b, c에 대하여 $a-b+c$의 값을 구하시오.

유제 02-❸ (교육청) 점 $(1, a)$를 지나고 직선 $4x-2y+1=0$과 평행한 직선의 방정식이 $bx-y+5=0$일 때, 두 상수 a, b에 대하여 $a\times b$의 값은?

① 6　　　② 8　　　③ 10　　　④ 12　　　⑤ 14

선분의 수직이등분선의 방정식

두 점 $A(-5, 3)$, $B(7, -3)$을 이은 선분 AB의 수직이등분선의 방정식을 구하시오.

풀이

(**Tip**) 선분 AB의 수직이등분선은 직선 AB와 수직이고 선분 AB의 중점을 지난다.

두 점 A, B를 지나는 직선의 기울기는
$$\frac{(-3)-3}{7-(-5)}=-\frac{1}{2}$$
이므로 선분 AB의 수직이등분선의 기울기는 2이다.

선분 AB의 중점의 좌표는
$$\left(\frac{(-5)+7}{2}, \frac{3+(-3)}{2}\right) \qquad \therefore (1, 0)$$
따라서 점 $(1, 0)$을 지나고 기울기가 2인 직선의 방정식은
$$y-0=2(x-1) \qquad \therefore y=2x-2$$

답 $y=2x-2$

필수 공략

선분 AB의 수직이등분선을 l이라 하면 직선 l은
(1) 직선 AB와 수직이다. → (직선 AB의 기울기)×(직선 l의 기울기)$=-1$
(2) 선분 AB의 중점을 지난다.

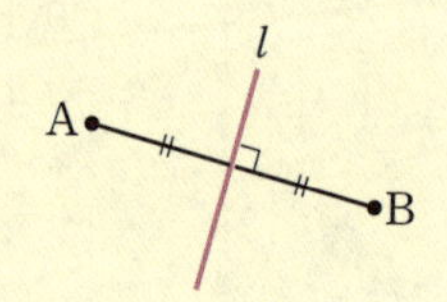

• 정답 및 해설 018쪽

숫자 바꾼

유제 **03-❶** 두 점 $A(4, -2)$, $B(6, 4)$를 이은 선분 AB의 수직이등분선의 방정식이 $x+ay+b=0$일 때, 두 상수 a, b에 대하여 $a-b$의 값을 구하시오.

유제 **03-❷** 두 점 $A(-5, 3)$, $B(3, 1)$을 이은 선분 AB의 수직이등분선이 점 $(1, a)$를 지날 때, a의 값을 구하시오.

유제 **03-❸** 두 점 $A(a, 6)$, $B(5, b)$에 대하여 직선 $x-2y+1=0$이 선분 AB의 수직이등분선일 때, $a+b$의 값을 구하시오.

필수 예제 04 — 세 직선의 위치 관계

세 직선 $4x-y+3=0$, $3x-2y+1=0$, $ax+y+5=0$에 의하여 생기는 교점의 개수가 다음과 같을 때, 상수 a의 값을 모두 구하시오.

(1) 교점이 1개   (2) 교점이 2개

풀이

(Tip) 세 직선에 의하여 생기는 교점의 개수에 따라 세 직선의 위치 관계를 파악한다.

$4x-y+3=0$ $\cdots\cdots$ ㉠

$3x-2y+1=0$ $\cdots\cdots$ ㉡

$ax+y+5=0$ $\cdots\cdots$ ㉢

이라 하자.

(1) 주어진 세 직선이 한 점에서 만나려면 직선 ㉢이 두 직선 ㉠, ㉡의 교점을 지나야 한다.

㉠, ㉡을 연립하여 풀면 $x=-1$, $y=-1$

즉, 직선 ㉢이 점 $(-1, -1)$을 지나야 하므로

$a\times(-1)+(-1)+5=0$ $\therefore a=4$

(2) 주어진 세 직선이 두 점에서 만나려면 세 직선 중 두 직선만 서로 평행해야 한다.

(ⅰ) 두 직선 ㉠, ㉢이 서로 평행한 경우

$\dfrac{a}{4}=\dfrac{1}{-1}\neq\dfrac{5}{3}$ $\therefore a=-4$

> $\dfrac{4}{3}\neq\dfrac{-1}{-2}$이므로 두 직선 ㉠, ㉡은 서로 평행하지 않다.

(ⅱ) 두 직선 ㉡, ㉢이 서로 평행한 경우

$\dfrac{a}{3}=\dfrac{1}{-2}\neq\dfrac{5}{1}$ $\therefore a=-\dfrac{3}{2}$

(ⅰ), (ⅱ)에서 $a=-4$ 또는 $a=-\dfrac{3}{2}$

답 (1) 4   (2) -4, $-\dfrac{3}{2}$

필수 공략

서로 다른 세 직선의 위치 관계는 다음과 같다.

(1) 세 직선이 만나지 않는다. (세 직선이 모두 평행하다.) ➡ ///

(2) 세 직선이 한 점에서 만난다. ➡ ✳

(3) 세 직선에 의하여 생기는 교점이 2개이다. (세 직선 중 두 직선만 서로 평행하다.) ➡

→ 세 직선이 삼각형을 이루지 않는 경우

(4) 세 직선에 의하여 생기는 교점이 3개이다. ➡ → 세 직선이 삼각형을 이루는 경우

• 정답 및 해설 018쪽

숫자 바꾼

유제 04-① 세 직선 $x+2y+2=0$, $x-2y+2a=0$, $ax-y+4a+1=0$이 한 점에서 만나도록 하는 상수 a의 값을 구하시오.

유제 04-② 세 직선 $y=x-3$, $y=-2x+6$, $ax+y+1=0$이 삼각형을 이루지 않도록 하는 모든 상수 a의 값의 합을 구하시오.

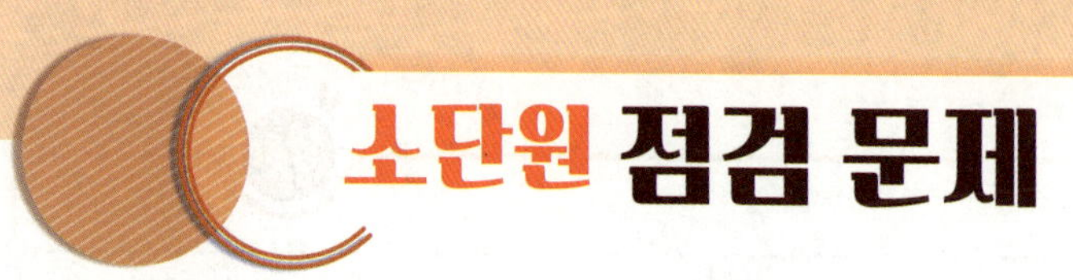

소단원 점검 문제

• 정답 및 해설 019쪽

두 직선의 위치 관계 ; $y=mx+n$ 꼴

01 두 점 $A(-1, -2)$, $B(4, 3)$을 이은 선분 AB를 $3 : 2$로 내분하는 점을 지나고 직선 AB에 수직인 직선이 점 $(a, 2)$를 지날 때, a의 값을 구하시오.

두 직선의 위치 관계 ; $ax+by+c=0$ 꼴

02  두 직선 $x+3y+2=0$, $2x-3y-14=0$의 교점을 지나고 직선 $2x+y+1=0$과 평행한 직선의 x절편은?

① 1   ② 2   ③ 3   ④ 4   ⑤ 5

선분의 수직이등분선의 방정식

03 오른쪽 그림과 같이 좌표평면 위에 마름모 ABCD가 있다. 두 점 A, C의 좌표가 각각 $(-3, 4)$, $(4, 5)$일 때, 두 점 B, D를 지나는 직선의 방정식을 구하시오.

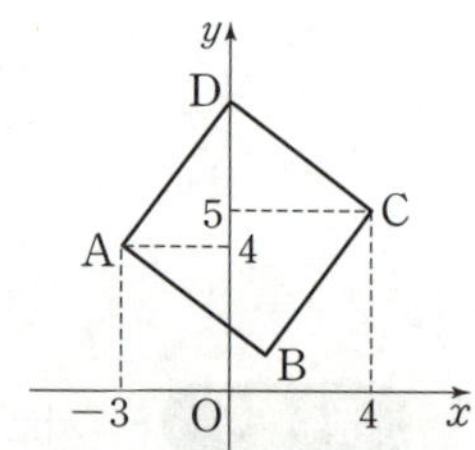

세 직선의 위치 관계

04 서로 다른 세 직선 $ax+2y-a=0$, $bx+(b+1)y+1=0$, $3x+y-1=0$에 의하여 좌표평면이 4개의 영역으로 나누어질 때, 두 상수 a, b에 대하여 ab의 값은?

① -9 ② -7 ③ -5 ④ -3 ⑤ -1

03 점과 직선 사이의 거리

① 점과 직선 사이의 거리

1 점과 직선 사이의 거리

(1) 점 $P(x_1, y_1)$과 직선 $ax+by+c=0$ 사이의 거리 d는

$$d=\frac{|ax_1+by_1+c|}{\sqrt{a^2+b^2}}$$

(2) 원점과 직선 $ax+by+c=0$ 사이의 거리 d는

$$d=\frac{|c|}{\sqrt{a^2+b^2}}$$

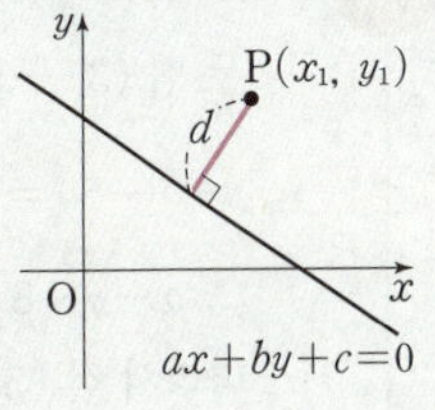

2 평행한 두 직선 사이의 거리

평행한 두 직선 $l: ax+by+c=0$, $l': ax+by+c'=0$ 사이의 거리 d는 직선 l 위의 임의의 한 점 $P(x_1, y_1)$과 직선 l' 사이의 거리와 같다.

참고 직선 l 위의 임의의 점을 택하여 점과 직선 사이의 거리 공식을 이용할 때, 직선과 x축의 교점 또는 직선과 y축의 교점을 택하면 계산이 간편하다.

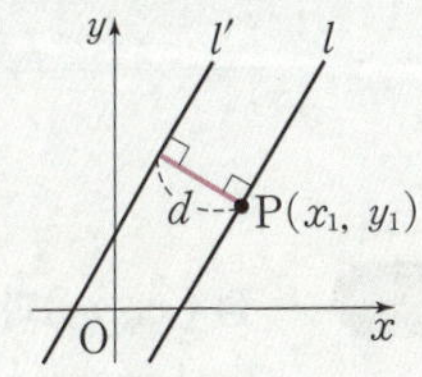

설명

점과 직선 사이의 거리

(1) 점 $P(x_1, y_1)$과 직선 $l: ax+by+c=0$ $(a\neq0$ 또는 $b\neq0)$ 사이의 거리를 구해 보자.

오른쪽 그림과 같이 점 P에서 점 P를 지나지 않는 직선 l에 내린 수선의 발을 $H(x_2, y_2)$라 할 때, 점 P와 직선 l 사이의 거리는 선분 PH의 길이와 같다.

$a\neq0$, $b\neq0$이면 직선 l의 기울기가 $-\dfrac{a}{b}$이고, 두 직선 PH, l은 서로 수직이

므로 직선 PH의 기울기는 $\dfrac{b}{a}$이다. 즉 $\dfrac{y_2-y_1}{x_2-x_1}=\dfrac{b}{a}$ $\quad \therefore \dfrac{x_2-x_1}{a}=\dfrac{y_2-y_1}{b}$

직선 PH의 기울기

이때 $\dfrac{x_2-x_1}{a}=\dfrac{y_2-y_1}{b}=k$ $(k\neq0)$라 하면 $x_2-x_1=ak$, $y_2-y_1=bk$ $\quad$ …… ㉠

$$\therefore \overline{PH}=\sqrt{(x_2-x_1)^2+(y_2-y_1)^2}=\sqrt{k^2(a^2+b^2)}=|k|\sqrt{a^2+b^2} \quad …… ㉡$$

또한, 점 $H(x_2, y_2)$가 직선 l 위의 점이므로 $ax_2+by_2+c=0$ $\quad$ …… ㉢

㉠에서 $x_2=x_1+ak$, $y_2=y_1+bk$이므로 이것을 ㉢에 대입하면

$$a(x_1+ak)+b(y_1+bk)+c=0 \quad \therefore k=-\frac{ax_1+by_1+c}{a^2+b^2} \quad …… ㉣$$

㉣을 ㉡에 대입하면 $\overline{PH}=\dfrac{|ax_1+by_1+c|}{\sqrt{a^2+b^2}}$ $\quad$ …… ㉤

이것은 $a=0$, $b\neq0$ 또는 $a\neq0$, $b=0$일 때도 성립한다. → (2)의 원점과 직선 l 사이의 거리는 ㉤에 $x_1=0$, $y_1=0$을 대입한 것과 같다.

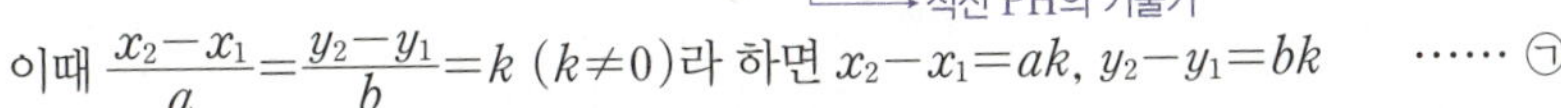

정답 및 해설 020쪽

개념 확인

1 다음 점과 직선 사이의 거리를 구하시오.

(1) 점 $(2, -1)$, 직선 $3x+4y-7=0$

(2) 원점, 직선 $x-y-2=0$

2 다음 평행한 두 직선 사이의 거리를 구하시오.

(1) $x+y-4=0$, $x+y+2=0$

(2) $2x-y+1=0$, $2x-y+6=0$

답 **1.** (1) 1 (2) $\sqrt{2}$ **2.** (1) $3\sqrt{2}$ (2) $\sqrt{5}$

점과 직선 사이의 거리

두 점 $(3, -5)$, $(6, -2)$를 지나는 직선과 점 $(5, 1)$ 사이의 거리를 구하시오.

 풀이

(**Tip**) 주어진 두 점을 지나는 직선의 방정식을 $ax+by+c=0$ 꼴로 나타낸다.

두 점 $(3, -5)$, $(6, -2)$를 지나는 직선의 방정식은

$$y-(-5)=\frac{(-2)-(-5)}{6-3}(x-3)$$

$$\therefore \ x-y-8=0$$

따라서 점 $(5, 1)$과 직선 $x-y-8=0$ 사이의 거리는

$$\frac{|1\times 5+(-1)\times 1-8|}{\sqrt{1^2+(-1)^2}}=2\sqrt{2}$$

답 $2\sqrt{2}$

필수 공략 **점 (x_1, y_1)과 직선 $ax+by+c=0$ 사이의 거리**

$$\Rightarrow \frac{|ax_1+by_1+c|}{\sqrt{a^2+b^2}}$$

• 정답 및 해설 020쪽

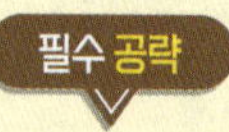

유제 **01-❶** 직선 $2x+y-3=0$과 평행하고 점 $(1, 5)$를 지나는 직선과 점 $(-2, 1)$ 사이의 거리를 구하시오.

유제 **01-❷**
교육청
점 $(\sqrt{3}, 1)$과 직선 $y=\sqrt{3}x+n$ 사이의 거리가 3일 때, 양수 n의 값은?

① 1 ② 2 ③ 3 ④ 4 ⑤ 5

유제 **01-❸** 직선 $6x+8y-3=0$으로부터의 거리가 $\frac{1}{2}$인 x축 위의 두 점 사이의 거리는?

① 1 ② $\frac{4}{3}$ ③ $\frac{5}{3}$ ④ 2 ⑤ $\frac{7}{3}$

필수 예제 02 · 평행한 두 직선 사이의 거리

평행한 두 직선 $ax+y-2a=0$, $ax+y-a+1=0$ 사이의 거리가 $\sqrt{2}$일 때, 상수 a의 값을 구하시오.

풀이

(Tip) 평행한 두 직선 l, l' 사이의 거리는 직선 l 위의 임의의 점과 직선 l' 사이의 거리와 같다.

두 직선이 서로 평행하므로 직선 $ax+y-2a=0$ 위의 한 점 $(2,\ 0)$과 직선 $ax+y-a+1=0$ 사이의 거리가 $\sqrt{2}$이다.

즉, $\dfrac{|a\times2+1\times0-a+1|}{\sqrt{a^2+1^2}}=\sqrt{2}$이므로

$\dfrac{|a+1|}{\sqrt{a^2+1}}=\sqrt{2}$, $|a+1|=\sqrt{2(a^2+1)}$

위의 식의 양변을 제곱하면

$a^2+2a+1=2(a^2+1)$, $a^2-2a+1=0$

$(a-1)^2=0$ $\quad\therefore\ a=1$

답 1

필수 공략

평행한 두 직선 l, l' 사이의 거리는 다음과 같은 순서로 구한다.
❶ 직선 l 위의 임의의 한 점을 택한다.
❷ ❶에서 택한 점과 직선 l' 사이의 거리를 구한다.

• 정답 및 해설 020쪽

유제 **02-❶** 평행한 두 직선 $x+ay-4=0$, $x+2y+b=0$ 사이의 거리가 $\sqrt{5}$일 때, 두 상수 a, b에 대하여 $a+b$의 값을 구하시오. (단, $b>0$)

유제 **02-❷** 평행한 두 직선 $3x+y-2=0$, $3x+y-m=0$ 사이의 거리가 $\dfrac{\sqrt{10}}{2}$일 때, 모든 상수 m의 값의 합을 구하시오.

유제 **02-❸** 두 직선 $3x+4y-3=0$, $ax-4y-7=0$이 서로 평행할 때, 두 직선 사이의 거리를 b라 하자. $a+b$의 값을 구하시오. (단, a는 상수이다.)

세 꼭짓점의 좌표가 주어진 삼각형의 넓이

세 점 $A(-1, 1)$, $B(2, 5)$, $C(3, -3)$을 꼭짓점으로 하는 삼각형 ABC의 넓이를 구하시오.

 풀이

(Tip) 삼각형의 높이는 한 꼭짓점에서 대변에 그은 수선의 길이와 같다.

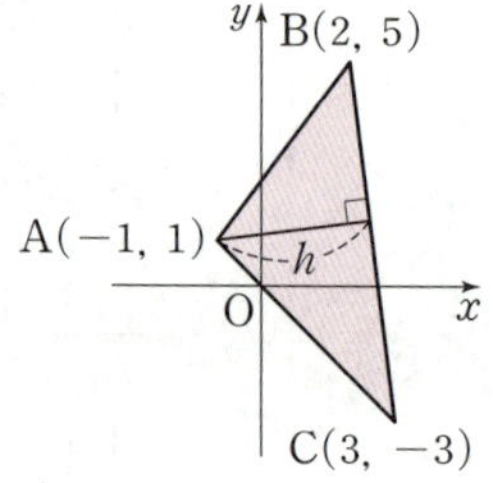

→ 삼각형 ABC의 밑변의 길이

선분 $\overline{BC}$의 길이는

$$\overline{BC}=\sqrt{(3-2)^2+\{(-3)-5\}^2}=\sqrt{65}$$

직선 BC의 방정식은

$$y-5=\frac{(-3)-5}{3-2}(x-2) \qquad \therefore\ 8x+y-21=0$$

점 $A(-1, 1)$과 직선 BC 사이의 거리를 h라 하면 → 삼각형 ABC의 높이

$$h=\frac{|8\times(-1)+1\times1-21|}{\sqrt{8^2+1^2}}=\frac{28}{\sqrt{65}}$$

따라서 삼각형 ABC의 넓이는

$$\frac{1}{2}\times\overline{BC}\times h=\frac{1}{2}\times\sqrt{65}\times\frac{28}{\sqrt{65}}=14$$

○ 답 14

필수 공략

세 점 A, B, C를 꼭짓점으로 하는 삼각형 ABC의 넓이는 다음과 같은 순서로 구한다.

❶ 선분 BC의 길이를 구한다.
❷ 직선 BC의 방정식을 구한다.
❸ 점 A와 직선 BC 사이의 거리 h를 구하여 삼각형 ABC의 넓이를 구한다.

➡ (삼각형 ABC의 넓이)$=\dfrac{1}{2}\times\overline{BC}\times h$

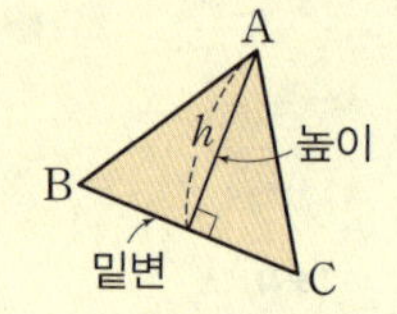

• 정답 및 해설 021쪽

숫자 바꾼

유제 **03-❶** 세 점 $A(-5, -4)$, $B(4, 1)$, $C(1, 3)$을 꼭짓점으로 하는 삼각형 ABC의 넓이를 구하시오.

유제 **03-❷** 두 점 $O(0, 0)$, $A(-2, 6)$과 직선 $3x+y-6=0$ 위의 점 P를 꼭짓점으로
하는 삼각형 AOP의 넓이를 구하시오.

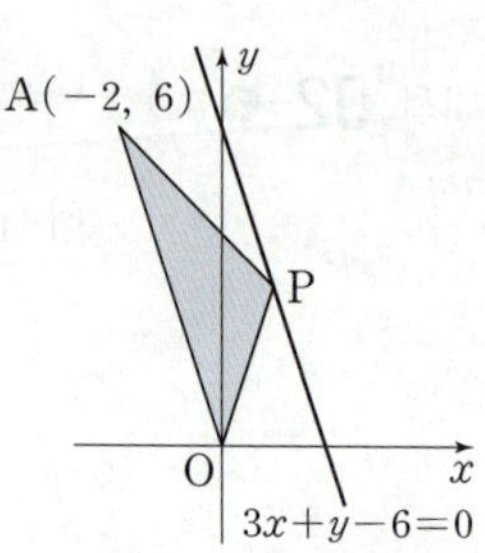

유제 **03-❸** 세 점 $A(2, 3)$, $B(5, 8)$, $C(a, -2)$를 꼭짓점으로 하는 삼각형 ABC의 넓이가 5일 때, 양수 a의 값을
구하시오.

두 직선이 이루는 각의 이등분선

필수 예제 04

발전

두 직선 $3x-4y+5=0$, $5x+12y-3=0$이 이루는 각의 이등분선의 방정식을 구하시오.

풀이

(Tip) 두 직선이 이루는 각의 이등분선 위의 임의의 점에서 두 직선에 이르는 거리가 같다.

각의 이등분선 위의 임의의 점을 $P(x, y)$라 하면 점 P에서 두 직선
$3x-4y+5=0$, $5x+12y-3=0$에 이르는 거리가 같으므로

$$\frac{|3x-4y+5|}{\sqrt{3^2+(-4)^2}}=\frac{|5x+12y-3|}{\sqrt{5^2+12^2}}$$

$$\frac{|3x-4y+5|}{5}=\frac{|5x+12y-3|}{13}$$

$$13|3x-4y+5|=5|5x+12y-3|$$

$$13(3x-4y+5)=\pm5(5x+12y-3)$$

$$\therefore 7x-56y+40=0 \text{ 또는 } 32x+4y+25=0$$

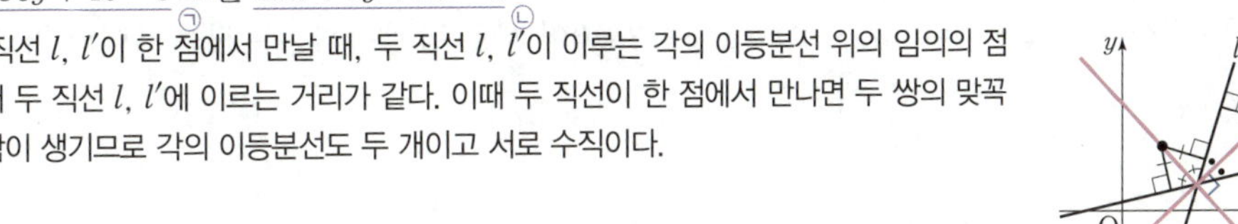
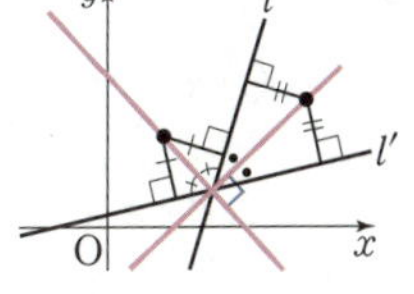

참고 두 직선 l, l'이 한 점에서 만날 때, 두 직선 l, l'이 이루는 각의 이등분선 위의 임의의 점에서 두 직선 l, l'에 이르는 거리가 같다. 이때 두 직선이 한 점에서 만나면 두 쌍의 맞꼭지각이 생기므로 각의 이등분선도 두 개이고 서로 수직이다.

답 $7x-56y+40=0$ 또는 $32x+4y+25=0$

필수 공략 두 직선이 이루는 각의 이등분선의 방정식은 다음과 같은 순서로 구한다.
❶ 각의 이등분선 위의 임의의 점을 $P(x, y)$로 놓는다.
❷ 점 P에서 두 직선에 이르는 거리가 같음을 이용하여 x, y에 대한 방정식을 구한다.

• 정답 및 해설 021쪽

유제 04-❶ 두 직선 $y=2x-5$, $y=\frac{1}{2}x-1$이 이루는 각의 이등분선의 방정식을 구하시오.

유제 04-❷ 두 직선 $3x+4y+2=0$, $4x-3y+5=0$으로부터 같은 거리에 있는 점 P가 나타내는 도형의 방정식 중 그 그래프가 점 $(-1, 0)$을 지나는 것을 구하시오.

유제 04-❸ 두 직선 $3x+y-5=0$, $2x-6y-5=0$이 이루는 각의 이등분선 중 제3사분면을 지나는 직선의 방정식을 구하시오.

• 정답 및 해설 022쪽

점과 직선 사이의 거리

01 직선 $3x+y-4=0$에 수직이고 원점으로부터의 거리가 $3\sqrt{10}$인 직선 중 제4사분면을 지나지 않는 직선의 방정식을 구하시오.

평행한 두 직선 사이의 거리

02 두 직선 $x-2y+4=0$, $ax+(a+1)y+2=0$이 서로 평행할 때, 두 직선 사이의 거리는? (단, a는 상수이다.)

① 4　　　　② $\sqrt{17}$　　　　③ $3\sqrt{2}$　　　　④ $\sqrt{19}$　　　　⑤ $2\sqrt{5}$

세 꼭짓점의 좌표가 주어진 삼각형의 넓이

03 직선 $y=3x-6$이 x축, y축과 만나는 점을 각각 A, B라 할 때, 직선 $3x-y+2=0$ 위의 임의의 점 P에 대하여 삼각형 APB의 넓이는?

① 6　　　　② 7　　　　③ 8　　　　④ 9　　　　⑤ 10

두 직선이 이루는 각의 이등분선

04 두 직선 $ax-y+3=0$, $x+2y-3=0$의 각의 이등분선이 점 $(3, 3)$을 지날 때, 양수 a의 값을 구하시오.

• 정답 및 해설 022쪽

01

두 점 $(a, -2)$, $(3, b)$를 지나는 직선 위에 두 점 $(-3, 2)$, $(4, -5)$가 있을 때, a^2+b^2의 값을 구하시오.

02

세 점 $A(-2a, 2a+6)$, $B(a, 2)$, $C(3a, 2a+1)$이 한 직선 l 위에 있을 때, 직선 l이 y축과 만나는 점의 y좌표를 구하시오. (단, $a \neq 0$)

03

다음 그림과 같이 좌표평면 위에 놓인 두 직사각형의 넓이를 동시에 이등분하는 직선의 방정식은 $y=ax+b$이다. 두 상수 a, b에 대하여 $a+b$의 값은?

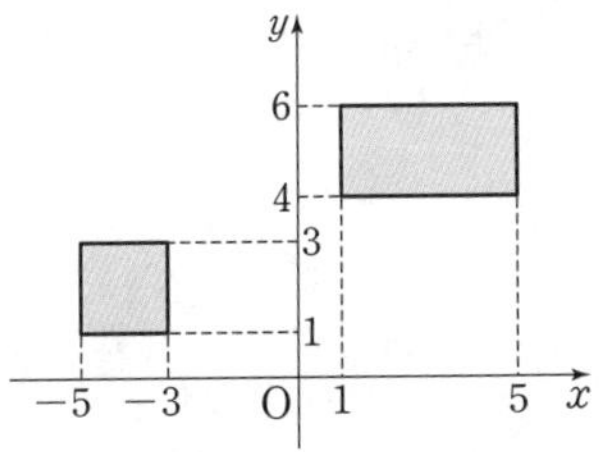

① $\dfrac{26}{7}$　　　　② $\dfrac{27}{7}$　　　　③ 4

④ $\dfrac{29}{7}$　　　　⑤ $\dfrac{30}{7}$

04

직선 $ax+by+c=0$이 제1, 3, 4사분면을 지날 때, 직선 $bx-ay+c=0$이 지나지 않는 사분면은?

(단, a, b, c는 상수이다.)

① 제1사분면　　② 제3사분면　　③ 제1, 4사분면

④ 제2, 3사분면　　⑤ 제2, 4사분면

05 서술형

두 직선 $kx-y+k-2=0$, $3x+4y-12=0$이 제1사분면 위에서 만나도록 하는 실수 k의 값의 범위를 구하시오.

06

점 $A(1, 2)$에서 직선 $y=\dfrac{1}{2}x+1$에 내린 수선의 발을 H라 할 때, 선분 OH의 길이를 구하시오. (단, O는 원점이다.)

07 [교육청]

두 직선

$$l: ax-y+a+2=0, \quad m: 4x+ay+3a+8=0$$

에 대하여 |**보기**| 중 옳은 것을 모두 고른 것은?

(단, a는 실수이다.)

|보기|

ㄱ. $a=0$일 때 두 직선 l과 m은 서로 수직이다.

ㄴ. 직선 l은 a의 값에 관계없이 항상 점 $(1, 2)$를 지난다.

ㄷ. 두 직선 l과 m이 평행이 되기 위한 a의 값은 존재하지 않는다.

① ㄱ   ② ㄴ   ③ ㄱ, ㄷ

④ ㄴ, ㄷ   ⑤ ㄱ, ㄴ, ㄷ

08

두 직선 $5x+y+1=0$, $x+3y+2=0$의 교점을 지나고 직선 $x+2y-6=0$에 수직인 직선의 y절편은?

① $-\dfrac{1}{2}$ ② $-\dfrac{1}{4}$ ③ $-\dfrac{1}{8}$

④ $\dfrac{1}{4}$ ⑤ $\dfrac{1}{2}$

09 [서술형]

두 점 $A(-1, 5)$, $B(a, b)$에 대하여 직선 $2x-y+2=0$이 선분 AB의 수직이등분선일 때, $a+b$의 값을 구하시오.

10

직선 $(a+1)x+(-2a+3)y-a-11=0$은 실수 a의 값에 관계없이 항상 점 A를 지난다. 점 A와 직선 $x-3y+k=0$ 사이의 거리가 $\sqrt{10}$일 때, 모든 상수 k의 값의 합을 구하시오.

11 [교육청]

다음 그림과 같이 좌표평면에 세 점 $O(0, 0)$, $A(8, 4)$, $B(7, a)$와 삼각형 OAB의 무게중심 $G(5, b)$가 있다. 점 G와 직선 OA 사이의 거리가 $\sqrt{5}$일 때, $a+b$의 값은?

(단, a는 양수이다.)

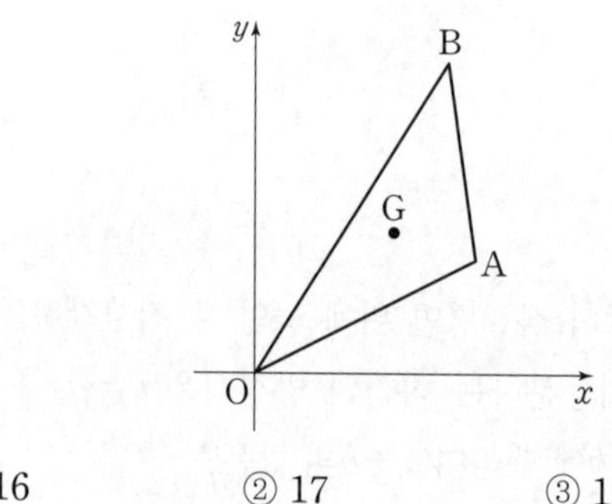

① 16   ② 17   ③ 18

④ 19   ⑤ 20

12

점 $(2, 2)$와 직선 $x+y+4+k(x-y)=0$ 사이의 거리를 $f(k)$라 할 때, $f(k)$의 최댓값은? (단, k는 실수이다.)

① $\sqrt{2}$ ② $2\sqrt{2}$ ③ $3\sqrt{2}$

④ $4\sqrt{2}$ ⑤ $5\sqrt{2}$

13 교육청

다음 그림과 같이 좌표평면 위에 직선 l_1: $x-2y-2=0$과 평행하고 y절편이 양수인 직선 l_2가 있다. 직선 l_1이 x축, y축과 만나는 점을 각각 A, B라 하고 직선 l_2가 x축, y축과 만나는 점을 각각 C, D라 할 때, 사각형 ADCB의 넓이가 25이다. 두 직선 l_1과 l_2 사이의 거리를 d라 할 때, d^2의 값을 구하시오.

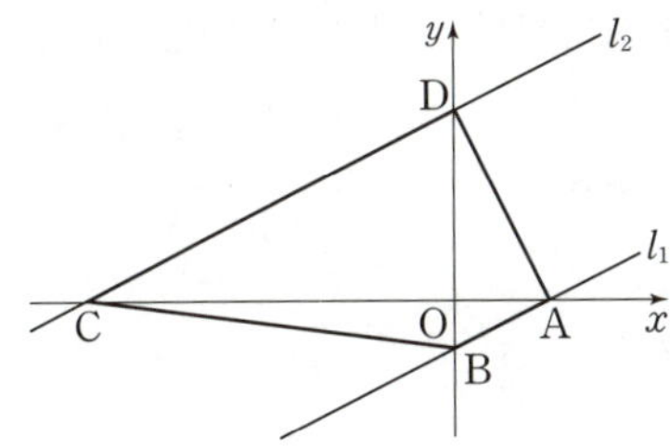

14

세 직선 $x+2y-2=0$, $3x-4y-1=0$, $2x-y+1=0$으로 둘러싸인 삼각형의 넓이는?

① $\dfrac{1}{4}$ ② $\dfrac{1}{2}$ ③ $\dfrac{3}{4}$

④ 1 ⑤ $\dfrac{5}{4}$

15

삼각형의 세 꼭짓점에서 각각의 대변에 그은 세 수선은 한 점에서 만난다. 세 점 A$(-1, 2)$, B$(-3, -4)$, C$(2, -1)$을 꼭짓점으로 하는 삼각형 ABC의 세 꼭짓점에서 각각의 대변에 그은 세 수선의 교점을 P(a, b)라 할 때, $a-b$의 값을 구하시오.

16

두 점 O$(0, 0)$, A$(3, -4)$와 제1사분면을 지나는 직선 $4x+ay+b=0$ 위의 임의의 점 P를 꼭짓점으로 하는 삼각형 OAP의 넓이가 5일 때, $a+b$의 값을 구하시오.

(단, a, b는 상수이다.)

• 정답 및 해설 026쪽

내신 1% 뛰어 넘기

17

직선 $x+y+5=0$ 위의 점 A와 두 점 B$(5,\ -3)$, C$(2,\ 0)$을 세 꼭짓점으로 하는 삼각형 ABC가 있다. 변 BC 위의 점 P에 대하여 삼각형 ABP의 넓이가 삼각형 ABC의 넓이의 $\dfrac{2}{3}$이고 $\overline{AP}=7$일 때, 직선 AP가 y축과 만나는 점의 y좌표를 구하시오.

(단, 점 A는 제3사분면 위의 점이다.)

18

점 A$(3,\ 6)$에서 수직으로 만나는 두 직선 l, m의 y절편을 각각 B, C라 하자. 세 점 A, B, C를 꼭짓점으로 하는 삼각형 ABC의 넓이가 15일 때, 다음 중 직선 l 또는 직선 m의 방정식이 될 수 <u>없는</u> 것은?

① $y=-3x+15$ ② $y=-\dfrac{1}{3}x+7$

③ $y=\dfrac{1}{3}x+5$ ④ $y=3x-3$

⑤ $y=5x-9$

19

서로 다른 네 직선 $2x-y+3=0$, $3x-y+2=0$, $ax+by-1=0$, $ax+(b+1)y+1=0$에 의하여 하나의 평행사변형이 만들어질 때, 두 실수 a, b에 대하여 $a+b$의 최댓값을 구하시오.

20 교육청

오른쪽 그림과 같이 좌표평면에서 이차함수 $y=x^2$의 그래프 위의 점 P$(1,\ 1)$에서의 접선을 l_1, 점 P를 지나고 직선 l_1과 수직인 직선을 l_2라 하자. 직선 l_1이 y축과 만나는 점을 Q, 직선 l_2가 이차함수 $y=x^2$의 그래프와 만나는 점 중 점 P가 아닌 점을 R라 하자. 삼각형 PRQ의 넓이를 S라 할 때, $40S$의 값을 구하시오.

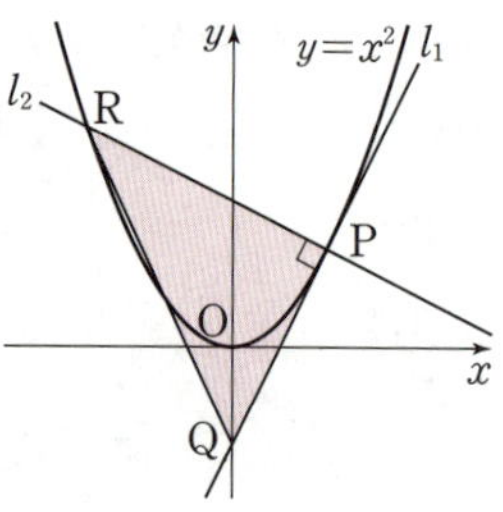

21

세 직선 $2x+y-1=0$, $2x-y+5=0$, $x-2y+3=0$으로 둘러싸인 삼각형의 내심을 지나고 기울기가 3인 직선의 방정식은 $ax+by+14=0$이다. 두 상수 a, b에 대하여 $a+b$의 값은?

① 3 ② 4 ③ 5

④ 6 ⑤ 7

원의 방정식

 원의 방정식

① 원의 방정식

1 원의 정의

평면에서 한 정점으로부터 일정한 거리에 있는 모든 점으로 이루어진 도형을 원이라 한다. 이때 이 정점을 원의 **중심**, 중심에서 원 위의 한 점을 이은 선분을 원의 **반지름**이라 한다.

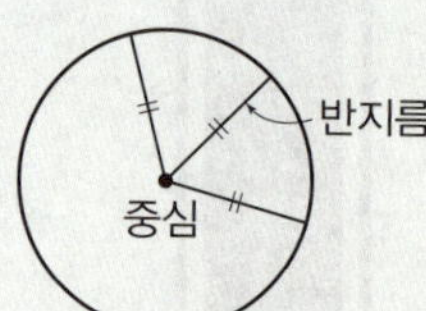

2 원의 방정식

(1) 중심의 좌표가 (a, b)이고 반지름의 길이가 r인 원의 방정식은
$$(x-a)^2+(y-b)^2=r^2$$

(2) 중심이 원점이고 반지름의 길이가 r인 원의 방정식은
$$x^2+y^2=r^2$$

참고 $(x-a)^2+(y-b)^2=r^2$ 꼴의 방정식을 원의 방정식의 표준형이라 한다.

 (1) 오른쪽 그림과 같이 점 $C(a, b)$를 중심으로 하고 반지름의 길이가 r인 원 위의 임의의 점을 $P(x, y)$라 하면 $\overline{CP}=r$이므로
$$\sqrt{(x-a)^2+(y-b)^2}=r$$
위의 식의 양변을 제곱하면
$$(x-a)^2+(y-b)^2=r^2 \quad \cdots\cdots\ \text{㉠}$$
거꾸로 방정식 ㉠을 만족시키는 점 $P(x, y)$에 대하여 $\overline{CP}=r$이므로
점 P는 중심이 점 C이고 반지름의 길이가 r인 원 위의 점이다.
즉, ㉠을 중심이 $C(a, b)$이고 반지름의 길이가 r인 원의 방정식이라 한다.

(2) 중심이 원점이고 반지름의 길이가 r인 원의 방정식은 ㉠에서 $a=0$, $b=0$인 경우이므로
$$x^2+y^2=r^2$$

example
(1) 중심의 좌표가 $(1, -3)$이고 반지름의 길이가 2인 원의 방정식
➡ $(x-1)^2+\{y-(-3)\}^2=2^2 \quad \therefore (x-1)^2+(y+3)^2=4$
(2) 중심이 원점이고 반지름의 길이가 3인 원의 방정식
➡ $x^2+y^2=3^2 \quad \therefore x^2+y^2=9$

② 방정식 $x^2+y^2+Ax+By+C=0$이 나타내는 도형

x, y에 대한 이차방정식 $x^2+y^2+Ax+By+C=0 \ (A^2+B^2-4C>0)$은 중심의 좌표가 $\left(-\dfrac{A}{2}, -\dfrac{B}{2}\right)$이고 반지름의 길이가 $\dfrac{\sqrt{A^2+B^2-4C}}{2}$인 원을 나타낸다.

참고 $x^2+y^2+Ax+By+C=0 \ (A, B, C$는 실수) 꼴의 방정식을 원의 방정식의 일반형이라 한다.

 방정식 $x^2+y^2+Ax+By+C=0$을 완전제곱식의 합의 꼴로 변형하면
$$\left(x+\frac{A}{2}\right)^2+\left(y+\frac{B}{2}\right)^2=\frac{A^2+B^2-4C}{4} \quad \cdots\cdots\ \text{㉠}$$

(i) $A^2+B^2-4C>0$이면 방정식 $x^2+y^2+Ax+By+C=0$은

중심의 좌표가 $\left(-\dfrac{A}{2},\ -\dfrac{B}{2}\right)$이고 반지름의 길이가 $\dfrac{\sqrt{A^2+B^2-4C}}{2}$인 원을 나타낸다.

(ii) $A^2+B^2-4C=0$이면 방정식 ㉠은 점 $\left(-\dfrac{A}{2},\ -\dfrac{B}{2}\right)$를 나타낸다. $\quad\longrightarrow\ x+\dfrac{A}{2}=0,\ y+\dfrac{B}{2}=0$

(iii) $A^2+B^2-4C<0$이면 방정식 ㉠을 만족시키는 두 실수 $x,\ y$가 존재하지 않는다.

example $x,\ y$에 대한 이차방정식 $x^2+y^2-2x+2y-2=0$은

$x^2+y^2-2x+2y-2=(x-1)^2+(y+1)^2-4=0$에서 $(x-1)^2+(y+1)^2=4$이므로

중심의 좌표가 $(1,\ -1)$이고 반지름의 길이가 2인 원을 나타낸다.

● 정답 및 해설 028쪽

 **1** 다음 방정식이 나타내는 원의 중심의 좌표와 반지름의 길이를 각각 구하시오.

(1) $x^2+y^2-2x-3=0$ (2) $x^2+y^2+2x-6y+1=0$

답 (1) 중심의 좌표: $(1,\ 0)$, 반지름의 길이: 2   (2) 중심의 좌표: $(-1,\ 3)$, 반지름의 길이: 3

3 좌표축에 접하는 원의 방정식

(1) 중심의 좌표가 $(a,\ b)$이고 x축에 접하는 원의 방정식은

$$(\text{반지름의 길이})=|(\text{중심의 } y\text{좌표})|=|b|$$

이므로

$$(x-a)^2+(y-b)^2=b^2$$

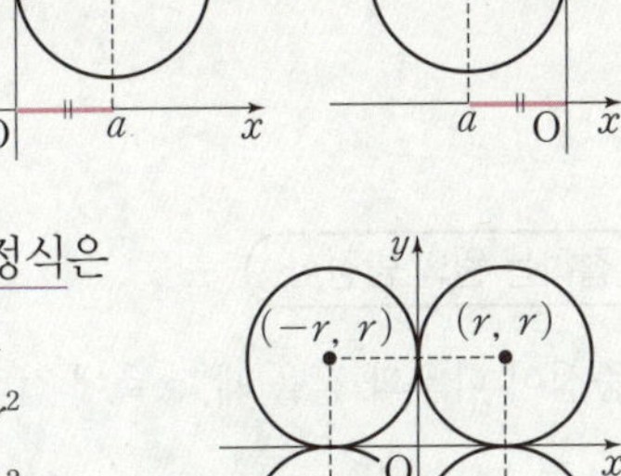

(2) 중심의 좌표가 $(a,\ b)$이고 y축에 접하는 원의 방정식은

$$(\text{반지름의 길이})=|(\text{중심의 } x\text{좌표})|=|a|$$

이므로

$$(x-a)^2+(y-b)^2=a^2$$

(3) 반지름의 길이가 r이고 x축과 y축에 동시에 접하는 원의 방정식은 $\longrightarrow$ 중심의 좌표: $(\pm r,\ \pm r)$

$(\text{반지름의 길이})=|(\text{중심의 } x\text{좌표})|=|(\text{중심의 } y\text{좌표})|=r$이므로

① 중심이 제1사분면 위에 있을 때 ➡ $(x-r)^2+(y-r)^2=r^2$

② 중심이 제2사분면 위에 있을 때 ➡ $(x+r)^2+(y-r)^2=r^2$

③ 중심이 제3사분면 위에 있을 때 ➡ $(x+r)^2+(y+r)^2=r^2$

④ 중심이 제4사분면 위에 있을 때 ➡ $(x-r)^2+(y+r)^2=r^2$

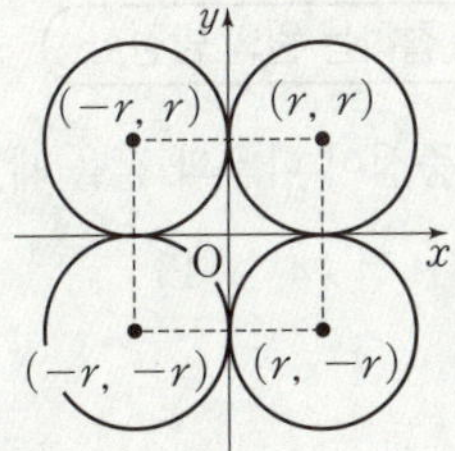

참고 x축과 y축에 동시에 접하는 원의 중심은 직선 $y=x$ 또는 직선 $y=-x$ 위에 있다.

● 정답 및 해설 028쪽

 **2** 다음 원의 방정식을 구하시오.

(1) 중심의 좌표가 $(3,\ 1)$이고 x축에 접하는 원

(2) 중심의 좌표가 $(-2,\ 5)$이고 y축에 접하는 원

(3) 중심의 좌표가 $(4,\ -4)$이고 x축과 y축에 동시에 접하는 원

답 (1) $(x-3)^2+(y-1)^2=1$ (2) $(x+2)^2+(y-5)^2=4$ (3) $(x-4)^2+(y+4)^2=16$

집중 연습

• 원의 방정식

원의 방정식

01 중심과 반지름의 길이가 각각 다음과 같을 때, 원의 방정식을 구하시오.

(1) 중심: 점 $(2, 3)$, 반지름의 길이: 1

(2) 중심: 점 $(3, -1)$, 반지름의 길이: 4

(3) 중심: 점 $(-2, 2)$, 반지름의 길이: $\sqrt{3}$

(4) 중심: 점 $(0, -2)$, 반지름의 길이: 3

(5) 중심: 원점, 반지름의 길이: 2

(6) 중심: 원점, 반지름의 길이: 5

$x^2+y^2+Ax+By+C=0$ 꼴의 원의 방정식

02 다음 방정식이 나타내는 원의 중심의 좌표와 반지름의 길이를 각각 구하시오.

(1) $x^2+y^2-4x=0$

(2) $x^2+y^2+10x-8y-8=0$

(3) $x^2+y^2-6x+4y-3=0$

(4) $x^2+y^2+14x+2y=14$

좌표축에 접하는 원의 방정식

03 중심이 다음과 같을 때, x축에 접하는 원의 방정식을 구하시오.

(1) 점 $(4, -1)$

(2) 점 $(-5, 4)$

04 중심이 다음과 같을 때, y축에 접하는 원의 방정식을 구하시오.

(1) 점 $(2, 3)$

(2) 점 $(-3, -1)$

05 중심이 다음과 같을 때, x축과 y축에 동시에 접하는 원의 방정식을 구하시오.

(1) 점 $(2, 2)$

(2) 점 $(3, -3)$

(3) 점 $(-4, 4)$

(4) 점 $(-5, -5)$

필수 예제 01 — $(x-a)^2+(y-b)^2=r^2$ 꼴의 원의 방정식

중심이 점 $(1, 3)$이고 점 $(5, 0)$을 지나는 원의 방정식을 구하시오.

풀이

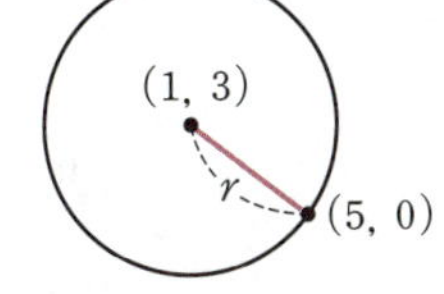

(**Tip**) 중심의 좌표 또는 반지름의 길이가 주어지면 원의 방정식을 $(x-a)^2+(y-b)^2=r^2$ 꼴로 놓는다.

원의 반지름의 길이를 r라 하면 원의 방정식은 → 중심이 점 $(1, 3)$이다.

$(x-1)^2+(y-3)^2=r^2$ ······ ㉠

원 ㉠이 점 $(5, 0)$을 지나므로 → ㉠에 $x=5$, $y=0$을 대입

$(5-1)^2+(0-3)^2=r^2$ ∴ $r^2=25$

$r^2=25$를 ㉠에 대입하면 구하는 원의 방정식은

$(x-1)^2+(y-3)^2=25$

| 다른 풀이 |

원의 반지름의 길이는 두 점 $(1, 3)$, $(5, 0)$ 사이의 거리와 같으므로

$\sqrt{(5-1)^2+(0-3)^2}=5$

따라서 구하는 원의 방정식은 → 중심: 점 $(1, 3)$, 반지름의 길이: 5

$(x-1)^2+(y-3)^2=5^2$ ∴ $(x-1)^2+(y-3)^2=25$

답 $(x-1)^2+(y-3)^2=25$

필수 공략

중심이 점 (a, b)이고 반지름의 길이가 r인 원의 방정식

➡ $(x-a)^2+(y-b)^2=r^2$

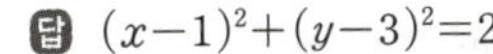

• 정답 및 해설 029쪽

숫자 바꾼

유제 01-❶ 다음 원의 방정식을 구하시오.

(1) 중심이 점 $(-1, 1)$이고 점 $(2, -2)$를 지나는 원

(2) 중심이 원점이고 점 $(-2, 3)$을 지나는 원

유제 01-❷ 직선 $x+2y-4=0$이 x축, y축과 만나는 두 점을 각각 A, B라 할 때, 점 A를 중심으로 하고 점 B를 지나는 원의 방정식을 구하시오.

유제 01-❸ 중심이 점 $(a, 0)$이고 반지름의 길이가 5인 원이 점 $(1, -4)$를 지날 때, 양수 a의 값을 구하시오.

두 점을 지름의 양 끝 점으로 하는 원의 방정식

원점 O와 점 $A(2, -4)$를 지름의 양 끝 점으로 하는 원의 방정식을 구하시오.

풀이

(**Tip**) 선분 OA의 중점이 원의 중심임을 이용하여 중심의 좌표와 반지름의 길이를 각각 구한다.

두 점 O, A를 지름의 양 끝 점으로 하는 원의 중심은 선분 OA의 중점이므로

원의 중심의 좌표는

$$\left(\frac{0+2}{2}, \frac{0+(-4)}{2}\right),\ \ \text{즉}\ (1, -2)$$

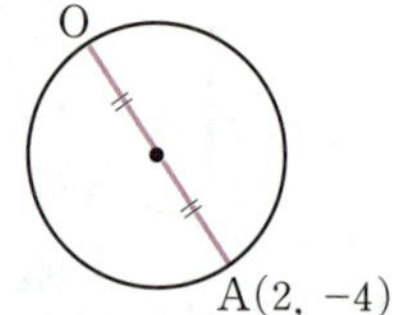

또한, 선분 OA가 원의 지름이므로 원의 반지름의 길이는

$$\frac{1}{2}\overline{OA} = \frac{1}{2}\sqrt{2^2+(-4)^2} = \frac{1}{2} \times 2\sqrt{5} = \sqrt{5}$$

따라서 구하는 원의 방정식은

$$(x-1)^2 + \{y-(-2)\}^2 = (\sqrt{5})^2$$
$$\therefore (x-1)^2 + (y+2)^2 = 5$$

답 $(x-1)^2 + (y+2)^2 = 5$

필수 공략

두 점 A, B를 지름의 양 끝 점으로 하는 원에 대하여
(1) 중심: 선분 AB의 중점
(2) 반지름의 길이: $\frac{1}{2}\overline{AB}$

• 정답 및 해설 030쪽

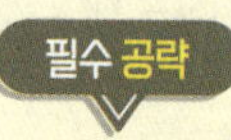

유제 **02-❶** 두 점 $A(-1, 2)$, $B(1, 4)$에 대하여 선분 AB를 지름으로 하는 원의 방정식을 구하시오.

유제 **02-❷** 두 점 $(a-2, 3)$, $(a+2, 1)$을 지름의 양 끝 점으로 하는 원이 원점을 지날 때, 양수 a의 값을 구하시오.

유제 **02-❸** 직선 $2x+3y-12=0$이 x축, y축과 만나는 두 점을 각각 A, B라 할 때, 선분 AB를 지름으로 하는 원의 방정식은 $(x-a)^2+(y-b)^2=r^2$이다. $a+b+r^2$의 값을 구하시오.

(단, a, b, r는 상수이고, $r>0$이다.)

필수 예제 03 — 중심이 직선 위에 있는 원의 방정식

중심이 직선 $y=2x$ 위에 있고 원점과 점 $(-2, 2)$를 지나는 원의 방정식을 구하시오.

풀이

(**Tip**) 원의 중심이 직선 $y=2x$ 위에 있으므로 중심의 좌표를 $(a, 2a)$로 놓는다.

원의 중심이 직선 $y=2x$ 위에 있으므로
원의 중심의 좌표를 $(a, 2a)$, 반지름의 길이를 r라 하면 원의 방정식은
$(x-a)^2+(y-2a)^2=r^2$ …… ㉠
원 ㉠이 원점을 지나므로
$(0-a)^2+(0-2a)^2=r^2$ → ㉠에 $x=0$, $y=0$을 대입
$\therefore 5a^2=r^2$ …… ㉡
원 ㉠이 점 $(-2, 2)$를 지나므로
$\{(-2)-a\}^2+(2-2a)^2=r^2$ → ㉠에 $x=-2$, $y=2$를 대입
$\therefore 5a^2-4a+8=r^2$ …… ㉢
㉡, ㉢을 연립하여 풀면
$a=2$, $r^2=20$ → r의 값이 아닌 r^2의 값으로도 원의 방정식을 구할 수 있다.
따라서 구하는 원의 방정식은
$(x-2)^2+(y-4)^2=20$

| 다른 풀이 |

원의 중심의 좌표를 $(a, 2a)$라 하면 이 점에서 원점과 점 $(-2, 2)$에 이르는 거리가 서로 같으므로
$\sqrt{a^2+(2a)^2}=\sqrt{\{a-(-2)\}^2+(2a-2)^2}$
$5a^2=5a^2-4a+8$
$4a=8 \quad \therefore a=2$
즉, 원의 중심의 좌표는 $(2, 4)$이고, 원의 반지름의 길이는 원점과 점 $(2, 4)$ 사이의 거리와 같으므로
$\sqrt{2^2+4^2}=2\sqrt{5}$
따라서 구하는 원의 방정식은
$(x-2)^2+(y-4)^2=(2\sqrt{5})^2$
$\therefore (x-2)^2+(y-4)^2=20$

답 $(x-2)^2+(y-4)^2=20$

필수 공략 — 중심이 직선 $y=mx+n$ 위에 있고 반지름의 길이가 r인 원의 방정식
➡ $(x-a)^2+\{y-(ma+n)\}^2=r^2$

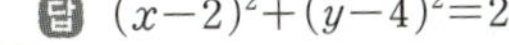
• 정답 및 해설 031쪽

유제 03-❶ 중심이 직선 $y=3x-1$ 위에 있고 두 점 $(2, 0)$, $(3, 3)$을 지나는 원의 방정식을 구하시오.

유제 03-❷ 중심이 x축 위에 있는 원이 두 점 $(1, 6)$, $(10, 3)$을 지날 때, 이 원의 반지름의 길이를 구하시오.

$x^2+y^2+Ax+By+C=0$ 꼴의 원의 방정식

원 $x^2+y^2+2x-2ay+b=0$의 중심의 좌표가 $(c, 4)$이고 반지름의 길이가 3일 때, $a+b+c$의 값을 구하시오. (단, a, b는 상수이다.)

풀이

(Tip) $(x-a)^2+(y-b)^2=r^2$ 꼴로 변형하여 원의 중심의 좌표와 반지름의 길이를 각각 구한다.

$x^2+y^2+2x-2ay+b=0$에서

$(x^2+2x+1)+(y^2-2ay+a^2)=a^2-b+1$

$\therefore (x+1)^2+(y-a)^2=a^2-b+1$　　……　㉠

원 ㉠의 중심의 좌표가 $(-1, a)$이므로

$a=4$, $c=-1$ → 두 점 $(-1, a)$, $(c, 4)$가 일치한다.

원 ㉠의 반지름의 길이가 $\sqrt{a^2-b+1}=\sqrt{17-b}$이므로

$\sqrt{17-b}=3$

$17-b=9$　　$\therefore b=8$

$\therefore a+b+c=4+8+(-1)=11$

답 11

필수 공략

(1) 원의 방정식 $x^2+y^2+Ax+By+C=0$의

　① 중심의 좌표: $\left(-\dfrac{A}{2}, -\dfrac{B}{2}\right)$　　　② 반지름의 길이: $\dfrac{\sqrt{A^2+B^2-4C}}{2}$

(2) 방정식 $x^2+y^2+Ax+By+C=0$이 원을 나타낼 조건

　➡ $A^2+B^2-4C>0$ → (반지름의 길이)>0

• 정답 및 해설 031쪽

숫자 바꾼

유제 **04-❶**　원 $x^2+y^2-ax+2y+b=0$의 중심의 좌표가 $(2, c)$이고 반지름의 길이가 $\sqrt{10}$일 때, $a-b+c$의 값을 구하시오. (단, a, b는 상수이다.)

유제 **04-❷**　원 $x^2+y^2-2x+6y-3=0$과 중심이 일치하고 점 $(-2, 1)$을 지나는 원의 반지름의 길이를 구하시오.

유제 **04-❸**　방정식 $x^2+y^2+4x-6y+k=0$이 원을 나타내도록 하는 실수 k의 값의 범위를 구하시오.

서로 다른 세 점을 지나는 원의 방정식

05

원점 및 두 점 $(2, 6)$, $(4, 2)$를 지나는 원의 방정식을 구하시오.

풀이

(**Tip**) 구하는 원의 방정식을 $x^2+y^2+Ax+By+C=0$으로 놓고, 주어진 세 점의 좌표를 $x^2+y^2+Ax+By+C=0$에 각각 대입하여 A, B, C의 값을 구한다.

구하는 원의 방정식을
$$x^2+y^2+Ax+By+C=0 \ (A, \ B, \ C\text{는 상수}) \quad \cdots\cdots \ \bigcirc$$
이라 하자.

원 $\bigcirc$이 원점 $(0, 0)$을 지나므로
$$0^2+0^2+A\times0+B\times0+C=0 \qquad \rightarrow \bigcirc\text{에 } x=0, \ y=0\text{을 대입}$$
$$\therefore \ C=0$$

원 $\bigcirc$이 점 $(2, 6)$을 지나므로
$$2^2+6^2+A\times2+B\times6=0 \ (\because \ C=0) \rightarrow \bigcirc\text{에 } x=2, \ y=6\text{을 대입}$$
$$\therefore \ A+3B+20=0 \qquad \cdots\cdots \ \bigcirc\!\!\!L$$

원 $\bigcirc$이 점 $(4, 2)$를 지나므로
$$4^2+2^2+A\times4+B\times2=0 \ (\because \ C=0) \rightarrow \bigcirc\text{에 } x=4, \ y=2\text{를 대입}$$
$$\therefore \ 2A+B+10=0 \qquad \cdots\cdots \ \bigcirc\!\!\!C$$

$\bigcirc\!\!\!L$, $\bigcirc\!\!\!C$을 연립하여 풀면
$$A=-2, \ B=-6$$
따라서 구하는 원의 방정식은
$$x^2+y^2-2x-6y=0$$

답 $x^2+y^2-2x-6y=0$

필수공략 서로 다른 세 점을 지나는 원의 방정식은 다음과 같은 순서로 구한다.
❶ 원의 방정식을 $x^2+y^2+Ax+By+C=0$으로 놓는다.
❷ ❶의 식에 세 점의 좌표를 각각 대입한 후 연립하여 A, B, C의 값을 구한다.

• 정답 및 해설 032쪽

유제 05-❶ 원점을 지나는 원이 두 점 $(2, 2)$, $(8, -4)$를 지날 때, 이 원의 방정식을 구하시오.

유제 05-❷ (교육청) 좌표평면 위의 세 점 $(0, 0)$, $(6, 0)$, $(-4, 4)$를 지나는 원의 중심의 좌표를 (p, q)라 할 때, $p+q$의 값을 구하시오.

유제 05-❸ 원점 및 두 점 $(-7, 1)$, $(2, 4)$를 지나는 원의 넓이를 구하시오.

x축 또는 y축에 접하는 원의 방정식

다음 원의 방정식을 구하시오.

(1) 두 점 $(-3, -2)$, $(1, 0)$을 지나고 x축에 접하는 원

(2) 두 점 $(-3, 1)$, $(0, 4)$를 지나고 y축에 접하는 원

풀이

(**Tip**) 원의 중심의 좌표를 (a, b)로 놓고 x축 또는 y축에 접할 때의 반지름의 길이를 알아본다.

(1) 원의 중심의 좌표를 (a, b)라 하면 반지름의 길이는 $|b|$이므로 원의 방정식은

$$(x-a)^2+(y-b)^2=b^2 \quad \cdots\cdots ㉠$$

→ x축에 접하므로
(반지름의 길이)=|(중심의 y좌표)|

원 ㉠이 점 $(-3, -2)$를 지나므로

$$\{(-3)-a\}^2+\{(-2)-b\}^2=b^2 \quad →㉠에 x=-3, y=-2를 대입$$

$$\therefore a^2+6a+4b+13=0 \quad \cdots\cdots ㉡$$

원 ㉠이 점 $(1, 0)$을 지나므로

$$(1-a)^2+(0-b)^2=b^2 \quad →㉠에 x=1, y=0을 대입$$

$$(1-a)^2=0 \quad \therefore a=1$$

$a=1$을 ㉡에 대입하여 정리하면 $b=-5$

따라서 구하는 원의 방정식은

$$(x-1)^2+(y+5)^2=25$$

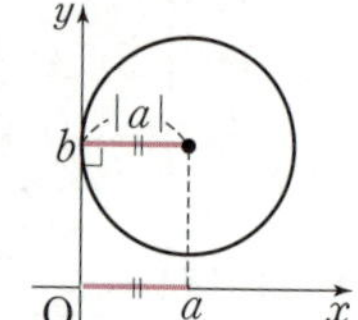

(2) 원의 중심의 좌표를 (a, b)라 하면 반지름의 길이는 $|a|$이므로 원의 방정식은

$$(x-a)^2+(y-b)^2=a^2 \quad \cdots\cdots ㉠$$

→ y축에 접하므로
(반지름의 길이)=|(중심의 x좌표)|

원 ㉠이 점 $(-3, 1)$을 지나므로

$$\{(-3)-a\}^2+(1-b)^2=a^2 \quad →㉠에 x=-3, y=1을 대입$$

$$\therefore b^2+6a-2b+10=0 \quad \cdots\cdots ㉡$$

원 ㉠이 점 $(0, 4)$를 지나므로

$$(0-a)^2+(4-b)^2=a^2 \quad →㉠에 x=0, y=4를 대입$$

$$(4-b)^2=0 \quad \therefore b=4$$

$b=4$를 ㉡에 대입하여 정리하면 $a=-3$

따라서 구하는 원의 방정식은

$$(x+3)^2+(y-4)^2=9$$

답 (1) $(x-1)^2+(y+5)^2=25$ (2) $(x+3)^2+(y-4)^2=9$

필수 공략

중심이 점 (a, b)이고
(1) x축에 접하는 원 ➡ (반지름의 길이)$=|b|$, 원의 방정식: $(x-a)^2+(y-b)^2=b^2$
(2) y축에 접하는 원 ➡ (반지름의 길이)$=|a|$, 원의 방정식: $(x-a)^2+(y-b)^2=a^2$

• 정답 및 해설 032쪽

유제 **06-❶**

다음 원의 방정식을 구하시오.

(1) 두 점 $(1, -1)$, $(2, 0)$을 지나고 x축에 접하는 원

(2) 두 점 $(-1, -1)$, $(0, -4)$를 지나고 y축에 접하는 원

필수 예제 07 — x축과 y축에 동시에 접하는 원의 방정식

중심이 점 $(-1, a)$ $(a<0)$이고 x축과 y축에 동시에 접하는 원의 방정식을 구하시오.

풀이

(Tip) x축과 y축에 동시에 접할 때, 원의 중심의 좌표와 반지름의 길이 사이의 관계를 알아본다.

원의 중심이 점 $(-1, a)$ $(a<0)$이고 x축과 y축에 동시에 접하는

원의 반지름의 길이는 $|-1|=1$이므로

$|a|=1$ $\therefore a=-1$ $(\because a<0)$

x축과 y축에 동시에 접하므로
(반지름의 길이) = |(중심의 x좌표)|
= |(중심의 y좌표)|

따라서 구하는 원의 방정식은

$\{x-(-1)\}^2+\{y-(-1)\}^2=1^2$

$\therefore (x+1)^2+(y+1)^2=1$

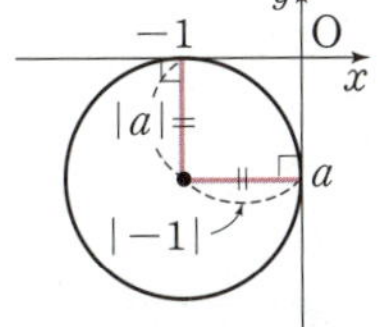

답 $(x+1)^2+(y+1)^2=1$

필수 공략

중심이 점 (a, b)이고 x축과 y축에 동시에 접하는 원

➡ (1) (반지름의 길이) $= |a| = |b|$

(2) 반지름의 길이가 r인 원의 방정식은 중심이 위치한 사분면에 따라

① 제1사분면: $(x-r)^2+(y-r)^2=r^2$

② 제2사분면: $(x+r)^2+(y-r)^2=r^2$

③ 제3사분면: $(x+r)^2+(y+r)^2=r^2$

④ 제4사분면: $(x-r)^2+(y+r)^2=r^2$

• 정답 및 해설 033쪽

유제 07-❶ 중심이 점 $(a, 3)$ $(a>0)$이고 x축과 y축에 동시에 접하는 원의 방정식을 구하시오.

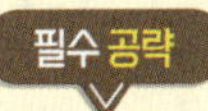

유제 07-❷ 점 $(2, 1)$을 지나고 x축과 y축에 동시에 접하는 원의 방정식을 모두 구하시오.

유제 07-❸ 점 $(-2, 4)$를 지나고 x축과 y축에 동시에 접하는 원은 두 개가 있다. 두 원의 넓이의 합을 구하시오.

소단원 점검 문제

01 $(x-a)^2+(y-b)^2=r^2$ 꼴의 원의 방정식

중심이 점 $(4, -3)$이고 점 $(1, 1)$을 지나는 원이 점 $(a, 0)$을 지날 때, 양수 a의 값은?

① 2　　　　② 4　　　　③ 6　　　　④ 8　　　　⑤ 10

02 두 점을 지름의 양 끝 점으로 하는 원의 방정식

두 점 $A(-5, 4)$, $B(4, 1)$에 대하여 선분 AB를 $1 : 2$로 내분하는 점을 C라 하자. 선분 BC를 지름으로 하는 원이 점 $(2, a)$를 지날 때, 양수 a의 값을 구하시오.

03 중심이 직선 위에 있는 원의 방정식

중심이 직선 $y=-\dfrac{1}{2}x+1$ 위에 있고 두 점 $(1, k)$, $(2, -1)$을 지나는 원의 반지름의 길이가 5일 때, 양수 k의 값을 구하시오. (단, 원의 중심은 제2사분면 위에 있다.)

04 $x^2+y^2+Ax+By+C=0$ 꼴의 원의 방정식

원 $x^2+y^2+4x+ay+b=0$이 원점과 점 $(3, 3)$을 지날 때, 이 원의 넓이는? (단, a, b는 상수이다.)

① 21π　　　　② 23π　　　　③ 25π　　　　④ 27π　　　　⑤ 29π

05 $x^2+y^2+Ax+By+C=0$ 꼴의 원의 방정식

두 원 $x^2+y^2+4x-1=0$, $x^2+y^2-2x-6y-6=0$의 넓이를 동시에 이등분하는 직선의 방정식은 $y=mx+n$이다. $m-n$의 값은? (단, m, n은 상수이다.)

① -3　　　　② -2　　　　③ -1　　　　④ 0　　　　⑤ 1

$x^2+y^2+Ax+By+C=0$ 꼴의 원의 방정식

06 방정식 $x^2+y^2+12x-16y+k=0$이 나타내는 도형이 원일 때, 이 원이 제2사분면 위에만 있도록 하는 정수 k의 최댓값과 최솟값의 차를 구하시오.

$x^2+y^2+Ax+By+C=0$ 꼴의 원의 방정식

07 x, y에 대한 이차방정식 $x^2+y^2+2kx-6y+2k^2-2k=0$이 나타내는 도형이 넓이가 π 이상인 원이 되도록 하는 실수 k의 값의 범위는 $\alpha \leq k \leq \beta$이다. $\beta-\alpha$의 값은?

① 2 　　　② 4 　　　③ 6 　　　④ 8 　　　⑤ 10

서로 다른 세 점을 지나는 원의 방정식

08 네 점 $(0, 0)$, $(7, 3)$, $(7, 7)$, $(k, 10)$이 한 원 위에 있도록 하는 모든 실수 k의 값의 합은?

① -4 　　　② -2 　　　③ 0 　　　④ 2 　　　⑤ 4

---
x축 또는 y축에 접하는 원의 방정식

09 중심이 점 $(2, a)$이고 x축에 접하는 원이 점 $(-4, 2)$를 지날 때, a의 값은?

① 6 　　　② 8 　　　③ 10 　　　④ 12 　　　⑤ 14

---
x축과 y축에 동시에 접하는 원의 방정식

10 곡선 $y=x^2-x-1$ 위의 점 중에서 제2사분면에 있는 점을 중심으로 하고 x축과 y축에 동시에 접하는 원의 방정식은 $x^2+y^2+ax+by+c=0$이다. $a+b+c$의 값을 구하시오.
(단, a, b, c는 상수이다.)

교육청

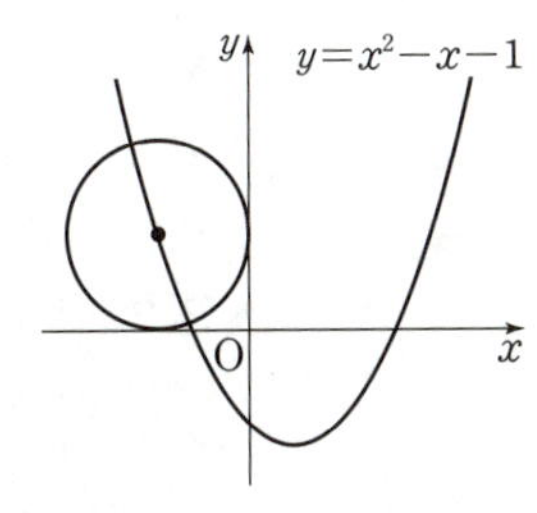

02 원의 방정식의 활용

① 두 원의 교점을 지나는 직선의 방정식

서로 다른 두 점에서 만나는 두 원

$$O: x^2+y^2+ax+by+c=0, \quad O': x^2+y^2+a'x+b'y+c'=0$$

의 교점을 지나는 직선의 방정식은

$$x^2+y^2+ax+by+c-(x^2+y^2+a'x+b'y+c')=0$$

$$\therefore (a-a')x+(b-b')y+c-c'=0 \rightarrow \text{두 원의 방정식에서 이차항을 소거한 식}$$

설명

[참고] **공통현의 방정식**

오른쪽 그림과 같이 두 원 O, O'이 서로 다른 두 점 A, B에서 만날 때 선분 AB를 두 원의 공통현이라 하고, 직선 AB의 방정식을 공통현의 방정식이라 한다.

이때 두 원의 중심을 각각 O, O'이라 하면 선분 OO'은 공통현 AB를 수직이등분한다.

즉, 선분 AB의 중점을 M이라 하면

$$\overline{AB}\perp\overline{OO'}, \quad \overline{AM}=\overline{BM}$$

개념확인 　　　　　　　　　　　　　　　　　　　　　　　　　　→ 정답 및 해설 035쪽

1 두 원 $x^2+y^2+2x-2y-3=0$, $x^2+y^2-2x-6y+9=0$의 교점을 지나는 직선의 방정식을 구하시오.

답 $x+y-3=0$

② 두 원의 교점을 지나는 원의 방정식

서로 다른 두 점에서 만나는 두 원

$$O: x^2+y^2+ax+by+c=0, \quad O': x^2+y^2+a'x+b'y+c'=0$$

의 교점을 지나는 원 중에서 원 O'을 제외한 원의 방정식은

$$x^2+y^2+ax+by+c+k(x^2+y^2+a'x+b'y+c')=0$$

$$\text{(단, } k\neq-1\text{인 실수)}$$

$$\rightarrow k=-1\text{이면 직선의 방정식}$$

설명

(ⅰ) $k=-1$일 때

x와 y에 대한 일차방정식이므로 두 원의 교점을 지나는 직선의 방정식이다.

(ⅱ) $k\neq-1$일 때

$\rightarrow$ 두 점을 지나는 원은 무수히 많다.

x^2항과 y^2항의 계수가 같고 xy항이 없는 이차방정식이므로 두 원의 교점을 지나는 원의 방정식이다.

이때 방정식은 $k=0$이면 원 O를 나타내지만 k가 어떤 값을 갖더라도 원 O'을 나타내는 방정식이 될 수 없으므로 원 O'을 나타낼 수 없다.

개념확인 　　　　　　　　　　　　　　　　　　　　　　　　　　→ 정답 및 해설 035쪽

2 두 원 $x^2+y^2+2x+2y-3=0$, $x^2+y^2-4x-4y+3=0$의 교점과 점 $(5, 0)$을 지나는 원의 방정식을 구하시오.

답 $x^2+y^2-6x-6y+5=0$

 **필수 예제 01**

두 원의 교점을 지나는 도형의 방정식

두 원 $x^2+y^2+2x+a=0$, $x^2+y^2-10x-6y+9=0$이 서로 다른 두 점에서 만날 때, 다음 도형의 방정식을 구하시오.

(1) 두 원의 교점과 점 $(0, 2)$를 지나는 직선

(2) 두 원의 교점과 두 점 $(2, 5)$, $(6, 3)$을 지나는 원

 **풀이**

(Tip) 두 원 $x^2+y^2+ax+by+c=0$, $x^2+y^2+a'x+b'y+c'=0$의 교점을 지나는 도형의 방정식은 $x^2+y^2+ax+by+c+k(x^2+y^2+a'x+b'y+c')=0$이다.

(1) 두 원의 교점을 지나는 직선의 방정식은

$$x^2+y^2+2x+a-(x^2+y^2-10x-6y+9)=0 \qquad \therefore 12x+6y+a-9=0 \qquad \cdots\cdots \text{㉠}$$

직선 ㉠이 점 $(0, 2)$를 지나므로

$$12\times0+6\times2+a-9=0 \qquad \therefore a=-3$$

$a=-3$을 ㉠에 대입하면 $12x+6y+(-3)-9=0 \qquad \therefore 2x+y-2=0$

(2) 두 원의 교점을 지나는 원의 방정식은

$$x^2+y^2+2x+a+k(x^2+y^2-10x-6y+9)=0 \ (단, \ k\neq-1인 \ 실수) \qquad \cdots\cdots \text{㉠}$$

원 ㉠이 점 $(2, 5)$를 지나므로

$$2^2+5^2+2\times2+a+k(2^2+5^2-10\times2-6\times5+9)=0 \qquad \therefore a-12k+33=0 \qquad \cdots\cdots \text{㉡}$$

원 ㉠이 점 $(6, 3)$을 지나므로

$$6^2+3^2+2\times6+a+k(6^2+3^2-10\times6-6\times3+9)=0 \qquad \therefore a-24k+57=0 \qquad \cdots\cdots \text{㉢}$$

㉡, ㉢을 연립하여 풀면 $a=-9$, $k=2$

$a=-9$, $k=2$를 ㉠에 대입하면

$$x^2+y^2+2x+(-9)+2(x^2+y^2-10x-6y+9)=0, \ 3x^2+3y^2-18x-12y+9=0$$

$$\therefore x^2+y^2-6x-4y+3=0$$

답 (1) $2x+y-2=0$ (2) $x^2+y^2-6x-4y+3=0$

필수 공략 서로 다른 두 점에서 만나는 두 원 $x^2+y^2+ax+by+c=0$, $x^2+y^2+a'x+b'y+c'=0$의 교점을 지나는 도형의 방정식

➡ $x^2+y^2+ax+by+c+k(x^2+y^2+a'x+b'y+c')=0$

(1) $k=-1$일 때: 직선의 방정식 (2) $k\neq-1$인 실수일 때: 원의 방정식

● 정답 및 해설 035쪽

 **숫자 바꾼**

유제 01-❶ 두 원 $x^2+y^2+2x+2y-11=0$, $x^2+y^2-ax+3=0$이 서로 다른 두 점에서 만날 때, 다음 도형의 방정식을 구하시오.

(1) 두 원의 교점과 점 $(-4, 3)$을 지나는 직선

(2) 두 원의 교점과 두 점 $(1, 0)$, $(2, 5)$를 지나는 원

유제 01-❷ 두 원 $x^2+y^2+6y-7=0$, $x^2+y^2-8x-2y+1=0$의 교점을 지나고 중심이 x축 위에 있는 원의 반지름의 길이를 구하시오.

공통현의 길이

두 원 $x^2+y^2-2x-6y-10=0$, $x^2+y^2-8x+12y+2=0$의 공통현의 길이를 구하시오.

풀이

(Tip) 두 원의 중심을 지나는 직선은 두 원의 교점을 지나는 직선을 수직이등분한다.

주어진 두 원의 교점을 지나는 직선의 방정식은 → 공통현의 방정식

$x^2+y^2-2x-6y-10-(x^2+y^2-8x+12y+2)=0$

$6x-18y-12=0$

$\therefore\ x-3y-2=0$ ······ ㉠

$x^2+y^2-2x-6y-10=0$에서

$(x^2-2x+1)+(y^2-6y+9)=20$

$\therefore\ (x-1)^2+(y-3)^2=20$

이때 위의 원의 중심을 C(1, 3)이라 하자.

오른쪽 그림과 같이 주어진 두 원의 교점을 각각 A, B라 하고, 선분 AB의 중점을 M이라 하면 선분 CM의 길이는 점 C와 직선 ㉠ 사이의 거리와 같으므로

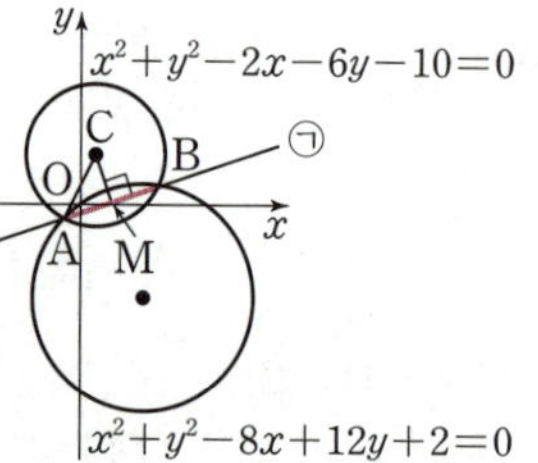

$$\overline{\text{CM}}=\frac{|1\times1-3\times3-2|}{\sqrt{1^2+(-3)^2}}=\sqrt{10}$$

한편, 선분 CM은 선분 AB를 수직이등분하므로 삼각형 AMC는 직각삼각형이다. → 원 $x^2+y^2-2x-6y-10=0$의 반지름의 길이

이때 $\overline{\text{CA}}=2\sqrt{5}$이므로

$$\overline{\text{AM}}=\sqrt{\overline{\text{CA}}^2-\overline{\text{CM}}^2}=\sqrt{(2\sqrt{5})^2-(\sqrt{10})^2}=\sqrt{10}$$

따라서 구하는 공통현의 길이는

$$\overline{\text{AB}}=2\overline{\text{AM}}=2\times\sqrt{10}=2\sqrt{10}$$

답 $2\sqrt{10}$

필수 공략

두 원의 공통현 AB의 길이는 다음과 같은 순서로 구한다.

❶ 직선 AB의 방정식을 구한다.

❷ 점과 직선 사이의 거리를 이용하여 선분 OM의 길이를 구한다.

❸ 직각삼각형 AOM에서 피타고라스 정리를 이용하여 선분 AM의 길이를 구한다.

❹ $\overline{\text{AB}}=2\overline{\text{AM}}$임을 이용하여 공통현 AB의 길이를 구한다.

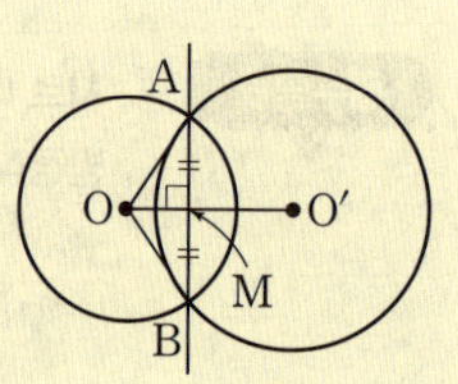

• 정답 및 해설 036쪽

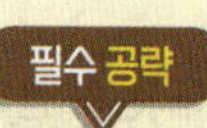

유제 02-❶ 두 원 $x^2+y^2-18x+6y-10=0$, $x^2+y^2+6x-6y-22=0$의 공통현의 길이를 구하시오.

유제 02-❷ 두 원 $x^2+(y-1)^2=16$, $x^2+y^2-3x-6y-k=0$의 공통현의 길이가 $4\sqrt{3}$이 되도록 하는 모든 상수 k의 값의 합을 구하시오.

필수 예제 03 조건식을 만족시키는 점이 나타내는 도형의 방정식

두 점 $A(1, 0)$, $B(4, 0)$에 대하여 $\overline{AP} : \overline{BP} = 1 : 2$를 만족시키는 점 P가 나타내는 도형의 방정식을 구하시오.

(Tip) 점 P의 좌표를 (x, y)로 놓고 주어진 길이의 비를 이용하여 x, y 사이의 관계식을 구한다.

점 P의 좌표를 (x, y)라 하면

$\overline{AP} : \overline{BP} = 1 : 2$에서 $2\overline{AP} = \overline{BP}$

즉, $4\overline{AP}^2 = \overline{BP}^2$에서

$4\{(x-1)^2 + (y-0)^2\} = (x-4)^2 + (y-0)^2$

$(4x^2 - 8x + 4) + 4y^2 = (x^2 - 8x + 16) + y^2$

$3x^2 + 3y^2 = 12$

$\therefore \ x^2 + y^2 = 4$

답 $x^2 + y^2 = 4$

필수 공략

(1) **관계식을 만족시키는 점 P가 나타내는 도형의 방정식**
  ➡ 점 P의 좌표를 (x, y)로 놓고 두 점 사이의 거리를 이용하여 주어진 관계식을 x, y에 대한 방정식으로 나타낸다.

(2) **도형 위를 움직이는 점 P에 대하여 조건을 만족시키는 점 Q가 나타내는 도형의 방정식**
  ➡ $P(a, b)$, $Q(x, y)$로 놓고 주어진 조건을 이용하여 x, y를 각각 a, b에 대한 식으로 나타낸 후
    점 P를 주어진 도형의 방정식에 대입하여 x, y에 대한 방정식을 구한다.

• 정답 및 해설 036쪽

숫자 바꾼

유제 03-❶ 두 점 $A(-5, 2)$, $B(3, -2)$에 대하여 $\overline{AP} : \overline{BP} = 3 : 1$을 만족시키는 점 P가 나타내는 도형의 방정식을 구하시오.

유제 03-❷ 원 $x^2 + y^2 - 12x - 4y + 24 = 0$ 위를 움직이는 점 P에 대하여 선분 OP의 중점 M이 나타내는 도형의 방정식을 구하시오. (단, O는 원점이다.)

유제 03-❸ 점 $A(4, 8)$과 원 $x^2 + y^2 = 16$ 위를 움직이는 점 P에 대하여 선분 AP를 3 : 1로 내분하는 점 Q가 나타내는 도형의 방정식을 구하시오.

소단원 점검 문제

두 원의 교점을 지나는 도형의 방정식

01 두 원 $x^2+(y+2)^2=36$, $(x-a)^2+(y-1)^2=9$의 교점을 지나는 직선이 직선 $y=x$와 수직일 때, 상수 a의 값을 구하시오.

두 원의 교점을 지나는 도형의 방정식

02 서로 다른 두 점에서 만나는 두 원
$$x^2+y^2+ay-21=0, \ x^2+y^2+4x+2y-45=0$$
의 교점과 점 $(1,\ 0)$을 지나는 원의 반지름의 길이가 $\sqrt{10}$일 때, 양수 a의 값을 구하시오.

공통현의 길이

03 두 원 $x^2+y^2=20$과 $(x-a)^2+y^2=4$가 서로 다른 두 점에서 만날 때, 공통현의 길이가 최대가 되도록 하는 양수 a의 값을 구하시오.

[교육청]

조건을 만족시키는 점이 나타내는 도형의 방정식

04 두 점 $A(1,\ -3)$, $B(-5,\ 1)$에 대하여 $3\overline{AP}^2=2+\overline{BP}^2$을 만족시키는 점 P가 나타내는 도형의 넓이는?

① 40π ② 44π ③ 48π ④ 52π ⑤ 56π

조건을 만족시키는 점이 나타내는 도형의 방정식

05 두 점 $A(1,\ 7)$, $B(5,\ 5)$와 원 $x^2+y^2=9$ 위를 움직이는 점 P에 대하여 삼각형 ABP의 무게중심 G가 나타내는 도형의 넓이를 구하시오.

원과 직선의 위치 관계

① 원과 직선의 위치 관계; 판별식을 이용

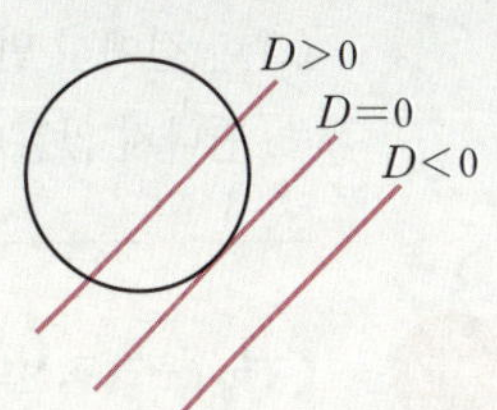

원의 방정식과 직선의 방정식을 연립하여 얻은 이차방정식의 판별식을 D라 할 때, 원과 직선의 위치 관계는 다음과 같다.

(1) $D>0 \iff$ 서로 다른 두 점에서 만난다.

(2) $D=0 \iff$ 한 점에서 만난다. (접한다.)

(3) $D<0 \iff$ 만나지 않는다.

 원과 직선의 방정식을 각각

$$x^2+y^2=r^2 \qquad \cdots\cdots ㉠,$$
$$y=mx+n \qquad \cdots\cdots ㉡$$

이라 할 때, ㉡을 ㉠에 대입하여 정리하면

$$(m^2+1)x^2+2mnx+n^2-r^2=0 \qquad \cdots\cdots ㉢$$

따라서 원 $x^2+y^2=r^2$과 직선 $y=mx+n$의 교점의 개수는 이차방정식 ㉢의 실근의 개수와 같다. 이차방정식 ㉢의 판별식을 D라 할 때

(1) $D>0$이면 교점이 2개

(2) $D=0$이면 교점이 1개

(3) $D<0$이면 교점이 0개

> **example** 원 $x^2+y^2=4$와 직선 $y=x+1$의 위치 관계를 판별식을 이용하여 구해 보자.
>
> $y=x+1$을 $x^2+y^2=4$에 대입하면
>
> $$x^2+(x+1)^2=4 \qquad \therefore 2x^2+2x-3=0$$
>
> 위의 이차방정식의 판별식을 D라 하면
>
> $$\frac{D}{4}=1^2-2\times(-3)=7>0 \rightarrow D>0$$
>
> 따라서 원과 직선은 서로 다른 두 점에서 만난다.

② 원과 직선의 위치 관계; 원의 중심과 직선 사이의 거리를 이용

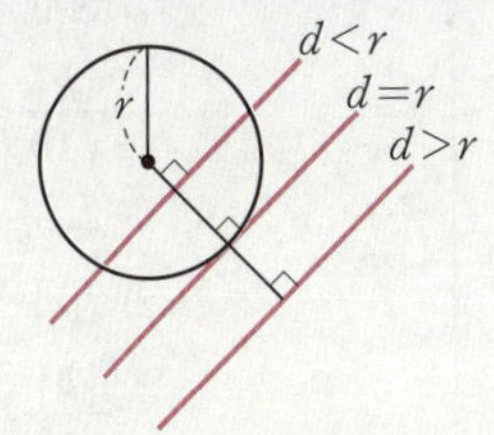

원의 반지름의 길이를 r, 원의 중심과 직선 사이의 거리를 d라 하면 원과 직선의 위치 관계는 다음과 같다.

(1) $d<r \iff$ 서로 다른 두 점에서 만난다.

(2) $d=r \iff$ 한 점에서 만난다. (접한다.)

(3) $d>r \iff$ 만나지 않는다.

 > **example** 원 $x^2+y^2=1$과 직선 $x+y+2=0$의 위치 관계를 원의 중심과 직선 사이의 거리를 이용하여 구해 보자.
>
> 원의 중심 $(0,\ 0)$과 직선 $x+y+2=0$ 사이의 거리는
>
> $$\frac{|2|}{\sqrt{1^2+1^2}}=\sqrt{2}$$
>
> 원의 반지름의 길이는 1이고 $\sqrt{2}>1$이므로 원과 직선은 만나지 않는다.
> $\longrightarrow d>r$

원과 직선의 위치 관계

원 $x^2+y^2=10$과 직선 $y=3x+k$의 위치 관계가 다음과 같을 때, 실수 k의 값 또는 범위를 구하시오.

(1) 서로 다른 두 점에서 만난다.

(2) 한 점에서 만난다.

(3) 만나지 않는다.

 풀이

(Tip) 원과 직선의 방정식을 연립하여 얻은 이차방정식의 판별식 또는 원의 중심과 직선 사이의 거리를 이용한다.

방법 ❶ 판별식을 이용

$y=3x+k$를 $x^2+y^2=10$에 대입하면

$x^2+(3x+k)^2=10$

$x^2+(9x^2+6kx+k^2)=10$

$\therefore 10x^2+6kx+k^2-10=0$

위의 이차방정식의 판별식을 D라 하면

$$\frac{D}{4}=(3k)^2-10(k^2-10)=-k^2+100$$

(1) 원과 직선이 서로 다른 두 점에서 만나려면 $D>0$이어야 하므로

$\quad -k^2+100>0,\ (k+10)(k-10)<0$

$\quad \therefore -10<k<10$

(2) 원과 직선이 한 점에서 만나려면 $D=0$이어야 하므로

$\quad -k^2+100=0,\ k^2=100$

$\quad \therefore k=\pm10$

(3) 원과 직선이 만나지 않으려면 $D<0$이어야 하므로

$\quad -k^2+100<0,\ (k+10)(k-10)>0$

$\quad \therefore k<-10$ 또는 $k>10$

방법 ❷ 원의 중심과 직선 사이의 거리를 이용

원의 중심 $(0,0)$과 직선 $y=3x+k$, 즉 직선 $3x-y+k=0$ 사이의 거리를 d, 원의 반지름의 길이를 r라 하면

$$d=\frac{|k|}{\sqrt{3^2+(-1)^2}}=\frac{|k|}{\sqrt{10}},\ r=\sqrt{10}$$

(1) 원과 직선이 서로 다른 두 점에서 만나려면 $d<r$이어야 하므로

$\quad \dfrac{|k|}{\sqrt{10}}<\sqrt{10},\ |k|<10$

$\quad \therefore -10<k<10$

(2) 원과 직선이 한 점에서 만나려면 $d=r$이어야 하므로

$\quad \dfrac{|k|}{\sqrt{10}}=\sqrt{10},\ |k|=10$

$\quad \therefore k=\pm10$

(3) 원과 직선이 만나지 않으려면 $d>r$이어야 하므로

$\quad \dfrac{|k|}{\sqrt{10}}>\sqrt{10},\ |k|>10$

$\quad \therefore k<-10$ 또는 $k>10$

답 (1) $-10<k<10$ (2) $k=\pm10$ (3) $k<-10$ 또는 $k>10$

원과 직선의 방정식을 연립하여 얻은 이차방정식의 판별식을 D, 원의 중심과 직선 사이의 거리를 d, 원의 반지름의 길이를 r라 할 때, 원과 직선의 위치 관계는 다음과 같다.

위치 관계	D의 값 또는 부호	d와 r의 대소 관계
서로 다른 두 점에서 만난다.	$D > 0$	$d < r$
한 점에서 만난다. (접한다.)	$D = 0$	$d = r$
만나지 않는다.	$D < 0$	$d > r$

• 정답 및 해설 037쪽

유제 01-❶ 원 $x^2 + y^2 = 8$과 직선 $y = 2x + k$의 위치 관계가 다음과 같을 때, 실수 k의 값 또는 범위를 구하시오.

(1) 서로 다른 두 점에서 만난다.

(2) 한 점에서 만난다.

(3) 만나지 않는다.

유제 01-❷ 원 $x^2 + y^2 = 17$과 직선 $y = -4x + k$가 만나도록 하는 정수 k의 개수를 구하시오.

유제 01-❸ 직선 $x + y + k = 0$이 원점을 중심으로 하고 넓이가 32π인 원과 오직 한 점에서만 만나도록 하는 모든 상수 k의 값을 구하시오.

유제 01-❹ 원 $(x+1)^2 + (y-a)^2 = 4$와 직선 $3x + 4y - 6a - 1 = 0$의 교점의 개수가 1일 때, 양수 a의 값을 구하시오.

 선분의 길이와 거리

1 현의 길이와 접선의 길이

1 현의 길이

점 C를 중심으로 하고 반지름의 길이가 r인 원과 직선 l이 서로 다른
두 점 A, B에서 만날 때, 점 C와 직선 l 사이의 거리 d에 대하여

$$\overline{AB}=2\sqrt{r^2-d^2} \rightarrow 2\overline{AH}$$

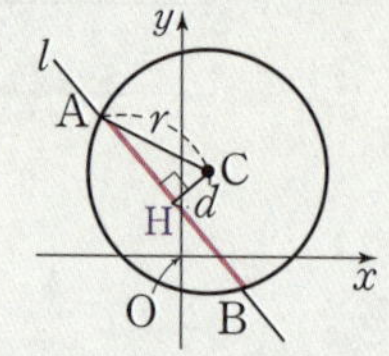

2 접선의 길이

점 C를 중심으로 하고 반지름의 길이가 r인 원에 대하여 원 밖의 점 P
에서 이 원에 그은 접선의 접점을 T라 할 때

$$\overline{PT}=\sqrt{\overline{CP}^2-r^2}$$

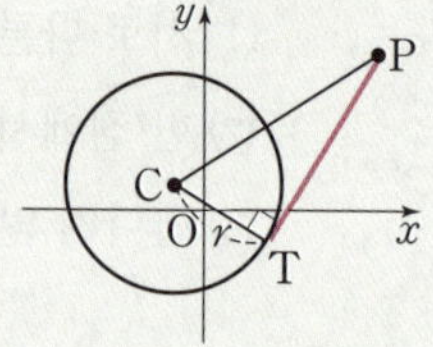

→ 정답 및 해설 038쪽

1 반지름의 길이가 5인 원이 직선 l과 두 점 A, B에서 만난다. 원의 중심과 직선 l 사이의 거리가 4일 때, 선분 AB의 길이를 구하시오.

2 반지름의 길이가 3인 원에 대하여 원의 중심에서 7만큼 떨어진 점 P에서 이 원에 그은 접선의 접점을 T라 할 때, 선분 PT의 길이를 구하시오.

 **1.** 6   **2.** $2\sqrt{10}$

2 직선과 원 위의 점 사이의 거리의 최대·최소

원의 반지름의 길이를 r, 원의 중심과 직선 l 사이의 거리를 d라 할 때,
직선 l과 원 위의 점 사이의 거리의 최댓값을 M, 최솟값을 m이라 하면

$$M=d+r, \; m=d-r$$

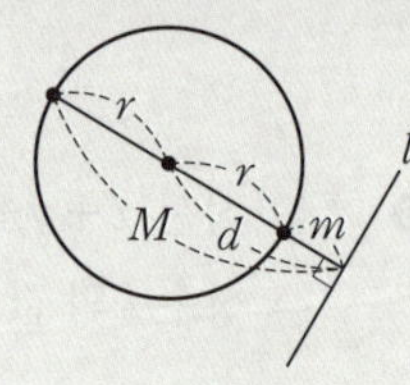

example   반지름의 길이가 4인 원 위의 점과 원의 중심에서 7만큼 떨어진 직선 l 사이의 거리의
최댓값은 $7+4=11$,
최솟값은 $7-4=3$

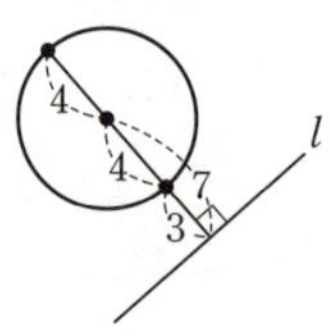

참고 정점과 원 위의 점 사이의 거리의 최대·최소
원의 반지름의 길이를 r, 원의 중심과 점 A 사이의 거리를 d라 할 때,
점 A와 원 위의 점 사이의 거리의 최댓값을 M, 최솟값을 m이라 하면
$$M=d+r, \; m=|d-r|$$

필수 예제 02 — 현의 길이

원 $(x-2)^2+(y-2)^2=25$와 직선 $y=2x+3$이 만나서 생기는 현의 길이를 구하시오.

풀이

(Tip) 원의 중심에서 현에 내린 수선은 현을 수직이등분한다.

오른쪽 그림과 같이 원과 직선이 만나는 두 점을 A, B, 원의 중심을
C$(2, 2)$라 하고, 점 C에서 직선 $y=2x+3$, 즉 $2x-y+3=0$에 내린
수선의 발을 H라 하면

$$\overline{CH}=\frac{|2\times2-1\times2+3|}{\sqrt{2^2+(-1)^2}}=\sqrt{5} \ \rightarrow\ \text{점 C와 직선 } 2x-y+3=0 \text{ 사이의 거리와 같다.}$$

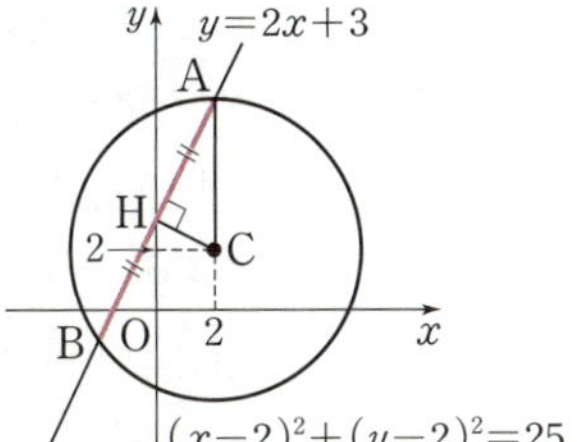

또한, 원의 반지름의 길이가 5이므로
$$\overline{CA}=5$$

직각삼각형 AHC에서
$$\overline{AH}=\sqrt{\overline{CA}^2-\overline{CH}^2}=\sqrt{5^2-(\sqrt{5})^2}=2\sqrt{5}$$

따라서 구하는 현의 길이는
$$\overline{AB}=2\overline{AH}=2\times2\sqrt{5}=4\sqrt{5}$$

답 $4\sqrt{5}$

필수 공략

원의 반지름의 길이를 r, 원의 중심과 직선 사이의 거리를 d라 할 때,
원과 직선이 만나서 생기는 현의 길이 l은
$$\Rightarrow\ l=2\sqrt{r^2-d^2} \ \rightarrow\ \text{피타고라스 정리를 이용한다.}$$

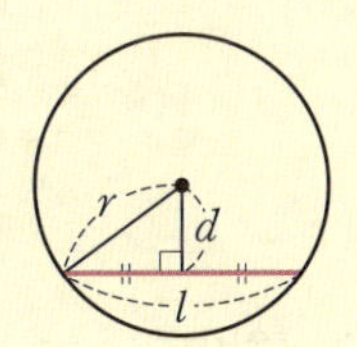

• 정답 및 해설 039쪽

숫자 바꾼

유제 02-❶ 원 $(x-1)^2+(y+3)^2=36$과 직선 $2x+5y-16=0$이 만나서 생기는 현의 길이를 구하시오.

유제 02-❷ 원 $x^2+y^2+8x-4y+10=0$과 직선 $2x-y+k=0$이 만나서 생기는 현의 길이가 $2\sqrt{5}$가 되도록 하는
모든 상수 k의 값의 합을 구하시오.

유제 02-❸ 중심이 점 $(3, -1)$인 원과 직선 $y=3x$가 만나서 생기는 현의 길이가 $2\sqrt{10}$일 때, 이 원의 반지름의
길이를 구하시오.

점 P(4, 5)에서 원 $x^2+y^2=9$에 그은 접선의 접점을 T라 할 때, 선분 PT의 길이를 구하시오.

풀이

(Tip) 원의 중심과 접점을 지나는 직선은 접선에 수직이다.

오른쪽 그림과 같이 원의 중심 O(0, 0)에 대하여
삼각형 OTP는 직각삼각형이다. → $\overline{\text{OT}}\perp\overline{\text{PT}}$
점 P(4, 5)와 원의 중심 O(0, 0) 사이의 거리는
$$\overline{\text{OP}}=\sqrt{4^2+5^2}=\sqrt{41}$$
또한, 원의 반지름의 길이가 3이므로
$$\overline{\text{OT}}=3$$
따라서 직각삼각형 OTP에서
$$\overline{\text{PT}}=\sqrt{\overline{\text{OP}}^2-\overline{\text{OT}}^2}=\sqrt{(\sqrt{41})^2-3^2}=4\sqrt{2}$$

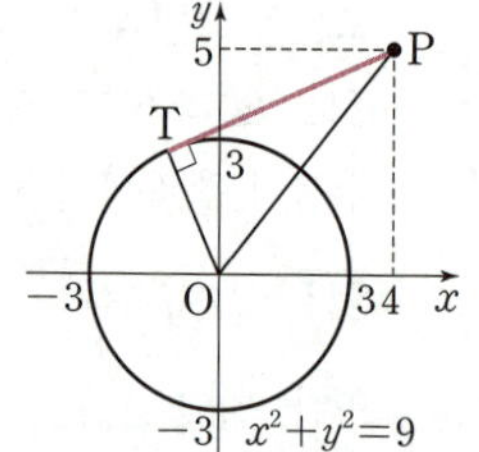

답 $4\sqrt{2}$

필수 공략

원 밖의 점 P에서 중심이 C이고 반지름의 길이가 r인 원에 그은 접선의 접점을 T라 할 때,
접선의 길이는
$$\Rightarrow\ \overline{\text{PT}}=\sqrt{\overline{\text{CP}}^2-\overline{\text{CT}}^2}=\sqrt{\overline{\text{CP}}^2-r^2}$$

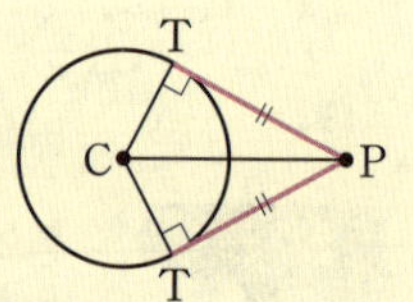

참고 원 밖의 한 점에서 원에 그은 접선은 두 개이고 두 접선의 길이는 서로 같다.

• 정답 및 해설 039쪽

숫자 바꾼

유제 **03-❶** 점 P(-3, 2)에서 원 $x^2+y^2-8x-2y+7=0$에 그은 접선의 접점을 T라 할 때, 선분 PT의 길이를 구하시오.

유제 **03-❷** 점 P(2, 4)에서 원 $x^2+y^2+6x+4y+k=0$에 그은 접선의 길이가 $3\sqrt{5}$일 때, 상수 k의 값을 구하시오.

유제 **03-❸** 점 P(a, 0)에서 원 $(x-1)^2+(y-3)^2=5$에 그은 접선의 길이가 $2\sqrt{2}$일 때, 양수 a의 값을 구하시오.

필수 예제 04 — 직선과 원 위의 점 사이의 거리의 최대·최소

직선 $3x-4y+12=0$과 원 $x^2+y^2-6x+2y-6=0$ 위의 점 사이의 거리의 최댓값과 최솟값을 각각 구하시오.

풀이

(Tip) 원의 현 중에서 길이가 가장 긴 현은 지름이므로 원의 중심과 주어진 도형 사이의 거리와 반지름의 길이를 이용한다.

$x^2+y^2-6x+2y-6=0$에서
$(x-3)^2+(y+1)^2=16$
원의 중심 $(3, -1)$과 직선 $3x-4y+12=0$ 사이의 거리는
$$\dfrac{|3\times3-4\times(-1)+12|}{\sqrt{3^2+(-4)^2}}=5$$
원의 반지름의 길이가 4이므로 원 위의 점과 직선 사이의 거리의
최댓값은 $5+4=9$,
최솟값은 $5-4=1$

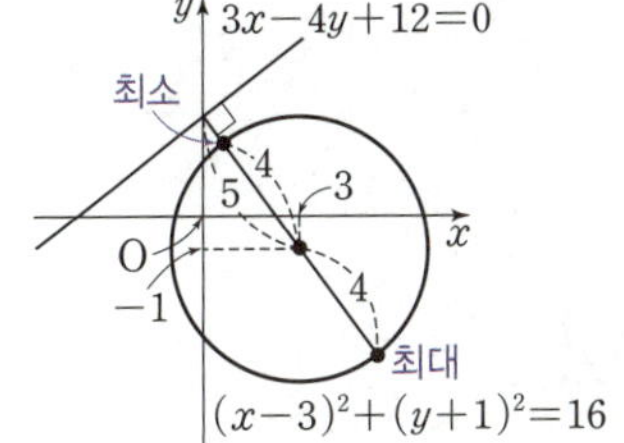

답 최댓값 : 9, 최솟값 : 1

필수 공략

반지름의 길이가 r인 원에 대하여 원의 중심과 직선 사이의 거리를 d $(d>r)$라 할 때
➡ 직선과 원 위의 점 사이의 거리의 최댓값은 $d+r$, 최솟값은 $d-r$이다.

참고 원의 중심과 정점 사이의 거리를 d라 할 때
➡ 정점과 원 위의 점 사이의 거리의 최댓값은 $d+r$, 최솟값은 $|d-r|$이다.

• 정답 및 해설 040쪽

유제 04-❶ 직선 $2x+\sqrt{5}y-10=0$과 원 $x^2+y^2-10x+18y+86=0$ 위의 점 사이의 거리의 최댓값과 최솟값을 각각 구하시오.

유제 04-❷ 직선 $3x+4y+10=0$과 원 $x^2+y^2-2x-2ay+a^2-8=0$ 위의 점 사이의 거리의 최댓값이 8일 때, 양수 a의 값을 구하시오.

유제 04-❸ 점 $(4, 9)$와 원 $x^2+y^2+2ax-2y+a^2-15=0$ 위의 점 사이의 거리의 최솟값이 6일 때, 양수 a의 값을 구하시오.

소단원 점검 문제

원과 직선의 위치 관계

01
원 $x^2+y^2=1$과 직선 $x+ky+5=0$이 만나지 않도록 하는 자연수 k의 최댓값은?

① 2 　　② 3 　　③ 4 　　④ 5 　　⑤ 6

원과 직선의 위치 관계

02
원 $x^2+y^2-2nx-2ny+2n^2-4=0$과 직선 $3x-2y+n-2=0$의 교점의 개수가 2가 되도록 하는 모든 정수 n의 값의 합은?

① 6 　　② 7 　　③ 8 　　④ 9 　　⑤ 10

원과 직선의 위치 관계

03
원 $(x-a)^2+(y-3)^2=20$과 직선 $x+2y-13=0$이 만나도록 하는 실수 a의 최댓값과 최솟값의 합은?

① 6 　　② 8 　　③ 10 　　④ 12 　　⑤ 14

원과 직선의 위치 관계

04

두 점 $(-3, 0)$, $(1, 0)$을 지름의 양 끝 점으로 하는 원과 직선 $kx+y-2=0$이 오직 한 점에서 만나도록 하는 양수 k의 값은?

① $\dfrac{1}{3}$ 　　② $\dfrac{2}{3}$ 　　③ 1 　　④ $\dfrac{4}{3}$ 　　⑤ $\dfrac{5}{3}$

05 원 $x^2+y^2-2x-10y-14=0$과 직선 $y=mx$가 만나서 생기는 현의 길이가 $8\sqrt{2}$가 되도록 하는 모든 상수 m의 값의 곱은?

① $-\dfrac{17}{7}$ ② $-\dfrac{16}{7}$ ③ $-\dfrac{15}{7}$ ④ -2 ⑤ $-\dfrac{13}{7}$

06 점 P$(4,\ 1)$을 지나고 원 $x^2+y^2+2ax-4y+a^2-13=0$에 접하는 직선의 접점을 T라 하자. $\overline{PT}=4\sqrt{3}$이 되도록 하는 양수 a의 값은?

① 3   ② 4   ③ 5   ④ 6   ⑤ 7

07 원 $x^2+y^2-10x-6y+29=0$ 위의 점과 직선 $2x+y+k=0$ 사이의 거리의 최댓값이 $4\sqrt{5}$일 때, 최솟값을 m이라 하자. $k+m^2$의 값은? (단, $k>0$)

① 21   ② 22   ③ 23   ④ 24   ⑤ 25

08 교육청 점 $(3,\ 4)$를 지나는 직선 중에서 원점과의 거리가 최대인 직선을 l이라 하자. 원 $(x-7)^2+(y-5)^2=1$ 위의 점 P와 직선 l 사이의 거리의 최솟값을 m이라 할 때, $10m$의 값을 구하시오.

 원의 접선의 방정식

1 기울기가 주어진 원의 접선의 방정식

원 $x^2+y^2=r^2$ $(r>0)$에 접하고 기울기가 m인 접선의 방정식은
$$y=mx\pm r\sqrt{m^2+1}$$

참고 한 원에서 기울기가 같은 접선은 2개이다.

 원 $x^2+y^2=r^2$ $(r>0)$에 접하고 기울기가 m인 접선의 방정식을 구해 보자.

(1) 판별식을 이용하는 경우

기울기가 m인 접선의 방정식을 $y=mx+n$이라 하고, 이 식을 $x^2+y^2=r^2$에
대입하면
$$x^2+(mx+n)^2=r^2$$
$$\therefore (m^2+1)x^2+2mnx+n^2-r^2=0$$
위의 이차방정식의 판별식을 D라 할 때, 원과 직선이 접해야 하므로
$$\frac{D}{4}=(mn)^2-(m^2+1)(n^2-r^2)=0$$
$$n^2=r^2(m^2+1)$$
$$\therefore n=\pm r\sqrt{m^2+1}$$
따라서 구하는 접선의 방정식은
$$y=mx\pm r\sqrt{m^2+1}$$

(2) 원의 중심과 접선 사이의 거리를 이용하는 경우

기울기가 m인 접선의 방정식을 $y=mx+n$이라 하면 원 $x^2+y^2=r^2$의 중심
$(0,\,0)$과 직선 $y=mx+n$, 즉 $mx-y+n=0$ 사이의 거리가 원의 반지름의
길이 r와 같아야 하므로
$$\frac{|n|}{\sqrt{m^2+(-1)^2}}=r,\ |n|=r\sqrt{m^2+1}$$
$$\therefore n=\pm r\sqrt{m^2+1}$$
따라서 구하는 접선의 방정식은
$$y=mx\pm r\sqrt{m^2+1}$$

참고 (1)은 원과 직선의 방정식을 연립하여 얻은 이차방정식의 판별식 D에 대하여 $D=0$임을 이용한 것이고,
(2)는 원의 중심과 접선 사이의 거리가 반지름의 길이와 같음을 이용한 것이다.

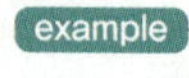 원 $x^2+y^2=2$에 접하고 기울기가 -1인 접선의 방정식은
$$y=(-1)\times x\pm\sqrt{2}\times\sqrt{(-1)^2+1}\qquad \therefore y=-x\pm2$$

2 원 위의 접점이 주어진 접선의 방정식

원 $x^2+y^2=r^2$ 위의 점 $(x_1,\,y_1)$에서의 접선의 방정식은
$$x_1x+y_1y=r^2$$

 **설명**

원 $x^2+y^2=r^2$ 위의 점 $\mathrm{P}(x_1, y_1)$에서의 접선의 방정식을 구해 보자.

(ⅰ) $x_1\neq0$, $y_1\neq0$일 때

직선 OP의 기울기는

$$\frac{y_1-0}{x_1-0}=\frac{y_1}{x_1}$$

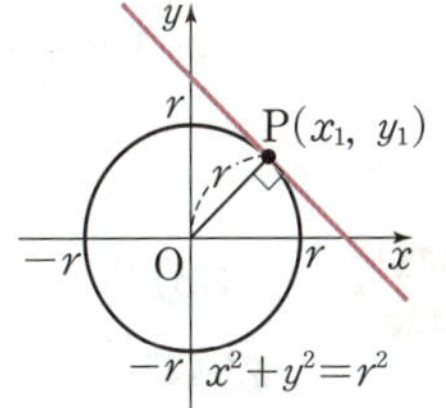

이고, 직선 OP와 점 P에서의 접선은 수직이므로 접선의 기울기는 $-\dfrac{x_1}{y_1}$이다.

수직인 두 직선의 기울기의 곱은 -1이다.

즉, 접선의 방정식은

$$y-y_1=-\frac{x_1}{y_1}(x-x_1)$$

$$\therefore\ x_1x+y_1y=x_1{}^2+y_1{}^2 \quad\cdots\cdots\ \bigcirc$$

한편, 점 $\mathrm{P}(x_1, y_1)$은 원 $x^2+y^2=r^2$ 위의 점이므로

$$x_1{}^2+y_1{}^2=r^2 \quad\cdots\cdots\ \bigcirc\!\!\bigcirc$$

따라서 $\bigcirc$, $\bigcirc\!\!\bigcirc$에서 접선의 방정식은

$$x_1x+y_1y=r^2 \leftarrow \bigcirc\!\!\bigcirc\text{을 }\bigcirc\text{에 대입}$$

(ⅱ) $x_1=0$ 또는 $y_1=0$일 때

점 P의 좌표는 $(0, \pm r)$ 또는 $(\pm r, 0)$이므로 점 P에서의 접선의

방정식은

$$y=\pm r \text{ 또는 } x=\pm r$$

따라서 이 경우에도 $x_1x+y_1y=r^2$이 성립한다.

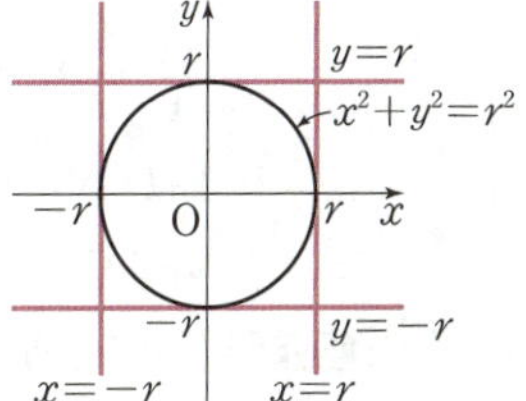

(ⅰ), (ⅱ)에서 구하는 접선의 방정식은

$$x_1x+y_1y=r^2$$

example 원 $x^2+y^2=5$ 위의 점 $(1, -2)$에서의 접선의 방정식은
$1\times x+(-2)\times y=5 \quad \therefore\ x-2y-5=0$

❸ 원 밖의 한 점에서 원에 그은 접선의 방정식

원 밖의 한 점 P에서 원에 그은 접선의 방정식은 다음과 같은 방법으로 구한다.

(1) 원 위의 점 (x_1, y_1)에서의 접선의 방정식 이용 → 접선의 방정식이 원 밖의 한 점을 지남을 이용

방법 ❶ 접점의 좌표를 (x_1, y_1)이라 하고, 이 점에서의 접선이 점 P를 지남을 이용한다.

(2) 기울기가 m인 접선의 방정식 이용 → 직선이 원에 접함을 이용

방법 ❷ 기울기가 m이고 점 P를 지나는 접선의 방정식과 원의 방정식을 연립하여 얻은 이차
방정식의 판별식을 D라 할 때, $D=0$임을 이용한다.

방법 ❸ 기울기가 m이고 점 P를 지나는 접선과 원의 중심 사이의 거리가 원의 반지름의 길이와
같음을 이용한다.

 **설명**

참고 원 밖의 한 점에서 원에 그을 수 있는 접선은 항상 2개이다.

그런데 기울기가 m인 접선의 방정식을 이용하는 경우(**방법 ❷** 또는 **방법 ❸**) 접선의 기울기 m의 값이
존재하지 않는 접선, 즉 y축에 평행한 접선의 방정식은 구할 수 없다.
따라서 이런 경우에는 반드시 그래프를 그려 접선의 방정식을 확인한다.

기울기가 주어진 원의 접선의 방정식

원 $x^2+y^2=9$에 접하고 직선 $y=2x-1$에 평행한 직선의 방정식을 모두 구하시오.

풀이

(Tip) 원 $x^2+y^2=r^2$ $(r>0)$에 접하고 기울기가 m인 접선의 방정식은 $y=mx\pm r\sqrt{m^2+1}$이다.

방법 ❶ 공식을 이용

구하는 직선은 직선 $y=2x-1$에 평행하므로 기울기가 2이다.

원의 반지름의 길이는 3이므로 구하는 직선의 방정식은

$$y=2\times x\pm 3\times\sqrt{2^2+1} \qquad \therefore y=2x\pm 3\sqrt{5}$$

방법 ❷ 판별식을 이용

구하는 직선은 직선 $y=2x-1$에 평행하므로 기울기가 2이다.

구하는 직선의 방정식을 $y=2x+k$ (k는 상수)라 하고 $x^2+y^2=9$에 대입하면

$$x^2+(2x+k)^2=9 \qquad \therefore 5x^2+4kx+k^2-9=0$$

위의 이차방정식의 판별식을 D라 하면

$$\frac{D}{4}=(2k)^2-5\times(k^2-9)=0$$

$$-k^2+45=0,\ k^2=45 \qquad \therefore k=\pm 3\sqrt{5}$$

따라서 구하는 직선의 방정식은 $y=2x\pm 3\sqrt{5}$

방법 ❸ 원의 중심과 직선 사이의 거리를 이용

구하는 직선은 직선 $y=2x-1$에 평행하므로 기울기가 2이다.

구하는 직선의 방정식을 $y=2x+k$ (k는 상수)라 하면 원의 중심 $(0,0)$과 직선 $y=2x+k$, 즉

$2x-y+k=0$ 사이의 거리는 원의 반지름의 길이 3과 같으므로

$$\frac{|k|}{\sqrt{2^2+(-1)^2}}=3,\ |k|=3\sqrt{5} \qquad \therefore k=\pm 3\sqrt{5}$$

따라서 구하는 직선의 방정식은 $y=2x\pm 3\sqrt{5}$

답 $y=2x\pm 3\sqrt{5}$

필수 공략

원 $x^2+y^2=r^2$ $(r>0)$에 접하고 기울기가 m인 접선의 방정식

방법 ❶ 공식 $y=mx\pm r\sqrt{m^2+1}$을 이용

방법 ❷ 직선의 방정식과 원의 방정식을 연립하여 얻은 이차방정식의 판별식 D에 대하여 $D=0$임을 이용

방법 ❸ 원의 중심과 직선 사이의 거리가 반지름의 길이와 같음을 이용

직선 $y=mx+n$이 원에 접하는 조건을 이용한 것이다.

• 정답 및 해설 042쪽

숫자 바꾼

유제 01-❶ 원 $x^2+y^2=10$에 접하고 직선 $3x+y-7=0$에 평행한 직선의 방정식을 모두 구하시오.

유제 01-❷ 중심이 점 $(1,2)$이고 반지름의 길이가 $3\sqrt{5}$인 원에 접하고 직선 $2x+y=0$에 수직인 두 직선의 y절편의 합을 구하시오.

필수 예제 02
원 위의 접점이 주어진 접선의 방정식

원 $x^2+y^2=10$ 위의 점 $(1, -3)$에서의 접선의 방정식이 $x+ay+b=0$일 때, 두 상수 a, b에 대하여 ab의 값을 구하시오.

풀이

(Tip) 원 $x^2+y^2=r^2$ 위의 점 (x_1, y_1)에서의 접선의 방정식은 $x_1x+y_1y=r^2$이다.

방법① 공식을 이용

원 $x^2+y^2=10$ 위의 점 $(1, -3)$에서의 접선의 방정식은

$1\times x+(-3)\times y=10$

$\therefore x-3y-10=0$

따라서 $a=-3$, $b=-10$이므로

$ab=(-3)\times(-10)=30$

방법② 서로 수직인 직선을 이용

원의 중심 $(0, 0)$과 접점 $(1, -3)$을 지나는 직선의 기울기는

$$\frac{(-3)-0}{1-0}=-3$$

원의 중심과 접점을 지나는 직선은 접선에 수직이므로 접선의 기울기는 $\frac{1}{3}$이다.

즉, 점 $(1, -3)$을 지나고 기울기가 $\frac{1}{3}$인 직선의 방정식은

$$y-(-3)=\frac{1}{3}(x-1)$$

$\therefore x-3y-10=0$

따라서 $a=-3$, $b=-10$이므로

$ab=(-3)\times(-10)=30$

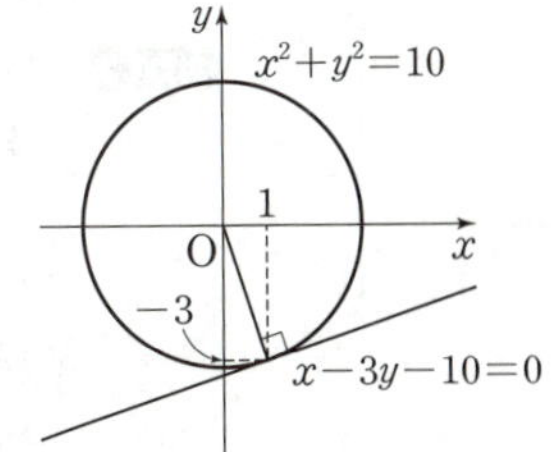

답 30

필수 공략

원 $x^2+y^2=r^2$ 위의 점 (x_1, y_1)에서의 접선의 방정식

방법① 공식 $x_1x+y_1y=r^2$을 이용

방법② 원의 중심과 접점을 지나는 직선이 접선에 수직임을 이용

• 정답 및 해설 043쪽

유제 02-❶ 원 $x^2+y^2=8$ 위의 점 $(2, 2)$에서의 접선의 x절편과 y절편을 각각 a, b라 할 때, $a+b$의 값을 구하시오.

유제 02-❷ 원 $(x-3)^2+(y-1)^2=20$ 위의 점 $(1, -3)$에서의 접선의 방정식은 $x+ay+b=0$이다. 두 상수 a, b에 대하여 $a+b$의 값을 구하시오.

원 밖의 한 점에서 원에 그은 접선의 방정식

점 $(5, 0)$에서 원 $x^2+y^2=5$에 그은 접선의 방정식을 모두 구하시오.

풀이

(Tip) 원에 접하는 직선이 점 $(5, 0)$을 지남을 이용한다.

방법 ❶ 원 위의 점에서의 접선의 방정식을 이용

접점의 좌표를 (x_1, y_1)이라 하면 접선의 방정식은 $x_1x+y_1y=5$　$\cdots\cdots$ ㉠

직선 ㉠이 점 $(5, 0)$을 지나므로 $5x_1=5$　$\therefore x_1=1$

접점 (x_1, y_1)은 원 $x^2+y^2=5$ 위의 점이므로 $x_1{}^2+y_1{}^2=5$　$\cdots\cdots$ ㉡

$x_1=1$을 ㉡에 대입하여 풀면 $y_1=-2$ 또는 $y_1=2$

이를 ㉠에 각각 대입하여 정리하면 구하는 접선의 방정식은 $x-2y-5=0$, $x+2y-5=0$

방법 ❷ 판별식을 이용

접선의 기울기를 m이라 하면 점 $(5, 0)$을 지나는 직선의 방정식은 $y=m(x-5)$

위의 식을 $x^2+y^2=5$에 대입하면

$x^2+\{m(x-5)\}^2=5$　$\therefore (m^2+1)x^2-10m^2x+25m^2-5=0$

위의 이차방정식의 판별식을 D라 하면

$$\frac{D}{4}=(-5m^2)^2-(m^2+1)(25m^2-5)=0$$

$-20m^2+5=0$, $m^2=\dfrac{1}{4}$　$\therefore m=\pm\dfrac{1}{2}$

따라서 구하는 접선의 방정식은 $x-2y-5=0$, $x+2y-5=0$

방법 ❸ 원의 중심과 접선 사이의 거리를 이용

접선의 기울기를 m이라 하면 점 $(5, 0)$을 지나는 접선의 방정식은

$y=m(x-5)$　$\therefore mx-y-5m=0$

원의 중심 $(0, 0)$과 직선 $mx-y-5m=0$ 사이의 거리가 원의
반지름의 길이 $\sqrt{5}$와 같으므로

$$\frac{|-5m|}{\sqrt{m^2+(-1)^2}}=\sqrt{5}, \ |5m|=\sqrt{5(m^2+1)}$$

$25m^2=5m^2+5$, $m^2=\dfrac{1}{4}$　$\therefore m=\pm\dfrac{1}{2}$

따라서 구하는 접선의 방정식은 $x-2y-5=0$, $x+2y-5=0$

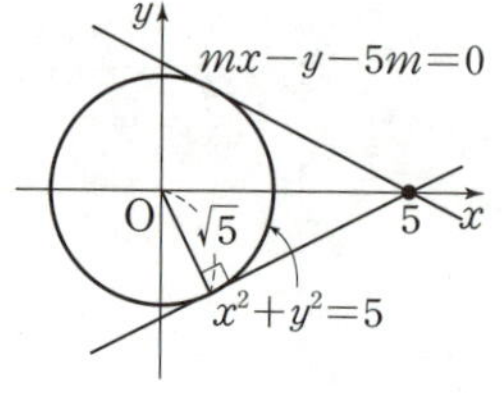

답 $x-2y-5=0$, $x+2y-5=0$

필수 공략

원 밖의 한 점 (a, b)에서 원 $x^2+y^2=r^2$ $(r>0)$에 그은 접선의 방정식

방법 ❶ 원 위의 점 (x_1, y_1)에서의 접선 $x_1x+y_1y=r^2$이 점 (a, b)를 지남을 이용

방법 ❷ 직선 $y-b=m(x-a)$의 방정식과 원의 방정식을 연립하여 얻은 이차방정식의 판별식 D에 대하여 $D=0$
임을 이용

방법 ❸ 직선 $y-b=m(x-a)$와 원의 중심 사이의 거리가 원의 반지름의 길이와 같음을 이용

참고 **방법 ❷**, **방법 ❸**은 직선 $y-b=m(x-a)$가 원에 접함을 이용한 것으로 기울기 m의 값이 정의되는 접선의 방정식만
구할 수 있다. 즉, y축에 평행한 직선의 방정식은 구할 수 없다.

• 정답 및 해설 043쪽

숫자 바꾼 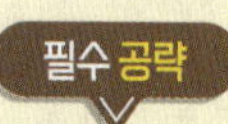

유제 03-❶ 점 $(0, 5)$에서 원 $x^2+y^2=9$에 그은 접선의 방정식을 모두 구하시오.

유제 03-❷ 점 $(2, 4)$에서 원 $x^2+y^2=4$에 그은 접선의 방정식을 모두 구하시오.

극선의 방정식

원 밖의 한 점을 지나고 원에 접하는 두 접선의 접점을 지나는 직선을 극선이라 한다.

> 원 $x^2+y^2=r^2$ 밖의 한 점 $A(a, b)$를 지나고 원에 접하는 두 접선의 접점을 각각 P, Q라 할 때,
> 두 점 P, Q를 지나는 극선의 방정식은
> $$ax+by=r^2$$

오른쪽 그림과 같이 원 $x^2+y^2=r^2$ 밖의 한 점 $A(a, b)$를 지나고
원에 접하는 두 접선의 접점을 각각 $P(x_1, y_1)$, $Q(x_2, y_2)$라 하자.
두 점 P, Q에서의 접선의 방정식은 각각
$$x_1x+y_1y=r^2, \quad x_2x+y_2y=r^2$$
위의 두 직선이 점 $A(a, b)$를 지나므로
$$ax_1+by_1=r^2 \quad \cdots\cdots \ \text{㉠}$$
$$ax_2+by_2=r^2 \quad \cdots\cdots \ \text{㉡}$$
방정식 ㉠은 x, y에 대한 일차방정식 $ax+by=r^2$에 $x=x_1$, $y=y_1$을 대입한 것과 같고,
방정식 ㉡은 $x=x_2$, $y=y_2$를 대입한 것과 같다.
따라서 좌표평면 위에서 서로 다른 두 점은 한 직선을 결정하므로 두 점 P, Q를 지나는 직선의 방정식은
$ax+by=r^2$이다.

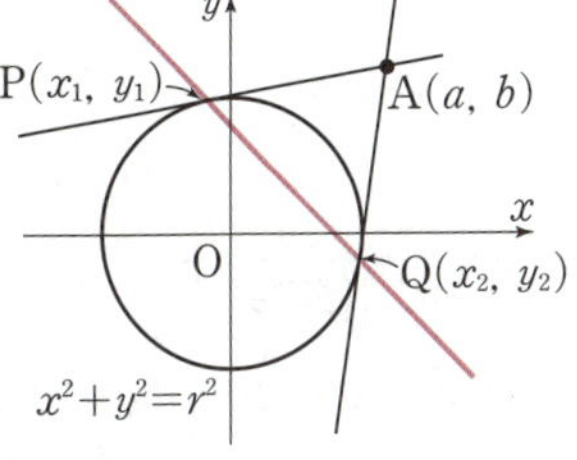

원 $x^2+y^2=5$ 밖의 한 점 $(1, 3)$에서 이 원에 그은 두 접선의 접점을 지나는 직선의 방정식을
구해 보자.

방법 ❶ 극선의 방정식을 이용

구하는 직선의 방정식은 두 접점을 지나는 극선의 방정식과 같으므로
$$1 \times x+3 \times y=5$$
$$\therefore x+3y=5$$

방법 ❷ 원 밖에 한 점에서 원에 그은 접선의 방정식을 이용

접점의 좌표를 (x_1, y_1)이라 하면 접선의 방정식은
$$x_1x+y_1y=5 \quad \cdots\cdots \ \text{㉠}$$
직선 ㉠이 점 $(1, 3)$을 지나므로
$$x_1+3y_1=5 \quad \cdots\cdots \ \text{㉡}$$
접점 (x_1, y_1)은 원 $x^2+y^2=5$ 위의 점이므로
$$x_1^2+y_1^2=5 \quad \cdots\cdots \ \text{㉢}$$
㉡, ㉢을 연립하여 풀면
$$x_1=2, \ y_1=1 \ \text{또는} \ x_1=-1, \ y_1=2$$
즉, 두 접점의 좌표는 $(2, 1)$, $(-1, 2)$이므로 구하는 직선의 방정식은
$$y-2=\frac{2-1}{(-1)-2} \times \{x-(-1)\}$$
$$\therefore x+3y=5$$

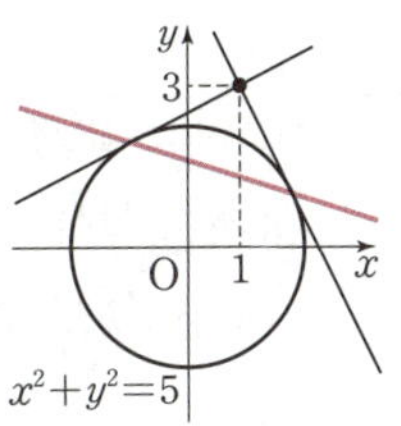

소단원 점검 문제

• 정답 및 해설 044쪽

기울기가 주어진 원의 접선의 방정식

01 원 $x^2+y^2=18$에 접하고 x축의 양의 방향과 이루는 각의 크기가 45°인 두 직선의 y절편의 곱은?

① -40　　② -36　　③ -32　　④ -28　　⑤ -24

원 위의 접점이 주어진 접선의 방정식

02 원 $x^2+y^2=20$ 위의 점 $(2, -4)$에서의 접선과 x축 및 y축으로 둘러싸인 부분의 넓이는?

① 5　　② 10　　③ 15　　④ 20　　⑤ 25

원 밖의 한 점에 원에서 그은 접선의 방정식

03 〔교육청〕 좌표평면 위의 점 $(2, -4)$에서 원 $x^2+y^2=2$에 그은 두 접선이 각각 y축과 만나는 점의 좌표를 $(0, a)$, $(0, b)$라 할 때, $a+b$의 값은?

① 4　　② 6　　③ 8　　④ 10　　⑤ 12

원 밖의 한 점에서 원에 그은 접선의 방정식

04 원 $x^2+y^2-4x+2y=0$의 넓이를 이등분하고 원 $x^2+y^2=1$에 접하는 접선의 방정식을 모두 구하시오.

• 정답 및 해설 046쪽

01

중심이 점 $(2, 3)$이고 점 $(1, 6)$을 지나는 원이 x축과 만나는 두 점의 좌표를 각각 $(a, 0)$, $(b, 0)$ $(a<b)$이라 할 때, $b-a$의 값은?

① 1   ② 2   ③ 3

④ 4   ⑤ 5

02 교육청

좌표평면 위의 두 점 A$(1, 1)$, B$(3, a)$에 대하여 선분 AB의 수직이등분선이 원 $(x+2)^2+(y-5)^2=4$의 넓이를 이등분할 때, 상수 a의 값은?

① 5   ② 6   ③ 7

④ 8   ⑤ 9

03

방정식 $x^2+y^2+4mx-2my+6m^2-4m+1=0$이 나타내는 도형은 원이다. 이 원의 넓이가 최대일 때의 상수 m의 값을 a, 그때의 원의 넓이를 $k\pi$라 할 때, $a+k$의 값을 구하시오.

04 서술형

방정식 $x^2+y^2+2kx+2y+k=0$이 넓이가 7π인 두 개의 원을 나타낼 때, 두 원의 중심 사이의 거리를 구하시오.

(단, k는 상수이다.)

05

원 $x^2+y^2+4x-2ay=0$의 넓이가 두 직선 $2x+y=0$, $x+by+c=0$에 의하여 4등분될 때, $a+b+c$의 값을 구하시오. (단, a, b, c는 상수이고, $a>0$이다.)

06

원 $x^2+y^2-2kx+6y+5k+6=0$이 x축에 접할 때, 모든 실수 k의 값의 합은?

① 4   ② 5   ③ 6

④ 7   ⑤ 8

07

중심이 점 (a, b)인 원이 x축 위의 두 점 $(1, 0)$, $(9, 0)$을 지난다. 이 원이 y축에 접할 때, $a+b$의 값을 구하시오.

(단, $b>0$)

08

원 $x^2+y^2+6x-4y+n-1=0$이 x축과는 만나고 y축과는 만나지 않도록 하는 모든 정수 n의 값의 합은?

① 38 ② 40 ③ 42
④ 44 ⑤ 46

09

두 원

$$C_1:\ x^2+y^2+6x-8=0,$$
$$C_2:\ x^2+y^2-ax-4y-56=0$$

의 교점을 지나는 직선이 원 C_1의 넓이를 이등분할 때, 상수 a의 값은?

① 7 ② 8 ③ 9
④ 10 ⑤ 11

10

세 점 $A(-1, -1)$, $B(0, 2)$, $C(1, 0)$에 대하여 $\overline{AP}^2=\overline{BP}^2+\overline{CP}^2$을 만족시키는 점 P가 나타내는 도형의 넓이는?

① 2π ② 4π ③ 6π
④ 8π ⑤ 10π

11

원 $(x-a)^2+(y+a)^2=4$와 직선 $3x+4y+5=0$이 만나도록 하는 실수 a의 최댓값과 최솟값을 각각 M, m이라 할 때, $M-m$의 값은?

① 16 ② 18 ③ 20
④ 22 ⑤ 24

12

중심이 점 $(1, 3)$이고 x축에 접하는 원이 직선 $4x-3y+k=0$과 오직 한 점에서 만날 때, 양수 k의 값을 구하시오.

13

원 $x^2+y^2+4x-12y+28=0$과 직선 $x-y+k=0$이 서로 다른 두 점 A, B에서 만난다. 원의 중심을 C라 할 때, 삼각형 ABC가 정삼각형이 되도록 하는 모든 실수 k의 값의 합은?

① 15   ② 16   ③ 17

④ 18   ⑤ 19

14 서술형

원 C와 직선 l에 대하여 원 C의 중심 C에서 직선 l에 내린 수선의 발을 H라 하자. 원 C 위의 점과 직선 l 사이의 거리의 최댓값이 15, $\overline{AH}=5$인 직선 l 위의 점 A와 원 C 위의 점 사이의 거리의 최솟값이 10일 때, 이 원의 반지름의 길이를 구하시오. (단, 원과 직선은 만나지 않는다.)

15 교육청

좌표평면 위에 원 $C: (x-1)^2+(y-2)^2=4$와 두 점 A(4, 3), B(1, 7)이 있다. 원 C 위를 움직이는 점 P에 대하여 삼각형 APB의 무게중심과 직선 AB 사이의 거리의 최솟값은?

① $\dfrac{1}{15}$ ② $\dfrac{2}{15}$ ③ $\dfrac{1}{5}$

④ $\dfrac{4}{15}$ ⑤ $\dfrac{1}{3}$

16

원 $x^2+y^2=9$ 위의 점 P(a, b)에서의 접선이 원 $(x-4)^2+y^2=1$과 서로 다른 두 점에서 만나도록 하는 실수 a의 값의 범위가 $\alpha<a<\beta$일 때, $\dfrac{\beta}{\alpha}$의 값은?

① 1   ② 2   ③ 3

④ 4   ⑤ 5

17

원 $x^2+y^2=25$ 위의 점 $(-4, 3)$에서의 접선에 수직이고 이 원에 접하는 직선의 방정식이 $3x+ay+b=0$일 때, $a+b$의 값을 구하시오. (단, a, b는 상수이고, $b>0$이다.)

18

점 $(-2, k)$에서 원 $x^2+y^2=34$에 그은 두 접선이 서로 수직일 때, 양수 k의 값은? (단, $k^2>30$)

① 6   ② 7   ③ 8

④ 9   ⑤ 10

• 정답 및 해설 049쪽

내신 1% 뛰어 넘기

19

세 직선 $x-3y=0$, $2x-y+k=0$, $3x+y-20=0$으로 둘러싸인 삼각형의 외접원의 방정식이
$x^2+y^2+Ax+By=0$일 때, $|A+B+k|$의 값을 구하시오. (단, A, B, k는 상수이다.)

20

중심이 직선 $2x-y-3=0$ 위에 있고 x축과 y축에 동시에 접하는 원은 두 개이다. 이 두 원의 중심 사이의 거리는?

① $2\sqrt{3}$　　② $\sqrt{14}$　　③ 4
④ $3\sqrt{2}$　　⑤ $2\sqrt{5}$

21

원 $(x-a)^2+(y-b)^2=24$와 두 직선 $x-3y=0$, $7x-y=0$이 만나서 생기는 두 현의 길이가 각각 $2\sqrt{14}$, $2\sqrt{6}$일 때, $a+b$의 값을 구하시오. (단, $a>0$, $b>0$)

22

두 점 $A(-5, 5)$, $B(1, 8)$과 원 $x^2+y^2-4x-2y=0$ 위의 점 P를 세 꼭짓점으로 하는 삼각형 ABP의 넓이의 최댓값과 최솟값을 각각 M, m이라 할 때, $M+m$의 값을 구하시오.

23

원점 O에서 원 $(x-a)^2+(y-4)^2=16$에 그은 두 접선의 접점의 좌표를 각각 A, B라 하자. 삼각형 OAB가 정삼각형일 때, 양수 a의 값은?

① $4\sqrt{3}$　　② 7　　③ $5\sqrt{2}$
④ $\sqrt{51}$　　⑤ $2\sqrt{13}$

24　교육청

실수 t $(t>0)$에 대하여 좌표평면 위의 네 점 $A(1, 4)$, $B(5, 4)$, $C(2t, 0)$, $D(0, t)$가 있다. 선분 CD 위에 $\angle APB=90°$인 점 P가 존재하도록 하는 t의 최댓값을 M, 최솟값을 m이라 할 때, $M-m$의 값은?

① $2\sqrt{5}$　　② $\dfrac{5\sqrt{5}}{2}$　　③ $3\sqrt{5}$
④ $\dfrac{7\sqrt{5}}{2}$　　⑤ $4\sqrt{5}$

Ⅱ-4

도형의 이동

 **평행이동**

1 점의 평행이동

1 평행이동

어떤 도형을 모양과 크기를 바꾸지 않고 일정한 방향으로 일정한 거리만큼 옮기는 것

2 점의 평행이동

좌표평면 위의 점 $P(x, y)$를 x축의 방향으로 a만큼, y축의 방향으로 b만큼 평행이동한 점 P'의 좌표는

$$(x+a, y+b)$$ → 이 평행이동을 $(x, y) \longrightarrow (x+a, y+b)$와 같이 나타낼 수 있다.

 좌표평면 위의 점 $P(x, y)$를 x축의 방향으로 a만큼, y축의 방향으로 b만큼 평행이동한 점을 $P'(x', y')$이라 하면

$$x' = x+a, \quad y' = y+b$$

따라서 점 P'의 좌표는 $(x+a, y+b)$이다.

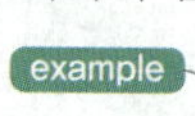 점 $(1, -2)$를 x축의 방향으로 -2만큼, y축의 방향으로 5만큼 평행이동한 점의 좌표는

$$(1-2, (-2)+5) \qquad \therefore (-1, 3)$$
→ x좌표: $1+(-2)$, y좌표: $(-2)+5$

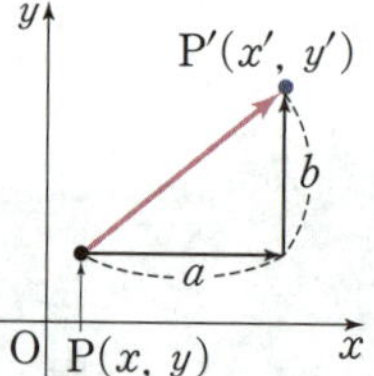

2 도형의 평행이동

1 도형의 방정식 $f(x, y)=0$

x, y에 대한 식을 $f(x, y)$로 나타내면 일반적으로 좌표평면 위의 모든 도형의 방정식은 $f(x, y)=0$ 꼴로 나타낼 수 있다.
→ x, y에 대한 방정식

2 도형의 평행이동

좌표평면에서 방정식 $f(x, y)=0$이 나타내는 도형을 x축의 방향으로 a만큼, y축의 방향으로 b만큼 평행이동한 도형의 방정식은

$$f(x-a, y-b)=0$$

 좌표평면에서 방정식 $f(x, y)=0$이 나타내는 도형 위의 임의의 점 $P(x, y)$를 x축의 방향으로 a만큼, y축의 방향으로 b만큼 평행이동한 점을 $P'(x', y')$이라 하면 $x' = x+a, \ y' = y+b$이므로
→ 점의 평행이동

$$x = x'-a, \quad y = y'-b$$

이를 $f(x, y)=0$에 대입하면

$$f(x'-a, y'-b)=0$$

따라서 점 $P'(x', y')$은 방정식

$$f(x-a, y-b)=0$$

도형의 위치는 변하지만
모양과 크기는 변하지 않는다.

이 나타내는 도형 위의 점이므로 평행이동한 도형의 방정식은 $f(x-a, y-b)=0$이다.

 직선 $x+y+2=0$을 x축의 방향으로 1만큼, y축의 방향으로 -2만큼 평행이동한 도형의 방정식은

$$(x-1)+(y+2)+2=0 \qquad \therefore x+y+3=0$$
→ $x+y+2=0$에 x 대신 $x-1$을, y 대신 $y-(-2)$, 즉 $y+2$를 대입한다.

 **점의 평행이동**

01

다음 물음에 답하시오.

(1) 점 $(a, 5)$를 x축의 방향으로 4만큼, y축의 방향으로 b만큼 평행이동한 점의 좌표가 $(2, 2)$일 때, a, b의 값을 각각 구하시오.

(2) 평행이동 $(x, y) \longrightarrow (x+a, y-1)$에 의하여 점 $(9, b)$가 점 $(3, 7)$로 옮겨질 때, a, b의 값을 각각 구하시오.

풀이

(Tip) 점 (x, y)를 x축의 방향으로 a만큼, y축의 방향으로 b만큼 평행이동한 점의 좌표는 $(x+a, y+b)$이다.

(1) 점 $(a, 5)$를 x축의 방향으로 4만큼, y축의 방향으로 b만큼 평행이동한 점의 좌표는 $(a+4, 5+b)$

위의 점이 점 $(2, 2)$와 일치하므로

$a+4=2$, $5+b=2$ $\quad \therefore a=-2$, $b=-3$

(2) 평행이동 $(x, y) \longrightarrow (x+a, y-1)$은 x축의 방향으로 a만큼, y축의 방향으로 -1만큼 평행이동하는 것이므로 이 평행이동에 의하여 점 $(9, b)$가 옮겨지는 점의 좌표는 $(9+a, b-1)$

위의 점이 점 $(3, 7)$과 일치하므로

$9+a=3$, $b-1=7$ $\quad \therefore a=-6$, $b=8$

답 (1) $a=-2$, $b=-3$ (2) $a=-6$, $b=8$

필수 공략

(1) **점의 평행이동** → 평행이동한만큼 더한다.

$$\text{점 } (x, y) \xrightarrow[\;y\text{축으로 }b\text{만큼 평행이동}\;]{\;x\text{축으로 }a\text{만큼}\;} \text{점 } (x+a, y+b) \to x \text{ 대신 } x+a\text{를, } y \text{ 대신 } y+b\text{를 대입}$$

(2) **평행이동** $(x, y) \longrightarrow (x+a, y+b)$ ➡ x축의 방향으로 a만큼, y축의 방향으로 b만큼 평행이동을 나타낸다.

• 정답 및 해설 052쪽

숫자 바꾼

유제 01-❶

다음 물음에 답하시오.

(1) 점 $(-2, a)$를 x축의 방향으로 b만큼, y축의 방향으로 2만큼 평행이동한 점의 좌표가 $(-1, 2)$일 때, a, b의 값을 각각 구하시오.

(2) 평행이동 $(x, y) \longrightarrow (x-2, y+a)$에 의하여 점 $(3, -1)$이 점 $(b, 3)$으로 옮겨질 때, a, b의 값을 각각 구하시오.

유제 01-❷

점 $(1, 5)$를 점 $(4, 0)$으로 옮기는 평행이동에 의하여 점 P가 점 $(3, -2)$로 옮겨질 때, 점 P의 좌표를 구하시오.

유제 01-❸

교육청

점 $P(a, a^2)$을 x축의 방향으로 $-\dfrac{1}{2}$만큼, y축의 방향으로 2만큼 평행이동한 점이 직선 $y=4x$ 위에 있을 때, a의 값은?

① -2 ② -1 ③ 0 ④ 1 ⑤ 2

직선의 평행이동

직선 $x+ay+b=0$을 x축의 방향으로 3만큼, y축의 방향으로 -1만큼 평행이동한 직선의 방정식이
$x-2y+5=0$일 때, 두 상수 a, b의 값을 각각 구하시오.

 풀이

(Tip) 직선 $\alpha x+\beta y+\gamma=0$을 x축의 방향으로 a만큼, y축의 방향으로 b만큼 평행이동한 직선의 방정식은
$\alpha(x-a)+\beta(y-b)+\gamma=0$이다.

직선 $x+ay+b=0$을 x축의 방향으로 3만큼, y축의 방향으로 -1만큼 평행이동한 직선의 방정식은
$x+ay+b=0$에 x 대신 $x-3$을, y 대신 $y+1$을 대입하면 되므로
$(x-3)+a(y+1)+b=0$ $\leftarrow y-(-1)$에서 $y+1$
$\therefore\ x+ay+a+b-3=0$
위의 직선이 직선 $x-2y+5=0$과 일치하므로 $\leftarrow$ 두 방정식의 계수를 비교한다.
$a=-2,\ a+b-3=5$
$\therefore\ a=-2,\ b=10$

| 다른 풀이 |

직선 $x+ay+b=0$은 직선 $x-2y+5=0$을 x축의 방향으로 -3만큼, y축의 방향으로 1만큼 평행이동한
것과 같으므로 $x-2y+5=0$에 x 대신 $x+3$을, y 대신 $y-1$을 대입하면
$(x+3)-2(y-1)+5=0$ $\leftarrow x-(-3)$에서 $x+3$
$\therefore\ x-2y+10=0$
위의 직선이 직선 $x+ay+b=0$과 일치하므로
$a=-2,\ b=10$

참고 직선은 평행이동해도 기울기가 변하지 않으므로 두 직선 $x+ay+b=0$, $x-2y+5=0$의 기울기가 서로 같음을 이용
하면 $a=-2$임을 쉽게 알 수 있다.

답 $a=-2,\ b=10$

필수 공략   **도형의 평행이동** → 평행이동한만큼 뺀다.

$$\text{도형 } f(x,\ y)=0 \xrightarrow[\;y\text{축으로 } b\text{만큼 평행이동}\;]{\;x\text{축으로 } a\text{만큼}\;} \text{도형 } f(x-a,\ y-b)=0 \rightarrow x \text{ 대신 } x-a\text{를, } y \text{ 대신 } y-b\text{를 대입}$$

• 정답 및 해설 **052**쪽

 숫자 바꾼

유제 **02-❶**   직선 $ax+2y+b=0$을 x축의 방향으로 -2만큼, y축의 방향으로 5만큼 평행이동한 직선의 방정식이
$3x-2y+5=0$일 때, 두 상수 a, b의 값을 각각 구하시오.

유제 **02-❷**   직선 l을 x축의 방향으로 1만큼, y축의 방향으로 -2만큼 평행이동한 직선이 두 점 $(-2,\ 0)$, $(0,\ 4)$를
지날 때, 직선 l의 방정식을 구하시오.

필수 예제 03 · 원의 평행이동

평행이동 $(x, y) \longrightarrow (x-3, y+1)$에 의하여 원 $x^2+y^2+4y+a=0$이 원 $(x+3)^2+(y-b)^2=1$로 옮겨질 때, 두 상수 a, b에 대하여 $a+b$의 값을 구하시오.

풀이

(Tip) 원의 방정식을 $(x-a)^2+(y-b)^2=r^2$ 꼴로 변형 또는 원의 중심을 평행이동한다.

방법 ❶ 원을 평행이동

$x^2+y^2+4y+a=0$에서 $x^2+(y+2)^2=4-a$ ······ ㉠

평행이동 $(x, y) \longrightarrow (x-3, y+1)$은 x축의 방향으로 -3만큼, y축의 방향으로 1만큼 평행이동하는 것이므로 ㉠에 x 대신 $x+3$을, y 대신 $y-1$을 대입하면

$(x+3)^2+(y-1+2)^2=4-a$ ← $x-(-3)$에서 $x+3$
도형의 평행이동이므로 평행이동한만큼 뺀다.

$\therefore (x+3)^2+(y+1)^2=4-a$

위의 원이 원 $(x+3)^2+(y-b)^2=1$과 일치하므로

$1=-b, 4-a=1$ $\therefore a=3, b=-1$

$\therefore a+b=3+(-1)=2$

방법 ❷ 원의 중심을 평행이동

원 $x^2+y^2+4y+a=0$, 즉 $x^2+(y+2)^2=4-a$의 중심의 좌표는 $(0, -2)$

원의 중심 $(0, -2)$가 주어진 평행이동에 의하여 옮겨지는 점의 좌표는

$(0-3, (-2)+1)$ $\therefore (-3, -1)$ ← 점의 평행이동이므로 평행이동한만큼 더한다.

위의 점이 원 $(x+3)^2+(y-b)^2=1$의 중심 $(-3, b)$와 일치하므로

$b=-1$

한편, 원은 평행이동해도 반지름의 길이가 변하지 않으므로

$4-a=1$ $\therefore a=3$

$\therefore a+b=3+(-1)=2$

답 2

필수 공략

원의 평행이동 → $(x-p)^2+(y-q)^2=r^2$ 꼴로 변형하여 평행이동한만큼 뺀다.

$$\text{원 } (x-p)^2+(y-q)^2=r^2 \xrightarrow[y축으로 \; b만큼 \; 평행이동]{x축으로 \; a만큼} \text{원 } (x-a-p)^2+(y-b-q)^2=r^2$$

이때 원을 평행이동해도 크기와 모양이 변하지 않으므로 원의 중심을 평행이동해도 된다.
↳ 반지름의 길이가 변하지 않는다. ↳ 점의 평행이동

• 정답 및 해설 053쪽

유제 03-❶ (숫자 바꾼)

평행이동 $(x, y) \longrightarrow (x+2, y-4)$에 의하여 원 $x^2+2x+y^2+2ay+b+1=0$이 원 $(x-1)^2+(y-3)^2=4$로 옮겨질 때, 두 상수 a, b에 대하여 $a+b$의 값을 구하시오.

유제 03-❷ (교육청)

원 $x^2+(y+4)^2=10$을 x축의 방향으로 -4만큼, y축의 방향으로 2만큼 평행이동하였더니 원 $x^2+y^2+ax+by+c=0$과 일치하였다. $a+b+c$의 값은? (단, a, b, c는 상수이다.)

① 14　　　② 16　　　③ 18　　　④ 20　　　⑤ 22

포물선의 평행이동

점 $(1, 2)$를 점 $(-3, 4)$로 옮기는 평행이동에 의하여 포물선 $y=x^2+4x-1$이 포물선 $y=(x+a)^2+b$로 옮겨질 때, 두 상수 a, b에 대하여 $a+b$의 값을 구하시오.

풀이

(Tip) 포물선의 방정식을 $y=a(x-m)^2+n$ 꼴로 변형 또는 포물선의 꼭짓점을 평행이동한다.

방법 ❶ 포물선을 평행이동

$y=x^2+4x-1$에서 $y=(x+2)^2-5$　……　㉠

점 $(1, 2)$를 점 $(-3, 4)$로 옮기는 평행이동은

x축의 방향으로 $(-3)-1=-4$만큼, y축의 방향으로 $4-2=2$만큼 평행이동하는 것이므로

$\rightarrow$ (평행이동한 점의 x좌표)$-$(평행이동하기 전 점의 x좌표)

㉠에 x 대신 $x+4$를, y 대신 $y-2$를 대입하면

$y-2=(x+4+2)^2-5$　∴ $y=(x+6)^2-3$

$\rightarrow$ 도형의 평행이동이므로 평행이동한만큼 뺀다

위의 포물선이 포물선 $y=(x+a)^2+b$와 일치하므로

$a=6$, $b=-3$

∴ $a+b=6+(-3)=3$

방법 ❷ 포물선의 꼭짓점을 평행이동

포물선 $y=x^2+4x-1$, 즉 $y=(x+2)^2-5$의 꼭짓점의 좌표는
$(-2, -5)$

$\rightarrow$ 포물선 $y=a(x-m)^2+n$의 꼭짓점의 좌표는 (m, n)이다.

꼭짓점 $(-2, -5)$가 주어진 평행이동에 의하여 옮겨지는 점의 좌표는

$((-2)-4, (-5)+2)$　∴ $(-6, -3)$

$\rightarrow$ 점의 평행이동이므로 평행이동한만큼 더한다.

위의 점이 포물선 $y=(x+a)^2+b$의 꼭짓점 $(-a, b)$와 일치하므로

$a=6$, $b=-3$

∴ $a+b=6+(-3)=3$

답 3

필수 공략

포물선의 평행이동 $\rightarrow$ $y=a(x-m)^2+n$ 꼴로 변형하여 평행이동한만큼 뺀다.

$$\text{포물선 } y=a(x-m)^2+n \xrightarrow[y축으로 b만큼 평행이동]{x축으로 a만큼} \text{포물선 } y-b=a(x-a-m)^2+n$$

이때 포물선을 평행이동해도 모양과 폭이 변하지 않으므로 포물선의 꼭짓점을 평행이동해도 된다.

$\rightarrow$ 이차함수 $y=ax^2$의 그래프의 오목, 볼록과 폭을 결정하는 것은 x^2의 계수 a이므로 평행이동해도 오목, 볼록과 폭은 변하지 않는다.

• 정답 및 해설 053쪽

숫자 바꾼

유제 **04-❶**　점 $(1, -3)$을 원점으로 옮기는 평행이동에 의하여 포물선 $y=-x^2+6x-11$이 포물선 $y=-(x+a)^2+b$로 옮겨질 때, 두 상수 a, b에 대하여 $a+b$의 값을 구하시오.

유제 **04-❷**　평행이동 $(x, y) \longrightarrow (x+a, y+b)$에 의하여 포물선 $y=kx^2+4$가 포물선 $y=2x^2-8x+11$로 옮겨질 때, $a+b+k$의 값을 구하시오. (단, k는 0이 아닌 상수이다.)

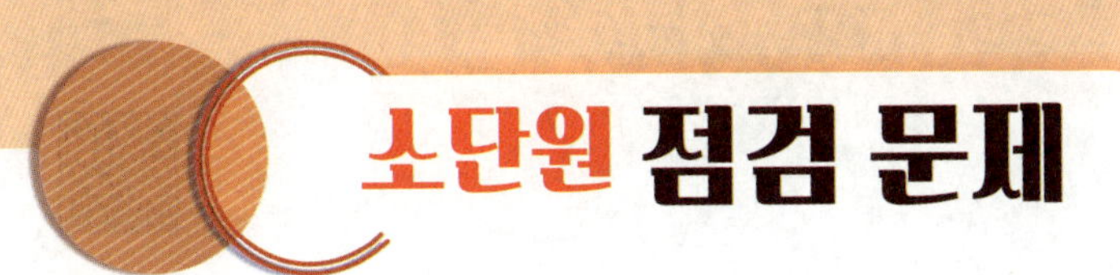 소단원 점검 문제

점의 평행이동

01 점 (a, b)를 점 $(-4, 0)$으로 옮기는 평행이동에 의하여 점 $(1, 2)$가 점 $(0, 5)$로 옮겨질 때, $a+b$의 값은?

① -3 ② -4 ③ -5 ④ -6 ⑤ -7

직선의 평행이동

02 직선 $l : 3x-5y+7=0$을 x축의 방향으로 a만큼, y축의 방향으로 b만큼 평행이동하였더니 직선 l과 일치하였다. $\dfrac{b}{a}$의 값은? (단, $a \neq 0$)

① $\dfrac{3}{5}$ ② $\dfrac{13}{15}$ ③ $\dfrac{17}{15}$ ④ $\dfrac{7}{5}$ ⑤ $\dfrac{5}{3}$

직선의 평행이동

03 직선 $y=kx+1$을 x축의 방향으로 2만큼, y축의 방향으로 -3만큼 평행이동한 직선이 원

[교육청] $(x-3)^2+(y-2)^2=1$의 중심을 지날 때, 상수 k의 값은?

① $\dfrac{7}{2}$ ② 4 ③ $\dfrac{9}{2}$ ④ 5 ⑤ $\dfrac{11}{2}$

원의 평행이동

04 점 $(3, 1)$을 점 $(-1, 2)$로 옮기는 평행이동에 의하여 원 $x^2+y^2+2ax-8y=0$은 중심의 좌표가 $(-6, b)$인 원 C로 옮겨진다. 원 C의 반지름의 길이를 r라 할 때, $a+b+r^2$의 값을 구하시오.

(단, a는 상수이다.)

포물선의 평행이동

05 포물선 $y=x^2+6x-2$를 x축의 방향으로 a만큼, y축의 방향으로 b만큼 평행이동하였더니 포물선 $y=cx^2+1$과 일치하였다. $a+b+c$의 값을 구하시오. (단, a, b, c는 상수이다.)

# 대칭이동

1 점의 대칭이동

① 대칭이동
어떤 도형을 한 직선 또는 한 점에 대하여 대칭인 도형으로 이동하는 것

② 점의 대칭이동
점 (x, y)를 x축, y축, 원점 및 직선 $y=x$에 대하여 각각 대칭이동한 점의 좌표는 다음과 같다.

(1) x축에 대한 대칭이동	(2) y축에 대한 대칭이동	(3) 원점에 대한 대칭이동	(4) 직선 $y=x$에 대한 대칭이동

$(x, y) \longrightarrow (x, -y)$	$(x, y) \longrightarrow (-x, y)$	$(x, y) \longrightarrow (-x, -y)$	$(x, y) \longrightarrow (y, x)$
➡ y좌표의 부호가 바뀐다.	➡ x좌표의 부호가 바뀐다.	➡ x좌표와 y좌표의 부호가 모두 바뀐다.	➡ x좌표와 y좌표가 서로 바뀐다.

 설명

(4) 점 $P(x, y)$를 직선 $y=x$에 대하여 대칭이동한 점을 $S(x_1, y_1)$이라 하면

선분 PS의 중점 $\left(\dfrac{x+x_1}{2}, \dfrac{y+y_1}{2}\right)$이 직선 $y=x$ 위에 있으므로

$$\dfrac{x+x_1}{2} = \dfrac{y+y_1}{2}$$

$$\therefore x+x_1 = y+y_1 \quad \cdots\cdots \text{㉠}$$

직선 PS의 기울기는 -1이므로

↳ 직선 $y=x$와 수직이므로 성립

$$\dfrac{y-y_1}{x-x_1} = -1$$

$$\therefore x_1 - x = y - y_1 \quad \cdots\cdots \text{㉡}$$

㉠, ㉡을 연립하여 풀면

$$x_1 = y, \quad y_1 = x$$

따라서 점 S의 좌표는 (y, x)이다.

참고 원점에 대한 대칭이동은

(1) x축에 대하여 대칭이동한 후 ┐ 또는 (1) y축에 대하여 대칭이동한 후
(2) y축에 대하여 대칭이동한 것 ┘ (2) x축에 대하여 대칭이동한 것

과 같다.

example 점 $(1, -4)$를

(1) x축에 대하여 대칭이동한 점의 좌표는
   ➡ 주어진 점의 y좌표의 부호를 바꾸면 되므로 $(1, 4)$
(2) y축에 대하여 대칭이동한 점의 좌표는
   ➡ 주어진 점의 x좌표의 부호를 바꾸면 되므로 $(-1, -4)$
(3) 원점에 대하여 대칭이동한 점의 좌표는
   ➡ 주어진 x좌표와 y좌표의 부호를 모두 바꾸면 되므로 $(-1, 4)$
(4) 직선 $y=x$에 대하여 대칭이동한 점의 좌표는
   ➡ 주어진 x좌표와 y좌표를 서로 바꾸면 되므로 $(-4, 1)$

방정식 $f(x, y)=0$이 나타내는 도형을 x축, y축, 원점 및 직선 $y=x$에 대하여 각각 대칭이동한 도형의 방정식은 다음과 같다.

(1) x축에 대한 대칭이동	(2) y축에 대한 대칭이동
$f(x, y)=0 \longrightarrow f(x, -y)=0$ ➡ y 대신 $-y$를 대입한다.	$f(x, y)=0 \longrightarrow f(-x, y)=0$ ➡ x 대신 $-x$를 대입한다.
(3) 원점에 대한 대칭이동	(4) 직선 $y=x$에 대한 대칭이동
$f(x, y)=0 \longrightarrow f(-x, -y)=0$ ➡ x 대신 $-x$를, y 대신 $-y$를 대입한다.	$f(x, y)=0 \longrightarrow f(y, x)=0$ ➡ x 대신 y를, y 대신 x를 대입한다.

설명

(4) 오른쪽 그림과 같이 방정식 $f(x, y)=0$이 나타내는 도형 위의 임의의 점 $\mathrm{P}(x, y)$를 직선 $y=x$에 대하여 대칭이동한 점을 $\mathrm{R}(x_1, y_1)$이라 하면

$$x_1=y,\ y_1=x \qquad \therefore\ x=y_1,\ y=x_1$$

이때 점 $\mathrm{P}(x, y)$는 방정식 $f(x, y)=0$이 나타내는 도형 위의 점이므로 $f(x, y)=0$에 x 대신 y_1을, y 대신 x_1을 대입하면

$$f(y_1, x_1)=0$$

즉, 점 $\mathrm{R}(x_1, y_1)$은 방정식 $f(y, x)=0$이 나타내는 도형 위의 점이다.

따라서 방정식 $f(x, y)=0$이 나타내는 도형을 직선 $y=x$에 대하여 대칭이동한 도형의 방정식은

$$f(y, x)=0 \rightarrow x \text{ 대신 } y\text{를, } y \text{ 대신 } x\text{를 대입}$$

example

직선 $2x-y+1=0$을

(1) x축에 대하여 대칭이동한 직선의 방정식은

➡ 주어진 식에 y 대신 $-y$를 대입하면 되므로 $2x-(-y)+1=0$ $\therefore\ 2x+y+1=0$

(2) y축에 대하여 대칭이동한 직선의 방정식은

➡ 주어진 식에 x 대신 $-x$를 대입하면 되므로 $2\times(-x)-y+1=0$ $\therefore\ 2x+y-1=0$

(3) 원점에 대하여 대칭이동한 직선의 방정식은

➡ 주어진 식에 x 대신 $-x$를, y 대신 $-y$를 대입하면 되므로

$$2\times(-x)-(-y)+1=0 \qquad \therefore\ 2x-y-1=0$$

(4) 직선 $y=x$에 대하여 대칭이동한 직선의 방정식은

➡ 주어진 식에 x 대신 y를, y 대신 x를 대입하면 되므로 $2y-x+1=0$ $\therefore\ x-2y-1=0$

집중 연습

• 대칭이동

점의 대칭이동

01 점 $(2, -3)$을 다음에 대하여 대칭이동한 점의 좌표를 구하시오.

(1) x축

(2) y축

(3) 원점

(4) 직선 $y=x$

02 점 $(-4, 7)$을 다음에 대하여 대칭이동한 점의 좌표를 구하시오.

(1) x축

(2) y축

(3) 원점

(4) 직선 $y=x$

도형의 대칭이동

03 직선 $y=x+3$을 다음에 대하여 대칭이동한 점의 좌표를 구하시오.

(1) x축

(2) y축

(3) 원점

(4) 직선 $y=x$

04 원 $(x-3)^2+(y+1)^2=10$을 다음에 대하여 대칭이동한 도형의 방정식을 구하시오.

(1) x축

(2) y축

(3) 원점

(4) 직선 $y=x$

05 포물선 $y=-(x+2)^2-1$을 다음에 대하여 대칭이동한 도형의 방정식을 구하시오.

(1) x축

(2) y축

(3) 원점

(4) 직선 $y=x$

필수 예제 01

점의 대칭이동

점 P(3, 1)을 x축에 대하여 대칭이동한 점을 Q, 직선 $y=x$에 대하여 대칭이동한 점을 R라 할 때, 선분 QR의 길이를 구하시오.

풀이

(Tip) 점 (x, y)를 x축에 대하여 대칭이동한 점의 좌표는 $(x, -y)$, 직선 $y=x$에 대하여 대칭이동한 점의 좌표는 (y, x)이다.

점 P(3, 1)을 x축에 대하여 대칭이동한 점 Q의 좌표는

$(3, -1)$ → 1의 부호를 바꾼다.

점 P(3, 1)을 직선 $y=x$에 대하여 대칭이동한 점 R의 좌표는

$(1, 3)$ → 1과 3을 서로 바꾼다.

$$\therefore \overline{QR}=\sqrt{(1-3)^2+\{3-(-1)\}^2}=2\sqrt{5}$$

답 $2\sqrt{5}$

필수 공략

점 (x, y)를

(1) x축에 대하여 대칭이동 ➡ $(x, -y)$ → y좌표의 부호를 바꾼다.

(2) y축에 대하여 대칭이동 ➡ $(-x, y)$ → x좌표의 부호를 바꾼다.

(3) 원점에 대하여 대칭이동 ➡ $(-x, -y)$ → x좌표와 y좌표의 부호를 모두 바꾼다.

(4) 직선 $y=x$에 대하여 대칭이동 ➡ (y, x) → x좌표와 y좌표를 서로 바꾼다.

• 정답 및 해설 055쪽

유제 01-❶ 점 P$(-1, 2)$를 y축에 대하여 대칭이동한 점을 Q, 직선 $y=x$에 대하여 대칭이동한 점을 R라 할 때, 선분 QR의 길이를 구하시오.

유제 01-❷ 점 P$(-1, -3)$을 x축에 대하여 대칭이동한 점을 Q, 직선 $y=x$에 대하여 대칭이동한 점을 R라 할 때, 직선 QR의 y절편을 구하시오.

유제 01-❸ 점 P(5, 2)를 x축에 대하여 대칭이동한 점을 Q라 하고, 점 Q를 원점에 대하여 대칭이동한 점을 R라 할 때, 삼각형 PRQ의 넓이를 구하시오.

직선의 대칭이동

직선 $x+ay-3=0$을 y축에 대하여 대칭이동한 직선이 점 $(5, 2)$를 지날 때, 상수 a의 값을 구하시오.

(Tip) 직선 $ax+by+c=0$을 y축에 대하여 대칭이동한 직선의 방정식은 $-ax+by+c=0$이다.

직선 $x+ay-3=0$을 y축에 대하여 대칭이동한 직선의 방정식은

$-x+ay-3=0$ → x 대신 $-x$를 대입한다.

위의 직선이 점 $(5, 2)$를 지나므로

$(-5)+a\times2-3=0,\ 2a-8=0$

$\therefore a=4$

답 4

필수 공략

도형 $f(x, y)=0$을

(1) x축에 대하여 대칭이동 ➡ $f(x, -y)=0$ → y 대신 $-y$를 대입한다.

(2) y축에 대하여 대칭이동 ➡ $f(-x, y)=0$ → x 대신 $-x$를 대입한다.

(3) 원점에 대하여 대칭이동 ➡ $f(-x, -y)=0$ → x 대신 $-x$를, y 대신 $-y$를 대입한다.

(4) 직선 $y=x$에 대하여 대칭이동 ➡ $f(y, x)=0$ → x 대신 y를, y 대신 x를 대입한다.

참고 직선 l의 기울기가 $m\ (m\neq0)$일 때, 직선 l을 x축, y축, 원점, 직선 $y=x$에 대하여 대칭이동한 직선의 기울기는 다음 표와 같다.

대칭이동	x축	y축	원점	직선 $y=x$
기울기	$-m$	$-m$	m	$\dfrac{1}{m}$

• 정답 및 해설 056쪽

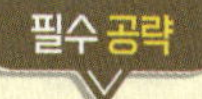

유제 02-❶ 직선 $2x-3y-1=0$을 x축에 대하여 대칭이동한 직선이 점 $(a, 2-a)$를 지날 때, a의 값을 구하시오.

유제 02-❷ 두 직선 $ax+by+3=0$, $(a-2)x+2by+3=0$이 직선 $y=x$에 대하여 서로 대칭일 때, 두 상수 a, b에 대하여 $a+b$의 값을 구하시오.

유제 02-❸ 직선 $l: 3x+4y-12=0$을 x축에 대하여 대칭이동한 직선을 l_1이라 하고 직선 l_1을 원점에 대하여 대칭이동한 직선을 l_2라 할 때, 두 직선 l, l_2 및 x축으로 둘러싸인 도형의 넓이를 구하시오.

필수 예제 03 원의 대칭이동

원 $x^2+y^2+4x-8y+6=0$을 원점에 대하여 대칭이동한 원의 중심의 좌표를 구하시오.

풀이

(Tip) 원 또는 원의 중심을 대칭이동한다.

방법 ❶ 원을 대칭이동

원 $x^2+y^2+4x-8y+6=0$을 원점에 대하여 대칭이동한 원의 방정식은

$(-x)^2+(-y)^2+4\times(-x)-8\times(-y)+6=0$ $\longrightarrow$ 원의 방정식을 $(x+2)^2+(y-4)^2=14$로 바꾸어 대칭이동해도 결과는 같다.

$x^2+y^2-4x+8y+6=0$ $\quad\therefore\ (x-2)^2+(y+4)^2=14$

따라서 구하는 원의 중심의 좌표는 $(2,\ -4)$이다.

방법 ❷ 원의 중심을 대칭이동

원 $x^2+y^2+4x-8y+6=0$, 즉 $(x+2)^2+(y-4)^2=14$의 중심의 좌표는

$(-2,\ 4)$

원 $x^2+y^2+4x-8y+6=0$을 원점에 대하여 대칭이동한 원의 중심은 점 $(-2,\ 4)$를 원점에 대하여 대칭이동한 점과 일치하므로 그 좌표는

$(2,\ -4)$

답 $(2,\ -4)$

필수 공략

원 $x^2+y^2+Ax+By+C=0$을

(1) x축에 대하여 대칭이동 ➡ $x^2+(-y)^2+Ax+B\times(-y)+C=0$

(2) y축에 대하여 대칭이동 ➡ $(-x)^2+y^2+A\times(-x)+By+C=0$

(3) 원점에 대하여 대칭이동 ➡ $(-x)^2+(-y)^2+A\times(-x)+B\times(-y)+C=0$

(4) 직선 $y=x$에 대하여 대칭이동 ➡ $y^2+x^2+Ay+Bx+C=0$

이때 원을 대칭이동해도 크기와 모양이 변하지 않으므로 원의 중심을 대칭이동해도 된다.
$\quad\quad\quad\hookrightarrow$ 반지름의 길이가 변하지 않는다.

• 정답 및 해설 056쪽

유제 03-❶ 원 $x^2+y^2-10x-2y-12=0$을 원점에 대하여 대칭이동한 후 직선 $y=x$에 대하여 대칭이동한 원의 중심의 좌표를 구하시오.

유제 03-❷ 원 $x^2+y^2+2x-6y=0$을 직선 $y=x$에 대하여 대칭이동한 후 y축에 대하여 대칭이동한 원의 중심이 직선 $y=3x+k$ 위에 있을 때, 상수 k의 값을 구하시오.

유제 03-❸ 원 $(x+2)^2+(y+a)^2=a^2+4$를 직선 $y=x$에 대하여 대칭이동한 후 x축에 대하여 대칭이동하였더니 직선 $2x-y+6=0$에 의하여 넓이가 이등분되었다. 상수 a의 값을 구하시오.

포물선의 대칭이동

포물선 $y=x^2+4x+1$을 y축에 대하여 대칭이동한 포물선의 꼭짓점의 좌표를 구하시오.

풀이

(Tip) 포물선 또는 포물선의 꼭짓점을 대칭이동한다.

방법 ① 포물선을 대칭이동

포물선 $y=x^2+4x+1$을 y축에 대하여 대칭이동한 포물선의 방정식은

$y=(-x)^2+4\times(-x)+1$ ⟶ 포물선의 방정식을 $y=(x+2)^2-3$으로 바꾸어 대칭이동해도 결과는 같다.

$y=x^2-4x+1$ ∴ $y=(x-2)^2-3$

따라서 구하는 포물선의 꼭짓점의 좌표는 $(2, -3)$이다.

방법 ② 포물선의 꼭짓점을 대칭이동

포물선 $y=x^2+4x+1$, 즉 $y=(x+2)^2-3$의 꼭짓점의 좌표는

$(-2, -3)$

포물선 $y=x^2+4x+1$을 y축에 대하여 대칭이동한 포물선의 꼭짓점은 점 $(-2, -3)$을 y축에 대하여 대칭이동한 점과 일치하므로 그 좌표는

$(2, -3)$

답 $(2, -3)$

필수 공략

포물선 $y=ax^2+bx+c$를

(1) x축에 대하여 대칭이동 ➡ $-y=ax^2+bx+c$

(2) y축에 대하여 대칭이동 ➡ $y=a\times(-x)^2+b\times(-x)+c$

(3) 원점에 대하여 대칭이동 ➡ $-y=a\times(-x)^2+b\times(-x)+c$

(4) 직선 $y=x$에 대하여 대칭이동 ➡ $x=ay^2+by+c$

이때 포물선을 대칭이동해도 폭이 변하지 않으므로 포물선의 꼭짓점을 대칭이동해도 된다.

• 정답 및 해설 **057**쪽

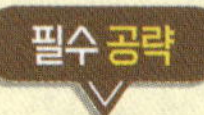

유제 04-❶ 포물선 $y=-x^2+2x+3$을 원점에 대하여 대칭이동한 포물선의 꼭짓점의 좌표를 구하시오.

유제 04-❷ 포물선 $y=x^2+6x+k$를 x축에 대하여 대칭이동한 포물선이 직선 $y=1$에 접할 때, 상수 k의 값을 구하시오.

유제 04-❸ 포물선 $y=-x^2+ax+b$를 y축에 대하여 대칭이동한 후 x축에 대하여 대칭이동한 포물선이 x축과 두 점 $(-1, 0)$, $(3, 0)$에서 만날 때, $a-b$의 값을 구하시오. (단, a, b는 상수이다.)

필수 예제 05 — 도형의 평행이동과 대칭이동

직선 $l: 3x-2y+5=0$에 대하여 다음을 구하시오.

(1) 직선 l을 x축의 방향으로 1만큼, y축의 방향으로 -2만큼 평행이동한 후 x축에 대하여 대칭이동한 직선의 방정식

(2) 직선 l을 x축에 대하여 대칭이동한 후 x축의 방향으로 1만큼, y축의 방향으로 -2만큼 평행이동한 직선의 방정식

풀이

(Tip) 주어진 순서대로 직선을 평행이동 또는 대칭이동한다.

(1) 직선 l을 x축의 방향으로 1만큼, y축의 방향으로 -2만큼 평행이동한 직선의 방정식은

$$3(x-1)-2(y+2)+5=0$$
$$\therefore\ 3x-2y-2=0$$

위의 직선을 x축에 대하여 대칭이동한 직선의 방정식은

$$3x-2\times(-y)-2=0$$
$$\therefore\ 3x+2y-2=0$$

(2) 직선 l을 x축에 대하여 대칭이동한 직선의 방정식은

$$3x-2\times(-y)+5=0$$
$$\therefore\ 3x+2y+5=0$$

위의 직선을 x축의 방향으로 1만큼, y축의 방향으로 -2만큼 평행이동한 직선의 방정식은

$$3(x-1)+2(y+2)+5=0$$
$$\therefore\ 3x+2y+6=0$$

참고 **필수 예제 05**는 하나의 직선을 (1) 평행이동한 후 대칭이동했을 때와 (2) 대칭이동한 후 평행이동했을 때가 서로 다름을 나타낸다.

즉, (1), (2)가 서로 다른 직선으로 이동되므로 문제에서 주어진 순서대로 이동해야 한다.

답 (1) $3x+2y-2=0$ (2) $3x+2y+6=0$

필수 공략

평행이동과 대칭이동을 연이어 할 때는
➡ 주어진 순서대로 점 또는 도형을 이동한다.

• 정답 및 해설 057쪽

숫자 바꾼

유제 05-❶ 직선 $l: 4x-3y-1=0$에 대하여 다음을 구하시오.

(1) 직선 l을 x축의 방향으로 -3만큼, y축의 방향으로 1만큼 평행이동한 후 원점에 대하여 대칭이동한 직선의 방정식

(2) 직선 l을 원점에 대하여 대칭이동한 후 x축의 방향으로 -3만큼, y축의 방향으로 1만큼 평행이동한 직선의 방정식

유제 05-❷ 포물선 $y=a(x-1)^2+1$을 x축의 방향으로 1만큼, y축의 방향으로 -2만큼 평행이동한 후 y축에 대하여 대칭이동한 포물선이 점 $(-3, 2)$를 지날 때, 상수 a의 값을 구하시오.

대칭이동을 이용한 거리의 최솟값

두 점 $A(1, 3)$, $B(5, 5)$와 x축 위를 움직이는 점 P에 대하여 $\overline{AP}+\overline{BP}$의 최솟값을 구하시오.

풀이

(Tip) 점 A 또는 점 B를 x축에 대하여 대칭이동한다.

오른쪽 그림과 같이 점 $B(5, 5)$를 x축에 대하여 대칭이동한 점을 B′이라 하면
$B′(5, -5)$
└ 점 P가 x축 위에 있다.

이때 $\overline{BP}=\overline{B′P}$이므로
$$\overline{AP}+\overline{BP}=\overline{AP}+\overline{B′P}$$
$$\geq \overline{AB′}$$
$$=\sqrt{(5-1)^2+\{(-5)-3\}^2}$$
$$=4\sqrt{5}$$
따라서 $\overline{AP}+\overline{BP}$의 최솟값은 $4\sqrt{5}$이다.

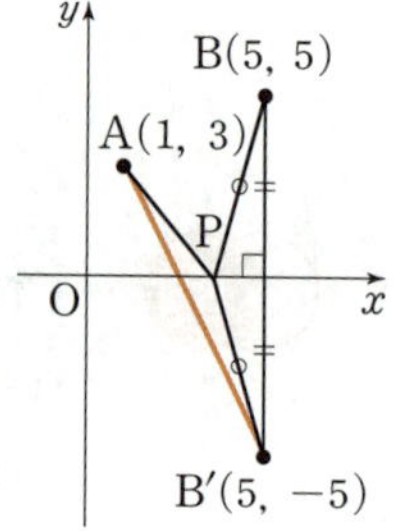

답 $4\sqrt{5}$

필수 공략

두 점 A, B와 직선 l 위를 움직이는 점 P에 대하여 (단, 두 점 A, B가 직선 l에 대하여 같은 쪽에 있다.)
(1) $\overline{AP}+\overline{BP}$의 최솟값
➡ 점 B를 직선 l에 대하여 대칭이동한 점을 B′이라 할 때, 선분 AB′의 길이와 같다.
(2) $\overline{AP}+\overline{BP}$의 값이 최소일 때의 점 P의 좌표
➡ 점 B를 직선 l에 대하여 대칭이동한 점을 B′이라 할 때, 직선 AB′과 직선 l의 교점의 좌표와 같다.

• 정답 및 해설 058쪽

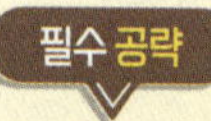

유제 06-❶ 두 점 $A(2, -1)$, $B(4, 3)$과 y축 위를 움직이는 점 P에 대하여 $\overline{AP}+\overline{BP}$의 최솟값을 구하시오.

유제 06-❷ 두 점 $A(5, 1)$, $B(7, 2)$와 직선 $y=x$ 위를 움직이는 점 P에 대하여 $\overline{AP}+\overline{BP}$의 최솟값을 구하시오.

유제 06-❸ 두 점 $A(-1, 3)$, $B(5, 6)$과 x축 위를 움직이는 점 P에 대하여 $\overline{AP}+\overline{BP}$의 값이 최소일 때, 점 P의 좌표를 구하시오.

직선 $y=-x$에 대한 대칭이동

점 $\mathrm{P}(x, y)$를 직선 $y=-x$에 대하여 대칭이동한 점의 좌표를 구하기 위해 점 $\mathrm{P}(x, y)$를 직선 $y=x$에 대하여 대칭이동한 후 원점에 대하여 대칭이동한 점의 좌표를 구해 보자.

점 $\mathrm{P}(x, y)$를 직선 $y=x$에 대하여 대칭이동한 점을 Q라 하면 $\mathrm{Q}(y, x)$이고
점 $\mathrm{Q}(y, x)$를 원점에 대하여 대칭이동한 점을 R라 하면 $\mathrm{R}(-y, -x)$이다.

(i) 점 $\mathrm{P}(x, y)$가 직선 $y=-x$ 위의 점인 경우

   $y=-x$에서 $-y=x$, $-x=y$이므로

   두 점 $\mathrm{P}(x, y)$, $\mathrm{R}(-y, -x)$는 서로 일치한다.

(ii) 점 $\mathrm{P}(x, y)$가 직선 $y=-x$ 위의 점이 아닌 경우

   선분 PR의 중점을 M이라 하면

$$\mathrm{M}\!\left(\frac{x+(-y)}{2},\ \frac{y+(-x)}{2}\right),\ \ \text{즉}\ \ \mathrm{M}\!\left(\frac{x-y}{2},\ \frac{y-x}{2}\right)$$

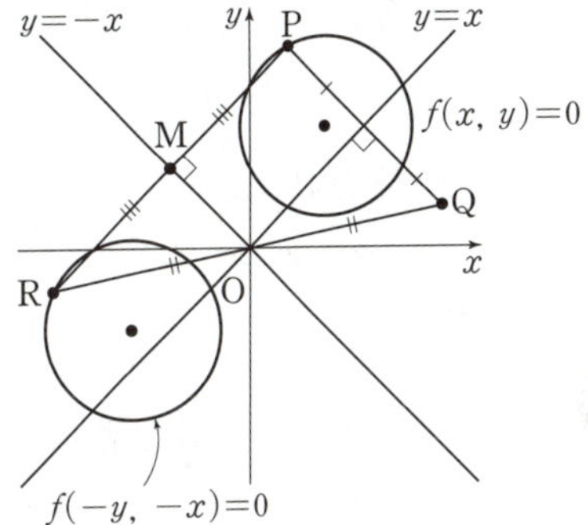

   이때 $\dfrac{x-y}{2}+\dfrac{y-x}{2}=0$이므로 점 M은 x, y의 값에 관계없이 항상

   직선 $x+y=0$, 즉 $y=-x$ 위에 있다.   …… ㉠

   한편, $y\neq-x$이므로  $x+y\neq0$이고, 직선 PR의 기울기는

$$\frac{(-x)-y}{(-y)-x}=1 \quad {\scriptstyle -y-x\neq0}$$

   즉, 직선 PR의 기울기는 x, y의 값에 관계없이 항상 1이다.

        …… ㉡

   ㉠, ㉡에서 선분 PR는 직선 $y=-x$에 의하여 수직이등분되므로 두 점 P, R는 직선 $y=-x$에 대하여 대칭이다.

(i), (ii)에서 점 (x, y)를 직선 $y=-x$에 대하여 대칭이동한 점의 좌표는

   $(-y, -x)$

이는 점 (x, y)를 직선 $y=x$에 대하여 대칭이동한 후 원점에 대하여 대칭이동한 것과 같다.

같은 방법으로 방정식 $f(x, y)=0$이 나타내는 도형을 직선 $y=-x$에 대하여 대칭이동한 도형의 방정식은

   $f(-y, -x)=0$ $\rightarrow$ x좌표와 y좌표의 자리와 부호가 모두 바뀐다.

(1) 점 $(5, -3)$을 직선 $y=-x$에 대하여 대칭이동한 점의 좌표는

   $(-(-3), -5)$ $\rightarrow$ x좌표와 y좌표의 자리와 부호가 모두 바뀐다.

   $\therefore (3, -5)$

(2) 직선 $x+2y-3=0$을 직선 $y=-x$에 대하여 대칭이동한 직선의 방정식은

   $(-y)+2\times(-x)-3=0$ $\rightarrow$ x 대신 $-y$를, y 대신 $-x$를 대입한다.

   $\therefore 2x+y+3=0$

 **점 또는 직선에 대한 대칭이동** 

1 점에 대한 대칭이동

(1) 점에 대한 점의 대칭이동

점 (x, y)를 점 (a, b)에 대하여 대칭이동한 점의 좌표는

$$(2a-x, \ 2b-y)$$

(2) 점에 대한 도형의 대칭이동

방정식 $f(x, y)=0$이 나타내는 도형을 점 (a, b)에 대하여 대칭이동한 도형의 방정식은

$$f(2a-x, \ 2b-y)=0$$

 **설명** (1) 점 $\mathrm{P}(x, y)$를 점 $\mathrm{A}(a, b)$에 대하여 대칭이동한 점을 $\mathrm{P}'(x', y')$이라 하면 오른쪽 그림과 같이 점 A는 선분 PP'의 중점이므로

$$a=\frac{x+x'}{2}, \ b=\frac{y+y'}{2} \qquad \therefore \ x'=2a-x, \ y'=2b-y$$

따라서 점 $\mathrm{P}(x, y)$를 점 $\mathrm{A}(a, b)$에 대하여 대칭이동한 점 P'의 좌표는

$$(2a-x, \ 2b-y)$$

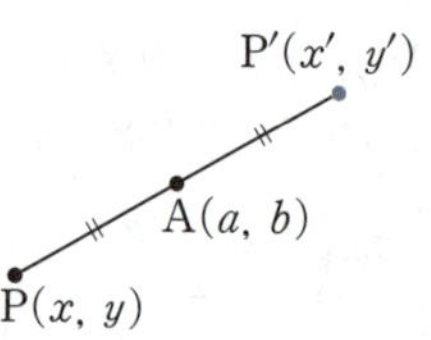

 **개념 확인** → 정답 및 해설 058쪽

1 다음 점 또는 직선을 점 $(2, -1)$에 대하여 대칭이동한 점의 좌표 또는 직선의 방정식을 구하시오.

(1) 원점

(2) 직선 $y=x$

답 (1) $(4, -2)$ (2) $x-y-6=0$

2 직선에 대한 대칭이동

점 P를 직선 l에 대하여 대칭이동한 점 P'의 좌표는 다음을 이용한다.

(i) 중점 조건: 선분 PP'의 중점은 직선 l 위에 있다.

(ii) 수직 조건: 직선 PP'과 직선 l은 서로 수직이다.

 **설명** 점 $\mathrm{P}(x, y)$를 직선 l: $ax+by+c=0$에 대하여 대칭이동한 점을 $\mathrm{P}'(x', y')$이 라 하면 오른쪽 그림과 같이 직선 l은 선분 PP'의 수직이등분선이다.

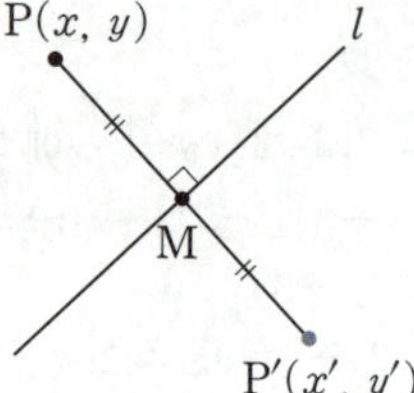

(i) 중점 조건: 선분 PP'의 중점은 직선 l 위에 있다.

$$a \times \frac{x+x'}{2} + b \times \frac{y+y'}{2} + c = 0 \qquad \cdots\cdots \ \unicode{x1D7E2}$$

(ii) 수직 조건: 직선 PP'과 직선 l은 서로 수직이다.

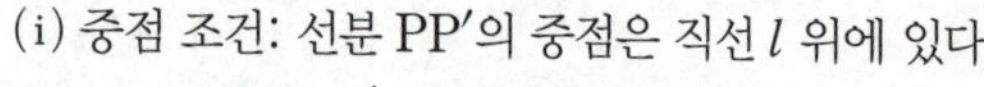
직선 PP'의 기울기 $\leftarrow \dfrac{y'-y}{x'-x} \times \left(-\dfrac{a}{b}\right) = -1 \qquad \cdots\cdots \ \unicode{x1D7E3}$

→ $ax+by+c=0$에서 $y=-\dfrac{a}{b}x-\dfrac{c}{b}$이므로 직선 l의 기울기는 $-\dfrac{a}{b}$

㉠, ㉡을 연립하여 x', y'을 각각 x 또는 y에 대한 식 또는 값으로 나타내어 점 P'의 좌표를 구한다.

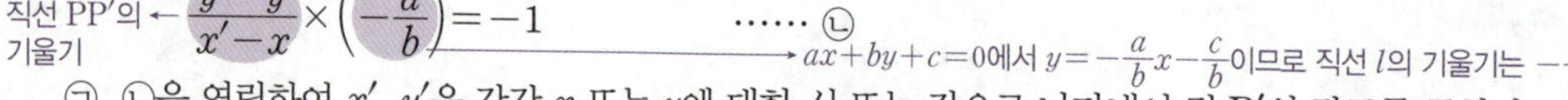

 **개념 확인** → 정답 및 해설 059쪽

2 점 $(6, -2)$를 직선 $y=\dfrac{1}{2}x$에 대하여 대칭이동한 점의 좌표를 구하시오.

답 $(2, 6)$

점에 대한 대칭이동

다음 물음에 답하시오.

(1) 점 $(5, -2)$를 점 $(1, 2)$에 대하여 대칭이동한 점의 좌표를 구하시오.

(2) 직선 $x+2y-1=0$을 점 $(3, -4)$에 대하여 대칭이동한 직선의 방정식을 구하시오.

 풀이

(Tip) (1) 점 P를 점 A에 대하여 대칭이동한 점을 P′이라 하면 점 A는 선분 PP′의 중점이다.
(2) 직선 위의 임의의 점을 P라 하고 주어진 점에 대하여 점 P를 대칭이동한다.

(1) 대칭이동한 점의 좌표를 (a, b)라 하면 점 $(1, 2)$는 두 점 $(5, -2)$, (a, b)를 이은 선분의 중점이므로

$$1=\frac{5+a}{2}, \ 2=\frac{(-2)+b}{2} \text{에서 } 5+a=2, \ -2+b=4$$

$$\therefore a=-3, \ b=6$$

따라서 구하는 점의 좌표는 $(-3, 6)$이다.

(2) 직선 $x+2y-1=0$ 위의 임의의 점을 $P(x, y)$라 하고, 점 P를 점 $(3, -4)$에 대하여 대칭이동한 점을 $P'(x', y')$이라 하면 점 $(3, -4)$는 선분 PP′의 중점이므로

$$3=\frac{x+x'}{2}, \ -4=\frac{y+y'}{2} \text{에서 } x+x'=6, \ y+y'=-8$$

$$\therefore x=6-x', \ y=-8-y' \quad \cdots\cdots \ \text{㉠}$$

㉠을 $x+2y-1=0$에 대입하면

$$(6-x')+2(-8-y')-1=0$$

$$\therefore x'+2y'+11=0$$

따라서 점 $P'(x', y')$은 직선 $x+2y+11=0$ 위의 점이므로 구하는 직선의 방정식은 $x+2y+11=0$이다.

참고 공식에 의하여 다음과 같이 풀 수도 있지만 중점을 이용한 풀이로 대칭의 성질을 이해한다.

(1) $(2\times1-5, \ 2\times2-(-2))$ $\quad \therefore \ (-3, 6)$

(2) $x+2y-1=0$에 x 대신 $2\times3-x$, 즉 $6-x$를, y 대신 $2\times(-4)-y$, 즉 $-8-y$를 대입하면

$(6-x)+2(-8-y)-1=0$ $\quad \therefore \ x+2y+11=0$

답 (1) $(-3, 6)$ (2) $x+2y+11=0$

필수 공략

(1) 점 $P(x, y)$를 점 (a, b)에 대하여 대칭이동한 점 P′의 좌표
➡ 점 (a, b)가 선분 PP′의 중점임을 이용

(2) 도형 F를 점 (a, b)에 대하여 대칭이동한 도형의 방정식
➡ 도형 F 위의 임의의 점을 $P(x, y)$라 하고, 점 P를 점 (a, b)에 대하여 대칭이동한 후 점 P가 도형 F 위의 점임을 이용

• 정답 및 해설 059쪽

 숫자 바꾼

유제 07-❶ 다음 물음에 답하시오.

(1) 점 $(2, -3)$을 점 $(-3, 5)$에 대하여 대칭이동한 점의 좌표를 구하시오.

(2) 직선 $2x-y+5=0$을 점 $(-3, 2)$에 대하여 대칭이동한 직선의 방정식을 구하시오.

직선에 대한 대칭이동

점 $(4, -5)$를 직선 $y=3x-1$에 대하여 대칭이동한 점의 좌표를 구하시오.

풀이

(Tip) 점 P를 직선 l에 대하여 대칭이동한 점을 P′이라 하면 선분 PP′의 중점은 직선 l 위의 점이고 직선 PP′과 직선 l은 서로 수직이다.

점 $(4, -5)$를 직선 $y=3x-1$에 대하여 대칭이동한 점의 좌표를 (a, b)라 하면

두 점 $(4, -5)$, (a, b)를 이은 선분의 중점 $\left(\dfrac{4+a}{2}, \dfrac{-5+b}{2}\right)$는 직선 $y=3x-1$ 위의 점이므로

$$\dfrac{-5+b}{2}=3\times\dfrac{4+a}{2}-1, \quad -5+b=(12+3a)-2$$

$$\therefore 3a-b+15=0 \quad \cdots\cdots \ \ㄱ$$

또한, 두 점 $(4, -5)$, (a, b)를 지나는 직선과 직선 $y=3x-1$은 서로 수직이므로

$$\dfrac{b-(-5)}{a-4}\times 3=-1, \quad 3b+15=-a+4$$

$$\therefore a+3b+11=0 \quad \cdots\cdots \ \ ㄴ$$

㉠, ㉡을 연립하여 풀면

$$a=-\dfrac{28}{5}, \quad b=-\dfrac{9}{5}$$

따라서 구하는 점의 좌표는 $\left(-\dfrac{28}{5}, -\dfrac{9}{5}\right)$이다.

답 $\left(-\dfrac{28}{5}, -\dfrac{9}{5}\right)$

필수 공략

(1) 점 $P(x, y)$를 직선 $l: ax+by+c=0$에 대하여 대칭이동한 점 P′의 좌표
➡ ① 중점 조건: 선분 PP′의 중점은 직선 l 위에 있다.
  ② 수직 조건: 직선 PP′과 직선 l은 서로 수직이다.
  를 이용
(2) 도형 F를 직선 $l: ax+by+c=0$에 대하여 대칭이동한 도형의 방정식
➡ 도형 F 위의 임의의 점을 $P(x, y)$라 하고, 점 P를 직선 $l: ax+by+c=0$에 대하여 대칭이동

• 정답 및 해설 059쪽

숫자 바꾼

유제 **08-①** 점 $(-6, -1)$을 직선 $2x+3y+2=0$에 대하여 대칭이동한 점의 좌표가 (a, b)일 때, $a+b$의 값을 구하시오.

유제 **08-②** 두 점 $(1, 4)$, $(5, 2)$가 직선 $y=ax+b$에 대하여 대칭일 때, 두 상수 a, b에 대하여 $a-b$의 값을 구하시오.

유제 **08-③** 직선 $y=x$를 직선 $y=-\dfrac{1}{2}x$에 대하여 대칭이동한 직선의 방정식을 구하시오.

그래프로 주어진 도형의 평행이동과 대칭이동

방정식 $f(x,\ y)=0$이 나타내는 도형이 오른쪽 그림과 같을 때, 방정식 $f(-x+1,\ -y)=0$이 나타내는 도형은?

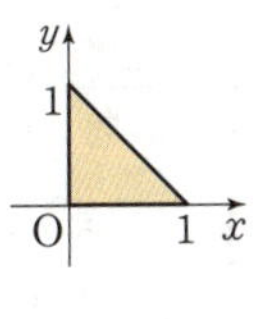

① 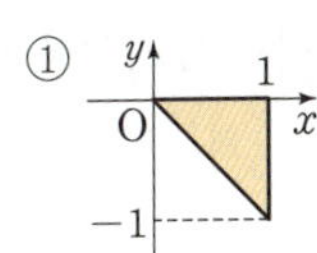　② 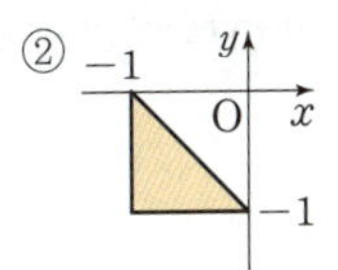　③ 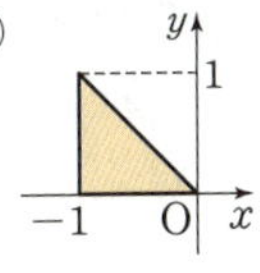　④ 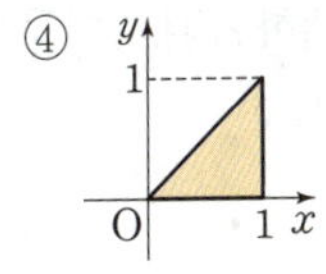　⑤ 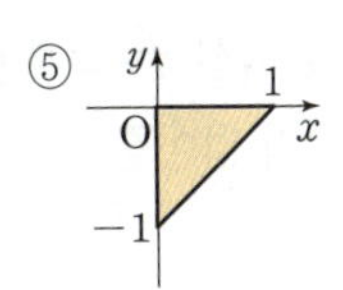

풀이

(Tip) 방정식 $f(x,\ y)=0$이 나타내는 도형을 평행이동 또는 대칭이동한 도형의 방정식이 $f(㉠,\ ㉡)=0$이면
　㉠, ㉡의 x항 또는 y항의 계수의 부호 및 위치로 대칭이동을, 상수항으로 평행이동을 파악한다.

방정식 $f(x,\ y)=0$이 나타내는 도형을 원점에 대하여 대칭이동한 도형의 방정식은
$f(-x,\ -y)=0$

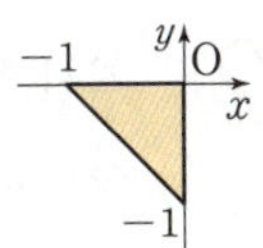

　→ $f(-x+1,\ -y)=0$에 $-x,\ -y$가 있다.

위의 방정식이 나타내는 도형을 x축의 방향으로 1만큼 평행이동한 도형의 방정식은
$f(-(x-1),\ -y)=0$　∴ $f(-x+1,\ -y)=0$

　→ $f(-x+1,\ -y)=0$에 $-(x-1)$이 있다.

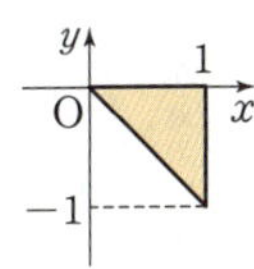

따라서 방정식 $f(-x+1,\ -y)=0$이 나타내는 도형은 방정식 $f(x,\ y)=0$이 나타내는 도형을 원점에 대하여 대칭이동한 후 x축의 방향으로 1만큼 평행이동한 것이므로 ①이다.

답 ①

필수 공략

$f(x,\ y)=0 \longrightarrow f(㉠,\ ㉡)=0$의 이동 ➡ 대칭이동 → 평행이동 순으로 파악

　└ 주어진 방정식에서 x 또는 y의 계수가 -1인 경우와 $x,\ y$의 위치가 바뀐 경우에는 대칭이동을 먼저 하는 것이 평행이동을 파악할 때 더 편리하다.

(1) 대칭이동
　① ㉠에 $-x$가 있으면 ➡ y축에 대한 대칭이동
　② ㉡에 $-y$가 있으면 ➡ x축에 대한 대칭이동
　③ ㉠에 y에 대한 식이 있고 ㉡에 x에 대한 식이 있으면 ➡ 직선 $y=x$에 대한 대칭이동

(2) 평행이동
　㉠, ㉡의 위치에 관계없이 문자 x가 포함된 식에서 x축의 방향으로의 평행이동을 파악하고,
　문자 y가 포함된 식에서 y축의 방향으로의 평행이동을 파악한다.

• 정답 및 해설 060쪽

조건 바꾼

유제 **09-❶**

방정식 $f(x,\ y)=0$이 나타내는 도형이 오른쪽 그림과 같을 때, 방정식 $f(x+1,\ 2-y)=0$이 나타내는 도형은?

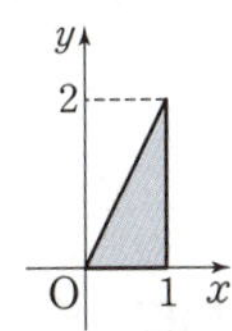

① 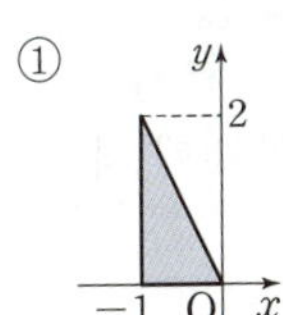　② 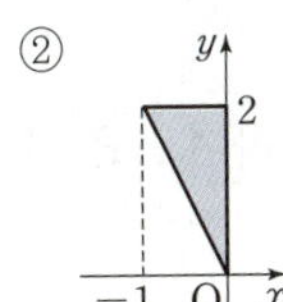　③ 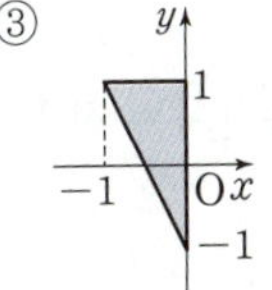　④ 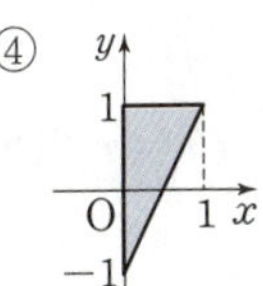　⑤ 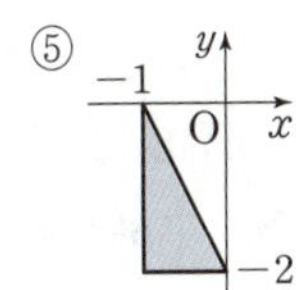

소단원 점검 문제

점의 대칭이동

01 점 $P(1, 4)$를 직선 $y=x$에 대하여 대칭이동한 점을 Q라 하고 점 Q를 원점에 대하여 대칭이동한 점을 R라 할 때, 삼각형 PQR의 넓이를 구하시오.

직선의 대칭이동

02 직선 $2x-3y+6=0$을 y축에 대하여 대칭이동한 후 직선 $y=x$에 대하여 대칭이동한 직선의 x절편과 y절편을 각각 a, b라 할 때, $b-a$의 값은?

① 2   ② 1   ③ 0   ④ -1 ⑤ -2

원의 대칭이동

03 원 $x^2+y^2-2kx+2y+k^2-7=0$을 직선 $y=x$에 대하여 대칭이동한 후 x축에 대하여 대칭이동한 원이 직선 $y=x$에 접하도록 하는 모든 실수 k의 값의 합을 구하시오.

도형의 평행이동과 대칭이동

04 [교육청] 이차함수 $y=-x^2$의 그래프를 x축에 대하여 대칭이동한 후 x축의 방향으로 4만큼, y축의 방향으로 m만큼 평행이동한 그래프가 직선 $y=2x+3$에 접할 때, m의 값은?

① 8   ② 9   ③ 10   ④ 11   ⑤ 12

대칭이동을 이용한 거리의 최솟값

05 두 점 $A(5, 2)$, $B(8, 2)$와 직선 $y=x$ 위를 움직이는 점 P에 대하여 $\overline{AP}+\overline{BP}$의 값이 최소일 때, $\overline{AP}\times\overline{BP}$의 값을 구하시오.

점에 대한 대칭이동

06 점 $(a, 3)$을 점 $(-1, 6)$에 대하여 대칭이동한 점의 좌표가 $(5, b)$일 때, $a+b$의 값은?

① 1   ② 2   ③ 3   ④ 4   ⑤ 5

점에 대한 대칭이동

07 포물선 $y=(x-4)^2+3$을 점 $(1, 8)$에 대하여 대칭이동한 포물선의 방정식이 $y=ax^2+bx+c$일 때, $a+b+c$의 값을 구하시오. (단, a, b, c는 상수이다.)

직선에 대한 대칭이동

08 원 $x^2+y^2+10x=0$을 직선 $2x+y=0$에 대하여 대칭이동한 원의 방정식이 $(x-a)^2+(y-b)^2=r^2$일 때, $a+b+r$의 값을 구하시오. (단, a, b는 상수이고, $r>0$이다.)

그래프로 주어진 도형의 평행이동과 대칭이동

09 방정식 $f(x, y)=0$이 나타내는 도형이 오른쪽 그림과 같을 때, 방정식 $f(y, x-1)=0$이 나타내는 도형은? 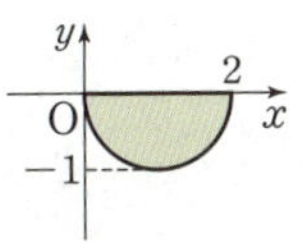

① 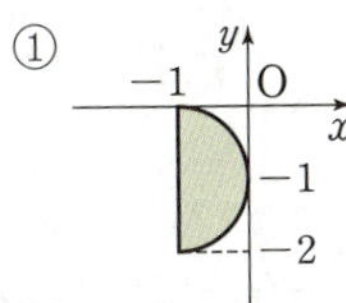

② 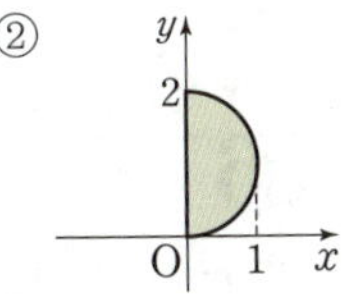

③ 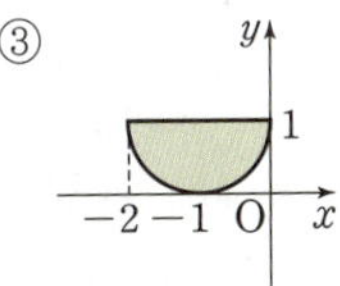

④ 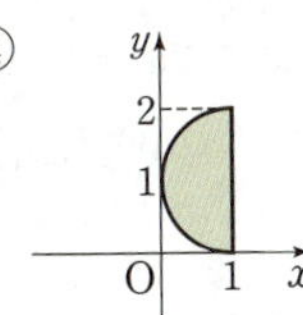

⑤ 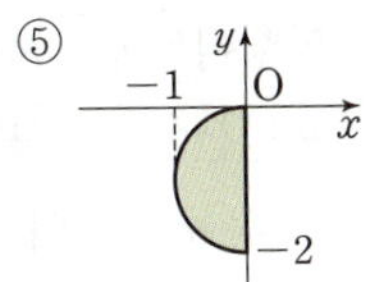

01

점 $A(a, 2)$를 x축의 방향으로 4만큼 평행이동한 점을 B, 점 B를 x축의 방향으로 -1만큼, y축의 방향으로 2만큼 평행이동한 점을 C라 하자. 네 점 O, A, B, C를 꼭짓점으로 하는 사각형이 평행사변형일 때, a의 값은?

(단, O는 원점이다.)

① -2 ② -1 ③ 0

④ 1 ⑤ 2

02

직선 $2x+ay=0$을 x축의 방향으로 1만큼, y축의 방향으로 b만큼 평행이동한 직선이 점 $(4, 1)$에서 직선 $3x-2y-10=0$과 수직으로 만난다. $a+b$의 값을 구하시오. (단, a는 상수이다.)

03 서술형

직선 $x-2y+11=0$을 x축의 방향으로 a만큼, y축의 방향으로 $-2a$만큼 평행이동하면 원 $x^2+y^2-8x+11=0$에 접할 때, 모든 실수 a의 값의 합을 구하시오.

04

원 $C: x^2+y^2-8x-6y=0$을 x축의 방향으로 m만큼, y축의 방향으로 m만큼 평행이동한 원을 C'이라 하자. 두 직선 $l_1: 2x+y-2=0$, $l_2: ax-2y-3=0$과 원 C'이 다음 조건을 만족시킬 때, $m+a$의 값은? (단, a는 상수이다.)

> 두 직선 l_1, l_2는 각각 원 C'의 넓이를 이등분한다.

① -2 ② -1 ③ 0

④ 1 ⑤ 2

05

원 $C: x^2+(y-5)^2=5$를 x축의 방향으로 m만큼 평행이동한 원을 C'이라 하면 두 원 C, C'은 모두 직선 $y=ax$에 접한다. 두 양수 a, m에 대하여 $a+m$의 값은?

① 6 ② 7 ③ 8

④ 9 ⑤ 10

06

원 $x^2+y^2+4x=0$을 원 $x^2+y^2-6y+5=0$으로 옮기는 평행이동에 의하여 포물선 $y=x^2-2x-12$가 옮겨지는 포물선이 x축과 서로 다른 두 점 $(a, 0)$, $(b, 0)$에서 만난다. a^2+b^2의 값은?

① 32 ② 34 ③ 36

④ 38 ⑤ 40

07

점 $P(a+2,\ 3a-1)$을 원점에 대하여 대칭이동한 점을 Q라 하고, 점 Q를 y축에 대하여 대칭이동한 점을 R라 하자. 점 R가 직선 $ax+2y+1=0$ 위의 점이 되도록 하는 모든 실수 a의 값의 합을 구하시오.

08 서술형

원 $C:\ x^2+y^2-8x+4y-k=0$을 원점에 대하여 대칭이동한 원을 C'이라 하자. 두 원 C, C'의 공통현의 길이가 $4\sqrt{5}$일 때, 상수 k의 값을 구하시오.

09

포물선 $y=ax^2+bx+c$를 x축에 대하여 대칭이동한 포물선의 꼭짓점의 좌표가 $(3,\ 1)$이고 점 $(2,\ 0)$을 지날 때, 세 상수 a, b, c에 대하여 $a+b+c$의 값을 구하시오.

10

점 $A(2,\ -1)$을 지나는 직선 l을 x축의 방향으로 -5만큼, y축의 방향으로 2만큼 평행이동한 후 직선 $y=x$에 대하여 대칭이동한 직선을 l'이라 할 때, 직선 l'이 점 A를 지난다. 두 직선 l, l'의 기울기를 각각 m, n이라 할 때, $m+n$의 값을 구하시오. (단, $mn\neq0$)

11 교육청

원 $x^2+(y-1)^2=9$ 위의 점 P가 있다. 점 P를 y축의 방향으로 -1만큼 평행이동한 후 y축에 대하여 대칭이동한 점을 Q라 하자. 두 점 $A(1,\ -\sqrt{3})$, $B(3,\ \sqrt{3})$에 대하여 삼각형 ABQ의 넓이가 최대일 때, 점 P의 y좌표는?

① $\dfrac{5}{2}$　　② $\dfrac{11}{4}$　　③ 3

④ $\dfrac{13}{4}$　　⑤ $\dfrac{7}{2}$

12

두 점 $A(5,\ 1)$, $B(3,\ 5)$와 x축 위를 움직이는 점 P, y축 위를 움직이는 점 Q에 대하여 $\overline{AP}+\overline{PQ}+\overline{QB}$의 최솟값을 구하시오.

• 정답 및 해설 064쪽

13 교육청

좌표평면에서 방정식 $f(x, y)=0$이 나타내는 도형이 그림과 같은 ⏋ 모양일 때, 다음 중 방정식 $f(x+1, 2-y)=0$이 좌표평면에 나타내는 도형은?

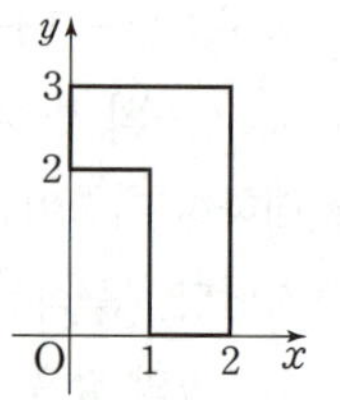

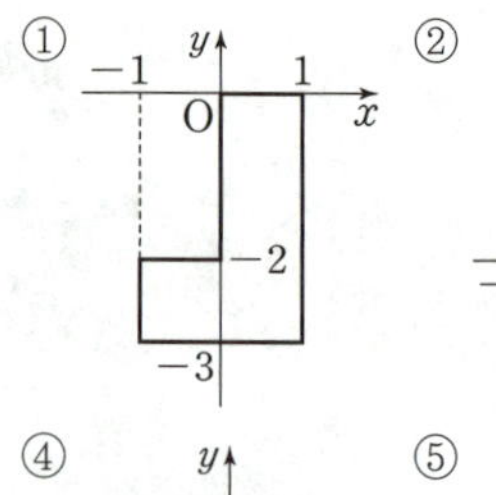
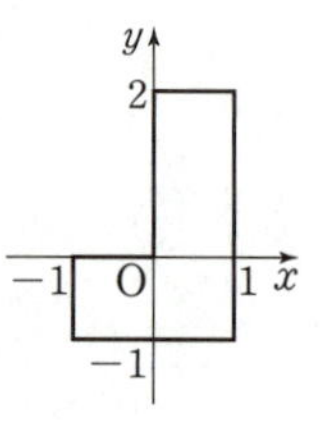
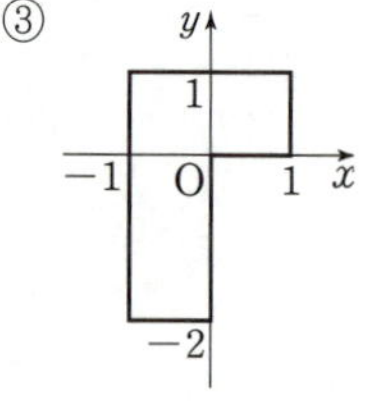

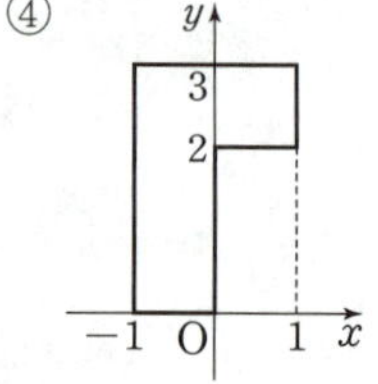
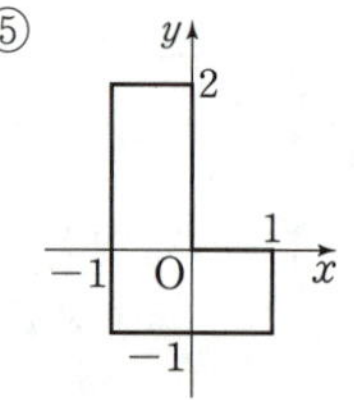

15

좌표평면에서 제1사분면 위의 점 $A(a, b)$ $(a>b)$를 직선 $y=x$에 대하여 대칭이동한 점을 A'이라 하자. 삼각형 OAA'의 넓이가 $9\sqrt{3}$인 정삼각형일 때, ab의 값을 구하시오. (단, O는 원점이다.)

16

점 $A(10, 10)$과 직선 $x-3y=0$ 위의 점 P, 직선 $3x-y=0$ 위의 점 Q에 대하여 삼각형 APQ의 둘레의 길이가 최소일 때, 선분 PQ의 길이는 k이다. k^2의 값을 구하시오.

내신 1% 뛰어 넘기

14

점 (x, y)를 점 $(x-1, y+3)$으로 옮기는 평행이동에 의하여 포물선 $C: y=2x^2+4ax+2a^2-1$이 옮겨지는 포물선을 C', 점 $P(b, 4)$가 옮겨지는 점을 P'이라 하자. 포물선 C'의 꼭짓점과 점 P'이 직선 $y=x$에 대하여 대칭일 때, $a+b$의 값은? (단, a는 상수이다.)

① -5 ② -3 ③ -1
④ 1 ⑤ 3

17 교육청

그림과 같이 좌표평면 위에 두 원
$C_1: (x-8)^2+(y-2)^2=4$,
$C_2: (x-3)^2+(y+4)^2=4$
와 직선 $y=x$가 있다. 점 A는 원 C_1 위에 있고, 점 B는 원 C_2 위에 있다. 점 P는 x축 위에 있고, 점 Q는 직선 $y=x$ 위에 있을 때, $\overline{AP}+\overline{PQ}+\overline{QB}$의 최솟값은?

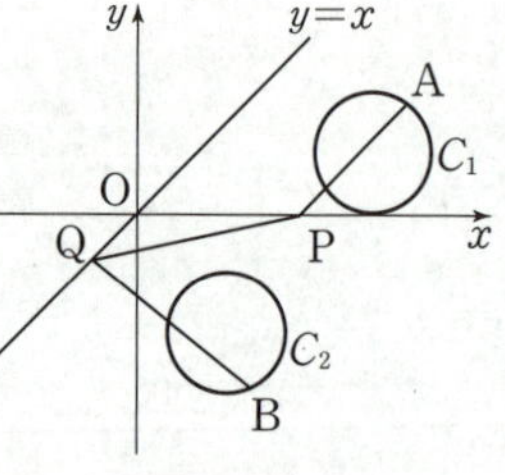

(단, 세 점 A, P, Q는 서로 다른 점이다.)

① 7 ② 8 ③ 9
④ 10 ⑤ 11

Ⅱ-1

집합의 뜻과 표현

1 집합의 뜻

1 집합과 원소

(1) 집합: 어떤 주어진 조건에 의하여 그 대상을 분명하게 정할 수 있을 때, 그 대상들의 모임

(2) 원소: 집합을 이루는 대상 하나하나

참고 일반적으로 집합은 알파벳 대문자 A, B, C, …로 나타내고, 원소는 알파벳 소문자 a, b, c, …로 나타낸다.

2 집합과 원소 사이의 관계

(1) a가 집합 A의 원소일 때, a는 집합 A에 속한다고 하고, 기호로 $a \in A$와 같이 나타낸다.

(2) b가 집합 A의 원소가 아닐 때, b는 집합 A에 속하지 않는다고 하고, 기호로 $b \notin A$와 같이 나타낸다.

참고 기호 $\in$는 원소를 뜻하는 Element의 첫 글자를 기호화한 것이다.

 **집합과 원소**

집합인 모임과 집합이 아닌 모임을 구분하는 핵심은 '그 대상을 분명하게 정할 수 있느냐'이다.
다음 표는 주어진 모임의 대상을 정해 보고, 집합인 모임과 집합이 아닌 모임을 구분한 것이다.

모임	모임의 대상	집합
4의 약수의 모임	1, 2, 4	○
농구를 잘하는 사람의 모임	분명하게 정할 수 없음	×
대한민국 국민의 모임	대한민국 국민 모두	○

참고 특별한 언급이 없으면 약수와 배수, 홀수와 짝수는 자연수의 범위에서만 생각한다.

집합과 원소 사이의 관계

 4의 약수의 집합을 A라 하면 1, 2, 4는 집합 A의 원소이므로 $1 \in A$, $2 \in A$, $4 \in A$와 같이 나타내고, 3은 집합 A의 원소가 아니므로 $3 \notin A$와 같이 나타낸다.

2 집합의 표현 방법

(1) 원소나열법: 집합에 속하는 모든 원소를 { } 안에 나열하는 방법

(2) 조건제시법: 집합에 속하는 모든 원소들이 갖는 공통된 성질을 조건으로 제시하는 방법

(3) 벤 다이어그램: 원이나 직사각형 등의 도형을 이용하여 집합을 나타낸 그림

 (1) 집합을 원소나열법으로 나타낼 때

원소를 나열하는 순서는 생각하지 않고, 같은 원소는 중복하여 쓰지 않는다.

예 4의 약수의 집합 ➡ {1, 2, 4} (○), {2, 4, 1} (○), {1, 2, 2, 4} (×)

또한, 집합의 원소의 개수가 많고 원소 사이에 일정한 규칙이 있을 때는 '…'를 사용하여 원소의 일부를 생략하기도 한다.

예 50 이하의 자연수 중 4의 배수의 집합 ➡ {4, 8, 12, …, 48}

(2) 집합을 조건제시법으로 $\{x \mid x$의 조건$\}$과 같이 나타낼 때

'x'는 집합에 속하는 모든 원소를 대표하는 문자로서 x 이외의 다양한

문자 $(y,\ a,\ a+b,\ \cdots)$를 사용할 수 있으며 하나의 집합을 조건제시법으

로 나타내는 방법은 다양할 수 있다.

예 $\{1,\ 2,\ 4\}$ ➡ $\{x \mid x$는 4의 약수$\}$, $\{x \mid x$는 6보다 작은 8의 약수$\}$, $\cdots$

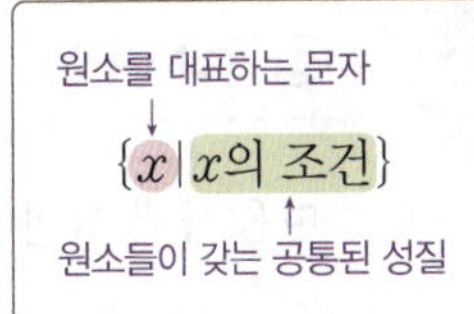

(3) 집합을 벤 다이어그램으로 나타낼 때

집합을 나타내는 기호는 도형 위에 쓰고, 집합의 원소는 도형 안에 쓴다.

예 집합 $A=\{1,\ 2,\ 3,\ 4,\ 5\}$를 벤 다이어그램으로 나타내면 오른쪽 그림과 같다.

참고 벤 다이어그램에서 벤(Venn)은 벤 다이어그램을 고안한 영국의 논리학

자이고, 다이어그램(diagram)은 도표를 뜻한다.

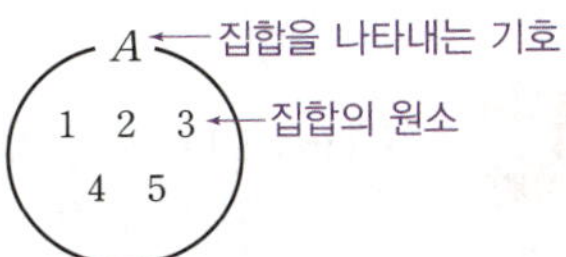

example 9의 약수의 집합을 A라 할 때, 집합 A를 원소나열법, 조건제시법, 벤 다이어그램으로 각각 나타내시오.

(1) 원소나열법: $\{1,\ 3,\ 9\}$

(2) 조건제시법: $\{x \mid x$는 9의 약수$\}$

(3) 벤 다이어그램:

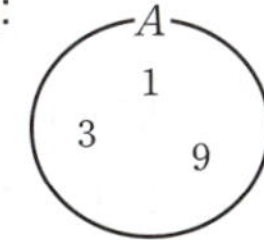

---

3 집합의 원소의 개수

1 유한집합과 무한집합

(1) 유한집합: 원소가 유한개인 집합

(2) 무한집합: 원소가 무수히 많은 집합

2 공집합

원소가 하나도 없는 집합을 **공집합**이라 하고, 기호로 $\varnothing$과 같이 나타낸다. → 공집합은 원소의 개수가 0이므로 유한집합이다.

3 집합의 원소의 개수

집합 A가 유한집합일 때, 집합 A의 원소의 개수를 기호로 $n(A)$와 같이 나타낸다.

참고 $n(A)$의 n은 개수를 뜻하는 number의 첫 글자이다.

설명 집합은 원소의 개수에 따라 유한집합과 무한집합으로 분류할 수 있고, 주어진 집합이 유한집합인 경우에는 그 집합의 원소의 개수를 기호로 나타낼 수 있다.

example

(1) 집합 $A=\{1,\ 2,\ 3,\ 4,\ 5\}$는 원소가 유한개이므로 유한집합이고, $n(A)=5$이다.

(2) 집합 $B=\{x \mid x$는 짝수$\}$, 즉 $B=\{2,\ 4,\ 6,\ \cdots\}$은 원소가 무수히 많으므로 무한집합이다.

(3) 집합 $C=\{x \mid x$는 2보다 작은 짝수$\}$는 2보다 작은 짝수가 없으므로 공집합이다.

즉, $C=\varnothing$이고 $n(C)=n(\varnothing)=0$이다.

참고 세 집합 $\varnothing$, $\{\varnothing\}$, $\{0\}$의 원소의 개수는 다음과 같다.

(1) 공집합 $\varnothing$의 원소는 0개이므로 $n(\varnothing)=0$이다.

(2) 집합 $\{\varnothing\}$의 원소는 $\varnothing$의 1개이므로 $n(\{\varnothing\})=1$이다.

(3) 집합 $\{0\}$의 원소는 0의 1개이므로 $n(\{0\})=1$이다.

집합과 원소

다음 중 집합인 것을 모두 고르면? (정답 2개)

① 5보다 작은 소수의 모임 ② 시민 의식이 발달한 나라의 모임

③ 여행을 자주 가는 사람의 모임 ④ 방정식 $3x-6=0$의 해의 모임

⑤ 귀여운 고양이의 모임

풀이

(Tip) '보다 작은', '방정식의 해' ➡ 명확한 기준
  '발달한', '자주', '귀여운' ➡ 명확하지 않은 기준

① 5보다 작은 소수는 2, 3이고 그 대상을 분명하게 정할 수 있으므로 집합이다.

② '발달한'은 기준이 명확하지 않아 그 대상을 분명하게 정할 수 없으므로 집합이 아니다. 특히, '시민 의식'
은 추상적인 개념이므로 어떤 조건이 와도 결국에는 그 대상을 분명하게 정할 수 없으므로 집합이 될 수
없다.

③, ⑤ '자주', '귀여운'은 기준이 명확하지 않아 그 대상을 분명하게 정할 수 없으므로 집합이 아니다.

④ 방정식 $3x-6=0$의 해는 $x=2$이고 그 대상을 분명하게 정할 수 있으므로 집합이다.

따라서 집합인 것은 ①, ④이다.

답 ①, ④

필수 공략

• 객관적이고 명확한 기준으로 그 대상을 분명하게 정할 수 있다.
  ➡ 집합이다.
• 주관적인 견해, 생각 등이 바탕이 되어 기준이 명확하지 않아 그 대상을 분명하게 정할 수 없다.
  ➡ 집합이 아니다.

• 정답 및 해설 066쪽

조건 바꾼

유제 01-❶ 다음 중 집합인 것을 모두 고르면? (정답 2개)

① 대한민국에서 높은 산의 모임

② $\sqrt{7}$보다 작은 자연수의 모임

③ 우리 반에서 생일이 2월인 학생의 모임

④ 우리 학교에서 가장 잘생긴 학생의 모임

⑤ 유머 감각이 있는 사람의 모임

유제 01-❷ 두 자리의 자연수 중 4의 배수의 집합을 A라 할 때, 다음 중 옳은 것을 모두 고르면? (정답 2개)

① $8 \in A$ ② $15 \in A$ ③ $64 \in A$ ④ $96 \notin A$ ⑤ $120 \notin A$

유제 01-❸ 12와 서로소인 30 이하의 자연수의 집합을 A라 할 때, 다음 중 옳지 <u>않은</u> 것은?

① $3 \notin A$ ② $7 \in A$ ③ $11 \notin A$ ④ $20 \notin A$ ⑤ $31 \notin A$

집합의 표현 방법

집합 A가 오른쪽 벤 다이어그램과 같을 때, 다음 중 집합 A를 조건제시법으로
바르게 나타낸 것은?

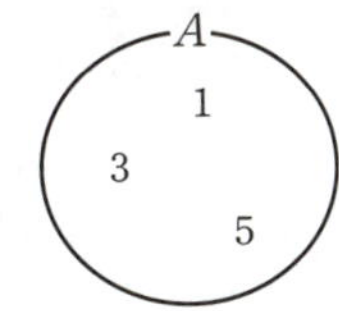

① $A=\{x\,|\,x$는 5의 약수$\}$ ② $A=\{x\,|\,x$는 15의 약수$\}$

③ $A=\{x\,|\,x$는 7 이하의 홀수$\}$ ④ $A=\{x\,|\,x$는 한 자리의 15의 약수$\}$

⑤ $A=\{x\,|\,x$는 한 자리의 30의 약수$\}$

(Tip) 조건제시법으로 나타내어진 집합을 각각 원소나열법으로 나타낸다.

집합 A를 원소나열법으로 나타내면 $A=\{1,\,3,\,5\}$이고
조건제시법으로 나타내어진 집합을 각각 원소나열법으로 나타내면 다음과 같다.

① $A=\{1,\,5\}$ ② $A=\{1,\,3,\,5,\,15\}$ ③ $A=\{1,\,3,\,5,\,7\}$

④ $A=\{1,\,3,\,5\}$ ⑤ $A=\{1,\,2,\,3,\,5,\,6\}$

따라서 집합 A를 조건제시법으로 바르게 나타낸 것은 ④이다.

답 ④

 **필수 공략**

- 원소나열법 ➡ { } 안에 모든 원소를 나열하여 집합을 나타낸다.
- 조건제시법 ➡ $\{x\,|\,x$의 조건$\}$ 꼴로 집합을 명확하게 나타낸다.
- 벤 다이어그램 ➡ 도형을 이용하여 집합을 직관적으로 나타낸다.

• 정답 및 해설 066쪽

유제 **02-❶** 집합 A가 오른쪽 벤 다이어그램과 같을 때, 다음 중 집합 A를 나타내는 것이
<u>아닌</u> 것은?

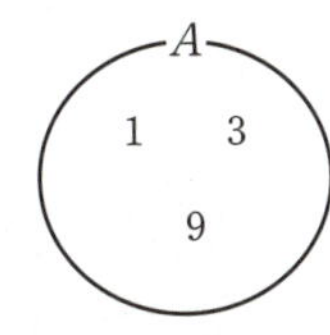

① $\{1,\,3,\,9\}$ ② $\{x\,|\,x$는 9의 약수$\}$

③ $\{x\,|\,x$는 한 자리의 27의 약수$\}$ ④ $\{x\,|\,x=3k+1,\ k=0,\,1,\,2\}$

⑤ $\{x\,|\,(x-1)(x-3)(x-9)=0\}$

유제 **02-❷** 다음 집합에서 원소나열법으로 나타낸 것은 조건제시법으로, 조건제시법으로 나타낸 것은 원소나열법
으로 나타내시오.

(1) $\{11,\,13,\,17,\,19\}$ (2) $\{x\,|\,x^2-3x-4=0\}$

(3) $\{2,\,4,\,6,\,8,\,\cdots\}$ (4) $\{x\,|-2<x<2,\ x$는 정수$\}$

유제 **02-❸** 집합 $A=\{2,\,3,\,5,\,7\}$을 조건제시법으로 바르게 나타낸 것은?

① $A=\{x\,|\,x$는 10 이하의 홀수$\}$ ② $A=\{x\,|\,x$는 11보다 작은 소수$\}$

③ $A=\{x\,|\,x$는 약수가 2개인 자연수$\}$ ④ $A=\{x\,|\,x$는 11과 서로소인 한 자리의 자연수$\}$

⑤ $A=\{x\,|\,x=2m+1,\ m$은 3 이하의 자연수$\}$

조건제시법으로 나타내어진 집합

두 집합 $A=\{1, 2\}$, $B=\{2, 4\}$에 대하여 집합 X가

$$X=\{xy \mid x\in A,\ y\in B\}$$

일 때, 집합 X를 원소나열법으로 나타내시오.

풀이

(**Tip**) 집합 X는 조건 $x\in A$, $y\in B$를 만족시키는 모든 xy를 원소로 갖는 집합이다.

$x\in A$에서 $x=1$ 또는 $x=2$

$y\in B$에서 $y=2$ 또는 $y=4$

이때 xy의 값을 구하면 오른쪽 표와 같으므로

$X=\{2, 4, 8\}$

└→ 원소나열법으로 나타낼 때, 같은 원소는 중복하여 쓰지 않는다.

$x \diagdown y$	2	4
1	2	4
2	4	8

답 $X=\{2, 4, 8\}$

필수 공략

- $\{x \mid x$의 조건$\}$ ➡ 조건을 만족시키는 모든 x를 원소로 갖는 집합
- $\{xy \mid x,\ y$의 조건$\}$ ➡ 조건을 만족시키는 모든 $x,\ y$의 곱 xy를 원소로 갖는 집합
- $\{x+y \mid x,\ y$의 조건$\}$ ➡ 조건을 만족시키는 모든 $x,\ y$의 합 $x+y$를 원소로 갖는 집합
- $\{(x,\ y) \mid x,\ y$의 조건$\}$ ➡ 조건을 만족시키는 모든 $x,\ y$의 순서쌍 $(x,\ y)$를 원소로 갖는 집합

• 정답 및 해설 066쪽

조건 바꾼

유제 **03-❶** 집합 $A=\{-1, 1, 2\}$에 대하여 집합 X가

$$X=\{x+y \mid x\in A,\ y\in A\}$$

일 때, 집합 X를 벤 다이어그램으로 나타내시오.

유제 **03-❷** 집합 $A=\{x \mid x$는 4의 약수$\}$에 대하여 집합 B가

$$B=\{y \mid y=x^2,\ x\in A\}$$

일 때, 집합 B를 원소나열법으로 나타내시오.

유제 **03-❸** 집합 $X=\{(x,\ y) \mid x^2+y^2<4,\ x,\ y$는 서로 다른 정수$\}$를 원소나열법으로 나타내시오.

집합의 원소의 개수

두 집합
$$A=\{x\,|\,x\text{는 20 이하의 소수}\}, \quad B=\{x\,|\,2x-3<1<x+4, \ x\text{는 정수}\}$$
에 대하여 $n(A)-n(B)$의 값을 구하시오.

풀이

(**Tip**) 집합 B의 원소는 연립일차부등식 $\begin{cases}2x-3<1\\1<x+4\end{cases}$ 의 해를 이용하여 구한다.

$A=\{2,\ 3,\ 5,\ 7,\ 11,\ 13,\ 17,\ 19\}$이므로 $n(A)=8$

집합 B에서 $2x-3<1<x+4$를 변형하면 $\begin{cases}2x-3<1\\1<x+4\end{cases}$

$2x-3<1$에서 $x<2$이고 $1<x+4$에서 $x>-3$이므로 $-3<x<2$

즉, $B=\{x\,|\,-3<x<2, \ x\text{는 정수}\}$이므로

$B=\{-2,\ -1,\ 0,\ 1\}$ $\quad \therefore n(B)=4$

$\therefore n(A)-n(B)=8-4=4$

답 4

필수 공략

집합의 원소의 개수를 구할 때
(1) 원소나열법으로 나타내어진 집합 ➡ '…'가 포함된 경우 생략된 규칙성을 파악하여 원소의 개수를 구한다.
(2) 조건제시법으로 나타내어진 집합 ➡ 두 개 이상의 조건이 제시된 경우 반드시 모든 조건을 만족시키는 원소를 찾아 원소의 개수를 구한다.

• 정답 및 해설 067쪽

숫자 바꾼

유제 04-❶ 두 집합
$$A=\{x\,|\,x\text{는 60 이하의 3의 배수}\}, \quad B=\{x\,|\,x^2+2x-3=0\}$$
에 대하여 $n(A)+n(B)$의 값을 구하시오.

유제 04-❷ 다음 값을 구하시오.

(1) $n(\{1,\ 2,\ 3\})-n(\{6\})$

(2) $n(\varnothing)+n(\{0\})+n(\{0,\ \varnothing\})$

(3) $n(\{\varnothing\})-n(\{1,\ \{3,\ 4\}\})+n(\{1,\ 2,\ 3,\ \cdots,\ 10\})$

유제 04-❸ 두 집합
$$A=\{x\,|\,x\text{는 63의 약수}\}, \quad B=\{x\,|\,x\text{는 }m\text{의 약수}, \ m\text{은 자연수}\}$$
에 대하여 $n(A)=n(B)$를 만족시키는 자연수 m의 최솟값을 구하시오.

소단원 점검 문제

• 정답 및 해설 067쪽

집합과 원소

 **01** |보기| 중 집합인 것을 모두 고르시오.

> ┤ 보기 ├
> ㄱ. 대한민국의 섬의 모임
> ㄴ. 우리 반에서 나와 친한 친구의 모임
> ㄷ. 0보다 10에 더 가까운 한 자리의 자연수의 모임
> ㄹ. 35의 약수와 배수의 모임

집합의 표현 방법

 **02** 집합 $A=\{1, 2, 3, 4, 6\}$을 조건제시법으로 나타내면

$$A=\{x\,|\,x는\ n\ 이하의\ m의\ 약수,\ m,\ n은\ 자연수\}$$

일 때, $m+n$의 최솟값을 구하시오.

조건제시법으로 나타내어진 집합

 **03** 집합 $A=\{0, 1, 2\}$에 대하여 집합 X가

$$X=\{x^2+2y\,|\,x\in A,\ y\in A\}$$

일 때, 집합 X의 모든 원소의 합을 구하시오.

조건제시법으로 나타내어진 집합

 **04** 집합 $S=\{1, 2, 3, 4, 5\}$에 대하여 집합 X를 다음과 같이 정의한다.

교육청

$$X=\{(p, q)\,|\,p\in S,\ q\in S,\ p는\ q의\ 약수\}$$

이때 집합 X의 원소의 개수를 구하시오.

집합의 원소의 개수

05 집합 $A=\{x\,|\,x는\ m의\ 약수,\ m은\ 자연수\}$에 대하여 $n(A)=3$이 되도록 하는 200 이하의 자연수 m의 개수를 구하시오.

집합 사이의 포함 관계

① 부분집합

■ 부분집합
집합 A의 모든 원소가 집합 B에 속할 때, 집합 A를 집합 B의 **부분집합**이라 한다.
(1) 집합 A가 집합 B의 부분집합일 때, 기호로 $A \subset B$와 같이 나타낸다.
(2) 집합 A가 집합 B의 부분집합이 아닐 때, 기호로 $A \not\subset B$와 같이 나타낸다.

참고 기호 ⊂는 포함하다를 뜻하는 Contain의 첫 글자 C를 기호화한 것이다.

■ 부분집합의 성질
세 집합 A, B, C에 대하여 다음이 성립한다.
(1) $A \subset A$ → 모든 집합은 자기 자신의 부분집합이다.　　(2) $\varnothing \subset A$ → 공집합은 모든 집합의 부분집합이다.
(3) $A \subset B$이고 $B \subset C$이면 $A \subset C$

설명

부분집합
두 집합 A, B에 대하여 다음은 모두 $A \subset B$와 같은 표현이다.

- 집합 A의 모든 원소가 집합 B에 속한다.　　　・ 집합 A는 집합 B에 포함된다. → 집합 B는 집합 A를 포함한다.
- $x \in A$이면 $x \in B$이다.　　　　　　　　　・ 집합 A는 집합 B의 부분집합이다.

example 두 집합 $A = \{1,\ 2\}$, $B = \{1,\ 2,\ 3\}$에 대하여 집합 A의 모든 원소가 집합 B에 속한다.
즉, 집합 A는 집합 B의 부분집합이고, $A \subset B$와 같이 나타낸다.
한편, $3 \in B$이지만 $3 \notin A$이므로 집합 B의 모든 원소가 집합 A에 속하지는 않는다.
즉, 집합 B는 집합 A의 부분집합이 아니고, $B \not\subset A$와 같이 나타낸다.

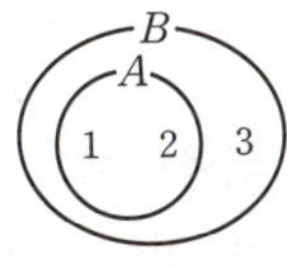

부분집합의 성질
집합 A의 모든 원소는 집합 A에 속하므로 $A \subset A$이고, 공집합은 모든 집합의 부분집합이므로 $\varnothing \subset A$이다.
또한, 세 집합 A, B, C에 대하여 $A \subset B$이고 $B \subset C$이면 오른쪽 벤 다이어그램에서
$A \subset C$임을 알 수 있다.

---

② 서로 같은 집합과 진부분집합

■ 서로 같은 집합
(1) 두 집합 A, B에 대하여 $A \subset B$이고 $B \subset A$일 때, 두 집합 A, B는 서로 같다고 하고,
기호로 $A = B$와 같이 나타낸다. → 두 집합이 서로 같으면 두 집합의 모든 원소가 같다.
(2) 두 집합 A, B가 서로 같지 않을 때, 기호로 $A \neq B$와 같이 나타낸다.

■ 진부분집합
두 집합 A, B에 대하여 $A \subset B$이고 $A \neq B$일 때, 집합 A를 집합 B의 **진부분집합**이라 한다.

참고 $A \subset B$는 집합 A가 집합 B의 진부분집합이거나 $A = B$임을 뜻한다. 　→ 부분집합 중 자기 자신을 제외한 부분집합

1 다음 두 집합 A, B 사이의 관계를 기호 $=$ 또는 $\neq$를 사용하여 나타내시오.

(1) $A=\{1, 2, 4\}$, $B=\{x \mid x$는 4의 약수$\}$ (2) $A=\{2, 5\}$, $B=\{x \mid x$는 5 이하의 소수$\}$

2 집합 $\{1, 3, 5\}$의 진부분집합을 모두 구하시오.

답 1.(1) $A=B$ (2) $A \neq B$ 2. $\varnothing$, $\{1\}$, $\{3\}$, $\{5\}$, $\{1, 3\}$, $\{1, 5\}$, $\{3, 5\}$

---

③ 부분집합의 개수

집합 $A=\{a_1, a_2, a_3, \cdots, a_n\}$에 대하여

(1) 집합 A의 부분집합의 개수 ➡ 2^n (2) 집합 A의 진부분집합의 개수 ➡ 2^n-1

설명 집합 A의 원소의 개수가 1, 2, 3, $\cdots$, n일 때, 집합 A의 부분집합과 그 개수를 구하면 다음 표와 같다.

원소의 개수	집합 A	집합 A의 부분집합	부분집합의 개수
①	$\{1\}$	$\varnothing$, $\{1\}$	$2=2^1$
②	$\{1, 2\}$	$\varnothing$, $\{1\}$, $\{2\}$, $\{1, 2\}$	$4=2^2$
③	$\{1, 2, 3\}$	$\varnothing$, $\{1\}$, $\{2\}$, $\{3\}$, $\{1, 2\}$, $\{1, 3\}$, $\{2, 3\}$, $\{1, 2, 3\}$	$8=2^3$
$\vdots$	$\vdots$	$\vdots$	$\vdots$
n	$\{1, 2, 3, \cdots, n\}$	$\varnothing$, $\{1\}$, $\{2\}$, $\{3\}$, $\cdots$, $\{1, 2, 3, \cdots, n\}$	(가)

위의 표에서 (가)에 알맞은 식을 유추해 보면 2^n임을 알 수 있다.

즉, 집합 A의 부분집합은 집합 A의 각 원소가 속하거나 속하지 않는 2가지 경우가 있으므로 일반적으로 원소의 개수가 n인 집합 A의 부분집합의 개수는 $\underbrace{2 \times 2 \times 2 \times \cdots \times 2}_{n개}=2^n$임을 알 수 있다.

또한, 집합 A의 진부분집합의 개수는 집합 A의 부분집합 중 자기 자신을 제외한 것이므로 2^n-1이다.

---

④ 특정한 원소를 갖거나 갖지 않는 부분집합의 개수

집합 $A=\{a_1, a_2, a_3, \cdots, a_n\}$에 대하여

(1) 특정한 원소 k개를 반드시 원소로 갖는 집합 A의 부분집합의 개수 ➡ 2^{n-k} (단, $k<n$)

(2) 특정한 원소 l개를 원소로 갖지 않는 집합 A의 부분집합의 개수 ➡ 2^{n-l} (단, $l<n$)

(3) 특정한 원소 k개는 반드시 원소로 갖고 특정한 원소 l개는 원소로 갖지 않는 집합 A의 부분집합의 개수 ➡ 2^{n-k-l} (단, $k+l<n$)

설명 **example** 집합 $A=\{1, 2, 3\}$의 부분집합 $\underline{\varnothing, \{1\}, \{2\}, \{3\}, \{1, 2\}, \{1, 3\}, \{2, 3\}, \{1, 2, 3\}}$ 중에서 ➡ $2^3=8$(개)

(1) 1을 반드시 원소로 갖는 부분집합은 $\{1\}, \{1, 2\}, \{1, 3\}, \{1, 2, 3\}$이다. ➡ $2^{3-1}=4$(개)

     이것은 집합 A에서 원소 1을 제외한 집합 $\{2, 3\}$의 부분집합에 각각 원소 1을 넣은 것과 같다. ➡ $\varnothing, \{2\}, \{3\}, \{2, 3\}$

(2) 2를 원소로 갖지 않는 부분집합은 $\varnothing, \{1\}, \{3\}, \{1, 3\}$이다.

     이것은 집합 A에서 원소 2를 제외한 집합 $\{1, 3\}$의 부분집합과 같다. ➡ $2^{3-1}=4$(개)

(3) 1은 반드시 원소로 갖고 2는 원소로 갖지 않는 부분집합은 $\{1\}, \{1, 3\}$이다. ➡ $2^{3-1-1}=2$(개)

     이것은 집합 A에서 두 원소 1, 2를 제외한 집합 $\{3\}$의 부분집합에 각각 원소 1을 넣은 것과 같다. ➡ $\varnothing, \{3\}$

집합과 원소, 집합과 집합 사이의 관계

두 집합 A, B를 벤 다이어그램으로 나타내면 오른쪽과 같을 때, 다음 중 옳지 않은 것은?

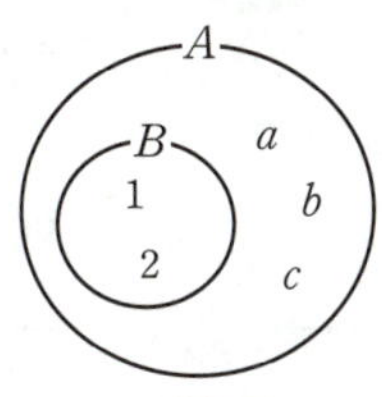

① $a \in A$ 　　② $1 \in A$ 　　③ $\{2, b\} \subset A$
④ $\{1, 2\} \in A$ 　　⑤ $B \subset \{1, 2, c\}$

풀이

(**Tip**) 기호 $\in$, $\subset$의 양쪽에 쓰인 것들 사이의 관계가 집합과 원소 사이의 관계인지, 집합과 집합 사이의 관계인지 파악한다.

두 집합 A, B를 각각 원소나열법으로 나타내면 $A = \{1, 2, a, b, c\}$, $B = \{1, 2\}$이다.
① a는 집합 A의 원소이므로 $a \in A$
② 1은 집합 A의 원소이므로 $1 \in A$
③ $2 \in A$, $b \in A$이므로 $\{2, b\} \subset A$
④ $1 \in A$, $2 \in A$이므로 $\{1, 2\} \subset A$
⑤ $1 \in \{1, 2, c\}$, $2 \in \{1, 2, c\}$이므로 $B \subset \{1, 2, c\}$
따라서 옳지 않은 것은 ④이다.

답 ④

필수 공략

(1) 집합과 원소 사이의 관계를 나타내는 기호 ➡ $\in$, $\notin$
(2) 집합과 집합 사이의 관계를 나타내는 기호 ➡ $\subset$, $\not\subset$

• 정답 및 해설 068쪽

조건 바꾼

유제 01-❶ 집합 $A = \{x \,|\, x$는 36의 약수$\}$에 대하여 다음 중 옳지 <u>않은</u> 것은?

① $\varnothing \subset A$ 　　② $18 \in A$ 　　③ $\{4\} \in A$
④ $\{3, 6, 9\} \subset A$ 　　⑤ $A \subset \{x \,|\, x$는 108의 약수$\}$

유제 01-❷ 집합 $A = \{\{1\}, 2, 3\}$에 대하여 다음 중 옳은 것은?

① $1 \in A$ 　　② $\{1\} \subset A$ 　　③ $\{2\} \in A$
④ $\{2, 3\} \subset A$ 　　⑤ $\{1, 2\} \subset A$

유제 01-❸ 집합 $A = \{a, b, \{a\}, \{c, d\}\}$에 대하여 다음 중 옳은 것을 모두 고르면? (정답 2개)

① $\{a\} \in A$ 　　② $\{b\} \in A$ 　　③ $c \in A$
④ $\{c, d\} \subset A$ 　　⑤ $\{a, \{c, d\}\} \subset A$

집합 사이의 포함 관계를 이용하여 미지수 구하기

두 집합
$$A=\{0,\ 2,\ 3\},\ B=\{0,\ 1,\ a-1,\ 10-2a\}$$
에 대하여 $A\subset B$일 때, 상수 a의 값을 구하시오.

(Tip) $A\subset B$이면 집합 A의 모든 원소가 집합 B에 속하므로 $2\in B$, $3\in B$이어야 한다.

$A\subset B$이고 $2\in A$이므로 $2\in B$이어야 한다.

(i) $a-1=2$, 즉 $a=3$일 때
$B=\{0,\ 1,\ 2,\ 4\}$이므로 $3\not\in B$이다.
즉, $A\not\subset B$이므로 주어진 조건을 만족시키지 않는다.

(ii) $10-2a=2$, 즉 $a=4$일 때
$B=\{0,\ 1,\ 2,\ 3\}$이므로 집합 A의 모든 원소가 집합 B에 속한다.
즉, $A\subset B$이다.

(i), (ii)에서 $a=4$

답 4

필수 공략

(1) $A\subset B$ ➡ 집합 A의 모든 원소가 집합 B에 속한다.
　　　　➡ $x\in A$이면 $x\in B$이다.
(2) $A=B$ ➡ 두 집합 A, B의 모든 원소가 같다.

• 정답 및 해설 068쪽

조건 바꾼

유제 **02-❶** 두 집합
$$A=\{-1,\ 1,\ 3\},\ B=\left\{a-2,\ 2-a,\ \frac{a+3}{2}\right\}$$
에 대하여 $A=B$일 때, 상수 a의 값을 구하시오.

유제 **02-❷**
교육청
두 집합
$$A=\{1,\ 20,\ a\},\ B=\{1,\ 5,\ a+b\}$$
에 대하여 $A\subset B$이고 $B\subset A$일 때, b의 값은? (단, a, b는 상수이다.)

① 5　　　　② 10　　　　③ 15　　　　④ 20　　　　⑤ 25

유제 **02-❸** 두 집합
$$A=\{x\,|\,a-2<x<4a-1\},\ B=\{x\,|\,1\le x<7\}$$
에 대하여 집합 B가 집합 A의 부분집합이 되도록 하는 실수 a의 값의 범위를 구하시오.

특정한 원소를 갖거나 갖지 않는 부분집합의 개수

집합 $A=\{1, 2, 3, 4, 5, 6, 7\}$에 대하여 다음을 구하시오.

(1) 집합 A의 부분집합 중에서 집합 A의 소수인 원소를 모두 원소로 갖는 부분집합의 개수

(2) 집합 A의 부분집합 중에서 짝수를 원소로 갖지 않는 부분집합의 개수

풀이

(Tip) (1) 소수인 원소를 모두 원소로 갖는다. ➡ 소수인 원소를 제외한 집합의 부분집합에 각각 소수인 원소를 넣은 것과 같다.

(2) 짝수를 원소로 갖지 않는다. ➡ 홀수인 원소로만 이루어진 부분집합이다.

(1) 집합 A의 부분집합 중에서 집합 A의 소수인 원소를 모두 원소로 갖는 부분집합은 집합 A에서 소수인 원소 2, 3, 5, 7을 제외한 집합 $\{1, 4, 6\}$의 부분집합에 각각 원소 2, 3, 5, 7을 넣은 것과 같으므로 구하는 부분집합의 개수는

$$2^{7-4}=2^3=8$$

(2) 집합 A의 부분집합 중에서 짝수를 원소로 갖지 않는 부분집합은 집합 A에서 짝수인 원소 2, 4, 6을 제외한 집합 $\{1, 3, 5, 7\}$의 부분집합과 같으므로 구하는 부분집합의 개수는

$$2^{7-3}=2^4=16$$

답 (1) 8 (2) 16

필수 공략

집합 $A=\{a_1, a_2, a_3, \cdots, a_n\}$에 대하여

(1) 집합 A의 부분집합의 개수 ➡ 2^n

(2) 집합 A의 진부분집합의 개수 ➡ 2^n-1

(3) 특정한 원소 k개를 반드시 원소로 갖는 집합 A의 부분집합의 개수 ➡ 2^{n-k} (단, $k<n$)

(4) 특정한 원소 l개를 원소로 갖지 않는 집합 A의 부분집합의 개수 ➡ 2^{n-l} (단, $l<n$)

(5) 특정한 원소 k개는 반드시 원소로 갖고 특정한 원소 l개는 원소로 갖지 않는 집합 A의 부분집합의 개수

➡ 2^{n-k-l} (단, $k+l<n$)

• 정답 및 해설 069쪽

숫자 바꾼

유제 03-❶ 집합 $A=\{a, b, c, d, e, f, g, h, i\}$에 대하여 다음을 구하시오.

(1) 집합 A의 부분집합 중에서 집합 A의 모음인 원소를 모두 원소로 갖는 부분집합의 개수

(2) 집합 A의 부분집합 중에서 a, c, e, g를 원소로 갖지 않는 부분집합의 개수

유제 03-❷ 집합 $A=\{x \mid x$는 한 자리의 소수$\}$에 대하여 집합 B는 집합 A의 진부분집합이고 $5\in B$를 만족시킬 때, 집합 B의 개수를 구하시오.

유제 03-❸ 집합 $A=\{x \mid x$는 10 이하의 자연수$\}$의 부분집합 중에서 9의 약수는 모두 원소로 갖고 5의 배수는 원소로 갖지 않는 부분집합의 개수를 구하시오.

$A{\subset}X{\subset}B$를 만족시키는 집합 X의 개수

두 집합
$$A=\{3,\,4,\,5\},\ B=\{1,\,2,\,3,\,\cdots,\,10\}$$
에 대하여 $A{\subset}X{\subset}B$를 만족시키는 집합 X의 개수를 구하시오.

풀이

(**Tip**) 집합 X는 집합 B의 부분집합 중에서 집합 A의 모든 원소를 반드시 원소로 갖는 부분집합이므로 특정한 원소를 반드시 원소로 갖는 부분집합의 개수를 구하는 방법을 이용한다.

집합 X는 집합 B의 부분집합 중에서 집합 A의 원소인 3, 4, 5를 반드시 원소로 갖는 부분집합이다.
따라서 구하는 집합 X의 개수는
$$2^{10-3}=2^7=128$$

답 128

필수 공략

세 집합 A, B, X에 대하여 $A{\subset}X{\subset}B$를 만족시키는 집합 X는
집합 B의 부분집합 중에서 집합 A의 모든 원소를 반드시 원소로 갖는 부분집합이다.
➡ $n(A)=p$, $n(B)=q$일 때, 집합 X의 개수는 2^{q-p}이다. (단, $p<q$)

X는 B의 부분집합
$$A\subset\underline{X}\subset B$$
X는 A의 모든 원소를
반드시 원소로 갖는다.

• 정답 및 해설 069쪽

숫자 바꾼

유제 **04-❶** $\{1,\,2\}{\subset}X{\subset}\{1,\,2,\,3,\,4,\,5,\,6\}$을 만족시키는 집합 X의 개수를 구하시오.

유제 **04-❷** 두 집합
$$A=\{x\,|\,x^2-4x+3=0\},\ B=\{x\,|\,x는\ 30의\ 약수\}$$
에 대하여 $A{\subset}X{\subset}B$를 만족시키는 집합 X의 개수를 구하시오.

유제 **04-❸** 두 집합
$$A=\{c,\,g\},\ B=\{a,\,b,\,c,\,d,\,e,\,f,\,g\}$$
에 대하여 $A{\subset}X{\subset}B$를 만족시키는 집합 B의 진부분집합 X의 개수를 구하시오.

소단원 점검 문제

• 정답 및 해설 069쪽

집합과 원소, 집합과 집합 사이의 관계

01 자연수 n으로 나누었을 때의 나머지가 1인 자연수의 집합을 A_n이라 하자. 다음 중 옳지 <u>않은</u> 것은?

① $17 \in A_2$　　　② $43 \notin A_4$　　　③ $\{3, 5\} \subset A_2$　　　④ $\{1, 7\} \subset A_4$　　　⑤ $A_4 \subset A_2$

집합 사이의 포함 관계를 이용하여 미지수 구하기

02 자연수 n에 대하여 자연수 전체의 집합의 부분집합 A_n을 다음과 같이 정의하자.

[교육청]

$$A_n = \{x \mid x는 \sqrt{n}\ 이하의\ 홀수\}$$

$A_n \subset A_{25}$를 만족시키는 n의 최댓값을 구하시오.

특정한 원소를 갖거나 갖지 않는 부분집합의 개수

03 집합 $A = \{1, 2, 3, 4, 5\}$의 부분집합 중에서 원소가 2개 이상인 부분집합의 개수를 구하시오.

$A \subset X \subset B$를 만족시키는 집합 X의 개수

04 두 집합

$$A = \{3, 7, 11, 13\},\ B = \{x \mid x는 20\ 이하의\ 소수\}$$

에 대하여 $A \subset X \subset B$, $n(X) \geq 5$를 만족시키는 집합 X의 개수를 구하시오.

$A \subset X \subset B$를 만족시키는 집합 X의 개수

05 자연수 k에 대하여 두 집합 A, B가

$$A = \{x \mid x는 k\ 이하의\ 자연수\},\ B = \{1, 3, 5, 7\}$$

일 때, $B \subset X \subset A$를 만족시키는 집합 X의 개수가 100 이상이다. k의 최솟값을 구하시오.

01

10 미만의 두 자연수 m, n에 대하여 집합 $A=\{x\,|\,x$는 m과 n의 공약수$\}$가 오른쪽 벤 다이어그램과 같을 때, 순서쌍 $(m,\ n)$의 개수를 구하시오. (단, $m\neq n$)

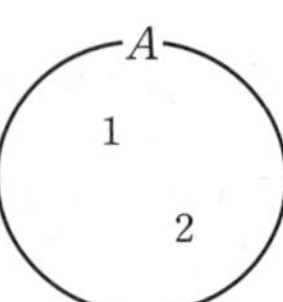

02

다음 중 집합

$$A=\{xy\,|\,x+y=6,\ xy는\ 자연수\}$$

의 원소가 <u>아닌</u> 것은?

① 3　　　　② 5　　　　③ 7

④ 9　　　　⑤ 11

03 교육청

집합

$$A=\left\{x\,\middle|\,x=\frac{8}{6-n},\ n과\ x는\ 자연수\right\}$$

의 모든 원소의 합을 구하시오.

04

|보기| 중 무한집합인 것을 모두 고른 것은? (단, $i=\sqrt{-1}$)

┤ 보기 ├
ㄱ. $\{x\,|\,x$는 1보다 작은 무리수$\}$
ㄴ. $\left\{x\,\middle|\,0<x<\dfrac{\pi}{4},\ x는\ 정수\right\}$
ㄷ. $\{i^n\,|\,n$은 자연수$\}$
ㄹ. $\{x\,|\,(x+1)^2=x^2+2x+1,\ x는\ 실수\}$

① ㄱ, ㄴ　　　　② ㄱ, ㄹ　　　　③ ㄴ, ㄷ

④ ㄱ, ㄷ, ㄹ　　　　⑤ ㄴ, ㄷ, ㄹ

05 서술형

집합 $A=\{x\,|\,x^2+4x+a\leq0,\ x는\ 실수\}$가 공집합이 되도록 하는 정수 a의 최솟값을 구하시오.

06

실수를 원소로 갖는 집합 S가 '$x\in S$이면 $\dfrac{1}{1-x}\in S$이다.'를 만족시킨다. $2\in S$일 때, $n(S)$의 최솟값을 구하시오.

07 교육청

두 집합 $A=\{1, 2, 3, 4, a\}$, $B=\{1, 3, 5\}$에 대하여 집합

$$X=\{x+y\,|\,x\in A,\ y\in B\}$$

라 할 때, $n(X)=10$이 되도록 하는 자연수 a의 최댓값을 구하시오.

08

두 집합
$$A=\{x\,|\,x^2-(m-1)x-m<0,\ x\text{는 정수}\},$$
$$B=\{x\,|\,x\text{는 16의 약수}\}$$
에 대하여 $n(A)<n(B)$를 만족시키는 자연수 m의 개수를 구하시오.

09 서술형

세 집합
$$A=\{0,\ a^2\},\ B=\{0,\ 3-2a,\ 2a\},$$
$$C=\{-1,\ 0,\ 1,\ 2,\ 3,\ 4\}$$
에 대하여 $A\subset B$, $B\subset C$일 때, 모든 상수 a의 값의 합을 구하시오. (단, $a\neq0$)

10

세 상수 a, m, n에 대하여 두 집합
$$A=\{(2,\ 3),\ (a+2,\ 2a+3)\},$$
$$B=\{(x,\ y)\,|\,y=mx+n\}$$
이 $A\subset B$일 때, $m+n$의 값을 구하시오. (단, $a\neq0$)

11

집합 $A=\{1,\ 2,\ 3,\ 4,\ 5,\ 6,\ 7\}$의 부분집합 중에서 소수를 하나만 원소로 갖는 부분집합의 개수를 구하시오.

12 교육청

집합 $X=\{x\,|\,x\text{는 10 이하의 자연수}\}$의 원소 n에 대하여 X의 부분집합 중 n을 최소의 원소로 갖는 모든 집합의 개수를 $f(n)$이라 하자. |보기|에서 옳은 것을 모두 고른 것은?

> ┤ 보기 ├
> ㄱ. $f(8)=4$
> ㄴ. $a\in X$, $b\in X$일 때, $a<b$이면 $f(a)<f(b)$
> ㄷ. $f(1)+f(3)+f(5)+f(7)+f(9)=682$

① ㄱ   ② ㄱ, ㄴ   ③ ㄱ, ㄷ
④ ㄴ, ㄷ   ⑤ ㄱ, ㄴ, ㄷ

13

두 집합
$$A=\{x\,|\,x\text{는 }m\text{의 소인수, }m\text{은 자연수}\},$$
$$B=\{2,\ 3,\ 5,\ 7,\ 8,\ 9\}$$
에 대하여 $A\not\subset B$이고 집합 A의 부분집합의 개수가 8일 때, 자연수 m의 최솟값을 구하시오.

• 정답 및 해설 072쪽

14

세 집합

$$A=\{2,\,3,\,4\},\ B=\{4,\,6,\,8\},$$
$$C=\{x\,|\,x\text{는 10 이하의 자연수}\}$$

에 대하여 $A\subset X\subset C,\ B\not\subset X$를 만족시키는 집합 X의 개수를 구하시오.

17 교육청

집합 $A=\{3,\,4,\,5,\,6,\,7\}$에 대하여 다음 조건을 만족시키는 집합 A의 부분집합 X의 개수는?

> ㈎ $n(X)\geq2$
> ㈏ 집합 X의 모든 원소의 곱은 6의 배수이다.

① 18 ② 19 ③ 20
④ 21 ⑤ 22

내신 1% 뛰어 넘기

15

자연수를 원소로 갖는 집합 A가 다음 조건을 만족시킬 때, 집합 A의 모든 원소의 합의 최댓값을 구하시오.

(단, $A\neq\varnothing$)

> ㈎ 집합 A는 유한집합이다.
> ㈏ $a\in A$이면 $a^2-3a+3\in A$

18

20 이하의 자연수를 원소로 갖는 두 집합 A, B가 다음 조건을 만족시킬 때, 집합 B의 개수를 구하시오.

(단, $B\neq\varnothing$)

> ㈎ $A=\{a\,|\,a=|b-18|,\ b\in B\}$
> ㈏ $2\times n(A)=n(B)$

16

자연수 a에 대하여 정수 전체의 집합의 두 부분집합 A, B가

$$A=\{x\,|\,x^2-(a+3)x+3a\leq0,\ x\text{는 정수}\},$$
$$B=\{x\,|\,x^2-2(a+2)x+2a+3<0,\ x\text{는 정수}\}$$

일 때, $A\subset X\subset B$를 만족시키는 집합 X의 개수가 256이다. a의 값을 구하시오.

19

실수 전체의 집합의 세 부분집합

$$A=\{x\,|\,|x-3|\leq a\},\ B=\{x\,|\,x^2+bx+c=0\},$$
$$C=\{x\,|\,x^3+d^3=0\}$$

에 대하여 $A\subset B\subset C\subset A$일 때, $a-b+c-d$의 값을 구하시오. (단, $a,\,b,\,c,\,d$는 상수이다.)

Ⅱ-2

집합의 연산

 집합의 연산

1 합집합과 교집합

(1) **합집합**: 두 집합 A, B에 대하여 A에 속하거나 B에 속하는 모든 원소로 이루어진 집합을 A와 B의 **합집합**이라 하고, 기호로 $A \cup B$와 같이 나타낸다.

⇒ $A \cup B = \{x \mid x \in A$ 또는 $x \in B\}$

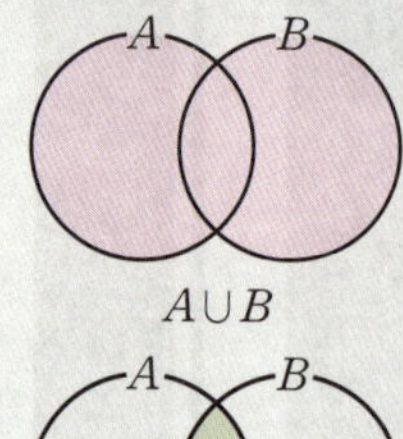

$A \cup B$

(2) **교집합**: 두 집합 A, B에 대하여 A에도 속하고 B에도 속하는 모든 원소로 이루어진 집합을 A와 B의 **교집합**이라 하고, 기호로 $A \cap B$와 같이 나타낸다.

⇒ $A \cap B = \{x \mid x \in A$ 그리고 $x \in B\}$

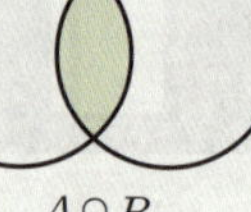

$A \cap B$

(3) **서로소**: 두 집합 A, B에서 공통인 원소가 하나도 없을 때, 즉 $A \cap B = \varnothing$일 때, 두 집합 A와 B는 **서로소**라 한다.

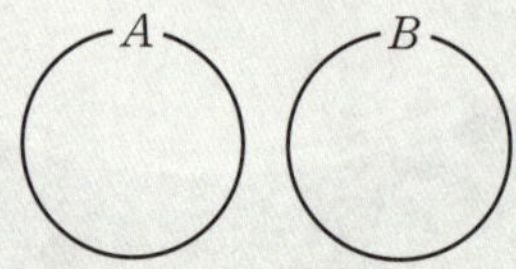

> **참고** 공집합은 모든 집합과 공통인 원소가 없으므로 모든 집합과 서로소이다.

설명 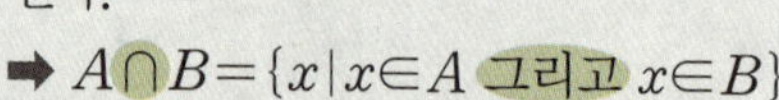**example**

(1) 두 집합 $A = \{1, 2\}$, $B = \{2, 3, 4\}$에 대하여
$A \cup B = \{1, 2, 3, 4\}$, $A \cap B = \{2\}$

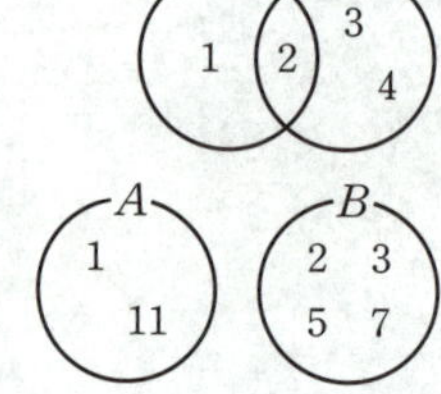

(2) 두 집합 $A = \{x \mid x$는 11의 약수$\}$, $B = \{x \mid x$는 8 이하의 소수$\}$를 각각 원소나열법으로 나타내면 $A = \{1, 11\}$, $B = \{2, 3, 5, 7\}$이므로
$A \cap B = \varnothing$
따라서 두 집합 A, B는 서로소이다.

> **참고** 두 집합 A, B에 대하여 A와 B는 집합 $A \cup B$의 부분집합이므로 $A \subset (A \cup B)$, $B \subset (A \cup B)$가 성립하고, 집합 $A \cap B$는 A와 B의 부분집합이므로 $(A \cap B) \subset A$, $(A \cap B) \subset B$가 성립한다.

---

2 여집합과 차집합

(1) **전체집합**: 어떤 집합에 대하여 그 부분집합을 생각할 때, 처음의 집합을 **전체집합**이라 하고, 기호로 U와 같이 나타낸다.

> **참고** U는 전체집합을 뜻하는 Universal set의 첫 글자이다.

(2) **여집합**: 전체집합 U의 부분집합 A에 대하여 U의 원소 중에서 A에 속하지 않는 모든 원소로 이루어진 집합을 U에 대한 A의 **여집합**이라 하고, 기호로 A^c과 같이 나타낸다.

⇒ $A^c = \{x \mid x \in U$ 그리고 $x \notin A\}$

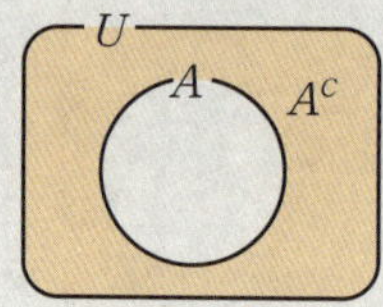

> **참고** A^c의 C는 여집합을 뜻하는 Complement의 첫 글자이다.

(3) **차집합**: 두 집합 A, B에 대하여 A에는 속하지만 B에는 속하지 않는 모든 원소로 이루어진 집합을 A에 대한 B의 **차집합**이라 하고, 기호로 $A - B$와 같이 나타낸다.

⇒ $A - B = \{x \mid x \in A$ 그리고 $x \notin B\}$

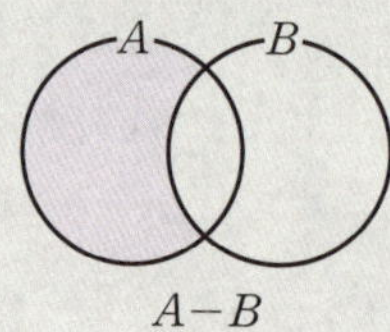

$A - B$

설명

전체집합 U의 부분집합 A에 대하여 $A \subset U$이므로 A의 모든 원소는 U에 속한다.
즉, $A \cup U = U$, $A \cap U = A$가 성립한다.

집합 A의 여집합 A^c은 전체집합 U의 원소 중에서 A에 속하지 않는 모든 원소로 이루어진 집합이므로
전체집합이 존재할 때 정의될 수 있다. → 즉, 여집합을 활용하는 문제에서는 반드시 전체집합을 확인해야 한다.
또한, 차집합의 정의에 의하여 A^c은 두 집합 U, A에 대하여 U에는 속하지만 A에는 속하지 않는 모든
원소로 이루어진 집합으로 생각할 수 있으므로 U에 대한 집합 A의 차집합과 같다.
즉, $A^c = U - A$이다.

example 전체집합 $U = \{x \mid x$는 9 이하의 자연수$\}$의 두 부분집합
$A = \{1, 3, 5, 7, 9\}$, $B = \{2, 3, 5, 7\}$에 대하여
전체집합 U를 원소나열법으로 나타내면 $U = \{1, 2, 3, \cdots, 9\}$이므로
$A^c = \{2, 4, 6, 8\}$, $B^c = \{1, 4, 6, 8, 9\}$,
$A - B = \{1, 9\}$, $B - A = \{2\}$

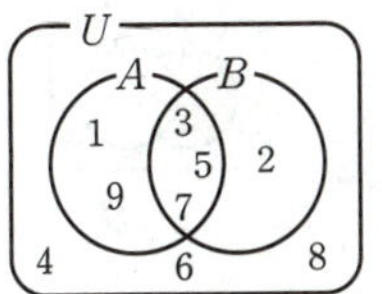

주의 일반적으로 서로 다른 두 집합 A, B에 대하여 A에 대한 B의 차집합과
B에 대한 A의 차집합은 일치하지 않으므로 $A - B \neq B - A$이다.

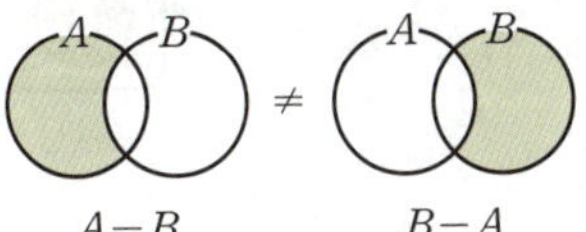

---

3 집합의 연산의 성질

1 합집합과 교집합의 성질
두 집합 A, B에 대하여 다음이 성립한다.
(1) $A \cup \varnothing = A$, $A \cap \varnothing = \varnothing$ 　　　(2) $A \cup A = A$, $A \cap A = A$
(3) $A \cup (A \cap B) = A$, $A \cap (A \cup B) = A$

2 여집합과 차집합의 성질
전체집합 U의 두 부분집합 A, B에 대하여 다음이 성립한다.
(1) $A \cup A^c = U$, $A \cap A^c = \varnothing$ 　　　(2) $\varnothing^c = U$, $U^c = \varnothing$
(3) $(A^c)^c = A$ 　　　(4) $A^c = U - A$
(5) $A - B = A \cap B^c = A - (A \cap B) = (A \cup B) - B = B^c - A^c$

설명

합집합과 교집합의 성질
다음과 같이 벤 다이어그램을 이용하여 성질 (3)이 성립함을 확인할 수 있다.
(3) ① $A \cup (A \cap B) = A$ 　　　　　② $A \cap (A \cup B) = A$

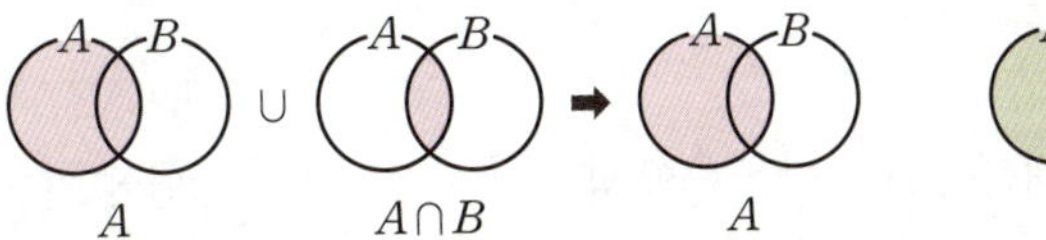

참고 $(A \cap B) \subset A$, $A \subset (A \cup B)$임을 이용하면 $A \cap (A \cap B) = A \cap B$, $A \cup (A \cup B) = A \cup B$가 성립함을
확인할 수 있다.

여집합과 차집합의 성질

다음과 같이 벤 다이어그램을 이용하여 성질 (3), (4), (5)가 성립함을 확인할 수 있다.

(3) $(A^C)^C = A$ (4) $A^C = U - A$

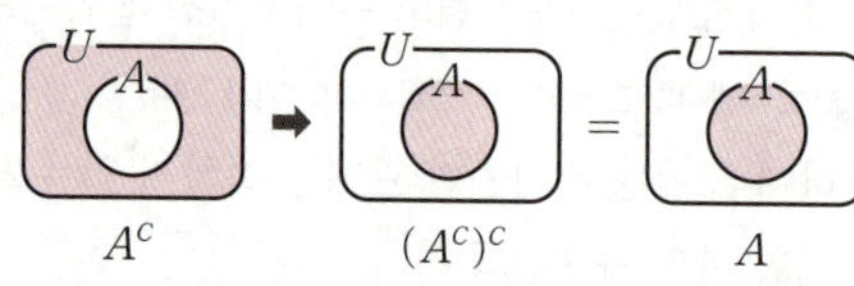 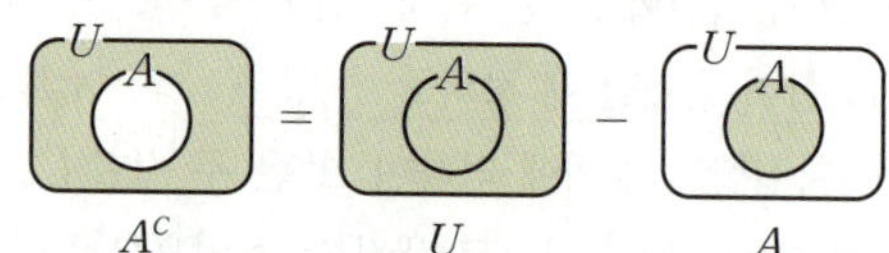

(5) $A - B = A \cap B^C = A - (A \cap B) = (A \cup B) - B = B^C - A^C$

→ 정답 및 해설 074쪽

개념 확인 1 전체집합 U의 부분집합 A에 대하여 $\square$ 안에 알맞은 것을 써넣으시오.

(1) $A \cap (\varnothing \cup U) = \square$ (2) $A \cup (U - A) = \square$ (3) $A \cap (\varnothing^C)^C = \square$

답 (1) A (2) U (3) $\varnothing$

4 집합의 연산을 이용한 여러 가지 표현

전체집합 U의 두 부분집합 A, B에 대하여 다음은 모두 같은 표현이다.

(1) $A \subset B$와 같은 표현

① $A \cap B = A$ ② $A \cup B = B$ ③ $A - B = \varnothing$

④ $A \cap B^C = \varnothing$, $A^C \cup B = U$ ⑤ $B^C \subset A^C$, $B^C - A^C = \varnothing$

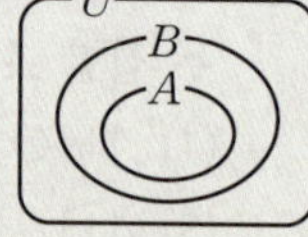

(2) $A \cap B = \varnothing$ (서로소)과 같은 표현

① $A - B = A$ ② $B - A = B$

③ $A \subset B^C$ ④ $B \subset A^C$

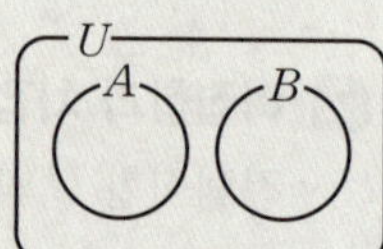

설명 서로 다른 두 집합 A, B 사이의 포함 관계를 나타내는 벤 다이어그램은 일반적으로 오른쪽과 같이 4가지의 경우가 있다. 이때 두 집합 A, B 사이의 관계가 $A \cap B = A$와 같이 주어지면 (iii)과 같은 벤 다이어그램이므로 $A \subset B$임을 확인할 수 있다.

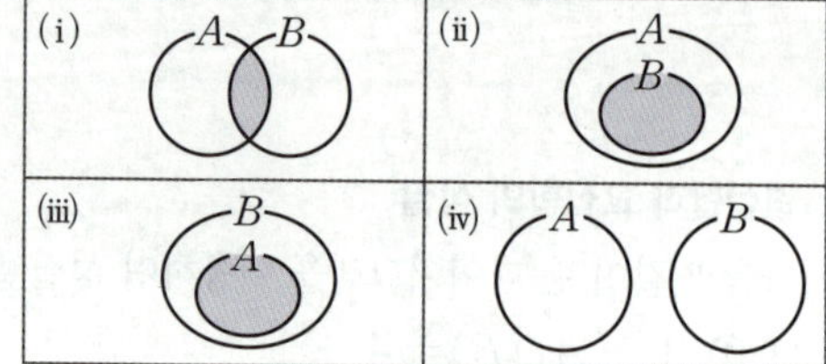

→ 정답 및 해설 074쪽

개념 확인 2 전체집합 U의 두 부분집합 A, B에 대하여 $A \cup B^C = U$일 때, $A \square B$이다. $\square$ 안에 기호 $\subset$, $\supset$ 중에서 알맞은 것을 써넣으시오.

답 $\supset$

 집중 연습 ● 집합의 연산

합집합과 교집합

01 다음 두 집합 A, B에 대하여 $A \cup B$, $A \cap B$를 각각 구하시오.

(1) $A = \{1, 3, 5, 7, 9\}$, $B = \{x \,|\, x$는 15의 약수$\}$

(2) $A = \{x \,|\, x$는 $x^2 - 7x + 6 < 0$인 정수$\}$, $B = \{x \,|\, x^2 - 2x - 3 = 0\}$

(3) $A = \{x \,|\, x$는 $10 < x < 20$인 짝수$\}$, $B = \{x \,|\, x$는 20 이하의 3의 배수$\}$

02 다음 |**보기**| 중 두 집합 A, B가 서로소인 것을 모두 고르시오.

|─ 보기 ├─

ㄱ. $A = \{a, e, i, o, u\}$, $B = \{x, y, z\}$

ㄴ. $A = \{x \,|\, x$는 20 이하의 소수$\}$, $B = \{x \,|\, x$는 4의 배수$\}$

ㄷ. $A = \{x \,|\, x$는 7의 배수$\}$, $B = \{x \,|\, x$는 35의 약수$\}$

ㄹ. $A = \{x \,|\, x^2 - 5x + 6 \geq 0\}$, $B = \{x \,|\, x^2 - 4x + 4 < 0\}$

여집합과 차집합

03 전체집합 $U = \{x \,|\, x$는 24의 약수$\}$의 두 부분집합 $A = \{1, 2, 4, 8\}$, $B = \{1, 2, 3, 6\}$에 대하여 다음을 구하시오.

(1) A^c　　　(2) B^c　　　(3) $A - B^c$　　　(4) $B - A^c$

(5) $(A \cap B)^c$　　　(6) $(A \cup B)^c$　　　(7) $A^c \cup B$　　　(8) $A \cup B^c$

04 전체집합 $U = \{a, b, c, d, e, f\}$의 두 부분집합 $A = \{a, b, d\}$, $B = \{b, c, f\}$에 대하여 다음을 구하시오.

(1) $A - B$　　　(2) $B - A$　　　(3) $A \cap B^c$　　　(4) $B \cap A^c$

(5) $(A - B)^c$　　　(6) $(B - A)^c$　　　(7) $A^c - B^c$　　　(8) $B^c - A^c$

집합의 연산을 이용한 여러 가지 표현

05 전체집합 U의 두 부분집합 A, B에 대하여 |**보기**| 중 항상 옳은 것을 모두 고르시오.

|─ 보기 ├─

ㄱ. $A \cap A^c = \varnothing$　　　ㄴ. $(A \cup B) \cup B = A \cup B$　　　ㄷ. $A \cap (A \cup B) = A \cap B$

ㄹ. $A - B = B - (A \cap B)$　　　ㅁ. $A \cap (A \cup U) = A$　　　ㅂ. $(A^c)^c = U$

합집합과 교집합

세 집합 $A=\{x \mid x$는 10의 약수$\}$, $B=\{x \mid x$는 25의 약수$\}$, $C=\{3, 5, 7, 9\}$에 대하여 다음을 구하시오.

(1) $(A \cap B) \cup C$ (2) $(A \cup B) \cap C$ (3) $A \cap (B \cup C)$

풀이

(**Tip**) 합집합 또는 교집합을 구할 때, 조건제시법으로 나타내어진 집합은 <u>원소나열법</u>으로 나타낸 후 구한다.
이때 집합의 연산에 괄호가 포함된 경우 괄호 안의 집합의 연산을 먼저 한다. → 원소를 정확하게 파악하기 쉽다.

두 집합 A, B를 각각 원소나열법으로 나타내면
$A=\{1, 2, 5, 10\}$, $B=\{1, 5, 25\}$

(1) $A \cap B=\{1, 5\}$이므로
    $(A \cap B) \cup C=\{1, 3, 5, 7, 9\}$

(2) $A \cup B=\{1, 2, 5, 10, 25\}$이므로
    $(A \cup B) \cap C=\{5\}$

(3) $B \cup C=\{1, 3, 5, 7, 9, 25\}$이므로
    $A \cap (B \cup C)=\{1, 5\}$

답 (1) $\{1, 3, 5, 7, 9\}$ (2) $\{5\}$ (3) $\{1, 5\}$

필수 공략

(1) $A \cup B$ ➡ 두 집합 A, B의 **모든** 원소로 이루어진 집합
(2) $A \cap B$ ➡ 두 집합 A, B의 **공통인** 원소로 이루어진 집합
(3) $A \cap B=\varnothing$ ➡ 두 집합 A, B가 서로소 ➡ 두 집합 A, B에서 공통인 원소가 하나도 없다.

• 정답 및 해설 075쪽

숫자 바꾼

유제 01-❶ 세 집합 $A=\{x \mid x$는 정수$\}$, $B=\{4, 5, 6\}$, $C=\{x \mid x^2-3x-10<0\}$에 대하여 다음을 구하시오.

(1) $A \cap (B \cap C)$ (2) $(A \cap C) \cup B$ (3) $(A \cup B) \cap C$

유제 01-❷ 두 집합 $A=\{x \mid x$는 20 이하의 자연수$\}$, $B=\{2^a \times 3^b \mid a,\ b$는 자연수$\}$에 대하여 $n(A \cap B)$를 구하시오.

유제 01-❸ 전체집합 $U=\{1, 3, 5, 7, 9\}$의 부분집합 중에서 집합 $A=\{1, 5\}$와 서로소인 집합의 개수를 구하시오.

필수 예제 02 · 여집합과 차집합

전체집합 $U=\{x\,|\,x$는 한 자리의 자연수$\}$의 두 부분집합

$$A=\{x\,|\,x$는 소수$\},\quad B=\{x\,|\,x$는 3의 배수$\}$$

에 대하여 다음을 구하시오.

(1) $B-A^C$ (2) A^C-B (3) $(A-B)^C$

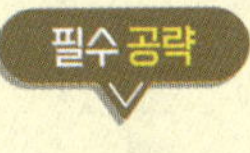

풀이

→ 집합 사이의 포함 관계를 파악하기 쉽다.

(Tip) 조건제시법으로 나타내어진 집합을 벤 다이어그램으로 나타내어 본다. 이때 문제의 조건에 맞도록 각 부분에 해당하는 원소를 써넣으면 구하고자 하는 집합을 쉽게 구할 수 있다.

$U=\{1, 2, 3, \cdots, 9\}$, $A=\{2, 3, 5, 7\}$, $B=\{3, 6, 9\}$이므로 주어진 집합을 벤 다이어그램으로 나타내면 오른쪽과 같다.

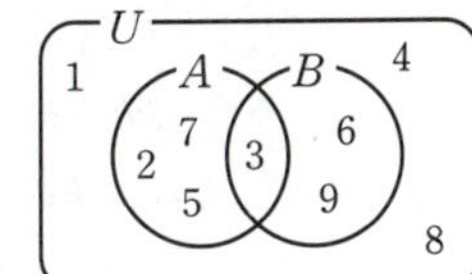

(1) $B-A^C=\{3, 6, 9\}-\{1, 4, 6, 8, 9\}=\{3\}$

(2) $A^C-B=\{1, 4, 6, 8, 9\}-\{3, 6, 9\}=\{1, 4, 8\}$

(3) $A-B=\{2, 5, 7\}$이므로 $(A-B)^C=\{1, 3, 4, 6, 8, 9\}$

| 다른 풀이 |

(1) $B-A^C=B\cap(A^C)^C=B\cap A=\{3\}$

답 (1) $\{3\}$ (2) $\{1, 4, 8\}$ (3) $\{1, 3, 4, 6, 8, 9\}$

필수 공략

(1) A^C ➡ 전체집합 U에서 집합 A의 원소를 제외한 집합

(2) $A-B$ ➡ 집합 A에서 집합 B의 원소를 제외한 집합

• 정답 및 해설 076쪽

숫자 바꾼

유제 02-❶ 전체집합 $U=\{x\,|\,x$는 $x^2-10x+16\leq0$인 정수$\}$의 두 부분집합

$$A=\{x\,|\,x$는 12의 약수$\},\quad B=\{x\,|\,x^2-11x+28=0\}$$

에 대하여 다음을 구하시오.

(1) $A^C\cup B^C$ (2) $A-B^C$ (3) $(A\cup B)^C$

유제 02-❷ 다음 중 오른쪽 벤 다이어그램의 색칠한 부분을 나타내는 집합과 항상 같은 집합은?

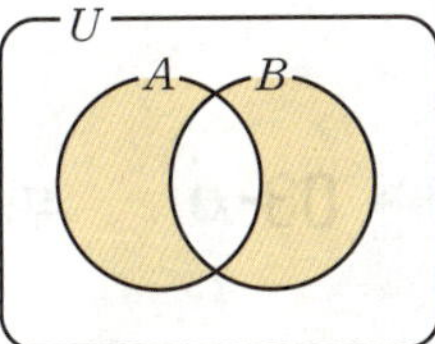

① $B-A$ ② $A\cup B^C$ ③ $(A\cap B)^C$

④ A^C-B^C ⑤ $(A\cup B)-(A\cap B)$

유제 02-❸ 전체집합 $U=\{x\,|\,x$는 11 이하의 자연수$\}$의 두 부분집합 A, B에 대하여

$$A\cap B=\{1, 2\},\quad A^C\cap B=\{3, 4, 5\},\quad (A\cup B)^C=\{8, 9, 11\}$$

을 만족시키는 집합 A의 모든 원소의 합은?

① 18   ② 20   ③ 22   ④ 24   ⑤ 26

집합의 연산을 이용하여 미지수 구하기

두 집합
$$A=\{1,\ 2,\ ab\},\ B=\{3,\ 6,\ a-b\}$$
에 대하여 $A\cap B=\{1,\ 6\}$일 때, 두 양수 $a,\ b$의 값을 각각 구하시오.

풀이

(**Tip**) $A\cap B=\{1,\ 6\}$이므로 원소 1, 6이 두 집합 A, B에 공통으로 속함을 이용한다.

$A\cap B=\{1,\ 6\}$에서 원소 1, 6은 두 집합 A, B에 공통으로 속하는 원소이므로

$6\in A,\ 1\in B$

즉,

$ab=6$ ······ ㉠

$a-b=1$ ······ ㉡

이어야 한다.

㉡에서 $a=b+1$이므로 이것을 ㉠에 대입하면

$(b+1)b=6,\ b^2+b-6=0,\ (b+3)(b-2)=0$ $\therefore b=2\ (\because b>0)$

$b=2$를 ㉡에 대입하여 정리하면 $a=3$

답 $a=3,\ b=2$

필수 공략

전체집합 U의 두 부분집합 A, B에 대하여

(1) $x\in(A\cup B)$ ➡ 원소 x는 집합 A에 속하거나 집합 B에 속한다.

(2) $x\in(A\cap B)$ ➡ 원소 x는 두 집합 A, B에 공통으로 속한다.

(3) $x\in A^c$ ➡ 원소 x는 전체집합 U에는 속하지만 집합 A에는 속하지 않는다.

(4) $x\in(A-B)$ ➡ 원소 x는 집합 A에는 속하지만 집합 B에는 속하지 않는다.

• 정답 및 해설 076쪽

유제 03-❶ 두 집합
$$A=\{0,\ 2,\ a^2-2a\},\ B=\left\{a-1,\ 2a^2+1,\ \frac{a}{3}+2\right\}$$
에 대하여 $A\cap B=\{2,\ 3\}$일 때, 상수 a의 값을 구하시오.

유제 03-❷ 두 집합
$$A=\{0,\ 3,\ a+b\},\ B=\{1,\ 3,\ a-b\}$$
에 대하여 $A\cup B=\{0,\ 1,\ 2,\ 3,\ 4\}$일 때, 두 양수 $a,\ b$의 값을 각각 구하시오.

유제 03-❸ 두 집합
$$A=\{0,\ 2,\ a\},\ B=\{2,\ a^2-6,\ 2a-5\}$$
에 대하여 $n(A-B)=1$이 되도록 하는 모든 정수 a의 값의 합을 구하시오. (단, $n(A)=3$)

집합의 연산의 성질과 포함 관계

전체집합 U의 서로 다른 두 부분집합 A, B에 대하여 $B \subset A$일 때, 다음 중 옳지 <u>않은</u> 것을 모두 고르면? (정답 2개)

① $A \cap B = B$ ② $A - B = \varnothing$ ③ $B \cap A^c = \varnothing$

④ $A^c - B^c = \varnothing$ ⑤ $A \cap (U - B) = \varnothing$

풀이

(Tip) 집합의 연산의 성질 또는 벤 다이어그램을 이용하여 보기로 주어진 연산을 만족시키는 두 집합 사이의 포함 관계를 파악한다.

주어진 조건을 만족시키는 두 집합 A, B 사이의 포함 관계를 벤 다이어그램으로 나타 내면 오른쪽과 같다.

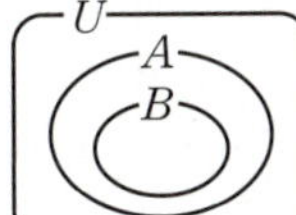

① $A \cap B = B$ (참) ② $A - B \neq \varnothing$ (거짓)

③ $B \cap A^c = B - A = \varnothing$ (참) ④ $A^c - B^c = A^c \cap (B^c)^c = A^c \cap B = \varnothing$ (참)

⑤ $U - B = B^c$이므로 $A \cap (U - B) = A \cap B^c = A - B \neq \varnothing$ (거짓)

따라서 옳지 않은 것은 ②, ⑤이다.

답 ②, ⑤

필수 공략

전체집합 U의 두 부분집합 A, B에 대하여 다음은 모두 같은 표현이다.
(1) $A \subset B$ ➡ ① $A \cap B = A$ ② $A \cup B = B$ ③ $A - B = \varnothing$ ④ $A \cap B^c = \varnothing$
⑤ $A^c \cup B = U$ ⑥ $B^c \subset A^c$ ⑦ $B^c - A^c = \varnothing$
(2) $A \cap B = \varnothing$ ➡ ① $A - B = A$ ② $B - A = B$ ③ $A \subset B^c$ ④ $B \subset A^c$

● 정답 및 해설 077쪽

조건 바꾼

유제 04-❶ 전체집합 U의 두 부분집합 A, B에 대하여 $A \subset B$일 때, 다음 중 항상 옳은 것은? (정답 2개)

① $A \cup B = A$ ② $B \subset A^c$ ③ $A^c \cup B = U$

④ $B^c - A = \varnothing$ ⑤ $A \cap (A \cap B) = A$

유제 04-❷ 전체집합 U의 서로 다른 두 부분집합 A, B에 대하여 다음 중 옳지 <u>않은</u> 것은?

① $A^c \cap B = B - A$ ② $U^c \subset (A \cap B)$ ③ $(A \cup B) \subset \varnothing^c$

④ $(B - A) \subset A$ ⑤ $(A^c - B) \cap A = \varnothing$

유제 04-❸ 전체집합 U의 공집합이 아닌 두 부분집합 A, B에 대하여 $A^c \cap B = B$일 때, 다음 중 항상 옳은 것은?

① $A \subset B$ ② $B \subset A$ ③ $A \cap B = U^c$

④ $A \cup B = U$ ⑤ $A \cap B^c = \varnothing$

집합의 연산과 부분집합의 개수

두 집합 $A=\{1, 2, 3, 4, 5\}$, $B=\{3, 5\}$에 대하여
$$A\cap X=X,\ B\cup X=X$$
를 만족시키는 집합 X의 개수를 구하시오.

풀이

(**Tip**) 세 집합 A, B, X 사이의 포함 관계를 파악하여 집합 X에 반드시 속하는 원소를 찾는다.

$A\cap X=X$에서 $X\subset A$이고, $B\cup X=X$에서 $B\subset X$이므로
$$B\subset X\subset A$$
즉, $\{3, 5\}\subset X\subset\{1, 2, 3, 4, 5\}$이므로
집합 X는 집합 A의 부분집합 중에서 집합 B의 원소인 3, 5를 반드시 원소로 갖는 집합이다.
따라서 구하는 집합 X의 개수는
$$2^{5-2}=2^3=8$$

답 8

필수 공략

- $A\cap B=A$ 또는 $A\cup B=B$ $\Rightarrow$ $A\subset B$
- $A\subset X\subset B$를 만족시키는 집합 X의 개수
  $\Rightarrow$ 집합 B의 부분집합 중에서 집합 A의 모든 원소를 반드시 원소로 갖는 집합의 개수 → 부분집합의 개수를 구하는 공식을 활용한다.

• 정답 및 해설 077쪽

조건 바꾼

유제 05-❶ 두 집합 $A=\{2, 3, 4, 5\}$, $B=\{1, 2, 4, 5, 7, 9\}$에 대하여
$$(A\cap B)\cup X=X,\ (A\cup B)\cap X=X$$
를 만족시키는 집합 X의 개수를 구하시오.

유제 05-❷ 전체집합 $U=\{x\,|\,x$는 한 자리의 자연수$\}$의 세 부분집합 $A=\{1, 3, 5, 7, 9\}$, $B=\{2, 3, 9\}$, X에 대하여
$$A-X=\{3, 7, 9\},\ X-B=X$$
를 만족시키는 집합 X의 개수를 구하시오.

유제 05-❸ 전체집합 $U=\{1, 2, 3, 4, 5, 6, 7\}$의 두 부분집합 $A=\{1, 2, 3\}$, $B=\{2, 3, 4, 5\}$에 대하여 집합 P를
교육청
$$P=(A\cup B)\cap(A\cap B)^c$$
이라 하자. $P\subset X\subset U$를 만족시키는 집합 X의 개수를 구하시오.

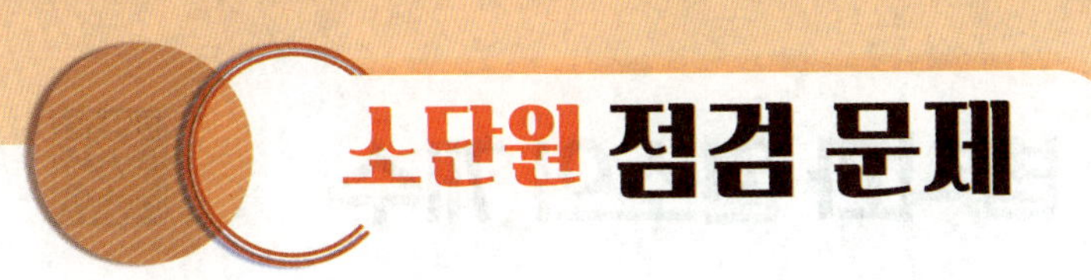

합집합과 교집합

01 두 집합 $A=\left\{\dfrac{12}{a}\,\middle|\,a$는 자연수$\right\}$, $B=\{x\,|\,2x^2-9x+9\leq 0\}$에 대하여 집합 $A\cap B$를 구하시오.

여집합과 차집합

02 전체집합 $U=\{x\,|\,x$는 10 이하의 자연수$\}$의 두 부분집합 A, B에 대하여

$$A\cap B=\{1,\,3,\,8\},\ (A\cup B)^C=\{2,\,5,\,6,\,7,\,10\},\ 9\in(A-B)^C$$

일 때, 집합 B^C을 구하시오. (단, $n(A)=n(B)$)

집합의 연산을 이용하여 미지수 구하기

03 전체집합 $U=\{x\,|\,x$는 20 이하의 자연수$\}$의 두 부분집합

$$A=\{1,\,3,\,a-1\},\ B=\{a^2-4a-7,\,a+2\}$$

교육청 에 대하여 $(A\cap B^C)\cup(A^C\cap B)=\{1,\,3,\,8\}$일 때, 상수 a의 값은?

① 5 ② 6 ③ 7 ④ 8 ⑤ 9

집합의 연산의 성질과 포함 관계

04 전체집합 U의 서로 다른 두 부분집합 A, B에 대하여 두 집합 A, B^C이 서로소일 때, 다음 중 옳지 <u>않은</u> 것은?

① $B^C\subset A^C$ ② $A\cap B=A$ ③ $A\cup B=A$
④ $(A\cap B)\cap U=A$ ⑤ $(A-B)\cap(B-A)=\varnothing$

집합의 연산과 부분집합의 개수

05 자연수 전체의 집합 U의 두 부분집합

$$A=\{x\,|\,x$는 소수$\},\ B=\{x\,|\,x^2-5x-14\geq 0\}$$

에 대하여 $A\cup X=A$, $B\cap X=\varnothing$을 만족시키는 집합 X의 개수를 구하시오.

 집합의 연산 법칙과 원소의 개수

① 집합의 연산 법칙

세 집합 A, B, C에 대하여 다음이 성립한다.
(1) 교환법칙: $A\cup B=B\cup A$, $A\cap B=B\cap A$
(2) 결합법칙: $(A\cup B)\cup C=A\cup(B\cup C)$, $(A\cap B)\cap C=A\cap(B\cap C)$

> **참고** 결합법칙이 성립하므로 괄호를 생략하여 $A\cup B\cup C$, $A\cap B\cap C$로 나타내기도 한다.

(3) 분배법칙: $A\cap(B\cup C)=(A\cap B)\cup(A\cap C)$, $A\cup(B\cap C)=(A\cup B)\cap(A\cup C)$

 다음과 같이 벤 다이어그램을 이용하여 집합의 연산에 대한 분배법칙이 성립함을 확인해 보자.

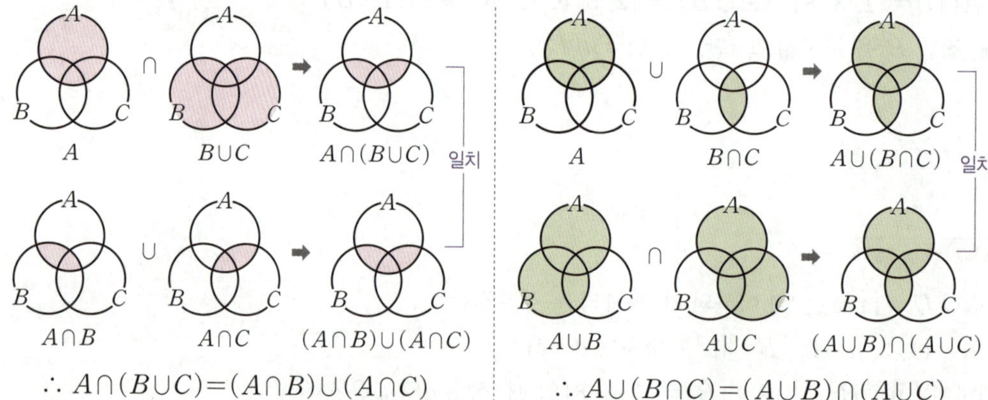

$$\therefore A\cap(B\cup C)=(A\cap B)\cup(A\cap C)$$

$$\therefore A\cup(B\cap C)=(A\cup B)\cap(A\cup C)$$

> **example** 세 집합 A, B, C에 대하여 $A\cap B=\{1, 2, 3\}$, $A\cap C=\{2, 4, 6\}$일 때
> $$A\cap(B\cup C)=(A\cap B)\cup(A\cap C)=\{1, 2, 3\}\cup\{2, 4, 6\}=\{1, 2, 3, 4, 6\}$$
> 분배법칙

② 드모르간의 법칙

전체집합 U의 두 부분집합 A, B에 대하여 다음이 성립하고, 이것을 **드모르간의 법칙**이라 한다.
(1) $(A\cup B)^c=A^c\cap B^c$
(2) $(A\cap B)^c=A^c\cup B^c$

 다음과 같이 벤 다이어그램을 이용하여 드모르간의 법칙이 성립함을 확인해 보자.
(1) $(A\cup B)^c=A^c\cap B^c$
(2) $(A\cap B)^c=A^c\cup B^c$

 **1** 전체집합 U의 두 부분집합 A, B에 대하여

$$A^c=\{1, 2\}, \ B^c=\{2, 3\}$$

일 때, $(A \cup B)^c$을 구하시오.

답 $\{2\}$

 **합집합의 원소의 개수**

두 유한집합 A, B에 대하여 다음이 성립한다.

$$n(A \cup B)=n(A)+n(B)-n(A \cap B)$$

특히, 두 집합 A, B가 서로소, 즉 $A \cap B=\varnothing$이면 $n(A \cup B)=n(A)+n(B)$이다.

설명 두 집합 A, B에 대하여 오른쪽과 같이 벤 다이어그램의 각 영역에 속하는

원소의 개수를 a, b, c라 하면

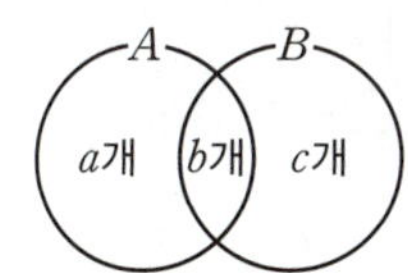

$$n(A \cup B)=a+b+c=(a+b)+(b+c)-b$$
$$=n(A)+n(B)-n(A \cap B)$$

example 두 집합 A, B에 대하여 $n(A)=10$, $n(B)=8$, $n(A \cap B)=5$일 때, $n(A \cup B)$를 구해 보자.

$$n(A \cup B)=n(A)+n(B)-n(A \cap B)$$
$$=10+8-5=13$$

 **여집합과 차집합의 원소의 개수**

전체집합 U가 유한집합일 때, 두 부분집합 A, B에 대하여 다음이 성립한다.

(1) $n(A^c)=n(U)-n(A)$

(2) $n(A-B)=n(A)-n(A \cap B)=n(A \cup B)-n(B)$

특히, $B \subset A$이면 $n(A-B)=n(A)-n(B)$이다.

주의 일반적으로 $n(A-B) \neq n(A)-n(B)$임에 주의한다.

설명 전체집합 U의 부분집합 A에 대하여 오른쪽과 같이 벤 다이어그램의 각 영역에

속하는 원소의 개수를 a, b라 하면

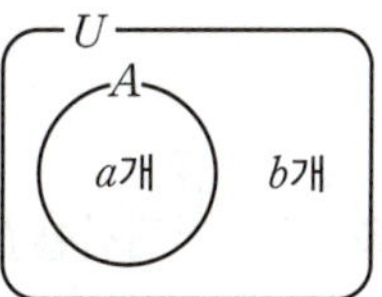

$$n(A^c)=b=(a+b)-a=n(U)-n(A)$$

참고 $A \cup A^c=U$, $A \cap A^c=\varnothing$이므로

$$n(U)=n(A \cup A^c)=n(A)+n(A^c)$$
$$\therefore \ n(A^c)=n(U)-n(A)$$

 **2** 전체집합 U의 두 부분집합 A, B에 대하여

$$n(U)=10, \ n(A)=5, \ n(A \cap B)=3$$

일 때, 다음을 구하시오.

(1) $n(A^c)$ (2) $n(A-B)$

답 (1) 5 (2) 2

집합의 연산 법칙과 드모르간의 법칙

전체집합 U의 두 부분집합 A, B에 대하여 다음을 간단히 하시오.

(1) $(A \cap B) \cup (A \cap B^C)$ (2) $A \cup (A \cap B)^C$ (3) $(B - A^C) \cap B^C$

풀이

(Tip) 집합의 연산 법칙과 드모르간의 법칙, 집합의 연산의 성질을 이용하여 식을 간단히 한다.

(1) $(A \cap B) \cup (A \cap B^C) = A \cap (B \cup B^C)$ ← 분배법칙
$$= A \cap U = A$$

(2) $A \cup (A \cap B)^C = A \cup (A^C \cup B^C)$ ← 드모르간의 법칙
$$= (A \cup A^C) \cup B^C$$ ← 결합법칙
$$= U \cup B^C = U$$

(3) $(B - A^C) \cap B^C = \{B \cap (A^C)^C\} \cap B^C$
$$= (B \cap A) \cap B^C$$
$$= (A \cap B) \cap B^C$$ ← 교환법칙
$$= A \cap (B \cap B^C)$$ ← 결합법칙
$$= A \cap \varnothing = \varnothing$$

답 (1) A (2) U (3) $\varnothing$

필수 공략

전체집합 U의 세 부분집합 A, B, C에 대하여

(1) 교환법칙: $A \cup B = B \cup A$, $A \cap B = B \cap A$

(2) 결합법칙: $(A \cup B) \cup C = A \cup (B \cup C)$, $(A \cap B) \cap C = A \cap (B \cap C)$

(3) 분배법칙: $A \cup (B \cap C) = (A \cup B) \cap (A \cup C)$, $A \cap (B \cup C) = (A \cap B) \cup (A \cap C)$

(4) 드모르간의 법칙: $(A \cup B)^C = A^C \cap B^C$, $(A \cap B)^C = A^C \cup B^C$

• 정답 및 해설 079쪽

조건 바꾼

유제 01-❶

전체집합 U의 두 부분집합 A, B에 대하여 다음을 간단히 하시오.

(1) $(A - B) \cap (B - A)$ (2) $(A \cup B) \cap (A^C \cap B^C)$ (3) $(A - B) \cup (B^C \cup A^C)^C$

유제 01-❷

전체집합 $U = \{x \mid x$는 10 미만의 자연수$\}$의 두 부분집합 A, B에 대하여
$$A^C \cap B^C = \{1, 3, 7\}, \quad A - B^C = \{4, 5, 6\}, \quad A^C \cap B = \{2, 8\}$$
일 때, 두 집합 A, B를 각각 구하시오.

유제 01-❸

교육청

전체집합 $U = \{x \mid x$는 자연수$\}$의 세 부분집합 P, Q, R가
$$P = \{x \mid x$는 10 이하의 자연수$\}, \quad Q = \{x \mid x$는 소수$\}, \quad R = \{x \mid x$는 홀수$\}$$
일 때, 집합 $(P^C \cup Q)^C - R$의 모든 원소의 합은?

① 25   ② 26   ③ 27   ④ 28   ⑤ 29

집합의 연산 법칙과 포함 관계

전체집합 U의 두 부분집합 A, B에 대하여 $B \cap (A \cup B^c) - A^c = A$가 성립할 때, 다음 중 항상 옳은 것은?

① $A \subset B$　　② $B \subset A$　　③ $A = B$　　④ $B \subset A^c$　　⑤ $A \cup B = U$

풀이

(Tip) 집합의 연산 법칙과 드모르간의 법칙을 이용하여 주어진 등식의 좌변을 간단히 정리한 후 두 집합 사이의 포함 관계를 파악한다.

주어진 등식의 좌변을 간단히 하면
$$
\begin{aligned}
B \cap (A \cup B^c) - A^c &= \{(B \cap A) \cup (B \cap B^c)\} - A^c \quad \leftarrow \text{분배법칙} \\
&= \{(B \cap A) \cup \varnothing\} - A^c \\
&= (B \cap A) - A^c \\
&= (A \cap B) - A^c \quad\quad\quad \leftarrow \text{교환법칙} \\
&= (A \cap B) \cap (A^c)^c \\
&= (A \cap B) \cap A \\
&= A \cap B
\end{aligned}
$$

즉, $A \cap B = A$이므로 $A \subset B$이다.

④ $B^c \subset A^c$ (거짓)　　⑤ $A \cup B = B$ (거짓)

따라서 항상 옳은 것은 ①이다.

답 ①

필수 공략　집합의 연산을 이용하여 식을 간단히 한 후 두 집합 사이의 포함 관계를 파악한다.

(1) $A \cap B = A \Rightarrow A \subset B$　　　　　　(2) $A \cup B = A \Rightarrow B \subset A$

(3) $A \cap B = \varnothing \Rightarrow A \subset B^c$　　　　(4) $A - B = \varnothing \Rightarrow A \subset B$

• 정답 및 해설 079쪽

조건 바꾼

유제 02-❶　전체집합 U의 두 부분집합 A, B에 대하여 $\{(A - B^c) \cup (A^c \cap B)\} \cap A^c = \varnothing$이 성립할 때, 다음 중 항상 옳은 것은?

① $A \subset B$　　② $B \subset A$　　③ $A \subset B^c$　　④ $A \cap B = A$　　⑤ $A \cup B = U$

유제 02-❷　전체집합 U의 두 부분집합 A, B에 대하여 $\{(A - B) \cup (A \cap B)\} \cup B = A \cap B$가 성립할 때, 다음 중 항상 옳은 것은?

① $A \subset B^c$　　　　　　② $A \cup B^c = A$　　　　　　③ $B \cap A^c = B$

④ $A \cap B^c = \varnothing$　　　　⑤ $A^c - (U - B) = B$

유한집합의 원소의 개수

전체집합 U의 두 부분집합 A, B에 대하여

$$n(U)=30, \ n(A)=15, \ n(B)=10, \ n(A\cup B)=20$$

일 때, $n(A^C\cup B^C)$을 구하시오.

풀이

(**Tip**) 드모르간의 법칙에 의하여 $A^C\cup B^C=(A\cap B)^C$이므로 $n((A\cap B)^C)=n(U)-n(A\cap B)$임을 이용하여 $n(A^C\cup B^C)$을 구한다.

$A^C\cup B^C=(A\cap B)^C$이므로

$n(A^C\cup B^C)=n((A\cap B)^C)=n(U)-n(A\cap B)$

이때 $n(A\cup B)=n(A)+n(B)-n(A\cap B)$에서

$20=15+10-n(A\cap B)$　　∴ $n(A\cap B)=5$

∴ $n(A^C\cup B^C)=n(U)-n(A\cap B)$

$$=30-5=25$$

답 25

필수 공략

전체집합 U가 유한집합일 때, 세 부분집합 A, B, C에 대하여

(1) $n(A\cup B)=n(A)+n(B)-n(A\cap B)$ → $A\cap B=\varnothing$이면 $n(A\cup B)=n(A)+n(B)$이다.

(2) $n(A^C)=n(U)-n(A)$

(3) $n(A-B)=n(A)-n(A\cap B)=n(A\cup B)-n(B)$ → $B\subset A$이면 $n(A-B)=n(A)-n(B)$이다.

• 정답 및 해설 079쪽

조건 바꾼

유제 03-❶ 　전체집합 U의 두 부분집합 A, B에 대하여

$$n(U)=40, \ n(A^C)=17, \ n(B^C)=22, \ n(A^C\cup B^C)=29$$

일 때, $n(A\cup B)$를 구하시오.

유제 03-❷ 　전체집합 U가 유한집합일 때, 두 부분집합 A, B에 대하여

$$n(A-B)=23, \ n(A\cap B)=11, \ n(B^C)=36$$

이다. 오른쪽 벤 다이어그램에서 색칠한 부분이 나타내는 집합의 원소의 개수를 구하시오.

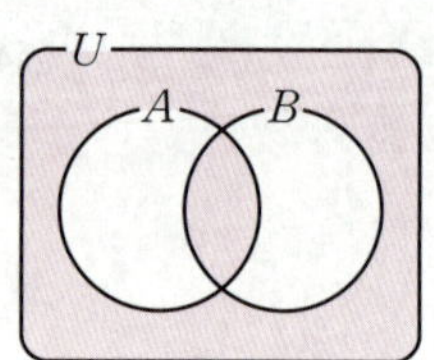

유제 03-❸ 　세 집합 A, B, C에 대하여

$$n(A)=11, \ n(B)=14, \ n(A\cup B)=n(B\cup C)=17, \ n(A\cap C)=0$$

일 때, $n(A\cup B\cup C)$를 구하시오.

유한집합의 원소의 개수의 활용

미강이네 반 학생 30명을 대상으로 중국어 회화와 일본어 회화에 대한 선호도를 조사하였더니 중국어 회화를 선호하는 학생이 19명, 일본어 회화를 선호하는 학생이 21명이었다. 중국어 회화와 일본어 회화 중 어느 것도 선호하지 않는 학생이 3명이었을 때, 중국어 회화와 일본어 회화를 모두 선호하는 학생 수를 구하시오.

풀이

(Tip) 주어진 조건을 각각 집합으로 나타낸 후 각각의 집합의 원소의 개수에 대한 식으로 나타낸다.

미강이네 반 학생 전체의 집합을 U, 중국어 회화를 선호하는 학생의 집합을 A, 일본어 회화를 선호하는 학생의 집합을 B라 하면

$n(U)=30$, $n(A)=19$, $n(B)=21$

중국어 회화와 일본어 회화 중 어느 것도 선호하지 않는 학생의 집합은 $A^c \cap B^c$, 즉 $(A \cup B)^c$이므로

$n(A^c \cap B^c)=n((A \cup B)^c)=3$

$\therefore n(A \cup B)=n(U)-n((A \cup B)^c)=30-3=27$

이때 중국어 회화와 일본어 회화를 모두 선호하는 학생의 집합은 $A \cap B$이므로

$n(A \cup B)=n(A)+n(B)-n(A \cap B)$에서

$27=19+21-n(A \cap B)$ $\therefore n(A \cap B)=13$

따라서 중국어 회화와 일본어 회화를 모두 선호하는 학생은 13명이다.

답 13

필수 공략

두 집합 A, B에 대하여
(1) 또는, 적어도 ~인 ➡ $A \cup B$
(2) 모두, 둘 다 ➡ $A \cap B$
(3) ~만, ~뿐 ➡ $A-B$ 또는 $B-A$
(4) 둘 중 하나만 ➡ $(A-B) \cup (B-A)$

• 정답 및 해설 080쪽

조건 바꾼

유제 04-❶ 어느 고등학교 실험 동아리 학생 40명 중 생물학 실험을 신청한 학생은 17명, 화학 실험을 신청한 학생은 25명, 생물학 실험과 화학 실험 중 어느 것도 신청하지 않은 학생은 7명일 때, 화학 실험만 신청한 학생 수를 구하시오.

유제 04-❷ 민우네 반 전체 학생을 대상으로 체험 학습 장소로 수족관과 민속촌에 대한 선호도를 조사하였더니 수족관을 선호하는 학생이 18명, 민속촌을 선호하는 학생이 21명, 수족관과 민속촌을 모두 선호하는 학생은 8명이었다. 수족관과 민속촌 중 어느 곳도 선호하지 않는 학생이 6명이었을 때, 민우네 반 전체 학생 수를 구하시오.

유제 04-❸ 어느 청소년 워크숍에 참가한 70명의 학생은 세 개의 교육 프로그램 A, B, C 중 적어도 한 개의 프로그램을 수강하였다. A, B를 수강한 학생은 각각 28명, 24명이었고, A, B를 동시에 수강한 학생은 10명이었을 때, C만 수강한 학생 수를 구하시오.

필수 예제 05 — 유한집합의 원소의 개수의 최댓값과 최솟값

전체집합 U의 두 부분집합 A, B에 대하여 $n(U)=35$, $n(A)=20$, $n(B)=25$일 때, $n(A\cap B)$의 최댓값과 최솟값을 각각 구하시오.

 풀이

(Tip) $n(A\cap B)$가 최대일 때와 최소일 때의 경우를 나누어 두 집합 A, B 사이의 관계를 생각해 본다.

$n(A\cup B)=n(A)+n(B)-n(A\cap B)$에서

$n(A\cap B)=n(A)+n(B)-n(A\cup B)=20+25-n(A\cup B)=45-n(A\cup B)$

(i) $n(A\cap B)$가 최대인 경우는 $n(A\cup B)$가 최소일 때이므로 $A\subset B$일 때이다.
                       $\longrightarrow n(A)<n(B)$이므로 성립

즉, $n(A\cap B)$의 최댓값은

$45-n(B)=45-25=20$

(ii) $n(A\cap B)$가 최소인 경우는 $n(A\cup B)$가 최대일 때이므로 $A\cup B=U$일 때이다.

즉, $n(A\cap B)$의 최솟값은

$45-n(U)=45-35=10$

(i), (ii)에서 $n(A\cap B)$의 최댓값은 20, 최솟값은 10이다.

| 다른 풀이 |

$A\subset(A\cup B)$, $B\subset(A\cup B)$이므로 $n(A)\leq n(A\cup B)$, $n(B)\leq n(A\cup B)$

$\therefore n(A\cup B)\geq 25$

$(A\cup B)\subset U$이므로 $n(A\cup B)\leq n(U)$ $\therefore n(A\cup B)\leq 35$

$\therefore 25\leq n(A\cup B)\leq 35$ …… ㉠

$n(A\cap B)=45-n(A\cup B)$ …… ㉡

㉠, ㉡에 의하여 $45-35\leq n(A\cap B)\leq 45-25$, 즉 $10\leq n(A\cap B)\leq 20$

따라서 $n(A\cap B)$의 최댓값은 20, 최솟값은 10이다.

답 최댓값: 20, 최솟값: 10

필수 공략

전체집합 U의 두 부분집합 A, B에 대하여 $n(A)<n(B)$일 때
(1) $n(A\cap B)$가 최대 ➡ $n(A\cup B)$가 최소 ➡ $A\subset B$ ➡ $n(A\cup B)=n(B)$
(2) $n(A\cap B)$가 최소 ➡ $n(A\cup B)$가 최대 ➡ $A\cup B=U$ ➡ $n(A\cup B)=n(U)$

• 정답 및 해설 080쪽

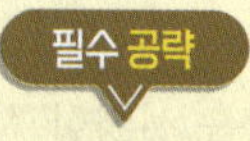
조건 바꾼

유제 05-❶ 전체집합 U의 두 부분집합 A, B에 대하여 $n(U)=50$, $n(A)=36$, $n(B)=28$일 때, $n(A\cup B)$의 최솟값을 구하시오.

유제 05-❷ 전체집합 U의 두 부분집합 A, B에 대하여 $n(U)=45$, $n(A)=29$, $n(B)=19$, $7\leq n(A\cap B)\leq 13$이다. $n(A^c\cap B^c)$의 최댓값을 M, 최솟값을 m이라 할 때, $M+m$의 값을 구하시오.

유제 05-❸ 전체집합 U의 두 부분집합 A, B에 대하여 $n(U)=20$, $n(A)=11$, $n(B)=13$일 때, $n(A-B)$의 최댓값을 구하시오.

소단원 점검 문제

● 정답 및 해설 081쪽

집합의 연산 법칙과 드모르간의 법칙

01 전체집합 $U=\{x\,|\,x$는 두 자리의 자연수$\}$의 두 부분집합
$$A=\{x\,|\,x$는 3의 배수$\},\ B=\{x\,|\,x$는 60의 약수$\}$$
에 대하여 집합 $\{(A\cup B)\cap(A\cup B^C)\}\cap B$를 구하시오.

집합의 연산 법칙과 포함 관계

02 전체집합 U의 두 부분집합 A, B에 대하여
$$(B-A)\cup(B-A^C)=(A\cup\varnothing)\cup(B\cap U)$$
가 성립할 때, 다음 중 항상 옳은 것은?

① $A\subset B$ ② $B\subset A$ ③ $A=B$ ④ $B\subset A^C$ ⑤ $A\cap B=\varnothing$

유한집합의 원소의 개수

03 세 집합 A, B, C에 대하여
$$n(A)=n(B)=n(C)=15,\ n(A\cap B)=7$$
이고 두 집합 $A\cup B$와 C가 서로소일 때, $n(A\cup B\cup C)$를 구하시오.

유한집합의 원소의 개수의 활용

04 [교육청] 어느 야구팀에서 등 번호가 2의 배수 또는 3의 배수인 선수는 모두 25명이다. 이 야구팀에서 등 번호가 2의 배수인 선수의 수와 등 번호가 3의 배수인 선수의 수는 같고, 등 번호가 6의 배수인 선수는 3명이다. 이 야구팀에서 등 번호가 2의 배수인 선수의 수는?

(단, 모든 선수는 각각 한 개의 등 번호를 갖는다.)

① 6 ② 8 ③ 10 ④ 12 ⑤ 14

유한집합의 원소의 개수의 최댓값과 최솟값

05 어느 진로 체험 활동에 참여한 학생 60명 중에서 A 활동에 참여한 학생과 B 활동에 참여한 학생은 각각 42명, 33명이다. 두 활동에 모두 참여한 학생 수의 최댓값을 M, 최솟값을 m이라 할 때, $M+m$의 값을 구하시오.

01

전체집합 $U=\{x\,|\,x$는 100 이하의 자연수$\}$의 부분집합
$$A_n=\{x\,|\,x는 n의 배수, n은 자연수\}$$
에 대하여 집합 $A_3\cap A_5$의 원소 중 3번째로 큰 수를 a, 집합 $A_4\cap A_7$의 원소 중 2번째로 작은 수를 b라 할 때, $a-b$의 값을 구하시오.

02

두 집합
$$A=\{x\,|\,x는 7의 약수\},$$
$$B=\{x\,|\,x^2-5x+a+3<0\}$$
이 서로소일 때, 자연수 a의 최솟값을 구하시오.

03

다음 중 오른쪽 벤 다이어그램의 색칠한 부분을 나타내는 집합과 항상 같은 집합은?

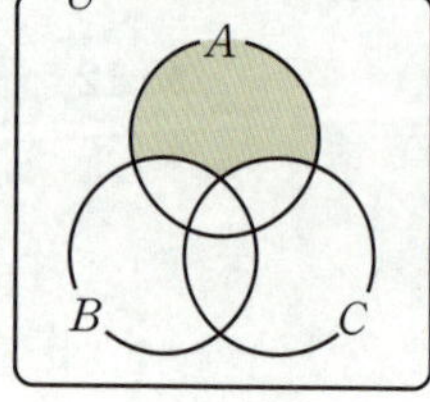

① $A-(B-C)$
② $(A\cup B)-C$
③ $(A\cap B)-(A\cap C)$
④ $A-(B\cup C)$
⑤ $A\cup(B-C)$

04

두 집합
$$A=\{x\,|\,x^2-6x+a<0\},\ B=\{x\,|\,x\leq b\}$$
에 대하여 $A-B=\{x\,|\,3<x<8\}$이다. 두 상수 $a,\ b$에 대하여 $b-a$의 값을 구하시오.

05 서술형

두 집합
$$A=\{1,\ 2,\ a^2\},\ B=\{a+6,\ 8a-16\}$$
에 대하여 $(A\cap B)\subset\{5,\ 7,\ 9,\ 11\}$일 때, 상수 a의 값을 구하시오. (단, $A\cap B\neq\varnothing$)

06 교육청

전체집합 $U=\{1,\ 2,\ 3,\ 4,\ 5,\ 6,\ 7,\ 8\}$의 두 부분집합 $A=\{1,\ 2\}$, $B=\{3,\ 5,\ 8\}$에 대하여 $X\cup A=X-B$를 만족시키는 집합 U의 부분집합 X의 개수는?

① 2 　　② 4 　　③ 8
④ 16 　　⑤ 32

07

전체집합 $U=\{x\,|\,x는 10 이하의 자연수\}$의 두 부분집합 $A=\{1,\ 3,\ 5,\ 7\}$, B에 대하여
$$(A\cup B)\cap X=X,\ (A-B)\cup X=X$$
를 만족시키는 집합 X의 개수가 16이다. $n(A\cap B)=2$일 때, 집합 B의 모든 원소의 합의 최댓값을 구하시오.

• 정답 및 해설 082쪽

08

전체집합 $U=\{x\,|\,x$는 한 자리의 자연수$\}$의 두 부분집합
$$A=\{1,\ 3,\ 5,\ 7,\ 9\},\ B=\{3,\ 4,\ 5,\ 6,\ 7\}$$
에 대하여 집합
$\{(A\cap B)\cup(B^c\cap A)\}\cup\{(B^c\cup A)\cap(A^c\cup B^c)\}$의
모든 원소의 합을 구하시오.

09

전체집합 U의 두 부분집합 A, B에 대하여
$$(A\cup B)\cap B^c=A^c\cap B$$
일 때, 다음 중 항상 옳은 것을 모두 고르면? (정답 2개)

① $A\subset B$ ② $A\subset B^c$ ③ $A^c\subset B^c$
④ $A^c\cup B=B$ ⑤ $A\cap(B-A)=A$

10 서술형

전체집합 $U=\{x\,|\,x$는 9 이하의 자연수$\}$의 두 부분집합 A,
B가 다음 조건을 만족시킨다.

> ㈎ $(A\cap B)^c\cap(A\cup B)=\{x\,|\,x$는 소수$\}$
> ㈏ $n(A)\le n(B)$

집합 A의 모든 원소의 합이 최대일 때, 집합 B의 모든 원소
의 합을 구하시오.

11

자연수 전체의 집합 U의 세 부분집합
$$A=\{x\,|\,x^2-10x+24\le0\},\ B=\{2,\ 5,\ 9,\ 11\},$$
$$C=\{x\,|\,x$는 n 이하의 자연수,\ n$은 자연수$\}$$
에 대하여 집합 $(A\cap C^c)\cup(B-C)$의 원소의 개수가 2
일 때, 집합 C의 모든 원소의 합의 최댓값을 M, 최솟값
을 m이라 하자. $M+m$의 값을 구하시오.

12

전체집합 U의 두 부분집합 A, B에 대하여
$$n(U)=40,\ n(A\cap B^c)=13,$$
$$n(A^c\cap B)=15,\ n(A^c\cup B^c)=30$$
일 때, $n(A\cup B)$를 구하시오.

13

어느 고등학교 1학년 학생 123명을 대상으로 국어, 영어,
수학 세 과목의 방과 후 수업에 대한 신청 여부를 조사한
결과 다음과 같은 사실을 알게 되었다.

> ㈎ 국어와 영어를 모두 신청한 학생은 없다.
> ㈏ 수학을 신청하지 않은 학생은 나머지 두 과목도 신청
> 하지 않았다.
> ㈐ 세 과목 중 두 과목만 신청한 학생은 42명이고, 한 과
> 목만 신청한 학생 수는 수학을 신청한 학생 수의 $\dfrac{1}{2}$
> 이다.

세 과목 중 어느 것도 신청하지 않은 학생 수를 구하시오.

• 정답 및 해설 **084쪽**

14

전체집합 $U=\{x\,|\,x$는 100 이하의 자연수$\}$의 부분집합 A_n을

$$A_n=\{x\,|\,x$는 n의 배수, n은 자연수$\}$$

라 할 때, 집합 $(A_2-A_7)\cup(A_7-A_2)$의 원소의 개수를 구하시오.

15

전체집합 $U=\{x\,|\,x$는 21 이하의 자연수$\}$의 두 부분집합 $X,\ Y$가 다음 조건을 만족시킨다.

> ㈎ 집합 X의 임의의 서로 다른 두 원소는 서로 나누어 떨어지지 않는다.
> ㈏ $n(X\cup Y)=17,\ n(X\cap Y)=1$

집합 A의 모든 원소의 합을 $S(A)$라 할 때, $S(X)-S(Y)$의 최댓값은? (단, $n(X)\geq2$)

① 140   ② 144   ③ 148

④ 152   ⑤ 156

16

실수 전체의 집합 U의 공집합이 아닌 세 부분집합

$$A=\{-2,\ 3\},\ B=\{x\,|\,x^2+ax+b\leq0\},$$
$$C=\{1,\ c-2,\ 4-d\}$$

가 다음 조건을 만족시킨다.

> ㈎ $C=(C-A)\cup A$
> ㈏ $(C\cup C^C)\cap(B-A)=(B\cup A^C)^C\cap B$

양수 $a,\ b,\ c,\ d$에 대하여 $ab+cd$의 값을 구하시오.

17 교육청

어느 학교 학생 200명을 대상으로 두 체험 활동 A, B를 신청한 학생 수를 조사하였더니 체험 활동 A를 신청한 학생은 체험 활동 B를 신청한 학생보다 20명이 많았고, 어느 체험 활동도 신청하지 않은 학생은 하나 이상의 체험 활동을 신청한 학생보다 100명이 적었다. 체험 활동 A만 신청한 학생 수의 최댓값을 구하시오.

18

두 집합 $A=\{1,\ 2,\ a+6\},\ B=\{2,\ 2a-3,\ a^2,\ 7\}$에 대하여

$$(A\cap B)\cup X=X,\ (A\cup B)\cap X=X$$

를 만족시키는 집합 X의 개수가 8일 때, 모든 상수 a의 값의 합을 구하시오. (단, $n(A)=3,\ n(B)=4$)

II-3

명제

 **명제와 조건**

① 명제

참, 거짓을 분명하게 판별할 수 있는 문장이나 식을 **명제**라 한다.
이때 명제가 참이면 참인 명제, 거짓이면 거짓인 명제라 한다.

참고 명제는 보통 알파벳 소문자 p, q, r, …로 나타낸다. → 거짓인 문장이나 식도 명제임에 주의한다.

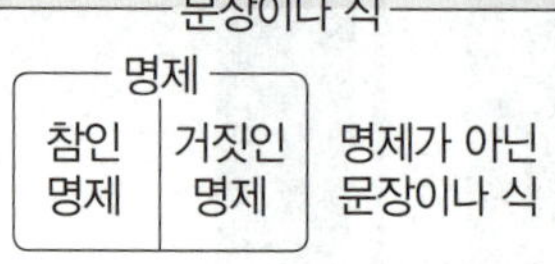

 문장이나 식 중에는 참, 거짓을 분명하게 판별할 수 있는 것과 판별할 수 없는 것이 있다.
'예쁘다', '많다', '크다'와 같은 표현이 들어간 문장은 참, 거짓을 판별할 수 있는 기준이 명확하지 않으므로
명제가 아니며, '$x-1=2$'는 x의 값에 따라 참이 되기도 하고 거짓이 되기도 하므로 명제가 아니다.

> **example**
> 다음 문장이나 식을 명제인지 명제가 아닌지 구분하고, 명제인 것은 참, 거짓을 판별해 보자.
> (1) $2+5>6$ ➡ 참인 명제이다.
> (2) 3은 5의 약수이다. ➡ 거짓인 명제이다. → 5의 약수는 1, 5이므로 3은 5의 약수가 아니다.
> (3) 꽃은 예쁘다. ➡ 명제가 아니다. → '예쁘다'는 기준이 명확하지 않아 참, 거짓을 판별할 수 없으므로 명제가 아니다.
> (4) $x^2-4=0$ ➡ 명제가 아니다. → $x=\pm2$이면 참이고, $x\neq\pm2$이면 거짓이므로 명제가 아니다.

② 명제의 부정

(1) **명제의 부정**: 명제 p에 대하여 'p가 아니다.'를 명제 p의 부정이라 하고, 기호로 $\sim p$와 같이
나타낸다.

    참고 $\sim p$는 'p가 아니다.' 또는 'not p'라 읽는다.

(2) 명제 p와 그 부정 $\sim p$의 참, 거짓 사이에는 다음과 같은 관계가 있다.

    ① 명제 p가 참이면 $\sim p$는 거짓이다.

    ② 명제 p가 거짓이면 $\sim p$는 참이다.

(3) 명제 $\sim p$의 부정은 p이다. 즉, $\sim(\sim p)=p$이다.

 참인 명제의 부정은 거짓인 명제이고, 거짓인 명제의 부정은 참인 명제이다.
즉, 명제가 참이면 그 부정은 거짓이고, 명제가 거짓이면 그 부정은 참이다.

p	$\sim p$
참	거짓
거짓	참

> **example**
> 다음 명제의 부정을 말하고, 그 명제의 참, 거짓을 판별해 보자.
> (1) 명제 'p: 3은 6의 약수이다.'에 대하여 '$\sim p$: 3은 6의 약수가 아니다.'이다.
>   이때 p는 참이고 그 부정인 $\sim p$는 거짓이다.
> (2) 명제 'p: 3은 짝수이다.'에 대하여 '$\sim p$: 3은 짝수가 아니다.'이다.
>   이때 p는 거짓이고 그 부정인 $\sim p$는 참이다. → 짝수가 아닌 것 중에는 분수도 있기 때문이다.
>   **주의** 수의 범위를 자연수로 한정하지 않았으므로 '짝수가 아니다.'를 '홀수이다.'라 해서는 안 된다.
> (3) 명제 'p: $1+2<4$'에 대하여 '$\sim p$: $1+2\geq4$'이고, '$\sim(\sim p)$: $1+2<4$'이다.
>   즉, $\sim(\sim p)=p$이다.
>   이때 p는 참이고, 그 부정인 $\sim p$는 거짓이다.

1 조건

(1) **조건**: 변수를 포함하는 문장이나 식 중에서 변수의 값에 따라 참, 거짓을 판별할 수 있을 때, 그 문장이나 식

> **참고** 변수 x를 포함하는 조건을 $p(x)$, $q(x)$, $r(x)$, …로 나타내고, 변수 x를 언급하지 않아도 혼동이 없을 때는 간단히 p, q, r, …로 나타내기도 한다.

(2) **조건의 부정**: 조건 p에 대하여 'p가 아니다.'를 조건 p의 부정이라 하고, 기호로 **$\sim p$**와 같이 나타낸다.

> **참고** 조건에서도 명제와 마찬가지로 '조건 p가 참이면 $\sim p$는 거짓이고, 조건 p가 거짓이면 $\sim p$는 참이다.'가 성립한다.

(3) 조건 $\sim p$의 부정은 p이다. 즉, $\sim(\sim p)=p$이다.

2 진리집합

(1) **진리집합**: 전체집합 U의 원소 중에서 조건이 참이 되게 하는 모든 원소의 집합

> **참고** 조건 p, q, r, …의 진리집합은 보통 알파벳 대문자 P, Q, R, …로 나타내고, 특별한 언급이 없으면 전체집합을 실수 전체의 집합으로 생각한다.

(2) **조건의 부정의 진리집합**: 전체집합 U에서 정의된 조건 p의 진리집합을 P라 할 때, $\sim p$의 진리집합은 P^C이다.

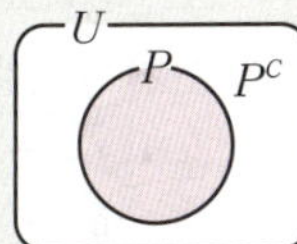

 **설명**

조건

변수 x를 포함하는 문장이나 식은 x의 값이 주어지지 않으면 참, 거짓을 판별할 수 없으므로 명제가 아니지만 x의 값이 주어지면 참, 거짓을 판별할 수 있으므로 명제가 된다.

> **example**
> (1) 조건 'x는 4의 배수이다.'에 대하여
> $x=8$이면 '8은 4의 배수이다.'이므로 참인 명제가 되고,
> $x=10$이면 '10은 4의 배수이다.'이므로 거짓인 명제가 된다.
> (2) 전체집합 $U=\{0,\ 1,\ 2\}$에서의 조건 '$x^2=x$'에 대하여
> $x=0$이면 '$0^2=0$'이고, $x=1$이면 '$1^2=1$'이므로 참인 명제가 되고,
> $x=2$이면 '$2^2\neq2$'이므로 거짓인 명제가 된다.

참고 여러 가지 부정의 표현

(1) $\sim$이다. $\xleftrightarrow{\text{부정}}$ $\sim$가 아니다.

(2) 모든 $\xleftrightarrow{\text{부정}}$ 어떤

(3) 그리고 $\xleftrightarrow{\text{부정}}$ 또는

(4) 음수 $\xleftrightarrow{\text{부정}}$ 음수가 아니다. (0 또는 양수)

(5) 짝수 $\xleftrightarrow{\text{부정}}$ 홀수 (단, 자연수 범위)

(6) 유리수 $\xleftrightarrow{\text{부정}}$ 무리수 (단, 실수 범위)

(7) $=$ $\xleftrightarrow{\text{부정}}$ $\neq$, $<(>)$ $\xleftrightarrow{\text{부정}}$ $\geq(\leq)$

(8) $x=y=z$ $\xleftrightarrow{\text{부정}}$ $x\neq y$ 또는 $y\neq z$ 또는 $z\neq x$

진리집합

조건 p의 진리집합 P는 전체집합 U의 원소 중에서 조건 p가 참이 되게 하는 모든 원소의 집합이고, U의 원소 중에서 조건 $\sim p$가 참이 되게 하는 원소는 P의 원소가 아니므로 $\sim p$의 진리집합은 P^C이다.

> **example**
> (1) 전체집합 $U=\{1,2,3,4\}$에서의 조건 p가 'p: x는 3의 약수이다.'일 때,
> 전체집합 U의 원소 중에서 조건 p가 참이 되게 하는 원소는 1, 3이므로 조건 p의 진리집합을 P라 하면
> $P=\{1,\ 3\}$
> 조건 p의 부정은 '$\sim p$: x는 3의 약수가 아니다.'이고, $\sim p$의 진리집합을 Q라 하면
> $Q=\{2,\ 4\}$ → $Q=P^C$이므로 조건 $\sim p$의 진리집합은 P^C임을 확인할 수 있다.

(2) 전체집합 $U=\{x \mid x$는 10 이하의 자연수$\}$에서의 조건 p가 'p: x는 짝수이다.'일 때,

전체집합 U의 원소 중에서 조건 p가 참이 되게 하는 원소는 2, 4, 6, 8, 10이므로 조건 p의 진리집합을 P라 하면

$$P=\{2,\ 4,\ 6,\ 8,\ 10\}$$

또한, 조건 p의 부정은 '$\sim p$: x는 짝수가 아니다.'이고, 자연수에서 짝수의 부정은 홀수이므로

'$\sim p$: x는 홀수이다.'라 할 수도 있다.

이때 $\sim p$의 진리집합은 P^c이므로

$$P^c=\{1,\ 3,\ 5,\ 7,\ 9\}$$

 **참고** 여집합의 성질에 의하여 $(P^c)^c=P$이므로 조건 $\sim p$의 부정, 즉 $\sim(\sim p)$의 진리집합은 조건 p의 진리집합과 같다.

4 조건 'p 또는 q'와 'p 그리고 q'

전체집합 U에서의 두 조건 p, q의 진리집합을 각각 P, Q라 하면

(1) 조건 'p 또는 q'의 진리집합은 $P\cup Q$이다.

조건 'p 또는 q'의 부정은 '$\sim p$ 그리고 $\sim q$'이고, 그 진리집합은 $P^c\cap Q^c$이다.

(2) 조건 'p 그리고 q'의 진리집합은 $P\cap Q$이다.

조건 'p 그리고 q'의 부정은 '$\sim p$ 또는 $\sim q$'이고, 그 진리집합은 $P^c\cup Q^c$이다.

 **설명** 전체집합 U에서의 두 조건 p, q의 진리집합을 각각 P, Q라 할 때, 다음 조건을 진리집합으로 나타내고 그것을 벤 다이어그램으로 나타내면 각각 다음과 같다.

조건	p 또는 q	p 그리고 q	p 그리고 $\sim q$	$\sim(p$ 그리고 $q)$ ➡ $\sim p$ 또는 $\sim q$	$\sim(p$ 또는 $q)$ ➡ $\sim p$ 그리고 $\sim q$
진리 집합	$P\cup Q$	$P\cap Q$	$P\cap Q^c=P-Q$	$(P\cap Q)^c=P^c\cup Q^c$	$(P\cup Q)^c=P^c\cap Q^c$ ←드모르간의 법칙

 **개념 확인**

정답 및 해설 **087**쪽

1 실수 전체의 집합에서 다음 조건의 부정을 말하시오.

(1) $x=0$ 또는 $x=1$ 　　(2) $-1\le x<5$ 　　(3) $x<-2$ 또는 $x\ge3$

2 전체집합 $U=\{x \mid x$는 10 이하의 자연수$\}$에서 다음 조건의 부정을 말하고, 그 진리집합을 구하시오.

(1) x는 홀수 또는 10의 약수이다.

(2) x는 홀수이고 10의 약수이다.

답 **1.** (1) $x\ne0$이고 $x\ne1$ 　(2) $x<-1$ 또는 $x\ge5$ 　(3) $-2\le x<3$

2. (1) 부정: x는 홀수가 아니고 10의 약수도 아니다., 부정의 진리집합: $\{4,\ 6,\ 8\}$

(2) 부정: x는 홀수가 아니거나 10의 약수가 아니다., 부정의 진리집합: $\{2,\ 3,\ 4,\ 6,\ 7,\ 8,\ 9,\ 10\}$

명제

다음 중 명제를 모두 찾고, 명제인 것은 참, 거짓을 판별하시오.

(1) 피자는 맛있다.

(2) $\dfrac{1}{3}$은 유리수이다.

(3) $4>5$

(4) $x+3=4$

풀이

(**Tip**) 기준이 명확하지 않거나 미지수에 따라 참, 거짓이 달라지는 경우는 명제가 아니다.

명제인 것은 (2), (3)이다.

(1) '맛있다'는 기준이 명확하지 않아 참, 거짓을 판별할 수 없으므로 명제가 아니다.

(2) $\dfrac{1}{3}$은 유리수이므로 참인 명제이다.

(3) 4는 5보다 작은 수이므로 거짓인 명제이다.

(4) x의 값에 따라 참, 거짓이 달라지므로 명제가 아니다.

답 명제: (2), (3)

(1) 명제가 아니다. (2) 참인 명제 (3) 거짓인 명제 (4) 명제가 아니다.

필수 공략

주어진 문장이나 식에 대하여
(1) 참, 거짓을 분명하게 판별할 수 있으면 명제이다.
(2) 참, 거짓을 분명하게 판별할 수 없으면 명제가 아니다.

• 정답 및 해설 **087**쪽

조건 바꾼

유제 **01-❶** 다음 중 명제를 모두 찾고, 명제인 것은 참, 거짓을 판별하시오.

(1) 축구는 재미있다.

(2) 2는 6의 약수이다.

(3) $x+3<5$

(4) $2\times3-1=6$

유제 **01-❷** 다음 중 명제가 <u>아닌</u> 것을 모두 고르면? (정답 2개)

① $x-2=7$ ② $x-1=x+2$ ③ $3x=x+2x$

④ $x+1>x-5$ ⑤ $2x>-x+1$

유제 **01-❸** 
|보기| 중 참인 명제를 모두 고르시오.

┤ 보기 ├
ㄱ. 서울은 큰 도시이다. ㄴ. 삼각형의 세 내각의 크기의 합은 $180°$이다.

ㄷ. 소수는 홀수이다. ㄹ. 4와 6의 최소공배수는 24이다.

ㅁ. $3^2<2^4$ ㅂ. $x+2=2x-3$

명제와 조건의 부정

다음 명제 또는 조건의 부정을 말하시오.

(1) -3은 정수이다.

(2) $-2 \geq 1$

(3) n은 자연수이다.

(4) x는 -1보다 작거나 같다.

풀이

(**Tip**) 명제 또는 조건 p의 부정은 'p가 아니다.'이다.

(1) 주어진 명제의 부정은 '-3은 정수가 아니다.'이다.

(2) 주어진 명제의 부정은 '$-2 < 1$'이다.

(3) 주어진 조건의 부정은 'n은 자연수가 아니다.'이다.

(4) 주어진 조건의 부정은 'x는 -1보다 크다.'이다.

답 풀이 참조

필수 공략 **여러 가지 부정의 표현**

(1) ~이다. $\xleftrightarrow{\text{부정}}$ ~가 아니다.

(2) 모든 $\xleftrightarrow{\text{부정}}$ 어떤

(3) 그리고 $\xleftrightarrow{\text{부정}}$ 또는

(4) $x = a \xleftrightarrow{\text{부정}} x \neq a$

(5) $x < a \xleftrightarrow{\text{부정}} x \geq a$

(6) $x > a \xleftrightarrow{\text{부정}} x \leq a$

• 정답 및 해설 087쪽

조건 바꾼

유제 02-❶

다음 명제 또는 조건의 부정을 말하시오.

(1) π는 3보다 작다.

(2) 정사각형은 평행사변형이다.

(3) $x + 2 < 3$

(4) n은 유리수가 아니다.

유제 02-❷

다음 조건의 부정을 말하시오. (단, x, y는 실수이고, A, B는 집합이다.)

(1) $x < 2$ 또는 $x \geq 5$

(2) $x = 2$이고 $x = 3$

(3) $x = 3$ 또는 $y \leq 5$

(4) $x \in A$이고 $x \notin B$

유제 02-❸

|보기|의 명제 중 그 부정이 참인 것을 모두 고른 것은?

┤ 보기 ├
ㄱ. 3은 소수이다.

ㄴ. 0은 자연수이다.

ㄷ. $3^2 + 1 < 10$

ㄹ. 맞꼭지각의 크기는 서로 같다.

① ㄱ, ㄴ   ② ㄱ, ㄷ   ③ ㄴ, ㄷ   ④ ㄴ, ㄹ   ⑤ ㄷ, ㄹ

조건의 진리집합

실수 전체의 집합에서 두 조건 p, q가 $p: x<0$, $q: x\geq2$일 때, 다음 조건의 진리집합을 구하시오.

(1) $\sim p$ (2) p 또는 q (3) $\sim(p$ 또는 $q)$

풀이

(Tip) 두 조건 p, q의 진리집합을 각각 P, Q라 할 때, $\sim p$, p 또는 q, $\sim(p$ 또는 $q)$의 진리집합은 각각 P^C, $P\cup Q$, $(P\cup Q)^C$임을 이용한다.

두 조건 p, q의 진리집합을 각각 P, Q라 하면
$$P=\{x\,|\,\underset{\text{조건 }p}{x<0}\},\ Q=\{x\,|\,\underset{\text{조건 }q}{x\geq2}\}$$

(1) 조건 $\sim p$의 진리집합은 P^C이므로

 $P^C=\{x\,|\,x\geq0\}$

(2) 조건 'p 또는 q'의 진리집합은 $P\cup Q$이므로

 $P\cup Q=\{x\,|\,x<0\text{ 또는 }x\geq2\}$

(3) 조건 '$\sim(p$ 또는 $q)$'의 진리집합은 $(P\cup Q)^C=P^C\cap Q^C$이고

 $P^C=\{x\,|\,x\geq0\}$, $Q^C=\{x\,|\,x<2\}$이므로

 $P^C\cap Q^C=\{x\,|\,0\leq x<2\}$

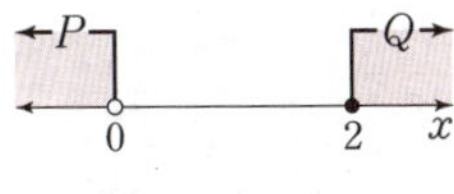

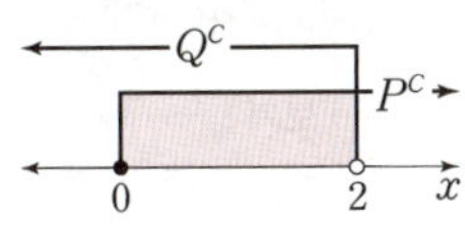

답   (1) $\{x\,|\,x\geq0\}$ (2) $\{x\,|\,x<0\text{ 또는 }x\geq2\}$ (3) $\{x\,|\,0\leq x<2\}$

필수 공략   **조건에서의 표현과 진리집합에서의 표현의 비교**

조건에서의 표현	$\sim p$	또는	그리고
진리집합에서의 표현	P^C	$\cup$	$\cap$

    └→ 여집합   └→ 합집합   └→ 교집합

• 정답 및 해설 **088**쪽

조건 바꾼

유제 03-❶ 전체집합 U가 실수 전체의 집합일 때, 두 조건 $p: 2\leq x<5$, $q: x<3$에 대하여 다음 조건의 진리집합을 구하시오.

(1) $\sim q$ (2) p이고 $\sim q$ (3) $\sim(p$이고 $q)$

유제 03-❷ 정수 x에 대한 조건
  $p: x(x-11)\geq0$
에 대하여 조건 $\sim p$의 진리집합의 원소의 개수는?

[교육청]

① 6   ② 7   ③ 8   ④ 9   ⑤ 10

유제 03-❸ 전체집합 $U=\{x\,|\,x$는 20 이하의 자연수$\}$에 대하여 두 조건 p, q가
  $p: x$는 3의 배수이다., $q: x$는 15의 약수이다.
일 때, 조건 '$\sim(\sim p$ 또는 $\sim q)$'의 진리집합의 모든 원소의 합을 구하시오.

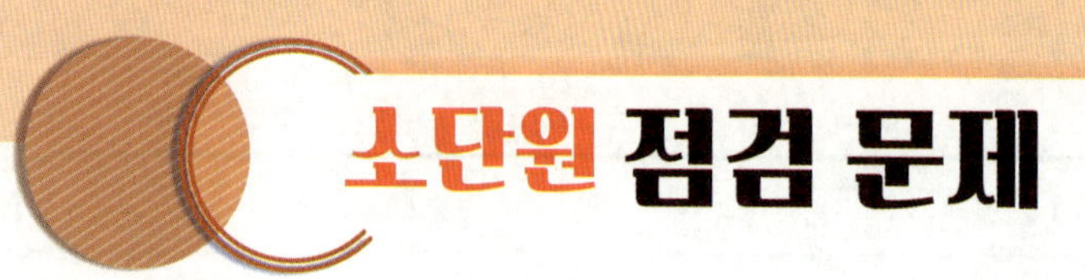

명제

01 다음 중 참인 명제는?

① 장미는 아름답다.

② $x>3$이면 $x+y>0$이다.

③ 마름모는 정사각형이다.

④ $\sqrt{9}$는 유리수이다.

⑤ 5는 7의 약수이다.

명제와 조건의 부정

02 |보기|의 명제 중 그 부정이 참인 것을 모두 고르시오.

┤ 보기 ├

ㄱ. $\sqrt{3}$은 무리수가 아니다.

ㄴ. $\sqrt{2}\times\sqrt{3}\neq\sqrt{5}$

ㄷ. 12는 3의 배수이고 4의 배수이다.

ㄹ. $x<y$이면 $x+2\geq y+2$

ㅁ. 5는 소수이다.

ㅂ. 마름모의 네 변의 길이는 모두 같다.

조건의 진리집합

03 전체집합 U가 정수 전체의 집합일 때, 두 조건

$$p:\ |x-2|\geq 3, \quad q:\ |x|\leq 1$$

에 대하여 조건 '$\sim(p$ 그리고 $\sim q)$'의 진리집합의 원소의 개수는?

① 5 　　② 6 　　③ 7 　　④ 8 　　⑤ 9

조건의 진리집합

04 실수 전체의 집합에서 두 조건

$$p:\ x<2, \quad q:\ x<4$$

의 진리집합을 각각 P, Q라 할 때, 다음 중 조건 '$2\leq x<4$'의 진리집합을 나타내는 것은?

① $(P\cup Q)^C$ 　　② $(P\cap Q)^C$ 　　③ $P^C\cup Q$ 　　④ $P\cup Q^C$ 　　⑤ $P^C\cap Q$

02 명제의 참, 거짓

1 명제 $p \longrightarrow q$의 참, 거짓

1 명제 $p \longrightarrow q$

두 조건 p, q로 이루어진 명제 'p이면 q이다.'를 기호로 $p \longrightarrow q$와 같이
나타내고, p를 이 명제의 가정, q를 이 명제의 결론이라 한다.

예 명제 '$x=2$이면 $x^2=4$이다.'에서 가정은 '$x=2$'이고 결론은 '$x^2=4$'이다.

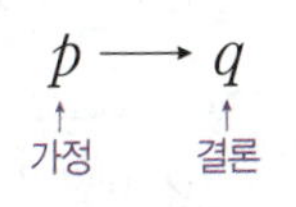

2 명제 $p \longrightarrow q$의 참, 거짓과 진리집합 사이의 관계

명제 $p \longrightarrow q$에 대하여 두 조건 p, q의 진리집합을 각각 P, Q라 할 때

(1) $P \subset Q$이면 명제 $p \longrightarrow q$는 참이다.

　거꾸로 명제 $p \longrightarrow q$가 참이면 $P \subset Q$이다.

(2) $P \not\subset Q$이면 명제 $p \longrightarrow q$는 거짓이다.

　거꾸로 명제 $p \longrightarrow q$가 거짓이면 $P \not\subset Q$이다.

참고 명제 $p \longrightarrow q$가 거짓임을 보이려면 가정 p는 만족시키지만 결론 q는 만족시키지 않는 예가 하나라도 있음을
보이면 된다. 이와 같이 명제가 거짓임을 보이는 예를 반례라 한다.

명제 $p \longrightarrow q$의 참, 거짓과 진리집합 사이의 관계

두 조건 p, q의 진리집합을 각각 P, Q라 할 때, $P \subset Q$이면 $x \in P$일 때 $x \in Q$이다. ← P의 모든 원소가 Q에 속한다.

즉, 조건 p를 만족시키는 원소는 조건 q도 만족시키므로 조건 p가 참이 되는 모든 경우에 조건 q도 참이
되고, 이는 명제 $p \longrightarrow q$가 참임을 의미한다.

한편, $P \not\subset Q$이면 $x \in P$이지만 $x \notin Q$인 x가 존재한다. ← 반례

즉, 조건 p는 만족시키지만 조건 q는 만족시키지 않는 원소에 대하여 조건 p는 참이 되지만 조건 q가 거짓
이 되고, 이는 명제 $p \longrightarrow q$가 거짓임을 의미한다. ← 반례

example

(1) 명제 '$x>1$이면 $x>0$이다.'의 가정을 p, 결론을 q라 하고, 각각의 진리집합을 P, Q라 하면
'$p: x>1$', '$q: x>0$'에서
$$P=\{x \mid x>1\},\ Q=\{x \mid x>0\}$$
이다.
이때 조건 p가 참이 되게 하는 모든 원소는 조건 q도 참이 되게 한다.
따라서 $P \subset Q$이므로 주어진 명제는 참이다.

(2) 명제 'n이 짝수이면 n은 4의 배수이다.'의 가정을 p, 결론을 q라 하고, 각각의 진리집합을 P, Q라 하면
'$p: n$이 짝수이다.', '$q: n$은 4의 배수이다.'에서
$$P=\{2,\ 4,\ 6,\ 8,\ \cdots\},\ Q=\{4,\ 8,\ 12,\ \cdots\}$$
이다.
이때 조건 p는 참이 되게 하면서 조건 q는 거짓이 되게 하는 원소가 존재한다.
즉, $n=2$이면 n은 짝수이지만 4의 배수가 아니므로 $n=2$는 주어진 명제가 거짓임을 보여주는 반례이다.
따라서 $P \not\subset Q$이므로 주어진 명제는 거짓이다.

참고 두 조건 p, q의 진리집합을 각각 P, Q라 할 때, 명제 $p \longrightarrow q$의 반례 x는 P에는 속하지만 Q에는 속하지 않는
원소이므로 집합 $P-Q$의 원소이다. → $x \in P$이지만 $x \notin Q$인 x

즉, 반례가 존재하는 두 집합 P, Q 사이의 포함 관계는 다음 세 가지 중 한 가지 경우이다.

(i) 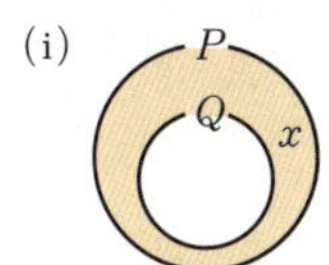　(ii) 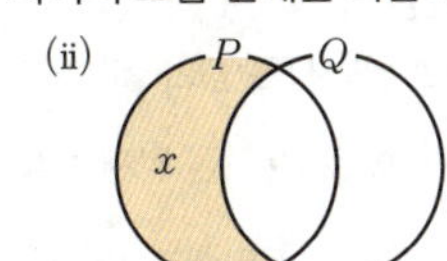　(iii) 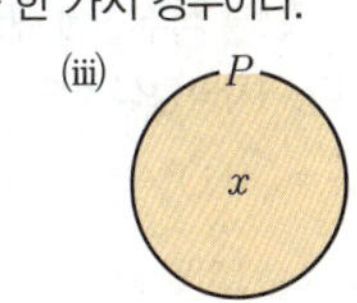 

② '모든'이나 '어떤'을 포함한 명제의 참, 거짓

전체집합 U에 대하여 조건 p의 진리집합을 P라 할 때, 다음이 성립한다.

(1) 명제 '모든 x에 대하여 p이다.'는
- $P=U$이면 참이다. → 모든 x가 조건 p를 만족시킨다.
- $P \neq U$이면 거짓이다. → 조건 p를 만족시키지 않는 x가 적어도 하나 존재한다.

(2) 명제 '어떤 x에 대하여 p이다.'는
- $P \neq \varnothing$이면 참이다. → 조건 p를 만족시키는 x가 존재한다.
- $P = \varnothing$이면 거짓이다. → 모든 x가 조건 p를 만족시키지 않는다.

참고 (1) '모든'을 포함한 명제는 조건을 만족시키지 않는 예가 하나만 있어도 거짓인 명제이다.
(2) '어떤'을 포함한 명제는 조건을 만족시키는 예가 하나만 있어도 참인 명제이다.

설명

일반적으로 전체집합 U에 대하여 조건 p는 참, 거짓을 판별할 수 없으므로 명제가 아니지만
'모든'이나 '어떤'으로 범위를 제한하면 참, 거짓을 판별할 수 있으므로 명제가 된다.

example

(1) 전체집합 U가 실수 전체의 집합일 때
① 명제 '모든 x에 대하여 $x^2 \geq 0$이다.'에서 조건 '$p: x^2 \geq 0$'의 진리집합을 P라 하면
$P = \{x \mid x$는 실수$\}$이므로 $P = U$이다. 따라서 주어진 명제는 참이다.
② 명제 '어떤 x에 대하여 $x^2 < 0$이다.'에서 조건 '$p: x^2 < 0$'의 진리집합을 P라 하면
$P = \varnothing$이므로 주어진 명제는 거짓이다. 이때 반례는 $x = 1$이다.

(2) 전체집합 U가 $U = \{1, 2, 3, 4\}$일 때
└→ 반례는 $x=1$ 외에도 모든 실수가 될 수 있다.
① 명제 '모든 x에 대하여 $x > 1$이다.'에서 조건 '$p: x > 1$'의 진리집합을 P라 하면
$P = \{2, 3, 4\}$
따라서 $P \neq U$이므로 주어진 명제는 거짓이다.

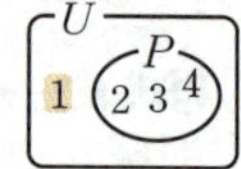

② 명제 '어떤 x에 대하여 $x \leq 1$이다.'에서 조건 '$p: x \leq 1$'의 진리집합을 P라 하면
$P = \{1\}$
따라서 $P \neq \varnothing$이므로 주어진 명제는 참이다.

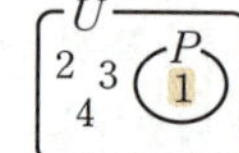

③ '모든'이나 '어떤'을 포함한 명제의 부정

조건 p에 대하여
(1) 명제 '모든 x에 대하여 p이다.'의 부정 ➡ '어떤 x에 대하여 $\sim p$이다.'
(2) 명제 '어떤 x에 대하여 p이다.'의 부정 ➡ '모든 x에 대하여 $\sim p$이다.'

설명

명제 '모든 x에 대하여 p이다.'의 부정은 'p가 아닌 x가 존재한다.'이므로
'어떤 x에 대하여 $\sim p$이다.'
또한, 명제 '어떤 x에 대하여 p이다.'의 부정은 'p인 x가 존재하지 않는다.'이므로
'모든 x에 대하여 $\sim p$이다.'

example

(1) 명제 '모든 자연수 x에 대하여 x는 정수이다.'의 부정은
'어떤 자연수 x에 대하여 x는 정수가 아니다.'
이때 정수는 음의 정수, 0, 자연수로 이루어져 있으므로 주어진 명제의 부정은 거짓이다.

(2) 명제 '어떤 실수 x에 대하여 $x^2 - 2x - 1 \leq 0$이다.'의 부정은
'모든 실수 x에 대하여 $x^2 - 2x - 1 > 0$이다.'
이때 이차방정식 $x^2 - 2x - 1 = 0$의 판별식을 D라 하면
$\dfrac{D}{4} = (-1)^2 - 1 \times (-1) = 2 > 0$이므로 주어진 명제의 부정은 거짓이다.
즉, $x = 1$이면 $x^2 - 2x - 1 = -2 < 0$이므로 반례는 $x = 1$이다. → 반례가 존재하므로 거짓이다.

명제 $p \longrightarrow q$의 참, 거짓

두 조건 p, q가 다음과 같을 때, 명제 $p \longrightarrow q$의 참, 거짓을 판별하시오. (단, x, y는 실수이다.)

(1) p: x는 홀수이다.　　　q: x는 소수이다.

(2) p: $x^2-2x+1=0$　　　q: $x^2=1$

(3) p: $x+y>1$　　　　　q: $x>1$ 또는 $y>1$

풀이

(Tip) 두 조건 p, q의 진리집합 P, Q를 각각 구한 후 두 집합 P, Q 사이의 포함 관계를 비교한다.
그러나 주어진 명제가 명확하게 거짓인 경우에는 반례를 찾아 거짓임을 보인다.

(1) [반례] $x=9$이면 x는 홀수이지만 소수가 아니다.
　　따라서 명제 $p \longrightarrow q$는 거짓이다.

(2) 두 조건 p, q의 진리집합을 각각 P, Q라 하면
　　p: $x^2-2x+1=0$에서 $(x-1)^2=0$　　∴ $x=1$
　　∴ $P=\{1\}$
　　q: $x^2=1$에서 $x=-1$ 또는 $x=1$　　∴ $Q=\{-1,\ 1\}$
　　따라서 $P \subset Q$이므로 명제 $p \longrightarrow q$는 참이다.

(3) [반례] $x=0.6$, $y=0.6$이면 $x+y=1.2>1$이지만 $x<1$이고 $y<1$이다.
　　따라서 명제 $p \longrightarrow q$는 거짓이다.

답 (1) 거짓　(2) 참　(3) 거짓

필수 공략

두 조건 p, q의 진리집합을 각각 P, Q라 할 때
(1) $P \subset Q$이면 명제 $p \longrightarrow q$는 참이다.　　　(2) $P \not\subset Q$이면 명제 $p \longrightarrow q$는 거짓이다.

● 정답 및 해설 088쪽

조건 바꾼

유제 **01-❶**　다음 명제의 참, 거짓을 판별하시오. (단, x, y는 실수이다.)

(1) xy가 짝수이면 $x+y$는 짝수이다.

(2) $x^2-4x+3=0$이면 x는 양수이다.

(3) $2x-3>1$이면 $x \geq 1$이다.

유제 **01-❷**　|보기|의 명제 중 참인 것을 모두 고르시오. (단, x, y는 실수이다.)

┤ 보기 ├
ㄱ. $|x|=1$이면 $x=1$이다.　　　　　ㄴ. $x^2<1$이면 $-2<x<2$이다.
ㄷ. $x^2+y^2=0$이면 $x=0$이고 $y=0$이다.　　ㄹ. $xy=0$이면 $x=0$이고 $y=0$이다.

명제 $p \longrightarrow q$의 참, 거짓과 진리집합 사이의 관계

전체집합 U에 대하여 두 조건 p, q의 진리집합을 각각 P, Q라 하자. 명제 $p \longrightarrow q$가 참일 때, 다음 중 항상 옳은 것은?

① $Q \subset P$　　　　　② $P^c \subset Q^c$　　　　　③ $P \cup Q = P$

④ $P \cap Q = P$　　　　⑤ $P = Q$

풀이

(**Tip**) 두 조건 p, q의 진리집합을 각각 P, Q라 할 때, 명제 $p \longrightarrow q$가 참이면 $P \subset Q$임을 이용한다.

명제 $p \longrightarrow q$가 참이므로 $P \subset Q$이고, 두 집합 P, Q 사이의 포함 관계를 벤 다이어그램으로 나타내면 오른쪽과 같다.

$\therefore P \cap Q = P$

따라서 항상 옳은 것은 ④이다.

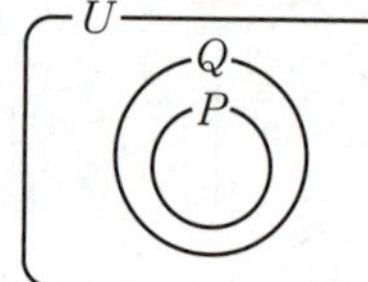

답 ④

필수 공략

두 조건 p, q의 진리집합을 각각 P, Q라 할 때
(1) 명제 $p \longrightarrow q$가 참이면 $P \subset Q$이다.　　　(2) 명제 $p \longrightarrow q$가 거짓이면 $P \not\subset Q$이다.

• 정답 및 해설 089쪽

조건 바꾼

유제 02-❶ 전체집합 U에 대하여 두 조건 p, q의 진리집합을 각각 P, Q라 하자. 명제 $q \longrightarrow {\sim}p$가 참일 때, 다음 중 항상 옳은 것은?

① $P \subset Q$　　　② $Q \subset P$　　　③ $P = Q$　　　④ $P \cap Q = \varnothing$　　　⑤ $P \cup Q = U$

유제 02-❷ 전체집합 U에 대하여 두 조건 p, q의 진리집합을 각각 P, Q라 하자. $Q^c \subset P$일 때, |**보기**|의 명제 중 항상 참인 것을 모두 고르시오.

┤ 보기 ├
ㄱ. $p \longrightarrow q$　　　　ㄴ. ${\sim}q \longrightarrow p$　　　　ㄷ. $q \longrightarrow {\sim}p$　　　　ㄹ. ${\sim}p \longrightarrow q$

유제 02-❸ 전체집합 U에 대하여 세 조건 p, q, r의 진리집합을 각각 P, Q, R라 하자. $P \cap Q = Q$, $Q \cup R = Q$일 때, 다음 명제 중 항상 참이라고 할 수 <u>없는</u> 것은?

① $q \longrightarrow p$　　　② $r \longrightarrow q$　　　③ ${\sim}p \longrightarrow {\sim}q$　　　④ ${\sim}p \longrightarrow {\sim}r$　　　⑤ ${\sim}r \longrightarrow {\sim}q$

명제 $p \longrightarrow q$가 참이 되도록 하는 미지수 구하기

두 조건 p, q가

$$p: -1 < x < 1, \quad q: x \geq k$$

일 때, 명제 $p \longrightarrow q$가 참이 되도록 하는 실수 k의 최댓값을 구하시오.

(**Tip**) 두 조건 p, q의 진리집합을 각각 P, Q라 할 때, 명제 $p \longrightarrow q$가 참이 되려면 $P \subset Q$이어야 하므로 두 진리집합 P, Q를 수직선 위에 나타내어 k의 값의 범위를 구한다.

두 조건 p, q의 진리집합을 각각 P, Q라 하면

$p: -1 < x < 1$에서 $P = \{x \mid -1 < x < 1\}$

$q: x \geq k$에서 $Q = \{x \mid x \geq k\}$

명제 $p \longrightarrow q$가 참이 되려면 $P \subset Q$이어야 하므로 오른쪽 그림에서

$k \leq -1$

따라서 실수 k의 최댓값은 -1이다.

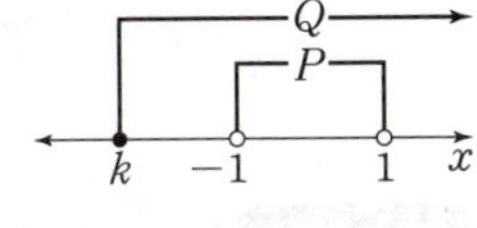

답 -1

두 조건 p, q의 진리집합을 각각 P, Q라 할 때, 명제 $p \longrightarrow q$가 참이 되려면
➡ $P \subset Q$가 되도록 두 진리집합 P, Q를 수직선 위에 나타낸다.

• 정답 및 해설 089쪽

유제 03-❶ 두 조건 p, q가

$$p: a \leq x \leq b, \quad q: 1 < x < 2$$

일 때, 명제 $q \longrightarrow p$가 참이 되도록 하는 $b - a$의 최솟값을 구하시오. (단, $a \leq b$)

유제 03-❷ 두 조건 p, q가

$$p: a - 3 < x < a + 1, \quad q: x < -2 \text{ 또는 } x \geq 6$$

일 때, 명제 $p \longrightarrow \sim q$가 참이 되도록 하는 실수 a의 값의 범위를 구하시오.

유제 03-❸ 세 조건 p, q, r가

$$p: -4 < x < 3, \quad q: a - 2 \leq x \leq a + 1, \quad r: x < b$$

일 때, 두 명제 $q \longrightarrow p$, $p \longrightarrow r$가 모두 참이 되도록 하는 a의 최댓값과 b의 최솟값의 합을 구하시오.
(단, a, b는 정수이다.)

거짓인 명제의 반례

전체집합 U에 대하여 두 조건 p, q의 진리집합을 각각 P, Q라 할 때, 두 집합 P, Q 사이의 포함 관계가 오른쪽 벤 다이어그램과 같다. 명제 $p \longrightarrow q$가 거짓임을 보이는 반례를 구하시오.

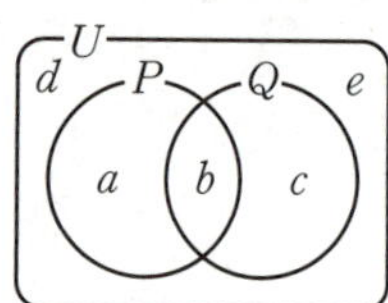

풀이

(Tip) 두 조건 p, q의 진리집합을 각각 P, Q라 할 때, 집합 P에 속하는 원소 중에서 집합 Q에는 속하지 않는 원소가 반례이다.

명제 $p \longrightarrow q$가 거짓임을 보이는 반례는 집합 P에 속하는 원소 중에서 집합 Q에는 속하지 않는 원소이다. 따라서 구하는 반례는 집합 $P-Q$의 원소이므로 a이다.

답 a

필수 공략

전체집합 U에 대하여 두 조건 p, q의 진리집합을 각각 P, Q라 할 때, 명제 $p \longrightarrow q$가 거짓임을 보이는 반례는 오른쪽 벤 다이어그램에서 색칠한 부분, 즉 집합 $P-Q=P \cap Q^c$의 원소이다.

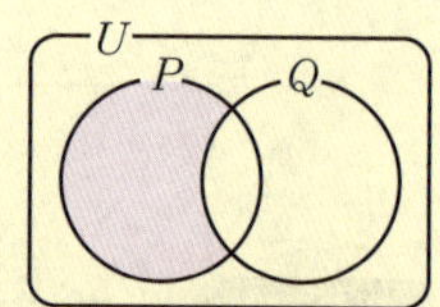

• 정답 및 해설 090쪽

숫자 바꾼

유제 04-❶ 전체집합 U에 대하여 두 조건 p, q의 진리집합을 각각 P, Q라 할 때, 두 집합 P, Q 사이의 포함 관계가 오른쪽 벤 다이어그램과 같다. 명제 $p \longrightarrow q$가 거짓임을 보이는 반례의 개수를 구하시오.

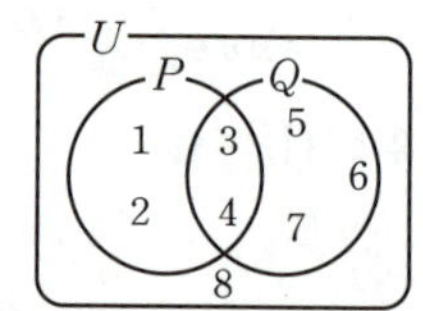

유제 04-❷ 전체집합 U에 대하여 두 조건 p, q의 진리집합을 각각 P, Q라 할 때, 두 집합 P, Q 사이의 포함 관계가 오른쪽 벤 다이어그램과 같다. 명제 $q \longrightarrow \sim p$가 거짓임을 보이는 모든 반례의 합을 구하시오.

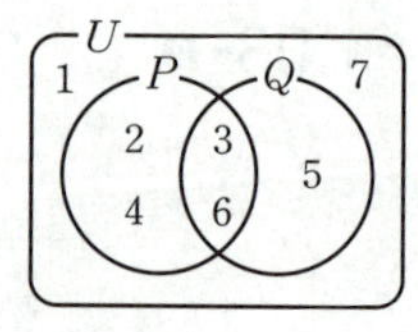

유제 04-❸ 전체집합 U에 대하여 두 조건 p, q의 진리집합을 각각 P, Q라 할 때, 다음 중 명제 '$\sim p$이면 $\sim q$이다.'가 거짓임을 보이는 반례가 속하는 집합은?

① $P \cap Q$　　② $P-Q$　　③ $Q-P$　　④ P^c-Q　　⑤ Q^c-P

'모든'이나 '어떤'을 포함한 명제의 참, 거짓

전체집합 $U=\{-1,\ 0,\ 1\}$에 대하여 $x\in U$, $y\in U$일 때, 다음 중 참인 명제는?

① 모든 x에 대하여 $x^2\geq1$이다.

② 어떤 x에 대하여 $|x|>1$이다.

③ 어떤 x에 대하여 $x^2+x-1=0$이다.

④ 모든 $x,\ y$에 대하여 $x^2+y^2=1$이다.

⑤ 어떤 $x,\ y$에 대하여 $|x+y|\leq0$이다.

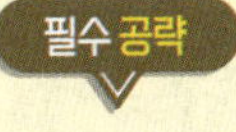

(Tip) '모든'을 포함한 명제가 참이려면 전체집합의 모든 원소가 조건 p를 만족시켜야 한다.

한편, '어떤'을 포함한 명제가 참이려면 전체집합의 원소 중에서 조건 p를 만족시키는 원소가 하나만 있어도 된다.

① [반례] $x=0$이면 $x^2=0$이므로 $x^2<1$이다.

즉, 주어진 명제는 거짓이다.

$\qquad\qquad\qquad\qquad\qquad\qquad$ $|x|>1$에서 $x<-1$ 또는 $x>1$

② p: $|x|>1$이라 하고, 조건 p의 진리집합을 P라 하면 $P=\varnothing$이므로 주어진 명제는 거짓이다.

③ p: $x^2+x-1=0$이라 하고, 조건 p의 진리집합을 P라 하면 $P=\varnothing$이므로 주어진 명제는 거짓이다.

④ [반례] $x=0$, $y=0$이면 $x^2+y^2=0$이므로 $x^2+y^2\neq1$이다. $\quad x=\dfrac{-1\pm\sqrt5}{2}\notin U$

즉, 주어진 명제는 거짓이다.

⑤ $x=0$, $y=0$이면 $|x+y|=0$이므로 $|x+y|\leq0$이다.

즉, 주어진 명제는 참이다.

따라서 참인 명제는 ⑤이다.

답 ⑤

필수 공략

(1) '모든 x에 대하여 p이다.' ➡ 반례가 없으면 참이고, 하나라도 존재하면 거짓이다.

(2) '어떤 x에 대하여 p이다.' ➡ 조건 p의 진리집합이 공집합이 아니면 참이고, 공집합이면 거짓이다.

• 정답 및 해설 090쪽

조건 바꾼

유제 05-❶ 다음 중 거짓인 명제는?

① 모든 실수 x에 대하여 $x^2+1>0$이다.

② 어떤 무리수 x에 대하여 $x^2-2=0$이다.

③ 모든 자연수 n에 대하여 $n(n+1)$은 짝수이다.

④ 모든 소수는 홀수이다.

⑤ 어떤 양의 실수 x에 대하여 $x^2<x$이다.

유제 05-❷ 다음 명제의 부정을 말하고, 그 부정의 참, 거짓을 판별하시오.

(1) 모든 자연수 n에 대하여 $n^2>1$이다.

(2) 어떤 실수 x에 대하여 $x^2-3x+2\leq0$이다.

소단원 점검 문제

• 정답 및 해설 090쪽

명제 $p \longrightarrow q$의 참, 거짓과 진리집합 사이의 관계

01 전체집합 U에 대하여 두 조건 p, q의 진리집합을 각각 P, Q라 하자. $P \cup Q = U$일 때, 다음 중 항상 참인 명제는?

① $p \longrightarrow q$ ② $p \longrightarrow \sim q$ ③ $q \longrightarrow \sim p$ ④ $\sim p \longrightarrow q$ ⑤ $\sim p \longrightarrow \sim q$

명제 $p \longrightarrow q$가 참이 되도록 하는 미지수 구하기

02 두 조건 p, q가

$$p: |x-1| \geq k, \quad q: -8 \leq 2x-3 < 4k$$

일 때, 명제 $\sim p \longrightarrow q$가 참이 되도록 하는 자연수 k의 개수를 구하시오.

거짓인 명제의 반례

03 10 이하의 자연수 n에 대하여 명제 'n이 짝수이면 n은 4의 배수이다.'가 거짓임을 보이는 모든 반례의 합을 구하시오.

'모든'이나 '어떤'을 포함한 명제의 참, 거짓

04 공집합이 아닌 전체집합 U에 대하여 조건 p의 진리집합을 P라 할 때, |보기| 중 옳은 것을 모두 고른 것은?

| 보기 |
ㄱ. $P = U$이면 명제 '모든 x에 대하여 p이다.'는 참이다.
ㄴ. $P = U$이면 명제 '어떤 x에 대하여 p이다.'는 거짓이다.
ㄷ. $P \neq U$이면 명제 '어떤 x에 대하여 $\sim p$이다.'는 참이다.

① ㄱ   ② ㄷ   ③ ㄱ, ㄴ   ④ ㄱ, ㄷ   ⑤ ㄴ, ㄷ

'모든'이나 '어떤'을 포함한 명제의 참, 거짓

05 실수 전체의 집합에서 명제 '모든 실수 x에 대하여 $x^2 + 6x + k \geq 0$이다.'가 참이 되도록 하는 실수 k의 최솟값을 구하시오.

명제 사이의 관계

① 명제의 역과 대우

■ 명제의 역과 대우

명제 $p \longrightarrow q$에 대하여

(1) 명제 $q \longrightarrow p$를 명제 $p \longrightarrow q$의 역이라 한다.

(2) 명제 $\sim q \longrightarrow \sim p$를 명제 $p \longrightarrow q$의 대우라 한다.

$$
\begin{array}{ccc}
p \longrightarrow q & \xleftrightarrow{\ \text{역}\ } & q \longrightarrow p \\
\updownarrow \text{대우} & & \updownarrow \text{대우} \\
\sim q \longrightarrow \sim p & \xleftrightarrow{\ \text{역}\ } & \sim p \longrightarrow \sim q
\end{array}
$$

■ 명제와 그 대우의 참, 거짓

(1) 명제 $p \longrightarrow q$가 참이면 그 대우 $\sim q \longrightarrow \sim p$도 참이다.

(2) 명제 $p \longrightarrow q$가 거짓이면 그 대우 $\sim q \longrightarrow \sim p$도 거짓이다.

┌ 명제와 그 대우는 참, 거짓이 일치한다.

명제와 그 대우의 참, 거짓

전체집합 U에 대하여 두 조건 p, q의 진리집합을 각각 P, Q라 하면 두 조건 $\sim p$, $\sim q$의 진리집합은 각각 P^C, Q^C이다.

(1) 명제 $p \longrightarrow q$가 참이면 $P \subset Q$이고, 즉 $Q^C \subset P^C$이므로 명제 $\sim q \longrightarrow \sim p$는 참이다.

거꾸로 명제 $\sim q \longrightarrow \sim p$가 참이면 $Q^C \subset P^C$이고, 즉 $P \subset Q$이므로 명제 $p \longrightarrow q$는 참이다.

(2) 명제 $p \longrightarrow q$가 거짓이면 $P \not\subset Q$이고, 즉 $Q^C \not\subset P^C$이므로 명제 $\sim q \longrightarrow \sim p$도 거짓이다.

거꾸로 명제 $\sim q \longrightarrow \sim p$가 거짓이면 $Q^C \not\subset P^C$이고, 즉 $P \not\subset Q$이므로 명제 $p \longrightarrow q$는 거짓이다.

즉, 명제와 그 대우의 참, 거짓은 항상 일치하므로 주어진 명제의 참, 거짓을 판별하기 어려울 때는 그 대우의 참, 거짓을 판별해도 된다.

> **참고** 명제와 그 역의 참, 거짓 사이에는 특정한 관계가 없다. 즉
> $P \subset Q$이더라도 $Q \subset P$가 아닐 수 있으므로 명제 $p \longrightarrow q$가 참이더라도 그 역 $q \longrightarrow p$가 반드시 참인 것은 아니다.

example

명제 '$\underset{\text{가정 } p}{x^2=1}$이면 $\underset{\text{결론 } q}{x=1}$이다.'의 역과 대우를 말하고, 그것의 참, 거짓을 각각 판별해 보자. (단, x는 실수이다.)

(1) 역은 '$x=1$이면 $x^2=1$이다.'이므로 참이다. → 가정 p와 결론 q를 서로 바꾼 것

(2) 대우는 '$x \neq 1$이면 $x^2 \neq 1$이다.'이므로 거짓이다. 이때 $x=-1$이면 $x \neq 1$이지만 $x^2=1$이므로 반례는 $x=-1$이다. → 가정 p와 결론 q를 각각 부정하여 서로 바꾼 것

---

② 삼단논법

세 조건 p, q, r에 대하여 두 명제 $p \longrightarrow q$, $q \longrightarrow r$가 모두 참이면 명제 $p \longrightarrow r$가 참이다.

세 조건 p, q, r의 진리집합을 각각 P, Q, R라 할 때, 두 명제 $p \longrightarrow q$, $q \longrightarrow r$가 모두 참이면 $P \subset Q$, $Q \subset R$이므로 $P \subset R$이다. 따라서 명제 $p \longrightarrow r$는 참이다.

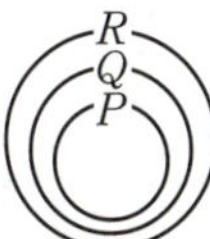

example

세 조건

p: 소크라테스이다., $\quad q$: 인간이다., $\quad r$: 죽는다.

에 대하여 두 명제 $p \longrightarrow q$, $q \longrightarrow r$가 모두 참이므로 명제 $p \longrightarrow r$도 참이다.

즉, 삼단논법에 의하여 참인 두 명제 '$\underset{p}{\text{소크라테스는}}$ $\underset{q}{\text{인간이다}}$.', '$\underset{q}{\text{인간은}}$ $\underset{r}{\text{죽는다}}$.'로부터 명제 '$\underset{p}{\text{소크라테스는}}$ $\underset{r}{\text{죽는다}}$.'가 참이라 결론낼 수 있다.

① 충분조건과 필요조건

두 조건 p, q에 대하여 명제 $p \longrightarrow q$가 참일 때, 기호로 $\boldsymbol{p \Longrightarrow q}$ 와 같이 나타내고, p는 q이기 위한 **충분조건**, q는 p이기 위한 **필요조건**이라 한다.

> 참고 명제 $p \longrightarrow q$가 거짓일 때, 기호로 $p \not\Longrightarrow q$와 같이 나타낸다.

② 필요충분조건

명제 $p \longrightarrow q$에 대하여 $p \Longrightarrow q$이고 $q \Longrightarrow p$일 때, 기호로 $\boldsymbol{p \Longleftrightarrow q}$와 같이 나타내고, p는 q이기 위한 **필요충분조건**이라 한다. 또한, 이 경우에 q도 p이기 위한 필요충분조건이다.

설명 조건 p가 조건 q이기 위한 충분조건인지 필요조건인지 알아보기 위해서는 두 명제 $p \longrightarrow q$, $q \longrightarrow p$의 참, 거짓을 각각 조사해야 한다.

> example 두 조건 p, q가 다음과 같을 때, p는 q이기 위한 어떤 조건인지 판단해 보자.
>
> (1) 두 조건 'p: $x=2$', 'q: $x^2=4$'에 대하여
> $x=2$이면 $x^2=4$이므로 $p \Longrightarrow q$이고, $x=-2$이면 $x^2=4$이지만 $x \neq 2$이므로 $q \not\Longrightarrow p$이다.
> 따라서 p는 q이기 위한 충분조건이고, q는 p이기 위한 필요조건이다.
>
> (2) 두 조건 'p: $x^2+y^2=0$', 'q: $x=0$, $y=0$'에 대하여
> $x^2+y^2=0$이면 $x=0$, $y=0$이므로 $p \Longrightarrow q$이고, $x=0$, $y=0$이면 $x^2+y^2=0$이므로 $q \Longrightarrow p$이다.
> 따라서 $p \Longleftrightarrow q$이므로 p는 q이기 위한 필요충분조건(q는 p이기 위한 필요충분조건)이다.

두 조건 p, q의 진리집합을 각각 P, Q라 할 때, 다음이 성립한다.

(1) $P \subset Q \Rightarrow p \Longrightarrow q \Rightarrow$ ⎡p는 q이기 위한 충분조건
  ⎣q는 p이기 위한 필요조건

(2) $Q \subset P \Rightarrow q \Longrightarrow p \Rightarrow$ ⎡p는 q이기 위한 필요조건
  ⎣q는 p이기 위한 충분조건

(3) $P = Q \Rightarrow p \Longleftrightarrow q \Rightarrow p$는 q이기 위한 필요충분조건

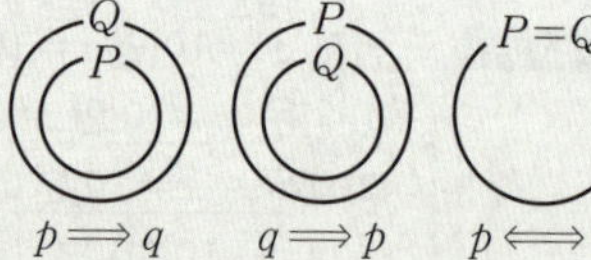

설명 조건 p가 조건 q이기 위한 충분조건인지 필요조건인지 알아볼 때, 두 조건 p, q의 진리집합 사이의 포함 관계를 이용하면 편리하다.

> example 두 조건 p, q가 다음과 같을 때, p는 q이기 위한 어떤 조건인지 판단해 보자.
>
> (1) 두 조건 'p: x는 3의 약수이다.', 'q: x는 6의 약수이다.'의 진리집합을 각각 P, Q라 하면
> $P=\{1, 3\}$, $Q=\{1, 2, 3, 6\}$ $\therefore P \subset Q$, $Q \not\subset P$
> 따라서 $p \Longrightarrow q$이므로 p는 q이기 위한 충분조건이고, q는 p이기 위한 필요조건이다.
>
> (2) 두 조건 'p: $x^2=4$', 'q: $(x-2)^2=0$'의 진리집합을 각각 P, Q라 하면
> $P=\{-2, 2\}$, $Q=\{2\}$ $\therefore Q \subset P$, $P \not\subset Q$
> 따라서 $q \Longrightarrow p$이므로 p는 q이기 위한 필요조건이고, q는 p이기 위한 충분조건이다.
>
> (3) 두 조건 'p: $x^2 \leq 1$', 'q: $|x| \leq 1$'의 진리집합을 각각 P, Q라 하면
> $P=\{x \,|\, -1 \leq x \leq 1\}$, $Q=\{x \,|\, -1 \leq x \leq 1\}$ $\therefore P=Q$
> 따라서 $p \Longleftrightarrow q$이므로 p는 q이기 위한 필요충분조건(q는 p이기 위한 필요충분조건)이다.

명제의 역과 대우의 참, 거짓

다음 명제의 역과 대우를 말하고, 그것의 참, 거짓을 각각 판별하시오. (단, x, y는 실수이다.)

(1) $x>0$이면 $2x+3>0$이다.

(2) $xy>0$이면 $x>0$이고 $y>0$이다.

풀이

(**Tip**) 명제 $p \longrightarrow q$의 역은 $q \longrightarrow p$이고, 대우는 $\sim q \longrightarrow \sim p$이다.

(1) 역: $2x+3>0$이면 $x>0$이다. (거짓)

　　[반례] $x=-1$이면 $2x+3=1>0$이지만 $x<0$이다.

　　대우: $2x+3\leq0$이면 $x\leq0$이다. (참)　　　　$2\times(-1)+3=(-2)+3=1$

(2) 역: $x>0$이고 $y>0$이면 $xy>0$이다. (참)　　$x\leq-\dfrac{3}{2}$

　　대우: $x\leq0$ 또는 $y\leq0$이면 $xy\leq0$이다. (거짓)

　　[반례] $x=-1$, $y=-1$이면 $x\leq0$ 또는 $y\leq0$이지만 $xy=1>0$이다.

답 풀이 참조

필수 공략

(1) 명제 $p \longrightarrow q$와 그 대우 $\sim q \longrightarrow \sim p$는 참, 거짓이 일치한다.

　① 명제 $p \longrightarrow q$가 참이면 그 대우 $\sim q \longrightarrow \sim p$도 참이다.

　② 명제 $p \longrightarrow q$가 거짓이면 그 대우 $\sim q \longrightarrow \sim p$도 거짓이다.

(2) 명제 $p \longrightarrow q$가 참일 때, 그 역 $q \longrightarrow p$가 반드시 참인 것은 아니다.

• 정답 및 해설 091 쪽

유제 **01-❶**　

다음 명제의 역과 대우를 말하고, 그것의 참, 거짓을 각각 판별하시오. (단, x, y는 실수이다.)

(1) $x=2$이면 $x^2-4x+4=0$이다.

(2) $x\geq0$이고 $y\geq0$이면 $x+y\geq0$이다.

유제 **01-❷**

|보기|의 명제 중 역은 거짓이고 대우는 참인 것을 모두 고르시오. (단, x, y는 실수이다.)

┤ 보기 ├

ㄱ. $x^2+y^2=0$이면 $xy=0$이다.

ㄴ. $|x|+|y|\leq0$이면 $xy\geq0$이다.

ㄷ. 두 삼각형의 넓이가 같으면 두 삼각형은 서로 합동이다.

유제 **01-❸**

명제 '$x^2-2ax+8\neq0$이면 $x-2\neq0$이다.'가 참일 때, 실수 a의 값을 구하시오.

충분조건, 필요조건, 필요충분조건

두 조건 p, q가 다음과 같을 때, p는 q이기 위한 어떤 조건인지 말하시오. (단, x, y는 실수이다.)

(1) p: △ABC는 정삼각형이다.　　　q: △ABC는 이등변삼각형이다.

(2) p: $x^2=0$　　　　　　　　　　q: $x=0$

(3) p: $x+y=2$　　　　　　　　　q: $x=1$이고 $y=1$

풀이

(**Tip**) 명제 $p \longrightarrow q$ 또는 명제 $q \longrightarrow p$의 참, 거짓을 판별하거나 진리집합 사이의 포함 관계를 이용한다.

(1) 정삼각형은 세 변의 길이가 같으므로 이등변삼각형이다. 즉, $p \Longrightarrow q$이다.

　[$q \longrightarrow p$의 반례] 오른쪽 그림의 △ABC는 이등변삼각형이지만

　정삼각형이 아니므로 $q \not\Longrightarrow p$이다.

　따라서 $p \Longrightarrow q$, $q \not\Longrightarrow p$이므로 p는 q이기 위한 **충분조건**이다.

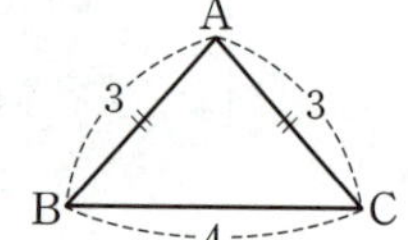

(2) $x^2=0$이면 $x=0$이므로 $p \Longrightarrow q$이고,

　$x=0$이면 $x^2=0$이므로 $q \Longrightarrow p$이다.

　따라서 $p \Longleftrightarrow q$이므로 p는 q이기 위한 **필요충분조건**이다.

(3) [$p \longrightarrow q$의 반례] $x=-1$, $y=3$이면 $x+y=2$이지만 $x\neq1$, $y\neq1$이므로 $p \not\Longrightarrow q$이다.

　$x=1$이고 $y=1$이면 $x+y=2$이므로 $q \Longrightarrow p$이다.

　따라서 $p \not\Longrightarrow q$, $q \Longrightarrow p$이므로 p는 q이기 위한 **필요조건**이다.

답 (1) 충분조건　(2) 필요충분조건　(3) 필요조건

필수 공략

두 조건 p, q에 대하여 어떤 조건인지 판단할 때는 두 명제 $p \longrightarrow q$, $q \longrightarrow p$의 참, 거짓을 모두 판별해야 한다.

(1) $p \Longrightarrow q$이면 p는 q이기 위한 충분조건이고, q는 p이기 위한 필요조건이다.

(2) $p \Longleftrightarrow q$이면 p는 q이기 위한 필요충분조건이다.

참고 $p \Longrightarrow q$에서 주는 쪽 p를 충분조건, 받는 쪽 q를 필요조건으로 기억하면 충분조건과 필요조건을 판단하는 데 도움이 된다.

• 정답 및 해설 091쪽

조건 바꾼

유제 02-❶ 두 조건 p, q가 다음과 같을 때, p는 q이기 위한 어떤 조건인지 말하시오. (단, x, y는 실수이다.)

(1) p: $x^2+y^2>0$　　　　　q: $x+y>0$

(2) p: $|x|=1$　　　　　　　q: $x^2=1$

(3) p: x는 6의 약수이다.　q: x는 12의 약수이다.

유제 02-❷ 두 조건 p, q에 대하여 **보기** 중 p가 q이기 위한 필요충분조건인 것을 모두 고르시오.

(단, x, y는 실수이고, A, B는 집합이다.)

┤ 보기 ├

ㄱ. p: $x-3<0$　　q: $x+7>2x+1$　　　ㄴ. p: $A \subset B$　　　q: $A \cap B = A$

ㄷ. p: $x=y=0$　　q: $|x|+|y|=0$　　　ㄹ. p: $A \cap B = \varnothing$　　q: $A \cup B = \varnothing$

충분조건, 필요조건과 진리집합 사이의 관계

전체집합 U에 대하여 두 조건 p, q의 진리집합을 각각 P, Q라 하자. p가 q이기 위한 충분조건일 때, 다음 중 항상 옳은 것은?

① $P \cap Q = Q$ ② $P \cup Q = P$ ③ $Q - P = Q$ ④ $P - Q = \varnothing$ ⑤ $P \cup Q^c = U$

풀이

(**Tip**) p가 q이기 위한 **충분조건**임을 두 진리집합 P, Q 사이의 포함 관계로 나타낸다.

p가 q이기 위한 충분조건이므로 $p \Longrightarrow q$ $\therefore P \subset Q$

즉, 두 집합 P, Q 사이의 포함 관계를 벤 다이어그램으로 나타내면 오른쪽과 같다.

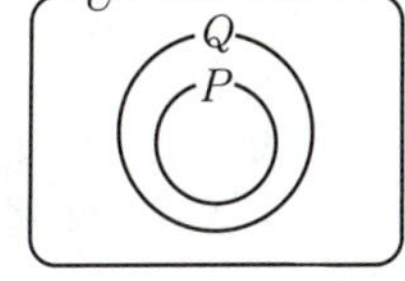

① $P \cap Q = P$ ② $P \cup Q = Q$ ③ $Q - P \neq Q$

④ $P - Q = \varnothing$ ⑤ $P \cup Q^c \neq U$

따라서 항상 옳은 것은 ④이다.

답 ④

필수 공략

두 조건 p, q의 진리집합을 각각 P, Q라 할 때
(1) p가 q이기 위한 **충분조건** ➡ $p \Longrightarrow q$ ➡ $P \subset Q$
(2) p가 q이기 위한 **필요조건** ➡ $q \Longrightarrow p$ ➡ $Q \subset P$
(3) p가 q이기 위한 **필요충분조건** ➡ $p \Longleftrightarrow q$ ➡ $P = Q$
참고 $P \subset Q \Longleftrightarrow P \cup Q = Q \Longleftrightarrow P \cap Q = P \Longleftrightarrow P - Q = \varnothing$

• 정답 및 해설 092쪽

조건 바꾼

유제 03-❶ 전체집합 U에 대하여 두 조건 p, q의 진리집합을 각각 P, Q라 하자. q가 $\sim p$이기 위한 충분조건일 때, 다음 중 항상 옳은 것은?

① $P^c \subset Q$ ② $Q^c \subset P$ ③ $P \cap Q = \varnothing$ ④ $P \cup Q = U$ ⑤ $Q - P = \varnothing$

유제 03-❷ 전체집합 U에 대하여 두 조건 p, q의 진리집합을 각각 P, Q라 하자. p가 $\sim q$이기 위한 필요조건일 때, |**보기**| 중 항상 옳은 것을 모두 고르시오.

┤ 보기 ├
ㄱ. $P^c \subset Q$ ㄴ. $P - Q = \varnothing$ ㄷ. $P \cap Q = \varnothing$ ㄹ. $P \cup Q = U$

유제 03-❸ 전체집합 U에 대하여 세 조건 p, q, r의 진리집합을 각각 P, Q, R라 하자. q는 p이기 위한 충분조건이고, r는 p이기 위한 필요조건일 때, 세 집합 P, Q, R 사이의 포함 관계를 구하시오.

II-3
명제

충분조건, 필요조건, 필요충분조건이 되도록 하는 미지수 구하기

두 조건 p, q가

$$p: 1 \leq x \leq 3, \quad q: a \leq x \leq 5$$

일 때, p가 q이기 위한 충분조건이 되도록 하는 실수 a의 최댓값을 구하시오. (단, $a \leq 5$)

풀이

(**Tip**) 진리집합 사이의 포함 관계를 이용하여 두 조건 p, q의 진리집합을 수직선 위에 나타낸 후 조건을 만족시키는 미지수를 구한다.

두 조건 p, q의 진리집합을 각각 P, Q라 하면

$P = \{x \mid 1 \leq x \leq 3\}$, $Q = \{x \mid a \leq x \leq 5\}$

이때 p가 q이기 위한 충분조건이 되려면 $p \Longrightarrow q$, 즉 $P \subset Q$이어야 하므로

오른쪽 그림에서

$a \leq 1$

따라서 실수 a의 최댓값은 1이다.

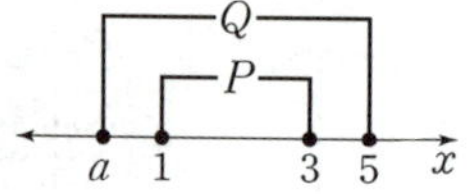

답 1

부등식으로 주어진 조건이 충분조건 또는 필요조건 또는 필요충분조건을 만족시키려면
➡ 진리집합 사이의 포함 관계를 수직선 위에 나타내어 미지수의 값 또는 범위를 구한다.

• 정답 및 해설 092쪽

유제 04-❶ 두 조건 p, q가

$$p: x \leq -3 \text{ 또는 } x \geq 2, \quad q: x > \frac{a}{2}$$

일 때, p가 q이기 위한 필요조건이 되도록 하는 실수 a의 값의 범위를 구하시오.

유제 04-❷ $x = 1$이 $x^2 + ax + b = 0$이기 위한 필요충분조건일 때, $b - a$의 값을 구하시오. (단, a, b는 실수이다.)

유제 04-❸ 세 조건

$$p: 0 < x \leq 3, \quad q: a \leq x \leq 5, \quad r: 1 \leq x < b$$

에 대하여 p는 q이기 위한 충분조건이고, p는 r이기 위한 필요조건일 때, $a + b$의 최댓값을 구하시오.

(단, $a \leq 5$, $b > 1$)

충분조건, 필요조건과 삼단논법

세 조건 p, q, r에 대하여 p는 q이기 위한 충분조건이고 $\sim q$는 r이기 위한 필요조건일 때, |보기|의 명제 중 항상 참인 것을 모두 고르시오.

|보기|

ㄱ. $q \longrightarrow p$　　　　ㄴ. $q \longrightarrow \sim r$　　　　ㄷ. $\sim r \longrightarrow q$　　　　ㄹ. $p \longrightarrow \sim r$

풀이

(Tip) 명제와 그 대우의 참, 거짓과 삼단논법을 이용하여 참인 새로운 명제를 찾는다.

p는 q이기 위한 충분조건이므로 $p \Longrightarrow q$이고, $\sim q$는 r이기 위한 필요조건이므로 $r \Longrightarrow \sim q$이다.

ㄱ. $p \Longrightarrow q$이지만 명제 $q \longrightarrow p$의 참, 거짓은 알 수 없다.

ㄴ. $r \Longrightarrow \sim q$에서 그 대우도 참이므로 $q \Longrightarrow \sim r$　└ 판별할 수 없다.

ㄷ. $q \Longrightarrow \sim r$이지만 명제 $\sim r \longrightarrow q$의 참, 거짓은 알 수 없다.

ㄹ. $p \Longrightarrow q$, $q \Longrightarrow \sim r$이므로 삼단논법에 의하여 $p \Longrightarrow \sim r$이다.

따라서 항상 참인 명제는 ㄴ, ㄹ이다.

답 ㄴ, ㄹ

필수 공략

세 조건 p, q, r에 대하여 두 명제 $p \longrightarrow q$, $q \longrightarrow r$가 모두 참이면

➡ 명제 $p \longrightarrow r$가 참이다.

➡ 그 대우인 두 명제 $\sim q \longrightarrow \sim p$, $\sim r \longrightarrow \sim q$도 모두 참이다.

• 정답 및 해설 092쪽

조건 바꾼

유제 05-❶ 세 조건 p, q, r에 대하여 p는 r이기 위한 필요조건이고 $\sim r$는 q이기 위한 충분조건일 때, 다음 명제 중 항상 참이라 할 수 <u>없는</u> 것은?

① $\sim p \longrightarrow q$　　② $q \longrightarrow \sim p$　　③ $\sim q \longrightarrow r$　　④ $r \longrightarrow p$　　⑤ $\sim r \longrightarrow q$

유제 05-❷ 세 조건 p, q, r에 대하여 p는 $\sim r$이기 위한 필요조건이고 r는 q이기 위한 충분조건일 때, $\sim p$는 q이기 위한 어떤 조건인지 말하시오.

유제 05-❸ 세 조건 p, q, r가 다음을 만족시킬 때, p는 q이기 위한 어떤 조건인지 말하시오.

> (가) $\sim q$는 $\sim p$이기 위한 충분조건이다.
> (나) p는 r이기 위한 필요조건이다.
> (다) q는 r이기 위한 충분조건이다.

소단원 점검 문제

• 정답 및 해설 093쪽

명제의 역과 대우의 참, 거짓

01 두 실수 x, y에 대하여 명제 '$x+y>6$이면 $x>2$ 또는 $y>k$이다.'가 참일 때, 실수 k의 최댓값은?

① 4   ② 5   ③ 6   ④ 7   ⑤ 8

충분조건, 필요조건, 필요충분조건

02 두 조건 p, q에 대하여 p가 q이기 위한 충분조건이지만 필요조건이 아닌 것은? (단, x, y는 실수이다.)

① p: $x^2=x$ q: $x=1$ ② p: $|x|=2$ q: $x^2=4$

③ p: $x^2-2x-3<0$ q: $-1<x<3$ ④ p: $xy>0$ q: $x>0$, $y>0$

⑤ p: $x+y=0$ q: $x^2=y^2$

충분조건, 필요조건과 진리집합 사이의 관계

03 전체집합 U에 대하여 세 조건 p, q, r의 진리집합을 각각 P, Q, R라 할 때, 세 집합 P, Q, R 사이의 포함 관계는 오른쪽 벤 다이어그램과 같다. 다음 중 옳은 것은?

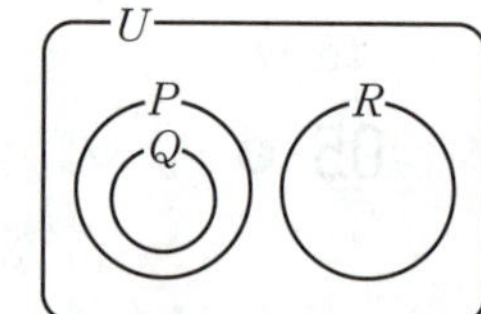

① p는 r이기 위한 충분조건이다.   ② q는 p이기 위한 필요조건이다.

③ r는 q이기 위한 필요조건이다.   ④ $\sim r$는 p이기 위한 필요조건이다.

⑤ $\sim q$는 r이기 위한 충분조건이다.

충분조건, 필요조건, 필요충분조건이 되도록 하는 미지수 구하기

04 실수 x에 대한 두 조건 p, q가 다음과 같다.

[교육청]

$$p: a<x<5, \quad q: x^2-x-2<0$$

$\sim p$가 q이기 위한 필요조건이 되도록 하는 정수 a의 최솟값은? (단, $a<5$)

① -2 ② -1 ③ 0   ④ 1   ⑤ 2

 **명제의 증명**

 정의, 증명, 정리

(1) **정의**: 용어의 뜻을 명확하게 정한 것
(2) **증명**: 정의나 명제의 가정 또는 이미 옳다고 밝혀진 성질을 이용하여 어떤 명제가 참임을 설명하는 과정
(3) **정리**: 참임이 증명된 명제 중에서 기본이 되는 것이나 다른 명제를 증명할 때 이용할 수 있는 것

참고 (1) 정의와 정리는 참인 명제이다.
(2) 정의는 용어의 뜻에 대한 약속이므로 증명이 필요하지 않지만 정리는 증명이 필요하다.

 **설명**

example 여러 가지 명제를 정의와 정리로 구분해 보자.
(1) 정삼각형은 세 변의 길이가 같은 삼각형이다. ➡ 정의
정삼각형의 한 내각의 크기는 $60°$이다. ➡ 정리
(2) 명제는 참, 거짓을 분명하게 판별할 수 있는 문장이나 식이다. ➡ 정의
실수 a에 대하여 $a^2 \geq 0$이다. ➡ 정리

 여러 가지 증명법

(1) **대우를 이용한 증명**
명제 $p \longrightarrow q$가 참임을 증명할 때, 그 명제의 대우 $\sim q \longrightarrow \sim p$가 참임을 증명하여 원래의 명제가 참임을 증명하는 방법
(2) **귀류법**
명제 $p \longrightarrow q$가 참임을 증명할 때, 그 명제의 결론 q를 부정하여 가정 또는 이미 알려진 사실에 모순됨을 보여 원래의 명제가 참임을 증명하는 방법

설명 명제가 참임을 직접 증명하기 어려울 때는 그 대우가 참임을 증명하거나 명제의 결론을 부정하여 가정 또는 이미 알고 있는 사실에 모순됨을 보여서 명제가 참임을 증명하면 된다.

example 명제
'두 양의 실수 x, y에 대하여 $xy > 1$이면 $x > 1$ 또는 $y > 1$이다.'
를 다음 두 가지 증명법을 이용하여 증명해 보자.
(1) 대우를 이용한 증명
주어진 명제의 대우는 ┌→ 이것은 가정도 결론도 아닌 x, y에 대한 전제 조건이므로 주어진 명제의 대우에서도 변하지 않는다.
'두 양의 실수 x, y에 대하여 $x \leq 1$이고 $y \leq 1$이면 $xy \leq 1$이다.' — ❶ 주어진 명제의 대우를 찾는다.
$x \leq 1$의 양변에 y를 곱하면 $y > 0$이므로 $xy \leq y$
또한, $y \leq 1$이므로 $xy \leq y \leq 1$ — ❷ 명제의 대우가 참임을 보인다.
따라서 주어진 명제의 대우가 참이므로 주어진 명제도 참이다. — ❸ 결론을 도출한다.
(2) 귀류법을 이용한 증명
두 양의 실수 x, y에 대하여 $xy > 1$일 때, $x \leq 1$이고 $y \leq 1$이라 가정하자. — ❶ 주어진 명제 또는 명제의 결론을 부정한다.
$x \leq 1$의 양변에 y를 곱하면 $y > 0$이므로 $xy \leq y \leq 1$
그런데 $xy \leq 1$은 $xy > 1$이라는 가정에 모순이다. — ❷ 모순이 발생함을 보인다.
따라서 $xy > 1$이면 $x > 1$ 또는 $y > 1$이다. — ❸ 결론을 도출한다.

대우를 이용한 증명

명제 '자연수 n에 대하여 n^2이 짝수이면 n도 짝수이다.'가 참임을 대우를 이용하여 증명하려고 한다.
다음 물음에 답하시오.

(1) 주어진 명제의 대우를 말하시오.

(2) (1)을 이용하여 주어진 명제가 참임을 증명하시오.

(Tip) 주어진 명제의 대우를 구한 후 주어진 명제의 대우가 참임을 증명한다.

(1) 주어진 명제의 대우는 ────→ 명제의 대우를 구할 때 명제의 전제 조건은 변하지 않는다.

　'자연수 n에 대하여 n이 홀수이면 n^2도 홀수이다.' ── ❶ 주어진 명제의 대우를 찾는다.

(2) n이 홀수이면 $n=2k-1$ (k는 자연수)로 나타낼 수 있으므로

$$n^2=(2k-1)^2=4k^2-4k+1$$
$$=2(2k^2-2k)+1$$

이때 $2k^2-2k$는 0 또는 자연수이므로 n^2은 홀수이다. ── ❷ 명제의 대우가 참임을 보인다.

따라서 주어진 명제의 대우가 참이므로 주어진 명제도 참이다. ── ❸ 결론을 도출한다.

답 (1) 자연수 n에 대하여 n이 홀수이면 n^2도 홀수이다.　(2) 풀이 참조

필수 공략

대우를 이용한 증명은 다음과 같은 순서로 한다.
❶ 주어진 명제의 대우를 찾는다.
❷ 명제의 대우가 참임을 보인다.
❸ 명제가 참이라는 결론을 도출한다.

• 정답 및 해설 093쪽

조건 바꾼

유제 **01-❶** 명제 '자연수 n에 대하여 n^2이 홀수이면 n도 홀수이다.'가 참임을 대우를 이용하여 증명하시오.

유제 **01-❷** 다음은 명제 '두 자연수 x, y에 대하여 xy가 짝수이면 x 또는 y가 짝수이다.'가 참임을 대우를 이용하여 증명하는 과정이다. ㈎, ㈏에 알맞은 것을 각각 구하시오.

> 주어진 명제의 대우는
> 　'두 자연수 x, y에 대하여 [　㈎　]'
> x, y가 모두 홀수이면
> 　$x=2m-1$, $y=2n-1$ (m, n은 자연수)
> 로 나타낼 수 있으므로
> 　$xy=(2m-1)(2n-1)=2([　㈏　])+1$
> 이때 [　㈏　]는 0 또는 자연수이므로 xy는 홀수이다.
> 따라서 주어진 명제의 대우가 참이므로 주어진 명제도 참이다.

귀류법

명제 '$\sqrt{5}$는 유리수가 아니다.'가 참임을 귀류법을 이용하여 증명하시오.

 풀이

(Tip) 결론을 부정한 후 가정에 모순이 생김을 보인다.

$\sqrt{5}$가 유리수라 가정하면

$\sqrt{5} = \dfrac{n}{m}$ (m, n은 서로소인 자연수)

으로 나타낼 수 있다.

위의 식의 양변을 제곱하면 $5 = \dfrac{n^2}{m^2}$ $\therefore n^2 = 5m^2$ …… ㉠

이때 n^2이 5의 배수이므로 n도 5의 배수이다.

$n = 5k$ (k는 자연수)라 하고 ㉠에 대입하면

$(5k)^2 = 5m^2$ $\therefore m^2 = 5k^2$

이때 m^2이 5의 배수이므로 m도 5의 배수이다.

그런데 m, n이 모두 5의 배수이므로 m, n이 서로소라는 가정에 모순이다.

따라서 $\sqrt{5}$는 유리수가 아니다.

— ❶ 주어진 명제 또는 명제의 결론을 부정한다.

— ❷ 모순이 발생함을 보인다.

— ❸ 결론을 도출한다.

답 풀이 참조

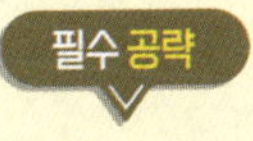 필수 공략

귀류법을 이용한 증명은 다음과 같은 순서로 한다.
❶ 주어진 명제 또는 명제의 결론을 부정한다.
❷ 명제 또는 명제의 결론을 부정하면 모순이 발생함을 보인다.
❸ 명제가 참이라는 결론을 도출한다.

• 정답 및 해설 094쪽

조건 바꾼

유제 02-❶ 다음은 명제 '$1+\sqrt{5}$는 유리수가 아니다.'가 참임을 귀류법을 이용하여 증명하는 과정이다. ㈎, ㈏, ㈐에 알맞은 것을 각각 구하시오.

$1+\sqrt{5}$가 ㈎ 라 가정하면

    $1+\sqrt{5} = a$ (a는 유리수)

로 나타낼 수 있다.

이때 $\sqrt{5} = a-1$이고, 유리수끼리의 뺄셈은 유리수이므로 $a-1$은 ㈏ 이다.

그런데 이것은 $\sqrt{5}$가 ㈐ 이므로 모순이다.

따라서 $1+\sqrt{5}$는 유리수가 아니다.

유제 02-❷ 명제 '자연수 n에 대하여 n^2이 2의 배수이면 n도 2의 배수이다.'가 참임을 귀류법을 이용하여 증명하시오.

• 정답 및 해설 094쪽

대우를 이용한 증명

01 명제 '두 실수 x, y에 대하여 $x+y \geq 0$이면 $x \geq 0$ 또는 $y \geq 0$이다.'가 참임을 대우를 이용하여 증명하시오.

대우를 이용한 증명

02 다음 명제가 참임을 대우를 이용하여 증명하시오.

> 두 실수 a, b에 대하여 $a^2+b^2=0$이면 $a=0$이고 $b=0$이다.

귀류법

03 다음은 명제 '실수 x에 대하여 x^2이 무리수이면 x도 무리수이다.'가 참임을 귀류법을 이용하여 증명하는 과정이다. ㈎, ㈏, ㈐에 알맞은 것을 각각 구하시오.

> 실수 x에 대하여 x^2이 무리수일 때, x가 ☐ ㈎ 라 가정하면
> 유리수끼리의 곱셈은 유리수이므로 $x \times x = x^2$은 ☐ ㈏ 이다.
> 그런데 이것은 x^2이 ☐ ㈐ 라는 가정에 모순이다.
> 따라서 x^2이 무리수이면 x도 무리수이다.

대우를 이용한 증명＋귀류법

04 명제 '자연수 n에 대하여 n^2이 3의 배수이면 n도 3의 배수이다.'에 대하여 다음 물음에 답하시오.

(1) 대우를 이용하여 주어진 명제가 참임을 증명하시오.

(2) 귀류법을 이용하여 주어진 명제가 참임을 증명하시오.

05 절대부등식

1 절대부등식

(1) **절대부등식**: 부등식의 문자에 어떤 실수를 대입하여도 항상 성립하는 부등식

(2) **부등식의 증명에 이용되는 실수의 성질**

　　a, b가 실수일 때

　　① $a>b \iff a-b>0$　　　　　　　　② $a^2\geq0$, $a^2+b^2\geq0$

　　③ $a^2+b^2=0 \iff a=b=0$　　　　　④ $|a|^2=a^2$, $|ab|=|a||b|$, $|a|\geq a$

　　⑤ $a>0$, $b>0$일 때, $a>b \iff a^2>b^2 \iff \sqrt{a}>\sqrt{b}$

　→ 특별한 언급이 없으면 실수 전체의 집합을 전체집합으로 생각한다.

부등식이 참이 되게 하는 진리집합이 전체집합인 부등식을 절대부등식이라 한다.

example (1) $x+1>0$은 $x>-1$일 때만 성립하므로 절대부등식이 아니다.

　　　　　(2) $x^2\geq0$, $(x-1)^2\geq0$, $x^2+y^2\geq0$은 모든 실수 x, y에 대하여 항상 성립하므로 절대부등식이다.

2 두 실수 또는 두 식의 대소 비교

두 실수 또는 두 식 A, B의 대소를 비교할 때는 다음과 같은 방법을 이용한다.

(1) **차 $A-B$를 조사하는 방법**

　　① $A-B>0 \iff A>B$　　② $A-B=0 \iff A=B$　　③ $A-B<0 \iff A<B$

(2) **제곱의 차 A^2-B^2을 조사하는 방법** → 근호나 절댓값 기호를 포함한 경우에 이용한다.

　　$A>0$, $B>0$일 때

　　① $A^2-B^2>0 \iff A^2>B^2 \iff A>B$　　② $A^2-B^2=0 \iff A^2=B^2 \iff A=B$

　　③ $A^2-B^2<0 \iff A^2<B^2 \iff A<B$

(3) **비 $\dfrac{A}{B}$를 조사하는 방법** → 거듭제곱으로 표현되거나 비가 간단히 정리되는 경우에 이용한다.

　　$A>0$, $B>0$일 때

　　① $\dfrac{A}{B}>1 \iff A>B$　　② $\dfrac{A}{B}=1 \iff A=B$　　③ $\dfrac{A}{B}<1 \iff A<B$

example (1) x가 실수일 때, x^2+1, $2x$의 대소를 비교해 보자.

$$(x^2+1)-2x=x^2-2x+1$$
$$=(x-1)^2\geq0$$
$$\therefore\ x^2+1\geq2x$$

여기서 등호는 $x-1=0$, 즉 $x=1$일 때 성립한다.

(2) $a>0$, $b>0$일 때, $\sqrt{a}+\sqrt{b}$, $\sqrt{a+b}$의 대소를 비교해 보자.

$$(\sqrt{a}+\sqrt{b})^2-(\sqrt{a+b})^2=a+2\sqrt{a}\sqrt{b}+b-(a+b)$$
$$=2\sqrt{ab}>0$$
$$\therefore\ (\sqrt{a}+\sqrt{b})^2>(\sqrt{a+b})^2$$

$a>0$, $b>0$에서 $\sqrt{a}+\sqrt{b}>0$, $\sqrt{a+b}>0$이므로

$$\sqrt{a}+\sqrt{b}>\sqrt{a+b}$$

(1) a, b, c가 실수일 때

　① $a^2\pm ab+b^2\geq0$ (단, 등호는 $a=b=0$일 때 성립)

　② $a^2\pm2ab+b^2\geq0$ (단, 등호는 $a=\mp b$일 때 성립, 복부호동순)

　③ $a^2+b^2+c^2-ab-bc-ca\geq0$ (단, 등호는 $a=b=c$일 때 성립)

　참고 등호가 포함된 절대부등식은 특별한 말이 없더라도 등호가 성립하는 조건을 밝혀야 한다.

(2) 산술평균과 기하평균의 관계

　$a>0$, $b>0$일 때

$$\underset{\substack{\uparrow\\ a와\ b의\\ 산술평균}}{\frac{a+b}{2}}\geq\underset{\substack{\\ \\ a와\ b의\ 기하평균}}{\sqrt{ab}}\ \ (단,\ 등호는\ a=b일\ 때\ 성립)$$

설명

여러 가지 절대부등식

위의 여러 가지 절대부등식은 문제 해결에 자주 이용되므로 다음 증명과 함께 기억해 두자.

(1) $a^2\pm ab+b^2=\left(a^2\pm ab+\dfrac{b^2}{4}\right)+\dfrac{3}{4}b^2=\left(a\pm\dfrac{b}{2}\right)^2+\dfrac{3}{4}b^2\geq0$

　여기서 등호는 $a\pm\dfrac{b}{2}=0$, $b=0$, 즉 $a=b=0$일 때 성립한다.

(2) $a^2\pm2ab+b^2=(a\pm b)^2\geq0$

　여기서 등호는 $a\pm b=0$, 즉 $a=\mp b$일 때 성립한다.

(3) $a^2+b^2+c^2-ab-bc-ca=\dfrac{1}{2}(2a^2+2b^2+2c^2-2ab-2bc-2ca)$

$$=\dfrac{1}{2}\{(a-b)^2+(b-c)^2+(c-a)^2\}\geq0\ \to\ \substack{(a-b)^2\geq0,\ (b-c)^2\geq0,\\ (c-a)^2\geq0이므로\ 성립}$$

　여기서 등호는 $a-b=0$, $b-c=0$, $c-a=0$, 즉 $a=b=c$일 때 성립한다.

> **example**
> a, b가 실수일 때, 부등식 $a^2+9b^2\geq6ab$가 성립함을 증명해 보자.
> 　$(a^2+9b^2)-6ab=a^2-6ab+9b^2=(a-3b)^2\geq0$
> 　$\therefore a^2+9b^2\geq6ab$
> 여기서 등호는 $a-3b=0$, 즉 $a=3b$일 때 성립한다.

산술평균과 기하평균의 관계

산술평균과 기하평균의 관계는 양수 조건이 주어지고, 두 수의 곱이 일정할 때 두 수의 합의 최솟값을 구하는 문제, 두 수의 합이 일정할 때 두 수의 곱의 최댓값을 구하는 문제에서 이용된다.

산술평균과 기하평균의 관계를 나타내는 부등식이 성립함을 증명해 보자.

$$\dfrac{a+b}{2}-\sqrt{ab}=\dfrac{a+b-2\sqrt{ab}}{2}=\dfrac{(\sqrt{a}-\sqrt{b})^2}{2}\geq0$$

$$\therefore\dfrac{a+b}{2}\geq\sqrt{ab}\quad\to\ =\dfrac{(\sqrt{a})^2-2\sqrt{a}\sqrt{b}+(\sqrt{b})^2}{2}\ (\because a>0,\ b>0이므로\ \sqrt{ab}=\sqrt{a}\sqrt{b})$$

여기서 등호는 $\sqrt{a}-\sqrt{b}=0$, 즉 $a=b$일 때 성립한다.

> **example**
> $a>0$일 때, $a+\dfrac{1}{a}$의 최솟값을 구해 보자.
>
> $a>0$, $\dfrac{1}{a}>0$이므로 산술평균과 기하평균의 관계에 의하여
>
> $$a+\dfrac{1}{a}\geq2\sqrt{a\times\dfrac{1}{a}}=2\times1=2\ \left(단,\ 등호는\ a=\dfrac{1}{a},\ 즉\ a=1일\ 때\ 성립\right)$$
>
> 따라서 $a+\dfrac{1}{a}$의 최솟값은 2이다.

두 실수 또는 두 식의 대소 비교

다음 물음에 답하시오.

(1) 두 실수 a, b에 대하여 $4a^2+b^2$, $4ab$의 대소를 비교하시오.

(2) 서로 다른 두 양수 a, b에 대하여 $a+b$, $2\sqrt{ab}$의 대소를 비교하시오.

(3) 두 수 7^8, 2^{24}의 대소를 비교하시오.

(Tip) 두 수 또는 두 식의 특징을 살펴본 후 차, 제곱의 차, 비 중에서 어떤 방법을 이용할지 판단하여 적용한다.

(1) $(4a^2+b^2)-4ab=4a^2-4ab+b^2=(2a-b)^2$

a, b가 실수이므로 $(2a-b)^2 \geq 0$

즉, $(4a^2+b^2)-4ab \geq 0$이므로 $4a^2+b^2 \geq 4ab$

여기서 등호는 $2a-b=0$, 즉 $2a=b$일 때 성립한다.

(2) $(a+b)^2-(2\sqrt{ab})^2=a^2+2ab+b^2-4ab=a^2-2ab+b^2=(a-b)^2$

a, b가 서로 다른 두 양수이므로 $(a-b)^2>0$

즉, $(a+b)^2-(2\sqrt{ab})^2>0$이므로 $(a+b)^2>(2\sqrt{ab})^2$

이때 $a+b>0$, $2\sqrt{ab}>0$이므로 $a+b>2\sqrt{ab}$

(3) $\dfrac{7^8}{2^{24}}=\dfrac{7^8}{(2^3)^8}=\left(\dfrac{7}{2^3}\right)^8=\left(\dfrac{7}{8}\right)^8$

$\dfrac{7}{8}<1$이므로 $\left(\dfrac{7}{8}\right)^8<1$ $\therefore \dfrac{7^8}{2^{24}}<1$

이때 $7^8>0$, $2^{24}>0$이므로 $7^8<2^{24}$

답 (1) $4a^2+b^2 \geq 4ab$ (단, 등호는 $2a=b$일 때 성립) (2) $a+b>2\sqrt{ab}$ (3) $7^8<2^{24}$

필수 공략

두 실수 또는 두 식 A, B의 대소를 비교할 때는 주로 다음과 같은 방법을 이용한다.

(1) 일반적인 다항식인 경우 ➡ $A-B$를 조사한다.

(2) 근호나 절댓값 기호를 포함한 경우 ➡ A^2-B^2을 조사한다.

(3) 거듭제곱으로 표현되거나 비가 간단히 정리되는 경우 ➡ $\dfrac{A}{B}$를 조사한다.

• 정답 및 해설 095쪽

유제 **01-❶** 다음 물음에 답하시오.

(1) 두 실수 a, b에 대하여 a^2+10b^2, $6ab$의 대소를 비교하시오.

(2) $a \geq 0$, $b \geq 0$일 때, $\sqrt{a}+\sqrt{b}$, $\sqrt{2(a+b)}$의 대소를 비교하시오.

(3) 세 수 2^{30}, 10^{10}, 3^{20}의 대소를 비교하시오.

유제 **01-❷** $a>b>0$일 때, $\dfrac{a}{a+1}$, $\dfrac{b}{b+1}$의 대소를 비교하시오.

절대부등식의 증명

a, b가 실수일 때, 다음 부등식이 성립함을 증명하시오.

(1) $a^2+2b^2 \geq 2ab$

(2) $\sqrt{a}+\sqrt{b} \geq \sqrt{a+b}$ (단, $a \geq 0$, $b \geq 0$)

풀이

(**Tip**) 두 실수 또는 두 식의 대소를 비교하는 방법과 실수의 성질을 이용하여 증명한다.

(1) $(a^2+2b^2)-2ab=(a^2-2ab+b^2)+b^2=(a-b)^2+b^2$

　　a, b가 실수이므로 $(a-b)^2 \geq 0$, $b^2 \geq 0$

　　즉, $(a-b)^2+b^2 \geq 0$이므로 $(a^2+2b^2)-2ab \geq 0$　　∴ $a^2+2b^2 \geq 2ab$

　　여기서 등호는 $a-b=0$, $b=0$, 즉 $a=b=0$일 때 성립한다.

(2) $(\sqrt{a}+\sqrt{b})^2-(\sqrt{a+b})^2=(a+2\sqrt{a}\sqrt{b}+b)-(a+b)=2\sqrt{ab}$

　　$a \geq 0$, $b \geq 0$에서 $\sqrt{ab} \geq 0$이므로 $2\sqrt{ab} \geq 0$

　　즉, $(\sqrt{a}+\sqrt{b})^2-(\sqrt{a+b})^2 \geq 0$이므로 $(\sqrt{a}+\sqrt{b})^2 \geq (\sqrt{a+b})^2$

　　이때 $\sqrt{a}+\sqrt{b} \geq 0$, $\sqrt{a+b} \geq 0$이므로

　　$\sqrt{a}+\sqrt{b} \geq \sqrt{a+b}$

　　여기서 등호는 $\sqrt{ab}=0$, 즉 $a=0$ 또는 $b=0$일 때 성립한다.

답 풀이 참조

필수 공략

두 실수 A, B에 대하여 부등식 $A \geq B$가 성립함을 증명할 때

➡ $A-B \geq 0 \iff A \geq B$임을 이용한다.

특히, A, B가 양수이면 $A^2 \geq B^2 \iff A \geq B \iff \sqrt{A} \geq \sqrt{B}$

• 정답 및 해설 095쪽

숫자 바꾼

유제 02-❶ a, b가 실수일 때, 다음 부등식이 성립함을 증명하시오.

(1) $a^2+4ab \geq -5b^2$

(2) $\sqrt{a-b} \geq \sqrt{a}-\sqrt{b}$ (단, $a \geq b > 0$)

유제 02-❷ $a>b>0$일 때, 부등식 $1+a>\sqrt{1+b^2}$이 성립함을 증명하시오.

유제 02-❸ a, b가 실수일 때, 부등식 $||a|-|b|| \leq |a+b|$가 성립함을 증명하시오.

산술평균과 기하평균의 관계

$a>0$일 때, 부등식 $2a+\dfrac{1}{8a}\geq 1$이 성립함을 증명하시오.

(Tip) 양수 조건이 있는 부등식이므로 산술평균과 기하평균의 관계를 이용하여 증명한다.

$2a>0$, $\dfrac{1}{8a}>0$이므로 산술평균과 기하평균의 관계에 의하여

$$2a+\dfrac{1}{8a}\geq 2\sqrt{2a\times\dfrac{1}{8a}}=2\times\dfrac{1}{2}=1 \left(\text{단, 등호는 } 2a=\dfrac{1}{8a}, \text{ 즉 } a=\dfrac{1}{4}\text{일 때 성립}\right)$$

a가 소거된다.

답 풀이 참조

필수 공략 **산술평균과 기하평균의 관계**

$a>0$, $b>0$일 때, $\dfrac{a+b}{2}\geq\sqrt{ab}$ (단, 등호는 $a=b$일 때 성립)

• 정답 및 해설 096쪽

유제 03-❶ $a>0$, $b>0$일 때, 부등식 $\dfrac{4a}{b}+\dfrac{b}{a}\geq 4$가 성립함을 증명하시오.

유제 03-❷ $a>0$, $b>0$일 때, 부등식 $\left(a+\dfrac{1}{b}\right)\left(b+\dfrac{1}{a}\right)\geq 4$가 성립함을 증명하시오.

유제 03-❸ 다음은 $x>0$, $y>0$일 때, 부등식 $(xy+1)(x+4y)\geq 8xy$가 성립함을 증명하는 과정이다. ㈎, ㈏, ㈐에 알맞은 것을 각각 구하시오.

$$\dfrac{(xy+1)(x+4y)}{\boxed{㈎}}=\dfrac{x^2y+4xy^2+x+4y}{\boxed{㈎}}=x+4y+\dfrac{1}{y}+\dfrac{4}{x}=\left(x+\dfrac{4}{x}\right)+\left(4y+\dfrac{1}{y}\right)$$

$x>0$, $y>0$이므로 산술평균과 기하평균의 관계에 의하여

$$x+\dfrac{4}{x}\geq 4, \quad 4y+\dfrac{1}{y}\geq\boxed{㈏}$$

$$\therefore \left(x+\dfrac{4}{x}\right)+\left(4y+\dfrac{1}{y}\right)\geq\boxed{㈐} \left(\text{단, 등호는 } x=2, y=\dfrac{1}{2}\text{일 때 성립}\right)$$

따라서 $\dfrac{(xy+1)(x+4y)}{\boxed{㈎}}\geq\boxed{㈐}$이므로

$$(xy+1)(x+4y)\geq 8xy$$

산술평균과 기하평균의 관계의 활용

$x>0$, $y>0$일 때, 다음 물음에 답하시오.

(1) $xy=9$일 때, $x+4y$의 최솟값을 구하시오.

(2) $x+y=6$일 때, xy의 최댓값을 구하시오.

풀이

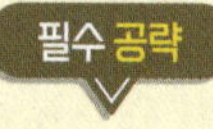

(**Tip**) 산술평균과 기하평균의 관계를 이용하여 두 양수의 합의 최솟값과 곱의 최댓값을 구한다.

(1) $x>0$, $4y>0$이므로 산술평균과 기하평균의 관계에 의하여

$x+4y\geq2\sqrt{x\times4y}=4\sqrt{xy}$ (단, 등호는 $x=4y$일 때 성립)

이때 $xy=9$이므로 $x+4y\geq4\sqrt{9}=12$

따라서 $x+4y$의 최솟값은 12이다.

(2) $x>0$, $y>0$이므로 산술평균과 기하평균의 관계에 의하여

$x+y\geq2\sqrt{x\times y}=2\sqrt{xy}$ (단, 등호는 $x=y$일 때 성립)

이때 $x+y=6$이므로 $6\geq2\sqrt{xy}$　∴ $\sqrt{xy}\leq3$

양변을 제곱하면 $xy\leq9$

따라서 xy의 최댓값은 9이다.

답 (1) 12　(2) 9

필수 공략　두 양수의 합의 최솟값 또는 곱의 최댓값은
➡ 산술평균과 기하평균의 관계를 이용하여 구한다.

• 정답 및 해설 096쪽

숫자 바꾼

유제 **04-❶**　$x>0$, $y>0$일 때, 다음 물음에 답하시오.

(1) $xy=12$일 때, $3x+4y$의 최솟값을 구하시오.

(2) $4x+y=3$일 때, xy의 최댓값을 구하시오.

유제 **04-❷**　두 양수 x, y에 대하여 $x^2+y^2=6$일 때, xy의 최댓값을 구하시오.

유제 **04-❸**　다음 물음에 답하시오.

(1) $x>0$, $y>0$일 때, $(x+9y)\left(\dfrac{1}{x}+\dfrac{1}{y}\right)$의 최솟값을 구하시오.

(2) $x>-1$일 때, $4x+\dfrac{1}{x+1}$의 최솟값을 구하시오.

산술평균과 기하평균의 관계의 도형에서의 활용

오른쪽 그림과 같이 수직인 두 벽면 사이를 길이가 $10\,\text{m}$인 울타리로 막아서 만든 삼각형 모양의 화단이 있다. 이 화단의 넓이의 최댓값을 구하시오.

(단, 울타리의 두께는 무시한다.)

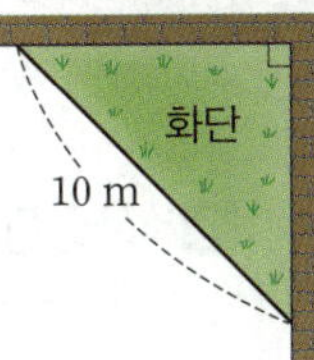

풀이

(Tip) 화단에서 직각을 낀 두 변의 길이를 각각 $x\,\text{m}$, $y\,\text{m}$라 하고 넓이를 구한다.

화단에서 직각을 낀 두 변의 길이를 각각 $x\,\text{m}$, $y\,\text{m}$라 하면
빗변의 길이가 $10\,\text{m}$이므로 피타고라스 정리에 의하여
$$x^2+y^2=10^2=100$$
$x^2>0$, $y^2>0$이므로 산술평균과 기하평균의 관계에 의하여
$$x^2+y^2\geq 2\sqrt{x^2\times y^2}=2xy \quad (\text{단, 등호는 } x^2=y^2,\ \text{즉 } x=y\text{일 때 성립})$$
이때 $x^2+y^2=100$이므로
$$100\geq 2xy \qquad \therefore xy\leq 50$$
화단의 넓이는 $\dfrac{1}{2}xy\,\text{m}^2$이므로
$$\frac{1}{2}xy\leq \frac{1}{2}\times 50=25$$
따라서 화단의 넓이의 최댓값은 $25\,\text{m}^2$이다.

답 $25\,\text{m}^2$

필수 공략

최대, 최소를 구하는 활용 문제를 해결할 때
➡ 미지수를 정하고 주어진 조건을 이용하여 관계식을 세운 후 구하는 것에 따라 산술평균과 기하평균의 관계를 적절히 이용한다.

• 정답 및 해설 097쪽

조건 바꾼

유제 05-❶ 오른쪽 그림과 같이 반지름의 길이가 3인 원에 내접하는 직사각형이 있다.
이 직사각형의 넓이의 최댓값을 구하시오.

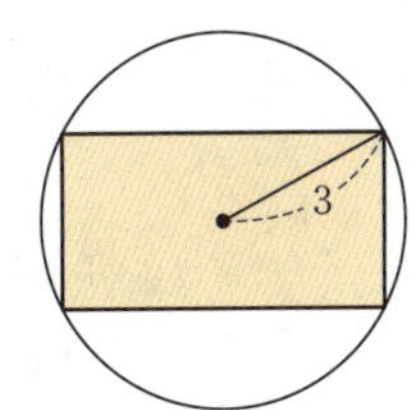

유제 05-❷ 길이가 $24\,\text{cm}$인 철사를 겹치지 않게 모두 사용하여 오른쪽 그림과 같이 합동인 세 개의 작은 직사각형으로 이루어진 구역을 만들려고 한다. 이 구역의 전체 테두리인 바깥쪽 직사각형의 넓이의 최댓값은? (단, 철사의 굵기는 무시한다.)

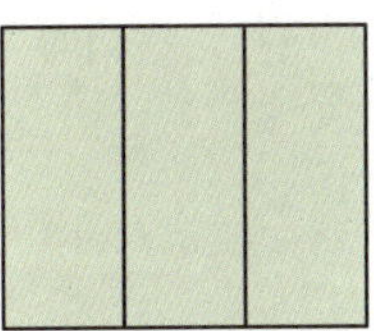

① $16\,\text{cm}^2$ ② $17\,\text{cm}^2$ ③ $18\,\text{cm}^2$

④ $19\,\text{cm}^2$ ⑤ $20\,\text{cm}^2$

산술평균, 기하평균, 조화평균의 관계

1 산술평균, 기하평균, 조화평균의 관계

$$a>0,\ b>0 \text{일 때},\ \frac{a+b}{2} \geq \sqrt{ab} \geq \frac{2ab}{a+b}\ (\text{단, 등호는 } a=b \text{일 때 성립})$$

두 양수 a, b에 대하여 $\dfrac{a+b}{2}$를 산술평균, $\sqrt{ab}$를 기하평균, $\dfrac{2ab}{a+b}$를 조화평균이라 한다. 이때

조화평균은 a, b의 역수의 평균을 다시 역수로 취한 값, 즉 $\dfrac{\frac{1}{a}+\frac{1}{b}}{2}=\dfrac{a+b}{2ab}$의 역수인 $\dfrac{2ab}{a+b}$이다.

기하평균과 조화평균의 관계를 나타내는 부등식, 즉 $\sqrt{ab} \geq \dfrac{2ab}{a+b}$가 성립함을 증명해 보자.

$$\sqrt{ab}-\frac{2ab}{a+b}=\frac{(a+b)\sqrt{ab}-2ab}{a+b}=\frac{\sqrt{ab}(a+b-2\sqrt{ab})}{a+b}=\frac{\sqrt{ab}(\sqrt{a}-\sqrt{b})^2}{a+b} \geq 0$$

$$\therefore\ \sqrt{ab} \geq \frac{2ab}{a+b}\ (\text{단, 등호는 } \sqrt{a}-\sqrt{b}=0, \text{ 즉 } a=b \text{일 때 성립})$$

2 산술평균, 기하평균, 조화평균의 관계에서의 기하적 의미

산술평균, 기하평균, 조화평균의 기하적 의미를 오른쪽 그림과 같이 반원과 직각삼각형을 이용하여 살펴보자.

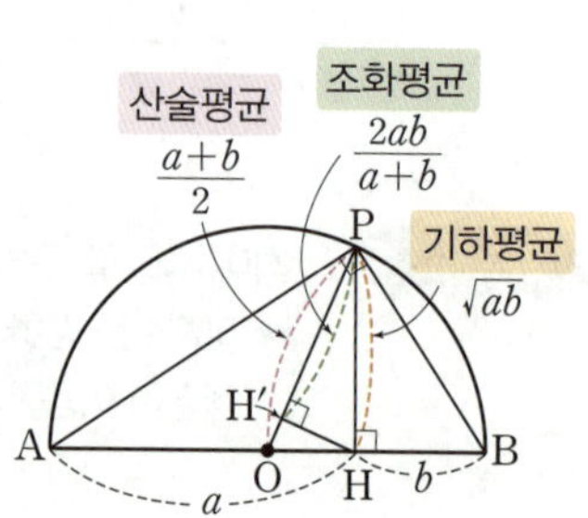

중심이 O이고 선분 AB를 지름으로 하는 반원의 호 위의 두 점 A, B가 아닌 한 점 P에 대하여 점 P에서 선분 AB에 내린 수선의 발을 H, 점 H에서 선분 PO에 내린 수선의 발을 H′이라 하고, $\overline{AH}=a$, $\overline{HB}=b$라 하자.

선분 PO는 반원의 반지름이므로

$$\overline{PO}=\frac{1}{2}\overline{AB}=\frac{a+b}{2}$$

삼각형 PHO는 직각삼각형이므로 피타고라스 정리에 의하여

$$\overline{PH}^2=\overline{PO}^2-\overline{HO}^2=\left(\frac{a+b}{2}\right)^2-\left(a-\frac{a+b}{2}\right)^2=ab$$

$$\therefore\ \overline{PH}=\sqrt{ab}$$

또한, 두 삼각형 POH, PHH′은 서로 닮음이므로 $\overline{PH}:\overline{PO}=\overline{PH'}:\overline{PH}$에서

$$\overline{PO}\times\overline{PH'}=\overline{PH}^2$$

$$\therefore\ \overline{PH'}=\frac{\overline{PH}^2}{\overline{PO}}=\frac{ab}{\frac{a+b}{2}}=\frac{2ab}{a+b}$$

이때 위의 그림에서 $\overline{PO} \geq \overline{PH} \geq \overline{PH'}$이므로

$$\frac{a+b}{2} \geq \sqrt{ab} \geq \frac{2ab}{a+b}\ (\text{단, 등호는 } \underline{a=b \text{일 때 성립}})$$

$\quad\quad\quad\quad\quad\quad\quad\quad\quad\quad\quad$ └→ $a=b$이면 점 H와 점 O가 일치한다.

소단원 점검 문제

절대부등식의 증명

01 a, b, x, y가 실수일 때, 부등식 $(a^2+b^2)(x^2+y^2) \geq (ax+by)^2$이 성립함을 증명하시오.

절대부등식의 증명

02 a, b가 실수일 때, 부등식 $|a|-|b| \leq |a-b|$가 성립함을 증명하시오.

산술평균과 기하평균의 관계의 활용

03 두 양수 x, y에 대하여 $x+5y=10$일 때, xy의 최댓값을 M, 그때의 x, y의 값을 각각 a, b라 하자. $M+a+b$의 값을 구하시오.

산술평균과 기하평균의 관계의 활용

04 $x \neq -1$일 때, $x^2+2x+\dfrac{1}{(x+1)^2}$의 최솟값을 구하시오.

산술평균과 기하평균의 관계의 도형에서의 활용

05 [교육청] 두 양의 실수 a, b에 대하여 두 일차함수
$$f(x)=\frac{a}{2}x-\frac{1}{2}, \ g(x)=\frac{1}{b}x+1$$
이 있다. 직선 $y=f(x)$와 직선 $y=g(x)$가 서로 평행할 때, $(a+1)(b+2)$의 최솟값을 구하시오.

01

전체집합 $U=\{x\,|\,x$는 10 이하의 자연수$\}$에 대하여 두 조건 p, q가

$$p: 2<x<8, \quad q: |x-5|<2$$

일 때, 다음 조건 중 진리집합이 $\{3, 7\}$인 것은?

① p　　　　② $\sim q$　　　　③ p 또는 q

④ p이고 $\sim q$　　⑤ $\sim p$이고 q

02

전체집합 U에 대하여 세 조건 p, q, r의 진리집합을 각각 P, Q, R라 하자. $P-Q=R$일 때, 다음 중 항상 참인 명제는?

① $p \longrightarrow q$　　② $p \longrightarrow \sim q$　　③ $p \longrightarrow r$

④ $r \longrightarrow \sim q$　　⑤ $r \longrightarrow \sim p$

03

두 조건 p, q에 대하여 다음 중 명제 $\sim p \longrightarrow q$가 참인 것은?

① p: 정수　　　　　　q: 유리수

② p: $x>6$　　　　　q: $x>3$

③ p: $A\cup B=B$　　　q: $A-B=\varnothing$

④ p: $3x+4=x$　　　q: $x^2+2x-8=0$

⑤ p: $x^2-4x+3>0$　　q: $x^2-3x-4<0$

04 교육청

실수 x에 대한 두 조건

$$p: 2x-a=0, \quad q: x^2-bx+9>0$$

이 있다. 명제 $p \longrightarrow \sim q$와 명제 $\sim p \longrightarrow q$가 모두 참이 되도록 하는 두 양수 a, b의 값의 합을 구하시오.

05

실수 x에 대한 두 조건

$$p: x^2-(k+2)x+2k\leq 0, \quad q: |x+1|\leq 2$$

가 있다. 명제 $q \longrightarrow p$와 명제 $p \longrightarrow \sim q$가 모두 거짓이 되도록 하는 정수 k의 최댓값은?

① -2　　　　② -1　　　　③ 0

④ 1　　　　⑤ 2

• 정답 및 해설 098쪽

06

다음 명제가 참이 되도록 하는 모든 정수 a의 값의 합은?

> 모든 실수 x에 대하여 $x^2-2(a-2)x+a\neq0$이다.

① 5　　　　　② 6　　　　　③ 7

④ 8　　　　　⑤ 9

07 교육청

정수 k에 대한 두 조건 p, q가 모두 참인 명제가 되도록 하는 모든 k의 값의 합을 구하시오.

> p: 모든 실수 x에 대하여 $x^2+2kx+4k+5>0$이다.
> q: 어떤 실수 x에 대하여 $x^2=k-2$이다.

08

실수 x에 대한 두 조건
$$p:(x+2)(x-6)=0, \quad q:x-2a=0$$
에 대하여 p가 q이기 위한 필요조건이 되도록 하는 모든 정수 a의 값의 합은?

① -2　　　　② -1　　　　③ 0

④ 1　　　　　⑤ 2

09

전체집합 U에 대하여 두 조건 p, q의 진리집합을 각각 P, Q라 하자. 명제 $q \longrightarrow \sim p$가 참일 때, **|보기|** 중 항상 참인 명제를 모두 고른 것은?

> ├ 보기 ├
> ㄱ. $x\in Q$이면 $x\in P^C$이다.
> ㄴ. $x\notin P^C$이면 $x\in Q^C$이다.
> ㄷ. $x\in Q$는 $x\in(Q-P)$이기 위한 필요충분조건이다.

① ㄱ　　　　　② ㄱ, ㄴ　　　　　③ ㄱ, ㄷ

④ ㄴ, ㄷ　　　　⑤ ㄱ, ㄴ, ㄷ

10 서술형

세 조건 p, q, r가
$$p: x^2-3x-4\geq0, \quad q: a\leq x\leq b, \quad r: x^2-x\neq0$$
일 때, p는 $\sim q$이기 위한 충분조건이고 q는 $\sim r$이기 위한 필요조건이다. 두 정수 a, b에 대하여 $a+b$의 최댓값을 구하시오.

11

전체집합 U에 대하여 세 조건 p, q, r의 진리집합을 각각 P, Q, R라 하자. $P \cup Q = P$, $P \cap R = \varnothing$일 때, |**보기**| 중 항상 옳은 것을 모두 고른 것은?

┌ **보기** ┐
ㄱ. p는 q이기 위한 필요조건이다.
ㄴ. r는 $\sim p$이기 위한 충분조건이다.
ㄷ. $\sim r$는 q이기 위한 충분조건이다.

① ㄱ   ② ㄱ, ㄴ   ③ ㄱ, ㄷ
④ ㄴ, ㄷ   ⑤ ㄱ, ㄴ, ㄷ

12 교육청

실수 x에 대한 두 조건
$$p: x^2+2ax+1 \geq 0, \quad q: x^2+2bx+9 \leq 0$$
이 있다. 다음 두 문장이 모두 참인 명제가 되도록 하는 정수 a, b의 순서쌍 (a, b)의 개수는?

- 모든 실수 x에 대하여 p이다.
- p는 $\sim q$이기 위한 충분조건이다.

① 15   ② 18   ③ 21
④ 24   ⑤ 27

13

네 조건 p, q, r, s에 대하여 p는 q이기 위한 충분조건이고 s는 r이기 위한 필요조건일 때, 다음 중 s가 $\sim q$이기 위한 필요조건이기 위해 필요한 참인 명제는?

① $p \longrightarrow s$ ② $\sim p \longrightarrow r$ ③ $\sim p \longrightarrow \sim r$
④ $q \longrightarrow r$ ⑤ $r \longrightarrow q$

14

네 학생 A, B, C, D 중에서 두 명이 지각했다. 이때 네 학생은 모두 지각한 두 학생을 알고 있고, 다음과 같이 말하였다.

A: B와 C가 지각했습니다.
B: C 또는 D가 지각했습니다.
C: A 또는 D가 지각하지 않았습니다.
D: A 또는 C가 지각했습니다.

지각하지 않은 두 학생만 진실을 말하였을 때, 지각한 두 학생은?

① A, B   ② A, C   ③ B, C
④ B, D   ⑤ C, D

15

a, b, c가 자연수일 때, 명제 '$a^2+b^2=c^2$이면 a, b, c 중에서 적어도 하나는 짝수이다.'가 참임을 대우를 이용하여 증명하시오.

16

a, b가 자연수일 때, 명제 '이차방정식 $x^2+ax-b=0$이 자연수인 해를 가지면 a, b 중에서 적어도 하나는 짝수이다.'가 참임을 귀류법을 이용하여 증명하시오.

17

두 실수 a, b에 대하여 |**보기**|에서 옳은 것을 모두 고르시오.

보기

ㄱ. $a^2-4ab+6b^2 \geq 0$

ㄴ. $|a|+|b| \leq |a+b|$

ㄷ. $a^3-a^2b-ab^2+b^3 \geq 0$

---

18 서술형

두 양수 a, b에 대하여 부등식 $\left(1-\dfrac{4b}{a}\right)\left(4-\dfrac{a}{b}\right) \leq m$이 항상 성립하기 위한 실수 m의 최솟값을 구하시오.

19

-2보다 큰 실수 x에 대하여 $\dfrac{x^2+5x+10}{x+2}$의 최솟값을 a, 그때의 x의 값을 b라 할 때, $a+b$의 값을 구하시오.

20

$x>0$, $y>0$이고 $x+2y=4$일 때, x^3+8y^3의 최솟값을 구하시오.

• 정답 및 해설 102쪽

21

자연수 n에 대하여 두 조건 p, q가

$$p: \frac{20^4}{n} \text{은 자연수이다.,} \quad q: \sqrt{n} \text{은 자연수이다.}$$

일 때, 명제 $p \longrightarrow q$가 거짓임을 보이는 모든 반례의 개수를 구하시오.

22

x, y의 값에 관계없이 부등식

$$x^2 + y^2 + 2xy + mx - 4y + n \geq 0$$

이 항상 성립할 때, 두 실수 m, n에 대하여 $m+n$의 최솟값은?

① -8 ② -4 ③ 0

④ 4 ⑤ 8

23 교육청

두 자연수 a, b에 대하여 실수 x에 대한 두 조건

$$p: x^2 - 4x + a + 2 \leq 0,$$
$$q: 0 < |x - b| \leq 4$$

의 진리집합을 각각 P, Q라 하자.

$$P \neq \varnothing, \ P \subset Q$$

가 되도록 하는 a, b의 모든 순서쌍 (a, b)의 개수는?

① 5   ② 6   ③ 7

④ 8   ⑤ 9

24

오른쪽 그림과 같이 제1사분면 위의 점 P에 대하여 점 P는 원 $x^2 + y^2 = r^2$ 위에 있다. 점 P에서의 원의 접선과 x축, y축으로 둘러싸인 도형의 넓이의 최솟값이 4가 되도록 하는 양수 r의 값을 구하시오.

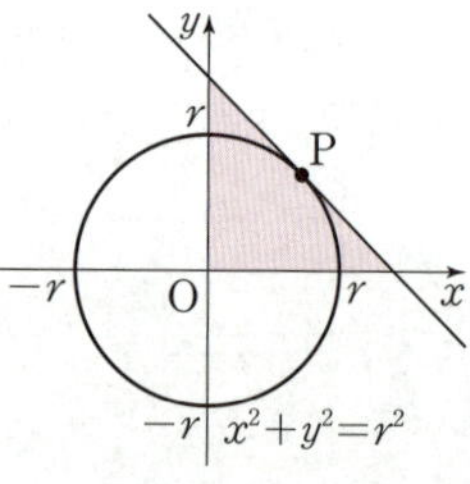

Ⅲ-1

함수

 **함수**

1 대응

공집합이 아닌 두 집합 X, Y에 대하여 X의 원소에 Y의 원소를 짝 지어 주는 것을 집합 X에서 집합 Y로의 대응이라 한다. 이때 X의 원소 x에 Y의 원소 y가 짝 지어지면 x에 y가 대응한다고 하고, 기호로

$$x \longrightarrow y$$

와 같이 나타낸다.

2 함수

두 집합 X, Y에 대하여 X의 각 원소에 Y의 원소가 오직 하나씩 대응할 때, 이 대응을 X에서 Y로의 함수라 하고, 기호로

$$f : X \longrightarrow Y$$

와 같이 나타낸다.

참고 일반적으로 함수(function)는 알파벳 소문자 f, g, h, $\cdots$를 사용하여 나타낸다.

설명 **대응**

공집합이 아닌 두 집합 X, Y에 대하여 집합 X의 원소에 짝 지어지는 집합 Y의 원소가 단 하나뿐이거나 없거나 2개 이상일 수도 있지만 이러한 경우 모두 집합 X에서 집합 Y로의 대응이 된다. → 집합 X에서 집합 Y로의 대응이어도 함수가 아닐 수 있다.

 example M 고등학교 학생의 집합을 X, 체육대회의 종목의 집합을 Y라 할 때, X의 원소인 학생이 참여하는 종목을 Y의 원소 중에서 찾아 대응시키면 오른쪽 그림과 같다.

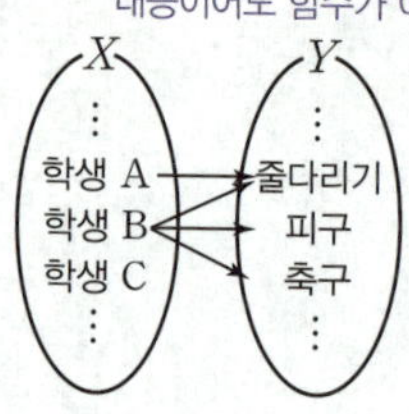

함수

두 집합 X, Y에 대하여 X의 각 원소에 Y의 원소가 오직 하나씩 대응하는 것이 함수이다.

즉, X의 모든 원소에 각각 Y의 원소가 대응하지 않거나 둘 이상 대응해서는 안 된다.

example 다음 그림과 같은 집합 X에서 집합 Y로의 대응이 함수인지 판별해 보자.

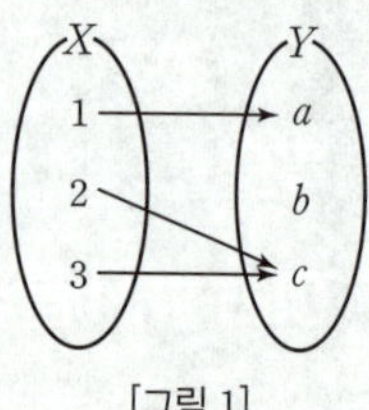

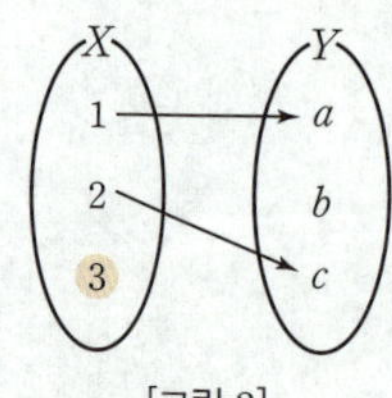

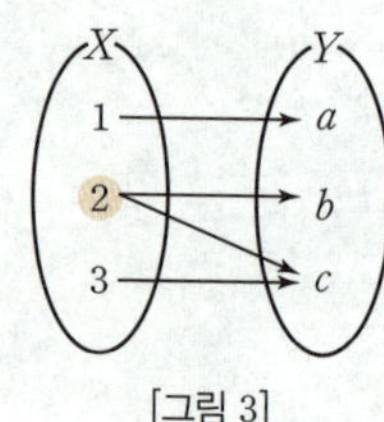

[그림 1]은 X의 각 원소에 Y의 원소가 오직 하나씩 대응한다. ➡ 함수이다.

[그림 2]는 X의 원소 3에 대응하는 Y의 원소가 없다. ➡ 함수가 아니다.

[그림 3]은 X의 원소 2에 대응하는 Y의 원소가 b, c의 2개이다. ➡ 함수가 아니다.

즉, [그림 2]와 같이 집합 X의 원소 중에서 집합 Y의 원소가 대응되지 않고 남아 있는 원소가 있거나

[그림 3]과 같이 집합 X의 원소 중에서 집합 Y의 원소가 두 개 이상 대응되는 원소가 있으면 그 대응은 함수가 아니다.

② 정의역, 공역, 치역

❶ 정의역, 공역
함수 $f: X \longrightarrow Y$에서 집합 X를 함수 f의 **정의역**, 집합 Y를 함수 f의 **공역**이라 한다.

❷ 치역
함수 $f: X \longrightarrow Y$에서 정의역 X의 원소 x에 공역 Y의 원소 y가 대응할 때, 기호로 $\boldsymbol{y=f(x)}$와 같이 나타낸다. 이때 $f(x)$를 x에서의 **함숫값**이라 하고, 함숫값 전체의 집합 $\{f(x)\,|\,x \in X\}$를 함수 f의 **치역**이라 한다.

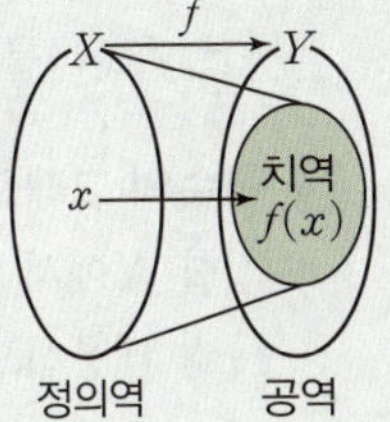

참고 (1) 함수의 정의역이나 공역이 주어지지 않은 경우, 정의역은 함수가 정의되는 모든 실수의 집합으로, 공역은 실수 전체의 집합으로 생각한다.
　　(2) 치역은 공역의 부분집합이므로 (치역)⊂(공역)이다.

함수 $f: X \longrightarrow Y$에서 정의역은 집합 X, 공역은 집합 Y, 치역은 정의역 X의 각 원소에 대응하는 함숫값 전체의 집합이다.

예 (1) 함수 $y=x+1$의 정의역은 $\{x\,|\,x$는 실수$\}$, 치역은 $\{y\,|\,y$는 실수$\}$이다.
　(2) 함수 $y=x^2+1$의 정의역은 $\{x\,|\,x$는 실수$\}$, 치역은 $\{y\,|\,y \geq 1\}$이다.

example　오른쪽 그림과 같은 함수 $f: X \longrightarrow Y$에 대하여 다음을 구해 보자.
(1) 정의역: $X=\{0,\ 1,\ 2\}$
(2) 공역: $Y=\{1,\ 2,\ 3,\ 4\}$
(3) 함숫값: $f(0)=1$, $f(1)=2$, $f(2)=4$
(4) 치역: $\{1,\ 2,\ 4\}$ → 집합 Y의 부분집합으로 함숫값 전체의 집합이다.

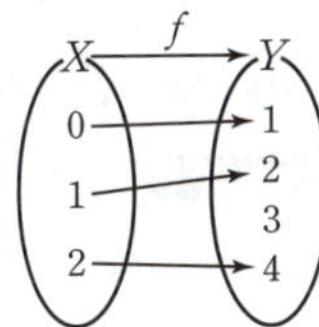

③ 서로 같은 함수

두 함수 f, g에 대하여
　(i) 정의역과 공역이 각각 같고
　(ii) 정의역의 모든 원소 x에 대하여 $f(x)=g(x)$ → 함숫값이 같다.
일 때, 두 함수 $\boldsymbol{f}$와 $\boldsymbol{g}$는 서로 같다고 하고, 기호로 $\boldsymbol{f=g}$와 같이 나타낸다.

참고 두 함수 f와 g가 서로 같지 않을 때는 기호로 $f \neq g$와 같이 나타낸다.

두 함수가 서로 같다는 것은 정의역과 공역이 각각 같은 두 함수의 정의역의 각 원소에 대응하는 함숫값이 서로 같다는 것을 의미한다.

example　정의역이 $\{0,\ 1\}$인 두 함수 $f(x)=x$, $g(x)=x^2$에 대하여
　　$f(0)=g(0)=0$, $f(1)=g(1)=1$
즉, 정의역의 각 원소에 대응하는 함숫값이 서로 같으므로 두 함수 f와 g는 서로 같은 함수이다.

주의 두 함수의 식이 서로 같다고 해서 두 함수가 항상 서로 같은 것은 아니다.
예를 들어, 정의역이 $\{1,\ 2\}$인 함수 $f(x)=x$와 정의역이 $\{-1,\ 1\}$인 함수 $g(x)=x$에 대하여
두 함수 f, g의 식은 서로 같지만, 정의역이 같지 않으므로 조건 (i)을 만족시키지 않는다.
따라서 두 함수 f와 g는 서로 같은 함수가 아니다.
반대로 두 함수의 식이 서로 다르더라도 정의역의 모든 원소에 대한 두 함숫값이 서로 같으면 두 함수는 서로 같다.

4

1 함수의 그래프

함수 $f : X \longrightarrow Y$에서 정의역 X의 원소 x와 이에 대응하는 함숫값 $f(x)$의 순서쌍 $(x, f(x))$ 전체의 집합 $\{(x, f(x)) \mid x \in X\}$를 함수 f의 그래프라 한다.

특히, 함수 $y=f(x)$의 정의역과 공역의 원소가 모두 실수일 때, 함수의 그래프는 순서쌍 $(x, f(x))$를 좌표로 하는 점을 좌표평면 위에 나타내어 그릴 수 있다.

2 함수의 그래프의 특징

집합 X에서 집합 Y로의 함수는 X의 각 원소에 Y의 원소가 오직 하나씩 대응하므로 함수의 그래프는 정의역의 각 원소 a에 대하여 y축에 평행한 직선 $x=a$와 오직 한 점에서 만난다.

└→ 만나지 않거나 2개 이상의 점에서 만나면 함수가 아니다.

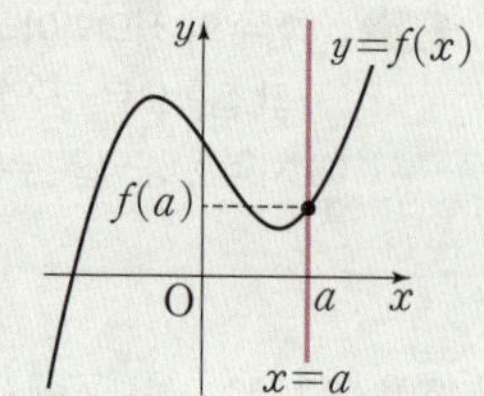

설명 **함수의 그래프**

함수의 그래프는 정의역 X의 각 원소와 이에 대응하는 함숫값의 순서쌍 전체의 집합이므로 함수의 식이 같더라도 함수의 그래프는 정의역에 따라 좌표평면 위에 다르게 나타날 수 있다.

example

(1) 정의역이 $\{-1, 0, 1\}$인 함수 $y=x^2$의 그래프는
$$\{(-1, 1), (0, 0), (1, 1)\}$$
이고, 이것을 좌표평면 위에 나타내면 오른쪽 그림과 같다.

(2) 정의역이 실수 전체의 집합인 함수 $y=x^2$의 그래프는
$$\{(x, y) \mid y=x^2, \ x는 \ 실수\}$$
이고, 이것을 좌표평면 위에 나타내면 오른쪽 그림과 같다.

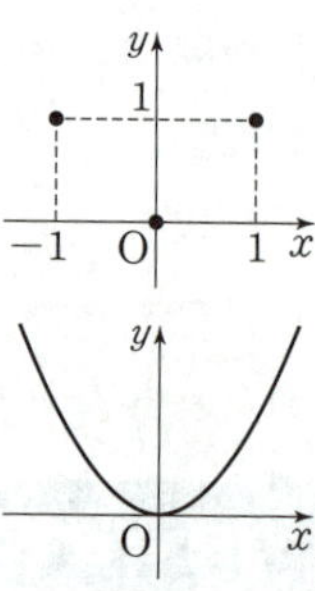

함수의 그래프의 특징

함수의 그래프의 특징을 이용하면 주어진 그래프가 함수의 그래프인지 아닌지를 쉽게 판별할 수 있다.

즉, 주어진 그래프가 정의역의 각 원소 a에 대하여 y축에 평행한 직선 $x=a$와

└→ x축에 수직인 직선

(1) 오직 한 점에서 만나면 주어진 그래프는 함수의 그래프이다.

(2) 만나지 않거나 두 점 이상에서 만나는 경우가 있으면 주어진 그래프는 함수의 그래프가 아니다.

example 다음 그림과 같은 두 그래프가 함수의 그래프인지 아닌지 판별해 보자.

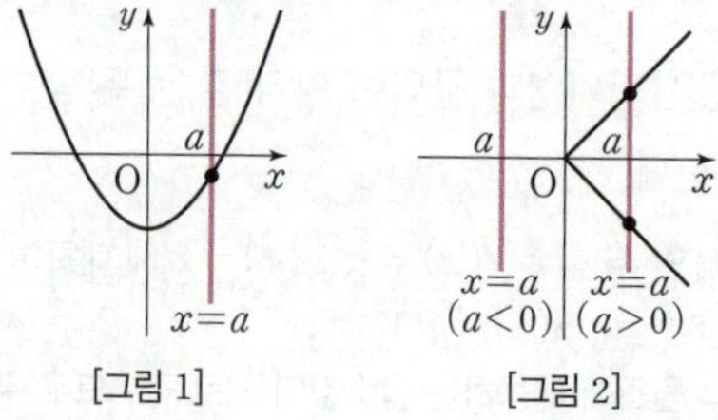

[그림 1]은 정의역의 각 원소 a에 대하여 직선 $x=a$와 그래프가 오직 한 점에서 만난다.
➡ 함수의 그래프이다.
[그림 2]는 정의역의 각 원소 a에 대하여 직선 $x=a$와 그래프가 $a<0$일 때는 만나지 않고, $a>0$일 때는 두 점에서 만난다. ➡ 함수의 그래프가 아니다.
즉, [그림 2]와 같이 실수 전체의 집합에서 정의된 그래프에 대하여 직선 $x=a$ (a는 상수)를 그렸을 때 직선 $x=a$와 그래프의 교점이 없거나 두 개 이상이면 함수의 그래프가 아니다.

함수의 뜻

두 집합 $X=\{-1,\ 0,\ 1\}$, $Y=\{-2,\ -1,\ 1,\ 2\}$에 대하여 **보기**의 대응 중 X에서 Y로의 함수인 것을 모두 고르시오.

┤ 보기 ├

ㄱ. $x \longrightarrow x+2$ ㄴ. $x \longrightarrow x^2-2$ ㄷ. $x \longrightarrow x^3-1$

풀이

(Tip) 집합 X의 각 원소에 집합 Y의 원소가 오직 하나씩 대응하는 것을 찾는다.

각 대응을 그림으로 나타내면 다음과 같다.

ㄱ. 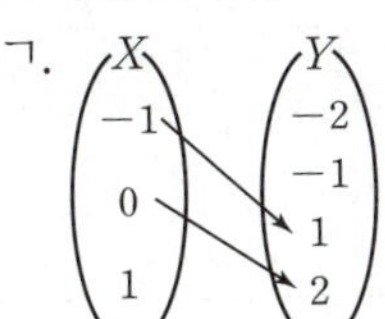 ㄴ. 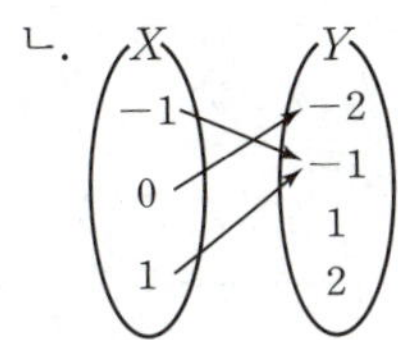 ㄷ. 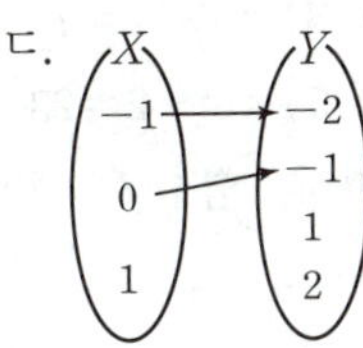

ㄱ, ㄷ. X의 원소 1에 대응하는 Y의 원소가 없으므로 함수가 아니다.

ㄴ. X의 각 원소에 Y의 원소가 오직 하나씩 대응하므로 함수이다.

따라서 함수인 것은 ㄴ이다.

답 ㄴ

필수 공략
집합 X에서 집합 Y로의 함수가 되기 위한 조건
➡ 집합 X의 '각 원소'에 집합 Y의 원소가 '오직 하나씩' 대응한다.

● 정답 및 해설 104쪽

유제 **01-❶** 집합 $X=\{-1,\ 0,\ 1,\ 2\}$에 대하여 **보기**의 대응 중 X에서 X로의 함수인 것을 모두 고르시오.

┤ 보기 ├

ㄱ. $x \longrightarrow x^2$ ㄴ. $x \longrightarrow |x|-1$ ㄷ. $x \longrightarrow 1-x$

유제 **01-❷** 두 집합 $X=\{-1,\ 0,\ 1\}$, $Y=\{0,\ 1,\ 2,\ 3\}$의 각각의 원소 x, y에 대하여 다음 중 X에서 Y로의 함수인 것은?

① $y=x-1$ ② $y=x^2+3$ ③ $y=x^3$

④ $y=x^3+3$ ⑤ $y=x^4+1$

함숫값과 치역

집합 $X=\{-2, 3, 5\}$를 정의역으로 하는 함수 f가
$$f(x)=x^2-2$$
일 때, 함수 f의 치역을 구하시오.

풀이

(Tip) 주어진 함수식의 x에 정의역의 원소를 대입하여 함숫값을 모두 구한다.

정의역이 $X=\{-2, 3, 5\}$이므로
$f(-2)=(-2)^2-2=2$
$f(3)=3^2-2=7$
$f(5)=5^2-2=23$
따라서 함수 f의 치역은 $\{2, 7, 23\}$이다.

답 $\{2, 7, 23\}$

필수 공략 정의역이 X인 함수 f의 치역 ➡ $\{f(x)\,|\,x\in X\}$

• 정답 및 해설 104쪽

조건 바꾼

유제 **02-❶** 집합 $X=\{1, 2, 3, 4, 5\}$를 정의역으로 하는 함수 f가
$$f(x)=\begin{cases} x^2-10 & (x\text{는 홀수}) \\ x+2 & (x\text{는 짝수}) \end{cases}$$
일 때, 함수 f의 치역을 구하시오.

유제 **02-❷** 실수 전체의 집합 R에 대하여 함수 $f : R \longrightarrow R$가
$$f(x)=\begin{cases} 2x & (x\text{는 유리수}) \\ x^2 & (x\text{는 무리수}) \end{cases}$$
일 때, $f(\sqrt{3})+f(3)$의 값을 구하시오.

유제 **02-❸** 두 집합 $X=\{1, 3, 5, 7\}$, $Y=\{y\,|\,y\text{는 정수}\}$에 대하여 함수 $f : X \longrightarrow Y$를
$$f(x)=(x^2\text{을 3으로 나누었을 때의 나머지})$$
로 정의할 때, 함수 f의 치역을 구하시오.

서로 같은 함수

집합 $X=\{2, 4\}$를 정의역으로 하는 두 함수
$$f(x)=2x+1,\ g(x)=x^2+ax+b$$
에 대하여 $f=g$가 되도록 하는 두 상수 a, b의 값을 각각 구하시오.

풀이

(**Tip**) 두 함수 f, g가 서로 같으려면 정의역 X의 각 원소 x에 대응하는 함숫값이 서로 같아야 한다.

$f=g$이려면 정의역의 모든 원소 x에 대하여 $f(x)=g(x)$이어야 한다.

$f(2)=g(2)$에서
$5=4+2a+b$ $\therefore 2a+b=1$ …… ㉠
$f(4)=g(4)$에서
$9=16+4a+b$ $\therefore 4a+b=-7$ …… ㉡
㉠, ㉡을 연립하여 풀면 $a=-4$, $b=9$

답 $a=-4$, $b=9$

필수 공략

두 함수 f, g가 서로 같다. $\Longleftrightarrow$ $\begin{cases} \text{(i) 정의역과 공역이 각각 같다.} \\ \text{(ii) 정의역의 모든 원소 } x \text{에 대하여 } f(x)=g(x) \text{이다.} \end{cases}$

주의 두 함수 f, g가 서로 같은 함수인지 판별할 때는 두 함수의 식이 같은지를 비교하는 것이 아니라 정의역의 각 원소에 대한 함숫값을 비교해야 한다.

• 정답 및 해설 **104**쪽

숫자 바꾼

유제 03-❶ 집합 $X=\{0, 1\}$을 정의역으로 하는 두 함수
$$f(x)=ax+3,\ g(x)=x^2+b$$
에 대하여 $f=g$가 되도록 하는 두 상수 a, b의 값을 각각 구하시오.

유제 03-❷ |보기| 중 집합 $X=\{-1, 0, 1\}$을 정의역으로 하는 두 함수 f, g가 서로 같은 함수인 것을 모두 고르시오.

|보기|
ㄱ. $f(x)=x+1,\ g(x)=x^2-1$
ㄴ. $f(x)=|x|,\ g(x)=x^2$
ㄷ. $f(x)=x,\ g(x)=x^3$

유제 03-❸ 공집합이 아닌 집합 X를 정의역으로 하는 두 함수
$$f(x)=2x^2+x-1,\ g(x)=x^2+2x-1$$
에 대하여 $f=g$가 되도록 하는 집합 X를 모두 구하시오.

함수의 그래프

|보기| 중 함수의 그래프인 것을 모두 고르시오.

┤ 보기 ├

ㄱ. 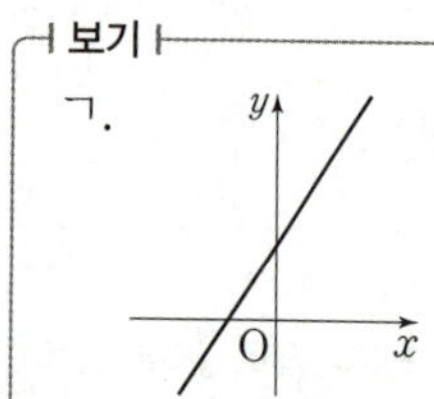 ㄴ. 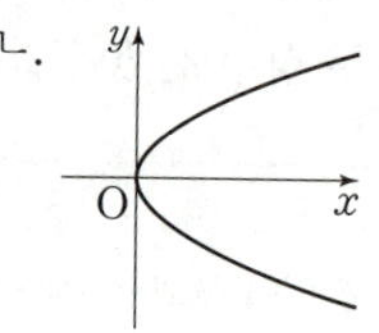 ㄷ. 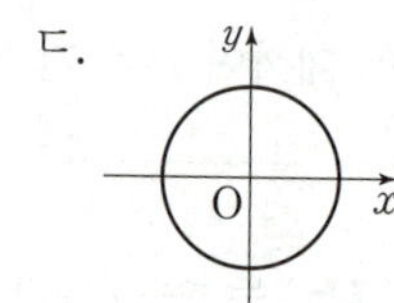

 풀이

(Tip) 주어진 그래프에 정의역의 각 원소 a에 대하여 y축에 평행한 직선 $x=a$를 그려 교점이 1개인 것을 찾는다.

주어진 그래프에 직선 $x=a$ (a는 상수)를 그려 교점을 나타내면 다음 그림과 같다.

ㄱ. 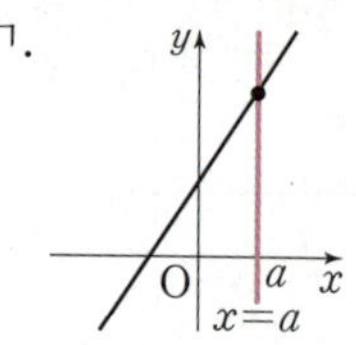 ㄴ. 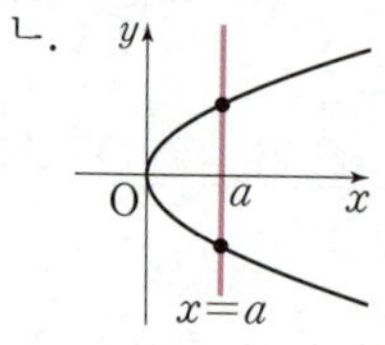 ㄷ. 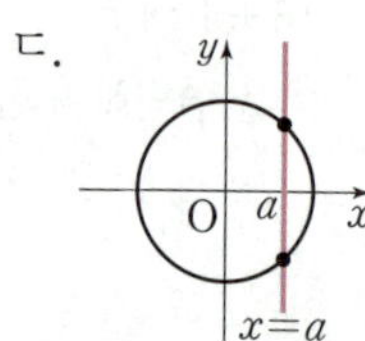

ㄱ. 정의역의 각 원소 a에 대하여 직선 $x=a$와 오직 한 점에서 만나므로 함수의 그래프이다.

ㄴ, ㄷ. 직선 $x=a$와 두 점에서 만나는 경우가 있으므로 함수의 그래프가 아니다.

따라서 함수의 그래프인 것은 ㄱ이다.

답 ㄱ

필수 공략

함수의 그래프

➡ 정의역의 각 원소 a에 대하여 y축에 평행한 직선 $x=a$를 그렸을 때, 그래프와 직선이 오직 한 점에서 만난다.

• 정답 및 해설 105쪽

조건 바꾼

유제 **04-❶** |보기| 중 함수의 그래프인 것을 모두 고르시오.

┤ 보기 ├

ㄱ. 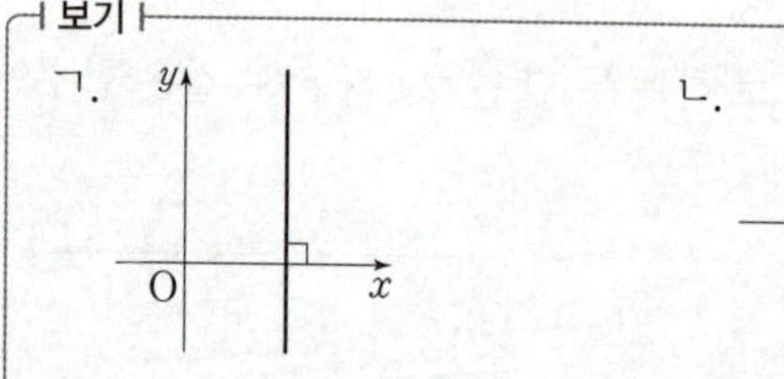 ㄴ. ㄷ. 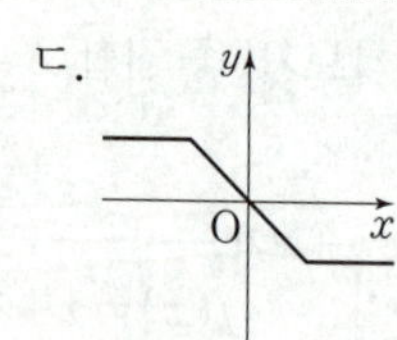

유제 **04-❷** 다음은 집합 $X=\{-1,\ 0,\ 1,\ 2\}$에서 정의된 대응을 그래프로 나타낸 것이다. 이 중 함수의 그래프인 것을 모두 찾으시오.

(1) 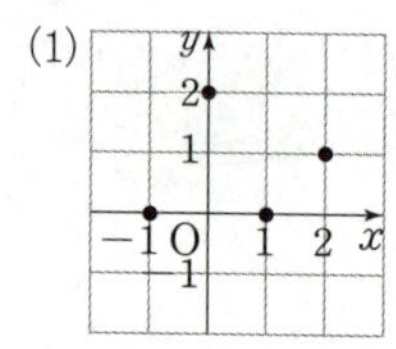 (2) 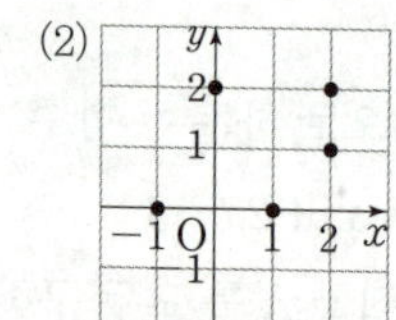 (3) 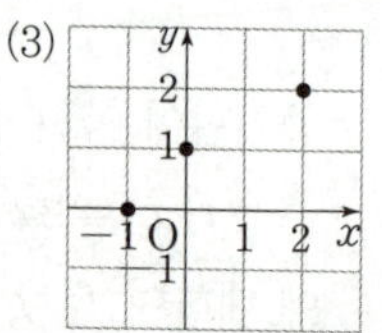

절댓값 기호를 포함한 식의 그래프 그리기

(1) 범위를 나누어 그리는 방법

절댓값 기호를 포함한 식의 그래프는 범위를 나누어 다음과 같은 순서로 그린다.

❶ 절댓값 기호 안의 식의 값이 0이 되는 x 또는 y의 값을 구한다.

❷ ❶에서 구한 값을 경계로 x 또는 y의 값의 범위를 나누어 식을 구한다.

❸ ❷에서 구한 식을 이용하여 그래프를 그린다.

> **example** $y=|x-1|$에서 절댓값 기호 안의 식의 값이 0이 되는 x의 값은 1이므로
> (i) $x<1$일 때, $x-1<0$ $\therefore y=-(x-1)=-x+1$ $\qquad |A|=\begin{cases} -A & (A<0) \\ A & (A\geq0) \end{cases}$
> (ii) $x\geq1$일 때, $x-1\geq0$ $\therefore y=x-1$
> (i), (ii)에서 $y=|x-1|$의 그래프는 오른쪽 그림과 같다.

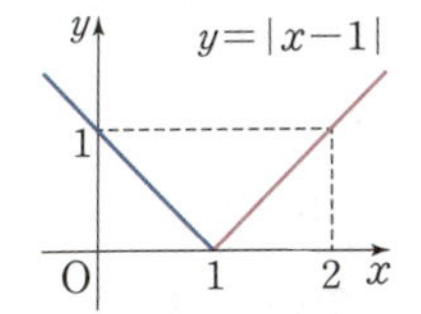

(2) 대칭이동을 이용하여 그리는 방법

절댓값 기호를 포함한 식의 그래프는 대칭이동을 이용하여 다음과 같은 순서로 그린다.

	대칭이동을 이용하여 그리는 방법	그래프
$y=\|f(x)\|$의 그래프	❶ $y=f(x)$의 그래프를 그린다. ❷ $y\geq0$인 부분은 그대로 둔다. ❸ $y<0$인 부분을 x축에 대하여 대칭이동한다.	예 $y=\|x-1\|$의 그래프
$y=f(\|x\|)$의 그래프	❶ $y=f(x)$의 그래프를 그린다. ❷ $x\geq0$인 부분은 그대로 둔다. ❸ $x<0$인 부분은 $x\geq0$인 부분을 y축에 대하여 대칭이동한다.	예 $y=\|x\|-1$의 그래프
$\|y\|=f(x)$의 그래프	❶ $y=f(x)$의 그래프를 그린다. ❷ $y\geq0$인 부분은 그대로 둔다. ❸ $y<0$인 부분은 $y\geq0$인 부분을 x축에 대하여 대칭이동한다.	예 $\|y\|=x-1$의 그래프
$\|y\|=f(\|x\|)$의 그래프	❶ $y=f(x)$의 그래프를 그린다. ❷ $x\geq0$, $y\geq0$인 부분은 그대로 둔다. ❸ ❷의 그래프를 각각 x축, y축, 원점에 대하여 대칭이동한다.	예 $\|y\|=\|x\|-1$의 그래프

소단원 점검 문제

• 정답 및 해설 105쪽

함수의 뜻

01 두 집합 $X=\{-1, 0, 1\}$, $Y=\{1, 2\}$에 대하여 X의 임의의 원소 x에 Y의 원소 x^2+k가 대응할 때, 이 대응이 X에서 Y로의 함수이기 위한 상수 k의 값을 구하시오.

함숫값과 치역

02 집합 $X=\{-2, -1, 1, 4\}$를 정의역으로 하는 함수 $f(x)=a|x|+1$에 대하여 함수 f의 치역의 모든 원소의 합이 31일 때, 상수 a의 값을 구하시오.

서로 같은 함수

03 집합 $X=\{1, a, b\}$를 정의역으로 하는 두 함수

$$f(x)=x^3+2,\ g(x)=2x^2+kx$$

에 대하여 $f=g$일 때, $ab+k$의 값은? (단, $n(X)=3$이고, a, b, k는 상수이다.)

① -2　　　② -1　　　③ 0　　　④ 1　　　⑤ 2

함수의 그래프

04 |보기| 중 함수의 그래프인 것을 모두 고른 것은?

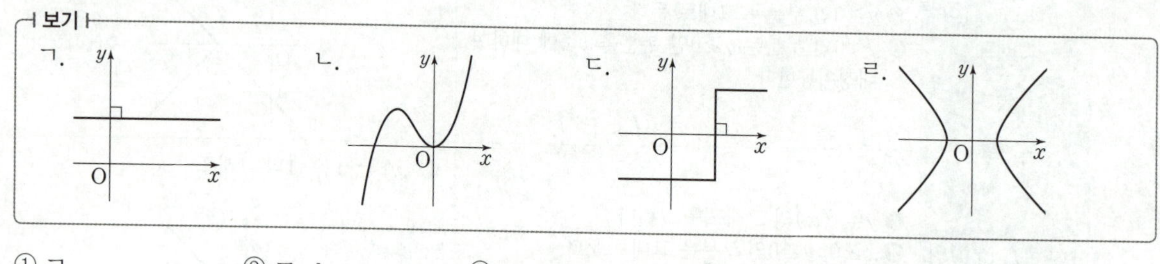

① ㄱ　　　② ㄱ, ㄴ　　　③ ㄱ, ㄷ　　　④ ㄱ, ㄹ　　　⑤ ㄱ, ㄴ, ㄹ

02 여러 가지 함수

1 일대일함수와 일대일대응

1 일대일함수

함수 $f : X \longrightarrow Y$에서 정의역 X의 임의의 두 원소 x_1, x_2에 대하여

$$x_1 \neq x_2 \text{이면 } f(x_1) \neq f(x_2)$$

가 성립할 때, 이 함수 f를 일대일함수라 한다.

[참고] 명제 '$x_1 \neq x_2$이면 $f(x_1) \neq f(x_2)$'의 대우 '$f(x_1) = f(x_2)$이면 $x_1 = x_2$'가 성립해도 함수 f는 일대일함수이다.

2 일대일대응

함수 $f : X \longrightarrow Y$가 일대일함수이고 치역과 공역이 같을 때, 즉

(i) 정의역 X의 임의의 두 원소 x_1, x_2에 대하여

$$x_1 \neq x_2 \text{이면 } f(x_1) \neq f(x_2) \quad \rightarrow \text{일대일함수}$$

(ii) $\{f(x) \mid x \in X\} = Y \quad \rightarrow \text{(치역)} = \text{(공역)}$

가 성립할 때, 이 함수 f를 일대일대응이라 한다.

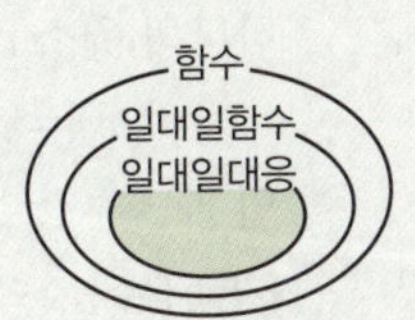

[주의] 일대일대응이면 일대일함수이지만, 일대일함수라고 해서 모두 일대일대응인 것은 아니다.

[설명]

example 다음 그림과 같은 세 함수 f, g, h에 대하여

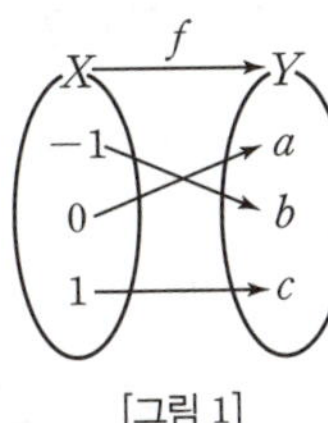
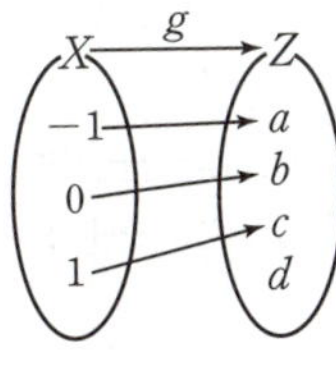
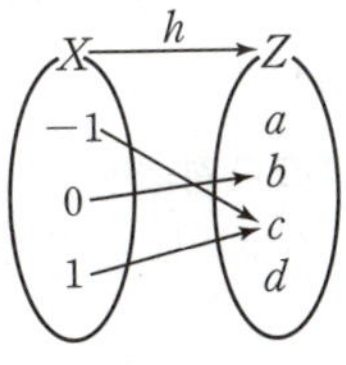

[그림 1]   [그림 2]   [그림 3]

[그림 1]의 함수 f는 정의역 X의 서로 다른 두 원소에 대응하는 공역 Y의 원소가 서로 다르고, 공역과 치역이 같다. ➡ 일대일대응이다. $\rightarrow$ 일대일함수이다.

[그림 2]의 함수 g는 정의역 X의 서로 다른 두 원소에 대응하는 공역 Z의 원소가 서로 다르지만 공역과 치역이 다르다. ➡ 일대일함수이지만 일대일대응은 아니다.

[그림 3]의 함수 h는 정의역 X의 서로 다른 두 원소 -1, 1에 대응하는 공역 Z의 원소가 모두 c로 같다. ➡ 일대일함수가 아니다. $\rightarrow$ 일대일대응도 아니다.

일대일함수는 정의역의 서로 다른 두 원소에 대응하는 공역의 원소가 항상 서로 다르므로 일대일함수의 그래프는 치역의 각 원소 k에 대하여 x축에 평행한 직선 $y = k$와 오직 한 점에서 만난다. $\rightarrow y$축에 수직인 직선

example 다음 그림과 같은 세 함수의 그래프에서 치역의 각 원소 k에 대하여

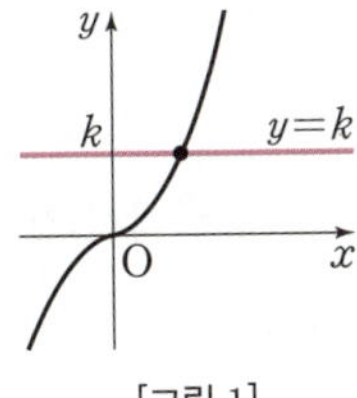
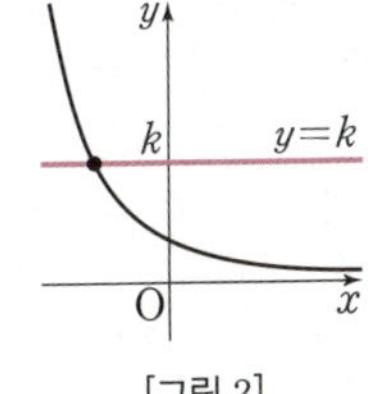
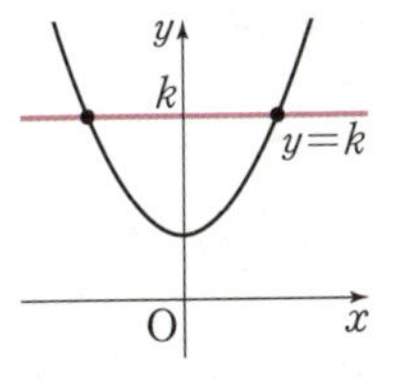

[그림 1]   [그림 2]   [그림 3]

[그림 1]은 직선 $y = k$와 그래프가 오직 한 점에서 만나고, 공역과 치역이 같다. ➡ 일대일대응이다. $\rightarrow$ 일대일함수이다.

[그림 2]는 직선 $y = k$와 그래프가 오직 한 점에서 만나지만 공역과 치역이 다르다. ➡ 일대일함수이지만 일대일대응은 아니다.

[그림 3]은 직선 $y = k$와 그래프가 두 점에서 만나는 경우가 있다. ➡ 일대일함수가 아니다. $\rightarrow$ 일대일대응도 아니다.

1 항등함수

함수 $f : X \longrightarrow X$에서 정의역 X의 각 원소 x에 그 자신인 x가 대응할 때, 즉

$$f(x)=x$$

일 때, 이 함수 f를 **항등함수**라 한다.

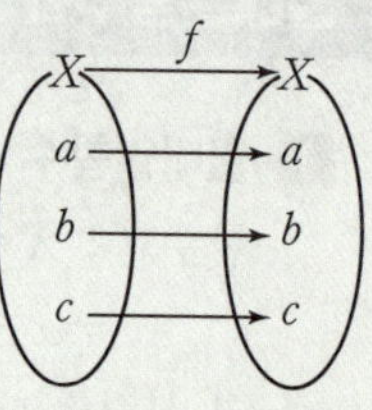

> 참고 항등함수는 일대일대응이고, 정의역과 공역이 같다.

2 상수함수

함수 $f : X \longrightarrow Y$에서 정의역 X의 모든 원소 x에 공역 Y의 오직 하나의 원소 c가 대응할 때, 즉

$$f(x)=c \ (c\text{는 상수})$$

일 때, 이 함수 f를 **상수함수**라 한다.

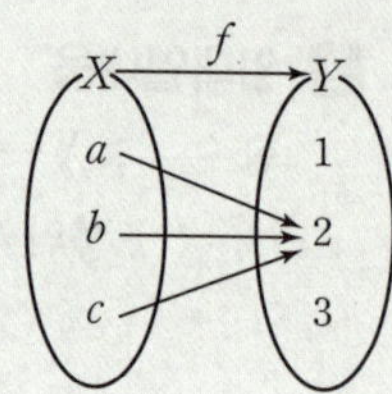

> 참고 상수함수의 치역은 원소가 1개인 집합이다.

항등함수

집합 X에서 정의된 항등함수 f에 대하여 $f(x)=x$이므로 항등함수의 그래프는 직선 $y=x$ 위에 나타나고, 정의역 X에 따라 그 그래프가 달라진다. 정의역과 공역이 모두 실수 전체의 집합인 항등함수의 그래프는 오른쪽 그림과 같이 직선 $y=x$로 나타난다.

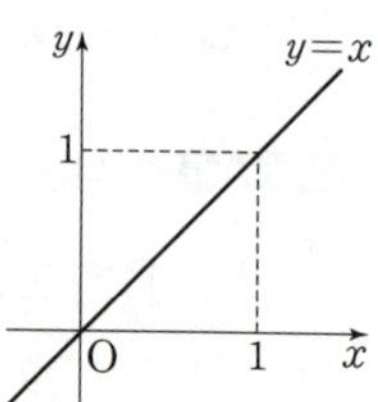

> 참고 일반적으로 항등함수(identity function)는 I로 나타낸다.
> 특히, 집합 X에서 정의된 항등함수는 I_X로 나타낸다.

상수함수

집합 X에서 정의된 상수함수 f에 대하여 $f(x)=c \ (c\text{는 상수})$이므로 상수함수의 그래프는 x축과 평행한 직선 $y=c$ 위에 나타나고, 정의역 X에 따라 그 그래프가 달라진다. 정의역과 공역이 모두 실수 전체의 집합인 상수함수의 그래프는 오른쪽 그림과 같이 직선 $y=c$로 나타난다.

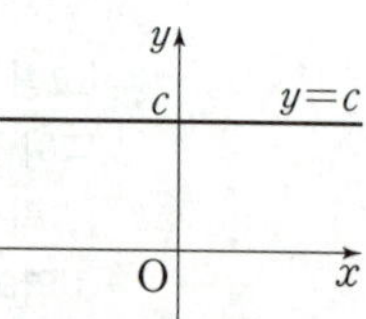

> 참고 상수함수 $f(x)=c$의 c는 상수를 뜻하는 constant에서 따온 것이다.

● 정답 및 해설 106쪽

1 집합 $X=\{-1,\ 0,\ 1\}$에 대하여 |**보기**|의 X에서 X로의 함수 중 항등함수인 것을 모두 고르시오.

┤ 보기 ├

ㄱ. $y=x$ ㄴ. $y=x^2$ ㄷ. $y=x^3$ ㄹ. $y=x^4$

2 다음 집합 X에서 집합 X로의 함수 중 항등함수, 상수함수인 것을 각각 찾으시오.

(1) 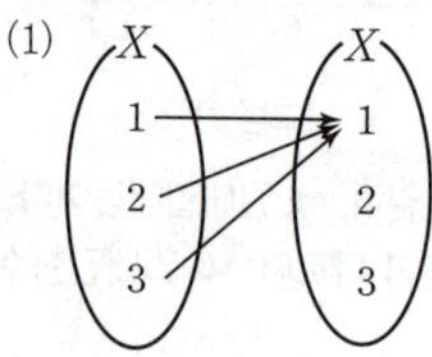 (2) 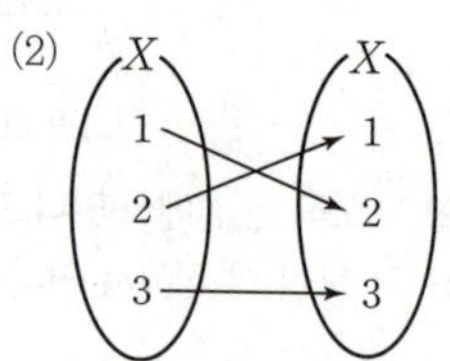 (3) 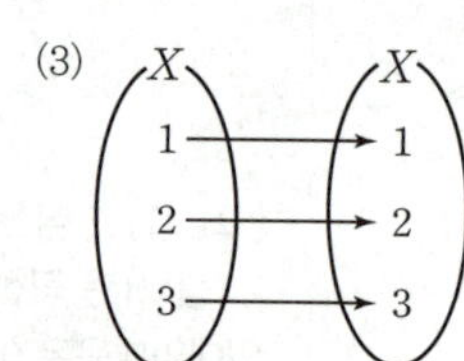

답 1. ㄱ, ㄷ 2. 항등함수: (3), 상수함수: (1)

필수 예제 01

여러 가지 함수

|보기|의 함수의 그래프 중 다음에 해당하는 것을 모두 고르시오.

(단, 정의역과 공역은 모두 실수 전체의 집합이다.)

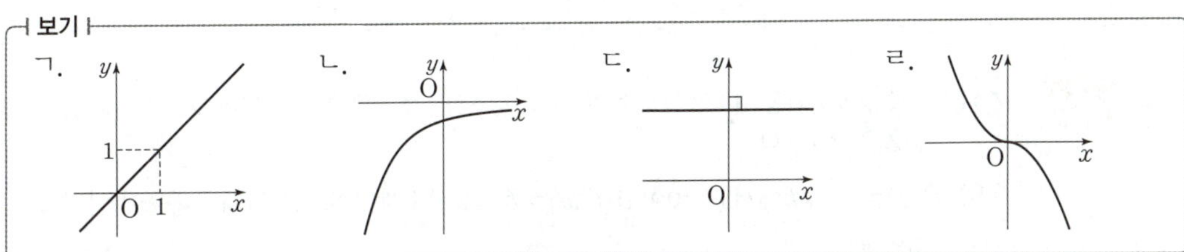

(1) 일대일함수   (2) 일대일대응

(3) 항등함수   (4) 상수함수

(Tip) 일대일함수, 일대일대응, 항등함수, 상수함수의 정의를 이용하여 적절한 함수의 그래프를 찾는다.

주어진 그래프에 직선 $y=k$ (k는 상수)를 그려 교점을 나타내면 다음 그림과 같다.

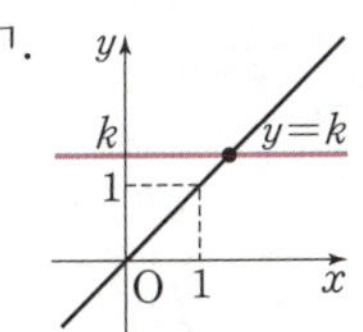 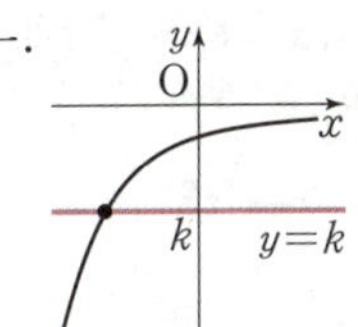 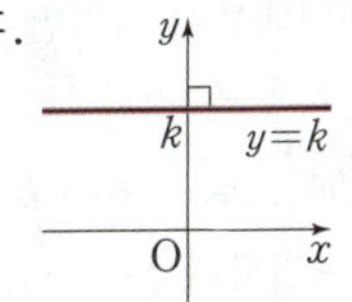 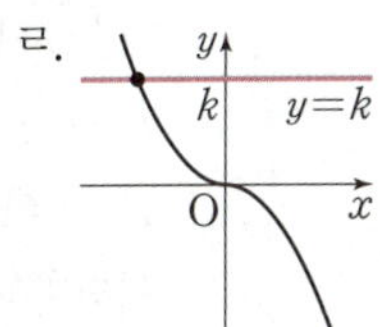

(1) 일대일함수의 그래프는 치역의 각 원소 k에 대하여 직선 $y=k$와 오직 한 점에서 만나므로 ㄱ, ㄴ, ㄹ이다.

(2) 일대일대응의 그래프는 일대일함수이면서 치역과 공역이 같은 함수의 그래프이므로 ㄱ, ㄹ이다.

(3) 항등함수는 정의역과 공역이 같고 정의역의 각 원소에 그 자신이 대응하는 함수이고, 그 그래프는 직선 $y=x$이므로 ㄱ이다.

(4) 상수함수는 치역의 원소가 1개이고, 그 그래프는 x축에 평행한 직선이므로 ㄷ이다.

답 (1) ㄱ, ㄴ, ㄹ (2) ㄱ, ㄹ (3) ㄱ (4) ㄷ

필수 공략

(1) 일대일함수의 그래프 ➡ 치역의 각 원소 k에 대하여 직선 $y=k$와 오직 한 점에서 만난다.

(2) 일대일대응의 그래프 ➡ 일대일함수의 그래프 중 치역과 공역이 같은 것이다.

(3) 항등함수의 그래프 ➡ 실수 전체의 집합에서 정의된 항등함수의 그래프는 직선 $y=x$이다.

(4) 상수함수의 그래프 ➡ 치역의 원소가 1개이므로 그 그래프는 x축에 평행한 직선 위에 나타난다.

• 정답 및 해설 106쪽

조건 바꾼

유제 01-❶   실수 전체의 집합에서 정의된 |보기|의 함수 중 다음에 해당하는 것을 모두 고르시오.

보기
ㄱ. $f(x)=2$ ㄴ. $g(x)=x+2$ ㄷ. $h(x)=|x|$ ㄹ. $i(x)=x$

(1) 일대일대응   (2) 항등함수   (3) 상수함수

일대일대응이 되기 위한 조건

두 집합 $X=\{x\,|-2\leq x\leq 4\}$, $Y=\{y\,|-3\leq y\leq 9\}$에 대하여 X에서 Y로의 함수
$f(x)=ax+b$가 일대일대응이 되도록 할 때, $a+b$의 값을 구하시오. (단, a, b는 상수이다.)

풀이

(Tip) x의 값이 증가할 때 y의 값이 증가하거나 감소하는 직선은 일대일함수이므로 치역과 공역이 같도록 하는 a, b의
값을 각각 구한다.

함수 $f(x)=ax+b$에서 $a=0$이면 $f(x)=b$, 즉 상수함수이므로 일대일대응이 아니다.

(i) $a>0$일 때

함수 f가 일대일대응이 되려면 그 그래프는 오른쪽 그림과 같아야 하므로
$f(-2)=-3$, $f(4)=9$

└→ x의 값이 증가할 때 $f(x)$의 값도 증가한다.

$f(x)=ax+b$이므로 $-2a+b=-3$, $4a+b=9$
위의 두 식을 연립하여 풀면 $a=2$, $b=1$
$\therefore a+b=2+1=3$

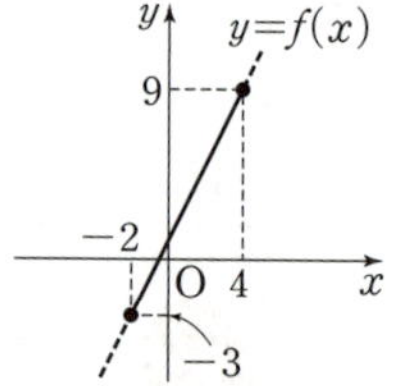

(ii) $a<0$일 때

함수 f가 일대일대응이 되려면 그 그래프는 오른쪽 그림과 같아야 하므로
$f(-2)=9$, $f(4)=-3$

└→ x의 값이 증가할 때 $f(x)$의 값은 감소한다.

$f(x)=ax+b$이므로 $-2a+b=9$, $4a+b=-3$
위의 두 식을 연립하여 풀면 $a=-2$, $b=5$
$\therefore a+b=(-2)+5=3$

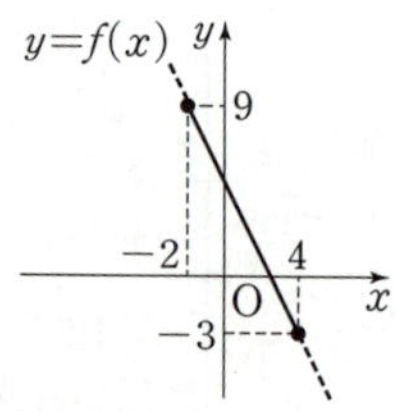

(i), (ii)에서 $a+b=3$

답 3

필수 공략

일대일대응 ➡ $\begin{cases}\text{(i) 일대일함수이다.} &\to \text{그래프가 증가 또는 감소}\\ \text{(ii) (치역)=(공역)이다.} &\to \text{정의역의 양 끝 값의 함숫값이 공역의 양 끝 값과 같다.}\end{cases}$

• 정답 및 해설 106쪽

숫자 바꾼

유제 02-❶ 두 집합 $X=\{x\,|-2\leq x\leq 2\}$, $Y=\{y\,|-5\leq y\leq a\}$에 대하여 X에서 Y로의 함수
$f(x)=-2x+b$가 일대일대응이 되도록 할 때, $a+b$의 값을 구하시오. (단, a, b는 상수이다.)

유제 02-❷ 실수 전체의 집합에서 정의된 함수 $f(x)=\begin{cases}(a-1)x+5 & (x<0)\\ -x+5 & (x\geq 0)\end{cases}$가 일대일대응이 되도록 하는 실수
a의 값의 범위를 구하시오.

유제 02-❸ 두 집합 $X=\{x\,|\,x\leq 2\}$, $Y=\{y\,|\,y\geq 4\}$에 대하여 X에서 Y로의 함수 $f(x)=x^2-6x+a$가 일대일대
응일 때, 상수 a의 값을 구하시오.

항등함수와 상수함수

실수 전체의 집합에서 정의된 두 함수 f, g에 대하여 f는 항등함수이고, g는 상수함수이다. $g(4)=8$일 때, $f(-2)+g(2)$의 값을 구하시오.

풀이

(Tip) 항등함수는 정의역의 각 원소에 그 자신이 대응하는 함수이고, 상수함수는 정의역의 모든 원소에 공역의 오직 하나의 원소가 대응하는 함수이다.

함수 f는 항등함수이므로

$$f(x)=x \qquad \therefore f(-2)=-2$$

함수 g는 상수함수이고, $g(4)=8$이므로

$$g(x)=8 \qquad \therefore g(2)=8$$

$$\therefore f(-2)+g(2)=(-2)+8=6$$

답 6

필수 공략

(1) 정의역이 집합 $X=\{x_1, x_2, x_3, \cdots, x_n\}$일 때, 함수 $f : X \longrightarrow X$는
① 항등함수 ➡ $f(x_i)=x_i$ $(i=1, 2, 3, \cdots, n)$
② 상수함수 ➡ $f(x_i)=c$ (c는 상수, $i=1, 2, 3, \cdots, n$)

(2) 정의역이 실수 전체의 집합일 때, 함수의 그래프는 다음과 같다.
① 항등함수의 그래프 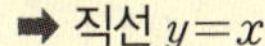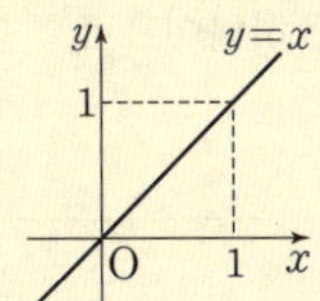
➡ 직선 $y=x$

② 상수함수의 그래프 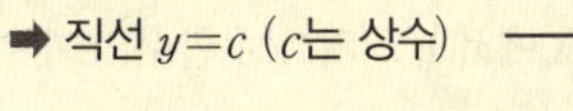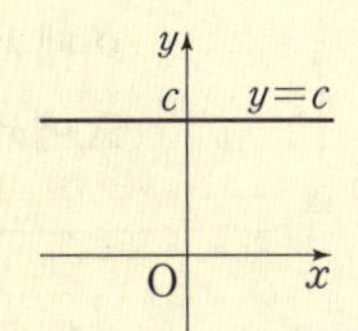
➡ 직선 $y=c$ (c는 상수)

• 정답 및 해설 107쪽

숫자 바꾼

유제 03-❶ 실수 전체의 집합에서 정의된 두 함수 f, g에 대하여 f는 항등함수이고, g는 상수함수일 때, $f(1)+g(1)-g(2)$의 값을 구하시오.

유제 03-❷ 실수 전체의 집합에서 정의된 두 함수 f, g에 대하여 f는 항등함수이고, g는 상수함수이다. $f(8)=g(10)$일 때, $f(12)+g(12)$의 값을 구하시오.

유제 03-❸
교육청
집합 $X=\{0, 2, 4\}$에 대하여 X에서 X로의 함수

$$f(x)=\begin{cases} 3x+2 & (x<2) \\ x^2+ax+b & (x\geq2) \end{cases}$$

가 상수함수일 때, $a+b$의 값은? (단, a, b는 상수이다.)

① 1   ② 2   ③ 3   ④ 4   ⑤ 5

함수의 개수

두 집합 $X=\{0,\ 1,\ 2\}$, $Y=\{a,\ b,\ c,\ d\}$에 대하여 다음을 구하시오.

(1) X에서 Y로의 함수의 개수

(2) X에서 Y로의 일대일함수의 개수

(3) X에서 X로의 일대일대응의 개수

(4) X에서 Y로의 상수함수의 개수

 풀이

(Tip) 함수, 일대일함수, 일대일대응, 상수함수의 정의를 이용하여 정의역의 각 원소에 대응할 수 있는 공역의 원소의 개수를 생각한다.

(1) 정의역 X의 원소 $0,\ 1,\ 2$의 각 원소에 대응할 수 있는 것은 Y의 원소 $a,\ b,\ c,\ d$ 중 하나이므로

X에서 Y로의 함수의 개수는 $4^3=4\times4\times4=64$이다.

(2) 정의역 X의 원소 $0,\ 1,\ 2$의 각 원소에 공역 Y의 원소 $a,\ b,\ c,\ d$ 중 서로 다른 3개를 택하여 대응시키면 되므로

X에서 Y로의 일대일함수의 개수는 $_4\mathrm{P}_3=4\times3\times2=24$이다.

(3) 정의역 X의 원소 $0,\ 1,\ 2$의 각 원소에 공역 X의 원소 $0,\ 1,\ 2$를 모두 다르게 대응시키면 되므로

X에서 X로의 일대일대응의 개수는 $_3\mathrm{P}_3=3!=3\times2\times1=6$이다.

(4) X에서 Y로의 함수를 f라 할 때, f가 상수함수이려면 $f(0)=f(1)=f(2)=k$ (k는 상수)이어야 한다.

이때 k의 값이 될 수 있는 것은 $a,\ b,\ c,\ d$ 중 하나이므로

X에서 Y로의 상수함수의 개수는 4이다.

답 (1) 64 (2) 24 (3) 6 (4) 4

필수 공략 두 집합 X, Y의 원소의 개수가 각각 m, n일 때, 함수 $f:X\longrightarrow Y$에 대하여

(1) 함수의 개수 ➡ n^m　　　　　　　(2) 일대일함수의 개수 ➡ $_n\mathrm{P}_m$ (단, $m\le n$)

(3) 일대일대응의 개수 ➡ $_n\mathrm{P}_n=n!$ (단, $m=n$)　　(4) 상수함수의 개수 ➡ n

(5) X에서 X로의 항등함수의 개수 ➡ 1

(6) $x_1\in X$, $x_2\in X$에 대하여 $x_1<x_2$이면 $f(x_1)<f(x_2)$를 만족시키는 함수의 개수 ➡ $_n\mathrm{C}_m$ (단, $m\le n$)
　　　　　└→ $f(x_1)>f(x_2)$를 만족시키는 함수의 개수도 $_n\mathrm{C}_m$이다.

• 정답 및 해설 107쪽

 숫자 바꾼

유제 04-❶ 두 집합 $X=\{a,\ b,\ c,\ d\}$, $Y=\{1,\ 2,\ 3,\ 4,\ 5\}$에 대하여 다음을 구하시오.

(1) X에서 Y로의 함수의 개수　　　　(2) X에서 Y로의 일대일함수의 개수

(3) X에서 X로의 일대일대응의 개수　　(4) X에서 X로의 항등함수의 개수

유제 04-❷ 두 집합 $X=\{a,\ b,\ c\}$, $Y=\{1,\ 2,\ 3,\ 4\}$에 대하여 X에서 Y로의 함수 중 다음 조건을 만족시키는 함수 f의 개수를 구하시오.

(1) $f(a)=2$인 일대일함수　　　　　　(2) $f(a)<f(b)$인 함수

대칭성을 갖는 함수

1 우함수

(1) 우함수

정의역의 임의의 원소 x에 대하여 $f(-x)=f(x)$를 만족시키는 함수 f를 우함수라 한다.

(2) 우함수의 성질

① 함수 $y=f(x)$의 그래프는 y축에 대하여 대칭이다.

② 다항함수에서 우함수는 짝수 차수의 항과 상수항으로만 이루어져 있다.

   예 $f(x)=2$, $f(x)=\dfrac{1}{3}x^2$, $f(x)=x^4-3x^2+2$, $\cdots$

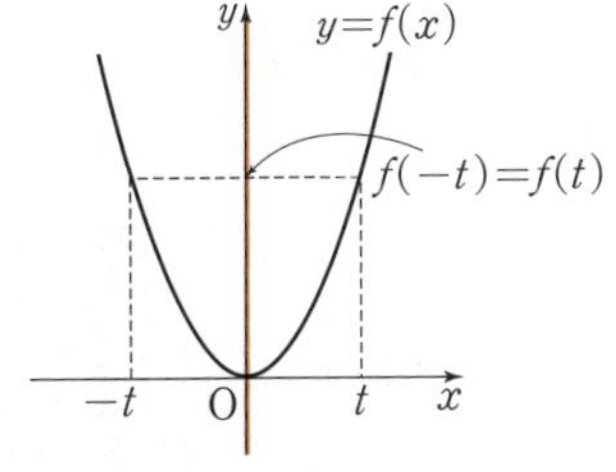

2 기함수

(1) 기함수

정의역의 임의의 원소 x에 대하여 $f(-x)=-f(x)$를 만족시키는 함수 f를 기함수라 한다.

(2) 기함수의 성질

① 함수 $y=f(x)$의 그래프는 원점에 대하여 대칭이다.

② 다항함수에서 기함수는 홀수 차수의 항으로만 이루어져 있다.

   예 $f(x)=\dfrac{1}{2}x$, $f(x)=2x^3$, $f(x)=-x^3-4x$, $\cdots$

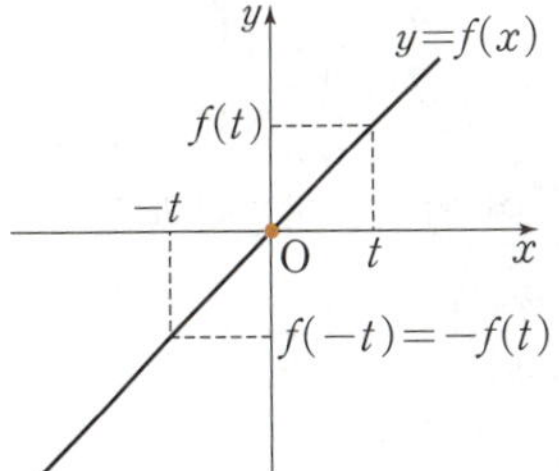

3 $f(a-x)=f(a+x)$ (a는 상수)를 만족시키는 함수

(1) 모든 실수 x에 대하여 $f(a-x)=f(a+x)$를 만족시키면 함수 $f(x)$의 $x=a-t$에서의 함숫값과 $x=a+t$에서의 함숫값이 서로 같다.

(2) 두 점 $(a-t,\ f(a-t))$, $(a+t,\ f(a+t))$는 직선 $x=a$에 대하여 대칭이므로 함수 $y=f(x)$의 그래프는 직선 $x=a$에 대하여 대칭이다.

특히, $a=0$일 때 함수 $f(x)$는 우함수이다. $\rightarrow f(x)=f(2a-x)$ 꼴의 함수 $y=f(x)$의 그래프도 직선 $x=a$에 대하여 대칭이다.

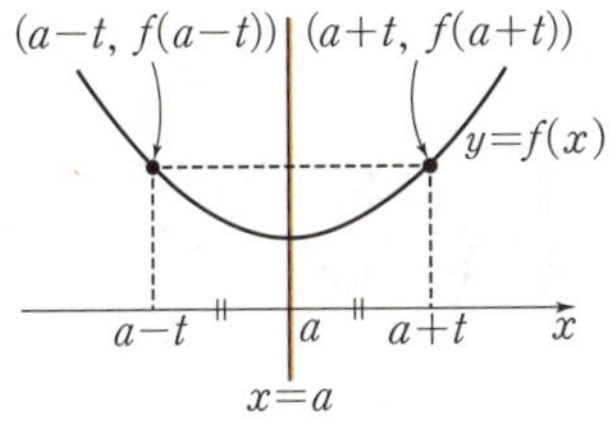

4 $f(a-x)+f(a+x)=2b$ (a, b는 상수)를 만족시키는 함수

(1) 모든 실수 x에 대하여 $f(a-x)+f(a+x)=2b$를 만족시키면

$$\dfrac{f(a-x)+f(a+x)}{2}=b$$이다.

(2) y축 위의 두 점 $(0,\ f(a-t))$, $(0,\ f(a+t))$는 점 $(0,\ b)$에 대하여 대칭이고, x축 위의 두 점 $(a-t,\ 0)$, $(a+t,\ 0)$은 점 $(a,\ 0)$에 대하여 대칭이므로 함수 $y=f(x)$의 그래프는 점 $(a,\ b)$에 대하여 대칭이다. $\rightarrow f(x)+f(2a-x)=2b$ 꼴의 함수 $y=f(x)$의 그래프도 점 $(a,\ b)$에 대하여 대칭이다.

특히, $a=0$, $b=0$일 때 함수 $f(x)$는 기함수이다.

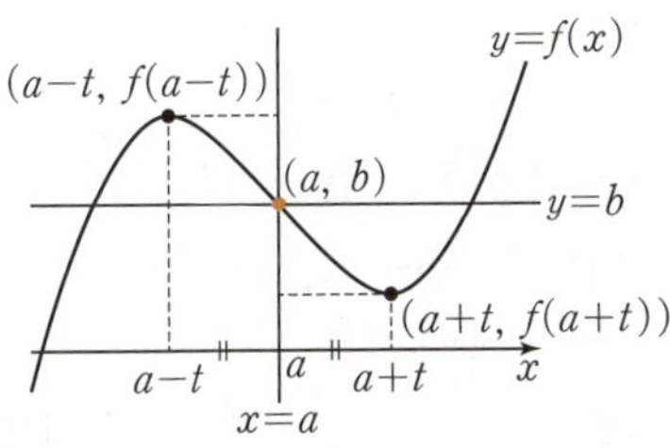

여러 가지 함수

01 |보기|의 함수 중 일대일함수이지만 일대일대응이 아닌 것을 모두 고른 것은?

(단, 정의역과 공역은 모두 실수 전체의 집합이다.)

┤ 보기 ├

ㄱ. $f(x)=2x-1$ ㄴ. $g(x)=\begin{cases} x & (x<0) \\ 3x+2 & (x\geq0) \end{cases}$ ㄷ. $h(x)=\begin{cases} x^2-3 & (x\neq0) \\ 1 & (x=0) \end{cases}$

① ㄱ ② ㄴ ③ ㄱ, ㄷ ④ ㄴ, ㄷ ⑤ ㄱ, ㄴ, ㄷ

일대일대응이 되기 위한 조건

02 실수 전체의 집합에서 정의된 함수
[교육청]
$$f(x)=\begin{cases} (a+3)x+1 & (x<0) \\ (2-a)x+1 & (x\geq0) \end{cases}$$

이 일대일대응이 되도록 하는 모든 정수 a의 개수는?

① 1 ② 2 ③ 3 ④ 4 ⑤ 5

항등함수와 상수함수

03 실수 전체의 집합에서 정의된 두 함수 f, g에 대하여 f는 항등함수, g는 상수함수이다. 모든 실수 x에 대하여 $h(x)=f(x)-g(x)$이고 $h(10)=0$일 때, $h(210)$의 값을 구하시오.

함수의 개수

04 두 집합 $X=\{a, b, c\}$, $Y=\{1, 2, 3, 4, 5\}$에 대하여 X에서 Y로의 함수 중 다음 명제를 만족시키는 함수 f의 개수를 구하시오.

정의역 X의 임의의 두 원소 x_1, x_2에 대하여 $f(x_1)=f(x_2)$이면 $x_1=x_2$이다.

 **합성함수**

① 합성함수

1 합성함수

세 집합 X, Y, Z에 대하여 두 함수 $f : X \longrightarrow Y$, $g : Y \longrightarrow Z$가 주어질 때, X의 각 원소 x에 Y의 원소 $f(x)$를 대응시키고, 다시 이 $f(x)$에 Z의 원소 $g(f(x))$를 대응시키면 X를 정의역, Z를 공역으로 하는 새로운 함수를 정의할 수 있다.

이 함수를 f와 g의 **합성함수**라 하고, 기호로 $\boldsymbol{g \circ f}$와 같이 나타낸다.

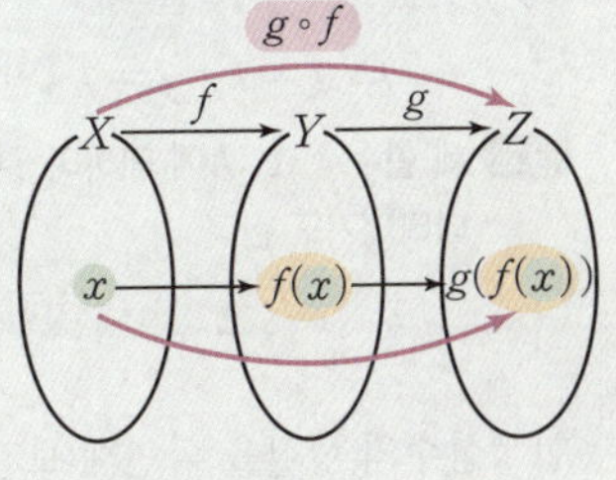

주의 (f의 치역)$\subset$(g의 정의역)일 때만 합성함수 $g \circ f$가 정의된다.

2 합성함수의 표현

두 함수 $f : X \longrightarrow Y$, $g : Y \longrightarrow Z$의 합성함수는

$$g \circ f : X \longrightarrow Z, \quad \underline{(g \circ f)(x) = g(f(x))} \to x\text{를 } f\text{에 먼저 대응시키고, 그 } f(x)\text{를 } g\text{에 대응시킨다.}$$

이고, 두 함수 f, g의 합성함수를 $y = g(f(x))$와 같이 나타낼 수 있다.

 집합 X의 각 원소 x에 집합 Z의 원소 $g(f(x))$를 대응시켜야 하므로 함수 f의 치역이 함수 g의 정의역에 포함되어야 하고, 이 경우에만 $f(x)$에 대응하는 Z의 원소가 존재하므로 합성함수 $g \circ f$를 정의할 수 있다.

example 세 집합 $X = \{1, 2, 3\}$, $Y = \{4, 5, 6, 7\}$, $Z = \{8, 9, 10\}$에 대하여 두 함수 $f : X \longrightarrow Y$, $g : Y \longrightarrow Z$가 오른쪽 그림과 같을 때, 함수 f의 치역은 $\{4, 5, 6\}$이고, 함수 g의 정의역은 $\{4, 5, 6, 7\}$, 즉

$$(f\text{의 치역}) \subset (g\text{의 정의역})$$

이므로 합성함수 $g \circ f$를 정의할 수 있다.
또한,

$$(g \circ f)(1) = g(f(1)) = g(5) = 8,$$
$$(g \circ f)(2) = g(f(2)) = g(6) = 10,$$
$$(g \circ f)(3) = g(f(3)) = g(4) = 9$$

이므로 합성함수 $g \circ f$는 오른쪽 그림과 같이 나타낼 수 있다.

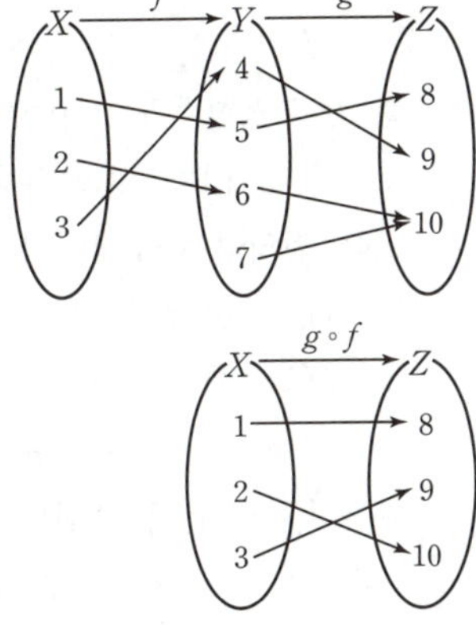

한편, 함수 g의 치역은 $\{8, 9, 10\}$이고, 함수 f의 정의역은 $\{1, 2, 3\}$, 즉 함수 g의 치역은 함수 f의 정의역의 부분집합이 아니므로 합성함수 $f \circ g$를 정의할 수 없다.

따라서 합성하는 순서에 따라 합성함수를 정의할 수도, 정의할 수 없을 수도 있으므로 합성하는 순서에 주의해야 한다.

참고 합성함수 $g \circ f$의 정의역은 f의 정의역과 같고, 공역은 g의 공역과 같다.

example 두 함수 $f(x) = x + 3$, $g(x) = 2x - 5$에 대하여 다음 합성함수의 함숫값을 구해 보자.

(1) $(g \circ f)(1) = g(f(1)) = g(4) = 2 \times 4 - 5 = 3$

(2) $(f \circ g)(1) = f(g(1)) = f(-3) = (-3) + 3 = 0$

(3) $(f \circ f)(1) = f(f(1)) = f(4) = 4 + 3 = 7$

(4) $(g \circ g)(1) = g(g(1)) = g(-3) = 2 \times (-3) - 5 = -11$

세 함수 f, g, h에 대하여 합성함수는 다음과 같은 성질을 갖는다.

(1) $g \circ f \neq f \circ g$ → 교환법칙이 성립하지 않는다.

(2) $h \circ (g \circ f) = (h \circ g) \circ f$ → 결합법칙이 성립한다.

(3) $f : X \longrightarrow X$일 때

$$f \circ I = I \circ f = f \text{ (단, } I \text{는 } X \text{에서의 항등함수이다.)}$$

참고 세 함수 f, g, h에 대하여 결합법칙이 성립하므로 $h \circ (g \circ f)$, $(h \circ g) \circ f$는 괄호를 생략하여 $h \circ g \circ f$와 같이 나타내기도 한다.

합성함수의 성질을 확인해 보자.

(1) $[\,g \circ f = f \circ g$의 반례$\,]$

두 함수 $f(x) = x + 3$, $g(x) = 2x - 1$에 대하여

$$(g \circ f)(x) = g(f(x)) = g(x+3)$$
$$= 2(x+3) - 1 = 2x + 5$$
$$(f \circ g)(x) = f(g(x)) = f(2x-1)$$
$$= (2x-1) + 3 = 2x + 2$$
$$\therefore g \circ f \neq f \circ g$$

일반적으로 합성함수는 교환법칙이 성립하지 않는다. → 어떤 두 함수 f, g에 대하여 $g \circ f = f \circ g$가 성립하는 경우도 있다.

(2) 세 함수 $f : X \longrightarrow Y$, $g : Y \longrightarrow Z$, $h : Z \longrightarrow W$가 주어질 때

$g \circ f : X \longrightarrow Z$이므로

$$h \circ (g \circ f) : X \longrightarrow W$$

$h \circ g : Y \longrightarrow W$이므로

$$(h \circ g) \circ f : X \longrightarrow W$$

즉, 두 합성함수 $h \circ (g \circ f)$, $(h \circ g) \circ f$는 모두 X에서 W로의 함수이다. → (i) 정의역과 공역이 각각 같다.

또한, 정의역 X의 임의의 원소 x에 대하여

$$(h \circ (g \circ f))(x) = h((g \circ f)(x)) = h(g(f(x)))$$
$$((h \circ g) \circ f)(x) = (h \circ g)(f(x)) = h(g(f(x)))$$

→ (ii) 정의역의 모든 원소에 대하여 함숫값이 같다.

$$\therefore h \circ (g \circ f) = (h \circ g) \circ f$$ → (i), (ii)에 의하여 두 합성함수 $h \circ (g \circ f)$, $(h \circ g) \circ f$는 서로 같다.

따라서 합성함수는 결합법칙이 성립한다.

(3) 함수 $f : X \longrightarrow X$와 X에서의 항등함수를 I라 하면 $I(x) = x$이므로

$$(f \circ I)(x) = f(I(x)) = f(x)$$
$$(I \circ f)(x) = I(f(x)) = f(x)$$
$$\therefore f \circ I = I \circ f = f$$

→ 정답 및 해설 **108**쪽

1 세 함수 $f(x) = 2x$, $g(x) = x^2 - 2$, $h(x) = x + 1$에 대하여 다음을 각각 차례대로 구하시오.

(1) $(g \circ f)(1)$, $(f \circ g)(1)$

(2) $(h \circ (g \circ f))(-1)$, $((h \circ g) \circ f)(-1)$

답 (1) 2, -2 (2) 3, 3

합성함수

함수 $f : X \longrightarrow X$가 오른쪽 그림과 같을 때, $(f \circ f)(1) + (f \circ f \circ f)(2)$의 값을 구하시오.

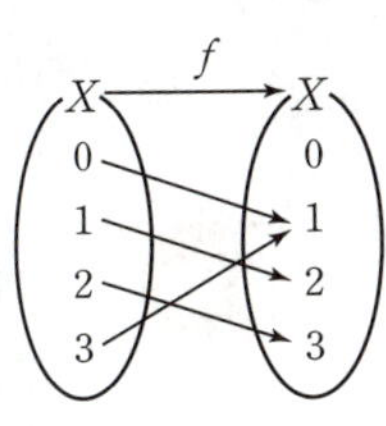

풀이

(Tip) 합성함수 $f \circ f$에서 $(f \circ f)(x) = f(f(x))$이므로 $f(x)$의 x 대신 $f(x)$를 대입한다.

$f(1)=2$이므로
$(f \circ f)(1) = f(f(1)) = f(2) = 3$
$f(2)=3$, $f(3)=1$이므로
$(f \circ f \circ f)(2) = f(f(f(2))) = f(f(3)) = f(1) = 2$
$\therefore (f \circ f)(1) + (f \circ f \circ f)(2) = 3 + 2 = 5$

답 5

세 함수 f, g, h에 대하여
(1) $g \circ f$에서 $(g \circ f)(x) = g(f(x))$
(2) $h \circ g \circ f$에서 $(h \circ g \circ f)(x) = h(g(f(x)))$

• 정답 및 해설 108쪽

조건 바꾼

유제 **01-❶** 두 함수 $f : X \longrightarrow Y$, $g : Y \longrightarrow X$가 오른쪽 그림과 같을 때, 함수 $g \circ f$의 치역을 구하시오.

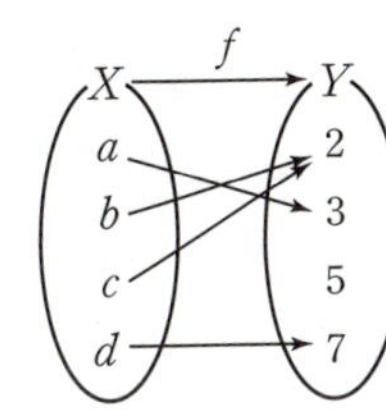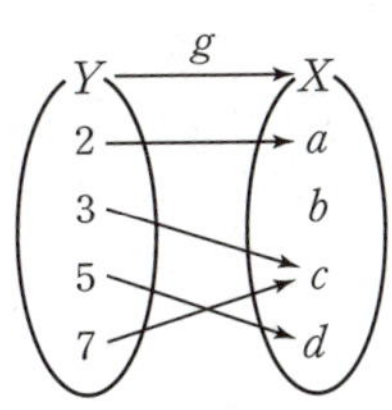

유제 **01-❷** 두 함수 $f(x) = |x|$, $g(x) = \begin{cases} 3 & (x < 0) \\ -x+1 & (x \geq 0) \end{cases}$에 대하여 $(f \circ g)(-1) + (g \circ f)(-3)$의 값을 구하시오.

유제 **01-❸** 두 함수 $f(x) = ax + b$, $g(x) = -x + 2$에 대하여 $(g \circ f)(x) = 2x + 3$일 때, $(f \circ g)(4)$의 값을 구하시오. (단, a, b는 상수이다.)

$f \circ g = g \circ f$를 만족시키는 함수 구하기

두 함수 $f(x)=2x-4$, $g(x)=-x+k$에 대하여 $f \circ g = g \circ f$가 성립할 때, 상수 k의 값을 구하시오.

풀이

(Tip) $(f \circ g)(x)$와 $(g \circ f)(x)$를 각각 구하여 두 합성함수가 서로 같아지도록 하는 상수 k의 값을 구한다.

$f(x)=2x-4$, $g(x)=-x+k$에서

$(f \circ g)(x)=f(g(x))=f(-x+k)=2(-x+k)-4=-2x+2k-4$

$(g \circ f)(x)=g(f(x))=g(2x-4)=-(2x-4)+k=-2x+4+k$

이때 $f \circ g = g \circ f$이므로

$-2x+2k-4=-2x+4+k$

$\therefore k=8$

답 8

필수 공략 $f \circ g = g \circ f$ ➡ 두 합성함수 $f(g(x))$와 $g(f(x))$를 각각 구하여 동류항의 계수를 비교한다.

• 정답 및 해설 108쪽

숫자 바꾼

유제 **02-❶** 두 함수 $f(x)=5x-a$, $g(x)=-2x+3$에 대하여 $f \circ g = g \circ f$가 성립할 때, $f(3)$의 값을 구하시오.
(단, a는 상수이다.)

유제 **02-❷** 두 함수 $f(x)=ax+2$, $g(x)=-2x+b$에 대하여 $f(1)=4$이고 $f \circ g = g \circ f$가 성립할 때, $a+b$의 값을 구하시오. (단, a, b는 상수이다.)

유제 **02-❸** 함수 $f : X \longrightarrow X$가 오른쪽 그림과 같고, 함수 $g : X \longrightarrow X$가 $g(3)=4$, $f \circ g = g \circ f$를 만족시킬 때, $g(1)$의 값을 구하시오.

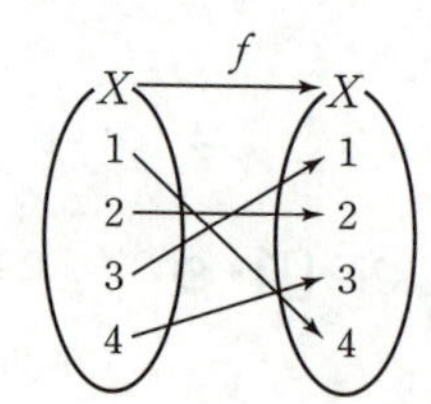

$f \circ h = g,\ h \circ f = g$를 만족시키는 함수 h 구하기

두 함수 $f(x) = x+6$, $g(x) = 2x+5$에 대하여 다음을 만족시키는 함수 $h(x)$를 구하시오.

(1) $(f \circ h)(x) = g(x)$ (2) $(h \circ f)(x) = g(x)$

풀이

Tip (1) $(f \circ h)(x) = f(h(x))$에서 $f(x) = x+6$의 x 대신 $h(x)$를 대입하여 정리한다.
     (2) $(h \circ f)(x) = h(f(x))$에서 $f(x)$ 대신 $x+6$을 대입한 후 $x+6 = t$로 치환한다.

(1) $(f \circ h)(x) = f(h(x)) = h(x) + 6$이고, $(f \circ h)(x) = g(x)$이므로

$$h(x) + 6 = 2x + 5$$

$$\therefore h(x) = 2x - 1$$

(2) $(h \circ f)(x) = h(f(x)) = h(x+6)$이고, $(h \circ f)(x) = g(x)$이므로

$$h(x+6) = 2x + 5$$

$x+6 = t$라 하면 $x = t-6$이므로

$$h(t) = 2(t-6) + 5 = 2t - 7$$

$$\therefore h(x) = 2x - 7$$

답 (1) $h(x) = 2x-1$ (2) $h(x) = 2x-7$

필수 공략

함수 $h(x)$를 구할 때
(1) $f \circ h = g$ 꼴인 경우 ➡ $f(h(x)) = g(x)$에서 $f(x)$의 x 대신 $h(x)$를 대입한다.
(2) $h \circ f = g$ 꼴인 경우 ➡ $h(f(x)) = g(x)$에서 $f(x) = t$로 치환한다.

• 정답 및 해설 109쪽

숫자 바꾼

유제 **03-❶** 두 함수 $f(x) = -x+6$, $g(x) = 3x+1$에 대하여 $(g \circ h)(x) = f(x)$를 만족시키는 함수 $h(x)$를 구하시오.

유제 **03-❷** 두 함수 $f(x) = 2x-1$, $g(x) = -4x+3$에 대하여 $(h \circ g \circ f)(x) = g(x)$를 만족시키는 함수 $h(x)$를 구하시오.

유제 **03-❸** 실수 전체의 집합에서 정의된 함수 f가 $f\left(\dfrac{x+1}{2}\right) = 4x-1$을 만족시킬 때, 함수 $f(1-x)$를 구하시오.

f^n 꼴의 합성함수

함수 $f(x)=x-1$에 대하여
$$f^1=f,\ f^{n+1}=f\circ f^n\ (n\text{은 자연수})$$
으로 정의할 때, $f^{10}(20)$의 값을 구하시오.

풀이

(**Tip**) 함수 $f(x)$를 연이어 합성하여 그 규칙성을 찾는다.

$f(x)=x-1$에서
$f^1(x)=f(x)=x-1$
$f^2(x)=(f\circ f)(x)=f(f(x))=(x-1)-1=x-2$
$f^3(x)=(f\circ f^2)(x)=f(f^2(x))=(x-2)-1=x-3$
$f^4(x)=(f\circ f^3)(x)=f(f^3(x))=(x-3)-1=x-4$
$$\vdots$$
$\therefore\ f^n(x)=x-n$
따라서 $n=10$일 때, $f^{10}(x)=x-10$이므로
$f^{10}(20)=20-10=10$

답 10

필수 공략

f^n 꼴의 합성함수
➡ $f^2,\ f^3,\ f^4,\ \cdots$를 직접 구하여 규칙성을 찾는다.

• 정답 및 해설 109쪽

숫자 바꾼

유제 04-❶ 함수 $f(x)=\dfrac{x}{3}$에 대하여 $f^1=f,\ f^{n+1}=f\circ f^n\ (n\text{은 자연수})$으로 정의할 때, $f^7(81)$의 값을 구하시오.

유제 04-❷ 함수 $f:X\longrightarrow X$가 오른쪽 그림과 같고
$$f^1=f,\ f^{n+1}=f\circ f^n\ (n\text{은 자연수})$$
으로 정의할 때, $f^{1000}(1)$의 값을 구하시오.

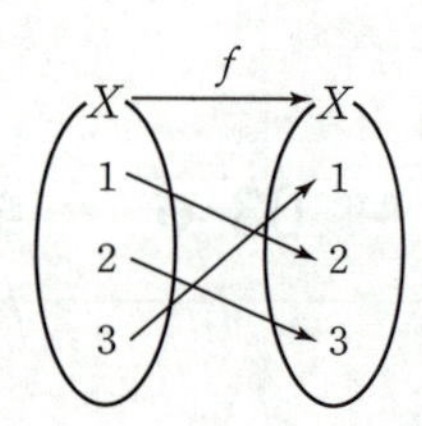

유제 04-❸ 함수 $f(x)=-x+5$에 대하여 $f^1=f,\ f^{n+1}=f\circ f^n\ (n\text{은 자연수})$으로 정의할 때,
$f^{100}(-1)+f^{101}(1)$의 값을 구하시오.

합성함수의 그래프

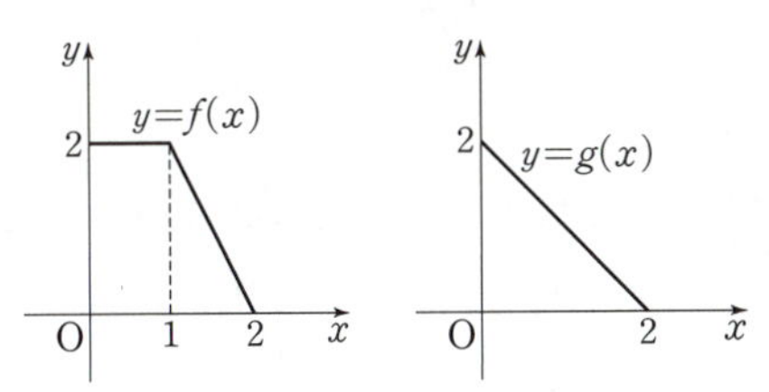

$0 \leq x \leq 2$에서 정의된 두 함수 $y=f(x)$, $y=g(x)$의 그래프가 각각 오른쪽 그림과 같을 때, 합성함수 $y=(g \circ f)(x)$의 그래프를 그리시오.

풀이

(Tip) 주어진 그래프를 이용하여 두 함수 $f(x)$, $g(x)$의 식을 각각 구한다. 이때 함수 $f(x)$는 $x=1$을 기준으로 서로 다른 함수식을 가지므로 $x=1$을 기준으로 범위를 나누어 $(g \circ f)(x)$를 구한다.

$$f(x)=\begin{cases} 2 & (0 \leq x < 1) \\ -2x+4 & (1 \leq x \leq 2) \end{cases}, \quad g(x)=-x+2$$이므로

(i) $0 \leq x < 1$일 때
$$(g \circ f)(x)=g(f(x))=g(2)$$
$$=-2+2=0$$

(ii) $1 \leq x \leq 2$일 때
$$(g \circ f)(x)=g(f(x))=g(-2x+4)$$
$$=-(-2x+4)+2=2x-2$$

(i), (ii)에서 합성함수 $y=(g \circ f)(x)$의 그래프는 오른쪽 그림과 같다.

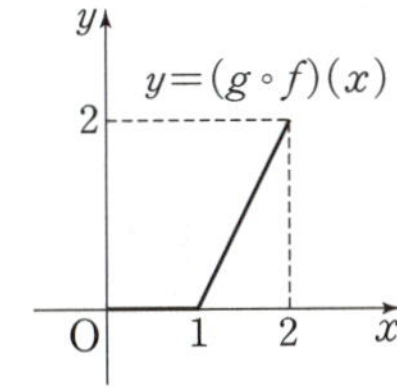

답 풀이 참조

합성함수 $y=(g \circ f)(x)$의 그래프

➡ 두 함수 $f(x)$, $g(x)$의 식을 먼저 구한 후 $(g \circ f)(x)$의 식을 구한다.
이때 꺾인 형태의 그래프에서는 꺾이는 점의 x좌표를 기준으로 x의 값의 범위를 나누어 함수식을 구한다.
└➔ 함수식이 바뀌는 점

• 정답 및 해설 110쪽

조건 바꿈

유제 **05-❶** 두 함수 $y=f(x)$, $y=g(x)$의 그래프가 각각 오른쪽 그림과 같을 때, 합성함수 $y=(g \circ f)(x)$의 그래프를 그리시오.

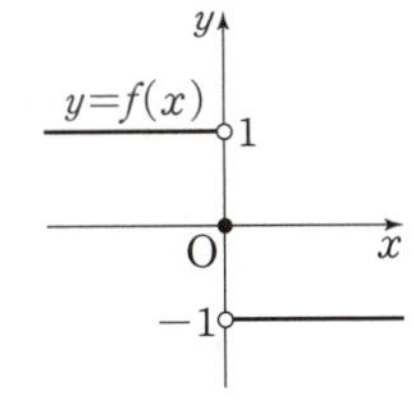
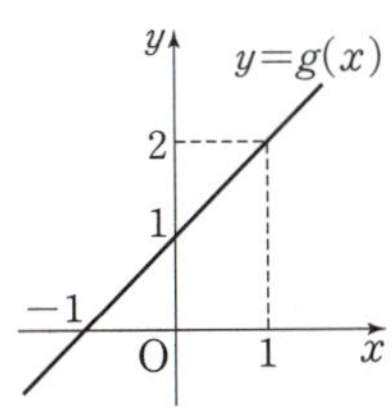

유제 **05-❷** $0 \leq x \leq 2$에서 정의된 함수 $y=f(x)$의 그래프가 오른쪽 그림과 같을 때, 합성함수 $y=(f \circ f)(x)$의 그래프를 그리시오.

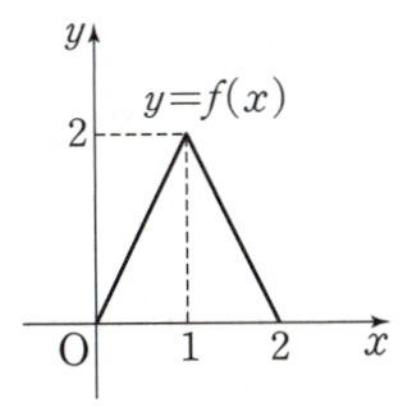

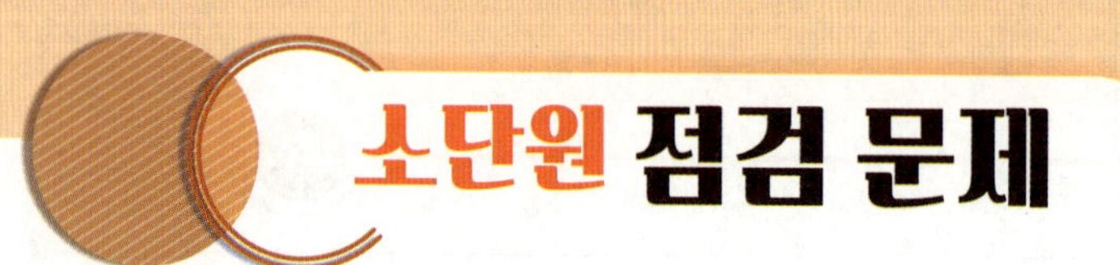

소단원 점검 문제

• 정답 및 해설 110쪽

합성함수

01

교육청

실수 전체의 집합에서 정의된 두 함수 $f(x)=2x+1$, $g(x)$가 있다. 모든 실수 x에 대하여 $(g \circ g)(x)=3x-1$ 일 때, $((f \circ g) \circ g)(a)=a$를 만족시키는 실수 a의 값은?

① $\dfrac{1}{5}$　　　② $\dfrac{3}{5}$　　　③ 1　　　④ $\dfrac{7}{5}$　　　⑤ $\dfrac{9}{5}$

$f \circ g = g \circ f$를 만족시키는 함수 구하기

02

집합 $X=\{1, 2, 3, 4\}$에 대하여 X에서 X로의 함수 f가

$$f(x)=\begin{cases} x+1 & (x \leq 3) \\ 1 & (x=4) \end{cases}$$

이다. 함수 $g : X \longrightarrow X$가 $g(3)=2$, $f \circ g = g \circ f$를 만족시킬 때, $g(1)+g(4)$의 값은?

① 1　　　② 3　　　③ 5　　　④ 7　　　⑤ 9

$f \circ h = g,\ h \circ f = g$를 만족시키는 함수 h 구하기

03

실수 전체의 집합에서 정의된 함수 f가

$$f(2x+a)=4x^2+4x+8,\ f(0)=7$$

일 때, $f(5)$의 값을 구하시오. (단, a는 상수이다.)

---

f^n 꼴의 합성함수

04

함수 $f(x)=\begin{cases} -x^2+2x+1 & (x<1) \\ -2x+4 & (x \geq 1) \end{cases}$ 에 대하여

$$f^1=f,\ f^{n+1}=f \circ f^n\ (n\text{은 자연수})$$

으로 정의할 때, $f^{2000}(2)$의 값은?

① 0　　　② 1　　　③ 2　　　④ 3　　　⑤ 4

04 역함수

1 역함수

1 역함수

> 역함수가 존재할 조건이다.

두 집합 X, Y에 대하여 함수 $f:X \longrightarrow Y$가 일대일대응일 때, Y의 각
원소 y에 대하여 $f(x)=y$인 X의 원소 x가 오직 하나씩 존재한다.
이때 Y의 각 원소 y에 $f(x)=y$인 X의 원소 x를 대응시키면 Y를 정의역,
X를 공역으로 하는 새로운 함수를 정의할 수 있다.
이 함수를 f의 **역함수**라 하고, 기호로 f^{-1}와 같이 나타낸다. 즉,

$$f^{-1}:Y \longrightarrow X,\ x=f^{-1}(y)$$

> f^{-1}는 'f의 역함수' 또는 'f inverse'라 읽는다.

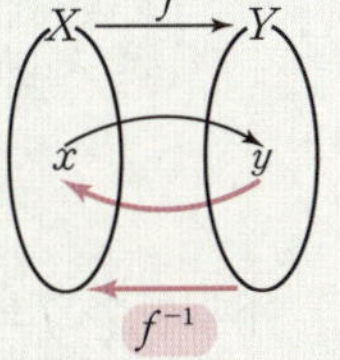

2 역함수가 존재할 조건

함수 $f:X \longrightarrow Y$의 역함수 f^{-1}가 존재한다. $\Longleftrightarrow$ f가 일대일대응이다.

역함수

역함수는 일대일대응인 원래 함수의 정의역을 공역으로, 공역을 정의역으로 하고, 그 대응 관계를 반대
방향으로 한 것이다.

예를 들어, 오른쪽 그림과 같이 일대일대응인 함수 f의 반대
방향으로의 대응 관계를 생각해 보면 집합 Y의 각 원소에 집
합 X의 원소가 오직 하나씩 대응하므로 함수 f의 반대 방향
으로의 대응은 Y를 정의역, X를 공역으로 하는 함수이다.

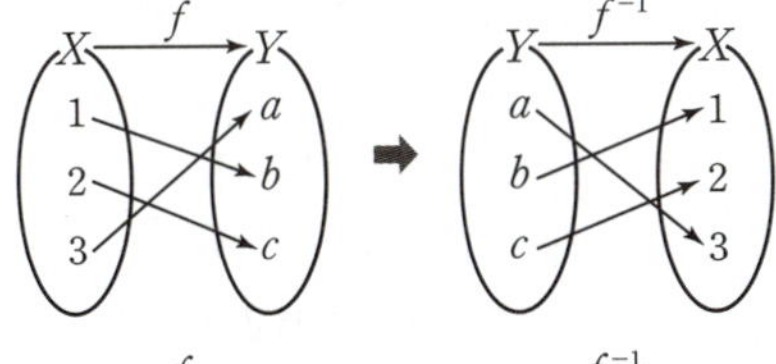

example 함수 $f:X \longrightarrow Y$가 오른쪽 그림과 같을 때, 다음
역함수의 함숫값을 구해 보자.

(1) $f^{-1}(a)=4$ (2) $f^{-1}(b)=1$

(3) $f^{-1}(c)=2$ (4) $f^{-1}(d)=3$

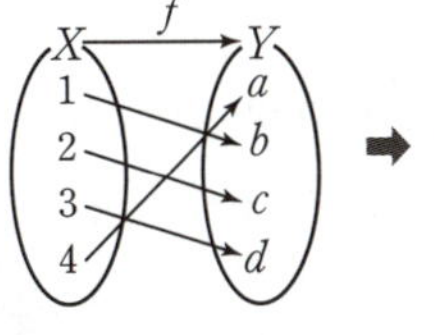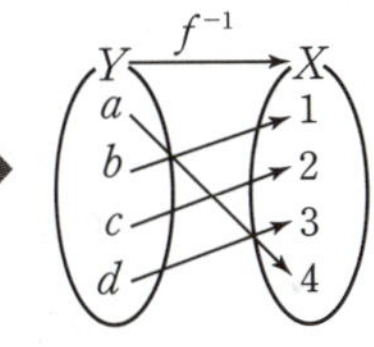

역함수가 존재할 조건

모든 함수가 역함수가 존재하는 것은 아니다. 함수 f의 역함수가 존재하려면 f가 일대일대응이어야 한다.
거꾸로 함수 f가 일대일대응이면 함수 f의 역함수 f^{-1}가 존재한다.

example 다음 그림과 같이 세 집합 X, Y, Z에 대하여 일대일대응이 아닌 두 함수 g, h의 반대 방향으로의 대응 관계를
생각해 보자.

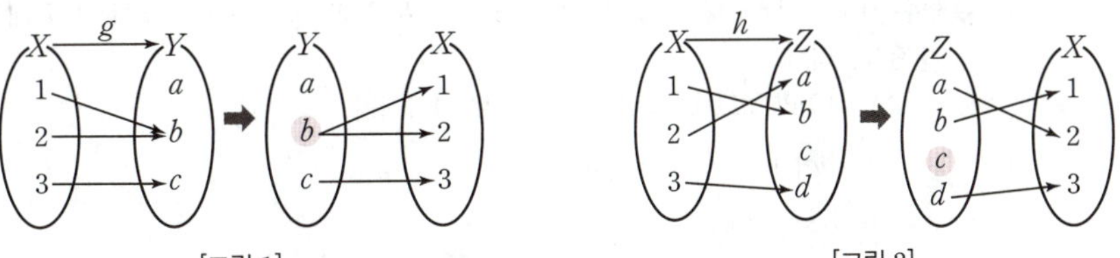

[그림 1]의 함수 g의 반대 방향으로의 대응 관계에서 Y의 원소 b에 대응하는 X의 원소가 1, 2의 2개이다.

➡ 함수가 아니다.

[그림 2]의 함수 h의 반대 방향으로의 대응 관계에서 Z의 원소 c에 대응하는 X의 원소가 없다.

➡ 함수가 아니다.

즉, 두 함수 g, h의 반대 방향으로의 대응이 함수가 아니므로 역함수가 정의되지 않는다.

 **역함수 구하기**

일반적으로 함수 $y=f(x)$의 역함수 $y=f^{-1}(x)$는 다음과 같은 순서로 구한다.

❶ 주어진 함수 $y=f(x)$가 일대일대응인지 확인한다.

❷ $y=f(x)$에서 x를 y에 대한 식으로 나타낸다. 즉, $x=f^{-1}(y)$ 꼴로 나타낸다.

❸ $x=f^{-1}(y)$에서 x와 y를 서로 바꾸어 $y=f^{-1}(x)$로 나타낸다.

$$y=f(x) \xrightarrow[\text{식으로 나타낸다.}]{x\text{를 }y\text{에 대한}} x=f^{-1}(y) \xrightarrow[\text{서로 바꾼다.}]{x\text{와 }y\text{를}} y=f^{-1}(x)$$

이때 함수 f의 치역은 역함수 f^{-1}의 정의역이 되고, 함수 f의 정의역은 f^{-1}의 치역이 된다.

 **설명**

함수 $f : X \longrightarrow Y$의 역함수가 존재할 때, X의 임의의 원소 x에 대하여
$$y=f(x) \Longleftrightarrow x=f^{-1}(y)$$
가 성립한다. 그런데 일반적으로 정의역의 원소를 x, 치역의 원소를 y로 나타내므로 x와 y를 서로 바꾸어 $y=f^{-1}(x)$로 나타낸다.

참고 x와 y를 서로 바꾼 후 y를 x에 대한 식으로 나타내도 결과는 같다.

example

함수 $f(x)=-\dfrac{1}{3}x+1$의 역함수를 구해 보자.

❶ 함수 $f(x)=-\dfrac{1}{3}x+1$은 실수 전체의 집합에서 일대일대응이므로 역함수가 존재한다.

❷ $y=-\dfrac{1}{3}x+1$이라 하고 x를 y에 대한 식으로 나타내면

$$\dfrac{1}{3}x=-y+1 \qquad \therefore\ x=-3y+3$$

❸ x와 y를 서로 바꾸면
$$y=-3x+3$$

따라서 구하는 역함수는 $f^{-1}(x)=-3x+3$이다.

이때 함수 $f(x)=-\dfrac{1}{3}x+1$의 치역이 실수 전체의 집합이므로

역함수 $f^{-1}(x)=-3x+3$의 정의역은 실수 전체의 집합이다.

위의 **example** 과 같은 경우 역함수 $f^{-1}(x)$의 정의역이 실수 전체의 집합이므로 역함수 $f^{-1}(x)$의 정의역을 별도로 나타내지 않아도 되지만 역함수 f^{-1}의 정의역이 실수 전체의 집합이 아닌 경우에는 함수 f의 치역을 구하여 반드시 역함수 f^{-1}의 정의역을 나타내 주어야 한다.

example

정의역이 $\{x\,|\,0\le x\le 3\}$, 공역이 $\{y\,|\,-1\le y\le 5\}$인 함수 $f(x)=2x-1$의 역함수를 구해 보자.

❶ 함수 $f(x)=2x-1$은 집합 $\{x\,|\,0\le x\le 3\}$에서 집합 $\{y\,|\,-1\le y\le 5\}$로의 일대일대응이므로 역함수가 존재한다.

❷ $y=2x-1$이라 하고 x를 y에 대한 식으로 나타내면
$$2x=y+1 \qquad \therefore\ x=\dfrac{1}{2}y+\dfrac{1}{2}$$

❸ x와 y를 서로 바꾸면
$$y=\dfrac{1}{2}x+\dfrac{1}{2}$$

따라서 구하는 역함수는 $f^{-1}(x)=\dfrac{1}{2}x+\dfrac{1}{2}\ (-1\le x\le 5)$이다.

이때 함수 $f(x)=2x-1$의 치역이 $\{y\,|\,-1\le y\le 5\}$이므로

역함수 $f^{-1}(x)=\dfrac{1}{2}x+\dfrac{1}{2}$의 정의역은 $\{x\,|\,-1\le x\le 5\}$이다.

두 함수 $f : X \longrightarrow Y$, $g : Y \longrightarrow Z$가 모두 일대일대응이고 그 역함수가 각각 f^{-1}, g^{-1}일 때

(1) ① $(f^{-1})^{-1}=f$ → f^{-1}의 역함수는 f이다.

　② $(f^{-1} \circ f)(x)=x \; (x \in X)$, 즉 $f^{-1} \circ f = I_X$ → $f^{-1} \circ f$는 X에서의 항등함수

　　$(f \circ f^{-1})(y)=y \; (y \in Y)$, 즉 $f \circ f^{-1} = I_Y$　→ $f \circ f^{-1}$는 Y에서의 항등함수

(2) $g \circ f = I_X$, $f \circ g = I_Y \Longleftrightarrow g = f^{-1}$ → 두 함수를 합성한 결과가 항등함수이면 두 함수는 서로 역함수이다.

(3) $(g \circ f)^{-1} = f^{-1} \circ g^{-1}$

역함수의 성질을 확인해 보자.

(1) ① 일대일대응인 함수 $f : X \longrightarrow Y$의 역함수는 $f^{-1} : Y \longrightarrow X$이고
　　f^{-1}도 일대일대응이므로
$$(f^{-1})^{-1} : X \longrightarrow Y \qquad \cdots\cdots \text{㉠}$$
　　역함수의 대응 관계에 의하여
$$y=f(x) \Longleftrightarrow x=f^{-1}(y)$$
$$\Longleftrightarrow y=(f^{-1})^{-1}(x) \qquad \cdots\cdots \text{㉡}$$
　　㉠, ㉡에서 $(f^{-1})^{-1}=f$

② 함수 $f : X \longrightarrow Y$와 그 역함수 $f^{-1} : Y \longrightarrow X$ 사이에 $y=f(x) \Longleftrightarrow x=f^{-1}(y)$가 성립하므로
$$(f^{-1} \circ f)(x)=f^{-1}(f(x))=f^{-1}(y)=x \; (x \in X) \quad \to f^{-1} \circ f = I_X$$
$$(f \circ f^{-1})(y)=f(f^{-1}(y))=f(x)=y \; (y \in Y) \qquad \to f \circ f^{-1} = I_Y$$

　참고 일반적으로 $f^{-1} \circ f = I_X$, $f \circ f^{-1} = I_Y$에서 $I_X \neq I_Y$이므로 $f^{-1} \circ f \neq f \circ f^{-1}$이다.

(2) $\Longleftarrow$은 역함수의 성질 (1)의 ②에 의하여 성립하므로 $\Longrightarrow$만 확인하면 된다. → f^{-1} 대신 g 대입

$g \circ f = I_X$에서 $(g \circ f)(x)=x$이므로 f는 일대일함수이고,

$f \circ g = I_Y$에서 $(f \circ g)(y)=y$이므로 f의 치역과 공역은 서로 같다.

　즉, f는 일대일대응이고 역함수 f^{-1}가 존재하므로
$$g=g \circ I_Y=g \circ (f \circ f^{-1})$$
$$=(g \circ f) \circ f^{-1}=I_X \circ f^{-1}=f^{-1} \qquad \therefore g=f^{-1}$$

→ $f^{-1} : Y \longrightarrow X$,
　$g^{-1} : Z \longrightarrow Y$

(3) 두 함수 $f : X \longrightarrow Y$, $g : Y \longrightarrow Z$가 모두 일대일대응이고, 그 역함수가 각각 f^{-1}, g^{-1}일 때,

$g \circ f : X \longrightarrow Z$, $f^{-1} \circ g^{-1} : Z \longrightarrow X$에 대하여
$$(f^{-1} \circ g^{-1}) \circ (g \circ f)=f^{-1} \circ (g^{-1} \circ g) \circ f \quad \leftarrow \text{함수의 합성에 대한 결합법칙}$$
$$=f^{-1} \circ I_Y \circ f$$
$$=f^{-1} \circ f = I_X$$
$$(g \circ f) \circ (f^{-1} \circ g^{-1})=g \circ (f \circ f^{-1}) \circ g^{-1} \quad \leftarrow \text{함수의 합성에 대한 결합법칙}$$
$$=g \circ I_Y \circ g^{-1}$$
$$=g \circ g^{-1}=I_Z$$

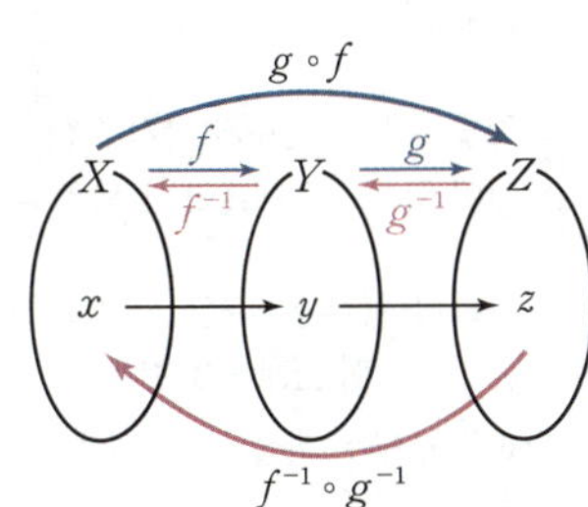

즉, 함수 $f^{-1} \circ g^{-1}$는 함수 $g \circ f$의 역함수이므로
$$(g \circ f)^{-1}=f^{-1} \circ g^{-1}$$

　참고 3개 이상의 함수를 합성한 합성함수에서도 성립한다. ➡ $(h \circ g \circ f)^{-1}=f^{-1} \circ g^{-1} \circ h^{-1}$

 **1** 함수 $f(x)=x+1$에 대하여 다음을 구하시오.

(1) $(f^{-1})^{-1}(5)$ (2) $(f \circ f^{-1})(2)$

답 (1) 6   (2) 2

4 역함수의 그래프

함수 $y=f(x)$의 그래프와 그 역함수 $y=f^{-1}(x)$의 그래프는 직선 $y=x$에 대하여 대칭이다.

 **설명** 함수 $y=f(x)$의 그래프와 그 역함수 $y=f^{-1}(x)$의 그래프 사이에 어떤 관계가 있는지 알아보자.

함수 $y=f(x)$의 역함수 $y=f^{-1}(x)$가 존재할 때, 함수 $y=f(x)$의 그래프 위의 점을 $\mathrm{P}(a, b)$라 하면

$$b=f(a) \Longleftrightarrow a=f^{-1}(b)$$

이므로 점 $\mathrm{Q}(b, a)$는 역함수 $y=f^{-1}(x)$의 그래프 위의 점이다.

이때 점 $\mathrm{P}(a, b)$와 점 $\mathrm{Q}(b, a)$는 직선 $y=x$에 대하여 대칭이므로 함수 $y=f(x)$의 그래프와 그 역함수 $y=f^{-1}(x)$의 그래프는 직선 $y=x$에 대하여 대칭임을 알 수 있다.

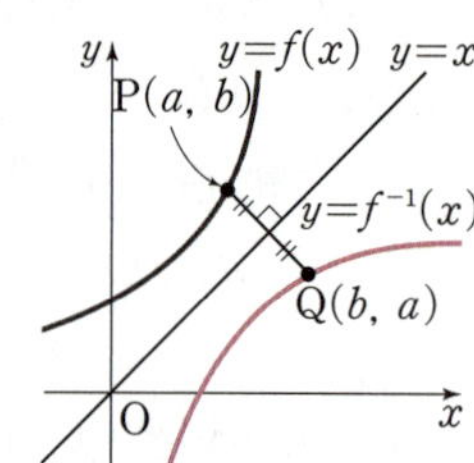

참고 서로 다른 두 점 $\mathrm{P}(a, b)$, $\mathrm{Q}(b, a)$의 중점 $\mathrm{M}\left(\dfrac{a+b}{2}, \dfrac{a+b}{2}\right)$가 직선 $y=x$ 위에 있고,

직선 PQ의 기울기가 $\dfrac{a-b}{b-a}=-1$이므로 직선 PQ는 직선 $y=x$와 수직이다.

즉, 직선 $y=x$는 선분 PQ의 수직이등분선이다.

Q&A 함수 $y=f(x)$의 그래프와 그 역함수 $y=f^{-1}(x)$의 그래프의 교점은 항상 직선 $y=x$ 위에만 있을까?

오른쪽 그림과 같이 함수 $y=f(x)$의 그래프와 그 역함수 $y=f^{-1}(x)$의 그래프는 직선 $y=x$에 대하여 대칭이고, 함수 $y=f(x)$의 그래프와 직선 $y=x$의 교점이 존재하면 그 교점은 두 함수 $y=f(x)$, $y=f^{-1}(x)$의 그래프의 교점이다.

즉, 함수 $y=f(x)$의 그래프와 그 역함수 $y=f^{-1}(x)$의 그래프의 교점을 구할 때는 함수 $y=f(x)$의 그래프와 직선 $y=x$의 교점을 이용할 수 있다.

그러나 두 함수 $y=f(x)$, $y=f^{-1}(x)$의 그래프의 교점이 함수 $y=f(x)$의 그래프와 직선 $y=x$의 교점이 아닌 경우도 있으므로 이 방법으로 항상 모든 교점을 다 찾을 수 있는 것은 아니다.

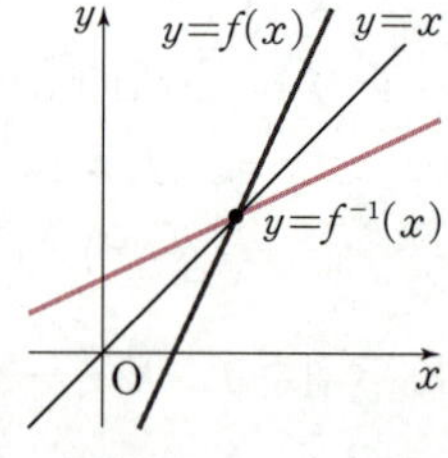

예를 들어, 역함수가 자기 자신인 함수나 오른쪽 그림의 함수 $f(x)=-x^2+1$ $(x \geq 0)$과 같이 함수의 그래프와 그 역함수의 그래프가 직선 $y=x$ 밖에서도 만나는 경우가 있다.
└ 점 $(1, 0)$과 점 $(0, 1)$

따라서 함수 $y=f(x)$의 그래프와 그 역함수 $y=f^{-1}(x)$의 그래프의 교점을 함수 $y=f(x)$의 그래프와 직선 $y=x$를 이용하여 구하는 경우에는 반드시 그래프를 그려 그 교점이 모두 직선 $y=x$ 위에 있는지 확인해야 한다.

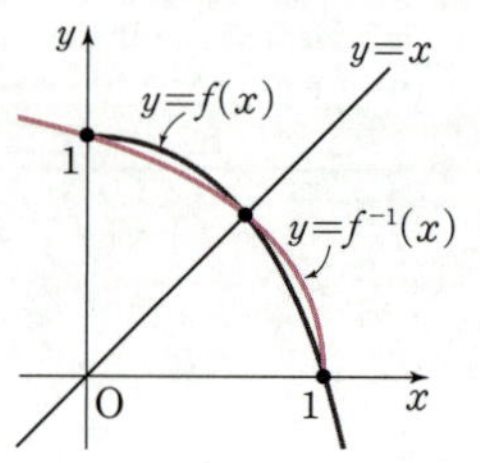

● 정답 및 해설 111쪽

 **2** 함수 $f(x)=2x-4$의 그래프와 그 역함수 $y=f^{-1}(x)$의 그래프를 그리시오.

답 해설 참조

역함수

함수 $f(x)=ax+b$에 대하여 다음 물음에 답하시오. (단, a, b는 상수이다.)

(1) $f(2)=4$, $f^{-1}(-5)=-1$일 때, 함수 $f(x)$를 구하시오.

(2) (1)에서 구한 $f(x)$를 이용하여 $f^{-1}(10)$의 값을 구하시오.

풀이

(Tip) 역함수를 직접 구하지 않고 역함수의 대응 관계, 즉 $f^{-1}(-5)=-1$이면 $f(-1)=-5$임을 이용한다.

(1) $f(2)=4$이므로 $2a+b=4$ $\qquad$ ······ ㉠

$\quad$ $f^{-1}(-5)=-1$에서

$\quad$ $f(-1)=-5$이므로 $-a+b=-5$ $\qquad$ ······ ㉡

$\quad$ ㉠, ㉡을 연립하여 풀면 $a=3$, $b=-2$

$\quad$ $\therefore f(x)=3x-2$

(2) (1)에서 $f(x)=3x-2$

$\quad$ $f^{-1}(10)=k$라 하면 $f(k)=10$이므로

$\quad$ $3k-2=10$ $\qquad$ $\therefore k=4$

$\quad$ $\therefore f^{-1}(10)=4$

답 (1) $f(x)=3x-2$ (2) 4

필수 공략 $\quad$ 함수 f의 역함수 f^{-1}가 존재 ➡ $f(a)=b \Longleftrightarrow f^{-1}(b)=a$

• 정답 및 해설 111쪽

숫자 바꿘

유제 **01- ❶** $\quad$ 함수 $f(x)=ax+3$의 역함수를 $g(x)$라 할 때, 다음 물음에 답하시오. (단, a는 상수이다.)

(1) $g(-5)=8$일 때, 함수 $f(x)$를 구하시오.

(2) (1)에서 구한 $f(x)$를 이용하여 $f(5)+g(5)$의 값을 구하시오.

유제 **01- ❷** $\quad$ 함수 $f(x)=\begin{cases} 2x^3+8 & (x<0) \\ x+8 & (x\geq 0) \end{cases}$에 대하여 $f^{-1}(6)$의 값을 구하시오.

유제 **01- ❸** $\quad$ 함수 $f(x)=ax+b$에 대하여 $f^{-1}(0)=-1$, $(f\circ f)(-1)=8$일 때, $f^{-1}(16)$의 값을 구하시오.

$\qquad\qquad\qquad\qquad\qquad\qquad\qquad\qquad\qquad$ (단, a, b는 상수이다.)

역함수가 존재할 조건

함수 $f(x)=\begin{cases}(k-3)x+2 & (x<0)\\ x+2 & (x\geq0)\end{cases}$ 의 역함수가 존재하도록 하는 실수 k의 값의 범위를 구하시오.

풀이

(**Tip**) 함수 $f(x)$의 역함수 $f^{-1}(x)$가 존재하려면 함수 f가 일대일대응이어야 한다.

함수 $f(x)$의 역함수가 존재하려면 $f(x)$가 일대일대응이어야 하므로

함수 $y=f(x)$는 x의 값이 증가할 때, y의 값도 증가해야 한다.

이때 $x\geq0$에서 직선 $y=x+2$의 기울기가 양수이므로 함수 $y=f(x)$의 그래프는

오른쪽 그림과 같아야 한다.

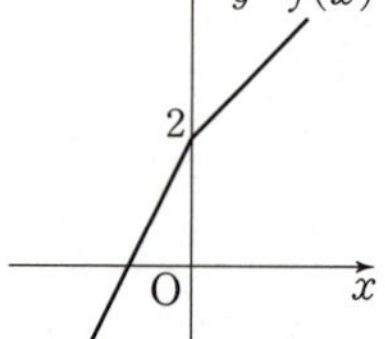

즉, $x<0$에서 직선 $y=(k-3)x+2$의 기울기도 양수이어야 하므로

$k-3>0$ $\therefore k>3$

참고 (i) $k=3$이면 함수 $y=f(x)$의 그래프는 [그림 1]과 같다.

(ii) $k<3$이면 $x<0$인 부분에서의 직선 $y=(k-3)x+2$의 기울기가 음수이므로 함수 $y=f(x)$의 그래프는 [그림 2]와 같다.

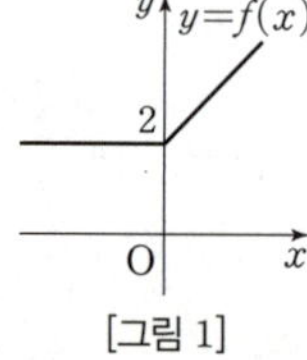

[그림 1]

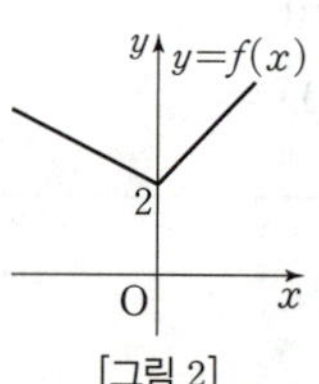

[그림 2]

(i), (ii)에서 $k\leq3$이면 함수 $f(x)$는 일대일대응이 아니므로 역함수가 존재하지 않는다.

답 $k>3$

필수 공략

함수 f의 역함수 f^{-1}가 존재한다. $\Longleftrightarrow$ 함수 f가 일대일대응이다.

$\Longleftrightarrow$ 함수 f가 일대일함수이고 치역과 공역이 같다.

• 정답 및 해설 112쪽

숫자 바꾼

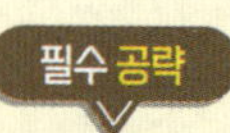

유제 02-❶ 함수 $f(x)=\begin{cases}-kx+4+k & (x<1)\\ -x+5 & (x\geq1)\end{cases}$ 의 역함수가 존재하도록 하는 실수 k의 값의 범위를 구하시오.

유제 02-❷ 집합 $X=\{x\,|\,x\geq a\}$에 대하여 X에서 X로의 함수 $f(x)=x^2-6x+10$의 역함수가 존재할 때, 상수 a의 값을 구하시오.

유제 02-❸ 함수 $f(x)=\begin{cases}(a+2)(x-2)^2 & (x<2)\\ -2x+4 & (x\geq2)\end{cases}$ 의 역함수가 존재하도록 하는 실수 a의 값의 범위를 구하시오.

역함수 구하기

함수 $f(x)=ax+3$의 역함수가 $f^{-1}(x)=2x+b$일 때, 두 상수 a, b의 값을 각각 구하시오.

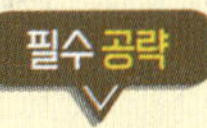

풀이

(Tip) $y=f(x)$에서 x를 y에 대한 식으로 나타내어 $x=f^{-1}(y)$ 꼴로 변형한 후 x와 y를 서로 바꾸어 역함수 $y=f^{-1}(x)$를 구한다.

$f(x)=ax+3$에서 $y=ax+3$이라 하고 x를 y에 대한 식으로 나타내면

$$ax=y-3 \qquad \therefore x=\frac{1}{a}y-\frac{3}{a}$$

x와 y를 서로 바꾸면

$$y=\frac{1}{a}x-\frac{3}{a}$$

따라서 $f^{-1}(x)=\frac{1}{a}x-\frac{3}{a}$이므로

$$\frac{1}{a}=2,\ -\frac{3}{a}=b \qquad \therefore a=\frac{1}{2},\ b=-6$$

답 $a=\dfrac{1}{2},\ b=-6$

필수 공략 **함수 $y=f(x)$의 역함수 $y=f^{-1}(x)$ 구하기**

$$y=f(x) \xrightarrow[\text{식으로 나타낸다.}]{x\text{를 }y\text{에 대한}} x=f^{-1}(y) \xrightarrow[\text{서로 바꾼다.}]{x\text{와 }y\text{를}} y=f^{-1}(x)$$

• 정답 및 해설 112쪽

조건 바꾼

유제 03-❶ 함수 $f(x)=ax+2$의 역함수 $f^{-1}(x)$에 대하여 $f=f^{-1}$일 때, 상수 a의 값을 구하시오.

유제 03-❷ 두 집합 $X=\{x\,|\,x\geq 0\}$, $Y=\{y\,|\,y\leq 6\}$에 대하여 함수 $f:X\longrightarrow Y$를 $f(x)=-4x+6$이라 할 때, 함수 $f(x)$의 역함수를 구하시오.

유제 03-❸ 실수 전체의 집합에서 정의된 함수 f에 대하여 $f(2x+1)=-6x+5$이고 $f^{-1}(x)=ax+b$일 때, 두 상수 a, b의 값을 각각 구하시오.

역함수의 성질

두 함수 $f(x)=2x+1$, $g(x)=x-3$에 대하여 다음을 구하시오.

(1) $(g^{-1}\circ f)^{-1}(10)$

(2) $(g\circ f)^{-1}(2)$

풀이

(Tip) $(g\circ f)^{-1}=f^{-1}\circ g^{-1}$임을 이용하여 주어진 식을 간단히 한 후 함숫값을 구한다.

(1) $(g^{-1}\circ f)^{-1}=f^{-1}\circ (g^{-1})^{-1}=f^{-1}\circ g$이고 $g(10)=10-3=7$이므로

$(g^{-1}\circ f)^{-1}(10)=(f^{-1}\circ g)(10)=f^{-1}(g(10))=f^{-1}(7)$

$f^{-1}(7)=k$라 하면 $f(k)=7$이므로 $2k+1=7$ $\therefore k=3$

$\therefore (g^{-1}\circ f)^{-1}(10)=f^{-1}(7)=3$

(2) $(g\circ f)^{-1}(2)=(f^{-1}\circ g^{-1})(2)=f^{-1}(g^{-1}(2))$

$g^{-1}(2)=k$라 하면 $g(k)=2$이므로 $k-3=2$ $\therefore k=5$

$\therefore (g\circ f)^{-1}(2)=f^{-1}(g^{-1}(2))=f^{-1}(5)$

$f^{-1}(5)=l$이라 하면 $f(l)=5$이므로

$2l+1=5,\ 2l=4$ $\therefore l=2$

$\therefore (g\circ f)^{-1}(2)=f^{-1}(5)=2$

답 (1) 3   (2) 2

필수 공략

두 함수 f, g의 역함수 f^{-1}, g^{-1}가 각각 존재할 때

(1) $f^{-1}\circ f=I,\ f\circ f^{-1}=I$ (단, I는 항등함수이다.)

(2) $(g\circ f)^{-1}=f^{-1}\circ g^{-1}$

• 정답 및 해설 112쪽

숫자 바꾼

유제 04-❶ 두 함수 $f(x)=2x-3$, $g(x)=x+2$에 대하여 $(f^{-1}\circ (f^{-1}\circ g)^{-1}\circ f^{-1})(5)$의 값을 구하시오.

유제 04-❷ 함수 $f(x)=-\dfrac{1}{3}x+5$에 대하여 $(f\circ (f^{-1}\circ f^{-1}))(a)=3$을 만족시키는 상수 a의 값을 구하시오.

유제 04-❸ 실수 전체의 집합에서 정의된 세 함수 f, g, h에 대하여 $f(x)=x-6$, $g(x)=-x$이고, 합성함수 $h\circ g^{-1}\circ f^{-1}$가 항등함수일 때, 함수 $h(x)$를 구하시오.

그래프를 이용하여 역함수의 함숫값 구하기

함수 $y=f(x)$의 그래프와 직선 $y=x$가 오른쪽 그림과 같을 때, $f^{-1}(a)+(f^{-1}\circ f^{-1})(b)$의 값을 구하시오.

(단, 모든 점선은 x축 또는 y축에 평행하다.)

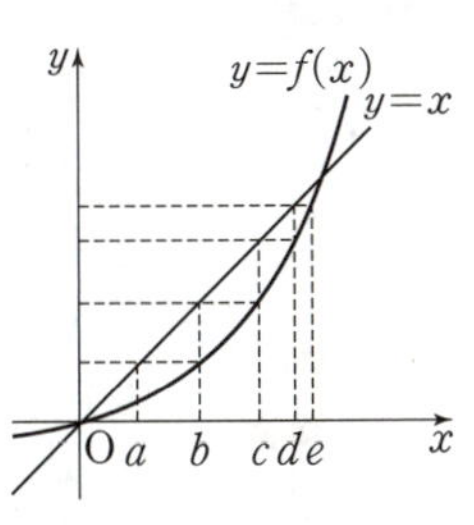

풀이

(**Tip**) 직선 $y=x$를 이용하여 $f(b)$, $f(c)$, $f(d)$, $f(e)$의 값을 각각 구한 후 역함수의 대응 관계를 이용한다.

직선 $y=x$를 이용하여 y축과 점선이 만나는 점의 y좌표를 주어진 그림에 나타내면 오른쪽 그림과 같다. → 직선 $y=x$ 위의 점의 x좌표와 y좌표는 같다.

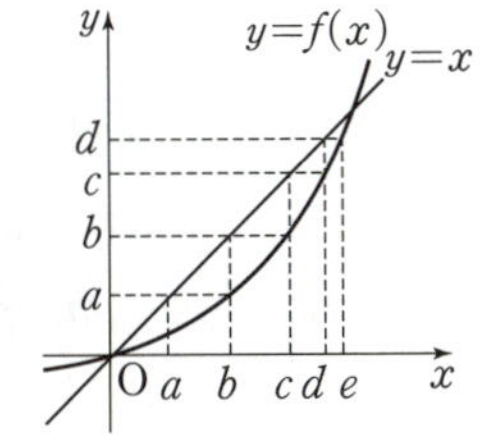

$f^{-1}(a)=k$라 하면 $f(k)=a$

오른쪽 그림에서 $f(b)=a$이므로 $k=b$ $\quad\therefore f^{-1}(a)=b$

$f^{-1}(b)=l$이라 하면 $f(l)=b$

오른쪽 그림에서 $f(c)=b$이므로 $l=c$ $\quad\therefore f^{-1}(b)=c$

$f^{-1}(c)=m$이라 하면 $f(m)=c$

오른쪽 그림에서 $f(d)=c$이므로 $m=d$ $\quad\therefore f^{-1}(c)=d$

$\therefore (f^{-1}\circ f^{-1})(b)=f^{-1}(f^{-1}(b))=f^{-1}(c)=d$

$\therefore f^{-1}(a)+(f^{-1}\circ f^{-1})(b)=b+d$

답 $b+d$

필수 공략 **함수 $y=f(x)$의 그래프를 이용하여 역함수의 함숫값 구하기**
➡ $f(a)=b \iff f^{-1}(b)=a$임을 이용한다.

• 정답 및 해설 113쪽

유제 05-❶ 함수 $y=f(x)$의 그래프와 직선 $y=x$가 오른쪽 그림과 같을 때, $(f\circ f)(c)+(f\circ f)^{-1}(b)$의 값은?

(단, 모든 점선은 x축 또는 y축에 평행하다.)

① $a+b$ 　　② $a+c$ 　　③ $a+d$
④ $b+c$ 　　⑤ $b+d$

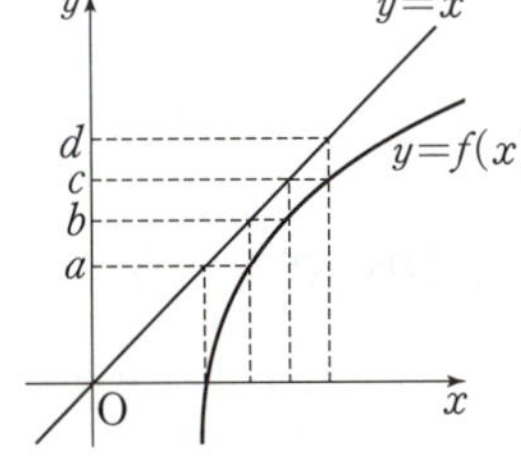

유제 05-❷ 두 함수 $y=f(x)$, $y=g(x)$의 그래프와 직선 $y=x$가 오른쪽 그림과 같을 때, $(f\circ f\circ g)^{-1}(d)$의 값은?

(단, 모든 점선은 x축 또는 y축에 평행하다.)

① a 　　② b 　　③ c
④ d 　　⑤ e

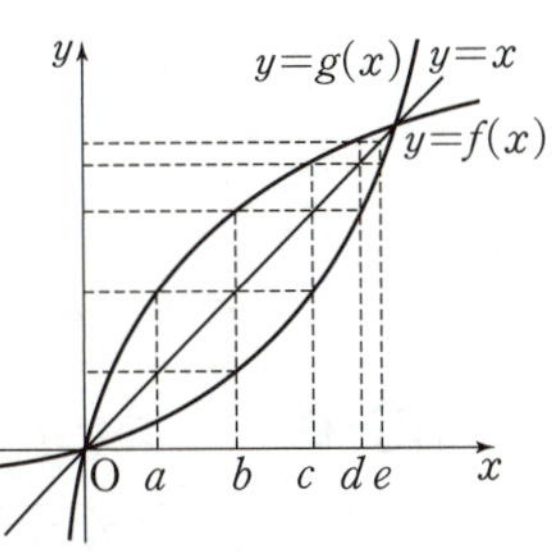

역함수의 그래프의 성질

함수 $f(x)=3x-6$의 역함수 $g(x)$에 대하여 두 함수 $y=f(x)$, $y=g(x)$의 그래프의 교점의 좌표를 (a, b)라 할 때, ab의 값을 구하시오.

풀이

(**Tip**) 함수 $y=f(x)$의 그래프와 그 역함수 $y=g(x)$의 그래프는 직선 $y=x$에 대하여 대칭임을 이용한다.

함수 $y=f(x)$의 그래프와 그 역함수 $y=g(x)$의 그래프는 직선 $y=x$에 대하여 대칭이므로 오른쪽 그림과 같다.

즉, 두 함수 $y=f(x)$, $y=g(x)$의 그래프의 교점은 함수 $y=f(x)$의 그래프와 직선 $y=x$의 교점과 같으므로

$3x-6=x$에서 $x=3$

따라서 교점의 좌표는 $(3, 3)$이므로

$a=3$, $b=3$

$\therefore ab=3\times3=9$

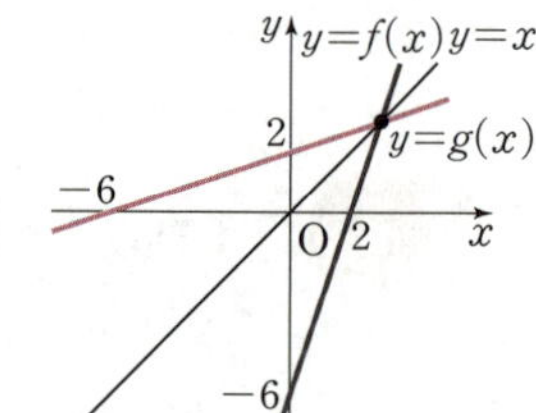

답 9

필수 공략

함수 $y=f(x)$의 그래프와 그 역함수 $y=f^{-1}(x)$의 그래프의 교점
➡ 함수 $y=f(x)$의 그래프와 직선 $y=x$의 교점을 이용하여 구한다.

주의 함수의 그래프와 그 역함수의 그래프의 교점을 직선 $y=x$를 이용하여 구할 때는 반드시 그래프를 그려 구하는 교점이 주어진 함수의 그래프와 직선 $y=x$의 교점과 일치하는지 확인해야 한다.

• 정답 및 해설 114쪽

숫자 바꾼

유제 06-❶ 함수 $f(x)=x^2$ $(x\geq0)$의 그래프와 그 역함수 $y=f^{-1}(x)$의 그래프의 교점의 좌표를 모두 구하시오.

유제 06-❷ 함수 $f(x)=6x+a$의 그래프와 그 역함수 $y=f^{-1}(x)$의 그래프의 교점의 x좌표가 -2일 때, 상수 a의 값을 구하시오.

유제 06-❸ 함수 $f(x)=5x-20$의 그래프와 그 역함수 $y=f^{-1}(x)$의 그래프의 교점을 P라 할 때, 선분 OP의 길이를 구하시오. (단, O는 원점이다.)

역함수

01 집합 $X=\{1,\ 3,\ 5\}$에 대하여 X에서 X로의 함수 f의 역함수 f^{-1}가 존재할 때, $f^{-1}(1)\times f^{-1}(3)\times f^{-1}(5)$의 값을 구하시오.

역함수가 존재할 조건

02 함수 $f(x)=|x-2|+kx+8$의 역함수가 존재하도록 하는 실수 k의 값의 범위를 구하시오.

역함수 구하기 + 역함수의 성질

03 두 함수 $f(x)=2x+5,\ g(x)$에 대하여 $f\circ g=g\circ f=I$가 성립할 때, 함수 $g(x)$를 구하시오.

(단, I는 항등함수이다.)

그래프를 이용하여 역함수의 함숫값 구하기

04 집합 $\{1,\ 2,\ 3,\ 4,\ 5\}$를 정의역으로 하는 함수 $y=f(x)$의 그래프가 오른쪽 그림과 같을 때, $f^{-1}(3)+(f\circ f)^{-1}(5)$의 값을 구하시오.

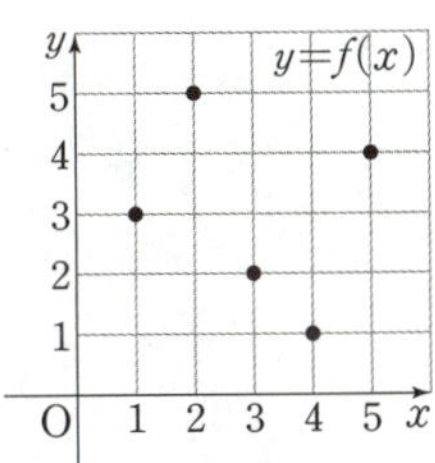

역함수의 그래프의 성질

05 함수 $f(x)=\dfrac{1}{4}x^2+2x\ (x\geq-4)$와 그 역함수 $f^{-1}(x)$에 대하여 두 함수 $y=f(x),\ y=f^{-1}(x)$의 그래프가 서로 다른 두 점 P, Q에서 만날 때, 선분 PQ의 길이를 구하시오.

01

두 집합 $X=\{0,\ 1,\ 2\}$, $Y=\{1,\ 2,\ 3,\ 4\}$에 대하여 두 함수 $f:X\longrightarrow Y$, $g:X\longrightarrow Y$를
$$f(x)=ax^2+bx+c,\quad g(x)=|x-1|+3$$
이라 하자. 두 함수가 서로 같은 함수가 되도록 하는 세 상수 a, b, c에 대하여 abc의 값은?

① -10 ② -9 ③ -8
④ -7 ⑤ -6

02

집합 $X=\{1,\ 2,\ 3,\ 4\}$에 대하여 X에서 X로의 함수 f가 일대일대응이고 $f(1)=4$일 때, $f(2)\times f(4)$의 최댓값을 구하시오.

03 서술형

실수 a의 대하여 실수 전체의 집합에서 정의된 함수
$$f(x)=\begin{cases}(a+3)x+b & (x<2)\\ 3(x-2)^2+5a & (x\geq2)\end{cases}$$
가 일대일대응이 되도록 하는 실수 b의 값의 범위를 구하시오. (단, a는 상수이다.)

04 교육청

집합 $X=\{1,\ 2,\ 3,\ 4,\ 5\}$에 대하여 X에서 X로의 세 함수 f, g, h가 다음 조건을 만족시킨다.

> ㈎ f는 항등함수이고 g는 상수함수이다.
> ㈏ 집합 X의 모든 원소 x에 대하여
> $$f(x)+g(x)+h(x)=7$$
> 이다.

$g(3)+h(1)$의 값은?

① 2 ② 3 ③ 4
④ 5 ⑤ 6

05

두 집합 X, $Y=\{1,\ 2,\ 3,\ 4\}$에 대하여 X에서 Y로의 일대일함수가 존재하고 그 개수가 12일 때, Y에서 X로의 함수 중 상수함수의 개수는?

① 1 ② 2 ③ 3
④ 4 ⑤ 5

06

집합 $X=\{-2,\ -1,\ 0,\ 1,\ 2\}$에 대하여 X에서 X로의 함수 중 $f(x)=f(-x)$를 만족시키는 함수 f의 개수를 구하시오.

07

집합 $X=\{1, 2, 3, 4, 5, 6\}$에 대하여 X에서 X로의 함수 f 중에서
$$f(1)<f(2),\ f(3)=f(4)=f(5)$$
를 만족시키는 함수 f의 개수를 구하시오.

08

집합 $X=\{1, 2, 3, 4\}$에 대하여 함수 $f : X \longrightarrow X$,
$g : X \longrightarrow X$가
$$f(x)=\begin{cases} x & (x<2) \\ k & (x\geq2) \end{cases},\ g(x)=\begin{cases} x+1 & (x\leq3) \\ 4 & (x=4) \end{cases}$$
이고 $(f \circ g)(2)+(g \circ f)(1)=6$일 때, 상수 k의 값은?

① 1   ② 2   ③ 3

④ 4   ⑤ 5

09

두 함수 $f(x)=ax+b$, $g(x)=2x-4$가 $f \circ g=g \circ f$를 만족시킬 때, 함수 $y=f(x)$의 그래프는 a의 값에 관계없이 한 점 (p, q)를 지난다. $p+q$의 값을 구하시오.

(단, a, b는 상수이다.)

10

두 이차함수 $f(x)=x^2-2x+2$, $g(x)=-x^2-4x+k$가 있다. x에 대한 방정식 $(f \circ g)(x)=g(x)$의 서로 다른 실근의 개수가 2가 되기 위한 실수 k의 값의 범위를 $\alpha<k<\beta$라 할 때, $\alpha\beta$의 값을 구하시오.

11 서술형

집합 $X=\{1, 2, 3, 4, 5\}$에 대하여 함수
$f : X \longrightarrow X$가 다음 그림과 같다.

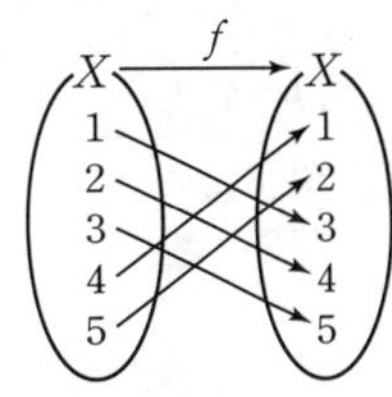

$$f^1(x)=f(x),\ f^{n+1}(x)=f(f^n(x))\ (n=1, 2, 3, \cdots)$$
라 할 때, $f^{112}(3)+f^{113}(2)$의 값을 구하시오.

12

집합 $X=\{x\,|\,0\le x\le 2\}$에서 정의된 함수 $y=f(x)$의 그래프가 오른쪽 그림과 같을 때, $(f\circ f)(a)=1$을 만족시키는 모든 실수 a의 값의 합을 구하시오.

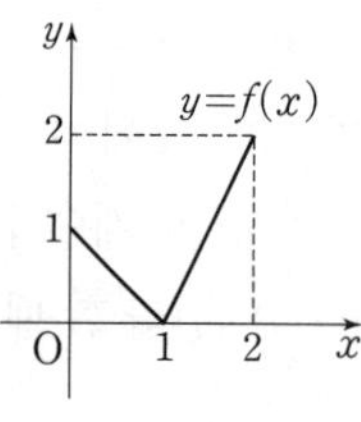

13

집합 $X=\{1,\ 2,\ 3,\ 4\}$에 대하여 두 함수 $f,\ g$가
$$f:X\longrightarrow X,\ g:X\longrightarrow X$$
이다. 함수 $g\circ f:X\longrightarrow X$가 항등함수가 되도록 하는 두 함수 $f,\ g$의 순서쌍 $(f,\ g)$의 개수는?

① 20　　　　② 24　　　　③ 28
④ 32　　　　⑤ 36

14

집합 $X=\{1,\ 2,\ 3,\ 4,\ 5\}$에 대하여 X에서 X로의 함수 f의 역함수 f^{-1}가 존재하고 $f(1)+2f(4)=14$, $f^{-1}(1)-f^{-1}(2)=3$일 때, $f(3)+f^{-1}(1)$의 값을 구하시오.

15 교육청

실수 전체의 집합에서 정의된 함수 $f(x)$가 역함수를 갖는다. 모든 실수 x에 대하여
$$f(x)=f^{-1}(x),\ f(x^2+1)=-2x^2+1$$
일 때, $f(-2)$의 값은?

① $\dfrac{3}{2}$　　　　② 2　　　　③ $\dfrac{5}{2}$

④ 3　　　　⑤ $\dfrac{7}{2}$

16

집합 $X=\{x\,|\,0\le x\le 5\}$에 대하여 X에서 X로의 함수
$$f(x)=\begin{cases} ax^2+b & (0\le x<4) \\ x-4 & (4\le x\le 5) \end{cases}$$
의 역함수가 존재할 때, 두 상수 $a,\ b$에 대하여 ab의 값을 구하시오. (단, $a<0$)

17

집합 $X=\{1,\ 2,\ 3,\ 4\}$에 대하여 함수 $f:X\longrightarrow X$가 역함수가 존재하고 $(f\circ f)(1)+f^{-1}(2)=3$이다. $f(2)+f(3)$의 최댓값을 구하시오.

18

두 함수 $y=f(x)$, $y=g(x)$의 그래프가 다음 그림과 같을 때, $(f^{-1} \circ g)^{-1}(a)+(g^{-1} \circ f \circ f)^{-1}(e)$의 값은?

(단, 모든 점선은 x축 또는 y축에 평행하다.)

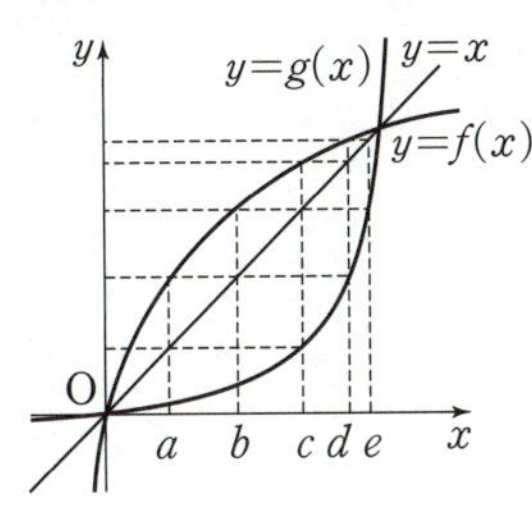

① $a+b$ ② $a+d$ ③ $b+d$
④ $b+e$ ⑤ $c+e$

19

오른쪽 그림과 같이 함수 $y=f(x)$의 그래프 위의 두 점 A, B와 그 역함수 $y=f^{-1}(x)$의 그래프 위의 두 점 C, D를 연결하여 만든 사각형 ADCB가 있다. 두 점 B, D의 좌표는

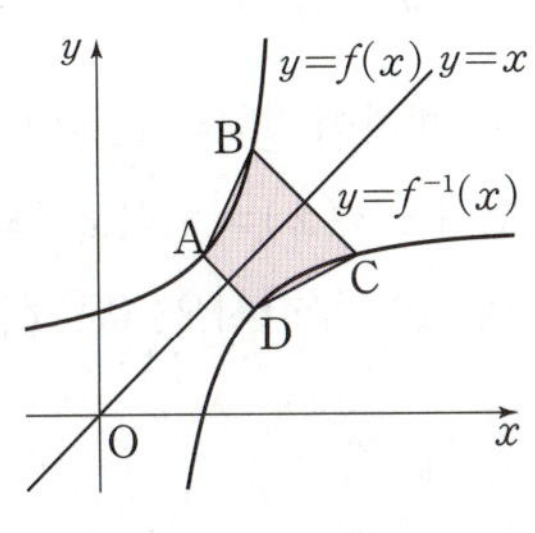

각각 (3, 5), (3, 2)이고 두 선분 AD, BC는 각각 직선 $y=x$와 수직일 때, 사각형 ADCB의 넓이를 구하시오.

20

$x \geq 1$에서 정의된 함수 $f(x)=\dfrac{1}{4}x^2-\dfrac{1}{2}x-\dfrac{3}{4}$에 대하여 함수 $y=f(x)$의 그래프와 x축의 교점을 A, 그 역함수 $y=f^{-1}(x)$의 그래프와 y축의 교점을 B, 두 함수 $y=f(x)$, $y=f^{-1}(x)$의 그래프의 교점을 C라 할 때, 사각형 OACB의 넓이는 $p+q\sqrt{3}$이다. $p+q$의 값을 구하시오. (단, 점 O는 원점이고, p, q는 유리수이다.)

21

집합 $X=\{1,\ 2,\ 3\}$에 대하여 X에서 X로의 일대일대응인 두 함수 f, g가 다음 조건을 만족시킬 때, $(f \circ g)(3)$의 값을 구하시오.

> ㈎ 두 합성함수 $f \circ f$, $g \circ g \circ g$는 모두 항등함수이다.
> ㈏ $f(1)=3$, $(g \circ f)(3)=2$

• 정답 및 해설 120쪽

22

두 집합 $X=\{1, 2, 3, 4, 5\}$,
$Y=\{y \mid y$는 $1 \leq y \leq 10$인 자연수$\}$에 대하여 X에서 Y로의
함수 f 중에서 다음 조건을 만족시키는 함수 f의 개수는?

> (가) 집합 X의 소수인 두 원소 x_1, x_2에 대하여
> $x_1 < x_2$이면 $f(x_2) - f(x_1) > 2$이다.
> (나) f는 일대일함수이다.

① 420 ② 525 ③ 630
④ 735 ⑤ 840

23 교육청

집합 $X=\{-2, -1, 0, 1, 2\}$에 대하여 함수
$f : X \longrightarrow X$가 역함수가 존재하고 다음 조건을 만족시
킨다.

> (가) $(f \circ f)(-1) + f^{-1}(-2) = 4$
> (나) $k=0, 1$일 때, $f(k) \times f(k-2) \leq 0$이다.

$6f(0) + 5f(1) + 2f(2)$의 값을 구하시오.

24

함수 $f(x) = |x-4|$에 대하여 방정식 $(f \circ f)(x) = \dfrac{1}{2}x$
의 실근의 개수는?

① 1 ② 2 ③ 3
④ 4 ⑤ 5

25

실수 전체의 집합에서 정의된 함수
$$f(x) = \begin{cases} -3x+8 & (x \leq 2) \\ ax+b & (x > 2) \end{cases}$$
에 대하여 함수 $f(x)$의 역함수 $f^{-1}(x)$가 존재하고, 집
합 $\{x \mid f(x) = f^{-1}(x)\}$의 원소가 무수히 많을 때, $b-a$
의 값을 구하시오. (단, a, b는 상수이다.)

III-2

유리함수

 **유리식**

1 유리식

두 다항식 A, B $(B \neq 0)$에 대하여 $\dfrac{A}{B}$ 꼴로 나타낼 수 있는 식을 유리식

이라 한다. 특히, B가 0이 아닌 상수이면 $\dfrac{A}{B}$는 다항식이 되므로 다항식

도 유리식이다.

한편, 다항식이 아닌 유리식을 분수식이라 한다.

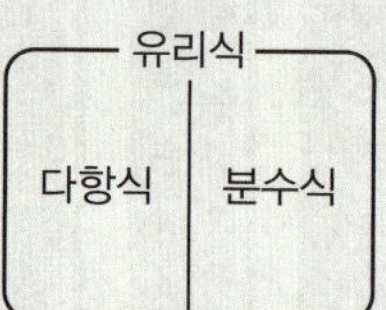

예 유리식: $\dfrac{1}{2x+3}$, $\dfrac{x^3-4x}{4}$, $\dfrac{x^3+1}{x+5}$, $3x+4$, $\cdots$

➡ 다항식: $\dfrac{x^3-4x}{4}$, $3x+4$, $\cdots$

분수식: $\dfrac{1}{2x+3}$, $\dfrac{x^3+1}{x+5}$, $\cdots$

2 유리식의 성질

세 다항식 A, B, C $(B \neq 0,\ C \neq 0)$에 대하여

(1) $\dfrac{A}{B} = \dfrac{A \times C}{B \times C}$

(2) $\dfrac{A}{B} = \dfrac{A \div C}{B \div C}$

참고 유리식을 통분할 때는 (1)의 성질을, 약분할 때는 (2)의 성질을 이용한다.

정답 및 해설 121쪽

1 |보기| 중 다항식이 아닌 유리식을 모두 고르시오.

> 보기
>
> ㄱ. $\dfrac{3}{x(x-1)}$ ㄴ. $\dfrac{x^2+3x}{3}$ ㄷ. $\dfrac{2x}{5x+1}$ ㄹ. $\dfrac{x^3-4x}{x-4}$

답 ㄱ, ㄷ, ㄹ

네 다항식 A, B, C, D $(C \neq 0,\ D \neq 0)$에 대하여

(1) 덧셈: $\dfrac{A}{C} + \dfrac{B}{C} = \dfrac{A+B}{C}$, $\dfrac{A}{C} + \dfrac{B}{D} = \dfrac{AD+BC}{CD}$

(2) 뺄셈: $\dfrac{A}{C} - \dfrac{B}{C} = \dfrac{A-B}{C}$, $\dfrac{A}{C} - \dfrac{B}{D} = \dfrac{AD-BC}{CD}$

→ 분모가 다를 때는 통분하여 계산한다.

(3) 곱셈: $\dfrac{A}{C} \times \dfrac{B}{D} = \dfrac{AB}{CD}$ → 분모는 분모끼리, 분자는 분자끼리 계산한다.

(4) 나눗셈: $\dfrac{A}{C} \div \dfrac{B}{D} = \dfrac{A}{C} \times \dfrac{D}{B} = \dfrac{AD}{BC}$ (단, $B \neq 0$) → 나누는 식의 분자와 분모를 바꾸어 곱한다.

참고 유리식의 덧셈, 곱셈에서는 유리수의 덧셈, 곱셈과 마찬가지로 교환법칙과 결합법칙이 성립한다.

(1) 유리식의 덧셈과 뺄셈

분모가 서로 다를 때는 통분하여 계산한다.

이때 각 유리식의 분모 또는 분자가 인수분해 되면 먼저 인수분해하여 약분한 후 분모를 통분한다.

(2) 유리식의 곱셈과 나눗셈

유리식의 곱셈은 분모는 분모끼리, 분자는 분자끼리 곱하여 계산하고, 유리식의 나눗셈은 나누는 식의

분자와 분모를 바꾼 식을 곱하여 계산한다.

이때 각 유리식의 분모, 분자를 먼저 인수분해하여 약분한 후 계산하면 편리하다.

● 정답 및 해설 121쪽

개념 확인 **2** 다음 식을 계산하시오.

(1) $\dfrac{x-1}{x-2}+\dfrac{3}{x+2}$

(2) $\dfrac{x+1}{x}-\dfrac{3}{x^2+2x}$

(3) $\dfrac{x+2}{x-1}\times\dfrac{3}{x^2+5x+6}$

(4) $\dfrac{2x}{x^2-1}\div\dfrac{3x}{x+1}$

답 (1) $\dfrac{x^2+4x-8}{(x+2)(x-2)}$ (2) $\dfrac{x^2+3x-1}{x(x+2)}$ (3) $\dfrac{3}{(x+3)(x-1)}$ (4) $\dfrac{2}{3(x-1)}$

3 **특수한 형태의 유리식의 계산**

복잡한 유리식의 계산은 유리식의 형태에 따라 다음과 같이 간단히 변형한 후 계산한다.

(1) (분자의 차수)≥(분모의 차수)일 때

➡ 분자를 분모로 나누어 (분자의 차수)<(분모의 차수)가 되도록 변형한 후 계산한다.

(2) 네 개 이상의 유리식의 합, 차를 구할 때

➡ 계산 과정이 간단해지도록 적당히 두 개씩 묶어서 계산한다.
분자가 간단해지거나 분자끼리 같아지도록 묶는다.

(3) 분모가 두 개 이상의 인수의 곱일 때

➡ $\dfrac{1}{AB}=\dfrac{1}{B-A}\left(\dfrac{1}{A}-\dfrac{1}{B}\right)$ $(A\neq B)$과 같이 부분분수로 변형하여 계산한다.

(4) 번분수식일 때
분자 또는 분모에 또 다른 분수식을 포함한 유리식을 번분수식이라 한다.

➡ $\dfrac{\dfrac{A}{B}}{\dfrac{C}{D}}=\dfrac{A}{B}\div\dfrac{C}{D}=\dfrac{A}{B}\times\dfrac{D}{C}=\dfrac{AD}{BC}$ 와 같이 계산한다.

$\times\dfrac{\dfrac{A}{B}}{\dfrac{C}{D}}=\dfrac{AD}{BC}$

● 정답 및 해설 122쪽

개념 확인 **3** 다음 식을 계산하시오.

(1) $\dfrac{2x-3}{x-2}-\dfrac{2x+3}{x+1}$

(2) $\dfrac{1}{x}+\dfrac{1}{x+2}-\dfrac{1}{x+4}-\dfrac{1}{x+6}$

(3) $\dfrac{1}{x(x-1)}+\dfrac{1}{(x-1)(x-2)}+\dfrac{1}{(x-2)(x-3)}$

(4) $\dfrac{\dfrac{x-1}{x}}{\dfrac{x}{x+1}}$

답 (1) $\dfrac{3}{(x+1)(x-2)}$ (2) $\dfrac{8(x^2+6x+6)}{x(x+2)(x+4)(x+6)}$ (3) $\dfrac{3}{x(x-3)}$ (4) $\dfrac{x^2-1}{x^2}$

유리식의 사칙연산

다음 식을 계산하시오.

(1) $\dfrac{3}{x^2+x}+\dfrac{2}{x^2-1}$

(2) $\dfrac{x+2}{x^2+x-2}-\dfrac{x+1}{x^2+3x+2}$

(3) $\dfrac{x^2-x-6}{x^2+5x+4}\times\dfrac{x^2-6x-7}{x^2-6x+9}$

(4) $\dfrac{x-1}{x^2-x-2}\div\dfrac{x^2-x}{x^2-4}$

(Tip) 먼저 각 유리식의 분모, 분자를 인수분해할 수 있는지 확인한다.

(1) $\dfrac{3}{x^2+x}+\dfrac{2}{x^2-1}=\dfrac{3}{x(x+1)}+\dfrac{2}{(x+1)(x-1)}=\dfrac{3(x-1)}{x(x+1)(x-1)}+\dfrac{2x}{(x+1)(x-1)x}$

$=\dfrac{3(x-1)+2x}{x(x+1)(x-1)}=\dfrac{5x-3}{x(x+1)(x-1)}$

(2) $\dfrac{x+2}{x^2+x-2}-\dfrac{x+1}{x^2+3x+2}=\dfrac{x+2}{(x+2)(x-1)}-\dfrac{x+1}{(x+2)(x+1)}=\dfrac{1}{x-1}-\dfrac{1}{x+2}$

$=\dfrac{x+2}{(x-1)(x+2)}-\dfrac{x-1}{(x+2)(x-1)}$

$=\dfrac{(x+2)-(x-1)}{(x+2)(x-1)}=\dfrac{3}{(x+2)(x-1)}$

(3) $\dfrac{x^2-x-6}{x^2+5x+4}\times\dfrac{x^2-6x-7}{x^2-6x+9}=\dfrac{(x+2)(x-3)}{(x+4)(x+1)}\times\dfrac{(x+1)(x-7)}{(x-3)^2}=\dfrac{(x+2)(x-7)}{(x+4)(x-3)}$

(4) $\dfrac{x-1}{x^2-x-2}\div\dfrac{x^2-x}{x^2-4}=\dfrac{x-1}{(x+1)(x-2)}\div\dfrac{x(x-1)}{(x+2)(x-2)}$

$=\dfrac{x-1}{(x+1)(x-2)}\times\dfrac{(x+2)(x-2)}{x(x-1)}=\dfrac{x+2}{x(x+1)}$

답 (1) $\dfrac{5x-3}{x(x+1)(x-1)}$ (2) $\dfrac{3}{(x+2)(x-1)}$ (3) $\dfrac{(x+2)(x-7)}{(x+4)(x-3)}$ (4) $\dfrac{x+2}{x(x+1)}$

필수 공략

(1) 유리식의 덧셈과 뺄셈 ➡ 분모, 분자를 인수분해하여 약분한 후 분모를 통분한다.

(2) 유리식의 곱셈 ➡ 분모, 분자를 인수분해한 후 분모는 분모끼리, 분자는 분자끼리 곱한다.

(3) 유리식의 나눗셈 ➡ 나누는 식의 분자와 분모를 바꾸어 곱한다.

• 정답 및 해설 122쪽

숫자 바꾼

유제 **01-❶** 다음 식을 계산하시오.

(1) $\dfrac{1}{x^2-1}+\dfrac{x^2}{x^3-x}$

(2) $\dfrac{x}{x-1}-\dfrac{2}{x^2+3x-4}$

(3) $\dfrac{3x-6}{x^2-x}\times\dfrac{x-1}{x^2-4}$

(4) $\dfrac{x-2}{x^2+3x}\div\dfrac{x^2+2x-8}{x^2-9}$

유제 **01-❷** $\dfrac{x^2-1}{x+2}\left(\dfrac{1}{x^2+x+1}+\dfrac{2}{x-1}-\dfrac{3}{x^3-1}\right)$ 을 계산하시오.

유리식과 항등식

$x \neq -3$, $x \neq 2$인 모든 실수 x에 대하여 등식

$$\frac{a}{x+3} + \frac{2}{x-2} = \frac{5x+b}{x^2+x-6}$$

가 성립할 때, 두 상수 a, b의 값을 각각 구하시오.

풀이

(**Tip**) 양변의 분모가 같게 좌변을 통분한 후 주어진 식이 항등식임을 이용하여 양변의 분자의 동류항의 계수를 비교한다.

주어진 식의 좌변을 통분하면

$$\frac{a}{x+3} + \frac{2}{x-2} = \frac{a(x-2)+2(x+3)}{(x+3)(x-2)} = \frac{(a+2)x-2a+6}{x^2+x-6}$$

즉, $\dfrac{(a+2)x-2a+6}{x^2+x-6} = \dfrac{5x+b}{x^2+x-6}$가 x에 대한 항등식이므로

$a+2=5$, $-2a+6=b$

$\therefore a=3$, $b=0$

답 $a=3$, $b=0$

필수 공략

유리식으로 이루어진 항등식을 풀 때

➡ 등식의 양변의 분모가 같도록 통분한 후 양변의 분자의 동류항의 계수를 비교한다.

• 정답 및 해설 123쪽

유제 02-❶ $x \neq -1$, $x \neq \dfrac{3}{2}$인 모든 실수 x에 대하여 등식

$$\frac{a}{x+1} - \frac{2}{2x-3} = \frac{b}{2x^2-x-3}$$

가 성립할 때, $a+b$의 값을 구하시오. (단, a, b는 상수이다.)

유제 02-❷ $x \neq -1$, $x \neq 1$인 모든 실수 x에 대하여 등식

$$\frac{ax+b}{x-1} - \frac{a}{x+1} = \frac{2x^2-3x+c}{x^2-1}$$

가 성립할 때, 세 상수 a, b, c의 값을 각각 구하시오.

유제 02-❸ $x \neq -1$, $x \neq 1$인 모든 실수 x에 대하여 등식

$$\frac{a}{x^2+1} - \frac{b}{x+1} + \frac{1}{x-1} = \frac{4x^2}{x^4-1}$$

이 성립할 때, a^2+b^2의 값을 구하시오. (단, a, b는 상수이다.)

유리식의 계산; (분자의 차수)≥(분모의 차수)

다음 식을 계산하시오.

(1) $\dfrac{x^2-2x+2}{x-2}-\dfrac{x^2+2x-1}{x+2}$

(2) $\dfrac{x}{x-1}-\dfrac{x+1}{x}-\dfrac{x+2}{x+1}+\dfrac{x+3}{x+2}$

풀이

(**Tip**) (1) (분자의 차수)≥(분모의 차수)이므로 다항식의 나눗셈을 이용하여 먼저 분자의 차수를 낮춘다.

(2) 분자가 같아지도록 두 개씩 묶는다.

(1) $\dfrac{x^2-2x+2}{x-2}-\dfrac{x^2+2x-1}{x+2}$

$=\dfrac{x(x-2)+2}{x-2}-\dfrac{x(x+2)-1}{x+2}=\left(x+\dfrac{2}{x-2}\right)-\left(x-\dfrac{1}{x+2}\right)$

$=\dfrac{2}{x-2}+\dfrac{1}{x+2}=\dfrac{2(x+2)+(x-2)}{(x+2)(x-2)}=\dfrac{3x+2}{(x+2)(x-2)}$

(2) $\dfrac{x}{x-1}-\dfrac{x+1}{x}-\dfrac{x+2}{x+1}+\dfrac{x+3}{x+2}$

$=\dfrac{(x-1)+1}{x-1}-\dfrac{x+1}{x}-\dfrac{(x+1)+1}{x+1}+\dfrac{(x+2)+1}{x+2}$

$=\left(1+\dfrac{1}{x-1}\right)-\left(1+\dfrac{1}{x}\right)-\left(1+\dfrac{1}{x+1}\right)+\left(1+\dfrac{1}{x+2}\right)$

$=\dfrac{1}{x-1}-\dfrac{1}{x}-\dfrac{1}{x+1}+\dfrac{1}{x+2}=\left(\dfrac{1}{x-1}-\dfrac{1}{x+1}\right)-\left(\dfrac{1}{x}-\dfrac{1}{x+2}\right)$

$=\dfrac{(x+1)-(x-1)}{(x+1)(x-1)}-\dfrac{(x+2)-x}{x(x+2)}=\dfrac{2}{(x+1)(x-1)}-\dfrac{2}{x(x+2)}$

$=2\left\{\dfrac{1}{(x+1)(x-1)}-\dfrac{1}{x(x+2)}\right\}=2\times\dfrac{x(x+2)-(x+1)(x-1)}{x(x+2)(x+1)(x-1)}$

$=2\times\dfrac{2x+1}{x(x+2)(x+1)(x-1)}=\dfrac{2(2x+1)}{x(x+2)(x+1)(x-1)}$

답 (1) $\dfrac{3x+2}{(x+2)(x-2)}$ (2) $\dfrac{2(2x+1)}{x(x+2)(x+1)(x-1)}$

필수 공략

(1) (분자의 차수)≥(분모의 차수)일 때 ➡ 분자를 분모로 나누어 (분자의 차수)<(분모의 차수)가 되도록 변형한다.

(2) 네 개 이상의 유리식을 계산할 때 ➡ 계산 과정이 간단해지도록 적당히 두 개씩 묶어서 계산한다.

• 정답 및 해설 123쪽

유제 **03-❶** 다음 식을 계산하시오.

(1) $\dfrac{x^2+x+2}{x+1}-\dfrac{x^2-x+2}{x-1}$

(2) $\dfrac{x+2}{x+1}+\dfrac{x+4}{x+3}-\dfrac{x+5}{x+4}-\dfrac{x+7}{x+6}$

유제 **03-❷** 다음 식의 분모를 0으로 만들지 않는 모든 실수 x에 대하여 등식

$$\dfrac{2x-3}{x-2}+\dfrac{2x+1}{x+1}-\dfrac{2x+3}{x+2}-\dfrac{2x+11}{x+5}=\dfrac{ax^2+bx+c}{(x+5)(x+2)(x+1)(x-2)}$$

가 성립할 때, 세 상수 a, b, c에 대하여 $a-b+c$의 값을 구하시오.

유리식의 계산; 부분분수로의 변형, 번분수식

다음 식을 계산하시오.

(1) $\dfrac{1}{x(x-2)}+\dfrac{1}{(x-2)(x-4)}+\dfrac{1}{(x-4)(x-6)}$

(2) $\dfrac{\dfrac{x+y}{x-y}+1}{\dfrac{x+y}{x-y}-1}$

풀이

Tip (1) 각 항의 분모가 두 인수의 곱이므로 부분분수로의 변형을 이용한다.

(2) 분모와 분자를 각각 간단히 한 후 (분자)÷(분모) 꼴로 변형한다.

(1) $\dfrac{1}{x(x-2)}+\dfrac{1}{(x-2)(x-4)}+\dfrac{1}{(x-4)(x-6)}$

$=\dfrac{1}{(x-2)-x}\left(\dfrac{1}{x}-\dfrac{1}{x-2}\right)+\dfrac{1}{(x-4)-(x-2)}\left(\dfrac{1}{x-2}-\dfrac{1}{x-4}\right)$

$\qquad\qquad +\dfrac{1}{(x-6)-(x-4)}\left(\dfrac{1}{x-4}-\dfrac{1}{x-6}\right)$

$=-\dfrac{1}{2}\left\{\left(\dfrac{1}{x}-\dfrac{1}{x-2}\right)+\left(\dfrac{1}{x-2}-\dfrac{1}{x-4}\right)+\left(\dfrac{1}{x-4}-\dfrac{1}{x-6}\right)\right\}$

$=-\dfrac{1}{2}\left(\dfrac{1}{x}-\dfrac{1}{x-6}\right)=-\dfrac{1}{2}\times\dfrac{(x-6)-x}{x(x-6)}=\dfrac{3}{x(x-6)}$

(2) $\dfrac{\dfrac{x+y}{x-y}+1}{\dfrac{x+y}{x-y}-1}=\dfrac{\dfrac{(x+y)+(x-y)}{x-y}}{\dfrac{(x+y)-(x-y)}{x-y}}=\dfrac{\dfrac{2x}{x-y}}{\dfrac{2y}{x-y}}=\dfrac{2x}{x-y}\div\dfrac{2y}{x-y}$

$\qquad\qquad =\dfrac{2x}{x-y}\times\dfrac{x-y}{2y}=\dfrac{x}{y}$

답 (1) $\dfrac{3}{x(x-6)}$ (2) $\dfrac{x}{y}$

필수 공략

(1) 분모가 두 인수의 곱일 때 ➡ $\dfrac{1}{AB}=\dfrac{1}{B-A}\left(\dfrac{1}{A}-\dfrac{1}{B}\right)$ $(A\neq B)$과 같이 부분분수로 변형한다.

(2) 분자 또는 분모에 분수식이 있을 때 ➡ (분자)÷(분모) 꼴로 나타내어 계산한다.

• 정답 및 해설 124쪽

숫자 바꾼

유제 **04-❶** 다음 식을 계산하시오.

(1) $\dfrac{2}{(x-1)(x+1)}+\dfrac{2}{(x+1)(x+3)}+\dfrac{2}{(x+3)(x+5)}$

(2) $2-\dfrac{1}{2-\dfrac{1}{2-\dfrac{1}{x}}}$

유제 **04-❷** 다음 식의 분모를 0으로 만들지 않는 모든 실수 x에 대하여 등식

$$\dfrac{1}{x^2+2x}+\dfrac{1}{x^2+6x+8}+\dfrac{1}{x^2+10x+24}=\dfrac{a}{x(x+b)}$$

가 성립할 때, 두 상수 a, b의 값을 각각 구하시오.

Ⅲ-2
유리함수

유리식의 계산; 비례식이 주어졌을 때

다음 물음에 답하시오.

(1) $x : y = 5 : 4$일 때, $\dfrac{x+y}{x-y}$의 값을 구하시오.

(2) $x : y : z = 2 : 3 : 5$일 때, $\dfrac{x+2y-3z}{2x+y-z}$의 값을 구하시오.

풀이

(**Tip**) $x : y = a : b$ (a, b는 상수) 꼴로 주어지면 $x=ak$, $y=bk$ ($k \neq 0$)로 나타낸다.

(1) $x : y = 5 : 4$에서 $x=5k$, $y=4k$ ($k \neq 0$)이므로

$$\frac{x+y}{x-y} = \frac{5k+4k}{5k-4k} = \frac{9k}{k} = 9$$

(2) $x : y : z = 2 : 3 : 5$에서 $x=2k$, $y=3k$, $z=5k$ ($k \neq 0$)이므로

$$\frac{x+2y-3z}{2x+y-z} = \frac{2k+2\times 3k-3\times 5k}{2\times 2k+3k-5k} = \frac{-7k}{2k} = -\frac{7}{2}$$

답 (1) 9 (2) $-\dfrac{7}{2}$

필수 공략

0이 아닌 실수 k에 대하여

(1) $a : b = c : d \iff \dfrac{a}{c} = \dfrac{b}{d} = k \iff a=ck,\ b=dk$

(2) $a : b : c = d : e : f \iff \dfrac{a}{d} = \dfrac{b}{e} = \dfrac{c}{f} = k \iff a=dk,\ b=ek,\ c=fk$

• 정답 및 해설 **124**쪽

숫자 바꾼

유제 **05-❶** 다음 물음에 답하시오.

(1) $x : y = 2 : 3$일 때, $\dfrac{5y^2-2xy}{4x^2+3xy}$의 값을 구하시오.

(2) $x : y : z = 3 : 1 : 4$일 때, $\dfrac{3xy+z^2}{2x^2+5y^2-z^2}$의 값을 구하시오.

유제 **05-❷** $\dfrac{x+y}{x-y} = \dfrac{4}{3}$일 때, $\dfrac{x^2+y^2}{2xy-y^2}$의 값을 구하시오.

유제 **05-❸** $(x+y) : (y+z) : (z+x) = 4 : 3 : 5$일 때, $\dfrac{3x+2y-z}{x+z}$의 값을 구하시오.

소단원 점검 문제

유리식과 항등식

01 $x \neq 1$인 모든 실수 x에 대하여 등식

$$\frac{x^2+ax-1}{x^3-1}=\frac{b}{x-1}-\frac{x+c}{x^2+x+1}$$

가 성립할 때, $a+b+c$의 값은? (단, a, b, c는 상수이다.)

① -3　　② -1　　③ 1　　④ 3　　⑤ 5

유리식의 계산; (분자의 차수) ≥ (분모의 차수)

02 다음 식의 분모를 0으로 만들지 않는 모든 실수 x에 대하여 등식

$$\frac{x^2+2x+2}{x+1}-\frac{x^2+3x+3}{x+2}-\frac{x^2+4x+4}{x+3}+\frac{x^2+5x+5}{x+4}=\frac{ax+b}{(x+1)(x+2)(x+3)(x+4)}$$

가 성립할 때, $2b-a$의 값을 구하시오. (단, a, b는 상수이다.)

유리식의 계산; 부분분수로의 변형, 번분수식

03 $\dfrac{\dfrac{x-1}{x+1}-\dfrac{x+1}{x-1}}{\dfrac{x-1}{x+1}+\dfrac{x+1}{x-1}}$ 을 계산하시오.

유리식의 계산; 부분분수로의 변형, 번분수식

04 $f(x)=4x^2-1$일 때, $\dfrac{1}{f(1)}+\dfrac{1}{f(2)}+\dfrac{1}{f(3)}+\cdots+\dfrac{1}{f(10)}$의 값을 구하시오.

유리식의 계산; 비례식이 주어졌을 때

05 （교육청） $\dfrac{x+y}{2z}=\dfrac{y+2z}{x}=\dfrac{2z+x}{y}$일 때, $\dfrac{x^3+y^3+z^3}{xyz}$의 값은? (단, $x+y+2z \neq 0$)

① $\dfrac{17}{4}$　　② $\dfrac{9}{2}$　　③ $\dfrac{19}{4}$　　④ 5　　⑤ $\dfrac{21}{4}$

 **유리함수**

① 유리함수

❶ 유리함수

함수 $y=f(x)$에서 $f(x)$가 x에 대한 유리식일 때, 이 함수를 유리함수라 한다.

특히, $f(x)$가 x에 대한 다항식일 때, 이 함수를 **다항함수**라 하고, $f(x)$가 x에 대한 분수식일 때, 이 함수를 **분수함수**라 한다.

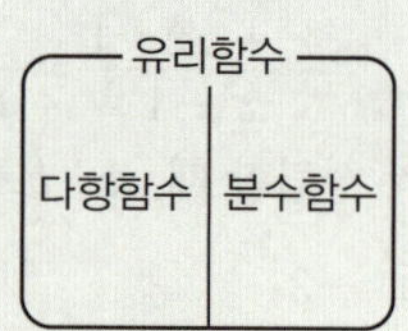

> 예 유리함수: $y=x^2+1$, $y=\dfrac{1}{x}$, $y=\dfrac{x}{x^2+1}$, $y=3$, $\cdots$
> ➡ 다항함수: $y=x^2+1$, $y=3$, $\cdots$ → 다항식은 유리식이므로 다항함수도 유리함수이다.
>   분수함수: $y=\dfrac{1}{x}$, $y=\dfrac{x}{x^2+1}$, $\cdots$

❷ 유리함수의 정의역

유리함수에서 정의역이 주어져 있지 않은 경우에는 분모가 0이 되지 않도록 하는 실수 전체의 집합을 정의역으로 한다.

(1) 다항함수의 정의역: 실수 전체의 집합

(2) 유리함수의 정의역: 분모가 0이 되지 않도록 하는 실수 전체의 집합 → 다항식과 달리 분수식은 분모가 0이 되는 x의 값에서는 정의될 수 없다.

> **example** 다음 유리함수의 정의역을 구해 보자.
>
> (1) $y=\dfrac{1}{x-2}$
>
> 유리함수 $y=\dfrac{1}{x-2}$의 정의역은
>
> $x-2\neq0$에서 $\{x\,|\,x\neq2$인 실수$\}$
>
> (2) $y=\dfrac{x-1}{x^2+3}$
>
> 유리함수 $y=\dfrac{x-1}{x^2+3}$의 정의역은
>
> 모든 실수 x에 대하여 $x^2+3\neq0$이므로 $\{x\,|\,x$는 모든 실수$\}$

② 유리함수 $y=\dfrac{k}{x}\,(k\neq0)$의 그래프

(1) 정의역과 치역은 모두 0이 아닌 실수 전체의 집합이다.

(2) $k>0$이면 그래프는 제1사분면과 제3사분면에 있고, $k<0$이면 그래프는 제2사분면과 제4사분면에 있다.

(3) 원점 및 두 직선 $y=x$, $y=-x$에 대하여 대칭이다.

(4) 점근선은 x축(직선 $y=0$), y축(직선 $x=0$)이다.

> 참고 곡선이 어떤 직선에 한없이 가까워질 때, 이 직선을 그 곡선의 점근선이라 한다.

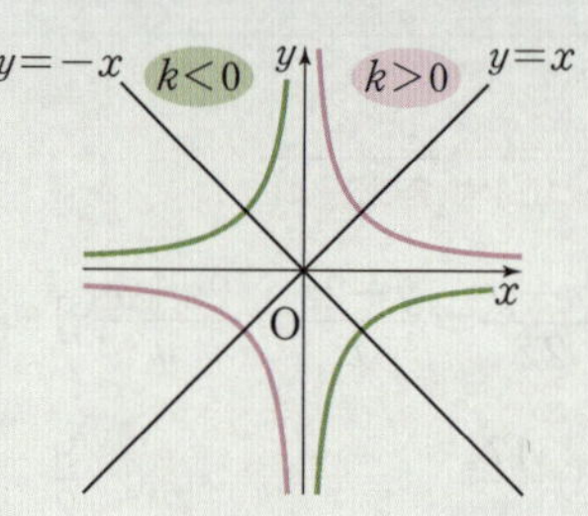

(5) $|k|$, 즉 k의 절댓값이 커질수록 그래프는 원점에서 멀어진다.

(5) k의 값에 따라 유리함수 $y=\dfrac{k}{x}$의 그래프를 그려 보면 오른쪽 그림과 같이 $|k|$, 즉 k의 절댓값이 커질수록 원점에서 멀어짐을 알 수 있다.

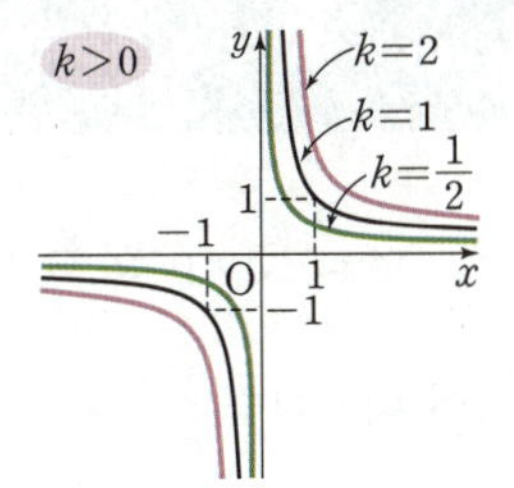

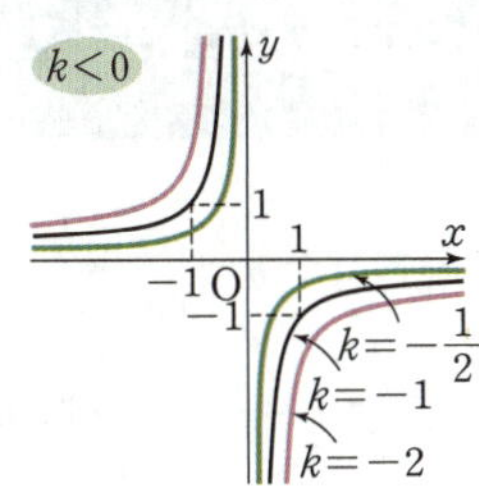

example

두 유리함수 $y=\dfrac{2}{x}$, $y=-\dfrac{4}{x}$의 그래프에 대하여

(1) 두 유리함수의 정의역과 치역은 모두 0이 아닌 실수 전체의 집합이다.

(2) 유리함수 $y=\dfrac{2}{x}$의 그래프는 제1사분면, 제3사분면에 있고,

유리함수 $y=-\dfrac{4}{x}$의 그래프는 제2사분면, 제4사분면에 있다.

(3) 원점 및 두 직선 $y=x$, $y=-x$에 대하여 대칭이다.

(4) 점근선은 x축(직선 $y=0$), y축(직선 $x=0$)이다.

(5) $|2|<|-4|$이므로 유리함수 $y=-\dfrac{4}{x}$의 그래프가 유리함수 $y=\dfrac{2}{x}$의 그래프보다 원점에서 더 멀다.

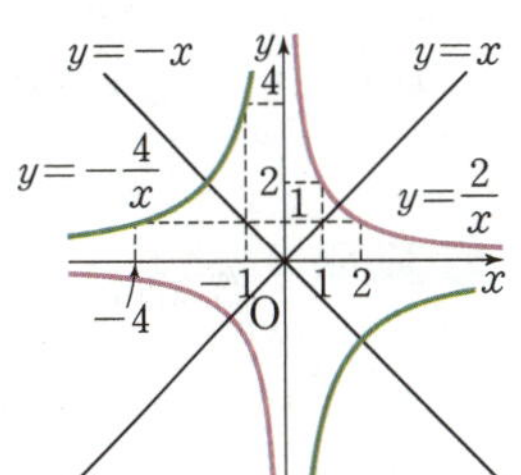

3 유리함수 $y=\dfrac{k}{x-p}+q\,(k\neq0)$의 그래프

(1) 유리함수 $y=\dfrac{k}{x}$의 그래프를 x축의 방향으로 p만큼, y축의 방향으로 q만큼 평행이동한 것이다.

(2) 정의역은 $\{x\,|\,x\neq p$인 실수$\}$, 치역은 $\{y\,|\,y\neq q$인 실수$\}$이다.

(3) 점 $(p,\,q)$에 대하여 대칭이고, 점 $(p,\,q)$를 지나는 기울기가 1, -1인 두 직선

두 점근선의 교점이다. ← $y=\pm(x-p)+q$에 대하여 대칭이다. → 원점과 두 직선 $y=x$, $y=-x$를 x축의 방향으로 p만큼, y축의 방향으로 q만큼 평행이동

(4) 점근선은 두 직선 $x=p$, $y=q$이다.

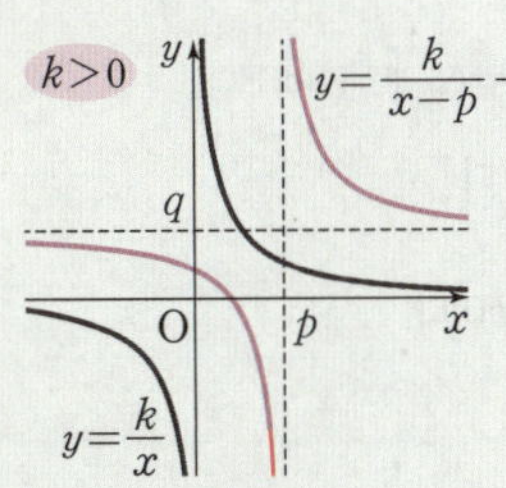

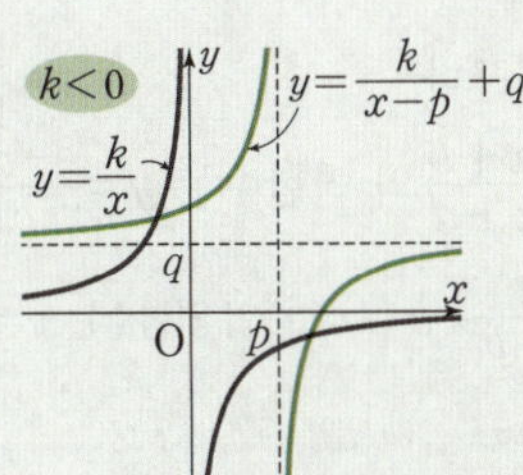

참고 두 함수 $f(x)=\dfrac{k_1}{x}$, $g(x)=\dfrac{k_2}{x-p}+q$에 대하여 $|k_1|=|k_2|$이면 p, q의 값에 관계없이 평행이동이나 대칭이동을 이용하여 두 곡선 $y=f(x)$, $y=g(x)$를 일치시킬 수 있다.

→ 정답 및 해설 126쪽

개념확인

1 함수 $y=\dfrac{2}{x}$의 그래프를 다음과 같이 평행이동한 그래프의 식을 구하시오.

(1) x축의 방향으로 2만큼, y축의 방향으로 -3만큼 평행이동

(2) x축의 방향으로 -1만큼, y축의 방향으로 5만큼 평행이동

답 (1) $y=\dfrac{2}{x-2}-3$ (2) $y=\dfrac{2}{x+1}+5$

 **유리함수 $y=\dfrac{ax+b}{cx+d}\ (ad-bc\neq0,\ c\neq0)$의 그래프**

유리함수 $y=\dfrac{ax+b}{cx+d}\ (ad-bc\neq0,\ c\neq0)$의 그래프는 $y=\dfrac{k}{x-p}+q\ (k\neq0)$ 꼴로 변형하여 그린다.

(1) 점 $\left(-\dfrac{d}{c},\ \dfrac{a}{c}\right)$에 대하여 대칭이다.

(2) 점근선은 두 직선 $x=-\dfrac{d}{c}$, $y=\dfrac{a}{c}$이다.

(분모)$=0$을 만족시키는 x의 값 ⟵   ⟶ 분모, 분자의 x항의 계수의 비

 example

유리함수 $y=\dfrac{2x+3}{x-1}$의 그래프는

$$y=\frac{2x+3}{x-1}=\frac{2(x-1)+5}{x-1}$$

$$=\frac{5}{x-1}+2$$

이므로 함수 $y=\dfrac{5}{x}$의 그래프를 x축의 방향으로 1만큼,

y축의 방향으로 2만큼 평행이동한 것이다.

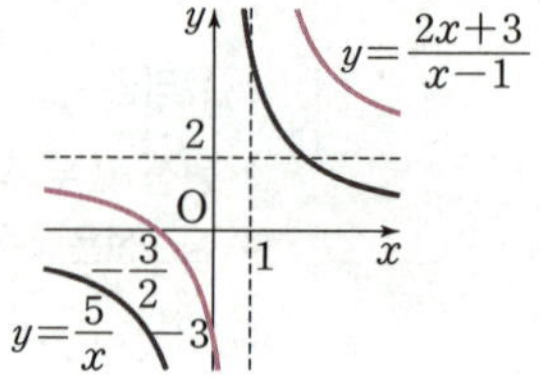

 **유리함수의 역함수**

유리함수 $y=\dfrac{ax+b}{cx+d}\ (ad-bc\neq0,\ c\neq0)$는 일대일대응이므로 역함수가 항상 존재하고,

그 역함수는 다음과 같은 순서로 구한다.

❶ $y=\dfrac{ax+b}{cx+d}$에서 x를 y에 대한 식으로 나타낸다.

❷ x와 y를 서로 바꾼다.   ⟶ a, d의 위치와 부호만 바뀐다.

➡ 유리함수 $y=\dfrac{ax+b}{cx+d}$의 역함수는 $y=\dfrac{-dx+b}{cx-a}$이다.

참고 유리함수 $y=\dfrac{k}{x-p}+q\ (k\neq0)$의 역함수는 $y=\dfrac{k}{x-q}+p$이다.

설명 example

유리함수 $y=\dfrac{2x+1}{x-1}$의 역함수를 구해 보자.

유리함수 $y=\dfrac{2x+1}{x-1}$은 정의역 $\{x\,|\,x\neq1$인 실수$\}$에서 치역 $\{y\,|\,y\neq2$인 실수$\}$로의 일대일대응이므로

역함수가 존재한다.

$y=\dfrac{2x+1}{x-1}$에서 x를 y에 대한 식으로 나타내면

$$y(x-1)=2x+1,\ xy-y=2x+1$$

$$xy-2x=y+1,\ (y-2)x=y+1$$

$$\therefore\ x=\frac{y+1}{y-2}$$

x와 y를 서로 바꾸면 구하는 역함수는

$$y=\frac{x+1}{x-2}$$ ⟶ 원래 함수의 식에서 분자의 x의 계수인 2와 분모의 상수항인 -1의 위치가 서로 바뀌고, 그 부호가 각각 바뀐 것과 같다.

집중 연습

● 유리함수

유리함수 $y=\dfrac{k}{x-p}+q\,(k\neq0)$의 그래프

01 다음 함수의 그래프를 그리시오.

(1) $y=\dfrac{3}{x-3}+1$

(2) $y=-\dfrac{1}{x+3}+2$

(3) $y=\dfrac{2}{x+1}-1$

(4) $y=-\dfrac{1}{2(x-2)}-3$

유리함수 $y=\dfrac{ax+b}{cx+d}\,(ad-bc\neq0,\,c\neq0)$의 그래프

02 다음 함수의 그래프를 그리시오.

(1) $y=\dfrac{x-1}{x+1}$

(2) $y=\dfrac{2x+3}{x-2}$

(3) $y=\dfrac{2-x}{x+2}$

(4) $y=\dfrac{4x+1}{1-2x}$

유리함수의 그래프

다음 함수의 그래프를 그리고, 정의역, 치역, 점근선의 방정식을 각각 구하시오.

(1) $y=\dfrac{4}{2-x}+1$

(2) $y=\dfrac{3-2x}{x-1}$

풀이

(Tip) 먼저 주어진 함수의 식을 $y=\dfrac{k}{x-p}+q$ $(k\neq0)$ 꼴로 변형한다.

(1) $y=\dfrac{4}{2-x}+1=-\dfrac{4}{x-2}+1$

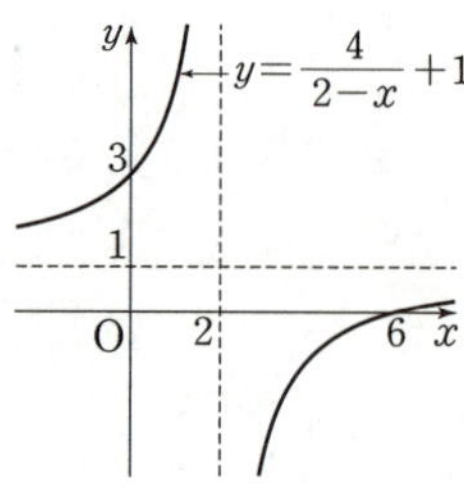

이므로 주어진 함수의 그래프는 함수 $y=-\dfrac{4}{x}$의 그래프를

x축의 방향으로 2만큼, y축의 방향으로 1만큼 평행이동한 것이다.

따라서 함수 $y=\dfrac{4}{2-x}+1$의 그래프는 오른쪽 그림과 같고,

정의역은 $\{x\,|\,x\neq2$인 실수$\}$, 치역은 $\{y\,|\,y\neq1$인 실수$\}$,

점근선의 방정식은 $x=2$, $y=1$이다.

(2) $y=\dfrac{3-2x}{x-1}=\dfrac{-2(x-1)+1}{x-1}=\dfrac{1}{x-1}-2$

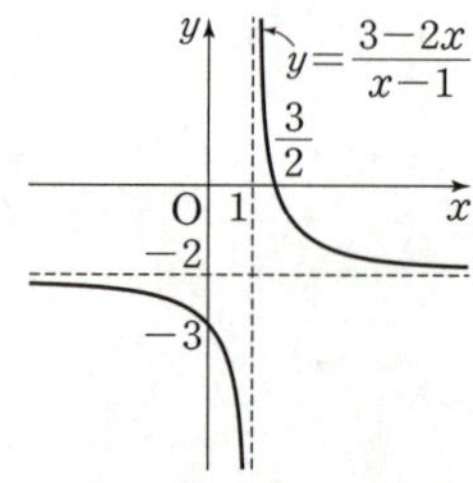

이므로 주어진 함수의 그래프는 함수 $y=\dfrac{1}{x}$의 그래프를

x축의 방향으로 1만큼, y축의 방향으로 -2만큼 평행이동한 것이다.

따라서 함수 $y=\dfrac{3-2x}{x-1}$의 그래프는 오른쪽 그림과 같고,

정의역은 $\{x\,|\,x\neq1$인 실수$\}$, 치역은 $\{y\,|\,y\neq-2$인 실수$\}$,

점근선의 방정식은 $x=1$, $y=-2$이다.

답 풀이 참조

필수 **공략**

유리함수 $y=\dfrac{ax+b}{cx+d}$ $(ad-bc\neq0,\ c\neq0)$의 그래프는 다음과 같은 순서로 그린다.

❶ $y=\dfrac{k}{x-p}+q$ $(k\neq0)$ 꼴로 변형한다.

❷ 함수 $y=\dfrac{k}{x}$의 그래프를 x축의 방향으로 p만큼, y축의 방향으로 q만큼 평행이동한다.

• 정답 및 해설 127쪽

숫자 바꾼

유제 01-❶ 다음 함수의 그래프를 그리고, 정의역, 치역, 점근선의 방정식을 각각 구하시오.

(1) $y=\dfrac{3}{2x-4}+3$

(2) $y=\dfrac{2x+3}{x+3}$

유제 01-❷ 함수 $y=\dfrac{-3x-6}{x+1}$의 그래프가 지나는 사분면을 모두 말하시오.

유리함수의 그래프의 평행이동

함수 $y=\dfrac{ax+b}{x+c}$의 그래프는 함수 $y=-\dfrac{2}{x}$의 그래프를 x축의 방향으로 2만큼, y축의 방향으로 -4만큼 평행이동한 것이다. 세 상수 a, b, c의 값을 각각 구하시오.

풀이

(Tip) $y=-\dfrac{2}{x}$에 x 대신 $x-2$를, y 대신 $y+4$를 대입하여 정리한다.

함수 $y=-\dfrac{2}{x}$의 그래프를 x축의 방향으로 2만큼, y축의 방향으로 -4만큼 평행이동하면
$\quad\rightarrow$ x 대신 $x-2$를, y 대신 $y-(-4)$, 즉 $y+4$를 대입

$y+4=-\dfrac{2}{x-2}$ $\quad\therefore y=-\dfrac{2}{x-2}-4=\dfrac{-2-4(x-2)}{x-2}=\dfrac{-4x+6}{x-2}$

따라서 $\dfrac{-4x+6}{x-2}=\dfrac{ax+b}{x+c}$이므로

$a=-4$, $b=6$, $c=-2$

답 $a=-4$, $b=6$, $c=-2$

필수 공략

유리함수 $y=\dfrac{k}{x}$ $(k\neq0)$의 그래프를 x축의 방향으로 p만큼, y축의 방향으로 q만큼 평행이동한 그래프의 식은

$y=\dfrac{k}{x}$에 x 대신 $x-p$를, y 대신 $y-q$를 대입한 것이다.

$\Rightarrow y-q=\dfrac{k}{x-p}$, 즉 $y=\dfrac{k}{x-p}+q$

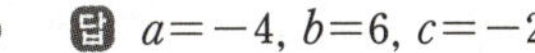

• 정답 및 해설 127쪽

숫자 바꾼

유제 02-❶ 함수 $y=\dfrac{k}{x}$의 그래프를 x축의 방향으로 a만큼, y축의 방향으로 b만큼 평행이동하였더니 함수 $y=\dfrac{-x+2}{x+1}$의 그래프와 일치하였다. $a+b+k$의 값을 구하시오. (단, k는 상수이다.)

유제 02-❷ 함수 $y=\dfrac{6x+12}{x+4}$의 그래프를 x축의 방향으로 a만큼, y축의 방향으로 b만큼 평행이동한 그래프의 점근선의 방정식은 $x=3$, $y=-2$이다. a, b의 값을 각각 구하시오.

유제 02-❸ |보기|의 함수 중에서 그 그래프가 함수 $y=\dfrac{1}{3x}$의 그래프를 평행이동하여 겹쳐지는 것을 모두 고르시오.

| 보기 |

ㄱ. $y=\dfrac{1}{3x-6}$ ㄴ. $y=\dfrac{3x-1}{3x}$ ㄷ. $y=\dfrac{6x+4}{3x+3}$ ㄹ. $y=\dfrac{x-2}{3-3x}$

유리함수의 식 구하기

함수 $y=\dfrac{k}{x+a}+b$의 그래프가 오른쪽 그림과 같을 때, $a+b+k$의 값을 구하시오. (단, a, b, k는 상수이다.)

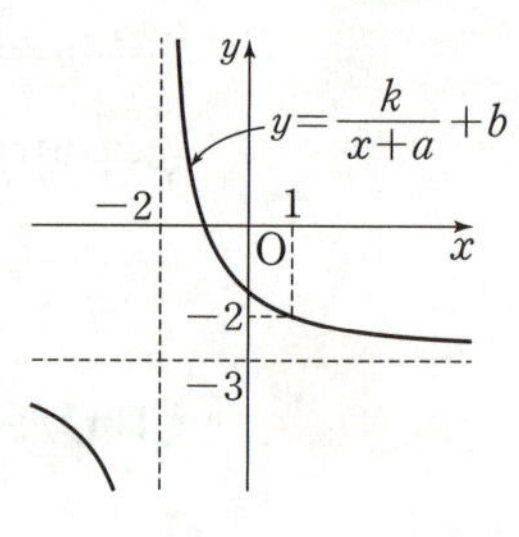

풀이

(Tip) 점근선의 방정식이 $x=-2$, $y=-3$임을 이용하여 함수의 식을 세운다.

주어진 함수의 그래프에서 점근선의 방정식은

$x=-2$, $y=-3$

주어진 함수를 $y=\dfrac{k}{x-(-2)}-3$, 즉 $y=\dfrac{k}{x+2}-3\,(k>0)$이라 하면

그 그래프가 점 $(1, -2)$를 지나므로

$-2=\dfrac{k}{1+2}-3$ $\therefore k=3$

따라서 $y=\dfrac{3}{x+2}-3$이므로 $a=2$, $b=-3$

$\therefore a+b+k=2+(-3)+3=2$

답 2

필수 공략

점근선의 방정식이 $x=p$, $y=q$인 유리함수의 그래프를 보고 유리함수의 식을 구할 때는 다음과 같은 순서로 해결한다.

❶ 그래프의 점근선을 기준으로 함수의 식을 $y=\dfrac{k}{x-p}+q\,(k\neq0)$ 꼴로 놓는다.

❷ ❶의 식에 그래프가 지나는 점의 좌표를 대입하여 상수 k의 값을 구한다.

❸ ❶의 식에 ❷의 결과를 대입하여 정리한다.

• 정답 및 해설 128쪽

숫자 바꾼

유제 03-❶ 함수 $y=\dfrac{k}{x+a}+b$의 그래프가 오른쪽 그림과 같을 때, 이 함수의 그래프가 x축과 만나는 점의 x좌표를 구하시오. (단, a, b, k는 상수이다.)

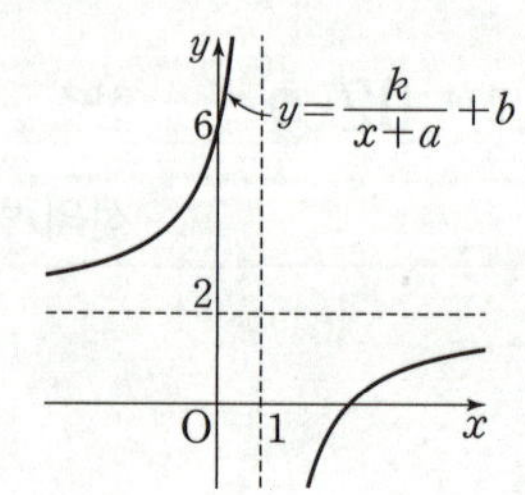

유제 03-❷ 함수 $y=\dfrac{ax+b}{x+c}$의 그래프가 점 $(4, 4)$를 지나고 점근선의 방정식이 $x=-1$, $y=3$일 때, 세 상수 a, b, c의 값을 각각 구하시오.

유리함수의 그래프의 대칭성

함수 $y=\dfrac{2x-2}{x+4}$의 그래프가 두 직선 $y=x+a$, $y=-x+b$에 대하여 대칭일 때, 두 상수 a, b의 값을 각각 구하시오.

풀이

Tip 유리함수의 그래프는 두 점근선의 교점을 지나고 기울기가 1 또는 -1인 직선에 대하여 대칭임을 이용한다.

$$y=\dfrac{2x-2}{x+4}=\dfrac{2(x+4)-10}{x+4}=-\dfrac{10}{x+4}+2$$

이므로 주어진 함수의 그래프의 점근선의 방정식은 $x=-4$, $y=2$

즉, 오른쪽 그림과 같이 함수 $y=\dfrac{2x-2}{x+4}$의 그래프는 두 점근선의 교점

$(-4, 2)$를 지나고 기울기가 1 또는 -1인 직선에 대하여 대칭이다.

따라서 두 직선 $y=x+a$, $y=-x+b$가 점 $(-4, 2)$를 지나므로

$2=(-4)+a$, $2\underset{=-(-4)}{=4}+b$ $\therefore a=6$, $b=-2$

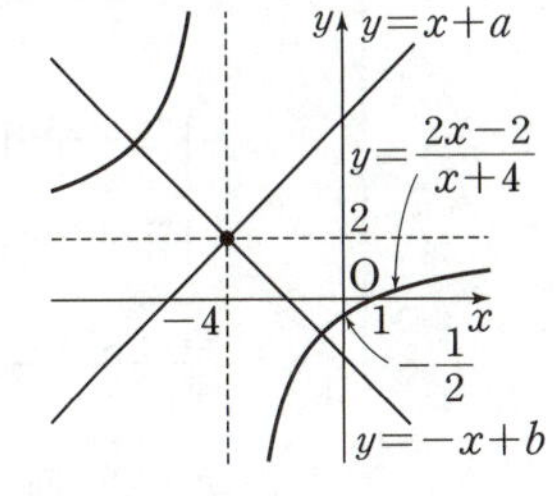

| 다른 풀이 |

함수 $y=\dfrac{2x-2}{x+4}$의 그래프의 점근선의 방정식은 $x=-\dfrac{4}{1}=-4$, $y=\dfrac{2}{1}=2$이므로 주어진 함수의 그래프는 두 점근선의 교점 $(-4, 2)$에 대하여 대칭이다.

또한, 주어진 함수의 그래프가 두 직선 $y=x+a$, $y=-x+b$에 대하여 대칭이므로 두 직선은 점 $(-4, 2)$를 지난다.

따라서 $2=(-4)+a$, $2=4+b$이므로 $a=6$, $b=-2$

답 $a=6$, $b=-2$

필수 공략

유리함수 $y=\dfrac{k}{x-p}+q$ $(k\neq0)$의 그래프는

(1) 점 (p, q)에 대하여 대칭이다.

(2) 점 (p, q)를 지나고 기울기가 ±1인 두 직선에 대하여 대칭이다.

• 정답 및 해설 128쪽

숫자 바꾼

유제 04-❶ 함수 $y=\dfrac{3x+2}{x-2}$의 그래프가 두 직선 $y=x+a$, $y=-x+b$에 대하여 대칭일 때, $a+b$의 값을 구하시오.

(단, a, b는 상수이다.)

유제 04-❷ **교육청** 유리함수 $y=\dfrac{3x+b}{x+a}$의 그래프가 점 $(2, 1)$을 지나고 점 $(-2, c)$에 대하여 대칭일 때, $a+b+c$의 값은?

(단, a, b는 상수이다.)

① 1 　　　② 2 　　　③ 3 　　　④ 4 　　　⑤ 5

유제 04-❸ 두 함수 $y=\dfrac{2x+1}{x+a}$, $y=\dfrac{bx-3}{x-1}$의 그래프가 모두 직선 $y=x+1$에 대하여 대칭일 때, ab의 값을 구하시오. (단, a, b는 상수이다.)

$2 \leq x \leq 4$에서 함수 $y = \dfrac{2x+1}{x-1}$의 최댓값과 최솟값을 각각 구하시오.

풀이

(Tip) 주어진 함수의 식을 $y = \dfrac{k}{x-p} + q \ (k \neq 0)$ 꼴로 변형하여 주어진 x의 값의 범위에서 그래프를 그려 본다.

$$y = \frac{2x+1}{x-1} = \frac{2(x-1)+3}{x-1} = \frac{3}{x-1} + 2$$

이므로 주어진 함수의 그래프는 함수 $y = \dfrac{3}{x}$의 그래프를 x축의 방향으로 1만큼, y축의 방향으로 2만큼 평행이동한 것이다.

즉, $2 \leq x \leq 4$에서 함수 $y = \dfrac{2x+1}{x-1}$의 그래프는 오른쪽 그림과 같으므로

$x = 2$일 때 최댓값 $\dfrac{2 \times 2 + 1}{2-1} = 5$,

$x = 4$일 때 최솟값 $\dfrac{2 \times 4 + 1}{4-1} = 3$

을 갖는다.

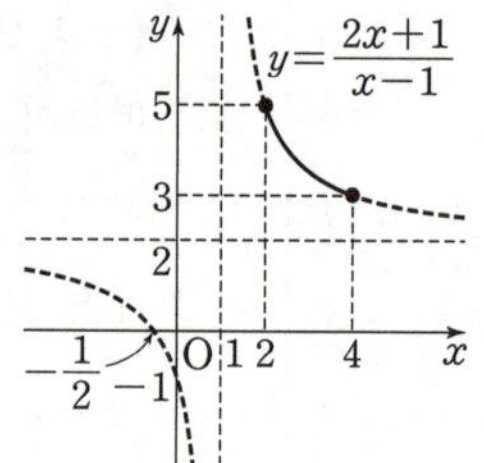

답 최댓값: 5, 최솟값: 3

필수 공략

x의 값의 범위가 주어진 유리함수의 최댓값과 최솟값을 구할 때
➡ 유리함수의 그래프를 그린 후 주어진 x의 값의 범위의 양 끝 값을 구한다.

• 정답 및 해설 129쪽

유제 05-❶ 정의역이 $\{x \mid x \leq -2$ 또는 $x \geq 3\}$인 함수 $y = -\dfrac{2x}{x-2}$의 최댓값을 a, 최솟값을 b라 할 때, $a - b$의 값을 구하시오.

유제 05-❷ 정의역이 $\{x \mid a < x < b\}$인 함수 $y = -\dfrac{6x+4}{2x+3}$의 치역이 $\{y \mid y > 2\}$일 때, 두 상수 a, b의 값을 각각 구하시오.

유제 05-❸ $1 \leq x \leq a$에서 함수 $y = \dfrac{3x-5}{x+1}$의 최댓값이 2, 최솟값이 b일 때, $a + b$의 값을 구하시오.

(단, a는 상수이다.)

유리함수의 역함수

함수 $y=\dfrac{ax-6}{x-3}$의 역함수가 $y=\dfrac{3x+b}{x-3}$일 때, 두 상수 a, b의 값을 각각 구하시오.

풀이

(**Tip**) 주어진 함수의 식에서 x를 y에 대한 식으로 나타낸 후 x와 y를 서로 바꾸어 역함수를 구한다.

$y=\dfrac{ax-6}{x-3}$에서 x를 y에 대한 식으로 나타내면

$y(x-3)=ax-6$, $xy-3y=ax-6$

$xy-ax=3y-6$, $(y-a)x=3y-6$

$\therefore x=\dfrac{3y-6}{y-a}$

x와 y를 서로 바꾸면 $y=\dfrac{3x-6}{x-a}$

따라서 $\dfrac{3x-6}{x-a}=\dfrac{3x+b}{x-3}$이므로

$a=3$, $b=-6$

답 $a=3$, $b=-6$

필수 공략

유리함수 $y=f(x)$의 역함수는 다음과 같은 순서로 구한다.
❶ $y=f(x)$에서 x를 y에 대한 식, 즉 $x=f^{-1}(y)$ 꼴로 나타낸다.
❷ $x=f^{-1}(y)$에서 x와 y를 서로 바꾸어 역함수 $y=f^{-1}(x)$를 구한다.

참고 (1) 함수 $y=\dfrac{ax+b}{cx+d}$ $(ad-bc\neq0,\ c\neq0)$의 역함수 ➡ $y=\dfrac{-dx+b}{cx-a}$

(2) 함수 $y=\dfrac{k}{x-p}+q$ $(k\neq0)$의 역함수 ➡ $y=\dfrac{k}{x-q}+p$

• 정답 및 해설 130쪽

유제 **06-❶** 함수 $y=\dfrac{ax-3}{x+1}$의 역함수가 $y=\dfrac{-x+b}{x-2}$일 때, 두 상수 a, b의 값을 각각 구하시오.

유제 **06-❷** 함수 $f(x)=\dfrac{a}{x+5}+b$에 대하여 함수 $y=f(x)$의 그래프와 그 역함수 $y=f^{-1}(x)$의 그래프가 모두 점 $(2,\ -4)$를 지날 때, 역함수 $y=f^{-1}(x)$의 그래프의 점근선의 방정식을 구하시오.

(단, a, b는 상수이다.)

유제 **06-❸** 함수 $f(x)=\dfrac{4x+9}{x-1}$의 그래프의 점근선이 두 직선 $x=a$, $y=b$일 때, $f^{-1}(a+b)$의 값을 구하시오.

유리함수의 합성

두 함수 $f(x)=\dfrac{x+2}{x-1}$, $g(x)=\dfrac{x+3}{2x-1}$에 대하여 $(f\circ g)(a)=2$를 만족시키는 상수 a의 값을 구하시오.

풀이

(**Tip**) 함수 $f(x)$의 x에 함수 $g(x)$를 대입하여 합성함수 $(f\circ g)(x)$의 식을 구한다.

$f(x)=\dfrac{x+2}{x-1}$, $g(x)=\dfrac{x+3}{2x-1}$에서

$$(f\circ g)(x)=f(g(x))=f\left(\dfrac{x+3}{2x-1}\right)$$

$$=\dfrac{\dfrac{x+3}{2x-1}+2}{\dfrac{x+3}{2x-1}-1}=\dfrac{\dfrac{x+3+2(2x-1)}{2x-1}}{\dfrac{x+3-(2x-1)}{2x-1}}$$

$$=\dfrac{\dfrac{5x+1}{2x-1}}{\dfrac{-x+4}{2x-1}}=\dfrac{5x+1}{-x+4}$$

이때 $(f\circ g)(a)=2$이므로 $\dfrac{5a+1}{-a+4}=2$, $5a+1=-2a+8$

$7a=7$ $\quad\therefore a=1$

| 다른 풀이 |

$(f\circ g)(a)=f(g(a))=\dfrac{g(a)+2}{g(a)-1}=2$에서 $g(a)+2=2g(a)-2$ $\quad\therefore g(a)=4$

즉, $\dfrac{a+3}{2a-1}=4$에서 $a+3=8a-4$, $-7a=-7$ $\quad\therefore a=1$

답 1

필수 공략

(1) 유리함수의 합성함수의 함숫값
 ➡ 번분수식의 계산을 이용하여 합성함수의 식을 구한다.
(2) f^n 꼴의 합성함수의 함숫값
 ➡ $f^2(x)$, $f^3(x)$, $f^4(x)$, …를 직접 구하여 합성함수의 규칙성을 찾는다.

• 정답 및 해설 130쪽

숫자 바꾼

유제 07-❶ 두 함수 $f(x)=\dfrac{3x+4}{x+3}$, $g(x)=\dfrac{x+6}{3x-4}$에 대하여 $(g\circ f)(a)=4$를 만족시키는 상수 a의 값을 구하시오.

유제 07-❷ 두 함수 $f(x)=\dfrac{x+1}{2x-3}$, $g(x)=\dfrac{-x+3}{3x+1}$에 대하여 $(g^{-1}\circ f)^{-1}(-1)$의 값을 구하시오.

유제 07-❸ 함수 $f(x)=\dfrac{x}{x-1}$에 대하여

$$f^1=f,\ f^{n+1}=f\circ f^n\ (n\text{은 자연수})$$

으로 정의할 때, $f^{99}(3)$의 값을 구하시오.

유리함수의 그래프와 직선의 위치 관계 

함수 $y=\dfrac{2x+3}{x+1}$의 그래프와 직선 $y=mx+m+2$가 만나지 않도록 하는 실수 m의 값의 범위를 구하시오.

풀이

(**Tip**) 주어진 유리함수의 그래프와 직선을 조건을 만족시키도록 직접 그려 본다.

$$y=\frac{2x+3}{x+1}=\frac{2(x+1)+1}{x+1}=\frac{1}{x+1}+2$$

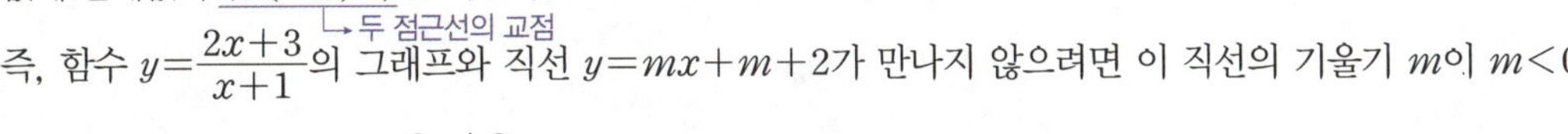

이므로 함수 $y=\dfrac{2x+3}{x+1}$의 그래프는 함수 $y=\dfrac{1}{x}$의 그래프를 x축의 방향으로 -1만큼, y축의 방향으로 2만큼 평행이동한 것이고, 이 함수의 그래프의 점근선의 방정식은 $x=-1$, $y=2$이다.

한편, $y=mx+m+2=m(x+1)+2$이므로 직선 $y=mx+m+2$는 m의 값에 관계없이 점 $(-1,\ 2)$를 지난다.
└─ 두 점근선의 교점

즉, 함수 $y=\dfrac{2x+3}{x+1}$의 그래프와 직선 $y=mx+m+2$가 만나지 않으려면 이 직선의 기울기 m이 $m<0$

이거나 이 직선이 함수 $y=\dfrac{2x+3}{x+1}$의 점근선 $y=2$와 일치, 즉 $m=0$이어야 한다.

따라서 구하는 실수 m의 값의 범위는 $m\leq0$이다.

| 다른 풀이 |

(ⅰ) $m=0$일 때

직선 $y=2$는 함수 $y=\dfrac{2x+3}{x+1}$의 그래프의 점근선이므로 만나지 않는다.

(ⅱ) $m\neq0$일 때

$\dfrac{2x+3}{x+1}=mx+m+2$에서 $2x+3=(mx+m+2)(x+1)$ $\quad\therefore\ mx^2+2mx+m-1=0$

위의 이차방정식의 판별식을 D라 하면 함수 $y=\dfrac{2x+3}{x+1}$의 그래프와 직선 $y=mx+m+2$가 만나지 않

아야 하므로 $\dfrac{D}{4}=m^2-m(m-1)<0$ $\quad\therefore\ m<0$

(ⅰ), (ⅱ)에서 $m\leq0$

답 $m\leq0$

필수 공략

유리함수의 그래프와 직선의 위치 관계

➡ 직선이 항상 지나는 점을 찾아 좌표평면 위에 나타낸 후 유리함수의 그래프와 직선의 위치 관계를 생각한다.

● 정답 및 해설 131쪽

유제 **08-❶** 함수 $y=\dfrac{3x+2}{x-1}$의 그래프와 직선 $y=mx+3$이 만나지 않도록 하는 실수 m의 값의 범위를 구하시오.

유제 **08-❷** 함수 $y=\dfrac{k}{x-2}+1$의 그래프와 직선 $y=x+5$가 만나도록 하는 정수 k의 최솟값을 구하시오. (단, $k\neq0$)

소단원 점검 문제

유리함수의 그래프

01 함수 $y=\dfrac{bx+2}{x+a}$의 정의역이 $\{x|x\neq-3$인 실수$\}$, 치역이 $\{y|y\neq1$인 실수$\}$일 때, 두 상수 a, b에 대하여 $a-b$의 값을 구하시오.

유리함수의 그래프의 평행이동

02 함수 $y=\dfrac{k}{x}$의 그래프를 x축의 방향으로 1만큼, y축의 방향으로 a만큼 평행이동하면 함수 $y=\dfrac{3x-4}{x+b}$의 그래프와 일치할 때, $a+b+k$의 값을 구하시오. (단, a, b, k는 상수이다.)

유리함수의 식 구하기

03 함수 $y=\dfrac{ax+b}{x+c}$의 그래프가 오른쪽 그림과 같을 때, 세 상수 a, b, c에 대하여 abc의 값은?

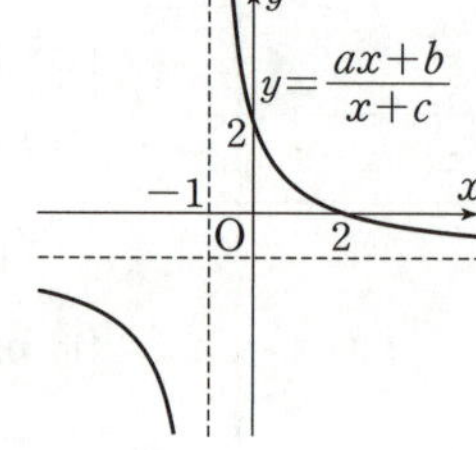

① -2 ② -1 ③ 1
④ 2 ⑤ 4

유리함수의 그래프의 대칭성

04 함수 $y=\dfrac{2x+5}{x+5}$의 그래프를 x축의 방향으로 a만큼, y축의 방향으로 b만큼 평행이동한 그래프가 점 $(-2, 3)$에 대하여 대칭일 때, $a+b$의 값을 구하시오.

유리함수의 최대·최소

05 두 상수 a, b에 대하여 정의역이 $\{x|2\leq x\leq a\}$인 함수 $y=\dfrac{3}{x-1}-2$의 치역이 $\{y|-1\leq y\leq b\}$일 때, $a+b$의 값은? (단, $a>2$, $b>-1$)

① 5 ② 6 ③ 7 ④ 8 ⑤ 9

유리함수의 역함수

06 함수 $f(x)=\dfrac{ax+b}{x-3}$에 대하여 함수 $y=f(x)$의 그래프가 점 $(-1, 2)$를 지나고 $f=f^{-1}$일 때, $a+b$의 값을 구하시오. (단, a, b는 상수이다.)

유리함수의 합성

07 함수 $f(x)=\dfrac{1}{1-x}$에 대하여
$$f^1=f, \quad f^{n+1}=f \circ f^n \ (n\text{은 자연수})$$
으로 정의할 때, $f^{50}(a)=2$를 만족시키는 상수 a의 값은?

① -1　　　② $-\dfrac{1}{2}$　　　③ 0　　　④ $\dfrac{1}{2}$　　　⑤ 2

유리함수의 그래프와 직선의 위치 관계

08 함수 $y=\dfrac{3x-3}{x-2}$의 그래프와 직선 $y=-2x+k$가 한 점에서 만나도록 하는 모든 상수 k의 값의 합은?

① 10　　　② 12　　　③ 14　　　④ 16　　　⑤ 18

유리함수의 그래프와 직선의 위치 관계

09 $1 \leq x \leq 7$에서 함수 $y=\dfrac{2x+10}{x+1}$의 그래프와 직선 $y=mx-1$이 만날 때, 실수 m의 최댓값과 최솟값의 곱을 구하시오.

01

$\dfrac{x^2+2}{x}-\dfrac{x^2+x+1}{x+1}-\dfrac{x^2-2x+2}{x-2}+\dfrac{x^2-3x+1}{x-3}$ 을 계산하시오.

02

$a-b+c=0$일 때, $a\left(\dfrac{1}{b}-\dfrac{1}{c}\right)+b\left(\dfrac{1}{a}+\dfrac{1}{c}\right)+c\left(\dfrac{1}{b}-\dfrac{1}{a}\right)$ 의 값은? (단, $abc\neq0$)

① -2 ② -1 ③ 1
④ 2 ⑤ 3

03 교육청

오른쪽 그림과 같이 함수

$f(x)=\dfrac{2x}{6x-9}$의 그래프 위의 점

중에서 제1사분면에 있는 점을 P, 제4사분면에 있는 점을 Q라 할 때, 점 P에서 x축, y축에 내린

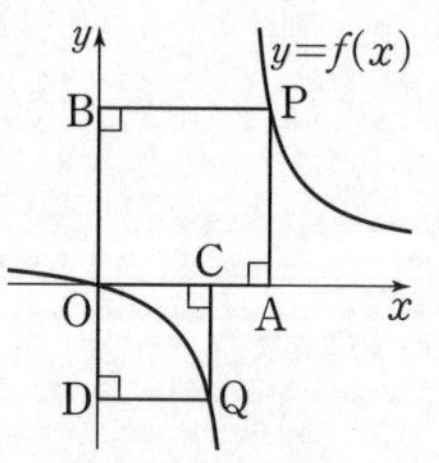

수선의 발을 각각 A, B라 하고, 점 Q에서 x축, y축에 내린 수선의 발을 각각 C, D라 하자. 두 사각형 OAPB, ODQC가 정사각형일 때, $\overline{\text{OP}}:\overline{\text{OQ}}=m:n$이다. $m+n$의 값을 구하시오.

(단, O는 원점이고, m, n은 서로소인 자연수이다.)

04

두 함수 $y=\dfrac{2x+3}{x-a}$, $y=\dfrac{ax-3}{x+2}$의 그래프의 점근선으로 둘러싸인 부분의 넓이가 12일 때, 상수 a의 값을 구하시오. (단, $a>2$)

05

함수 $y=\dfrac{2x+k-8}{x+1}$의 그래프가 제4사분면을 지나도록 하는 자연수 k의 개수는?

① 5 ② 7 ③ 9
④ 11 ⑤ 13

06 서술형

함수 $y=\dfrac{k}{x}$의 그래프를 x축의 방향으로 p만큼, y축의 방향으로 q만큼 평행이동한 그래프가 오른쪽 그림과 같을 때, $k+p+q$의 값을 구하시오.

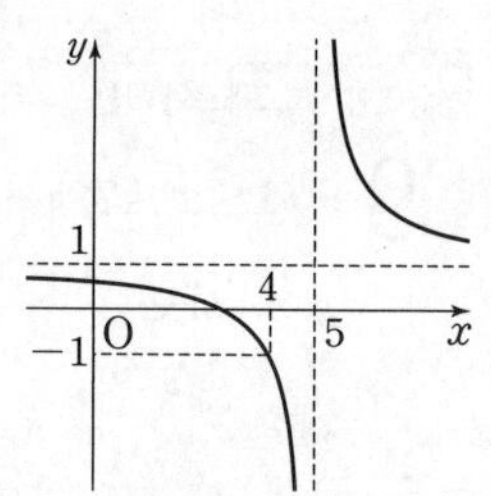

(단, k는 상수이다.)

07

함수 $f(x)=\dfrac{ax+4}{x-2}$에 대하여 함수 $y=f(x)$의 그래프가 x축, y축과 만나는 점을 각각 P, Q라 하고 함수 $y=f(x)$의 그래프의 두 점근선의 교점을 R라 하자. 삼각형 PQR의 넓이가 5일 때, 양수 a의 값을 구하시오.

08

함수 $y=\dfrac{4x-7}{x-2}$의 그래프 위의 서로 다른 두 점 P, Q에 대하여 두 점 P, Q의 y좌표를 각각 p, q라 하자. $pq+16<4p+4q$일 때, 선분 PQ의 길이의 최솟값을 구하시오.

09 교육청

오른쪽 그림과 같이 유리함수 $y=\dfrac{k}{x}$ $(k>0)$의 그래프가 직선 $y=-x+6$과 두 점 P, Q에서 만난다. 삼각형 OPQ의 넓이가 14일 때, 상수 k의 값은? (단, O는 원점이다.)

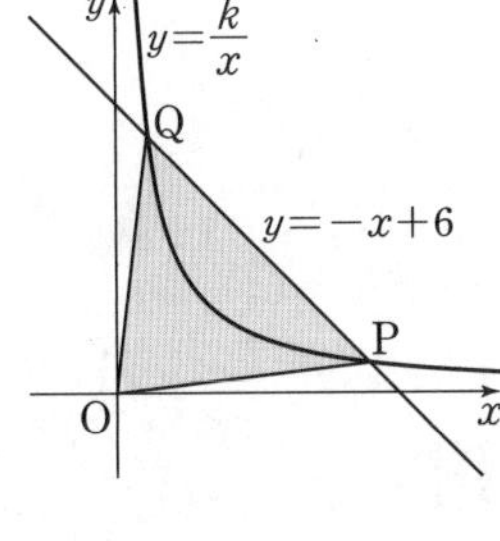

① $\dfrac{32}{9}$ ② $\dfrac{34}{9}$ ③ 4

④ $\dfrac{38}{9}$ ⑤ $\dfrac{40}{9}$

10 서술형

$3\le x\le 6$에서 두 함수 $f(x)=\dfrac{a}{x-2}-3$, $g(x)=-\dfrac{6}{x}+b$의 최댓값을 각각 M_1, M_2, 최솟값을 각각 m_1, m_2라 하자. $M_1=m_2$, $M_2+m_1=0$일 때, $a+b$의 값을 구하시오. (단, a, b는 상수이고, $a>0$이다.)

11

정의역이 $\{x\,|\,x\ge 1\}$인 함수 $y=\dfrac{2x+a}{x+1}$의 치역에 속하는 자연수의 개수가 5일 때, 모든 정수 a의 값의 합을 구하시오. (단, $a>2$)

12

함수 $f(x)=\dfrac{a}{x}+b$ $(a\ne 0)$가 다음 조건을 만족시킨다.

> (개) 곡선 $y=|f(x)|$는 직선 $y=3$과 한 점에서만 만난다.
> (내) $f^{-1}(3)=f(3)-1$

$f(6)$의 값은? (단, a, b는 상수이다.)

① $-\dfrac{1}{2}$ ② $-\dfrac{1}{4}$ ③ 1

④ $\dfrac{1}{4}$ ⑤ $\dfrac{1}{2}$

• 정답 및 해설 137쪽

13

함수 $f(x)=\dfrac{3x-a}{ax+1}$에 대하여 $(f \circ f)(3)=\dfrac{5}{3}$를 만족시키는 양수 a의 값을 구하시오.

14

두 집합

$$A=\left\{(x, y)\,\middle|\,y=\dfrac{5x+6}{x+2}\right\},$$
$$B=\{(x, y)\,|\,y=mx-2m+n, \ m, \ n\text{은 실수}\}$$

에 대하여 m의 값에 관계없이 $A \cap B \neq \varnothing$이 성립하도록 하는 n의 최댓값을 구하시오.

15

곡선 $f(x)=\dfrac{k}{x-a}+b \ (k \neq 0)$ 위에 있고 제1사분면에 있는 두 점 P, Q가 다음 조건을 만족시킨다.

> ㈎ 직선 PQ의 기울기는 -1이다.
> ㈏ 선분 PQ의 중점의 좌표는 $(3, 4)$이다.

두 점 $R(1+\sqrt{3}, \ 2+\sqrt{3})$, $S(1-\sqrt{3}, \ 2-\sqrt{3})$이 곡선 $y=f(x)$ 위의 점일 때, $f(0)$의 값을 구하시오.

(단, $k, \ a, \ b$는 상수이다.)

16 교육청

함수 $f(x)=\dfrac{a}{x-6}+b$에 대하여 함수 $y=\left|f(x+a)+\dfrac{a}{2}\right|$의 그래프가 y축에 대하여 대칭일 때, $f(b)$의 값은?

(단, $a, \ b$는 상수이고, $a \neq 0$이다.)

① $-\dfrac{25}{6}$ ② -4 ③ $-\dfrac{23}{6}$

④ $-\dfrac{11}{3}$ ⑤ $-\dfrac{7}{2}$

17

두 자연수 $m, \ n$에 대하여 $x \geq 0$에서 정의된 함수 $f(x)=\dfrac{mx+n}{x+2}$이 다음 조건을 만족시킬 때, 순서쌍 $(m, \ n)$의 개수를 구하시오.

> ㈎ 함수 $f(x)$의 최댓값을 M이라 하면 $M \leq 10$이다.
> ㈏ 곡선 $y=f(x)$ 위의 점 중에서 x좌표, y좌표가 모두 자연수인 점의 개수는 3이다.

18

함수 $y=\dfrac{2x-4}{x+3}$의 그래프와 직선 $y=-x+k$가 만나는 두 점 사이의 거리가 $4\sqrt{7}$일 때, 모든 상수 k의 값의 합을 구하시오.

Ⅲ-3

무리함수

 **무리식**

1 무리식

■ 무리식

근호($\sqrt{}$) 안에 문자가 포함되어 있는 식 중에서 유리식으로 나타낼 수 없는 식을 **무리식**이라 한다.

예 무리식: $\sqrt{x^2-1}$, $\dfrac{1}{\sqrt{x+1}+x}$, $\dfrac{\sqrt{x+2}}{\sqrt{x+1}}$, …

■ 무리식의 값이 실수가 되기 위한 조건

무리식의 값이 실수가 되려면 근호 안의 식의 값이 0 이상이어야 한다. 즉,

(근호 안의 식의 값)≥ 0, (분모)$\neq 0$

참고 무리식은 특별한 언급이 없어도 식의 값이 실수인 경우만 생각한다.

 설명

example

(1) $\sqrt{x-3}$이 실수가 되려면 $x-3\geq 0$ $\therefore x\geq 3$

(2) $\dfrac{2}{\sqrt{x-4}}$가 실수가 되려면 $x-4\geq 0$이고 $x-4\neq 0$ $\therefore x>4$

참고 (1) 무리식 $\sqrt{f(x)}$의 값이 실수 $\iff f(x)\geq 0$

(2) 무리식 $\dfrac{1}{\sqrt{f(x)}}$의 값이 실수 $\iff f(x)>0$

2 무리식의 계산

무리식의 계산은 무리수의 계산과 마찬가지로 제곱근의 성질이나 <u>분모의 유리화</u>를 이용한다.

(1) **제곱근의 성질**: 두 실수 a, b에 대하여

→ 분모에 근호가 포함된 수 또는 식의 분모, 분자에 적당한 수 또는 식을 곱하여 분모에 근호가 포함되지 않도록 변형하는 것

① $(\sqrt{a})^2=a$, $(-\sqrt{a})^2=a$ $(a\geq 0)$

② $\sqrt{a^2}=|a|=\begin{cases} a & (a\geq 0) \\ -a & (a<0) \end{cases}$

③ $\sqrt{a}\sqrt{b}=\sqrt{ab}$ $(a\geq 0, b\geq 0)$

④ $\dfrac{\sqrt{a}}{\sqrt{b}}=\sqrt{\dfrac{a}{b}}$ $(a\geq 0, b>0)$

(2) **분모의 유리화**: $a>0$, $b>0$일 때

$$\frac{c}{\sqrt{a}+\sqrt{b}}=\frac{c(\sqrt{a}-\sqrt{b})}{(\sqrt{a}+\sqrt{b})(\sqrt{a}-\sqrt{b})}=\frac{c(\sqrt{a}-\sqrt{b})}{a-b} \ (\text{단}, \ a\neq b)$$

→ 정답 및 해설 140쪽

 개념 확인

1 다음 식의 분모를 유리화하시오.

(1) $\dfrac{1}{\sqrt{x+2}-\sqrt{x}}$

(2) $\dfrac{2}{\sqrt{x}+\sqrt{y}}$

답 (1) $\dfrac{\sqrt{x+2}+\sqrt{x}}{2}$ (2) $\dfrac{2(\sqrt{x}-\sqrt{y})}{x-y}$

필수 예제
01

무리식의 값이 실수가 되기 위한 조건

무리식 $\sqrt{2x-7}+\sqrt{8-x}$ 의 값이 실수가 되도록 하는 정수 x의 개수를 구하시오.

풀이

(Tip) 무리식의 값이 실수가 되기 위한 조건을 이용하여 x에 대한 연립일차부등식을 세운다.

무리식 $\sqrt{2x-7}+\sqrt{8-x}$ 의 값이 실수가 되려면 (근호 안의 식의 값)≥ 0이어야 하므로

$\hookrightarrow \sqrt{2x-7},\ \sqrt{8-x}$가 모두 실수이어야 한다.

$2x-7\geq 0$에서 $x\geq \dfrac{7}{2}$ ······ ㉠

$8-x\geq 0$에서 $x\leq 8$ ······ ㉡

㉠, ㉡의 공통부분을 구하면

$\dfrac{7}{2}\leq x\leq 8$

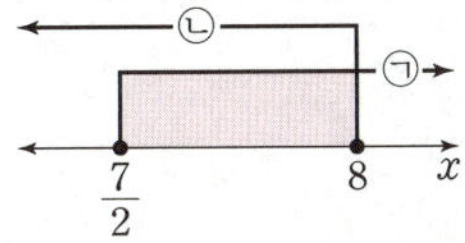

따라서 정수 x는 4, 5, 6, 7, 8의 5개이다.

답 5

필수 공략

(1) 무리식 $\sqrt{f(x)}$의 값이 실수가 되도록 하는 실수 x의 값의 범위

➡ 부등식 $f(x)\geq 0$의 해

(2) 무리식 $\dfrac{1}{\sqrt{f(x)}}$의 값이 실수가 되도록 하는 실수 x의 값의 범위

➡ 부등식 $f(x)>0$의 해

(3) 무리식 $\sqrt{f(x)}+\sqrt{g(x)}$의 값이 실수가 되도록 하는 실수 x의 값의 범위

➡ 연립부등식 $f(x)\geq 0,\ g(x)\geq 0$의 해

• 정답 및 해설 140쪽

숫자 바꾼

유제 **01-❶** 무리식 $\sqrt{x-4}+\sqrt{x+4}$ 의 값이 실수가 되도록 하는 정수 x의 최솟값을 구하시오.

유제 **01-❷** 무리식 $\dfrac{x+1}{\sqrt{x+3}}+\sqrt{6-2x}$ 의 값이 실수가 되도록 하는 실수 x의 값의 범위를 구하시오.

유제 **01-❸**

교육청

모든 실수 x에 대하여 $\sqrt{(k+1)x^2-(k+1)x+5}$ 의 값이 실수가 되게 하는 정수 k의 개수를 구하시오.

무리식의 계산

$(\sqrt{2x}+\sqrt{x+1})(\sqrt{2x}-\sqrt{x+1})$을 간단히 하시오.

풀이

(Tip) 곱셈 공식 $(A+B)(A-B)=A^2-B^2$을 이용한다.

$$(\sqrt{2x}+\sqrt{x+1})(\sqrt{2x}-\sqrt{x+1})=(\sqrt{2x})^2-(\sqrt{x+1})^2$$
$$=2x-(x+1)$$
$$=x-1$$

답 $x-1$

필수 공략   무리식의 계산

➡ 무리수의 계산과 마찬가지로 제곱근의 성질이나 분모의 유리화를 이용한다.

참고 분모의 유리화를 이용하여 무리식을 계산할 때

분모가 $\sqrt{f(x)}+\sqrt{g(x)}$ 꼴이면 $\sqrt{f(x)}-\sqrt{g(x)}$ 를 분모, 분자에 각각 곱하고,

분모가 $\sqrt{f(x)}-\sqrt{g(x)}$ 꼴이면 $\sqrt{f(x)}+\sqrt{g(x)}$ 를 분모, 분자에 각각 곱한다.

• 정답 및 해설 140쪽

숫자 바꾼

유제 **02-❶** $\dfrac{\sqrt{x}}{\sqrt{x+3}+\sqrt{x-1}}\times\dfrac{\sqrt{x}}{\sqrt{x+3}-\sqrt{x-1}}$ 를 간단히 하시오.

유제 **02-❷** $x=\sqrt{5}$일 때, $\dfrac{\sqrt{x+1}+\sqrt{x-1}}{\sqrt{x+1}-\sqrt{x-1}}$ 의 값을 구하시오.

유제 **02-❸** $x=2+\sqrt{3}$, $y=2-\sqrt{3}$일 때, $\dfrac{\sqrt{x}-\sqrt{y}}{\sqrt{x}+\sqrt{y}}$ 의 값을 구하시오.

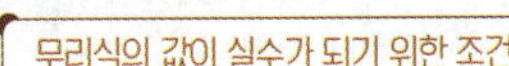 소단원 **점검 문제**

• 정답 및 해설 141쪽

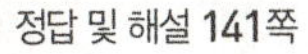

무리식의 값이 실수가 되기 위한 조건

01 무리식 $\sqrt{x^2-5x-6}+\dfrac{x^2+3}{\sqrt{13-x}}$ 의 값이 실수가 되도록 하는 자연수 x의 개수는?

① 5 　　② 6 　　③ 7 　　④ 8 　　⑤ 9

무리식의 계산

02 $\dfrac{\sqrt{x+1}}{\sqrt{2x+1}-\sqrt{x+1}}-\dfrac{\sqrt{x+1}}{\sqrt{2x+1}+\sqrt{x+1}}$ 을 간단히 하시오.

무리식의 계산

03 $x=\dfrac{1}{\sqrt{2}-1}$ 일 때, $\dfrac{\sqrt{x}+1}{x-\sqrt{x}}-\dfrac{\sqrt{x}-1}{x+\sqrt{x}}$ 의 값은?

① $\dfrac{\sqrt{2}}{2}$ 　　② 1 　　③ $\sqrt{2}$ 　　④ 2 　　⑤ $2\sqrt{2}$

무리식의 계산

04 $x=\dfrac{7+\sqrt{13}}{2}$, $y=\dfrac{7-\sqrt{13}}{2}$ 일 때, $\sqrt{x}-\sqrt{y}$ 의 값을 구하시오.

Ⅲ-3

무리함수

 무리함수

1 무리함수

❶ 무리함수

함수 $y=f(x)$에서 $f(x)$가 x에 대한 무리식일 때, 이 함수를 무리함수라 한다.

(예) 무리함수: $y=\sqrt{x}$, $y=\sqrt{x+2}$, $y=\dfrac{1}{\sqrt{2x+1}}$, $\cdots$

　　유리함수: $y=x$, $y=x+\sqrt{2}$, $y=\dfrac{1}{2x+1}$, $\cdots$

❷ 무리함수의 정의역

무리함수에서 정의역이 주어져 있지 않은 경우에는

　　(근호 안의 식의 값)≥ 0

이 되도록 하는 실수 전체의 집합을 정의역으로 한다.

> 참고 근호 안의 식의 값이 0 이상인 경우만 생각하므로 무리함수의 정의역은 근호 안의 식의 값이 0 이상이 되도록 하는 실수 전체의 집합이다.

 설명

example 다음 무리함수의 정의역을 구해 보자.

(1) $y=\sqrt{2x}$

　무리함수 $y=\sqrt{2x}$의 정의역은

　$2x\geq 0$에서 $\{x\,|\,x\geq 0\}$

(2) $y=\sqrt{1-x}$

　무리함수 $y=\sqrt{1-x}$의 정의역은

　$1-x\geq 0$에서 $\{x\,|\,x\leq 1\}$

2 무리함수 $y=\pm\sqrt{ax}\ (a\neq 0)$의 그래프

❶ 무리함수 $y=\sqrt{ax}\ (a\neq 0)$의 그래프

(1) $a>0$일 때, 정의역은 $\{x\,|\,x\geq 0\}$, 치역은 $\{y\,|\,y\geq 0\}$이고,
$a<0$일 때, 정의역은 $\{x\,|\,x\leq 0\}$, 치역은 $\{y\,|\,y\geq 0\}$이다.

(2) 함수 $y=\dfrac{x^2}{a}\ (x\geq 0)$의 그래프와 직선 $y=x$에 대하여 대칭이다.

(3) a의 절댓값이 커질수록 그래프는 x축에서 멀어진다.

 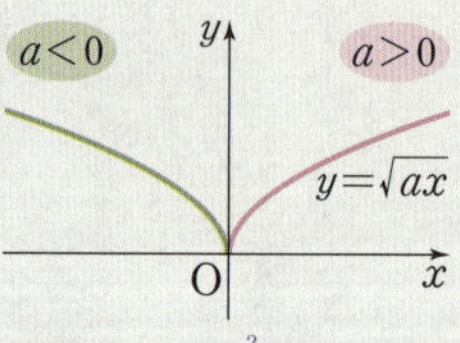

무리함수 $y=\sqrt{ax}$의 역함수는 $y=\dfrac{x^2}{a}\ (x\geq 0)$이다.

❷ 무리함수 $y=-\sqrt{ax}\ (a\neq 0)$의 그래프

(1) $a>0$일 때, 정의역은 $\{x\,|\,x\geq 0\}$, 치역은 $\{y\,|\,y\leq 0\}$이고,
$a<0$일 때, 정의역은 $\{x\,|\,x\leq 0\}$, 치역은 $\{y\,|\,y\leq 0\}$이다.

(2) 함수 $y=\dfrac{x^2}{a}\ (x\leq 0)$의 그래프와 직선 $y=x$에 대하여 대칭이다.

(3) 무리함수 $y=\sqrt{ax}$의 그래프와 x축에 대하여 대칭이다.

> 참고 무리함수 $y=-\sqrt{ax}$, $y=\sqrt{-ax}$, $y=-\sqrt{-ax}$의 그래프는 함수 $y=\sqrt{ax}$의 그래프를 각각 x축, y축, 원점에 대하여 대칭이동한 것과 같다.

무리함수 $y=\sqrt{ax}\ (a\neq0)$의 그래프

> 무리함수 $y=\sqrt{x}$는 정의역 $\{x\,|\,x\geq0\}$에서 치역 $\{y\,|\,y\geq0\}$으로의 일대일대응이므로 역함수가 존재한다.

역함수의 그래프를 이용하여 무리함수 $y=\sqrt{x}$의 그래프를 그려 보자.

무리함수 $y=\sqrt{x}$의 역함수를 구하기 위하여 $y=\sqrt{x}$에서 x를 y에 대한 식으로 나타내면

$$x=y^2\ (y\geq0)$$

x와 y를 서로 바꾸면

> 원래 함수의 치역이 역함수의 정의역이 된다.

$$y=x^2\ (x\geq0)$$

즉, 무리함수 $y=\sqrt{x}$의 역함수는 $y=x^2\ (x\geq0)$이므로

무리함수 $y=\sqrt{x}$의 그래프는 오른쪽 그림과 같이 함수 $y=x^2\ (x\geq0)$의 그래프를

직선 $y=x$에 대하여 대칭이동한 것과 같다.

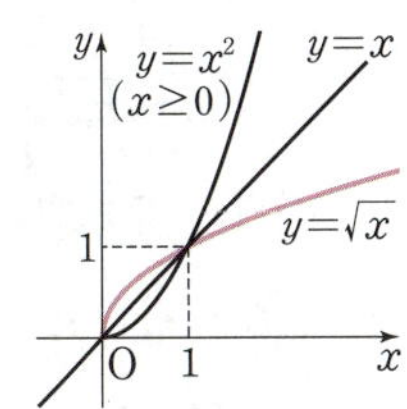

같은 방법으로 무리함수 $y=\sqrt{ax}\ (a\neq0)$의 역함수는 $y=\dfrac{x^2}{a}\ (x\geq0)$이므로 무리함수 $y=\sqrt{ax}$의 그래프는

그 역함수 $y=\dfrac{x^2}{a}\ (x\geq0)$의 그래프와 직선 $y=x$에 대하여 대칭임을 이용하여 그릴 수 있다.

> 이차함수에서 x^2의 계수의 절댓값은 그래프의 폭을 결정한다.

한편, $|a|$, 즉 a의 절댓값이 커질수록 $\dfrac{1}{|a|}$의 값은 작아지고, 함수 $y=\dfrac{x^2}{a}\ (x\geq0)$의 그래프는 y축에서

멀어진다.

즉, 오른쪽 그림과 같이 무리함수 $y=\sqrt{ax}$의 그래프는 $|a|$의 값이

커질수록 x축에서 멀어진다.

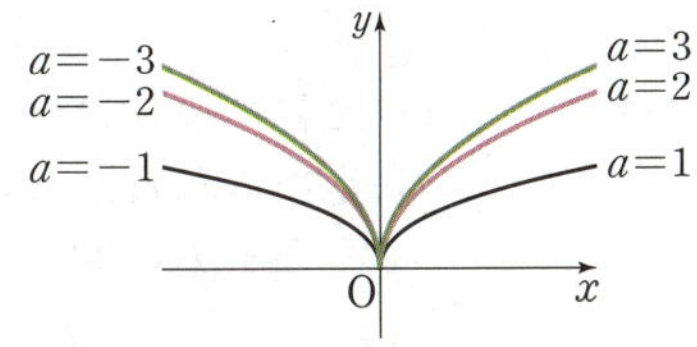

이때 a의 부호에 따라 정의역은 바뀌지만 치역은 $\{y\,|\,y\geq0\}$으로

일정하다.

따라서 무리함수 $y=\sqrt{ax}\ (a\neq0)$의 그래프는 $|a|$의 값에 따라

그 모양이 달라지고, a의 부호에 따라 그래프가 위치하는 사분면이 달라짐을 알 수 있다.

---

③ 무리함수 $y=\sqrt{a(x-p)}+q\ (a\neq0)$의 그래프

(1) 무리함수 $y=\sqrt{ax}$의 그래프를 x축의 방향으로 p만큼, y축의 방향으로 q만큼 평행이동한 것이다.

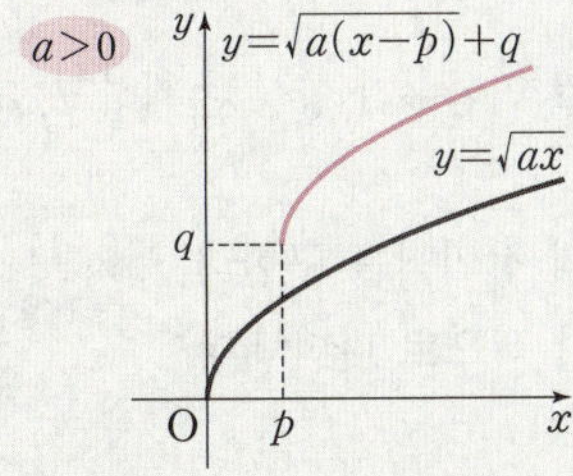

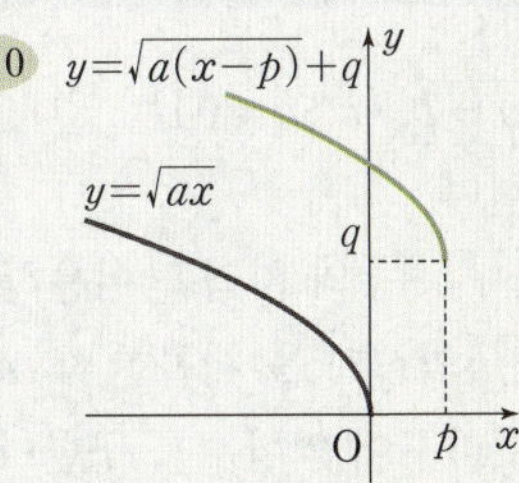

(2) $a>0$일 때, 정의역은 $\{x\,|\,x\geq p\}$, 치역은 $\{y\,|\,y\geq q\}$이고,

$a<0$일 때, 정의역은 $\{x\,|\,x\leq p\}$, 치역은 $\{y\,|\,y\geq q\}$이다.

▶ 정답 및 해설 141쪽

1 함수 $y=\sqrt{2x}$의 그래프를 다음과 같이 평행이동한 그래프의 식을 구하시오.

(1) x축의 방향으로 2만큼, y축의 방향으로 -1만큼 평행이동

(2) x축의 방향으로 -1만큼, y축의 방향으로 3만큼 평행이동

답 (1) $y=\sqrt{2(x-2)}-1$ (2) $y=\sqrt{2(x+1)}+3$

(1) 무리함수 $y=\sqrt{ax+b}+c\ (a\neq0)$의 그래프는 $y=\sqrt{a(x-p)}+q$ 꼴로 변형하여 그린다.

이때

$$y=\sqrt{ax+b}+c=\sqrt{a\left(x+\dfrac{b}{a}\right)}+c$$

이므로 무리함수 $y=\sqrt{ax+b}+c$의 그래프는 함수 $y=\sqrt{ax}$의 그래프를

x축의 방향으로 $-\dfrac{b}{a}$만큼, y축의 방향으로 c만큼 평행이동한 것이다.

(2) $a>0$일 때, 정의역은 $\left\{x\,\middle|\,x\geq-\dfrac{b}{a}\right\}$, 치역은 $\{y\,|\,y\geq c\}$이고,

$a<0$일 때, 정의역은 $\left\{x\,\middle|\,x\leq-\dfrac{b}{a}\right\}$, 치역은 $\{y\,|\,y\geq c\}$이다.

example

무리함수 $y=\sqrt{3x-6}-4$의 그래프를 그려 보자.

무리함수 $y=\sqrt{3x-6}-4$의 그래프는

$$y=\sqrt{3x-6}-4=\sqrt{3(x-2)}-4$$

이므로 함수 $y=\sqrt{3x}$의 그래프를

x축의 방향으로 2만큼, y축의 방향으로 -4만큼 평행이동한 것이다.

즉, 무리함수 $y=\sqrt{3x-6}-4$의 그래프는 오른쪽 그림과 같다.

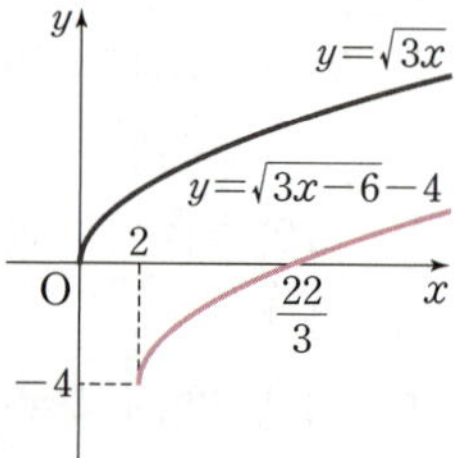

무리함수 $y=\sqrt{ax+b}+c\ (a\neq0)$는 일대일대응이므로 역함수가 항상 존재하고, 그 역함수는 다음과 같은 순서로 구한다.

❶ 함수 $y=\sqrt{ax+b}+c$의 치역을 이용하여 역함수의 정의역을 구한다. ← 역함수의 정의역은 원래 함수의 치역이다.

❷ $y-c=\sqrt{ax+b}$의 양변을 제곱한 후 x를 y에 대한 식으로 나타낸다.

❸ x와 y를 서로 바꾸어 역함수를 구한다.

주의 무리함수의 역함수를 구할 때는 정의역에 주의한다.

example

무리함수 $y=\sqrt{x-4}+1$의 역함수를 구해 보자.

무리함수 $y=\sqrt{x-4}+1$의 치역이 $\{y\,|\,y\geq1\}$이므로 역함수의 정의역은 $\{x\,|\,x\geq1\}$이다.

$y=\sqrt{x-4}+1$에서

$$y-1=\sqrt{x-4}$$
$$(y-1)^2=x-4$$
$$\therefore\ x=(y-1)^2+4$$

x와 y를 서로 바꾸면 구하는 역함수는

$$y=(x-1)^2+4\ (x\geq1)$$

집중 연습 • 무리함수

무리함수 $y=\sqrt{a(x-p)}+q\ (a\neq0)$의 그래프

01 다음 함수의 그래프를 그리시오.

(1) $y=\sqrt{x-4}+3$

(2) $y=\sqrt{-(x+2)}-1$

(3) $y=-\sqrt{3(x-1)}-5$

(4) $y=-\sqrt{-2(x+3)}+2$

무리함수 $y=\sqrt{ax+b}+c\ (a\neq0)$의 그래프

02 다음 함수의 그래프를 그리시오.

(1) $y=\sqrt{2x+6}+1$

(2) $y=\sqrt{2-x}-3$

(3) $y=-\sqrt{5x+1}-1$

(4) $y=-\sqrt{3-3x}+2$

무리함수의 그래프

다음 함수의 그래프를 그리고, 정의역과 치역을 각각 구하시오.

(1) $y=-\sqrt{3(x+1)}-2$ (2) $y=\sqrt{9-3x}-3$

풀이

(Tip) 먼저 주어진 함수의 식을 $y=\sqrt{a(x-p)}+q$ 꼴로 변형한다.

(1) 함수 $y=-\sqrt{3(x+1)}-2$의 그래프는 함수 $y=-\sqrt{3x}$의 그래프를
x축의 방향으로 -1만큼, y축의 방향으로 -2만큼 평행이동한 것이다.
따라서 함수 $y=-\sqrt{3(x+1)}-2$의 그래프는 오른쪽 그림과 같고,
정의역은 $\{x|x\geq-1\}$, 치역은 $\{y|y\leq-2\}$이다.

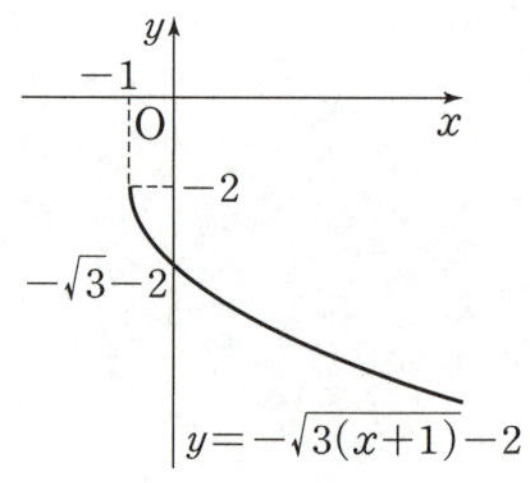

(2) $y=\sqrt{9-3x}-3=\sqrt{-3(x-3)}-3$
이므로 주어진 함수의 그래프는 함수 $y=\sqrt{-3x}$의 그래프를
x축의 방향으로 3만큼, y축의 방향으로 -3만큼 평행이동한 것이다.
따라서 함수 $y=\sqrt{9-3x}-3$의 그래프는 오른쪽 그림과 같고,
정의역은 $\{x|x\leq3\}$, 치역은 $\{y|y\geq-3\}$이다.

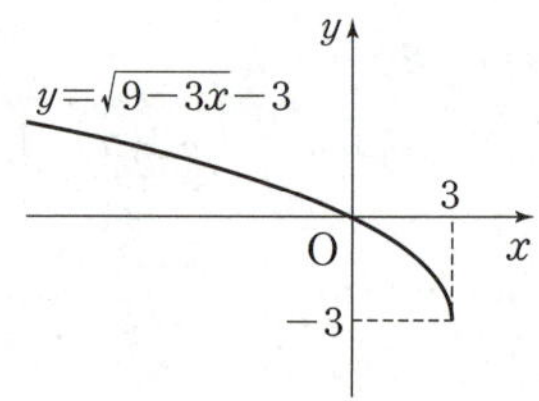

답 풀이 참조

필수 공략

무리함수 $y=\pm\sqrt{ax+b}+c\ (a\neq0)$의 그래프는 다음과 같은 순서로 그린다.
❶ $y=\pm\sqrt{a(x-p)}+q$ 꼴로 변형한다.
❷ 함수 $y=\pm\sqrt{ax}$의 그래프를 x축의 방향으로 p만큼, y축의 방향으로 q만큼 평행이동한다.

참고 (1) 무리함수 $y=\sqrt{a(x-p)}+q$의 그래프
점 $(p,\ q)$를 그래프가 시작하는 점으로 생각하고,
$a>0$이면 오른쪽 위로 볼록하게($\diagup$), $a<0$이면 왼쪽 위로 볼록하게($\diagdown$) 그린다.
(2) 무리함수 $y=-\sqrt{a(x-p)}+q$의 그래프
점 $(p,\ q)$를 그래프가 시작하는 점으로 생각하고,
$a>0$이면 오른쪽 아래로 볼록하게($\diagdown$), $a<0$이면 왼쪽 아래로 볼록하게($\diagup$) 그린다.

• 정답 및 해설 **142**쪽

숫자 바꾼

유제 **01-❶** 다음 함수의 그래프를 그리고, 정의역과 치역을 각각 구하시오.

(1) $y=-\sqrt{-(x+4)}-5$ (2) $y=-\sqrt{2x-2}+2$

유제 **01-❷** 두 함수 $y=\sqrt{2x+4}-3$, $y=\sqrt{3x+6}-3$의 그래프를 하나의 좌표평면에 그리고, 각각의 함수의 정의역과 치역을 구하시오.

무리함수의 그래프의 평행이동과 대칭이동

함수 $y=\sqrt{2x+2}-4$의 그래프를 x축의 방향으로 a만큼, y축의 방향으로 b만큼 평행이동하였더니 함수 $y=\sqrt{2x-4}+1$의 그래프와 일치하였다. a, b의 값을 각각 구하시오.

풀이

(Tip) 함수 $y=\sqrt{2x+2}-4$의 그래프를 x축의 방향으로 a만큼, y축의 방향으로 b만큼 평행이동한 그래프의 식을 두 실수 a, b를 이용하여 나타낸다.

함수 $y=\sqrt{2x+2}-4$의 그래프를 x축의 방향으로 a만큼, y축의 방향으로 b만큼 평행이동하면

$y-b=\sqrt{2(x-a)+2}-4$ $\qquad$ $\therefore$ $y=\sqrt{2x-2a+2}+b-4$ $\qquad$ $\llcorner$ x 대신 $x-a$를, y 대신 $y-b$를 대입

즉, $\sqrt{2x-2a+2}+b-4=\sqrt{2x-4}+1$이므로

$-2a+2=-4,\ b-4=1$

$\therefore\ a=3,\ b=5$

답 $a=3,\ b=5$

필수 공략

(1) 무리함수 $y=\sqrt{ax}\ (a\neq0)$의 그래프를 x축의 방향으로 p만큼, y축의 방향으로 q만큼 평행이동한 그래프의 식은 x 대신 $x-p$를, y 대신 $y-q$를 대입한다.

➡ $y=\sqrt{a(x-p)}+q$

(2) 방정식 $f(x,\ y)=0$이 나타내는 도형을
① x축에 대한 대칭이동: $f(x,\ y)=0 \longrightarrow f(x,\ -y)=0$
② y축에 대한 대칭이동: $f(x,\ y)=0 \longrightarrow f(-x,\ y)=0$
③ 원점에 대한 대칭이동: $f(x,\ y)=0 \longrightarrow f(-x,\ -y)=0$
④ 직선 $y=x$에 대한 대칭이동: $f(x,\ y)=0 \longrightarrow f(y,\ x)=0$

• 정답 및 해설 142쪽

숫자 바꾼

유제 02-❶ 함수 $y=\sqrt{ax+6}+b$의 그래프를 x축의 방향으로 -3만큼, y축의 방향으로 5만큼 평행이동하였더니 함수 $y=\sqrt{ax}$의 그래프와 일치하였다. ab의 값을 구하시오. (단, a, b는 상수이다.)

유제 02-❷ 함수 $y=\sqrt{4x}$의 그래프를 x축의 방향으로 4만큼, y축의 방향으로 -3만큼 평행이동한 후 원점에 대하여 대칭이동하면 함수 $y=-\sqrt{ax+b}+c$의 그래프와 일치한다. $a-b+c$의 값을 구하시오.

(단, a, b, c는 상수이다.)

유제 02-❸ |보기|의 함수 중 그 그래프가 함수 $y=-\sqrt{x}$의 그래프를 평행이동 또는 대칭이동하여 겹쳐지는 것을 모두 고르시오.

|보기|

ㄱ. $y=-\sqrt{x+2}$ $\qquad\qquad\qquad$ ㄴ. $y=\sqrt{2x}$

ㄷ. $y=\sqrt{2-x}+2$ $\qquad\qquad\qquad$ ㄹ. $y=-\sqrt{-x}-2$

무리함수의 식 구하기

함수 $y=\sqrt{ax+b}+c$의 그래프가 오른쪽 그림과 같을 때, 세 상수 a, b, c의 값을 각각 구하시오.

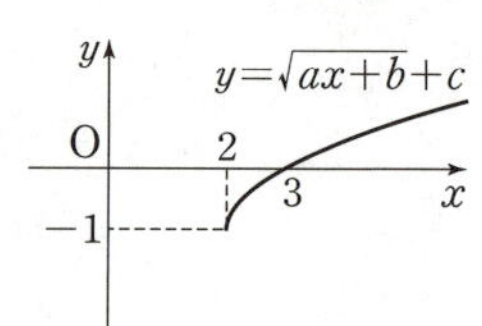

풀이

(Tip) 주어진 함수의 그래프가 시작하는 점의 좌표를 $(2, -1)$로 생각하고 함수의 식을 세운다.

주어진 함수의 그래프는 함수 $y=\sqrt{ax}\ (a>0)$의 그래프를 ┌ 주어진 함수의 정의역이 $\{x\,|\,x\geq2\}$ 이므로 $a>0$임을 알 수 있다.
x축의 방향으로 2만큼, y축의 방향으로 -1만큼 평행이동한 것이므로

$$y=\sqrt{a(x-2)}-1\ (a>0)$$

이라 하면 그 그래프가 점 $(3, 0)$을 지나므로

$$0=\sqrt{a(3-2)}-1,\ \sqrt{a}=1 \qquad \therefore\ a=1$$

따라서 $y=\sqrt{x-2}-1$이므로

$$b=-2,\ c=-1$$

답 $a=1,\ b=-2,\ c=-1$

필수 공략

그래프가 주어진 무리함수의 식은 다음과 같은 순서로 구한다.
❶ 그래프가 시작하는 점 P를 기준으로 함수의 식을 $y=\sqrt{a(x-p)}+q\ (a\neq0)$ 꼴로 놓는다.
❷ ❶의 식에 그래프가 지나는 점 Q의 좌표를 대입하여 상수 a의 값을 구한다.
❸ ❶의 식에 ❷의 결과를 대입하여 정리한다.

• 정답 및 해설 143쪽

숫자 바꾼

유제 03-❶ 함수 $y=\sqrt{ax+b}+c$의 그래프가 오른쪽 그림과 같을 때, 세 상수 a, b, c에 대하여 $a+b+c$의 값을 구하시오.

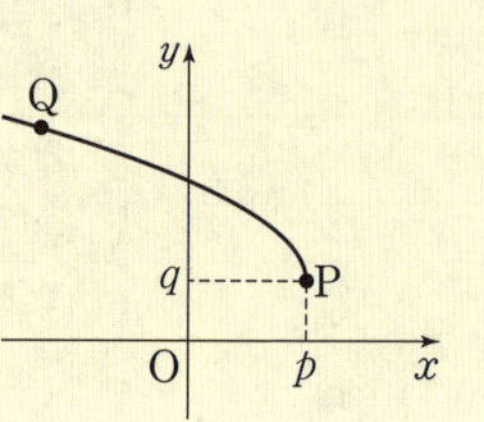

유제 03-❷ 함수 $y=-\sqrt{2x}$의 그래프를 x축의 방향으로 p만큼, y축의 방향으로 q만큼 평행이동한 그래프가 오른쪽 그림과 같을 때, $p+q$의 값을 구하시오.

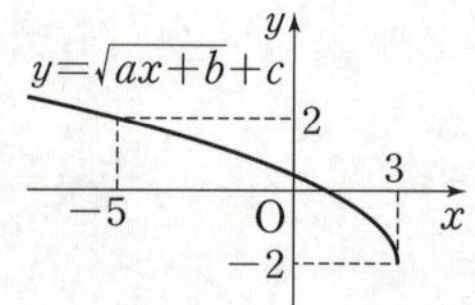

유제 03-❸ 함수 $y=-\sqrt{ax+5}+b$에 대하여 함수 $y=f(x)$의 그래프가 오른쪽 그림과 같을 때, 함수 $y=f(x)$의 그래프와 x축이 만나는 점의 좌표를 구하시오.

(단, a, b는 상수이다.)

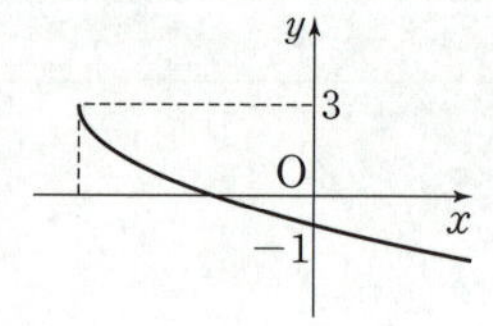

무리함수의 최대·최소

$-1 \le x \le 2$에서 함수 $y=\sqrt{4x+8}+1$의 최댓값과 최솟값을 각각 구하시오.

풀이

(Tip) 주어진 함수의 식을 $y=\sqrt{a(x-p)}+q$ 꼴로 변형하여 주어진 x의 값의 범위에서 그래프를 그려 본다.

$y=\sqrt{4x+8}+1=\sqrt{4(x+2)}+1$

이므로 주어진 함수의 그래프는 함수 $y=\sqrt{4x}$의 그래프를

x축의 방향으로 -2만큼, y축의 방향으로 1만큼 평행이동한 것이다.

즉, $-1 \le x \le 2$에서 함수 $y=\sqrt{4x+8}+1$의 그래프는 오른쪽 그림과

같으므로

$x=2$일 때 최댓값 $\sqrt{4\times2+8}+1=5$,

$x=-1$일 때 최솟값 $\sqrt{4\times(-1)+8}+1=3$

을 갖는다.

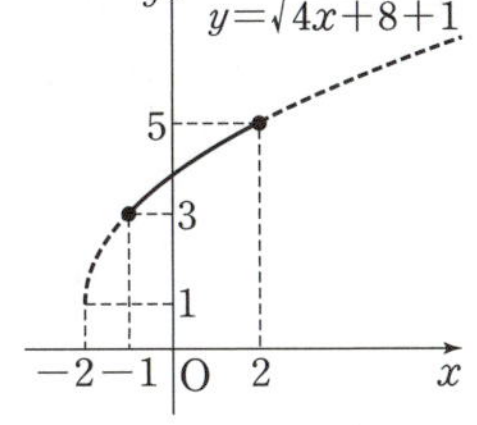

답 최댓값: 5, 최솟값: 3

필수 공략 x의 값의 범위가 주어진 무리함수의 최댓값과 최솟값을 구할 때
➡ 무리함수의 그래프를 그린 후 주어진 x의 값의 범위의 양 끝 값을 구한다.

참고 $p \le x \le q$에서 함수 $f(x)=\sqrt{ax+b}+c$의 최대·최소
$a>0$일 때, 최댓값은 $f(q)$, 최솟값은 $f(p)$이고,
$a<0$일 때, 최댓값은 $f(p)$, 최솟값은 $f(q)$이다.

• 정답 및 해설 143쪽

숫자 바꾼

유제 **04-❶** $-8 \le x \le 1$에서 함수 $y=-\sqrt{12-3x}-2$의 최댓값을 a, 최솟값을 b라 할 때, $a-b$의 값을 구하시오.

유제 **04-❷**
교육청 $-5 \le x \le -1$에서 함수 $f(x)=\sqrt{-ax+1}\ (a>0)$의 최댓값이 4가 되도록 하는 상수 a의 값을 구하시오.

유제 **04-❸** $0 \le x \le 6$에서 함수 $y=-\sqrt{2x+a}-3$의 최댓값이 b, 최솟값이 -7일 때, $a+b$의 값을 구하시오.
(단, a는 상수이다.)

무리함수의 역함수

함수 $f(x)=\sqrt{2x-1}+a$의 역함수 $f^{-1}(x)$에 대하여 $f^{-1}(4)=5$일 때, $f^{-1}(x)$를 구하시오.

(단, a는 상수이다.)

풀이

(Tip) $f^{-1}(4)=5$에서 $f(5)=4$임을 이용하여 상수 a의 값을 먼저 구한다.

$f^{-1}(4)=5$에서 $f(5)=4$이므로 → $f(a)=b \Longleftrightarrow f^{-1}(b)=a$

$4=\sqrt{2\times5-1}+a$, $a+3=4$ $\therefore a=1$

함수 $f(x)=\sqrt{2x-1}+1$의 치역이 $\{y|y\geq1\}$이므로 역함수 $f^{-1}(x)$의 정의역은 $\{x|x\geq1\}$이다.

$y=\sqrt{2x-1}+1$이라 하면

$y-1=\sqrt{2x-1}$, $(y-1)^2=2x-1$

$\therefore x=\dfrac{(y-1)^2}{2}+\dfrac{1}{2}$

x와 y를 서로 바꾸면

$y=\dfrac{(x-1)^2}{2}+\dfrac{1}{2}$

$\therefore f^{-1}(x)=\dfrac{(x-1)^2}{2}+\dfrac{1}{2}\ (x\geq1)$

└→ 정의역에 주의한다.

답 $f^{-1}(x)=\dfrac{(x-1)^2}{2}+\dfrac{1}{2}\ (x\geq1)$

필수 공략

무리함수 $y=f(x)$의 역함수는 다음과 같은 순서로 구한다.
❶ 원래 함수의 치역을 이용하여 역함수의 정의역을 구한다.
❷ $y=f(x)$에서 x를 y에 대한 식, 즉 $x=f^{-1}(y)$ 꼴로 나타낸다.
❸ $x=f^{-1}(y)$에서 x와 y를 서로 바꾸어 역함수 $y=f^{-1}(x)$를 구한다.

• 정답 및 해설 144쪽

숫자 바꾼

유제 **05-❶** 함수 $f(x)=-\sqrt{ax+3}+4$의 역함수 $f^{-1}(x)$에 대하여 $f^{-1}(2)=-1$일 때, $f^{-1}(x)$를 구하시오.

(단, $a\neq0$)

유제 **05-❷**
교육청
함수 $y=\sqrt{ax+b}$의 역함수의 그래프가 두 점 $(2, 0)$, $(5, 7)$을 지날 때, $a+b$의 값을 구하시오.

(단, a, b는 상수이다.)

유제 **05-❸** 함수 $y=\sqrt{x+a}+b$의 역함수를 $g(x)$라 할 때, 함수 $g(x)$는 $x=3$에서 최솟값 -1을 갖는다. 두 상수 a, b에 대하여 $a+b$의 값을 구하시오.

무리함수의 그래프와 그 역함수의 그래프의 교점

함수 $y=\sqrt{x-2}+4$의 그래프와 그 역함수의 그래프의 교점의 좌표를 구하시오.

풀이

(**Tip**) 함수의 그래프와 그 역함수의 그래프는 직선 $y=x$에 대하여 대칭임을 이용하여 주어진 함수의 그래프와 그 역함수의 그래프를 그려 본다.

함수 $y=\sqrt{x-2}+4$의 그래프와 그 역함수의 그래프는 직선 $y=x$에 대하여 대칭이므로 오른쪽 그림과 같다. → 그림에서 교점이 1개임을 알 수 있다.

즉, 함수 $y=\sqrt{x-2}+4$의 그래프와 그 역함수의 그래프의 교점은 함수 $y=\sqrt{x-2}+4$의 그래프와 직선 $y=x$의 교점과 같으므로

$\sqrt{x-2}+4=x$에서 $\sqrt{x-2}=x-4$

$x-2=(x-4)^2$, $x^2-9x+18=0$

$(x-3)(x-6)=0$ ∴ $x=3$ 또는 $x=6$

그런데 함수 $y=\sqrt{x-2}+4$의 치역이 $\{y\,|\,y\geq4\}$이므로 역함수의 정의역은 $\{x\,|\,x\geq4\}$이다.

이때 $x=3$은 역함수의 정의역에 속하지 않으므로

$x=6$

따라서 구하는 교점의 좌표는 $(6,\,6)$이다.

답 $(6,\,6)$

필수 공략

무리함수 $y=f(x)$의 그래프와 그 역함수 $y=f^{-1}(x)$의 그래프의 교점
➡ 무리함수 $y=f(x)$의 그래프와 직선 $y=x$의 교점을 이용하여 구한다.

주의 구한 교점이 주어진 함수의 그래프와 직선 $y=x$의 교점과 일치하는지, 함수와 그 역함수의 정의역을 만족시키는지 반드시 확인해야 한다.

● 정답 및 해설 144쪽

숫자 바꾼

유제 **06-❶** 함수 $y=-\sqrt{-2x+1}-1$의 그래프와 그 역함수의 그래프의 교점의 좌표를 $(a,\,b)$라 할 때, $a+b$의 값을 구하시오.

유제 **06-❷** **교육청** 오른쪽 그림은 함수 $f(x)=\sqrt{x+a}+b$의 그래프이다. 함수 $y=f(x)$의 그래프와 그 역함수 $y=f^{-1}(x)$의 그래프의 교점이 $(p,\,q)$일 때, $p+q$의 값은?

(단, $a,\,b$는 상수이다.)

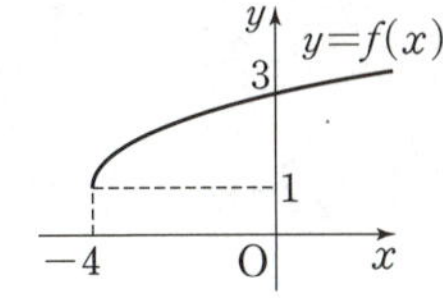

① $3+\sqrt{15}$ ② $3+3\sqrt{2}$ ③ $3+\sqrt{21}$
④ $3+2\sqrt{6}$ ⑤ $3+3\sqrt{3}$

유제 **06-❸** 함수 $y=\sqrt{3x-5}+1$의 그래프와 그 역함수의 그래프가 서로 다른 두 점 P, Q에서 만날 때, 선분 PQ의 길이를 구하시오.

무리함수의 그래프와 직선의 위치 관계

함수 $y=\sqrt{4-2x}+1$의 그래프와 직선 $y=2x+k$의 교점이 존재하도록 하는 실수 k의 최솟값을 구하시오.

풀이

(Tip) 조건을 만족시키도록 주어진 무리함수의 그래프와 직선을 직접 그려 본다.

$$y=\sqrt{4-2x}+1=\sqrt{-2(x-2)}+1$$

에서 함수 $y=\sqrt{4-2x}+1$의 그래프는 함수 $y=\sqrt{-2x}$의 그래프를
x축의 방향으로 2만큼, y축의 방향으로 1만큼 평행이동한 것이다.
직선 $y=2x+k$는 기울기가 2이고 y절편이 k이므로 오른쪽 그림에서
함수 $y=\sqrt{4-2x}+1$의 그래프와 직선 $y=2x+k$의 교점이 존재하려면
직선 $y=2x+k$의 y절편이 직선 $y=2x+k$가 점 $(2, 1)$을 지날 때의
y절편보다 크거나 같아야 한다. ↱직선 $y=2x$를 y축의 방향으로 평행이동하면서 주어진 함수의 그래프와 직선의 위치 관계를 살펴본다.

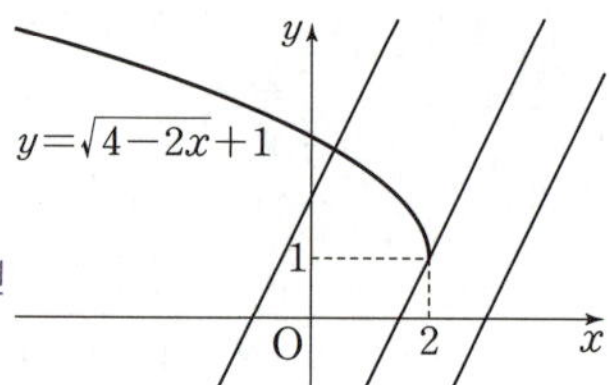

이때 직선 $y=2x+k$가 점 $(2, 1)$을 지날 때의 y절편은
$$1=2\times2+k \qquad \therefore k=-3$$
따라서 $k\geq-3$이어야 하므로 실수 k의 최솟값은 -3이다.

답 -3

필수 공략

무리함수 $y=f(x)$의 그래프와 직선 $y=g(x)$의 위치 관계

➡ 무리함수의 그래프와 직선을 직접 그려서 파악한다.

특히, 무리함수 $y=f(x)$의 그래프와 직선 $y=g(x)$가 접할 때는 방정식 $f(x)=g(x)$를 정리하여 얻은 이차방정식의 판별식 D가 $D=0$임을 이용한다.

주의 무리함수의 그래프와 직선을 그려 위치 관계를 파악하지 않고 판별식만 계산하는 실수를 하지 않도록 주의한다.

• 정답 및 해설 145쪽

유제 07-❶ 함수 $y=-\sqrt{x+3}-2$의 그래프와 직선 $y=x+k$가 만나도록 하는 실수 k의 최댓값을 구하시오.

유제 07-❷ 함수 $y=\sqrt{2x+2}$의 그래프와 직선 $y=x+k$가 접할 때, 상수 k의 값을 구하시오.

유제 07-❸ 함수 $y=\sqrt{3x-6}$의 그래프와 직선 $y=mx$가 한 점에서 만날 때, 상수 m의 값을 구하시오. (단, $m\neq0$)

 소단원 점검 문제

• 정답 및 해설 146쪽

무리함수의 그래프

01 함수 $y=\sqrt{3x+a}+2a$의 정의역이 $\{x\,|\,x\geq3\}$일 때, 이 함수의 치역을 구하시오. (단, a는 상수이다.)

무리함수의 그래프의 평행이동과 대칭이동

02 함수 $y=-\sqrt{2x+a}+5$의 그래프를 x축에 대하여 대칭이동한 그래프가 두 점 $(3, -2)$, $(b, 0)$을 지날 때, $a+b$의 값은? (단, a는 상수이다.)

① 11 ② 12 ③ 13 ④ 14 ⑤ 15

무리함수의 식 구하기

03 함수 $f(x)=-\sqrt{ax+b}+c$의 그래프가 오른쪽 그림과 같을 때, $f(5)$의 값은?

(단, a, b, c는 상수이다.)

① $-\dfrac{7}{2}$ ② -3 ③ $-\dfrac{5}{2}$

④ -2 ⑤ $-\dfrac{3}{2}$

무리함수의 최대·최소

04 정의역이 $\{x\,|\,2\leq x\leq10\}$인 두 함수

$$y=3-\sqrt{2x-4},\ y=ax+b$$

의 최댓값과 최솟값이 서로 같을 때, 두 상수 a, b에 대하여 ab의 값을 구하시오. (단, $a>0$)

무리함수의 역함수

05 함수 $y=\dfrac{x^2}{4}-x+2\ (x\leq2)$의 역함수가 $y=a\sqrt{x+b}+c\ (x\geq d)$일 때, 상수 $a,\ b,\ c,\ d$에 대하여 $a+b+c+d$의 값은?

① -2　　　② -1　　　③ 0　　　④ 1　　　⑤ 2

무리함수의 그래프와 그 역함수의 그래프의 교점

06 두 함수 $y=\sqrt{9x-18}$, $y=\dfrac{1}{9}x^2+2\ (x\geq0)$의 그래프의 교점의 좌표를 모두 구하시오.

무리함수의 그래프와 직선의 위치 관계

07 좌표평면에서 실수 a에 대하여 곡선 $y=\sqrt{x+a}$가 두 점 $(2, 3)$, $(3, 2)$를 이은 선분과 만나기 위한 a의 최댓값을 M, 최솟값을 m이라 할 때, $M+m$의 값은?

[교육청]

① 4　　　② 5　　　③ 6　　　④ 7　　　⑤ 8

무리함수의 그래프와 직선의 위치 관계

08 함수 $y=\sqrt{2-2x}+3$의 그래프와 직선 $y=-x+k$가 서로 다른 두 점에서 만나도록 하는 실수 k의 값의 범위를 구하시오.

• 정답 및 해설 147쪽

01

$f(x)=\dfrac{1}{\sqrt{x}+\sqrt{x+1}}$일 때,

$f(1)+f(2)+f(3)+\cdots+f(99)$의 값은?

① 8   ② 9   ③ 10

④ 11   ⑤ 12

02

$x^2=14+5\sqrt{3}$, $y^2=14-5\sqrt{3}$일 때, $\dfrac{\sqrt{x}}{\sqrt{x}-\sqrt{y}}-\dfrac{\sqrt{x}}{\sqrt{x}+\sqrt{y}}$

의 값을 구하시오. (단, $x>0$, $y>0$)

03

두 함수 $y=\dfrac{3x+4}{x+2}$, $y=\sqrt{-2x+4}+a$의 그래프가 동시에 지나는 사분면이 제2사분면뿐일 때, 상수 a의 값을 구하시오.

04

함수 $f(x)=\sqrt{ax-4}+b$의 그래프를 x축의 방향으로 p만큼, y축의 방향으로 $3p$만큼 평행이동한 후 원점에 대하여 대칭이동하면 함수 $y=-\sqrt{-2x+b}-6$의 그래프와 일치할 때, $f(p)$의 값을 구하시오. (단, a, b는 상수이다.)

05 서술형

정의역이 $\{x\,|\,0\le x\le 12\}$인 함수 $y=\sqrt{ax+1}-3$의 최댓값과 최솟값을 각각 M, m이라 하자. $|M|=|m|$일 때, 상수 a의 값을 구하시오. (단, $a\neq 0$)

06

두 함수 $f(x)=\sqrt{ax+b}+c$, $g(x)=-\sqrt{bx+a}+c$의 그래프가 오른쪽 그림과 같다. 함수 $f(x)$의 최솟값과 함수 $g(x)$의 최댓값이 3으로 같을 때, abc의 값은? (단, a, b, c는 상수이다.)

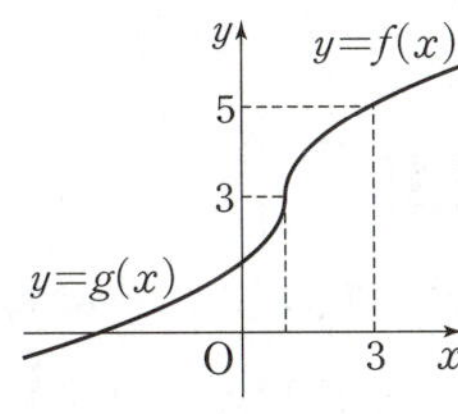

① -12 ② -10 ③ -8

④ -6 ⑤ -4

07

곡선 $y=\sqrt{2x-3}+2$ $(2\le x\le 6)$ 위의 서로 다른 두 점 P, Q에 대하여 선분 PQ를 지름으로 하는 원의 넓이의 최댓값을 구하시오.

08

$0 \leq x \leq 3$에서 정의된 두 함수

$$f(x) = \frac{x+a}{x+1}, \quad g(x) = |b|\sqrt{x+1}$$

의 치역이 서로 같을 때, $\dfrac{3a}{b^2}$의 값을 구하시오.

(단, $a^2 \neq b^2$이고, a, b는 상수이다.)

09

함수 $f(x) = \sqrt{x+a}$와 그 역함수 $g(x)$에 대하여

$$(g \circ (g \circ f)^{-1} \circ f^{-1})(2) = 2$$

일 때, 상수 a의 값을 구하시오.

10 교육청

$x \geq 2$에서 정의된 두 함수 $f(x) = \sqrt{x-2} + 2$, $g(x) = x^2 - 4x + 6$의 그래프가 서로 다른 두 점에서 만난다. 두 점 사이의 거리는?

① 1 ② $\sqrt{2}$ ③ 2

④ $2\sqrt{2}$ ⑤ 4

11

정의역이 $\{x \mid a \leq x \leq b\}$인 함수 $f(x) = \sqrt{3x+1} - 1$과 그 역함수 $f^{-1}(x)$의 정의역이 서로 같을 때, $a+b$의 값은?

① -2 ② -1 ③ 0

④ 1 ⑤ 2

12

함수 $y = -\sqrt{-x+a} + 3$의 그래프와 그 역함수의 그래프가 만나지 않도록 하는 정수 a의 최댓값을 구하시오.

13

곡선 $y = 2\sqrt{x}$ 위의 점 P와 직선 $x - y + 4 = 0$ 사이의 거리의 최솟값을 구하시오.

14 교육청

$3 \leq x \leq 5$에서 정의된 두 함수 $y = \dfrac{-2x+4}{x-1}$와

$y = \sqrt{3x + k}$의 그래프가 한 점에서 만나도록 하는 실수 k의 최댓값을 M이라 할 때, M^2의 값을 구하시오.

내신 1% 뛰어 넘기

15

정의역이 각각 $\{x \mid 2 \leq x \leq k\}$, $\{x \mid k \leq x \leq 8\}$인 두 함수
$$y = \sqrt{2x-4}+2, \ y=\sqrt{8-x}+2$$
의 치역을 각각 A, B라 할 때, $A \subset B$가 성립하도록 하는 실수 k의 최댓값은?

① 3 ② 4 ③ 5
④ 6 ⑤ 7

16

함수 $y = \sqrt{|x-2|}$의 그래프와 직선 $y = -\dfrac{1}{2}x+k$가 서로 다른 두 점에서 만나도록 하는 모든 상수 k의 값의 곱은?

① $\dfrac{1}{4}$ ② $\dfrac{1}{2}$ ③ 1
④ $\dfrac{3}{2}$ ⑤ 2

17 교육청

좌표평면 위의 두 곡선
$$y = -\sqrt{kx+2k}+4, \ y=\sqrt{-kx+2k}-4$$
에 대하여 |보기| 중 옳은 것을 모두 고른 것은?

(단, k는 0이 아닌 실수이다.)

| 보기 |
ㄱ. 두 곡선은 서로 원점에 대하여 대칭이다.
ㄴ. $k<0$이면 두 곡선은 한 점에서 만난다.
ㄷ. 두 곡선이 서로 다른 두 점에서 만나도록 하는 k의 최댓값은 16이다.

① ㄱ ② ㄴ ③ ㄱ, ㄴ
④ ㄱ, ㄷ ⑤ ㄱ, ㄴ, ㄷ

18

$a < x < b$에서 정의된 함수 $f(x) = \sqrt{2x-3}+3$과 그 역함수 $f^{-1}(x)$가 다음 조건을 만족시킬 때, 두 상수 a, b에 대하여 $b-a$의 최댓값을 구하시오.

(가) $f\left(\dfrac{a+b}{2}\right) > \dfrac{a+b}{2}$

(나) 두 함수 $y=f(x)$, $y=f^{-1}(x)$의 그래프는 교점을 갖지 않는다.

I-1 평면좌표

01 두 점 사이의 거리

유제 · 본문 009~013쪽

01-❶ (1) -4 (2) 2

01-❷ $-\dfrac{1}{2}$

01-❸ 5

02-❶ (1) $(16, 0)$ (2) $\left(0, -\dfrac{16}{9}\right)$

02-❷ $2\sqrt{5}$

02-❸ $(3, 5)$

03-❶ $\angle A = 90°$인 직각삼각형

03-❷ 5

03-❸ $(-1+\sqrt{3}, 1-\sqrt{3})$

04-❶ 최솟값: $\dfrac{11}{2}$,

점 Q의 좌표: $\left(0, \dfrac{9}{2}\right)$

04-❷ 9

04-❸ $(-1, 2)$

05-❶ 해설 참조

05-❷ 해설 참조

소단원 점검 문제 · 본문 014~015쪽

01 2　　02 ④　　03 $\left(\dfrac{9}{4}, \dfrac{7}{4}\right)$

04 6　　05 $2\sqrt{5}$　　06 ③

07 130　　08 해설 참조

02 선분의 내분점

집중 연습 · 본문 019쪽

01 (1) 0　(2) $\dfrac{5}{2}$　(3) 1

02 (1) $\dfrac{17}{3}$　(2) $\dfrac{19}{5}$　(3) $\dfrac{9}{2}$

03 (1) $(4, 1)$　(2) $\left(\dfrac{7}{2}, \dfrac{1}{2}\right)$

04 (1) $\left(0, \dfrac{2}{3}\right)$　(2) $(1, 1)$

---

05 (1) $(0, 2)$　(2) $\left(-\dfrac{1}{2}, \dfrac{3}{2}\right)$

06 (1) $\left(\dfrac{6}{5}, \dfrac{1}{5}\right)$　(2) $\left(\dfrac{1}{2}, 0\right)$

07 (1) $(0, 4)$　(2) $(1, 2)$

08 (1) $(-1, 1)$　(2) $(0, 3)$

09 (1) $(1, 1)$　(2) $(2, 3)$

(3) $(1, 3)$　(4) $(2, 1)$

(5) $(-1, 4)$　(6) $(3, -5)$

유제 · 본문 020~024쪽

01-❶ $\left(\dfrac{9}{4}, \dfrac{31}{8}\right)$

01-❷ $(1, 2)$

01-❸ ③

02-❶ 2

02-❷ $\dfrac{1}{7} < t < \dfrac{4}{7}$

02-❸ 2

03-❶ 14

03-❷ 19

03-❸ 점 D의 좌표: $(4, 2)$, $a=2$

04-❶ 1

04-❷ $\dfrac{36}{11}$

04-❸ $1 : 2$

05-❶ -5

05-❷ 7

05-❸ $(-1, -1)$

소단원 점검 문제 · 본문 025쪽

01 160　　02 1　　03 6

04 ③

중단원 실전 문제 · 본문 026~028쪽

01 ③　　02 2시간 후, $5\,\mathrm{km}$

03 $\sqrt{37}$　　04 ②　　05 2

06 ⑤　　07 ③　　08 30

09 6　　10 ⑤　　11 3

12 14　　13 4　　14 ④

15 $3\sqrt{10}$　　16 ④　　17 ①

18 5

I-2 직선의 방정식

01 직선의 방정식

유제 · 본문 033~039쪽

01-❶ (1) $y = \dfrac{\sqrt{3}}{3}x + \sqrt{3}$

(2) $y = 2x - 3$

01-❷ 24

01-❸ $y = x + 5$

02-❶ $y = -x + 3$

02-❷ 6

02-❸ ④

03-❶ 5

03-❷ 7

03-❸ $-\dfrac{1}{6}$

04-❶ $\dfrac{1}{4}$

04-❷ $y = \dfrac{3}{5}x + 2$

04-❸ ③

05-❶ 제2, 4사분면

05-❷ 제4사분면

05-❸ ①

06-❶ 3

06-❷ 10

06-❸ 4

07-❶ 1

07-❷ $4x - 2y + 9 = 0$

소단원 점검 문제 · 본문 040~041쪽

01 ②　　　02 ⑤

03 $y = -2x + 6$　　　04 ④

05 $y = x + 1$　06 제2사분면

07 ③　　　08 ④

02 두 직선의 위치 관계

유제 · 본문 044~047쪽

01-❶ (1) $y = -2x - 7$　(2) $y = 5x + 6$

01-❷ -7　　01-❸ 2

02-❶ $a = -1$, $b = 1$, $c = -2$

02-❷ 12　　02-❸ ⑤

03-❶ 11

03-❷ 10

03-❸ -1

04-❶ 3

04-❷ $\dfrac{2}{3}$

소단원 점검 문제 • 본문 048쪽

01 1 02 ③

03 $y=-7x+8$ 04 ①

○3 점과 직선 사이의 거리

유제 • 본문 050~053쪽

01-❶ $2\sqrt{5}$

01-❷ ④

01-❸ ③

02-❶ 3

02-❷ 4

02-❸ -1

03-❶ $\dfrac{33}{2}$

03-❷ 6

03-❸ 1

04-❶ $x+y-3=0$
또는 $3x-3y-7=0$

04-❷ $7x+y+7=0$

04-❸ $8x-4y-15=0$

소단원 점검 문제 • 본문 054쪽

01 $x-3y+30=0$ 02 ⑤

03 ③ 04 2

중단원 실전 문제 • 본문 055~058쪽

01 17 02 3 03 ④

04 ① 05 $\dfrac{2}{5}<k<5$ 06 2

07 ③ 08 ① 09 6

10 2 11 ① 12 ④

13 20 14 ⑤ 15 1

16 -7 17 -1 18 ⑤

19 3 20 125 21 ④

Ⅰ-3 원의 방정식

○1 원의 방정식

집중 연습 • 본문 062쪽

01 (1) $(x-2)^2+(y-3)^2=1$
(2) $(x-3)^2+(y+1)^2=16$
(3) $(x+2)^2+(y-2)^2=3$
(4) $x^2+(y+2)^2=9$
(5) $x^2+y^2=4$
(6) $x^2+y^2=25$

02 (1) 중심의 좌표: $(2,\,0)$,
반지름의 길이: 2
(2) 중심의 좌표: $(-5,\,4)$,
반지름의 길이: 7
(3) 중심의 좌표: $(3,\,-2)$,
반지름의 길이: 4
(4) 중심의 좌표: $(-7,\,-1)$,
반지름의 길이: 8

03 (1) $(x-4)^2+(y+1)^2=1$
(2) $(x+5)^2+(y-4)^2=16$

04 (1) $(x-2)^2+(y-3)^2=4$
(2) $(x+3)^2+(y+1)^2=9$

05 (1) $(x-2)^2+(y-2)^2=4$
(2) $(x-3)^2+(y+3)^2=9$
(3) $(x+4)^2+(y-4)^2=16$
(4) $(x+5)^2+(y+5)^2=25$

유제 • 본문 063~069쪽

01-❶ (1) $(x+1)^2+(y-1)^2=18$
(2) $x^2+y^2=13$

01-❷ $(x-4)^2+y^2=20$

01-❸ 4

02-❶ $x^2+(y-3)^2=2$

02-❷ 1

02-❸ 18

03-❶ $(x-1)^2+(y-2)^2=5$

03-❷ $3\sqrt{5}$

04-❶ 8

04-❷ 5

04-❸ $k<13$

05-❶ $x^2+y^2-8x+4y=0$

05-❷ 10

05-❸ 25π

06-❶ (1) $(x-2)^2+(y+1)^2=1$
(2) $(x+5)^2+(y+4)^2=25$

07-❶ $(x-3)^2+(y-3)^2=9$

07-❷ $(x-1)^2+(y-1)^2=1$ 또는
$(x-5)^2+(y-5)^2=25$

07-❸ 104π

소단원 점검 문제 • 본문 070~071쪽

01 ④ 02 5 03 6

04 ⑤ 05 ③ 06 34

07 ③ 08 ⑤ 09 ③

10 1

○2 원의 방정식의 활용

유제 • 본문 073~075쪽

01-❶ (1) $x-y+7=0$
(2) $x^2+y^2-18x-2y+17=0$

01-❷ $\sqrt{10}$

02-❶ $4\sqrt{5}$

02-❷ 22

03-❶ $x^2+y^2-8x+5y+11=0$

03-❷ $x^2+y^2-6x-2y+6=0$

03-❸ $(x-1)^2+(y-2)^2=9$

소단원 점검 문제 • 본문 076쪽

01 3 02 4 03 4

04 ① 05 π

○3 원과 직선의 위치 관계

유제 • 본문 079쪽

01-❶ (1) $-2\sqrt{10}<k<2\sqrt{10}$
(2) $k=\pm 2\sqrt{10}$
(3) $k<-2\sqrt{10}$ 또는 $k>2\sqrt{10}$

01-❷ 35

01-❸ $-8,\,8$

01-❹ 3

04 선분의 길이와 거리

02-❶ $2\sqrt{7}$

02-❷ 20

02-❸ $2\sqrt{5}$

03-❶ $2\sqrt{10}$

03-❷ -3

03-❸ 3

04-❶ 최댓값 : $5\sqrt{5}$, 최솟값 : $\sqrt{5}$

04-❷ 3

04-❸ 2

소단원 점검 문제 · 본문 084~085쪽

01 ③ **02** ② **03** ⑤

04 ④ **05** ① **06** ②

07 ② **08** 22

05 원의 접선의 방정식

유제 · 본문 088~090쪽

01-❶ $y=-3x\pm10$

01-❷ 3

02-❶ 8

02-❷ 7

03-❶ $4x-3y+15=0,$
$4x+3y-15=0$

03-❷ $3x-4y+10=0, \ x=2$

소단원 점검 문제 · 본문 092쪽

01 ② **02** ⑤ **03** ③

04 $4x+3y-5=0, \ y=-1$

중단원 실전 문제 · 본문 093~096쪽

01 ② **02** ① **03** 5

04 5 **05** 12 **06** ②

07 8 **08** ② **09** ④

10 ⑤ **11** ③ **12** 20

13 ② **14** 3 **15** ⑤

16 ② **17** 29 **18** ③

19 12 **20** ⑤ **21** 10

22 45 **23** ① **24** ①

I-4 도형의 이동

01 평행이동

유제 · 본문 099~102쪽

01-❶ (1) $a=0, \ b=1$
　　　　(2) $a=4, \ b=1$

01-❷ $(0, \ 3)$

01-❸ ⑤

02-❶ $a=-3, \ b=11$

02-❷ $y=2x+8$

03-❶ 38

03-❷ ⑤

04-❶ -1

04-❷ 3

소단원 점검 문제 · 본문 103쪽

01 ④ **02** ① **03** ②

04 27 **05** 16

02 대칭이동

집중 연습 · 본문 106쪽

01 (1) $(2, \ 3)$
　　(2) $(-2, \ -3)$
　　(3) $(-2, \ 3)$
　　(4) $(-3, \ 2)$

02 (1) $(-4, \ -7)$
　　(2) $(4, \ 7)$
　　(3) $(4, \ -7)$
　　(4) $(7, \ -4)$

03 (1) $y=-x-3$
　　(2) $y=-x+3$
　　(3) $y=x-3$
　　(4) $y=x-3$

04 (1) $(x-3)^2+(y-1)^2=10$
　　(2) $(x+3)^2+(y+1)^2=10$
　　(3) $(x+3)^2+(y-1)^2=10$
　　(4) $(x+1)^2+(y-3)^2=10$

05 (1) $y=(x+2)^2+1$
　　(2) $y=-(x-2)^2-1$
　　(3) $y=(x-2)^2+1$
　　(4) $x=-(y+2)^2-1$

유제 · 본문 107~112쪽

01-❶ $\sqrt{10}$

01-❷ 5

01-❸ 20

02-❶ 5

02-❷ 6

02-❸ 12

03-❶ $(-1, \ -5)$

03-❷ 8

03-❸ 2

04-❶ $(-1, \ -4)$

04-❷ 8

04-❸ -5

05-❶ (1) $4x-3y-14=0$
　　　　(2) $4x-3y+16=0$

05-❷ 3

06-❶ $2\sqrt{13}$

06-❷ $3\sqrt{5}$

06-❸ $(1, \ 0)$

03 점 또는 직선에 대한 대칭이동

유제 · 본문 115~117쪽

07-❶ (1) $(-8, \ 13)$
　　　　(2) $2x-y+11=0$

08-❶ 3

08-❷ 5

08-❸ $y=7x$

09-❶ ②

소단원 점검 문제 · 본문 118~119쪽

01 15 **02** ② **03** 2

04 ⑤ **05** 10 **06** ②

07 4 **08** 12 **09** ④

중단원 실전 문제 · 본문 120~122쪽

01 ② **02** 6 **03** 6

04 ③ **05** ② **06** ④

07 4 **08** 20 **09** 3

10 $\dfrac{5}{2}$ **11** ① **12** 10

13 ② **14** ① **15** 9

16 72 **17** ③

Ⅱ-1 집합의 뜻과 표현

○1 집합의 뜻과 표현

유제 • 본문 126~129쪽

01-❶ ②, ③

01-❷ ③, ⑤

01-❸ ③

02-❶ ④

02-❷ (1) $\{x \mid x$는 10 이상 20 이하의 소수$\}$
(2) $\{-1, 4\}$　(3) $\{x \mid x$는 짝수$\}$
(4) $\{-1, 0, 1\}$

02-❸ ②

03-❶ 해설 참조

03-❷ $B=\{1, 4, 16\}$

03-❸ $X=\{(-1, 0), (-1, 1), (0, -1),$
$(0, 1), (1, -1), (1, 0)\}$

04-❶ 22

04-❷ (1) 2　(2) 3　(3) 9

04-❸ 12

소단원 점검 문제 • 본문 130쪽

01 ㄱ, ㄷ, ㄹ　02 18　03 29
04 10　05 6

○2 집합 사이의 포함 관계

유제 • 본문 133~136쪽

01-❶ ③

01-❷ ④

01-❸ ①, ⑤

02-❶ 3

02-❷ ③

02-❸ $2 \leq a < 3$

03-❶ (1) 64　(2) 32

03-❷ 7

03-❸ 32

04-❶ 16

04-❷ 64

04-❸ 31

소단원 점검 문제 • 본문 137쪽

01 ④　02 48　03 26
04 15　05 11

중단원 실전 문제 • 본문 138~140쪽

01 10　02 ⑤　03 14
04 ②　05 5　06 3
07 8　08 4　09 3
10 1　11 32　12 ③
13 66　14 96　15 6
16 5　17 ②　18 3
19 18

Ⅱ-2 집합의 연산

○1 집합의 연산

집중 연습 • 본문 145쪽

01 (1) $A \cup B=\{1, 3, 5, 7, 9, 15\}$,
$A \cap B=\{1, 3, 5\}$
(2) $A \cup B=\{-1, 2, 3, 4, 5\}$,
$A \cap B=\{3\}$
(3) $A \cup B$
$=\{3, 6, 9, 12, 14, 15, 16, 18\}$,
$A \cap B=\{12, 18\}$

02 ㄱ, ㄴ, ㄹ

03 (1) $\{3, 6, 12, 24\}$
(2) $\{4, 8, 12, 24\}$
(3) $\{1, 2\}$　(4) $\{1, 2\}$
(5) $\{3, 4, 6, 8, 12, 24\}$
(6) $\{12, 24\}$
(7) $\{1, 2, 3, 6, 12, 24\}$
(8) $\{1, 2, 4, 8, 12, 24\}$

04 (1) $\{a, d\}$　(2) $\{c, f\}$
(3) $\{a, d\}$　(4) $\{c, f\}$
(5) $\{b, c, e, f\}$　(6) $\{a, b, d, e\}$
(7) $\{c, f\}$　(8) $\{a, d\}$

05 ㄱ, ㄴ, ㅁ

유제 • 본문 146~150쪽

01-❶ (1) $\{4\}$
(2) $\{-1, 0, 1, 2, 3, 4, 5, 6\}$
(3) $\{-1, 0, 1, 2, 3, 4\}$

01-❷ 3

01-❸ 8

02-❶ (1) $\{2, 3, 5, 6, 7, 8\}$
(2) $\{4\}$　(3) $\{5, 8\}$

02-❷ ⑤

02-❸ ②

03-❶ 3

03-❷ $a=3, b=1$

03-❸ 6

04-❶ ③, ⑤

04-❷ ④

04-❸ ③

05-❶ 16

05-❷ 8

05-❸ 16

소단원 점검 문제 • 본문 151쪽

01 $\left\{ \dfrac{3}{2}, \dfrac{12}{7}, 2, \dfrac{12}{5}, 3 \right\}$

02 $\{2, 4, 5, 6, 7, 10\}$　03 ②

04 ③　05 8

○2 집합의 연산 법칙과 원소의 개수

유제 • 본문 154~158쪽

01-❶ (1) $\varnothing$　(2) $\varnothing$　(3) A

01-❷ $A=\{4, 5, 6, 9\}$,
$B=\{2, 4, 5, 6, 8\}$

01-❸ ④

02-❶ ②

02-❷ ④

03-❶ 30

03-❷ 24

03-❸ 20

04-❶ 16

04-❷ 37

04-❸ 28

05-❶ 36

05-❷ 14

05-❸ 7

소단원 점검 문제 • 본문 159쪽

01 $\{12, 15, 30, 60\}$　02 ①

03 38　04 ⑤　05 48

Ⅱ-3 명제

01 명제와 조건

유제 · 본문 167~169쪽

01-❶ 명제: (2), (4)

   (1) 명제가 아니다.

   (2) 참인 명제

   (3) 명제가 아니다.

   (4) 거짓인 명제

01-❷ ①, ⑤

01-❸ ㄴ, ㅁ

02-❶ 해설 참조

02-❷ 해설 참조

02-❸ ③

03-❶ (1) $\{x \mid x \geq 3\}$

   (2) $\{x \mid 3 \leq x < 5\}$

   (3) $\{x \mid x < 2$ 또는 $x \geq 3\}$

03-❷ ⑤

03-❸ 18

소단원 **점검 문제** · 본문 170쪽

01 ④   **02** ㄱ, ㄹ   **03** ②

04 ⑤

02 명제의 참, 거짓

유제 · 본문 173~177쪽

01-❶ (1) 거짓 (2) 참 (3) 참

01-❷ ㄴ, ㄷ

02-❶ ④

02-❷ ㄴ, ㄹ

02-❸ ⑤

03-❶ 1

03-❷ $1 \leq a \leq 5$

03-❸ 4

04-❶ 2

04-❷ 9

04-❸ ③

05-❶ ④

05-❷ (1) 어떤 자연수 n에 대하여

    $n^2 \leq 1$이다. (참)

   (2) 모든 실수 x에 대하여

    $x^2 - 3x + 2 > 0$이다. (거짓)

소단원 **점검 문제** · 본문 178쪽

01 ④   **02** 3   **03** 18

04 ④   **05** 9

03 명제 사이의 관계

유제 · 본문 181~185쪽

01-❶ 해설 참조

01-❷ ㄱ, ㄴ

01-❸ 3

02-❶ (1) 필요조건

   (2) 필요충분조건

   (3) 충분조건

02-❷ ㄴ, ㄷ

03-❶ ③

03-❷ ㄱ, ㄹ

03-❸ $Q \subset P \subset R$

04-❶ $a \geq 4$

04-❷ 3

04-❸ 3

05-❶ ②

05-❷ 충분조건

05-❸ 필요충분조건

소단원 **점검 문제** · 본문 186쪽

01 ①   **02** ⑤   **03** ④

04 ⑤

04 명제의 증명

유제 · 본문 188~189쪽

01-❶ 해설 참조

01-❷ ㈎ x, y가 모두 홀수이면 xy도

    홀수이다.

   ㈏ $2mn - m - n$

02-❶ ㈎ 유리수 ㈏ 유리수

   ㈐ 무리수

02-❷ 해설 참조

소단원 **점검 문제** · 본문 190쪽

01 해설 참조   **02** 해설 참조

03 ㈎ 유리수 ㈏ 유리수 ㈐ 무리수

04 해설 참조

05 절대부등식

유제 · 본문 193~197쪽

01-❶ (1) $a^2 + 10b^2 \geq 6ab$

    (단, 등호는 $a = b = 0$일 때 성립)

   (2) $\sqrt{a} + \sqrt{b} \leq \sqrt{2(a+b)}$

    (단, 등호는 $a = b$일 때 성립)

   (3) $2^{30} < 3^{20} < 10^{10}$

01-❷ $\dfrac{a}{a+1} > \dfrac{b}{b+1}$

02-❶ 해설 참조

02-❷ 해설 참조

02-❸ 해설 참조

03-❶ 해설 참조

03-❷ 해설 참조

03-❸ ㈎ xy ㈏ 4 ㈐ 8

04-❶ (1) 24 (2) $\dfrac{9}{16}$

04-❷ 3

04-❸ (1) 16 (2) 0

05-❶ 18

05-❷ ③

소단원 **점검 문제** · 본문 199쪽

01 해설 참조 **02** 해설 참조 **03** 11

04 1   **05** 8

중단원 실전 문제 · 본문 200~204쪽

01 ④	02 ④	03 ⑤
04 12	05 ④	06 ①
07 9	08 ⑤	09 ⑤
10 3	11 ②	12 ①
13 ②	14 ①	15 해설 참조
16 해설 참조	17 ㄱ	18 0
19 5	20 16	21 30
22 ③	23 ③	24 2

Ⅲ-1 함수

01 함수

유제 · 본문 209~212쪽

01-❶ ㄴ, ㄷ

01-❷ ⑤

02-❶ $\{-9, -1, 4, 6, 15\}$

02-❷ 9

02-❸ $\{0, 1\}$

03-❶ $a=1, b=3$

03-❷ ㄴ, ㄷ

03-❸ $\{0\}, \{1\}, \{0, 1\}$

04-❶ ㄴ, ㄷ

04-❷ (1)

소단원 점검 문제 · 본문 214쪽

01 1   02 4   03 ②

04 ②

02 여러 가지 함수

유제 · 본문 217~220쪽

01-❶ (1) ㄴ, ㄹ   (2) ㄹ   (3) ㄱ

02-❶ 2

02-❷ $a<1$

02-❸ 12

03-❶ 1

03-❷ 20

03-❸ ④

04-❶ (1) 625   (2) 120
(3) 24   (4) 1

04-❷ (1) 6   (2) 24

소단원 점검 문제 · 본문 222쪽

01 ②   02 ④   03 200

04 60

03 합성함수

유제 · 본문 225~229쪽

01-❶ $\{a, c\}$

01-❷ 1

01-❸ 3

02-❶ 11

02-❷ -4

02-❸ 3

03-❶ $h(x)=-\dfrac{1}{3}x+\dfrac{5}{3}$

03-❷ $h(x)=\dfrac{1}{2}x-\dfrac{1}{2}$

03-❸ $f(1-x)=-8x+3$

04-❶ $\dfrac{1}{27}$

04-❷ 2

04-❸ 3

05-❶ 해설 참조

05-❷ 해설 참조

소단원 점검 문제 · 본문 230쪽

01 ①   02 ④   03 32

04 ②

04 역함수

유제 · 본문 235~240쪽

01-❶ (1) $f(x)=-x+3$ (2) -4

01-❷ -1

01-❸ 1

02-❶ $k>0$

02-❷ 5

02-❸ $a>-2$

03-❶ -1

03-❷ $f^{-1}(x)=-\dfrac{1}{4}x+\dfrac{3}{2}$ $(x\leq 6)$

03-❸ $a=-\dfrac{1}{3}, b=\dfrac{8}{3}$

04-❶ 3

04-❷ 4

04-❸ $h(x)=-x-6$

05-❶ ③

05-❷ ③

06-❶ $(0, 0), (1, 1)$

06-❷ 10

06-❸ $5\sqrt{2}$

소단원 점검 문제 · 본문 241쪽

01 15   02 $k<-1$ 또는 $k>1$

03 $g(x)=\dfrac{1}{2}x-\dfrac{5}{2}$ 04 4

05 $4\sqrt{2}$

중단원 실전 문제 · 본문 242~246쪽

01 ③	02 6	03 $b>-15$
04 ⑤	05 ②	06 125
07 540	08 ④	09 8
10 6	11 5	12 $\dfrac{11}{4}$
13 ②	14 8	15 ③
16 $-\dfrac{5}{4}$	17 6	18 ②
19 $\dfrac{9}{2}$	20 15	21 3
22 ⑤	23 13	24 ③
25 3		

Ⅲ-2 유리함수

01 유리식

유제 · 본문 250~254쪽

01-❶ (1) $\dfrac{1}{x-1}$

(2) $\dfrac{x^2+4x-2}{(x+4)(x-1)}$

(3) $\dfrac{3}{x(x+2)}$ (4) $\dfrac{x-3}{x(x+4)}$

01-❷ $\dfrac{(x+1)(2x-1)}{x^2+x+1}$

02-❶ -4

02-❷ $a=2, b=-3, c=-1$

02-❸ 5

03-❶ (1) $-\dfrac{4}{(x+1)(x-1)}$

(2) $\dfrac{6(x^2+7x+11)}{(x+1)(x+3)(x+4)(x+6)}$

03-❷ 12

04-❶ (1) $\dfrac{6}{(x+5)(x-1)}$

(2) $\dfrac{4x-3}{3x-2}$

04-❷ $a=3, b=6$

05-❶ (1) $\dfrac{33}{34}$ (2) $\dfrac{25}{7}$

05-❷ $\dfrac{50}{13}$

05-❸ $\dfrac{9}{5}$

소단원 점검 문제 • 본문 255쪽

01 ⑤   02 16   03 $-\dfrac{2x}{x^2+1}$

04 $\dfrac{10}{21}$ 05 ①

◯2 유리함수

집중 연습 • 본문 259쪽

01 해설 참조   02 해설 참조

유제 • 본문 260~267쪽

01-❶ 해설 참조

01-❷ 제2, 3, 4사분면

02-❶ 1

02-❷ $a=7, b=-8$

02-❸ ㄱ, ㄹ

03-❶ 3

03-❷ $a=3, b=8, c=1$

04-❶ 6

04-❷ ③

04-❸ -2

05-❶ 5

05-❷ $a=-\dfrac{3}{2}, b=-1$

05-❸ 6

06-❶ $a=2, b=-3$

06-❷ $x=-5, y=-5$

06-❸ 14

07-❶ 2

07-❷ 1

07-❸ $\dfrac{3}{2}$

08-❶ $-20<m\leq0$

08-❷ -9

소단원 점검 문제 • 본문 268~269쪽

01 2   02 1   03 ①

04 4   05 ①   06 -2

07 ①   08 ③   09 4

중단원 실전 문제 • 본문 270~272쪽

01 $\dfrac{12}{x(x+1)(x-2)(x-3)}$

02 ⑤   03 18   04 4

05 ②   06 8   07 4

08 $2\sqrt{2}$ 09 ①   10 7

11 25   12 ③   13 1

14 4   15 -1 16 ④

17 4   18 -2

Ⅲ-3 무리함수

◯1 무리식

유제 • 본문 275~276쪽

01-❶ 4

01-❷ $-3<x\leq3$

01-❸ 21

02-❶ $\dfrac{x}{4}$

02-❷ $\sqrt{5}+2$

02-❸ $\dfrac{\sqrt{3}}{3}$

소단원 점검 문제 • 본문 277쪽

01 ③   02 $\dfrac{2(x+1)}{x}$

03 ⑤   04 1

◯2 무리함수

집중 연습 • 본문 281쪽

01 해설 참조   02 해설 참조

유제 • 본문 282~288쪽

01-❶ 해설 참조

01-❷ 해설 참조

02-❶ 10

02-❷ 15

02-❸ ㄱ, ㄷ, ㄹ

03-❶ 2

03-❷ -5

03-❸ $(-4, 0)$

04-❶ 3

04-❷ 3

04-❸ -1

05-❶ $f^{-1}(x)=-(x-4)^2+3 \ (x\leq4)$

05-❷ 7

05-❸ 4

06-❶ -8

06-❷ ③

06-❸ $\sqrt{2}$

07-❶ 1

07-❷ $\dfrac{3}{2}$

07-❸ $\dfrac{\sqrt{6}}{4}$

소단원 점검 문제 • 본문 289~290쪽

01 $\{y\,|\,y\geq-18\}$ 02 ④

03 ④   04 -1 05 ③

06 $(3, 3), (6, 6)$ 07 ⑤

08 $4\leq k<\dfrac{9}{2}$

중단원 실전 문제 • 본문 291~293쪽

01 ②   02 $\dfrac{\sqrt{66}}{3}$ 03 -2

04 -20 05 2   06 ①

07 5π 08 4   09 2

10 ②   11 ④   12 2

13 $\dfrac{3\sqrt{2}}{2}$ 14 16   15 ②

16 ④   17 ④   18 $\dfrac{9}{2}$

수학이 쉬워지는 완벽한 솔루션

완쏠

개념

공통수학 2

진짜 공부 챌린지 내!/가/스/터/디

공부는 스스로 해야 실력이 됩니다. 아무리 뛰어난 스타강사도, 아무리 좋은 참고서도 학습자의 실력을 바로 높여 줄 수는 없습니다.
내가 무엇을 공부하고 있는지, 아는 것과 모르는 것은 무엇인지 스스로 인지하고 학습할 때 진짜 실력이 만들어집니다.
메가스터디북스는 스스로 하는 공부, 내가스터디를 응원합니다.
메가스터디북스는 여러분의 내가스터디를 돕는 좋은 책을 만듭니다.

메가스터디BOOKS

내용 문의 02-6984-6901 | **구입 문의** 02-6984-6868,9 | www.megastudybooks.com

완벽한 개념 학습!
내신 만점과 수능 대비를 한번에!

수학이 쉬워지는 완벽한 솔루션

완쓸 개념

공통수학 2 정답 및 해설

메가스터디 BOOKS

완쓸 개념

공통수학 2 정답 및 해설

평면좌표

01 두 점 사이의 거리

(유제)

• 본문 009~013쪽

01-❶ 답 (1) -4 (2) 2

(1) $\overline{AB}=2\sqrt{10}$이므로 $\sqrt{\{(-2)-a\}^2+(1-3)^2}=2\sqrt{10}$
위의 식의 양변을 제곱하면 $(a+2)^2+4=40$
$a^2+4a-32=0,\ (a+8)(a-4)=0$
$\therefore a=-8$ 또는 $a=4$
따라서 모든 a의 값의 합은
$(-8)+4=-4$

(2) $\overline{OA}=10$이므로 $\sqrt{a^2+(-a+2)^2}=10$
위의 식의 양변을 제곱하면 $a^2+(-a+2)^2=100$
$a^2-2a-48=0,\ (a+6)(a-8)=0$
$\therefore a=-6$ 또는 $a=8$
따라서 모든 a의 값의 합은
$(-6)+8=2$

01-❷ 답 $-\dfrac{1}{2}$

$\overline{AB}=3\overline{AC}$에서 $\overline{AB}^2=9\overline{AC}^2$
$\overline{AB}^2=(4-1)^2+(a-2)^2=a^2-4a+13,$
$\overline{AC}^2=\{(a+1)-1\}^2+(3-2)^2=a^2+1$
이므로
$a^2-4a+13=9(a^2+1)$
$8a^2+4a-4=0,\ 2a^2+a-1=0$
$(a+1)(2a-1)=0$　　$\therefore a=-1$ 또는 $a=\dfrac{1}{2}$
따라서 모든 a의 값의 합은
$(-1)+\dfrac{1}{2}=-\dfrac{1}{2}$

01-❸ 답 5

$\overline{AB}\leq\sqrt{10}$에서 $\overline{AB}^2\leq10$이므로 → $0<a\leq b$이면 $a^2\leq b^2$이므로
$\{(-3)-(k-3)\}^2+\{(k-1)-1\}^2\leq10$
$2k^2-4k+4\leq10,\ k^2-2k-3\leq0$
$(k+1)(k-3)\leq0$　　$\therefore -1\leq k\leq3$
따라서 정수 k는 $-1,0,1,2,3$이므로 구하는 합은
$(-1)+0+1+2+3=5$

02-❶ 답 (1) $(16,0)$ (2) $\left(0,-\dfrac{16}{9}\right)$

(1) 점 P가 x축 위의 점이므로 P$(a,0)$이라 하자.

$\overline{AP}=\overline{BP}$에서 $\overline{AP}^2=\overline{BP}^2$이므로
$(a-2)^2+(0-3)^2=(a-3)^2+\{0-(-6)\}^2$
$a^2-4a+13=a^2-6a+45$
$2a=32$　　$\therefore a=16$
따라서 점 P의 좌표는 $(16,0)$이다.

(2) 점 Q가 y축 위의 점이므로 Q$(0,b)$라 하자.
$\overline{AQ}=\overline{BQ}$에서 $\overline{AQ}^2=\overline{BQ}^2$이므로
$(0-2)^2+(b-3)^2=(0-3)^2+\{b-(-6)\}^2$
$b^2-6b+13=b^2+12b+45$
$18b=-32$　　$\therefore b=-\dfrac{16}{9}$

따라서 점 Q의 좌표는 $\left(0,-\dfrac{16}{9}\right)$이다.

02-❷ 답 $2\sqrt{5}$

점 P가 y축 위의 점이므로 P$(0,b)$라 하자.
$\overline{AP}=\overline{BP}$에서 $\overline{AP}^2=\overline{BP}^2$이므로
$(0-2)^2+\{b-(-2)\}^2=(0-4)^2+(b-0)^2$
$b^2+4b+8=b^2+16,\ 4b=8$　　$\therefore b=2$
$\therefore$ P$(0,2)$
$\therefore \overline{AP}=\sqrt{(0-2)^2+\{2-(-2)\}^2}=2\sqrt{5}$

02-❸ 답 $(3,5)$

점 P가 직선 $y=2x-1$ 위의 점이므로 P$(a,2a-1)$이라 하자. → P(a,b)라 하고 $b=2a-1$임을 이용해도 된다.
$\overline{AP}=\overline{BP}$에서 $\overline{AP}^2=\overline{BP}^2$이므로
$(a-3)^2+\{(2a-1)-4\}^2=(a-4)^2+\{(2a-1)-5\}^2$
$5a^2-26a+34=5a^2-32a+52$
$6a=18$　　$\therefore a=3$
따라서 점 P의 좌표는 $(3,5)$이다.

03-❶ 답 $\angle A=90°$인 직각삼각형

삼각형 ABC의 세 변의 길이를 각각 구하면
$\overline{AB}=\sqrt{\{0-(-2)\}^2+\{(-1)-3\}^2}=\sqrt{20}=2\sqrt{5}$
$\overline{BC}=\sqrt{(6-0)^2+\{7-(-1)\}^2}=\sqrt{100}=10$
$\overline{CA}=\sqrt{\{(-2)-6\}^2+(3-7)^2}=\sqrt{80}=4\sqrt{5}$
따라서 $\overline{BC}^2=\overline{AB}^2+\overline{CA}^2$이므로 삼각형 ABC는 $\angle A=90°$인 직각삼각형이다. → 삼각형 ABC는 $\overline{BC}$가 빗변인 직각삼각형이므로 $\angle A=90°$

03-❷ 답 5

삼각형 ABC의 세 변의 길이를 각각 구하면
$\overline{AB}=\sqrt{\{(-1)-(-2)\}^2+\{(-1)-1\}^2}=\sqrt{5}$
$\overline{BC}=\sqrt{\{2-(-1)\}^2+\{3-(-1)\}^2}=\sqrt{25}=5$
$\overline{CA}=\sqrt{\{(-2)-2\}^2+(1-3)^2}=\sqrt{20}=2\sqrt{5}$
$\therefore \overline{BC}^2=\overline{AB}^2+\overline{CA}^2$

따라서 삼각형 ABC는 $\angle A=90°$인 직각삼각형이므로 삼각형 ABC의 넓이는
$$\frac{1}{2}\times\overline{AB}\times\overline{CA}=\frac{1}{2}\times\sqrt{5}\times2\sqrt{5}=5$$

03-❸ 답 $(-1+\sqrt{3},\ 1-\sqrt{3})$

$C(a,\ b)\ (a>0,\ b<0)$라 하면 삼각형 ABC가 정삼각형이므로 $\overline{AB}=\overline{BC}=\overline{CA}$ ┗→ 제4사분면 위의 점이므로

$\overline{AB}=\overline{CA}$에서 $\overline{AB}^2=\overline{CA}^2$이므로
$$\{0-(-2)\}^2+(2-0)^2=\{(-2)-a\}^2+(0-b)^2$$
$$\therefore\ (a+2)^2+b^2=8 \qquad \cdots\cdots\ \text{㉠}$$

$\overline{BC}=\overline{CA}$에서 $\overline{BC}^2=\overline{CA}^2$이므로
$$(a-0)^2+(b-2)^2=\{(-2)-a\}^2+(0-b)^2$$
$$-4b=4a \qquad \therefore\ a=-b \qquad \cdots\cdots\ \text{㉡}$$

㉡을 ㉠에 대입하면
$$(-b+2)^2+b^2=8,\ 2b^2-4b-4=0$$
$$b^2-2b-2=0 \qquad \therefore\ b=1\pm\sqrt{3}$$

이때 $b<0$이므로
$$b=1-\sqrt{3},\ a=-1+\sqrt{3}\ (\because\ \text{㉡})$$
따라서 점 C의 좌표는 $(-1+\sqrt{3},\ 1-\sqrt{3})$이다.

04-❶ 답 최솟값: $\dfrac{11}{2}$, 점 Q의 좌표: $\left(0,\ \dfrac{9}{2}\right)$

점 Q가 y축 위의 점이므로 $Q(0,\ b)$라 하면
$$\overline{AQ}^2+\overline{BQ}^2=(0-2)^2+(b-5)^2+\{0-(-1)\}^2+(b-4)^2$$
$$=2b^2-18b+46=2\left(b^2-9b+\frac{81}{4}\right)+\frac{11}{2}$$
$$=2\left(b-\frac{9}{2}\right)^2+\frac{11}{2} \to \left(b-\frac{9}{2}\right)^2\geq0$$

따라서 $\overline{AQ}^2+\overline{BQ}^2$은 $b=\dfrac{9}{2}$일 때 최솟값 $\dfrac{11}{2}$을 갖고, 이때의 점 Q의 좌표는 $\left(0,\ \dfrac{9}{2}\right)$이다.

04-❷ 답 9

점 P가 직선 $y=-x+3$ 위의 점이므로 $P(a,\ -a+3)$이라 하면
$$\overline{AP}^2+\overline{BP}^2$$
$$=(a-1)^2+\{(-a+3)-5\}^2+\{a-(-2)\}^2+\{(-a+3)-2\}^2$$
$$=4a^2+4a+10=4\left(a^2+a+\frac{1}{4}\right)+9$$
$$=4\left(a+\frac{1}{2}\right)^2+9 \to \left(a+\frac{1}{2}\right)^2\geq0$$

따라서 $\overline{AP}^2+\overline{BP}^2$은 $a=-\dfrac{1}{2}$일 때 최솟값 9를 갖는다.

04-❸ 답 $(-1,\ 2)$

$P(a,\ b)$라 하면

$$\overline{AP}^2+\overline{BP}^2=\{a-(-5)\}^2+(b-1)^2+(a-3)^2+(b-3)^2$$
$$=2a^2+4a+2b^2-8b+44$$
$$=2(a^2+2a+1)+2(b^2-4b+4)+34$$
$$=2(a+1)^2+2(b-2)^2+34 \quad ┗→ \begin{matrix}(a+1)^2\geq0,\\ (b-2)^2\geq0\end{matrix}$$
따라서 $\overline{AP}^2+\overline{BP}^2$은 $a=-1$, $b=2$일 때 최솟값 34를 갖고, 이때의 점 P의 좌표는 $(-1,\ 2)$이다.

05-❶ 답 해설 참조

오른쪽 그림과 같이 직선 BC를 x축, 점 D를 지나고 직선 BC에 수직인 직선을 y축으로 하는 좌표평면을 잡으면 점 D는 원점이 된다.

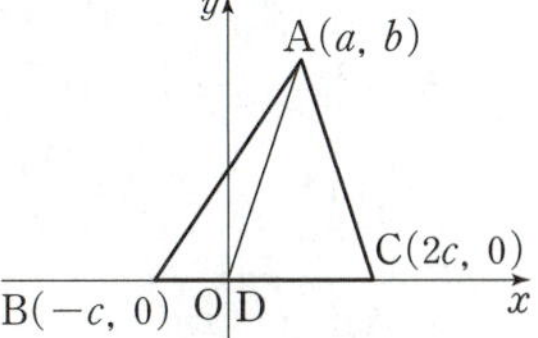

$A(a,\ b)$, $B(-c,\ 0)$, $C(2c,\ 0)\ (c>0)$이라 하면
$$2\overline{AB}^2+\overline{AC}^2$$
$$=2\{(-c-a)^2+(0-b)^2\}+(2c-a)^2+(0-b)^2$$
$$=3(a^2+b^2+2c^2)$$
한편, $\overline{AD}^2=a^2+b^2$, $\overline{BD}^2=c^2$이므로
$$3(\overline{AD}^2+2\overline{BD}^2)=3(a^2+b^2+2c^2)$$
따라서 $2\overline{AB}^2+\overline{AC}^2=3(\overline{AD}^2+2\overline{BD}^2)$이 성립한다.

05-❷ 답 해설 참조

오른쪽 그림과 같이 직선 BC를 x축, 직선 AB를 y축으로 하는 좌표평면을 잡으면 점 B는 원점이 된다.

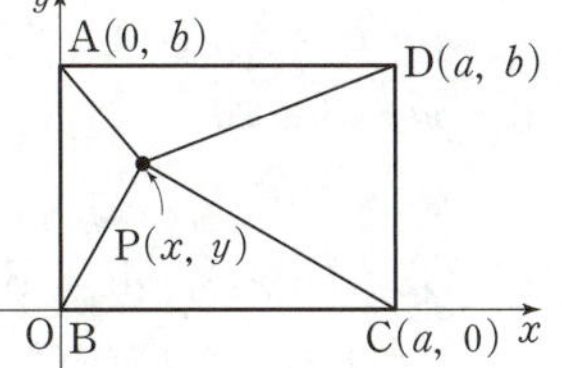

$A(0,\ b)$, $C(a,\ 0)$, $D(a,\ b)$ $(a>0,\ b>0)$, $P(x,\ y)$라 하면
$$\overline{PA}^2+\overline{PC}^2=(x-0)^2+(y-b)^2+(x-a)^2+(y-0)^2$$
$$=x^2+(y-b)^2+(x-a)^2+y^2$$
$$\overline{PB}^2+\overline{PD}^2=x^2+y^2+(x-a)^2+(y-b)^2$$
$$=x^2+(y-b)^2+(x-a)^2+y^2$$
따라서 $\overline{PA}^2+\overline{PC}^2=\overline{PB}^2+\overline{PD}^2$이 성립한다.

소단원 점검 문제　　　•본문 014~015쪽

01 2	02 ④	03 $\left(\dfrac{9}{4},\ \dfrac{7}{4}\right)$	04 6
05 $2\sqrt{5}$	06 ③	07 130	08 해설 참조

01 선분 AB의 길이가 l이므로
$$l^2=\{(-1)-2t\}^2+\{2t-(-3)\}^2$$
$$=8t^2+16t+10$$
$$=8(t+1)^2+2$$
따라서 l^2은 $t=-1$일 때 최솟값 2를 갖는다.

02 점 P가 x축 위의 점이므로 P$(a,\,0)$이라 하자.

$\overline{AP}=\overline{BP}$에서 $\overline{AP}^2=\overline{BP}^2$이므로

$\{a-(-3)\}^2+(0-2)^2=\{a-(-2)\}^2+\{0-(-1)\}^2$

$a^2+6a+13=a^2+4a+5$

$2a=-8$ $\therefore a=-4$

$\therefore$ P$(-4,\,0)$

또한, 점 Q가 y축 위의 점이므로 Q$(0,\,b)$라 하자.

$\overline{BQ}=\overline{PQ}$에서 $\overline{BQ}^2=\overline{PQ}^2$이므로

$\{0-(-2)\}^2+\{b-(-1)\}^2=\{0-(-4)\}^2+(b-0)^2$

$b^2+2b+5=b^2+16$

$2b=11$ $\therefore b=\dfrac{11}{2}$

$\therefore$ Q$\left(0,\,\dfrac{11}{2}\right)$

따라서 두 점 P, Q 사이의 거리는

$\sqrt{\{0-(-4)\}^2+\left(\dfrac{11}{2}-0\right)^2}=\dfrac{\sqrt{185}}{2}$

03 삼각형 OAB의 외심을 P$(a,\,b)$라 하면 삼각형의 외심에서 세 꼭짓점에 이르는 거리가 같고, 그 거리는 외접원의 반지름의 길이와 같다.

$\therefore \overline{OP}=\overline{AP}=\overline{BP}$ ┗→ $\overline{OP}=\overline{AP}$, $\overline{AP}=\overline{BP}$, $\overline{OP}=\overline{BP}$ 중 계산이 더 간단한 두 식을 선택한다.

$\overline{OP}=\overline{AP}$에서 $\overline{OP}^2=\overline{AP}^2$이므로

$a^2+b^2=(a-3)^2+\{b-(-1)\}^2$

$a^2+b^2=a^2-6a+b^2+2b+10$

$6a-2b=10$

$\therefore 3a-b=5$ ...... ㉠

$\overline{OP}=\overline{BP}$에서 $\overline{OP}^2=\overline{BP}^2$이므로

$a^2+b^2=(a-4)^2+(b-4)^2$

$a^2+b^2=a^2-8a+b^2-8b+32$

$8a+8b=32$

$\therefore a+b=4$ ...... ㉡

㉠, ㉡을 연립하여 풀면

$a=\dfrac{9}{4}$, $b=\dfrac{7}{4}$

따라서 삼각형 OAB의 외심의 좌표는 $\left(\dfrac{9}{4},\,\dfrac{7}{4}\right)$이다.

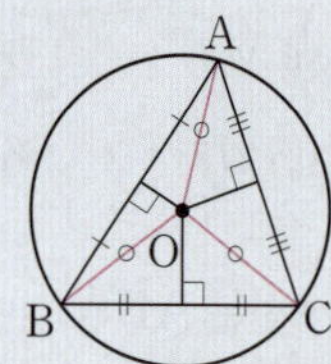

04 삼각형 ABC가 정삼각형이므로

$\overline{AB}=\overline{BC}=\overline{CA}$

$\overline{AB}=\overline{CA}$에서 $\overline{AB}^2=\overline{CA}^2$이므로

$\{2-(-2)\}^2+\{(-1)-1\}^2=\{(-2)-a\}^2+(1-b)^2$

$\therefore (a+2)^2+(b-1)^2=20$ ...... ㉠

$\overline{BC}=\overline{CA}$에서 $\overline{BC}^2=\overline{CA}^2$이므로

$(a-2)^2+\{b-(-1)\}^2=\{(-2)-a\}^2+(1-b)^2$

$a^2-4a+b^2+2b+5=a^2+4a+b^2-2b+5$

$-8a=-4b$ $\therefore 2a=b$ ...... ㉡

㉡을 ㉠에 대입하면

$(a+2)^2+(2a-1)^2=20$, $5a^2=15$

$a^2=3$ $\therefore a=\pm\sqrt{3}$

이때 점 C는 제1사분면 위의 점이므로 $a>0$

따라서 $a=\sqrt{3}$, $b=2\sqrt{3}$ $(\because$ ㉡)이므로

$ab=\sqrt{3}\times2\sqrt{3}=6$

05 $\angle$ABC의 이등분선이 선분 AC를 수직이등분하므로 삼각형 ABC는 $\overline{BA}=\overline{BC}$인 이등변삼각형이다.

즉, $\overline{BA}=\overline{BC}$에서 $\overline{BA}^2=\overline{BC}^2$이다.

$\overline{BA}^2=|4-(-2)|^2=36$,

$\overline{BC}^2=(0-4)^2+(a-0)^2=a^2+16$

에서 $36=a^2+16$, $a^2=20$

$\therefore a=2\sqrt{5}$ $(\because a>0)$

06 P$(a,\,b)$라 하면 점 P가 직선 $x-y+3=0$ 위의 점이므로

$a-b+3=0$ $\therefore b=a+3$ ...... ㉠

$\overline{AP}^2+\overline{BP}^2=\{a-(-3)\}^2+\{(a+3)-2\}^2$
$\qquad\qquad\quad +(a-5)^2+\{(a+3)-4\}^2$ $(\because$ ㉠$)$

$=4a^2-4a+36$

$=4\left(a^2-a+\dfrac{1}{4}\right)+35$

$=4\left(a-\dfrac{1}{2}\right)^2+35$ → $\left(a-\dfrac{1}{2}\right)^2\geq0$

따라서 $\overline{AP}^2+\overline{BP}^2$은 $a=\dfrac{1}{2}$일 때 최솟값 35를 갖고, 이때의 점 P의 좌표는 $\left(\dfrac{1}{2},\,\dfrac{7}{2}\right)$이다.

$\therefore \overline{AP}=\sqrt{\left\{\dfrac{1}{2}-(-3)\right\}^2+\left(\dfrac{7}{2}-2\right)^2}=\dfrac{\sqrt{58}}{2}$

07 변 AB가 x축 위에 놓여 있으므로 점 P는 x축 위의 점이다.

P$(a,\,0)$ $(-3\leq a\leq3)$이라 하면

$\overline{PA}^2+\overline{PB}^2+\overline{PC}^2$ ┗→ 점 P가 변 AB 위를 움직이므로

$=\{(-3)-a\}^2+(3-a)^2+\{(1-a)^2+(5-0)^2\}$

$=3a^2-2a+44$

$=3\left(a^2-\dfrac{2}{3}a+\dfrac{1}{9}\right)+\dfrac{131}{3}$

$=3\left(a-\dfrac{1}{3}\right)^2+\dfrac{131}{3}$ → $\left(a-\dfrac{1}{3}\right)^2\geq0$

따라서 $\overline{PA}^2+\overline{PB}^2+\overline{PC}^2$은 $a=\dfrac{1}{3}$일 때 최솟값 $\dfrac{131}{3}$ 을

갖고, 이때의 점 P의 좌표는 $\left(\dfrac{1}{3},\ 0\right)$이므로

$p=\dfrac{131}{3},\ q=\dfrac{1}{3},\ r=0$

$\therefore 3(p-q+r)=3\times\left(\dfrac{131}{3}-\dfrac{1}{3}+0\right)=130$

08 오른쪽 그림과 같이 직선 BC를 x축, 점 B를 지나고 직선 BC에 수직인 직선을 y축으로 하는 좌표평면을 잡으면 점 B는 원점이 된다.

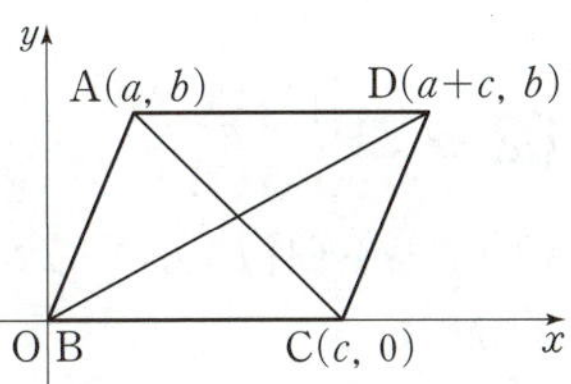

$A(a,\ b),\ C(c,\ 0)\ (a>0,\ b>0,\ c>0)$이라 하면
$D(a+c,\ b)$이므로
$$\overline{AC}^2+\overline{BD}^2=(c-a)^2+(0-b)^2+(a+c)^2+b^2$$
$$=2(a^2+b^2+c^2)$$
한편, $\overline{AB}^2=a^2+b^2,\ \overline{BC}^2=c^2$이므로
$$2(\overline{AB}^2+\overline{BC}^2)=2(a^2+b^2+c^2)$$
따라서 $\overline{AC}^2+\overline{BD}^2=2(\overline{AB}^2+\overline{BC}^2)$이 성립한다.

◯2 선분의 내분점

집중 연습
• 본문 019쪽

01 (1) 0　(2) $\dfrac{5}{2}$　(3) 1

02 (1) $\dfrac{17}{3}$　(2) $\dfrac{19}{5}$　(3) $\dfrac{9}{2}$

03 (1) $(4,\ 1)$　(2) $\left(\dfrac{7}{2},\ \dfrac{1}{2}\right)$

04 (1) $\left(0,\ \dfrac{2}{3}\right)$　(2) $(1,\ 1)$

05 (1) $(0,\ 2)$　(2) $\left(-\dfrac{1}{2},\ \dfrac{3}{2}\right)$

06 (1) $\left(\dfrac{6}{5},\ \dfrac{1}{5}\right)$　(2) $\left(\dfrac{1}{2},\ 0\right)$

07 (1) $(0,\ 4)$　(2) $(1,\ 2)$

08 (1) $(-1,\ 1)$　(2) $(0,\ 3)$

09 (1) $(1,\ 1)$　(2) $(2,\ 3)$　(3) $(1,\ 3)$
　　(4) $(2,\ 1)$　(5) $(-1,\ 4)$　(6) $(3,\ -5)$

01 (1) $\dfrac{1\times4+2\times(-2)}{1+2}=0$

(2) $\dfrac{3\times4+1\times(-2)}{3+1}=\dfrac{5}{2}$

(3) $\dfrac{(-2)+4}{2}=1$

02 (1) $\dfrac{2\times8+1\times1}{2+1}=\dfrac{17}{3}$

(2) $\dfrac{2\times8+3\times1}{2+3}=\dfrac{19}{5}$

(3) $\dfrac{1+8}{2}=\dfrac{9}{2}$

03 (1) $\left(\dfrac{1\times2+2\times5}{1+2},\ \dfrac{1\times(-1)+2\times2}{1+2}\right)$　$\therefore (4,\ 1)$

(2) $\left(\dfrac{5+2}{2},\ \dfrac{2+(-1)}{2}\right)$　$\therefore \left(\dfrac{7}{2},\ \dfrac{1}{2}\right)$

04 (1) $\left(\dfrac{2\times(-2)+1\times4}{2+1},\ \dfrac{2\times0+1\times2}{2+1}\right)$　$\therefore \left(0,\ \dfrac{2}{3}\right)$

(2) $\left(\dfrac{4+(-2)}{2},\ \dfrac{2+0}{2}\right)$　$\therefore (1,\ 1)$

05 (1) $\left(\dfrac{2\times(-3)+3\times2}{2+3},\ \dfrac{2\times(-1)+3\times4}{2+3}\right)$
　　$\therefore (0,\ 2)$

(2) $\left(\dfrac{2+(-3)}{2},\ \dfrac{4+(-1)}{2}\right)$　$\therefore \left(-\dfrac{1}{2},\ \dfrac{3}{2}\right)$

06 (1) $\left(\dfrac{3\times4+2\times(-3)}{3+2},\ \dfrac{3\times1+2\times(-1)}{3+2}\right)$
　　$\therefore \left(\dfrac{6}{5},\ \dfrac{1}{5}\right)$

(2) $\left(\dfrac{(-3)+4}{2},\ \dfrac{(-1)+1}{2}\right)$　$\therefore \left(\dfrac{1}{2},\ 0\right)$

07 (1) $\left(\dfrac{1\times3+3\times(-1)}{1+3},\ \dfrac{1\times(-2)+3\times6}{1+3}\right)$
　　$\therefore (0,\ 4)$

(2) $\left(\dfrac{(-1)+3}{2},\ \dfrac{6+(-2)}{2}\right)$　$\therefore (1,\ 2)$

08 (1) $\left(\dfrac{3\times(-2)+1\times2}{3+1},\ \dfrac{3\times(-1)+1\times7}{3+1}\right)$
　　$\therefore (-1,\ 1)$

(2) $\left(\dfrac{2+(-2)}{2},\ \dfrac{7+(-1)}{2}\right)$　$\therefore (0,\ 3)$

09 (1) $\left(\dfrac{(-1)+0+4}{3},\ \dfrac{4+(-3)+2}{3}\right)$　$\therefore (1,\ 1)$

(2) $\left(\dfrac{2+(-3)+7}{3},\ \dfrac{7+(-1)+3}{3}\right)$　$\therefore (2,\ 3)$

(3) $\left(\dfrac{1+3+(-1)}{3},\ \dfrac{6+5+(-2)}{3}\right)$　$\therefore (1,\ 3)$

(4) $\left(\dfrac{5+(-1)+2}{3},\ \dfrac{6+3+(-6)}{3}\right)$　$\therefore (2,\ 1)$

(5) $\left(\dfrac{(-4)+2+(-1)}{3},\ \dfrac{6+4+2}{3}\right)$　$\therefore (-1,\ 4)$

(6) $\left(\dfrac{4+6+(-1)}{3},\ \dfrac{(-7)+(-4)+(-4)}{3}\right)$
　　$\therefore (3,\ -5)$

01-❶ 답 $\left(\dfrac{9}{4}, \dfrac{31}{8}\right)$

선분 AB를 $2:1$로 내분하는 점 P의 좌표는
$$\left(\frac{2\times4+1\times(-2)}{2+1}, \frac{2\times3+1\times6}{2+1}\right)$$
$$\therefore \text{P}(2, 4)$$
선분 BA를 $1:3$으로 내분하는 점 Q의 좌표는
$$\left(\frac{1\times(-2)+3\times4}{1+3}, \frac{1\times6+3\times3}{1+3}\right)$$
$$\therefore \text{Q}\left(\frac{5}{2}, \frac{15}{4}\right)$$
따라서 선분 PQ의 중점의 좌표는
$$\left(\frac{2+\frac{5}{2}}{2}, \frac{4+\frac{15}{4}}{2}\right) \qquad \therefore \left(\frac{9}{4}, \frac{31}{8}\right)$$

| 참고 |

선분 BA를 $1:3$으로 내분하는 점 Q는 선분 AB를 $3:1$로 내분하는 점과 같다. 즉,
$$\text{Q}\left(\frac{3\times4+1\times(-2)}{3+1}, \frac{3\times3+1\times6}{3+1}\right)$$
$$\therefore \text{Q}\left(\frac{5}{2}, \frac{15}{4}\right)$$

01-❷ 답 $(1, 2)$

선분 AB를 $3:2$로 내분하는 점의 좌표는
$$\left(\frac{3\times a+2\times(-1)}{3+2}, \frac{3\times b+2\times(-2)}{3+2}\right)$$
$$\therefore \left(\frac{3a-2}{5}, \frac{3b-4}{5}\right)$$
이 점이 점 $(2, 4)$와 일치하므로
$$\frac{3a-2}{5}=2, \frac{3b-4}{5}=4 \qquad \therefore a=4, b=8$$
따라서 $\text{B}(4, 8)$이므로 선분 BA를 $3:2$로 내분하는 점의 좌표는
$$\left(\frac{3\times(-1)+2\times4}{3+2}, \frac{3\times(-2)+2\times8}{3+2}\right)$$
$$\therefore (1, 2)$$

01-❸ 답 ③

선분 AB를 $3:1$로 내분하는 점의 좌표는
$$\left(\frac{3\times2+1\times a}{3+1}, \frac{3\times(-4)+1\times0}{3+1}\right)$$
$$\therefore \left(\frac{6+a}{4}, -3\right)$$
이 점이 y축 위에 있으므로 → y축 위의 점의 x좌표는 0이다.
$$\frac{6+a}{4}=0 \qquad \therefore a=-6$$
따라서 점 A의 좌표는 $(-6, 0)$이므로
$$\overline{\text{AB}}=\sqrt{\{2-(-6)\}^2+\{(-4)-0\}^2}=4\sqrt{5}$$

02-❶ 답 2

$2\overline{\text{AB}}=\overline{\text{AC}}$에서
$$\overline{\text{AB}}:\overline{\text{AC}}=1:2$$
이때 점 B는 선분 AC의 중점이므로 점 B의 좌표는
$$\left(\frac{(-2)+6}{2}, \frac{3+(-1)}{2}\right) \qquad \therefore \text{B}(2, 1)$$
이 점이 점 $(a, 1)$과 일치하므로 $a=2$

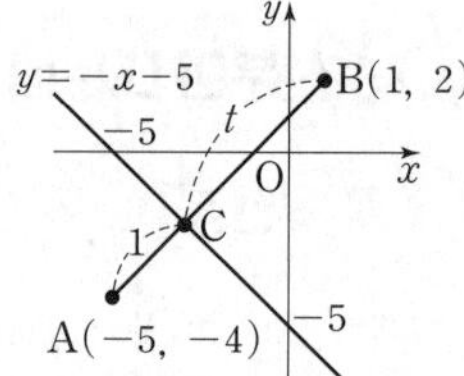

02-❷ 답 $\dfrac{1}{7}<t<\dfrac{4}{7}$

$t:(1-t)$에서 $t>0$, $1-t>0$이므로
$$0<t<1 \qquad\qquad \cdots\cdots\ \text{㉠}$$
선분 AB를 $t:(1-t)$로 내분하는 점의 좌표는
$$\left(\frac{t\times(-6)+(1-t)\times1}{t+(1-t)}, \frac{t\times3+(1-t)\times(-4)}{t+(1-t)}\right)$$
$$\therefore (-7t+1, 7t-4)$$
이 점이 제3사분면 위에 있으므로
$$-7t+1<0, 7t-4<0 \qquad \therefore \frac{1}{7}<t<\frac{4}{7} \qquad \cdots\cdots\ \text{㉡}$$
㉠, ㉡의 공통부분을 구하면
$$\frac{1}{7}<t<\frac{4}{7}$$

02-❸ 답 2

점 C는 선분 AB를 $1:t$로 내분하는 점이므로 점 C의 좌표는
$$\left(\frac{1\times1+t\times(-5)}{1+t}, \frac{1\times2+t\times(-4)}{1+t}\right)$$
$$\therefore \text{C}\left(\frac{-5t+1}{1+t}, \frac{-4t+2}{1+t}\right)$$
점 C가 직선 $y=-x-5$ 위의 점이므로
$$\frac{-4t+2}{1+t}=-\frac{-5t+1}{1+t}-5$$
$$-4t+2=-(-5t+1)-5(1+t)$$
$$4t=8 \qquad \therefore t=2$$

03-❶ 답 14

평행사변형 ABCD의 두 대각선 AC, BD의 중점이 일치한다.
선분 AC의 중점의 좌표는
$$\left(\frac{(-1)+8}{2}, \frac{a+4}{2}\right) \qquad \therefore \left(\frac{7}{2}, \frac{a+4}{2}\right) \qquad \cdots\cdots\ \text{㉠}$$
선분 BD의 중점의 좌표는
$$\left(\frac{a+2}{2}, \frac{0+b}{2}\right) \qquad \therefore \left(\frac{a+2}{2}, \frac{b}{2}\right) \qquad \cdots\cdots\ \text{㉡}$$
㉠, ㉡이 일치하므로
$$\frac{7}{2}=\frac{a+2}{2}, \frac{a+4}{2}=\frac{b}{2} \qquad \therefore a=5, b=9$$
$$\therefore a+b=5+9=14$$

03-❷ 답 19

마름모 OABC의 네 변의 길이가 모두 같다.

즉, $\overline{OA}=\overline{OC}$에서 $\overline{OA}^2=\overline{OC}^2$이므로

$a^2+7^2=5^2+5^2$

$a^2=1$ $\therefore a=1$ $(\because a>0)$

또한, 마름모의 두 대각선은 서로 다른 것을 이등분하므로 두 대각선 AC, OB의 중점이 일치한다.

선분 AC의 중점의 좌표는

$\left(\dfrac{1+5}{2},\ \dfrac{7+5}{2}\right)$ $\therefore (3,\ 6)$ $\cdots\cdots$ ㉠

선분 OB의 중점의 좌표는

$\left(\dfrac{0+b}{2},\ \dfrac{0+c}{2}\right)$ $\therefore \left(\dfrac{b}{2},\ \dfrac{c}{2}\right)$ $\cdots\cdots$ ㉡

㉠, ㉡이 일치하므로

$3=\dfrac{b}{2},\ 6=\dfrac{c}{2}$에서 $b=6,\ c=12$

$\therefore a+b+c=1+6+12=19$

03-❸ 답 점 D의 좌표: (4, 2), $a=2$

마름모 ABCD의 두 대각선 AC, BD의 중점이 일치한다.

선분 AC의 중점의 좌표는

$\left(\dfrac{a+2}{2},\ \dfrac{1+(a+1)}{2}\right)$ $\therefore \left(\dfrac{a+2}{2},\ \dfrac{a+2}{2}\right)$ $\cdots\cdots$ ㉠

D$(x,\ y)$라 하면 선분 BD의 중점의 좌표는

$\left(\dfrac{(a-2)+x}{2},\ \dfrac{a+y}{2}\right)$ $\cdots\cdots$ ㉡

㉠, ㉡이 일치하므로

$\dfrac{(a-2)+x}{2}=\dfrac{a+2}{2},\ \dfrac{a+y}{2}=\dfrac{a+2}{2}$

$\therefore x=4,\ y=2$

따라서 점 D의 좌표는 (4, 2)이다.

또한, 마름모는 네 변의 길이가 모두 같다. → 이웃하는 두 변의 길이가 같음을 확인하면 된다.

즉, $\overline{AB}=\overline{BC}$에서 $\overline{AB}^2=\overline{BC}^2$이므로

$\{(a-2)-a\}^2+(a-1)^2=\{2-(a-2)\}^2+\{(a+1)-a\}^2$

$a^2-2a+5=a^2-8a+17$

$6a=12$ $\therefore a=2$

04-❶ 답 1

삼각형의 내각의 이등분선의 성질에 의하여 $\overline{AB}:\overline{AC}=\overline{BD}:\overline{CD}$

이때

$\overline{AB}=\sqrt{\{2-(-1)\}^2+\{5-(-1)\}^2}$
$\quad=\sqrt{45}=3\sqrt{5}$

$\overline{AC}=\sqrt{\{3-(-1)\}^2+\{1-(-1)\}^2}$
$\quad=\sqrt{20}=2\sqrt{5}$

이므로

$\overline{BD}:\overline{CD}=\overline{AB}:\overline{AC}=3\sqrt{5}:2\sqrt{5}=3:2$

즉, 점 D는 선분 BC를 3 : 2로 내분하는 점이므로 점 D의 좌표는

$\left(\dfrac{3\times3+2\times2}{3+2},\ \dfrac{3\times1+2\times5}{3+2}\right)$ $\therefore$ D$\left(\dfrac{13}{5},\ \dfrac{13}{5}\right)$

따라서 $a=\dfrac{13}{5},\ b=\dfrac{13}{5}$이므로 $\dfrac{a}{b}=1$이다.

04-❷ 답 $\dfrac{36}{11}$

삼각형의 내각의 이등분선의 성질에 의하여 $\overline{AB}:\overline{AC}=\overline{BD}:\overline{CD}$

이때

$\overline{AB}$
$=\sqrt{\{(-6)-3\}^2+\{(-5)-4\}^2}$
$=\sqrt{162}=9\sqrt{2}$

$\overline{AC}=\sqrt{(5-3)^2+(2-4)^2}$
$\quad=\sqrt{8}=2\sqrt{2}$

이므로

$\overline{BD}:\overline{CD}=\overline{AB}:\overline{AC}=9\sqrt{2}:2\sqrt{2}=9:2$

즉, 점 D는 선분 BC를 9 : 2로 내분하는 점이므로 점 D의 좌표는

$\left(\dfrac{9\times5+2\times(-6)}{9+2},\ \dfrac{9\times2+2\times(-5)}{9+2}\right)$ $\therefore$ D$\left(3,\ \dfrac{8}{11}\right)$

따라서 선분 AD의 길이는

$\sqrt{(3-3)^2+\left(\dfrac{8}{11}-4\right)^2}=\dfrac{36}{11}$

두 점 A, D의 x좌표가 같으므로 $\overline{AD}=\left|4-\dfrac{8}{11}\right|=\dfrac{36}{11}$ 으로 구해도 된다.

04-❸ 답 1 : 2

높이가 같은 두 삼각형의 넓이의 비는 밑변의 길이의 비와 같으므로

삼각형 ABD와 삼각형 ACD의 넓이의 비는 선분 BD와 선분 CD의 길이의 비와 같다.

삼각형의 내각의 이등분선의 성질에 의하여 $\overline{AB}:\overline{AC}=\overline{BD}:\overline{CD}$

이때

$\overline{AB}=\sqrt{\{(-5)-(-2)\}^2+\{(-1)-3\}^2}=\sqrt{25}=5$

$\overline{AC}=\sqrt{\{4-(-2)\}^2+\{(-5)-3\}^2}=\sqrt{100}=10$

이므로

$\overline{BD}:\overline{CD}=\overline{AB}:\overline{AC}=5:10=1:2$

$\therefore \triangle ABD:\triangle ACD=\overline{BD}:\overline{CD}=1:2$

05-❶ 답 -5

삼각형 ABC의 무게중심의 좌표는

$\left(\dfrac{a+(-b)+3}{3},\ \dfrac{2b+(-a)+7}{3}\right)$

$\therefore \left(\dfrac{a-b+3}{3},\ \dfrac{-a+2b+7}{3}\right)$

이 점이 점 $(2, 0)$과 일치하므로

$$\frac{a-b+3}{3}=2,\ \frac{-a+2b+7}{3}=0$$

즉, $a-b=3,\ a-2b=7$을 연립하여 풀면

$a=-1,\ b=-4$

$\therefore a+b=(-1)+(-4)=-5$

05-❷ 답 7

삼각형 ABC의 무게중심의 좌표는

$$\left(\frac{2+4+8}{3},\ \frac{6+1+a}{3}\right) \quad \therefore \left(\frac{14}{3},\ \frac{7+a}{3}\right)$$

이 점이 직선 $y=x$ 위에 있으므로

$$\frac{7+a}{3}=\frac{14}{3},\ 7+a=14$$

$\therefore a=7$

05-❸ 답 $(-1, -1)$

선분 AB를 $1:2$로 내분하는 점 D의 좌표는

$$\left(\frac{1\times3+2\times0}{1+2},\ \frac{1\times(-8)+2\times7}{1+2}\right)$$

$\therefore \mathrm{D}(1, 2)$

선분 BC를 $1:2$로 내분하는 점 E의 좌표는

$$\left(\frac{1\times(-6)+2\times3}{1+2},\ \frac{1\times(-2)+2\times(-8)}{1+2}\right)$$

$\therefore \mathrm{E}(0, -6)$

선분 CA를 $1:2$로 내분하는 점 F의 좌표는

$$\left(\frac{1\times0+2\times(-6)}{1+2},\ \frac{1\times7+2\times(-2)}{1+2}\right)$$

$\therefore \mathrm{F}(-4, 1)$

따라서 삼각형 DEF의 무게중심의 좌표는

$$\left(\frac{1+0+(-4)}{3},\ \frac{2+(-6)+1}{3}\right)$$

$\therefore (-1, -1)$

| 다른 풀이 |

삼각형 DEF의 무게중심은 삼각형 ABC의 무게중심과 일치하므로 구하는 무게중심의 좌표는

$$\left(\frac{0+3+(-6)}{3},\ \frac{7+(-8)+(-2)}{3}\right) \quad \therefore (-1, -1)$$

소단원 점검 문제

• 본문 025쪽

01 160   **02** 1   **03** 6   **04** ③

01 오른쪽 그림과 같이 선분 AB
의 중점을 P, 선분 AB를
$3:1$로 내분하는 점을 Q라 하면 점 Q는 선분 PB의 중점이므로

$$\overline{AB}=2\overline{PB}=4\overline{PQ}$$

이때 $\overline{PQ}=\sqrt{(4-1)^2+(3-2)^2}=\sqrt{10}$이므로

$\overline{AB}=4\overline{PQ}=4\sqrt{10}$

$\therefore \overline{AB}^2=(4\sqrt{10})^2=160$

02 $(1+t)\overline{AC}=t\overline{BC}$에서

$\overline{AC}:\overline{BC}=t:(1+t)$

이므로 점 A는 선분 CB를
$t:1$로 내분하는 점이다.

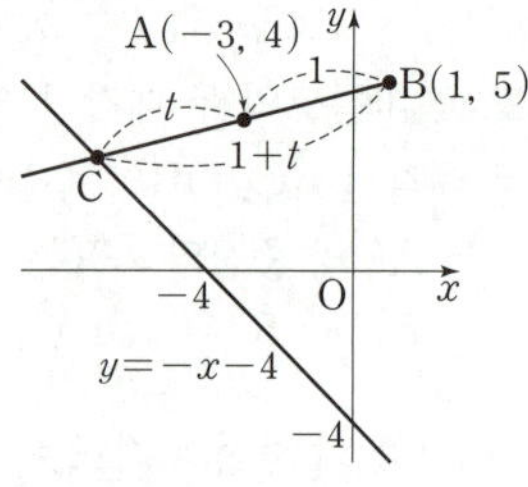

점 C가 직선 $y=-x-4$
위에 있으므로 점 C의 좌표를 $(a, -a-4)$라 하면
점 A의 좌표는

$$\left(\frac{t\times1+1\times a}{t+1},\ \frac{t\times5+1\times(-a-4)}{t+1}\right)$$

$$\therefore \left(\frac{t+a}{t+1},\ \frac{5t-a-4}{t+1}\right)$$

이 점이 점 $(-3, 4)$와 일치하므로

$\dfrac{t+a}{t+1}=-3$에서 $t+a=-3(t+1)$

$\therefore 4t+a=-3 \quad \cdots\cdots ㉠$

$\dfrac{5t-a-4}{t+1}=4$에서 $5t-a-4=4(t+1)$

$\therefore t-a=8 \quad \cdots\cdots ㉡$

㉠+㉡을 하면 $5t=5$

$\therefore t=1$

03 평행사변형 ABCD의 두 대각선 AC, BD의 중점이 일치한다.

선분 AC의 중점의 좌표는 $\left(\dfrac{3+a}{2},\ \dfrac{7+b}{2}\right)$

이 점이 점 $(5, 2)$와 일치하므로

$\dfrac{3+a}{2}=5,\ \dfrac{7+b}{2}=2 \quad \therefore a=7,\ b=-3$

또한, 선분 BD의 중점의 좌표는 $\left(\dfrac{2+c}{2},\ \dfrac{d}{2}\right)$

이 점이 점 $(5, 2)$와 일치하므로

$\dfrac{2+c}{2}=5,\ \dfrac{d}{2}=2 \quad \therefore c=8,\ d=4$

$\therefore a-b-c+d=7-(-3)-8+4=6$

04 삼각형 ABC의 무게중심 G의 좌표는

$$\left(\frac{(-2)+a+a}{3},\ \frac{(a+2)+(-a-1)+(a+4)}{3}\right)$$

$$\therefore \mathrm{G}\left(\frac{2a-2}{3},\ \frac{a+5}{3}\right)$$

점 G가 y축 위에 있으므로

$\dfrac{2a-2}{3}=0 \quad \therefore a=1$

따라서 $\mathrm{A}(-2, 3),\ \mathrm{G}(0, 2)$이므로

$\overline{AG}=\sqrt{\{0-(-2)\}^2+(2-3)^2}=\sqrt{5}$

01	③	**02**	2시간 후, 5 km	**03**	$\sqrt{37}$
04	②	**05**	2	**06**	⑤	**07**	③
08	30	**09**	6	**10**	⑤	**11**	3
12	14	**13**	4	**14**	④	**15**	$3\sqrt{10}$
16	④	**17**	①	**18**	5

01 $\overline{AB}=\sqrt{\{(-2)-a\}^2+\{2a-(a-4)\}^2}$
$\qquad =\sqrt{2a^2+12a+20}$
$\qquad =\sqrt{2(a+3)^2+2} \to (a+3)^2\geq0$
따라서 선분 AB의 길이는 $a=-3$일 때 최솟값 $\sqrt{2}$를 가지므로 이때의 두 점 A, B는
$A(-3, -7)$, $B(-2, -6)$
$\therefore \overline{OA}=\sqrt{(-3)^2+(-7)^2}=\sqrt{58}$

02 오른쪽 그림과 같이 일직선 모양의 두 도로를 각각 x축, y축으로 하는 좌표평면을 잡으면 지점 O는 원점이 된다.
또한, 출발한 지 t시간 후의 두 사람 A, B의 위치는 각각
$(10-3t, 0)$, $(0, -5+4t)$ … ❶
이때 두 사람 A, B 사이의 거리를 l이라 하면
$l=\sqrt{\{0-(10-3t)\}^2+\{(-5+4t)-0\}^2}$
$\quad =\sqrt{25t^2-100t+125}$
$\quad =\sqrt{25(t-2)^2+25} \to (t-2)^2\geq0$ … ❷
즉, l은 $t=2$일 때 최솟값 $\sqrt{25}=5$를 갖는다.
따라서 두 사람 A, B 사이의 거리가 가장 가까워지는 것은 출발한 지 2시간 후이고, 이때의 두 사람 A, B 사이의 거리는 5 km이다. … ❸

채점 기준	배점 비율
❶ t시간 후의 두 사람 A, B의 위치를 좌표로 나타내기	40 %
❷ 두 사람 A, B 사이의 거리를 t에 대한 식으로 나타내기	30 %
❸ 두 사람 A, B 사이의 거리가 가장 가까워지는 시각과 이때의 거리 구하기	30 %

03 점 P가 직선 $y=3x-7$ 위의 점이므로 $P(a, 3a-7)$이라 하자.
$\overline{AP}=\overline{BP}$에서 $\overline{AP}^2=\overline{BP}^2$이므로
$(a-2)^2+\{(3a-7)-(-4)\}^2$
$=\{a-(-3)\}^2+\{(3a-7)-1\}^2$
$10a^2-22a+13=10a^2-42a+73$
$20a=60 \qquad \therefore a=3$
따라서 점 P의 좌표는 $(3, 2)$이므로
$\overline{AP}=\sqrt{(3-2)^2+\{2-(-4)\}^2}=\sqrt{37}$

04 삼각형의 외심에서 세 꼭짓점에 이르는 거리는 같으므로
$\overline{AP}=\overline{BP}=\overline{CP}$
$\therefore \overline{AP}^2=\overline{BP}^2=\overline{CP}^2$
$\overline{AP}^2=(2-5)^2+\{(-1)-3\}^2=25,$
$\overline{BP}^2=\{2-(-1)\}^2+\{(-1)-(-5)\}^2=25,$
$\overline{CP}^2=(2-a)^2+\{(-1)-(-4)\}^2=a^2-4a+13$
이므로
$a^2-4a+13=25, \; a^2-4a-12=0$
$(a+2)(a-6)=0 \qquad \therefore a=6 \; (\because a>0)$
$\therefore C(6, -4)$
한편,
$\overline{AB}=\sqrt{\{(-1)-5\}^2+\{(-5)-3\}^2}=\sqrt{100}=10,$
$\overline{BC}=\sqrt{\{6-(-1)\}^2+\{(-4)-(-5)\}^2}=\sqrt{50}=5\sqrt{2},$
$\overline{CA}=\sqrt{(5-6)^2+\{3-(-4)\}^2}=\sqrt{50}=5\sqrt{2}$
이므로
$\overline{BC}=\overline{CA}, \; \overline{AB}^2=\overline{BC}^2+\overline{CA}^2$
따라서 삼각형 ABC는 $\angle C=90°$인 직각이등변삼각형이므로 삼각형 ABC의 넓이는
$\dfrac{1}{2}\times\overline{CA}\times\overline{BC}=\dfrac{1}{2}\times5\sqrt{2}\times5\sqrt{2}=25$

05 점 P가 x축 위의 점이므로 $P(a, 0)$이라 하면
$\overline{AP}^2+\overline{BP}^2$
$=\{a-(-2)\}^2+(0-k)^2+(a-4)^2+(0-2k)^2$
$=2a^2-4a+20+5k^2$
$=2(a-1)^2+5k^2+18$
즉, $\overline{AP}^2+\overline{BP}^2$은 $a=1$일 때 최솟값 $5k^2+18$을 갖는다.
이때 $\overline{AP}^2+\overline{BP}^2$의 최솟값이 38이므로 $5k^2+18=38$에서
$5k^2=20, \; k^2=4$
$\therefore k=2 \; (\because k>0)$

06 선분 AB를 $1:b$로 내분하는 점의 좌표는
$\left(\dfrac{1\times4+b\times(-4)}{1+b}, \dfrac{1\times a+b\times2}{1+b}\right)$
$\therefore \left(\dfrac{4-4b}{1+b}, \dfrac{a+2b}{1+b}\right)$
이 점이 점 $(-2, 3)$과 일치하므로
$\dfrac{4-4b}{1+b}=-2$에서 $4-4b=-2(1+b)$
$2b=6 \qquad \therefore b=3$
$\dfrac{a+2b}{1+b}=3$에서 $a+2b=3(1+b)$
$a=3+b=6 \; (\because b=3)$
즉, $B(4, 6)$, $C(2, 5)$이므로 선분 BC를 $1:2$로 내분하는 점의 좌표는
$\left(\dfrac{1\times2+2\times4}{1+2}, \dfrac{1\times5+2\times6}{1+2}\right) \qquad \therefore \left(\dfrac{10}{3}, \dfrac{17}{3}\right)$

따라서 $m=\dfrac{10}{3}$, $n=\dfrac{17}{3}$이므로

$$m+n=\dfrac{10}{3}+\dfrac{17}{3}=9$$

07 $2\overline{AB}=3\overline{BC}$에서 $\overline{AB}:\overline{BC}=3:2$

이때 점 B가 선분 AC를 $3:2$로 내분하는 점이거나 점 C가 선분 AB를 $1:2$로 내분하는 점이다.

(i) 점 B가 선분 AC를 $3:2$로 내분하는 경우

점 C의 x좌표를 a라 하면

$$\dfrac{3\times a+2\times 3}{3+2}=\dfrac{3a+6}{5}$$

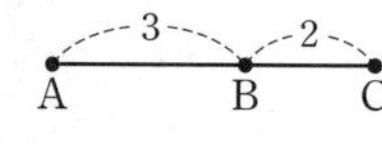

점 B의 x좌표는 2이므로

$$\dfrac{3a+6}{5}=2,\ 3a=4 \qquad \therefore a=\dfrac{4}{3}$$

(ii) 점 C가 선분 AB를 $1:2$로 내분하는 경우

점 C의 x좌표는

$$\dfrac{1\times 2+2\times 3}{1+2}=\dfrac{8}{3}$$

(i), (ii)에서 점 C의 모든 x좌표의 합은

$$\dfrac{4}{3}+\dfrac{8}{3}=4$$

08 마름모 ABCD의 두 대각선 AC, BD의 중점이 일치한다.

선분 AC의 중점의 좌표는

$$\left(\dfrac{a+4}{2},\ \dfrac{3+b}{2}\right) \qquad \cdots\cdots\ \text{㉠}$$

선분 BD의 중점의 좌표는

$$\left(\dfrac{1+6}{2},\ \dfrac{0+c}{2}\right) \qquad \therefore \left(\dfrac{7}{2},\ \dfrac{c}{2}\right) \qquad \cdots\cdots\ \text{㉡}$$

㉠, ㉡이 일치하므로

$$\dfrac{a+4}{2}=\dfrac{7}{2},\ \dfrac{3+b}{2}=\dfrac{c}{2}$$

$$\therefore a=3,\ b-c=-3 \qquad \cdots\cdots\ \text{㉢} \qquad \cdots\ \textbf{❶}$$

또한, 마름모는 네 변의 길이가 모두 같다.

즉, $\overline{AB}=\overline{BC}$에서 $\overline{AB}^2=\overline{BC}^2$이므로

$$(1-3)^2+(0-3)^2=(4-1)^2+(b-0)^2$$

$$b^2=4 \qquad \therefore b=\pm 2$$

이때 b는 자연수이므로 $b=2$ $\qquad \cdots\ \textbf{❷}$

$b=2$를 ㉢의 $b-c=-3$에 대입하면

$$2-c=-3 \qquad \therefore c=5 \qquad \cdots\ \textbf{❸}$$

$$\therefore abc=3\times 2\times 5=30 \qquad \cdots\ \textbf{❹}$$

채점 기준	배점 비율
❶ 마름모의 두 대각선의 중점이 일치함을 이용하여 a의 값 구하기	35 %
❷ 마름모의 네 변의 길이가 모두 같음을 이용하여 b의 값 구하기	35 %
❸ c의 값 구하기	20 %
❹ abc의 값 구하기	10 %

09 삼각형 BCD와 삼각형 BAD의 넓이의 비는 선분 CD와 선분 AD의 길이의 비와 같으므로

$$\overline{CD}:\overline{AD}=2:1$$

삼각형의 내각의 이등분선의 성질에 의하여

$$\overline{BC}:\overline{BA}=\overline{CD}:\overline{AD}=2:1$$

이때

$$\overline{BC}=\sqrt{\{a-(-2)\}^2+\{(-8)-(-2)\}^2}$$
$$=\sqrt{(a+2)^2+36}$$

$$\overline{BA}=\sqrt{\{1-(-2)\}^2+\{2-(-2)\}^2}=\sqrt{25}=5$$

이므로 $\sqrt{(a+2)^2+36}:5=2:1$

즉, $\sqrt{(a+2)^2+36}=10$이므로 이 식의 양변을 제곱하면

$$(a+2)^2+36=100,\ (a+2)^2=64$$

$$a+2=\pm 8 \qquad \therefore a=6\ (\because a>0)$$

10 $\overline{AC}=\overline{BC}$에서 $\overline{AC}^2=\overline{BC}^2$이므로

$$\{a-(-2)\}^2+(b-0)^2=(a-0)^2+(b-4)^2$$

$$a^2+4a+4+b^2=a^2+b^2-8b+16$$

$$4a+8b=12 \qquad \therefore a+2b=3 \qquad \cdots\cdots\ \text{㉠}$$

이때 삼각형 ABC의 무게중심의 좌표는

$$\left(\dfrac{(-2)+0+a}{3},\ \dfrac{0+4+b}{3}\right),\ \text{즉}\ \left(\dfrac{-2+a}{3},\ \dfrac{4+b}{3}\right)$$

이고 이 점이 y축 위에 있으므로

$$\dfrac{-2+a}{3}=0 \qquad \therefore a=2$$

$a=2$를 ㉠에 대입하여 정리하면 $b=\dfrac{1}{2}$

$$\therefore a+b=2+\dfrac{1}{2}=\dfrac{5}{2}$$

11 $B(x_1,\ y_1)$, $C(x_2,\ y_2)$라 하면 변 BC의 중점의 좌표는

$$\left(\dfrac{x_1+x_2}{2},\ \dfrac{y_1+y_2}{2}\right)$$

이때 변 BC의 중점의 좌표가 $(4,\ -3)$이므로

$$\dfrac{x_1+x_2}{2}=4,\ \dfrac{y_1+y_2}{2}=-3$$

$$\therefore x_1+x_2=8,\ y_1+y_2=-6 \qquad \cdots\cdots\ \text{㉠}$$

또한, 삼각형 ABC의 무게중심의 좌표는

$$\left(\dfrac{5+x_1+x_2}{3},\ \dfrac{2+y_1+y_2}{3}\right)$$

이 좌표에 ㉠의 두 식을 각각 대입하면

$$\left(\dfrac{5+8}{3},\ \dfrac{2+(-6)}{3}\right) \qquad \therefore \left(\dfrac{13}{3},\ -\dfrac{4}{3}\right)$$

따라서 $a=\dfrac{13}{3}$, $b=-\dfrac{4}{3}$이므로

$$a+b=\dfrac{13}{3}+\left(-\dfrac{4}{3}\right)=3$$

| 다른 풀이 |

변 BC의 중점을 M이라 하면 삼각형 ABC의 무게중심은 선분 AM을 $2:1$로 내분하는 점이므로 두 점

A(5, 2), M(4, -3)에 대하여 삼각형 ABC의 무게중심의 좌표는

$$\left(\frac{2\times4+1\times5}{2+1},\ \frac{2\times(-3)+1\times2}{2+1}\right)\quad \therefore\left(\frac{13}{3},\ -\frac{4}{3}\right)$$

12 곡선 $y=x^2-2x$와 직선 $y=3x+k\ (k>0)$가 두 점 P, Q에서 만나므로 두 점 P, Q의 x좌표를 각각 α, β라 하면 $y=x^2-2x$, $y=3x+k$를 연립하여 얻은 이차방정식 $x^2-2x=3x+k$, 즉 $x^2-5x-k=0$의 두 실근이 α, β이다.

즉, 이차방정식의 근과 계수의 관계에 의하여

$$\alpha+\beta=5 \qquad\qquad \cdots\cdots\ \bigcirc$$
$$\alpha\beta=-k \qquad\qquad \cdots\cdots\ \bigcirc$$

두 점 P, Q의 x좌표가 각각 α, β이고, 선분 PQ를 $1:2$로 내분하는 점의 x좌표가 1이므로

$$\frac{1\times\beta+2\times\alpha}{1+2}=1 \qquad \therefore 2\alpha+\beta=3 \quad \cdots\cdots\ \bigcirc$$

$\bigcirc$, $\bigcirc$을 연립하여 풀면 $\alpha=-2$, $\beta=7$

$$\therefore k=-\alpha\beta=-(-2)\times7=14\ (\because \bigcirc)$$

13 $P(x, y)$라 하면

$$\overline{AP}^2+\overline{BP}^2+\overline{CP}^2$$
$$=\{x-(-1)\}^2+(y-5)^2+(x-7)^2+(y-1)^2$$
$$\qquad\qquad\qquad +(x-3)^2+\{y-(-3)\}^2$$
$$=3x^2-18x+3y^2-6y+94$$
$$=3(x-3)^2+3(y-1)^2+64$$

이때 $(x-3)^2\geq0$, $(y-1)^2\geq0$이므로

$\overline{AP}^2+\overline{BP}^2+\overline{CP}^2$은 $x=3$, $y=1$일 때 최솟값 64를 갖고, 이때의 점 P의 좌표는 $(3, 1)$이다.

따라서 $a=3$, $b=1$이므로

$$a+b=3+1=4$$

| 다른 풀이 |

삼각형 ABC와 이 삼각형 내부의 임의의 점 P에 대하여 $\overline{AP}^2+\overline{BP}^2+\overline{CP}^2$의 값이 최소가 되도록 하는 점 P는 삼각형 ABC의 무게중심이므로 점 P의 좌표는

$$\left(\frac{(-1)+7+3}{3},\ \frac{5+1+(-3)}{3}\right)\quad \therefore P(3, 1)$$

| 참고 |

세 점 A, B, C를 각각 $A(x_1, y_1)$, $B(x_2, y_2)$, $C(x_3, y_3)$이라 하고 임의의 점 P의 좌표를 (x, y)라 하면

$$\overline{AP}^2+\overline{BP}^2+\overline{CP}^2$$
$$=(x-x_1)^2+(y-y_1)^2+(x-x_2)^2+(y-y_2)^2$$
$$\qquad\qquad\qquad +(x-x_3)^2+(y-y_3)^2$$
$$=3x^2-2(x_1+x_2+x_3)x+x_1^2+x_2^2+x_3^2$$
$$\qquad +3y^2-2(y_1+y_2+y_3)y+y_1^2+y_2^2+y_3^2$$
$$=3\left(x-\frac{x_1+x_2+x_3}{3}\right)^2+3\left(y-\frac{y_1+y_2+y_3}{3}\right)^2-\frac{(x_1+x_2+x_3)^2}{3}$$
$$\qquad -\frac{(y_1+y_2+y_3)^2}{3}+x_1^2+x_2^2+x_3^2+y_1^2+y_2^2+y_3^2$$

이때 $\left(x-\frac{x_1+x_2+x_3}{3}\right)^2\geq0$, $\left(y-\frac{y_1+y_2+y_3}{3}\right)^2\geq0$이므로

$\overline{AP}^2+\overline{BP}^2+\overline{CP}^2$은 $x=\dfrac{x_1+x_2+x_3}{3}$, $y=\dfrac{y_1+y_2+y_3}{3}$일 때 최솟값을 갖는다. 따라서 $\overline{AP}^2+\overline{BP}^2+\overline{CP}^2$의 값이 최소가 되도록 하는 점 P는 삼각형 ABC의 무게중심이다.

14 (**풀이전략**) 세 수 A, B, C에 대응하는 수직선 위의 점을 각각 A, B, C로 생각하고, 세 점 A, B, C의 좌표를 $\dfrac{m\times\sqrt{2}+n\times\sqrt{3}}{m+n}$ 꼴로 나타내어 본다.

세 수 A, B, C에 대응하는 수직선 위의 점을 각각 A, B, C라 하자.

두 점 $P(\sqrt{2})$, $Q(\sqrt{3})$에 대하여

점 A의 좌표는 $\dfrac{\sqrt{2}+\sqrt{3}}{2}$이므로 점 A는 선분 PQ의 중점이다.

점 B의 좌표는

$$\frac{\sqrt{2}+2\sqrt{3}}{3}=\frac{1\times\sqrt{2}+2\times\sqrt{3}}{1+2}$$

이므로 점 B는 선분 PQ를 $2:1$로 내분하는 점이다.

점 C의 좌표는

$$\frac{3\sqrt{2}+\sqrt{3}}{4}=\frac{3\times\sqrt{2}+1\times\sqrt{3}}{3+1}$$

이므로 점 C는 선분 PQ를 $1:3$으로 내분하는 점이다.

이때 세 점 A, B, C를 수직선 위에 나타내면 다음 그림과 같다.

따라서 세 수 A, B, C의 대소 관계는

$$C<A<B$$

15 (**풀이전략**) 두 점 사이의 거리의 합이 최소가 되도록 하는 점 (x, y)가 두 점 $(1, -6)$, $(-2, 3)$을 잇는 선분 위에 있어야 함을 이용한다.

$P(x, y)$라 하면

$$\sqrt{(x-1)^2+(y+6)^2}+\sqrt{(x+2)^2+(y-3)^2}$$

은 점 $(1, -6)$과 점 P, 점 $(-2, 3)$과 점 P 사이의 거리의 합과 같다.

오른쪽 그림과 같이 두 점 $(1, -6)$, $(-2, 3)$을 각각 A, B라 하면

$$\sqrt{(x-1)^2+(y+6)^2}+\sqrt{(x+2)^2+(y-3)^2}$$
$$=\overline{AP}+\overline{BP}$$

따라서 $\overline{AP}+\overline{BP}$의 최솟값은 점 P가 선분 AB 위에 있을 때이므로 구하는 최솟값은

$$\overline{AP}+\overline{BP}\geq\overline{AB}$$
$$=\sqrt{\{(-2)-1\}^2+\{3-(-6)\}^2}$$
$$=\sqrt{90}=3\sqrt{10}$$

16 （풀이 전략） 삼각형의 세 변의 길이를 각각 구한 후 이등변삼각형
이 되는 경우를 세 가지로 나누어 각각에 대한 a의 값을 구한다.

삼각형 ABP가 이등변삼각형이 되려면
$\overline{AB}=\overline{AP}$ 또는 $\overline{AB}=\overline{BP}$ 또는 $\overline{AP}=\overline{BP}$이어야 한다.
$\overline{AB}=\sqrt{\{3-(-2)\}^2+(3-5)^2}=\sqrt{29}$
$\overline{AP}=\sqrt{\{0-(-2)\}^2+(a-5)^2}=\sqrt{a^2-10a+29}$
$\overline{BP}=\sqrt{(0-3)^2+(a-3)^2}=\sqrt{a^2-6a+18}$

(i) $\overline{AB}=\overline{AP}$에서 $\overline{AB}^2=\overline{AP}^2$이므로
$\quad 29=a^2-10a+29$
$\quad a^2-10a=0,\ a(a-10)=0$
$\quad \therefore a=0$ 또는 $a=10$

(ii) $\overline{AB}=\overline{BP}$에서 $\overline{AB}^2=\overline{BP}^2$이므로
$\quad 29=a^2-6a+18,\ a^2-6a-11=0$
$\quad \therefore a=3\pm2\sqrt{5}$

(iii) $\overline{AP}=\overline{BP}$에서 $\overline{AP}^2=\overline{BP}^2$이므로
$\quad a^2-10a+29=a^2-6a+18$
$\quad 4a=11 \qquad \therefore a=\dfrac{11}{4}$

(i), (ii), (iii)에서 주어진 조건을 만족시키는 a의 값은 0,
10, $3\pm2\sqrt{5}$, $\dfrac{11}{4}$이므로 그 합은

$0+10+(3+2\sqrt{5})+(3-2\sqrt{5})+\dfrac{11}{4}=\dfrac{75}{4}$

17 （풀이 전략） 두 직선 BC와 DE가 서로 평행하므로 두 삼각형
ABC와 ADE의 세 내각의 크기가 같음을 이용하여 두 삼각형 사
이의 관계를 파악한다.

두 직선 BC와 DE가 서로 평행하고 두 직선 AB와 AC
가 점 A에서 만나므로 두 삼각형 ABC와 ADE는 서로
닮음이다. (AA 닮음)
이때 두 삼각형 ABC와 ADE의 넓이의 비가 4 : 1이므
로 두 삼각형의 ABC와 ADE의 길이의 비는 2 : 1이다.
즉, $\overline{AB}:\overline{AD}=2:1$이다.

(i) 점 D가 선분 AB 위의 점인 경우
점 D는 다음 그림과 같이 선분 AB의 중점이다.

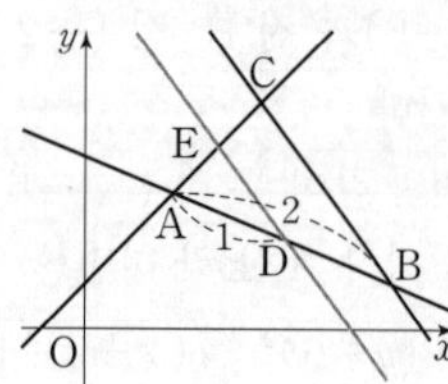

즉, 점 D의 좌표는
$\left(\dfrac{2+7}{2},\ \dfrac{3+1}{2}\right) \qquad \therefore D\left(\dfrac{9}{2},\ 2\right)$

(ii) 점 D가 선분 AB의 연장선 위의 점인 경우
점 A는 다음 그림과 같이 선분 BD를 2 : 1로 내분하
는 점이다.

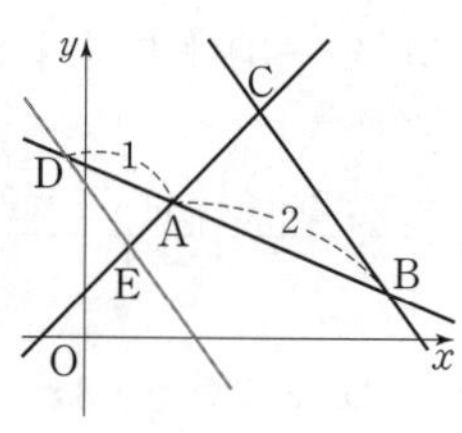

즉, D$(a,\ b)$라 하면 점 A의 좌표는
$\left(\dfrac{2\times a+1\times7}{2+1},\ \dfrac{2\times b+1\times1}{2+1}\right)$
$\therefore A\left(\dfrac{2a+7}{3},\ \dfrac{2b+1}{3}\right)$

이 점이 점 $(2,\ 3)$과 일치하므로
$\dfrac{2a+7}{3}=2$에서 $2a+7=6$
$2a=-1 \qquad \therefore a=-\dfrac{1}{2}$
$\dfrac{2b+1}{3}=3$에서 $2b+1=9$
$2b=8 \qquad \therefore b=4$
$\therefore D\left(-\dfrac{1}{2},\ 4\right)$

(i), (ii)에서 모든 점 D의 y좌표의 곱은
$2\times4=8$

18 （풀이 전략） 주어진 조건을 그림으로 나타내어 선분의 길이 사이
의 비를 찾고, 이것을 삼각형의 넓이의 비로 확장하여 생각한다.

오른쪽 그림과 같이 삼각형 ABC에서
변 BC의 중점을 M이라 하면 점 G는
무게중심이므로
$\overline{AG}:\overline{GM}=2:1$
점 G는 선분 AQ를 1 : 2로 내분하는
점이므로
$\overline{AG}:\overline{GQ}=1:2$

즉, 점 M은 선분 GQ를 1 : 3으로 내분하는 점이므로
$\overline{GM}:\overline{MQ}=1:3$
이때 삼각형 GMC의 넓이를 $k\ (k>0)$라 하면
$\triangle MQC:\triangle GMC=\overline{MQ}:\overline{GM}=3:1$이므로
$\triangle MQC=3k$
$\therefore \triangle CGQ=\triangle GMC+\triangle MQC$
$\qquad =k+3k=4k \quad\cdots\cdots\ \unicode{x1D4D8}$

또한, $\triangle AMC:\triangle GMC=\overline{AM}:\overline{GM}=3:1$이므로
$\triangle AMC=3k$
$\triangle ABC:\triangle AMC=\overline{BC}:\overline{MC}=2:1$이므로
$\triangle ABC=2\triangle AMC$
$\qquad =2\times3k=6k \quad\cdots\cdots\ \unicode{x1D4DB}$

$\unicode{x1D4D8}$, $\unicode{x1D4DB}$에서 $\triangle ABC:\triangle CGQ=6k:4k=3:2$
따라서 $m=3,\ n=2$이므로
$m+n=3+2=5$

I-2 직선의 방정식

01 직선의 방정식

(유제) • 본문 033~039쪽

01-❶ [답] (1) $y=\dfrac{\sqrt{3}}{3}x+\sqrt{3}$ (2) $y=2x-3$

(1) x축의 양의 방향과 이루는 각의 크기가 $30°$이므로 구하는 직선의 기울기는
$$\tan 30°=\frac{\sqrt{3}}{3}$$
따라서 점 $(3, 2\sqrt{3})$을 지나고 기울기가 $\dfrac{\sqrt{3}}{3}$인 직선의 방정식은
$$y-2\sqrt{3}=\frac{\sqrt{3}}{3}(x-3) \qquad \therefore y=\frac{\sqrt{3}}{3}x+\sqrt{3}$$
(2) 선분 AB의 중점의 좌표는
$$\left(\frac{1+5}{2}, \frac{7+(-1)}{2}\right) \qquad \therefore (3, 3)$$
따라서 점 $(3, 3)$을 지나고 기울기가 2인 직선의 방정식은
$$y-3=2(x-3) \qquad \therefore y=2x-3$$

01-❷ [답] 24

점 $(-3, 5)$를 지나고 기울기가 $-\dfrac{1}{3}$인 직선의 방정식은
$$y-5=-\frac{1}{3}\{x-(-3)\} \qquad \therefore y=-\frac{1}{3}x+4$$
따라서 이 직선과 x축, y축으로 둘러싸인 도형은 오른쪽 그림과 같으므로 구하는 넓이는
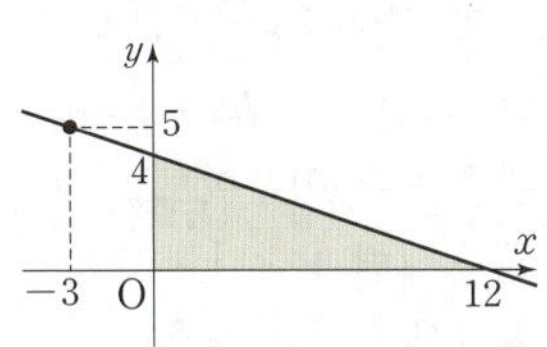
$$\frac{1}{2}\times12\times4=24$$

01-❸ [답] $y=x+5$

기울기가 1이므로 $\dfrac{6-4}{a-(-a)}=1$
$2a=2 \qquad \therefore a=1$
따라서 점 $(-1, 4)$를 지나고 기울기가 1인 직선의 방정식은
$$y-4=1\times\{x-(-1)\} \qquad \therefore y=x+5$$

| 참고 |
점 $(1, 6)$을 지나고 기울기가 1인 직선의 방정식을 구해도 결과는 같다.
$$y-6=1\times(x-1) \qquad \therefore y=x+5$$

02-❶ [답] $y=-x+3$

삼각형 ABC의 무게중심 G의 좌표는
$$\left(\frac{(-3)+(-1)+4}{3}, \frac{5+4+0}{3}\right) \qquad \therefore (0, 3)$$

따라서 두 점 $G(0, 3)$, $B(-1, 4)$를 지나는 직선의 방정식은
$$y-3=\frac{4-3}{(-1)-0}(x-0) \qquad \therefore y=-x+3$$

02-❷ [답] 6

x절편이 2, y절편이 -3인 직선의 방정식은
$$\frac{x}{2}+\frac{y}{-3}=1$$
위의 직선이 점 $(6, a)$를 지나므로 → 위의 식에 $x=6$, $y=a$를 대입
$$3-\frac{a}{3}=1, \frac{a}{3}=2 \qquad \therefore a=6$$

02-❸ [답] ④

두 점 $(-1, 2)$, $(2, a)$를 지나는 직선의 방정식은
$$y-2=\frac{a-2}{2-(-1)}\{x-(-1)\} \qquad \therefore y=\frac{a-2}{3}x+\frac{a+4}{3}$$
위의 직선이 y축과 만나는 점의 좌표가 $(0, 5)$이므로
$$5=\frac{a-2}{3}\times0+\frac{a+4}{3}, 15=a+4$$
$$\therefore a=11$$

03-❶ [답] 5

세 점 A, B, C가 한 직선 위에 있으려면 직선 AB와 직선 BC의 기울기가 같아야 하므로
$$\frac{a-1}{2-1}=\frac{9-a}{(a-2)-2}$$에서 $a-1=\frac{9-a}{a-4}$
$$(a-1)(a-4)=9-a, a^2-4a-5=0$$
$$(a+1)(a-5)=0 \qquad \therefore a=5 \ (\because a>0)$$

| 다른 풀이 |
세 점 A, B, C가 한 직선 위에 있으려면 두 점 A, B를 지나는 직선이 점 C를 지나야 한다.
두 점 $A(1, 1)$, $B(2, a)$를 지나는 직선의 방정식은
$$y-1=\frac{a-1}{2-1}(x-1) \qquad \therefore y=(a-1)(x-1)+1$$
위의 직선이 점 $C(a-2, 9)$를 지나므로
$$9=(a-1)\{(a-2)-1\}+1$$
$$a^2-4a-5=0, (a+1)(a-5)=0$$
$$\therefore a=5 \ (\because a>0)$$

03-❷ [답] 7

세 점 A, B, C가 한 직선 위에 있으려면 직선 AB와 직선 BC의 기울기가 같아야 하므로
$$\frac{(-4)-(-a)}{(3-a)-a}=\frac{(-10)-(-4)}{4a-(3-a)}$$에서 $\frac{a-4}{3-2a}=\frac{-6}{5a-3}$
$$(a-4)(5a-3)=(-6)(3-2a)$$
$$5a^2-23a+12=-18+12a$$
$$a^2-7a+6=0, (a-1)(a-6)=0$$
$$\therefore a=1 \text{ 또는 } a=6$$
따라서 모든 a의 값의 합은
$$1+6=7$$

03-❸ 답 $-\dfrac{1}{6}$

세 점 A, B, C를 꼭짓점으로 하는 삼각형이 존재하지 않으려
면 세 점 A, B, C는 한 직선 위에 있어야 한다.
즉, 직선 AB와 직선 BC의 기울기가 같아야 하므로
$$\dfrac{6-5}{(a-1)-(-1)}=\dfrac{1-6}{2a-(a-1)}\text{에서 } \dfrac{1}{a}=\dfrac{-5}{a+1}$$
$a+1=-5a,\ 6a=-1$
$\therefore a=-\dfrac{1}{6}$

04-❶ 답 $\dfrac{1}{4}$

오른쪽 그림과 같이 직선 $y=mx$는
원점 O를 지나고 점 O는 삼각형
OAB의 한 꼭짓점이므로 직선
$y=mx$가 삼각형 OAB의 넓이를
이등분하려면 선분 AB의 중점을
지나야 한다.

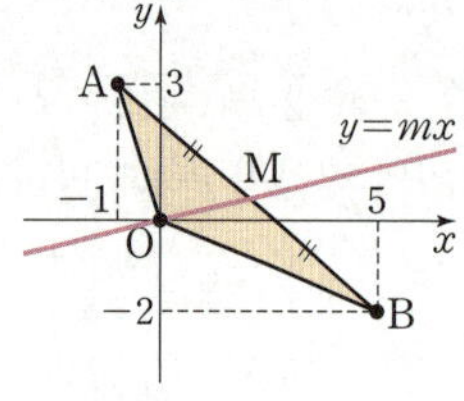

선분 AB의 중점을 M이라 하면 점 M의 좌표는
$$\left(\dfrac{(-1)+5}{2},\ \dfrac{3+(-2)}{2}\right)\qquad \therefore \mathrm{M}\left(2,\dfrac{1}{2}\right)$$
따라서 직선 $y=mx$가 점 $\mathrm{M}\left(2,\dfrac{1}{2}\right)$을 지나므로
$$\dfrac{1}{2}=2m\qquad \therefore m=\dfrac{1}{4}$$

04-❷ 답 $y=\dfrac{3}{5}x+2$

점 $(0,2)$를 지나는 직선이 직사각형
ABCD의 넓이를 이등분하려면 직선
이 직사각형의 두 대각선의 교점을 지
나야 한다.
직사각형의 두 대각선의 교점을 M이

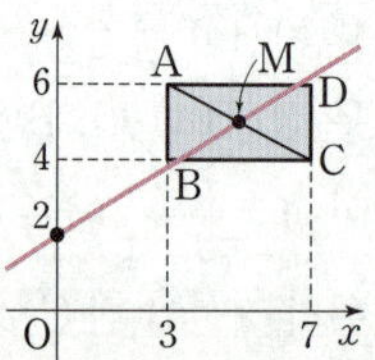

라 하면 점 M은 대각선 AC의 중점이므로 점 M의 좌표는
$$\left(\dfrac{3+7}{2},\ \dfrac{6+4}{2}\right)\qquad \therefore \mathrm{M}(5,5)$$
→ 직사각형의 두 대각선은 서로 다른 것을 이등분한다.
따라서 두 점 $(0,2)$, $\mathrm{M}(5,5)$를 지나는 직선의 방정식은
$$y-2=\dfrac{5-2}{5-0}(x-0)\qquad \therefore y=\dfrac{3}{5}x+2$$

04-❸ 답 ③

오른쪽 그림과 같이 네 직선 $x=1$,
$x=3$, $y=-1$, $y=4$의 교점을 각
각 A, B, C, D라 하면
A$(1,4)$, B$(1,-1)$, C$(3,-1)$,
D$(3,4)$

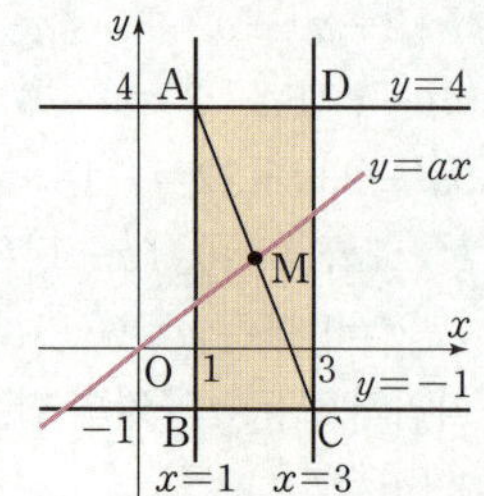

이때 일차함수 $y=ax$의 그래프가
직사각형 ABCD의 넓이를 이등분

하려면 일차함수 $y=ax$의 그래프가 직사각형 ABCD의 두
대각선의 교점을 지나야 한다.
직사각형의 두 대각선의 교점을 M이라 하면 점 M은 대각선
AC의 중점이므로 점 M의 좌표는
$$\left(\dfrac{1+3}{2},\ \dfrac{4+(-1)}{2}\right)\qquad \therefore \mathrm{M}\left(2,\dfrac{3}{2}\right)$$
직사각형의 두 대각선
은 서로 다른 것을 이등
분한다.
따라서 일차함수 $y=ax$의 그래프가 점 M을 지나므로
$$\dfrac{3}{2}=a\times 2\qquad \therefore a=\dfrac{3}{4}$$

05-❶ 답 제2, 4사분면

$ab>0$에서 $b\neq 0$이고, $c=0$이므로
→ $a\neq 0,\ b\neq 0$
$ax+by+c=0$에서
$$ax+by=0\qquad \therefore y=-\dfrac{a}{b}x \rightarrow \text{원점을 지나는 직선}$$
$ab>0$에서 $-\dfrac{a}{b}<0$
→ $a,\ b$의 부호가 서로 같다.
즉, 직선 $ax+by+c=0$은 기울기가
음수이고 원점을 지나므로 직선의 개
형은 오른쪽 그림과 같다.

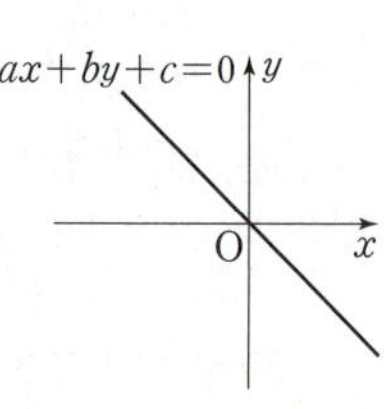

따라서 직선 $ax+by+c=0$이 지나는
사분면은 제2, 4사분면이다.

05-❷ 답 제4사분면

$ab<0$에서 $b\neq 0$이므로 $ax+by+c=0$에서
$$y=-\dfrac{a}{b}x-\dfrac{c}{b}$$
→ $a,\ b$의 부호가 서로 다르다.
$ab<0,\ ac>0$에서
→ $a,\ c$의 부호가 서로 같다.
$$-\dfrac{a}{b}>0,\ -\dfrac{c}{b}>0 \rightarrow b,\ c\text{의 부호가 서로 다르므로}$$
즉, 직선 $ax+by+c=0$의 기울기와 y절
편은 모두 양수이므로 직선의 개형은 오
른쪽 그림과 같다.

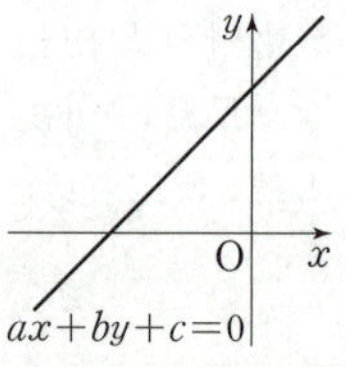

따라서 직선 $ax+by+c=0$이 지나지 않
는 사분면은 제4사분면이다.

05-❸ 답 ①

→ $a=0$ 또는 $b=0$
$ab=0,\ ac>0$에서 $a\neq 0$이고 $b=0$이므로
→ $a\neq 0$이고 $c\neq 0$
$ax+by+c=0$에서
$$ax+c=0\qquad \therefore x=-\dfrac{c}{a}$$
즉, 직선 $ax+by+c=0$은 y축에 평행하고
→ $a,\ c$의 부호가 서로 같다.
$ac>0$에서 $-\dfrac{c}{a}<0$
따라서 직선 $ax+by+c=0$의 개형은 ①이다.

06-❶ 답 3

주어진 식을 m에 대하여 정리하면
$$(3x-y-1)+m(x-5y+9)=0$$

앞의 식이 m의 값에 관계없이 항상 성립하려면
$3x-y-1=0$, $x-5y+9=0$
위의 두 식을 연립하여 풀면
$x=1$, $y=2$
따라서 주어진 직선은 m의 값에 관계없이 점 $(1, 2)$를 지나
므로
$p=1$, $q=2$
$\therefore p+q=1+2=3$

06-❷ 답 10

주어진 식을 k에 대하여 정리하면
$(3x-2y+2)+k(x-y+3)=0$
위의 식이 실수 k의 값에 관계없이 항상 성립하려면
$3x-2y+2=0$, $x-y+3=0$
위의 두 식을 연립하여 풀면
$x=4$, $y=7$
따라서 주어진 직선은 k의 값에 관계없이 항상 점 $(4, 7)$을
지나므로 두 점 $(-2, -1)$, $(4, 7)$ 사이의 거리는
$\sqrt{\{4-(-2)\}^2+\{7-(-1)\}^2}=\sqrt{100}=10$

06-❸ 답 4

직선
$y=m(x-2)+5$ ...... ㉠
는 m의 값에 관계없이 항상 점 $(2, 5)$
를 지난다.
이때 직선 ㉠과 선분 AB가 한 점에서
만나도록 하려면 직선 ㉠이 두 점 A, B
를 지나거나 두 직선 (i), (ii) 사이에 있
어야 한다.

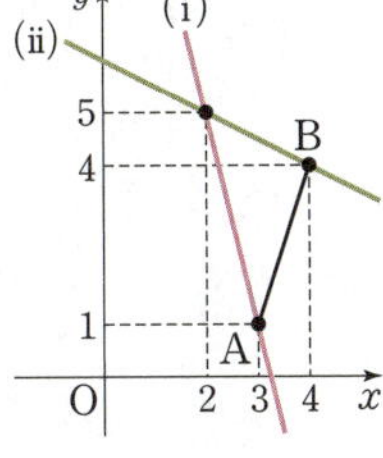

(i) 직선 ㉠이 점 $A(3, 1)$을 지날 때 → ㉠에 $x=3$, $y=1$을 대입
$1=m(3-2)+5$
$1=m+5$ $\therefore m=-4$
(ii) 직선 ㉠이 점 $B(4, 4)$를 지날 때 → ㉠에 $x=4$, $y=4$를 대입
$4=m(4-2)+5$
$4=2m+5$ $\therefore m=-\dfrac{1}{2}$

(i), (ii)에서 $-4\leq m\leq-\dfrac{1}{2}$
따라서 구하는 정수 m은 -4, -3, -2, -1의 4개이다.

07-❶ 답 1

| 방법 ❶ | 두 직선의 교점을 지나는 직선의 방정식을 이용
두 직선의 교점을 지나는 직선의 방정식은
$(2x-y+2)+k(x-3y+5)=0$ (단, k는 실수) ...... ㉠

직선 ㉠이 점 $(1, 3)$을 지나므로 → ㉠에 $x=1$, $y=3$을 대입
$(2\times1-3+2)+k(1-3\times3+5)=0$
$1-3k=0$ $\therefore k=\dfrac{1}{3}$

$k=\dfrac{1}{3}$을 ㉠에 대입하면 직선의 방정식은
$(2x-y+2)+\dfrac{1}{3}(x-3y+5)=0$
$\therefore 7x-6y+11=0$
따라서 $a=7$, $b=-6$이므로
$a+b=7+(-6)=1$

| 방법 ❷ | 두 직선의 교점의 좌표를 이용
$2x-y+2=0$, $x-3y+5=0$을 연립하여 풀면
$x=-\dfrac{1}{5}$, $y=\dfrac{8}{5}$

즉, 두 직선의 교점의 좌표가 $\left(-\dfrac{1}{5}, \dfrac{8}{5}\right)$이므로

두 점 $\left(-\dfrac{1}{5}, \dfrac{8}{5}\right)$, $(1, 3)$을 지나는 직선의 방정식은

$y-3=\dfrac{3-\dfrac{8}{5}}{1-\left(-\dfrac{1}{5}\right)}(x-1)$

$\therefore 7x-6y+11=0$
따라서 $a=7$, $b=-6$이므로
$a+b=7+(-6)=1$

07-❷ 답 $4x-2y+9=0$

| 방법 ❶ | 두 직선의 교점을 지나는 직선의 방정식을 이용
두 직선의 교점을 지나는 직선의 방정식은
$(x+y-3)+k(3x-y+5)=0$ (단, k는 실수)
$\therefore (1+3k)x+(1-k)y-3+5k=0$ ...... ㉠
직선 ㉠의 기울기가 2이므로 → $1-k=0$이면 기울기가 없으므로 $1-k\neq0$
$-\dfrac{1+3k}{1-k}=2$, $-1-3k=2(1-k)$
$\therefore k=-3$
$k=-3$을 ㉠에 대입하여 정리하면 구하는 직선의 방정식은
$-8x+4y-18=0$
$\therefore 4x-2y+9=0$

| 방법 ❷ | 두 직선의 교점의 좌표를 이용
$x+y-3=0$, $3x-y+5=0$을 연립하여 풀면
$x=-\dfrac{1}{2}$, $y=\dfrac{7}{2}$

즉, 두 직선의 교점의 좌표는 $\left(-\dfrac{1}{2}, \dfrac{7}{2}\right)$이다.

따라서 점 $\left(-\dfrac{1}{2}, \dfrac{7}{2}\right)$을 지나고 기울기가 2인 직선의 방정식은
$y-\dfrac{7}{2}=2\left\{x-\left(-\dfrac{1}{2}\right)\right\}$

$\therefore y=2x+\dfrac{9}{2}$ → $y=2x+\dfrac{9}{2}$에서 $2x-y+\dfrac{9}{2}=0$
$\qquad\qquad\qquad\therefore 4x-2y+9=0$

01 ②	02 ⑤	03 $y=-2x+6$
04 ④	05 $y=x+1$	06 제2사분면
07 ③	08 ④	

01 두 직선 $x=2$, $y=3$은 서로 수직
이고 점 $(2, 3)$에서 만난다. 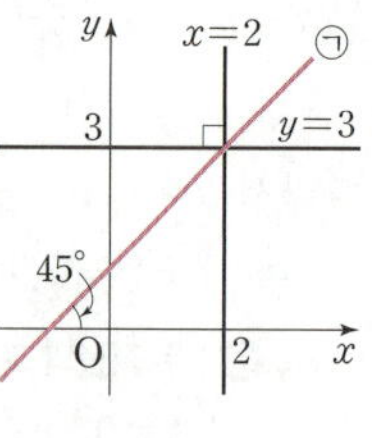
오른쪽 그림과 같이 두 직선 $x=2$,
$y=3$이 이루는 각을 이등분하고
기울기가 양수인 직선을 ㉠이라 하
면 직선 ㉠이 x축의 양의 방향과
이루는 각의 크기가 $45°$이므로 직선 ㉠의 기울기는
$\tan 45°=1$
즉, 점 $(2, 3)$을 지나고 기울기가 1인 직선의 방정식은
$y-3=1\times(x-2)$ $\therefore y=x+1$
따라서 위의 직선의 x절편은 -1이고 y절편은 1이므로
x절편과 y절편의 곱은
$(-1)\times1=-1$

02 정사각형 ABCD의 각 변의 길이가 모두 같으므로
$\overline{AB}=\overline{BC}=a$라 하자.

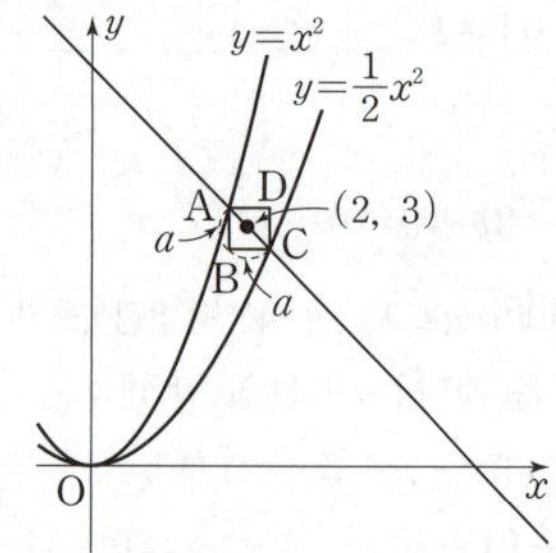

위의 그림과 같이 직선 AC는 x의 값이 a만큼 증가할 때
y의 값은 a만큼 감소하므로 직선 AC의 기울기는
$\dfrac{-a}{a}=-1$
이 직선이 점 $(2, 3)$을 지나므로 직선 AC의 방정식은
$y-3=-1\times(x-2)$ $\therefore y=-x+5$
따라서 직선 AC의 y절편은 5이다.

03 x절편을 $a\,(a\neq0)$라 하면 y절편은 $2a$이므로 구하는 직
선의 방정식은
    → y절편이 x절편의 2배이므로
$\dfrac{x}{a}+\dfrac{y}{2a}=1$
위의 직선이 점 $(4, -2)$를 지나므로
$\dfrac{4}{a}+\dfrac{-2}{2a}=1$, $\dfrac{3}{a}=1$ $\therefore a=3$
따라서 구하는 직선의 방정식은
$\dfrac{x}{3}+\dfrac{y}{6}=1$ $\therefore y=-2x+6$

04 세 점 A, B, C는 한 직선 위에 있으므로 직선 AB의 기울
기와 직선 BC의 기울기가 같아야 한다.
$\dfrac{1-(-3)}{2-6}=\dfrac{(2a-1)-1}{a-2}$, $-1=\dfrac{2a-2}{a-2}$
$2a-2=-a+2$, $3a=4$
$\therefore a=\dfrac{4}{3}$

| 다른 풀이 |
세 점 A, B, C가 한 직선 위에 있으려면 두 점 A, B를
지나는 직선이 점 C를 지나야 한다.
두 점 $A(6, -3)$, $B(2, 1)$을 지나는 직선의 방정식은
$y-(-3)=\dfrac{1-(-3)}{2-6}(x-6)$
$\therefore y=-x+3$
위의 직선이 점 $C(a, 2a-1)$을 지나므로
$2a-1=-a+3$, $3a=4$
$\therefore a=\dfrac{4}{3}$

05 평행사변형 AOCB의 넓이를 이
등분하는 직선은 평행사변형의 두 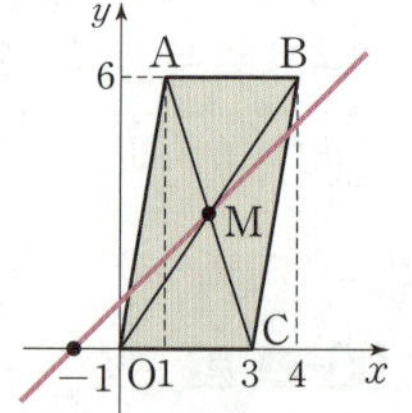
대각선의 교점을 지난다.
평행사변형의 두 대각선의 교점을
M이라 하면 점 M은 대각선 OB의
중점이므로 점 M의 좌표는
$\left(\dfrac{0+4}{2}, \dfrac{0+6}{2}\right)$ $\therefore M(2, 3)$
따라서 두 점 $(-1, 0)$, $M(2, 3)$을 지나는 직선의 방정
식은
$y-0=\dfrac{3-0}{2-(-1)}\{x-(-1)\}$
$\therefore y=x+1$

06 $b\neq0$이므로 $ax+by+c=0$에서
$y=-\dfrac{a}{b}x-\dfrac{c}{b}$
   → $b=0$이면 $ax+by+c=0$에서 $x=-\dfrac{c}{a}$이므로 y축에 평행한 직선이다.
주어진 그래프에서 직선의 기울기와 y절편이 모두 음수이
므로
$-\dfrac{a}{b}<0$, $-\dfrac{c}{b}<0$ $\therefore ab>0$, $bc>0$
   → a, b, c의 부호가 모두 같다.
$bc>0$에서 $c\neq0$이므로 $bx-cy-a=0$에서
$y=\dfrac{b}{c}x-\dfrac{a}{c}$
이때 $ab>0$, $bc>0$에서 $ac>0$이므로
$\dfrac{b}{c}>0$, $-\dfrac{a}{c}<0$
즉, 직선 $bx-cy-a=0$의 기울기는 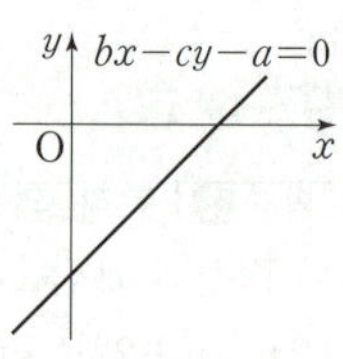
양수이고 y절편은 음수이므로 직선
의 개형은 오른쪽 그림과 같다.
따라서 직선 $bx-cy-a=0$이 지나
지 않는 사분면은 제2사분면이다.

07 직선

$$y=m(x+1)-3 \quad\cdots\cdots\ \bigcirc$$

은 m의 값에 관계없이 항상 점
$(-1, -3)$을 지난다.
이때 직선 ㉠과 직사각형 AOCB가
만나도록 하려면 직선 ㉠이 두 점 A,
C를 지나거나 두 직선 (i), (ii) 사이에 있어야 한다.

(i) 직선이 점 A(0, 3)을 지날 때 → ㉠에 $x=0$, $y=3$을 대입
$$3=m(0+1)-3,\ 3=m-3 \qquad \therefore\ m=6$$

(ii) 직선이 점 C(2, 0)을 지날 때 → ㉠에 $x=2$, $y=0$을 대입
$$0=m(2+1)-3,\ 0=3m-3 \qquad \therefore\ m=1$$

(i), (ii)에서 $1\leq m\leq 6$

따라서 $a=1$, $b=6$이므로
$$a+b=1+6=7$$

08 | 방법 ❶ | 두 직선의 교점을 지나는 직선의 방정식을 이용

두 직선 $3x+4y-1=0$, $ax+3y-1=0$의 교점을 A라
하면 직선 $5x-6y+11=0$이 점 A를 지나므로 점 A는 두
직선 $3x+4y-1=0$, $5x-6y+11=0$의 교점과 같다.
두 직선 $3x+4y-1=0$, $5x-6y+11=0$의 교점을 지
나는 직선의 방정식은
$$(3x+4y-1)+k(5x-6y+11)=0 \ (단,\ k는\ 실수)$$
$$\cdots\cdots\ \bigcirc$$

이때 직선 $ax+3y-1=0$은 a의 값에 관계없이 항상
점 $\left(0, \dfrac{1}{3}\right)$을 지나므로 직선 ㉠이 점 $\left(0, \dfrac{1}{3}\right)$을 지날 때
직선 $ax+3y-1=0$과 일치한다.

$x=0$, $y=\dfrac{1}{3}$을 ㉠에 대입하면
$$\left(3\times 0+4\times\frac{1}{3}-1\right)+k\left(5\times 0-6\times\frac{1}{3}+11\right)=0$$
$$\frac{1}{3}+9k=0 \qquad \therefore\ k=-\frac{1}{27}$$

$k=-\dfrac{1}{27}$을 ㉠에 대입하면 직선의 방정식은
$$(3x+4y-1)-\frac{1}{27}(5x-6y+11)=0$$
$$\therefore\ 2x+3y-1=0$$

따라서 위의 직선이 직선 $ax+3y-1=0$과 일치하려면
$$a=2$$

| 방법 ❷ | 두 직선의 교점의 좌표를 이용

두 직선 $3x+4y-1=0$, $ax+3y-1=0$의 교점을 A라
하면 직선 $5x-6y+11=0$이 점 A를 지나므로 점 A는
두 직선 $3x+4y-1=0$, $5x-6y+11=0$의 교점과 같다.
$3x+4y-1=0$, $5x-6y+11=0$을 연립하여 풀면
$$x=-1,\ y=1$$
$$\therefore\ A(-1, 1)$$
직선 $ax+3y-1=0$이 점 A를 지나므로
$$a\times(-1)+3\times 1-1=0 \qquad \therefore\ a=2$$

◯2 두 직선의 위치 관계

(유제)　　　　　　　　　　　　　• 본문 044~047쪽

01-❶ 답 (1) $y=-2x-7$ (2) $y=5x+6$

(1) 직선 $y=-2x-2$의 기울기는 -2이므로 평행한 직선의
기울기는 -2이다.
따라서 점 $(-5, 3)$을 지나고 기울기가 -2인 직선의 방
정식은
$$y-3=-2\{x-(-5)\} \qquad \therefore\ y=-2x-7$$

(2) 직선 $y=-\dfrac{1}{5}x+5$의 기울기는 $-\dfrac{1}{5}$이므로 이 직선에 수
직인 직선의 기울기를 m이라 하면
$$\left(-\frac{1}{5}\right)\times m=-1 \qquad \therefore\ m=5$$
따라서 기울기가 5이고 y절편이 6인 직선의 방정식은
$$y=5x+6$$

01-❷ 답 -7

두 점 $(-1, 2)$, $(2, 8)$을 지나는 직선의 기울기는
$$\frac{8-2}{2-(-1)}=2$$
즉, 점 $(3, -3)$을 지나고 기울기가 2인 직선의 방정식은
$$y-(-3)=2(x-3) \qquad \therefore\ y=2x-9$$
따라서 $a=2$, $b=-9$이므로
$$a+b=2+(-9)=-7$$

01-❸ 답 2

두 점 $(-3, 2)$, $(5, 4)$를 이은 선분의 중점의 좌표는
$$\left(\frac{(-3)+5}{2}, \frac{2+4}{2}\right) \qquad \therefore\ (1, 3)$$

직선 $y=-\dfrac{1}{3}x+1$의 기울기는 $-\dfrac{1}{3}$이므로 이 직선에 수직인
직선의 기울기를 m이라 하면
$$\left(-\frac{1}{3}\right)\times m=-1 \qquad \therefore\ m=3$$
따라서 점 $(1, 3)$을 지나고 기울기가 3인 직선의 방정식은
$$y-3=3(x-1) \qquad \therefore\ y=3x$$
위의 직선이 점 $(a, 6)$을 지나므로
$$6=3\times a \qquad \therefore\ a=2$$

02-❶ 답 $a=-1$, $b=1$, $c=-2$

두 직선 $ax+2y+1=0$, $(b+1)x-4y+c=0$이 일치하므로
$$\frac{a}{b+1}=\frac{2}{-4}=\frac{1}{c}$$
$$\frac{a}{b+1}=\frac{2}{-4}에서\ -4a=2(b+1)$$
$$\therefore\ b=-2a-1 \qquad \cdots\cdots\ \bigcirc$$
$$\frac{2}{-4}=\frac{1}{c}에서\ 2c=-4$$

$\therefore c=-2$

또한, 두 직선 $ax+2y+1=0$, $bx+cy+2=0$이 서로 평행하므로

$$\frac{a}{b}=\frac{2}{c}\neq\frac{1}{2}$$

이때 $c=-2$이므로 $\frac{a}{b}=\frac{2}{c}$에서 $\frac{a}{b}=-1$

$\therefore a=-b$ ······ ㉡

㉠, ㉡을 연립하여 풀면

$a=-1,\ b=1$

02-❷ 답 12

두 직선이 서로 수직이므로

$(-1)\times(-2)+ab=0$

$\therefore ab=-2$ ······ ㉠

두 직선의 교점의 좌표가 $(4,\ 1)$이므로 → 주어진 두 직선의 방정식에 각각 $x=4$, $y=1$을 대입

$(-1)\times4+a\times1+2=0$ $\therefore a=2$

$(-2)\times4+b\times1+c=0$ $\therefore b+c=8$ ······ ㉡

$a=2$를 ㉠에 대입하면

$2\times b=-2$ $\therefore b=-1$

$b=-1$을 ㉡에 대입하면

$(-1)+c=8$ $\therefore c=9$

$\therefore a-b+c=2-(-1)+9=12$

02-❸ 답 ⑤

두 직선 $4x-2y+1=0$, $bx-y+5=0$이 서로 평행하려면

$$\frac{4}{b}=\frac{-2}{-1}\neq\frac{1}{5}$$

$\frac{4}{b}=\frac{-2}{-1}$에서 $-4=-2b$ $\therefore b=2$

즉, $4x-2y+1=0$과 평행한 직선 $2x-y+5=0$이

점 $(1,\ a)$를 지나므로

$2\times1-a+5=0$ $\therefore a=7$

$\therefore a\times b=7\times2=14$

03-❶ 답 11

두 점 A, B를 지나는 직선의 기울기는

$$\frac{4-(-2)}{6-4}=3$$

이므로 선분 AB의 수직이등분선의 기울기는 $-\frac{1}{3}$이다.

선분 AB의 중점의 좌표는

$$\left(\frac{4+6}{2},\ \frac{(-2)+4}{2}\right) \quad \therefore (5,\ 1)$$

즉, 점 $(5,\ 1)$을 지나고 기울기가 $-\frac{1}{3}$인 직선의 방정식은

$y-1=-\frac{1}{3}(x-5)$ $\therefore x+3y-8=0$

따라서 $a=3$, $b=-8$이므로

$a-b=3-(-8)=11$

03-❷ 답 10

두 점 A, B를 지나는 직선의 기울기는

$$\frac{1-3}{3-(-5)}=-\frac{1}{4}$$

이므로 선분 AB의 수직이등분선의 기울기는 4이다.

선분 AB의 중점의 좌표는

$$\left(\frac{(-5)+3}{2},\ \frac{3+1}{2}\right) \quad \therefore (-1,\ 2)$$

따라서 점 $(-1,\ 2)$를 지나고 기울기가 4인 직선의 방정식은

$y-2=4\{x-(-1)\}$ $\therefore y=4x+6$

위의 직선이 점 $(1,\ a)$를 지나므로

$a=4\times1+6=10$

03-❸ 답 -1

두 점 A, B를 지나는 직선의 기울기는 $\frac{b-6}{5-a}$이고

직선 $x-2y+1=0$, 즉 $y=\frac{1}{2}x+\frac{1}{2}$의 기울기가 $\frac{1}{2}$이므로

두 점 A, B를 지나는 직선의 기울기는 -2이다.

즉, $\frac{b-6}{5-a}=-2$에서

$b-6=(-2)\times(5-a)$

$\therefore 2a-b=4$ ······ ㉠

선분 AB의 중점의 좌표는

$$\left(\frac{a+5}{2},\ \frac{6+b}{2}\right)$$

직선 $x-2y+1=0$이 선분 AB의 중점을 지나므로

$\frac{a+5}{2}-2\times\frac{6+b}{2}+1=0$

$\therefore a-2b=5$ ······ ㉡

㉠, ㉡을 연립하여 풀면

$a=1,\ b=-2$

$\therefore a+b=1+(-2)=-1$

04-❶ 답 3

$x+2y+2=0$ ······ ㉠

$x-2y+2a=0$ ······ ㉡

$ax-y+4a+1=0$ ······ ㉢

이라 하자.

주어진 세 직선이 한 점에서 만나려면 직선 ㉢이 두 직선 ㉠, ㉡의 교점을 지나야 한다.

㉠, ㉡을 연립하여 풀면

$x=-a-1,\ y=\frac{a-1}{2}$

즉, 직선 ㉢이 점 $\left(-a-1,\ \frac{a-1}{2}\right)$을 지나야 하므로

$a\times(-a-1)-\frac{a-1}{2}+4a+1=0$

$2a^2-5a-3=0,\ (2a+1)(a-3)=0$

$\therefore a=-\dfrac{1}{2}$ 또는 $a=3$

이때 $a=-\dfrac{1}{2}$이면 두 직선 ㉠, ㉢이 일치하므로

$a=3$

04-❷ 답 $\dfrac{2}{3}$

$y=x-3$ $\qquad$ …… ㉠

$y=-2x+6$ $\qquad$ …… ㉡

$\underline{ax+y+1=0}$ $\qquad$ …… ㉢

이라 하자. $\rightarrow y=-ax-1$

세 직선이 삼각형을 이루지 않는 경우는 다음과 같다.

(i) 세 직선이 모두 평행한 경우

두 직선 ㉠, ㉡의 기울기가 각각 1, -2이므로 두 직선은 평행하지 않는다. 즉, 세 직선이 모두 평행한 경우는 존재하지 않는다.

(ii) 세 직선 중 두 직선만 서로 평행한 경우

ⓐ 두 직선 ㉠, ㉢이 서로 평행한 경우

직선 ㉢의 기울기 $\begin{cases} -a=1 \quad \therefore a=-1 \\ \text{ⓑ 두 직선 ㉡, ㉢이 서로 평행한 경우} \\ -a=-2 \quad \therefore a=2 \end{cases}$ 두 직선 ㉠, ㉡이 서로 평행하지 않으므로

ⓐ, ⓑ에서 $a=-1$ 또는 $a=2$

(iii) 세 직선이 한 점에서 만나는 경우

㉠, ㉡을 연립하여 풀면

$x=3,\ y=0$

즉, 직선 ㉢이 점 $(3,\ 0)$을 지나야 하므로

$3a+1=0 \qquad \therefore a=-\dfrac{1}{3}$

(i), (ii), (iii)에서 조건을 만족시키는 a의 값은 $-\dfrac{1}{3}$, -1, 2이므로 그 합은

$\left(-\dfrac{1}{3}\right)+(-1)+2=\dfrac{2}{3}$

소단원 점검 문제 · 본문 048쪽

01 1 $\qquad$ 02 ③ $\qquad$ 03 $y=-7x+8$

04 ①

01 두 점 $A(-1,\ -2)$, $B(4,\ 3)$을 이은 선분 AB를 $3:2$로 내분하는 점의 좌표는

$\left(\dfrac{3\times4+2\times(-1)}{3+2},\ \dfrac{3\times3+2\times(-2)}{3+2}\right) \qquad \therefore (2,\ 1)$

두 점 A, B를 지나는 직선의 기울기는 $\dfrac{3-(-2)}{4-(-1)}=1$이므로 이 직선에 수직인 직선의 기울기는 -1이다.

따라서 점 $(2,\ 1)$을 지나고 기울기가 -1인 직선의 방정식은

$y-1=-(x-2) \qquad \therefore y=-x+3$

이 직선이 점 $(a,\ 2)$를 지나므로

$2=-a+3 \qquad \therefore a=1$

02 | 방법 ❶ | 두 직선의 교점을 지나는 직선의 방정식을 이용

두 직선 $x+3y+2=0$, $2x-3y-14=0$의 교점을 지나는 직선의 방정식은

$(x+3y+2)+k(2x-3y-14)=0$ (단, k는 실수)

$\therefore (1+2k)x+(3-3k)y+2-14k=0$ $\qquad$ …… ㉠

직선 ㉠이 직선 $2x+y+1=0$과 평행하므로

$\dfrac{1+2k}{2}=\dfrac{3-3k}{1}\neq\dfrac{2-14k}{1}$

$\dfrac{1+2k}{2}=\dfrac{3-3k}{1}$에서 $1+2k=2(3-3k)$

$8k=5 \qquad \therefore k=\dfrac{5}{8}$

$k=\dfrac{5}{8}$를 ㉠에 대입하여 정리하면

$2x+y-6=0$

이 직선의 방정식에 $y=0$을 대입하면

$2x+0-6=0 \qquad \therefore x=3$

따라서 구하는 x절편은 3이다.

| 방법 ❷ | 두 직선의 교점의 좌표를 이용

$x+3y+2=0$, $2x-3y-14=0$을 연립하여 풀면

$x=4,\ y=-2$

즉, 두 직선의 교점의 좌표는 $(4,\ -2)$이다.

직선 $2x+y+1=0$, 즉 $y=-2x-1$의 기울기는 -2이므로 이 직선에 평행한 직선의 기울기는 -2이다.

점 $(4,\ -2)$를 지나고 기울기가 -2인 직선의 방정식은

$y-(-2)=-2(x-4) \qquad \therefore 2x+y-6=0$

이 직선의 방정식에 $y=0$을 대입하면

$2x+0-6=0 \qquad \therefore x=3$

따라서 구하는 x절편은 3이다.

03 마름모의 두 대각선은 서로 다른 것을 수직이등분하므로 두 점 B, D를 지나는 직선은 선분 AC의 수직이등분선이다.

두 점 A, C를 지나는 직선의 기울기는

$\dfrac{5-4}{4-(-3)}=\dfrac{1}{7}$

이므로 선분 AC의 수직이등분선의 기울기는 -7이다.

선분 AC의 중점의 좌표는

$\left(\dfrac{(-3)+4}{2},\ \dfrac{4+5}{2}\right) \qquad \therefore \left(\dfrac{1}{2},\ \dfrac{9}{2}\right)$

따라서 점 $\left(\dfrac{1}{2},\ \dfrac{9}{2}\right)$를 지나고 기울기가 -7인 직선의 방정식은

$y-\dfrac{9}{2}=-7\left(x-\dfrac{1}{2}\right) \qquad \therefore y=-7x+8$

04 서로 다른 세 직선에 의하여 좌표평면이 4개의 영역으로 나누어지려면 세 직선이 모두 평행해야 한다.

$$ax+2y-a=0 \qquad \cdots\cdots ㉠$$
$$bx+(b+1)y+1=0 \qquad \cdots\cdots ㉡$$
$$3x+y-1=0 \qquad \cdots\cdots ㉢$$

이라 하자. 두 직선 ㉠, ㉢이 서로 평행하려면

$$\frac{a}{3}=\frac{2}{1}\neq\frac{-a}{-1}$$

$\dfrac{a}{3}=\dfrac{2}{1}$에서 $a=6$

또한, 두 직선 ㉡, ㉢이 서로 평행하려면

$$\frac{b}{3}=\frac{b+1}{1}\neq\frac{1}{-1}$$

$\dfrac{b}{3}=\dfrac{b+1}{1}$에서 $b=3b+3$ $\quad\therefore b=-\dfrac{3}{2}$

$$\therefore ab=6\times\left(-\frac{3}{2}\right)=-9$$

◯3 점과 직선 사이의 거리

• 본문 049쪽

1 답 (1) 1 (2) $\sqrt{2}$

(1) $\dfrac{|3\times2+4\times(-1)-7|}{\sqrt{3^2+4^2}}=1$

(2) $\dfrac{|-2|}{\sqrt{1^2+(-1)^2}}=\sqrt{2}$

2 답 (1) $3\sqrt{2}$ (2) $\sqrt{5}$

(1) 두 직선 사이의 거리는 직선 $x+y-4=0$ 위의 한 점 $(4,\,0)$과 직선 $x+y+2=0$ 사이의 거리와 같으므로

$$\frac{|1\times4+1\times0+2|}{\sqrt{1^2+1^2}}=3\sqrt{2}$$

(2) 두 직선 사이의 거리는 직선 $2x-y+1=0$ 위의 한 점 $(0,\,1)$과 직선 $2x-y+6=0$ 사이의 거리와 같으므로

$$\frac{|2\times0+(-1)\times1+6|}{\sqrt{2^2+(-1)^2}}=\sqrt{5}$$

유제 • 본문 050~053쪽

01-❶ 답 $2\sqrt{5}$

직선 $2x+y-3=0$, 즉 $y=-2x+3$의 기울기는 -2이므로 이 직선에 평행한 직선의 기울기는 -2이다.
점 $(1,\,5)$를 지나고 기울기가 -2인 직선의 방정식은

$$y-5=-2(x-1) \qquad \therefore 2x+y-7=0$$

따라서 점 $(-2,\,1)$과 직선 $2x+y-7=0$ 사이의 거리는

$$\frac{|2\times(-2)+1\times1-7|}{\sqrt{2^2+1^2}}=2\sqrt{5}$$

01-❷ 답 ④

점 $(\sqrt{3},\,1)$과 직선 $y=\sqrt{3}x+n$, 즉 $\sqrt{3}x-y+n=0$ 사이의 거리가 3이므로

$$\frac{|\sqrt{3}\times\sqrt{3}-1\times1+n|}{\sqrt{(\sqrt{3})^2+(-1)^2}}=3, \quad |2+n|=6$$

$2+n=\pm6$

$\therefore n=4 \ (\because n>0)$

01-❸ 답 ③

x축 위의 점의 좌표를 $(a,\,0)$이라 하면 이 점과 직선 $6x+8y-3=0$ 사이의 거리가 $\dfrac{1}{2}$이므로

$$\frac{|6\times a+8\times0-3|}{\sqrt{6^2+8^2}}=\frac{1}{2}, \quad |6a-3|=5$$

$6a-3=\pm5 \qquad \therefore a=-\dfrac{1}{3}$ 또는 $a=\dfrac{4}{3}$

따라서 두 점의 좌표가 $\left(-\dfrac{1}{3},\,0\right), \left(\dfrac{4}{3},\,0\right)$이므로 구하는 두 점 사이의 거리는

$$\left|\frac{4}{3}-\left(-\frac{1}{3}\right)\right|=\frac{5}{3}$$

02-❶ 답 3

두 직선이 서로 평행하므로

$$\frac{1}{1}=\frac{a}{2}\neq\frac{-4}{b} \qquad \therefore a=2$$

즉, 직선 $x+2y-4=0$ 위의 한 점 $(4,\,0)$과 직선 $x+2y+b=0$ 사이의 거리가 $\sqrt{5}$이므로

$$\frac{|1\times4+2\times0+b|}{\sqrt{1^2+2^2}}=\sqrt{5}, \quad |4+b|=5$$

$4+b=\pm5 \qquad \therefore b=1 \ (\because b>0)$

$\therefore a+b=2+1=3$

02-❷ 답 4

두 직선이 서로 평행하므로 직선 $3x+y-2=0$ 위의 한 점 $(0,\,2)$와 직선 $3x+y-m=0$ 사이의 거리가 $\dfrac{\sqrt{10}}{2}$이다.

즉, $\dfrac{|3\times0+1\times2-m|}{\sqrt{3^2+1^2}}=\dfrac{\sqrt{10}}{2}$이므로

$|2-m|=5, \ 2-m=\pm5$

$\therefore m=-3$ 또는 $m=7$

따라서 구하는 모든 m의 값의 합은

$$(-3)+7=4$$

02-❸ 답 -1

두 직선이 서로 평행하므로

$$\frac{3}{a}=\frac{4}{-4}\neq\frac{-3}{-7} \qquad \therefore a=-3$$

따라서 두 직선 사이의 거리는 직선 $3x+4y-3=0$ 위의 한 점 $(1, 0)$과 직선 $-3x-4y-7=0$ 사이의 거리와 같으므로

$$b=\frac{|(-3)\times1+(-4)\times0-7|}{\sqrt{(-3)^2+(-4)^2}}=2$$

$$\therefore a+b=(-3)+2=-1$$

03-❶ 답 $\dfrac{33}{2}$

선분 AB의 길이는 ← 삼각형 ABC의 밑변의 길이

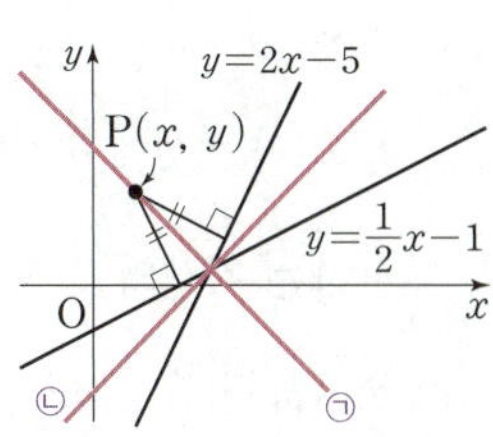

$\overline{AB}$

$=\sqrt{\{4-(-5)\}^2+\{1-(-4)\}^2}$

$=\sqrt{106}$

직선 AB의 방정식은

$$y-1=\frac{1-(-4)}{4-(-5)}(x-4)$$

$$\therefore 5x-9y-11=0$$

점 C$(1, 3)$과 직선 $5x-9y-11=0$ 사이의 거리를 h라 하면

$$h=\frac{|5\times1+(-9)\times3-11|}{\sqrt{5^2+(-9)^2}}=\frac{33}{\sqrt{106}}$$
삼각형 ABC의 높이

따라서 삼각형 ABC의 넓이는

$$\frac{1}{2}\times\overline{AB}\times h=\frac{1}{2}\times\sqrt{106}\times\frac{33}{\sqrt{106}}=\frac{33}{2}$$

03-❷ 답 6

직선 OA의 방정식은

$$y=\frac{6}{-2}x \qquad \therefore 3x+y=0$$

즉, 두 직선 $3x+y=0$, $3x+y-6=0$은 서로 평행하므로 삼각형 AOP에서 밑변을 OA라 하면 높이는 점 O와 직선 $3x+y-6=0$ 사이의 거리와 같다.

$$\overline{OA}=\sqrt{(-2)^2+6^2}=2\sqrt{10}$$

이고, 점 O와 직선 $3x+y-6=0$ 사이의 거리를 h라 하면

$$h=\frac{|-6|}{\sqrt{3^2+1^2}}=\frac{3\sqrt{10}}{5}$$

따라서 삼각형 AOP의 넓이는

$$\frac{1}{2}\times\overline{OA}\times h=\frac{1}{2}\times2\sqrt{10}\times\frac{3\sqrt{10}}{5}=6$$

03-❸ 답 1

선분 AB의 길이는 ← 삼각형 ABC의 밑변의 길이

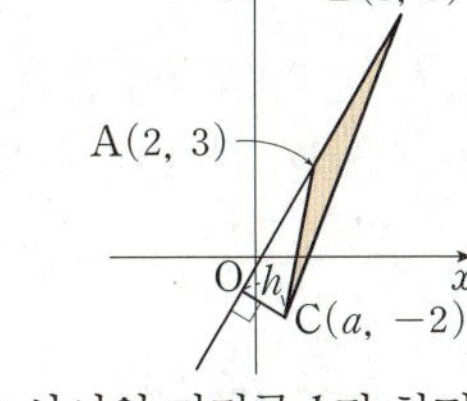

$$\overline{AB}=\sqrt{(5-2)^2+(8-3)^2}=\sqrt{34}$$

직선 AB의 방정식은

$$y-3=\frac{8-3}{5-2}(x-2)$$

$$\therefore 5x-3y-1=0$$

점 C$(a, -2)$와 직선 $5x-3y-1=0$ 사이의 거리를 h라 하면

$$h=\frac{|5\times a+(-3)\times(-2)-1|}{\sqrt{5^2+(-3)^2}}=\frac{|5a+5|}{\sqrt{34}}$$
삼각형 ABC의 높이

이때 삼각형 ABC의 넓이가 5이므로

$$\frac{1}{2}\times\overline{AB}\times h=\frac{1}{2}\times\sqrt{34}\times\frac{|5a+5|}{\sqrt{34}}=5$$

$$|5a+5|=10,\ 5a+5=\pm10$$

$$\therefore a=1\ (\because a>0)$$

04-❶ 답 $x+y-3=0$ 또는 $3x-3y-7=0$

$y=2x-5$에서 $2x-y-5=0$

$y=\dfrac{1}{2}x-1$에서 $x-2y-2=0$

각의 이등분선 위의 임의의 점을 P(x, y)라 하면 점 P에서 두 직선 $2x-y-5=0$, $x-2y-2=0$에 이르는 거리가 같으므로

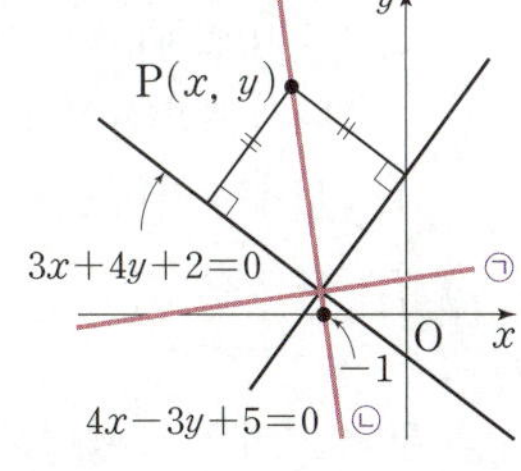

$$\frac{|2x-y-5|}{\sqrt{2^2+(-1)^2}}=\frac{|x-2y-2|}{\sqrt{1^2+(-2)^2}}$$

$$|2x-y-5|=|x-2y-2|$$

$$2x-y-5=\pm(x-2y-2)$$

$$\therefore x+y-3=0 \text{ 또는 } 3x-3y-7=0$$
　　　　　㉠　　　　　　　㉡

04-❷ 답 $7x+y+7=0$

P(x, y)라 하면 점 P가 두 직선 $3x+4y+2=0$, $4x-3y+5=0$으로부터 같은 거리에 있으므로

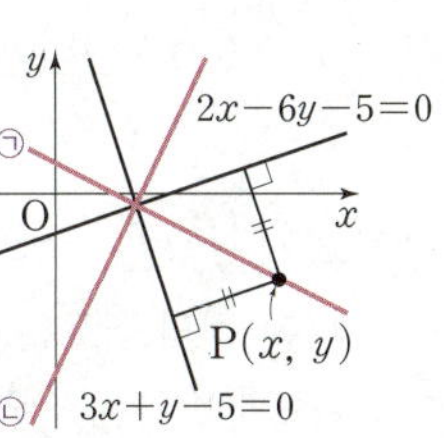

$$\frac{|3x+4y+2|}{\sqrt{3^2+4^2}}=\frac{|4x-3y+5|}{\sqrt{4^2+(-3)^2}}$$

$$|3x+4y+2|=|4x-3y+5|$$

$$3x+4y+2=\pm(4x-3y+5)$$

$$\therefore x-7y+3=0 \text{ 또는 } 7x+y+7=0$$
　　　　㉠　　　　　　　㉡

이때 구하는 도형은 점 $(-1, 0)$을 지나야 하므로 위의 식에 $x=-1$, $y=0$을 각각 대입하면

$$(-1)-7\times0+3\neq0,\ 7\times(-1)+0+7=0$$

따라서 구하는 도형의 방정식은

$$7x+y+7=0$$

04-❸ 답 $8x-4y-15=0$

각의 이등분선 위의 임의의 점을 P(x, y)라 하면 점 P에서 두 직선 $3x+y-5=0$, $2x-6y-5=0$에 이르는 거리가 같으므로

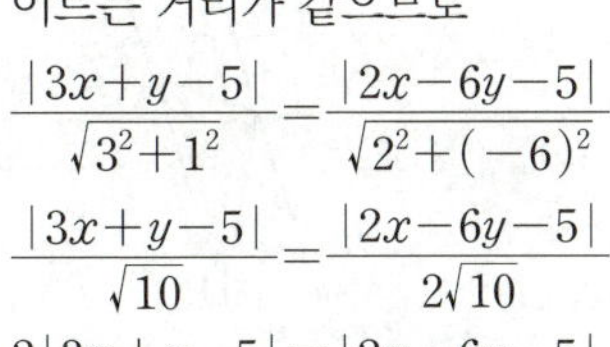

$$\frac{|3x+y-5|}{\sqrt{3^2+1^2}}=\frac{|2x-6y-5|}{\sqrt{2^2+(-6)^2}}$$

$$\frac{|3x+y-5|}{\sqrt{10}}=\frac{|2x-6y-5|}{2\sqrt{10}}$$

$$2|3x+y-5|=|2x-6y-5|$$

$$2(3x+y-5)=\pm(2x-6y-5)$$

$$\therefore 4x+8y-5=0 \text{ 또는 } 8x-4y-15=0$$
　　　　㉠　　　　　　　　㉡

따라서 각의 이등분선 중 제3사분면을 지나는 직선의 방정식은
$8x-4y-15=0$

• 본문 054쪽

소단원 점검 문제

01 $x-3y+30=0$ **02** ⑤ **03** ③
04 2

01 직선 $3x+y-4=0$, 즉 $y=-3x+4$의 기울기는 -3이
므로 이 직선에 수직인 직선의 기울기는 $\dfrac{1}{3}$이다.

구하는 직선의 방정식을 $y=\dfrac{1}{3}x+k$ (k는 상수)라 하면

원점과 직선 $y=\dfrac{1}{3}x+k$, 즉 $x-3y+3k=0$ 사이의 거
리가 $3\sqrt{10}$이므로

$\dfrac{|3k|}{\sqrt{1^2+(-3)^2}}=3\sqrt{10}$, $|3k|=30$, $3k=\pm30$

$\therefore k=-10$ 또는 $k=10$

(i) $k=-10$일 때, 직선의 방정식은 $x-3y-30=0$이고
제4사분면을 지난다.

(ii) $k=10$일 때, 직선의 방정식은 $x-3y+30=0$이고
제4사분면을 지나지 않는다.

(i), (ii)에서 구하는 직선의 방정식은
$x-3y+30=0$

02 두 직선이 서로 평행하므로
$\dfrac{1}{a}=\dfrac{-2}{a+1}\neq\dfrac{4}{2}$

$\dfrac{1}{a}=\dfrac{-2}{a+1}$에서 $a+1=-2a$

$3a=-1$ $\therefore a=-\dfrac{1}{3}$

따라서 두 직선 사이의 거리는 직선
$-\dfrac{1}{3}x+\dfrac{2}{3}y+2=0$, 즉 $x-2y-6=0$ 위의 점 $(6,0)$과
직선 $x-2y+4=0$ 사이의 거리와 같으므로

$\dfrac{|1\times6-2\times0+4|}{\sqrt{1^2+(-2)^2}}=2\sqrt{5}$

03 직선 $y=3x-6$이 x축과 만
나는 점의 좌표는 $(2,0)$이고
y축과 만나는 점의 좌표는
$(0,-6)$이므로
A$(2,0)$, B$(0,-6)$
선분 AB의 길이는
$\overline{AB}=\sqrt{(0-2)^2+\{(-6)-0\}^2}$
$\qquad=2\sqrt{10}$

두 직선 $3x-y+2=0$과 $y=3x-6$, 즉 $3x-y-6=0$이
서로 평행하므로 직선 $3x-y+2=0$ 위의 점 $(0,2)$와
직선 $3x-y-6=0$ 사이의 거리를 h라 하면

$h=\dfrac{|3\times0+(-1)\times2-6|}{\sqrt{3^2+(-1)^2}}=\dfrac{8}{\sqrt{10}}$ ← 삼각형 APB의 높이

따라서 삼각형 APB의 넓이는

$\dfrac{1}{2}\times\overline{AB}\times h=\dfrac{1}{2}\times2\sqrt{10}\times\dfrac{8}{\sqrt{10}}=8$

04 두 직선의 각의 이등분선이 점 $(3,3)$을 지나므로 점
$(3,3)$에서 두 직선에 이르는 거리가 같다.

$\dfrac{|a\times3-1\times3+3|}{\sqrt{a^2+(-1)^2}}=\dfrac{|1\times3+2\times3-3|}{\sqrt{1^2+2^2}}$

$\dfrac{|3a|}{\sqrt{a^2+1}}=\dfrac{6}{\sqrt{5}}$

위의 식의 양변을 제곱하면

$\dfrac{9a^2}{a^2+1}=\dfrac{36}{5}$, $45a^2=36(a^2+1)$

$9a^2=36$, $a^2=4$

$\therefore a=2$ ($\because a>0$)

중단원 실전 문제

• 본문 055~058쪽

01 17	**02** 3	**03** ④	**04** ①
05 $\dfrac{2}{5}<k<5$		**06** 2	**07** ③
08 ①	**09** 6	**10** 2	**11** ①
12 ④	**13** 20	**14** ⑤	**15** 1
16 -7	**17** -1	**18** ⑤	**19** 3
20 125	**21** ④		

01 두 점 $(-3,2)$, $(4,-5)$를 지나는 직선의 방정식은
← 두 점 $(a,-2)$, $(3,b)$를 지나는 직선의 방정식과 같다.
$y-2=\dfrac{(-5)-2}{4-(-3)}\{x-(-3)\}$ $\therefore y=-x-1$

위의 직선이 두 점 $(a,-2)$, $(3,b)$를 지나므로
$y=-x-1$에 $x=a$, $y=-2$와 $x=3$, $y=b$를 각각 대입
하면

$-2=-a-1$ $\therefore a=1$ ← 점 $(a,-2)$를 지날 때

$b=-3-1=-4$ ← 점 $(3,b)$를 지날 때

$\therefore a^2+b^2=1^2+(-4)^2=17$

02 $a\neq0$이고, 세 점 A, B, C가 한 직선 위에 있으려면 직선
AB와 직선 BC의 기울기가 같아야 하므로
직선 AB의 기울기 ← $\dfrac{2-(2a+6)}{a-(-2a)}=\dfrac{(2a+1)-2}{3a-a}$, $\dfrac{-2a-4}{3a}=\dfrac{2a-1}{2a}$ → 직선 BC의 기울기

$2a(-2a-4)=3a(2a-1)$, $-4a^2-8a=6a^2-3a$

$10a^2+5a=0$, $5a(2a+1)=0$

$\therefore a=-\dfrac{1}{2}$ ($\because a\neq0$)

즉, 두 점 $A(1, 5)$, $B\left(-\dfrac{1}{2}, 2\right)$를 지나는 직선의 방정식은

$$y-5=\dfrac{2-5}{\left(-\dfrac{1}{2}\right)-1}(x-1) \qquad \therefore y=2x+3$$

따라서 직선 l이 y축과 만나는 점의 y좌표는 3이다.
$\llcorner$ 직선 l의 y절편

03 오른쪽 그림과 같이 두 직사각형의 넓이를 동시에 이등분하는 직선은 각 직사각형의 대각선의 교점을 모두 지나야 한다.

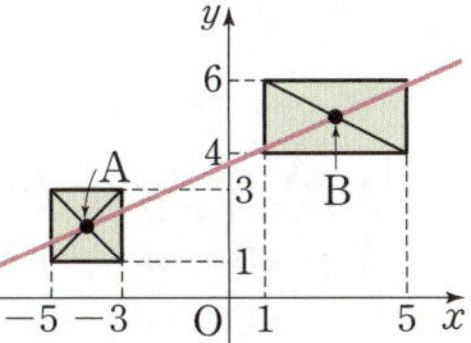

두 대각선의 교점을 각각 A, B라 하면

$$A\left(\dfrac{(-3)+(-5)}{2},\ \dfrac{1+3}{2}\right) \qquad \therefore A(-4, 2)$$

$$B\left(\dfrac{1+5}{2},\ \dfrac{4+6}{2}\right) \qquad \therefore B(3, 5)$$

즉, 두 점 $A(-4, 2)$, $B(3, 5)$를 지나는 직선의 방정식은

$$y-2=\dfrac{5-2}{3-(-4)}\{x-(-4)\}$$

$$\therefore y=\dfrac{3}{7}x+\dfrac{26}{7}$$

따라서 $a=\dfrac{3}{7}$, $b=\dfrac{26}{7}$이므로

$$a+b=\dfrac{3}{7}+\dfrac{26}{7}=\dfrac{29}{7}$$

04 $ax+by+c=0$에서 $y=-\dfrac{a}{b}x-\dfrac{c}{b}$이고

이 직선이 제1, 3, 4사분면을 지나려면 오른쪽 그림과 같으므로 기울기는 양수이고 y절편은 음수이다.

즉, $-\dfrac{a}{b}>0$, $-\dfrac{c}{b}<0$이므로

$$ab<0,\ bc>0$$

한편, $bx-ay+c=0$에서 $y=\dfrac{b}{a}x+\dfrac{c}{a}$

이때 $\underline{ab<0},\ \underline{bc>0}$이므로 $\to a, b$의 부호가 서로 다르다.
$\to b, c$의 부호가 서로 같다.
$\dfrac{b}{a}<0$, $\dfrac{c}{a}<0$ $\to a, c$의 부호가 서로 다르므로

즉, 직선 $bx-ay+c=0$의 기울기와 y절편은 모두 음수이므로 직선의 개형은 오른쪽 그림과 같다.

따라서 직선 $bx-ay+c=0$은 제1사분면을 지나지 않는다.

05 $kx-y+k-2=0$을 k에 대하여 정리하면

$$(-y-2)+k(x+1)=0 \qquad \cdots\cdots \ \text{㉠}$$

위의 식이 k의 값에 관계없이 항상 성립하려면

$$x=-1,\ y=-2$$

즉, 직선 ㉠은 k의 값에 관계없이 항상 점 $(-1, -2)$를 지난다. $\cdots$ **❶**

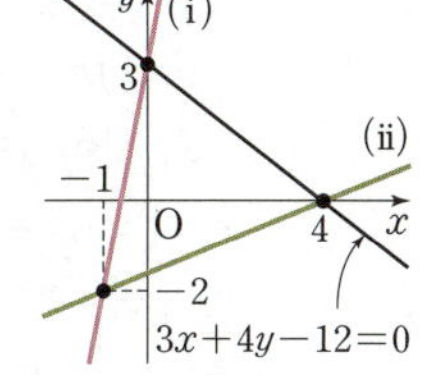

이때 직선 ㉠과 직선 $3x+4y-12=0$이 제1사분면에서 만나도록 하려면 직선 ㉠이 두 직선 (i), (ii) 사이에 있어야 한다.

(i) 직선 ㉠이 점 $(0, 3)$을 지날 때 → ㉠에 $x=0$, $y=3$을 대입

$$(-3-2)+k(0+1)=0,\ -5+k=0$$

$$\therefore k=5 \qquad \cdots \ \text{❷}$$

(ii) 직선 ㉠이 점 $(4, 0)$을 지날 때 → ㉠에 $x=4$, $y=0$을 대입

$$(0-2)+k(4+1)=0,\ -2+5k=0$$

$$\therefore k=\dfrac{2}{5} \qquad \cdots \ \text{❸}$$

(i), (ii)에서 $\dfrac{2}{5}<k<5$ $\qquad \cdots$ **❹**

채점 기준	배점 비율
❶ 직선 $kx-y+k-2=0$이 k의 값에 관계없이 항상 지나는 점의 좌표 구하기	30%
❷ 직선 $kx-y+k-2=0$이 직선 $3x+4y-12=0$과 y축에서 만날 때의 k의 값 구하기	30%
❸ 직선 $kx-y+k-2=0$이 직선 $3x+4y-12=0$과 x축에서 만날 때의 k의 값 구하기	30%
❹ 실수 k의 값의 범위 구하기	10%

06 오른쪽 그림과 같이 직선 AH는 직선 $y=\dfrac{1}{2}x+1$과 수직이므로 직선 AH의 기울기는 -2이다.

점 $A(1, 2)$를 지나고 기울기가 -2인 직선의 방정식은 → 직선 AH

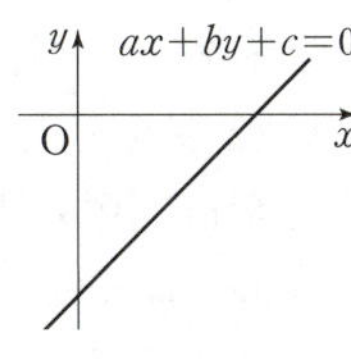

$$y-2=-2(x-1) \qquad \therefore y=-2x+4$$

즉, 점 H는 두 직선 $y=\dfrac{1}{2}x+1$, $y=-2x+4$의 교점이므로 두 식을 연립하여 풀면

$$x=\dfrac{6}{5},\ y=\dfrac{8}{5}$$

따라서 점 H의 좌표는 $\left(\dfrac{6}{5},\ \dfrac{8}{5}\right)$이므로

$$\overline{OH}=\sqrt{\left(\dfrac{6}{5}\right)^2+\left(\dfrac{8}{5}\right)^2}=\sqrt{4}=2$$

07 ㄱ. $a=0$을 두 직선 l, m의 방정식에 각각 대입하면

$0\times x-y+0+2=0$에서 $y=2$

$4x+0\times y+3\times 0+8=0$에서 $4x+8=0$

$$\therefore x=-2$$

즉, 직선 l은 x축에 평행한 직선이고 직선 m은 x축에 수직인 직선이므로 $a=0$일 때 두 직선 l과 m은 서로 수직이다. (참)

ㄴ. 직선 l의 방정식을 a에 대하여 정리하면

$(x+1)a-y+2=0$

위의 식이 a의 값에 관계없이 항상 성립해야 하므로

$x+1=0,\ -y+2=0$

$\therefore\ x=-1,\ y=2$

즉, 직선 l은 a의 값에 관계없이 항상 점 $(-1,\ 2)$를 지난다. (거짓)

ㄷ. ㄱ에서 $a=0$일 때 두 직선 l과 m은 수직이므로

$a\neq0$일 때 두 직선 l과 m이 평행하려면

$\dfrac{a}{4}=\dfrac{-1}{a}\neq\dfrac{a+2}{3a+8}$

가 성립해야 한다.

$\dfrac{a}{4}=\dfrac{-1}{a}$에서 $a^2=-4$

즉, $a^2=-4$를 만족시키는 실수 a의 값은 존재하지 않으므로 두 직선 l과 m이 평행이 되기 위한 a의 값은 존재하지 않는다. (참)

따라서 옳은 것은 ㄱ, ㄷ이다.

08 | 방법 ❶ | 두 직선의 교점을 지나는 직선의 방정식을 이용

두 직선 $5x+y+1=0,\ x+3y+2=0$의 교점을 지나는 직선의 방정식은

$(5x+y+1)+k(x+3y+2)=0$ (단, k는 실수)

$\therefore\ (5+k)x+(1+3k)y+1+2k=0$ ······ ㉠

직선 ㉠이 직선 $x+2y-6=0$과 수직이므로

$(5+k)\times1+(1+3k)\times2=0$

$7+7k=0$ $\therefore\ k=-1$

㉠에 $k=-1$을 대입하여 정리하면

$4x-2y-1=0$

이 직선의 방정식에 $x=0$을 대입하면

$4\times0-2y-1=0$ $\therefore\ y=-\dfrac{1}{2}$

따라서 구하는 y절편은 $-\dfrac{1}{2}$이다.

| 방법 ❷ | 두 직선의 교점의 좌표를 이용

$5x+y+1=0,\ x+3y+2=0$을 연립하여 풀면

$x=-\dfrac{1}{14},\ y=-\dfrac{9}{14}$

즉, 두 직선의 교점의 좌표는 $\left(-\dfrac{1}{14},\ -\dfrac{9}{14}\right)$이고

직선 $x+2y-6=0$, 즉 $y=-\dfrac{1}{2}x+3$의 기울기는 $-\dfrac{1}{2}$이므로 이 직선에 수직인 직선의 기울기는 2이다.

즉, 점 $\left(-\dfrac{1}{14},\ -\dfrac{9}{14}\right)$를 지나고 기울기가 2인 직선의 방정식은

$y-\left(-\dfrac{9}{14}\right)=2\left\{x-\left(-\dfrac{1}{14}\right)\right\}$

$\therefore\ 4x-2y-1=0$

이 직선의 방정식에 $x=0$을 대입하면

$4\times0-2y-1=0$ $\therefore\ y=-\dfrac{1}{2}$

따라서 구하는 y절편은 $-\dfrac{1}{2}$이다.

09 직선 AB가 직선 $2x-y+2=0$, 즉 $y=2x+2$와 수직이므로 직선 AB의 기울기는 $-\dfrac{1}{2}$이다.

즉, $\dfrac{b-5}{a-(-1)}=-\dfrac{1}{2}$에서 $2b-10=-a-1$

$\therefore\ a+2b=9$ ······ ㉠ ··· ❶

또한, 직선 $2x-y+2=0$이 선분 AB의 중점

$\left(\dfrac{(-1)+a}{2},\ \dfrac{5+b}{2}\right)$를 지나므로

$2\times\dfrac{a-1}{2}-\dfrac{b+5}{2}+2=0$

$\therefore\ 2a-b=3$ ······ ㉡ ··· ❷

㉠, ㉡을 연립하여 풀면

$a=3,\ b=3$ ··· ❸

$\therefore\ a+b=3+3=6$ ··· ❹

채점 기준	배점 비율
❶ 직선 AB가 직선 $2x-y+2=0$과 수직임을 이용하여 $a,\ b$에 대한 식 세우기	35%
❷ 직선 $2x-y+2=0$이 선분 AB의 중점을 지남을 이용하여 $a,\ b$에 대한 식 세우기	35%
❸ ❶, ❷의 두 식을 연립하여 $a,\ b$의 값 각각 구하기	20%
❹ $a+b$의 값 구하기	10%

10 $(a+1)x+(-2a+3)y-a-11=0$을 a에 대하여 정리하면

$(x+3y-11)+a(x-2y-1)=0$

위의 식이 a의 값에 관계없이 항상 성립하려면

$x+3y-11=0,\ x-2y-1=0$

위의 두 식을 연립하여 풀면

$x=5,\ y=2$

$\therefore\ \mathrm{A}(5,\ 2)$

이때 점 A와 직선 $x-3y+k=0$ 사이의 거리가 $\sqrt{10}$이므로

$\dfrac{|1\times5-3\times2+k|}{\sqrt{1^2+(-3)^2}}=\sqrt{10}$에서 $|k-1|=10$

$k-1=\pm10$

$\therefore\ k=-9$ 또는 $k=11$

따라서 구하는 모든 k의 값의 합은

$(-9)+11=2$

11 세 점 $\mathrm{O}(0,\ 0),\ \mathrm{A}(8,\ 4),\ \mathrm{B}(7,\ a)$를 꼭짓점으로 하는 삼각형 OAB의 무게중심의 좌표는

$\left(\dfrac{0+8+7}{3},\ \dfrac{0+4+a}{3}\right)$, 즉 $\left(5,\ \dfrac{4+a}{3}\right)$

이 점이 점 $G(5, b)$와 일치하므로

$b=\dfrac{4+a}{3}$ $\quad\therefore a-3b=-4$ $\quad\cdots\cdots$ ㉠

한편, 점 G와 직선 OA 사이의 거리가 $\sqrt{5}$이고

직선 OA의 방정식은 $y=\dfrac{1}{2}x$이므로 점 G와 직선

$y=\dfrac{1}{2}x$, 즉 $x-2y=0$ 사이의 거리는

$\dfrac{|1\times5-2\times b|}{\sqrt{1^2+(-2)^2}}=\sqrt{5}$, $|5-2b|=5$

$5-2b=\pm5$

$\therefore b=0$ 또는 $b=5$

이때 $a>0$이므로 ㉠에서 $b>0$이어야 한다.

즉, $b=5$이므로 ㉠에 $b=5$를 대입하면

$a-3\times5=-4$ $\quad\therefore a=11$

$\therefore a+b=11+5=16$

12 $x+y+4+k(x-y)=0$에서

$(1+k)x+(1-k)y+4=0$

점 $(2, 2)$와 위의 직선 사이의 거리 $f(k)$는

$f(k)=\dfrac{|2(1+k)+2(1-k)+4|}{\sqrt{(1+k)^2+(1-k)^2}}=\dfrac{8}{\sqrt{2k^2+2}}$

$f(k)$의 값이 최대가 되려면 분모 $\sqrt{2k^2+2}$의 값이 최소가 되어야 한다.

이때 임의의 실수 k에 대하여 $k^2\geq0$이므로 $k=0$일 때 분모는 최솟값 $\sqrt{2}$를 갖는다.

따라서 $f(k)$의 최댓값은

$\dfrac{8}{\sqrt{2}}=4\sqrt{2}$

13 $l_1: x-2y-2=0$이고 두 직선 l_1, l_2가 서로 평행하므로

$l_2: x-2y+k=0$ $(k>0)$이라 하자. → 직선 l_2의 y절편이 양수이므로

이때 $A(2, 0)$, $B(0, -1)$, $C(-k, 0)$, $D\left(0, \dfrac{k}{2}\right)$이므로 다음 그림과 같이 나타낼 수 있다.

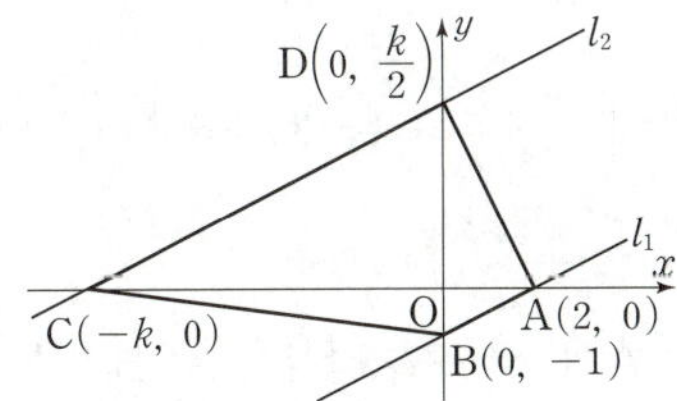

사각형 ADCB의 넓이가 25이므로

(사각형 ADCB의 넓이)

= (삼각형 ADC의 넓이) + (삼각형 ACB의 넓이)

$=\dfrac{1}{2}\times(k+2)\times\dfrac{k}{2}+\dfrac{1}{2}\times(k+2)\times1$

$=\dfrac{1}{2}(k+2)\left(\dfrac{k}{2}+1\right)$

$=\dfrac{k^2}{4}+k+1=25$

에서 $k^2+4k-96=0$

$(k+12)(k-8)=0$

$\therefore k=-12$ 또는 $k=8$

이때 $k>0$이므로 $k=8$

한편, 두 직선 l_1과 l_2 사이의 거리는 직선 l_1 위의 점 A와

직선 $l_2: x-2y+8=0$ 사이의 거리와 같으므로

$d=\dfrac{|1\times2-2\times0+8|}{\sqrt{1^2+(-2)^2}}=2\sqrt{5}$

$\therefore d^2=(2\sqrt{5})^2=20$

|참고|

두 직선 $l: ax+by+c=0$, $l': a'x+b'y+c'=0$이 서로 평행하려면

$\dfrac{a}{a'}=\dfrac{b}{b'}\neq\dfrac{c}{c'}$ 를 만족시켜야 하므로 직선 l'의 방정식을

$ax+by+c'=0$ $(c'\neq c)$이라 할 수 있다.

14 $x+2y-2=0$ $\quad\cdots\cdots$ ㉠

$3x-4y-1=0$ $\quad\cdots\cdots$ ㉡

$2x-y+1=0$ $\quad\cdots\cdots$ ㉢

이라 하자.

오른쪽 그림과 같이 세 직선 ㉠, ㉡, ㉢의 교점을 각각 A, B, C라 하면

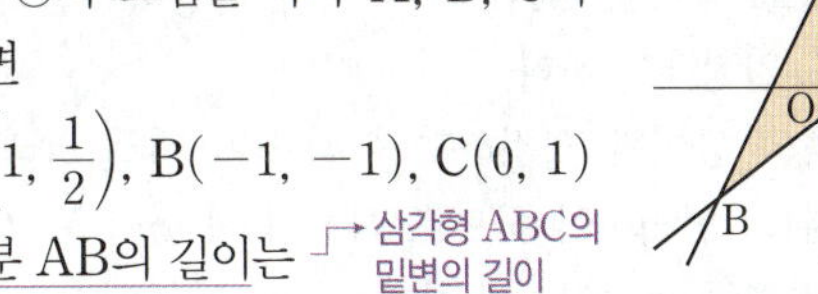

$A\left(1, \dfrac{1}{2}\right)$, $B(-1, -1)$, $C(0, 1)$

선분 AB의 길이는 → 삼각형 ABC의 밑변의 길이

$\overline{AB}=\sqrt{\{(-1)-1\}^2+\left\{(-1)-\dfrac{1}{2}\right\}^2}=\dfrac{5}{2}$

점 $C(0, 1)$과 직선 ㉡ 사이의 거리를 h라 하면

$h=\dfrac{|3\times0-4\times1-1|}{\sqrt{3^2+(-4)^2}}=1$ → 삼각형 ABC의 높이

따라서 삼각형 ABC의 넓이는

$\dfrac{1}{2}\times\overline{AB}\times h=\dfrac{1}{2}\times\dfrac{5}{2}\times1=\dfrac{5}{4}$

15 꼭짓점 A에서 변 BC에 내린 수선의 발을 D, 꼭짓점 B에서 변 AC에 내린 수선의 발을 E라 하자.

직선 BC의 기울기는 $\dfrac{(-1)-(-4)}{2-(-3)}=\dfrac{3}{5}$이므로

직선 BC와 수직인 직선 AD의 방정식은 → 직선 AD의 기울기는 $-\dfrac{5}{3}$이다.

$y-2=-\dfrac{5}{3}\{x-(-1)\}$

$\therefore y=-\dfrac{5}{3}x+\dfrac{1}{3}$ $\quad\cdots\cdots$ ㉠

또한, 직선 AC의 기울기는 $\dfrac{(-1)-2}{2-(-1)}=-1$이므로

직선 AC와 수직인 직선 BE의 방정식은 → 직선 BE의 기울기는 1이다.

$y-(-4)=1\times\{x-(-3)\}$

$\therefore y=x-1$ $\quad\cdots\cdots$ ㉡

이때 세 수선의 교점은 두 직선 AD, BE의 교점과 같으므로 ㉠, ㉡을 연립하여 풀면

$x=\dfrac{1}{2}, y=-\dfrac{1}{2}$ $\therefore \mathrm{P}\left(\dfrac{1}{2}, -\dfrac{1}{2}\right)$

따라서 $a=\dfrac{1}{2},\ b=-\dfrac{1}{2}$이므로

$a-b=\dfrac{1}{2}-\left(-\dfrac{1}{2}\right)=1$

| 참고 |

꼭짓점 C에서 직선 AB에 내린 수선의 발을 F라 하면

직선 AB의 기울기는 $\dfrac{(-4)-2}{(-3)-(-1)}=3$이므로

직선 AB와 수직인 직선 CF의 방정식은

$y-(-1)=-\dfrac{1}{3}(x-2)$ $\therefore y=-\dfrac{1}{3}x-\dfrac{1}{3}$

이 직선도 점 $\left(\dfrac{1}{2}, -\dfrac{1}{2}\right)$을 지나므로 두 직선 AD, BE 중 한 직선과 직선 CF의 교점을 구해도 답을 구할 수 있다.

이렇게 삼각형의 세 꼭짓점에서 각각의 대변에 내린 수선은 한 점에서 만나며, 이것을 수심이라 한다.

16 직선 OA의 방정식은

$y=-\dfrac{4}{3}x$ $\therefore 4x+3y=0$ $\cdots\cdots$ ㉠

이때 $\overline{\mathrm{OA}}=\sqrt{3^2+(-4)^2}=5$에서 선분 OA의 길이가 일정하므로 삼각형 OAP의 넓이가 일정하려면 삼각형의 높이도 일정해야 한다.

삼각형의 높이가 일정하려면 점 P가 직선 ㉠과 평행한 직선 위의 점이어야 하므로 직선 $4x+ay+b=0$은 직선 ㉠과 평행한 직선이어야 한다.

즉, $\dfrac{4}{4}=\dfrac{3}{a}\ne\dfrac{0}{b}$에서 $a=3$

또한, 직선 $4x+3y+b=0$ 위의 점 P와 직선 ㉠ 사이의 거리를 h라 하면 삼각형 OAP의 넓이가 5이므로

$\dfrac{1}{2}\times\overline{\mathrm{OA}}\times h=\dfrac{1}{2}\times5\times h=5$ $\therefore h=2$

직선 $4x+3y+b=0$ 위의 임의의 점 P의 좌표를 (x, y)라 하면 → 점 P와 직선 ㉠ 사이의 거리가 2이므로

$\dfrac{|4x+3y|}{\sqrt{4^2+3^2}}=2$에서 $|4x+3y|=10,\ 4x+3y=\pm10$

$\therefore 4x+3y+10=0$ 또는 $4x+3y-10=0$

이 중 제1사분면을 지나는 직선은 $4x+3y-10=0$이므로

$b=-10$

$\therefore a+b=3+(-10)=-7$

17 (풀이 전략) $\triangle\mathrm{ABP}=\dfrac{2}{3}\triangle\mathrm{ABC}$이므로 $\overline{\mathrm{BP}}=\dfrac{2}{3}\overline{\mathrm{BC}}$이다.

즉, 점 P는 선분 BC를 2 : 1로 내분하는 점이다.

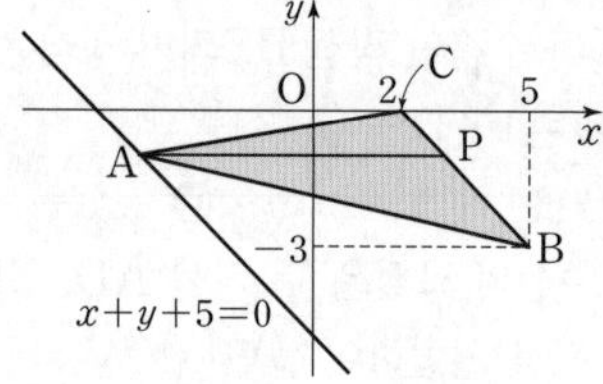

직선 BC의 기울기는 $\dfrac{0-(-3)}{2-5}=-1$이고 직선 $x+y+5=0$, 즉 $y=-x-5$의 기울기도 -1이므로 두 직선은 서로 평행하다.

이때 삼각형 ABC의 넓이는 점 A의 좌표에 관계없이 일정하고 삼각형 ABP의 넓이가 삼각형 ABC의 넓이의 $\dfrac{2}{3}$이므로 점 P는 선분 BC를 2 : 1로 내분하는 점이다.

점 P의 좌표는

$\left(\dfrac{2\times2+1\times5}{2+1}, \dfrac{2\times0+1\times(-3)}{2+1}\right)$ $\therefore \mathrm{P}(3, -1)$

또한, $\overline{\mathrm{AP}}=7$이므로 직선 $x+y+5=0$ 위의 점 A의 좌표를 $(a, -a-5)$라 하면

$\sqrt{(a-3)^2+\{(-a-5)-(-1)\}^2}=7$

위의 식의 양변을 제곱하여 정리하면

$a^2+a-12=0,\ (a+4)(a-3)=0$

$\therefore a=-4$ 또는 $a=3$

이때 점 A는 제3사분면 위의 점이므로 $a=-4$

즉, 점 A의 좌표는 $(-4, -1)$이다.

따라서 두 점 $\mathrm{A}(-4, -1)$, $\mathrm{P}(3, -1)$을 지나는 직선의 방정식은

$y=-1$ → 두 점 A, P의 y좌표가 서로 같으므로

이므로 이 직선이 y축과 만나는 점의 y좌표는 -1이다.

18 (풀이 전략) 직선 l의 기울기를 a라 하고, 두 직선 l, m이 서로 수직임을 이용하여 두 직선 l, m의 방정식을 세워 y절편을 각각 구한다.

두 직선이 점 $\mathrm{A}(3, 6)$에서 수직으로 만나므로 오른쪽 그림에서

$l:\ y=a(x-3)+6,$

$m:\ y=-\dfrac{1}{a}(x-3)+6\ (a>0)$

이라 하면 두 점 B, C의 좌표는 각각

$(0, -3a+6),\ \left(0, \dfrac{3}{a}+6\right)$

$\therefore \overline{\mathrm{BC}}=\left|\left(\dfrac{3}{a}+6\right)-(-3a+6)\right|$

      $=3a+\dfrac{3}{a}\ (\because a>0)$

이때 점 A의 x좌표가 삼각형 ACB의 높이이고, 삼각형 ACB의 넓이는 15이므로

$\dfrac{1}{2}\times\left(3a+\dfrac{3}{a}\right)\times3=15,\ a+\dfrac{1}{a}=\dfrac{10}{3}$

$3a^2-10a+3=0,\ (3a-1)(a-3)=0$

$\therefore a=\dfrac{1}{3}$ 또는 $a=3$

(i) $a=\dfrac{1}{3}$일 때, 두 직선 l, m의 방정식을 각각 구하면

     $l:\ y=\dfrac{1}{3}x+5,\ m:\ y=-3x+15$

(ii) $a=3$일 때, 두 직선 l, m의 방정식을 각각 구하면

$$l: y=3x-3,\ m: y=-\frac{1}{3}x+7$$

따라서 직선 l 또는 직선 m의 방정식이 될 수 없는 것은 ⑤이다.

19 풀이 전략 평행사변형이 만들어지려면 서로 다른 네 직선 중 두 쌍의 직선만 서로 평행해야 하므로 이를 이용하여 a, b의 값을 각각 구한다.

서로 다른 네 직선에 의하여 하나의 평행사변형이 만들어지려면 두 쌍의 직선만 서로 평행해야 한다.

$$2x-y+3=0 \qquad \cdots\cdots ㉠$$
$$3x-y+2=0 \qquad \cdots\cdots ㉡$$
$$ax+by-1=0 \qquad \cdots\cdots ㉢$$
$$ax+(b+1)y+1=0 \qquad \cdots\cdots ㉣$$

이라 하자.

두 직선 ㉠과 ㉡, ㉢과 ㉣은 서로 평행하지 않으므로 두 직선 ㉠과 ㉢, ㉡과 ㉣이 서로 평행하거나 두 직선 ㉠과 ㉣, ㉡과 ㉢이 서로 평행해야 한다.

(i) 두 직선 ㉠과 ㉢, ㉡과 ㉣이 서로 평행한 경우

$$\frac{a}{2}=\frac{b}{-1}\neq\frac{-1}{3},\ \frac{a}{3}=\frac{b+1}{-1}\neq\frac{1}{2}\text{이어야 하므로}$$

$$\frac{a}{2}=\frac{b}{-1}\text{에서 } -a=2b \qquad \cdots\cdots ㉤$$

$$\frac{a}{3}=\frac{b+1}{-1}\text{에서 } -a=3b+3 \qquad \cdots\cdots ㉥$$

㉤, ㉥을 연립하여 풀면

$$a=6,\ b=-3$$
$$\therefore a+b=6+(-3)=3$$

(ii) 두 직선 ㉠과 ㉣, ㉡과 ㉢이 서로 평행한 경우

$$\frac{a}{2}=\frac{b+1}{-1}\neq\frac{1}{3},\ \frac{a}{3}=\frac{b}{-1}\neq\frac{-1}{2}\text{이어야 하므로}$$

$$\frac{a}{2}=\frac{b+1}{-1}\text{에서 } -a=2b+2 \qquad \cdots\cdots ㉦$$

$$\frac{a}{3}=\frac{b}{-1}\text{에서 } -a=3b \qquad \cdots\cdots ㉧$$

㉦, ㉧을 연립하여 풀면

$$a=-6,\ b=2$$
$$\therefore a+b=(-6)+2=-4$$

(i), (ii)에서 $a+b$의 최댓값은 3이다.

개념 **리뷰** **평행사변형이 되는 조건**

다음 조건 중에서 어느 하나를 만족시키는 사각형은 평행사변형이다.

(1) 두 쌍의 대변이 각각 평행하다.

(2) 두 쌍의 대변의 길이가 각각 같다.

(3) 두 쌍의 대각의 크기가 각각 같다.

(4) 두 대각선이 서로 다른 것을 이등분한다.

(5) 한 쌍의 대변이 평행하고, 그 길이가 같다.

20 풀이 전략 점 P를 지나는 직선 l_1의 방정식을 $y=m(x-1)+1$ (m은 상수)이라 하고, 직선 l_1이 이차함수 $y=x^2$의 그래프와 접하므로 판별식을 이용하여 m의 값을 구한다.

점 $P(1, 1)$을 지나는 직선 l_1의 방정식을

$$y-1=m(x-1)\ (m\text{은 상수})\text{이라 하면}$$
$$l_1: y=m(x-1)+1$$

직선 l_1은 이차함수 $y=x^2$의 그래프와 접하므로 이차방정식 $x^2=m(x-1)+1$, 즉 $x^2-mx+m-1=0$의 판별식을 D라 하면

$$D=(-m)^2-4\times1\times(m-1)=0$$
$$m^2-4m+4=0,\ (m-2)^2=0$$
$$\therefore m=2$$

즉, 직선 l_1의 방정식이 $y=2x-1$이므로 점 Q의 좌표는 $(0, -1)$

직선 l_1의 기울기가 2이므로 직선 l_2의 기울기는 $-\frac{1}{2}$이다.

또한, 점 $P(1, 1)$을 지나고 직선 l_1에 수직인 직선 l_2의 방정식은

$$y-1=-\frac{1}{2}(x-1) \qquad \therefore y=-\frac{1}{2}x+\frac{3}{2}$$

직선 l_2와 이차함수 $y=x^2$의 그래프가 만나는 점 중 점 P가 아닌 점이 R이므로

$$x^2=-\frac{1}{2}x+\frac{3}{2}\text{에서 } 2x^2+x-3=0$$

$$(2x+3)(x-1)=0 \qquad \therefore x=-\frac{3}{2}\text{ 또는 }x=1$$

$$\therefore R\left(-\frac{3}{2}, \frac{9}{4}\right)$$

$x=1$이면 점 P와 일치한다.

따라서

$$\overline{PQ}=\sqrt{(0-1)^2+\{(-1)-1\}^2}=\sqrt{5},$$

$$\overline{PR}=\sqrt{\left\{\left(-\frac{3}{2}\right)-1\right\}^2+\left(\frac{9}{4}-1\right)^2}=\frac{5\sqrt{5}}{4}$$

이므로

$$S=\frac{1}{2}\times\overline{PQ}\times\overline{PR}$$

$$=\frac{1}{2}\times\sqrt{5}\times\frac{5\sqrt{5}}{4}=\frac{25}{8}$$

$$\therefore 40S=40\times\frac{25}{8}=125$$

21 풀이 전략 세 직선 중 두 직선이 이루는 각의 이등분선의 교점이 삼각형의 내심이므로 내심의 좌표를 구한 후 기울기와 한 점이 주어진 직선의 방정식을 구한다.

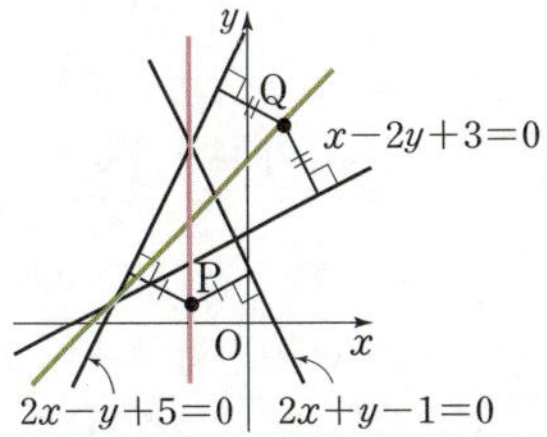

두 직선 $2x+y-1=0$, $2x-y+5=0$이 이루는 각의 이등분선 위의 점을 $P(x, y)$라 하면 점 P에서 두 직선에

이르는 거리가 같으므로

$$\dfrac{|2x+y-1|}{\sqrt{2^2+1^2}}=\dfrac{|2x-y+5|}{\sqrt{2^2+(-1)^2}}$$

$$|2x+y-1|=|2x-y+5|$$

$$2x+y-1=\pm(2x-y+5)$$

$$\therefore\ x=-1\ \text{또는}\ y=3$$

이때 두 직선 중 삼각형의 내부를 지나는 직선은

$$x=-1$$

또한, 두 직선 $2x-y+5=0$, $x-2y+3=0$이 이루는 각의 이등분선 위의 점을 $Q(x,\ y)$라 하면 점 Q에서 두 직선에 이르는 거리가 같으므로

$$\dfrac{|2x-y+5|}{\sqrt{2^2+(-1)^2}}=\dfrac{|x-2y+3|}{\sqrt{1^2+(-2)^2}}$$

$$|2x-y+5|=|x-2y+3|$$

$$2x-y+5=\pm(x-2y+3)$$

$$\therefore\ x+y+2=0\ \text{또는}\ 3x-3y+8=0$$

이때 두 직선 중 삼각형의 내부를 지나는 직선은

$$3x-3y+8=0$$

삼각형의 두 내각의 이등분선의 교점은 반드시 다른 한 내각의 이등분선과 만나므로 삼각형의 내심의 좌표는 두 직선 $x=-1$과 $3x-3y+8=0$의 교점의 좌표와 같다.

즉, 내심의 좌표는 $\left(-1,\ \dfrac{5}{3}\right)$이므로

점 $\left(-1,\ \dfrac{5}{3}\right)$를 지나고 기울기가 3인 직선의 방정식은

$$y-\dfrac{5}{3}=3\{x-(-1)\}\qquad\therefore\ 9x-3y+14=0$$

따라서 $a=9$, $b=-3$이므로

$$a+b=9+(-3)=6$$

(1) 삼각형의 세 내각의 이등분선의 교점
(2) 삼각형의 내심에서 세 변에 이르는
   거리는 같다.
   ➡ $\overline{\text{ID}}=\overline{\text{IE}}=\overline{\text{IF}}$
     =(내접원의 반지름의 길이)

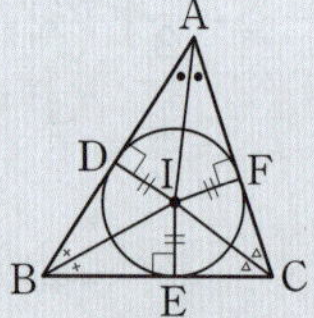

I-3 원의 방정식

01 원의 방정식

개념 확인 • 본문 061쪽

1 답 (1) 중심의 좌표: $(1,\ 0)$, 반지름의 길이: 2
(2) 중심의 좌표: $(-1,\ 3)$, 반지름의 길이: 3

(1) $x^2+y^2-2x-3=0$에서
$(x^2-2x+1)+y^2=4$
$\therefore\ (x-1)^2+y^2=4$
따라서 중심의 좌표는 $(1,\ 0)$이고 반지름의 길이는 2이다. $\ \sqrt{4}=2$

(2) $x^2+y^2+2x-6y+1=0$에서
$(x^2+2x+1)+(y^2-6y+9)=9$
$\therefore\ (x+1)^2+(y-3)^2=9$
따라서 중심의 좌표는 $(-1,\ 3)$이고 반지름의 길이는 3이다. $\ \sqrt{9}=3$

2 답 (1) $(x-3)^2+(y-1)^2=1$
(2) $(x+2)^2+(y-5)^2=4$
(3) $(x-4)^2+(y+4)^2=16$

(1) 중심의 좌표가 $(3,\ 1)$이고 x축에 접하는 원의 반지름의 길이는 $|1|=1$이므로
$(x-3)^2+(y-1)^2=1^2$ → (반지름의 길이) =|(중심의 y좌표)|
$\therefore\ (x-3)^2+(y-1)^2=1$

(2) 중심의 좌표가 $(-2,\ 5)$이고 y축에 접하는 원의 반지름의 길이는 $|-2|=2$이므로
$\{x-(-2)\}^2+(y-5)^2=2^2$ → (반지름의 길이) =|(중심의 x좌표)|
$\therefore\ (x+2)^2+(y-5)^2=4$

(3) 중심의 좌표가 $(4,\ -4)$이고 x축과 y축에 모두 접하는 원의 반지름의 길이는 $|4|=|-4|=4$이므로
$(x-4)^2+\{y-(-4)\}^2=4^2$ → (반지름의 길이)=|(중심의 x좌표)| =|(중심의 y좌표)|
$\therefore\ (x-4)^2+(y+4)^2=16$

집중 연습 • 본문 062쪽

01 (1) $(x-2)^2+(y-3)^2=1$
(2) $(x-3)^2+(y+1)^2=16$
(3) $(x+2)^2+(y-2)^2=3$
(4) $x^2+(y+2)^2=9$
(5) $x^2+y^2=4$
(6) $x^2+y^2=25$

02 (1) 중심의 좌표: $(2,\ 0)$, 반지름의 길이: 2
(2) 중심의 좌표: $(-5,\ 4)$, 반지름의 길이: 7
(3) 중심의 좌표: $(3,\ -2)$, 반지름의 길이: 4
(4) 중심의 좌표: $(-7,\ -1)$, 반지름의 길이: 8

03 (1) $(x-4)^2+(y+1)^2=1$
　　(2) $(x+5)^2+(y-4)^2=16$
04 (1) $(x-2)^2+(y-3)^2=4$
　　(2) $(x+3)^2+(y+1)^2=9$
05 (1) $(x-2)^2+(y-2)^2=4$
　　(2) $(x-3)^2+(y+3)^2=9$
　　(3) $(x+4)^2+(y-4)^2=16$
　　(4) $(x+5)^2+(y+5)^2=25$

01 (1) 중심이 점 $(2, 3)$이고 반지름의 길이가 1이므로
$$(x-2)^2+(y-3)^2=1^2$$
$$\therefore (x-2)^2+(y-3)^2=1$$
(2) 중심이 점 $(3, -1)$이고 반지름의 길이가 4이므로
$$(x-3)^2+\{y-(-1)\}^2=4^2$$
$$\therefore (x-3)^2+(y+1)^2=16$$
(3) 중심이 점 $(-2, 2)$이고 반지름의 길이가 $\sqrt{3}$이므로
$$\{x-(-2)\}^2+(y-2)^2=(\sqrt{3})^2$$
$$\therefore (x+2)^2+(y-2)^2=3$$
(4) 중심이 점 $(0, -2)$이고 반지름의 길이가 3이므로
$$(x-0)^2+\{y-(-2)\}^2=3^2$$
$$\therefore x^2+(y+2)^2=9$$
(5) 중심이 원점이고 반지름의 길이가 2이므로
$$x^2+y^2=2^2 \quad \therefore x^2+y^2=4$$
(6) 중심이 원점이고 반지름의 길이가 5이므로
$$x^2+y^2=5^2 \quad \therefore x^2+y^2=25$$

02 (1) $x^2+y^2-4x=0$에서
$$(x^2-4x+4)+y^2=4$$
$$\therefore (x-2)^2+y^2=4$$
따라서 중심의 좌표는 $(2, 0)$이고 반지름의 길이는 2 이다. $(\sqrt{4}=2)$
(2) $x^2+y^2+10x-8y-8=0$에서
$$(x^2+10x+25)+(y^2-8y+16)=49$$
$$\therefore (x+5)^2+(y-4)^2=49$$
따라서 중심의 좌표는 $(-5, 4)$이고 반지름의 길이는 7이다. $(\sqrt{49}=7)$
(3) $x^2+y^2-6x+4y-3=0$에서
$$(x^2-6x+9)+(y^2+4y+4)=16$$
$$\therefore (x-3)^2+(y+2)^2=16$$
따라서 중심의 좌표는 $(3, -2)$이고 반지름의 길이는 4이다. $(\sqrt{16}=4)$
(4) $x^2+y^2+14x+2y=14$에서
$$(x^2+14x+49)+(y^2+2y+1)=64$$
$$\therefore (x+7)^2+(y+1)^2=64$$
따라서 중심의 좌표는 $(-7, -1)$이고 반지름의 길이는 8이다. $(\sqrt{64}=8)$

03 (1) 중심이 점 $(4, -1)$이고 x축에 접하는 원의 반지름의 길이는 $|-1|=1$이므로
$$(x-4)^2+\{y-(-1)\}^2=1^2$$
$$\therefore (x-4)^2+(y+1)^2=1$$
(2) 중심이 점 $(-5, 4)$이고 x축에 접하는 원의 반지름의 길이는 $|4|=4$이므로
$$\{x-(-5)\}^2+(y-4)^2=4^2$$
$$\therefore (x+5)^2+(y-4)^2=16$$

04 (1) 중심이 점 $(2, 3)$이고 y축에 접하는 원의 반지름의 길이는 $|2|=2$이므로
$$(x-2)^2+(y-3)^2=2^2$$
$$\therefore (x-2)^2+(y-3)^2=4$$
(2) 중심이 점 $(-3, -1)$이고 y축에 접하는 원의 반지름의 길이는 $|-3|=3$이므로
$$\{x-(-3)\}^2+\{y-(-1)\}^2=3^2$$
$$\therefore (x+3)^2+(y+1)^2=9$$

05 (1) 중심이 점 $(2, 2)$이고 x축과 y축에 동시에 접하는 원의 반지름의 길이는 $|2|=|2|=2$이므로
$$(x-2)^2+(y-2)^2=2^2$$
$$\therefore (x-2)^2+(y-2)^2=4$$
(2) 중심이 점 $(3, -3)$이고 x축과 y축에 동시에 접하는 원의 반지름의 길이는 $|3|=|-3|=3$이므로
$$(x-3)^2+\{y-(-3)\}^2=3^2$$
$$\therefore (x-3)^2+(y+3)^2=9$$
(3) 중심이 점 $(-4, 4)$이고 x축과 y축에 동시에 접하는 원의 반지름의 길이는 $|-4|=|4|=4$이므로
$$\{x-(-4)\}^2+(y-4)^2=4^2$$
$$\therefore (x+4)^2+(y-4)^2=16$$
(4) 중심이 점 $(-5, -5)$이고 x축과 y축에 동시에 접하는 원의 반지름의 길이는 $|-5|=|-5|=5$이므로
$$\{x-(-5)\}^2+\{y-(-5)\}^2=25$$
$$\therefore (x+5)^2+(y+5)^2=25$$

(유제)　　　• 본문 063~069쪽

01-❶ 답 (1) $(x+1)^2+(y-1)^2=18$
　　　　(2) $x^2+y^2=13$

(1) 원의 반지름의 길이를 r라 하면 원의 방정식은
$$\{x-(-1)\}^2+(y-1)^2=r^2$$
$$\therefore (x+1)^2+(y-1)^2=r^2 \quad \cdots\cdots ㉠$$
원 ㉠이 점 $(2, -2)$를 지나므로
$$(2+1)^2+\{(-2)-1\}^2=r^2 \quad \therefore r^2=18$$
$r^2=18$을 ㉠에 대입하면 구하는 원의 방정식은
$$(x+1)^2+(y-1)^2=18$$

| 다른 풀이 |

원의 반지름의 길이는 두 점 $(-1, 1)$, $(2, -2)$ 사이의
거리와 같으므로

$$\sqrt{\{(-1)-2\}^2+\{1-(-2)\}^2}=3\sqrt{2}$$

따라서 구하는 원의 방정식은

$$(x+1)^2+(y-1)^2=(3\sqrt{2})^2$$
$$\therefore (x+1)^2+(y-1)^2=18$$

② 원의 반지름의 길이를 r라 하면 원의 방정식은

$$x^2+y^2=r^2 \quad\quad \cdots\cdots ㉠$$

원 ㉠이 점 $(-2, 3)$을 지나므로

$$(-2)^2+3^2=r^2 \quad\quad \therefore r^2=13$$

$r^2=13$을 ㉠에 대입하면 구하는 원의 방정식은

$$x^2+y^2=13$$

| 다른 풀이 |

원의 반지름의 길이는 원점과 점 $(-2, 3)$ 사이의 거리와
같으므로

$$\sqrt{(-2)^2+3^2}=\sqrt{13}$$

따라서 구하는 원의 방정식은

$$x^2+y^2=(\sqrt{13})^2 \quad\quad \therefore x^2+y^2=13$$

01-❷ 답 $(x-4)^2+y^2=20$

직선 $x+2y-4=0$이

x축과 만나는 점 A의 좌표는 $(4, 0)$ → $y=0$을 대입

y축과 만나는 점 B의 좌표는 $(0, 2)$ → $x=0$을 대입

원의 반지름의 길이를 r라 하면 중심이 점 A$(4, 0)$인 원의
방정식은

$$(x-4)^2+(y-0)^2=r^2$$
$$\therefore (x-4)^2+y^2=r^2 \quad\quad \cdots\cdots ㉠$$

원 ㉠이 점 B$(0, 2)$를 지나므로

$$(0-4)^2+2^2=r^2$$
$$\therefore r^2=20$$

$r^2=20$을 ㉠에 대입하면 구하는 원의 방정식은

$$(x-4)^2+y^2=20$$

| 다른 풀이 |

원의 반지름의 길이는 두 점 A$(4, 0)$, B$(0, 2)$ 사이의 거리
와 같으므로

$$\sqrt{(0-4)^2+(2-0)^2}=2\sqrt{5}$$

따라서 구하는 원의 방정식은

$$(x-4)^2+y^2=(2\sqrt{5})^2 \quad\quad \therefore (x-4)^2+y^2=20$$

01-❸ 답 4

중심이 점 $(a, 0)$이고 반지름의 길이가 5인 원의 방정식은

$$(x-a)^2+(y-0)^2=5^2$$
$$\therefore (x-a)^2+y^2=25$$

위의 원이 점 $(1, -4)$를 지나므로

$$(1-a)^2+(-4)^2=25$$

$$(1-a)^2=9, \ 1-a=\pm3$$
$$\therefore a=4 \ (\because a>0)$$

| 다른 풀이 |

두 점 $(a, 0)$, $(1, -4)$ 사이의 거리가 원의 반지름의 길이인
5와 같아야 하므로

$$\sqrt{(1-a)^2+\{(-4)-0\}^2}=5$$
$$(1-a)^2+16=25, \ (a-1)^2=9$$
$$\therefore a=4 \ (\because a>0)$$

02-❶ 답 $x^2+(y-3)^2=2$

선분 AB를 지름으로 하는 원의 중심은 선분 AB의 중점이므
로 원의 중심의 좌표는

$$\left(\frac{(-1)+1}{2}, \frac{2+4}{2}\right), 즉 (0, 3)$$

또한, 선분 AB가 원의 지름이므로 원의 반지름의 길이는

$$\frac{1}{2}\overline{AB}=\frac{1}{2}\sqrt{\{1-(-1)\}^2+(4-2)^2}=\sqrt{2}$$

따라서 구하는 원의 방정식은

$$(x-0)^2+(y-3)^2=(\sqrt{2})^2 \quad\quad \therefore x^2+(y-3)^2=2$$

02-❷ 답 1

두 점 $(a-2, 3)$, $(a+2, 1)$을 각각 A, B라 하면 두 점 A,
B를 지름의 양 끝 점으로 하는 원의 중심은 선분 AB의 중점
이므로 원의 중심의 좌표는

$$\left(\frac{(a-2)+(a+2)}{2}, \frac{3+1}{2}\right), 즉 (a, 2)$$

또한, 선분 AB가 원의 지름이므로 원의 반지름의 길이는

$$\frac{1}{2}\overline{AB}=\frac{1}{2}\sqrt{\{(a+2)-(a-2)\}^2+(1-3)^2}=\sqrt{5}$$

따라서 중심이 점 $(a, 2)$이고 반지름의 길이가 $\sqrt{5}$인 원의 방
정식은

$$(x-a)^2+(y-2)^2=(\sqrt{5})^2 \quad\quad \therefore (x-a)^2+(y-2)^2=5$$

위의 원이 원점을 지나므로

$$(0-a)^2+(0-2)^2=5, \ a^2=1$$
$$\therefore a=1 \ (\because a>0)$$

| 다른 풀이 |

중심의 좌표가 $(a, 2)$이고 반지름의 길이가 $\sqrt{5}$인 원이 원점
을 지나므로 두 점 $(a, 2)$, $(0, 0)$ 사이의 거리는 $\sqrt{5}$이다.

즉, $\sqrt{a^2+2^2}=\sqrt{5}$에서

$$a^2+4=5, \ a^2=1$$
$$\therefore a=1 \ (\because a>0)$$

02-❸ 답 18

직선 $2x+3y-12=0$이

x축과 만나는 점 A의 좌표는 $(6, 0)$

y축과 만나는 점 B의 좌표는 $(0, 4)$

원의 중심은 선분 AB의 중점이므로 원의 중심의 좌표는

$\left(\dfrac{6+0}{2}, \dfrac{0+4}{2}\right)$, 즉 $(3, 2)$

또한, 선분 AB가 원의 지름이므로 원의 반지름의 길이는

$\dfrac{1}{2}\overline{AB}=\dfrac{1}{2}\sqrt{(0-6)^2+(4-0)^2}=\sqrt{13}$

따라서 조건을 만족시키는 원의 방정식은

$(x-3)^2+(y-2)^2=(\sqrt{13})^2$, 즉

$(x-3)^2+(y-2)^2=13$이므로

$a=3, b=2, r^2=13$

$\therefore a+b+r^2=3+2+13=18$

03-❶ 답 $(x-1)^2+(y-2)^2=5$

원의 중심이 직선 $y=3x-1$ 위에 있으므로 원의 중심의 좌표를 $(a, 3a-1)$, 반지름의 길이를 r라 하면 원의 방정식은

$(x-a)^2+\{y-(3a-1)\}^2=r^2$

$\therefore (x-a)^2+(y-3a+1)^2=r^2$ ...... ㉠

원 ㉠이 점 $(2, 0)$을 지나므로

$(2-a)^2+(0-3a+1)^2=r^2$ → ㉠에 $x=2, y=0$을 대입

$\therefore 10a^2-10a+5=r^2$ ...... ㉡

원 ㉠이 점 $(3, 3)$을 지나므로

$(3-a)^2+(3-3a+1)^2=r^2$ → ㉠에 $x=3, y=3$을 대입

$\therefore 10a^2-30a+25=r^2$ ...... ㉢

㉡, ㉢을 연립하여 풀면

$a=1, r^2=5$

따라서 구하는 원의 방정식은

$(x-1)^2+(y-2)^2=5$

| 다른 풀이 |

원의 중심의 좌표를 $(a, 3a-1)$이라 하면 이 점에서 두 점 $(2, 0)$, $(3, 3)$에 이르는 거리가 서로 같으므로

$\sqrt{(a-2)^2+\{(3a-1)-0\}^2}=\sqrt{(a-3)^2+\{(3a-1)-3\}^2}$

$10a^2-10a+5=10a^2-30a+25$

$20a=20$ $\therefore a=1$

즉, 원의 중심의 좌표는 $(1, 2)$이고, 원의 반지름의 길이는 두 점 $(1, 2)$, $(2, 0)$ 사이의 거리와 같으므로

$\sqrt{(2-1)^2+(0-2)^2}=\sqrt{5}$

따라서 구하는 원의 방정식은

$(x-1)^2+(y-2)^2=(\sqrt{5})^2$ $\therefore (x-1)^2+(y-2)^2=5$

03-❷ 답 $3\sqrt{5}$

원의 중심이 x축 위에 있으므로 원의 중심의 좌표를 $(a, 0)$, 반지름의 길이를 r라 하면 원의 방정식은

$(x-a)^2+y^2=r^2$ ...... ㉠

원 ㉠이 점 $(1, 6)$을 지나므로

$(1-a)^2+6^2=r^2$ → ㉠에 $x=1, y=6$을 대입

$\therefore a^2-2a+37=r^2$ ...... ㉡

원 ㉠이 점 $(10, 3)$을 지나므로

$(10-a)^2+3^2=r^2$ → ㉠에 $x=10, y=3$을 대입

$\therefore a^2-20a+109=r^2$ ...... ㉢

㉡, ㉢을 연립하여 풀면

$a=4, r^2=45$

따라서 구하는 원의 반지름의 길이는 $r=3\sqrt{5}$이다.

길이이므로 양수이다.

| 다른 풀이 |

원의 중심의 좌표를 $(a, 0)$이라 하면 이 점에서 두 점 $(1, 6)$, $(10, 3)$에 이르는 거리가 서로 같으므로

$\sqrt{(a-1)^2+(0-6)^2}=\sqrt{(a-10)^2+(0-3)^2}$

$a^2-2a+37=a^2-20a+109$

$18a=72$ $\therefore a=4$

즉, 원의 중심의 좌표는 $(4, 0)$이고, 원의 반지름의 길이는 두 점 $(4, 0)$, $(1, 6)$ 사이의 거리와 같으므로

$\sqrt{(1-4)^2+(6-0)^2}=3\sqrt{5}$

| 참고 | 중심이 좌표축 위에 있는 원의 방정식

원의 중심이 x축 또는 y축에 있는 경우 다음과 같이 놓는다.

(1) x축 ➡ 중심의 좌표: $(a, 0)$
　　　　 원의 방정식: $(x-a)^2+y^2=r^2$
(2) y축 ➡ 중심의 좌표: $(0, a)$
　　　　 원의 방정식: $x^2+(y-a)^2=r^2$

04-❶ 답 8

$x^2+y^2-ax+2y+b=0$에서

$\left(x^2-ax+\dfrac{a^2}{4}\right)+(y^2+2y+1)=\dfrac{a^2}{4}-b+1$

$\therefore \left(x-\dfrac{a}{2}\right)^2+(y+1)^2=\dfrac{a^2}{4}-b+1$ ...... ㉠

원 ㉠의 중심의 좌표가 $\left(\dfrac{a}{2}, -1\right)$이므로

$\dfrac{a}{2}=2, -1=c$

$\therefore a=4, c=-1$ → 두 점 $\left(\dfrac{a}{2}, -1\right)$, $(2, c)$가 일치하므로

원 ㉠의 반지름의 길이는 $\sqrt{\dfrac{a^2}{4}-b+1}=\sqrt{5-b}$이므로

$\sqrt{5-b}=\sqrt{10}$

$5-b=10$ $\therefore b=-5$

$\therefore a-b+c=4-(-5)-1=8$

04-❷ 답 5

$x^2+y^2-2x+6y-3=0$에서

$(x^2-2x+1)+(y^2+6y+9)=13$

$\therefore (x-1)^2+(y+3)^2=13$

따라서 중심이 점 $(1, -3)$이고 반지름의 길이가 r인 원의 방정식은

$(x-1)^2+\{y-(-3)\}^2=r^2$

$\therefore (x-1)^2+(y+3)^2=r^2$

앞의 원이 점 $(-2, 1)$을 지나므로
$$\{(-2)-1\}^2+(1+3)^2=r^2 \qquad \therefore r^2=25$$
$$\therefore r=5 \ (\because r>0)$$

| 다른 풀이 |

중심이 점 $(1, -3)$이고 점 $(-2, 1)$을 지나는 원의 반지름의 길이는 두 점 $(1, -3)$, $(-2, 1)$ 사이의 거리와 같으므로
$$\sqrt{\{(-2)-1\}^2+\{1-(-3)\}^2}=5$$

04-❸ 답 $k<13$

$x^2+y^2+4x-6y+k=0$에서
$$(x^2+4x+4)+(y^2-6y+9)=13-k$$
$$\therefore (x+2)^2+(y-3)^2=13-k$$
위의 방정식이 원을 나타내려면
$$13-k>0 \qquad \therefore k<13$$

05-❶ 답 $x^2+y^2-8x+4y=0$

구하는 원의 방정식을
$$x^2+y^2+Ax+By+C=0 \ (A, B, C는 상수) \quad \cdots\cdots \ \text{㉠}$$
이라 하자.

원 ㉠이 원점 $(0, 0)$을 지나므로
$$0^2+0^2+A\times0+B\times0+C=0 \ \to \text{㉠에 } x=0, y=0\text{을 대입}$$
$$\therefore C=0$$
원 ㉠이 점 $(2, 2)$를 지나므로
$$2^2+2^2+A\times2+B\times2=0 \ (\because C=0) \ \to \text{㉠에 } x=2, y=2\text{를 대입}$$
$$\therefore A+B+4=0 \quad \cdots\cdots \ \text{㉡}$$
원 ㉠이 점 $(8, -4)$를 지나므로
$$8^2+(-4)^2+A\times8+B\times(-4)=0 \ \to \text{㉠에 } x=8, y=-4\text{를 대입}$$
$$\therefore 2A-B+20=0 \quad \cdots\cdots \ \text{㉢}$$
㉡, ㉢을 연립하여 풀면
$$A=-8, B=4$$
따라서 구하는 원의 방정식은
$$x^2+y^2-8x+4y=0$$

05-❷ 답 10

주어진 세 점을 지나는 원의 방정식을
$$x^2+y^2+Ax+By+C=0 \ (A, B, C는 상수) \quad \cdots\cdots \ \text{㉠}$$
이라 하자.

원 ㉠이 점 $(0, 0)$을 지나므로
$$0^2+0^2+A\times0+B\times0+C=0 \ \to \text{㉠에 } x=0, y=0\text{을 대입}$$
$$\therefore C=0$$
원 ㉠이 점 $(6, 0)$을 지나므로
$$6^2+0^2+A\times6+B\times0=0 \ (\because C=0) \ \to \text{㉠에 } x=6, y=0\text{을 대입}$$
$$36+6A=0 \qquad \therefore A=-6$$
원 ㉠이 점 $(-4, 4)$를 지나므로
$$(-4)^2+4^2-6\times(-4)+B\times4=0 \ (\because A=-6, C=0)$$
$$\to \text{㉠에 } x=-4, y=4\text{를 대입}$$

$$56+4B=0 \qquad \therefore B=-14$$
즉, $x^2+y^2-6x-14y=0$에서
$$(x^2-6x+9)+(y^2-14y+49)=58$$
$$\therefore (x-3)^2+(y-7)^2=58$$
따라서 원 ㉠의 중심의 좌표는 $(3, 7)$이므로
$$p=3, q=7$$
$$\therefore p+q=3+7=10$$

05-❸ 답 25π

주어진 세 점을 지나는 원의 방정식을
$$x^2+y^2+Ax+By+C=0 \ (A, B, C는 상수) \quad \cdots\cdots \ \text{㉠}$$
이라 하자.

원 ㉠이 원점 $(0, 0)$을 지나므로
$$0^2+0^2+A\times0+B\times0+C=0 \ \to \text{㉠에 } x=0, y=0\text{을 대입}$$
$$\therefore C=0$$
원 ㉠이 점 $(-7, 1)$을 지나므로
$$(-7)^2+1^2+A\times(-7)+B\times1=0 \ (\because C=0)$$
$$\therefore 7A-B-50=0 \ \to \text{㉠에 } x=-7, y=1\text{을 대입} \quad \cdots\cdots \ \text{㉡}$$
원 ㉠이 점 $(2, 4)$를 지나므로
$$2^2+4^2+A\times2+B\times4=0 \ (\because C=0) \ \to \text{㉠에 } x=2, y=4\text{를 대입}$$
$$\therefore A+2B+10=0 \quad \cdots\cdots \ \text{㉢}$$
㉡, ㉢을 연립하여 풀면
$$A=6, B=-8$$
즉, $x^2+y^2+6x-8y=0$에서
$$(x^2+6x+9)+(y^2-8y+16)=25$$
$$\therefore (x+3)^2+(y-4)^2=25$$
따라서 구하는 원의 넓이는
$$\pi\times25=25\pi$$

06-❶ 답 (1) $(x-2)^2+(y+1)^2=1$
$\qquad\qquad$ (2) $(x+5)^2+(y+4)^2=25$

(1) 원의 중심의 좌표를 (a, b)라 하면 반지름의 길이는 $|b|$이므로 원의 방정식은
$$(x-a)^2+(y-b)^2=b^2 \quad \cdots\cdots \ \text{㉠}$$
원 ㉠이 점 $(1, -1)$을 지나므로
$$(1-a)^2+\{(-1)-b\}^2=b^2 \ \to \text{㉠에 } x=1, y=-1\text{을 대입}$$
$$\therefore a^2-2a+2b+2=0 \quad \cdots\cdots \ \text{㉡}$$
원 ㉠이 점 $(2, 0)$을 지나므로
$$(2-a)^2+(0-b)^2=b^2 \ \to \text{㉠에 } x=2, y=0\text{을 대입}$$
$$(2-a)^2=0 \qquad \therefore a=2$$
$a=2$를 ㉡에 대입하면
$$2^2-2\times2+2b+2=0$$
$$2b+2=0 \qquad \therefore b=-1$$
따라서 구하는 원의 방정식은
$$(x-2)^2+\{y-(-1)\}^2=(-1)^2$$
$$\therefore (x-2)^2+(y+1)^2=1$$

(2) 원의 중심의 좌표를 (a, b)라 하면 반지름의 길이는 $|a|$이므로 원의 방정식은
$$(x-a)^2+(y-b)^2=a^2 \quad \cdots\cdots \ \bigcirc$$
원 $\bigcirc$이 점 $(-1, -1)$을 지나므로
$$\{(-1)-a\}^2+\{(-1)-b\}^2=a^2 \ \rightarrow \bigcirc \text{에 } x=-1, \ y=-1 \text{을 대입}$$
$$\therefore \ b^2+2a+2b+2=0 \quad \cdots\cdots \ \bigcirc\!\!\bigcirc$$
원 $\bigcirc$이 점 $(0, -4)$를 지나므로
$$(0-a)^2+\{(-4)-b\}^2=a^2 \ \rightarrow \bigcirc \text{에 } x=0, \ y=-4 \text{를 대입}$$
$$(-4-b)^2=0 \quad \therefore \ b=-4$$
$b=-4$를 $\bigcirc\!\!\bigcirc$에 대입하면
$$(-4)^2+2a+2\times(-4)+2=0$$
$$2a+10=0 \quad \therefore \ a=-5$$
따라서 구하는 원의 방정식은
$$\{x-(-5)\}^2+\{y-(-4)\}^2=(-5)^2$$
$$\therefore \ (x+5)^2+(y+4)^2=25$$

07-❶ 답 $(x-3)^2+(y-3)^2=9$

원의 중심이 점 $(a, 3)$ $(a>0)$이고 x축과 y축에 동시에 접하는 원의 반지름의 길이는 $|3|=3$이므로

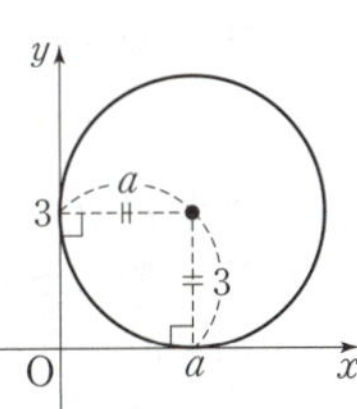

$$|a|=3$$
$$\therefore \ a=3 \ (\because \ a>0)$$
따라서 구하는 원의 방정식은
$$(x-3)^2+(y-3)^2=9$$

07-❷ 답 $(x-1)^2+(y-1)^2=1$ 또는 $(x-5)^2+(y-5)^2=25$

원의 반지름의 길이를 r라 하면 점 $(2, 1)$을 지나고 x축과 y축에 동시에 접하는 원의 중심은 제1사분면 위에 있으므로 중심의 좌표는 (r, r)이다.

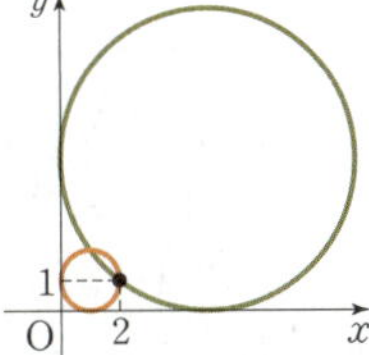

즉, 원의 방정식은
$$(x-r)^2+(y-r)^2=r^2$$
위의 원이 점 $(2, 1)$을 지나므로
$$(2-r)^2+(1-r)^2=r^2$$
$$r^2-6r+5=0, \ (r-1)(r-5)=0$$
$$\therefore \ r=1 \ \text{또는} \ r=5$$
따라서 구하는 원의 방정식은
$$(x-1)^2+(y-1)^2=1 \ \text{또는} \ (x-5)^2+(y-5)^2=25$$

07-❸ 답 104π

원의 반지름의 길이를 r라 하면 점 $(-2, 4)$를 지나고 x축과 y축에 동시에 접하는 원의 중심은 제2사분면 위에 있으므로 중심의 좌표는 $(-r, r)$이다.

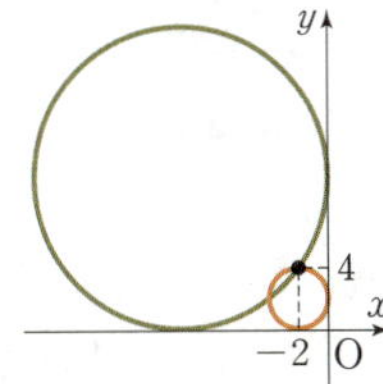

즉, 원의 방정식은
$$\{x-(-r)\}^2+(y-r)^2=r^2$$
$$\therefore \ (x+r)^2+(y-r)^2=r^2$$
위의 원이 점 $(-2, 4)$를 지나므로
$$\{(-2)+r\}^2+(4-r)^2=r^2$$
$$r^2-12r+20=0, \ (r-2)(r-10)=0$$
$$\therefore \ r=2 \ \text{또는} \ r=10$$
따라서 두 원의 넓이의 합은
$$\pi\times 2^2+\pi\times 10^2=104\pi$$

소단원 점검 문제　　• 본문 070~071쪽

01 ④	02 5	03 6	04 ⑤	05 ③
06 34	07 ③	08 ⑤	09 ③	10 1

01 원의 반지름의 길이를 r라 하면 원의 방정식은
$$(x-4)^2+\{y-(-3)\}^2=r^2$$
$$\therefore \ (x-4)^2+(y+3)^2=r^2 \quad \cdots\cdots \ \bigcirc$$
원 $\bigcirc$이 점 $(1, 1)$을 지나므로
$$(1-4)^2+(1+3)^2=r^2 \quad \therefore \ r^2=25$$
원 $\bigcirc$이 점 $(a, 0)$을 지나므로
$$(a-4)^2+(0+3)^2=25 \ (\because \ r^2=25)$$
$$(a-4)^2=16, \ a-4=\pm 4$$
$$\therefore \ a=8 \ (\because \ a>0)$$

| 다른 풀이 |

점 $(4, -3)$과 두 점 $(1, 1)$, $(a, 0)$ 사이의 각각의 거리가 서로 같아야 하므로
$$\sqrt{(4-1)^2+\{(-3)-1\}^2}=\sqrt{(4-a)^2+\{(-3)-0\}^2}$$
$$25=a^2-8a+25, \ a^2-8a=0$$
$$a(a-8)=0 \quad \therefore \ a=8 \ (\because \ a>0)$$

02 선분 AB를 $1:2$로 내분하는 점 C의 좌표는
$$\left(\frac{1\times 4+2\times(-5)}{1+2}, \ \frac{1\times 1+2\times 4}{1+2}\right), \ \text{즉} \ (-2, 3)$$
선분 BC를 지름으로 하는 원의 중심은 선분 BC의 중점이므로 원의 중심의 좌표는
$$\left(\frac{4+(-2)}{2}, \ \frac{1+3}{2}\right), \ \text{즉} \ (1, 2)$$
또한, 선분 BC가 원의 지름이므로 원의 반지름의 길이는
$$\frac{1}{2}\overline{BC}=\frac{1}{2}\sqrt{\{(-2)-4\}^2+(3-1)^2}=\sqrt{10}$$
따라서 중심이 점 $(1, 2)$이고 반지름의 길이가 $\sqrt{10}$인 원의 방정식은
$$(x-1)^2+(y-2)^2=10$$
위의 원이 점 $(2, a)$를 지나므로
$$(2-1)^2+(a-2)^2=10$$
$$(a-2)^2=9, \ a-2=\pm 3$$
$$\therefore \ a=5 \ (\because \ a>0)$$

03 원의 중심이 직선 $y=-\dfrac{1}{2}x+1$ 위에 있으므로 원의 중

심의 좌표를 $\left(a,\ -\dfrac{1}{2}a+1\right)$ $(a<0)$이라 하면 이 점과
└▶ 원 위의 점   └▶ 원의 중심이 제2사분면
                                                  위에 있으므로

점 $(2,\ -1)$ 사이의 거리가 5이므로

$$\sqrt{(a-2)^2+\left\{\left(-\dfrac{1}{2}a+1\right)-(-1)\right\}^2}=5$$

$\dfrac{5}{4}a^2-6a+8=25,\ 5a^2-24a-68=0$

$(a+2)(5a-34)=0$

$\therefore a=-2\ (\because a<0)$

즉, 원의 중심의 좌표는 $(-2,\ 2)$이고 두 점 $(-2,\ 2)$,

$(1,\ k)$ 사이의 거리가 5이므로
                                            └▶ 원의 반지름의
                                                  길이가 5이므로

$\sqrt{\{1-(-2)\}^2+(k-2)^2}=5$

$k^2-4k+13=25,\ k^2-4k-12=0$

$(k+2)(k-6)=0$

$\therefore k=6\ (\because k>0)$

04 원 $x^2+y^2+4x+ay+b=0$이 원점을 지나므로

$0^2+0^2+4\times0+a\times0+b=0$ $\qquad\therefore b=0$

원 $x^2+y^2+4x+ay=0$이 점 $(3,\ 3)$을 지나므로

$3^2+3^2+4\times3+a\times3=0\ (\because b=0)$

$3a+30=0$ $\qquad\therefore a=-10$

즉, $x^2+y^2+4x-10y=0$에서

$(x^2+4x+4)+(y^2-10y+25)=29$

$\therefore (x+2)^2+(y-5)^2=29$

따라서 구하는 원의 넓이는

$\pi\times\underset{r^2}{29}=29\pi$

05 $x^2+y^2+4x-1=0$에서

$(x^2+4x+4)+y^2=5$ $\qquad\therefore (x+2)^2+y^2=5$

즉, 위의 원의 중심의 좌표는 $(-2,\ 0)$이다.

또한, $x^2+y^2-2x-6y-6=0$에서

$(x^2-2x+1)+(y^2-6y+9)=16$

$\therefore (x-1)^2+(y-3)^2=16$

즉, 위의 원의 중심의 좌표는 $(1,\ 3)$이다.

이때 두 원의 넓이를 동시에 이등분하는 직선은 두 원의

중심을 모두 지나므로 두 점 $(-2,\ 0)$, $(1,\ 3)$을 지나는

직선의 방정식은

$$y-0=\dfrac{3-0}{1-(-2)}\{x-(-2)\} \qquad\therefore y=x+2$$

따라서 $m=1,\ n=2$이므로

$m-n=1-2=-1$

06 $x^2+y^2+12x-16y+k=0$에서

$(x^2+12x+36)+(y^2-16y+64)=100-k$

$\therefore (x+6)^2+(y-8)^2=100-k$ $\qquad\cdots\cdots$ ㉠

방정식 ㉠이 원을 나타내려면

$100-k>0$ $\qquad\therefore k<100$ $\qquad\cdots\cdots$ ㉡

또한, 원 ㉠이 제2사분면 위에만 있으려면 원이 좌표축과

만나지 않아야 한다.

이때 원 ㉠의 중심과 x축 사이의 거리는 $|8|=8$,

y축 사이의 거리는 $|-6|=6$이므로

$\sqrt{100-k}<6,\ 100-k<36$

$\therefore k>64$ $\qquad\cdots\cdots$ ㉢

㉡, ㉢의 공통범위를 구하면

$64<k<100$

따라서 정수 k의 최댓값은 99, 최솟값은 65이므로 최댓

값과 최솟값의 차는

$99-65=34$

07 $x^2+y^2+2kx-6y+2k^2-2k=0$에서

$(x^2+2kx+k^2)+(y^2-6y+9)=-k^2+2k+9$

$\therefore (x+k)^2+(y-3)^2=-k^2+2k+9$

위의 방정식이 넓이가 π 이상인 원을 나타내려면

$(-k^2+2k+9)\pi\geq\pi,\ k^2-2k-8\leq0$

$(k+2)(k-4)\leq0$

$\therefore -2\leq k\leq4$

따라서 $\alpha=-2,\ \beta=4$이므로

$\beta-\alpha=4-(-2)=6$

08 주어진 네 점을 지나는 원의 방정식을

$x^2+y^2+Ax+By+C=0\ (A,\ B,\ C는\ 상수)\ \cdots\cdots$ ㉠

이라 하자.

원 ㉠이 점 $(0,\ 0)$을 지나므로

$0^2+0^2+A\times0+B\times0+C=0$ $\qquad\therefore C=0$

원 ㉠이 점 $(7,\ 3)$을 지나므로

$7^2+3^2+A\times7+B\times3=0\ (\because C=0)$ → ㉠에 $x=7,\ y=3$
                                                                        을 대입

$\therefore 7A+3B+58=0$ $\qquad\cdots\cdots$ ㉡

원 ㉠이 점 $(7,\ 7)$을 지나므로

$7^2+7^2+A\times7+B\times7=0\ (\because C=0)$ → ㉠에 $x=7,\ y=7$
                                                                        을 대입

$\therefore A+B+14=0$ $\qquad\cdots\cdots$ ㉢

㉡, ㉢을 연립하여 풀면

$A=-4,\ B=-10$

원 ㉠이 점 $(k,\ 10)$을 지나므로

$k^2+10^2-4\times k-10\times10=0$

$\qquad\qquad (\because A=-4,\ B=-10,\ C=0)$

$k^2-4k=0,\ k(k-4)=0$

$\therefore k=0$ 또는 $k=4$

따라서 구하는 모든 실수 k의 값의 합은

$0+4=4$

09 원의 중심이 점 $(2,\ a)$이고 x축에 접하는 원의 반지름의

길이는 $|a|$이므로 원의 방정식은

$$(x-2)^2+(y-a)^2=a^2$$
위의 원이 점 $(-4,\ 2)$를 지나므로
$$\{(-4)-2\}^2+(2-a)^2=a^2,\ -4a+40=0$$
$$\therefore\ a=10$$

10 원의 반지름의 길이를 r라 하면 원의 중심이 제2사분면에 있고 원이 x축과 y축에 동시에 접하므로 중심의 좌표는 $(-r,\ r)$이다.
즉, 원의 방정식은
$$\{x-(-r)\}^2+(y-r)^2=r^2$$
$$\therefore\ (x+r)^2+(y-r)^2=r^2$$
이때 원의 중심 $(-r,\ r)$가 곡선 $y=x^2-x-1$ 위에 있으므로
$r=(-r)^2-(-r)-1$에서
$r^2=1$ $\therefore\ r=1\ (\because r>0)$
즉, $(x+1)^2+(y-1)^2=1$에서
$$x^2+y^2+2x-2y+1=0$$
따라서 $a=2,\ b=-2,\ c=1$이므로
$$a+b+c=2+(-2)+1=1$$

| 다른 풀이 |
원 $x^2+y^2+ax+by+c=0$의 중심을 C라 하면 점 C는 제2사분면에 있고 원이 x축과 y축에 동시에 접하므로 직선 $y=-x$ 위에 있다.
또한, 점 C는 곡선 $y=x^2-x-1$ 위에 있으므로
$x^2-x-1=-x$에서
$x^2=1$ $\therefore\ x=-1\ (\because$ 점 C는 제2사분면 위의 점$)$
$$\therefore\ \mathrm{C}(-1,\ 1)$$

○2 원의 방정식의 활용

1 답 $x+y-3=0$
두 원의 교점을 지나는 직선의 방정식은
$$x^2+y^2+2x-2y-3-(x^2+y^2-2x-6y+9)=0$$
$$4x+4y-12=0 \qquad \therefore\ x+y-3=0$$

2 답 $x^2+y^2-6x-6y+5=0$
두 원의 교점을 지나는 원의 방정식은
$$x^2+y^2+2x+2y-3+k(x^2+y^2-4x-4y+3)=0$$
$$(\text{단},\ k\neq-1\text{인 실수}) \quad \cdots\cdots\ \bigcirc$$
원 $\bigcirc$이 점 $(5,\ 0)$을 지나므로
$$5^2+0^2+2\times5+2\times0-3+k(5^2+0^2-4\times5-4\times0+3)=0$$
$$8k+32=0 \qquad \therefore\ k=-4$$
$k=-4$를 $\bigcirc$에 대입하면

$$x^2+y^2+2x+2y-3-4(x^2+y^2-4x-4y+3)=0$$
$$-3x^2-3y^2+18x+18y-15=0$$
$$\therefore\ x^2+y^2-6x-6y+5=0$$

01-❶ 답 (1) $x-y+7=0$
         (2) $x^2+y^2-18x-2y+17=0$
(1) 두 원의 교점을 지나는 직선의 방정식은
$$x^2+y^2+2x+2y-11-(x^2+y^2-ax+3)=0$$
$$\therefore\ (2+a)x+2y-14=0 \qquad \cdots\cdots\ \bigcirc$$
직선 $\bigcirc$이 점 $(-4,\ 3)$을 지나므로
$$(2+a)\times(-4)+2\times3-14=0$$
$$-4a-16=0 \qquad \therefore\ a=-4$$
$a=-4$를 $\bigcirc$에 대입하면
$$\{2+(-4)\}x+2y-14=0 \qquad \therefore\ x-y+7=0$$
(2) 두 원의 교점을 지나는 원의 방정식은
$$x^2+y^2+2x+2y-11+k(x^2+y^2-ax+3)=0$$
$$(\text{단},\ k\neq-1\text{인 실수}) \quad \cdots\cdots\ \bigcirc$$
원 $\bigcirc$이 점 $(1,\ 0)$을 지나므로
$$1^2+0^2+2\times1+2\times0-11+k(1^2+0^2-a\times1+3)=0$$
$$\therefore\ -8+k(4-a)=0 \qquad \cdots\cdots\ \bigcirc\!\bigcirc$$
원 $\bigcirc$이 점 $(2,\ 5)$를 지나므로
$$2^2+5^2+2\times2+2\times5-11+k(2^2+5^2-a\times2+3)=0$$
$$\therefore\ 16+k(16-a)=0 \qquad \cdots\cdots\ \bigcirc\!\bigcirc$$
$\bigcirc\!\bigcirc$, $\bigcirc\!\bigcirc$을 연립하여 풀면
$$a=8,\ k=-2$$
$a=8,\ k=-2$를 $\bigcirc$에 대입하면
$$x^2+y^2+2x+2y-11-2(x^2+y^2-8x+3)=0$$
$$-x^2-y^2+18x+2y-17=0$$
$$\therefore\ x^2+y^2-18x-2y+17=0$$

01-❷ 답 $\sqrt{10}$
두 원의 교점을 지나는 원의 방정식은
$$x^2+y^2+6y-7+k(x^2+y^2-8x-2y+1)=0$$
$$(\text{단},\ k\neq-1\text{인 실수})$$
$$\therefore\ (1+k)x^2+(1+k)y^2-8kx+(6-2k)y+k-7=0$$
$$\cdots\cdots\ \bigcirc$$
원 $\bigcirc$의 중심이 x축 위에 있으므로
$6-2k=0 \qquad \therefore\ k=3$ *(y의 계수가 0이어야 한다.)*
$k=3$을 $\bigcirc$에 대입하면
$$(1+3)x^2+(1+3)y^2-8\times3\times x+3-7=0$$
$$x^2+y^2-6x-1=0$$
$$\therefore\ (x-3)^2+y^2=10$$
따라서 구하는 원의 반지름의 길이는 $\sqrt{10}$이다.

02-❶ 답 $4\sqrt{5}$

두 원의 교점을 지나는 직선의 방정식은
$$x^2+y^2-18x+6y-10-(x^2+y^2+6x-6y-22)=0$$
$$-24x+12y+12=0 \quad \therefore 2x-y-1=0 \quad \cdots\cdots \ \text{㉠}$$
$x^2+y^2-18x+6y-10=0$에서
$$(x^2-18x+81)+(y^2+6y+9)=100$$
$$\therefore (x-9)^2+(y+3)^2=100$$
이때 위의 원의 중심을 C$(9, -3)$이라 하자.
오른쪽 그림과 같이 두 원의 교점을
각각 A, B라 하고, 선분 AB의 중
점을 M이라 하면 선분 CM의 길이
는 점 C와 직선 ㉠ 사이의 거리와
같으므로

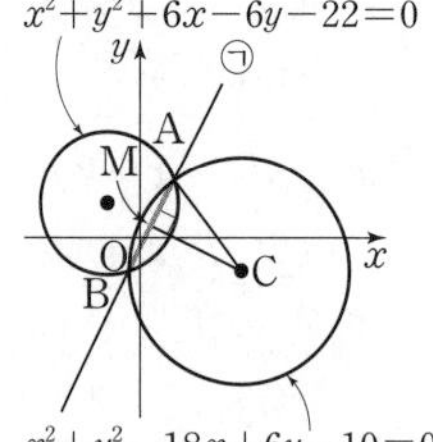

$$\overline{CM}=\frac{|2\times 9-1\times(-3)-1|}{\sqrt{2^2+(-1)^2}}$$
$$=4\sqrt{5}$$

한편, 선분 CM은 선분 AB를 수직이등분하므로 삼각형
AMC는 직각삼각형이다.
이때 $\overline{CA}=10$이므로 → 원 $x^2+y^2-18x+6y-10=0$의 반지름의 길이
$$\overline{AM}=\sqrt{\overline{CA}^2-\overline{CM}^2}=\sqrt{10^2-(4\sqrt{5})^2}=2\sqrt{5}$$
따라서 구하는 공통현의 길이는
$$\overline{AB}=2\overline{AM}=2\times 2\sqrt{5}=4\sqrt{5}$$

02-❷ 답 22

$x^2+(y-1)^2=16$에서
$$x^2+y^2-2y-15=0$$
즉, 두 원의 교점을 지나는 직선의 방정식은
$$x^2+y^2-2y-15-(x^2+y^2-3x-6y-k)=0$$
$$\therefore 3x+4y+k-15=0 \quad \cdots\cdots \ \text{㉠}$$
원 $x^2+(y-1)^2=16$의 중심을 C$(0, 1)$이라 하자.
오른쪽 그림과 같이 두 원의 교점을
각각 A, B라 하고, 선분 AB의 중
점을 M이라 하면 선분 CM의 길이
는 점 C와 직선 ㉠ 사이의 거리와
같으므로

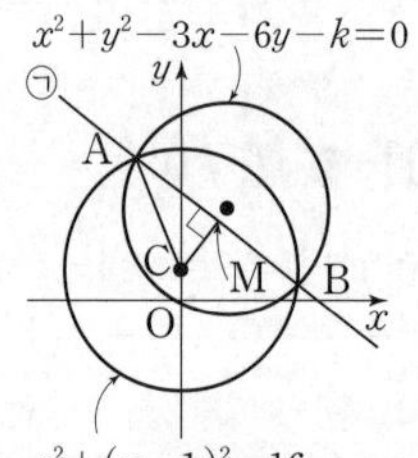

$$\overline{CM}=\frac{|3\times 0+4\times 1+k-15|}{\sqrt{3^2+4^2}}$$
$$=\frac{|k-11|}{5}$$

한편, 선분 CM은 선분 AB를 수직이등분하므로 삼각형
AMC는 직각삼각형이다.
이때 $\overline{AM}=\dfrac{1}{2}\overline{AB}=\dfrac{1}{2}\times 4\sqrt{3}=2\sqrt{3}$, $\overline{CA}=4$이므로
└→ 원 $x^2+(y-1)^2=16$의 반지름의 길이
$\overline{CM}=\sqrt{\overline{CA}^2-\overline{AM}^2}$에서
$$\frac{|k-11|}{5}=\sqrt{4^2-(2\sqrt{3})^2}, \ \frac{|k-11|}{5}=2$$

$$|k-11|=10, \ k-11=\pm 10$$
$$\therefore k=1 \ \text{또는} \ k=21$$
따라서 구하는 모든 상수 k의 값의 합은
$$1+21=22$$

03-❶ 답 $x^2+y^2-8x+5y+11=0$

점 P의 좌표를 (x, y)라 하면
$\overline{AP}:\overline{BP}=3:1$에서 $\overline{AP}=3\overline{BP}$
즉, $\overline{AP}^2=9\overline{BP}^2$에서
$$\{x-(-5)\}^2+(y-2)^2=9[(x-3)^2+\{y-(-2)\}^2]$$
$$(x^2+10x+25)+(y^2-4y+4)$$
$$=(9x^2-54x+81)+(9y^2+36y+36)$$
$$8x^2+8y^2-64x+40y+88=0$$
$$\therefore x^2+y^2-8x+5y+11=0$$

03-❷ 답 $x^2+y^2-6x-2y+6=0$

점 P의 좌표를 (a, b), 점 M의 좌표를 (x, y)라 하면 점 M
은 선분 OP의 중점이므로
$$x=\frac{0+a}{2}=\frac{a}{2}, \ y=\frac{0+b}{2}=\frac{b}{2}$$
$$\therefore a=2x, \ b=2y \quad \cdots\cdots \ \text{㉠}$$
점 P가 원 $x^2+y^2-12x-4y+24=0$ 위의 점이므로
$$a^2+b^2-12a-4b+24=0 \quad \cdots\cdots \ \text{㉡}$$
㉠을 ㉡에 대입하면
$$(2x)^2+(2y)^2-12\times 2x-4\times 2y+24=0$$
$$4x^2+4y^2-24x-8y+24=0$$
$$\therefore x^2+y^2-6x-2y+6=0$$

| 참고 |

점 A와 원 C 위의 점 P에 대하여 선분 AP를 $m:n$으로 내분하는 점을
Q, 원 C의 중심을 점 C, 반지름의 길이를 r라 하자.
이때 점 Q가 나타내는 도형은 중심이 선분 AC를 $m:n$으로 내분하는
점이고, 반지름의 길이가 $r\times\dfrac{m}{m+n}$인 원이다.

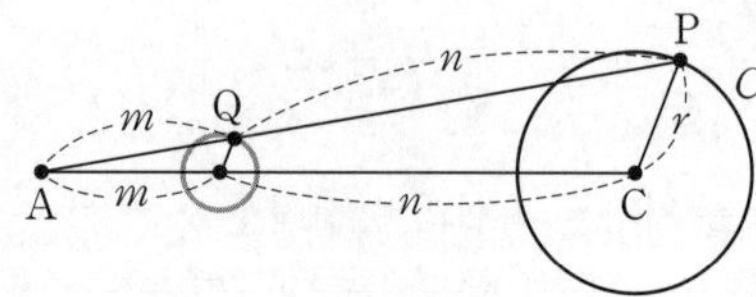

즉, $x^2+y^2-12x-4y+24=0$에서 $(x-6)^2+(y-2)^2=16$이므로 점
M이 나타내는 도형은 중심이 원점과 점 $(6, 2)$를 $1:1$로 내분하는 점인
$(3, 1)$이고 반지름의 길이가 $4\times\dfrac{1}{1+1}=2$인 원이다.

03-❸ 답 $(x-1)^2+(y-2)^2=9$

점 P의 좌표를 (a, b), 점 Q의 좌표를 (x, y)라 하면 점 Q는
선분 AP를 $3:1$로 내분하는 점이므로
$$x=\frac{3\times a+1\times 4}{3+1}=\frac{3a+4}{4}, \ y=\frac{3\times b+1\times 8}{3+1}=\frac{3b+8}{4}$$
$$\therefore a=\frac{4x-4}{3}, \ b=\frac{4y-8}{3} \quad \cdots\cdots \ \text{㉠}$$

점 P가 원 $x^2+y^2=16$ 위의 점이므로

$a^2+b^2=16$ $\qquad\qquad$ …… ㉡

㉠을 ㉡에 대입하면

$$\left(\frac{4x-4}{3}\right)^2+\left(\frac{4y-8}{3}\right)^2=16$$

$$\therefore (x-1)^2+(y-2)^2=9$$

|참고|

점 Q가 나타내는 도형은 중심이 점 $(4,8)$과 점 $(0,0)$을 $3:1$로 내분하는 점인 $(1,2)$이고 반지름의 길이가 $4\times\dfrac{3}{3+1}=3$인 원이다.

소단원 점검 문제

• 본문 076쪽

| 01 3 | 02 4 | 03 4 | 04 ① | 05 π |

01 $x^2+(y+2)^2=36$에서

$x^2+y^2+4y-32=0$

$(x-a)^2+(y-1)^2=9$에서

$x^2+y^2-2ax-2y+a^2-8=0$

즉, 두 원의 교점을 지나는 직선의 방정식은

$x^2+y^2+4y-32-(x^2+y^2-2ax-2y+a^2-8)=0$

$2ax+6y-24-a^2=0$ $\qquad \therefore y=-\dfrac{a}{3}x+\dfrac{a^2+24}{6}$

위의 직선이 직선 $y=x$와 수직이므로

$$\left(-\frac{a}{3}\right)\times 1=-1 \qquad \therefore a=3$$

|다른 풀이|

두 원 $x^2+(y+2)^2=36$, $(x-a)^2+(y-1)^2=9$의 두 교점을 지나는 직선은 두 원의 중심을 지나는 직선에 수직이다.

즉, 두 점 $(0,-2)$, $(a,1)$을 지나는 직선은 직선 $y=x$와 평행하므로 기울기가 1이다.

$$\frac{1-(-2)}{a-0}=1 \text{에서} \quad \frac{3}{a}=1 \qquad \therefore a=3$$

02 두 원의 교점을 지나는 원의 방정식은

$x^2+y^2+ay-21+k(x^2+y^2+4x+2y-45)=0$

$\qquad\qquad$ (단, $k\neq-1$인 실수) $\quad$ …… ㉠

원 ㉠이 점 $(1,0)$을 지나므로

$1^2+0^2+a\times 0-21+k(1^2+0^2+4\times 1+2\times 0-45)=0$

$1+2k=0 \qquad \therefore k=-\dfrac{1}{2}$

$k=-\dfrac{1}{2}$을 ㉠에 대입하면

$x^2+y^2+ay-21-\dfrac{1}{2}(x^2+y^2+4x+2y-45)=0$

$x^2+y^2-4x+2(a-1)y+3=0$

$\therefore (x-2)^2+\{y+(a-1)\}^2=(a-1)^2+1$

앞의 원의 반지름의 길이가 $\sqrt{10}$이므로

$(a-1)^2+1=(\sqrt{10})^2$, $(a-1)^2=9$

$a-1=\pm 3 \qquad \therefore a=4\ (\because a>0)$

03 두 원 $x^2+y^2=20$, $(x-a)^2+y^2=4$, 즉

$x^2+y^2-20=0$, $x^2-2ax+y^2+a^2-4=0$의 교점을 지나는 직선의 방정식은

$x^2+y^2-20-(x^2-2ax+y^2+a^2-4)=0$

$2ax=a^2+16 \qquad \therefore x=\dfrac{a^2+16}{2a}\ (\because a>0)$

이때 직선 $x=\dfrac{a^2+16}{2a}$이 <u>원 $(x-a)^2+y^2=4$의 중심 $(a,0)$을 지날 때, 공통현의 길이가 최대이므로</u>

$a=\dfrac{a^2+16}{2a}$, $2a^2=a^2+16$ $\quad$ $\quad$

└→ 원 $x^2+y^2=20$보다 반지름의 길이가 더 짧으므로 이 원의 지름이 공통현이 될 때 최대이다.

$a^2=16 \qquad \therefore a=4\ (\because a>0)$

04 점 P의 좌표를 (x,y)라 하면 $3\overline{\mathrm{AP}}^2=2+\overline{\mathrm{BP}}^2$에서

$3[(x-1)^2+\{y-(-3)\}^2]$

$\qquad\qquad =2+[\{x-(-5)\}^2+(y-1)^2]$

$(3x^2-6x+3)+(3y^2+18y+27)$

$\qquad\qquad =2+(x^2+10x+25)+(y^2-2y+1)$

$x^2+y^2-8x+10y+1=0$

$\therefore (x-4)^2+(y+5)^2=40$

따라서 점 P가 나타내는 도형은 중심이 점 $(4,-5)$이고 반지름의 길이가 $2\sqrt{10}$인 원이므로 구하는 도형의 넓이는

$\pi\times(2\sqrt{10})^2=40\pi$

05 점 P의 좌표를 (a,b), 점 G의 좌표를 (x,y)라 하면

$x=\dfrac{1+5+a}{3}=\dfrac{a+6}{3}$, $y=\dfrac{7+5+b}{3}=\dfrac{b+12}{3}$

$\therefore a=3x-6, b=3y-12$ $\quad$ …… ㉠

점 P가 원 $x^2+y^2=9$ 위의 점이므로

$a^2+b^2=9$ $\quad$ …… ㉡

㉠을 ㉡에 대입하면

$(3x-6)^2+(3y-12)^2=9$

$\therefore (x-2)^2+(y-4)^2=1$

따라서 점 P가 나타내는 도형은 중심이 $(2,4)$이고 반지름의 길이가 1인 원이므로 구하는 도형의 넓이는

$\pi\times 1^2=\pi$

03 원과 직선의 위치 관계

(유제)

• 본문 079쪽

01-❶ 답 (1) $-2\sqrt{10}<k<2\sqrt{10}$

$\qquad$ (2) $k=\pm 2\sqrt{10}$

$\qquad$ (3) $k<-2\sqrt{10}$ 또는 $k>2\sqrt{10}$

| 방법 **1** | 판별식을 이용

$y=2x+k$를 $x^2+y^2=8$에 대입하면

$x^2+(2x+k)^2=8$ $\therefore 5x^2+4kx+k^2-8=0$

위의 이차방정식의 판별식을 D라 하면

$\dfrac{D}{4}=(2k)^2-5(k^2-8)=-k^2+40$

(1) 원과 직선이 서로 다른 두 점에서 만나려면 $D>0$이어야

하므로

$-k^2+40>0$, $(k+2\sqrt{10})(k-2\sqrt{10})<0$

$\therefore -2\sqrt{10}<k<2\sqrt{10}$

(2) 원과 직선이 한 점에서 만나려면 $D=0$이어야 하므로

$-k^2+40=0$, $k^2=40$ $\therefore k=\pm2\sqrt{10}$

(3) 원과 직선이 만나지 않으려면 $D<0$이어야 하므로

$-k^2+40<0$, $(k+2\sqrt{10})(k-2\sqrt{10})>0$

$\therefore k<-2\sqrt{10}$ 또는 $k>2\sqrt{10}$

| 방법 **2** | 원의 중심과 직선 사이의 거리를 이용

원의 중심 $(0, 0)$과 직선 $y=2x+k$, 즉 $2x-y+k=0$ 사이
의 거리를 d, 원의 반지름의 길이를 r라 하면

$d=\dfrac{|k|}{\sqrt{2^2+(-1)^2}}=\dfrac{|k|}{\sqrt{5}}$, $r=2\sqrt{2}$

(1) 원과 직선이 서로 다른 두 점에서 만나려면 $d<r$이어야 하
므로

$\dfrac{|k|}{\sqrt{5}}<2\sqrt{2}$, $|k|<2\sqrt{10}$ $\therefore -2\sqrt{10}<k<2\sqrt{10}$

(2) 원과 직선이 한 점에서 만나려면 $d=r$이어야 하므로

$\dfrac{|k|}{\sqrt{5}}=2\sqrt{2}$, $|k|=2\sqrt{10}$ $\therefore k=\pm2\sqrt{10}$

(3) 원과 직선이 만나지 않으려면 $d>r$이어야 하므로

$\dfrac{|k|}{\sqrt{5}}>2\sqrt{2}$, $|k|>2\sqrt{10}$

$\therefore k<-2\sqrt{10}$ 또는 $k>2\sqrt{10}$

01-② 답 35

| 방법 **1** | 판별식을 이용

$y=-4x+k$를 $x^2+y^2=17$에 대입하면

$x^2+(-4x+k)^2=17$ $\therefore 17x^2-8kx+k^2-17=0$

위의 이차방정식의 판별식을 D라 하면 원과 직선이 만나야
하므로   → 서로 다른 두 점에서
만나거나 한 점에서
만난다.

$\dfrac{D}{4}=(-4k)^2-17(k^2-17)\geq0$

$-k^2+17^2\geq0$, $(k+17)(k-17)\leq0$

$\therefore -17\leq k\leq17$

따라서 정수 k는 -17, -16, -15, $\cdots$, 17의 35개이다.
$17-(-17)+1=35$

| 방법 **2** | 원의 중심과 직선 사이의 거리를 이용

원의 중심 $(0, 0)$과 직선 $y=-4x+k$, 즉 $4x+y-k=0$ 사
이의 거리는

$\dfrac{|-k|}{\sqrt{4^2+1^2}}=\dfrac{|k|}{\sqrt{17}}$ →d

원의 반지름의 길이가 $\sqrt{17}$이므로 원과 직선이 만나려면

$\dfrac{|k|}{\sqrt{17}}\leq\sqrt{17}$, $|k|\leq17$ →$d\leq r$

$\therefore -17\leq k\leq17$

따라서 정수 k는 -17, -16, -15, $\cdots$, 17의 35개이다.

01-③ 답 -8, 8

| 방법 **1** | 판별식을 이용

원점을 중심으로 하고 넓이가 32π인 원의 방정식은

$x^2+y^2=32$ ——— (반지름의 길이)^2

직선 $x+y+k=0$, 즉 $y=-x-k$를 $x^2+y^2=32$에 대입하면

$x^2+(-x-k)^2=32$ $\therefore 2x^2+2kx+k^2-32=0$

위의 이차방정식의 판별식을 D라 하면 원과 직선이 오직 한
점에서만 만나야 하므로

$\dfrac{D}{4}=k^2-2(k^2-32)=0$

$-k^2+64=0$, $k^2=64$

$\therefore k=\pm8$

| 방법 **2** | 원의 중심과 직선 사이의 거리를 이용

원의 중심 $(0, 0)$과 직선 $x+y+k=0$ 사이의 거리는

$\dfrac{|k|}{\sqrt{1^2+1^2}}=\dfrac{|k|}{\sqrt{2}}$ →d

이때 넓이가 32π인 원의 반지름의 길이를 r라 하면

$r^2\pi=32\pi$, $r^2=32$ $\therefore r=4\sqrt{2}$ $(\because r>0)$

원과 직선이 오직 한 점에서만 만나려면

$\dfrac{|k|}{\sqrt{2}}=4\sqrt{2}$, $|k|=8$ $\therefore k=\pm8$
$→d=r$

01-④ 답 3

원의 중심 $(-1, a)$와 직선 $3x+4y-6a-1=0$ 사이의 거리는

$\dfrac{|3\times(-1)+4\times a-6a-1|}{\sqrt{3^2+4^2}}=\dfrac{|-2a-4|}{5}=\dfrac{|2a+4|}{5}$

이때 원의 반지름의 길이가 2이고, 원과 직선의 교점의 개수가
1이므로

$\dfrac{|2a+4|}{5}=2$, $|2a+4|=10$, $|a+2|=5$

$a+2=\pm5$ $\therefore a=3$ $(\because a>0)$

○**4** 선분의 길이와 거리

개념 확인   • 본문 080쪽

1 답 6

원의 반지름의 길이가 5이고, 원의 중심과
직선 l 사이의 거리는 4이므로

$\overline{AB}=2\times\sqrt{5^2-4^2}=6$
     →r →d

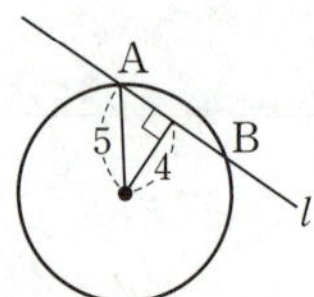

2 [답] $2\sqrt{10}$

원의 중심을 C라 하면 $\overline{CP}=7$이고
반지름의 길이가 3이므로
$\overline{PT}=\sqrt{7^2-3^2}=2\sqrt{10}$

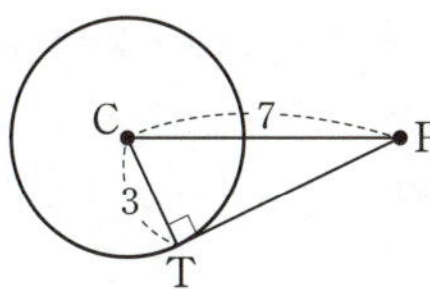

유제
• 본문 081~083쪽

02-❶ [답] $2\sqrt{7}$

오른쪽 그림과 같이 원과 직
선이 만나는 두 점을 각각 A,
B, 원의 중심을 C$(1, -3)$
이라 하고, 점 C에서 직선
$2x+5y-16=0$에 내린 수
선의 발을 H라 하면

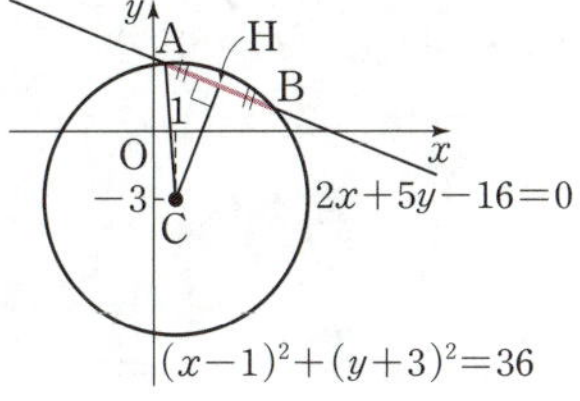

$\overline{CH}=\dfrac{|2\times1+5\times(-3)-16|}{\sqrt{2^2+5^2}}=\sqrt{29}$

또한, 원의 반지름의 길이가 6이므로
$\overline{CA}=6$

직각삼각형 CHA에서
$\overline{AH}=\sqrt{\overline{CA}^2-\overline{CH}^2}=\sqrt{6^2-(\sqrt{29})^2}=\sqrt{7}$

따라서 구하는 현의 길이는
$\overline{AB}=2\overline{AH}=2\times\sqrt{7}=2\sqrt{7}$

02-❷ [답] 20

$x^2+y^2+8x-4y+10=0$에서
$(x+4)^2+(y-2)^2=10$

오른쪽 그림과 같이 원과 직선이
만나는 두 점을 각각 A, B, 원의
중심을 C$(-4, 2)$라 하고, 점 C에
서 직선 $2x-y+k=0$에 내린 수
선의 발을 H라 하면

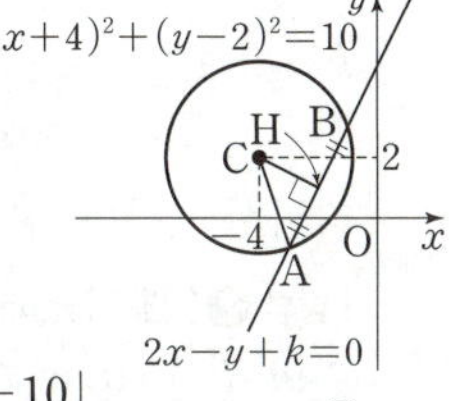

$\overline{CH}=\dfrac{|2\times(-4)-1\times2+k|}{\sqrt{2^2+(-1)^2}}=\dfrac{|k-10|}{\sqrt{5}}$ ······ ㉠

한편, 원의 반지름의 길이가 $\sqrt{10}$이므로
$\overline{CA}=\sqrt{10}$

이고, $\overline{AB}=2\sqrt{5}$에서
$\overline{AH}=\dfrac{1}{2}\overline{AB}=\dfrac{1}{2}\times2\sqrt{5}=\sqrt{5}$

이므로 직각삼각형 CAH에서
$\overline{CH}=\sqrt{\overline{CA}^2-\overline{AH}^2}=\sqrt{(\sqrt{10})^2-(\sqrt{5})^2}=\sqrt{5}$ ······ ㉡

즉, ㉠=㉡에서
$\dfrac{|k-10|}{\sqrt{5}}=\sqrt{5}$

$|k-10|=5$, $k-10=\pm5$

∴ $k=5$ 또는 $k=15$

따라서 모든 상수 k의 값의 합은
$5+15=20$

02-❸ [답] $2\sqrt{5}$

오른쪽 그림과 같이 원과 직선이 만나는
두 점을 각각 A, B, 원의 중심을
C$(3, -1)$이라 하고, 점 C에서 직선
$y=3x$, 즉 $3x-y=0$에 내린 수선의
발을 H라 하면

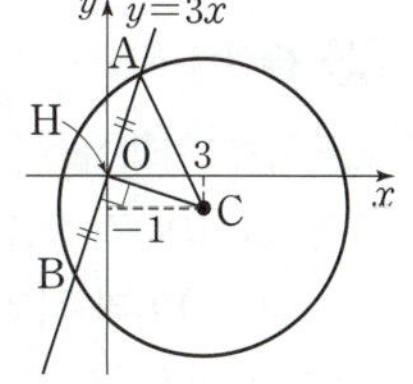

$\overline{CH}=\dfrac{|3\times3-1\times(-1)|}{\sqrt{3^2+(-1)^2}}=\sqrt{10}$

한편,
$\overline{AH}=\dfrac{1}{2}\overline{AB}=\dfrac{1}{2}\times2\sqrt{10}=\sqrt{10}$

이고, 원의 반지름의 길이는 선분 CA의 길이와 같으므로 직
각삼각형 CHA에서
$\overline{CA}=\sqrt{\overline{CH}^2+\overline{AH}^2}=\sqrt{(\sqrt{10})^2+(\sqrt{10})^2}=2\sqrt{5}$

03-❶ [답] $2\sqrt{10}$

$x^2+y^2-8x-2y+7=0$에서
$(x-4)^2+(y-1)^2=10$

오른쪽 그림과 같이 원의 중심
을 C$(4, 1)$이라 하면 삼각형
CTP는 직각삼각형이다.

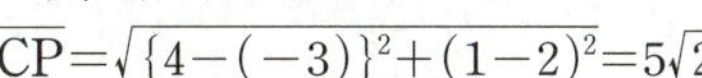

점 P$(-3, 2)$와 원의 중심
C$(4, 1)$ 사이의 거리는

$\overline{CP}=\sqrt{\{4-(-3)\}^2+(1-2)^2}=5\sqrt{2}$

또한, 원의 반지름의 길이가 $\sqrt{10}$이므로
$\overline{CT}=\sqrt{10}$

따라서 직각삼각형 CTP에서
$\overline{PT}=\sqrt{\overline{CP}^2-\overline{CT}^2}$
$=\sqrt{(5\sqrt{2})^2-(\sqrt{10})^2}=2\sqrt{10}$

03-❷ [답] -3

$x^2+y^2+6x+4y+k=0$에서
$(x+3)^2+(y+2)^2=13-k$

오른쪽 그림과 같이 원의 중심을
C$(-3, -2)$, 점 P에서 원에 그은 접
선의 접점을 T라 하면 삼각형 CPT는
직각삼각형이다.

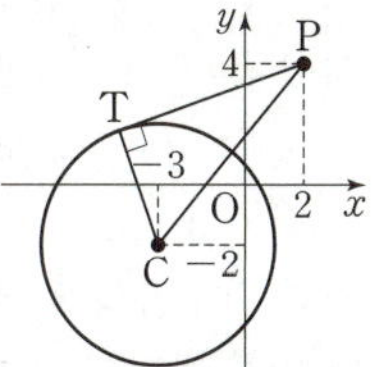

점 P$(2, 4)$와 원의 중심 C$(-3, -2)$
사이의 거리는
$\overline{PC}=\sqrt{\{2-(-3)\}^2+\{4-(-2)\}^2}=\sqrt{61}$

한편, $\overline{PT}=3\sqrt{5}$이므로 직각삼각형 CPT에서
$\overline{CT}=\sqrt{\overline{PC}^2-\overline{PT}^2}$
$=\sqrt{(\sqrt{61})^2-(3\sqrt{5})^2}=4$

따라서 반지름의 길이는 4이므로
$$\sqrt{13-k}=4,\ 13-k=16$$
$$\therefore k=-3$$

03-❸ 답 3

오른쪽 그림과 같이 점 P에서 원에
그은 접선의 접점을 T, 원의 중심
을 C(1, 3)이라 하면 이므로 삼각형
CTP는 직각삼각형이다. →$\overline{CT}\perp\overline{PT}$
점 P(a, 0)과 원의 중심 C(1, 3)
사이의 거리는

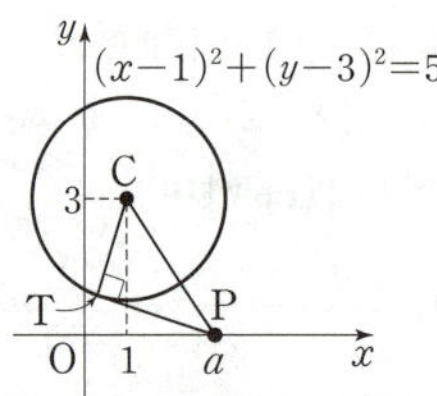

$$\overline{PC}=\sqrt{(a-1)^2+(0-3)^2}=\sqrt{a^2-2a+10}$$

또한, 원의 반지름의 길이가 $\sqrt{5}$이므로
$$\overline{CT}=\sqrt{5}$$
이때 $\overline{PT}=2\sqrt{2}$이므로 직각삼각형 CTP에서
$$\overline{PC}^2=\overline{PT}^2+\overline{CT}^2$$
$$(\sqrt{a^2-2a+10})^2=(2\sqrt{2})^2+(\sqrt{5})^2$$
$$a^2-2a+10=13,\ a^2-2a-3=0$$
$$(a+1)(a-3)=0 \qquad \therefore a=3\ (\because a>0)$$

04-❶ 답 최댓값 : $5\sqrt{5}$, 최솟값 : $\sqrt{5}$

$x^2+y^2-10x+18y+86=0$에서
$$(x-5)^2+(y+9)^2=20$$
원의 중심 $(5,\ -9)$와 직선 $2x+\sqrt{5}y-10=0$ 사이의 거리는

$$\frac{|2\times5+\sqrt{5}\times(-9)-10|}{\sqrt{2^2+(\sqrt{5})^2}}=3\sqrt{5}$$

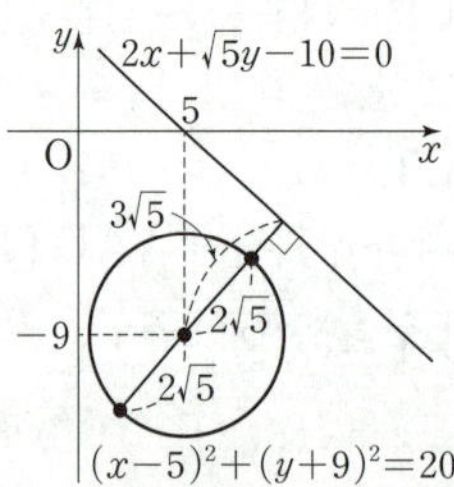

원의 반지름의 길이가 $2\sqrt{5}$이므로
원 위의 점과 직선 사이의 거리의
최댓값은 $3\sqrt{5}+2\sqrt{5}=5\sqrt{5}$
최솟값은 $3\sqrt{5}-2\sqrt{5}=\sqrt{5}$

04-❷ 답 3

$x^2+y^2-2x-2ay+a^2-8=0$에서
$$(x-1)^2+(y-a)^2=9$$
원의 중심 $(1,\ a)$와 직선 $3x+4y+10=0$ 사이의 거리는

$$\frac{|3\times1+4\times a+10|}{\sqrt{3^2+4^2}}=\frac{|4a+13|}{5}$$

원의 반지름의 길이가 3이고 원 위의 점
과 직선 사이의 거리의 최댓값이 8이므로

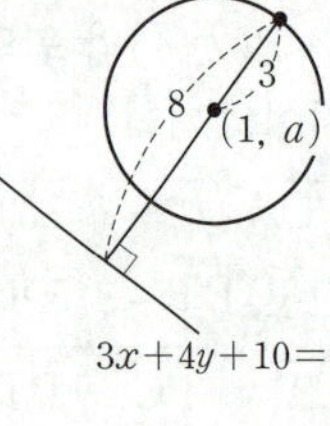

$$\frac{|4a+13|}{5}+3=8$$
$$\frac{|4a+13|}{5}=5,\ |4a+13|=25$$
$$4a+13=\pm25$$
$$\therefore a=3\ (\because a>0)$$

04-❸ 답 2

$x^2+y^2+2ax-2y+a^2-15=0$에서
$$(x+a)^2+(y-1)^2=16$$
원의 중심 $(-a,\ 1)$과 점 $(4,\ 9)$ 사이의 거리는
$$\sqrt{\{4-(-a)\}^2+(9-1)^2}=\sqrt{a^2+8a+80}$$
원의 반지름의 길이가 4이고 원 위의
점과 점 $(4,\ 9)$ 사이의 거리의 최솟
값이 6이므로

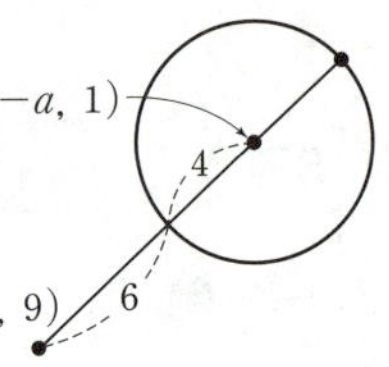

$$\sqrt{a^2+8a+80}-4=6$$
$$a^2+8a-20=0$$
$$(a+10)(a-2)=0$$
$$\therefore a=2\ (\because a>0)$$

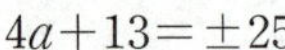

소단원 점검 문제

• 본문 084~085쪽

01 ③	02 ②	03 ⑤	04 ④
05 ①	06 ②	07 ②	08 22

01 | 방법 ❶ | 판별식을 이용

$x+ky+5=0$, 즉 $x=-ky-5$를 $x^2+y^2=1$에 대입하면
$$(-ky-5)^2+y^2=1$$
$$\therefore (k^2+1)y^2+10ky+24=0$$
위의 이차방정식의 판별식을 D라 하면 원과 직선이 만나
지 않아야 하므로
$$\frac{D}{4}=(5k)^2-(k^2+1)\times24<0$$
$$k^2-24<0,\ (k+2\sqrt{6})(k-2\sqrt{6})<0$$
$$\therefore -2\sqrt{6}<k<2\sqrt{6}$$
$\qquad\qquad\qquad\qquad →4<2\sqrt{6}<5$
따라서 구하는 자연수 k의 최댓값은 4이다.

| 방법 ❷ | 원의 중심과 직선 사이의 거리를 이용

원의 중심 $(0,\ 0)$과 직선 $x+ky+5=0$ 사이의 거리는
$$\frac{|5|}{\sqrt{1^2+k^2}}=\frac{5}{\sqrt{k^2+1}}$$
원의 반지름의 길이가 1이므로 원과 직선이 만나지 않으
려면
$$\frac{5}{\sqrt{k^2+1}}>1,\ \sqrt{k^2+1}<5$$
$$k^2+1<25,\ k^2-24<0$$
$$(k+2\sqrt{6})(k-2\sqrt{6})<0$$
$$\therefore -2\sqrt{6}<k<2\sqrt{6}$$
따라서 자연수 k의 최댓값은 4이다.

02 $x^2+y^2-2nx-2ny+2n^2-4=0$에서
$$(x-n)^2+(y-n)^2=4$$

원의 중심 (n, n)과 직선 $3x-2y+n-2=0$ 사이의 거리는
$$\frac{|3\times n-2\times n+n-2|}{\sqrt{3^2+(-2)^2}}=\frac{|2n-2|}{\sqrt{13}}$$
원의 반지름의 길이가 2이므로 원과 직선의 교점의 개수가 2이려면
$$\frac{|2n-2|}{\sqrt{13}}<2, \quad |n-1|<\sqrt{13}$$
$$-\sqrt{13}<n-1<\sqrt{13}$$
$$\therefore \ 1-\sqrt{13}<n<1+\sqrt{13}$$
따라서 모든 정수 n의 값의 합은
$$(-2)+(-1)+0+1+2+3+4=7$$

03 원의 중심 $(a, 3)$과 직선 $x+2y-13=0$ 사이의 거리는
$$\frac{|1\times a+2\times 3-13|}{\sqrt{1^2+2^2}}=\frac{|a-7|}{\sqrt{5}}$$
원의 반지름의 길이가 $2\sqrt{5}$이므로 원과 직선이 만나려면
$$\frac{|a-7|}{\sqrt{5}}\leq 2\sqrt{5}, \quad |a-7|\leq 10$$
$$-10\leq a-7\leq 10$$
$$\therefore \ -3\leq a\leq 17$$
따라서 실수 a의 최댓값은 17, 최솟값은 -3이므로 최댓값과 최솟값의 합은
$$17+(-3)=14$$

04 두 점 $(-3, 0)$, $(1, 0)$을 각각 A, B라 하면 두 점 A, B를 지름의 양 끝 점으로 하는 원의 중심은 선분 AB의 중점이므로 원의 중심의 좌표는
$$\left(\frac{(-3)+1}{2}, \ \frac{0+0}{2}\right), \quad 즉 \ (-1, 0)$$
또한, 선분 AB가 원의 지름이므로 원의 반지름의 길이는
$$\frac{1}{2}\overline{AB}=\frac{1}{2}\times\{1-(-3)\}=2$$
↳ 두 점 $(-3, 0)$, $(1, 0)$ 사이의 거리
원의 중심 $(-1, 0)$과 직선 $kx+y-2=0$ 사이의 거리는
$$\frac{|k\times(-1)+1\times 0-2|}{\sqrt{k^2+1^2}}=\frac{|k+2|}{\sqrt{k^2+1}}$$
원의 반지름의 길이가 2이므로 원과 직선이 오직 한 점에서 만나려면
$$\frac{|k+2|}{\sqrt{k^2+1}}=2$$
$$|k+2|=2\sqrt{k^2+1}$$
$$k^2+4k+4=4k^2+4$$
$$3k^2-4k=0, \quad k(3k-4)=0$$
$$\therefore \ k=\frac{4}{3} \ (\because k>0)$$

05 $x^2+y^2-2x-10y-14=0$에서
$$(x-1)^2+(y-5)^2=40$$

오른쪽 그림과 같이 원과 직선이 만나는 두 점을 각각 A, B, 원의 중심을 C(1, 5)라 하고 점 C에서 직선 $y=mx$, 즉

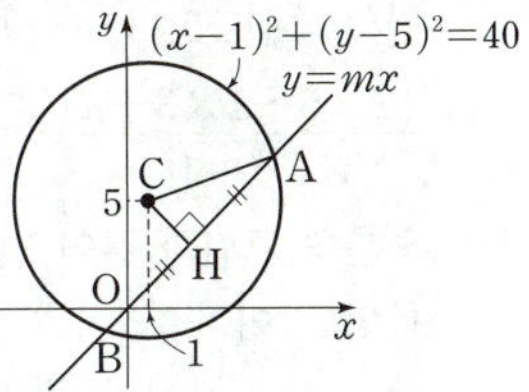

$mx-y=0$에 내린 수선의 발을 H라 하면
$$\overline{CH}=\frac{|m\times 1-1\times 5+0|}{\sqrt{m^2+(-1)^2}}=\frac{|m-5|}{\sqrt{m^2+1}}$$
또한, 원의 반지름의 길이가 $2\sqrt{10}$이므로
$$\overline{CA}=2\sqrt{10}$$
한편,
$$\overline{AH}=\frac{1}{2}\overline{AB}=\frac{1}{2}\times 8\sqrt{2}=4\sqrt{2}$$
이므로 직각삼각형 CHA에서
$$\overline{CH}=\sqrt{\overline{CA}^2-\overline{AH}^2}=\sqrt{(2\sqrt{10})^2-(4\sqrt{2})^2}=2\sqrt{2}$$
즉, $\dfrac{|m-5|}{\sqrt{m^2+1}}=2\sqrt{2}$에서
$$|m-5|=2\sqrt{2(m^2+1)}$$
$$m^2-10m+25=8m^2+8$$
$$7m^2+10m-17=0, \quad (7m+17)(m-1)=0$$
$$\therefore \ m=-\frac{17}{7} \ 또는 \ m=1$$
따라서 모든 상수 m의 값의 곱은
$$\left(-\frac{17}{7}\right)\times 1=-\frac{17}{7}$$

06 $x^2+y^2+2ax-4y+a^2-13=0$에서
$$(x+a)^2+(y-2)^2=17$$
오른쪽 그림과 같이 원의 중심을 C$(-a, 2)$라 하면 삼각형 CPT는 직각삼각형이다. 점 P$(4, 1)$과 원의 중심 C$(-a, 2)$ 사이의 거리는
$$\overline{PC}=\sqrt{\{(-a)-4\}^2+(2-1)^2}=\sqrt{a^2+8a+17}$$
한편, $\overline{PT}=4\sqrt{3}$이고 원의 반지름의 길이는 선분 CT의 길이와 같으므로
$$\overline{CT}=\sqrt{17}$$
따라서 직각삼각형 CPT에서
$$\overline{PC}=\sqrt{\overline{CT}^2+\overline{PT}^2}=\sqrt{(\sqrt{17})^2+(4\sqrt{3})^2}=\sqrt{65}$$
이므로
$$\sqrt{a^2+8a+17}=\sqrt{65}$$
$$a^2+8a+17=65, \quad a^2+8a-48=0$$
$$(a+12)(a-4)=0 \qquad \therefore \ a=4 \ (\because a>0)$$

07 $x^2+y^2-10x-6y+29=0$에서
$$(x-5)^2+(y-3)^2=5$$

원의 중심 $(5, 3)$과 직선 $2x+y+k=0$ 사이의 거리는

$$\frac{|2\times5+1\times3+k|}{\sqrt{2^2+1^2}}=\frac{|k+13|}{\sqrt{5}}$$

오른쪽 그림과 같이 원의 반지름의 길이가 $\sqrt{5}$이고 원 위의 점과 직선 사이의 거리의 최댓값이 $4\sqrt{5}$이므로

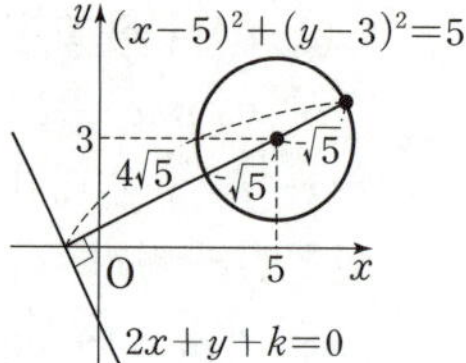

$$\frac{|k+13|}{\sqrt{5}}+\sqrt{5}=4\sqrt{5}$$

$$\frac{|k+13|}{\sqrt{5}}=3\sqrt{5}$$

$|k+13|=15, \ k+13=\pm15$

$\therefore k=2 \ (\because k>0)$

한편, 최솟값 m은

$$m=3\sqrt{5}-\sqrt{5}=2\sqrt{5}$$

이므로

$$k+m^2=2+(2\sqrt{5})^2=22$$

08 직선 l은 원점에서 거리가 최대이어야 하므로 직선 l 위의 점 $(3, 4)$와 원점을 지나는 직선은 직선 l과 수직이어야 한다.

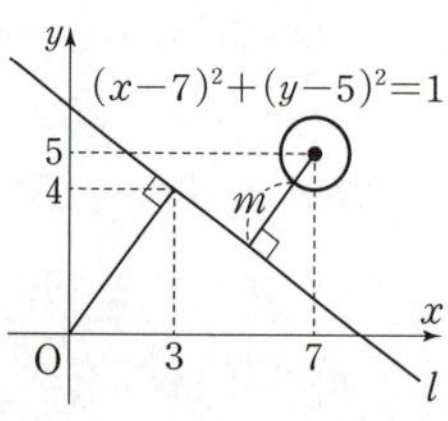

두 점 $(0, 0)$, $(3, 4)$를 지나는 직선의 기울기는

$\dfrac{4-0}{3-0}=\dfrac{4}{3}$이므로 직선 l의 기울기는 $-\dfrac{3}{4}$이다.

즉, 직선 l의 방정식은

$$y-4=-\frac{3}{4}(x-3) \qquad \therefore 3x+4y-25=0$$

원 $(x-7)^2+(y-5)^2=1$의 중심 $(7, 5)$와 직선 l 사이의 거리는

$$\frac{|3\times7+4\times5-25|}{\sqrt{3^2+4^2}}=\frac{16}{5}$$

이고, 원의 반지름의 길이가 1이므로 원 위의 점 P와 직선 l 사이의 거리의 최솟값 m은

$$m=\frac{16}{5}-1=\frac{11}{5}$$

$$\therefore 10m=10\times\frac{11}{5}=22$$

○5 원의 접선의 방정식

（유제）

• 본문 088~090쪽

01-❶ 답 $y=-3x\pm10$

| 방법 ❶ | 공식을 이용

구하는 직선은 직선 $3x+y-7=0$, 즉 $y=-3x+7$에 평행하므로 기울기가 -3이다.

원의 반지름의 길이는 $\sqrt{10}$이므로 구하는 직선의 방정식은

$$y=-3\times x\pm\sqrt{10}\times\sqrt{(-3)^2+1}$$

$$\therefore y=-3x\pm10$$

| 방법 ❷ | 판별식을 이용

구하는 직선은 직선 $3x+y-7=0$, 즉 $y=-3x+7$에 평행하므로 기울기가 -3이다.

구하는 직선의 방정식을 $y=-3x+k$ (k는 상수)라 하고 $x^2+y^2=10$에 대입하면

$$x^2+(-3x+k)^2=10$$

$$\therefore 10x^2-6kx+k^2-10=0$$

위의 이차방정식의 판별식을 D라 하면

$$\frac{D}{4}=(-3k)^2-10\times(k^2-10)=0$$

$$-k^2+100=0, \ k^2=100$$

$$\therefore k=\pm10$$

따라서 구하는 직선의 방정식은

$$y=-3x\pm10$$

| 방법 ❸ | 원의 중심과 직선 사이의 거리를 이용

구하는 직선은 직선 $3x+y-7=0$, 즉 $y=-3x+7$에 평행하므로 기울기가 -3이다.

구하는 직선의 방정식을 $y=-3x+k$ (k는 상수)라 하면 원의 중심 $(0, 0)$과 직선 $y=-3x+k$, 즉 $3x+y-k=0$ 사이의 거리는 원의 반지름의 길이 $\sqrt{10}$과 같으므로

$$\frac{|-k|}{\sqrt{3^2+1^2}}=\sqrt{10}, \ |k|=10$$

$$\therefore k=\pm10$$

따라서 구하는 접선의 방정식은

$$y=-3x\pm10$$

01-❷ 답 3

직선 $2x+y=0$, 즉 $y=-2x$에 수직인 직선의 기울기는 $\dfrac{1}{2}$이다.

조건을 만족시키는 직선의 방정식을 $y=\dfrac{1}{2}x+k$라 하면 원의 중심 $(1, 2)$와 직선 $y=\dfrac{1}{2}x+k$, 즉 $x-2y+2k=0$ 사이의 거리는 원의 반지름의 길이 $3\sqrt{5}$와 같으므로

$$\frac{|1\times1-2\times2+2k|}{\sqrt{1^2+(-2)^2}}=3\sqrt{5}, \ \frac{|2k-3|}{\sqrt{5}}=3\sqrt{5}$$

$|2k-3|=15, \ 2k-3=\pm15$

$\therefore k=-6$ 또는 $k=9$

따라서 두 직선의 y절편의 합은

$$(-6)+9=3$$

| 참고 |

공식 $y=mx\pm r\sqrt{m^2+1}$은 원의 중심이 원점인 경우에만 사용할 수 있다. 따라서 원의 중심이 원점이 아닌 경우에는 원의 중심과 접선 사이의 거리가 반지름의 길이와 같음을 이용하는 것이 좋다.

02-❶ 답 8

| 방법 ❶ | 공식을 이용

원 $x^2+y^2=8$ 위의 점 $(2, 2)$에서의 접선의 방정식은

$2x+2y=8$ $\therefore x+y=4$ $\quad$ ……㉠

직선 ㉠의 x절편은 4, y절편은 4이므로

$a=4$, $b=4$

$\therefore a+b=4+4=8$

| 방법 ❷ | 서로 수직인 직선을 이용

원의 중심 $(0, 0)$과 접점 $(2, 2)$를 지나는 직선의 기울기는

$\dfrac{2-0}{2-0}=1$

원의 중심과 접점을 지나는 직선은 접선에 수직이므로 접선의 기울기는 -1이다.

즉, 점 $(2, 2)$를 지나고 기울기가 -1인 직선의 방정식은

$y-2=-(x-2)$

$\therefore y=-x+4$ $\quad$ ……㉠

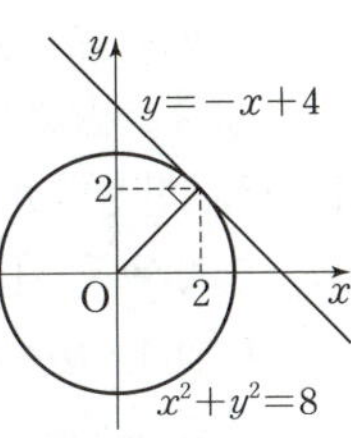

직선 ㉠의 x절편은 4, y절편은 4이므로

$a=4$, $b=4$

$\therefore a+b=4+4=8$

02-❷ 답 7

원의 중심 $(3, 1)$과 접점 $(1, -3)$을 지나는 직선의 기울기는

$\dfrac{-3-1}{1-3}=2$

원의 중심과 접점을 지나는 직선은 접선에 수직이므로 접선의 기울기는 $-\dfrac{1}{2}$이다.

즉, 점 $(1, -3)$을 지나고 기울기가 $-\dfrac{1}{2}$인 직선의 방정식은

$y-(-3)=-\dfrac{1}{2}(x-1)$

$\therefore x+2y+5=0$

따라서 $a=2$, $b=5$이므로

$a+b=2+5=7$

03-❶ 답 $4x-3y+15=0$, $4x+3y-15=0$

| 방법 ❶ | 원 위의 점에서의 접선의 방정식을 이용

접점의 좌표를 (x_1, y_1)이라 하면 접선의 방정식은

$x_1x+y_1y=9$ $\quad$ ……㉠

직선 ㉠이 점 $(0, 5)$를 지나므로

$5y_1=9$ $\therefore y_1=\dfrac{9}{5}$

접점 (x_1, y_1)은 원 $x^2+y^2=9$ 위의 점이므로

$x_1{}^2+y_1{}^2=9$ $\quad$ ……㉡

$y_1=\dfrac{9}{5}$를 ㉡에 대입하여 풀면

$x_1=-\dfrac{12}{5}$ 또는 $x_1=\dfrac{12}{5}$

이를 각각 ㉠에 대입하여 정리하면 구하는 접선의 방정식은

$4x-3y+15=0$, $4x+3y-15=0$

| 방법 ❷ | 판별식을 이용

접선의 기울기를 m이라 하면 점 $(0, 5)$를 지나는 직선의 방정식은

$y-5=mx$

$\therefore y=mx+5$

위의 식을 $x^2+y^2=9$에 대입하면

$x^2+(mx+5)^2=9$

$\therefore (m^2+1)x^2+10mx+16=0$

위의 이차방정식의 판별식을 D라 하면

$\dfrac{D}{4}=(5m)^2-(m^2+1)\times16=0$

$9m^2-16=0$, $m^2=\dfrac{16}{9}$

$\therefore m=\pm\dfrac{4}{3}$

따라서 구하는 접선의 방정식은

$4x-3y+15=0$, $4x+3y-15=0$

| 방법 ❸ | 원의 중심과 접선 사이의 거리를 이용

접선의 기울기를 m이라 하면 점 $(0, 5)$를 지나는 접선의 방정식은

$y-5=mx$ $\therefore mx-y+5=0$

원의 중심 $(0, 0)$과 직선 $mx-y+5=0$ 사이의 거리가 원의 반지름의 길이 3과 같으므로

$\dfrac{|5|}{\sqrt{m^2+(-1)^2}}=3$, $3\sqrt{m^2+1}=5$

$9m^2+9=25$, $m^2=\dfrac{16}{9}$ $\therefore m=\pm\dfrac{4}{3}$

따라서 구하는 접선의 방정식은

$4x-3y+15=0$, $4x+3y-15=0$

03-❷ 답 $3x-4y+10=0$, $x=2$

| 방법 ❶ | 원 위의 점에서의 접선의 방정식을 이용

접점의 좌표를 (x_1, y_1)이라 하면 접선의 방정식은

$x_1x+y_1y=4$ $\quad$ ……㉠

직선 ㉠이 점 $(2, 4)$를 지나므로

$2x_1+4y_1=4$ $\therefore x_1+2y_1=2$ $\quad$ ……㉡

접점 (x_1, y_1)은 원 $x^2+y^2=4$ 위의 점이므로

$x_1{}^2+y_1{}^2=4$ $\quad$ ……㉢

㉡, ㉢을 연립하여 풀면

$x_1=-\dfrac{6}{5}$, $y_1=\dfrac{8}{5}$ 또는 $x_1=2$, $y_1=0$

이를 ㉠에 각각 대입하여 정리하면 구하는 접선의 방정식은

$3x-4y+10=0$, $x=2$

접선의 기울기를 m이라 하면 점 $(2, 4)$를 지나는 접선의 방정식은

$y-4=m(x-2)$ $\quad\therefore\ y=mx-2m+4$

위의 식을 $x^2+y^2=4$에 대입하면

$x^2+(mx-2m+4)^2=4$

$\therefore\ (m^2+1)x^2-4m(m-2)x+4m^2-16m+12=0$

위의 이차방정식의 판별식을 D라 하면

$\dfrac{D}{4}=\{-2m(m-2)\}^2-(m^2+1)(4m^2-16m+12)=0$

$16m-12=0$ $\quad\therefore\ m=\dfrac{3}{4}$

따라서 구하는 접선의 방정식은

$3x-4y+10=0$

그런데 원 밖의 한 점에서 원에 그은 접선의 방정식은 두 개이므로 오른쪽 그림에서 다른 접선의 방정식은

$x=2$

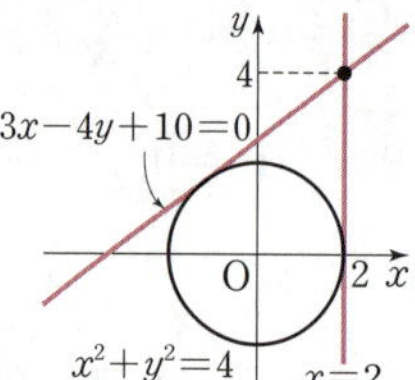

| 방법 ❸ | 원의 중심과 접선 사이의 거리를 이용

접선의 기울기를 m이라 하면 점 $(2, 4)$를 지나는 접선의 방정식은

$y-4=m(x-2)$ $\quad\therefore\ mx-y-2m+4=0$

원의 중심 $(0, 0)$과 직선 $mx-y-2m+4=0$ 사이의 거리가 원의 반지름의 길이 2와 같으므로

$\dfrac{|-2m+4|}{\sqrt{m^2+(-1)^2}}=2,\ |-2m+4|=2\sqrt{m^2+1}$

$|m-2|=\sqrt{m^2+1}$

$m^2-4m+4=m^2+1$

$4m=3$ $\quad\therefore\ m=\dfrac{3}{4}$

따라서 구하는 접선의 방정식은

$3x-4y+10=0$

또한, | 방법 ❷ |에서와 같이 다른 접선의 방정식은

$x=2$

소단원 점검 문제
• 본문 092쪽

01 ②　　　02 ⑤　　　03 ③

04 $4x+3y-5=0,\ y=-1$

01 | 방법 ❶ | 공식을 이용

접선이 x축의 양의 방향과 이루는 각의 크기가 $45°$이므로 조건을 만족시키는 직선의 기울기가 1이다. ($\tan 45°=1$)

원의 반지름의 길이는 $3\sqrt{2}$이므로 직선의 방정식은

$y=1\times x\pm3\sqrt{2}\times\sqrt{1^2+1}$ $\quad\therefore\ y=x\pm6$

따라서 두 직선의 y절편의 곱은

$(-6)\times6=-36$

| 방법 ❷ | 판별식을 이용

접선이 x축의 양의 방향과 이루는 각의 크기가 $45°$이므로 조건을 만족시키는 직선의 기울기가 1이다. ($\tan 45°=1$)

조건을 만족시키는 직선의 방정식을

$y=x+k$ (k는 상수)

라 하고 $x^2+y^2=18$에 대입하면

$x^2+(x+k)^2=18$

$\therefore\ 2x^2+2kx+k^2-18=0$

위의 이차방정식의 판별식을 D라 하면

$\dfrac{D}{4}=k^2-2\times(k^2-18)=0$

$-k^2+36=0,\ k^2=36$

$\therefore\ k=\pm6$

즉, 직선의 방정식은 $y=x\pm6$이다.

따라서 두 직선의 y절편의 곱은

$(-6)\times6=36$

| 방법 ❸ | 원의 중심과 직선 사이의 거리를 이용

접선이 x축의 양의 방향과 이루는 각의 크기가 $45°$이므로 조건을 만족시키는 직선의 기울기가 1이다. ($\tan 45°=1$)

조건을 만족시키는 직선의 방정식을 $y=x+k$ (k는 상수)

라 하면 원의 중심 $(0, 0)$과 직선 $y=x+k$, 즉 $x-y+k=0$ 사이의 거리가 원의 반지름의 길이 $3\sqrt{2}$와 같으므로

$\dfrac{|k|}{\sqrt{1^2+(-1)^2}}=3\sqrt{2},\ |k|=6$

$\therefore\ k=\pm6$

즉, 조건을 만족시키는 직선의 방정식은 $y=x\pm6$이다.

따라서 두 직선의 y절편의 곱은

$(-6)\times6=36$

02 | 방법 ❶ | 공식을 이용

원 $x^2+y^2=20$ 위의 점 $(2, -4)$에서의 접선의 방정식은

$2\times x+(-4)\times y=20$

$\therefore\ x-2y-10=0$

따라서 구하는 부분의 넓이는

$\dfrac{1}{2}\times10\times5=25$

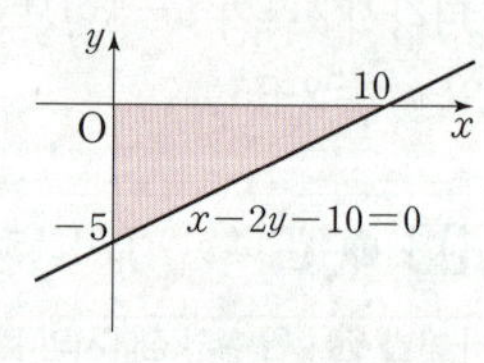

| 방법 ❷ | 서로 수직인 직선을 이용

원의 중심 $(0, 0)$과 접점 $(2, -4)$를 지나는 직선의 기울기는

$\dfrac{(-4)-0}{2-0}=-2$

원의 중심과 접점을 지나는 직선은 접선에 수직이므로 접선의 기울기는 $\dfrac{1}{2}$이다.

즉, 점 $(2, -4)$를 지나고 기울기가
$\dfrac{1}{2}$인 직선의 방정식은

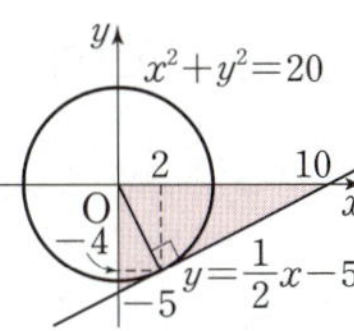

$y-(-4)=\dfrac{1}{2}\times(x-2)$

$\therefore y=\dfrac{1}{2}x-5$

따라서 구하는 부분의 넓이는

$\dfrac{1}{2}\times10\times5=25$

03 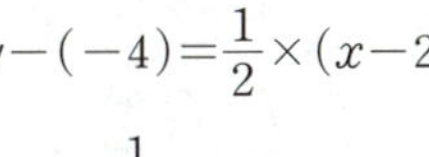

| 방법 ❶ | 원 위의 점에서의 접선의 방정식을 이용

접점의 좌표를 (x_1, y_1)이라 하면 접선의 방정식은
$x_1x+y_1y=2$ $\qquad\cdots\cdots$ ㉠
직선 ㉠이 점 $(2, -4)$를 지나므로
$2x_1-4y_1=2$ $\quad\therefore x_1-2y_1=1$ $\qquad\cdots\cdots$ ㉡
접점 (x_1, y_1)은 원 $x^2+y^2=2$ 위의 점이므로
$x_1^2+y_1^2=2$ $\qquad\cdots\cdots$ ㉢
㉡, ㉢을 연립하여 풀면
$x_1=-1,\ y_1=-1$ 또는 $x_1=\dfrac{7}{5},\ y_1=\dfrac{1}{5}$
이를 ㉠에 각각 대입하여 정리하면 접선의 방정식은
$x+y+2=0$ 또는 $7x+y-10=0$
따라서 두 접선이 각각 y축과 만나는 점의 좌표는
$(0, -2),\ (0, 10)$이므로
$a=-2,\ b=10$ 또는 $a=10,\ b=-2$
$\therefore a+b=8$

| 방법 ❷ | 판별식을 이용

접선의 기울기를 m이라 하면 점 $(2, -4)$를 지나는 직선의 방정식은
$y-(-4)=m(x-2)$ $\quad\therefore y=mx-2m-4$
위의 식을 $x^2+y^2=2$에 대입하면
$x^2+(mx-2m-4)^2=2$
$\therefore (m^2+1)x^2-4m(m+2)x+4m^2+16m+14=0$
위의 이차방정식의 판별식을 D라 하면
$\dfrac{D}{4}=\{-2m(m+2)\}^2-(m^2+1)(4m^2+16m+14)=0$
$-2m^2-16m-14=0,\ (m+7)(m+1)=0$
$\therefore m=-7$ 또는 $m=-1$
즉, 접선의 방정식은
$y=-7x+10,\ y=-x-2$
따라서 두 접선이 각각 y축과 만나는 점의 좌표는
$(0, 10),\ (0, -2)$이므로
$a=-2,\ b=10$ 또는 $a=10,\ b=-2$
$\therefore a+b=8$

| 방법 ❸ | 원의 중심과 접선 사이의 거리를 이용

접선의 기울기를 m이라 하면 점 $(2, -4)$를 지나는 접선의 방정식은

$y-(-4)=m(x-2)$ $\quad\therefore y=mx-2m-4$
원의 중심 $(0, 0)$과 직선 $y=mx-2m-4$, 즉
$mx-y-2m-4=0$ 사이의 거리가 원의 반지름의 길이
$\sqrt{2}$와 같으므로
$\dfrac{|-2m-4|}{\sqrt{m^2+(-1)^2}}=\sqrt{2},\ |2m+4|=\sqrt{2m^2+2}$
$4m^2+16m+16=2m^2+2$
$2m^2+16m+14=0,\ (m+7)(m+1)=0$
$\therefore m=-7$ 또는 $m=-1$
즉, 접선의 방정식은
$y=-7x+10,\ y=-x-2$
따라서 두 접선이 각각 y축과 만나는 점의 좌표는
$(0, 10),\ (0, -2)$이므로
$a=-2,\ b=10$ 또는 $a=10,\ b=-2$
$\therefore a+b=8$

04 | 방법 ❶ | 원 위의 점에서의 접선의 방정식을 이용

$x^2+y^2-4x+2y=0$에서
$(x-2)^2+(y+1)^2=5$
이므로 원의 중심의 좌표는 $(2, -1)$이다.
원 $x^2+y^2=1$ 위의 접점의 좌표를 (x_1, y_1)이라 하면 접선의 방정식은
$x_1x+y_1y=1$ $\qquad\cdots\cdots$ ㉠
직선 ㉠이 점 $(2, -1)$을 지나므로
$2x_1-y_1=1$ $\qquad\cdots\cdots$ ㉡

> └→ 원의 넓이를 이등분하는 직선은 원의 중심을 지난다.

접점 (x_1, y_1)은 원 $x^2+y^2=1$ 위의 점이므로
$x_1^2+y_1^2=1$ $\qquad\cdots\cdots$ ㉢
㉡, ㉢을 연립하여 풀면
$x_1=0,\ y_1=-1$ 또는 $x_1=\dfrac{4}{5},\ y_1=\dfrac{3}{5}$
이를 ㉠에 각각 대입하여 정리하면 구하는 접선의 방정식은
$4x+3y-5=0,\ y=-1$

| 방법 ❷ | 판별식을 이용

접선의 기울기를 m이라 하면 점 $(2, -1)$을 지나는 접선의 방정식은
$y-(-1)=m(x-2)$ $\quad\therefore y=mx-2m-1$
위의 식을 $x^2+y^2=1$에 대입하면
$x^2+(mx-2m-1)^2=1$
$\therefore (m^2+1)x^2-2m(2m+1)x+4m^2+4m=0$
위의 이차방정식의 판별식을 D라 하면
$\dfrac{D}{4}=\{-m(2m+1)\}^2-(m^2+1)(4m^2+4m)=0$
$m(3m+4)=0$
$\therefore m=-\dfrac{4}{3}$ 또는 $m=0$
따라서 구하는 접선의 방정식은
$4x+3y-5=0,\ y=-1$

접선의 기울기를 m이라 하면 점 $(2, -1)$을 지나는 접선의 방정식은

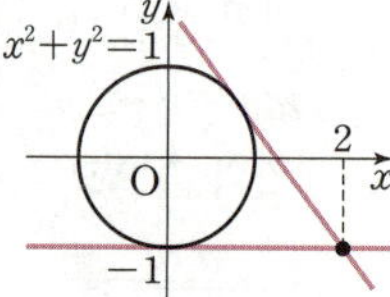

$y-(-1)=m(x-2)$

$\therefore mx-y-2m-1=0$

원의 중심 $(0, 0)$과 직선 $mx-y-2m-1=0$ 사이의 거리가 원 $x^2+y^2=1$의 반지름의 길이 1과 같으므로

$\dfrac{|-2m-1|}{\sqrt{m^2+(-1)^2}}=1$

$|2m+1|=\sqrt{m^2+1}$

$3m^2+4m=0,\ m(3m+4)=0$

$\therefore m=-\dfrac{4}{3}$ 또는 $m=0$

따라서 구하는 접선의 방정식은

$4x+3y-5=0,\ y=-1$

---

01 ②	**02** ①	**03** 5	**04** 5
05 12	**06** ②	**07** 8	**08** ②
09 ④	**10** ⑤	**11** ③	**12** 20
13 ②	**14** 3	**15** ⑤	**16** ②
17 29	**18** ③	**19** 12	**20** ⑤
21 10	**22** 45	**23** ①	**24** ①

01 원의 반지름의 길이를 r라 하면 원의 방정식은

$(x-2)^2+(y-3)^2=r^2$ …… ㉠

원 ㉠이 점 $(1, 6)$을 지나므로

$(1-2)^2+(6-3)^2=r^2$ $\therefore r^2=10$

㉠에 $y=0$을 대입하면

$(x-2)^2+(0-3)^2=10\ (\because r^2=10)$

$(x-2)^2=1,\ x-2=\pm1$

$\therefore x=1$ 또는 $x=3$

따라서 $a=1,\ b=3\ (\because a<b)$이므로

$b-a=3-1=2$

| 다른 풀이 |

원의 반지름의 길이는 두 점 $(2, 3),\ (1, 6)$ 사이의 거리와 같으므로

$\sqrt{(2-1)^2+(3-6)^2}=\sqrt{10}$

즉, 중심이 점 $(2, 3)$이고 반지름의 길이가 $\sqrt{10}$인 원의 방정식은

$(x-2)^2+(y-3)^2=10$

위의 식에 $y=0$을 대입하여 정리하면

$x=1$ 또는 $x=3$

---

02 직선 AB의 기울기는 $\dfrac{a-1}{3-1}=\dfrac{a-1}{2}$이므로 선분 AB의 수직이등분선의 기울기는 $\dfrac{2}{1-a}$이고, 선분 AB의 중점 $\left(\dfrac{1+3}{2}, \dfrac{1+a}{2}\right)$, 즉 $\left(2, \dfrac{a+1}{2}\right)$을 지난다.

즉, 선분 AB의 수직이등분선의 방정식은

$y-\dfrac{a+1}{2}=\dfrac{2}{1-a}(x-2)$

이때 위의 직선이 원 $(x+2)^2+(y-5)^2=4$의 넓이를 이등분하므로 원의 중심 $(-2, 5)$를 지난다. 즉,

$5-\dfrac{a+1}{2}=\dfrac{2}{1-a}\{(-2)-2\}$

$\dfrac{9-a}{2}=\dfrac{8}{a-1},\ (9-a)(a-1)=16$

$a^2-10a+25=0,\ (a-5)^2=0$

$\therefore a=5$

---

03 $x^2+y^2+4mx-2my+6m^2-4m+1=0$에서

$(x+2m)^2+(y-m)^2=-m^2+4m-1$

위의 원의 반지름의 길이는 $\sqrt{-m^2+4m-1}$이고

$-m^2+4m-1=-(m-2)^2+3$

이므로 $m=2$일 때 원의 넓이가 최대이고 그때의 원의 넓이는

> 원의 넓이가 최대이려면 반지름의 길이가 최대이어야 한다.

$\pi\times(\sqrt{3})^2=3\pi$

따라서 $a=2,\ k=3$이므로

$a+k=2+3=5$

---

04 $x^2+y^2+2kx+2y+k=0$에서

$(x+k)^2+(y+1)^2=k^2-k+1$

위의 원의 넓이가 7π가 되려면

$(\sqrt{k^2-k+1})^2\pi=7\pi$

$k^2-k+1=7,\ k^2-k-6=0$

$(k+2)(k-3)=0$

$\therefore k=-2$ 또는 $k=3$ …❶

따라서 두 원의 중심의 좌표는 각각

$(2, -1),\ (-3, -1)$ $\overset{\longmapsto (-k,\ -1)}{}$

이므로 두 원의 중심 사이의 거리는

$2-(-3)=5$ …❷

채점 기준	배점 비율
❶ 상수 k의 값 구하기	70 %
❷ 두 원의 중심 사이의 거리 구하기	30 %

---

05 $x^2+y^2+4x-2ay=0$에서

$(x+2)^2+(y-a)^2=a^2+4$

두 직선 $2x+y=0,\ x+by+c=0$에 의하여 원 $x^2+y^2+4x-2ay=0$의 넓이가 4등분되므로 두 직선은 원의 중심 $(-2, a)$를 지나고 서로 수직이어야 한다.

즉, 직선 $2x+y=0$이 점 $(-2, a)$를 지나야 하므로
$2\times(-2)+a=0$ $\therefore a=4$
또한, 직선 $2x+y=0$, 즉 $y=-2x$의 기울기는 -2이므로 직선 $x+by+c=0$의 기울기는 $\dfrac{1}{2}$이다.

점 $(-2, 4)$를 지나고 기울기가 $\dfrac{1}{2}$인 직선의 방정식은
$$y-4=\dfrac{1}{2}(x+2)   \therefore x-2y+10=0$$
$\therefore b=-2,\ c=10$
$\therefore a+b+c=4+(-2)+10=12$

06 $x^2+y^2-2kx+6y+5k+6=0$에서
$(x-k)^2+(y+3)^2=k^2-5k+3$
위의 원의 중심의 좌표는 $(k, -3)$이고, x축에 접하므로 반지름의 길이는 $|-3|=3$이다.
즉, $k^2-5k+3=3^2$에서 $k^2-5k-6=0$
$(k+1)(k-6)=0$ $\therefore k=-1$ 또는 $k=6$
따라서 구하는 모든 실수 k의 값의 합은
$(-1)+6=5$

07 중심이 점 (a, b)이고 y축에 접하는 원의 반지름의 길이는 $|a|$이므로 원의 방정식은
$(x-a)^2+(y-b)^2=a^2$ $\cdots\cdots$ ㉠
원 ㉠이 점 $(1, 0)$을 지나므로
$(1-a)^2+(0-b)^2=a^2$ → ㉠에 $x=1,\ y=0$을 대입
$\therefore b^2-2a+1=0$ $\cdots\cdots$ ㉡
원 ㉠이 점 $(9, 0)$을 지나므로
$(9-a)^2+(0-b)^2=a^2$ → ㉠에 $x=9,\ y=0$을 대입
$\therefore b^2-18a+81=0$ $\cdots\cdots$ ㉢
㉡, ㉢을 연립하여 풀면
$a=5,\ b=3\ (\because b>0)$
$\therefore a+b=5+3=8$

|다른 풀이|

두 점 $(1, 0)$, $(9, 0)$을 각각 A, B라 하면 선분 AB는 원의 한 현이므로 원의 중심은 선분 AB의 수직이등분선 위에 있다.
한편, 선분 AB의 중점의 x좌표가 $\dfrac{1+9}{2}=5$이므로 원의 중심의 x좌표는 5이다.
$\therefore a=5$
또한, 원이 y축에 접하므로 원의 반지름의 길이는 $|5|=5$이다.
따라서 원의 방정식은
$(x-5)^2+(y-b)^2=25$
위의 원이 점 $(1, 0)$을 지나므로
$(1-5)^2+(0-b)^2=25,\ b^2=9$ $\therefore b=3\ (\because b>0)$
$\therefore a+b=5+3=8$

08 $x^2+y^2+6x-4y+n-1=0$에서
$(x+3)^2+(y-2)^2=14-n$
위의 방정식이 원을 나타내려면
$14-n>0$
$\therefore n<14$ $\cdots\cdots$ ㉠
이때 원의 중심과 x축 사이의 거리는 $|2|=2$,
y축 사이의 거리는 $|-3|=3$이므로
$2\leq\sqrt{14-n}<3$
$4\leq14-n<9$
$\therefore 5<n\leq10$ $\cdots\cdots$ ㉡
㉠, ㉡의 공통범위를 구하면
$5<n\leq10$
따라서 모든 정수 n의 값의 합은
$6+7+8+9+10=40$

09 두 원 C_1, C_2의 교점을 지나는 직선의 방정식은
$x^2+y^2+6x-8-(x^2+y^2-ax-4y-56)=0$
$\therefore (a+6)x+4y+48=0$ $\cdots\cdots$ ㉠
직선 ㉠이 원 C_1의 넓이를 이등분하려면 원 C_1의 중심을 지나야 한다.
$x^2+y^2+6x-8=0$에서
$(x+3)^2+y^2=17$
즉, 원 C_1의 중심의 좌표는 $(-3, 0)$이다.
따라서 직선 ㉠이 점 $(-3, 0)$을 지나므로
$(a+6)\times(-3)+4\times0+48=0,\ 3a=30$
$\therefore a=10$

10 점 P의 좌표를 (x, y)라 하면
$\overline{\mathrm{AP}}^2=\overline{\mathrm{BP}}^2+\overline{\mathrm{CP}}^2$에서
$\{x-(-1)\}^2+\{y-(-1)\}^2$
$\qquad=\{(x-0)^2+(y-2)^2\}+\{(x-1)^2+(y-0)^2\}$
$x^2+y^2-4x-6y+3=0$
$\therefore (x-2)^2+(y-3)^2=10$
따라서 점 P가 나타내는 도형은 중심이 점 $(2, 3)$이고 반지름의 길이가 $\sqrt{10}$인 원이므로 구하는 도형의 넓이는
$\pi\times(\sqrt{10})^2=10\pi$

11 원의 중심 $(a, -a)$와 직선 $3x+4y+5=0$ 사이의 거리는
$$\dfrac{|3a+4\times(-a)+5|}{\sqrt{3^2+4^2}}=\dfrac{|-a+5|}{5}=\dfrac{|a-5|}{5}$$
원의 반지름의 길이가 2이므로 원과 직선이 만나려면
$\dfrac{|a-5|}{5}\leq2,\ |a-5|\leq10$
$-10\leq a-5\leq10$
$\therefore -5\leq a\leq15$
따라서 $M=15,\ m=-5$이므로
$M-m=15-(-5)=20$

12 중심이 $(1, 3)$이고 x축에 접하는 원의 반지름의 길이는
$|3|=3$
주어진 원이 직선 $4x-3y+k=0$과 오직 한 점에서 만나므로
$$\frac{|4\times1-3\times3+k|}{\sqrt{4^2+(-3)^2}}=3, \quad \frac{|k-5|}{5}=3$$
$|k-5|=15, \quad k-5=\pm15$
$\therefore k=20 \ (\because k>0)$

13 $x^2+y^2+4x-12y+28=0$에서
$(x+2)^2+(y-6)^2=12$
원의 중심이 $C(-2, 6)$
이므로 오른쪽 그림과
같이 점 C에서 직선
$x-y+k=0$에 내린 수
선의 발을 H라 하면

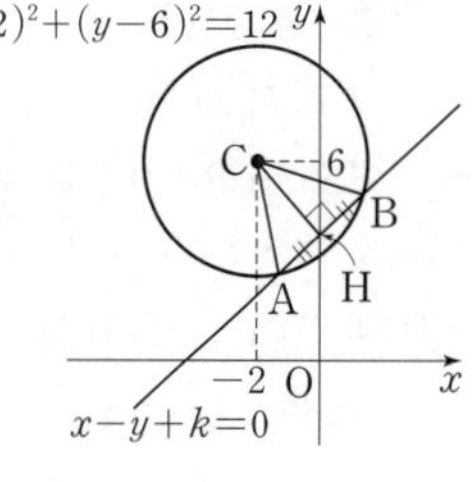

$$\overline{CH}=\frac{|-2-6+k|}{\sqrt{1^2+(-1)^2}}$$
$$=\frac{|k-8|}{\sqrt{2}}$$

한편, 원의 반지름의 길이는 $2\sqrt{3}$이고 삼각형 ABC가 정삼각형이어야 하므로
$\overline{AB}=\overline{AC}=2\sqrt{3}$,
$\overline{CH}=\dfrac{\sqrt{3}}{2}\overline{AB}=\dfrac{\sqrt{3}}{2}\times2\sqrt{3}=3$

즉, $\dfrac{|k-8|}{\sqrt{2}}=3$에서 → 한 변의 길이가 a인 정삼각형의 높이는 $\dfrac{\sqrt{3}}{2}a$이다.

$|k-8|=3\sqrt{2} \qquad \therefore k=8\pm3\sqrt{2}$
따라서 모든 실수 k의 값의 합은
$(8-3\sqrt{2})+(8+3\sqrt{2})=16$

14 원의 반지름의 길이를 r라 하면
$\overline{CH}=15-r, \quad \overline{CA}=10+r$
$\cdots$ ❶

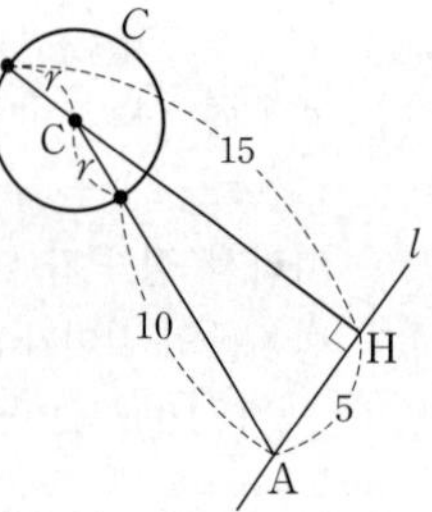
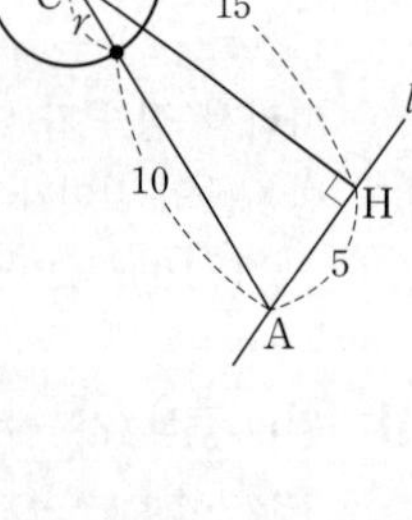

두 직선 CH, AH는 서로 수직이므로 삼각형 CAH는 직각삼각형이다.
즉, $\overline{CA}^2=\overline{CH}^2+\overline{AH}^2$에서
$(10+r)^2=(15-r)^2+5^2$
$r^2+20r+100=r^2-30r+250$
$50r=150 \qquad \therefore r=3$
$\cdots$ ❷

채점 기준	배점 비율
❶ 반지름의 길이를 r라 하고, 주어진 조건을 이용하여 선분 CH와 선분 CA의 길이를 r에 대한 식으로 각각 나타내기	60 %
❷ 삼각형 CAH가 직각삼각형임을 이용하여 r의 값 구하기	40 %

15 원 C 위의 점 P의 좌표를 (a, b)라 하고, 삼각형 PAB의 무게중심의 좌표를 (x, y)라 하면
$$x=\frac{a+4+1}{3}=\frac{a+5}{3}, \quad y=\frac{b+3+7}{3}=\frac{b+10}{3}$$
$\therefore a=3x-5, \ b=3y-10$
점 $P(a, b)$는 원 C 위의 점이므로
$(a-1)^2+(b-2)^2=4$에서
$\{(3x-5)-1\}^2+\{(3y-10)-2\}^2=4$
$(3x-6)^2+(3y-12)^2=4$
$\therefore (x-2)^2+(y-4)^2=\dfrac{4}{9} \quad \cdots\cdots$ ㉠

즉, 삼각형 PAB의 무게중심이 나타내는 도형은 중심의 좌표가 $(2, 4)$이고, 반지름의 길이가 $\dfrac{2}{3}$인 원이다.

한편, 직선 AB의 방정식은
$y-3=\dfrac{7-3}{1-4}\times(x-4) \qquad \therefore 4x+3y-25=0$

원 ㉠의 중심과 직선 $4x+3y-25=0$ 사이의 거리는
$$\frac{|4\times2+3\times4-25|}{\sqrt{4^2+3^2}}=1$$

따라서 삼각형 APB의 무게중심과 직선 AB 사이의 거리의 최솟값은
$$1-\frac{2}{3}=\frac{1}{3}$$
└ 원 ㉠의 반지름의 길이

16 원 $x^2+y^2=9$ 위의 점 $P(a, b)$에서의 접선의 방정식은
$ax+by=9$
점 $P(a, b)$는 원 $x^2+y^2=9$ 위의 점이므로
$a^2+b^2=9 \quad \cdots\cdots$ ㉠
원 $(x-4)^2+y^2=1$의 중심 $(4, 0)$과 직선 $ax+by=9$,
즉 $ax+by-9=0$ 사이의 거리는
$$\frac{|a\times4+b\times0-9|}{\sqrt{a^2+b^2}}=\frac{|4a-9|}{3} \ (\because ㉠)$$

원 $(x-4)^2+y^2=1$의 반지름의 길이가 1이므로 원과 직선이 서로 다른 두 점에서 만나려면
$$\frac{|4a-9|}{3}<1, \quad |4a-9|<3$$
$-3<4a-9<3 \qquad \therefore \dfrac{3}{2}<a<3$

따라서 $\alpha=\dfrac{3}{2}, \ \beta=3$이므로
$$\frac{\beta}{\alpha}=\frac{3}{\frac{3}{2}}=2$$

17 원 $x^2+y^2=25$ 위의 점 $(-4, 3)$에서의 접선의 방정식은
$(-4)\times x+3\times y=25 \qquad \therefore y=\dfrac{4}{3}x+\dfrac{25}{3}$

위의 직선의 기울기가 $\dfrac{4}{3}$이므로 이 직선에 수직인 직선의 기울기는 $-\dfrac{3}{4}$이다.

즉, 기울기가 $-\dfrac{3}{4}$이고 원 $x^2+y^2=25$에 접하는 직선의

방정식은

$$y=-\dfrac{3}{4}x\pm5\times\sqrt{\left(-\dfrac{3}{4}\right)^2+1}$$

$$y=-\dfrac{3}{4}x\pm\dfrac{25}{4}$$

$\therefore 3x+4y\pm25=0$

이때 $b>0$이므로

$3x+4y+25=0$

따라서 $a=4$, $b=25$이므로

$a+b=4+25=29$

| 다른 풀이 |

원 $x^2+y^2=25$ 위의 점 $(-4, 3)$에서의 접선의 방정식은

$$y=\dfrac{4}{3}x+\dfrac{25}{3}$$

위의 접선에 수직이면서 원
에 접하는 접선은 두 개이고,
접점은 오른쪽 그림과 같이
원 $x^2+y^2=25$와 직선
$y=\dfrac{4}{3}x$의 교점과 같으므로

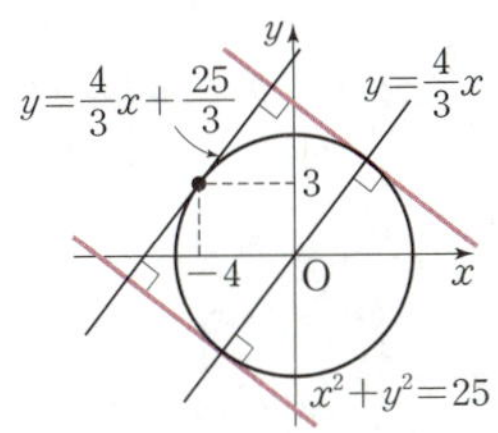

$$x^2+\left(\dfrac{4}{3}x\right)^2=25$$

$x^2=9$

$\therefore x=\pm3$

즉, 두 접점의 좌표는 각각 $(3, 4)$, $(-3, -4)$이고, 이
점에서의 접선의 방정식은 각각

$3x+4y=25$, $-3x-4y=25$

$\therefore 3x+4y-25=0$, $3x+4y+25=0$

이때 $b>0$이므로

$3x+4y+25=0$

18 접선의 기울기를 m이라 하면
점 $(-2, k)$를 지나는 접선의 방
정식은

$y-k=m(x+2)$

$\therefore mx-y+2m+k=0$

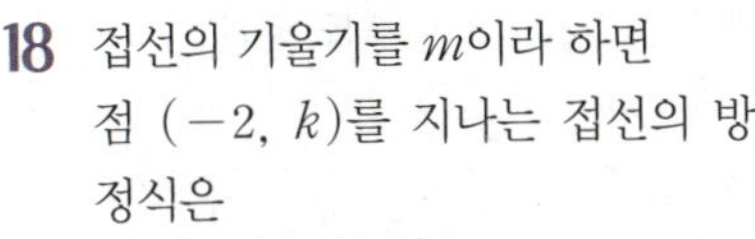

원의 중심 $(0, 0)$과 직선 $mx-y+2m+k=0$ 사이의
거리가 원의 반지름의 길이 $\sqrt{34}$와 같으므로

$$\dfrac{|2m+k|}{\sqrt{m^2+(-1)^2}}=\sqrt{34}$$

$|2m+k|=\sqrt{34(m^2+1)}$

$4m^2+4km+k^2=34m^2+34$

$\therefore 30m^2-4km+34-k^2=0$ ...... ㉠

m에 대한 이차방정식 ㉠의 판별식을 D라 하면

$$\dfrac{D}{4}=(-2k)^2-30(34-k^2)$$

$$=34(k^2-30)>0\ (\because k^2>30)$$

즉, m에 대한 이차방정식은 ㉠은 서로 다른 두 실근을
갖고 두 근을 각각 m_1, m_2라 하면 이차방정식의 근과 계
수의 관계에 의하여

$$m_1m_2=\dfrac{34-k^2}{30}$$

이때 두 접선이 서로 수직이므로 두 접선의 기울기의 곱
은 -1이다.

즉, $\dfrac{34-k^2}{30}=-1$에서

$k^2=64$ $\therefore k=8\ (\because k>0)$

| 다른 풀이 |

오른쪽 그림과 같이 점 $P(-2, k)$
라 하고 원의 중심을 O, 원과 두
접선의 교점을 각각 A, B라 하면
사각형 AOBP는 정사각형이다.

원의 반지름의 길이가 $\sqrt{34}$이므로
선분 OP의 길이는 $2\sqrt{17}$이다.

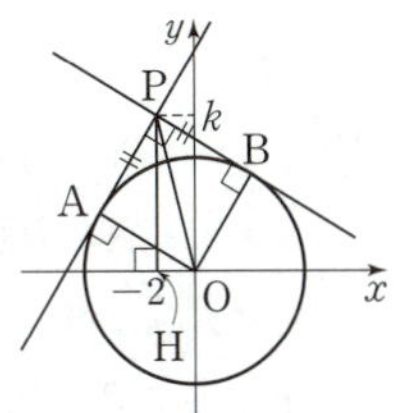

이때 점 P에서 x축에 내린 수선의 발을 H라 하면 직각삼
각형 PHO에서 $\overline{OH}^2+\overline{PH}^2=\overline{OP}^2$이므로

$2^2+k^2=(2\sqrt{17})^2$, $k^2+4=68$

$k^2=64$ $\therefore k=8\ (\because k>0)$

19 (풀이전략) 주어진 세 직선의 교점을 이용하여 삼각형의 세 꼭짓
점의 좌표를 구한 후 외심의 성질을 이용하여 원의 반지름의 길이
를 구한다. ┌ 기울기가 각각 $\dfrac{1}{3}$, -3이므로 $\dfrac{1}{3}\times(-3)=-1$

두 직선 $x-3y=0$, $3x+y-20=0$은 서로 수직이므로 직
선 $2x-y+k=0$과 두 직선 $x-3y=0$, $3x+y-20=0$
의 교점을 각각 A, B라 하면 세 직선으로 둘러싸인 삼각
형의 외접원의 지름은 선분 AB이다.

원 $x^2+y^2+Ax+By=0$과 직선 $x-3y=0$이 모두 원
점을 지나므로 두 직선 $x-3y=0$, $2x-y+k=0$의 교
점이 원점이어야 한다.

즉, $k=0$이다.

따라서 두 직선 $x-3y=0$, $2x-y=0$의 교점의 좌표는
$(0, 0)$,

두 직선 $2x-y=0$, $3x+y-20=0$의 교점의 좌표는
$(4, 8)$,

두 직선 $x-3y=0$, $3x+y-20=0$의 교점의 좌표는
$(6, 2)$

이므로 세 직선으로 둘러싸인 삼각형의 외접원은 삼각형
의 세 꼭짓점 $(0, 0)$, $(4, 8)$, $(6, 2)$를 지나는 원이다.

즉, 원 $x^2+y^2+Ax+By=0$이 두 점 $(4, 8)$, $(6, 2)$를
지나므로 ᵗ$(*)$

$4^2+8^2+A\times4+B\times8=0$ ← $(*)$에 $x=4$, $y=8$을 대입

$\therefore A+2B+20=0$ ...... ㉠

$6^2+2^2+A\times6+B\times2=0$ ← $(*)$에 $x=6$, $y=2$를 대입

$\therefore 3A+B+20=0$ ...... ㉡

㉠, ㉡을 연립하여 풀면
$A=-4,\ B=-8$
$\therefore\ |A+B+k|=|(-4)+(-8)+0|=12$

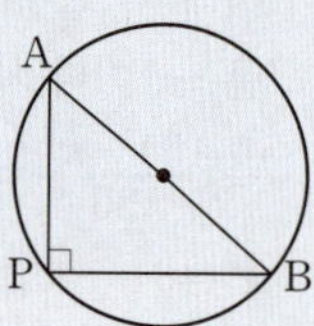

20 (풀이 전략) x축과 y축에 동시에 접하는 원의 중심은 직선 $y=\pm x$ 위에 있음을 알고 주어진 직선과 교점을 구한다.

x축과 y축에 동시에 접하는 원의 중심은 직선 $y=x$ 또는 $y=-x$ 위에 있다. → 반지름의 길이가 r인 원이 x축과 y축에 동시에 접할 때, 원의 중심의 좌표는 $(\pm r,\ \pm r)$이므로

따라서 주어진 원의 중심은 직선 $2x-y-3=0$, 즉 $y=2x-3$과 직선 $y=x$ 또는 $y=-x$의 교점이다.

(ⅰ) 원의 중심이 직선 $y=x$ 위에 있을 때
$2x-3=x$에서 $x=3$
즉, 중심의 좌표는 $(3,\ 3)$이다.

(ⅱ) 원의 중심이 직선 $y=-x$ 위에 있을 때
$2x-3=-x$에서 $3x=3$ $\therefore\ x=1$
즉, 중심의 좌표는 $(1,\ -1)$이다.

(ⅰ), (ⅱ)에서 두 원의 중심 사이의 거리는
$\sqrt{(3-1)^2+\{3-(-1)\}^2}=2\sqrt{5}$

21 (풀이 전략) 주어진 두 현의 길이를 이용하여 $a,\ b$ 사이의 관계식을 구한 후 연립방정식을 푼다.

오른쪽 그림과 같이 원과 직선 $x-3y=0$이 만나는 두 점을 각각 A, B, 원의 중심을 $C(a,\ b)$라 하고, 점 C에서 직선 $x-3y=0$에 내린 수선의 발을 H라 하면

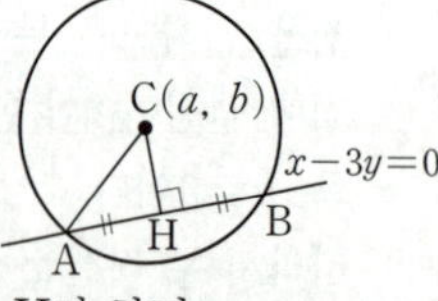

$\overline{CH}=\dfrac{|1\times a-3\times b|}{\sqrt{1^2+(-3)^2}}=\dfrac{|a-3b|}{\sqrt{10}}$

또한, 원의 반지름의 길이가 $2\sqrt{6}$이므로
$\overline{CA}=2\sqrt{6}$

이때
$\overline{AH}=\dfrac{1}{2}\overline{AB}=\dfrac{1}{2}\times2\sqrt{14}=\sqrt{14}$

이므로 직각삼각형 CAH에서
$\overline{CH}=\sqrt{\overline{CA}^2-\overline{AH}^2}=\sqrt{(2\sqrt{6})^2-(\sqrt{14})^2}=\sqrt{10}$

즉, $\dfrac{|a-3b|}{\sqrt{10}}=\sqrt{10}$에서
$|a-3b|=10$
$\therefore\ a-3b=-10$ 또는 $a-3b=10$ …… ㉠

한편, 오른쪽 그림과 같이 원과 직선 $7x-y=0$이 만나는 두 점을 각각 A′, B′, 점 C에서 직선 $7x-y=0$에 내린 수선의 발을 H′이라 하면

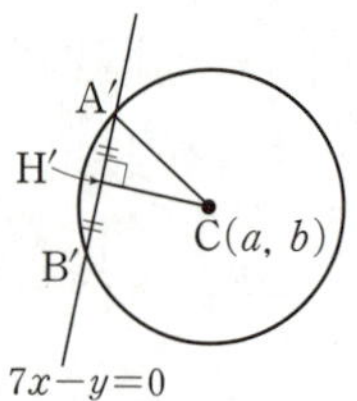

$\overline{CH'}=\dfrac{|7\times a-1\times b|}{\sqrt{7^2+(-1)^2}}=\dfrac{|7a-b|}{5\sqrt{2}}$

또한, 원의 반지름의 길이가 $2\sqrt{6}$이므로
$\overline{CA'}=2\sqrt{6}$

이때
$\overline{A'H'}=\dfrac{1}{2}\overline{A'B'}=\dfrac{1}{2}\times2\sqrt{6}=\sqrt{6}$

이므로 직각삼각형 CA′H′에서
$\overline{CH'}=\sqrt{\overline{CA'}^2-\overline{A'H'}^2}=\sqrt{(2\sqrt{6})^2-(\sqrt{6})^2}=3\sqrt{2}$

즉, $\dfrac{|7a-b|}{5\sqrt{2}}=3\sqrt{2}$에서
$|7a-b|=30$
$\therefore\ 7a-b=-30$ 또는 $7a-b=30$ …… ㉡

㉠, ㉡에서
$\begin{cases}a-3b=-10\\7a-b=-30\end{cases}$ 또는 $\begin{cases}a-3b=10\\7a-b=-30\end{cases}$ 또는

$\begin{cases}a-3b=-10\\7a-b=30\end{cases}$ 또는 $\begin{cases}a-3b=10\\7a-b=30\end{cases}$

위의 연립방정식의 해를 각각 구하면
$\begin{cases}a=-4\\b=2\end{cases}$ 또는 $\begin{cases}a=-5\\b=-5\end{cases}$ 또는 $\begin{cases}a=5\\b=5\end{cases}$ 또는 $\begin{cases}a=4\\b=-2\end{cases}$

이때 $a>0,\ b>0$이므로
$a=5,\ b=5$
$\therefore\ a+b=5+5=10$

22 (풀이 전략) 삼각형 ABP의 밑변의 길이를 선분 AB로 정하면 삼각형의 높이는 점 P와 직선 AB 사이의 거리와 같다.

$x^2+y^2-4x-2y=0$에서
$(x-2)^2+(y-1)^2=5$
$A(-5,\ 5),\ B(1,\ 8)$이므로
$\overline{AB}=\sqrt{\{1-(-5)\}^2+(8-5)^2}$
$\quad\ =3\sqrt{5}$

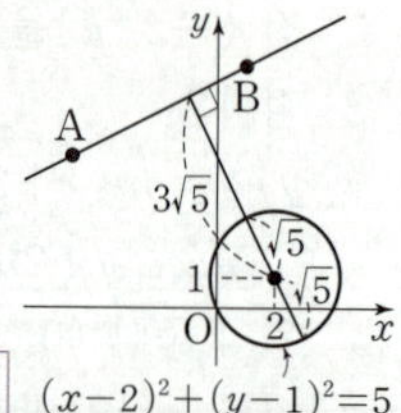

삼각형 ABP의 높이 ←

즉, 선분 AB의 길이가 일정하므로 원 위의 점 P와 직선 AB 사이의 거리가 최대일 때 삼각형 ABP의 넓이가 최대이고, 점 P와 직선 AB 사이의 거리가 최소일 때 삼각형 ABP의 넓이가 최소이다.

두 점 A, B를 지나는 직선의 방정식은
$y-8=\dfrac{8-5}{1-(-5)}\times(x-1)$ $\therefore\ x-2y+15=0$

원의 중심 $(2,\ 1)$과 직선 $x-2y+15=0$ 사이의 거리는
$\dfrac{|1\times2-2\times1+15|}{\sqrt{1^2+(-2)^2}}=3\sqrt{5}$

원의 반지름의 길이가 $\sqrt{5}$이므로 원 위의 점 P와 직선 사이의 거리의 최댓값과 최솟값을 각각 h_1, h_2라 하면
$$h_1=3\sqrt{5}+\sqrt{5}=4\sqrt{5},\quad h_2=3\sqrt{5}-\sqrt{5}=2\sqrt{5}$$
따라서
$$M=\frac{1}{2}\times\overline{\text{AB}}\times h_1=\frac{1}{2}\times3\sqrt{5}\times4\sqrt{5}=30,$$
$$m=\frac{1}{2}\times\overline{\text{AB}}\times h_2=\frac{1}{2}\times3\sqrt{5}\times2\sqrt{5}=15$$
이므로
$$M+m=30+15=45$$

23 (풀이 전략) 원의 중심과 접선 사이의 거리가 원의 반지름의 길이와 같음을 이용한다.

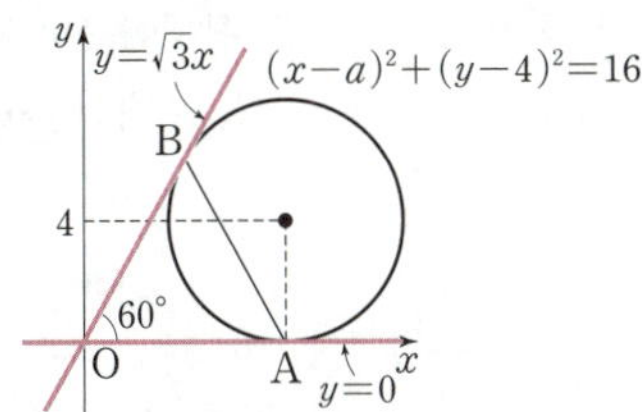

위의 그림과 같이 원 $(x-a)^2+(y-4)^2=16$의 반지름의 길이가 중심의 y좌표의 절댓값과 같으므로 이 원은 x축에 접한다.

즉, 원점에서 원에 그은 접선 중 하나는
$$y=0$$
이때 삼각형 OAB가 정삼각형이므로
$$\angle\text{AOB}=60°$$
이때 $a>0$이므로 다른 접선의 기울기는
$$\tan 60°=\sqrt{3}$$
즉, 원점에서 원에 그은 다른 접선의 방정식은
$$y=\sqrt{3}x$$
원의 중심 $(a,\ 4)$와 직선 $y=\sqrt{3}x$, 즉 $\sqrt{3}x-y=0$ 사이의 거리는 원의 반지름의 길이 4와 같으므로
$$\frac{|\sqrt{3}\times a-1\times4+0|}{\sqrt{(\sqrt{3})^2+(-1)^2}}=4$$
$$|\sqrt{3}a-4|=8,\quad \sqrt{3}a-4=\pm8$$
$$\therefore a=4\sqrt{3}\ (\because a>0)$$

24 (풀이 전략) 점 P가 $\angle\text{APB}=90°$이므로 점 P는 선분 AB를 지름으로 하는 원 위의 점이다.

$\angle\text{APB}=90°$이므로 점 P는 두 점 $\text{A}(1,\ 4)$, $\text{B}(5,\ 4)$를 지름의 양 끝 점으로 하는 원 위의 점이다.

이때 두 점 A, B의 중점의 좌표는 $\left(\dfrac{1+5}{2},\ \dfrac{4+4}{2}\right)$,

즉 $(3,\ 4)$이고, $\dfrac{1}{2}\overline{\text{AB}}=\dfrac{1}{2}\times4=2$이므로 점 P는 중심의

좌표가 $(3,\ 4)$이고 반지름의 길이가 2인 원 위의 점이다.
또한, 점 P가 선분 CD 위에 있으므로 다음 그림과 같이 선분 AB를 지름으로 하는 원과 선분 CD는 만나야 한다.

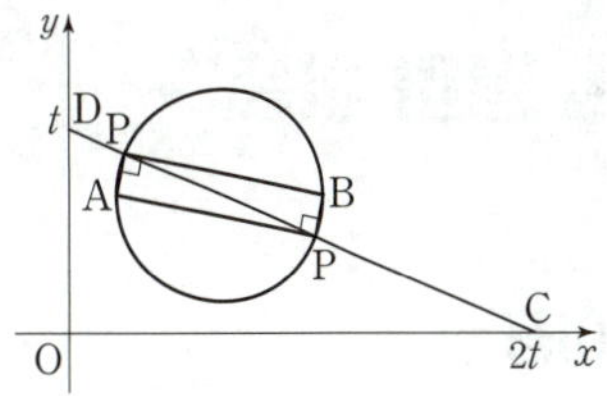

즉, 직선 CD의 방정식은
$$\frac{x}{2t}+\frac{y}{t}=1$$에서 $x+2y-2t=0$
이므로 점 $(3,\ 4)$와 이 직선 사이의 거리가 2 이하이어야
한다.
$$\frac{|1\times3+2\times4-2t|}{\sqrt{1^2+2^2}}\leq2$$에서
$$|2t-11|\leq2\sqrt{5},\quad -2\sqrt{5}\leq2t-11\leq2\sqrt{5}$$
$$\therefore \frac{11-2\sqrt{5}}{2}\leq t\leq\frac{11+2\sqrt{5}}{2}$$
따라서 $M=\dfrac{11+2\sqrt{5}}{2}$, $m=\dfrac{11-2\sqrt{5}}{2}$이므로
$$M-m=\frac{11+2\sqrt{5}}{2}-\frac{11-2\sqrt{5}}{2}=2\sqrt{5}$$

| 참고 |

t의 값이 최대일 때와 최소일 때의 점 P의 위치는 다음 그림과 같다.

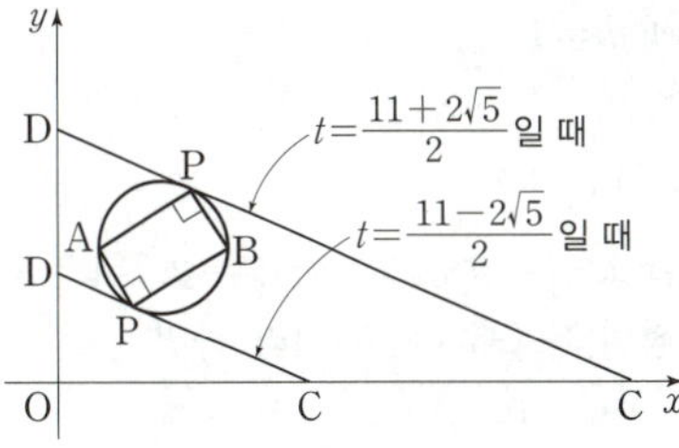

도형의 이동

01 평행이동

• 본문 099~102쪽

유제

01-❶ 답 (1) $a=0$, $b=1$ (2) $a=4$, $b=1$

(1) 점 $(-2, a)$를 x축의 방향으로 b만큼, y축의 방향으로 2만큼 평행이동한 점의 좌표는
$((-2)+b, a+2)$ ∴ $(-2+b, a+2)$
위의 점이 점 $(-1, 2)$와 일치하므로
$-2+b=-1$, $a+2=2$
∴ $a=0$, $b=1$

(2) 평행이동 $(x, y) \longrightarrow (x-2, y+a)$는 x축의 방향으로 -2만큼, y축의 방향으로 a만큼 평행이동한 것이므로 이 평행이동에 의하여 점 $(3, -1)$이 옮겨지는 점의 좌표는
$(3-2, (-1)+a)$ ∴ $(1, -1+a)$
위의 점이 점 $(b, 3)$과 일치하므로
$1=b$, $(-1)+a=3$
∴ $a=4$, $b=1$

01-❷ 답 $(0, 3)$

점 $(1, 5)$를 x축의 방향으로 a만큼, y축의 방향으로 b만큼 평행이동한 점의 좌표를 $(4, 0)$이라 하면
$1+a=4$, $5+b=0$
∴ $a=3$, $b=-5$
즉, 주어진 평행이동은 x축의 방향으로 3만큼, y축의 방향으로 -5만큼 평행이동하는 것이므로 점 P의 좌표를 (m, n)이라 하면 점 P가 이 평행이동에 의하여 옮겨지는 점의 좌표는
$(m+3, n-5)$
위의 점이 점 $(3, -2)$와 일치하므로
$m+3=3$, $n-5=-2$
∴ $m=0$, $n=3$
따라서 점 P의 좌표는 $(0, 3)$이다.

01-❸ 답 ⑤

점 $P(a, a^2)$을 x축의 방향으로 $-\dfrac{1}{2}$만큼, y축의 방향으로 2만큼 평행이동한 점의 좌표는
$\left(a-\dfrac{1}{2}, a^2+2\right)$
위의 점이 직선 $y=4x$ 위에 있으므로
$a^2+2=4\left(a-\dfrac{1}{2}\right)$
$a^2+2=4a-2$, $a^2-4a+4=0$
$(a-2)^2=0$ ∴ $a=2$

02-❶ 답 $a=-3$, $b=11$

직선 $ax+2y+b=0$을 x축의 방향으로 -2만큼, y축의 방향으로 5만큼 평행이동한 직선의 방정식은 $ax+2y+b=0$에 x 대신 $x+2$를, y 대신 $y-5$를 대입하면 되므로
$a(x+2)+2(y-5)+b=0$ → $x-(-2)$에서 $x+2$
∴ $ax+2y+2a+b-10=0$
위의 직선이 직선 $3x-2y+5=0$, 즉 $-3x+2y-5=0$과 일치하므로
$a=-3$, $2a+b-10=-5$
∴ $a=-3$, $b=11$

| 다른 풀이 |

직선 $ax+2y+b=0$은 직선 $3x-2y+5=0$을 x축의 방향으로 2만큼, y축의 방향으로 -5만큼 평행이동한 것과 같으므로
$3x-2y+5=0$에 x 대신 $x-2$를, y 대신 $y+5$를 대입하면
$3(x-2)-2(y+5)+5=0$ → $y-(-5)$에서 $y+5$
∴ $3x-2y-11=0$
위의 직선이 직선 $ax+2y+b=0$, 즉 $-ax-2y-b=0$과 일치하므로
$3=-a$, $11=b$
∴ $a=-3$, $b=11$

02-❷ 답 $y=2x+8$

직선 l의 방정식을 $y=mx+n$ (m, n은 상수)이라 하면 이 직선을 x축의 방향으로 1만큼, y축의 방향으로 -2만큼 평행이동한 직선의 방정식은 $y=mx+n$에 x 대신 $x-1$을, y 대신 $y+2$를 대입하면 되므로
$y+2=m(x-1)+n$ → $y-(-2)$에서 $y+2$
∴ $mx-y-m+n-2=0$ …… ㉠
한편, 두 점 $(-2, 0)$, $(0, 4)$를 지나는 직선의 방정식은
$\dfrac{x}{-2}+\dfrac{y}{4}=1$
∴ $2x-y+4=0$ …… ㉡
㉠, ㉡이 서로 일치하므로
$m=2$, $-m+n-2=4$
∴ $m=2$, $n=8$
따라서 직선 l의 방정식은 $y=2x+8$이다.

| 다른 풀이 |

두 점 $(-2, 0)$, $(0, 4)$를 지나는 직선의 방정식은
$\dfrac{x}{-2}+\dfrac{y}{4}=1$
∴ $2x-y+4=0$ …… ㉠
직선 l은 직선 ㉠을 x축의 방향으로 -1만큼, y축의 방향으로 2만큼 평행이동한 것과 같으므로 ㉠에 x 대신 $x+1$을, y 대신 $y-2$를 대입하면
$2(x+1)-(y-2)+4=0$ → $x-(-1)$에서 $x+1$
∴ $y=2x+8$

03-❶ 답 38

| 방법 ❶ | 원을 평행이동

$x^2+2x+y^2+2ay+b+1=0$에서

$(x+1)^2+(y+a)^2=a^2-b$ ······ ㉠

평행이동 $(x, y) \longrightarrow (x+2, y-4)$는 x축의 방향으로 2만큼, y축의 방향으로 -4만큼 평행이동하는 것이므로 ㉠에 x 대신 $x-2$를, y 대신 $y+4$를 대입하면

$(x-2+1)^2+(y+4+a)^2=a^2-b$

$\therefore (x-1)^2+(y+4+a)^2=a^2-b$

도형의 평행이동이므로 평행이동한만큼 뺀다.

위의 원이 원 $(x-1)^2+(y-3)^2=4$와 일치하므로

$4+a=-3$, $a^2-b=4$ $\quad \therefore a=-7$, $b=45$

$\therefore a+b=(-7)+45=38$

| 방법 ❷ | 원의 중심을 평행이동

원 $x^2+2x+y^2+2ay+b+1=0$, 즉

$(x+1)^2+(y+a)^2=a^2-b$의 중심의 좌표는 $(-1, -a)$

원의 중심 $(-1, -a)$가 주어진 평행이동에 의하여 옮겨지는 점의 좌표는

점의 평행이동이므로 평행이동한만큼 더한다.

$((-1)+2, (-a)-4)$ $\quad \therefore (1, -a-4)$

위의 점이 원 $(x-1)^2+(y-3)^2=4$의 중심 $(1, 3)$과 일치하므로

$-a-4=3$ $\quad \therefore a=-7$

한편, 원은 평행이동해도 반지름의 길이가 변하지 않으므로

$a^2-b=4$, $(-7)^2-b=4$ $\quad \therefore b=45$

$\therefore a+b=(-7)+45=38$

03-❷ 답 ⑤

| 방법 ❶ | 원을 평행이동

원 $x^2+(y+4)^2=10$을 x축의 방향으로 -4만큼, y축의 방향으로 2만큼 평행이동한 원의 방정식은 $x^2+(y+4)^2=10$에 x 대신 $x+4$를, y 대신 $y-2$를 대입하면 되므로

$(x+4)^2+(y-2+4)^2=10$, $(x+4)^2+(y+2)^2=10$

$\therefore x^2+y^2+8x+4y+10=0$

위의 원이 원 $x^2+y^2+ax+by+c=0$과 일치하므로

$a=8$, $b=4$, $c=10$

$\therefore a+b+c=8+4+10=22$

| 방법 ❷ | 원의 중심을 평행이동

원 $x^2+(y+4)^2=10$의 중심의 좌표는 $(0, -4)$

원의 중심 $(0, -4)$가 주어진 평행이동에 의하여 옮겨지는 점의 좌표는

$(0-4, (-4)+2)$, 즉 $(-4, -2)$

원은 평행이동해도 반지름의 길이가 변하지 않으므로 중심의 좌표가 $(-4, -2)$이고 반지름의 길이가 $\sqrt{10}$인 원의 방정식은

$(x+4)^2+(y+2)^2=10$ $\quad \therefore x^2+y^2+8x+4y+10=0$

위의 원이 원 $x^2+y^2+ax+by+c=0$과 일치하므로

$a=8$, $b=4$, $c=10$

$\therefore a+b+c=8+4+10=22$

04-❶ 답 -1

| 방법 ❶ | 포물선을 평행이동

$y=-x^2+6x-11$에서

$y=-(x-3)^2-2$ ······ ㉠

점 $(1, -3)$을 원점 $(0, 0)$으로 옮기는 평행이동은 x축의 방향으로 $0-1=-1$만큼, y축의 방향으로 $0-(-3)=3$만큼 평행이동하는 것이므로 ㉠에 x 대신 $x+1$을, y 대신 $y-3$을 대입하면

$y-3=-(x+1-3)^2-2$

$\therefore y=-(x-2)^2+1$

위의 포물선이 포물선 $y=-(x+a)^2+b$와 일치하므로

$a=-2$, $b=1$

$\therefore a+b=(-2)+1=-1$

| 방법 ❷ | 포물선의 꼭짓점을 평행이동

포물선 $y=-x^2+6x-11$, 즉 $y=-(x-3)^2-2$의 꼭짓점의 좌표는

$(3, -2)$

꼭짓점 $(3, -2)$가 주어진 평행이동에 의하여 옮겨지는 점의 좌표는

$(3-1, (-2)+3)$ $\quad \therefore (2, 1)$

위의 점이 포물선 $y=-(x+a)^2+b$의 꼭짓점 $(-a, b)$와 일치하므로

$-a=2$, $b=1$ $\quad \therefore a=-2$, $b=1$

$\therefore a+b=(-2)+1=-1$

04-❷ 답 3

| 방법 ❶ | 포물선을 평행이동

평행이동 $(x, y) \longrightarrow (x+a, x+b)$는 x축의 방향으로 a만큼, y축의 방향으로 b만큼 평행이동하는 것이므로

$y=kx^2+4$에 x 대신 $x-a$를, y 대신 $y-b$를 대입하면

$y-b=k(x-a)^2+4$

$\therefore y=k(x-a)^2+b+4$ ······ ㉠

한편, $y=2x^2-8x+11$에서

$y=2(x-2)^2+3$ ······ ㉡

㉠, ㉡이 일치하므로

$k=2$, $a=2$, $b=-1$ $\quad \rightarrow b+4=3$

$\therefore a+b+k=2+(-1)+2=3$

| 방법 ❷ | 포물선의 꼭짓점을 평행이동

포물선 $y=kx^2+4$의 꼭짓점의 좌표는 $(0, 4)$

꼭짓점 $(0, 4)$가 주어진 평행이동에 의하여 옮겨지는 점의 좌표는

$(0+a, 4+b)$ $\quad \therefore (a, b+4)$

위의 점이 포물선 $y=2x^2-8x+11$, 즉 $y=2(x-2)^2+3$의 꼭짓점 $(2, 3)$과 일치하므로

$a=2$, $b+4=3$ $\quad \therefore a=2$, $b=-1$

한편, 포물선은 평행이동해도 x^2의 계수가 변하지 않으므로
$k=2$
$\therefore a+b+k=2+(-1)+2=3$

01 ④ **02** ① **03** ② **04** 27 **05** 16

01 점 $(1, 2)$를 점 $(0, 5)$로 옮기는 평행이동은 x축의 방향으로 $0-1=-1$만큼, y축의 방향으로 $5-2=3$만큼 평행이동하는 것이므로 이 평행이동에 의하여 점 (a, b)가 옮겨지는 점의 좌표는
$(a-1, b+3)$
위의 점이 점 $(-4, 0)$과 일치하므로
$a-1=-4, b+3=0$ $\therefore a=-3, b=-3$
$\therefore a+b=(-3)+(-3)=-6$

02 직선 $3x-5y+7=0$을 x축의 방향으로 a만큼, y축의 방향으로 b만큼 평행이동한 직선의 방정식은
$3x-5y+7=0$에 x 대신 $x-a$를, y 대신 $y-b$를 대입하면 되므로
$3(x-a)-5(y-b)+7=0$
$\therefore 3x-5y-3a+5b+7=0$
위의 직선이 직선 $3x-5y+7=0$과 일치하므로
$-3a+5b+7=7, 3a=5b$
$\therefore \dfrac{b}{a}=\dfrac{3}{5}$

03 직선 $y=kx+1$을 x축의 방향으로 2만큼, y축의 방향으로 -3만큼 평행이동한 직선의 방정식은 $y=kx+1$에 x 대신 $x-2$를, y 대신 $y+3$을 대입하면 되므로
$y+3=k(x-2)+1$ $\therefore y=kx-2k-2$
위의 직선이 원 $(x-3)^2+(y-2)^2=1$의 중심 $(3, 2)$를 지나므로
$2=k\times3-2k-2$ $\therefore k=4$

04 | **방법 ❶** | 원의 평행이동
$x^2+y^2+2ax-8y=0$에서
$(x+a)^2+(y-4)^2=a^2+16$ ······ ㉠
점 $(3, 1)$을 점 $(-1, 2)$로 옮기는 평행이동은 x축의 방향으로 $(-1)-3=-4$만큼, y축의 방향으로 $2-1=1$만큼 평행이동하는 것이므로 ㉠에 x 대신 $x+4$를, y 대신 $y-1$을 대입하면
$(x+4+a)^2+(y-1-4)^2=a^2+16$
$\therefore (x+a+4)^2+(y-5)^2=a^2+16$
위의 원의 중심 $(-a-4, 5)$가 점 $(-6, b)$와 일치하므로
$-a-4=-6, 5=b$ $\therefore a=2, b=5$

한편, 원은 평행이동해도 반지름의 길이가 변하지 않으므로 원 C의 반지름의 길이 r에 대하여
$r^2=2^2+16=20$
$\therefore a+b+r^2=2+5+20=27$

| **방법 ❷** | 원의 중심을 평행이동
원 $x^2+y^2+2ax-8y=0$, 즉
$(x+a)^2+(y-4)^2=a^2+16$의 중심의 좌표는
$(-a, 4)$
점 $(3, 1)$을 점 $(-1, 2)$로 옮기는 평행이동은 x축의 방향으로 $(-1)-3=-4$만큼, y축의 방향으로 $2-1=1$만큼 평행이동하는 것이므로 이 평행이동에 의하여 원의 중심 $(-a, 4)$가 옮겨지는 점의 좌표는
$((-a)-4, 4+1)$ $\therefore (-a-4, 5)$
위의 점이 원 C의 중심 $(-6, b)$와 일치하므로
$-a-4=-6, 5=b$
$\therefore a=2, b=5$
한편, 원은 평행이동해도 반지름의 길이가 변하지 않으므로 원 C의 반지름의 길이 r에 대하여
$r^2=2^2+16=20$
$\therefore a+b+r^2=2+5+20=27$

05 | **방법 ❶** | 포물선을 평행이동
포물선 $y=x^2+6x-2$를 x축의 방향으로 a만큼, y축의 방향으로 b만큼 평행이동한 포물선의 방정식은
$y=x^2+6x-2$, 즉 $y=(x+3)^2-11$에 x 대신 $x-a$를, y 대신 $y-b$를 대입한 것과 같으므로
$y-b=(x-a+3)^2-11$
$\therefore y=(x-a+3)^2+b-11$
위의 포물선이 포물선 $y=cx^2+1$과 일치하므로
$c=1, -a+3=0, b-11=1$
따라서 $a=3, b=12, c=1$이므로
$a+b+c=3+12+1=16$

| **방법 ❷** | 포물선의 꼭짓점을 평행이동
포물선 $y=x^2+6x-2$, 즉 $y=(x+3)^2-11$의 꼭짓점의 좌표는
$(-3, -11)$
꼭짓점 $(-3, -11)$을 주어진 평행이동에 의하여 옮겨지는 점의 좌표는
$(-3+a, -11+b)$
위의 점이 포물선 $y=cx^2+1$의 꼭짓점 $(0, 1)$과 일치하므로
$-3+a=0, -11+b=1$
$\therefore a=3, b=12$
한편, 포물선은 평행이동해도 x^2의 계수가 변하지 않으므로
$c=1$
$\therefore a+b+c=3+12+1=16$

02 대칭이동

01 (1) $(2, 3)$ (2) $(-2, -3)$
(3) $(-2, 3)$ (4) $(-3, 2)$

02 (1) $(-4, -7)$ (2) $(4, 7)$
(3) $(4, -7)$ (4) $(7, -4)$

03 (1) $y=-x-3$ (2) $y=-x+3$
(3) $y=x-3$ (4) $y=x-3$

04 (1) $(x-3)^2+(y-1)^2=10$
(2) $(x+3)^2+(y+1)^2=10$
(3) $(x+3)^2+(y-1)^2=10$
(4) $(x+1)^2+(y-3)^2=10$

05 (1) $y=(x+2)^2+1$
(2) $y=-(x-2)^2-1$
(3) $y=(x-2)^2+1$
(4) $x=-(y+2)^2-1$

01 (1) 주어진 점의 y좌표의 부호를 바꾸면 되므로
$(2, 3)$
(2) 주어진 점의 x좌표의 부호를 바꾸면 되므로
$(-2, -3)$
(3) 주어진 점의 x좌표와 y좌표의 부호를 모두 바꾸면 되므로
$(-2, 3)$
(4) 주어진 점의 x좌표와 y좌표를 서로 바꾸면 되므로
$(-3, 2)$

02 (1) 주어진 점의 y좌표의 부호를 바꾸면 되므로
$(-4, -7)$
(2) 주어진 점의 x좌표의 부호를 바꾸면 되므로
$(4, 7)$
(3) 주어진 점의 x좌표와 y좌표의 부호를 모두 바꾸면 되므로
$(4, -7)$
(4) 주어진 점의 x좌표와 y좌표를 서로 바꾸면 되므로
$(7, -4)$

03 (1) 주어진 식에 y 대신 $-y$를 대입하면 되므로
$-y=x+3$ $\therefore y=-x-3$
(2) 주어진 식에 x 대신 $-x$를 대입하면 되므로
$y=-x+3$
(3) 주어진 식에 x 대신 $-x$를, y 대신 $-y$를 대입하면 되므로
$-y=-x+3$ $\therefore y=x-3$
(4) 주어진 식에 x 대신 y를, y 대신 x를 대입하면 되므로
$x=y+3$ $\therefore y=x-3$

04 (1) 주어진 식에 y 대신 $-y$를 대입하면 되므로
$(x-3)^2+\{(-y)+1\}^2=10$
$\therefore (x-3)^2+(y-1)^2=10$
(2) 주어진 식에 x 대신 $-x$를 대입하면 되므로
$\{(-x)-3\}^2+(y+1)^2=10$
$\therefore (x+3)^2+(y+1)^2=10$
(3) 주어진 식에 x 대신 $-x$를, y 대신 $-y$를 대입하면 되므로
$\{(-x)-3\}^2+\{(-y)+1\}^2=10$
$\therefore (x+3)^2+(y-1)^2=10$
(4) 주어진 식에 x 대신 y를, y 대신 x를 대입하면 되므로
$(y-3)^2+(x+1)^2=10$
$\therefore (x+1)^2+(y-3)^2=10$

05 (1) 주어진 식에 y 대신 $-y$를 대입하면 되므로
$-y=-(x+2)^2-1$
$\therefore y=(x+2)^2+1$
(2) 주어진 식에 x 대신 $-x$를 대입하면 되므로
$y=-\{(-x)+2\}^2-1$
$\therefore y=-(x-2)^2-1$
(3) 주어진 식에 x 대신 $-x$를, y 대신 $-y$를 대입하면 되므로
$-y=-\{(-x)+2\}^2-1$
$\therefore y=(x-2)^2+1$
(4) 주어진 식에 x 대신 y를, y 대신 x를 대입하면 되므로
$x=-(y+2)^2-1$

유제

01-❶ 답 $\sqrt{10}$

점 $P(-1, 2)$를 y축에 대하여 대칭이동한 점 Q의 좌표는
$(1, 2)$ → -1의 부호를 바꾼다.
점 $P(-1, 2)$를 직선 $y=x$에 대하여 대칭이동한 점 R의 좌표는 $(2, -1)$ → -1과 2를 서로 바꾼다.
$\therefore \overline{QR}=\sqrt{(2-1)^2+\{(-1)-2\}^2}=\sqrt{10}$

01-❷ 답 5

점 $P(-1, -3)$을 x축에 대하여 대칭이동한 점 Q의 좌표는
$(-1, 3)$ → -3의 부호를 바꾼다.
점 $P(-1, -3)$을 직선 $y=x$에 대하여 대칭이동한 점 R의 좌표는 $(-3, -1)$ → -1과 -3을 서로 바꾼다.
즉, 직선 QR의 방정식은
$y-(-1)=\dfrac{(-1)-3}{(-3)-(-1)}\{x-(-3)\}$ $\therefore y=2x+5$
따라서 직선 QR의 y절편은 5이다.

01-❸ 답 20

점 P$(5, 2)$를 x축에 대하여 대칭이동한 점 Q의 좌표는
$(5, -2)$ → 2의 부호를 바꾼다.
점 Q$(5, -2)$를 원점에 대하여 대칭이동한 점 R의 좌표는
$(-5, 2)$ → 5와 -2의 부호를 모두 바꾼다.
오른쪽 그림과 같이 직선 PQ는
y축과 평행하고 직선 PR는 x축
과 평행하므로
$\overline{PQ}=|2-(-2)|=4$,
$\overline{PR}=|5-(-5)|=10$

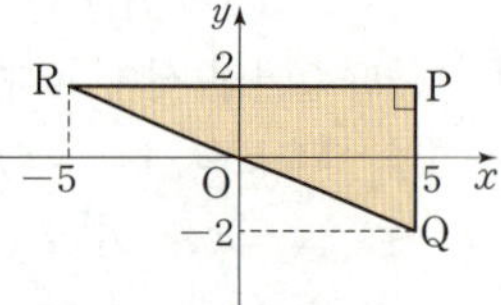

따라서 삼각형 PRQ의 넓이는 → 삼각형 PRQ는 직각삼각형이다.
$\dfrac{1}{2}\times\overline{PQ}\times\overline{PR}=\dfrac{1}{2}\times4\times10=20$

02-❶ 답 5

직선 $2x-3y-1=0$을 x축에 대하여 대칭이동한 직선의 방정식은
$2x-3\times(-y)-1=0$ → y 대신 $-y$를 대입한다.
$\therefore\ 2x+3y-1=0$
위의 직선이 점 $(a, 2-a)$를 지나므로
$2a+3(2-a)-1=0$
$-a+5=0$ $\therefore\ a=5$

02-❷ 답 6

직선 $ax+by+3=0$을 직선 $y=x$에 대하여 대칭이동한 직선의 방정식은
$ay+bx+3=0$ → x 대신 y를, y 대신 x를 대입한다.
$\therefore\ bx+ay+3=0$
위의 직선이 직선 $(a-2)x+2by+3=0$과 일치하므로
$b=a-2,\ a=2b$
위의 두 식을 연립하여 풀면
$a=4,\ b=2$
$\therefore\ a+b=4+2=6$

02-❸ 답 12

직선 $l: 3x+4y-12=0$을 x축에 대하여 대칭이동한 직선 l_1의 방정식은
$3x+4\times(-y)-12=0$ → y 대신 $-y$를 대입한다.
$\therefore\ l_1: 3x-4y-12=0$
직선 l_1을 원점에 대하여 대칭이동한 직선 l_2의 방정식은
$3\times(-x)-4\times(-y)-12=0$ → x 대신 $-x$를, y 대신 $-y$를 대입한다.
$\therefore\ l_2: 3x-4y+12=0$
따라서 세 직선 l, l_1, l_2는 오른쪽 그림과 같으므로 구하는 도형의 넓이는
$\dfrac{1}{2}\times\{4-(-4)\}\times3=12$

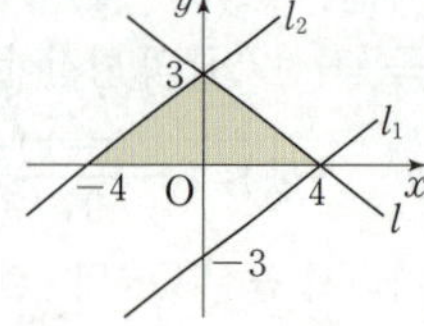

03-❶ 답 $(-1, -5)$

| 방법 ❶ | 원을 대칭이동

원 $x^2+y^2-10x-2y-12=0$을 원점에 대하여 대칭이동한 원의 방정식은
$(-x)^2+(-y)^2-10\times(-x)-2\times(-y)-12=0$
$\therefore\ x^2+y^2+10x+2y-12=0$
위의 원을 직선 $y=x$에 대하여 대칭이동한 원의 방정식은
$y^2+x^2+10y+2x-12=0$
$\therefore\ (x+1)^2+(y+5)^2=38$
따라서 구하는 원의 중심의 좌표는 $(-1, -5)$이다.

| 방법 ❷ | 원의 중심을 대칭이동

원 $x^2+y^2-10x-2y-12=0$, 즉 $(x-5)^2+(y-1)^2=38$의 중심의 좌표는
$(5, 1)$
점 $(5, 1)$을 원점에 대하여 대칭이동한 점의 좌표는
$(-5, -1)$
위의 점을 직선 $y=x$에 대하여 대칭이동한 점의 좌표는
$(-1, -5)$

03-❷ 답 8

| 방법 ❶ | 원을 대칭이동

원 $x^2+y^2+2x-6y=0$을 직선 $y=x$에 대하여 대칭이동한 원의 방정식은
$y^2+x^2+2y-6x=0$
$\therefore\ x^2+y^2-6x+2y=0$ …… ㉠
원 ㉠을 y축에 대하여 대칭이동한 원의 방정식은
$(-x)^2+y^2-6\times(-x)+2y=0$
$x^2+y^2+6x+2y=0$
$\therefore\ (x+3)^2+(y+1)^2=10$ …… ㉡
즉, 원 ㉡의 중심 $(-3, -1)$이 직선 $y=3x+k$ 위에 있으므로
$-1=3\times(-3)+k$ $\therefore\ k=8$

| 방법 ❷ | 원의 중심을 대칭이동

원 $x^2+y^2+2x-6y=0$, 즉 $(x+1)^2+(y-3)^2=10$의 중심의 좌표는
$(-1, 3)$
점 $(-1, 3)$을 직선 $y=x$에 대하여 대칭이동한 점의 좌표는
$(3, -1)$
점 $(3, -1)$을 y축에 대하여 대칭이동한 점의 좌표는
$(-3, -1)$
점 $(-3, -1)$이 직선 $y=3x+k$ 위에 있으므로
$-1=3\times(-3)+k$ $\therefore\ k=8$

03-❸ 답 2

| 방법 ❶ | 원을 대칭이동

원 $(x+2)^2+(y+a)^2=a^2+4$를 직선 $y=x$에 대하여 대칭이동한 원의 방정식은

$(y+2)^2+(x+a)^2=a^2+4$

$\therefore (x+a)^2+(y+2)^2=a^2+4$

위의 원을 x축에 대하여 대칭이동한 원의 방정식은

$(x+a)^2+(-y+2)^2=a^2+4$

$\therefore (x+a)^2+(y-2)^2=a^2+4$

이때 직선 $2x-y+6=0$이 위의 <u>원의 중심</u> $(-a,\ 2)$를 지나
야 하므로

↳ 원의 중심을 지나는 직선은
원의 넓이를 이등분한다.

$2\times(-a)-2+6=0,\ -2a+4=0$

$\therefore a=2$

| 방법 ❷ | 원의 중심을 대칭이동

원 $(x+2)^2+(y+a)^2=a^2+4$의 중심의 좌표는 $(-2,\ -a)$

점 $(-2,\ -a)$를 직선 $y=x$에 대하여 대칭이동한 점의 좌표는

$(-a,\ -2)$

점 $(-a,\ -2)$를 x축에 대하여 대칭이동한 점의 좌표는

$(-a,\ 2)$

이때 직선 $2x-y+6=0$이 점 $(-a,\ 2)$를 지나야 하므로

$2\times(-a)-2+6=0,\ -2a+4=0$

$\therefore a=2$

04-❶ 답 $(-1,\ -4)$

| 방법 ❶ | 포물선을 대칭이동

포물선 $y=-x^2+2x+3$을 원점에 대하여 대칭이동한 포물
선의 방정식은

$-y=-(-x)^2+2\times(-x)+3$

$y=x^2+2x-3$

$\therefore y=(x+1)^2-4$

따라서 구하는 포물선의 꼭짓점의 좌표는 $(-1,\ -4)$이다.

| 방법 ❷ | 포물선의 꼭짓점을 대칭이동

포물선 $y=-x^2+2x+3$, 즉 $y=-(x-1)^2+4$의 꼭짓점의
좌표는

$(1,\ 4)$

포물선 $y=-x^2+2x+3$을 원점에 대하여 대칭이동한 포물
선의 꼭짓점은 점 $(1,\ 4)$를 원점에 대하여 대칭이동한 점과
일치하므로 그 좌표는

$(-1,\ -4)$

04-❷ 답 8

| 방법 ❶ | 포물선을 대칭이동

포물선 $y=x^2+6x+k$를 x축에 대하여
대칭이동한 포물선의 방정식은

$-y=x^2+6x+k,\ y=-x^2-6x-k$

$\therefore y=-(x+3)^2+9-k$

위의 포물선의 꼭짓점의 좌표는

$(-3,\ 9-k)$

점 $(-3,\ 9-k)$가 직선 $y=1$ 위에 있어야 하므로

$9-k=1 \qquad \therefore k=8$

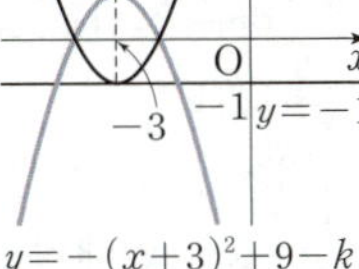

| 방법 ❷ | 포물선의 꼭짓점을 대칭이동

포물선 $y=x^2+6x+k$, 즉 $y=(x+3)^2+k-9$의 꼭짓점의
좌표는

$(-3,\ k-9)$

점 $(-3,\ k-9)$를 x축에 대하여 대칭이동한 점의 좌표는

$(-3,\ -k+9)$

점 $(-3,\ -k+9)$가 직선 $y=1$ 위에 있어야 하므로

$-k+9=1 \qquad \therefore k=8$

04-❸ 답 -5

포물선 $y=-x^2+ax+b$를 y축에 대하여 대칭이동한 포물선
의 방정식은

$y=-(-x)^2+a\times(-x)+b$

$\therefore y=-x^2-ax+b$

위의 포물선을 x축에 대하여 대칭이동한 포물선의 방정식은

$-y=-x^2-ax+b$

$\therefore y=x^2+ax-b \qquad \cdots\cdots \ㄱ$

포물선 ㉠이 점 $(-1,\ 0)$을 지나므로

$0=(-1)^2+a\times(-1)-b$

$\therefore a+b-1=0 \qquad \cdots\cdots \ㄴ$

포물선 ㉠이 점 $(3,\ 0)$을 지나므로

$0=3^2+a\times3-b$

$\therefore 3a-b+9=0 \qquad \cdots\cdots \ㄷ$

㉡, ㉢을 연립하여 풀면

$a=-2,\ b=3$

$\therefore a-b=(-2)-3=-5$

| 다른 풀이 |

포물선 $y=-x^2+ax+b$를 y축에 대하여 대칭이동한 후 x축
에 대하여 대칭이동한 포물선은 포물선 $y=-x^2+ax+b$를
원점에 대하여 대칭이동한 포물선과 같다.

포물선 $y=-x^2+ax+b$를 원점에 대하여 대칭이동한 포물
선의 방정식은

$-y=-(-x)^2+a\times(-x)+b$

$\therefore y=x^2+ax-b$

위의 포물선이 x축과 두 점 $(-1,\ 0),\ (3,\ 0)$에서 만나므로
이차방정식 $x^2+ax-b=0$은 $-1,\ 3$을 두 근으로 갖는다.

이차방정식의 근과 계수의 관계에 의하여

$-1+3=-a,\ (-1)\times3=-b$

$\therefore a=-2,\ b=3$

05-❶ 답 (1) $4x-3y-14=0$ (2) $4x-3y+16=0$

(1) 직선 l을 x축의 방향으로 -3만큼, y축의 방향으로 1만큼
평행이동한 직선의 방정식은

$4(x+3)-3(y-1)-1=0$

$\therefore 4x-3y+14=0$

앞의 직선을 원점에 대하여 대칭이동한 직선의 방정식은
$$4 \times (-x) - 3 \times (-y) + 14 = 0$$
$$\therefore 4x - 3y - 14 = 0$$

(2) 직선 l을 원점에 대하여 대칭이동한 직선의 방정식은
$$4 \times (-x) - 3 \times (-y) - 1 = 0 \qquad \therefore 4x - 3y + 1 = 0$$
위의 직선을 x축의 방향으로 -3만큼, y축의 방향으로 1
만큼 평행이동한 직선의 방정식은
$$4(x+3) - 3(y-1) + 1 = 0 \qquad \therefore 4x - 3y + 16 = 0$$

05-❷ 답 3

포물선 $y = a(x-1)^2 + 1$을 x축의 방향으로 1만큼, y축의 방
향으로 -2만큼 평행이동한 포물선의 방정식은
$$y + 2 = a(x - 1 - 1)^2 + 1$$
$$\therefore y = a(x-2)^2 - 1 \qquad \cdots\cdots \ \text{㉠}$$
포물선 ㉠을 y축에 대하여 대칭이동한 포물선의 방정식은
$$y = a(-x-2)^2 - 1$$
$$\therefore y = a(x+2)^2 - 1 \qquad \cdots\cdots \ \text{㉡}$$
포물선 ㉡이 점 $(-3, 2)$를 지나므로
$$2 = a\{(-3) + 2\}^2 - 1$$
$$2 = a - 1 \qquad \therefore a = 3$$

06-❶ 답 $2\sqrt{13}$

오른쪽 그림과 같이 점 $B(4, 3)$
을 y축에 대하여 대칭이동한 점
을 B'이라 하면
$B'(-4, 3)$
이때 $\overline{BP} = \overline{B'P}$이므로
$$\begin{aligned}
\overline{AP} + \overline{BP} &= \overline{AP} + \overline{B'P} \\
&\geq \overline{AB'} \\
&= \sqrt{\{(-4) - 2\}^2 + \{3 - (-1)\}^2} \\
&= 2\sqrt{13}
\end{aligned}$$
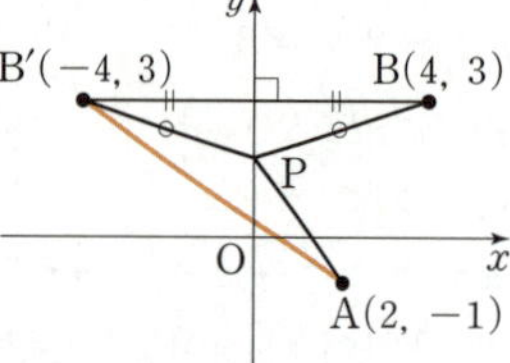
따라서 $\overline{AP} + \overline{BP}$의 최솟값은 $2\sqrt{13}$이다.

06-❷ 답 $3\sqrt{5}$

오른쪽 그림과 같이 점 $B(7, 2)$를 직
선 $y = x$에 대하여 대칭이동한 점을 B'
이라 하면
$B'(2, 7)$
이때 $\overline{BP} = \overline{B'P}$이므로
$$\begin{aligned}
\overline{AP} + \overline{BP} &= \overline{AP} + \overline{B'P} \\
&\geq \overline{AB'} \\
&= \sqrt{(2-5)^2 + (7-1)^2} \\
&= 3\sqrt{5}
\end{aligned}$$
따라서 $\overline{AP} + \overline{BP}$의 최솟값은 $3\sqrt{5}$이다.

06-❸ 답 $(1, 0)$

오른쪽 그림과 같이 점 $B(5, 6)$
을 x축에 대하여 대칭이동한 점
을 B'이라 하면
$B'(5, -6)$
이때 $\overline{BP} = \overline{B'P}$이므로
$$\begin{aligned}
\overline{AP} + \overline{BP} &= \overline{AP} + \overline{B'P} \\
&\geq \overline{AB'}
\end{aligned}$$
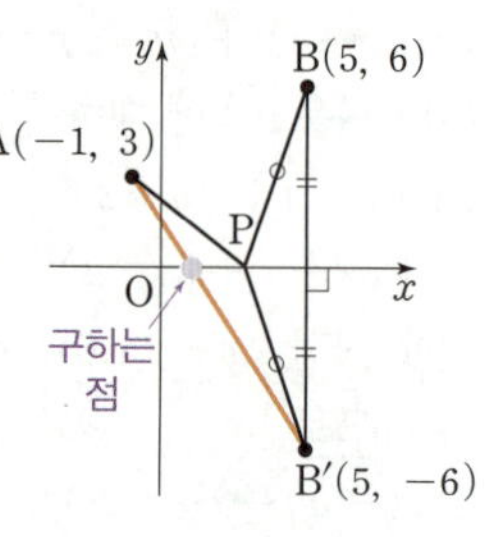
즉, 점 P가 직선 AB'과 x축의 교점일 때, $\overline{AP} + \overline{BP}$의 값이 최
소이다.
직선 AB'의 방정식은
$$y - 3 = \frac{(-6) - 3}{5 - (-1)}\{x - (-1)\} \qquad \therefore y = -\frac{3}{2}x + \frac{3}{2}$$
위의 직선의 방정식에 $y = 0$을 대입하면 $x = 1$이므로 구하는
점 P의 좌표는 $(1, 0)$이다.

| 다른 풀이 |

$\overline{AP} + \overline{BP} = \overline{AP} + \overline{B'P} \geq \overline{AB'}$에서 점 P는 선분 AB' 위의 점
이고, 점 A의 y좌표가 3, 점 B의 y좌표가 -6이므로 점 P는
선분 AB'을 $1 : 2$로 내분하는 점이다.
따라서 점 P의 x좌표는
$$\frac{1 \times 5 + 2 \times (-1)}{1 + 2} = 1$$

○3 점 또는 직선에 대한 대칭이동

개념 확인 • 본문 114쪽

1 답 (1) $(4, -2)$ (2) $x - y - 6 = 0$

(1) 원점 $O(0, 0)$을 점 $(2, -1)$에 대하여 대칭이동한 점을
$O'(a, b)$라 하면 점 $(2, -1)$은 선분 OO'의 중점이므로
$$2 = \frac{0 + a}{2}, \ -1 = \frac{0 + b}{2} \qquad \therefore a = 4, \ b = -2$$
따라서 구하는 점의 좌표는 $(4, -2)$이다.

(2) 직선 $y = x$ 위의 임의의 점을 $P(x, y)$라 하고, 이 점을 점
$(2, -1)$에 대하여 대칭이동한 점을 $P'(x', y')$이라 하면
점 $(2, -1)$은 선분 PP'의 중점이므로
$$2 = \frac{x + x'}{2}, \ -1 = \frac{y + y'}{2} \qquad \therefore x = 4 - x', \ y = -2 - y'$$
위의 식을 $y = x$에 대입하면
$$-2 - y' = 4 - x' \qquad \therefore x' - y' - 6 = 0$$
따라서 점 $P'(x', y')$은 직선 $x - y - 6 = 0$ 위의 점이므로
구하는 직선의 방정식은 $x - y - 6 = 0$이다.

| 다른 풀이 |

(1) $(2 \times 2 - 0, \ 2 \times (-1) - 0) \qquad \therefore (4, -2)$

(2) $y = x$에 x 대신 $2 \times 2 - x$, 즉 $4 - x$를,
y 대신 $2 \times (-1) - y$, 즉 $-2 - y$를 대입하면
$$-2 - y = 4 - x \qquad \therefore x - y - 6 = 0$$

2 답 $(2, 6)$

점 $(6, -2)$를 직선 $y=\dfrac{1}{2}x$에 대하여 대칭이동한 점의 좌표를

(a, b)라 하면 두 점 $(6, -2)$, (a, b)를 이은 선분의 중점

$\left(\dfrac{6+a}{2}, \dfrac{(-2)+b}{2}\right)$는 직선 $y=\dfrac{1}{2}x$ 위의 점이므로

$\dfrac{-2+b}{2}=\dfrac{1}{2}\times\dfrac{6+a}{2}$, $-4+2b=6+a$

$\therefore a-2b+10=0$ $\quad\cdots\cdots$ ㉠

또한, 두 점 $(6, -2)$, (a, b)를 지나는 직선과 직선 $y=\dfrac{1}{2}x$

는 서로 수직이므로

$\dfrac{b-(-2)}{a-6}\times\dfrac{1}{2}=-1$, $b+2=-2a+12$

$\therefore 2a+b-10=0$ $\quad\cdots\cdots$ ㉡

㉠, ㉡을 연립하여 풀면

$a=2$, $b=6$

따라서 구하는 점의 좌표는 $(2, 6)$이다.

(유제) • 본문 115~117쪽

07-❶ 답 (1) $(-8, 13)$ (2) $2x-y+11=0$

(1) 대칭이동한 점의 좌표를 (a, b)라 하면 점 $(-3, 5)$는 두
점 $(2, -3)$, (a, b)를 이은 선분의 중점이므로

$-3=\dfrac{2+a}{2}$, $5=\dfrac{(-3)+b}{2}$에서 $2+a=-6$, $-3+b=10$

$\therefore a=-8$, $b=13$

따라서 구하는 점의 좌표는 $(-8, 13)$이다.

(2) 직선 $2x-y+5=0$ 위의 임의의 점을 $P(x, y)$라 하고, 점
P를 점 $(-3, 2)$에 대하여 대칭이동한 점을 $P'(x', y')$이
라 하면 점 $(-3, 2)$는 선분 PP'의 중점이므로

$-3=\dfrac{x+x'}{2}$, $2=\dfrac{y+y'}{2}$에서

$x+x'=-6$, $y+y'=4$

$\therefore x=-6-x'$, $y=4-y'$

위의 식을 $2x-y+5=0$에 대입하면

$2(-6-x')-(4-y')+5=0$

$\therefore 2x'-y'+11=0$

따라서 점 $P'(x', y')$은 직선 $2x-y+11=0$ 위의 점이므
로 구하는 직선의 방정식은 $2x-y+11=0$이다.

| 다른 풀이 |

(1) $(2\times(-3)-2, 2\times 5-(-3))$ $\quad\therefore (-8, 13)$

(2) $2x-y+5=0$에 x 대신 $2\times(-3)-x$, 즉 $-6-x$를,

y 대신 $2\times 2-y$, 즉 $4-y$를 대입하면

$2(-6-x)-(4-y)+5=0$

$\therefore 2x-y+11=0$

08-❶ 답 3

두 점 $(-6, -1)$, (a, b)를 이은 선분의 중점

$\left(\dfrac{-6+a}{2}, \dfrac{-1+b}{2}\right)$는 직선 $2x+3y+2=0$ 위의 점이므로

$2\times\dfrac{-6+a}{2}+3\times\dfrac{-1+b}{2}+2=0$

$(-12+2a)+(-3+3b)+4=0$

$\therefore 2a+3b-11=0$ $\quad\cdots\cdots$ ㉠

또한, 두 점 $(-6, -1)$, (a, b)를 지나는 직선과 직선
$2x+3y+2=0$은 서로 수직이므로

$\dfrac{b-(-1)}{a-(-6)}\times\left(-\dfrac{2}{3}\right)=-1$

$2x+3y+2=0$에서 $y=-\dfrac{2}{3}x-\dfrac{2}{3}$

이므로 기울기는 $-\dfrac{2}{3}$이다.

$\therefore 3a-2b+16=0$ $\quad\cdots\cdots$ ㉡

㉠, ㉡을 연립하여 풀면

$a=-2$, $b=5$

$\therefore a+b=(-2)+5=3$

08-❷ 답 5

두 점 $(1, 4)$, $(5, 2)$가 직선 $y=ax+b$에 대하여 대칭이므로

두 점 $(1, 4)$, $(5, 2)$를 이은 선분의 중점 $\left(\dfrac{1+5}{2}, \dfrac{4+2}{2}\right)$, 즉

$(3, 3)$은 직선 $y=ax+b$ 위의 점이다.

즉, $3=a\times 3+b$에서

$3a+b=3$ $\quad\cdots\cdots$ ㉠

또한, 두 점 $(1, 4)$, $(5, 2)$를 지나는 직선과 직선 $y=ax+b$
는 서로 수직이므로

$\dfrac{2-4}{5-1}\times a=-1$, $-\dfrac{a}{2}=-1$

$\therefore a=2$

$a=2$를 ㉠에 대입하여 정리하면

$b=-3$

$\therefore a-b=2-(-3)=5$

08-❸ 답 $y=7x$

직선 $y=x$ 위의 임의의 점을 $P(x, y)$라 하고, 점 P를 직선

$y=-\dfrac{1}{2}x$에 대하여 대칭이동한 점을 $P'(x', y')$이라 하면 선

분 PP'의 중점 $\left(\dfrac{x+x'}{2}, \dfrac{y+y'}{2}\right)$은 직선 $y=-\dfrac{1}{2}x$ 위의 점

이므로

$\dfrac{y+y'}{2}=\left(-\dfrac{1}{2}\right)\times\dfrac{x+x'}{2}$

$\therefore 2y+2y'=-x-x'$ $\quad\cdots\cdots$ ㉠

또한, 직선 PP'과 직선 $y=-\dfrac{1}{2}x$는 서로 수직이므로

$\dfrac{y-y'}{x-x'}\times\left(-\dfrac{1}{2}\right)=-1$

$\therefore y-y'=2x-2x'$ $\quad\cdots\cdots$ ㉡

㉠, ㉡을 연립하여 x, y를 각각 x' 또는 y'에 대한 식으로 나타내면

$$x=\frac{3}{5}x'-\frac{4}{5}y', \quad y=-\frac{4}{5}x'-\frac{3}{5}y'$$

위의 식을 $y=x$에 대입하면

$$-\frac{4}{5}x'-\frac{3}{5}y'=\frac{3}{5}x'-\frac{4}{5}y'$$

$$-4x'-3y'=3x'-4y' \qquad \therefore y'=7x'$$

따라서 점 $\mathrm{P}'(x',\,y')$은 직선 $y=7x$ 위의 점이므로 구하는 직선의 방정식은 $y=7x$이다.

09-❶ 답 ②

방정식 $f(x,\,y)=0$이 나타내는 도형을 x축에 대하여 대칭이동한 도형의 방정식은

$$f(x,\,-y)=0$$

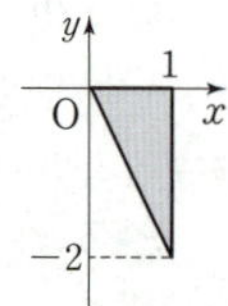

위의 방정식이 나타내는 도형을 x축의 방향으로 -1만큼, y축의 방향으로 2만큼 평행이동한 도형의 방정식은

$$f(x+1,\,-(y-2))=0$$

$$\therefore f(x+1,\,2-y)=0$$

따라서 방정식 $f(x+1,\,2-y)=0$이 나타내는 도형은 방정식 $f(x,\,y)=0$이 나타내는 도형을 x축에 대하여 대칭이동한 후 x축의 방향으로 -1만큼, y축의 방향으로 2만큼 평행이동한 것이므로 ②이다.

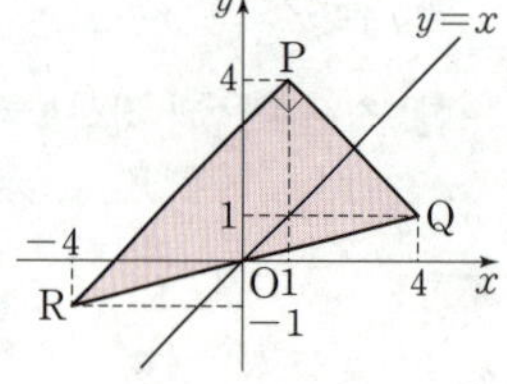

01 점 $\mathrm{P}(1,\,4)$를 직선 $y=x$에 대하여 대칭이동한 점 Q의 좌표는 $(4,\,1)$

점 $\mathrm{Q}(4,\,1)$을 원점에 대하여 대칭이동한 점 R의 좌표는 $(-4,\,-1)$

$$\therefore \overline{\mathrm{PQ}}=\sqrt{(4-1)^2+(1-4)^2}=3\sqrt{2},$$
$$\overline{\mathrm{PR}}=\sqrt{\{(-4)-1\}^2+\{(-1)-4\}^2}=5\sqrt{2},$$
$$\overline{\mathrm{QR}}=\sqrt{\{(-4)-4\}^2+\{(-1)-1\}^2}=2\sqrt{17}$$

이때 세 점 P, Q, R가 $\overline{\mathrm{PQ}}^2+\overline{\mathrm{PR}}^2=\overline{\mathrm{QR}}^2$을 만족시키므로 삼각형 PQR는 $\angle\mathrm{QPR}=90°$인 직각삼각형이다.

따라서 삼각형 PQR의 넓이는

$$\frac{1}{2}\times\overline{\mathrm{PQ}}\times\overline{\mathrm{PR}}$$
$$=\frac{1}{2}\times3\sqrt{2}\times5\sqrt{2}=15$$

02 직선 $2x-3y+6=0$을 y축에 대하여 대칭이동한 직선의 방정식은

$$2\times(-x)-3y+6=0,\quad -2x-3y+6=0$$

$$\therefore 2x+3y-6=0 \qquad\cdots\cdots ㉠$$

직선 ㉠을 직선 $y=x$에 대하여 대칭이동한 직선의 방정식은

$$2y+3x-6=0 \qquad \therefore \frac{x}{2}+\frac{y}{3}=1 \qquad\cdots\cdots ㉡$$

직선 ㉡의 x절편은 2이고 y절편은 3이므로

$$a=2,\ b=3$$

→ $\frac{x}{a}+\frac{y}{b}=1$ 꼴로 나타내면 x절편, y절편을 쉽게 구할 수 있다.

$$\therefore b-a=3-2=1$$

03 원 $x^2+y^2-2kx+2y+k^2-7=0$을 직선 $y=x$에 대하여 대칭이동한 원의 방정식은

$$y^2+x^2-2ky+2x+k^2-7=0$$

$$\therefore x^2+y^2+2x-2ky+k^2-7=0$$

위의 원을 x축에 대하여 대칭이동한 원의 방정식은

$$x^2+(-y)^2+2x-2k\times(-y)+k^2-7=0$$

$$x^2+y^2+2x+2ky+k^2-7=0$$

$$\therefore (x+1)^2+(y+k)^2=8$$

즉, 대칭이동한 원의 중심의 좌표는 $(-1,\,-k)$이고 반지름의 길이는 $2\sqrt{2}$이다.

이때 점 $(-1,\,-k)$와 직선 $x-y=0$ 사이의 거리가 $2\sqrt{2}$이어야 하므로 → 원과 직선이 접해야 하므로

$$\frac{|1\times(-1)-1\times(-k)+0|}{\sqrt{1^2+(-1)^2}}=2\sqrt{2},\ |k-1|=4$$

$$k-1=\pm4 \qquad \therefore k=-3 \text{ 또는 } k=5$$

따라서 모든 실수 k의 값의 합은

$$(-3)+5=2$$

04 이차함수 $y=-x^2$의 그래프를 x축에 대하여 대칭이동한 함수의 그래프의 식은

$$-y=-x^2 \qquad \therefore y=x^2$$

이차함수 $y=x^2$의 그래프를 x축의 방향으로 4만큼, y축의 방향으로 m만큼 평행이동한 그래프의 식은

$$y-m=(x-4)^2 \qquad \therefore y=(x-4)^2+m$$

위의 함수의 그래프가 직선 $y=2x+3$에 접하므로

$$(x-4)^2+m=2x+3 \text{에서 } x^2-10x+m+13=0$$

위의 이차방정식의 판별식을 D라 하면

$$\frac{D}{4}=(-5)^2-1\times(m+13)=0$$

$$12-m=0 \qquad \therefore m=12$$

05 오른쪽 그림과 같이 점 $\mathrm{B}(8,\,2)$를 직선 $y=x$에 대하여 대칭이동한 점을 B'이라 하면 $\mathrm{B}'(2,\,8)$

이때 $\overline{\mathrm{BP}}=\overline{\mathrm{B'P}}$이므로

$$\overline{\mathrm{AP}}+\overline{\mathrm{BP}}=\overline{\mathrm{AP}}+\overline{\mathrm{B'P}}$$
$$\geq\overline{\mathrm{AB'}}$$

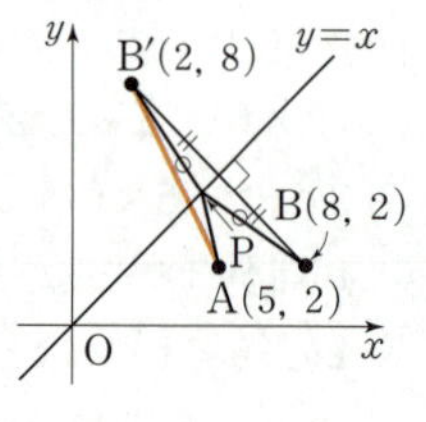

즉, 점 P가 직선 AB'과 직선 $y=x$의 교점일 때,
$\overline{AP}+\overline{BP}$의 값이 최소이다.
직선 AB'의 방정식은
$$y-2=\frac{8-2}{2-5}(x-5) \qquad \therefore y=-2x+12$$
위의 직선의 방정식과 $y=x$를 연립하여 풀면
$x=4, y=4$
따라서 점 P의 좌표가 $(4, 4)$일 때 $\overline{AP}+\overline{BP}$의 값이 최소이고, 이때의 두 선분 AP, BP의 길이는 각각
$$\overline{AP}=\sqrt{(4-5)^2+(4-2)^2}=\sqrt{5}$$
$$\overline{BP}=\sqrt{(4-8)^2+(4-2)^2}=2\sqrt{5}$$
$$\therefore \overline{AP}\times\overline{BP}=\sqrt{5}\times2\sqrt{5}=10$$

06 점 $(-1, 6)$은 두 점 $(a, 3)$, $(5, b)$를 이은 선분의 중점이므로
$$-1=\frac{a+5}{2}, 6=\frac{3+b}{2}에서 a+5=-2, 3+b=12$$
$$\therefore a=-7, b=9$$
$$\therefore a+b=(-7)+9=2$$

07 포물선 $y=(x-4)^2+3$ 위의 임의의 점을 $P(x, y)$라 하고, 점 P를 점 $(1, 8)$에 대하여 대칭이동한 점을 $P'(x', y')$이라 하면 점 $(1, 8)$은 선분 PP'의 중점이므로
$$1=\frac{x+x'}{2}, 8=\frac{y+y'}{2}에서$$
$$x+x'=2, y+y'=16$$
$$\therefore x=2-x', y=16-y' \qquad \cdots\cdots ㉠$$
㉠을 $y=(x-4)^2+3$에 대입하면
$$16-y'=(2-x'-4)^2+3$$
$$\therefore y'=-(x'+2)^2+13$$
점 $P'(x', y')$은 포물선 $y=-(x+2)^2+13$, 즉
$y=-x^2-4x+9$ 위의 점이므로 주어진 대칭이동에 의하여 이동한 포물선의 방정식은 $y=-x^2-4x+9$이다.
따라서 $a=-1, b=-4, c=9$이므로
$$a+b+c=(-1)+(-4)+9=4$$

08 원 $x^2+y^2+10x=0$, 즉 $(x+5)^2+y^2=25$의 중심의 좌표는
$(-5, 0)$
원 $(x-a)^2+(y-b)^2=r^2$의 중심의 좌표는
(a, b)
두 점 $(-5, 0)$, (a, b)를 이은 선분의 중점
$\left(\dfrac{-5+a}{2}, \dfrac{0+b}{2}\right)$가 직선 $2x+y=0$ 위의 점이므로
$$2\times\frac{-5+a}{2}+\frac{b}{2}=0$$
$$\therefore 2a+b-10=0 \qquad \cdots\cdots ㉠$$
또한, 두 점 $(-5, 0)$, (a, b)를 지나는 직선과 직선
$2x+y=0$은 서로 수직이므로

$$\frac{b-0}{a-(-5)}\times(-2)=-1, -2b=-a-5$$
$\rightarrow$ $2x+y=0$에서 $y=-2x$이므로 기울기는 -2이다.
$$\therefore a-2b+5=0 \qquad \cdots\cdots ㉡$$
㉠, ㉡을 연립하여 풀면
$a=3, b=4$
이때 원은 대칭이동해도 반지름의 길이가 변하지 않으므로
$r=5$
$$\therefore a+b+r=3+4+5=12$$

09 방정식 $f(x, y)=0$이 나타내는 도형을 직선 $y=x$에 대하여 대칭이동한 도형의 방정식은 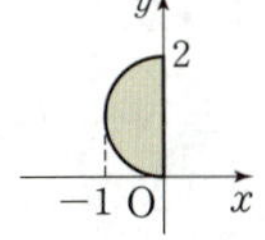
$f(y, x)=0$
위의 방정식이 나타내는 도형을 x축의 방향으로 1만큼 평행이동한 도형의 방정식은 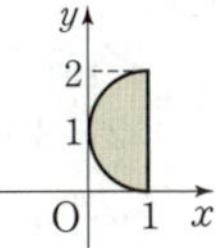
$f(y, x-1)=0$
따라서 방정식 $f(y, x-1)=0$이 나타내는 도형은 방정식 $f(x, y)=0$이 나타내는 도형을 직선 $y=x$에 대하여 대칭이동한 후 x축의 방향으로 1만큼 평행이동한 것이므로 ④이다.

중단원 실전 문제
• 본문 120~122쪽

01 ②	**02** 6	**03** 6	**04** ③
05 ②	**06** ④	**07** 4	**08** 20
09 3	**10** $\frac{5}{2}$	**11** ①	**12** 10
13 ②	**14** ①	**15** 9	**16** 72
17 ③			

01 점 B는 점 $A(a, 2)$를 x축의 방향으로 4만큼 평행이동한 점이므로
$B(a+4, 2)$
점 C는 점 $B(a+4, 2)$를 x축의 방향으로 -1만큼, y축의 방향으로 2만큼 평행이동한 점이므로
$C(a+3, 4)$
이때 네 점 O, A, B, C를 꼭짓점으로 하는 사각형이 평행사변형이 되려면 이 사각형의 두 대각선은 각각 선분 AB, 선분 OC이어야 한다.
평행사변형의 두 대각선은 서로를 이등분하므로 두 선분 AB, OC의 중점은 일치한다.
선분 AB의 중점의 좌표는 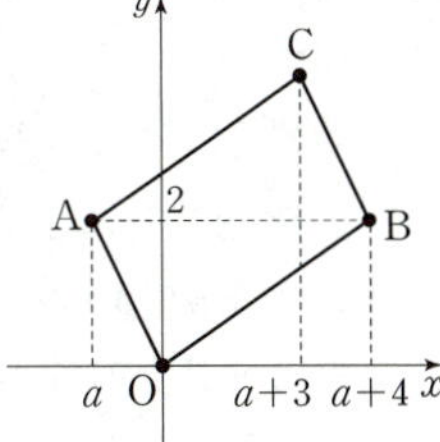
$\left(\dfrac{a+(a+4)}{2}, \dfrac{2+2}{2}\right)$, 즉
$(a+2, 2)$

선분 OC의 중점의 좌표는

$\left(\dfrac{0+(a+3)}{2},\ \dfrac{0+4}{2}\right)$, 즉 $\left(\dfrac{a+3}{2},\ 2\right)$

이때 $a+2=\dfrac{a+3}{2}$에서

$2a+4=a+3$ $\therefore a=-1$

02 직선 $2x+ay=0$을 x축의 방향으로 1만큼, y축의 방향
으로 b만큼 평행이동한 직선의 방정식은

$2(x-1)+a(y-b)=0$

$\therefore 2x+ay-ab-2=0$ $\cdots\cdots$ ㉠

직선 ㉠이 점 $(4,\ 1)$을 지나므로

$2\times4+a\times1-ab-2=0$

$\therefore a-ab+6=0$ $\cdots\cdots$ ㉡

직선 ㉠이 직선 $3x-2y-10=0$과 수직으로 만나므로

$2\times3+a\times(-2)=0$ $\therefore a=3$

$a=3$을 ㉡에 대입하여 정리하면 $b=3$

$\therefore a+b=3+3=6$

03 직선 $x-2y+11=0$을 x축의 방향을 a만큼, y축의 방향
으로 $-2a$만큼 평행이동한 직선의 방정식은

$(x-a)-2(y+2a)+11=0$

$\therefore x-2y-5a+11=0$ $\cdots\cdots$ ㉠ $\cdots$ **❶**

위의 직선이 원 $x^2+y^2-8x+11=0$, 즉
$(x-4)^2+y^2=5$에 접하므로 원의 중심 $(4,\ 0)$과 직선
㉠ 사이의 거리는 원의 반지름의 길이인 $\sqrt{5}$와 같다. 즉,

$\dfrac{|1\times4-2\times0-5a+11|}{\sqrt{1^2+(-2)^2}}=\sqrt{5}$, $|15-5a|=5$

$|3-a|=1$, $3-a=\pm1$

$\therefore a=2$ 또는 $a=4$ $\cdots$ **❷**

따라서 모든 실수 a의 값의 합은

$2+4=6$ $\cdots$ **❸**

채점 기준	배점 비율
❶ 주어진 평행이동에 의하여 옮겨진 직선의 방정식 구하기	40 %
❷ ❶에서 구한 직선이 주어진 원과 접할 때의 실수 a의 값 구하기	50 %
❸ 모든 실수 a의 값의 합 구하기	10 %

04 $x^2+y^2-8x-6y=0$에서 $(x-4)^2+(y-3)^2=25$

즉, 원 C의 중심의 좌표는 $(4,\ 3)$이고 반지름의 길이는 5
이다.

이때 원 C를 x축의 방향으로 m만큼, y축의 방향으로 m
만큼 평행이동한 원 C'의 중심을 C'이라 하면

$C'(4+m,\ 3+m)$

주어진 조건에서 두 직선 l_1, l_2가 각각 원 C'의 넓이를 이등
분하므로 점 $C'(4+m,\ 3+m)$은 두 직선 l_1, l_2 위에 있다.

l_1: $2x+y-2=0$에서

$2(4+m)+(3+m)-2=0$

$9+3m=0$ $\therefore m=-3$

즉, $C'(1,\ 0)$이므로 직선 l_2: $ax-2y-3=0$에서

$a\times1-2\times0-3=0$

$a-3=0$ $\therefore a=3$

$\therefore m+a=(-3)+3=0$

05 원 C: $x^2+(y-5)^2=5$의 중심의 좌표는 $(0,\ 5)$이고 반
지름의 길이는 $\sqrt{5}$이다.

원 C가 직선 $y=ax$, 즉 $ax-y=0$에 접하므로

$\dfrac{|a\times0-1\times5+0|}{\sqrt{a^2+(-1)^2}}=\sqrt{5}$에서

$5=\sqrt{5a^2+5}$, $5a^2+5=25$

$a^2=4$ $\therefore a=2$ $(\because a>0)$

한편, 원 C를 x축의 방향으로 m $(m>0)$만큼 평행이동
한 원 C'의 중심의 좌표는 $\underline{(m,\ 5)}$이고 반지름의 길이는
$\;\;\;\;\;\;\;\;\;\;\;\;\;\;\;\;{\scriptstyle\rightarrow (0+m,\ 5)\text{에서 } (m,\ 5)}$
$\sqrt{5}$이다.

원 C'이 직선 $2x-y=0$에 접하므로

$\dfrac{|2\times m-1\times5+0|}{\sqrt{2^2+(-1)^2}}=\sqrt{5}$에서

$|2m-5|=5$ $\therefore m=5$ $(\because m>0)$

$\therefore a+m=2+5=7$

06 원 $x^2+y^2+4x=0$, 즉 $(x+2)^2+y^2=4$의 중심의 좌표는
$(-2,\ 0)$

원 $x^2+y^2-6y+5=0$, 즉 $x^2+(y-3)^2=4$의 중심의 좌
표는
$(0,\ 3)$

이때 점 $(-2,\ 0)$을 점 $(0,\ 3)$으로 옮기는 평행이동은 x
축의 방향으로 $0-(-2)=2$만큼, y축의 방향으로
$3-0=3$만큼 평행이동하는 것이므로 이 평행이동에 의하
여 포물선 $y=x^2-2x-12$, 즉 $y=(x-1)^2-13$이 옮겨
지는 포물선의 방정식은

$y-3=(x-2-1)^2-13$

$\therefore y=x^2-6x-1$

위의 포물선이 x축과 서로 다른 두 점 $(a,\ 0)$, $(b,\ 0)$에
서 만나므로 이차방정식 $x^2-6x-1=0$은 서로 다른 두
실근 a, b를 갖는다.

이차방정식의 근과 계수의 관계에 의하여

$a+b=6$, $ab=-1$

$\therefore a^2+b^2=(a+b)^2-2ab=6^2-2\times(-1)=38$

07 점 $\mathrm{P}(a+2,\ 3a-1)$을 원점에 대하여 대칭이동한 점 Q
의 좌표는

$(-a-2,\ -3a+1)$

점 $Q(-a-2, -3a+1)$을 y축에 대하여 대칭이동한 점 R의 좌표는

$(a+2, -3a+1)$

점 R가 직선 $ax+2y+1=0$ 위의 점이 되려면

$a\times(a+2)+2\times(-3a+1)+1=0$

$a^2-4a+3=0,\ (a-1)(a-3)=0$

$\therefore a=1$ 또는 $a=3$

따라서 모든 실수 a의 값의 합은

$1+3=4$

|참고|

점 P를 원점에 대하여 대칭이동한 후 y축에 대하여 대칭이동한 점 R는 점 P를 x축에 대하여 대칭이동한 점과 같다.

08 원 $C:x^2+y^2-8x+4y-k=0$을 원점에 대하여 대칭이동한 원 C'의 방정식은

$(-x)^2+(-y)^2-8\times(-x)+4\times(-y)-k=0$

$\therefore x^2+y^2+8x-4y-k=0 \qquad \cdots\ ❶$

두 원 $C,\ C'$의 공통현의 방정식은

$x^2+y^2-8x+4y-k-(x^2+y^2+8x-4y-k)=0$

$-16x+8y=0$

$\therefore 2x-y=0 \qquad \cdots\cdots\ ㉠ \qquad \cdots\ ❷$

이때 오른쪽 그림과 같이 두 원 $C,\ C'$이 만나는 점을 각각 A, B라 하고, 원 C의 중심을 C라 할 때, 점 C에서 직선 ㉠에 내린 수선의 발을 H라 하자.

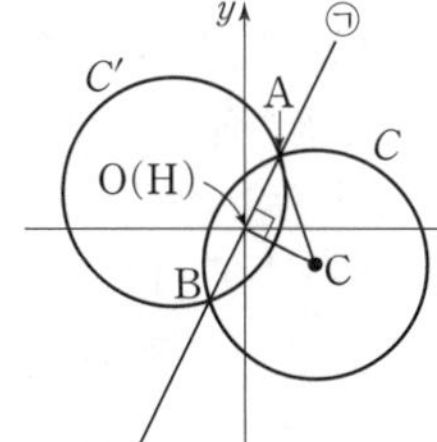

$x^2+y^2-8x+4y-k=0$에서

$(x-4)^2+(y+2)^2=k+20$

이므로 원 C의 중심 C의 좌표는 $(4, -2)$이고 반지름의 길이는 $\sqrt{k+20}$이다.

이때 점 $C(4, -2)$와 직선 ㉠ 사이의 거리는

$\overline{CH}=\dfrac{|2\times4-1\times(-2)+0|}{\sqrt{2^2+(-1)^2}}=2\sqrt5 \qquad \cdots\ ❸$

또한, 공통현의 길이가 $4\sqrt5$이므로

$\overline{AH}=\dfrac12\overline{AB}=\dfrac12\times4\sqrt5=2\sqrt5$

따라서 직각삼각형 AHC에서

$\overline{AC}^2=\overline{AH}^2+\overline{CH}^2$

$(\sqrt{k+20})^2=(2\sqrt5)^2+(2\sqrt5)^2$

$k+20=20+20$

$\therefore k=20 \qquad \cdots\ ❹$

채점 기준	배점 비율
❶ 원 C'의 방정식 구하기	20 %
❷ 두 원 $C,\ C'$의 공통현의 방정식 구하기	20 %
❸ ❷에서 구한 직선과 원 C의 중심 사이의 거리 구하기	30 %
❹ 상수 k의 값 구하기	30 %

|참고|

두 원 $C,\ C'$은 원점에 대하여 대칭이므로 공통현, 즉 선분 AB의 중점 H는 두 원 $C,\ C'$의 중심의 중점인 원점이다. 즉,

$\overline{CH}=\overline{OC}=\sqrt{4^2+(-2)^2}=2\sqrt5$

09 포물선 $y=ax^2+bx+c$를 x축에 대하여 대칭이동한 포물선의 방정식은

$-y=ax^2+bx+c$

$\therefore y=-ax^2-bx-c \qquad \cdots\cdots\ ㉠$

이때 꼭짓점의 좌표가 $(3, 1)$이고 x^2의 계수가 $-a$인 포물선의 방정식은

$y=-a(x-3)^2+1$

$\therefore y=-ax^2+6ax-9a+1 \qquad \cdots\cdots\ ㉡$

㉠, ㉡이 일치하므로

$-b=6a,\ -c=-9a+1 \qquad \cdots\cdots\ ㉢$

또한, 포물선 $y=-a(x-3)^2+1$이 점 $(2, 0)$을 지나므로

$0=-a(2-3)^2+1,\ 0=-a+1 \qquad \therefore a=1$

$a=1$을 ㉢에 각각 대입하여 정리하면

$b=-6,\ c=8$

$\therefore a+b+c=1+(-6)+8=3$

10 직선 l의 기울기가 m이고 점 $A(2, -1)$을 지나므로 직선 l의 방정식은

$y-(-1)=m(x-2)$

$\therefore y=mx-2m-1 \qquad \cdots\cdots\ ㉠$

직선 ㉠을 x축의 방향으로 -5만큼, y축의 방향으로 2만큼 평행이동한 직선의 방정식은

$y-2=m(x+5)-2m-1$

$\therefore y=mx+3m+1 \qquad \cdots\cdots\ ㉡$

직선 ㉡을 직선 $y=x$에 대하여 대칭이동한 직선 l'의 방정식은

$x=my+3m+1$

$\therefore y=\dfrac1m x-3-\dfrac1m\ (\because m\neq0) \qquad \cdots\cdots\ ㉢$

직선 ㉢이 점 $A(2, -1)$을 지나므로

$-1=\dfrac1m\times2-3-\dfrac1m$

$\dfrac1m=2 \qquad \therefore m=\dfrac12$

또한, 직선 l'의 기울기는 $\dfrac1m=2$이므로

$n=2$

$\therefore m+n=\dfrac12+2=\dfrac52$

11 원 $x^2+(y-1)^2=9$를 y축의 방향으로 -1만큼 평행이동한 원의 방정식은

$x^2+(y+1-1)^2=9 \qquad \therefore x^2+y^2=9$

위의 원을 y축에 대하여 대칭이동한 원의 방정식은

$(-x)^2+y^2=9 \qquad \therefore x^2+y^2=9$

즉, 점 Q는 원 $x^2+y^2=9$ 위의 점이다.
이때 삼각형 ABQ의 넓이가 최대
일 때의 점 Q의 위치는 오른쪽 그
림과 같이 직선 AB와 기울기가 같
은 두 접선의 접점 중 직선 AB까
지의 거리가 더 먼 점에 있을 때이
다.

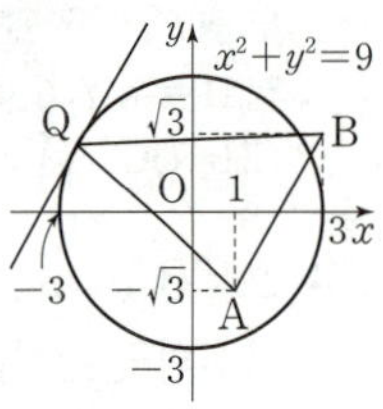

직선 AB의 기울기는
$$\frac{\sqrt{3}-(-\sqrt{3})}{3-1}=\sqrt{3}$$
이므로 원 $x^2+y^2=9$의 접선의 방정식은
$$y=\sqrt{3}x\pm3\times\sqrt{(\sqrt{3})^2+1}\qquad \therefore y=\sqrt{3}x\pm6$$
위의 두 직선 중 직선 AB까지의 거리가 더 먼 직선은
$y=\sqrt{3}x+6$이므로 삼각형 ABQ의 넓이가 최대일 때의
점 Q의 x좌표는
$x^2+(\sqrt{3}x+6)^2=9$에서
$4x^2+12\sqrt{3}x+27=0$, $(2x+3\sqrt{3})^2=0$
$$\therefore x=-\frac{3\sqrt{3}}{2},$$
$$y=\sqrt{3}\times\left(-\frac{3\sqrt{3}}{2}\right)+6=\frac{3}{2}$$

즉, $Q\left(-\frac{3\sqrt{3}}{2},\frac{3}{2}\right)$이고, 점 P는 점 Q를 y축에 대하여 대
칭이동한 후 y축의 방향으로 1만큼 평행이동한 점이므로
$$P\left(-\left(-\frac{3\sqrt{3}}{2}\right),\frac{3}{2}+1\right)\qquad \therefore P\left(\frac{3\sqrt{3}}{2},\frac{5}{2}\right)$$

따라서 점 P의 y좌표는 $\frac{5}{2}$이다.

12 오른쪽 그림과 같이 점
$A(5,1)$을 x축에 대하여
대칭이동한 점을 A'이라
하면 $A'(5,-1)$
점 $B(3,5)$를 y축에 대하
여 대칭이동한 점을 B'이라
하면 $B'(-3,5)$

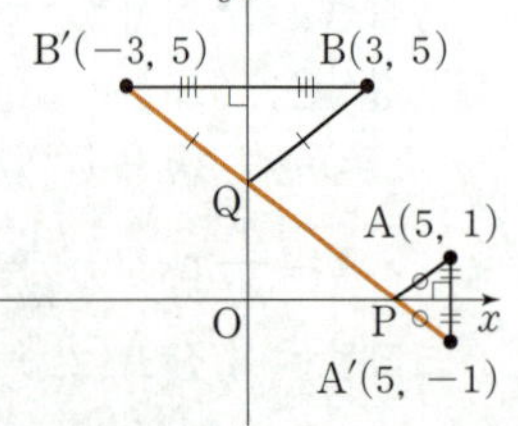

이때 $\overline{AP}=\overline{A'P}$, $\overline{BQ}=\overline{B'Q}$이므로
$$\overline{AP}+\overline{PQ}+\overline{QB}=\overline{A'P}+\overline{PQ}+\overline{QB'}$$
$$\geq\overline{A'B'}$$
$$=\sqrt{\{(-3)-5\}^2+\{5-(-1)\}^2}$$
$$=10$$
따라서 $\overline{AP}+\overline{PQ}+\overline{QB}$의 최솟값은 10이다.

13 방정식 $f(x,y)=0$이 나타내는 도형을 x
축의 방향으로 -1만큼, y축의 방향으로
-2만큼 평행이동한 도형의 방정식은
$$f(x+1,y+2)=0$$

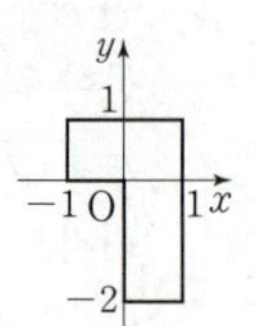

앞의 방정식이 나타내는 도형을 x축에 대
하여 대칭이동한 도형의 방정식은
$$f(x+1,-y+2)=0$$
$$\therefore f(x+1,2-y)=0$$

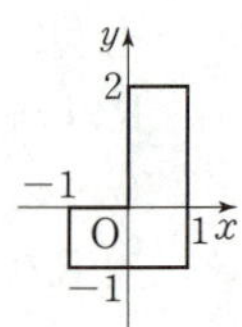

따라서 방정식 $f(x+1,2-y)=0$이 나타내는 도형은
방정식 $f(x,y)=0$이 나타내는 도형을 x축의 방향으로
-1만큼, y축의 방향으로 -2만큼 평행이동한 후 x축에
대하여 대칭이동한 것이므로 ②이다.

14 (풀이전략) 주어진 평행이동에 의하여 옮겨지는 포물선의 꼭짓점
의 좌표와 점 P′의 좌표를 구한 후 두 점이 직선 $y=x$에 대하여
대칭임을 이용한다.

포물선 $C: y=2x^2+4ax+2a^2-1$, 즉 $y=2(x+a)^2-1$
의 꼭짓점의 좌표는
$(-a,-1)$
점 (x,y)를 점 $(x-1,y+3)$으로 옮기는 평행이동은 x
축의 방향으로 -1만큼, y축의 방향으로 3만큼 평행이동
하는 것이므로 이 평행이동에 의하여 포물선 C의 꼭짓점
$(-a,-1)$이 옮겨지는 포물선 C'의 꼭짓점의 좌표는
$(-a-1,-1+3)$, 즉 $(-a-1,2)$
이고, 점 $P(b,4)$가 옮겨지는 점 P'의 좌표는
$(b-1,4+3)$, 즉 $(b-1,7)$
한편, 점 $(-a-1,2)$를 직선 $y=x$에 대하여 대칭이동
한 점의 좌표는
$(2,-a-1)$
위의 점이 점 $(b-1,7)$과 일치하므로
$2=b-1$, $-a-1=7$ $\qquad \therefore a=-8$, $b=3$
$$\therefore a+b=(-8)+3=-5$$

15 (풀이전략) 두 점 A, A′이 직선 $y=x$에 대하여 대칭이므로 점
A와 직선 $y=x$ 사이의 거리는 선분 AA′의 길이의 $\frac{1}{2}$임을 이용
한다.

$a>b$이므로 두 점 A, A′은 오른쪽
그림과 같고 정삼각형 OAA'의 넓
이가 $9\sqrt{3}$이므로
$$\frac{\sqrt{3}}{4}\times\overline{OA}^2=9\sqrt{3}$$
$$\overline{OA}^2=36\qquad \therefore \overline{OA}=6$$
이때 점 $A(a,b)$에 대하여
$\overline{OA}=\sqrt{a^2+b^2}$이므로
$$\sqrt{a^2+b^2}=6$$
$$\therefore a^2+b^2=36\qquad \cdots\cdots \text{㉠}$$
한편, 점 $A(a,b)$와 직선 $y=x$, 즉 $x-y=0$ 사이의 거
리를 d라 하면
$$d=\frac{|1\times a-1\times b+0|}{\sqrt{1^2+(-1)^2}}=\frac{a-b}{\sqrt{2}}\ (\because a>b)$$

이때 $d=\dfrac{1}{2}\overline{AA'}=\dfrac{1}{2}\overline{OA}$이므로

$$\dfrac{a-b}{\sqrt{2}}=\dfrac{1}{2}\overline{OA}=\dfrac{1}{2}\times 6=3$$

$$\therefore a-b=3\sqrt{2} \quad\cdots\cdots\; \text{ⓛ}$$

따라서 $(a-b)^2=a^2+b^2-2ab$이므로

$$(3\sqrt{2})^2=36-2ab \;(\because \text{ⓙ},\, \text{ⓛ})$$

$$2ab=18 \quad \therefore ab=9$$

16 ◁풀이전략▷ 점 A를 두 직선 $x-3y=0$, $3x-y=0$에 대하여 각각 대칭이동한 후 삼각형의 둘레의 길이가 최소일 때의 직선의 방정식을 찾아 두 직선 $x-3y=0$, $3x-y=0$과의 교점의 좌표를 구한다.

점 $A(10,\ 10)$을 직선 $x-3y=0$에 대하여 대칭이동한 점을 $A_1(a,\ b)$라 하자.

선분 AA_1의 중점 $\left(\dfrac{a+10}{2},\ \dfrac{b+10}{2}\right)$은 직선 $x-3y=0$ 위의 점이므로

$$\dfrac{a+10}{2}-3\times\dfrac{b+10}{2}=0$$

$$\therefore a-3b-20=0 \quad\cdots\cdots\; \text{ⓙ}$$

직선 AA_1과 직선 $x-3y=0$은 서로 수직이므로

$$\dfrac{b-10}{a-10}\times\dfrac{1}{3}=-1 \quad\longrightarrow\; x-3y=0\text{에서 } y=\dfrac{1}{3}x\text{이므로 기울기는 }\dfrac{1}{3}$$

$$\therefore 3a+b-40=0 \quad\cdots\cdots\; \text{ⓛ}$$

ⓙ, ⓛ을 연립하여 풀면

$$a=14,\ b=-2$$

$$\therefore A_1(14,\ -2)$$

또한, 점 $A(10,\ 10)$은 직선 $y=x$ 위의 점이고, 두 직선 $x-3y=0$, $3x-y=0$은 직선 $y=x$에 대하여 대칭이므로 점 A를 직선 $3x-y=0$에 대하여 대칭이동한 점을 A_2라 하면 두 점 A_1, A_2는 직선 $y=x$에 대하여 대칭이다.

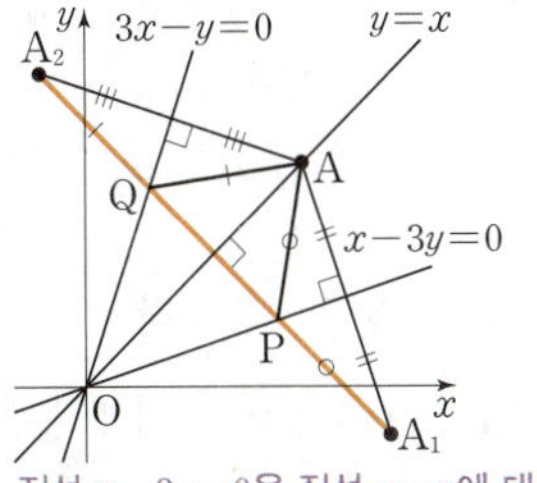

직선 $x-3y=0$을 직선 $y=x$에 대하여 대칭이동한 직선의 방정식은
$y-3x=0 \quad \therefore 3x-y=0$

즉, 점 A_2는 점 $A_1(14,\ -2)$를 직선 $y=x$에 대하여 대칭이동한 점과 같으므로

$$A_2(-2,\ 14)$$

한편, 삼각형 APQ의 둘레의 길이는 $\overline{AP}+\overline{PQ}+\overline{QA}$이고
$\overline{AP}=\overline{A_1P}$, $\overline{AQ}=\overline{A_2Q}$이므로

$$\overline{AP}+\overline{PQ}+\overline{QA}=\overline{A_1P}+\overline{PQ}+\overline{QA_2}$$

$$\geq \overline{A_1A_2}$$

이때 직선 A_1A_2와 두 직선 $x-3y=0$, $3x-y=0$의 교점이 각각 P, Q이고, 두 점 P, Q도 직선 $y=x$에 대하여 대칭이다.

$\longrightarrow$ 직선 $y=x$에 수직이므로

직선 A_1A_2의 기울기는 -1이므로 직선 A_1A_2의 방정식은

$$y+2=-(x-14)$$

$$\therefore y=-x+12$$

즉, 두 직선 $y=-x+12$, $x-3y=0$을 연립하여 풀면
$x=9,\ y=3 \quad \therefore P(9,\ 3)$

점 Q는 점 P를 직선 $y=x$에 대하여 대칭이동한 점과 같으므로 $Q(3,\ 9)$

따라서

$$\overline{PQ}=\sqrt{(3-9)^2+(9-3)^2}=6\sqrt{2}$$

이므로

$$k=6\sqrt{2} \quad \therefore k^2=(6\sqrt{2})^2=72$$

17 ◁풀이전략▷ 원 C_1을 x축에 대하여 대칭이동하고, 원 C_2를 직선 $y=x$에 대하여 대칭이동한 후 대칭이동한 두 원 사이의 거리의 최솟값을 구한다.

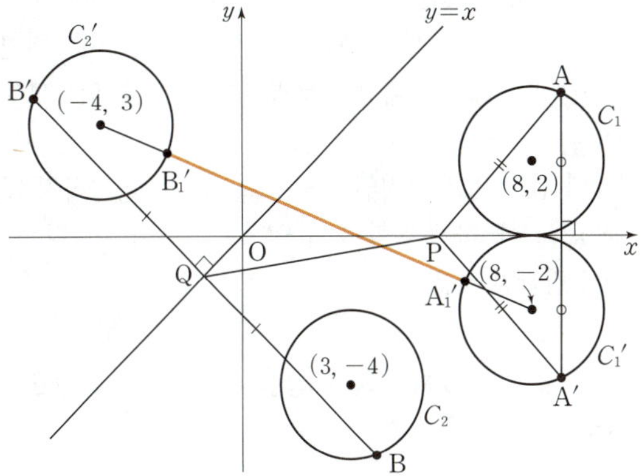

위의 그림과 같이 원 C_1을 x축에 대하여 대칭이동한 원을 C_1', 원 C_2를 직선 $y=x$에 대하여 대칭이동한 원을 C_2'이라 하면

$$C_1': (x-8)^2+(-y-2)^2=4$$

$$\therefore C_1': (x-8)^2+(y+2)^2=4$$

$$C_2': (y-3)^2+(x+4)^2=4$$

$$\therefore C_2': (x+4)^2+(y-3)^2=4$$

또한, 점 A를 x축에 대하여 대칭이동한 점을 A′, 점 B를 직선 $y=x$에 대하여 대칭이동한 점을 B′이라 하면 두 점 A′, B′은 각각 두 원 C_1', C_2' 위의 점이다.

이때 두 원 C_1', C_2'의 중심을 이은 선분과 두 원 C_1', C_2'이 만나는 점을 각각 A_1', B_1'이라 하면
$\overline{AP}=\overline{A'P}$, $\overline{QB}=\overline{QB'}$이므로

$$\overline{AP}+\overline{PQ}+\overline{QB}=\overline{A'P}+\overline{PQ}+\overline{QB'}$$

$$\geq \overline{A_1'B_1'}$$

$$=\sqrt{\{(-4)-8\}^2+\{3-(-2)\}^2}-2-2$$

$$=9$$

따라서 $\overline{AP}+\overline{PQ}+\overline{QB}$의 최솟값은 9이다.

(두 원 C_1', C_2'의 중심 사이의 거리)
−(원 C_1'의 반지름의 길이)
−(원 C_2'의 반지름의 길이)

집합의 뜻과 표현

01 집합의 뜻과 표현

(유제)

• 본문 126~129쪽

01-➊ 답 ②, ③

①, ④ '높은', '잘생긴'은 기준이 명확하지 않아 그 대상을 분명하게 정할 수 없으므로 집합이 아니다.

② $2<\sqrt{7}<3$이므로 $\sqrt{7}$보다 작은 자연수는 1, 2이고 그 대상을 분명하게 정할 수 있으므로 집합이다.

③ 우리 반 모든 학생의 생일을 조사하면 생일이 2월인 학생을 알 수 있고 그 대상을 분명하게 정할 수 있으므로 집합이다.

⑤ '유머 감각'은 추상적인 개념으로 기준이 명확하지 않아 그 대상을 분명하게 정할 수 없으므로 집합이 아니다.

따라서 집합인 것은 ②, ③이다.

|참고|

'높은'은 기준이 명확하지 않지만 '가장 높은'은 기준이 명확하므로 이 조건이 있는 모임은 집합이다.

01-➋ 답 ③, ⑤

집합 A의 원소는 12, 16, 20, …, 96이므로

① $8 \notin A$ ② $15 \notin A$
③ $64 \in A$ ④ $96 \in A$
⑤ $120 \notin A$

따라서 옳은 것은 ③, ⑤이다.

01-➌ 답 ③

12의 약수는 1, 2, 3, 4, 6, 12이므로 12와 서로소이려면 2의 배수가 아니거나 3의 배수가 아니어야 한다.

즉, 집합 A의 원소는 1, 5, 7, 11, 13, 17, 19, 23, 25, 29이므로

① $3 \notin A$ ② $7 \in A$
③ $11 \in A$ ④ $20 \notin A$
⑤ $31 \notin A$

따라서 옳지 않은 것은 ③이다.

02-➊ 답 ④

집합 A를 원소나열법으로 나타내면 $A=\{1, 3, 9\}$이고 조건제시법으로 나타내어진 집합을 각각 원소나열법으로 나타내면 다음과 같다.

②, ③, ⑤ $\{1, 3, 9\}$
④ $\{1, 4, 7\}$

따라서 집합 A를 나타내는 것이 아닌 것은 ④이다.

02-➋ 답 (1) $\{x \mid x$는 10 이상 20 이하의 소수$\}$ (2) $\{-1, 4\}$
(3) $\{x \mid x$는 짝수$\}$ (4) $\{-1, 0, 1\}$

(1) 11, 13, 17, 19는 소수이므로 주어진 집합을 조건제시법으로 나타내면
$\{x \mid x$는 10 이상 20 이하의 소수$\}$

|참고|

$\{x \mid x$는 10보다 크고 20보다 작은 소수$\}$와 같이 다양한 방법으로 나타낼 수 있다.

(2) $x^2-3x-4=0$에서 $(x+1)(x-4)=0$
∴ $x=-1$ 또는 $x=4$
따라서 주어진 집합을 원소나열법으로 나타내면
$\{-1, 4\}$

(3) 2, 4, 6, 8, …은 짝수이므로 주어진 집합을 조건제시법으로 나타내면
$\{x \mid x$는 짝수$\}$

(4) $-2<x<2$인 정수 x는 -1, 0, 1이므로 주어진 집합을 원소나열법으로 나타내면
$\{-1, 0, 1\}$

02-➌ 답 ②

조건제시법으로 나타내어진 집합을 각각 원소나열법으로 나타내면 다음과 같다.

① $A=\{1, 3, 5, 7, 9\}$
② $A=\{2, 3, 5, 7\}$
③ $A=\{2, 3, 5, 7, 11, \cdots\}$
④ $A=\{1, 2, 3, 4, 5, 6, 7, 8, 9\}$
⑤ $A=\{3, 5, 7\}$

따라서 집합 A를 조건제시법으로 바르게 나타낸 것은 ②이다.

03-➊ 답 해설 참조

$x \in A$에서 $x=-1$ 또는 $x=1$ 또는 $x=2$
$y \in A$에서 $y=-1$ 또는 $y=1$ 또는 $y=2$
이때 $x+y$의 값을 구하면 다음 표와 같다.

x \ y	-1	1	2
-1	-2	0	1
1	0	2	3
2	1	3	4

따라서 $X=\{-2, 0, 1, 2, 3, 4\}$이므로 집합 X를 벤 다이어그램으로 나타내면 오른쪽과 같다.

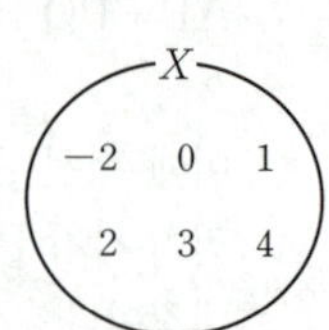

03-➋ 답 $B=\{1, 4, 16\}$

$A=\{1, 2, 4\}$이므로
$x \in A$에서 $x=1$ 또는 $x=2$ 또는 $x=4$

이때 x^2의 값을 구하면
$1^2=1$, $2^2=4$, $4^2=16$이므로
$B=\{1,\ 4,\ 16\}$

03-❸ 답 $X=\{(-1,\ 0),\ (-1,\ 1),\ (0,\ -1),\ (0,\ 1),$
$(1,\ -1),\ (1,\ 0)\}$

$x^2+y^2<4$이므로 서로 다른 두 정수 x, y는 모두 -2보다 크고 2보다 작다.
이때 순서쌍 $(x,\ y)$를 구하면 다음 표와 같다.

x \ y	-1	0	1
-1		$(-1,\ 0)$	$(-1,\ 1)$
0	$(0,\ -1)$		$(0,\ 1)$
1	$(1,\ -1)$	$(1,\ 0)$	

$\therefore X=\{(-1,\ 0),\ (-1,\ 1),\ (0,\ -1),\ (0,\ 1),\ (1,\ -1),$
$(1,\ 0)\}$

04-❶ 답 22

$A=\{3,\ 6,\ 9,\ \cdots,\ 60\}$이므로
$n(A)=20$
집합 B에서 $x^2+2x-3=0$
$(x+3)(x-1)=0$ $\quad\therefore x=-3$ 또는 $x=1$
즉, $B=\{-3,\ 1\}$이므로
$n(B)=2$
$\therefore n(A)+n(B)=20+2=22$

04-❷ 답 (1) 2 (2) 3 (3) 9

(1) $n(\{1,\ 2,\ 3\})=3$, $n(\{6\})=1$이므로
$\quad n(\{1,\ 2,\ 3\})-n(\{6\})=3-1=2$
원소는 0, ∅이다.
(2) $n(\varnothing)=0$, $n(\{0\})=1$, $n(\{0,\ \varnothing\})=2$이므로
$\quad n(\varnothing)+n(\{0\})+n(\{0,\ \varnothing\})=0+1+2=3$
(3) $n(\{\varnothing\})=1$, $n(\{1,\ \{3,\ 4\}\})=2$,
원소는 ∅이다. 원소는 1, {3, 4}이다.
$n(\{1,\ 2,\ 3,\ \cdots,\ 10\})=10$이므로
$\quad n(\{\varnothing\})-n(\{1,\ \{3,\ 4\}\})+n(\{1,\ 2,\ 3,\ \cdots,\ 10\})$
$\quad=1-2+10$
$\quad=9$

04-❸ 답 12

$A=\{1,\ 3,\ 7,\ 9,\ 21,\ 63\}$이므로
$n(A)=6$
즉, $n(A)=n(B)$를 만족시키려면 자연수 m의 약수의 개수가 6이어야 하므로 자연수 m을 소인수분해했을 때
$m=a^5$ (a는 소수) 꼴 또는 $m=a^2\times b$ (a, b는 서로 다른 소수) 꼴이어야 한다.

$m=a^5$ 꼴인 경우 m은 $a=2$일 때 최솟값 $2^5=32$를 갖는다.
$m=a^2\times b$ 꼴인 경우 m은 $a=2$, $b=3$일 때 최솟값
$2^2\times3=12$를 갖는다.
따라서 구하는 자연수 m의 최솟값은 12이다.

자연수 N이
$\quad N=a^p\times b^q\times c^r$ (a, b, c는 서로 다른 소수, p, q, r는 자연수)
꼴로 소인수분해될 때, 자연수 N의 약수의 개수는
$\quad (p+1)(q+1)(r+1)$

소단원 점검 문제 • 본문 130쪽

01 ㄱ, ㄷ, ㄹ 　 02 18 　 03 29 　 04 10
05 6

01 ㄱ. '대한민국의 섬'이라는 기준이 명확하여 그 대상을 분명하게 정할 수 있으므로 집합이다.
ㄴ. '친한'은 기준이 명확하지 않아 그 대상을 분명하게 정할 수 없으므로 집합이 아니다.
ㄷ. 0보다 10에 더 가까운 한 자리의 자연수는 6, 7, 8, 9이고 그 대상을 분명하게 정할 수 있으므로 집합이다.
ㄹ. 35의 약수는 1, 5, 7, 35이고, 35의 배수는 35, 70, 105, $\cdots$로 그 대상을 분명하게 정할 수 있으므로 집합이다.
따라서 집합인 것은 ㄱ, ㄷ, ㄹ이다.

02 $4=2^2$, $6=2\times3$에서
자연수 m은 2^2과 3을 반드시 인수로 가지므로 자연수 m의 최솟값은 $2^2\times3=12$이다.
이때 12의 약수는 1, 2, 3, 4, 6, 12이고 $12\notin A$이므로
$6\leq n\leq11$
에서 자연수 n의 최솟값은 6이다.
따라서 $m+n$은 $m=12$, $n=6$일 때 최솟값 $12+6=18$을 갖는다.

03 $x\in A$에서 $x^2=0$ 또는 $x^2=1$ 또는 $x^2=4$
$y\in A$에서 $2y=0$ 또는 $2y=2$ 또는 $2y=4$
이때 x^2+2y의 값을 구하면 다음 표와 같다.

x^2 \ $2y$	0	2	4
0	0	2	4
1	1	3	5
4	4	6	8

따라서 $X=\{0, 1, 2, 3, 4, 5, 6, 8\}$이므로 집합 X의 모든 원소의 합은
$$0+1+2+3+4+5+6+8=29$$

04 $p\in S$, $q\in S$에서 p는 q의 약수이므로
$q=1$일 때, $p=1$
$q=2$일 때, $p=1$ 또는 $p=2$
$q=3$일 때, $p=1$ 또는 $p=3$
$q=4$일 때, $p=1$ 또는 $p=2$ 또는 $p=4$
$q=5$일 때, $p=1$ 또는 $p=5$
따라서
$$X=\{(1, 1), (1, 2), (2, 2), (1, 3), (3, 3), (1, 4),$$
$$(2, 4), (4, 4), (1, 5), (5, 5)\}$$
이므로 집합 X의 원소의 개수는 10이다.

05 $n(A)=3$이 되려면 자연수 m의 약수의 개수가 3이어야 하므로 자연수 m을 소인수분해했을 때 $m=p^2$ (p는 소수) 꼴이어야 한다.
이때 $m\leq200$이고 $13^2=169<200$, $17^2=289>200$이므로 구하는 자연수 m은 2^2, 3^2, 5^2, 7^2, 11^2, 13^2의 6개이다.

○2 집합 사이의 포함 관계

1 답 (1) $A=B$ (2) $A\neq B$

(1) 집합 B를 원소나열법으로 나타내면 $B=\{1, 2, 4\}$이므로
$A\subset B$이고 $B\subset A$
$\therefore A=B$

(2) 집합 B를 원소나열법으로 나타내면 $B=\{2, 3, 5\}$이므로
$A\subset B$이고 $B\not\subset A$
$\therefore A\neq B$

2 답 $\varnothing$, $\{1\}$, $\{3\}$, $\{5\}$, $\{1, 3\}$, $\{1, 5\}$, $\{3, 5\}$
집합 $\{1, 3, 5\}$의 부분집합은
$\varnothing$, $\{1\}$, $\{3\}$, $\{5\}$, $\{1, 3\}$, $\{1, 5\}$, $\{3, 5\}$, $\{1, 3, 5\}$
이므로 구하는 진부분집합은 자기 자신인 $\{1, 3, 5\}$를 제외한
$\varnothing$, $\{1\}$, $\{3\}$, $\{5\}$, $\{1, 3\}$, $\{1, 5\}$, $\{3, 5\}$

01-❶ 답 ③
집합 A를 원소나열법을 나타내면
$A=\{1, 2, 3, 4, 6, 9, 12, 18, 36\}$

① 공집합은 모든 집합의 부분집합이므로 $\varnothing\subset A$
② 18은 집합 A의 원소이므로 $18\in A$
③ $4\in A$이므로 $\{4\}\subset A$
④ $3\in A$, $6\in A$, $9\in A$이므로 $\{3, 6, 9\}\subset A$
⑤ 36은 108의 약수이므로 36의 모든 약수는 108의 약수이다.
　즉, 집합 A의 모든 원소는 집합 $\{x\,|\,x$는 108의 약수$\}$에 속하므로
　$A\subset\{x\,|\,x$는 108의 약수$\}$
따라서 옳지 않은 것은 ③이다.

01-❷ 답 ④
① 1은 집합 A의 원소가 아니므로 $1\notin A$
② $\{1\}$은 집합 A의 원소이므로 $\{1\}\in A$
③ $2\in A$이므로 $\{2\}\subset A$　$\longrightarrow \{\{1\}\}\subset A$
④ $2\in A$, $3\in A$이므로 $\{2, 3\}\subset A$
⑤ $1\notin A$이므로 $\{1, 2\}\not\subset A$
따라서 옳은 것은 ④이다.　$\longrightarrow \{\{1\}, 2\}\subset A$

집합 $A=\{\{1\}, 2, 3\}$은 집합을 원소로 갖는 집합이다.
이때 집합 A의 원소는 $\{1\}, 2, 3$이므로 $\{1\}\in A$, $2\in A$, $3\in A$이고
집합 A의 부분집합과 집합 A 사이의 포함 관계는 다음과 같다.
　　$\varnothing\subset A$, $\{\{1\}\}\subset A$, $\{2\}\subset A$, $\{3\}\subset A$,
　　$\{\{1\}, 2\}\subset A$, $\{\{1\}, 3\}\subset A$, $\{2, 3\}\subset A$, $\{\{1\}, 2, 3\}\subset A$

01-❸ 답 ①, ⑤
① $\{a\}$는 집합 A의 원소이므로 $\{a\}\in A$
② $b\in A$이므로 $\{b\}\subset A$
③ c는 집합 A의 원소가 아니므로 $c\notin A$　$\longrightarrow \{\{c, d\}\}\subset A$
④ $\{c, d\}$는 집합 A의 원소이므로 $\{c, d\}\in A$
⑤ $a\in A$, $\{c, d\}\in A$이므로 $\{a, \{c, d\}\}\subset A$
따라서 옳은 것은 ①, ⑤이다.

02-❶ 답 3
$A=B$이고 $-1\in A$이므로 $-1\in B$이어야 한다.
(i) $a-2=-1$, 즉 $a=1$일 때
　$B=\{-1, 1, 2\}$이므로 $A\neq B$
(ii) $2-a=-1$, 즉 $a=3$일 때
　$B=\{-1, 1, 3\}$이므로 $A=B$
(iii) $\dfrac{a+3}{2}=-1$, 즉 $a=-5$일 때
　$B=\{-7, -1, 7\}$이므로 $A\neq B$
(i), (ii), (iii)에서 $a=3$

$A=B$이고 $a-2\in B$이므로 $a-2\in A$이어야 한다.
(i) $a-2=-1$, 즉 $a=1$일 때
　$B=\{-1, 1, 2\}$이므로 $A\neq B$

(ii) $a-2=1$, 즉 $a=3$일 때
$B=\{-1,\ 1,\ 3\}$이므로 $A=B$
(iii) $a-2=3$, 즉 $a=5$일 때
$B=\{-3,\ 3,\ 4\}$이므로 $A\neq B$
(i), (ii), (iii)에서 $a=3$

02-❷ 답 ③

$A\subset B$이고 $B\subset A$이므로 $A=B$이다.
$A=B$이고 $20\in A$이므로 $20\in B$이어야 한다.
또한, $5\in B$이므로 $5\in A$이어야 한다.
따라서 $a+b=20$, $a=5$이므로
$b=20-a=20-5=15$

02-❸ 답 $2\le a<3$

$B\subset A$가 성립하도록 두 집합 A, B를 수직선 위에 나타내면
다음 그림과 같다.

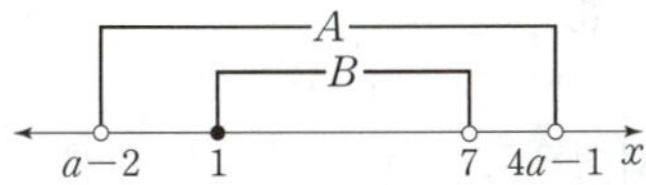

$a-2<1$, $4a-1\ge 7$이므로
$a-2<1$에서 $a<3$
$4a-1\ge 7$에서 $4a\ge 8$ $\quad\therefore a\ge 2$
따라서 구하는 실수 a의 값의 범위는
$2\le a<3$

03-❶ 답 (1) 64 (2) 32

(1) 집합 A의 부분집합 중에서 집합 A의 모음인 원소를 모두
원소로 갖는 부분집합은 집합 A에서 모음인 원소 a, e, i
를 제외한 집합 $\{b,\ c,\ d,\ f,\ g,\ h\}$의 부분집합에 각각 원소
a, e, i를 넣은 것과 같으므로 구하는 부분집합의 개수는
$2^{9-3}=2^6=64$
(2) 집합 A의 부분집합 중에서 a, c, e, g를 원소로 갖지 않는
부분집합은 집합 A에서 원소 a, c, e, g를 제외한 집합
$\{b,\ d,\ f,\ h,\ i\}$의 부분집합과 같으므로 구하는 부분집합
의 개수는
$2^{9-4}=2^5=32$

03-❷ 답 7

$A=\{2,\ 3,\ 5,\ 7\}$이므로 집합 A의 부분집합 중에서 5를 반드
시 원소로 갖는 부분집합의 개수는
$2^{4-1}=2^3=8$
이때 집합 B는 집합 A의 진부분집합이므로 구하는 집합 B의
개수는
$\quad$ ┗→ 5를 반드시 원소로 갖는 집합 A의 부분집합에서
$\qquad$ 집합 A를 제외한 것과 같다.
$8-1=7$

03-❸ 답 32

$A=\{1,\ 2,\ 3,\ \cdots,\ 10\}$이므로 집합 A의 부분집합 중에서 9의
약수인 1, 3, 9는 반드시 원소로 갖고 5의 배수인 5, 10은 원
소로 갖지 않는 부분집합의 개수는
$2^{10-3-2}=2^5=32$

04-❶ 답 16

집합 X는 집합 $\{1,\ 2,\ 3,\ 4,\ 5,\ 6\}$의 부분집합 중에서 1, 2를
반드시 원소로 갖는 부분집합이다.
따라서 구하는 집합 X의 개수는
$2^{6-2}=2^4=16$

04-❷ 답 64

집합 A에서 $x^2-4x+3=0$
$(x-1)(x-3)=0$ $\quad\therefore x=1$ 또는 $x=3$
$\therefore A=\{1,\ 3\}$
또한, 집합 B를 원소나열법으로 나타내면
$B=\{1,\ 2,\ 3,\ 5,\ 6,\ 10,\ 15,\ 30\}$
이때 집합 X는 집합 B의 부분집합 중에서 집합 A의 원소인
1, 3을 반드시 원소로 갖는 부분집합이다.
따라서 구하는 집합 X의 개수는
$2^{8-2}=2^6=64$

04-❸ 답 31

집합 X는 집합 B의 부분집합 중에서 집합 A의 원소인 c, g
를 반드시 원소로 갖는 부분집합에서 집합 B를 제외한 것과
같다.
$\quad$ ┗→ 집합 B의 진부분집합이므로
따라서 구하는 집합 X의 개수는
$2^{7-2}-1=2^5-1=31$

소단원 점검 문제 • 본문 137쪽

01 ④	02 48	03 26	04 15	05 11

01 ① $17=2\times 8+1$이므로
$\qquad 17\in A_2$
② $43=4\times 10+3$이므로
$\qquad 43\notin A_4$
③ $3=2\times 1+1$, $5=2\times 2+1$이므로
$\qquad 3\in A_2$, $5\in A_2$ $\quad\therefore \{3,\ 5\}\subset A_2$
④ $7=4\times 1+3$이므로
$\qquad 7\notin A_4$ $\quad\therefore \{1,\ 7\}\not\subset A_4$

⑤ 두 집합 A_2, A_4를 각각 조건제시법으로 나타내면
$A_2=\{2k+1\,|\,k$는 음이 아닌 정수$\}$,
$A_4=\{4k+1\,|\,k$는 음이 아닌 정수$\}$
이때 $4k+1=2\times2k+1$이므로 집합 A_4의 모든 원소
는 집합 A_2에 속한다. → 2로 나누었을 때 나머지가 1
$\therefore A_4\subset A_2$
따라서 옳지 않은 것은 ④이다.

02 $\sqrt{25}=5$이므로
$A_{25}=\{x\,|\,x$는 5 이하의 홀수$\}=\{1,\ 3,\ 5\}$
이때 $A_n\subset A_{25}$이어야 하므로
$1\le\sqrt{n}<7$ $\therefore 1\le n<49$
따라서 구하는 자연수 n의 최댓값은 48이다.

03 집합 A의 부분집합 중에서 원소가 2개 이상인 부분집합
의 개수는 전체 부분집합의 개수에서 원소가 1개 이하인
부분집합의 개수를 빼면 된다.
이때 집합 A의 부분집합 중에서 원소가 1개 이하인 부분 → 원소가 0개
집합은 $\varnothing$, $\{1\}$, $\{2\}$, $\{3\}$, $\{4\}$, $\{5\}$의 6개이므로 구하
는 부분집합의 개수는 → 원소가 1개
$2^5-6=32-6=26$

04 집합 B를 원소나열법으로 나타내면
$B=\{2,\ 3,\ 5,\ 7,\ 11,\ 13,\ 17,\ 19\}$
$A\subset X\subset B$를 만족시키는 집합 X는 집합 B의 부분집합
중에서 집합 A의 원소인 3, 7, 11, 13을 반드시 원소로
갖는 부분집합이다.
즉, $A\subset X\subset B$를 만족시키는 집합 X의 개수는
$2^{8-4}=2^4=16$
이때 $n(X)\ge5$이려면 $n(X)=4$, 즉 $X=\{3,\ 7,\ 11,\ 13\}$
인 경우만 제외하면 되므로 구하는 집합 X의 개수는
$16-1=15$

| 다른 풀이 |
집합 X가 집합 B의 부분집합 중에서 집합 A의 원소인
3, 7, 11, 13을 반드시 원소로 가지면서 원소의 개수가 5
이상인 집합이려면 3, 7, 11, 13을 반드시 원소로 갖고,
나머지 원소 2, 5, 17, 19 중 한 개 이상을 반드시 원소로
가져야 한다.
따라서 구하는 집합 X의 개수는 집합 $\{2,\ 5,\ 17,\ 19\}$의
부분집합 중에서 공집합을 제외한 부분집합의 개수와 같
으므로
$2^4-1=16-1=15$

05 집합 A를 원소나열법으로 나타내면
$A=\{1,\ 2,\ 3,\ \cdots,\ k\}$
이므로 $n(A)=k$
$B\subset X\subset A$를 만족시키는 집합 X는 집합 A의 부분집합

중에서 집합 B의 원소인 1, 3, 5, 7을 반드시 원소로 갖
는 부분집합이다.
이때 $B\subset X\subset A$를 만족시키는 집합 X가 존재하려면
$k\ge7$이어야 하고 → 집합 B의 가장 큰 원소가 7이므로
$B\subset X\subset A$를 만족시키는 집합 X의 개수가 100 이상이
므로 $2^{k-4}\ge100$이어야 한다.
이때 $2^6=64<100$, $2^7=128>100$이므로
$k-4\ge7$ $\therefore k\ge11$
따라서 구하는 자연수 k의 최솟값은 11이다.

01	10	02	⑤	03	14	04	②
05	5	06	3	07	8	08	4
09	3	10	1	11	32	12	③
13	66	14	96	15	6	16	5
17	②	18	3	19	18		

01 $A=\{1,\ 2\}$이므로 10 미만의 서로 다른 두 자연수 m과
n의 공약수가 1, 2이어야 한다.
(i) m이 홀수인 경우
m의 값이 1, 3, 5, 7, 9 중 하나일 때,
조건을 만족시키는 n은 존재하지 않는다.
(ii) m이 짝수인 경우
$m=2$일 때, 조건을 만족시키는 n의 값은 4, 6, 8이
므로 순서쌍 $(m,\ n)$의 개수는 3이다.
$m=4$일 때, 조건을 만족시키는 n의 값은 2, 6이므로
순서쌍 $(m,\ n)$의 개수는 2이다.
$m=6$일 때, 조건을 만족시키는 n의 값은 2, 4, 8이
므로 순서쌍 $(m,\ n)$의 개수는 3이다.
$m=8$일 때, 조건을 만족시키는 n의 값은 2, 6이므로
순서쌍 $(m,\ n)$의 개수는 2이다.
(i), (ii)에서 구하는 순서쌍 $(m,\ n)$의 개수는
$3+2+3+2=10$

02 $x+y=6$에서 $y=-x+6$이므로
$xy=-x^2+6x$
$\quad\ =-(x-3)^2+9\le9$
이때 xy는 자연수이므로
$A=\{1,\ 2,\ 3,\ 4,\ 5,\ 6,\ 7,\ 8,\ 9\}$
따라서 집합 A의 원소가 아닌 것은 ⑤이다.

03 $\dfrac{8}{6-n}$이 자연수이려면 $6-n$이 8의 약수이어야 한다.
이때 8의 약수가 1, 2, 4, 8이므로 $6-n$이 8의 약수가 되
도록 하는 자연수 n의 값은 2, 4, 5이다.

(i) $n=2$일 때, $x=\dfrac{8}{6-2}=\dfrac{8}{4}=2$

(ii) $n=4$일 때, $x=\dfrac{8}{6-4}=\dfrac{8}{2}=4$

(iii) $n=5$일 때, $x=\dfrac{8}{6-5}=8$

(i), (ii), (iii)에서 $A=\{2,\ 4,\ 8\}$이므로 집합 A의 모든 원소의 합은

$2+4+8=14$

04 ㄱ. 1보다 작은 무리수는 무수히 많으므로 무한집합이다.

ㄴ. $3<\pi<4$이므로 $\dfrac{3}{4}<\dfrac{\pi}{4}<1$

즉, $0<x<\dfrac{\pi}{4}<1$을 만족시키는 정수 x는 존재하지 않으므로 주어진 집합은 공집합, 즉 유한집합이다.

ㄷ. $\{i,\ -1,\ -i,\ 1\}$이므로 유한집합이다.

ㄹ. $(x+1)^2=x^2+2x+1$은 x에 대한 항등식이므로 모든 실수 x에 대하여 성립한다.

즉, 무한집합이다.

따라서 무한집합인 것은 ㄱ, ㄹ이다.

05 집합 A가 공집합이 되려면 이차부등식 $x^2+4x+a\leq0$을 만족시키는 실수 x가 존재하지 않아야 하므로 오른쪽 그림과 같이 이차함수 $y=x^2+4x+a$의 그래프가 x축과 만나지 않아야 한다.

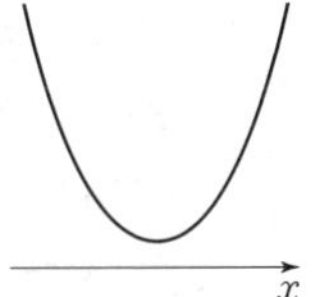

즉, 이차방정식 $x^2+4x+a=0$의 판별식을 D라 하면

$D<0$이어야 하므로 $\qquad\qquad\cdots$ ❶

$\dfrac{D}{4}=2^2-1\times a<0$

$\therefore a>4 \qquad\qquad\qquad\qquad\cdots$ ❷

따라서 구하는 정수 a의 최솟값은 5이다. $\qquad\cdots$ ❸

채점 기준	배점 비율
❶ 집합 A가 공집합이 되는 조건 구하기	50 %
❷ a의 값의 범위 구하기	30 %
❸ 정수 a의 최솟값 구하기	20 %

06 $2\in S$이므로 $\dfrac{1}{1-2}=-1\in S$

$-1\in S$이므로 $\dfrac{1}{1-(-1)}=\dfrac{1}{2}\in S$

$\dfrac{1}{2}\in S$이므로 $\dfrac{1}{1-\frac{1}{2}}=2\in S$ ⟶ 2∈S이면 $-1\in S$이므로 집합 S의 원소는 2, -1, $\dfrac{1}{2}$이 반복되어 나타난다.

따라서 원소의 개수가 최소인 집합 S는

$\left\{-1,\ \dfrac{1}{2},\ 2\right\}$

이므로 구하는 $n(S)$의 최솟값은 3이다.

07 $x\in A$에서

$x=1$ 또는 $x=2$ 또는 $x=3$ 또는 $x=4$ 또는 $x=a$

$y\in B$에서

$y=1$ 또는 $y=3$ 또는 $y=5$

이때 $x+y$의 값을 구하면 다음 표와 같다.

x＼y	1	3	5
1	2	4	6
2	3	5	7
3	4	6	8
4	5	7	9
a	$a+1$	$a+3$	$a+5$

즉, $X=\{2,\ 3,\ 4,\ 5,\ 6,\ 7,\ 8,\ 9,\ a+1,\ a+3,\ a+5\}$

이므로 $n(X)=10$이 되려면

$a+1\leq9,\ a+3>9$

$a\leq8,\ a>6 \qquad \therefore 6<a\leq8$

따라서 조건을 만족시키는 자연수 a의 값은 7, 8이므로 최댓값은 8이다.

08 $B=\{1,\ 2,\ 4,\ 8,\ 16\}$이므로

$n(B)=5$

집합 A에서 $x^2-(m-1)x-m<0$

$(x+1)(x-m)<0$

$\therefore -1<x<m\ (\because m$은 자연수$)$

즉, $A=\{x\,|\,-1<x<m,\ x$는 정수$\}$이므로

$n(A)=m$

따라서 $m<5$를 만족시키는 자연수 m은 1, 2, 3, 4의 4개이다.

09 $A\subset B$이고 $a^2\in A$이므로 $a^2\in B$이어야 한다. $\qquad\cdots$ ❶

(i) $a^2=3-2a$인 경우

$a^2+2a-3=0,\ (a+3)(a-1)=0$

$\therefore a=-3$ 또는 $a=1$

$a=-3$일 때, $A=\{0,\ 9\},\ B=\{-6,\ 0,\ 9\}$이므로 $-6\notin C$이다.

즉, $B\not\subset C$이므로 주어진 조건을 만족시키지 않는다.

$a=1$일 때, $A=\{0,\ 1\},\ B=\{0,\ 1,\ 2\}$이므로 집합 B의 모든 원소가 집합 C에 속한다.

즉, $B\subset C$이다. $\qquad\qquad\qquad\qquad\cdots$ ❷

(ii) $a^2=2a$인 경우

$a^2-2a=0,\ a(a-2)=0$

$\therefore a=2\ (\because a\neq0)$

$a=2$일 때, $A=\{0,\ 4\},\ B=\{-1,\ 0,\ 4\}$이므로 집합 B의 모든 원소가 집합 C에 속한다.

즉, $B\subset C$이다. $\qquad\qquad\qquad\qquad\cdots$ ❸

(i), (ii)에서 구하는 a의 값은 1, 2이므로 그 합은
$1+2=3$ … ❹

채점 기준	배점 비율
❶ $A \subset B$가 되는 조건 알기	20 %
❷ $a^2=3-2a$인 경우 $B \subset C$를 만족시키는 a의 값 구하기	30 %
❸ $a^2=2a$인 경우 $B \subset C$를 만족시키는 a의 값 구하기	30 %
❹ 모든 상수 a의 값의 합 구하기	20 %

10 집합 A의 원소를 좌표평면 위의 점의 좌표로 생각하면 집합 B의 원소는 직선 $y=mx+n$ 위의 점의 좌표로 생각할 수 있다.

$A \subset B$이고 $(2, 3) \in A$, $(a+2, 2a+3) \in A$이므로
$(2, 3) \in B$, $(a+2, 2a+3) \in B$이어야 한다.

즉, 직선 $y=mx+n$이 두 점 $(2, 3)$, $(a+2, 2a+3)$을 지나므로 직선 $y=mx+n$의 기울기 m은
$$m=\frac{(2a+3)-3}{(a+2)-2}=\frac{2a}{a}=2$$
이고, 직선 $y=2x+n$에 $x=2$, $y=3$을 대입하면
$3=2\times 2+n$ $\qquad \therefore n=-1$
$\therefore m+n=2+(-1)=1$

11 집합 A의 부분집합 중에서 소수를 하나만 원소로 갖는 부분집합은 집합 A에서 소수인 원소 2, 3, 5, 7을 제외한 집합 $\{1, 4, 6\}$의 부분집합에 각각 원소 2, 3, 5, 7 중 하나를 넣은 것과 같다.

따라서 구하는 부분집합의 개수는
$2^{7-4}\times 4=2^3\times 4=32$

12 $X=\{1, 2, 3, \cdots, 10\}$이고 $f(n)$은 원소 n을 최소의 원소로 갖는 집합 X의 부분집합의 개수이므로 $f(n)$은 집합 X의 부분집합 중에서 n은 반드시 원소로 갖고 1, 2, 3, $\cdots$, $n-1$은 원소로 갖지 않는 부분집합의 개수와 같다.

$\therefore f(n)=2^{10-1-(n-1)}=2^{10-n}$
ㄱ. $f(8)=2^{10-8}=2^2=4$ (참)
ㄴ. $f(9)=2^{10-9}=2$, $f(10)=2^{10-10}=1$
이므로 $f(9)>f(10)$ (거짓)
ㄷ. $f(1)=2^{10-1}=2^9=512$,
$\quad f(3)=2^{10-3}=2^7=128$,
$\quad f(5)=2^{10-5}=2^5=32$, $f(7)=2^{10-7}=2^3=8$,
$\quad f(9)=2$ $(\because$ ㄴ$)$이므로
$\quad f(1)+f(3)+f(5)+f(7)+f(9)$
$\quad =512+128+32+8+2$
$\quad =682$ (참)
따라서 옳은 것은 ㄱ, ㄷ이다.

13 집합 A의 부분집합의 개수가 $8=2^3$이므로
$n(A)=3$
또한, $A \not\subset B$이므로 집합 A에는 집합 B에 속하지 않는 원소가 적어도 하나 있어야 한다.
집합 A의 원소가 될 수 있는 수는 2, 3, 5, 7, 11, $\cdots$이고 이 중에서 집합 B의 원소가 아닌 수 중 가장 작은 수는 11이다.
따라서 소인수가 2, 3, 11일 때, 자연수 m은 최솟값
$2\times 3\times 11=66$을 갖는다.

14 $C=\{1, 2, 3, \cdots, 10\}$이고
집합 X는 집합 C의 부분집합 중에서 집합 A의 원소인 2, 3, 4를 반드시 원소로 갖는 부분집합이다.
즉, $A \subset X \subset C$를 만족시키는 집합 X의 개수는
$2^{10-3}=2^7=128$
이때 $4 \in B$이므로 집합 X가 6과 8을 모두 원소로 가지면 $B \not\subset X$를 만족시키지 않는다.
즉, 구하는 집합 X의 개수는 $A \subset X \subset C$를 만족시키는 집합 X의 개수에서
$A \subset X \subset C$, $B \subset X$를 모두 만족시키는 집합 X의 개수를 뺀 것과 같다.
따라서 구하는 집합 X의 개수는
$128-2^{10-5}=128-2^5=128-32=96$

| 다른 풀이 |

집합 X는 집합 C의 부분집합 중에서 집합 A의 원소인 2, 3, 4를 반드시 원소로 갖고, 집합 B의 원소인 6, 8 중 하나만 원소로 갖거나 6, 8을 모두 원소로 갖지 않는 부분집합이다.
즉, 집합 X는 집합 C에서 6, 8을 제외한 집합 $\{1, 2, 3, 4, 5, 7, 9, 10\}$의 부분집합에 각각 원소 6만 추가하거나 8만 추가하거나 6, 8을 추가하지 않은 것과 같다.
따라서 구하는 집합 X의 개수는
$2^{10-5}\times 3=2^5\times 3=32\times 3=96$

15 (**풀이 전략**) 조건 (나)를 만족시키는 a의 값을 찾고, 이 값을 기준으로 집합 A가 유한집합이 되도록 하는 원소를 구한다.

조건 (나)에 의하여 $a^2-3a+3=a$인 경우와 $a^2-3a+3 \neq a$인 경우로 나누어 집합 A의 원소를 구해 보자.
(i) $a^2-3a+3=a$인 경우
$\quad a^2-4a+3=0$, $(a-1)(a-3)=0$
$\quad \therefore a=1$ 또는 $a=3$
$\quad$ 즉, $1 \in A$ 또는 $3 \in A$
(ii) $a^2-3a+3 \neq a$인 경우
$\quad a^2-4a+3 \neq 0$, $(a-1)(a-3) \neq 0$
$\quad \therefore a \neq 1$, $a \neq 3$

즉, 자연수 a의 값이 1, 3인 경우를 제외하고 생각하면
$a=2$일 때, $2\in A$이면 $2^2-3\times2+3=1$이므로
$1\in A$
$a>3$일 때, 집합 A는 무한집합이므로 조건 ㈎를 만족시키지 않는다.

(i), (ii)에서 조건을 만족시키는 집합 A는 $\{1\}$, $\{3\}$, $\{1,\ 2\}$, $\{1,\ 3\}$, $\{1,\ 2,\ 3\}$이므로 집합 A의 모든 원소의 합은 $A=\{1,\ 2,\ 3\}$일 때 최댓값 $1+2+3=6$을 갖는다.

|참고|

오른쪽 그림과 같이 이차함수 $y=x^2-3x+3$의 그래프와 직선 $y=x$에서 3보다 큰 임의의 자연수 x_1에 대하여 $x_1^2-3x_1+3>x_1$이므로 $x_1\in A$이면 집합 A의 원소의 개수가 무수히 많아지므로 무한집합이 된다.

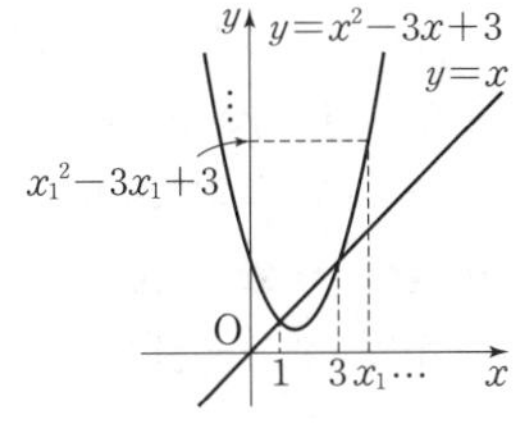

16 (풀이전략) 각 집합의 이차부등식의 해를 구한 후 a의 값에 따라 경우를 나누어 생각한다.

집합 A에서 $x^2-(a+3)x+3a\leq0$
$(x-3)(x-a)\leq0$ ...... ㉠
즉, 집합 A의 원소는 부등식 ㉠을 만족시키는 정수인 해이다.
집합 B에서 $x^2-2(a+2)x+2a+3<0$
$(x-1)\{x-(2a+3)\}<0$
$\therefore 1<x<2a+3$ ($\because a$는 자연수) ...... ㉡
즉, 집합 B의 원소는 부등식 ㉡을 만족시키는 정수인 해이다.
이때 집합 X는 집합 B의 부분집합 중에서 집합 A의 원소를 반드시 원소로 갖는 집합이고, 그 개수가 256이므로
$2^{n(B)-n(A)}=256=2^8$
$\therefore n(B)-n(A)=8$
㉠에서 a의 값에 따라 부등식의 해가 $a\leq x\leq3$이거나 $3\leq x\leq a$이므로 a의 값에 따라 경우를 나누어 $n(B)-n(A)$의 값을 구해 보자.
(i) $a=1$일 때
㉠에서 $1\leq x\leq3$이므로 $A=\{1,\ 2,\ 3\}$
㉡에서 $1<x<5$이므로 $B=\{2,\ 3,\ 4\}$
즉, $A\not\subset B$이므로 조건을 만족시키지 않는다.
(ii) $a=2$일 때
㉠에서 $2\leq x\leq3$이므로 $A=\{2,\ 3\}$
㉡에서 $1<x<7$이므로 $B=\{2,\ 3,\ 4,\ 5,\ 6\}$
즉, $n(B)-n(A)=5-2=3$이므로 조건을 만족시키지 않는다.
(iii) $a\geq3$일 때
㉠에서 $3\leq x\leq a$이므로 $n(A)=a-2$
㉡에서 $1<x<2a+3$이므로 $n(B)=2a+1$

$n(B)-n(A)=(2a+1)-(a-2)=8$에서
$a+3=8$ $\therefore a=5$
이때 $A=\{3,\ 4,\ 5\}$, $B=\{2,\ 3,\ 4,\ \cdots,\ 12\}$이므로 $A\subset B$를 만족시킨다.
(i), (ii), (iii)에서 구하는 자연수 a의 값은 5이다.

17 (풀이전략) 조건 ㈏에서 6이 집합 X의 원소인지 아닌지에 따라 나누어 집합 X의 개수를 구한다.

6이 집합 X의 원소인 경우 다른 원소에 관계없이 집합 X의 모든 원소의 곱이 6의 배수가 되므로 조건 ㈏에 의하여 $6\in X$일 때와 $6\not\in X$일 때로 나누어 집합 X의 개수를 생각해 보자.
(i) $6\in X$일 때
조건 ㈎에서 $n(X)\geq2$이어야 하므로 집합 X는 집합 A의 부분집합 중 6을 반드시 원소로 갖는 부분집합에서 원소의 개수가 1인 집합, 즉 $\{6\}$을 제외한 것과 같다.
즉, 구하는 집합 X의 개수는
$2^{5-1}-1=2^4-1=15$
(ii) $6\not\in X$일 때 ┌ 곱했을 때 6의 배수가 되는 두 원소
조건 ㈏에 의하여 집합 X는 반드시 3, 4를 원소로 가져야 한다. ┌ 조건 ㈎를 만족시킨다.
즉, 집합 X는 집합 A의 부분집합 중 3, 4는 반드시 원소로 갖고 6은 원소로 갖지 않는 부분집합과 같으므로 구하는 집합 X의 개수는
$2^{5-2-1}=2^2=4$
(i), (ii)에서 구하는 집합 X의 개수는
$15+4=19$

18 (풀이전략) 절댓값의 정의를 이용하여 주어진 조건을 만족시키는 집합 B의 원소를 구한다.

조건 ㈏에서 $2\times n(A)=n(B)$이므로 조건 ㈎에 의하여 집합 B의 서로 다른 두 원소 b_1, b_2에 대하여
$|b_1-18|=|b_2-18|$인 경우가 존재한다.
즉, $|b_1-18|=|b_2-18|$에서 $b_1-18=-(b_2-18)$이어야 하므로 ┌ 두 원소 b_1, b_2가 서로 다르므로 $b_1-18\neq b_2-18$
$b_1-18=-b_2+18$
$\therefore b_1+b_2=36$
이때 집합 B의 원소는 20 이하의 자연수이므로
$20\in B$이면 $16\in B$, $19\in B$이면 $17\in B$이고,
$15\in B$이면 $21\not\in B$, $14\in B$이면 $22\not\in B$, $\cdots$, $1\in B$이면 $35\not\in B$
즉, 16과 20, 17과 19는 어느 하나가 집합 B의 원소이면 나머지 하나도 반드시 집합 B의 원소이다.
따라서 구하는 집합 B는
$\{16,\ 20\}$, $\{17,\ 19\}$, $\{16,\ 17,\ 19,\ 20\}$의 3개이다.

19 (풀이 전략) 주어진 집합 사이의 포함 관계를 이용하여 각 집합의 원소의 개수를 파악한다.

$A \subset B \subset C \subset A$에서

$A \subset C$, $C \subset A$이므로 $A = C$이고

$A \subset B$, $B \subset A$이므로 $A = B$이다.

$\therefore A = B = C$

집합 C에서 $x^3 + d^3 = 0$, $(x+d)(x^2 - dx + d^2) = 0$

이때 $x^2 - dx + d^2 \geq 0$이므로 $x = -d$

즉, 집합 C의 원소는 $-d$뿐이다.

$\therefore -d \in C$

세 집합 A, B, C는 모두 원소가 $-d$의 1개이고 집합 A의 원소가 하나이려면 $a = 0$이어야 하므로

$|x - 3| \leq 0$에서 $x = 3$

즉, $-d = 3$이므로 $d = -3$

또한, 집합 B의 원소가 3뿐이므로 이차방정식 $x^2 + bx + c = 0$이 $x = 3$을 중근으로 가져야 한다.

$x^2 + bx + c = (x-3)^2$, $x^2 + bx + c = x^2 - 6x + 9$

$\therefore b = -6$, $c = 9$

따라서 $a = 0$, $b = -6$, $c = 9$, $d = -3$이므로

$a - b + c - d = 0 - (-6) + 9 - (-3) = 18$

01 집합의 연산

(개념 확인) • 본문 144쪽

1 답 (1) A (2) U (3) $\varnothing$

(1) $\varnothing \cup U = U$이므로

$A \cap (\varnothing \cup U) = A \cap U = \boxed{A}$

(2) $U - A = A^c$이므로

$A \cup (U - A) = A \cup A^c = \boxed{U}$

(3) $(\varnothing^c)^c = \varnothing$이므로

$A \cap (\varnothing^c)^c = A \cap \varnothing = \boxed{\varnothing}$

2 답 $\supset$

$A \cup B^c = U$이면 $A \boxed{\supset} B$이다.

집중 연습 • 본문 145쪽

01 (1) $A \cup B = \{1, 3, 5, 7, 9, 15\}$, $A \cap B = \{1, 3, 5\}$

(2) $A \cup B = \{-1, 2, 3, 4, 5\}$, $A \cap B = \{3\}$

(3) $A \cup B = \{3, 6, 9, 12, 14, 15, 16, 18\}$,

$A \cap B = \{12, 18\}$

02 ㄱ, ㄴ, ㄹ

03 (1) $\{3, 6, 12, 24\}$ (2) $\{4, 8, 12, 24\}$

(3) $\{1, 2\}$ (4) $\{1, 2\}$

(5) $\{3, 4, 6, 8, 12, 24\}$ (6) $\{12, 24\}$

(7) $\{1, 2, 3, 6, 12, 24\}$ (8) $\{1, 2, 4, 8, 12, 24\}$

04 (1) $\{a, d\}$ (2) $\{c, f\}$

(3) $\{a, d\}$ (4) $\{c, f\}$

(5) $\{b, c, e, f\}$ (6) $\{a, b, d, e\}$

(7) $\{c, f\}$ (8) $\{a, d\}$

05 ㄱ, ㄴ, ㅁ

01 (1) 집합 B를 원소나열법으로 나타내면

$B = \{1, 3, 5, 15\}$이므로

$A \cup B = \{1, 3, 5, 7, 9, 15\}$, $A \cap B = \{1, 3, 5\}$

(2) 집합 A에서 $x^2 - 7x + 6 < 0$

$(x-1)(x-6) < 0$ $\therefore 1 < x < 6$

집합 B에서 $x^2 - 2x - 3 = 0$

$(x+1)(x-3) = 0$ $\therefore x = -1$ 또는 $x = 3$

즉, 두 집합 A, B를 각각 원소나열법으로 나타내면

$A = \{2, 3, 4, 5\}$, $B = \{-1, 3\}$이므로

$A \cup B = \{-1, 2, 3, 4, 5\}$, $A \cap B = \{3\}$

(3) 두 집합 A, B를 각각 원소나열법으로 나타내면
$A=\{12,\ 14,\ 16,\ 18\}$, $B=\{3,\ 6,\ 9,\ 12,\ 15,\ 18\}$
이므로
$A\cup B=\{3,\ 6,\ 9,\ 12,\ 14,\ 15,\ 16,\ 18\}$,
$A\cap B=\{12,\ 18\}$

02 ㄱ. $A\cap B=\varnothing$이므로 두 집합 A, B는 서로소이다.

ㄴ. 두 집합 A, B를 각각 원소나열법으로 나타내면
$A=\{2,\ 3,\ 5,\ 7,\ 11,\ 13,\ 17,\ 19\}$,
$B=\{4,\ 8,\ 12,\ 16,\ 20,\ \cdots\}$
즉, $A\cap B=\varnothing$이므로 두 집합 A, B는 서로소이다.

ㄷ. 두 집합 A, B를 각각 원소나열법으로 나타내면
$A=\{7,\ 14,\ 21,\ 28,\ 35,\ \cdots\}$, $B=\{1,\ 5,\ 7,\ 35\}$
즉, $A\cap B=\{7,\ 35\}$이므로 두 집합 A, B는 서로소
가 아니다.

ㄹ. 집합 A에서 $x^2-5x+6\geq0$
$(x-2)(x-3)\geq0$　　$\therefore x\leq2$ 또는 $x\geq3$
$\therefore A=\{x\,|\,x\leq2$ 또는 $x\geq3\}$
집합 B에서 $x^2-4x+4<0$, $(x-2)^2<0$
위의 이차부등식을 만족시키는 실수 x는 존재하지
않으므로 $B=\varnothing$
즉, $A\cap B=\varnothing$이므로 두 집합 A, B는 서로소이다.
따라서 두 집합 A, B가 서로소인 것은 ㄱ, ㄴ, ㄹ이다.

03 전체집합
$U=\{1,\ 2,\ 3,\ 4,\ 6,\ 8,\ 12,\ 24\}$의
두 부분집합 A, B를 벤 다이어그
램으로 나타내면 오른쪽과 같다.
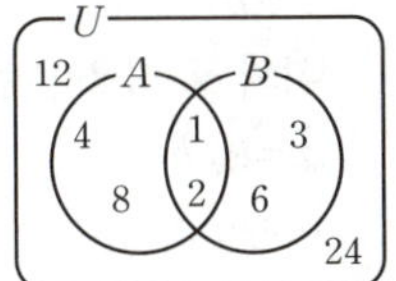
(1) $A^C=\{3,\ 6,\ 12,\ 24\}$
(2) $B^C=\{4,\ 8,\ 12,\ 24\}$
(3) $A-B^C=\{1,\ 2,\ 4,\ 8\}-\{4,\ 8,\ 12,\ 24\}=\{1,\ 2\}$
(4) $B-A^C=\{1,\ 2,\ 3,\ 6\}-\{3,\ 6,\ 12,\ 24\}=\{1,\ 2\}$
(5) $(A\cap B)^C=\{3,\ 4,\ 6,\ 8,\ 12,\ 24\}$
(6) $(A\cup B)^C=\{12,\ 24\}$
(7) $A^C\cup B=\{3,\ 6,\ 12,\ 24\}\cup\{1,\ 2,\ 3,\ 6\}$
　　　$=\{1,\ 2,\ 3,\ 6,\ 12,\ 24\}$
(8) $A\cup B^C=\{1,\ 2,\ 4,\ 8\}\cup\{4,\ 8,\ 12,\ 24\}$
　　　$=\{1,\ 2,\ 4,\ 8,\ 12,\ 24\}$

(3) $A-B^C=A\cap(B^C)^C=A\cap B=\{1,\ 2\}$
(4) $B-A^C=B\cap(A^C)^C=B\cap A=\{1,\ 2\}$

합집합, 교집합, 여집합, 차집합 등
집합의 연산에 대한 문제는 벤 다이
어그램을 이용하여 해결하면 편리
하다. 오른쪽 벤 다이어그램과 같이
전체집합 U는 두 집합 A, B에 의
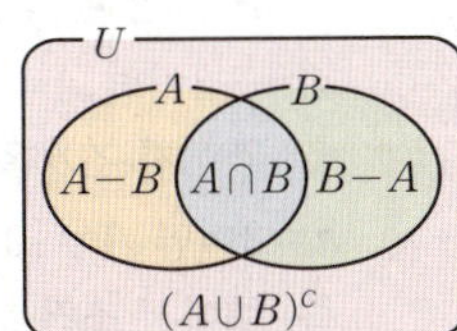

하여 4개의 부분으로 나누어진다. 여기에 문제의 조건에 맞도록 각
부분에 해당하는 원소를 써넣으면 구하고자 하는 집합을 쉽게 구할
수 있다.

04 전체집합 U의 두 부분집합 A, B
를 벤 다이어그램으로 나타내면
오른쪽과 같다.
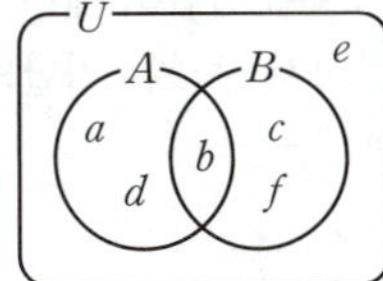
(1) $A-B=\{a,\ d\}$
(2) $B-A=\{c,\ f\}$
(3) $A\cap B^C=\{a,\ b,\ d\}\cap\{a,\ d,\ e\}=\{a,\ d\}$
(4) $B\cap A^C=\{b,\ c,\ f\}\cap\{c,\ e,\ f\}=\{c,\ f\}$
(5) $(A-B)^C=\{b,\ c,\ e,\ f\}$
(6) $(B-A)^C=\{a,\ b,\ d,\ e\}$
(7) $A^C-B^C=\{c,\ e,\ f\}-\{a,\ d,\ e\}=\{c,\ f\}$
(8) $B^C-A^C=\{a,\ d,\ e\}-\{c,\ e,\ f\}=\{a,\ d\}$

(3) $A\cap B^C=A-B=\{a,\ d\}$
(4) $B\cap A^C=B-A=\{c,\ f\}$
(7) $A^C-B^C=B-A=\{c,\ f\}$
(8) $B^C-A^C=A-B=\{a,\ d\}$

05 ㄱ. $A\cap A^C=\varnothing$ (참)
ㄴ. $B\subset(A\cup B)$이므로 $(A\cup B)\cup B=A\cup B$ (참)
ㄷ. $A\subset(A\cup B)$이므로 $A\cap(A\cup B)=A$ (거짓)
ㄹ. $A-B=A-(A\cap B)$ (거짓)
ㅁ. $A\cup U=U$이므로 $A\cap(A\cup U)=A\cap U=A$ (참)
ㅂ. $(A^C)^C=A$ (거짓)
따라서 항상 옳은 것은 ㄱ, ㄴ, ㅁ이다.

유제
• 본문 146~150쪽

01-❶ 답 (1) $\{4\}$　(2) $\{-1,\ 0,\ 1,\ 2,\ 3,\ 4,\ 5,\ 6\}$
　　　　 (3) $\{-1,\ 0,\ 1,\ 2,\ 3,\ 4\}$

집합 C에서 $x^2-3x-10<0$
$(x+2)(x-5)<0$　　$\therefore -2<x<5$
$\therefore C=\{x\,|\,-2<x<5\}$
(1) $B\cap C=\{4\}$이므로 $A\cap(B\cap C)=\{4\}$
(2) $A\cap C=\{-1,\ 0,\ 1,\ 2,\ 3,\ 4\}$이므로
$(A\cap C)\cup B=\{-1,\ 0,\ 1,\ 2,\ 3,\ 4,\ 5,\ 6\}$
(3) $A\cup B=\{x\,|\,x$는 정수$\}$이므로
$(A\cup B)\cap C=\{-1,\ 0,\ 1,\ 2,\ 3,\ 4\}$

01-❷ 답 3

두 집합 A, B를 각각 원소나열법으로 나타내면
$A=\{1,\ 2,\ 3,\ \cdots,\ 20\}$, $B=\{6,\ 12,\ 18,\ 24,\ \cdots\}$이므로
$A\cap B=\{6,\ 12,\ 18\}$　　$\therefore n(A\cap B)=3$

01-❸ 目 8

구하는 집합의 개수는 집합 U의 부분집합 중에서 집합 A의
원소인 1, 5를 원소로 갖지 않는 집합의 개수, 즉 집합 $\{3, 7, 9\}$
의 부분집합의 개수와 같다.
따라서 구하는 집합의 개수는
$2^{5-2}=2^3=8$

02-❶ 目 (1) $\{2, 3, 5, 6, 7, 8\}$ (2) $\{4\}$ (3) $\{5, 8\}$

전체집합 U에서 $x^2-10x+16\leq0$
$(x-2)(x-8)\leq0$ ∴ $2\leq x\leq8$
즉, 두 집합 U, A를 각각 원소나열법으로 나타내면
$U=\{2, 3, 4, 5, 6, 7, 8\}$, $A=\{2, 3, 4, 6\}$
집합 B에서 $x^2-11x+28=0$
$(x-4)(x-7)=0$ ∴ $x=4$ 또는 $x=7$
∴ $B=\{4, 7\}$
따라서 주어진 집합을 벤 다이어그램으
로 나타내면 오른쪽과 같다. 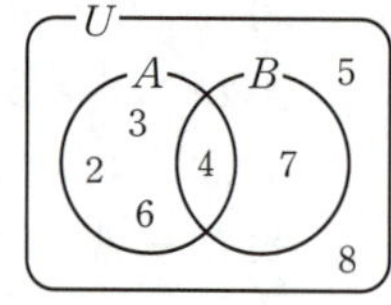
(1) $A^C\cup B^C$
$\quad=\{5, 7, 8\}\cup\{2, 3, 5, 6, 8\}$
$\quad=\{2, 3, 5, 6, 7, 8\}$
(2) $A-B^C=\{2, 3, 4, 6\}-\{2, 3, 5, 6, 8\}=\{4\}$
(3) $(A\cup B)^C=\{5, 8\}$

| 다른 풀이 |
(2) $A-B^C=A\cap(B^C)^C=A\cap B=\{4\}$

02-❷ 目 ⑤

각 집합을 벤 다이어그램으로 나타내면 다음과 같다.

① 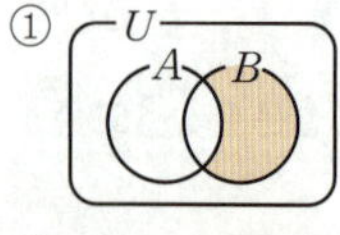 ② 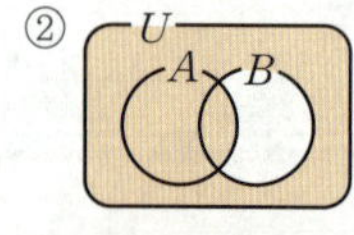 ③ 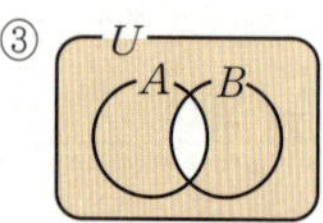

④ 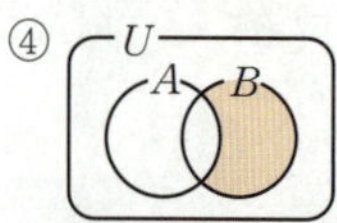 ⑤ 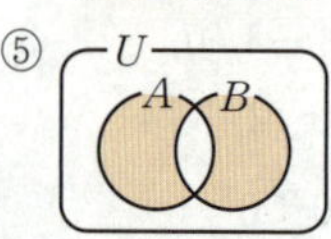
$\quad\quad\quad\quad\quad\quad\downarrow A^C-B^C=B-A$
따라서 주어진 벤 다이어그램의 색칠한 부분을 나타내는 집합
과 항상 같은 집합은 ⑤이다.

02-❸ 目 ⑤

$U=\{1, 2, 3, 4, 5, 6, 7, 8, 9, 10, 11\}$
이고 $A^C\cap B=\{3, 4, 5\}$에서 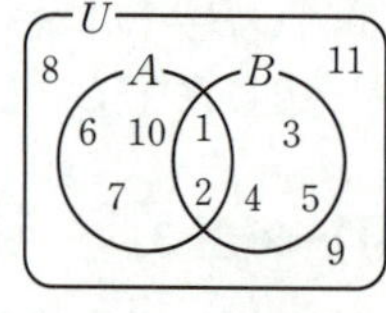
$B-A=\{3, 4, 5\}$이므로 주어진 조건
을 만족시키는 집합을 벤 다이어그램으
로 나타내면 오른쪽과 같다.
따라서 $A=\{1, 2, 6, 7, 10\}$이므로 집합 A의 모든 원소의 합은
$1+2+6+7+10=26$

03-❶ 目 3

$A\cap B=\{2, 3\}$에서 원소 2, 3은 두 집합 A, B에 공통으로
속하는 원소이므로
$3\in A$
즉, $a^2-2a=3$이어야 하므로
$a^2-2a-3=0$, $(a+1)(a-3)=0$
∴ $a=-1$ 또는 $a=3$
(i) $a=-1$일 때
$\quad A=\{0, 2, 3\}$, $B=\left\{-2, \dfrac{5}{3}, 3\right\}$이므로
$\quad A\cap B=\{3\}$
$\quad$즉, 주어진 조건을 만족시키지 않는다.
(ii) $a=3$일 때
$\quad A=\{0, 2, 3\}$, $B=\{2, 3, 19\}$이므로
$\quad A\cap B=\{2, 3\}$
$\quad$즉, 주어진 조건을 만족시킨다.
(i), (ii)에서 $a=3$

03-❷ 目 $a=3$, $b=1$

$A\cup B=\{0, 1, 2, 3, 4\}$에서 원소 2, 4는 집합 A에 속하거나
집합 B에 속하는 원소이므로 $\quad\downarrow 0\in A,\ 1\in B,\ 3\in(A\cap B)$이므로
$2\in A$, $4\in B$ 또는 $4\in A$, $2\in B$
(i) $2\in A$, $4\in B$일 때
$\quad a+b=2$, $a-b=4$
$\quad$위의 두 식을 연립하여 풀면
$\quad a=3$, $b=-1$
$\quad$이때 b가 양수라는 조건을 만족시키지 않는다.
(ii) $4\in A$, $2\in B$일 때
$\quad a+b=4$, $a-b=2$
$\quad$위의 두 식을 연립하여 풀면
$\quad a=3$, $b=1$
(i), (ii)에서 $a=3$, $b=1$

03-❸ 目 6

$n(A-B)=1$에서 $A-B=\{0\}$ 또는 $A-B=\{a\}$이므로
$a\in B$ 또는 $0\in B$
(i) $a\in B$일 때
$\quad a^2-6=a$ 또는 $2a-5=a$
$\quad$ⓐ $a^2-6=a$일 때
$\quad\quad a^2-a-6=0$, $(a+2)(a-3)=0$
$\quad\quad$∴ $a=-2$ 또는 $a=3$
$\quad\quad a=-2$이면 $A=\{-2, 0, 2\}$, $B=\{-9, -2, 2\}$
$\quad\quad$즉, 주어진 조건을 만족시킨다.
$\quad\quad a=3$이면 $A=\{0, 2, 3\}$, $B=\{1, 2, 3\}$
$\quad\quad$즉, 주어진 조건을 만족시킨다.

ⓑ $2a-5=a$일 때

$a=5$이면 $A=\{0, 2, 5\}$, $B=\{2, 5, 19\}$

즉, 주어진 조건을 만족시킨다.

ⓐ, ⓑ에서 주어진 조건을 만족시키는 정수 a의 값은 -2, 3, 5이다.

(ii) $0\in B$일 때

$a^2-6=0$ 또는 $2a-5=0$

ⓐ $a^2-6=0$일 때

$a^2=6$ $\therefore a=\pm\sqrt{6}$

이때 a가 정수라는 조건을 만족시키지 않는다.

ⓑ $2a-5=0$일 때

$a=\dfrac{5}{2}$이므로 a가 정수라는 조건을 만족시키지 않는다.

ⓐ, ⓑ에서 주어진 조건을 만족시키는 정수 a는 존재하지 않는다.

(i), (ii)에서 주어진 조건을 만족시키는 정수 a의 값은 -2, 3, 5이므로 그 합은

$(-2)+3+5=6$

04-❶ 답 ③, ⑤

주어진 조건을 만족시키는 두 집합 A, B 사이의 포함 관계를 벤 다이어그램으로 나타내면 오른쪽과 같다.

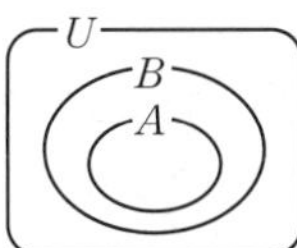

① $A\cup B=B$ (거짓)

② $B\subset A^c$에서 $A\subset B^c$ (거짓)

③ $A^c\cup B=U$ (참)

④ $B^c-A=B^c$ (거짓)

⑤ $A\cap(A\cap B)=A\cap A=A$ (참)

따라서 항상 옳은 것은 ③, ⑤이다.

04-❷ 답 ④

① 집합 $A^c\cap B$를 벤 다이어그램으로 나타내면 다음과 같다.

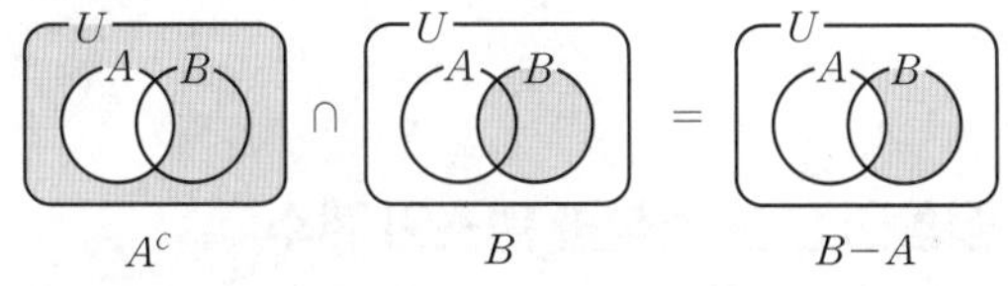

$\therefore A^c\cap B=B-A$ (참)

② $U^c=\varnothing$이고 공집합은 모든 집합의 부분집합이므로

$U^c\subset(A\cap B)$ (참)

③ $\varnothing^c=U$이고 두 집합 A, B는 전체집합 U의 부분집합이므로

$(A\cup B)\subset\varnothing^c$ (참)

④ $(B-A)\subset B$이고 두 집합 A, B 사이의 포함 관계는 알 수 없으므로 항상 $(B-A)\subset A$라 할 수 없다. (거짓)

⑤ $(A^c-B)\subset A^c$이고 $A^c\cap A=\varnothing$이므로

$(A^c-B)\cap A=\varnothing$ (참)

따라서 옳지 않은 것은 ④이다.

04-❸ 답 ③

$A^c\cap B=B$에서 $B\subset A^c$이므로 $A\cap B=\varnothing$

즉, 주어진 조건을 만족시키는 두 집합 A, B 사이의 포함 관계를 벤 다이어그램으로 나타내면 오른쪽과 같다.

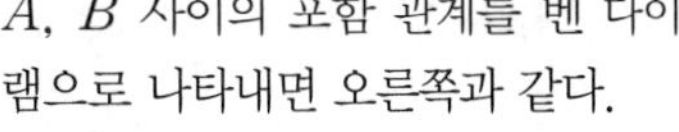

① $A\not\subset B$ (거짓)

② $B\not\subset A$ (거짓)

③ $U^c=\varnothing$이므로 $A\cap B=U^c$ (참)

④ $(A\cup B)\subset U$ (거짓) → $A\cup B\neq U$

⑤ $A\cap B^c=A-B=A$ (거짓)

따라서 항상 옳은 것은 ③이다.

05-❶ 답 16

$(A\cap B)\cup X=X$에서 $(A\cap B)\subset X$

$(A\cup B)\cap X=X$에서 $X\subset(A\cup B)$

$\therefore (A\cap B)\subset X\subset(A\cup B)$

이때 $A\cap B=\{2, 4, 5\}$, $A\cup B=\{1, 2, 3, 4, 5, 7, 9\}$이므로

$\{2, 4, 5\}\subset X\subset\{1, 2, 3, 4, 5, 7, 9\}$

즉, 집합 X는 집합 $A\cup B$의 부분집합 중에서 집합 $A\cap B$의 원소인 2, 4, 5를 반드시 원소로 갖는 집합이다.

따라서 구하는 집합 X의 개수는

$2^{7-3}=2^4=16$

05-❷ 답 8

$A=\{1, 3, 5, 7, 9\}$에서 $A-X=\{3, 7, 9\}$이므로

집합 X는 1, 5는 반드시 원소로 갖고 3, 7, 9는 원소로 갖지 않는다.

또한, $X-B=X$에서 $X\cap B=\varnothing$이므로 집합 X는 2, 3, 9를 원소로 갖지 않는다.

즉, 집합 X는 전체집합 $U=\{1, 2, 3, \cdots, 9\}$의 부분집합 중에서 1, 5는 반드시 원소로 갖고 2, 3, 7, 9는 원소로 갖지 않는 집합이다.

따라서 구하는 집합 X의 개수는

$2^{9-2-4}=2^3=8$

05-❸ 답 16

$A\cup B=\{1, 2, 3, 4, 5\}$, $A\cap B=\{2, 3\}$이므로

$P=(A\cup B)\cap(A\cap B)^c$

$\quad=(A\cup B)-(A\cap B)$

$\quad=\{1, 4, 5\}$

이때 $P\subset X\subset U$이므로

$\{1, 4, 5\}\subset X\subset\{1, 2, 3, 4, 5, 6, 7\}$

즉, 집합 X는 전체집합 U의 부분집합 중에서 집합 P의 원소인 1, 4, 5를 반드시 원소로 갖는 집합이다.

따라서 구하는 집합 X의 개수는

$2^{7-3}=2^4=16$

01 $\left\{\dfrac{3}{2},\ \dfrac{12}{7},\ 2,\ \dfrac{12}{5},\ 3\right\}$　　**02** $\{2,\ 4,\ 5,\ 6,\ 7,\ 10\}$
03 ②　　**04** ③　　**05** 8

01 집합 A를 원소나열법으로 나타내면
$$A=\left\{12,\ 6,\ 4,\ 3,\ \dfrac{12}{5},\ 2,\ \dfrac{12}{7},\ \dfrac{3}{2},\ \dfrac{4}{3},\ \cdots\right\}$$
집합 B에서 $2x^2-9x+9\leq0$
$(2x-3)(x-3)\leq0$　　$\therefore\ \dfrac{3}{2}\leq x\leq3$
$\therefore\ B=\left\{x\,\middle|\,\dfrac{3}{2}\leq x\leq3\right\}$
$\therefore\ A\cap B=\left\{\dfrac{3}{2},\ \dfrac{12}{7},\ 2,\ \dfrac{12}{5},\ 3\right\}$

02 $U=\{1,\ 2,\ 3,\ \cdots,\ 10\}$이고 집합 $A-B$를 나타내는 부분을 ㉮, 집합 $B-A$를 나타내는 부분을 ㉯라 하고 주어진 조건을 만족시키도록 집합을 벤 다이어그램으로 나타내면 오른쪽과 같다.
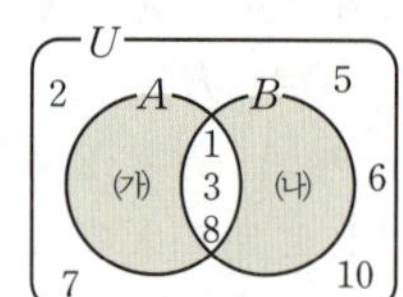
이때 원소 4, 9는 ㉮ 또는 ㉯에 속해야 한다.
$9\in(A-B)^C$에서 9는 ㉮에 속하지 않으므로 ㉯에 속하는 원소이고, $n(A)=n(B)$이므로 4는 ㉮에 속하는 원소이다.
따라서 $B=\{1,\ 3,\ 8,\ 9\}$이므로
$B^C=\{2,\ 4,\ 5,\ 6,\ 7,\ 10\}$

| 다른 풀이 |
$U=\{1,\ 2,\ 3,\ \cdots,\ 10\}$, $(A\cup B)^C=\{2,\ 5,\ 6,\ 7,\ 10\}$에서
$A\cup B=\{1,\ 3,\ 4,\ 8,\ 9\}$
$A\cap B=\{1,\ 3,\ 8\}$이고 $n(A)=n(B)$이므로
$4\in A$, $9\in B$ 또는 $9\in A$, $4\in B$
이때 $9\in(A-B)^C$에서 $9\notin A$이므로
$4\in A$, $9\in B$
따라서 $B=\{1,\ 3,\ 8,\ 9\}$이므로
$B^C=\{2,\ 4,\ 5,\ 6,\ 7,\ 10\}$

03 집합 $A\cap B^C$을 나타내는 부분을 ㉮, 집합 $A^C\cap B$를 나타내는 부분을 ㉯라 하면 집합 $(A\cap B^C)\cup(A^C\cap B)$는 오른쪽 벤 다이어그램의 색칠한 부분과 같다.
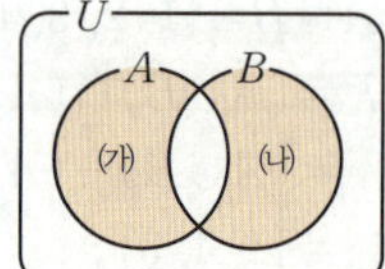
$(A\cap B^C)\cup(A^C\cap B)=\{1,\ 3,\ 8\}$에서
원소 8은 ㉮ 또는 ㉯에 속해야 한다.
8이 ㉮에 속하면 ㉯에 속하는 원소는 없다.
이때 $B=\varnothing$이므로 주어진 조건을 만족시키지 않는다.
즉, 8은 ㉯에 속하는 원소이므로

$a^2-4a-7=8$ 또는 $a+2=8$
(ⅰ) $a^2-4a-7=8$일 때
　$a-1=a+2$이어야 하지만 이것을 만족시키는 a는 존재하지 않는다.
(ⅱ) $a+2=8$, 즉 $a=6$일 때
　$A=\{1,\ 3,\ 5\}$, $B=\{5,\ 8\}$이므로 주어진 조건을 만족시킨다.
(ⅰ), (ⅱ)에서 주어진 조건을 만족시키는 a의 값은 6이다.

04 두 집합 A, B^C이 서로소이므로 $A\cap B^C=\varnothing$이다.
즉, $A-B=\varnothing$이므로 $A\subset B$이다.
주어진 조건을 만족시키는 두 집합 A, B 사이의 포함 관계를 벤 다이어그램으로 나타내면 오른쪽과 같다.
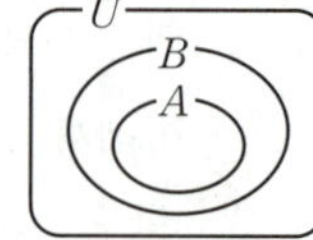
① $B^C\subset A^C$ (참)
② $A\cap B=A$ (참)
③ $A\cup B\neq A$ (거짓) → $A\cup B=B$
④ $(A\cap B)\cap U=A\cap U=A$ (참)
⑤ $(A-B)\cap(B-A)=\varnothing\cap(B-A)=\varnothing$ (참)
따라서 옳지 않은 것은 ③이다.

05 $A\cup X=A$에서 $X\subset A$이므로
$B\cap X=\varnothing$에서 $X\subset(A-B)$
$A=\{2,\ 3,\ 5,\ 7,\ \cdots\}$이고
집합 B에서 $x^2-5x-14\geq0$
$(x+2)(x-7)\geq0$　　$\therefore\ x\leq-2$ 또는 $x\geq7$
즉, $B=\{7,\ 8,\ 9,\ \cdots\}$이므로
$A-B=\{2,\ 3,\ 5\}$
이때 $X\subset(A-B)$이므로
$X\subset\{2,\ 3,\ 5\}$
따라서 구하는 집합 X의 개수는 $2^3=8$이다.

○2 집합의 연산 법칙과 원소의 개수

1 답 $\{2\}$
$(A\cup B)^C=A^C\cap B^C$ ← 드모르간의 법칙
　　　$=\{1,\ 2\}\cap\{2,\ 3\}$
　　　$=\{2\}$

2 답 (1) 5　(2) 2
(1) $n(A^C)=n(U)-n(A)=10-5=5$
(2) $n(A-B)=n(A)-n(A\cap B)=5-3=2$

01-❶ 답 (1) $\varnothing$ (2) $\varnothing$ (3) A

(1) $(A-B)\cap(B-A)=(A\cap B^c)\cap(B\cap A^c)$
$=A\cap(B^c\cap B)\cap A^c$ ← 결합법칙
$=A\cap\varnothing\cap A^c=\varnothing$

(2) $(A\cup B)\cap(A^c\cap B^c)=(A\cup B)\cap(A\cup B)^c$ ← 드모르간의 법칙
$=\varnothing$

(3) $(A-B)\cup(B^c\cup A^c)^c=(A\cap B^c)\cup(B\cap A)$ ← 드모르간의 법칙
$=(A\cap B^c)\cup(A\cap B)$ ← 교환법칙
$=A\cap(B^c\cup B)$ ← 분배법칙
$=A\cap U=A$

01-❷ 답 $A=\{4, 5, 6, 9\}$, $B=\{2, 4, 5, 6, 8\}$

$U=\{1, 2, 3, \cdots, 9\}$이고
$A^c\cap B^c=(A\cup B)^c$ ← 드모르간의 법칙
$=\{1, 3, 7\}$,
$A-B^c=A\cap(B^c)^c$
$=A\cap B$
$=\{4, 5, 6\}$,
$A^c\cap B=B\cap A^c$ ← 교환법칙
$=B-A$
$=\{2, 8\}$
이므로 주어진 조건을 만족시키도록 집합을 벤 다이어그램으로 나타내면 오른쪽과 같다.

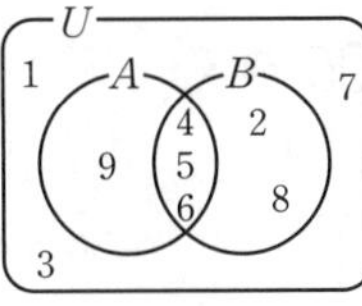

$\therefore A=\{4, 5, 6, 9\}$,
$\quad B=\{2, 4, 5, 6, 8\}$

01-❸ 답 ④

$U=\{1, 2, 3, \cdots\}$이고
$P=\{1, 2, 3, \cdots, 10\}$,
$Q=\{2, 3, 5, 7, 11, \cdots\}$,
$R=\{1, 3, 5, 7, 9, 11, \cdots\}$
$(P^c\cup Q)^c-R=(P\cap Q^c)\cap R^c$ ← 드모르간의 법칙
$=P\cap(Q^c\cap R^c)$ ← 결합법칙
$=P\cap(Q\cup R)^c$ ← 드모르간의 법칙
$=P-(Q\cup R)$
$=\{1, 2, 3, \cdots, 10\}-\{1, 2, 3, 5, 7, 9, 11, \cdots\}$
$=\{4, 6, 8, 10\}$
따라서 구하는 모든 원소의 합은
$4+6+8+10=28$

02-❶ 답 ②

주어진 등식의 좌변을 간단히 하면

$\{(A-B^c)\cup(A^c\cap B)\}\cap A^c$
$=[\{A\cap(B^c)^c\}\cup(A^c\cap B)]\cap A^c$
$=\{(A\cap B)\cup(A^c\cap B)\}\cap A^c$
$=\{(A\cup A^c)\cap B\}\cap A^c$ ← 분배법칙
$=(U\cap B)\cap A^c$
$=B\cap A^c$
$=B-A$
즉, $B-A=\varnothing$이므로 $B\subset A$이다.
③ $A^c\subset B^c$ (거짓)
④ $A\cap B=B$ (거짓)
⑤ $A\cup B=A$ (거짓)
따라서 항상 옳은 것은 ②이다.

02-❷ 답 ④

주어진 등식의 좌변을 간단히 하면
$\{(A-B)\cup(A\cap B)\}\cup B=\{(A\cap B^c)\cup(A\cap B)\}\cup B$
$=\{A\cap(B^c\cup B)\}\cup B$ ← 분배법칙
$=(A\cap U)\cup B$
$=A\cup B$
즉, $A\cup B=A\cap B$이므로 $A=B$이다.
② $A\cup B^c=A\cup A^c=U$ (거짓)
③ $B\cap A^c=A\cap A^c=\varnothing$ (거짓)
④ $A\cap B^c=A\cap A^c=\varnothing$ (참)
⑤ $A^c-(U-B)=A^c-(U-A)=A^c-A^c=\varnothing$ (거짓)
따라서 항상 옳은 것은 ④이다.

03-❶ 답 30

$n(A^c)=n(U)-n(A)$에서
$17=40-n(A)$ $\quad\therefore n(A)=23$
$n(B^c)=n(U)-n(B)$에서
$22=40-n(B)$ $\quad\therefore n(B)=18$
또한, $A^c\cup B^c=(A\cap B)^c$이므로
$n(A^c\cup B^c)=n((A\cap B)^c)=n(U)-n(A\cap B)$에서
$29=40-n(A\cap B)$ $\quad\therefore n(A\cap B)=11$
$\therefore n(A\cup B)=n(A)+n(B)-n(A\cap B)$
$=23+18-11=30$

03-❷ 답 24

주어진 벤 다이어그램에서 색칠한 부분이 나타내는 집합은
$(A\cup B)^c\cup(A\cap B)$이다.
이때
$n((A\cup B)^c)=n(B^c)-n(A-B)$
$=36-23=13$
이므로 구하는 원소의 개수는   ┌→ $(A\cup B)^c\cap(A\cap B)=\varnothing$
$n((A\cup B)^c\cup(A\cap B))=n((A\cup B)^c)+n(A\cap B)$
$=13+11=24$

전체집합 U가 유한집합일 때, 두 부분
집합 A, B에 대하여 오른쪽과 같이 벤
다이어그램의 각 영역에 속하는 원소의
개수를 a, b, c, d라 하자. 이때 이 벤 다
이어그램에서 색칠한 부분이 나타내는
집합의 원소의 개수는 $b+d$이고

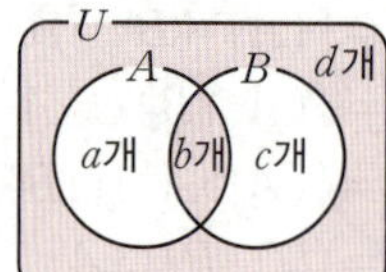

$n(A-B)=23$, $n(A\cap B)=11$, $n(B^c)=36$이므로
$a=23$, $b=11$, $a+d=36$
$\therefore a=23$, $b=11$, $d=13$
따라서 구하는 원소의 개수는
$b+d=11+13=24$

03-❸ 답 20

$n(A\cap C)=0$에서 두 집합 A, C는 서로소이다.
두 집합 A, B에 대하여
$n(A\cup B)=n(A)+n(B)-n(A\cap B)$에서
$17=11+14-n(A\cap B)$ $\therefore n(A\cap B)=8$
$\therefore n(A-B)=n(A)-n(A\cap B)=11-8=3$
세 집합 A, B, C에 대하여 각 영역
에 속하는 원소의 개수를 벤 다이
어그램으로 나타내면 오른쪽과 같
다.

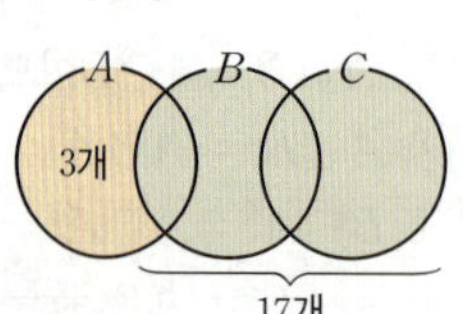

$\therefore n(A\cup B\cup C)=n(A-B)+n(B\cup C)$
$=3+17=20$

04-❶ 답 16

실험 동아리 학생 전체의 집합을 U, 생물학 실험을 신청한 학
생의 집합을 A, 화학 실험을 신청한 학생의 집합을 B라 하면
$n(U)=40$, $n(A)=17$, $n(B)=25$
생물학 실험과 화학 실험 중 어느 것도 신청하지 않은 학생의
집합은 $A^c\cap B^c$, 즉 $(A\cup B)^c$이므로
$n(A^c\cap B^c)=n((A\cup B)^c)=7$
$\therefore n(A\cup B)=n(U)-n((A\cup B)^c)=40-7=33$
또한, $n(A\cup B)=n(A)+n(B)-n(A\cap B)$에서
$33=17+25-n(A\cap B)$ $\therefore n(A\cap B)=9$
이때 화학 실험만 신청한 학생의 집합은 $B-A$이므로
$n(B-A)=n(B)-n(A\cap B)=25-9=16$
따라서 화학 실험만 신청한 학생은 16명이다.

04-❷ 답 37

민우네 반 학생 전체의 집합을 U, 수족관을 선호하는 학생의
집합을 A, 민속촌을 선호하는 학생의 집합을 B라 하면
$n(A)=18$, $n(B)=21$
수족관과 민속촌을 모두 선호하는 학생의 집합은 $A\cap B$이므로
$n(A\cap B)=8$

$\therefore n(A\cup B)=n(A)+n(B)-n(A\cap B)$
$=18+21-8=31$
이때 수족관과 민속촌 중 어느 곳도 선호하지 않는 학생의 집
합은 $A^c\cap B^c$, 즉 $(A\cup B)^c$이므로
$n(A^c\cap B^c)=n((A\cup B)^c)=6$
$\therefore n(U)=n(A\cup B)+n((A\cup B)^c)=31+6=37$
따라서 민우네 반 전체 학생은 37명이다.

04-❸ 답 28

워크숍에 참가한 학생 전체의 집합을 U, 프로그램 A를 수강
한 학생의 집합을 A, 프로그램 B를 수강한 학생의 집합을 B,
프로그램 C를 수강한 학생의 집합을 C라 하면
$n(U)=70$, $n(A)=28$, $n(B)=24$
두 프로그램 A, B를 동시에 수강한 학생의 집합은 $A\cap B$이
므로
$n(A\cap B)=10$
$\therefore n(A\cup B)=n(A)+n(B)-n(A\cap B)$
$=28+24-10=42$
이때 세 개의 프로그램 중 C만 수강한 학생의 집합은
$C-(A\cup B)$이므로
$n(C-(A\cup B))=n(A\cup B\cup C)-n(A\cup B)$
$=n(U)-n(A\cup B)=70-42=28$
따라서 C만 수강한 학생은 28명이다.

05-❶ 답 36

$n(A\cup B)=n(A)+n(B)-n(A\cap B)$
$=36+28-n(A\cap B)$
$=64-n(A\cap B)$
즉, $n(A\cup B)$가 최소인 경우는 $n(A\cap B)$가 최대일 때이므
로 $B\subset A$일 때이다. ┌ $n(B)<n(A)$이므로
따라서 $n(A\cup B)$의 최솟값은
$64-n(B)=64-28=36$

$(A\cap B)\subset A$, $(A\cap B)\subset B$이므로
$n(A\cap B)\leq n(A)$, $n(A\cap B)\leq n(B)$
$\therefore n(A\cap B)\leq 28$ ...... ㉠
$n(A\cup B)=64-n(A\cap B)$ ...... ㉡
㉠, ㉡에 의하여 $n(A\cup B)\geq 64-28$, 즉 $n(A\cup B)\geq 36$
따라서 $n(A\cup B)$의 최솟값은 36이다.

05-❷ 답 14

$n(A^c\cap B^c)=n((A\cup B)^c)$
$=n(U)-n(A\cup B)$
$=n(U)-\{n(A)+n(B)-n(A\cap B)\}$
$=45-\{29+19-n(A\cap B)\}$
$=45-\{48-n(A\cap B)\}=n(A\cap B)-3$

$7 \leq n(A \cap B) \leq 13$에서 $4 \leq n(A \cap B) - 3 \leq 10$이므로
$M = 10, \ m = 4$
$\therefore M + m = 10 + 4 = 14$

05-❸ 답 7

$$n(A-B) = n(A) - n(A \cap B)$$
$$= 11 - n(A \cap B)$$
또한, $n(A \cup B) = n(A) + n(B) - n(A \cap B)$에서
$$n(A \cap B) = n(A) + n(B) - n(A \cup B)$$
$$= 11 + 13 - n(A \cup B)$$
$$= 24 - n(A \cup B)$$
즉, $n(A-B)$가 최대인 경우는 $n(A \cap B)$가 최소일 때이고,
$n(A \cap B)$가 최소인 경우는 $n(A \cup B)$가 최대일 때이므로
$A \cup B = U$일 때이다.
즉, $n(A \cap B)$의 최솟값은
$$24 - n(U) = 24 - 20 = 4$$
따라서 $n(A-B)$의 최댓값은
$$11 - 4 = 7$$

소단원 점검 문제
• 본문 159쪽

01 $\{12, 15, 30, 60\}$　　02 ①　　03 38
04 ⑤　　05 48

01 두 집합 A, B를 각각 원소나열법으로 나타내면
$A = \{12, 15, 18, \cdots, 99\}$,
$B = \{10, 12, 15, 20, 30, 60\}$
$\therefore \ \{(A \cup B) \cap (A \cup B^c)\} \cap B$
$= \{A \cup (B \cap B^c)\} \cap B$ ← 분배법칙
$= (A \cup \varnothing) \cap B$
$= A \cap B$
$= \{12, 15, 30, 60\}$

02 주어진 등식의 좌변을 간단히 하면
$(B-A) \cup (B - A^c)$
$= (B \cap A^c) \cup \{B \cap (A^c)^c\}$
$= (B \cap A^c) \cup (B \cap A)$
$= B \cap (A^c \cup A)$ ← 분배법칙
$= B \cap U = B$
주어진 등식의 우변을 간단히 하면
$(A \cup \varnothing) \cup (B \cap U) = A \cup B$
따라서 $B = A \cup B$이므로 $A \subset B$이다.

03 두 집합 $A \cup B$와 C는 서로소이므로
$(A \cup B) \cap C = \varnothing$

$\therefore \ n(A \cup B \cup C)$
$= n(A \cup B) + n(C)$
$= \{n(A) + n(B) - n(A \cap B)\} + n(C)$
$= (15 + 15 - 7) + 15$
$= 23 + 15 = 38$

| 다른 풀이 |
세 집합 A, B, C에 대하여 각 영역에 속하는 원소의 개수를 벤 다이어그램으로 나타내면 오른쪽과 같다.

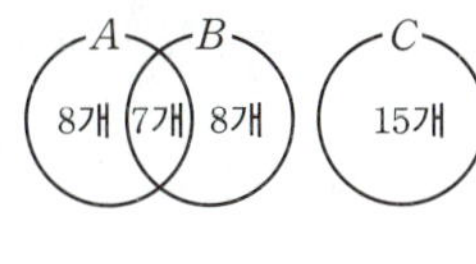

$\therefore \ n(A \cup B \cup C) = n(A \cup B) + n(C)$
$= (8 + 7 + 8) + 15 = 38$

04 등 번호가 2의 배수인 선수의 집합을 A, 등 번호가 3의 배수인 선수의 집합을 B라 하면
$n(A \cup B) = 25, \ n(A) = n(B)$
등 번호가 6의 배수인 선수의 집합은 $A \cap B$이므로
$n(A \cap B) = 3$
$$n(A \cup B) = n(A) + n(B) - n(A \cap B)$$
$$= n(A) + n(A) - n(A \cap B)$$
$$= 2 \times n(A) - n(A \cap B)$$
이므로
$25 = 2 \times n(A) - 3 \qquad \therefore \ n(A) = 14$
따라서 등 번호가 2의 배수인 선수는 14명이다.

05 진로 체험 활동에 참여한 전체 학생의 집합을 U, A 활동에 참여한 학생의 집합을 A, B 활동에 참여한 학생의 집합을 B라 하면
$n(U) = 60, \ n(A) = 42, \ n(B) = 33$
$n(A \cup B) = n(A) + n(B) - n(A \cap B)$에서
$$n(A \cap B) = n(A) + n(B) - n(A \cup B)$$
$$= 42 + 33 - n(A \cup B)$$
$$= 75 - n(A \cup B)$$
(i) $n(A \cap B)$가 최대인 경우는 $n(A \cup B)$가 최소일 때이므로 $B \subset A$일 때이다.
　　$\therefore \ M = 75 - n(A) = 75 - 42 = 33$
(ii) $n(A \cap B)$가 최소인 경우는 $n(A \cup B)$가 최대일 때이므로 $A \cup B = U$일 때이다.
　　$\therefore \ m = 75 - n(U) = 75 - 60 = 15$
(i), (ii)에서 $M = 33, \ m = 15$이므로
$M + m = 33 + 15 = 48$

| 다른 풀이 |
$A \subset (A \cup B), \ B \subset (A \cup B)$이므로
$n(A) \leq n(A \cup B), \ n(B) \leq n(A \cup B)$
$\therefore \ 42 \leq n(A \cup B)$
$(A \cup B) \subset U$이므로 $n(A \cup B) \leq n(U)$

$$\therefore n(A\cup B)\le 60$$
$$\therefore 42\le n(A\cup B)\le 60 \qquad \cdots\cdots \ \text{㉠}$$
$$n(A\cap B)=75-n(A\cup B) \qquad \cdots\cdots \ \text{㉡}$$

㉠, ㉡에 의하여 $75-60\le n(A\cap B)\le 75-42$, 즉
$$15\le n(A\cap B)\le 33$$
따라서 $M=33$, $m=15$이므로
$$M+m=33+15=48$$

<table>
<tr><td colspan="4">중단원 실전 문제 · 본문 160~162쪽</td></tr>
</table>

01 4	**02** 1	**03** ④	**04** 19
05 3	**06** ③	**07** 31	**08** 35
09 ①, ③	**10** 33	**11** 57	**12** 38
13 39	**14** 50	**15** ②	**16** 46
17 85	**18** 11		

01 집합 $A_3\cap A_5$의 원소는 100 이하의 자연수 중 3과 5의
공배수, 즉 15의 배수이므로
$$A_3\cap A_5=\{15,\ 30,\ 45,\ 60,\ 75,\ 90\} \quad\leftarrow \text{3과 5의 최소공배수}$$
이때 집합 $A_3\cap A_5$의 원소 중 3번째로 큰 수는 60이므로
$$a=60$$
또한, 집합 $A_4\cap A_7$의 원소는 100 이하의 자연수 중 4와
7의 공배수, 즉 28의 배수이므로
$$A_4\cap A_7=\{28,\ 56,\ 84\} \quad\leftarrow \text{4와 7의 최소공배수}$$
이때 집합 $A_4\cap A_7$의 원소 중 2번째로 작은 수는 56이므로
$$b=56$$
$$\therefore a-b=60-56=4$$

| 참고 | **배수와 약수의 집합의 연산**
세 자연수 k, m, n에 대하여
(1) k의 배수를 원소로 갖는 집합을 A_k라 하면
$\quad A_m\cap A_n \Rightarrow m$과 n의 공배수의 집합
(2) k의 약수를 원소로 갖는 집합을 B_k라 하면
$\quad B_m\cap B_n \Rightarrow m$과 n의 공약수의 집합

02 집합 A를 원소나열법으로 나타내면
$$A=\{1,\ 7\}$$
집합 B에서 $f(x)=x^2-5x+a+3$이라 하면
$$f(x)=x^2-5x+a+3$$
$$=\left(x-\frac{5}{2}\right)^2+a-\frac{13}{4}$$
이차함수 $y=f(x)$의 그래프의 축의
방정식이 $x=\dfrac{5}{2}$이므로 두 집합 A,
B가 서로소가 되도록 하는 이차함
수 $y=f(x)$의 그래프의 개형은 오
른쪽 그림과 같다.

이때 축 $x=\dfrac{5}{2}$가 $x=7$보다 $x=1$에 더 가까우므로 두 집
합 A, B가 서로소가 되려면 $f(1)\ge 0$이어야 한다.
$$f(1)=a-1\ge 0 \qquad \therefore a\ge 1$$
따라서 구하는 자연수 a의 최솟값은 1이다.

03 각 집합을 벤 다이어그램으로 나타내면 다음과 같다.

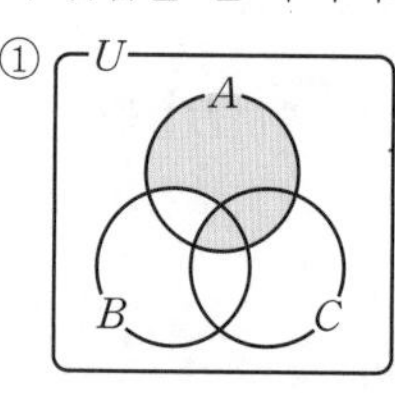 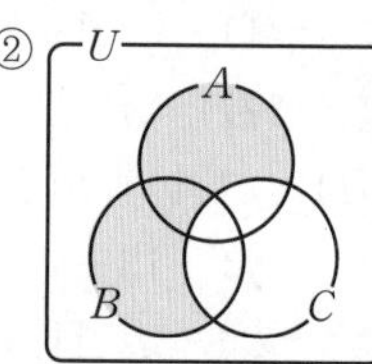
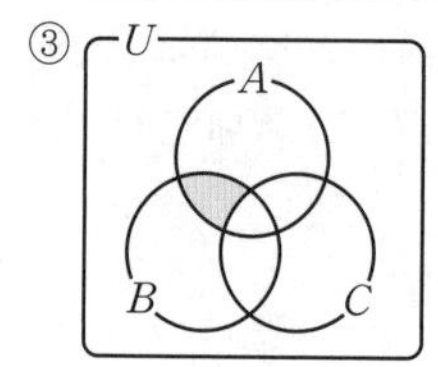 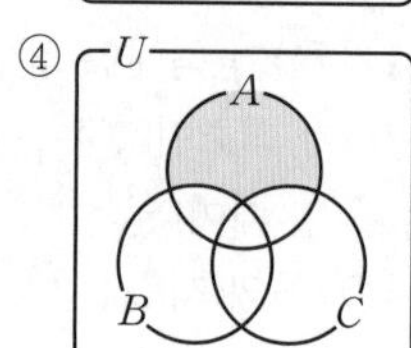
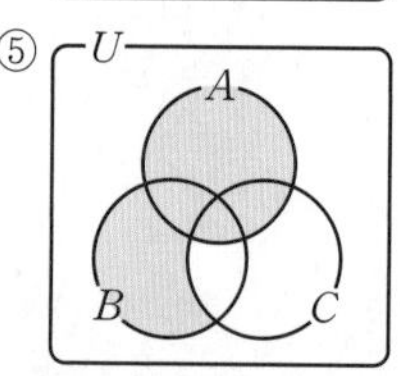

따라서 주어진 벤 다이어그램의 색칠한 부분을 나타내는
집합과 항상 같은 집합은 ④이다.

04 이차방정식 $x^2-6x+a=0$의 두 실근을 α, β ($\alpha<\beta$)라
하면
$$A=\{x\mid \alpha<x<\beta\}$$
이차방정식의 근과 계수의 관계에 의하여
$$\alpha+\beta=6,\ \alpha\beta=a \qquad \cdots\cdots \ \text{㉠}$$
이때
$$A-B=A-(A\cap B)=\{x\mid 3<x<8\}$$
이므로 $A\cap B=\varnothing$일 때와 $A\cap B\ne\varnothing$일 때로 나누어 생
각해 볼 수 있다.

(i) $A\cap B=\varnothing$일 때
조건을 만족시키도록 두 집
합 A, B를 수직선 위에 나
타내면 오른쪽 그림과 같다.
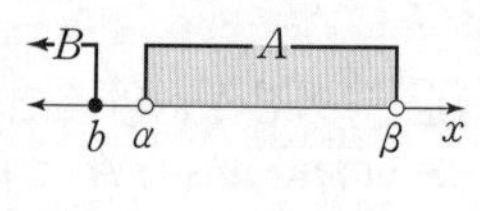
$A-B=A=\{x\mid \alpha<x<\beta\}$이므로
$$\alpha=3,\ \beta=8$$
그런데 $\alpha+\beta=11$이므로 ㉠을 만족시키지 않는다.

(ii) $A\cap B\ne\varnothing$일 때
조건을 만족시키도록 두 집
합 A, B를 수직선 위에 나
타내면 오른쪽 그림과 같다.
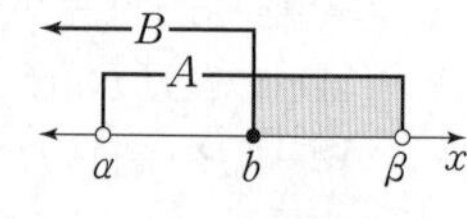
$A-B=\{x\mid b<x<\beta\}$이므로
$$b=3,\ \beta=8$$
$\beta=8$을 ㉠에 대입하면

$$a+8=6, \; 8a=a$$
$$\therefore \; a=-2, \; a=-16$$
(i), (ii)에서 $a=-16$, $b=3$이므로
$$b-a=3-(-16)=19$$

05 $(A \cap B) \subset \{5, 7, 9, 11\}$에서 $1 \notin (A \cap B)$,
$2 \notin (A \cap B)$이고, $A \cap B \neq \varnothing$이므로 $a^2 \in (A \cap B)$이다.
$$\therefore \; a^2=a+6 \; 또는 \; a^2=8a-16 \qquad \cdots \; ❶$$
(i) $a^2=a+6$일 때
$\quad a^2-a-6=0$에서 $(a+2)(a-3)=0$
$\quad \therefore \; a=-2 \; 또는 \; a=3$
$\quad$ⓐ $a=-2$이면 $A=\{1, 2, 4\}$, $B=\{-32, 4\}$이므로
$\qquad A \cap B=\{4\}$
$\qquad$즉, 주어진 조건을 만족시키지 않는다.
$\quad$ⓑ $a=3$이면 $A=\{1, 2, 9\}$, $B=\{8, 9\}$이므로
$\qquad A \cap B=\{9\}$
$\qquad$즉, 주어진 조건을 만족시킨다.
$\quad$ⓐ, ⓑ에서 주어진 조건을 만족시키는 a의 값은 3이다.
$$\cdots \; ❷$$
(ii) $a^2=8a-16$일 때
$\quad a^2-8a+16=0$에서 $(a-4)^2=0$
$\quad \therefore \; a=4$
$\quad a=4$이면 $A=\{1, 2, 16\}$, $B=\{10, 16\}$이므로
$\quad A \cap B=\{16\}$
$\quad$즉, 주어진 조건을 만족시키지 않는다. $\qquad \cdots \; ❸$
(i), (ii)에서 주어진 조건을 만족시키는 a의 값은 3이다.
$$\cdots \; ❹$$

채점 기준	배점 비율
❶ $a^2 \in (A \cap B)$임을 이용하여 a에 대한 이차방정식 세우기	30 %
❷ 이차방정식 $a^2=a+6$을 풀고 조건을 만족시키는 a의 값 구하기	30 %
❸ 이차방정식 $a^2=8a-16$을 풀고 조건을 만족시키는 a의 값 구하기	30 %
❹ 주어진 조건을 만족시키는 a의 값 구하기	10 %

06 $X-B=X \cap B^c$이므로 $X \cup A=X \cap B^c$
$X \cup A=X \cap B^c$을 만족시키는 집합 X는 집합 A의 원소인 1, 2는 반드시 원소로 갖고, 집합 B의 원소인 3, 5, 8은 원소로 갖지 않아야 한다.
$B^c=\{1, 2, 4, 6, 7\}$이므로 집합 U의 부분집합 X는 $\{1, 2\} \subset X \subset \{1, 2, 4, 6, 7\}$을 만족시킨다.
따라서 구하는 부분집합 X의 개수는
$$2^{5-2}=2^3=8$$

07 $(A \cup B) \cap X=X$에서 $X \subset (A \cup B)$이고,
$(A-B) \cup X=X$에서 $(A-B) \subset X$이므로

$$(A-B) \subset X \subset (A \cup B) \qquad \cdots \cdots \; ㉠$$
㉠을 만족시키는 집합 X의 개수가 $16=2^4$이므로
$$n(A \cup B)-n(A-B)=4$$
이때
$$\begin{aligned}
(A \cup B)-(A-B) &=(A \cup B)-(A \cap B^c) \\
&=(A \cup B) \cap (A \cap B^c)^c \\
&=(A \cup B) \cap (A^c \cup B) \quad \leftarrow \text{드모르간의 법칙} \\
&=(A \cap A^c) \cup B \quad \leftarrow \text{분배법칙} \\
&=\varnothing \cup B=B
\end{aligned}$$
이므로 $n(B)=4$
$n(A \cap B)=2$에서 집합 B의 모든 원소의 합이 최대이려면 집합 B는 집합 A의 원소 중 5, 7을 반드시 원소로 가져야 한다.
따라서 집합 $B=\{5, 7, 9, 10\}$일 때, 집합 B의 모든 원소의 합이 최대이므로
$$5+7+9+10=31$$

08 $\{(A \cap B) \cup (B^c \cap A)\} \cup \{(B^c \cup A) \cap (A^c \cup B^c)\}$
$=\{(A \cap B) \cup (A \cap B^c)\} \cup \{(B^c \cup A) \cap (B^c \cup A^c)\}$
$\qquad\qquad\qquad\qquad\qquad\qquad\qquad \leftarrow \text{교환법칙}$
$=\{A \cap (B \cup B^c)\} \cup \{B^c \cup (A \cap A^c)\} \quad \leftarrow \text{분배법칙}$
$=(A \cap U) \cup (B^c \cup \varnothing)$
$=A \cup B^c$
이때 $B^c=\{1, 2, 8, 9\}$이므로
$A \cup B^c=\{1, 2, 3, 5, 7, 8, 9\}$
따라서 구하는 집합의 모든 원소의 합은
$$1+2+3+5+7+8+9=35$$

09 주어진 등식의 좌변을 간단히 하면
$$\begin{aligned}
(A \cup B) \cap B^c &=(A \cap B^c) \cup (B \cap B^c) \quad \leftarrow \text{분배법칙} \\
&=(A \cap B^c) \cup \varnothing \\
&=A \cap B^c \\
&=A-B
\end{aligned}$$
주어진 등식의 우변을 간단히 하면
$$\begin{aligned}
A^c \cap B &=B \cap A^c \quad \leftarrow \text{교환법칙} \\
&=B-A
\end{aligned}$$
즉, 주어진 조건에서
$A-B=B-A$이므로 오른쪽 벤 다이어그램에서 색칠한 부분이 서로 같아야 한다.

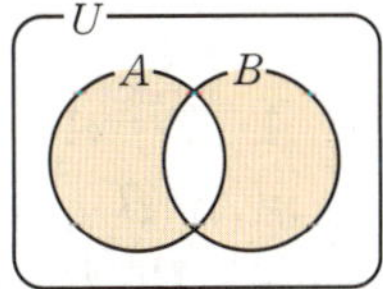

$A-B=B-A$이려면
$A-B=B-A=\varnothing$이어야 하므로 $A=B$이다.
① $A \subset B$ (참)
② $A^c \subset B^c$ (거짓)
③ $A^c=B^c$이므로 $A^c \subset B^c$ (참)
④ $A^c \cup B=A^c \cup A=U$ (거짓)

⑤ $A\cap(B-A)=A\cap\varnothing=\varnothing$ (거짓)
따라서 항상 옳은 것은 ①, ③이다.

10 조건 ㈎에서
$$(A\cap B)^c\cap(A\cup B)=(A\cup B)\cap(A\cap B)^c \quad \leftarrow \text{교환법칙}$$
$$=(A\cup B)-(A\cap B)$$
$$=(A-B)\cup(B-A)$$
$$=\{2,\ 3,\ 5,\ 7\} \quad \cdots\ ❶$$
조건 ㈏에서 $n(A)\leq n(B)$이므로 집합 A의 모든 원소
의 합이 최대이려면
$$A-B=\{5,\ 7\},\quad B-A=\{2,\ 3\}$$
이고
$$A\cap B=\{1,\ 4,\ 6,\ 8,\ 9\}$$
이어야 한다.
따라서
$$B=(B-A)\cup(A\cap B)=\{1,\ 2,\ 3,\ 4,\ 6,\ 8,\ 9\} \quad \cdots\ ❷$$
이므로 구하는 집합 B의 모든 원소의 합은
$$1+2+3+4+6+8+9=33 \quad \cdots\ ❸$$

채점 기준	배점 비율
❶ $(A\cap B)^c\cap(A\cup B)$ 간단히 하기	40 %
❷ 집합 A의 모든 원소의 합이 최대일 때, 집합 B 구하기	50 %
❸ 집합 B의 모든 원소의 합 구하기	10 %

11 $(A\cap C^c)\cup(B-C)=(A\cap C^c)\cup(B\cap C^c)$
$$=(A\cup B)\cap C^c \quad \leftarrow \text{분배법칙}$$
$$=(A\cup B)-C \quad \cdots\cdots\ \text{㉠}$$
집합 A에서 $x^2-10x+24\leq0$
$(x-4)(x-6)\leq0$ $\quad \therefore\ 4\leq x\leq6$
즉, $A=\{4,\ 5,\ 6\}$이므로 $A\cup B=\{2,\ 4,\ 5,\ 6,\ 9,\ 11\}$
이때 $C=\{1,\ 2,\ 3,\ \cdots,\ n\}$이고 집합 ㉠의 원소의 개수가
2이려면 $6\leq n\leq8$이어야 한다.
따라서 집합 C의 모든 원소의 합은 $n=8$일 때 최대이고,
$n=6$일 때 최소이므로
$$M=1+2+3+4+5+6+7+8=36$$
$$m=1+2+3+4+5+6=21$$
$$\therefore\ M+m=36+21=57$$

12 $A\cap B^c=A-B$이므로
$$n(A\cap B^c)=n(A-B)=13$$
$A^c\cap B=B\cap A^c=B-A$이므로
$$n(A^c\cap B)=n(B-A)=15$$
드모르간의 법칙에 의하여 $A^c\cup B^c=(A\cap B)^c$이므로
$n(A^c\cup B^c)=n((A\cap B)^c)=n(U)-n(A\cap B)$에서
$$30=40-n(A\cap B) \quad \therefore\ n(A\cap B)=10$$
$$\therefore\ n(A\cup B)=n(A-B)+n(B-A)+n(A\cap B)$$
$$=13+15+10=38$$

13 고등학교 1학년 학생 전체의 집합을 U, 국어를 신청한
학생의 집합을 A, 영어를 신청한 학생의 집합을 B, 수학
을 신청한 학생의 집합을 C라 하면
$$n(U)=123$$
조건 ㈎에서
$$n(A\cap B)=0 \quad \therefore\ A\cap B=\varnothing \quad \cdots\cdots\ \text{㉠}$$
조건 ㈏에서 방과 후 수업을 신청하지 않은 학생의 집합
은 $(A\cup B\cup C)^c$이므로
$$C^c=(A\cup B\cup C)^c\text{에서 }C=A\cup B\cup C$$
$$C=(A\cup B)\cup C \quad \therefore\ (A\cup B)\subset C \quad \cdots\cdots\ \text{㉡}$$
전체집합 U에 대하여 ㉠, ㉡을 만
족시키는 세 부분집합 A, B, C 사
이의 포함 관계를 벤 다이어그램으
로 나타내면 오른쪽과 같다.

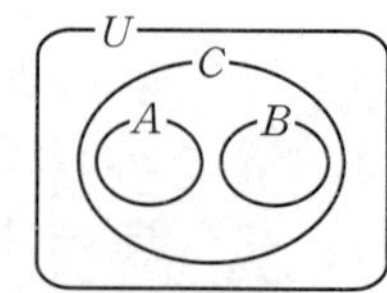

또한, 조건 ㈐에서 두 과목만 신청한 학생의 집합은
$A\cup B$이므로
$$n(A\cup B)=42$$
한 과목만 신청한 학생의 집합은 $C-(A\cup B)$이므로
$$n(C-(A\cup B))=\frac{1}{2}\times n(C)$$
$$2\times n(C-(A\cup B))=n(C)$$
$$2\{n(C)-n(A\cup B)\}=n(C)$$
$$2\{n(C)-42\}=n(C)$$
$$2\times n(C)-84=n(C)$$
$$\therefore\ n(C)=84$$
이때 세 과목 중 어느 것도 신청하지 않은 학생의 집합은
C^c이므로
$$n(C^c)=n(U)-n(C)$$
$$=123-84=39$$
따라서 세 과목 중 어느 것도 신청하지 않은 학생은 39명
이다.

14 （풀이 전략） 주어진 집합을 벤 다이어그램으로 나타낸 후 집합
$A_2\cap A_7$의 원소가 2와 7의 공배수임을 이용하여 원소의 개수를
구한다.

두 집합 A_2, A_7을 각각 원소나열법으로 나타내면
$$A_2=\{2,\ 4,\ 6,\ \cdots,\ 100\},\quad A_7=\{7,\ 14,\ 21,\ \cdots,\ 98\}$$
$$\therefore\ n(A_2)=50,\ n(A_7)=14$$
집합 $(A_2-A_7)\cup(A_7-A_2)$는
오른쪽 벤 다이어그램의 색칠한
부분과 같으므로 구하는 집합의
원소의 개수는

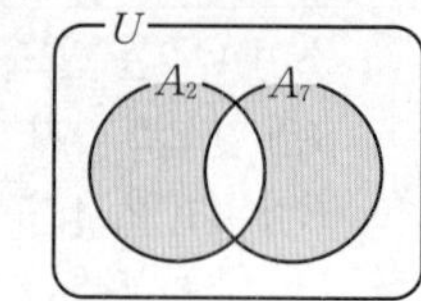

$$n(A_2\cup A_7)-n(A_2\cap A_7)$$
이때 집합 $A_2\cap A_7$의 원소는 100 이하의 자연수 중 2와
7의 공배수, 즉 14의 배수이므로 $\quad \rightarrow$ 2와 7의 최소공배수
$$A_2\cap A_7=\{14,\ 28,\ 42,\ 56,\ 70,\ 84,\ 98\}$$
$$\therefore\ n(A_2\cap A_7)=7$$

$$\therefore n(A_2 \cup A_7) - n(A_2 \cap A_7)$$
$$= \{n(A_2) + n(A_7) - n(A_2 \cap A_7)\} - n(A_2 \cap A_7)$$
$$= n(A_2) + n(A_7) - 2 \times n(A_2 \cap A_7)$$
$$= 50 + 14 - 2 \times 7 = 50$$

15 (풀이 전략) 전체집합 U의 원소 중 큰 수부터 조건 ㈎를 만족시키는지 확인하면서 집합 X의 원소를 찾는다.

$S(X) - S(Y)$는 $S(X)$가 최대, $S(Y)$가 최소일 때, 최댓값을 갖는다.

조건 ㈎에서 집합 X의 임의의 서로 다른 두 원소가 서로 나누어떨어지지 않으려면 $k \in X$일 때, k를 제외한 k의 약수와 배수가 집합 X의 원소가 아니어야 한다.

21, 20, 19, $\cdots$, 11은 서로 나누어떨어지지 않으므로 $S(X)$가 최대이려면 집합 X는 21, 20, 19, $\cdots$, 11을 원소로 가져야 한다.

이때 21의 약수는 1, 3, 7, 21,

20의 약수는 1, 2, 4, 5, 10, 20,

18의 약수는 1, 2, 3, 6, 9, 18,

16의 약수는 1, 2, 4, 8, 16이므로

1, 2, 3, $\cdots$, 10은 집합 X의 원소가 될 수 없다.

즉, $X = \{11, 12, 13, \cdots, 21\}$일 때 $S(X)$가 최대이므로 $S(X)$의 최댓값은

$$11 + 12 + 13 + \cdots + 21 = 176$$

조건 ㈏에서 $n(X \cup Y) = 17$, $n(X \cap Y) = 1$이고

$n(X) = 11$이므로

$n(X \cup Y) = n(X) + n(Y) - n(X \cap Y)$에서

$17 = 11 + n(Y) - 1 \qquad \therefore n(Y) = 7$

$S(Y)$가 최소이려면 집합 Y는 1, 2, 3, 4, 5, 6, 11을 원소로 가져야 한다.

즉, $Y = \{1, 2, 3, 4, 5, 6, 11\}$일 때 $S(Y)$가 최소이므로 $S(Y)$의 최솟값은

$$1 + 2 + 3 + 4 + 5 + 6 + 11 = 32$$

따라서 $S(X) - S(Y)$의 최댓값은

$$176 - 32 = 144$$

16 (풀이 전략) 집합의 연산 법칙을 이용하여 주어진 조건을 간단히 한 후 집합의 연산의 성질을 이용하여 세 집합 A, B, C 사이의 포함 관계를 구한다.

조건 ㈎에서 주어진 등식의 우변을 간단히 하면

$$(C - A) \cup A = (C \cap A^c) \cup A$$
$$= (C \cup A) \cap (A^c \cup A) \leftarrow \text{분배법칙}$$
$$= (C \cup A) \cap U$$
$$= C \cup A$$

즉, $C = C \cup A$이므로 $A \subset C$

집합 A의 모든 원소가 집합 C에 속해야 하므로

$-2 \in C$, $3 \in C$

$$\therefore c - 2 = -2, \ 4 - d = 3 \ \text{또는} \ c - 2 = 3, \ 4 - d = -2$$

(i) $c - 2 = -2$, $4 - d = 3$일 때

  $c = 0$, $d = 1$

  이때 c가 양수라는 조건을 만족시키지 않는다.

(ii) $c - 2 = 3$, $4 - d = -2$일 때

  $c = 5$, $d = 6$

(i), (ii)에서 $c = 5$, $d = 6$

조건 ㈏에서 주어진 등식의 좌변을 간단히 하면

$$(C \cup C^c) \cap (B - A) = U \cap (B - A)$$
$$= B - A$$

주어진 등식의 우변을 간단히 하면

$$(B \cup A^c)^c \cap B = (B^c \cap A) \cap B \leftarrow \text{드모르간의 법칙}$$
$$= (B^c \cap B) \cap A \leftarrow \text{결합법칙, 교환법칙}$$
$$= \varnothing \cap A = \varnothing$$

즉, $B - A = \varnothing$이므로 $B \subset A$

이때 공집합이 아닌 집합 B의 원소는 이차부등식 $x^2 + ax + b \leq 0$의 해이고, $n(A) = 2$이므로 $B \subset A$이려면 $n(B) = 1$이어야 한다.

즉, $B = \{-2\}$ 또는 $B = \{3\}$이다.

(a) $B = \{-2\}$일 때

  이차부등식 $x^2 + ax + b \leq 0$의 해가 $x = -2$뿐이어야 하므로

  $$x^2 + ax + b = (x + 2)^2$$
  $$= x^2 + 4x + 4$$

  $$\therefore a = 4, \ b = 4$$

(b) $B = \{3\}$일 때

  이차부등식 $x^2 + ax + b \leq 0$의 해가 $x = 3$뿐이어야 하므로

  $$x^2 + ax + b = (x - 3)^2$$
  $$= x^2 - 6x + 9$$

  $$\therefore a = -6, \ b = 9$$

  이때 a가 양수라는 조건을 만족시키지 않는다.

(a), (b)에서 $a = 4$, $b = 4$

$$\therefore ab + cd = 4 \times 4 + 5 \times 6 = 46$$

17 (풀이 전략) 학생 전체의 집합을 U, 체험 활동 A를 신청한 학생의 집합을 A, 체험 활동 B를 신청한 학생의 집합을 B라 하고, 주어진 조건을 만족시키도록 식을 세운다.

학생 전체의 집합을 U, 체험 활동 A를 신청한 학생의 집합을 A, 체험 활동 B를 신청한 학생의 집합을 B라 하면

$$n(U) = 200$$
$$n(A) = n(B) + 20 \qquad \cdots\cdots ㉠$$
$$n((A \cup B)^c) = n(A \cup B) - 100 \qquad \cdots\cdots ㉡$$

이때 $n((A \cup B)^c) = n(U) - n(A \cup B)$이므로 ㉡에서

$$n(U) - n(A \cup B) = n(A \cup B) - 100$$

$$2 \times n(A \cup B) = n(U) + 100$$
$$= 200 + 100 = 300$$
$$\therefore n(A \cup B) = 150$$

또한, $n(A \cup B) = n(A) + n(B) - n(A \cap B)$에서
$$150 = n(A) + \{n(A) - 20\} - n(A \cap B) \ (\because \text{㉠})$$
$$2 \times n(A) = 170 + n(A \cap B)$$
$$\therefore n(A) = \frac{1}{2}\{170 + n(A \cap B)\}$$
$$= 85 + \frac{1}{2} \times n(A \cap B) \qquad \cdots\cdots \text{㉢}$$

한편, 체험 활동 A만 신청한 학생의 집합은 $A-B$이므로
$$n(A-B) = n(A) - n(A \cap B)$$
위의 식에 ㉢을 대입하면
$$n(A-B) = 85 + \frac{1}{2} \times n(A \cap B) - n(A \cap B)$$
$$= 85 - \frac{1}{2} \times n(A \cap B)$$

즉, $n(A-B)$가 최대이려면 $n(A \cap B)$가 최소이어야 하고, $n(A \cap B)$는 $A \cap B = \varnothing$일 때 최솟값 0을 가지므로 $n(A-B)$의 최댓값은
$$85 - \frac{1}{2} \times n(A \cap B) = 85 - \frac{1}{2} \times 0 = 85$$

18 (풀이전략) $n(A \cap B) = x$, $n(A \cup B) = y$라 하고, 주어진 조건을 만족시키는 집합 X의 개수가 8이 되도록 하는 x, y의 값을 각각 구한다.

$(A \cap B) \cup X = X$에서 $(A \cap B) \subset X$이고,
$(A \cup B) \cap X = X$에서 $X \subset (A \cup B)$이므로
$$(A \cap B) \subset X \subset (A \cup B)$$
즉, 집합 X는 집합 $A \cup B$의 부분집합 중에서 집합 $A \cap B$의 모든 원소를 반드시 원소로 갖는 집합이다.
이때 $n(A \cap B) = x$, $n(A \cup B) = y$라 하면 집합 X의 개수는 2^{y-x}이므로
$$2^{y-x} = 8 = 2^3 \qquad \therefore y - x = 3 \qquad \cdots\cdots \text{㉠}$$
또한, $n(A) = 3$, $n(B) = 4$이므로
$n(A \cup B) = n(A) + n(B) - n(A \cap B)$에서
$$y = 3 + 4 - x \qquad \therefore x + y = 7 \qquad \cdots\cdots \text{㉡}$$
㉠, ㉡을 연립하여 풀면 $x = 2$, $y = 5$
$$\therefore n(A \cap B) = 2, \ n(A \cup B) = 5$$
$2 \in (A \cap B)$이므로
$1 \in (A \cap B)$이거나 $(a+6) \in (A \cap B)$이다.
즉, $1 \in B$, $(a+6) \notin B$ 또는 $1 \notin B$, $(a+6) \in B$이어야 한다.
(i) $1 \in B$, $(a+6) \notin B$일 때
$\quad 2a-3 = 1$ 또는 $a^2 = 1$
$\quad$ ⓐ $2a-3 = 1$, 즉 $a = 2$이면
$\qquad A = \{1, 2, 8\}$, $B = \{1, 2, 4, 7\}$이므로
$\qquad A \cap B = \{1, 2\}$, $A \cup B = \{1, 2, 4, 7, 8\}$
$\qquad$ 즉, 주어진 조건을 만족시킨다.

ⓑ $a^2 = 1$에서 $a = \pm 1$
$\quad a = 1$이면 $\underline{a+6 = 7 \in B}$이므로 주어진 조건을 만족시키지 않는다. $\ \overset{\llcorner n(A \cap B) = 3}{}$
$\quad a = -1$이면
$\quad A = \{1, 2, 5\}$, $B = \{-5, 1, 2, 7\}$이므로
$\quad A \cap B = \{1, 2\}$, $A \cup B = \{-5, 1, 2, 5, 7\}$
$\quad$ 즉, 주어진 조건을 만족시킨다.
ⓐ, ⓑ에서 주어진 조건을 만족시키는 a의 값은 -1, 2이다.
(ii) $1 \notin B$, $(a+6) \in B$일 때
$\quad a+6 = 2a-3$ 또는 $a+6 = a^2$ 또는 $a+6 = 7$
$\quad$ ⓐ $a+6 = 2a-3$, 즉 $a = 9$이면
$\qquad A = \{1, 2, 15\}$, $B = \{2, 7, 15, 81\}$이므로
$\qquad A \cap B = \{2, 15\}$, $A \cup B = \{1, 2, 7, 15, 81\}$
$\qquad$ 즉, 주어진 조건을 만족시킨다.
$\quad$ ⓑ $a+6 = a^2$에서 $a^2 - a - 6 = 0$
$\qquad (a+2)(a-3) = 0 \qquad \therefore a = -2$ 또는 $a = 3$
$\qquad a = -2$이면
$\qquad A = \{1, 2, 4\}$, $B = \{-7, 2, 4, 7\}$이므로
$\qquad A \cap B = \{2, 4\}$, $A \cup B = \{-7, 1, 2, 4, 7\}$
$\qquad$ 즉, 주어진 조건을 만족시킨다.
$\qquad a = 3$이면 $A = \{1, 2, 9\}$, $B = \{2, 3, 7, 9\}$이므로
$\qquad A \cap B = \{2, 9\}$, $A \cup B = \{1, 2, 3, 7, 9\}$
$\qquad$ 즉, 주어진 조건을 만족시킨다.
$\quad$ ⓒ $a+6 = 7$, 즉 $a = 1$이면 $a^2 = 1 \in B$이므로 주어진 조건을 만족시키지 않는다.
ⓐ, ⓑ, ⓒ에서 주어진 조건을 만족시키는 a의 값은 -2, 3, 9이다.
(i), (ii)에서 주어진 조건을 만족시키는 a의 값은 -2, -1, 2, 3, 9이므로 그 합은
$$(-2) + (-1) + 2 + 3 + 9 = 11$$

 **명제**

◯1 명제와 조건

개념 확인 • 본문 166쪽

1 답 (1) $x\neq0$이고 $x\neq1$ (2) $x<-1$ 또는 $x\geq5$
(3) $-2\leq x<3$

(1) 조건 '$x=0$ 또는 $x=1$'의 부정은
$x\neq0$이고 $x\neq1$
(2) 조건 '$-1\leq x<5$'는 '$x\geq-1$이고 $x<5$'이므로 그 부정은
$x<-1$ 또는 $x\geq5$
(3) 조건 '$x<-2$ 또는 $x\geq3$'의 부정은
'$x\geq-2$이고 $x<3$'이므로
$-2\leq x<3$

2 답 해설 참조

p: x는 홀수, q: x는 10의 약수라 하고
두 조건 p, q의 진리집합을 각각 P, Q
라 하면
$P=\{1, 3, 5, 7, 9\}$,
$Q=\{1, 2, 5, 10\}$ 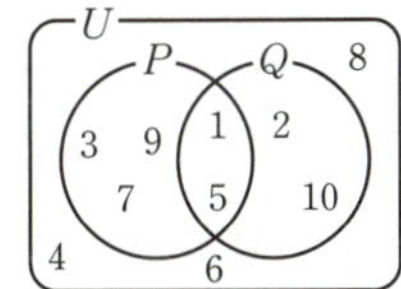

(1) 주어진 명제가 'p 또는 q'이므로 그 부정인
'$\sim p$ 그리고 $\sim q$'는 'x는 홀수가 아니고 10의 약수도 아니다.'이다.
이때 '$\sim p$ 그리고 $\sim q$'의 진리집합은
$P^C\cap Q^C=(P\cup Q)^C=\{4, 6, 8\}$
(2) 주어진 명제가 'p 그리고 q'이므로 그 부정인 '$\sim p$ 또는 $\sim q$'는 'x는 홀수가 아니거나 10의 약수가 아니다.'이다.
이때 '$\sim p$ 또는 $\sim q$'의 진리집합은
$P^C\cup Q^C=(P\cap Q)^C=\{2, 3, 4, 6, 7, 8, 9, 10\}$

유제 • 본문 167~169쪽

01-❶ 답 명제: (2), (4)
(1) 명제가 아니다. (2) 참인 명제
(3) 명제가 아니다. (4) 거짓인 명제

(1) '재미있다'는 기준이 명확하지 않아 참, 거짓을 판별할 수 없으므로 명제가 아니다.
(2) 6의 약수는 1, 2, 3, 6이므로 2는 6의 약수이다.
따라서 참인 명제이다.
(3) x의 값에 따라 참, 거짓이 달라지므로 명제가 아니다.
(4) $2\times3-1=5\neq6$이므로 거짓인 명제이다.

01-❷ 답 ①, ⑤

①, ⑤ x의 값에 따라 참, 거짓이 달라지므로 명제가 아니다.
② $x-1=x+2$에서 $-1=2$이므로 거짓인 명제이다.
③ $3x=x+2x$에서 $3x=3x$이므로 참인 명제이다.
④ $x+1>x-5$에서 $1>-5$이므로 참인 명제이다.
따라서 명제가 아닌 것은 ①, ⑤이다.

01-❸ 답 ㄴ, ㅁ

ㄱ. '크다'는 기준이 명확하지 않아 참, 거짓을 판별할 수 없으므로 명제가 아니다.
ㄴ. 삼각형의 세 내각의 크기의 합은 180°이므로 참인 명제이다.
ㄷ. 2는 소수이지만 홀수가 아니므로 거짓인 명제이다.
ㄹ. 4와 6의 최소공배수는 12이므로 거짓인 명제이다.
ㅁ. $3^2<2^4$에서 $9<16$이므로 참인 명제이다.
ㅂ. x의 값에 따라 참, 거짓이 달라지므로 명제가 아니다.
따라서 참인 명제는 ㄴ, ㅁ이다.

02-❶ 답 해설 참조

(1) 주어진 명제의 부정은 'π는 3보다 크거나 같다.'이다.
(2) 주어진 명제의 부정은
'정사각형은 평행사변형이 아니다.'이다.
(3) 주어진 조건의 부정은 '$x+2\geq3$'이다.
(4) 주어진 조건의 부정은 'n은 유리수이다.'이다.

| 참고 |
실수라는 조건이 없는 경우 '유리수이다.'의 부정을 '무리수이다.'라 해서는 안 된다. 주어진 수가 실수라는 조건이 없으면 유리수가 아닌 수에 허수도 포함되기 때문이다.

02-❷ 답 해설 참조

(1) 주어진 조건의 부정은 '$2\leq x<5$'이다.
(2) 주어진 조건의 부정은 '$x\neq2$ 또는 $x\neq3$'이다.
(3) 주어진 조건의 부정은 '$x\neq3$이고 $y>5$'이다.
(4) 주어진 조건의 부정은 '$x\notin A$ 또는 $x\in B$'이다.

02-❸ 답 ③

주어진 명제의 부정과 그 참, 거짓은 다음과 같다.
ㄱ. 3은 소수가 아니다. (거짓)
ㄴ. 0은 자연수가 아니다. (참)
ㄷ. $3^2+1\geq10$ (참)
ㄹ. 맞꼭지각의 크기는 서로 같지 않다. (거짓)
따라서 명제의 부정이 참인 것은 ㄴ, ㄷ이다.

| 다른 풀이 |
ㄱ, ㄹ. 주어진 명제가 참이므로 그 부정은 거짓이다.
ㄴ, ㄷ. 주어진 명제가 거짓이므로 그 부정은 참이다.

03-❶ 답 (1) $\{x \mid x \geq 3\}$ (2) $\{x \mid 3 \leq x < 5\}$
(3) $\{x \mid x < 2$ 또는 $x \geq 3\}$

두 조건 p, q의 진리집합을 각각 P, Q라 하면
$P = \{x \mid 2 \leq x < 5\}$, $Q = \{x \mid x < 3\}$
(1) 조건 $\sim q$의 진리집합은 Q^C이므로
$\quad Q^C = \{x \mid x \geq 3\}$
(2) 조건 'p이고 $\sim q$'의 진리집합은
$\quad P \cap Q^C$이므로
$\quad P \cap Q^C = \{x \mid 3 \leq x < 5\}$
(3) 조건 '$\sim(p$이고 $q)$'의 진리집합은
$\quad (P \cap Q)^C = P^C \cup Q^C$이고
$\quad P^C = \{x \mid x < 2$ 또는 $x \geq 5\}$,
$\quad Q^C = \{x \mid x \geq 3\}$이므로
$\quad P^C \cup Q^C = \{x \mid x < 2$ 또는 $x \geq 3\}$

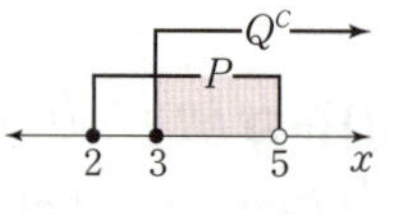
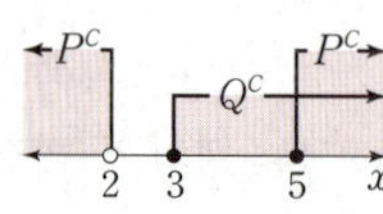

03-❷ 답 ⑤

조건 p의 진리집합을 P라 하면
p: $x(x-11) \geq 0$에서 $x \leq 0$ 또는 $x \geq 11$
$\therefore P = \{x \mid x \leq 0$ 또는 $x \geq 11$, x는 정수$\}$
이때 조건 $\sim p$의 진리집합은 P^C이므로
$P^C = \{x \mid 0 < x < 11$, x는 정수$\}$
따라서 조건 $\sim p$의 진리집합의 원소는 1, 2, 3, $\cdots$, 10의 10
개이다.

03-❸ 답 18

두 조건 p, q의 진리집합을 각각 P, Q라 하면
$P = \{3, 6, 9, 12, 15, 18\}$, $Q = \{1, 3, 5, 15\}$
조건 '$\sim(\sim p$ 또는 $\sim q)$'의 진리집합은
$(P^C \cup Q^C)^C = P \cap Q$이므로 $\quad \sim(\sim p$ 또는 $\sim q) = p$이고 q
$P \cap Q = \{3, 15\}$
따라서 구하는 모든 원소의 합은
$3 + 15 = 18$

소단원 점검 문제 • 본문 170쪽

01 ④ 02 ㄱ, ㄹ 03 ② 04 ⑤

01 ① '아름답다'는 기준이 명확하지 않아 참, 거짓을 판별할
　　수 없으므로 명제가 아니다.
　② y의 값에 따라 참, 거짓이 달라지므로 명제가 아니다.
　③ 한 내각의 크기가 90°가 아닌 마름모가 존재하므로 거
　　짓인 명제이다.
　④ $\sqrt{9} = 3$은 유리수이므로 참인 명제이다.
　⑤ 5는 7의 약수가 아니므로 거짓인 명제이다.
　따라서 참인 명제는 ④이다.

02 주어진 명제의 부정과 그 참, 거짓은 다음과 같다.
　ㄱ. $\sqrt{3}$은 무리수이다. (참)
　ㄴ. $\sqrt{2} \times \sqrt{3} = \sqrt{5}$ (거짓) → $\sqrt{2} \times \sqrt{3} = \sqrt{6}$
　ㄷ. 12는 3의 배수가 아니거나 4의 배수가 아니다. (거짓)
　ㄹ. $x < y$이면 $x+2 < y+2$ (참)
　ㅁ. 5는 소수가 아니다. (거짓)
　ㅂ. 마름모의 네 변의 길이는 적어도 하나가 다르다. (거짓)
　따라서 명제의 부정이 참인 것은 ㄱ, ㄹ이다.

| 다른 풀이 |
　ㄱ, ㄹ. 주어진 명제가 거짓이므로 그 부정은 참이다.
　ㄴ, ㄷ, ㅁ, ㅂ. 주어진 명제가 참이므로 그 부정은 거짓이다.

03 두 조건 p, q의 진리집합을 각각 P, Q라 하면
　p: $|x-2| \geq 3$에서 $\sim p$: $|x-2| < 3$이므로
　$-3 < x-2 < 3$　　$\therefore -1 < x < 5$
　$\therefore P^C = \{0, 1, 2, 3, 4\}$
　q: $|x| \leq 1$에서 $-1 \leq x \leq 1$
　$\therefore Q = \{-1, 0, 1\}$
　따라서 조건 '$\sim(p$ 그리고 $\sim q)$'의 진리집합은
　$(P \cap Q^C)^C = P^C \cup Q$
　$\qquad\qquad = \{-1, 0, 1, 2, 3, 4\}$
　이므로 구하는 원소의 개수는 6이다.

04 조건 '$2 \leq x < 4$'는 '$x \geq 2$이고 $x < 4$'이다.
　p: $x < 2$에서 $\sim p$: $x \geq 2$이므로 $P^C = \{x \mid x \geq 2\}$
　q: $x < 4$에서 $Q = \{x \mid x < 4\}$
　따라서 조건 '$2 \leq x < 4$'의 진리집합은
　$P^C \cap Q$

| 다른 풀이 |
두 진리집합 P, Q를 수직선 위에
나타내면 오른쪽 그림과 같다.
또한, 조건 '$2 \leq x < 4$'의 진리집합
을 수직선 위에 나타내면 오른쪽
그림과 같으므로 구하는 집합은
$P^C \cap Q$

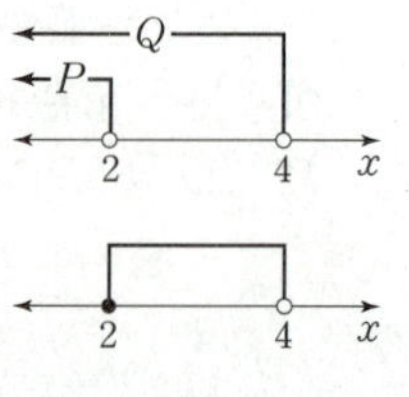

◯2 명제의 참, 거짓

(유제) • 본문 173~177쪽

01-❶ 답 (1) 거짓 (2) 참 (3) 참

(1) [반례] $x = 2$, $y = 1$이면 $xy = 2$이므로 xy는 짝수이지만
　$x + y = 3$이므로 $x + y$는 홀수이다.
　따라서 주어진 명제는 거짓이다.

(2) p: $x^2-4x+3=0$, q: x는 양수라 하고
두 조건 p, q의 진리집합을 각각 P, Q라 하면
p: $x^2-4x+3=0$에서 $(x-1)(x-3)=0$
$\therefore x=1$ 또는 $x=3$
$\therefore P=\{1,\ 3\}$
q: x는 양수이므로 $Q=\{x|x>0\}$
따라서 $P\subset Q$이므로 명제 $p\longrightarrow q$는 참이다.

(3) p: $2x-3>1$, q: $x\geq1$이라 하고
두 조건 p, q의 진리집합을 각각 P, Q라 하면
p: $2x-3>1$에서 $x>2$
$\therefore P=\{x|x>2\}$
q: $x\geq1$에서 $Q=\{x|x\geq1\}$
따라서 $P\subset Q$이므로 명제 $p\longrightarrow q$는 참이다.

01-❷ 탭 ㄴ, ㄷ

ㄱ. [반례] $x=-1$이면 $|x|=1$이지만 $x\neq1$이다.
즉, 주어진 명제는 거짓이다.

ㄴ. p: $x^2<1$, q: $-2<x<2$라 하고
두 조건 p, q의 진리집합을 각각 P, Q라 하면
p: $x^2<1$에서 $x^2-1<0$, $(x+1)(x-1)<0$
$\therefore -1<x<1$
$\therefore P=\{x|-1<x<1\}$
q: $-2<x<2$에서 $Q=\{x|-2<x<2\}$
즉, $P\subset Q$이므로 명제 $p\longrightarrow q$는 참이다.

ㄷ. p: $x^2+y^2=0$, q: $x=0$이고 $y=0$이라 하고
두 조건 p, q의 진리집합을 각각 P, Q라 하면
p: $x^2+y^2=0$에서 $x^2+y^2=0$을 만족시키는 두 실수 x, y
는 $x=0$, $y=0$뿐이므로
$P=\{(x,\ y)|x=0$이고 $y=0\}$
q: $x=0$이고 $y=0$에서
$Q=\{(x,\ y)|x=0$이고 $y=0\}$
$\therefore P=Q$
즉, $P\subset Q$이므로 명제 $p\longrightarrow q$는 참이다.

ㄹ. [반례] $x=0$, $y=1$이면 $xy=0$이지만 $y\neq0$이다.
즉, 주어진 명제는 거짓이다.
따라서 참인 명제는 ㄴ, ㄷ이다.

02-❶ 탭 ④

명제 $q\longrightarrow\ \sim p$가 참이므로 $Q\subset P^C$
이고, 두 집합 P, Q 사이의 포함 관계
를 벤 다이어그램으로 나타내면 오른
쪽과 같다.
$\therefore P\cap Q=\varnothing$
따라서 항상 옳은 것은 ④이다.

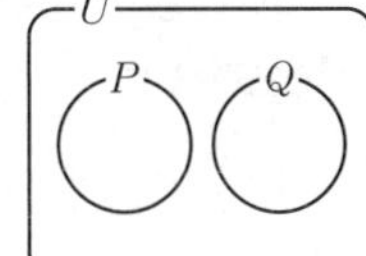

02-❷ 탭 ㄴ, ㄹ

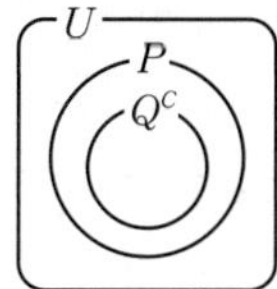

$Q^C\subset P$이므로 두 집합 P, Q 사이의 포함 관
계를 벤 다이어그램으로 나타내면 오른쪽과
같다.

ㄱ. $P\not\subset Q$이므로 명제 $p\longrightarrow q$는 거짓이다.
ㄴ. $Q^C\subset P$이므로 명제 $\sim q\longrightarrow p$는 참이다.
ㄷ. $Q\not\subset P^C$이므로 명제 $q\longrightarrow\ \sim p$는 거짓이다.
ㄹ. $P^C\subset Q$이므로 명제 $\sim p\longrightarrow q$는 참이다.
따라서 항상 참인 명제는 ㄴ, ㄹ이다.

02-❸ 탭 ⑤

$P\cap Q=Q$, $Q\cup R=Q$이므로
$Q\subset P$, $R\subset Q$
즉, 세 집합 P, Q, R 사이의 포함 관계를
벤 다이어그램으로 나타내면 오른쪽과 같다.
① $Q\subset P$이므로 명제 $q\longrightarrow p$는 참이다.
② $R\subset Q$이므로 명제 $r\longrightarrow q$는 참이다.
③ $Q\subset P$에서 $P^C\subset Q^C$이므로 명제 $\sim p\longrightarrow\ \sim q$는 참이다.
④ $R\subset P$에서 $P^C\subset R^C$이므로 명제 $\sim p\longrightarrow\ \sim r$는 참이다.
⑤ $Q\not\subset R$에서 $R^C\not\subset Q^C$이므로 명제 $\sim r\longrightarrow\ \sim q$는 거짓이다.
따라서 항상 참이라고 할 수 없는 것은 ⑤이다.

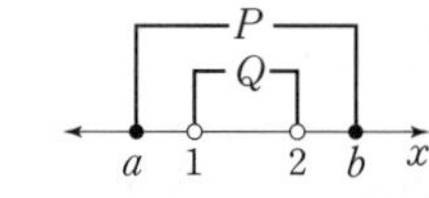

03-❶ 탭 1

두 조건 p, q의 진리집합을 각각 P, Q라 하면
p: $a\leq x\leq b$에서 $P=\{x|a\leq x\leq b\}$,
q: $1<x<2$에서 $Q=\{x|1<x<2\}$
명제 $q\longrightarrow p$가 참이 되려면 $Q\subset P$이
어야 하므로 오른쪽 그림에서
$a\leq1$, $b\geq2$
따라서 $b-a$는 $a=1$, $b=2$일 때 최솟값을 가지므로
$2-1=1$

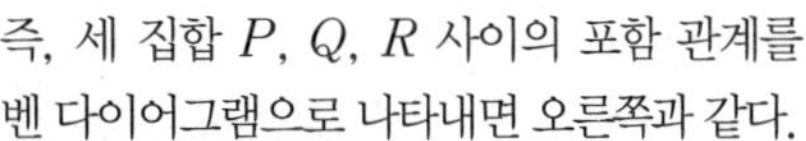
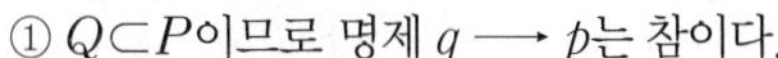

03-❷ 탭 $1\leq a\leq5$

두 조건 p, q의 진리집합을 각각 P, Q라 하면
p: $a-3<x<a+1$에서 $P=\{x|a-3<x<a+1\}$,
q: $x<-2$ 또는 $x\geq6$이므로
$\sim q$: $x\geq-2$이고 $x<6$　$\therefore -2\leq x<6$
$\therefore Q^C=\{x|-2\leq x<6\}$
명제 $p\longrightarrow\ \sim q$가 참이 되려면 $P\subset Q^C$
이어야 하므로 오른쪽 그림에서
$a-3\geq-2$, $a+1\leq6$
$a\geq1$, $a\leq5$
$\therefore 1\leq a\leq5$

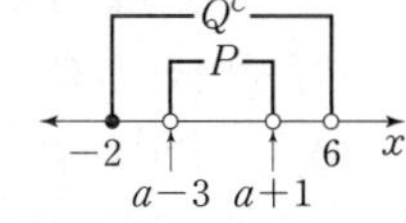

03-❸ 답 4

세 조건 p, q, r의 진리집합을 각각 P, Q, R라 하면
$p: -4<x<3$에서 $P=\{x|-4<x<3\}$
$q: a-2\le x\le a+1$에서 $Q=\{x|a-2\le x\le a+1\}$,
$r: x<b$에서 $R=\{x|x<b\}$
두 명제 $q \longrightarrow p$, $p \longrightarrow r$가 모두
참이 되려면 $Q\subset P$, $P\subset R$이어야
하므로 오른쪽 그림에서
$-4<a-2$, $a+1<3\le b$
$a>-2$, $a<2$이고 $b\ge3$
$\therefore -2<a<2$, $b\ge3$
따라서 정수 a의 최댓값은 1이고 정수 b의 최솟값은 3이므로
그 합은
$1+3=4$

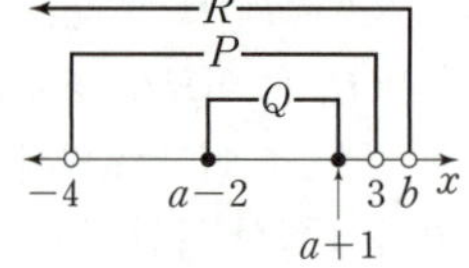

04-❶ 답 2

명제 $p \longrightarrow q$가 거짓임을 보이는 반례는 집합 P에 속하는 원소 중에서 집합 Q에는 속하지 않는 원소이다.
따라서 구하는 반례는 집합 $P-Q$의 원소이므로 1, 2의 2개이다.

04-❷ 답 9

명제 $q \longrightarrow \sim p$가 거짓임을 보이는 반례는 집합 Q에 속하는 원소 중에서 집합 P^c에는 속하지 않는 원소이다.
즉, $Q-P^c=Q\cap(P^c)^c=P\cap Q$에서
집합 $P\cap Q$의 원소이므로
$P\cap Q=\{3,\ 6\}$
따라서 구하는 모든 반례의 합은
$3+6=9$

04-❸ 답 ③

명제 '$\sim p$이면 $\sim q$이다.'가 거짓임을 보이는 반례는 집합 P^c에 속하는 원소 중에서 집합 Q^c에는 속하지 않는 원소이다.
따라서 구하는 집합은
$P^c-Q^c=P^c\cap(Q^c)^c=P^c\cap Q$
$\qquad\qquad =Q\cap P^c=Q-P$

05-❶ 답 ④

① 모든 실수 x에 대하여 $x^2\ge0$이므로 $x^2+1>0$이다.
　즉, 주어진 명제는 참이다.
② $x=\sqrt{2}$이면 $x^2=2$이므로 $x^2-2=0$이다.
　즉, 주어진 명제는 참이다.
③ n이 홀수이면 $n+1$이 짝수이므로 $n(n+1)$은 짝수이고,
　n이 짝수이면 $n+1$이 홀수이므로 $n(n+1)$은 짝수이다.
　즉, 주어진 명제는 참이다.

④ [반례] 2는 소수이지만 홀수가 아니다.
　즉, 주어진 명제는 거짓이다.
⑤ $x=\dfrac{1}{2}$이면 $x^2=\dfrac{1}{4}$이므로 $x^2<x$이다.
　즉, 주어진 명제는 참이다.
따라서 거짓인 명제는 ④이다.

05-❷ 답 (1) 어떤 자연수 n에 대하여 $n^2\le1$이다. (참)
　　　　　(2) 모든 실수 x에 대하여 $x^2-3x+2>0$이다. (거짓)

(1) 주어진 명제의 부정은
　'어떤 자연수 n에 대하여 $n^2\le1$이다.'
　$n=1$이면 $n^2=1$이므로 $n^2\le1$이다.
　즉, 주어진 명제의 부정은 참이다.
(2) 주어진 명제의 부정은
　'모든 실수 x에 대하여 $x^2-3x+2>0$이다.'
　[반례] $x=1$이면 $1^2-3\times1+2=0$이므로 $x^2-3x+2\le0$
　이다.
　즉, 주어진 명제의 부정은 거짓이다.

소단원 점검 문제　　　　• 본문 178쪽

01 ④　　**02** 3　　**03** 18　　**04** ④　　**05** 9

01 $P\cup Q=U$이므로
$(P\cup Q)^c=U^c$에서
$P^c\cap Q^c=P^c-Q=\varnothing$
$\therefore P^c\subset Q$
즉, 명제 $\sim p \longrightarrow q$가 참이다.
따라서 항상 참인 명제는 ④이다.

02 두 조건 p, q의 진리집합을 각각 P, Q라 하면
$p: |x-1|\ge k$에서 $\sim p: |x-1|<k$이므로
$-k<x-1<k$　$\therefore 1-k<x<1+k$
$\therefore P^c=\{x|1-k<x<1+k\}$
$q: -8\le2x-3<4k$에서 $-5\le2x<4k+3$
$\therefore -\dfrac{5}{2}\le x<2k+\dfrac{3}{2}$
$\therefore Q=\left\{x\left|-\dfrac{5}{2}\le x<2k+\dfrac{3}{2}\right.\right\}$
명제 $\sim p \longrightarrow q$가 참이 되려면
$P^c\subset Q$이어야 하므로 오른쪽
그림에서

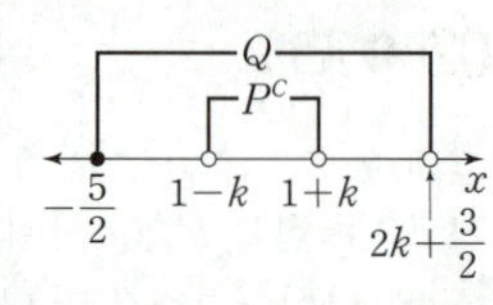

$1-k\ge-\dfrac{5}{2}$, $1+k\le2k+\dfrac{3}{2}$
$k\le\dfrac{7}{2}$, $k\ge-\dfrac{1}{2}$　$\therefore -\dfrac{1}{2}\le k\le\dfrac{7}{2}$
따라서 구하는 자연수 k는 1, 2, 3의 3개이다.

03 p: n은 짝수, q: n은 4의 배수라 하고

두 조건 p, q의 진리집합을 각각 P, Q라 하면

$P=\{2, 4, 6, 8, 10\}$, $Q=\{4, 8\}$

이때 명제 $p \longrightarrow q$가 거짓임을 보이는 반례는 집합 P에
속하는 원소 중에서 집합 Q에는 속하지 않는 원소이다.

즉, 집합 $P-Q$의 원소이므로

$P-Q=\{2, 6, 10\}$

따라서 구하는 모든 반례의 합은

$2+6+10=18$

04 ㄱ. $P=U$이면 전체집합의 모든 원소가 조건 p를 만족시
킨다.

즉, 주어진 명제는 참이다. (참)

ㄴ. $P=U$이면 전체집합의 원소 중에서 조건 p를 만족시
키는 원소가 하나 이상 존재한다.

즉, 주어진 명제는 참이다. (거짓) $\xrightarrow{}$ 조건 $\sim p$의 진리집합

ㄷ. $P \neq U$이면 $P^c \neq \varnothing$이므로 전체집합의 원소 중에서
조건 $\sim p$를 만족시키는 원소가 하나 이상 존재한다.

즉, 주어진 명제는 참이다. (참)

따라서 옳은 것은 ㄱ, ㄷ이다.

05 주어진 명제가 참이 되려면

이차방정식 $x^2+6x+k=0$의 판별식을 D라 할 때

$\dfrac{D}{4}=3^2-1 \times k \leq 0$이어야 한다.

$9-k \leq 0$ $\therefore k \geq 9$

따라서 실수 k의 최솟값은 9이다.

○3 명제 사이의 관계

(유제)　　　　　　　　　　　　　　　　• 본문 181~185쪽

01-❶ 답 해설 참조

(1) 역: $x^2-4x+4=0$이면 $x=2$이다. (참)

대우: $x^2-4x+4 \neq 0$이면 $x \neq 2$이다. (참)

(2) 역: $x+y \geq 0$이면 $x \geq 0$이고 $y \geq 0$이다. (거짓)

[반례] $x=1$, $y=-1$이면 $x+y=0 \geq 0$이지만 $y<0$이다.

대우: $x+y<0$이면 $x<0$ 또는 $y<0$이다. (참)

01-❷ 답 ㄱ, ㄴ

ㄱ. 역: $xy=0$이면 $x^2+y^2=0$이다. (거짓)

[반례] $x=0$, $y=1$이면 $xy=0$이지만 $x^2+y^2=1$이다.

대우: $xy \neq 0$이면 $x^2+y^2 \neq 0$이다. (참)

[증명] $xy \neq 0$이면 $x \neq 0$, $y \neq 0$이고, $x^2 \neq 0$, $y^2 \neq 0$이므로
$x^2+y^2 \neq 0$

ㄴ. 역: $xy \geq 0$이면 $|x|+|y| \leq 0$이다. (거짓)

[반례] $x=1$, $y=1$이면 $xy=1 \geq 0$이지만
$|x|+|y|=2>0$이다.

대우: $xy<0$이면 $|x|+|y|>0$이다. (참)

[증명] $xy<0$이면 $x>0$, $y<0$ 또는 $x<0$, $y>0$이고,
$|x|>0$, $|y|>0$이므로 $|x|+|y|>0$

ㄷ. 역: 두 삼각형이 서로 합동이면 두 삼각형의 넓이는 같다.

(참)

대우: 두 삼각형이 서로 합동이 아니면 두 삼각형의 넓이
는 같지 않다. (거짓)

[반례] 밑변의 길이가 1, 높이가 4인 직각삼각형과 밑변의
길이가 2, 높이가 2인 직각삼각형은 서로 합동이 아니지
만 넓이가 같다.

따라서 명제의 역은 거짓이고 대우는 참인 것은 ㄱ, ㄴ이다.

01-❸ 답 3

주어진 명제가 참이므로 그 대우

'$x-2=0$이면 $x^2-2ax+8=0$이다.'도 참이다.

따라서 $x=2$를 $x^2-2ax+8=0$에 대입하면

$2^2-2a \times 2+8=0$, $4a=12$

$\therefore a=3$

02-❶ 답 (1) 필요조건　(2) 필요충분조건　(3) 충분조건

(1) [$p \longrightarrow q$의 반례] $x=-1$, $y=0$이면 $x^2+y^2=1>0$이지만
$x+y=-1<0$이므로 $p \not\Longrightarrow q$이다.

x, y가 실수이면 $x^2 \geq 0$, $y^2 \geq 0$

이때 $x+y>0$이므로 $x^2>0$ 또는 $y^2>0$이다.

즉, $x^2+y^2>0$이므로 $q \Longrightarrow p$이다.

따라서 $p \not\Longrightarrow q$, $q \Longrightarrow p$이므로 p는 q이기 위한 필요조건
이다.

(2) $|x|=1$이면 $x=\pm 1$이므로 $x^2=1$이다. 즉, $p \Longrightarrow q$이다.

$x^2=1$이면 $x=\pm 1$이므로 $|x|=1$이다. 즉, $q \Longrightarrow p$이다.

따라서 $p \Longleftrightarrow q$이므로 p는 q이기 위한 필요충분조건이다.

(3) 6의 약수인 1, 2, 3, 6은 모두 12의 약수이므로 $p \Longrightarrow q$이다.

[$q \longrightarrow p$의 반례] $x=4$이면 12의 약수이지만 6의 약수는
아니므로 $q \not\Longrightarrow p$이다.

따라서 $p \Longrightarrow q$, $q \not\Longrightarrow p$이므로 p는 q이기 위한 충분조건
이다.

02-❷ 답 ㄴ, ㄷ

ㄱ. p: $x-3<0$에서 $x<3$, q: $x+7>2x+1$에서 $x<6$

$x<3$인 모든 실수 x는 $x<6$이므로 $p \Longrightarrow q$이다.

[$q \longrightarrow p$의 반례] $x=5$이면 $x<6$이지만 $x>3$이므로
$q \not\Longrightarrow p$이다.

따라서 $p \Longrightarrow q$, $q \not\Longrightarrow p$이므로 p는 q이기 위한 충분조
건이다.

ㄴ. $A \subset B$이면 $A \cap B = A$이므로 $p \Longrightarrow q$이고,
  $A \cap B = A$이면 $A \subset B$이므로 $q \Longrightarrow p$이다.
  따라서 $p \Longleftrightarrow q$이므로 p는 q이기 위한 필요충분조건이다.

ㄷ. $x = y = 0$이면 $|x| = |y| = 0$이므로 $|x| + |y| = 0$, 즉
  $p \Longrightarrow q$이다.
  $|x| + |y| = 0$이면 $|x| = |y| = 0$이므로 $x = y = 0$, 즉
  $q \Longrightarrow p$이다.
  따라서 $p \Longleftrightarrow q$이므로 p는 q이기 위한 필요충분조건이다.

ㄹ. [$p \longrightarrow q$의 반례] $B = A^C$이면 $A \cap B = \varnothing$이지만
  $A \cup B = U$이므로 $p \not\Longrightarrow q$이다.
  $A \cup B = \varnothing$이면 $A = \varnothing$, $B = \varnothing$이므로 $A \cap B = \varnothing$이다.
  즉, $q \Longrightarrow p$이다.
  따라서 $p \not\Longrightarrow q$, $q \Longrightarrow p$이므로 p는 q이기 위한 필요조건이다.

따라서 p가 q이기 위한 필요충분조건인 것은 ㄴ, ㄷ이다.

03-❶ 답 ③

q가 $\sim p$이기 위한 충분조건이므로
$q \Longrightarrow \sim p$ $\therefore Q \subset P^C$
즉, 두 집합 P, Q 사이의 포함 관계를 벤
다이어그램으로 나타내면 오른쪽과 같다.

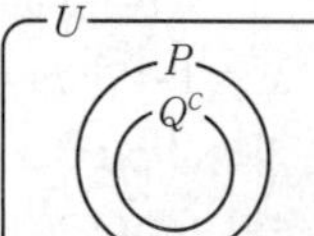

① $P^C \not\subset Q$ ② $Q^C \not\subset P$
③ $P \cap Q = \varnothing$ ④ $P \cup Q \neq U$
⑤ $Q - P = Q$
따라서 항상 옳은 것은 ③이다.

03-❷ 답 ㄱ, ㄹ

p가 $\sim q$이기 위한 필요조건이므로
$\sim q \Longrightarrow p$ $\therefore Q^C \subset P$
즉, 두 집합 P, Q^C 사이의 포함 관계를
벤 다이어그램으로 나타내면 오른쪽과 같다.

ㄱ. $P^C \subset Q$
ㄴ. $P - Q = P \cap Q^C = Q^C$
ㄷ. $P \cap Q \neq \varnothing$
ㄹ. $P \cup Q = U$
따라서 항상 옳은 것은 ㄱ, ㄹ이다.

03-❸ 답 $Q \subset P \subset R$

q는 p이기 위한 충분조건이므로 $q \Longrightarrow p$
$\therefore Q \subset P$
r는 p이기 위한 필요조건이므로 $p \Longrightarrow r$
$\therefore P \subset R$
$\therefore Q \subset P \subset R$

04-❶ 답 $a \geq 4$

두 조건 p, q의 진리집합을 각각 P, Q라 하면
$P = \{x \mid x \leq -3 \ \text{또는} \ x \geq 2\}$, $Q = \left\{x \mid x > \dfrac{a}{2}\right\}$
이때 p가 q이기 위한 필요조건이 되려
면 $q \Longrightarrow p$, 즉 $Q \subset P$이어야 하므로
오른쪽 그림에서
$\dfrac{a}{2} \geq 2$ $\therefore a \geq 4$

04-❷ 답 3

$x = 1$이 $x^2 + ax + b = 0$이기 위한 필요충분조건이므로
명제 '$x = 1$이면 $x^2 + ax + b = 0$이다.'와
명제 '$x^2 + ax + b = 0$이면 $x = 1$이다.'가 모두 참이다.
즉, 이차방정식 $x^2 + ax + b = 0$의 해가 $x = 1$뿐이어야 하므로
중근 $x = 1$을 갖고 x^2의 계수가 1인 이차방정식은
$(x - 1)^2 = 0$ $\therefore x^2 - 2x + 1 = 0$
이 이차방정식이 $x^2 + ax + b = 0$과 같으므로
$a = -2$, $b = 1$
$\therefore b - a = 1 - (-2) = 3$

04-❸ 답 3

세 조건 p, q, r의 진리집합을 각각 P, Q, R라 하면
$P = \{x \mid 0 < x \leq 3\}$, $Q = \{x \mid a \leq x \leq 5\}$,
$R = \{x \mid 1 \leq x < b\}$
이때 p는 q이기 위한 충분조건이면서 r이기 위한 필요조건이
되려면 $p \Longrightarrow q$, $r \Longrightarrow p$, 즉
$P \subset Q$, $R \subset P$에서 $R \subset P \subset Q$이
어야 하므로 오른쪽 그림에서
$a \leq 0$, $1 < b \leq 3$
따라서 $a + b$는 $a = 0$, $b = 3$일 때 최댓값 $0 + 3 = 3$을 갖는다.

05-❶ 답 ②

p는 r이기 위한 필요조건이므로 $r \Longrightarrow p$이고,
$\sim r$는 q이기 위한 충분조건이므로 $\sim r \Longrightarrow q$이다.
$\sim r \Longrightarrow q$에서 그 대우도 참이므로 $\sim q \Longrightarrow r$
즉, $\sim q \Longrightarrow r$, $r \Longrightarrow p$이므로 삼단논법에 의하여
$\sim q \Longrightarrow p$
$\sim q \Longrightarrow p$에서 그 대우도 참이므로 $\sim p \Longrightarrow q$
따라서 항상 참이라 할 수 없는 것은 ②이다.

05-❷ 답 충분조건

p는 $\sim r$이기 위한 필요조건이므로 $\sim r \Longrightarrow p$
$\sim r \Longrightarrow p$에서 그 대우도 참이므로 $\sim p \Longrightarrow r$
또한, r는 q이기 위한 충분조건이므로 $r \Longrightarrow q$

즉, $\sim p \Longrightarrow r$, $r \Longrightarrow q$이므로 삼단논법에 의하여
$\sim p \Longrightarrow q$
따라서 $\sim p$는 q이기 위한 충분조건이다.

05-❸ 답 필요충분조건

㉮ $\sim q$는 $\sim p$이기 위한 충분조건이므로
  $\sim q \Longrightarrow \sim p$
  $\sim q \Longrightarrow \sim p$에서 그 대우도 참이므로 $p \Longrightarrow q$
㉯ p는 r이기 위한 필요조건이므로 $r \Longrightarrow p$
㉰ q는 r이기 위한 충분조건이므로 $q \Longrightarrow r$
이때 $q \Longrightarrow r$, $r \Longrightarrow p$이므로 삼단논법에 의하여
$q \Longrightarrow p$
따라서 $p \Longleftrightarrow q$이므로 p는 q이기 위한 필요충분조건이다.

소단원 점검 문제
• 본문 186쪽

01 ① 02 ⑤ 03 ④ 04 ⑤

01 주어진 명제가 참이므로 그 대우
'$x \leq 2$이고 $y \leq k$이면 $x+y \leq 6$이다.'
도 참이다.
$x \leq 2$이고 $y \leq k$에서 $x+y \leq 2+k$이므로
$2+k \leq 6$ → $\{(x, y) \mid x+y \leq 2+k\} \subset \{(x, y) \mid x+y \leq 6\}$이므로
$\therefore k \leq 4$
따라서 실수 k의 최댓값은 4이다.

02 ① [$p \longrightarrow q$의 반례] $x=0$이면 $x^2=x$이지만 $x \neq 1$이므로 $p \not\Longrightarrow q$이다.
$x=1$이면 $x^2=x$이므로 $q \Longrightarrow p$이다.
즉, $p \not\Longrightarrow q$, $q \Longrightarrow p$이므로 p는 q이기 위한 필요조건이다.
② $|x|=2$에서 $x=\pm 2$이므로 $x^2=4$이다.
  $\therefore p \Longrightarrow q$
$x^2=4$에서 $x=\pm 2$이므로 $|x|=2$이다.
  $\therefore q \Longrightarrow p$
즉, $p \Longleftrightarrow q$이므로 p는 q이기 위한 필요충분조건이다.
③ p: $x^2-2x-3<0$에서 $(x+1)(x-3)<0$
  $\therefore -1<x<3$ → 두 조건 p, q가 같으므로
즉, $p \Longleftrightarrow q$이므로 p는 q이기 위한 필요충분조건이다.
④ [$p \longrightarrow q$의 반례] $x=-1$, $y=-1$이면 $xy=1>0$이지만 $x<0$이고 $y<0$이므로 $p \not\Longrightarrow q$이다.
$x>0$, $y>0$이면 $xy>0$이므로 $q \Longrightarrow p$이다.
즉, $p \not\Longrightarrow q$, $q \Longrightarrow p$이므로 p는 q이기 위한 필요조건이다.

⑤ $x+y=0$이면 $x=-y$이므로 $x^2=y^2$이다.
  $\therefore p \Longrightarrow q$
  [$q \longrightarrow p$의 반례] $x=1$, $y=1$이면 $x^2=y^2$이지만
  $x+y=2 \neq 0$이므로 $q \not\Longrightarrow p$이다.
  즉, $p \Longrightarrow q$, $q \not\Longrightarrow p$이므로 p는 q이기 위한 충분조건이다.
따라서 p가 q이기 위한 충분조건이지만 필요조건이 아닌 것은 ⑤이다.

03 ① $P \not\subset R$, $R \not\subset P$이므로 p는 r이기 위한 어떤 조건도 아니다.
② $Q \subset P$이므로 q는 p이기 위한 충분조건이다.
③ $Q \not\subset R$, $R \not\subset Q$이므로 r는 q이기 위한 어떤 조건도 아니다.
④ $P \subset R^C$이므로 $\sim r$는 p이기 위한 필요조건이다.
⑤ $R \subset Q^C$이므로 $\sim q$는 r이기 위한 필요조건이다.
따라서 옳은 것은 ④이다.

04 두 조건 p, q의 진리집합을 각각 P, Q라 하면
p: $a<x<5$에서
$\sim p$: $x \leq a$ 또는 $x \geq 5$
$\therefore P^C = \{x \mid x \leq a$ 또는 $x \geq 5\}$
q: $x^2-x-2<0$에서 $(x+1)(x-2)<0$
$\therefore -1<x<2$
$\therefore Q = \{x \mid -1<x<2\}$
이때 $\sim p$가 q이기 위한 필요조건이 되려면
$q \Longrightarrow \sim p$, 즉 $Q \subset P^C$이어야 하므로 오른쪽 그림에서 $2 \leq a <5$
따라서 구하는 정수 a의 최솟값은 2이다.

○4 명제의 증명

(유제)
• 본문 188~189쪽

01-❶ 답 해설 참조

주어진 명제의 대우는
'자연수 n에 대하여 n이 짝수이면 n^2도 짝수이다.'
n이 짝수이면
$n=2k$ (k는 자연수)로 나타낼 수 있으므로
$n^2=(2k)^2=4k^2$
  $=2 \times 2k^2$
이때 $2k^2$은 자연수이므로 n^2은 짝수이다.
따라서 주어진 명제의 대우가 참이므로 주어진 명제도 참이다.

01-❷ **답** ㈎ x, y가 모두 홀수이면 xy도 홀수이다.

ㄴ) $2mn-m-n$

주어진 명제의 대우는

'두 자연수 x, y에 대하여

$\boxed{x, y\text{가 모두 홀수이면 } xy\text{도 홀수이다.}}$'

x, y가 모두 홀수이면

$x=2m-1$, $y=2n-1$ (m, n은 자연수)

로 나타낼 수 있으므로

$xy=(2m-1)(2n-1)$

$\quad =4mn-2m-2n+1$

$\quad =2(\boxed{2mn-m-n})+1$

이때 $\boxed{2mn-m-n}$은 0 또는 자연수이므로 xy는 홀수이다.

따라서 주어진 명제의 대우가 참이므로 주어진 명제도 참이다.

02-❶ **답** ㈎ 유리수 ㈏ 유리수 ㈐ 무리수

$1+\sqrt{5}$가 $\boxed{\text{유리수}}$ 라 가정하면

$1+\sqrt{5}=a$ (a는 유리수)

로 나타낼 수 있다.

이때 $\sqrt{5}=a-1$이고, 유리수끼리의 뺄셈은 유리수이므로

$a-1$은 $\boxed{\text{유리수}}$ 이다.

그런데 이것은 $\sqrt{5}$가 $\boxed{\text{무리수}}$ 이므로 모순이다.

따라서 $1+\sqrt{5}$ 는 유리수가 아니다.

02-❷ **답** 해설 참조

자연수 n에 대하여 n^2이 2의 배수일 때, n이 2의 배수가 아니라 가정하면

$n=2k-1$ (k는 자연수)

로 나타낼 수 있으므로

$n^2=(2k-1)^2$

$\quad =4k^2-4k+1$

$\quad =2(2k^2-2k)+1$

그런데 n^2을 2로 나눈 나머지가 1이므로 n^2이 2의 배수라는 가정에 모순이다.

따라서 n^2이 2의 배수이면 n도 2의 배수이다.

소단원 점검 문제 · 본문 190쪽

01 해설 참조 **02** 해설 참조

03 ㈎ 유리수 ㈏ 유리수 ㈐ 무리수 **04** 해설 참조

01 주어진 명제의 대우는

'두 실수 x, y에 대하여 $x<0$이고 $y<0$이면 $x+y<0$이다.'

$x<0$의 양변에 y를 더하면 $x+y<y$

또한, $y<0$이므로 $x+y<y<0$ $\therefore x+y<0$

따라서 주어진 명제의 대우가 참이므로 주어진 명제도 참이다.

02 주어진 명제의 대우는

'두 실수 a, b에 대하여 $a\ne0$ 또는 $b\ne0$이면 $a^2+b^2\ne0$이다.'

(i) $a\ne0$일 때

$\quad a^2>0$, $b^2\ge0$이므로 $a^2+b^2>0$

(ii) $b\ne0$일 때

$\quad a^2\ge0$, $b^2>0$이므로 $a^2+b^2>0$

(i), (ii)에서 $a\ne0$ 또는 $b\ne0$이면 $a^2+b^2\ne0$이다.

따라서 주어진 명제의 대우가 참이므로 주어진 명제도 참이다.

03 실수 x에 대하여 x^2이 무리수일 때, x가 $\boxed{\text{유리수}}$ 라 가정하면

유리수끼리의 곱셈은 유리수이므로 $x\times x=x^2$은

$\boxed{\text{유리수}}$ 이다.

그런데 이것은 x^2이 $\boxed{\text{무리수}}$ 라는 가정에 모순이다.

따라서 x^2이 무리수이면 x도 무리수이다.

04 (1) 주어진 명제의 대우는

'자연수 n에 대하여 n이 3의 배수가 아니면 n^2도 3의 배수가 아니다.'

n이 3의 배수가 아니므로

$n=3k-1$ 또는 $n=3k-2$ (k는 자연수)

로 나타낼 수 있다.

(i) $n=3k-1$일 때

$\quad n^2=(3k-1)^2=9k^2-6k+1$

$\quad\quad =3(3k^2-2k)+1$

(ii) $n=3k-2$일 때

$\quad n^2=(3k-2)^2=9k^2-12k+4$

$\quad\quad =3(3k^2-4k+1)+1$

(i), (ii)에서 n^2을 3으로 나눈 나머지가 1이므로 n^2은 3의 배수가 아니다.

따라서 주어진 명제의 대우가 참이므로 주어진 명제도 참이다.

(2) 자연수 n에 대하여 n^2이 3의 배수일 때, n이 3의 배수가 아니라고 가정하면

$n=3k-1$ 또는 $n=3k-2$ (k는 자연수)

로 나타낼 수 있다.

(i) $n=3k-1$일 때

$\quad n^2=(3k-1)^2=9k^2-6k+1$

$\quad\quad =3(3k^2-2k)+1$

(ii) $n=3k-2$일 때
$$n^2=(3k-2)^2$$
$$=9k^2-12k+4$$
$$=3(3k^2-4k+1)+1$$

그런데 (i), (ii)에서 n^2을 3으로 나눈 나머지가 1이므로 n^2이 3의 배수라는 가정에 모순이다.

따라서 n^2이 3의 배수이면 n도 3의 배수이다.

주어진 명제와 같이 참임을 증명할 때 대우를 이용한 증명법, 귀류법이 모두 가능한 명제도 있다. 명제가 참임을 증명할 때는 어떤 증명 방법이 간단한지 판단하여 간단한 방법을 택하여 증명하는 것이 좋다.

○5 절대부등식

(유제)
• 본문 193~197쪽

01-❶ 답 (1) $a^2+10b^2\geq6ab$ (단, 등호는 $a=b=0$일 때 성립)

(2) $\sqrt{a}+\sqrt{b}\leq\sqrt{2(a+b)}$
(단, 등호는 $a=b$일 때 성립)

(3) $2^{30}<3^{20}<10^{10}$

(1) $(a^2+10b^2)-6ab=(a^2-6ab+9b^2)+b^2$
$$=(a-3b)^2+b^2$$

a, b가 실수이므로 $(a-3b)^2\geq0$, $b^2\geq0$

즉, $(a-3b)^2+b^2\geq0$이므로

$a^2+10b^2\geq6ab$

여기서 등호는 $a-3b=0$, $b=0$, 즉 $a=b=0$일 때 성립한다.

(2) $(\sqrt{a}+\sqrt{b})^2-\{\sqrt{2(a+b)}\}^2=a+2\sqrt{a}\sqrt{b}+b-2(a+b)$
$$=-(a-2\sqrt{ab}+b)$$
$$=-(\sqrt{a}-\sqrt{b})^2$$

$a\geq0$, $b\geq0$에서 $(\sqrt{a}-\sqrt{b})^2\geq0$이므로 $-(\sqrt{a}-\sqrt{b})^2\leq0$

즉, $(\sqrt{a}+\sqrt{b})^2-\{\sqrt{2(a+b)}\}^2\leq0$이므로

$(\sqrt{a}+\sqrt{b})^2\leq\{\sqrt{2(a+b)}\}^2$

이때 $\sqrt{a}+\sqrt{b}\geq0$, $\sqrt{2(a+b)}\geq0$이므로

$\sqrt{a}+\sqrt{b}\leq\sqrt{2(a+b)}$

여기서 등호는 $\sqrt{a}-\sqrt{b}=0$, 즉 $a=b$일 때 성립한다.

(3) $\dfrac{2^{30}}{10^{10}}=\dfrac{(2^3)^{10}}{10^{10}}=\left(\dfrac{2^3}{10}\right)^{10}=\left(\dfrac{8}{10}\right)^{10}=\left(\dfrac{4}{5}\right)^{10}$

$\dfrac{4}{5}<1$이므로 $\left(\dfrac{4}{5}\right)^{10}<1$ $\quad\therefore \dfrac{2^{30}}{10^{10}}<1$

이때 $2^{30}>0$, $10^{10}>0$이므로

$2^{30}<10^{10}$

$\dfrac{10^{10}}{3^{20}}=\dfrac{10^{10}}{(3^2)^{10}}=\left(\dfrac{10}{3^2}\right)^{10}=\left(\dfrac{10}{9}\right)^{10}$

$\dfrac{10}{9}>1$이므로 $\left(\dfrac{10}{9}\right)^{10}>1$ $\quad\therefore \dfrac{10^{10}}{3^{20}}>1$

이때 $10^{10}>0$, $3^{20}>0$이므로

$10^{10}>3^{20}$

$\dfrac{2^{30}}{3^{20}}=\dfrac{(2^3)^{10}}{(3^2)^{10}}=\left(\dfrac{2^3}{3^2}\right)^{10}=\left(\dfrac{8}{9}\right)^{10}$

$\dfrac{8}{9}<1$이므로 $\left(\dfrac{8}{9}\right)^{10}<1$ $\quad\therefore \dfrac{2^{30}}{3^{20}}<1$

이때 $2^{30}>0$, $3^{20}>0$이므로

$2^{30}<3^{20}$

$\therefore 2^{30}<3^{20}<10^{10}$

01-❷ 답 $\dfrac{a}{a+1}>\dfrac{b}{b+1}$

$\dfrac{a}{a+1}-\dfrac{b}{b+1}=\dfrac{a(b+1)-b(a+1)}{(a+1)(b+1)}$
$$=\dfrac{a-b}{(a+1)(b+1)}$$

$a>b>0$에서 $a-b>0$, $(a+1)(b+1)>0$이므로
$$\hookrightarrow a+1>0,\ b+1>0$$

$\dfrac{a-b}{(a+1)(b+1)}>0$

따라서 $\dfrac{a}{a+1}-\dfrac{b}{b+1}>0$이므로 $\dfrac{a}{a+1}>\dfrac{b}{b+1}$

$\dfrac{\dfrac{a}{a+1}}{\dfrac{b}{b+1}}=\dfrac{(b+1)a}{(a+1)b}=\dfrac{ab+a}{ab+b}$

$a>b>0$이므로 $\dfrac{ab+a}{ab+b}>1$

따라서 $\dfrac{\dfrac{a}{a+1}}{\dfrac{b}{b+1}}>1$이므로 $\dfrac{a}{a+1}>\dfrac{b}{b+1}$

02-❶ 답 해설 참조

(1) $(a^2+4ab)-(-5b^2)=(a^2+4ab+4b^2)+b^2$
$$=(a+2b)^2+b^2$$

a, b가 실수이므로 $(a+2b)^2\geq0$, $b^2\geq0$

즉, $(a+2b)^2+b^2\geq0$이므로

$a^2+4ab\geq-5b^2$

여기서 등호는 $a+2b=0$, $b=0$, 즉 $a=b=0$일 때 성립한다.

(2) $(\sqrt{a-b})^2-(\sqrt{a}-\sqrt{b})^2=a-b-(a-2\sqrt{a}\sqrt{b}+b)$
$$=2(\sqrt{ab}-b)$$
$$=2\sqrt{b}(\sqrt{a}-\sqrt{b})$$

$a\geq b>0$에서 $\sqrt{a}-\sqrt{b}\geq0$, $\sqrt{b}>0$이므로

$2\sqrt{b}(\sqrt{a}-\sqrt{b})\geq0$

즉, $(\sqrt{a-b})^2-(\sqrt{a}-\sqrt{b})^2\geq0$이므로

$(\sqrt{a-b})^2\geq(\sqrt{a}-\sqrt{b})^2$

이때 $\sqrt{a-b}\geq0$, $\sqrt{a}-\sqrt{b}\geq0$이므로

$\sqrt{a-b}\geq\sqrt{a}-\sqrt{b}$

여기서 등호는 $\sqrt{a}-\sqrt{b}=0$, 즉 $a=b$일 때 성립한다.

02-❷ 📋 해설 참조

$$(1+a)^2-(\sqrt{1+b^2})^2=1+2a+a^2-(1+b^2)$$
$$=2a+a^2-b^2$$
$$=2a+(a+b)(a-b)$$

$a>b>0$에서 $2a>0$, $a+b>0$, $a-b>0$이므로
$2a+(a+b)(a-b)>0$
즉, $(1+a)^2-(\sqrt{1+b^2})^2>0$이므로 $(1+a)^2>(\sqrt{1+b^2})^2$
이때 $1+a>0$, $\sqrt{1+b^2}>0$이므로 $1+a>\sqrt{1+b^2}$

02-❸ 📋 해설 참조

$$||a|-|b||^2-|a+b|^2$$
$$=(|a|-|b|)^2-(a+b)^2$$
$$=|a|^2-2|a||b|+|b|^2-(a^2+2ab+b^2)$$
$$=a^2-2|ab|+b^2-a^2-2ab-b^2$$
$$=-2(|ab|+ab)$$

$|ab|\geq-ab$이므로 $-2(|ab|+ab)\leq0$
즉, $||a|-|b||^2-|a+b|^2\leq0$이므로
$||a|-|b||^2\leq|a+b|^2$
이때 $||a|-|b||\geq0$, $|a+b|\geq0$이므로
$||a|-|b||\leq|a+b|$
여기서 등호는 $|ab|+ab=0$, 즉 $ab\leq0$일 때 성립한다.

03-❶ 📋 해설 참조

$\dfrac{4a}{b}>0$, $\dfrac{b}{a}>0$이므로 산술평균과 기하평균의 관계에 의하여
$$\frac{4a}{b}+\frac{b}{a}\geq2\sqrt{\frac{4a}{b}\times\frac{b}{a}}$$
$$=2\times2$$
$$=4\left(\text{단, 등호는 }\frac{4a}{b}=\frac{b}{a},\text{ 즉 }2a=b\text{일 때 성립}\right)$$

03-❷ 📋 해설 참조

$$\left(a+\frac{1}{b}\right)\left(b+\frac{1}{a}\right)=ab+1+1+\frac{1}{ab}=2+ab+\frac{1}{ab}$$

$ab>0$, $\dfrac{1}{ab}>0$이므로 산술평균과 기하평균의 관계에 의하여
$$2+ab+\frac{1}{ab}\geq2+2\sqrt{ab\times\frac{1}{ab}}$$
$$=2+2\times1$$
$$=4\left(\text{단, 등호는 }ab=\frac{1}{ab},\text{ 즉 }ab=1\text{일 때 성립}\right)$$

03-❸ 📋 (가) xy　(나) 4　(다) 8

$$\frac{(xy+1)(x+4y)}{\boxed{xy}}=\frac{x^2y+4xy^2+x+4y}{\boxed{xy}}=x+4y+\frac{1}{y}+\frac{4}{x}$$
$$=\left(x+\frac{4}{x}\right)+\left(4y+\frac{1}{y}\right)$$

$x>0$, $\dfrac{4}{x}>0$, $4y>0$, $\dfrac{1}{y}>0$, 즉 $x>0$, $y>0$이므로
산술평균과 기하평균의 관계에 의하여
$$x+\frac{4}{x}\geq2\sqrt{x\times\frac{4}{x}}=2\times2=4,$$
$$4y+\frac{1}{y}\geq2\sqrt{4y\times\frac{1}{y}}=2\times2=\boxed{4}$$
$$\therefore\left(x+\frac{4}{x}\right)+\left(4y+\frac{1}{y}\right)\geq4+4=\boxed{8}$$
$$\left(\text{단, 등호는 }x=\frac{4}{x},\ 4y=\frac{1}{y},\text{ 즉 }x=2,\ y=\frac{1}{2}\text{일 때 성립}\right)$$

따라서 $\dfrac{(xy+1)(x+4y)}{\boxed{xy}}\geq\boxed{8}$이므로
$(xy+1)(x+4y)\geq8xy$

04-❶ 📋 (1) 24　(2) $\dfrac{9}{16}$

(1) $3x>0$, $4y>0$이므로 산술평균과 기하평균의 관계에 의하여
$$3x+4y\geq2\sqrt{3x\times4y}$$
$$=4\sqrt{3xy}\ (\text{단, 등호는 }3x=4y\text{일 때 성립})$$
이때 $xy=12$이므로
$$3x+4y\geq4\sqrt{3\times12}=24$$
따라서 $3x+4y$의 최솟값은 24이다.

(2) $4x>0$, $y>0$이므로 산술평균과 기하평균의 관계에 의하여
$$4x+y\geq2\sqrt{4x\times y}$$
$$=4\sqrt{xy}\ (\text{단, 등호는 }4x=y\text{일 때 성립})$$
이때 $4x+y=3$이므로
$$3\geq4\sqrt{xy}\qquad\therefore\sqrt{xy}\leq\frac{3}{4}$$
양변을 제곱하면 $xy\leq\dfrac{9}{16}$
따라서 xy의 최댓값은 $\dfrac{9}{16}$이다.

04-❷ 📋 3

$x^2>0$, $y^2>0$이므로 산술평균과 기하평균의 관계에 의하여
$$x^2+y^2\geq2\sqrt{x^2\times y^2}$$
$$=2\sqrt{(xy)^2}$$
$$=2xy\ (\text{단, 등호는 }x^2=y^2,\text{ 즉 }x=y\text{일 때 성립})$$
이때 $x^2+y^2=6$이므로
$$6\geq2xy\qquad\therefore xy\leq3$$
따라서 xy의 최댓값은 3이다.

04-❸ 📋 (1) 16　(2) 0

(1) $(x+9y)\left(\dfrac{1}{x}+\dfrac{1}{y}\right)=1+\dfrac{x}{y}+\dfrac{9y}{x}+9=10+\dfrac{x}{y}+\dfrac{9y}{x}$

$\dfrac{x}{y}>0$, $\dfrac{9y}{x}>0$이므로 산술평균과 기하평균의 관계에 의하여

$$10+\frac{x}{y}+\frac{9y}{x}\geq 10+2\sqrt{\frac{x}{y}\times\frac{9y}{x}}$$
$$=10+2\times 3=16$$
$$\left(\text{단, 등호는 }\frac{x}{y}=\frac{9y}{x},\text{ 즉 }x=3y\text{일 때 성립}\right)$$

따라서 $(x+9y)\left(\dfrac{1}{x}+\dfrac{1}{y}\right)$의 최솟값은 16이다.

$x+9y\geq 6\sqrt{xy}$　　$\cdots\cdots$ ㉠

$\dfrac{1}{x}+\dfrac{1}{y}\geq 2\sqrt{\dfrac{1}{xy}}$　　$\cdots\cdots$ ㉡

㉠, ㉡을 변끼리 곱하면

$(x+9y)\left(\dfrac{1}{x}+\dfrac{1}{y}\right)\geq 6\sqrt{xy}\times 2\sqrt{\dfrac{1}{xy}}=12$로 생각하여 주어진 식의 최

솟값을 12라 하면 안 된다.

왜냐하면 ㉠에서 등가가 성립하는 경우는 $x=9y$일 때이고, ㉡에서 등

호가 성립하는 경우는 $\dfrac{1}{x}=\dfrac{1}{y}$, 즉 $x=y$일 때이므로 ㉠, ㉡의 등호가

동시에 성립하는 $x,\ y$가 존재하지 않기 때문이다.

따라서 본 풀이와 같이 주어진 식을 전개한 후 산술평균과 기하평균의

관계를 이용해야 한다.

(2) $4x+\dfrac{1}{x+1}=4(x+1)+\dfrac{1}{x+1}-4$

$x>-1$에서 $x+1>0$, 즉 $4(x+1)>0,\ \dfrac{1}{x+1}>0$이므로

산술평균과 기하평균의 관계에 의하여

$$4(x+1)+\dfrac{1}{x+1}-4\geq 2\sqrt{4(x+1)\times\dfrac{1}{x+1}}-4$$
$$=2\times 2-4=0$$
$$\left(\text{단, 등호는 }4(x+1)=\dfrac{1}{x+1},\text{ 즉 }x=-\dfrac{1}{2}\text{일 때 성립}\right)$$

따라서 $4x+\dfrac{1}{x+1}$의 최솟값은 0이다.

05-❶ 답 18

직사각형의 가로, 세로의 길이를 각각 $x,\ y$라 하면　($x>0,\ y>0$)

직사각형의 대각선이 원의 지름이고 그 길이가 6이므로 피타

고라스 정리에 의하여　(직각삼각형의 빗변)

$x^2+y^2=6^2=36$

$x^2>0,\ y^2>0$이므로 산술평균과 기하평균의 관계에 의하여

$$x^2+y^2\geq 2\sqrt{x^2\times y^2}$$
$$=2xy\ (\text{단, 등호는 }x^2=y^2,\text{ 즉 }x=y\text{일 때 성립})$$

이때 $x^2+y^2=36$이므로

$36\geq 2xy$　　$\therefore xy\leq 18$

따라서 직사각형의 넓이의 최댓값은 18이다.

05-❷ 답 ③

오른쪽 그림과 같이 바깥쪽 직사각형

의 가로, 세로의 길이를 각각 x cm,

y cm라 하면 철사의 전체 길이가

24 cm이므로

$2x+4y=24$　　$\therefore x+2y=12$

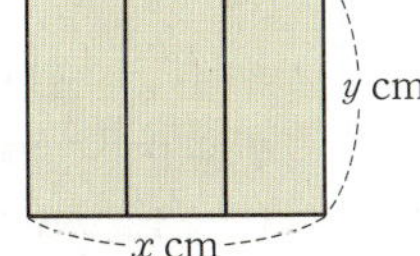

바깥쪽 직사각형의 넓이는 xy cm²이고, $x>0,\ y>0$이므로

산술평균과 기하평균의 관계에 의하여

$$x+2y\geq 2\sqrt{x\times 2y}$$
$$=2\sqrt{2xy}\ (\text{단, 등호는 }x=2y\text{일 때 성립})$$

이때 $x+2y=12$이므로

$12\geq 2\sqrt{2xy},\ \sqrt{2xy}\leq 6$

양변을 제곱하면

$2xy\leq 36$

$\therefore xy\leq 18$

따라서 바깥쪽 직사각형의 넓이의 최댓값은 18 cm²이다.

소단원 **점검 문제**　　　• 본문 199쪽

01 해설 참조　**02** 해설 참조　**03** 11　　　**04** 1

05 8

01 $(a^2+b^2)(x^2+y^2)-(ax+by)^2$

$=a^2x^2+a^2y^2+b^2x^2+b^2y^2-(a^2x^2+2abxy+b^2y^2)$

$=b^2x^2-2abxy+a^2y^2$

$=(bx-ay)^2$

$a,\ b,\ x,\ y$가 실수이므로 $(bx-ay)^2\geq 0$

즉, $(a^2+b^2)(x^2+y^2)-(ax+by)^2\geq 0$이므로

$(a^2+b^2)(x^2+y^2)\geq(ax+by)^2$

여기서 등호는 $bx-ay=0$에서 $bx=ay$, 즉 $\dfrac{x}{a}=\dfrac{y}{b}$일 때

성립한다.

위의 증명과 같이 $a,\ b,\ x,\ y$가 실수일 때 성립하는 부등식

$(a^2+b^2)(x^2+y^2)\geq(ax+by)^2\left(\text{단, 등호는 }\dfrac{x}{a}=\dfrac{y}{b}\text{일 때 성립}\right)$

을 코시-슈바르츠의 부등식이라 한다.

02 (i) $|a|<|b|$일 때

　　 $|a|-|b|<0,\ |a-b|>0$이므로

　　 $|a|-|b|<|a-b|$

(ii) $|a|\geq|b|$일 때

　　 $(|a|-|b|)^2-|a-b|^2$

　　 $=|a|^2-2|a||b|+|b|^2-(a-b)^2$

　　 $=a^2-2|ab|+b^2-(a^2-2ab+b^2)$

　　 $=-2(|ab|-ab)$

　　 $|ab|\geq ab$이므로 $-2(|ab|-ab)\leq 0$

　　 즉, $(|a|-|b|)^2-|a-b|^2\leq 0$이므로

　　 $(|a|-|b|)^2\leq|a-b|^2$

　　 이때 $|a|-|b|\geq 0,\ |a-b|\geq 0$이므로

　　 $|a|-|b|\leq|a-b|$

(i), (ii)에서 $|a|-|b|\leq|a-b|$

  (단, 등호는 $ab\geq0$, $|a|\geq|b|$일 때 성립)

03 $x>0$, $5y>0$이므로 산술평균과 기하평균의 관계에 의하여
$$x+5y\geq2\sqrt{x\times5y}=2\sqrt{5xy}$$
이때 $x+5y=10$이므로
$$10\geq2\sqrt{5xy},\ 5\geq\sqrt{5xy}$$
위의 식의 양변을 제곱하면
$$25\geq5xy\qquad\therefore xy\leq5$$
여기서 등호는 $x=5y$일 때 성립하므로 $x=5y$를
$x+5y=10$에 대입하면
$$5y+5y=10\qquad\therefore y=1$$
$y=1$을 $x=5y$에 대입하면 $x=5$
따라서 xy는 $x=5$, $y=1$일 때 최댓값 5를 가지므로
$M=5$, $a=5$, $b=1$
$$\therefore M+a+b=5+5+1=11$$

04 $x^2+2x+\dfrac{1}{(x+1)^2}=x^2+2x+1+\dfrac{1}{(x+1)^2}-1$
$$=(x+1)^2+\frac{1}{(x+1)^2}-1$$

$x\neq-1$에서 $(x+1)^2>0$, $\dfrac{1}{(x+1)^2}>0$이므로
산술평균과 기하평균의 관계에 의하여
$$(x+1)^2+\frac{1}{(x+1)^2}-1\geq2\sqrt{(x+1)^2\times\frac{1}{(x+1)^2}}-1$$
$$=2\times1-1=1$$
$$\left(\text{단, 등호는 }(x+1)^2=\frac{1}{(x+1)^2}\text{, 즉}\right.$$
$$\left.x=0\text{ 또는 }x=-2\text{일 때 성립}\right)$$

따라서 $x^2+2x+\dfrac{1}{(x+1)^2}$의 최솟값은 1이다.

05 두 직선 $y=f(x)$와 $y=g(x)$의 기울기가 각각 $\dfrac{a}{2}$, $\dfrac{1}{b}$이
고 두 직선이 서로 평행하므로
$\dfrac{a}{2}=\dfrac{1}{b}$에서 $ab=2$
$$(a+1)(b+2)=ab+2a+b+2$$
$$=2a+b+4\quad\cdots\cdots\ \text{㉠}$$
$a>0$, $b>0$이므로 산술평균과 기하평균의 관계에 의하여
$$2a+b+4\geq2\sqrt{2a\times b}+4$$
$$=2\sqrt{2ab}+4$$
이때 $ab=2$이므로
$$2a+b+4\geq2\sqrt{2\times2}+4$$
$$=2\times2+4=8$$

> $2a=b$일 때 성립하고
> $ab=2$이므로
> $2a^2=2$, $a^2=1$
> $\therefore a=1\ (\because a>0)$
> $\therefore b=2a=2$

  (단, 등호는 $2a=b$, 즉 $a=1$, $b=2$일 때 성립)
따라서 ㉠에서 $(a+1)(b+2)$의 최솟값은 8이다.

01 ④	**02** ④	**03** ⑤	**04** 12
05 ④	**06** ①	**07** 9	**08** ⑤
09 ⑤	**10** 3	**11** ②	**12** ①
13 ②	**14** ①	**15** 해설 참조	**16** 해설 참조
17 ㄱ	**18** 0	**19** 5	**20** 16
21 30	**22** ③	**23** ③	**24** 2

01 두 조건 p, q의 진리집합을 각각 P, Q라 하면
p: $2<x<8$에서 $P=\{3,\ 4,\ 5,\ 6,\ 7\}$
q: $|x-5|<2$에서 $-2<x-5<2$　　$\therefore 3<x<7$
$\therefore Q=\{4,\ 5,\ 6\}$
① $P=\{3,\ 4,\ 5,\ 6,\ 7\}$
② $Q^{C}=\{1,\ 2,\ 3,\ 7,\ 8,\ 9,\ 10\}$
③ $P\cup Q=\{3,\ 4,\ 5,\ 6,\ 7\}$
④ $P\cap Q^{C}=\{3,\ 7\}$
⑤ $P^{C}\cap Q=\varnothing$
따라서 진리집합이 $\{3,\ 7\}$인 것은 ④이다.

02 세 집합 P, Q, R에 대하여
$P-Q=R$를 만족시키도록 벤 다
이어그램으로 나타내면 오른쪽에서
색칠한 부분이 집합 R이다.

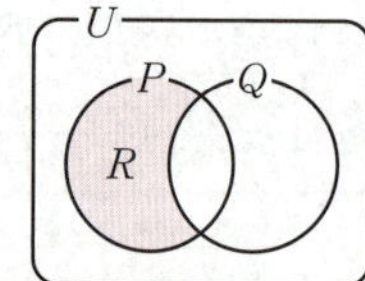

① $P\not\subset Q$이므로 명제 $p\longrightarrow q$는 거짓이다.
② $P\not\subset Q^{C}$이므로 명제 $p\longrightarrow\sim q$는 거짓이다.
③ $P\not\subset R$이므로 명제 $p\longrightarrow r$는 거짓이다.
④ $R\subset Q^{C}$이므로 명제 $r\longrightarrow\sim q$는 참이다.
⑤ $R\not\subset P^{C}$이므로 명제 $r\longrightarrow\sim p$는 거짓이다.
따라서 항상 참인 명제는 ④이다.

03 ① [반례] $x=\sqrt{2}$이면 x는 정수가 아니므로 $\sim p$는 만족
시키지만 x는 유리수가 아니다.
② [반례] $x=1$이면 $x\leq6$이므로 $\sim p$는 만족시키지만
$x\leq3$이다.
③ [반례] $A=\{1,\ 2\}$, $B=\{2,\ 3\}$이면 $A\cup B\neq B$이므로
$\sim p$는 만족시키지만 $A-B=\{1\}$이다.
④ [반례] $x=1$이면 $3\times1+4\neq1$이므로 $\sim p$는 만족시키
지만 $1^2+2\times1-8\neq0$이다.
⑤ 두 조건 p, q의 진리집합을 각각 P, Q라 하면
p: $x^2-4x+3>0$에서 $\sim p$: $x^2-4x+3\leq0$
$(x-1)(x-3)\leq0$　　$\therefore 1\leq x\leq3$
$\therefore P^{C}=\{x\,|\,1\leq x\leq3\}$
q: $x^2-3x-4<0$에서
$(x+1)(x-4)<0$　　$\therefore -1<x<4$
$\therefore Q=\{x\,|\,-1<x<4\}$

두 진리집합 P^C, Q를 수직선
위에 나타내면 오른쪽 그림과
같다.
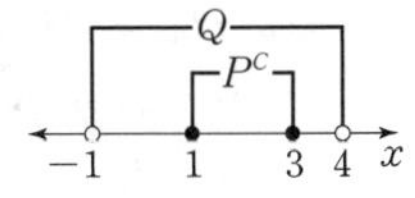
이때 $P^C \subset Q$이므로 명제 $\sim p \longrightarrow q$는 참이다.
따라서 명제 $\sim p \longrightarrow q$가 참인 것은 ⑤이다.

04 두 조건 p, q의 진리집합을 각각 P, Q라 하면

p: $2x-a=0$에서 $x=\dfrac{a}{2}$

$\therefore P=\left\{\dfrac{a}{2}\right\}$

q: $x^2-bx+9>0$에서

$\sim q$: $x^2-bx+9\leq0$

$\therefore Q^C=\{x\,|\,x^2-bx+9\leq0\}$

명제 $p \longrightarrow \sim q$가 참이 되려면 $P \subset Q^C$이어야 하고,

명제 $\sim p \longrightarrow q$가 참이 되려면 $P^C \subset Q$, 즉 $Q^C \subset P$이어

야 한다.

$\therefore \underline{P=Q^C}$ $\rightarrow$ $P \subset Q^C$이고 $Q^C \subset P$이므로

$P=Q^C$에서 $\{x\,|\,x^2-bx+9\leq0\}=\left\{\dfrac{a}{2}\right\}$이므로

이차부등식 $x^2-bx+9\leq0$의 해가 $x=\dfrac{a}{2}$뿐이다.

즉, 이차방정식 $x^2-bx+9=0$은 중근 $x=\dfrac{a}{2}$를 갖는다.

이때 이차방정식 $x^2-bx+9=0$의 판별식을 D라 하면

$D=0$이어야 한다.

$D=(-b)^2-4\times1\times9=0$, $b^2-36=0$

$(b+6)(b-6)=0$

$\therefore b=6 \; (\because b>0)$

즉, $x^2-6x+9=0$에서 $(x-3)^2=0$의 근은 $x=3$이므로

$\dfrac{a}{2}=3$ $\qquad \therefore a=6$

$\therefore a+b=6+6=12$

05 두 조건 p, q의 진리집합을 각각 P, Q라 하면

p: $x^2-(k+2)x+2k\leq0$에서 $(x-k)(x-2)\leq0$

$\therefore P=\{x\,|\,(x-k)(x-2)\leq0\}$

q: $|x+1|\leq2$에서 $-2\leq x+1\leq2$ $\qquad \therefore -3\leq x\leq1$

$\therefore Q=\{x\,|\,-3\leq x\leq1\}$

이때 두 명제 $q \longrightarrow p$, $p \longrightarrow \sim q$가 모두 거짓이 되려면

$Q \not\subset P$, $P \not\subset Q^C$, 즉 $Q-P\neq\varnothing$, $P-Q^C\neq\varnothing$이므로

$P^C \cap Q\neq\varnothing$, $P \cap Q\neq\varnothing$이어야 한다.

(i) $k>2$일 때

$P=\{x\,|\,2\leq x\leq k\}$, $Q=\{x\,|\,-3\leq x\leq1\}$이므로

$P \cap Q\neq\varnothing$을 만족시키지 않는다.

(ii) $k=2$일 때

$P=\{2\}$, $Q=\{x\,|\,-3\leq x\leq1\}$이므로

$P \cap Q\neq\varnothing$을 만족시키지 않는다.

(iii) $k<2$일 때

$P=\{x\,|\,k\leq x\leq2\}$, $Q=\{x\,|\,-3\leq x\leq1\}$에서

$P^C \cap Q\neq\varnothing$, $P \cap Q\neq\varnothing$이

어야 하므로 오른쪽 그림에

서 $-3<k\leq1$
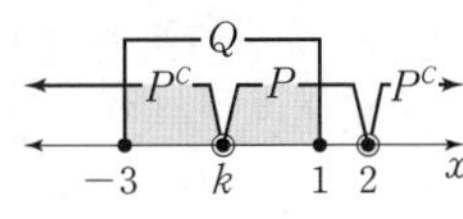

(i), (ii), (iii)에서 $-3<k\leq1$

따라서 정수 k의 최댓값은 1이다.

06 주어진 명제가 참이 되려면 이차방정식

$x^2-2(a-2)x+a=0$의 실근이 존재하지 않아야 한다.

즉, 이차방정식 $x^2-2(a-2)x+a=0$의 판별식을 D라

하면

$\dfrac{D}{4}=\{-(a-2)\}^2-a<0$, $a^2-5a+4<0$

$(a-1)(a-4)<0$

$\therefore 1<a<4$

따라서 정수 a는 2, 3이므로 그 합은

$2+3=5$

07 정수 k에 대한 두 조건 p, q의 진리집합을 각각 P, Q라

하자.

조건 p에서 모든 실수 x에 대하여 $x^2+2kx+4k+5>0$

이 성립해야 하므로 이차방정식 $x^2+2kx+4k+5=0$의

판별식을 D라 하면

$\dfrac{D}{4}=k^2-1\times(4k+5)<0$

$k^2-4k-5<0$, $(k+1)(k-5)<0$ $\qquad \therefore -1<k<5$

$\therefore P=\{0, 1, 2, 3, 4\}$

조건 q에서 어떤 실수 x에 대하여 $x^2\geq0$이므로

$k-2\geq0$ $\qquad \therefore k\geq2$

$\therefore Q=\{2, 3, 4, \cdots\}$

이때 $P \cap Q=\{2, 3, 4\}$이므로 두 조건 p, q가 모두 참인

명제가 되도록 하는 정수 k의 값은 2, 3, 4이다.

따라서 구하는 모든 k의 값의 합은

$2+3+4=9$

08 두 조건 p, q의 진리집합을 각각 P, Q라 하면

p: $(x+2)(x-6)=0$에서 $x=-2$ 또는 $x=6$

$\therefore P=\{-2, 6\}$

q: $x-2a=0$에서 $x=2a$

$\therefore Q=\{2a\}$

이때 p가 q이기 위한 필요조건이 되려면 $q \Longrightarrow p$, 즉

$Q \subset P$이어야 하므로

$2a=-2$이면 $a=-1$, $2a=6$이면 $a=3$

따라서 모든 정수 a의 값의 합은

$(-1)+3=2$

09 명제 $q \longrightarrow \sim p$가 참이므로
$Q \subset P^C$이고, 두 집합 P, Q 사이의
포함 관계를 벤 다이어그램으로 나
타내면 오른쪽과 같다.

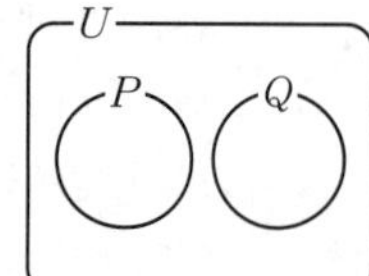

ㄱ. $Q \subset P^C$이므로 주어진 명제는 참이다.

ㄴ. 주어진 명제의 대우는 '$x \in Q$이면 $x \in P^C$이다.'
이때 $Q \subset P^C$에서 주어진 명제의 대우가 참이므로
주어진 명제는 참이다.

ㄷ. $Q = Q - P$이므로 $x \in Q$는 $x \in (Q-P)$이기 위한
필요충분조건이다.

따라서 항상 참인 명제는 ㄱ, ㄴ, ㄷ이다.

10 세 조건 p, q, r의 진리집합을 각각 P, Q, R라 하자.
p는 $\sim q$이기 위한 충분조건이므로
$p \Longrightarrow \sim q$ $\therefore P \subset Q^C$ …… ㉠
q는 $\sim r$이기 위한 필요조건이므로
$\sim r \Longrightarrow q$ $\therefore R^C \subset Q$ …… ㉡
㉠, ㉡에서 $R^C \subset Q \subset P^C$ →㉠에서 $Q \subset P^C$ … ❶
p: $x^2 - 3x - 4 \geq 0$에서
$\sim p$: $x^2 - 3x - 4 < 0$이므로
$(x+1)(x-4) < 0$ $\therefore -1 < x < 4$
$\therefore P^C = \{x \mid -1 < x < 4\}$
q: $a \leq x \leq b$에서 $Q = \{x \mid a \leq x \leq b\}$
r: $x^2 - x \neq 0$에서
$\sim r$: $x^2 - x = 0$이므로
$x(x-1) = 0$ $\therefore x = 0$ 또는 $x = 1$
$\therefore R^C = \{0, 1\}$ … ❷
즉, 오른쪽 그림에서
$-1 < a \leq 0$, $1 \leq b < 4$

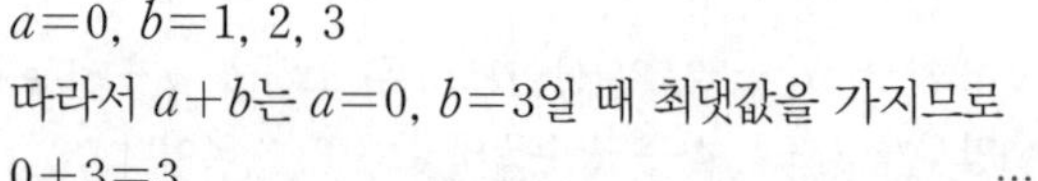

이때 a, b는 정수이므로
$a = 0$, $b = 1, 2, 3$
따라서 $a+b$는 $a=0$, $b=3$일 때 최댓값을 가지므로
$0 + 3 = 3$ … ❸

채점 기준	배점 비율
❶ 세 조건 $\sim p$, q, $\sim r$의 진리집합 사이의 포함 관계 구하기	40 %
❷ 세 조건 $\sim p$, q, $\sim r$의 진리집합 각각 구하기	30 %
❸ 정수 a, b에 대하여 $a+b$의 최댓값 구하기	30 %

11 $P \cup Q = P$이므로 $Q \subset P$
$P \cap R = \varnothing$이므로 $P \subset R^C$ 또는 $R \subset P^C$

ㄱ. $Q \subset P$이므로 $q \Longrightarrow p$
즉, p는 q이기 위한 필요조건이다.

ㄴ. $R \subset P^C$이므로 $r \Longrightarrow \sim p$
즉, r는 $\sim p$이기 위한 충분조건이다.

ㄷ. $P \subset R^C$이므로 $p \Longrightarrow \sim r$
$q \Longrightarrow p$, $p \Longrightarrow \sim r$이므로 삼단논법에 의하여
$q \Longrightarrow \sim r$
즉, $\sim r$는 q이기 위한 필요조건이다.

따라서 항상 옳은 것은 ㄱ, ㄴ이다.

12 실수 전체의 집합을 U라 하고, 두 조건 p, q의 진리집합을
각각 P, Q라 하자.
명제 '모든 실수 x에 대하여 p이다.'가 참이 되려면
$P = U$이어야 한다.
이때 모든 실수 x에 대하여 $x^2 + 2ax + 1 \geq 0$이 성립해야
하므로 이차방정식 $x^2 + 2ax + 1 = 0$의 판별식을 D_1이라
하면 $D_1 \leq 0$이어야 한다.
$$\frac{D_1}{4} = a^2 - 1 \times 1 \leq 0, \ a^2 - 1 \leq 0$$
$(a+1)(a-1) \leq 0$ $\therefore -1 \leq a \leq 1$
즉, 정수 a는 -1, 0, 1의 3개이다.
또한, 명제 'p는 $\sim q$이기 위한 충분조건이다.'가 참이 되
려면 $P \subset Q^C$이어야 한다.
그런데 $P = U$이므로 $Q^C = U$이다.
이때 모든 실수 x에 대하여 $x^2 + 2bx + 9 > 0$이 성립해야
하므로 이차방정식 $x^2 + 2bx + 9 = 0$의 판별식을 D_2라 하
면 $D_2 < 0$이어야 한다.
$$\frac{D_2}{4} = b^2 - 1 \times 9 < 0, \ b^2 - 9 < 0$$
$(b+3)(b-3) < 0$ $\therefore -3 < b < 3$
즉, 정수 b는 -2, -1, 0, 1, 2의 5개이다.
따라서 순서쌍 (a, b)의 개수는
$3 \times 5 = 15$

13 p는 q이기 위한 충분조건이므로 $p \Longrightarrow q$
$p \Longrightarrow q$에서 그 대우도 참이므로 $\sim q \Longrightarrow \sim p$
또한, s는 r이기 위한 필요조건이므로 $r \Longrightarrow s$
$\sim q \Longrightarrow \sim p$, $r \Longrightarrow s$이므로 s가 $\sim q$이기 위한 필요조건,
즉 $\sim q \Longrightarrow s$이려면 명제 $\sim p \longrightarrow r$가 참이어야 한다.
따라서 $\sim q \Longrightarrow s$이기 위해 필요한 참인 명제는 ②이다.

14 A가 지각하지 않은 학생이라 가정하면 A는 진실을 말하
고 있으므로 B와 C가 지각한 학생이다.
즉, C는 거짓말을 하고 있으므로 A와 D가 지각한 학생
이다.
그런데 이것은 A가 지각하지 않았다는 가정에 모순이므
로 A는 지각한 학생이다.
A가 지각한 학생이면 A 또는 C가 지각했다는 D의 말이
진실이므로 D는 지각하지 않은 학생이다.
또한, A 또는 D가 지각하지 않았다는 C의 말도 진실이
므로 C는 지각하지 않은 학생이다.
따라서 지각한 두 학생은 A, B이다.

15 주어진 명제의 대우는

'a, b, c가 모두 홀수이면 $a^2+b^2 \neq c^2$이다.'

a, b, c가 모두 홀수이면 a^2, b^2, c^2은 모두 홀수이므로

a^2+b^2은 짝수이다.

그런데 c^2은 홀수이므로 $a^2+b^2 \neq c^2$이다.

따라서 주어진 명제의 대우가 참이므로 주어진 명제도 참이다.

16 a, b가 모두 홀수라 가정하자.

이차방정식 $x^2+ax-b=0$의 자연수인 해를 n이라 하면

$n^2+an-b=0$

$\therefore n^2+an=b$ ...... ㉠

(i) n이 홀수일 때

n^2은 홀수, an은 홀수이므로 ㉠에서 <u>좌변은 짝수</u>, 우변은 홀수가 되어 모순이다.

(홀수)+(홀수)=(짝수)

(ii) n이 짝수일 때

n^2은 짝수, an은 짝수이므로 ㉠에서 <u>좌변은 짝수</u>, 우변은 홀수가 되어 모순이다.

(짝수)+(짝수)=(짝수)

(i), (ii)에서 이차방정식 $x^2+ax-b=0$이 자연수인 해를 가지면 a, b 중 적어도 하나는 짝수이다.

17 ㄱ. $a^2-4ab+6b^2=(a^2-4ab+4b^2)+2b^2$

$\qquad\qquad\qquad\quad =(a-2b)^2+2b^2$

a, b가 실수이므로 $(a-2b)^2 \geq 0$, $2b^2 \geq 0$

즉, $(a-2b)^2+2b^2 \geq 0$이므로

$a^2-4ab+6b^2 \geq 0$

여기서 등호는 $a-2b=0$, $b=0$, 즉 $a=b=0$일 때 성립한다. (참)

ㄴ. $(|a|+|b|)^2-|a+b|^2$

$\quad =|a|^2+2|a||b|+|b|^2-(a^2+2ab+b^2)$

$\quad =a^2+2|ab|+b^2-a^2-2ab-b^2$

$\quad =2(|ab|-ab)$

$|ab| \geq ab$이므로 $2(|ab|-ab) \geq 0$

즉, $(|a|+|b|)^2-|a+b|^2 \geq 0$이므로

$(|a|+|b|)^2 \geq |a+b|^2$

이때 $|a|+|b| \geq 0$, $|a+b| \geq 0$이므로

$|a|+|b| \geq |a+b|$

여기서 등호는 $|ab|=ab$, 즉 $ab \geq 0$일 때 성립한다.

(거짓)

ㄷ. $a^3-a^2b-ab^2+b^3=a^2(a-b)-b^2(a-b)$

$\qquad\qquad\qquad\qquad\quad =(a-b)(a^2-b^2)$

$\qquad\qquad\qquad\qquad\quad =(a-b)^2(a+b)$

그런데 $a<0$, $b<0$, $a \neq b$이면 $(a-b)^2>0$,

$a+b<0$이므로 $(a-b)^2(a+b)<0$이다.

즉, $a^3-a^2b-ab^2+b^3<0$인 경우도 존재한다. (거짓)

따라서 옳은 것은 ㄱ이다.

18 $\left(1-\dfrac{4b}{a}\right)\left(4-\dfrac{a}{b}\right)=4-\dfrac{a}{b}-\dfrac{16b}{a}+4$

$\qquad\qquad\qquad\qquad\quad =8-\left(\dfrac{a}{b}+\dfrac{16b}{a}\right)$ ... ❶

$\dfrac{a}{b}>0$, $\dfrac{16b}{a}>0$이므로 산술평균과 기하평균의 관계에 의하여

$\dfrac{a}{b}+\dfrac{16b}{a} \geq 2\sqrt{\dfrac{a}{b} \times \dfrac{16b}{a}}$

$\qquad\qquad\ =2 \times 4$

$\qquad\qquad\ =8$ $\left(단, 등호는 \dfrac{a}{b}=\dfrac{16b}{a}, 즉 a=4b일 때 성립\right)$ ... ❷

즉, $8-\left(\dfrac{a}{b}+\dfrac{16b}{a}\right) \leq 8-8=0$이므로

$\left(1-\dfrac{4b}{a}\right)\left(4-\dfrac{a}{b}\right) \leq 0$ ... ❸

따라서 부등식 $\left(1-\dfrac{4b}{a}\right)\left(4-\dfrac{a}{b}\right) \leq m$이 항상 성립하도록 하는 m의 값의 범위는 $m \geq 0$이므로

실수 m의 최솟값은 0이다. ... ❹

채점 기준	배점 비율
❶ 주어진 식의 좌변을 정리하여 $\dfrac{a}{b}+\dfrac{16b}{a}$의 형태 찾기	20%
❷ 산술평균과 기하평균의 관계를 이용하여 $\dfrac{a}{b}+\dfrac{16b}{a}$의 값의 범위 구하기	30%
❸ $\left(1-\dfrac{4b}{a}\right)\left(4-\dfrac{a}{b}\right)$의 값의 범위 구하기	30%
❹ 실수 m의 최솟값 구하기	20%

19 $\dfrac{x^2+5x+10}{x+2}=\dfrac{(x+2)(x+3)+4}{x+2}$ ← 다항식의 나눗셈 이용

$\qquad\qquad\qquad =x+3+\dfrac{4}{x+2}$

$\qquad\qquad\qquad =x+2+\dfrac{4}{x+2}+1$

$x>-2$에서 $x+2>0$, $\dfrac{4}{x+2}>0$이므로 산술평균과 기하평균의 관계에 의하여

$(x+2)+\dfrac{4}{x+2}+1 \geq 2\sqrt{(x+2) \times \dfrac{4}{x+2}}+1$

$\qquad\qquad\qquad\qquad\quad =2 \times 2+1$

$\qquad\qquad\qquad\qquad\quad =5$

여기서 등호는 $x+2=\dfrac{4}{x+2}$일 때 성립하므로

$(x+2)^2=4$에서 $x+2=2$ ($\because x+2>0$)

$\therefore x=0$

따라서 $\dfrac{x^2+5x+10}{x+2}$은 $x=0$일 때 최솟값 5를 가지므로

$a=5$, $b=0$

$\therefore a+b=5+0=5$

20 $x+2y=4$이므로
$$x^3+8y^3=(x+2y)^3-3\times x\times 2y(x+2y)$$
$$=64-24xy \quad \cdots\cdots ㉠$$
$x>0,\ y>0$이므로 산술평균과 기하평균의 관계에 의하여
$$x+2y\geq 2\sqrt{x\times 2y}$$
$$=2\sqrt{2xy}$$
$$(단,\ 등호는\ x=2y,\ 즉\ x=2,\ y=1일\ 때\ 성립)$$
이때 $x+2y=4$이므로 $4\geq 2\sqrt{2xy}$
$\therefore\ 2\geq \sqrt{2xy}$

$\downarrow x=2y$일 때 성립하고
$x+2y=4$이므로 $4y=4$
$\therefore\ x=2,\ y=1$

위의 식의 양변을 제곱하면
$$4\geq 2xy \qquad \therefore\ xy\leq 2$$
㉠에서
$$64-24xy\geq 64-24\times 2$$
$$=64-48=16$$
따라서 x^3+8y^3의 최솟값은 16이다.

21 (풀이 전략) 두 조건 $p,\ q$의 진리집합을 각각 $P,\ Q$라 할 때, 집합 $P-Q$의 원소, 즉 $\dfrac{20^4}{n}$이 자연수가 되도록 하는 자연수 n 중에서 $\sqrt{n}$이 자연수가 아닌 것의 개수를 구한다.

두 조건 $p,\ q$의 진리집합을 각각 $P,\ Q$라 하면
$20^4=(2^2)^4\times 5^4=2^8\times 5^4$에서
$$P=\{1,\ 2,\ 2^2,\ 5,\ \cdots,\ 2^8\times 5^4\},\ Q=\{1^2,\ 2^2,\ 3^2,\ \cdots\}$$
명제 $p \longrightarrow q$가 거짓임을 보이는 반례는 집합 P에 속하는 원소 중에서 집합 Q에는 속하지 않는 원소이므로 집합 $P-Q$의 원소이다.

즉, $\dfrac{20^4}{n}$이 자연수가 되도록 하는 자연수 n 중에서 $\sqrt{n}$이 자연수가 아닌 것이다.

이때 집합 Q의 모든 원소는 자연수 k에 대하여 k^2 꼴이므로 집합 $P-Q$의 원소는 20^4의 약수 중에서 2와 5의 지수 중 적어도 하나가 홀수인 것이다.

따라서 구하는 반례의 개수는 20^4의 약수의 개수에서 2와 5의 지수가 모두 홀수가 아닌 것의 개수를 빼면 되므로 $\quad \downarrow 9\times 5=45$
$$45-15=30 \qquad \downarrow 5\times 3=15$$

|참고|

$20^4=2^8\times 5^4$이므로 20^4의 약수 중에서 2와 5의 지수가 모두 0 또는 짝수인 것은 오른쪽 표와 같다.

즉, 그 개수는 $5\times 3=15$이다.

$\times$	1	5^2	5^4
1	1	5^2	5^4
2^2	2^2	$2^2\times 5^2$	$2^2\times 5^4$
2^4	2^4	$2^4\times 5^2$	$2^4\times 5^4$
2^6	2^6	$2^6\times 5^2$	$2^6\times 5^4$
2^8	2^8	$2^8\times 5^2$	$2^8\times 5^4$

22 (풀이 전략) y에 대한 내림차순으로 정리한 후 y에 대한 이차부등식이 항상 성립할 조건을 이차방정식에 대한 판별식을 이용하여 구한다.

$x^2+y^2+2xy+mx-4y+n$을 y에 대한 내림차순으로 정리하면
$$x^2+y^2+2xy+mx-4y+n$$
$$=y^2+2(x-2)y+x^2+mx+n$$
즉, 부등식 $y^2+2(x-2)y+x^2+mx+n\geq 0$이 $x,\ y$의 값에 관계없이 항상 성립해야 하므로 y에 대한 이차방정식 $y^2+2(x-2)y+x^2+mx+n=0$의 판별식을 D라 하면 $D\leq 0$이어야 한다.
$$\frac{D}{4}=(x-2)^2-1\times(x^2+mx+n)\leq 0$$
$$-(m+4)x+4-n\leq 0$$
$$\therefore\ (m+4)x\geq 4-n$$
또한, 위의 부등식이 x의 값에 관계없이 항상 성립해야 하므로

$\downarrow m+4=0$일 때, $4-n\leq 0$이면 $0\times x\geq 0$ (0 또는 음수) 이므로 해는 모든 실수이다.

$$m+4=0,\ 4-n\leq 0$$
$$\therefore\ m=-4,\ n\geq 4$$
따라서 $m+n\geq (-4)+4=0$이므로 $m+n$의 최솟값은 0이다.

23 (풀이 전략) 두 진리집합 $P,\ Q$를 각각 구하여 조건을 만족시키는 경우를 생각해 본다.

$p:\ x^2-4x+a+2\leq 0$에서 $P=\{x\,|\,x^2-4x+a+2\leq 0\}$
$P\neq\varnothing$이 되려면 $x^2-4x+a+2\leq 0$을 만족시키는 실수 x가 존재해야 하므로 이차방정식 $x^2-4x+a+2=0$의 판별식을 D라 하면 $D\geq 0$이어야 한다.
$$\frac{D}{4}=(-2)^2-1\times(a+2)\geq 0$$
$$a\leq 2$$
$$\therefore\ a=1\ 또는\ a=2$$
$q:\ 0<|x-b|\leq 4$에서
$$-4\leq x-b<0\ 또는\ 0<x-b\leq 4$$
$$\therefore\ b-4\leq x<b\ 또는\ b<x\leq b+4$$
$$\therefore\ Q=\{x\,|\,b-4\leq x<b\ 또는\ b<x\leq b+4\}$$
(i) $a=1$일 때
$$x^2-4x+3\leq 0에서\ (x-1)(x-3)\leq 0$$
즉, $P=\{x\,|\,1\leq x\leq 3\}$이므로 $P\subset Q$가 되려면
$$P\subset\{x\,|\,b-4\leq x<b\}\ 또는\ P\subset\{x\,|\,b<x\leq b+4\}$$
이어야 한다.

ⓐ $P\subset\{x\,|\,b-4\leq x<b\}$일 때

오른쪽 그림에서

$b-4\leq1,\ 3<b$

$\therefore\ 3<b\leq5$

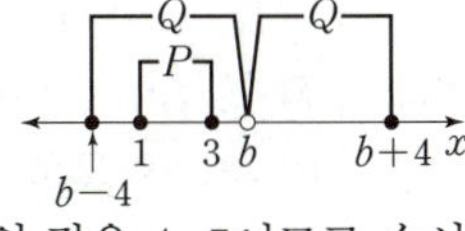

즉, 조건을 만족시키는 b의 값은 4, 5이므로 순서쌍 $(a,\,b)$는 $(1,\,4)$, $(1,\,5)$의 2개

ⓑ $P\subset\{x\,|\,b<x\leq b+4\}$일 때

오른쪽 그림에서

$b<1,\ 3\leq b+4$

$\therefore\ -1\leq b<1$

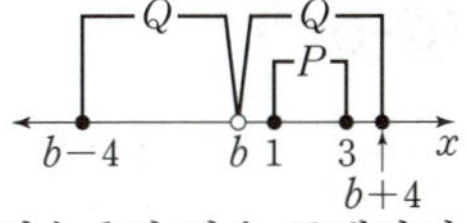

즉, 조건을 만족시키는 자연수 b의 값은 존재하지 않는다.

(ⅱ) $a=2$일 때

$x^2-4x+4\leq0$에서 $(x-2)^2\leq0$

즉, $P=\{2\}$이므로 $P\subset Q$가 되려면

$\{2\}\subset\{x\,|\,b-4\leq x<b\}$ 또는

$\{2\}\subset\{x\,|\,b<x\leq b+4\}$이어야 한다.

$b-4\leq2<b$ 또는 $b<2\leq b+4$에서

$2<b\leq6$ 또는 $-2\leq b<2$

즉, 조건을 만족시키는 b의 값은 1, 3, 4, 5, 6이므로 순서쌍 $(a,\,b)$는 $(2,\,1)$, $(2,\,3)$, $(2,\,4)$, $(2,\,5)$, $(2,\,6)$의 5개

(ⅰ), (ⅱ)에서 구하는 순서쌍 $(a,\,b)$의 개수는

$2+5=7$

24 (풀이 전략) $P(a,\,b)\ (a>0,\ b>0)$라 하고, 점 P에서의 접선의 방정식을 구한 후 주어진 도형의 넓이의 범위를 산술평균과 기하평균의 관계를 이용하여 r에 대한 부등식으로 나타낸다.

$P(a,\,b)\ (a>0,\ b>0)$라 하면 점 P에서의 접선의 방정식은

$ax+by=r^2$

이 접선이 x축, y축과 만나는 점을 각각 A, B라 하면

$A\left(\dfrac{r^2}{a},\,0\right)$, $B\left(0,\,\dfrac{r^2}{b}\right)$

즉, 접선과 x축, y축으로 둘러싸인 도형의 넓이는

$\dfrac{1}{2}\times\overline{OA}\times\overline{OB}=\dfrac{1}{2}\times\dfrac{r^2}{a}\times\dfrac{r^2}{b}=\dfrac{r^4}{2ab}$

또한, 점 P는 원 $x^2+y^2=r^2$ 위의 점이므로

$a^2+b^2=r^2$

$a^2>0,\ b^2>0$이므로 산술평균과 기하평균의 관계에 의하여

$a^2+b^2\geq2\sqrt{a^2\times b^2}$

$\qquad\quad=2ab$ (단, 등호는 $a=b$일 때 성립)

이때 $a^2+b^2=r^2$이므로

$r^2\geq2ab,\ \dfrac{r^2}{2ab}\geq1$

$\therefore\ \dfrac{r^4}{2ab}\geq r^2$

따라서 접선과 x축, y축으로 둘러싸인 도형의 넓이의 최솟값이 r^2이므로

$r^2=4$

$\therefore\ r=2\ (\because\ r>0)$

(1) 기울기가 주어진 원의 접선의 방정식

원 $x^2+y^2=r^2\ (r>0)$에 접하고 기울기가 m인 직선의 방정식은

$$y=mx\pm r\sqrt{m^2+1}$$

(2) 원 위의 접점이 주어진 접선의 방정식

원 $x^2+y^2=r^2$ 위의 점 $(x_1,\,y_1)$에서의 접선의 방정식은

$$x_1x+y_1y=r^2$$

○1 함수

01-❶ 답 ㄴ, ㄷ

각 대응을 그림으로 나타내면 다음과 같다.

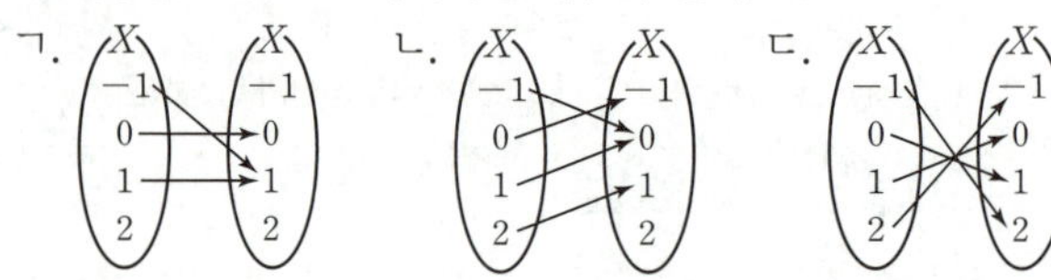

ㄱ. X의 원소 2에 대응하는 X의 원소가 없으므로 함수가 아니다.

ㄴ, ㄷ. X의 각 원소에 X의 원소가 오직 하나씩 대응하므로 함수이다.

따라서 함수인 것은 ㄴ, ㄷ이다.

01-❷ 답 ⑤

각 대응을 그림으로 나타내면 다음과 같다.

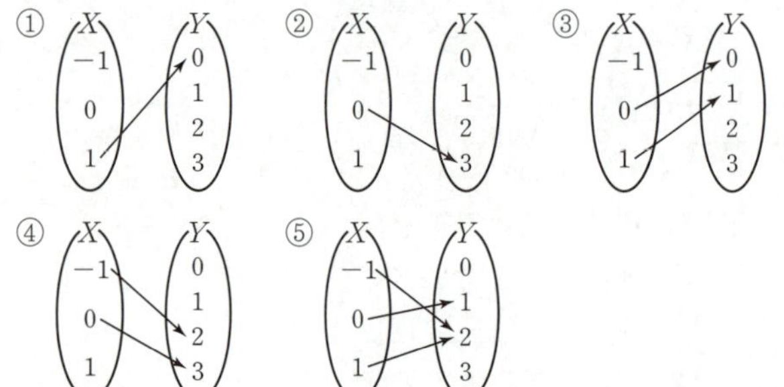

① X의 원소 -1, 0에 대응하는 Y의 원소가 없으므로 함수가 아니다.

② X의 원소 -1, 1에 대응하는 Y의 원소가 없으므로 함수가 아니다.

③ X의 원소 -1에 대응하는 Y의 원소가 없으므로 함수가 아니다.

④ X의 원소 1에 대응하는 Y의 원소가 없으므로 함수가 아니다.

⑤ X의 각 원소에 Y의 원소가 오직 하나씩 대응하므로 함수이다.

따라서 함수인 것은 ⑤이다.

02-❶ 답 $\{-9, -1, 4, 6, 15\}$

정의역이 $X=\{1, 2, 3, 4, 5\}$이므로

(i) x가 홀수, 즉 $x=1$, 3, 5일 때

$f(x)=x^2-10$이므로

$f(1)=1^2-10=-9$, $f(3)=3^2-10=-1$,

$f(5)=5^2-10=15$

(ii) x가 짝수, 즉 $x=2$, 4일 때

$f(x)=x+2$이므로

$f(2)=2+2=4$, $f(4)=4+2=6$

(i), (ii)에서 함수 f의 치역은 $\{-9, -1, 4, 6, 15\}$이다.

02-❷ 답 9

$\sqrt{3}$은 무리수이므로 $f(x)=x^2$에서 $f(\sqrt{3})=(\sqrt{3})^2=3$

3은 유리수이므로 $f(x)=2x$에서 $f(3)=2\times3=6$

$\therefore f(\sqrt{3})+f(3)=3+6=9$

02-❸ 답 $\{0, 1\}$

정의역이 $X=\{1, 3, 5, 7\}$이므로

$f(1)=(1^2$을 3으로 나누었을 때의 나머지$)=1$

$f(3)=(3^2$을 3으로 나누었을 때의 나머지$)=0$

$f(5)=(5^2$을 3으로 나누었을 때의 나머지$)=1$

$f(7)=(7^2$을 3으로 나누었을 때의 나머지$)=1$

따라서 함수 f의 치역은 $\{0, 1\}$이다.

03-❶ 답 $a=1$, $b=3$

$f=g$이려면 정의역 X의 각 원소에 대응하는 함숫값이 서로 <u>같아야 하므로</u> → $f(x)=g(x)$이어야 한다.

$f(0)=g(0)$에서 $b=3$

$f(1)=g(1)$에서 $a+3=1+b$ $\therefore a-b=-2$

$b=3$을 위의 식에 대입하여 정리하면 $a=1$

$\therefore a=1$, $b=3$

03-❷ 답 ㄴ, ㄷ

ㄱ. $f(0)=1$, $g(0)=-1$이므로 $f(0)\neq g(0)$

$\therefore f\neq g$

ㄴ. $f(-1)=1$, $g(-1)=1$이므로 $f(-1)=g(-1)$

$f(0)=0$, $g(0)=0$이므로 $f(0)=g(0)$

$f(1)=1$, $g(1)=1$이므로 $f(1)=g(1)$

$\therefore f=g$

ㄷ. $f(-1)=-1$, $g(-1)=-1$이므로 $f(-1)=g(-1)$

$f(0)=0$, $g(0)=0$이므로 $f(0)=g(0)$

$f(1)=1$, $g(1)=1$이므로 $f(1)=g(1)$

$\therefore f=g$

따라서 두 함수 f, g가 서로 같은 함수인 것은 ㄴ, ㄷ이다.

03-❸ 답 $\{0\}$, $\{1\}$, $\{0, 1\}$

$f=g$이려면 정의역 X의 각 원소에 대응하는 함숫값이 서로 <u>같아야 하므로</u> → $f(x)=g(x)$이어야 한다.

$2x^2+x-1=x^2+2x-1$, $x^2-x=0$

$x(x-1)=0$

$\therefore x=0$ 또는 $x=1$

따라서 집합 X는 집합 $\{0, 1\}$의 공집합이 아닌 부분집합이므로
$\{0\}$, $\{1\}$, $\{0, 1\}$

04-❶ 답 ㄴ, ㄷ

주어진 그래프에 직선 $x=a$ (a는 상수)를 그려 교점을 나타내면 다음 그림과 같다.

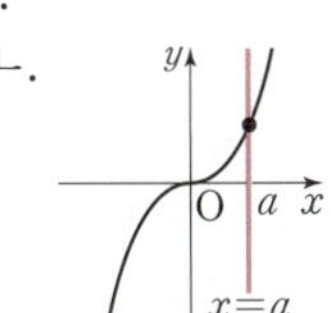 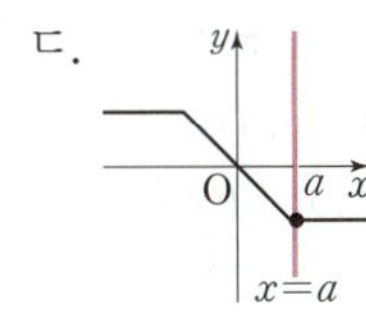

ㄱ. 정의역의 원소 a에 대하여 직선 $x=a$와 만나지 않는 경우가 있으므로 함수의 그래프가 아니다.

ㄴ, ㄷ. 정의역의 각 원소 a에 대하여 직선 $x=a$와 오직 한 점에서 만나므로 함수의 그래프이다.

따라서 함수의 그래프인 것은 ㄴ, ㄷ이다.

04-❷ 답 (1)

주어진 그래프에 y축에 평행한 직선을 그려 교점을 나타내면 다음 그림과 같다.

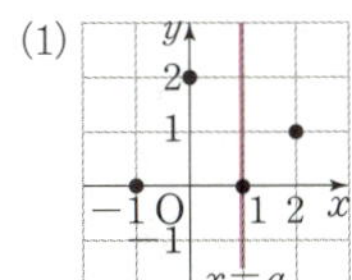 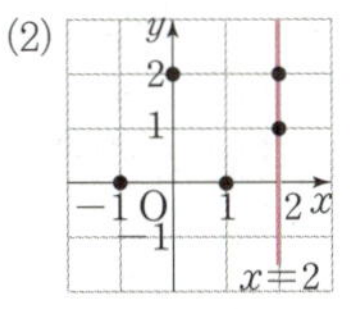 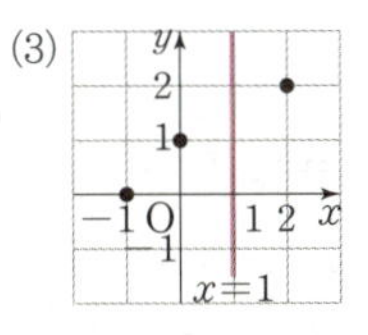

(1) 정의역의 각 원소 a에 대하여 직선 $x=a$와 오직 한 점에서 만나므로 함수의 그래프이다.

(2) 직선 $x=2$와 두 점에서 만나므로 함수의 그래프가 아니다.

(3) 직선 $x=1$과 만나지 않으므로 함수의 그래프가 아니다.

따라서 함수의 그래프인 것은 (1)이다.

소단원 점검 문제

• 본문 214쪽

01 1	02 4	03 ②	04 ②

01 집합 X의 원소 x에 대응하는 Y의 원소를 y라 하면

$x=-1$일 때, $y=(-1)^2+k=1+k$

$x=0$일 때, $y=0^2+k=k$

$x=1$일 때, $y=1^2+k=1+k$

이 대응이 X에서 Y로의 함수이려면 $(1+k)\in Y$, $k\in Y$이어야 한다.

이때 $k<1+k$이므로 $k=1$, $1+k=2$이다.

$\therefore k=1$

02 정의역이 $X=\{-2, -1, 1, 4\}$이므로

$f(-2)=2a+1$, $f(-1)=a+1$, $f(1)=a+1$, $f(4)=4a+1$

(i) $a=0$일 때

함수 f의 치역은 $\{1\}$이므로 주어진 조건을 만족시키지 않는다.

(ii) $a\neq0$일 때

함수 f의 치역은 $\{a+1, 2a+1, 4a+1\}$이므로
$(a+1)+(2a+1)+(4a+1)=31$에서

$7a+3=31$, $7a=28$

$\therefore a=4$

(i), (ii)에서 $a=4$

03 $f=g$이려면 정의역 X의 각 원소 1, a, b에 대응하는 함숫값이 서로 같아야 하므로 ➝ $f(x)=g(x)$이어야 한다.

$f(1)=g(1)$에서 $3=2+k$ $\quad\therefore k=1$

$\therefore g(x)=2x^2+x$

또한, $f(1)=g(1)$, $f(a)=g(a)$, $f(b)=g(b)$이어야 하므로 1, a, b는 방정식 $f(x)=g(x)$의 서로 다른 세 실근이다.

즉, $x^3+2=2x^2+x$에서

$x^3-2x^2-x+2=0$, $x^2(x-2)-(x-2)=0$

$(x-2)(x^2-1)=0$, $(x+1)(x-1)(x-2)=0$

$\therefore x=-1$ 또는 $x=1$ 또는 $x=2$

따라서 $a=-1$, $b=2$ 또는 $a=2$, $b=-1$이므로

$ab+k=(-1)\times2+1=-1$

04 주어진 그래프에 직선 $x=a$ (a는 상수)를 그려 교점을 나타내면 다음 그림과 같다.

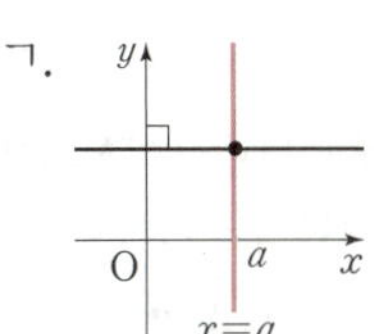 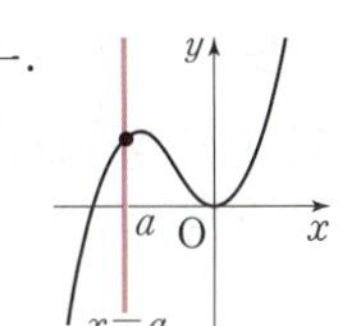

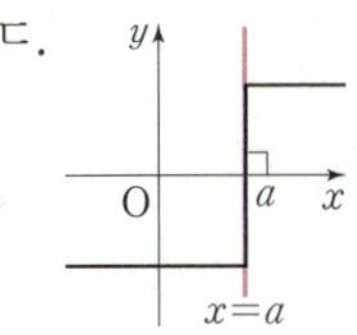 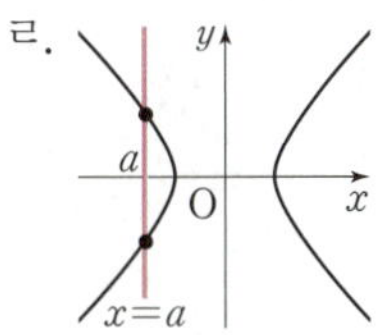

ㄱ, ㄴ. 정의역의 각 원소 a에 대하여 직선 $x=a$와 오직 한 점에서 만나므로 함수의 그래프이다.

ㄷ. 정의역의 원소 a에 대하여 직선 $x=a$와 무수히 많은 점에서 만나는 경우가 있으므로 함수의 그래프가 아니다.

ㄹ. 정의역의 원소 a에 대하여 직선 $x=a$와 두 점에서 만나는 경우가 있으므로 함수의 그래프가 아니다.

따라서 함수의 그래프인 것은 ㄱ, ㄴ이다.

○2 여러 가지 함수

1 답 ㄱ, ㄷ

ㄱ, ㄷ. $x=-1$일 때 $y=-1$, $x=0$일 때 $y=0$,
　　$x=1$일 때 $y=1$
　　즉, 정의역 X의 각 원소 x에 그 자신인 x가 대응하므로
　　항등함수이다.

ㄴ, ㄹ. $x=-1$일 때 $y=1$, $x=0$일 때 $y=0$, $x=1$일 때 $y=1$
　　즉, 정의역 X의 원소 -1에 그 자신인 -1이 대응하지 않
　　으므로 항등함수가 아니다.

따라서 항등함수인 것은 ㄱ, ㄷ이다.

2 답 항등함수: (3), 상수함수: (1)

(1) 정의역 X의 모든 원소에 공역 X의 원소 1이 대응하므로
　　상수함수이다.

(2) 정의역 X의 원소 1, 2에 그 자신이 대응하지 않으므로 항
　　등함수가 아니다.
　　또한, 정의역 X의 서로 다른 원소에 공역 X의 서로 다른
　　원소가 대응하므로 상수함수도 아니다.

(3) 정의역 X의 각 원소 x에 그 자신인 x가 대응하므로 항등함
　　수이다.

따라서 항등함수인 것은 (3), 상수함수인 것은 (1)이다.

01-❶ 답 (1) ㄴ, ㄹ　(2) ㄹ　(3) ㄱ

주어진 함수의 그래프를 좌표평면 위에 나타내고, 그 그래프에
직선 $y=k$ (k는 상수)를 그려 교점을 나타내면 다음과 같다.

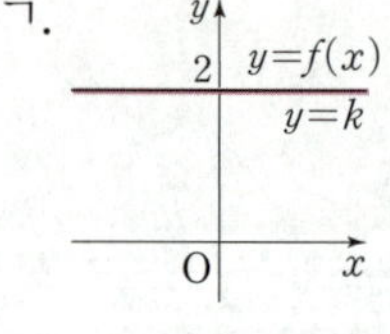 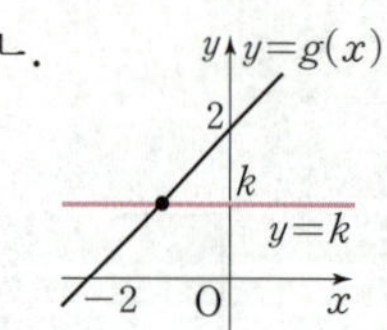

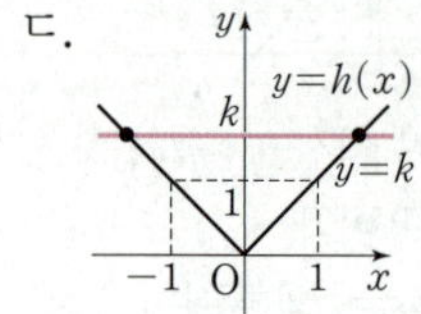 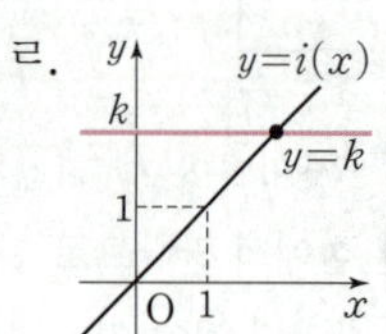

(1) 일대일대응의 그래프는 치역의 각 원소 k에 대하여 직선
　　$y=k$와 오직 한 점에서 만나고, 치역과 공역이 같으므로
　　ㄴ, ㄹ이다.

(2) 항등함수의 그래프는 직선 $y=x$이므로 ㄹ이다.

(3) 상수함수의 그래프는 x축에 평행한 직선이므로 ㄱ이다.

02-❶ 답 2

함수 f가 일대일대응이 되려면 함수
$y=f(x)$는 x의 값이 증가할 때 y의 값
은 감소해야 하므로 그 그래프는 오른
쪽 그림과 같아야 한다.

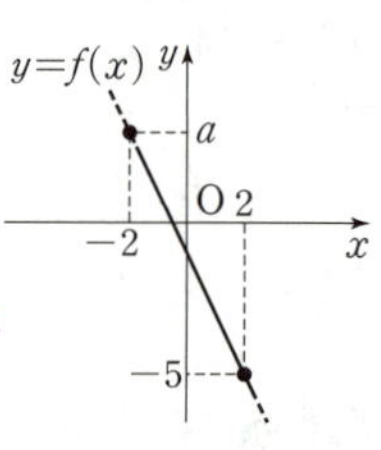

（직선 $y=f(x)$의
기울기가 -2이므로）

즉, $f(-2)=a$, $f(2)=-5$이어야 하
므로
$f(x)=-2x+b$에서
$4+b=a$, $-4+b=-5$
위의 두 식을 연립하여 풀면
$a=3$, $b=-1$
$\therefore a+b=3+(-1)=2$

02-❷ 답 $a<1$

함수 f가 일대일대응이 되려면 함수
$y=f(x)$는 x의 값이 증가할 때 y의 값
은 감소해야 하므로 그 그래프는 오른
쪽 그림과 같아야 한다.

（$x\geq0$일 때 직선 $y=f(x)$의
기울기가 -1이므로）

즉, $x<0$에서 직선 $y=(a-1)x+5$
의 기울기도 음수이어야 하므로
$a-1<0$　　$\therefore a<1$

| 참고 |

(ⅰ) $a=1$이면 함수 $y=f(x)$의 그래프는 [그림 1]과 같다.

(ⅱ) $a>1$이면 $x<0$인 부분에서의 직선 $y=(a-1)x+5$의 기울기가 양
　　수이므로 함수 $y=f(x)$의 그래프는 [그림 2]와 같다.

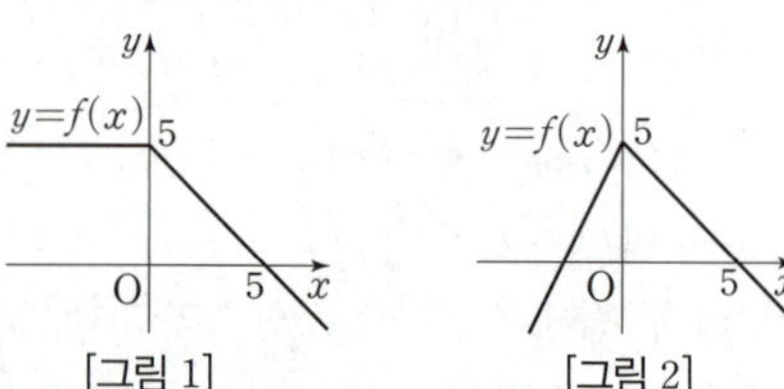

[그림 1]　　　　[그림 2]

따라서 직선 $y=(a-1)x+5$의 기울기가 음수가 아니면, 즉 $a\geq1$이면
함수 $f(x)$는 일대일대응이 아니다.

02-❸ 답 12

$f(x)=x^2-6x+a=(x-3)^2+a-9$이므로
함수 $y=(x-3)^2+a-9$의 그래프는 $x<3$이면 x의 값이 증가
할 때 y의 값이 감소하고, $x\geq3$이면 x의 값이 증가할 때 y의
값은 증가한다.
함수 f의 정의역이 $\{x\,|\,x\leq2\}$, 공역이
$\{y\,|\,y\geq4\}$이고, 함수 f가 일대일대응
이므로
함수 $y=f(x)$는 x의 값이 증가할 때
y의 값은 감소해야 하고, 치역과 공역이
같아야 하므로 그 그래프는 오른쪽 그림
과 같다.
즉, $f(2)=4$이므로 $2^2-6\times2+a=4$　　$\therefore a=12$

03-❶ 답 1

함수 f는 항등함수이므로
$f(x)=x$ ∴ $f(1)=1$
함수 g는 상수함수이므로
$g(x)=c$ (c는 상수)   ∴ $g(1)=c, g(2)=c$
∴ $f(1)+g(1)-g(2)=1+c-c=1$

03-❷ 답 20

함수 f는 항등함수이므로
$f(x)=x$ ∴ $f(12)=12$
이때 $f(8)=8$이므로 $f(8)=g(10)$에서 $g(10)=8$
함수 g는 상수함수이므로
$g(x)=8$ ∴ $g(12)=8$
∴ $f(12)+g(12)=12+8=20$

03-❸ 답 ④

함수 f가 상수함수이므로
$f(0)=f(2)=f(4)$
이때 $f(0)=3\times0+2=2$이므로 $f(x)=2$
$f(2)=2$에서 $2^2+2a+b=2$
$2a+b=-2$ …… ㉠
$f(4)=2$에서 $4^2+4a+b=2$
$4a+b=-14$ …… ㉡
㉠, ㉡을 연립하여 풀면
$a=-6, b=10$
∴ $a+b=(-6)+10=4$

04-❶ 답 (1) 625   (2) 120   (3) 24   (4) 1

(1) 정의역 X의 원소 a, b, c, d의 각 원소에 대응할 수 있는
   것은 Y의 원소 1, 2, 3, 4, 5 중 하나이므로
   X에서 Y로의 함수의 개수는
   $5^4=5\times5\times5\times5=625$

(2) 정의역 X의 원소 a, b, c, d의 각 원소에 공역 Y의 원소
   1, 2, 3, 4, 5 중 서로 다른 4개를 택하여 대응시키면 되므로
   X에서 Y로의 일대일함수의 개수는
   ${}_5P_4=5\times4\times3\times2=120$

(3) 정의역 X의 원소 a, b, c, d의 각 원소에 공역 X의 원소
   a, b, c, d를 모두 다르게 대응시키면 되므로
   X에서 X로의 일대일대응의 개수는
   ${}_4P_4=4!=4\times3\times2\times1=24$

(4) X에서 X로의 항등함수의 개수는 1이다.

04-❷ 답 (1) 6   (2) 24

(1) $f(b)$의 값이 될 수 있는 것은 $f(a)$의 값을 제외한 1, 3, 4
   중 하나이므로 3개   _{└→ $f(a)=2$이므로}

$f(c)$의 값이 될 수 있는 것은 $f(a)$, $f(b)$의 값을 제외한 Y
의 원소 중 하나이므로 2개
따라서 구하는 함수 f의 개수는
$3\times2=6$

(2) 주어진 조건을 만족시키려면 Y의 원소 1, 2, 3, 4 중 서로
다른 2개를 택하여 작은 수부터 차례대로 X의 원소 a, b
에 대응시키면 된다.
즉, $f(a)$, $f(b)$의 값을 정하는 방법은
${}_4C_2=\dfrac{4\times3}{2\times1}=6$(개)
이때 $f(c)$의 값이 될 수 있는 것은 1, 2, 3, 4 중 하나이므
로 4개
따라서 구하는 함수 f의 개수는
$6\times4=24$

소단원 점검 문제
                 • 본문 222쪽

01 ②	02 ④	03 200	04 60

01 주어진 함수의 그래프를 좌표평면 위에 나타내고, 그 그
래프에 직선 $y=k$ (k는 상수)를 그려 교점을 나타내면
다음 그림과 같다.

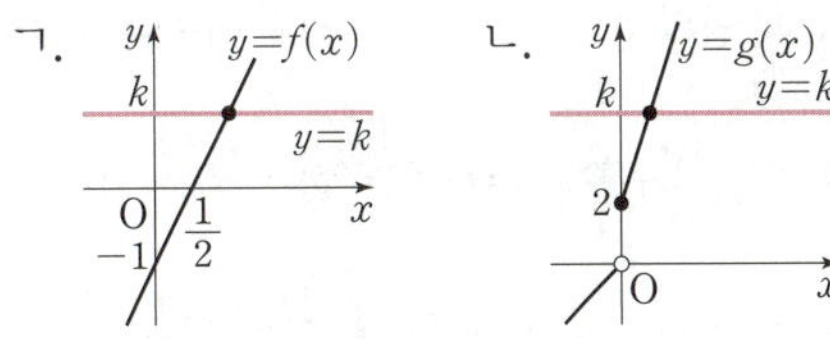

ㄱ. 치역의 각 원소 k에 대하여 직선 $y=k$와 오직 한 점에
   서 만나고, 치역과 공역이 같으므로 일대일대응이다.

ㄴ. 치역의 각 원소 k에 대하여 직선 $y=k$와 오직 한 점
   에서 만나거나 만나지 않으므로 (공역)≠(치역)이다.
   즉, 함수 $g(x)$는 일대일함수이지만 일대일대응은 아
   니다.

ㄷ. 치역의 원소 k에 대하여 직선 $y=k$와 만나지 않거나
   두 점에서 만나는 경우가 있으므로 일대일함수가 아
   니다.

따라서 일대일함수이면서 일대일대응이 아닌 것은 ㄴ이다.

02 함수 f가 일대일대응이 되려면 x의 값이 증가할 때 $f(x)$
의 값은 증가하거나 x의 값이 증가할 때 $f(x)$의 값은 감
소해야 하므로

$x<0$일 때 직선 $y=(a+3)x+1$의 기울기와 $x\geq0$일 때 직선 $y=(2-a)x+1$의 기울기가 모두 양수이거나 모두 음수이어야 한다.

즉, $a+3>0,\ 2-a>0$ 또는 $a+3<0,\ 2-a<0$에서 두 기울기의 곱은 항상 양수이므로
$(a+3)(2-a)>0,\ (a+3)(a-2)<0$
$\therefore\ -3<a<2$

또한, 두 직선 $y=(a+3)x+1,\ y=(2-a)x+1$이 모두 점 $(0,\ 1)$을 지나므로 a의 값에 관계없이 공역과 치역이 같다.

따라서 조건을 만족시키는 정수 a의 값의 범위는
$$-3<a<2$$
이므로 구하는 정수 a는 $-2,\ -1,\ 0,\ 1$의 4개이다.

03 함수 f는 항등함수이므로
$$f(x)=x \qquad \therefore\ f(210)=210$$
이때 $f(10)=10$이므로 $h(10)=0$에서
$$f(10)-g(10)=0,\ 10-g(10)=0 \qquad \therefore\ g(10)=10$$
함수 g는 상수함수이므로
$$g(x)=10 \qquad \therefore\ g(210)=10$$
$$\therefore\ h(210)=f(210)-g(210)=210-10=200$$

04 주어진 명제의 대우는
'정의역 X의 임의의 두 원소 $x_1,\ x_2$에 대하여 $x_1\neq x_2$이면 $f(x_1)\neq f(x_2)$이다.'
이므로 주어진 명제를 만족시키는 함수 f는 일대일함수이다.

즉, 정의역 X의 원소 $a,\ b,\ c$에 공역 Y의 원소 1, 2, 3, 4, 5 중 서로 다른 3개를 택하여 대응시키면 되므로 X에서 Y로의 일대일함수 f의 개수는
$$_5\mathrm{P}_3=5\times4\times3=60$$

◯3 합성함수

• 본문 224쪽

1 답 (1) 2, -2 (2) 3, 3

(1) $f(1)=2\times1=2$이므로
$$(g\circ f)(1)=g(f(1))=g(2)=2^2-2=2$$
$g(1)=1^2-2=-1$이므로
$$(f\circ g)(1)=f(g(1))=f(-1)=2\times(-1)=-2$$
(2) $(g\circ f)(x)=g(f(x))=g(2x)$
$$=(2x)^2-2=4x^2-2$$
이므로
$$(g\circ f)(-1)=4\times(-1)^2-2=2$$

$\therefore\ (h\circ(g\circ f))(-1)=h((g\circ f)(-1))=h(2)$
$$=2+1=3$$
$(h\circ g)(x)=h(g(x))=h(x^2-2)$
$$=(x^2-2)+1=x^2-1$$
이때 $f(-1)=2\times(-1)=-2$이므로
$$((h\circ g)\circ f)(-1)=(h\circ g)(f(-1))=(h\circ g)(-2)$$
$$=(-2)^2-1=3$$

|참고|
(1)에서 $(g\circ f)(1)\neq(f\circ g)(1)$이고
(2)에서 $(h\circ(g\circ f))(-1)=((h\circ g)\circ f)(-1)$이므로
이를 통해서 일반적으로 합성함수는 교환법칙이 성립하지 않고, 결합법칙은 성립함을 확인할 수 있다.

유제

• 본문 225~229쪽

01-❶ 답 $\{a,\ c\}$

함수 $g\circ f$의 정의역은 $X=\{a,\ b,\ c,\ d\}$이므로
$(g\circ f)(a)=g(f(a))=g(3)=c$
$(g\circ f)(b)=g(f(b))=g(2)=a$
$(g\circ f)(c)=g(f(c))=g(2)=a$
$(g\circ f)(d)=g(f(d))=g(7)=c$
따라서 함수 $g\circ f$의 치역은 $\{a,\ c\}$이다.

01-❷ 답 1

$g(-1)=3$이므로
$(f\circ g)(-1)=f(g(-1))=f(3)=|3|=3$
$f(-3)=|-3|=3$이므로
$(g\circ f)(-3)=g(f(-3))=g(3)=-3+1=-2$
$\therefore\ (f\circ g)(-1)+(g\circ f)(-3)=3+(-2)=1$

01-❸ 답 3

$(g\circ f)(x)=g(f(x))=g(ax+b)$
$$=-(ax+b)+2=-ax-b+2$$
$(g\circ f)(x)=2x+3$에서
$$-ax-b+2=2x+3$$
위의 등식이 x에 대한 항등식이므로
$-a=2,\ -b+2=3 \qquad \therefore\ a=-2,\ b=-1$
$\therefore\ f(x)=-2x-1$
이때 $g(4)=-4+2=-2$이므로
$(f\circ g)(4)=f(g(4))=f(-2)$
$$=(-2)\times(-2)-1=3$$

02-❶ 답 11

$f(x)=5x-a,\ g(x)=-2x+3$에서

$(f \circ g)(x)=f(g(x))=f(-2x+3)$
$\qquad\qquad =5(-2x+3)-a=-10x+15-a$
$(g \circ f)(x)=g(f(x))=g(5x-a)$
$\qquad\qquad =-2(5x-a)+3=-10x+2a+3$
이때 $f \circ g=g \circ f$이므로
$-10x+15-a=-10x+2a+3$
$15-a=2a+3 \qquad \therefore a=4$
따라서 $f(x)=5x-4$이므로
$f(3)=5 \times 3-4=11$

02-❷ 답 -4

$f(1)=4$에서
$a \times 1+2=4 \qquad \therefore a=2$
즉, $f(x)=2x+2$, $g(x)=-2x+b$에서
$(f \circ g)(x)=f(g(x))=f(-2x+b)$
$\qquad\qquad =2(-2x+b)+2=-4x+2b+2$
$(g \circ f)(x)=g(f(x))=g(2x+2)$
$\qquad\qquad =-2(2x+2)+b=-4x-4+b$
이때 $f \circ g=g \circ f$이므로
$-4x+2b+2=-4x-4+b$
$2b+2=-4+b \qquad \therefore b=-6$
$\therefore a+b=2+(-6)=-4$

02-❸ 답 3

$f \circ g=g \circ f$에서 $f(g(x))=g(f(x))$
위의 식의 양변에 $x=3$을 대입하면
$f(g(3))=g(f(3))$
$f(3)=1$, $g(3)=4$이므로
$f(4)=g(1)$
$\therefore g(1)=3$

03-❶ 답 $h(x)=-\dfrac{1}{3}x+\dfrac{5}{3}$

$(g \circ h)(x)=g(h(x))=3h(x)+1$이고,
$(g \circ h)(x)=f(x)$이므로
$3h(x)+1=-x+6$
$\therefore h(x)=-\dfrac{1}{3}x+\dfrac{5}{3}$

03-❷ 답 $h(x)=\dfrac{1}{2}x-\dfrac{1}{2}$

$(g \circ f)(x)=g(f(x))=g(2x-1)$
$\qquad\qquad =-4(2x-1)+3=-8x+7$
이고,
$(h \circ g \circ f)(x)=g(x)$에서 $h((g \circ f)(x))=g(x)$이므로
$h(-8x+7)=-4x+3$

$-8x+7=t$라 하면 $x=-\dfrac{1}{8}t+\dfrac{7}{8}$이므로
$h(t)=-4\left(-\dfrac{1}{8}t+\dfrac{7}{8}\right)+3=\dfrac{1}{2}t-\dfrac{1}{2}$
$\therefore h(x)=\dfrac{1}{2}x-\dfrac{1}{2}$

03-❸ 답 $f(1-x)=-8x+3$

$f\left(\dfrac{x+1}{2}\right)=4x-1$에서
$\dfrac{x+1}{2}=t$라 하면 $x=2t-1$이므로
$f(t)=4(2t-1)-1=8t-5$
$\therefore f(1-x)=8(1-x)-5$
$\qquad\qquad =-8x+3$

04-❶ 답 $\dfrac{1}{27}$

$f(x)=\dfrac{x}{3}$에서
$f^1(x)=f(x)=\dfrac{x}{3}$
$f^2(x)=(f \circ f)(x)=f(f(x))=\dfrac{1}{3} \times \dfrac{x}{3}=\dfrac{x}{3^2}$
$f^3(x)=(f \circ f^2)(x)=f(f^2(x))=\dfrac{1}{3} \times \dfrac{x}{3^2}=\dfrac{x}{3^3}$
$f^4(x)=(f \circ f^3)(x)=f(f^3(x))=\dfrac{1}{3} \times \dfrac{x}{3^3}=\dfrac{x}{3^4}$
$\qquad\qquad\vdots$
$\therefore f^n(x)=\dfrac{x}{3^n}$

따라서 $n=7$일 때, $f^7(x)=\dfrac{x}{3^7}$이므로
$f^7(81)=\dfrac{81}{3^7}=\dfrac{3^4}{3^7}=\dfrac{1}{3^3}=\dfrac{1}{27}$

04-❷ 답 2

$f^1(1)=f(1)=2$
$f^2(1)=(f \circ f)(1)=f(f(1))=f(2)=3$
$f^3(1)=(f \circ f^2)(1)=f(f^2(1))=f(3)=1$
$f^4(1)=(f \circ f^3)(1)=f(f^3(1))=f(1)=2$
$\qquad\quad\vdots$
즉, $f^n(1)$의 값은 2, 3, 1이 이 순서대로 반복된다.
이때 $1000=3 \times 333+1$이므로
$f^{1000}(1)=f^1(1)=f(1)=2$

04-❸ 답 3

$f(x)=-x+5$에서
$f^1(x)=f(x)=-x+5$
$f^2(x)=(f \circ f)(x)=f(f(x))=-(-x+5)+5=x$

$$f^3(x)=(f\circ f^2)(x)=f(f^2(x))=-x+5$$
$$\vdots$$
$$\therefore f^n(x)=\begin{cases} -x+5 & (n\text{은 홀수}) \\ x & (n\text{은 짝수}) \end{cases}$$

따라서 $f^{100}(-1)=-1$, $f^{101}(1)=-1+5=4$이므로
$$f^{100}(-1)+f^{101}(1)=(-1)+4=3$$

| 다른 풀이 |

$$f^1(-1)=f(-1)=-(-1)+5=6$$
$$f^2(-1)=(f\circ f)(-1)=f(f(-1))=f(6)$$
$$=-6+5=-1$$
$$f^3(-1)=(f\circ f^2)(-1)=f(f^2(-1))=f(-1)$$
$$=(-1)+5=6$$
$$\vdots$$

즉, $f^n(-1)$의 값은 6, -1이 이 순서대로 반복된다.
$$f^1(1)=f(1)=-1+5=4$$
$$f^2(1)=(f\circ f)(1)=f(f(1))=f(4)=-4+5=1$$
$$f^3(1)=(f\circ f^2)(1)=f(f^2(1))=f(1)=-1+5=4$$
$$\vdots$$

즉, $f^n(1)$의 값은 4, 1이 이 순서대로 반복된다.
이때 $100=2\times50$, $101=2\times50+1$이므로
$$f^{100}(-1)+f^{101}(1)=(-1)+4=3$$

05-❶ 답 해설 참조

$f(x)=\begin{cases} 1 & (x<0) \\ 0 & (x=0), \\ -1 & (x>0) \end{cases}$ $g(x)=x+1$이므로

(i) $x<0$일 때
$$(g\circ f)(x)=g(f(x))=g(1)=1+1=2$$
(ii) $x=0$일 때
$$(g\circ f)(x)=g(f(x))=g(0)=0+1=1$$
(iii) $x>0$일 때
$$(g\circ f)(x)=g(f(x))=g(-1)=(-1)+1=0$$

(i), (ii), (iii)에서 $(g\circ f)(x)=\begin{cases} 2 & (x<0) \\ 1 & (x=0) \\ 0 & (x>0) \end{cases}$

따라서 합성함수 $y=(g\circ f)(x)$의
그래프는 오른쪽 그림과 같다.

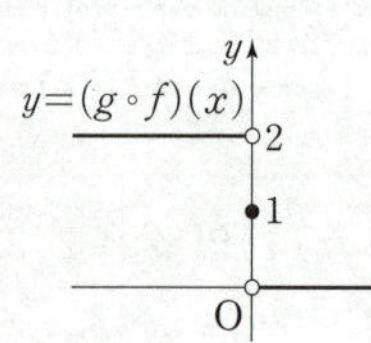

05-❷ 답 해설 참조

$f(x)=\begin{cases} 2x & (0\le x<1) \\ -2x+4 & (1\le x\le 2) \end{cases}$ 이므로

$(f\circ f)(x)=\begin{cases} 2f(x) & (0\le f(x)<1) \\ -2f(x)+4 & (1\le f(x)\le 2) \end{cases}$

이때 $f(x)=1$을 만족시키는 x의 값은
$0\le x<1$일 때, $2x=1$에서 $x=\dfrac{1}{2}$
$1\le x\le 2$일 때, $-2x+4=1$에서 $x=\dfrac{3}{2}$

(i) $0\le x<\dfrac{1}{2}$일 때, $0\le f(x)<1$이므로
$$(f\circ f)(x)=2f(x)=2\times 2x=4x$$
(ii) $\dfrac{1}{2}\le x<1$일 때, $1\le f(x)<2$이므로
$$(f\circ f)(x)=-2f(x)+4=-2\times 2x+4=-4x+4$$
(iii) $1\le x\le\dfrac{3}{2}$일 때, $1\le f(x)\le 2$이므로
$$(f\circ f)(x)=-2f(x)+4=-2(-2x+4)+4$$
$$=4x-4$$
(iv) $\dfrac{3}{2}<x\le 2$일 때, $0\le f(x)<1$이므로
$$(f\circ f)(x)=2f(x)=2(-2x+4)$$
$$=-4x+8$$

(i)~(iv)에서 $(f\circ f)(x)=\begin{cases} 4x & \left(0\le x<\dfrac{1}{2}\right) \\ -4x+4 & \left(\dfrac{1}{2}\le x<1\right) \\ 4x-4 & \left(1\le x\le\dfrac{3}{2}\right) \\ -4x+8 & \left(\dfrac{3}{2}<x\le 2\right) \end{cases}$

따라서 합성함수 $y=(f\circ f)(x)$의
그래프는 오른쪽 그림과 같다.

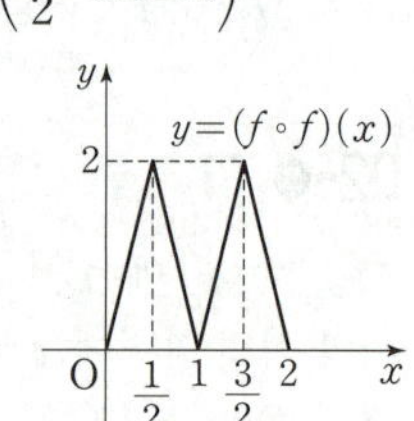

소단원 점검 문제 • 본문 230쪽

| 01 ① | 02 ④ | 03 32 | 04 ② |

01
$$((f\circ g)\circ g)(a)=(f\circ(g\circ g))(a)$$
$$=f((g\circ g)(a))$$
$$=f(3a-1)$$
$$=2(3a-1)+1$$
$$=6a-1$$
이때 $((f\circ g)\circ g)(a)=a$이므로
$$6a-1=a,\ 5a=1$$
$$\therefore a=\dfrac{1}{5}$$

02 $f(x)=\begin{cases} x+1 & (x\le 3) \\ 1 & (x=4) \end{cases}$ 에서
$$f(1)=2,\ f(2)=3,\ f(3)=4,\ f(4)=1$$

$f \circ g = g \circ f$에서 $f(g(x)) = g(f(x))$ ······ ㉠
㉠의 양변에 $x = 3$을 대입하면
$f(g(3)) = g(f(3))$
$f(3) = 4$, $g(3) = 2$이므로
$f(2) = g(4)$
$\therefore g(4) = 3$
㉠의 양변에 $x = 4$를 대입하면
$f(g(4)) = g(f(4))$
$f(4) = 1$, $g(4) = 3$이므로
$f(3) = g(1) \qquad \therefore g(1) = 4$
$\therefore g(1) + g(4) = 4 + 3 = 7$

03 $f(2x+a) = 4x^2 + 4x + 8$에서
$2x + a = t$라 하면 $x = \dfrac{t-a}{2}$이므로
$$f(t) = 4 \times \left(\dfrac{t-a}{2}\right)^2 + 4 \times \dfrac{t-a}{2} + 8$$
$$= (t-a)^2 + 2(t-a) + 8$$
$$= t^2 - 2(a-1)t + a^2 - 2a + 8$$
$\therefore f(x) = x^2 - 2(a-1)x + a^2 - 2a + 8$
이때 $f(0) = 7$이므로
$a^2 - 2a + 8 = 7$, $a^2 - 2a + 1 = 0$
$(a-1)^2 = 0$
$\therefore a = 1$
따라서 $f(x) = x^2 + 7$이므로
$f(5) = 5^2 + 7 = 32$

04 $f^1(2) = f(2) = -2 \times 2 + 4 = 0$
$f^2(2) = (f \circ f)(2) = f(f(2)) = f(0)$
$\qquad = -0^2 + 2 \times 0 + 1 = 1$
$f^3(2) = (f \circ f^2)(2) = f(f^2(2)) = f(1)$
$\qquad = -2 \times 1 + 4 = 2$
$f^4(2) = (f \circ f^3)(2) = f(f^3(2)) = f(2) = 0$
$\qquad \vdots$
즉, $f^n(2)$의 값은 0, 1, 2가 이 순서대로 반복된다.
이때 $2000 = 3 \times 666 + 2$이므로
$f^{2000}(2) = f^2(2) = 1$

◯4 역함수

1 답 (1) 6 (2) 2
(1) $(f^{-1})^{-1}(5) = f(5) = 5 + 1 = 6$
(2) $(f \circ f^{-1})(2) = I(2) = 2$ (단, I는 항등함수)

2 답 해설 참조
함수 $y = f(x)$의 그래프와 그 역함수
$y = f^{-1}(x)$의 그래프는 직선 $y = x$
에 대하여 대칭이므로 두 함수
$y = f(x)$, $y = f^{-1}(x)$의 그래프는
오른쪽 그림과 같다.

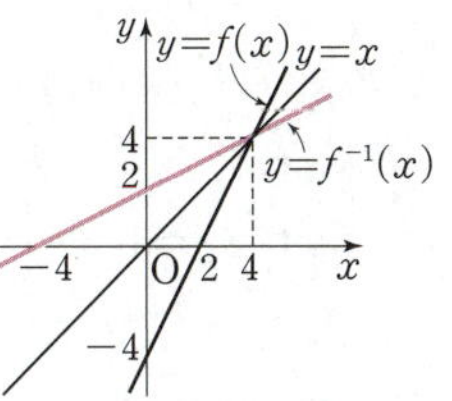

| 다른 풀이 |
$f(x) = 2x - 4$에서 $y = 2x - 4$라 하고 x를 y에 대한 식으로
나타내면
$2x = y + 4 \qquad \therefore x = \dfrac{1}{2}y + 2$
x와 y를 서로 바꾸면
$y = \dfrac{1}{2}x + 2 \qquad \therefore f^{-1}(x) = \dfrac{1}{2}x + 2$
따라서 $y = f^{-1}(x)$의 그래프를 그리면 위의 그림과 같다.

01-❶ 답 (1) $f(x) = -x + 3$ (2) -4
(1) $g(-5) = 8$에서 $f(8) = -5$이므로
$\quad 8a + 3 = -5 \qquad \therefore a = -1$
$\quad \therefore f(x) = -x + 3$
(2) (1)에서 $f(x) = -x + 3$이므로
$\quad f(5) = -5 + 3 = -2$
$\quad g(5) = k$라 하면 $f(k) = 5$이므로
$\quad -k + 3 = 5 \qquad \therefore k = -2$
$\quad \therefore g(5) = -2$
$\quad \therefore f(5) + g(5) = (-2) + (-2) = -4$

01-❷ 답 -1
$f^{-1}(6) = k$라 하면 $f(k) = 6$
(i) $k < 0$일 때
$\quad 2k^3 + 8 = 6$, $k^3 = -1 \qquad \therefore k = -1$
(ii) $k \geq 0$일 때
$\quad k + 8 = 6 \qquad \therefore k = -2$
$\quad$ 그런데 $k \geq 0$이므로 조건을 만족시키지 않는다.
(i), (ii)에서 $k = -1$이므로
$f^{-1}(6) = -1$

01-❸ 답 1
$f^{-1}(0) = -1$에서 $f(-1) = 0$이므로
$-a + b = 0 \qquad \therefore a = b$ ······ ㉠
또한, $(f \circ f)(-1) = 8$에서 $f(f(-1)) = f(0) = 8$이므로
$b = 8$

$b=8$을 ㉠에 대입하면 $a=8$

$\therefore f(x)=8x+8$

따라서 $f^{-1}(16)=k$라 하면 $f(k)=16$이므로

$8k+8=16$　　$\therefore k=1$

$\therefore f^{-1}(16)=1$

02-❶ 답 $k>0$

함수 $f(x)$의 역함수가 존재하려면 $f(x)$가 일대일대응이어야
하므로 함수 $y=f(x)$는 x의 값이 증가할 때 y의 값은 감소
해야 한다.

이때 $x\geq1$에서 직선 $y=-x+5$의 기
울기가 음수이므로 함수 $y=f(x)$의 그
래프는 오른쪽 그림과 같아야 한다.

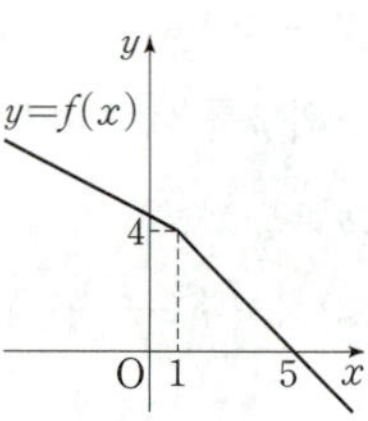

즉, $x<1$에서 직선 $y=-kx+4+k$의
기울기도 음수이어야 하므로

$-k<0$　　$\therefore k>0$

02-❷ 답 5

함수 $f(x)$의 역함수가 존재하므로 $f(x)$는 일대일대응이다.

$f(x)=x^2-6x+10=(x-3)^2+1$

함수 $f(x)$의 정의역이 $X=\{x\,|\,x\geq a\}$,

치역이 $X=\{x\,|\,x\geq f(a)\}$이므로 $a\geq3$, $f(a)=a$

$f(a)=a$에서 $a^2-6a+10=a$

$a^2-7a+10=0$, $(a-2)(a-5)=0$

$\therefore a=5\ (\because a\geq3)$

02-❸ 답 $a>-2$

함수 $f(x)$의 역함수가 존재하려면 $f(x)$가 일대일대응이어야
하므로 함수 $y=f(x)$는 x의 값이 증가할 때 y의 값은 감소해
야 한다.

이때 $x\geq2$에서 직선 $y=-2x+4$의 기울
기가 음수이므로 함수 $y=f(x)$의 그래프
는 오른쪽 그림과 같아야 한다.

즉, $x<2$에서 이차함수
$y=(a+2)(x-2)^2$의 그래프가 아래로 볼
록해야 하므로 이차함수 $y=(a+2)(x-2)^2$
의 최고차항의 계수는 양수이어야 한다.

즉, $a+2>0$에서

$a>-2$

03-❶ 답 -1

$f(x)=ax+2$에서 $y=ax+2$라 하고 x를 y에 대한 식으로
나타내면

$ax=y-2$　　$\therefore x=\dfrac{1}{a}y-\dfrac{2}{a}$

x와 y를 서로 바꾸면

$y=\dfrac{1}{a}x-\dfrac{2}{a}$　　$\therefore f^{-1}(x)=\dfrac{1}{a}x-\dfrac{2}{a}$

이때 $f=f^{-1}$에서 $ax+2=\dfrac{1}{a}x-\dfrac{2}{a}$

$a=\dfrac{1}{a},\ 2=-\dfrac{2}{a}$　　$\therefore a=-1$

| 다른 풀이 |

$f=f^{-1}$이므로 $(f\circ f)(x)=(f\circ f^{-1})(x)=x$　　……㉠

이때 $f(x)=ax+2$이므로

$(f\circ f)(x)=f(f(x))=f(ax+2)$

$\qquad\qquad\ =a(ax+2)+2=a^2x+2a+2$　　……㉡

㉠, ㉡에서 $x=a^2x+2a+2$

$1=a^2,\ 0=2a+2$

$\therefore a=-1$

03-❷ 답 $f^{-1}(x)=-\dfrac{1}{4}x+\dfrac{3}{2}\ (x\leq6)$

$y=-4x+6$이라 하고 x를 y에 대한 식으로 나타내면

$4x=-y+6$　　$\therefore x=-\dfrac{1}{4}y+\dfrac{3}{2}$

x와 y를 서로 바꾸면

$y=-\dfrac{1}{4}x+\dfrac{3}{2}$　　$\therefore f^{-1}(x)=-\dfrac{1}{4}x+\dfrac{3}{2}$

이때 함수 f의 정의역은 X, 치역은 Y이므로 역함수의 정의
역은 Y, 치역은 X이다.

따라서 함수 $f(x)$의 역함수는

$f^{-1}(x)=-\dfrac{1}{4}x+\dfrac{3}{2}\ (x\leq6)$

03-❸ 답 $a=-\dfrac{1}{3},\ b=\dfrac{8}{3}$

$f(2x+1)=-6x+5$에서

$2x+1=t$라 하면 $x=\dfrac{1}{2}t-\dfrac{1}{2}$이므로

$f(t)=-6\left(\dfrac{1}{2}t-\dfrac{1}{2}\right)+5=-3t+8$

$\therefore f(x)=-3x+8$

$y=-3x+8$이라 하고 x를 y에 대한 식으로 나타내면

$3x=-y+8$　　$\therefore x=-\dfrac{1}{3}y+\dfrac{8}{3}$

x와 y를 서로 바꾸면

$y=-\dfrac{1}{3}x+\dfrac{8}{3}$　　$\therefore f^{-1}(x)=-\dfrac{1}{3}x+\dfrac{8}{3}$

따라서 $-\dfrac{1}{3}x+\dfrac{8}{3}=ax+b$이므로

$a=-\dfrac{1}{3},\ b=\dfrac{8}{3}$

04-❶ 답 3

$(f^{-1}\circ g)^{-1}=g^{-1}\circ(f^{-1})^{-1}=g^{-1}\circ f$이므로

$(f^{-1} \circ (f^{-1} \circ g)^{-1} \circ f^{-1})(5)$
$=(f^{-1} \circ (g^{-1} \circ f) \circ f^{-1})(5)$
$=(f^{-1} \circ g^{-1} \circ f \circ f^{-1})(5)$
$=((f^{-1} \circ g^{-1}) \circ (f \circ f^{-1}))(5)$
$=((f^{-1} \circ g^{-1}) \circ I)(5)$ (I는 항등함수)
$=(f^{-1} \circ g^{-1})(5)$
$=f^{-1}(g^{-1}(5))$
$g^{-1}(5)=k$라 하면 $g(k)=5$이므로
$k+2=5$　∴ $k=3$
∴ $f^{-1}(g^{-1}(5))=f^{-1}(3)$
$f^{-1}(3)=l$이라 하면 $f(l)=3$이므로
$2l-3=3$　∴ $l=3$
∴ $f^{-1}(3)=3$
∴ $(f^{-1} \circ (f^{-1} \circ g)^{-1} \circ f^{-1})(5)=f^{-1}(g^{-1}(5))$
$\phantom{\therefore (f^{-1} \circ (f^{-1} \circ g)^{-1} \circ f^{-1})(5)}=f^{-1}(3)=3$

$f^{-1} \circ g^{-1}=(g \circ f)^{-1}$이므로
$(f^{-1} \circ (f^{-1} \circ g)^{-1} \circ f^{-1})(5)=(f^{-1} \circ g^{-1})(5)$
$\phantom{(f^{-1} \circ (f^{-1} \circ g)^{-1} \circ f^{-1})(5)}=(g \circ f)^{-1}(5)$
$(g \circ f)^{-1}(5)=k$라 하면 $(g \circ f)(k)=5$에서
$(g \circ f)(k)=g(f(k))=g(2k-3)$
$=(2k-3)+2=2k-1$
이므로 $2k-1=5$　∴ $k=3$
∴ $(f^{-1} \circ (f^{-1} \circ g)^{-1} \circ f^{-1})(5)=(g \circ f)^{-1}(5)=3$

04-❷ 답 4

$(f \circ (f^{-1} \circ f^{-1}))(a)=((f \circ f^{-1}) \circ f^{-1})(a)$
$\phantom{(f \circ (f^{-1} \circ f^{-1}))(a)}=(I \circ f^{-1})(a)$ (I는 항등함수)
$\phantom{(f \circ (f^{-1} \circ f^{-1}))(a)}=f^{-1}(a)$
$(f \circ (f^{-1} \circ f^{-1}))(a)=3$에서 $f^{-1}(a)=3$이므로
$a=f(3)=-\dfrac{1}{3} \times 3+5=4$

함수 $f(x)=-\dfrac{1}{3}x+5$는 실수 전체의 집합에서 일대일대응
이므로 역함수가 존재한다.
함수 $f(x)=-\dfrac{1}{3}x+5$의 역함수를 구하면
$f^{-1}(x)=-3x+15$
$f^{-1}(a)=3$에서 $f^{-1}(a)=-3a+15=3$
$-3a=-12$　∴ $a=4$

04-❸ 답 $h(x)=-x-6$

$h \circ g^{-1} \circ f^{-1}=I$ (I는 항등함수)에서
$h \circ (g^{-1} \circ f^{-1})=I$이므로
$h=(g^{-1} \circ f^{-1})^{-1}$

∴ $h(x)=(g^{-1} \circ f^{-1})^{-1}(x)$
$=((f^{-1})^{-1} \circ (g^{-1})^{-1})(x)$
$=(f \circ g)(x)$
$=f(g(x))$
$=f(-x)=-x-6$

합성함수 $h \circ g^{-1} \circ f^{-1}$가 항등함수이므로
$(h \circ g^{-1} \circ f^{-1})(x)=x$　……㉠
두 함수 $f(x)=x-6, g(x)=-x$의 역함수를 각각 구하면
$f^{-1}(x)=x+6, g^{-1}(x)=-x$
$(h \circ g^{-1} \circ f^{-1})(x)=h(g^{-1}(f^{-1}(x)))$
$\phantom{(h \circ g^{-1} \circ f^{-1})(x)}=h(g^{-1}(x+6))$
$\phantom{(h \circ g^{-1} \circ f^{-1})(x)}=h(-x-6)$　……㉡
㉠, ㉡에서 $h(-x-6)=x$
$-x-6=t$라 하면 $x=-t-6$이므로
$h(t)=-t-6$　∴ $h(x)=-x-6$

05-❶ 답 ③

직선 $y=x$를 이용하여 x축과 점선
이 만나는 점의 x좌표를 주어진 그
림에 나타내면 오른쪽 그림과 같다.

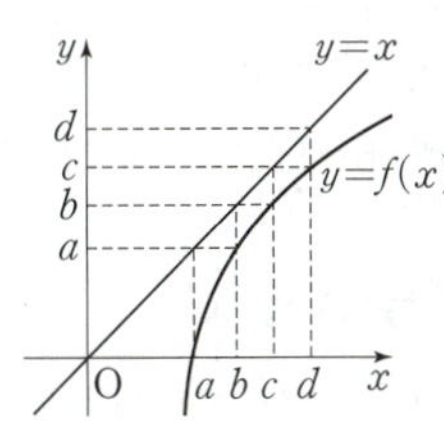

$(f \circ f)(c)=f(f(c))=f(b)=a$
$f^{-1}(b)=k$라 하면 $f(k)=b$
위의 그림에서 $f(c)=b$이므로
$k=c$　∴ $f^{-1}(b)=c$
$f^{-1}(c)=l$이라 하면 $f(l)=c$
위의 그림에서 $f(d)=c$이므로
$l=d$　∴ $f^{-1}(c)=d$
∴ $(f \circ f)^{-1}(b)=(f^{-1} \circ f^{-1})(b)$
$\phantom{∴ (f \circ f)^{-1}(b)}=f^{-1}(f^{-1}(b))$
$\phantom{∴ (f \circ f)^{-1}(b)}=f^{-1}(c)=d$
∴ $(f \circ f)(c)+(f \circ f)^{-1}(b)=a+d$

05-❷ 답 ③

직선 $y=x$를 이용하여 y축과 점선
이 만나는 점의 y좌표를 주어진 그
림에 나타내면 오른쪽 그림과 같다.

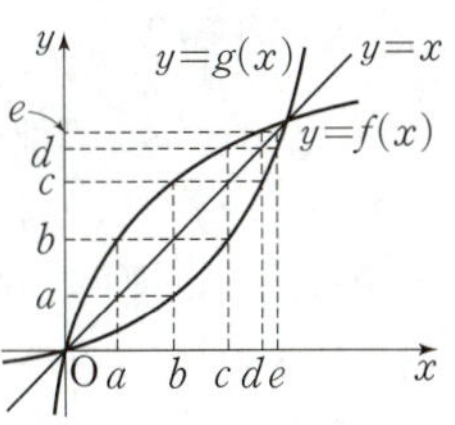

$(f \circ f \circ g)^{-1}=g^{-1} \circ f^{-1} \circ f^{-1}$이므로
$(f \circ f \circ g)^{-1}(d)$
$=(g^{-1} \circ f^{-1} \circ f^{-1})(d)$
$=g^{-1}(f^{-1}(f^{-1}(d)))$
$f^{-1}(d)=k$라 하면 $f(k)=d$
위의 그림에서 $f(c)=d$이므로
$k=c$　∴ $f^{-1}(d)=c$
$f^{-1}(c)=l$이라 하면 $f(l)=c$

위의 그림에서 $f(b)=c$이므로

$l=b$ $\therefore f^{-1}(c)=b$

$g^{-1}(b)=m$이라 하면 $g(m)=b$

위의 그림에서 $g(c)=b$이므로

$m=c$ $\therefore g^{-1}(b)=c$

$$\therefore (f \circ f \circ g)^{-1}(d)=g^{-1}(f^{-1}(f^{-1}(d)))$$
$$=g^{-1}(f^{-1}(c))$$
$$=g^{-1}(b)=c$$

06-❶ 답 $(0, 0)$, $(1, 1)$

함수 $y=f(x)$의 그래프와 그 역함수
$y=f^{-1}(x)$의 그래프는 직선 $y=x$
에 대하여 대칭이므로 오른쪽 그림
과 같다.

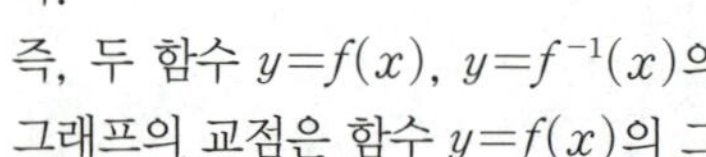

즉, 두 함수 $y=f(x)$, $y=f^{-1}(x)$의
그래프의 교점은 함수 $y=f(x)$의
그래프와 직선 $y=x$의 교점과 같으므로
$x^2=x$에서
$x^2-x=0$, $x(x-1)=0$
$\therefore x=0$ 또는 $x=1$
따라서 구하는 교점의 좌표는 $(0, 0)$, $(1, 1)$이다.

06-❷ 답 10

함수 $y=f(x)$의 그래프와 그 역함수
$y=f^{-1}(x)$의 그래프는 직선 $y=x$에
대하여 대칭이므로 오른쪽 그림과 같
다.

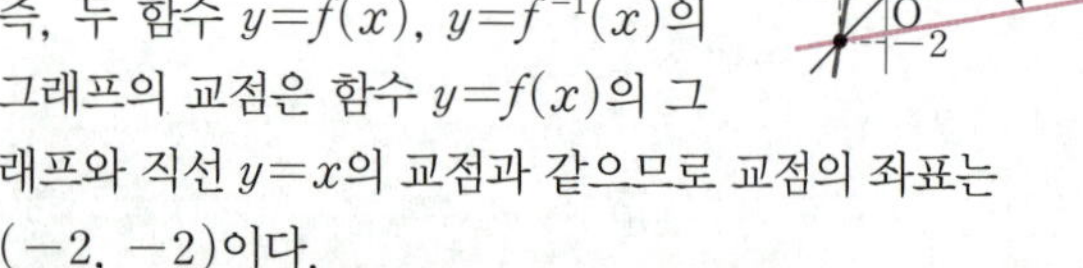

즉, 두 함수 $y=f(x)$, $y=f^{-1}(x)$의
그래프의 교점은 함수 $y=f(x)$의 그
래프와 직선 $y=x$의 교점과 같으므로 교점의 좌표는
$(-2, -2)$이다.
따라서 함수 $y=f(x)$의 그래프는 점 $(-2, -2)$를 지나므로
$6 \times (-2)+a=-2$
$\therefore a=10$

06-❸ 답 $5\sqrt{2}$

함수 $y=f(x)$의 그래프와 그
역함수 $y=f^{-1}(x)$의 그래프
는 직선 $y=x$에 대하여 대칭
이므로 오른쪽 그림과 같다.

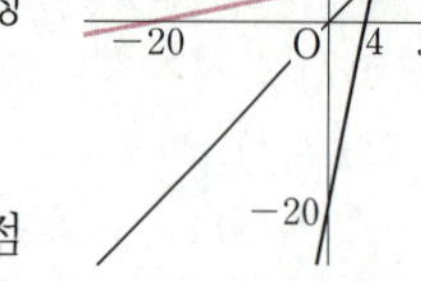

즉, 두 함수 $y=f(x)$,
$y=f^{-1}(x)$의 그래프의 교점
은 함수 $y=f(x)$의 그래프와 직선 $y=x$의 교점과 같으므로
$5x-20=x$에서 $4x=20$ $\therefore x=5$
따라서 $P(5, 5)$이므로 선분 OP의 길이는
$$\overline{OP}=\sqrt{5^2+5^2}=5\sqrt{2}$$

01 15   02 $k<-1$ 또는 $k>1$

03 $g(x)=\dfrac{1}{2}x-\dfrac{5}{2}$ 04 4   05 $4\sqrt{2}$

01 함수 f의 역함수 f^{-1}가 존재하므로 두 함수 f, f^{-1}는 모
두 X에서 X로의 일대일대응이다.
즉, X의 각 원소 1, 3, 5는 f^{-1}에 의하여 X의 각 원소
1, 3, 5에 하나씩 대응하므로
$f^{-1}(1) \times f^{-1}(3) \times f^{-1}(5)$의 값은 X의 모든 원소의 곱
과 같다.
$\therefore f^{-1}(1) \times f^{-1}(3) \times f^{-1}(5)=15$

02 (i) $x<2$일 때
$$f(x)=-(x-2)+kx+8=(k-1)x+10$$
(ii) $x \geq 2$일 때
$$f(x)=(x-2)+kx+8=(k+1)x+6$$
(i), (ii)에서 함수 $f(x)$의 역함수가 존재하려면 $f(x)$가
일대일대응이어야 하므로 x의 값이 증가할 때 y의 값은
감소하거나 x의 값이 증가할 때 y의 값은 증가해야 한다.
즉, 함수 $y=f(x)$의 그래프는 [그림 1] 또는 [그림 2]와 같
아야 한다.

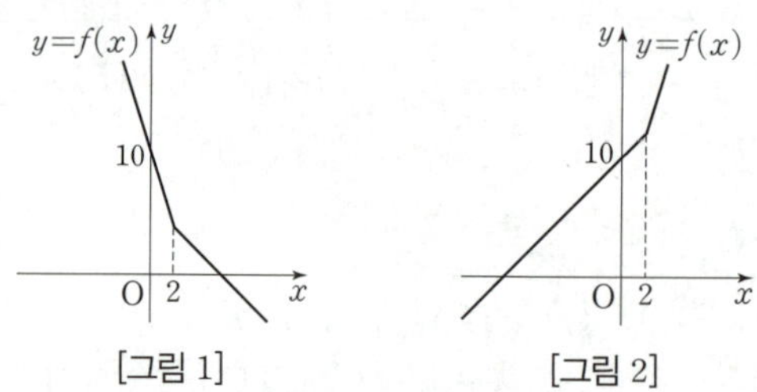

[그림 1]   [그림 2]

$x<2$일 때 직선 $y=(k-1)x+10$의 기울기와 $x \geq 2$일
때 직선 $y=(k+1)x+6$의 기울기가 모두 양수이거나
모두 음수이어야 한다.
즉, 두 기울기의 곱이 양수이어야 하므로
$(k+1)(k-1)>0$
$\therefore k<-1$ 또는 $k>1$

03 $f \circ g=g \circ f=I$이므로 두 함수 f와 g는 서로 역함수이다.
$f(x)=2x+5$에서 $y=2x+5$라 하고 x를 y에 대한 식으
로 나타내면
$2x=y-5$ $\therefore x=\dfrac{1}{2}y-\dfrac{5}{2}$

x와 y를 서로 바꾸면
$y=\dfrac{1}{2}x-\dfrac{5}{2}$ $\therefore g(x)=\dfrac{1}{2}x-\dfrac{5}{2}$

04 $f^{-1}(3)=k$라 하면 $f(k)=3$
$f(1)=3$이므로 $k=1$ $\therefore f^{-1}(3)=1$

$(f \circ f)^{-1}(5)=(f^{-1} \circ f^{-1})(5)=f^{-1}(f^{-1}(5))$이므로

$f^{-1}(5)=l$이라 하면 $f(l)=5$

$f(2)=5$이므로 $l=2$ $\therefore f^{-1}(5)=2$

$f^{-1}(2)=m$이라 하면 $f(m)=2$

$f(3)=2$이므로 $m=3$ $\therefore f^{-1}(2)=3$

$\therefore (f \circ f)^{-1}(5)=f^{-1}(f^{-1}(5))=f^{-1}(2)=3$

$\therefore f^{-1}(3)+(f \circ f)^{-1}(5)=1+3=4$

05 함수 $y=f(x)$의 그래프와 그 역함수 $y=f^{-1}(x)$의 그래프는 직선 $y=x$에 대하여 대칭이므로 오른쪽 그림과 같다.

즉, 두 함수 $y=f(x)$, $y=f^{-1}(x)$의 그래프의 교점은

함수 $y=f(x)$의 그래프와 직선 $y=x$의 교점과 같으므로

$\dfrac{1}{4}x^2+2x=x$에서

$x^2+4x=0$, $x(x+4)=0$

$\therefore x=-4$ 또는 $x=0$

따라서 $P(-4, -4)$, $Q(0, 0)$ 또는 $P(0, 0)$,

$Q(-4, -4)$이므로

$\overline{PQ}=\sqrt{(-4)^2+(-4)^2}=4\sqrt{2}$

중단원 실전 문제   · 본문 242~246쪽

01 ③	**02** 6	**03** $b>-15$	**04** ⑤
05 ②	**06** 125	**07** 540	**08** ④
09 8	**10** 6	**11** 5	**12** $\dfrac{11}{4}$
13 ②	**14** 8	**15** ③	**16** $-\dfrac{5}{4}$
17 6	**18** ②	**19** $\dfrac{9}{2}$	**20** 15
21 3	**22** ⑤	**23** 13	**24** ③
25 3			

01 $f=g$이려면 정의역 X의 각 원소에 대응하는 함숫값이 서로 같아야 한다.

$f(0)=g(0)$에서 $c=4$

$f(1)=g(1)$에서 $a+b+c=3$

$\therefore a+b=-1 \ (\because c=4)$ $\cdots\cdots$ ㉠

$f(2)=g(2)$에서 $4a+2b+c=4$

$\therefore 2a+b=0 \ (\because c=4)$ $\cdots\cdots$ ㉡

㉠, ㉡을 연립하여 풀면

$a=1$, $b=-2$

$\therefore abc=1\times(-2)\times 4=-8$

02 함수 f가 일대일대응이고 $f(1)=4$이므로

4를 제외한 치역 X의 서로 다른 두 원소 a, b에 대하여

$f(2)=a$, $f(4)=b$라 할 수 있다. $\ ^{\llcorner a\in\{1, 2, 3\},\ b\in\{1, 2, 3\}}_{\quad\ 이고\ a\neq b}$

따라서 $f(2)\times f(4)$는 $a=2$, $b=3$ 또는 $a=3$, $b=2$일 때 최댓값을 가지므로

$2\times 3=6$

03 $x\geq 2$에서 함수 $y=3(x-2)^2+5a$는 x의 값이 증가할 때 y의 값도 증가하므로 함수 f가 일대일대응이 되려면 $x<2$에서 함수 $y=(a+3)x+b$는 x의 값이 증가할 때 y의 값도 증가해야 한다.

즉, 함수 $y=f(x)$의 그래프는 오른쪽 그림과 같아야 하므로 직선 $y=(a+3)x+b$의 기울기가 양수이어야 한다. ··· ❶

$a+3>0$

$\therefore a>-3$ $\cdots\cdots$ ㉠   ··· ❷

또한, 직선 $y=(a+3)x+b$가 점 $(2, 5a)$를 지나야 하므로

$5a=2(a+3)+b$

$\therefore a=\dfrac{1}{3}b+2$ $\cdots\cdots$ ㉡   ··· ❸

㉠, ㉡에서 $\dfrac{1}{3}b+2>-3$

$\therefore b>-15$ ··· ❹

채점 기준	배점 비율
❶ $x\geq 2$에서 함수 $y=f(x)$의 그래프의 개형을 이용하여 $x<2$에서 직선의 기울기의 부호 추측하기	30 %
❷ 직선의 기울기가 양수이어야 함을 이용하여 a의 값의 범위 구하기	30 %
❸ 함수 f의 공역과 치역이 같음을 이용하여 두 실수 a, b 사이의 관계식 구하기	20 %
❹ b의 값의 범위 구하기	20 %

04 조건 ㈎에서 함수 f는 항등함수이므로

$f(x)=x$

함수 g는 상수함수이므로

$g(x)=c \ (c\in X)$

조건 ㈏에서 $f(x)+g(x)+h(x)=7$이므로

$x+c+h(x)=7$ $\therefore h(x)=-x+7-c$

따라서 $g(3)=c$, $h(1)=-1+7-c=6-c$이므로

$g(3)+h(1)=c+(6-c)=6$

| 다른 풀이 |

조건 ㈎에서 함수 f는 항등함수이므로

$f(1)=1$ $\cdots\cdots$ ㉠

함수 g는 상수함수이므로

$g(3)=g(1)$

조건 (나)에서 $f(x)+g(x)+h(x)=7$이므로
$f(1)+g(1)+h(1)=7$
위의 식에 ㉠을 대입하면
$1+g(1)+h(1)=7$이므로 $g(1)+h(1)=6$
$\therefore g(3)+h(1)=g(1)+h(1)=6$

05 두 집합 X, Y에 대하여 X에서 Y로의 일대일함수가 존재하므로 X의 원소의 개수는 Y의 원소의 개수보다 작거나 같다.
즉, X의 원소의 개수를 n이라 하면 n이 될 수 있는 값은 1, 2, 3, 4이다. n의 값에 따라 경우를 나누어 X에서 Y로의 일대일함수의 개수를 구하면 다음과 같다.
(i) $n=1$일 때, $_4\mathrm{P}_1=4$
(ii) $n=2$일 때, $_4\mathrm{P}_2=4\times3=12$
(iii) $n=3$일 때, $_4\mathrm{P}_3=4\times3\times2=24$
(iv) $n=4$일 때, $_4\mathrm{P}_4=4!=4\times3\times2\times1=24$
(i)~(iv)에서 $n=2$일 때 X에서 Y로의 일대일함수의 개수가 12이므로 X의 원소의 개수가 2이다.
따라서 Y에서 X로의 함수 중 상수함수의 개수는 2이다.

06 $f(x)=f(-x)$이므로
$f(-2)=f(2)$, $f(-1)=f(1)$
$f(-2)$의 값이 될 수 있는 것은 -2, -1, 0, 1, 2 중 하나이므로 5개
$f(-2)=f(2)$이므로 $f(2)$의 값이 될 수 있는 것은 $f(-2)$의 값과 같은 1개
$f(-1)$의 값이 될 수 있는 것은 -2, -1, 0, 1, 2 중 하나이므로 5개
$f(-1)=f(1)$이므로 $f(1)$의 값이 될 수 있는 것은 $f(-1)$의 값과 같은 1개
$f(0)$의 값이 될 수 있는 것은 -2, -1, 0, 1, 2 중 하나이므로 5개
따라서 구하는 함수 f의 개수는
$5\times1\times5\times1\times5=125$

07 ┌─ 순서가 정해져 있으므로 조합의 수
$f(1)<f(2)$이므로 공역의 원소 1, 2, 3, 4, 5, 6 중에서 서로 다른 2개를 택하여 작은 수부터 차례대로 정의역의 원소 1, 2에 각각 대응시키면 된다.
즉, $f(1)$, $f(2)$의 값을 정하는 방법의 수는
$_6\mathrm{C}_2=\dfrac{6\times5}{2\times1}=15$
또한, $f(3)=f(4)=f(5)$이므로 공역의 원소 1, 2, 3, 4, 5, 6 중에서 1개를 택하여 정의역의 원소 3, 4, 5에 대응시키면 된다.
즉, $f(3)$, $f(4)$, $f(5)$의 값을 정하는 방법의 수는
$_6\mathrm{C}_1=6$

이때 $f(6)$의 값은 공역의 원소 1, 2, 3, 4, 5, 6 중에서 1개를 택하여 정의역의 원소 6에 대응시키면 된다.
즉, $f(6)$의 값을 정하는 방법의 수는
$_6\mathrm{C}_1=6$
따라서 구하는 함수 f의 개수는
$15\times6\times6=540$

08 $g(2)=2+1=3$이므로
$(f\circ g)(2)=f(g(2))=f(3)=k$
$f(1)=1$이므로
$(g\circ f)(1)=g(f(1))=g(1)=1+1=2$
이때 $(f\circ g)(2)+(g\circ f)(1)=6$이므로
$k+2=6$
$\therefore k=4$

09 $f(x)=ax+b$, $g(x)=2x-4$에서
$(f\circ g)(x)=f(g(x))=f(2x-4)$
$\qquad\qquad=a(2x-4)+b=2ax-4a+b$
$(g\circ f)(x)=g(f(x))=g(ax+b)$
$\qquad\qquad=2(ax+b)-4=2ax+2b-4$
이때 $f\circ g=g\circ f$이므로
$2ax-4a+b=2ax+2b-4$
$-4a+b=2b-4$
$\therefore b=-4a+4$
$b=-4a+4$를 $f(x)=ax+b$에 대입하면
$f(x)=ax+(-4a+4)=a(x-4)+4$
따라서 함수 $y=f(x)$의 그래프는 a의 값에 관계없이 점 $(4, 4)$를 지나므로
$p=4$, $q=4$
$\therefore p+q=4+4=8$

10 $(f\circ g)(x)=f(g(x))=g(x)$에서
$g(x)=t$라 하면 $f(t)=t$이므로
$t^2-2t+2=t$, $t^2-3t+2=0$
$(t-1)(t-2)=0$ $\quad\therefore t=1$ 또는 $t=2$
$\therefore g(x)=1$ 또는 $g(x)=2$
즉, 두 이차방정식 $g(x)-1=0$, $g(x)-2=0$의 서로 다른 실근의 개수가 2가 되어야 한다.
$g(x)-1=-x^2-4x+k-1$에서 $x^2+4x-k+1=0$,
$g(x)-2=-x^2-4x+k-2$에서 $x^2+4x-k+2=0$
두 이차방정식 $x^2+4x-k+1=0$, $x^2+4x-k+2=0$의 판별식을 각각 D_1, D_2라 하면
$\dfrac{D_1}{4}=2^2-1\times(-k+1)=k+3$,
$\dfrac{D_2}{4}=2^2-1\times(-k+2)=k+2$

이때 방정식 $(f \circ g)(x)=g(x)$의 서로 다른 실근의 개수가 2가 되는 경우는 다음과 같다.

(i) $g(x)=1$, $g(x)=2$의 서로 다른 실근의 개수가 각각 1개인 경우

$\dfrac{D_1}{4}=0$, $\dfrac{D_2}{4}=0$이므로 $k+3=0$, $k+2=0$

$\therefore k=-3$, $k=-2$

그런데 이를 동시에 만족시키는 실수 k의 값은 존재하지 않는다.

(ii) $g(x)=1$의 서로 다른 실근의 개수가 2, $g(x)=2$의 서로 다른 실근의 개수가 0인 경우

$\dfrac{D_1}{4}>0$, $\dfrac{D_2}{4}<0$이므로 $k+3>0$, $k+2<0$

$\therefore -3<k<-2$

(iii) $g(x)=1$의 서로 다른 실근의 개수가 0, $g(x)=2$의 서로 다른 실근의 개수가 2인 경우

$\dfrac{D_1}{4}<0$, $\dfrac{D_2}{4}>0$이므로 $k+3<0$, $k+2>0$

$\therefore k<-3$, $k>-2$

그런데 이를 동시에 만족시키는 k의 값은 존재하지 않는다.

(i), (ii), (iii)에서 조건을 만족시키는 실수 k의 값의 범위는 $-3<k<-2$이므로 $\alpha=-3$, $\beta=-2$

$\therefore \alpha\beta=(-3)\times(-2)=6$

11 $f^1(3)=f(3)=5$

$f^2(3)=(f \circ f)(3)=f(f(3))=f(5)=2$

$f^3(3)=(f \circ f^2)(3)=f(f^2(3))=f(2)=4$

$f^4(3)=(f \circ f^3)(3)=f(f^3(3))=f(4)=1$

$f^5(3)=(f \circ f^4)(3)=f(f^4(3))=f(1)=3$

$f^6(3)=(f \circ f^5)(3)=f(f^5(3))=f(3)=5$

$\qquad\qquad \vdots$

즉, $f^n(3)$의 값은 5, 2, 4, 1, 3이 이 순서대로 반복된다.

이때 $112=5\times22+2$이므로

$f^{112}(3)=f^2(3)=2$ $\qquad\qquad$ … ❶

한편,

$f^1(2)=f(2)=4$

$f^2(2)=(f \circ f)(2)=f(f(2))=f(4)=1$

$f^3(2)=(f \circ f^2)(2)=f(f^2(2))=f(1)=3$

$f^4(2)=(f \circ f^3)(2)=f(f^3(2))=f(3)=5$

$f^5(2)=(f \circ f^4)(2)=f(f^4(2))=f(5)=2$

$f^6(2)=(f \circ f^5)(2)=f(f^5(2))=f(2)=4$

$\qquad\qquad \vdots$

즉, $f^n(2)$의 값은 4, 1, 3, 5, 2가 이 순서대로 반복된다.

이때 $113=5\times22+3$이므로

$f^{113}(2)=f^3(2)=3$ $\qquad\qquad$ … ❷

$\therefore f^{112}(3)+f^{113}(2)=2+3=5$ $\qquad$ … ❸

채점 기준	배점 비율
❶ $f^n(3)$의 값의 규칙성을 파악하여 $f^{112}(3)$의 값 구하기	45%
❷ $f^n(2)$의 값의 규칙성을 파악하여 $f^{113}(2)$의 값 구하기	45%
❸ $f^{112}(3)+f^{113}(2)$의 값 구하기	10%

12 함수 $y=f(x)$의 그래프에서

$$f(x)=\begin{cases} -x+1 & (0\le x<1) \\ 2x-2 & (1\le x\le2) \end{cases}$$

$f(a)=b$라 하면 $(f \circ f)(a)=1$에서

$f(f(a))=f(b)=1$

함수 $y=f(x)$의 그래프에서 $f(b)=1$을 만족시키는 b의 값에 따른 실수 a의 값은 다음과 같다.

(i) $0\le b\le1$일 때

$f(b)=1$에서 $-b+1=1$ $\qquad \therefore b=0$

즉, $f(a)=0$이므로

$a=1$

(ii) $1\le b\le2$일 때

$f(b)=1$에서 $2b-2=1$ $\qquad \therefore b=\dfrac{3}{2}$

즉, $f(a)=\dfrac{3}{2}$이므로

$2a-2=\dfrac{3}{2}$ $\qquad \therefore a=\dfrac{7}{4}$

(i), (ii)에서 모든 실수 a의 값의 합은

$1+\dfrac{7}{4}=\dfrac{11}{4}$

| 참고 |

합성함수 $y=(f \circ f)(x)$의 그래프를 그린 후 합성함수 $y=(f \circ f)(x)$의 그래프와 직선 $y=1$의 교점의 x좌표를 구하여 해결할 수도 있다.
이때 합성함수 $y=(f \circ f)(x)$의 그래프는 오른쪽 그림과 같다.

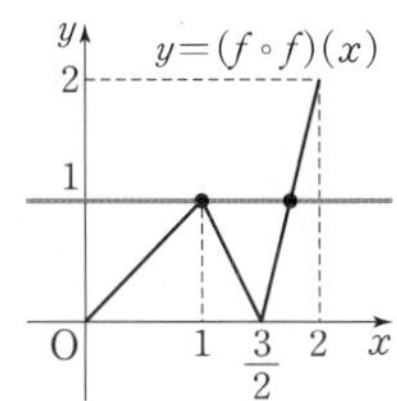

13 함수 $g \circ f$가 항등함수가 되어야 하므로 두 함수 f, g는 서로 역함수 관계이어야 한다.

즉, 함수 f의 역함수가 존재하려면 일대일대응이어야 하므로 함수 f의 개수는

${}_4\mathrm{P}_4=4!=4\times3\times2\times1=24$

이때 두 함수 f, g는 서로 역함수 관계이어야 하므로 함수 f가 정해지면 함수 g도 정해진다.

따라서 함수 f의 개수와 순서쌍 (f, g)의 개수는 같으므로 순서쌍 (f, g)의 개수는 24이다.

14 함수 f의 역함수가 존재하므로 f는 일대일대응이다.

$f(1)+2f(4)=14$이고, $f(1)\in X$, $f(4)\in X$이므로

$f(1)=4,\ f(4)=5$ $\cdots\cdots$ ㉠
$f^{-1}(1)-f^{-1}(2)=3$이고,
$f^{-1}(1)\in X,\ f^{-1}(2)\in X$이므로
$f^{-1}(1)=4,\ f^{-1}(2)=1$ 또는 $f^{-1}(1)=5,\ f^{-1}(2)=2$

(i) $f^{-1}(1)=4,\ f^{-1}(2)=1$일 때
$f^{-1}(1)=4,\ f^{-1}(2)=1$에서 $f(4)=1,\ f(1)=2$이어야 한다.
그런데 ㉠에 의하여 $f(1)$의 값이 2, 4의 2개이고, $f(4)$의 값도 1, 5의 2개이므로 함수 f는 일대일대응이 아니다.
즉, 주어진 조건을 만족시키지 않는다.

(ii) $f^{-1}(1)=5,\ f^{-1}(2)=2$일 때
$f^{-1}(1)=5,\ f^{-1}(2)=2$에서 $f(5)=1,\ f(2)=2$이어야 한다.
즉, 함수 f는 일대일대응이므로
$f(3)=3$

(i), (ii)에서 $f(3)=3,\ f^{-1}(1)=5$이므로
$f(3)+f^{-1}(1)=3+5=8$

|참고|

주어진 조건을 만족시키는 함수
$f:X \longrightarrow X$는 오른쪽 그림과 같다.

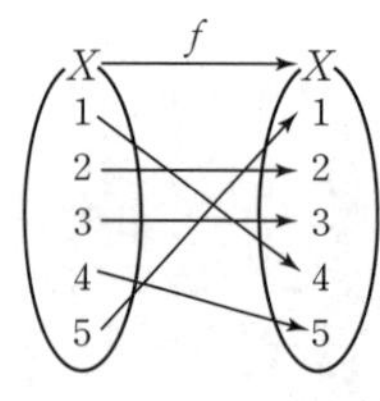

15 함수 $f(x)$의 역함수가 존재하므로
$f(-2)=k$라 하면
$f^{-1}(k)=-2$
이때 모든 실수 x에 대하여 $f(x)=f^{-1}(x)$이므로
$f(k)=-2$
$f(x^2+1)=-2x^2+1$에서
$-2x^2+1=-2$이므로 $x^2=\dfrac{3}{2}$
$k=x^2+1$이어야 하므로 $x^2+1=\dfrac{3}{2}+1=\dfrac{5}{2}$
$\therefore\ f(-2)=\dfrac{5}{2}$

16 함수 $f(x)$의 역함수가 존재하려면 $f(x)$가 일대일대응이어야 한다.
이때 함수 $f(x)$의 공역과 치역이 같아야 하므로 함수 $y=f(x)$의 그래프는 오른쪽 그림과 같아야 한다.
즉, 함수 $y=ax^2+b$의 그래프가 두 점 $(0,5),\ (4,1)$을 지나야 하므로

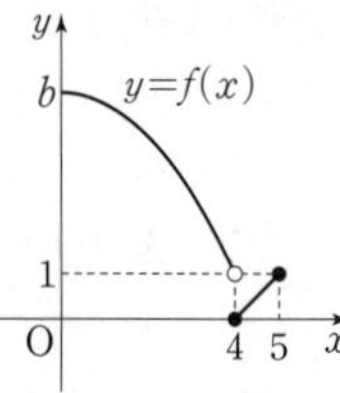

$f(0)=5$에서 $5=a\times0+b$ $\quad\therefore\ b=5$

$f(4)=1$에서 $1=16a+b$이므로
$16a=-b+1=-5+1=-4$ $\quad\therefore\ a=-\dfrac{1}{4}$
$\therefore\ ab=\left(-\dfrac{1}{4}\right)\times5=-\dfrac{5}{4}$

17 함수 f의 역함수가 존재하므로 f는 일대일대응이다.
이때 함수 f와 그 역함수 f^{-1}의 치역이 모두 $\{1, 2, 3, 4\}$이므로 $f(f(1))\in\{1, 2, 3, 4\}$, $f^{-1}(2)\in\{1, 2, 3, 4\}$이다.
$(f\circ f)(1)+f^{-1}(2)=3$에서
$(f\circ f)(1)=1,\ f^{-1}(2)=2$ 또는 $(f\circ f)(1)=2,\ f^{-1}(2)=1$

(i) $(f\circ f)(1)=1,\ f^{-1}(2)=2$일 때
$f^{-1}(2)=2$에서 $f(2)=2$
$(f\circ f)(1)=1$에서 $f(1)=k$라 하면
$(f\circ f)(1)=f(f(1))=f(k)=1$
$f(2)=2$이므로 $f(2)+f(3)$의 값이 최대이려면 $f(3)$의 값이 최대이어야 한다.
$f(3)$의 값이 될 수 있는 것은 1, 3, 4 중 하나이므로 $f(3)$의 최댓값은 4이다.
이때 함수 f는 일대일대응이므로 $f(1)=1,\ f(4)=3$
즉, $f(2)+f(3)$의 최댓값은
$2+4=6$

(ii) $(f\circ f)(1)=2,\ f^{-1}(2)=1$일 때
$f^{-1}(2)=1$에서 $f(1)=2$
$(f\circ f)(1)=2$에서
$(f\circ f)(1)=f(f(1))=f(2)=2$
그런데 $f(1)=f(2)=2$이므로 f는 일대일대응이 아니다. 즉, 주어진 조건을 만족시키지 않는다.

(i), (ii)에서 $f(2)+f(3)$의 최댓값은 6이다.

18 직선 $y=x$를 이용하여 y축과 점선이 만나는 점의 y좌표를 주어진 그림에 나타내면 오른쪽 그림과 같다.

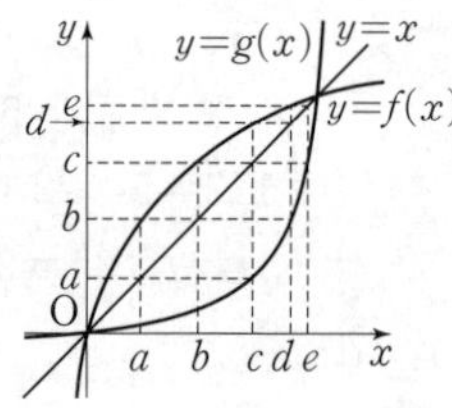

한편,
$(f^{-1}\circ g)^{-1}=g^{-1}\circ(f^{-1})^{-1}$
$\qquad\qquad=g^{-1}\circ f,$
$(g^{-1}\circ f\circ f)^{-1}=f^{-1}\circ f^{-1}\circ(g^{-1})^{-1}$
$\qquad\qquad\qquad=f^{-1}\circ f^{-1}\circ g$
이므로
$(f^{-1}\circ g)^{-1}(a)=(g^{-1}\circ f)(a)=g^{-1}(f(a))$
$\qquad\qquad\qquad=g^{-1}(b)$
$g^{-1}(b)=k$라 하면 $g(k)=b$
위의 그림에서 $g(d)=b$이므로
$k=d$ $\quad\therefore\ g^{-1}(b)=d$
$\therefore\ (f^{-1}\circ g)^{-1}(a)=g^{-1}(b)=d$

$$(g^{-1}\circ f\circ f)^{-1}(e)=(f^{-1}\circ f^{-1}\circ g)(e)$$
$$=f^{-1}(f^{-1}(g(e)))$$
$$=f^{-1}(f^{-1}(c))$$

$f^{-1}(c)=l$이라 하면 $f(l)=c$

위의 그림에서 $f(b)=c$이므로

$l=b$　∴ $f^{-1}(c)=b$

$f^{-1}(b)=m$이라 하면 $f(m)=b$

위의 그림에서 $f(a)=b$이므로

$m=a$　∴ $f^{-1}(b)=a$

$$\therefore (g^{-1}\circ f\circ f)^{-1}(e)=f^{-1}(f^{-1}(c))$$
$$=f^{-1}(b)=a$$

$$\therefore (f^{-1}\circ g)^{-1}(a)+(g^{-1}\circ f\circ f)^{-1}(e)=d+a$$
$$=a+d$$

19 함수 $y=f(x)$의 그래프와 그 역함수 $y=f^{-1}(x)$의 그래프는 직선 $y=x$에 대하여 대칭이므로 두 점 A, D와 두 점 B, C는 각각 직선 $y=x$에 대하여 대칭이다.

즉, 점 D의 좌표가 $(3, 2)$이므로 점 A의 좌표는 $(2, 3)$이고, 점 B의 좌표가 $(3, 5)$이므로 점 C의 좌표는 $(5, 3)$이다.

따라서 사각형 ADCB의 넓이는

$$\frac{1}{2}\times\overline{AC}\times\overline{BD}=\frac{1}{2}\times3\times3=\frac{9}{2}$$

| 다른 풀이 |

두 점 A, C는 y좌표가 서로 같고, 두 점 B, D는 x좌표가 서로 같으므로 그 길이는 각각 $|5-2|=3$

$$\overline{AD}=\sqrt{(3-2)^2+(2-3)^2}=\sqrt{2}$$
$$\overline{BC}=\sqrt{(5-3)^2+(3-5)^2}=2\sqrt{2}$$

한편, 사다리꼴 ADCB의 높이는 점 A와 직선 BC 사이의 거리이다.

이때 두 점 B, C를 지나는 직선의 방정식은 $y=-x+8$, 즉 $x+y-8=0$이므로 점 A와 직선 BC 사이의 거리는

$$\frac{|1\times2+1\times3-8|}{\sqrt{1^2+1^2}}=\frac{3\sqrt{2}}{2}$$

따라서 사각형 ADCB의 넓이는

$$\frac{1}{2}\times(\overline{AD}+\overline{BC})\times\frac{3\sqrt{2}}{2}=\frac{1}{2}\times(\sqrt{2}+2\sqrt{2})\times\frac{3\sqrt{2}}{2}=\frac{9}{2}$$

20 (풀이전략) 함수 $y=f(x)$의 그래프와 그 역함수 $y=f^{-1}(x)$의 그래프는 직선 $y=x$에 대하여 대칭임을 이용하여 사각형 OACB의 넓이는 삼각형 OAC의 넓이의 2배로 구한다.

함수 $f(x)=\frac{1}{4}x^2-\frac{1}{2}x-\frac{3}{4}$의 그래프와 x축의 교점 A의 x좌표는 이차방정식 $\frac{1}{4}x^2-\frac{1}{2}x-\frac{3}{4}=0$의 실근과 같다.

$\frac{1}{4}x^2-\frac{1}{2}x-\frac{3}{4}=0$에서 $x^2-2x-3=0$

$(x+1)(x-3)=0$　∴ $x=3\ (\because x\geq1)$

∴ A$(3, 0)$

역함수 $y=f^{-1}(x)$의 그래프와 y축과의 교점 B의 좌표는 점 A를 직선 $y=x$에 대하여 대칭이동한 점이므로

B$(0, 3)$

→ 함수 $y=f(x)$의 그래프와 함수 $y=f^{-1}(x)$의 그래프는 직선 $y=x$에 대하여 대칭이므로

또한, 두 함수 $y=f(x)$, $y=f^{-1}(x)$의 그래프의 교점은 함수 $y=f(x)$의 그래프와 직선 $y=x$의 교점과 같으므로

$\frac{1}{4}x^2-\frac{1}{2}x-\frac{3}{4}=x$에서

$x^2-6x-3=0$　∴ $x=3+2\sqrt{3}\ (\because x\geq1)$

즉, 두 함수 $y=f(x)$, $y=f^{-1}(x)$의 그래프의 교점의 좌표는 $(3+2\sqrt{3},\ 3+2\sqrt{3})$이다.

오른쪽 그림과 같이 사각형 OACB의 넓이는 삼각형 OAC의 넓이의 2배이므로

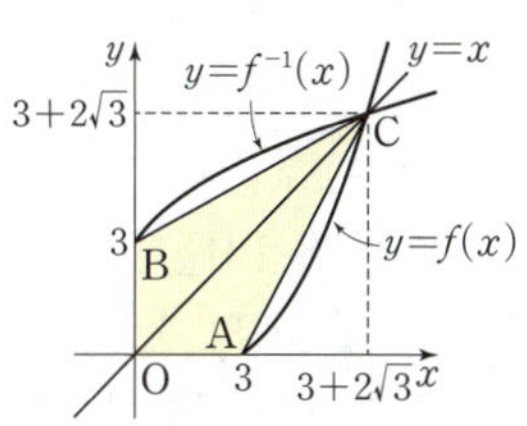

$$2\times\left\{\frac{1}{2}\times3\times(3+2\sqrt{3})\right\}$$
$$=9+6\sqrt{3}$$

따라서 $p=9$, $q=6$이므로

$p+q=9+6=15$

21 (풀이전략) 두 조건 ㈎, ㈏를 모두 만족시키는 두 함수 f, g의 대응 관계를 각각 그림으로 나타내어 본다.

조건 ㈎에서 집합 X의 모든 원소 x에 대하여

$(f\circ f)(x)=x$, $(g\circ g\circ g)(x)=x$

조건 ㈏에서 $f(1)=3$이고, 조건 ㈎에서 $(f\circ f)(1)=1$이므로 $f(f(1))=f(3)=1$　∴ $f(3)=1$

이때 함수 f는 일대일대응이므로 $f(2)=2$

즉, 함수 f는 오른쪽 그림과 같다.

조건 ㈏에서 $(g\circ f)(3)=2$이므로

$g(f(3))=g(1)=2$

이때 함수 g는 일대일대응이므로 함수 g는 [그림 1] 또는 [그림 2]와 같다.

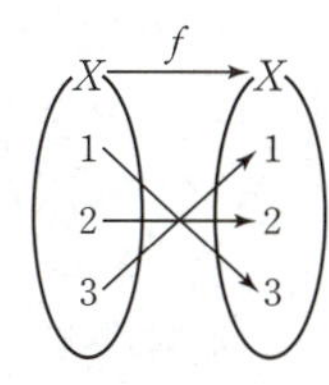

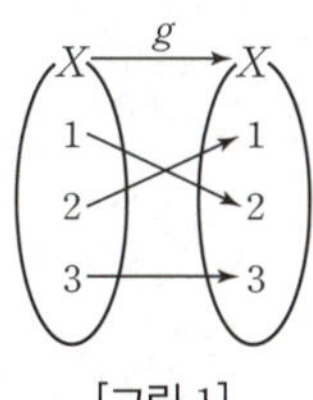

[그림 1]　　　　[그림 2]

(ⅰ) $g(2)=1$, $g(3)=3$일 때

$(g\circ g\circ g)(1)=g(g(g(1)))=g(g(2))=g(1)=2$

그런데 조건 ㈎에서 $(g\circ g\circ g)(1)=1$이어야 하므로 조건을 만족시키지 않는다.

(ⅱ) $g(2)=3$, $g(3)=1$일 때

$(g\circ g\circ g)(1)=g(g(g(1)))=g(g(2))=g(3)=1$

$(g\circ g\circ g)(2)=g(g(g(2)))=g(g(3))=g(1)=2$

$(g\circ g\circ g)(3)=g(g(g(3)))=g(g(1))=g(2)=3$

(ⅰ), (ⅱ)에서 $g(3)=1$

∴ $(f\circ g)(3)=f(g(3))=f(1)=3$

22 (풀이 전략) 조건 ㈎를 이용하여 정의역인 집합 X의 소수인 원소에 대응하는 공역인 집합 Y의 원소를 먼저 고려한다.

조건 ㈎에서
$$f(5)-f(3)>2,\ f(3)-f(2)>2,\ f(5)-f(2)>2$$
이므로
$$f(5)>f(3)+2>f(2)+4 \leftarrow f(5)>f(3)+2,\ f(3)>f(2)+2$$
또한, $x\in X$인 x에 대하여 함숫값 $f(x)$는 집합 Y의 원소에 대응되므로
$$1\le f(x)\le 10 \qquad \begin{array}{l}\to f(2)\ge 1\text{이므로}\\ f(2)+4\ge 5\end{array}$$
즉, $10\ge f(5)>f(3)+2>f(2)+4\ge 5$이므로
$f(5)=a,\ f(3)+2=b,\ f(2)+4=c$라 하면
$$10\ge a>b>c\ge 5$$
위의 부등식을 만족시키는 세 자연수 $a,\ b,\ c$의 순서쌍 $(a,\ b,\ c)$의 개수는 5, 6, 7, 8, 9, 10의 6개의 자연수 중에서 3개를 택하는 조합의 수와 같으므로
$$_6\mathrm{C}_3=\frac{6\times 5\times 4}{3\times 2\times 1}=20$$
이때 함수 f가 일대일함수이므로 $f(1),\ f(4)$의 값이 될 수 있는 집합 Y의 원소를 택하는 방법의 수는 집합 Y의 원소에서 $f(2),\ f(3),\ f(5)$의 값을 제외한 7개의 자연수 중에서 2개를 택하는 순열의 수와 같다.
$$\therefore\ _7\mathrm{P}_2=7\times 6=42$$
따라서 구하는 함수 f의 개수는
$$20\times 42=840$$

23 (풀이 전략) 함수 f의 역함수가 존재하면 f는 일대일대응임을 이용하여 조건을 만족시키는 함숫값을 구한다.

함수 f는 역함수가 존재하므로 일대일대응이다.
조건 ㈎의 $(f\circ f)(-1)+f^{-1}(-2)=4$에서
집합 X의 두 원소의 합이 4가 되는 경우는 $2+2=4$일 때뿐이므로
$$(f\circ f)(-1)=2,\ f^{-1}(-2)=2$$
즉, $(f\circ f)(-1)=f(f(-1))=2,\ f(2)=-2$
$f(-1)=t$라 하면 $f(t)=2$에서 $\underline{t\ne -1,\ t\ne 2}$이므로
$t=0$ 또는 $t=1$
$$\begin{array}{l}t=-1\text{이면 }f(-1)=-1,\\ f(-1)=2\\ t=2\text{이면 }f(-1)=2,\\ f(2)=2\\ \text{가 되어 함수가 정의되지 않는다.}\end{array}$$
$\therefore\ f(-1)=0$ 또는 $f(-1)=1$
(i) $f(-1)=0$일 때
　$f(f(-1))=f(0)=2$
　조건 ㈏의 $f(0)\times f(-2)\le 0,\ f(1)\times f(-1)\le 0$에서
　$2\times f(-2)\le 0,\ f(1)\times 0\le 0$이므로
　$f(-2)\le 0$
　이때 함수 f는 일대일대응이므로
　$f(-2)=-1,\ f(1)=1$
(ii) $f(-1)=1$일 때
　$f(f(-1))=f(1)=2$
　조건 ㈏의 $f(1)\times f(-1)\le 0$에서 $2\times 1>0$이므로 조건을 만족시키지 않는다.

(i), (ii)에서 $f(0)=2,\ f(1)=1,\ f(2)=-2$이므로
$$\begin{aligned}6f(0)+5f(1)+2f(2)&=6\times 2+5\times 1+2\times(-2)\\ &=12+5-4=13\end{aligned}$$

24 (풀이 전략) x의 값의 범위에 따라 $f(x)$의 값의 범위를 나누어 합성함수 $(f\circ f)(x)$를 구한 후 합성함수 $y=(f\circ f)(x)$의 그래프를 그려서 해결한다.

방정식 $(f\circ f)(x)=\dfrac{1}{2}x$의 실근의 개수는 함수 $y=(f\circ f)(x)$의 그래프와 직선 $y=\dfrac{1}{2}x$의 교점의 개수와 같다.
$$f(x)=|x-4|=\begin{cases}-x+4 & (x<4)\\ x-4 & (x\ge 4)\end{cases}\text{이므로}$$
$$\begin{aligned}(f\circ f)(x)&=f(f(x))\\ &=\begin{cases}-f(x)+4 & (f(x)<4)\\ f(x)-4 & (f(x)\ge 4)\end{cases}\end{aligned}$$
이때 $f(x)=4$를 만족시키는 x의 값은
$x<4$일 때, $-x+4=4$에서 $x=0$
$x\ge 4$일 때, $x-4=4$에서 $x=8$
(i) $x\le 0$일 때, $f(x)\ge 4$이므로
　$(f\circ f)(x)=f(x)-4=(-x+4)-4=-x$
(ii) $0<x<4$일 때, $0<f(x)<4$이므로
　$(f\circ f)(x)=-f(x)+4=-(-x+4)+4=x$
(iii) $4\le x<8$일 때, $0\le f(x)<4$이므로
　$(f\circ f)(x)=-f(x)+4=-(x-4)+4=-x+8$
(iv) $x\ge 8$일 때, $f(x)\ge 4$이므로
　$(f\circ f)(x)=f(x)-4=(x-4)-4=x-8$
(i)~(iv)에서 함수 $y=(f\circ f)(x)$의 그래프는 다음 그림과 같다.

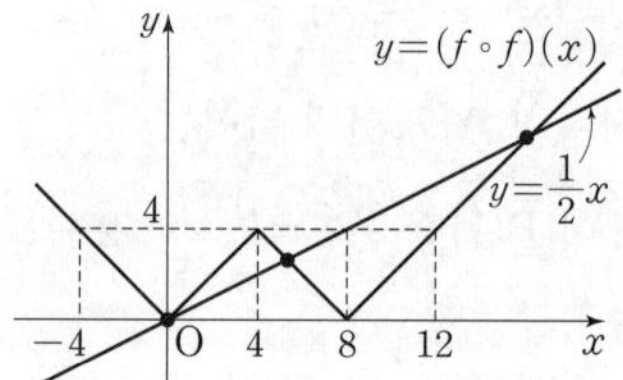

따라서 함수 $y=(f\circ f)(x)$의 그래프와 직선 $y=\dfrac{1}{2}x$의 교점이 3개이므로 구하는 방정식의 실근의 개수는 3이다.

25 (풀이 전략) 함수 $y=f(x)$의 그래프와 그 역함수 $y=f^{-1}(x)$의 그래프의 교점이 무수히 많도록 함수 $y=f(x)$의 그래프를 그려 본다.
집합 $\{x|f(x)=f^{-1}(x)\}$의 원소가 무수히 많으므로 함수 $y=f(x)$의 그래프와 그 역함수 $y=f^{-1}(x)$의 그래프의 교점도 무수히 많다.

즉, 두 함수 $y=f(x)$, $y=f^{-1}(x)$
의 그래프가 일치하므로 오른쪽 그
림과 같이 함수 $y=f(x)$의 그래프
가 직선 $y=x$에 대하여 대칭이다.
$y=-3x+8$이라 하고 x를 y에 대
한 식으로 나타내면

$$3x=-y+8 \quad \therefore x=-\frac{1}{3}y+\frac{8}{3}$$

x와 y를 서로 바꾸면

$$y=-\frac{1}{3}x+\frac{8}{3}$$

따라서 $x>2$일 때 $f(x)=-\frac{1}{3}x+\frac{8}{3}$이므로

$$a=-\frac{1}{3},\ b=\frac{8}{3}$$

$$\therefore b-a=\frac{8}{3}-\left(-\frac{1}{3}\right)=3$$

| 다른 풀이 |

$x\leq2$에서 직선 $y=-3x+8$이 두 점 $(0,\,8)$, $(2,\,2)$를
지나므로 $x>2$에서 직선 $y=ax+b$는 두 점 $(8,\,0)$,
$(2,\,2)$를 지난다.
즉, $8a+b=0$, $2a+b=2$이므로 두 식을 연립하여 풀면

$$a=-\frac{1}{3},\ b=\frac{8}{3}$$

$$\therefore b-a=\frac{8}{3}-\left(-\frac{1}{3}\right)=3$$

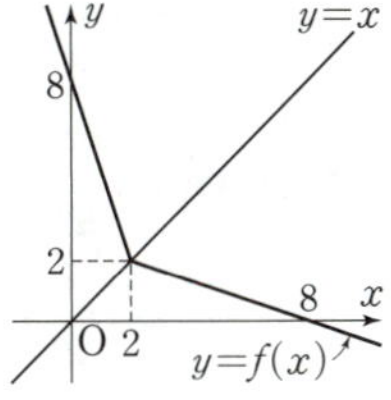

유리함수

$\bigcirc$1 유리식

개념 확인

• 본문 248~249쪽

1 답 ㄱ, ㄷ, ㄹ

ㄱ. $\dfrac{3}{x(x-1)}$ 의 분모가 상수가 아니므로 $\dfrac{3}{x(x-1)}$ 은 다항
식이 아닌 유리식이다.

ㄴ. $\dfrac{x^2+3x}{3}$ 는 다항식이다.

ㄷ. $\dfrac{2x}{5x+1}$ 의 분모가 상수가 아니므로 $\dfrac{2x}{5x+1}$ 는 다항식이
아닌 유리식이다.

ㄹ. $\dfrac{x^3-4x}{x-4}=\dfrac{x(x+2)(x-2)}{x-4}$

즉, $\dfrac{x^3-4x}{x-4}$ 의 분모가 상수가 아니므로 $\dfrac{x^3-4x}{x-4}$ 는 다항
식이 아닌 유리식이다.

따라서 다항식이 아닌 유리식은 ㄱ, ㄷ, ㄹ이다.

2 답 (1) $\dfrac{x^2+4x-8}{(x+2)(x-2)}$ (2) $\dfrac{x^2+3x-1}{x(x+2)}$

(3) $\dfrac{3}{(x+3)(x-1)}$ (4) $\dfrac{2}{3(x-1)}$

(1) $\dfrac{x-1}{x-2}+\dfrac{3}{x+2}=\dfrac{(x-1)(x+2)}{(x-2)(x+2)}+\dfrac{3(x-2)}{(x+2)(x-2)}$

$$=\dfrac{(x-1)(x+2)+3(x-2)}{(x+2)(x-2)}$$

$$=\dfrac{x^2+4x-8}{(x+2)(x-2)}$$

(2) $\dfrac{x+1}{x}-\dfrac{3}{x^2+2x}=\dfrac{x+1}{x}-\dfrac{3}{x(x+2)}$

$$=\dfrac{(x+1)(x+2)}{x(x+2)}-\dfrac{3}{x(x+2)}$$

$$=\dfrac{(x+1)(x+2)-3}{x(x+2)}$$

$$=\dfrac{x^2+3x-1}{x(x+2)}$$

(3) $\dfrac{x+2}{x-1}\times\dfrac{3}{x^2+5x+6}=\dfrac{x+2}{x-1}\times\dfrac{3}{(x+2)(x+3)}$

$$=\dfrac{3}{(x+3)(x-1)}$$

(4) $\dfrac{2x}{x^2-1}\div\dfrac{3x}{x+1}=\dfrac{2x}{(x+1)(x-1)}\div\dfrac{3x}{x+1}$

$$=\dfrac{2x}{(x+1)(x-1)}\times\dfrac{x+1}{3x}$$

$$=\dfrac{2}{3(x-1)}$$

3 답 (1) $\dfrac{3}{(x+1)(x-2)}$ (2) $\dfrac{8(x^2+6x+6)}{x(x+2)(x+4)(x+6)}$

(3) $\dfrac{3}{x(x-3)}$ (4) $\dfrac{x^2-1}{x^2}$

(1) $\dfrac{2x-3}{x-2}-\dfrac{2x+3}{x+1}=\dfrac{2(x-2)+1}{x-2}-\dfrac{2(x+1)+1}{x+1}$

$\qquad=\left(2+\dfrac{1}{x-2}\right)-\left(2+\dfrac{1}{x+1}\right)$

$\qquad=\dfrac{1}{x-2}-\dfrac{1}{x+1}$

$\qquad=\dfrac{x+1}{(x-2)(x+1)}-\dfrac{x-2}{(x+1)(x-2)}$

$\qquad=\dfrac{(x+1)-(x-2)}{(x+1)(x-2)}=\dfrac{3}{(x+1)(x-2)}$

(2) $\dfrac{1}{x}+\dfrac{1}{x+2}-\dfrac{1}{x+4}-\dfrac{1}{x+6}$

$\qquad=\left(\dfrac{1}{x}-\dfrac{1}{x+4}\right)+\left(\dfrac{1}{x+2}-\dfrac{1}{x+6}\right)$

$\qquad=\left\{\dfrac{x+4}{x(x+4)}-\dfrac{x}{(x+4)x}\right\}$

$\qquad\qquad+\left\{\dfrac{x+6}{(x+2)(x+6)}-\dfrac{x+2}{(x+6)(x+2)}\right\}$

$\qquad=\dfrac{(x+4)-x}{x(x+4)}+\dfrac{(x+6)-(x+2)}{(x+2)(x+6)}$

$\qquad=\dfrac{4}{x(x+4)}+\dfrac{4}{(x+2)(x+6)}$

$\qquad=4\left\{\dfrac{1}{x(x+4)}+\dfrac{1}{(x+2)(x+6)}\right\}$

$\qquad=4\left\{\dfrac{(x+2)(x+6)}{x(x+4)(x+2)(x+6)}+\dfrac{x(x+4)}{(x+2)(x+6)x(x+4)}\right\}$

$\qquad=4\times\dfrac{(x+2)(x+6)+x(x+4)}{x(x+2)(x+4)(x+6)}$

$\qquad=\dfrac{8(x^2+6x+6)}{x(x+2)(x+4)(x+6)}$

(3) $\dfrac{1}{x(x-1)}+\dfrac{1}{(x-1)(x-2)}+\dfrac{1}{(x-2)(x-3)}$

$\qquad=\dfrac{1}{(x-1)-x}\left(\dfrac{1}{x}-\dfrac{1}{x-1}\right)$

$\qquad\qquad+\dfrac{1}{(x-2)-(x-1)}\left(\dfrac{1}{x-1}-\dfrac{1}{x-2}\right)$

$\qquad\qquad+\dfrac{1}{(x-3)-(x-2)}\left(\dfrac{1}{x-2}-\dfrac{1}{x-3}\right)$

$\qquad=-\left(\dfrac{1}{x}-\dfrac{1}{x-1}\right)-\left(\dfrac{1}{x-1}-\dfrac{1}{x-2}\right)-\left(\dfrac{1}{x-2}-\dfrac{1}{x-3}\right)$

$\qquad=-\dfrac{1}{x}+\dfrac{1}{x-1}-\dfrac{1}{x-1}+\dfrac{1}{x-2}-\dfrac{1}{x-2}+\dfrac{1}{x-3}$

$\qquad=-\dfrac{1}{x}+\dfrac{1}{x-3}=-\dfrac{x-3}{x(x-3)}+\dfrac{x}{(x-3)x}$

$\qquad=\dfrac{-(x-3)+x}{x(x-3)}=\dfrac{3}{x(x-3)}$

(4) $\dfrac{\frac{x-1}{x}}{\frac{x}{x+1}}=\dfrac{x-1}{x}\div\dfrac{x}{x+1}=\dfrac{x-1}{x}\times\dfrac{x+1}{x}=\dfrac{x^2-1}{x^2}$

01-❶ 답 (1) $\dfrac{1}{x-1}$ (2) $\dfrac{x^2+4x-2}{(x+4)(x-1)}$

(3) $\dfrac{3}{x(x+2)}$ (4) $\dfrac{x-3}{x(x+4)}$

(1) $\dfrac{1}{x^2-1}+\dfrac{x^2}{x^3-x}=\dfrac{1}{(x+1)(x-1)}+\dfrac{x^2}{x(x+1)(x-1)}$

$\qquad=\dfrac{1}{(x+1)(x-1)}+\dfrac{x}{(x+1)(x-1)}$

$\qquad=\dfrac{x+1}{(x+1)(x-1)}$

$\qquad=\dfrac{1}{x-1}$ ← 계산 결과는 기약분수식으로 나타낸다.

(2) $\dfrac{x}{x-1}-\dfrac{2}{x^2+3x-4}$

$\qquad=\dfrac{x}{x-1}-\dfrac{2}{(x+4)(x-1)}$

$\qquad=\dfrac{x(x+4)}{(x-1)(x+4)}-\dfrac{2}{(x+4)(x-1)}$

$\qquad=\dfrac{x(x+4)-2}{(x+4)(x-1)}$

$\qquad=\dfrac{x^2+4x-2}{(x+4)(x-1)}$

(3) $\dfrac{3x-6}{x^2-x}\times\dfrac{x-1}{x^2-4}=\dfrac{3(x-2)}{x(x-1)}\times\dfrac{x-1}{(x+2)(x-2)}$

$\qquad\qquad=\dfrac{3}{x(x+2)}$

(4) $\dfrac{x-2}{x^2+3x}\div\dfrac{x^2+2x-8}{x^2-9}=\dfrac{x-2}{x(x+3)}\div\dfrac{(x+4)(x-2)}{(x+3)(x-3)}$

$\qquad\qquad=\dfrac{x-2}{x(x+3)}\times\dfrac{(x+3)(x-3)}{(x+4)(x-2)}$

$\qquad\qquad=\dfrac{x-3}{x(x+4)}$

01-❷ 답 $\dfrac{(x+1)(2x-1)}{x^2+x+1}$

$\dfrac{x^2-1}{x+2}\left(\dfrac{1}{x^2+x+1}+\dfrac{2}{x-1}-\dfrac{3}{x^3-1}\right)$

$=\dfrac{(x+1)(x-1)}{x+2}$

$\qquad\times\left\{\dfrac{x-1}{(x^2+x+1)(x-1)}+\dfrac{2(x^2+x+1)}{(x-1)(x^2+x+1)}\right.$

$\qquad\qquad\left.-\dfrac{3}{(x-1)(x^2+x+1)}\right\}$

$=\dfrac{(x+1)(x-1)}{x+2}\times\dfrac{(x-1)+2(x^2+x+1)-3}{(x-1)(x^2+x+1)}$

$=\dfrac{(x+1)(x-1)}{x+2}\times\dfrac{2x^2+3x-2}{(x-1)(x^2+x+1)}$

$=\dfrac{(x+1)(x-1)}{x+2}\times\dfrac{(x+2)(2x-1)}{(x-1)(x^2+x+1)}$

$=\dfrac{(x+1)(2x-1)}{x^2+x+1}$

02-❶ 답 -4

주어진 식의 좌변을 통분하면
$$\frac{a}{x+1}-\frac{2}{2x-3}=\frac{a(2x-3)-2(x+1)}{(x+1)(2x-3)}$$
$$=\frac{(2a-2)x-3a-2}{2x^2-x-3}$$

즉, $\dfrac{(2a-2)x-3a-2}{2x^2-x-3}=\dfrac{b}{2x^2-x-3}$ 가 x에 대한 항등식이므로

$$2a-2=0,\ -3a-2=b$$
$$\therefore a=1,\ b=-5$$
$$\therefore a+b=1+(-5)=-4$$

02-❷ 답 $a=2,\ b=-3,\ c=-1$

주어진 식의 좌변을 통분하면
$$\frac{ax+b}{x-1}-\frac{a}{x+1}=\frac{(ax+b)(x+1)-a(x-1)}{(x+1)(x-1)}$$
$$=\frac{ax^2+bx+a+b}{x^2-1}$$

즉, $\dfrac{ax^2+bx+a+b}{x^2-1}=\dfrac{2x^2-3x+c}{x^2-1}$ 가 x에 대한 항등식이므로

$$a=2,\ b=-3,\ a+b=c$$
$$\therefore a=2,\ b=-3,\ c=-1$$

02-❸ 답 5

주어진 식의 좌변을 통분하면
$$\frac{a}{x^2+1}-\frac{b}{x+1}+\frac{1}{x-1}$$
$$=\frac{a(x+1)(x-1)-b(x^2+1)(x-1)+(x^2+1)(x+1)}{(x^2+1)(x+1)(x-1)}$$
$$=\frac{-(b-1)x^3+(a+b+1)x^2-(b-1)x-a+b+1}{x^4-1}$$

즉,
$$\frac{-(b-1)x^3+(a+b+1)x^2-(b-1)x-a+b+1}{x^4-1}$$
$$=\frac{4x^2}{x^4-1}$$

이 x에 대한 항등식이므로
$$b-1=0,\ a+b+1=4,\ -a+b+1=0$$
$$\therefore a=2,\ b=1$$
$$\therefore a^2+b^2=2^2+1^2=5$$

03-❶ 답 (1) $-\dfrac{4}{(x+1)(x-1)}$

(2) $\dfrac{6(x^2+7x+11)}{(x+1)(x+3)(x+4)(x+6)}$

(1) $\dfrac{x^2+x+2}{x+1}-\dfrac{x^2-x+2}{x-1}$
$$=\frac{x(x+1)+2}{x+1}-\frac{x(x-1)+2}{x-1}$$
$$=\left(x+\frac{2}{x+1}\right)-\left(x+\frac{2}{x-1}\right)=\frac{2}{x+1}-\frac{2}{x-1}$$
$$=2\left(\frac{1}{x+1}-\frac{1}{x-1}\right)=2\times\frac{(x-1)-(x+1)}{(x+1)(x-1)}$$
$$=-\frac{4}{(x+1)(x-1)}$$

(2) $\dfrac{x+2}{x+1}+\dfrac{x+4}{x+3}-\dfrac{x+5}{x+4}-\dfrac{x+7}{x+6}$
$$=\frac{(x+1)+1}{x+1}+\frac{(x+3)+1}{x+3}-\frac{(x+4)+1}{x+4}-\frac{(x+6)+1}{x+6}$$
$$=\left(1+\frac{1}{x+1}\right)+\left(1+\frac{1}{x+3}\right)-\left(1+\frac{1}{x+4}\right)-\left(1+\frac{1}{x+6}\right)$$
$$=\left(\frac{1}{x+1}-\frac{1}{x+4}\right)+\left(\frac{1}{x+3}-\frac{1}{x+6}\right)$$
$$=\frac{(x+4)-(x+1)}{(x+1)(x+4)}+\frac{(x+6)-(x+3)}{(x+3)(x+6)}$$
$$=\frac{3}{(x+1)(x+4)}+\frac{3}{(x+3)(x+6)}$$
$$=3\left\{\frac{1}{(x+1)(x+4)}+\frac{1}{(x+3)(x+6)}\right\}$$
$$=3\times\frac{(x+3)(x+6)+(x+1)(x+4)}{(x+1)(x+3)(x+4)(x+6)}$$
$$=\frac{6(x^2+7x+11)}{(x+1)(x+3)(x+4)(x+6)}$$

03-❷ 답 12

주어진 식의 좌변을 통분하면
$$\frac{2x-3}{x-2}+\frac{2x+1}{x+1}-\frac{2x+3}{x+2}-\frac{2x+11}{x+5}$$
$$=\frac{2(x-2)+1}{x-2}+\frac{2(x+1)-1}{x+1}-\frac{2(x+2)-1}{x+2}$$
$$\qquad\qquad\qquad\qquad\qquad -\frac{2(x+5)+1}{x+5}$$
$$=\left(2+\frac{1}{x-2}\right)+\left(2-\frac{1}{x+1}\right)-\left(2-\frac{1}{x+2}\right)-\left(2+\frac{1}{x+5}\right)$$
$$=\left(\frac{1}{x-2}-\frac{1}{x+1}\right)+\left(\frac{1}{x+2}-\frac{1}{x+5}\right)$$
$$=\frac{(x+1)-(x-2)}{(x+1)(x-2)}+\frac{(x+5)-(x+2)}{(x+5)(x+2)}$$
$$=\frac{3}{(x+1)(x-2)}+\frac{3}{(x+5)(x+2)}$$
$$=3\left\{\frac{1}{(x+1)(x-2)}+\frac{1}{(x+5)(x+2)}\right\}$$
$$=3\times\frac{(x+5)(x+2)+(x+1)(x-2)}{(x+5)(x+2)(x+1)(x-2)}$$
$$=\frac{6(x^2+3x+4)}{(x+5)(x+2)(x+1)(x-2)}$$

즉,

$$\dfrac{6x^2+18x+24}{(x+5)(x+2)(x+1)(x-2)}$$

$$=\dfrac{ax^2+bx+c}{(x+5)(x+2)(x+1)(x-2)}$$

가 x에 대한 항등식이므로

$a=6$, $b=18$, $c=24$

$\therefore a-b+c=6-18+24=12$

04-❶ 답 (1) $\dfrac{6}{(x+5)(x-1)}$　(2) $\dfrac{4x-3}{3x-2}$

(1) $\dfrac{2}{(x-1)(x+1)}+\dfrac{2}{(x+1)(x+3)}+\dfrac{2}{(x+3)(x+5)}$

$=\dfrac{2}{(x+1)-(x-1)}\left(\dfrac{1}{x-1}-\dfrac{1}{x+1}\right)$

$\qquad+\dfrac{2}{(x+3)-(x+1)}\left(\dfrac{1}{x+1}-\dfrac{1}{x+3}\right)$

$\qquad+\dfrac{2}{(x+5)-(x+3)}\left(\dfrac{1}{x+3}-\dfrac{1}{x+5}\right)$

$=\left(\dfrac{1}{x-1}-\dfrac{1}{x+1}\right)+\left(\dfrac{1}{x+1}-\dfrac{1}{x+3}\right)+\left(\dfrac{1}{x+3}-\dfrac{1}{x+5}\right)$

$=\dfrac{1}{x-1}-\dfrac{1}{x+5}=\dfrac{(x+5)-(x-1)}{(x+5)(x-1)}$

$=\dfrac{6}{(x+5)(x-1)}$

(2) $2-\dfrac{1}{2-\dfrac{1}{2-\dfrac{1}{x}}}=2-\dfrac{1}{2-\dfrac{1}{\dfrac{2x-1}{x}}}=2-\dfrac{1}{2-\dfrac{x}{2x-1}}$

$\qquad=2-\dfrac{1}{\dfrac{2(2x-1)-x}{2x-1}}=2-\dfrac{1}{\dfrac{3x-2}{2x-1}}$

$\qquad=2-\dfrac{2x-1}{3x-2}=\dfrac{2(3x-2)-(2x-1)}{3x-2}$

$\qquad=\dfrac{4x-3}{3x-2}$

04-❷ 답 $a=3$, $b=6$

주어진 식의 좌변을 통분하면

$\dfrac{1}{x^2+2x}+\dfrac{1}{x^2+6x+8}+\dfrac{1}{x^2+10x+24}$

$=\dfrac{1}{x(x+2)}+\dfrac{1}{(x+2)(x+4)}+\dfrac{1}{(x+4)(x+6)}$

$=\dfrac{1}{(x+2)-x}\left(\dfrac{1}{x}-\dfrac{1}{x+2}\right)$

$\qquad+\dfrac{1}{(x+4)-(x+2)}\left(\dfrac{1}{x+2}-\dfrac{1}{x+4}\right)$

$\qquad+\dfrac{1}{(x+6)-(x+4)}\left(\dfrac{1}{x+4}-\dfrac{1}{x+6}\right)$

$=\dfrac{1}{2}\left\{\left(\dfrac{1}{x}-\dfrac{1}{x+2}\right)+\left(\dfrac{1}{x+2}-\dfrac{1}{x+4}\right)+\left(\dfrac{1}{x+4}-\dfrac{1}{x+6}\right)\right\}$

$=\dfrac{1}{2}\left(\dfrac{1}{x}-\dfrac{1}{x+6}\right)=\dfrac{1}{2}\times\dfrac{(x+6)-x}{x(x+6)}=\dfrac{3}{x(x+6)}$

즉,

$$\dfrac{3}{x(x+6)}=\dfrac{a}{x(x+b)}$$

가 x에 대한 항등식이므로

$a=3$, $b=6$

05-❶ 답 (1) $\dfrac{33}{34}$　(2) $\dfrac{25}{7}$

(1) $x:y=2:3$에서

$x=2k$, $y=3k$ $(k\neq0)$이므로

$\dfrac{5y^2-2xy}{4x^2+3xy}=\dfrac{5\times(3k)^2-2\times2k\times3k}{4\times(2k)^2+3\times2k\times3k}$

$\qquad=\dfrac{33k^2}{34k^2}$

$\qquad=\dfrac{33}{34}$

(2) $x:y:z=3:1:4$에서

$x=3k$, $y=k$, $z=4k$ $(k\neq0)$이므로

$\dfrac{3xy+z^2}{2x^2+5y^2-z^2}=\dfrac{3\times3k\times k+(4k)^2}{2\times(3k)^2+5\times k^2-(4k)^2}$

$\qquad=\dfrac{25k^2}{7k^2}$

$\qquad=\dfrac{25}{7}$

05-❷ 답 $\dfrac{50}{13}$

$\dfrac{x+y}{x-y}=\dfrac{4}{3}$에서

$3(x+y)=4(x-y)$이므로

$x=7y$

$\therefore \dfrac{x^2+y^2}{2xy-y^2}=\dfrac{(7y)^2+y^2}{2\times7y\times y-y^2}$

$\qquad=\dfrac{50y^2}{13y^2}$

$\qquad=\dfrac{50}{13}$

| 다른 풀이 1 |

$\dfrac{x+y}{x-y}=\dfrac{4}{3}$에서

$x+y=4k$, $x-y=3k$ $(k\neq0)$라 하고 두 식을 연립하여 풀면

$x=\dfrac{7}{2}k$, $y=\dfrac{k}{2}$

$\therefore \dfrac{x^2+y^2}{2xy-y^2}=\dfrac{\left(\dfrac{7}{2}k\right)^2+\left(\dfrac{k}{2}\right)^2}{2\times\dfrac{7}{2}k\times\dfrac{k}{2}-\left(\dfrac{k}{2}\right)^2}$

$\qquad=\dfrac{\dfrac{50}{4}k^2}{\dfrac{13}{4}k^2}$

$\qquad=\dfrac{50}{13}$

$x=7y$에서 $\dfrac{x}{7}=y$

$\dfrac{x}{7}=y=k\ (k\ne0)$라 하면 $x=7k$, $y=k$이므로

$\dfrac{x^2+y^2}{2xy-y^2}=\dfrac{(7k)^2+k^2}{2\times7k\times k-k^2}$

$\qquad\qquad=\dfrac{50k^2}{13k^2}$

$\qquad\qquad=\dfrac{50}{13}$

05-❸ 답 $\dfrac{9}{5}$

$(x+y):(y+z):(z+x)=4:3:5$에서

$\dfrac{x+y}{4}=\dfrac{y+z}{3}=\dfrac{z+x}{5}=k\ (k\ne0)$라 하면

$x+y=4k\qquad\cdots\cdots\ \text{㉠}$

$y+z=3k\qquad\cdots\cdots\ \text{㉡}$

$z+x=5k\qquad\cdots\cdots\ \text{㉢}$

㉠＋㉡＋㉢을 하면 $2(x+y+z)=12k$

$\therefore\ x+y+z=6k\qquad\cdots\cdots\ \text{㉣}$

㉣－㉡을 하면 $x=3k$

㉣－㉢을 하면 $y=k$

㉣－㉠을 하면 $z=2k$

$\therefore\ \dfrac{3x+2y-z}{x+z}=\dfrac{3\times3k+2\times k-2k}{3k+2k}$

$\qquad\qquad\qquad=\dfrac{9k}{5k}=\dfrac{9}{5}$

소단원 점검 문제

• 본문 255쪽

01 ⑤ 02 16 03 $-\dfrac{2x}{x^2+1}$ 04 $\dfrac{10}{21}$

05 ①

01 주어진 식의 우변을 통분하면

$\dfrac{b}{x-1}-\dfrac{x+c}{x^2+x+1}=\dfrac{b(x^2+x+1)-(x+c)(x-1)}{(x-1)(x^2+x+1)}$

$\qquad\qquad\qquad\qquad=\dfrac{(b-1)x^2+(b-c+1)x+b+c}{x^3-1}$

즉,

$\dfrac{x^2+ax-1}{x^3-1}=\dfrac{(b-1)x^2+(b-c+1)x+b+c}{x^3-1}$

가 x에 대한 항등식이므로

$1=b-1,\ a=b-c+1,\ -1=b+c$

$\therefore\ a=6,\ b=2,\ c=-3$

$\therefore\ a+b+c=6+2+(-3)=5$

02 주어진 식의 좌변을 통분하면

$\dfrac{x^2+2x+2}{x+1}-\dfrac{x^2+3x+3}{x+2}-\dfrac{x^2+4x+4}{x+3}+\dfrac{x^2+5x+5}{x+4}$

$=\dfrac{(x+1)^2+1}{x+1}-\dfrac{(x+1)(x+2)+1}{x+2}$

$\qquad-\dfrac{(x+1)(x+3)+1}{x+3}+\dfrac{(x+1)(x+4)+1}{x+4}$

$=\left(x+1+\dfrac{1}{x+1}\right)-\left(x+1+\dfrac{1}{x+2}\right)$

$\qquad-\left(x+1+\dfrac{1}{x+3}\right)+\left(x+1+\dfrac{1}{x+4}\right)$

$=\dfrac{1}{x+1}-\dfrac{1}{x+2}-\dfrac{1}{x+3}+\dfrac{1}{x+4}$

$=\left(\dfrac{1}{x+1}-\dfrac{1}{x+2}\right)-\left(\dfrac{1}{x+3}-\dfrac{1}{x+4}\right)$

$=\dfrac{(x+2)-(x+1)}{(x+1)(x+2)}-\dfrac{(x+4)-(x+3)}{(x+3)(x+4)}$

$=\dfrac{1}{(x+1)(x+2)}-\dfrac{1}{(x+3)(x+4)}$

$=\dfrac{(x+3)(x+4)-(x+1)(x+2)}{(x+1)(x+2)(x+3)(x+4)}$

$=\dfrac{4x+10}{(x+1)(x+2)(x+3)(x+4)}$

즉,

$\dfrac{4x+10}{(x+1)(x+2)(x+3)(x+4)}$

$=\dfrac{ax+b}{(x+1)(x+2)(x+3)(x+4)}$

가 x에 대한 항등식이므로

$a=4,\ b=10\qquad\therefore\ 2b-a=2\times10-4=16$

03 $\dfrac{\dfrac{x-1}{x+1}-\dfrac{x+1}{x-1}}{\dfrac{x-1}{x+1}+\dfrac{x+1}{x-1}}=\dfrac{\dfrac{(x-1)^2-(x+1)^2}{(x+1)(x-1)}}{\dfrac{(x-1)^2+(x+1)^2}{(x+1)(x-1)}}$

$\qquad\qquad\qquad=\dfrac{\dfrac{-4x}{(x+1)(x-1)}}{\dfrac{2x^2+2}{(x+1)(x-1)}}$

$\qquad\qquad\qquad=\dfrac{-4x}{2x^2+2}=-\dfrac{2x}{x^2+1}$

04 $f(x)=4x^2-1=(2x-1)(2x+1)$에서

$\dfrac{1}{f(1)}+\dfrac{1}{f(2)}+\dfrac{1}{f(3)}+\cdots+\dfrac{1}{f(10)}$

$=\dfrac{1}{1\times3}+\dfrac{1}{3\times5}+\dfrac{1}{5\times7}+\cdots+\dfrac{1}{19\times21}$

$=\dfrac{1}{2}\times\left(\dfrac{2}{1\times3}+\dfrac{2}{3\times5}+\dfrac{2}{5\times7}+\cdots+\dfrac{2}{19\times21}\right)$

$=\dfrac{1}{2}\times\left\{\left(1-\dfrac{1}{3}\right)+\left(\dfrac{1}{3}-\dfrac{1}{5}\right)+\left(\dfrac{1}{5}-\dfrac{1}{7}\right)+\cdots\right.$

$\qquad\qquad\qquad\qquad\qquad\left.+\left(\dfrac{1}{19}-\dfrac{1}{21}\right)\right\}$

$=\dfrac{1}{2}\times\left(1-\dfrac{1}{21}\right)=\dfrac{1}{2}\times\dfrac{20}{21}=\dfrac{10}{21}$

05 $\dfrac{x+y}{2z}=\dfrac{y+2z}{x}=\dfrac{2z+x}{y}=k\ (k\neq0)$라 하면

$x+y=2zk$ ······ ㉠

$y+2z=xk$ ······ ㉡

$2z+x=yk$ ······ ㉢

㉠+㉡+㉢을 하면

$2(x+y+2z)=k(x+y+2z)$

$\therefore k=2\ (\because x+y+2z\neq0)$

㉠-㉡을 하면

$x-2z=2zk-xk$

$x-2z=4z-2x$

$3x=6z$ $\therefore x=2z$

㉡-㉢을 하면

$y-x=xk-yk$

$y-x=2x-2y$

$-3x=-3y$ $\therefore x=y$

$\therefore \dfrac{x^3+y^3+z^3}{xyz}=\dfrac{(2z)^3+(2z)^3+z^3}{2z\times2z\times z}$

$\qquad\qquad\qquad=\dfrac{17z^3}{4z^3}=\dfrac{17}{4}$

○2 유리함수

개념 확인 · 본문 257쪽

1 답 (1) $y=\dfrac{2}{x-2}-3$ (2) $y=\dfrac{2}{x+1}+5$

(1) 함수 $y=\dfrac{2}{x}$의 그래프를 x축의 방향으로 2만큼, y축의 방향으로 -3만큼 평행이동한 그래프의 식은

$y=\dfrac{2}{x}$에 x 대신 $x-2$를, y 대신 $y+3$을 대입한 것이므로
$\quad\quad\quad\quad\quad\quad\quad\llcorner y-(-3)=y+3$

$y+3=\dfrac{2}{x-2}$ $\therefore y=\dfrac{2}{x-2}-3$

(2) 함수 $y=\dfrac{2}{x}$의 그래프를 x축의 방향으로 -1만큼, y축의 방향으로 5만큼 평행이동한 그래프의 식은

$y=\dfrac{2}{x}$에 x 대신 $x+1$을, y 대신 $y-5$를 대입한 것이므로
$\quad\quad\quad\quad\quad\quad\llcorner x-(-1)=x+1$

$y-5=\dfrac{2}{x+1}$ $\therefore y=\dfrac{2}{x+1}+5$

집중 연습 · 본문 259쪽

01 해설 참조   02 해설 참조

01 (1) 함수 $y=\dfrac{3}{x-3}+1$의 그래프는 함수 $y=\dfrac{3}{x}$의 그래프

를 x축의 방향으로 3만큼, y축의 방향으로 1만큼 평행이동한 것이므로 다음 그림과 같다.

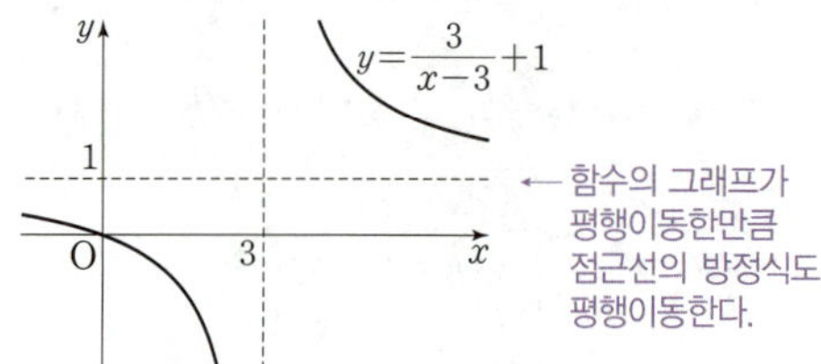

(2) 함수 $y=-\dfrac{1}{x+3}+2$의 그래프는 함수 $y=-\dfrac{1}{x}$의 그래프를 x축의 방향으로 -3만큼, y축의 방향으로 2만큼 평행이동한 것이므로 다음 그림과 같다.

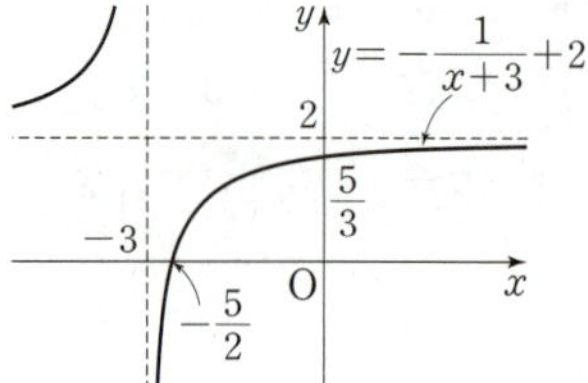

(3) 함수 $y=\dfrac{2}{x+1}-1$의 그래프는 함수 $y=\dfrac{2}{x}$의 그래프를 x축의 방향으로 -1만큼, y축의 방향으로 -1만큼 평행이동한 것이므로 다음 그림과 같다.

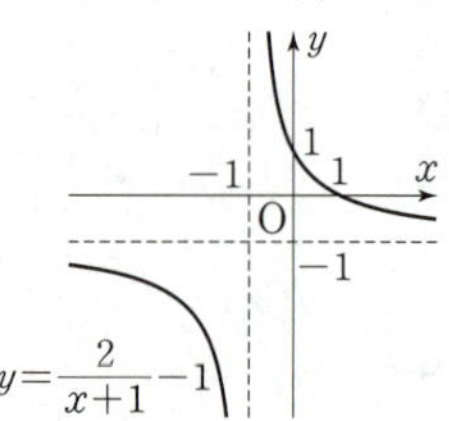

(4) 함수 $y=-\dfrac{1}{2(x-2)}-3$의 그래프는 함수 $y=-\dfrac{1}{2x}$의 그래프를 x축의 방향으로 2만큼, y축의 방향으로 -3만큼 평행이동한 것이므로 다음 그림과 같다.

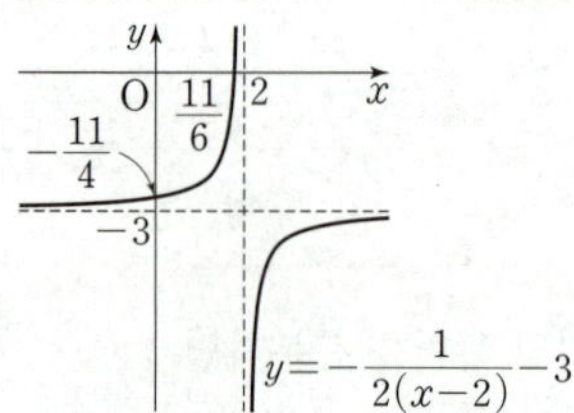

02 (1) $y=\dfrac{x-1}{x+1}=\dfrac{(x+1)-2}{x+1}=-\dfrac{2}{x+1}+1$

에서 주어진 함수의 그래프는 함수 $y=-\dfrac{2}{x}$의 그래프를 x축의 방향으로 -1만큼, y축의 방향으로 1만큼 평행이동한 것이므로 다음 그림과 같다.

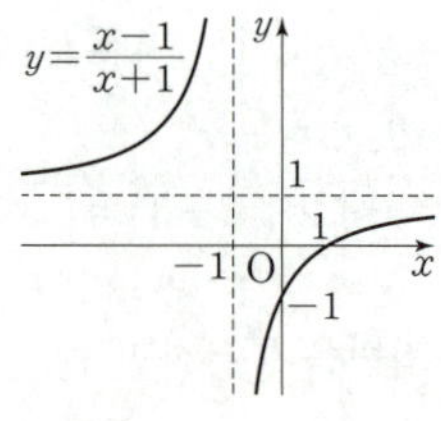

(2) $y=\dfrac{2x+3}{x-2}=\dfrac{2(x-2)+7}{x-2}=\dfrac{7}{x-2}+2$

에서 주어진 함수의 그래프는 함수 $y=\dfrac{7}{x}$의 그래프를 x축의 방향으로 2만큼, y축의 방향으로 2만큼 평행이동한 것이므로 다음 그림과 같다.

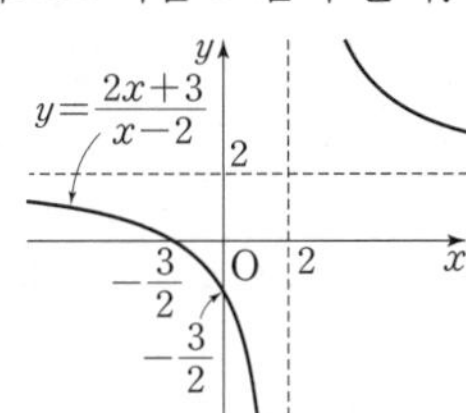

(3) $y=\dfrac{2-x}{x+2}=\dfrac{-(x+2)+4}{x+2}=\dfrac{4}{x+2}-1$

에서 주어진 함수의 그래프는 함수 $y=\dfrac{4}{x}$의 그래프를 x축의 방향으로 -2만큼, y축의 방향으로 -1만큼 평행이동한 것이므로 다음 그림과 같다.

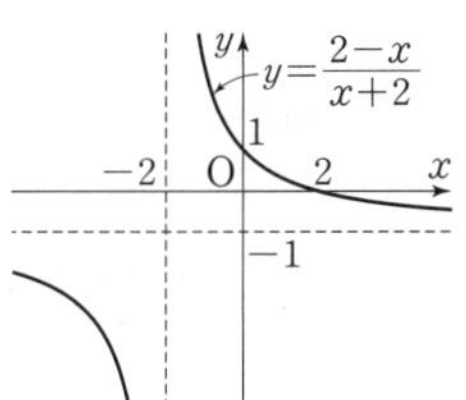

(4) $y=\dfrac{4x+1}{1-2x}=\dfrac{-4x-1}{2x-1}=\dfrac{-2(2x-1)-3}{2x-1}$

$\qquad =-\dfrac{3}{2\left(x-\dfrac{1}{2}\right)}-2$

에서 주어진 함수의 그래프는 함수 $y=-\dfrac{3}{2x}$의 그래프를 x축의 방향으로 $\dfrac{1}{2}$만큼, y축의 방향으로 -2만큼 평행이동한 것이므로 다음 그림과 같다.

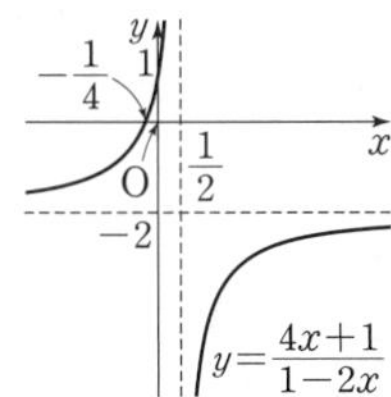

유제

• 본문 260~267쪽

01-❶ 답 해설 참조

(1) $y=\dfrac{3}{2x-4}+3=\dfrac{3}{2(x-2)}+3$

이므로 주어진 함수의 그래프는 함수 $y=\dfrac{3}{2x}$의 그래프를 x축의 방향으로 2만큼, y축의 방향으로 3만큼 평행이동한 것이다.

따라서 함수 $y=\dfrac{3}{2x-4}+3$의 그래프는 오른쪽 그림과 같고, 정의역은 $\{x\,|\,x\neq2$인 실수$\}$, 치역은 $\{y\,|\,y\neq3$인 실수$\}$, 점근선의 방정식은 $x=2$, $y=3$이다.

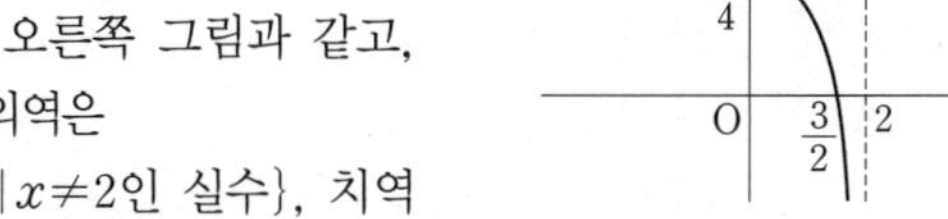

(2) $y=\dfrac{2x+3}{x+3}=\dfrac{2(x+3)-3}{x+3}=-\dfrac{3}{x+3}+2$

이므로 주어진 함수의 그래프는 함수 $y=-\dfrac{3}{x}$의 그래프를 x축의 방향으로 -3만큼, y축의 방향으로 2만큼 평행이동한 것이다.

따라서 함수 $y=\dfrac{2x+3}{x+3}$의 그래프는 오른쪽 그림과 같고, 정의역은 $\{x\,|\,x\neq-3$인 실수$\}$, 치역은 $\{y\,|\,y\neq2$인 실수$\}$, 점근선의 방정식은 $x=-3$, $y=2$이다.

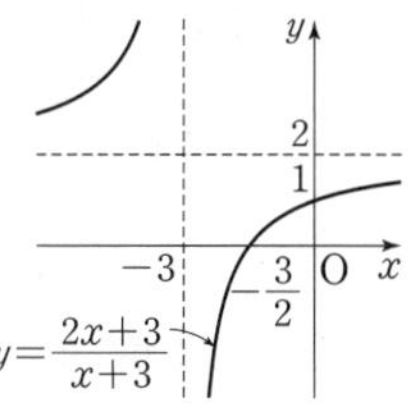

01-❷ 답 제2, 3, 4사분면

$y=\dfrac{-3x-6}{x+1}=\dfrac{-3(x+1)-3}{x+1}=-\dfrac{3}{x+1}-3$

에서 주어진 함수의 그래프는 함수 $y=-\dfrac{3}{x}$의 그래프를 x축의 방향으로 -1만큼, y축의 방향으로 -3만큼 평행이동한 것이므로 오른쪽 그림과 같다.

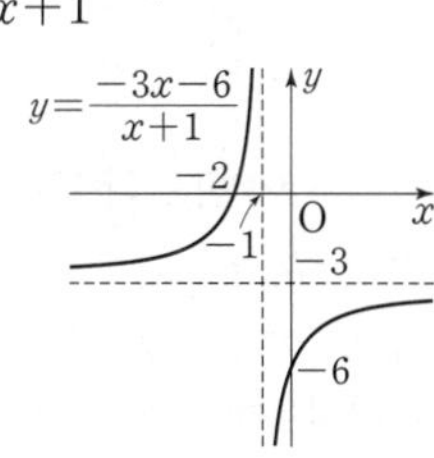

따라서 함수 $y=\dfrac{-3x-6}{x+1}$의 그래프가 지나는 사분면은 제2, 3, 4사분면이다.

02-❶ 답 1

함수 $y=\dfrac{k}{x}$의 그래프를 x축의 방향으로 a만큼, y축의 방향으로 b만큼 평행이동하면

$y-b=\dfrac{k}{x-a}$

$\therefore\ y=\dfrac{k}{x-a}+b=\dfrac{k+b(x-a)}{x-a}=\dfrac{bx-ab+k}{x-a}$

즉, $\dfrac{bx-ab+k}{x-a}=\dfrac{-x+2}{x+1}$이므로

$b=-1$, $-ab+k=2$, $-a=1$

따라서 $a=-1$, $b=-1$, $k=3$이므로

$a+b+k=(-1)+(-1)+3=1$

| 다른 풀이 |

$y=\dfrac{-x+2}{x+1}=\dfrac{-(x+1)+3}{x+1}=\dfrac{3}{x+1}-1$

이므로 함수 $y=\dfrac{-x+2}{x+1}$의 그래프는 함수 $y=\dfrac{3}{x}$의 그래프를 x축의 방향으로 -1만큼, y축의 방향으로 -1만큼 평행이동한 것이다.

따라서 $a=-1$, $b=-1$, $k=3$이므로
$a+b+k=(-1)+(-1)+3=1$

02-❷ 답 $a=7$, $b=-8$

$y=\dfrac{6x+12}{x+4}=\dfrac{6(x+4)-12}{x+4}=-\dfrac{12}{x+4}+6$

이므로 함수 $y=\dfrac{6x+12}{x+4}$의 그래프를 x축의 방향으로 a만큼,
y축의 방향으로 b만큼 평행이동하면

$y-b=-\dfrac{12}{(x-a)+4}+6$

$\therefore y=-\dfrac{12}{x-a+4}+b+6$

즉, 위의 그래프의 점근선의 방정식이 $x=a-4$, $y=b+6$이므로
$a-4=3$, $b+6=-2$
$\therefore a=7$, $b=-8$

| 다른 풀이 |

$y=\dfrac{6x+12}{x+4}=\dfrac{6(x+4)-12}{x+4}=-\dfrac{12}{x+4}+6$

이므로 이 함수의 그래프의 점근선의 방정식은
$x=-4$, $y=6$

이 두 직선을 x축의 방향으로 a만큼, y축의 방향으로 b만큼
평행이동한 직선의 방정식은 각각
$x-a=-4$, $y-b=6$
$\therefore x=-4+a$, $y=6+b$

따라서 $-4+a=3$, $6+b=-2$이므로
$a=7$, $b=-8$

| 참고 |
유리함수의 그래프를 평행이동하면 점근선도 같이 평행이동한다.

02-❸ 답 ㄱ, ㄹ

ㄱ. $y=\dfrac{1}{3x-6}=\dfrac{1}{3(x-2)}$

이므로 주어진 함수의 그래프는 함수 $y=\dfrac{1}{3x}$의 그래프를
x축의 방향으로 2만큼 평행이동한 것이다.

ㄴ. $y=\dfrac{3x-1}{3x}=-\dfrac{1}{3x}+1$

이므로 주어진 함수의 그래프는 함수 $y=-\dfrac{1}{3x}$의 그래프
를 y축의 방향으로 1만큼 평행이동한 것이다.

ㄷ. $y=\dfrac{6x+4}{3x+3}=\dfrac{2(3x+3)-2}{3x+3}=-\dfrac{2}{3(x+1)}+2$

이므로 주어진 함수의 그래프는 함수 $y=-\dfrac{2}{3x}$의 그래프
를 x축의 방향으로 -1만큼, y축의 방향으로 2만큼 평행
이동한 것이다.

ㄹ. $y=\dfrac{x-2}{3-3x}=\dfrac{-x+2}{3x-3}=\dfrac{-\dfrac{1}{3}(3x-3)+1}{3x-3}$

$\qquad =\dfrac{1}{3(x-1)}-\dfrac{1}{3}$

이므로 주어진 함수의 그래프는 함수 $y=\dfrac{1}{3x}$의 그래프를

x축의 방향으로 1만큼, y축의 방향으로 $-\dfrac{1}{3}$만큼 평행이
동한 것이다.

따라서 그 그래프가 함수 $y=\dfrac{1}{3x}$의 그래프를 평행이동하여
겹쳐지는 함수인 것은 ㄱ, ㄹ이다.

03-❶ 답 3

주어진 함수의 그래프에서 점근선의 방정식은
$x=1$, $y=2$

주어진 함수를 $y=\dfrac{k}{x-1}+2\ (k<0)$라 하면 그 그래프가 점
$(0, 6)$을 지나므로

$6=\dfrac{k}{0-1}+2$ $\qquad \therefore k=-4$

따라서 $y=-\dfrac{4}{x-1}+2$이므로 이 함수의 그래프가 x축과 만
나는 점의 x좌표는 $y=0$을 대입

$0=-\dfrac{4}{x-1}+2$, $\dfrac{4}{x-1}=2$
$2x-2=4$ $\qquad \therefore x=3$

03-❷ 답 $a=3$, $b=8$, $c=1$

함수 $y=\dfrac{ax+b}{x+c}$의 그래프의 점근선의 방정식은
$x=-1$, $y=3$

즉, 주어진 함수를 $y=\dfrac{k}{x+1}+3\ (k\neq0)$이라 하면 그 그래프
가 점 $(4, 4)$를 지나므로

$4=\dfrac{k}{4+1}+3$ $\qquad \therefore k=5$

따라서 $y=\dfrac{5}{x+1}+3=\dfrac{5+3(x+1)}{x+1}=\dfrac{3x+8}{x+1}$이므로
$a=3$, $b=8$, $c=1$

04-❶ 답 6

$y=\dfrac{3x+2}{x-2}=\dfrac{3(x-2)+8}{x-2}=\dfrac{8}{x-2}+3$

이므로 주어진 함수의 그래프의 점근선의 방정식은
$x=2$, $y=3$

즉, 오른쪽 그림과 같이 함수 $y=\dfrac{3x+2}{x-2}$의 그래프는 두 점근선의 교점 $(2, 3)$을 지나고 기울기가 1 또는 -1인 직선에 대하여 대칭이다.

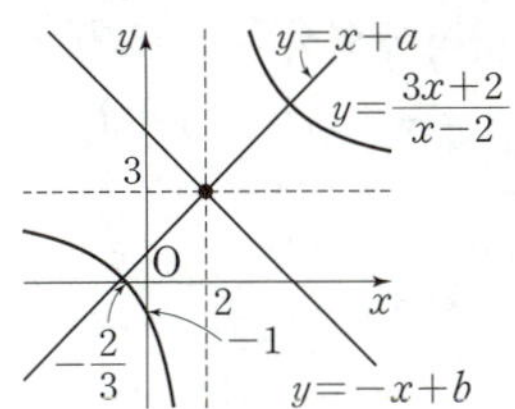

따라서 두 직선 $y=x+a$, $y=-x+b$가 점 $(2, 3)$을 지나므로
$$3=2+a,\ 3=-2+b$$
$$\therefore a=1,\ b=5$$
$$\therefore a+b=1+5=6$$

| 다른 풀이 |

함수 $y=\dfrac{3x+2}{x-2}$의 그래프의 점근선의 방정식은
$$x=-\dfrac{-2}{1}=2,\ y=\dfrac{3}{1}=3$$
이므로 주어진 함수의 그래프는 두 점근선의 교점 $(2, 3)$에 대하여 대칭이다.
또한, 주어진 함수의 그래프가 두 직선 $y=x+a$, $y=-x+b$에 대하여 대칭이므로 두 직선은 점 $(2, 3)$을 지난다.
따라서 $3=2+a$, $3=-2+b$이므로
$$a=1,\ b=5$$
$$\therefore a+b=1+5=6$$

04-❷ 탭 ③

함수 $y=\dfrac{3x+b}{x+a}$의 그래프가 점 $(2, 1)$을 지나므로
$$1=\dfrac{3\times2+b}{2+a},\ 2+a=6+b$$
$$\therefore a-b=4 \quad \cdots\cdots\ \bigcirc$$
한편,
$$y=\dfrac{3x+b}{x+a}=\dfrac{3(x+a)-3a+b}{x+a}=\dfrac{-3a+b}{x+a}+3$$
이므로 주어진 함수의 그래프는 두 점근선, 즉 두 직선 $x=-a$, $y=3$의 교점 $(-a, 3)$에 대하여 대칭이다.
이때 두 점 $(-a, 3)$, $(-2, c)$가 일치하므로
$$-a=-2,\ 3=c$$
따라서 $a=2$, $b=-2$ $(\because\ \bigcirc)$, $c=3$이므로
$$a+b+c=2+(-2)+3=3$$

04-❸ 탭 -2

$$y=\dfrac{2x+1}{x+a}=\dfrac{2(x+a)-2a+1}{x+a}=\dfrac{-2a+1}{x+a}+2$$
이므로 이 함수의 그래프는 두 점근선, 즉 두 직선 $x=-a$, $y=2$의 교점 $(-a, 2)$에 대하여 대칭이다.
$$y=\dfrac{bx-3}{x-1}=\dfrac{b(x-1)+b-3}{x-1}=\dfrac{b-3}{x-1}+b$$
이므로 이 함수의 그래프는 두 점근선, 즉 두 직선 $x=1$, $y=b$의 교점 $(1, b)$에 대하여 대칭이다.

이때 직선 $y=x+1$이 두 점 $(-a, 2)$, $(1, b)$를 지나므로
$$2=(-a)+1,\ b=1+1$$
따라서 $a=-1$, $b=2$이므로
$$ab=(-1)\times2=-2$$

05-❶ 탭 5

$$y=-\dfrac{2x}{x-2}=\dfrac{-2(x-2)-4}{x-2}=-\dfrac{4}{x-2}-2$$
이므로 주어진 함수의 그래프는 함수 $y=-\dfrac{4}{x}$의 그래프를 x축의 방향으로 2만큼, y축의 방향으로 -2만큼 평행이동한 것이다.
즉, $x\leq-2$ 또는 $x\geq3$에서 함수 $y=-\dfrac{2x}{x-2}$의 그래프는 오른쪽 그림과 같다.

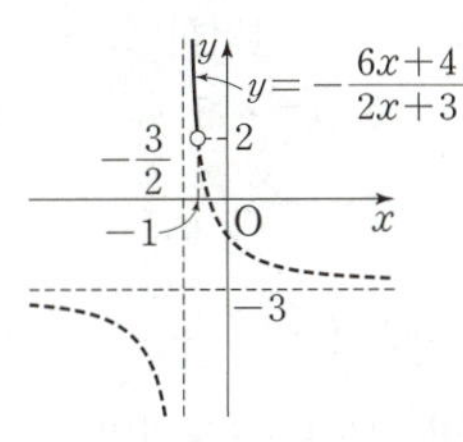

따라서 $x=-2$일 때 최댓값
$$a=-\dfrac{2\times(-2)}{(-2)-2}=-1,$$
$x=3$일 때 최솟값 $b=-\dfrac{2\times3}{3-2}=-6$
을 가지므로
$$a-b=(-1)-(-6)=5$$

05-❷ 탭 $a=-\dfrac{3}{2},\ b=-1$

$$y=-\dfrac{6x+4}{2x+3}=\dfrac{-3(2x+3)+5}{2x+3}=\dfrac{5}{2\left(x+\dfrac{3}{2}\right)}-3$$

이므로 주어진 함수의 그래프는 함수 $y=\dfrac{5}{2x}$의 그래프를 x축의 방향으로 $-\dfrac{3}{2}$만큼, y축의 방향으로 -3만큼 평행이동한 것이다.
$y=2$일 때 x의 값은
$$2=-\dfrac{6x+4}{2x+3}$$에서 $4x+6=-6x-4$
$$10x=-10 \quad \therefore x=-1$$
즉, 오른쪽 그림에서 치역이 $\{y\,|\,y>2\}$일 때, 정의역은 $\left\{x\,\middle|\,-\dfrac{3}{2}<x<-1\right\}$
이므로
$$a=-\dfrac{3}{2},\ b=-1$$

05-❸ 탭 6

$$y=\dfrac{3x-5}{x+1}=\dfrac{3(x+1)-8}{x+1}=-\dfrac{8}{x+1}+3$$
이므로 주어진 함수의 그래프는 함수 $y=-\dfrac{8}{x}$의 그래프를 x축

의 방향으로 -1만큼, y축의 방향으로 3만큼 평행이동한 것이다.

즉, $1 \leq x \leq a$에서 함수 $y=\dfrac{3x-5}{x+1}$의 그래프는 오른쪽 그림과 같다.

$x=a$일 때 최댓값 2를 가지므로

$2=\dfrac{3a-5}{a+1}$에서 $2a+2=3a-5$

$-a=-7$ $\therefore a=7$

또한, $x=1$일 때 최솟값 b를 가지므로

$b=\dfrac{3-5}{1+1}=-1$

$\therefore a+b=7+(-1)=6$

06-❶ 답 $a=2,\ b=-3$

$y=\dfrac{ax-3}{x+1}$에서 x를 y에 대한 식으로 나타내면

$y(x+1)=ax-3,\ xy+y=ax-3$

$xy-ax=-y-3,\ (y-a)x=-y-3$

$\therefore x=\dfrac{-y-3}{y-a}$

x와 y를 서로 바꾸면

$y=\dfrac{-x-3}{x-a}$

따라서 $\dfrac{-x-3}{x-a}=\dfrac{-x+b}{x-2}$이므로

$a=2,\ b=-3$

06-❷ 답 $x=-5,\ y=-5$

함수 $y=f(x)$의 그래프가 점 $(2,\ -4)$를 지나므로

$-4=\dfrac{a}{2+5}+b$ $\therefore a+7b=-28$ ……㉠

또한, 역함수 $y=f^{-1}(x)$의 그래프가 점 $(2,\ -4)$를 지나므로 함수 $y=f(x)$의 그래프는 점 $(-4,\ 2)$를 지난다.

즉, $2=\dfrac{a}{(-4)+5}+b$에서

$a+b=2$ ……㉡

㉠, ㉡을 연립하여 풀면

$a=7,\ b=-5$

$\therefore f(x)=\dfrac{7}{x+5}-5$

이때 $f(x)=\dfrac{7}{x+5}-5$에서 $y=\dfrac{7}{x+5}-5$라 하고 x를 y에 대한 식으로 나타내면

$y+5=\dfrac{7}{x+5},\ (y+5)(x+5)=7$

$x+5=\dfrac{7}{y+5}$ $\therefore x=\dfrac{7}{y+5}-5$

x와 y를 서로 바꾸면

$y=\dfrac{7}{x+5}-5$ $\therefore f^{-1}(x)=\dfrac{7}{x+5}-5$

따라서 역함수 $y=f^{-1}(x)$의 그래프의 점근선의 방정식은

$x=-5,\ y=-5$이다.

| 참고 |

함수 $f(x)=\dfrac{7}{x+5}-5$의 역함수는

$f^{-1}(x)=\dfrac{7}{x-(-5)}-5=\dfrac{7}{x+5}-5$이므로

역함수 $y=f^{-1}(x)$의 그래프의 점근선의 방정식은 $x=-5,\ y=-5$이다.

06-❸ 답 14

$f(x)=\dfrac{4x+9}{x-1}=\dfrac{4(x-1)+13}{x-1}=\dfrac{13}{x-1}+4$

이므로 함수 $y=f(x)$의 그래프의 점근선의 방정식은

$x=1,\ y=4$

$\therefore a=1,\ b=4$

한편, $f(x)=\dfrac{13}{x-1}+4$에서 $y=\dfrac{13}{x-1}+4$라 하고 x를 y에 대한 식으로 나타내면

$y-4=\dfrac{13}{x-1},\ (y-4)(x-1)=13$

$x-1=\dfrac{13}{y-4}$ $\therefore x=\dfrac{13}{y-4}+1$

x와 y를 서로 바꾸면

$y=\dfrac{13}{x-4}+1$ $\therefore f^{-1}(x)=\dfrac{13}{x-4}+1$

$\therefore f^{-1}(a+b)=f^{-1}(1+4)=f^{-1}(5)=\dfrac{13}{5-4}+1=14$

| 다른 풀이 |

$f^{-1}(a+b)=k\ (k는\ 상수)$라 하면

$f^{-1}(1+4)=k$ $\therefore f^{-1}(5)=k$

즉, $f(k)=5$이므로

$5=\dfrac{4k+9}{k-1},\ 5k-5=4k+9$ $\therefore k=14$

$\therefore f^{-1}(a+b)=14$

07-❶ 답 2

$f(x)=\dfrac{3x+4}{x+3},\ g(x)=\dfrac{x+6}{3x-4}$에서

$(g \circ f)(x)=g(f(x))=g\left(\dfrac{3x+4}{x+3}\right)$

$=\dfrac{\dfrac{3x+4}{x+3}+6}{3\times\dfrac{3x+4}{x+3}-4}=\dfrac{\dfrac{3x+4+6(x+3)}{x+3}}{\dfrac{3(3x+4)-4(x+3)}{x+3}}$

$=\dfrac{\dfrac{9x+22}{x+3}}{\dfrac{5x}{x+3}}=\dfrac{9x+22}{5x}$

이때 $(g \circ f)(a)=4$이므로

$\dfrac{9a+22}{5a}=4,\ 9a+22=20a$

$-11a=-22$ $\therefore a=2$

| 다른 풀이 |

$(g \circ f)(a) = g(f(a)) = \dfrac{f(a)+6}{3f(a)-4} = 4$에서

$f(a)+6 = 12f(a)-16, \ -11f(a) = -22$

$\therefore f(a) = 2$

즉, $\dfrac{3a+4}{a+3} = 2$에서

$3a+4 = 2a+6 \qquad \therefore a = 2$

07-❷ 답 1

$(g^{-1} \circ f)^{-1} = f^{-1} \circ (g^{-1})^{-1} = f^{-1} \circ g$이므로

$(g^{-1} \circ f)^{-1}(-1) = (f^{-1} \circ g)(-1) = f^{-1}(g(-1))$

$\qquad\qquad = f^{-1}\left(\dfrac{-(-1)+3}{3\times(-1)+1}\right)$

$\qquad\qquad = f^{-1}(-2) \qquad \cdots\cdots \ \bigcirc$

$f^{-1}(-2) = k$ (k는 실수)라 하면 $f(k) = -2$이므로

$\dfrac{k+1}{2k-3} = -2, \ k+1 = -4k+6$

$5k = 5 \qquad \therefore \ k = 1$

$\therefore \ (g^{-1} \circ f)^{-1}(-1) = f^{-1}(-2) = 1$

| 다른 풀이 |

$f(x) = \dfrac{x+1}{2x-3}$에서 $y = \dfrac{x+1}{2x-3}$이라 하고 x를 y에 대한 식으로 나타내면

$y(2x-3) = x+1, \ 2xy-3y = x+1$

$2xy-x = 3y+1, \ (2y-1)x = 3y+1$

$\therefore \ x = \dfrac{3y+1}{2y-1}$

x와 y를 서로 바꾸면

$y = \dfrac{3x+1}{2x-1}$

즉, $f^{-1}(x) = \dfrac{3x+1}{2x-1}$이므로 $\bigcirc$에서

$(g^{-1} \circ f)^{-1}(-1) = f^{-1}(-2) = \dfrac{3\times(-2)+1}{2\times(-2)-1} = 1$

07-❸ 답 $\dfrac{3}{2}$

$f(x) = \dfrac{x}{x-1}$에서

$f^1(x) = f(x) = \dfrac{x}{x-1}$

$f^2(x) = (f \circ f^1)(x) = f(f^1(x)) = f\left(\dfrac{x}{x-1}\right)$

$\qquad = \dfrac{\dfrac{x}{x-1}}{\dfrac{x}{x-1}-1} = \dfrac{\dfrac{x}{x-1}}{\dfrac{x-(x-1)}{x-1}}$

$\qquad = \dfrac{\dfrac{x}{x-1}}{\dfrac{1}{x-1}} = x$

$f^3(x) = (f \circ f^2)(x) = f(f^2(x)) = f(x)$

$\qquad \vdots$

따라서 자연수 k에 대하여

$f^1(x) = f^3(x) = f^5(x) = \cdots = f^{2k-1}(x) = \dfrac{x}{x-1},$

$f^2(x) = f^4(x) = f^6(x) = \cdots = f^{2k}(x) = x$

이므로

$f^{99}(3) = f^1(3) = \dfrac{3}{3-1} = \dfrac{3}{2}$

| 다른 풀이 |

$f^1(3) = f(3) = \dfrac{3}{3-1} = \dfrac{3}{2}$

$f^2(3) = (f \circ f^1)(3) = f(f^1(3)) = f\left(\dfrac{3}{2}\right)$

$\qquad = \dfrac{\dfrac{3}{2}}{\dfrac{3}{2}-1} = \dfrac{\dfrac{3}{2}}{\dfrac{1}{2}} = 3$

$f^3(3) = (f \circ f^2)(3) = f(f^2(3)) = f(3) = \dfrac{3}{2}$

$\qquad \vdots$

즉, $f^n(3)$의 값은 $\dfrac{3}{2}$, 3이 이 순서대로 반복된다.

이때 $99 = 2\times49+1$이므로

$f^{99}(3) = f^1(3) = \dfrac{3}{2}$

08-❶ 답 $-20 < m \le 0$

$y = \dfrac{3x+2}{x-1} = \dfrac{3(x-1)+5}{x-1}$

$\qquad = \dfrac{5}{x-1}+3$

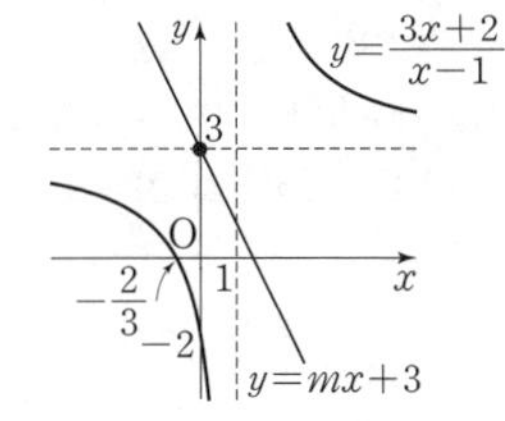

이므로 함수 $y = \dfrac{3x+2}{x-1}$의 그래프

는 함수 $y = \dfrac{5}{x}$의 그래프를 x축의 방향으로 1만큼, y축의 방향으로 3만큼 평행이동한 것이고, 이 함수의 그래프의 점근선의 방정식은 $x = 1, \ y = 3$이다.

한편, 직선 $y = mx+3$은 m의 값에 관계없이 점 $(0, \ 3)$을 지난다.

(i) $m = 0$일 때

직선 $y = 3$은 함수 $y = \dfrac{3x+2}{x-1}$의 그래프의 점근선이므로

만나지 않는다.

(ii) $m \ne 0$일 때

$\dfrac{3x+2}{x-1} = mx+3$에서 $3x+2 = (mx+3)(x-1)$

$\therefore \ mx^2 - mx - 5 = 0$

위의 이차방정식의 판별식을 D라 하면 함수 $y = \dfrac{3x+2}{x-1}$

의 그래프와 직선 $y = mx+3$이 만나지 않아야 하므로

$D = (-m)^2 - 4\times m\times(-5) < 0, \ m^2 + 20m < 0$

$$m(m+20)<0 \qquad \therefore -20<m<0$$

(i), (ii)에서 $-20<m\leq 0$

08-❷ 답 -9

함수 $y=\dfrac{k}{x-2}+1$의 그래프는 함수 $y=\dfrac{k}{x}$의 그래프를 x축
의 방향으로 2만큼, y축의 방향으로 1만큼 평행이동한 것이다.

(i) $k>0$일 때

오른쪽 그림과 같이 함수
$y=\dfrac{k}{x-2}+1$의 그래프와 직
선 $y=x+5$는 항상 두 점에
서 만난다.

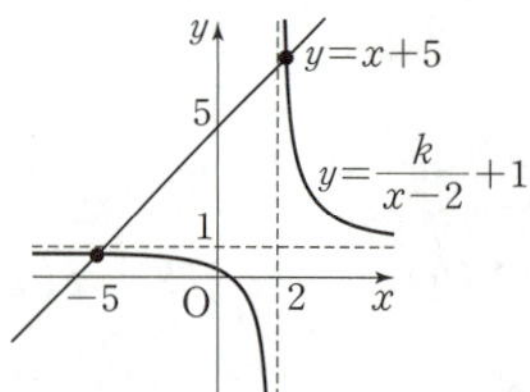

(ii) $k<0$일 때

$\dfrac{k}{x-2}+1=x+5$에서

$\dfrac{k}{x-2}=x+4$

$k=(x+4)(x-2)$

$\therefore x^2+2x-8-k=0$

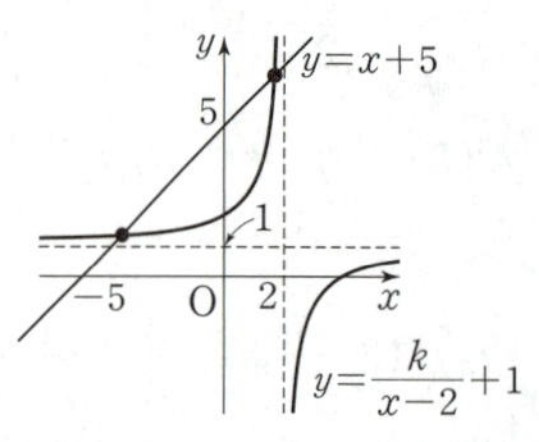

위의 이차방정식의 판별식을
D라 하면 함수 $y=\dfrac{k}{x-2}+1$의 그래프와 직선 $y=x+5$가
만나야 하므로

$\dfrac{D}{4}=1^2-1\times(-8-k)\geq 0$

$k+9\geq 0 \qquad \therefore k\geq -9$

(i), (ii)에서 $-9\leq k<0$ 또는 $k>0$

따라서 정수 k의 최솟값은 -9이다.

소단원 점검 문제
• 본문 268~269쪽

01 2	02 1	03 ①	04 4
05 ①	06 -2	07 ①	08 ③
09 4			

01 $y=\dfrac{bx+2}{x+a}=\dfrac{b(x+a)-ab+2}{x+a}=\dfrac{-ab+2}{x+a}+b$

이므로 이 함수의 정의역은 $\{x\,|\,x\neq -a$인 실수$\}$, 치역은
$\{y\,|\,y\neq b$인 실수$\}$이다.

따라서 $a=3,\ b=1$이므로

$a-b=3-1=2$

02 함수 $y=\dfrac{k}{x}$의 그래프를 x축의 방향으로 1만큼, y축의 방
향으로 a만큼 평행이동하면

$y-a=\dfrac{k}{x-1}$

$\therefore y=\dfrac{k}{x-1}+a=\dfrac{k+a(x-1)}{x-1}=\dfrac{ax-a+k}{x-1}$

즉,

$\dfrac{ax-a+k}{x-1}=\dfrac{3x-4}{x+b}$

이므로

$a=3,\ b=-1,\ -a+k=-4$

따라서 $a=3,\ -1=b,\ k=-1$이므로

$a+b+k=3+(-1)+(-1)=1$

03 주어진 함수의 그래프에서 점근선의 방정식이 $x=-1$이
므로 주어진 함수를 $y=\dfrac{k}{x+1}+q\ (k>0)$라 하자.

위의 함수의 그래프가 두 점 $(0,\ 2),\ (2,\ 0)$을 지나므로

$2=\dfrac{k}{0+1}+q,\ 0=\dfrac{k}{2+1}+q$

$k+q=2,\ k+3q=0$

위의 두 식을 연립하여 풀면

$k=3,\ q=-1$

따라서 $y=\dfrac{3}{x+1}-1=\dfrac{3-(x+1)}{x+1}=\dfrac{-x+2}{x+1}$이므로

$a=-1,\ b=2,\ c=1$

$\therefore abc=(-1)\times 2\times 1=-2$

04 $y=\dfrac{2x+5}{x+5}=\dfrac{2(x+5)-5}{x+5}=-\dfrac{5}{x+5}+2$

이므로 이 함수의 그래프는 두 점근선, 즉 두 직선
$x=-5,\ y=2$의 교점 $(-5,\ 2)$에 대하여 대칭이다.

즉, 주어진 함수의 그래프를 x축의 방향으로 a만큼, y축의
방향으로 b만큼 평행이동한 그래프는 점 $(-5+a,\ 2+b)$
에 대하여 대칭이므로

$-5+a=-2,\ 2+b=3$

$\therefore a=3,\ b=1$

$\therefore a+b=3+1=4$

> 두 점근선, 즉 두 직선
> $x=-5,\ y=2$를 각각
> x축의 방향으로 a만큼,
> y축의 방향으로 b만큼
> 평행이동했을 때의 교점

| 참고 |

함수 $y=\dfrac{k}{x-p}+q\ (k\neq 0)$의 그래프는 함수 $y=\dfrac{k}{x}$의 그래프의 두
점근선 $x=0,\ y=0$의 교점 $(0,\ 0)$을 x축의 방향으로 p만큼, y축의
방향으로 q만큼 평행이동한 점 $(p,\ q)$에 대하여 대칭이다.

05 함수 $y=\dfrac{3}{x-1}-2$의 그래프는 함수 $y=\dfrac{3}{x}$의 그래프를
x축의 방향으로 1만큼, y축의 방향으로 -2만큼 평행이
동한 것이다.

$2\leq x\leq a$에서 함수
$y=\dfrac{3}{x-1}-2$의 그래프는 오
른쪽 그림과 같으므로 $x=2$일
때 최댓값 b, $x=a$일 때 최솟
값 -1을 갖는다.

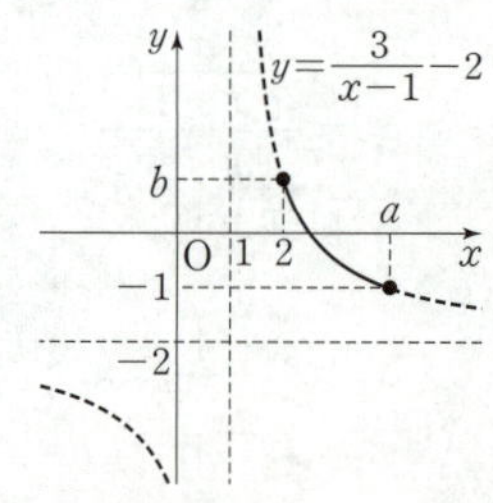

즉, $y=\dfrac{3}{x-1}-2$에서

$b=\dfrac{3}{2-1}-2=1 \qquad \therefore b=1$

$-1=\dfrac{3}{a-1}-2, \ 1=\dfrac{3}{a-1}$

$a-1=3 \qquad \therefore a=4$

$\therefore a+b=4+1=5$

06 함수 $y=f(x)$의 그래프가 점 $(-1, 2)$를 지나므로

$2=\dfrac{a\times(-1)+b}{(-1)-3} \qquad \therefore a-b=8 \quad \cdots\cdots\ \text{㉠}$

$y=\dfrac{ax+b}{x-3}$라 하고 x를 y에 대한 식으로 나타내면

$y(x-3)=ax+b, \ xy-3y=ax+b$

$xy-ax=3y+b, \ (y-a)x=3y+b$

$\therefore x=\dfrac{3y+b}{y-a}$

x와 y를 서로 바꾸면

$y=\dfrac{3x+b}{x-a} \qquad \therefore f^{-1}(x)=\dfrac{3x+b}{x-a}$

이때 $f=f^{-1}$이므로

$\dfrac{ax+b}{x-3}=\dfrac{3x+b}{x-a} \qquad \therefore a=3$

$a=3$을 ㉠에 대입하여 정리하면

$b=-5$

$\therefore a+b=3+(-5)=-2$

|**다른 풀이 1**|

$f=f^{-1}$이므로 역함수 $y=f^{-1}(x)$의 그래프도 점 $(-1, 2)$를 지난다.

즉, 함수 $y=f(x)$의 그래프는 점 $(2, -1)$을 지나므로

$-1=\dfrac{a\times 2+b}{2-3} \qquad \therefore 2a+b=1 \quad \cdots\cdots\ \text{㉡}$

㉠, ㉡을 연립하여 풀면

$a=3, \ b=-5$

$\therefore a+b=3+(-5)=-2$

|**다른 풀이 2**|

$f(x)=\dfrac{ax+b}{x-3}=\dfrac{a(x-3)+3a+b}{x-3}=\dfrac{3a+b}{x-3}+a$

이므로 함수 $y=f(x)$의 그래프는 두 점근선, 즉 두 직선 $x=3, \ y=a$의 교점 $(3, a)$에 대하여 대칭이다.

한편, $f=f^{-1}$이므로 함수 $y=f(x)$의 그래프는 직선 $y=x$에 대하여 대칭이다.

따라서 점 $(3, a)$가 직선 $y=x$ 위에 있으므로

$a=3, \ b=-5 \ (\because \text{㉠})$

$\therefore a+b=3+(-5)=-2$

07 $f(x)=\dfrac{1}{1-x}$에서

$f^1(x)=f(x)=\dfrac{1}{1-x}$

$f^2(x)=(f\circ f^1)(x)=f(f^1(x))=f\left(\dfrac{1}{1-x}\right)$

$\quad =\dfrac{1}{1-\dfrac{1}{1-x}}=\dfrac{1}{\dfrac{(1-x)-1}{1-x}}$

$\quad =\dfrac{1}{\dfrac{-x}{1-x}}=\dfrac{x-1}{x}$

$f^3(x)=(f\circ f^2)(x)=f(f^2(x))=f\left(\dfrac{x-1}{x}\right)$

$\quad =\dfrac{1}{1-\dfrac{x-1}{x}}=\dfrac{1}{\dfrac{x-(x-1)}{x}}$

$\quad =\dfrac{1}{\dfrac{1}{x}}=x$

$f^4(x)=(f\circ f^3)(x)=f(f^3(x))=f(x)$

$\quad \vdots$

따라서 자연수 k에 대하여

$f^1(x)=f^4(x)=f^7(x)=\cdots=f^{3k-2}(x)=\dfrac{1}{1-x},$

$f^2(x)=f^5(x)=f^8(x)=\cdots=f^{3k-1}(x)=\dfrac{x-1}{x},$

$f^3(x)=f^6(x)=f^9(x)=\cdots=f^{3k}(x)=x$

이때 $f^{50}(a)=f^{3\times 16+2}(a)=f^2(a)=2$이므로

$\dfrac{a-1}{a}=2, \ a-1=2a \qquad \therefore a=-1$

08 $y=\dfrac{3x-3}{x-2}=\dfrac{3(x-2)+3}{x-2}=\dfrac{3}{x-2}+3$

이므로 함수 $y=\dfrac{3x-3}{x-2}$의 그래프는 함수 $y=\dfrac{3}{x}$의 그래프를 x축의 방향으로 2만큼, y축의 방향으로 3만큼 평행이동한 것이고, 이 함수의 그래프의 점근선의 방정식은 $x=2, \ y=3$이다.

한편, $y=-2x+k$는 기울기가 -2이고 y절편이 k인 직선이다.

함수 $y=\dfrac{3x-3}{x-2}$의 그래프와 직선 $y=-2x+k$가 한 점에서 만나려면 오른쪽 그림과 같이 접해야 하므로

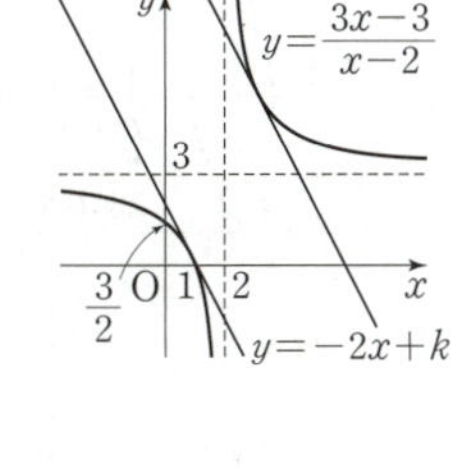

$\dfrac{3x-3}{x-2}=-2x+k$에서

$3x-3=(-2x+k)(x-2)$

$\therefore 2x^2-(k+1)x+2k-3=0$

위의 이차방정식의 판별식을 D라 하면

$D=\{-(k+1)\}^2-4\times 2\times(2k-3)=0$

$\therefore k^2-14k+25=0 \quad$ ┌ (판별식)>0이므로 서로 다른 두 실근을 갖는다.

따라서 이차방정식의 근과 계수의 관계에 의하여 모든 상수 k의 값의 합은 14이다.

09 $y=\dfrac{2x+10}{x+1}=\dfrac{2(x+1)+8}{x+1}=\dfrac{8}{x+1}+2$

이므로 함수 $y=\dfrac{2x+10}{x+1}$의 그래프는 함수 $y=\dfrac{8}{x}$의 그래 프를 x축의 방향으로 -1만큼, y축의 방향으로 2만큼 평행이동한 것이고, 이 함수의 그래프의 점근선의 방정식은 $x=-1$, $y=2$이다.

한편, 직선 $y=mx-1$은 m의 값에 관계없이 점 $(0, -1)$을 지난다.

즉, $1 \le x \le 7$에서 함수 $y=\dfrac{2x+10}{x+1}$의 그래프는 오른 쪽 그림과 같다.

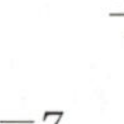

(ⅰ) 직선 $y=mx-1$이 점 $(1, 6)$을 지날 때

$\qquad 6=m\times 1-1 \qquad \therefore m=7$

(ⅱ) 직선 $y=mx-1$이 점 $(7, 3)$을 지날 때

$\qquad 3=m\times 7-1 \qquad \therefore m=\dfrac{4}{7}$

(ⅰ), (ⅱ)에서 $\dfrac{4}{7} \le m \le 7$

따라서 실수 m의 최댓값은 7, 최솟값은 $\dfrac{4}{7}$이므로 그 곱은

$7\times\dfrac{4}{7}=4$

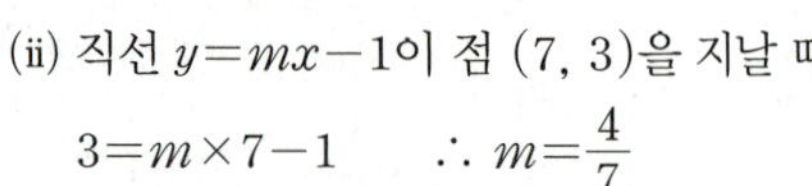

중단원 **실전 문제**   • 본문 270~272쪽

01 $\dfrac{12}{x(x+1)(x-2)(x-3)}$		**02** ⑤	
03 18	**04** 4	**05** ②	**06** 8
07 4	**08** $2\sqrt{2}$	**09** ①	**10** 7
11 25	**12** ③	**13** 1	**14** 4
15 -1	**16** ④	**17** 4	**18** -2

01 $\dfrac{x^2+2}{x}-\dfrac{x^2+x+1}{x+1}-\dfrac{x^2-2x+2}{x-2}+\dfrac{x^2-3x+1}{x-3}$

$=\dfrac{x^2+2}{x}-\dfrac{x(x+1)+1}{x+1}-\dfrac{x(x-2)+2}{x-2}$

$\qquad\qquad\qquad\qquad +\dfrac{x(x-3)+1}{x-3}$

$=\left(x+\dfrac{2}{x}\right)-\left(x+\dfrac{1}{x+1}\right)-\left(x+\dfrac{2}{x-2}\right)+\left(x+\dfrac{1}{x-3}\right)$

$=\dfrac{2}{x}-\dfrac{1}{x+1}-\dfrac{2}{x-2}+\dfrac{1}{x-3}$

$=2\left(\dfrac{1}{x}-\dfrac{1}{x-2}\right)-\left(\dfrac{1}{x+1}-\dfrac{1}{x-3}\right)$

$=2\times\dfrac{(x-2)-x}{x(x-2)}-\dfrac{(x-3)-(x+1)}{(x+1)(x-3)}$

$=-\dfrac{4}{x(x-2)}+\dfrac{4}{(x+1)(x-3)}$

$=4\left\{-\dfrac{1}{x(x-2)}+\dfrac{1}{(x+1)(x-3)}\right\}$

$=4\times\dfrac{-(x+1)(x-3)+x(x-2)}{x(x+1)(x-2)(x-3)}$

$=\dfrac{12}{x(x+1)(x-2)(x-3)}$

02 $a\left(\dfrac{1}{b}-\dfrac{1}{c}\right)+b\left(\dfrac{1}{a}+\dfrac{1}{c}\right)+c\left(\dfrac{1}{b}-\dfrac{1}{a}\right)$

$=\dfrac{a}{b}-\dfrac{a}{c}+\dfrac{b}{a}+\dfrac{b}{c}+\dfrac{c}{b}-\dfrac{c}{a}$

$=\dfrac{b-c}{a}+\dfrac{a+c}{b}+\dfrac{b-a}{c}$

$=\dfrac{a}{a}+\dfrac{b}{b}+\dfrac{c}{c}\ (\because a-b+c=0)$

$=1+1+1=3$

03 사각형 OAPB는 정사각형이고 점 P는 제1사분면 위의 점이므로 점 P의 좌표를 $(a, a)\ (a>0)$, 사각형 ODQC 도 정사각형이고 점 Q는 제4사분면 위의 점이므로 점 Q 의 좌표를 $(b, -b)\ (b>0)$라 하면 두 점 P, Q가 함수 $y=f(x)$의 그래프 위의 점이므로

$a=\dfrac{2a}{6a-9}$에서

$a(6a-9)=2a$, $6a^2-11a=0$

$a(6a-11)=0$

$\therefore a=\dfrac{11}{6}\ (\because a>0)$

$-b=\dfrac{2b}{6b-9}$에서

$-b(6b-9)=2b$, $6b^2-7b=0$

$b(6b-7)=0$

$\therefore b=\dfrac{7}{6}\ (\because b>0)$

$\therefore \overline{OA}=\dfrac{11}{6}$, $\overline{OC}=\dfrac{7}{6}$

이때 두 정사각형 OAPB, ODQC는 서로 닮음이므로

$\overline{OP}:\overline{OQ}=\overline{OA}:\overline{OC}=\dfrac{11}{6}:\dfrac{7}{6}=11:7$

따라서 $m=11$, $n=7$이므로

$m+n=11+7=18$

04 $y=\dfrac{2x+3}{x-a}=\dfrac{2(x-a)+2a+3}{x-a}=\dfrac{2a+3}{x-a}+2$

이므로 이 함수의 그래프의 점근선의 방정식은

$x=a$, $y=2$

$y=\dfrac{ax-3}{x+2}=\dfrac{a(x+2)-2a-3}{x+2}=\dfrac{-2a-3}{x+2}+a$

이므로 이 함수의 그래프의 점근선의 방정식은

$x=-2$, $y=a$

이때 $a>2$이므로 네 점근선으로
둘러싸인 부분은 오른쪽 그림의 색
칠한 부분과 같고, 이 직사각형의
넓이가 12이므로
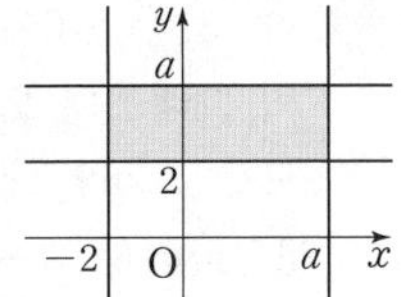
$\{a-(-2)\}(a-2)=12$
$(a+2)(a-2)=12$
$a^2-4=12,\ a^2=16$
$\therefore a=4\ (\because a>2)$

05 $f(x)=\dfrac{2x+k-8}{x+1}$이라 하면

$f(x)=\dfrac{2x+k-8}{x+1}=\dfrac{2(x+1)+k-10}{x+1}=\dfrac{k-10}{x+1}+2$

이므로 함수 $y=f(x)$의 그래프의 점근선의 방정식은
$x=-1,\ y=2$이다.

함수 $y=f(x)$의 그래프가 제4
사분면을 지나려면 $k-10<0$,
즉 $k<10$이면서 오른쪽 그림과
같이 $f(0)<0$이어야 하므로
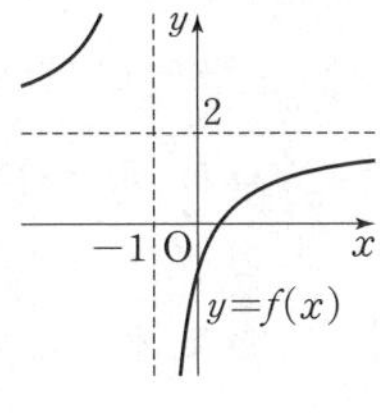
$\dfrac{2\times0+k-8}{0+1}<0,\ k-8<0$

$\therefore k<8$

따라서 조건을 만족시키는 자연수 k는
$1,\ 2,\ 3,\ \cdots,\ 7$의 7개

06 주어진 함수의 그래프에서 점근선의 방정식은
$x=5,\ y=1$

주어진 함수의 그래프의 식을 $y=\dfrac{a}{x-5}+1\ (a>0)$이라

하자. $\qquad\cdots$ ❶

위의 함수의 그래프가 점 $(4,\ -1)$을 지나므로

$-1=\dfrac{a}{4-5}+1\qquad\therefore a=2$

즉, 함수 $y=\dfrac{k}{x}$의 그래프를 x축의 방향으로 p만큼, y축

의 방향으로 q만큼 평행이동하면 $y=\dfrac{2}{x-5}+1$이므로

$k=2,\ p=5,\ q=1\qquad\cdots$ ❷

$\therefore k+p+q=2+5+1=8\qquad\cdots$ ❸

채점 기준	배점 비율
❶ 주어진 함수의 그래프를 이용하여 유리함수의 식 세우기	30 %
❷ 세 상수 $k,\ p,\ q$의 값 각각 구하기	60 %
❸ $k+p+q$의 값 구하기	10 %

07 $f(x)=\dfrac{ax+4}{x-2}=\dfrac{a(x-2)+2a+4}{x-2}=\dfrac{2a+4}{x-2}+a$

이므로 두 점 P, Q의 좌표는 각각

$\left(-\dfrac{4}{a},\ 0\right),\ (0,\ -2)$

또한, 함수 $y=f(x)$의 그래프 두 점근선의 방정식은
$x=2,\ y=a$이므로 점 R의 좌표는 $(2,\ a)$이다.

이때 직선 QR의 방정식은

$y-(-2)=\dfrac{a-(-2)}{2-0}(x-0)$, 즉

$y=\dfrac{a+2}{2}x-2$이고, 직선 QR가 x축과 만나는 점을 S라

하면 점 S의 좌표는 $\left(\dfrac{4}{a+2},\ 0\right)$이다.

오른쪽 그림과 같이 삼각형 PQR의
넓이는 두 삼각형 RPS, PQS의 넓
이의 합과 같으므로
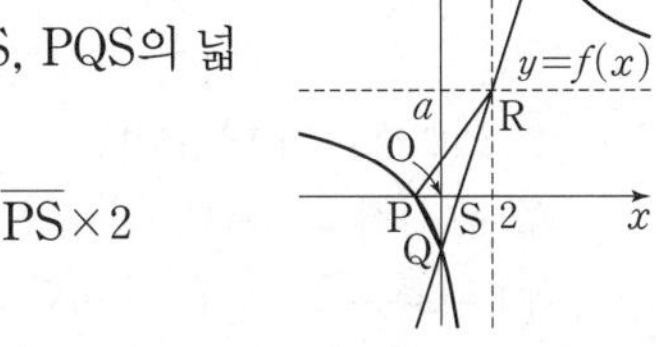
$5=\dfrac{1}{2}\times\overline{PS}\times a+\dfrac{1}{2}\times\overline{PS}\times2$

$5=\dfrac{1}{2}\times\overline{PS}\times(a+2)$

$5=\dfrac{1}{2}\times\left\{\dfrac{4}{a+2}-\left(-\dfrac{4}{a}\right)\right\}\times(a+2)$

$5=\dfrac{1}{2}\times\dfrac{8a+8}{a(a+2)}\times(a+2)$

$5=\dfrac{4a+4}{a},\ 5a=4a+4$

$\therefore a=4$

08 $y=\dfrac{4x-7}{x-2}=\dfrac{4(x-2)+1}{x-2}=\dfrac{1}{x-2}+4$

이므로 함수 $y=\dfrac{4x-7}{x-2}$의 그래프의 점근선의 방정식은

$x=2,\ y=4$

$pq+16<4p+4q$에서

$pq-4(p+q)+16<0$

$\therefore (p-4)(q-4)<0$

이때 $p<q$라 하면 $p<4<q$이다.

한편, 함수 $y=\dfrac{1}{x-2}+4$의 그래프는 점 $(2,\ 4)$를 지나

두 점근선, 즉 직선
$x=2,\ y=4$의 교점

고 기울기가 1인 직선 $y-4=x-2$, 즉 $y=x+2$에 대하
여 대칭이다.

즉, 선분 PQ의 길이가 최소이려
면 오른쪽 그림과 같이 두 점 P,
Q가 함수 $y=\dfrac{4x-7}{x-2}$의 그래프
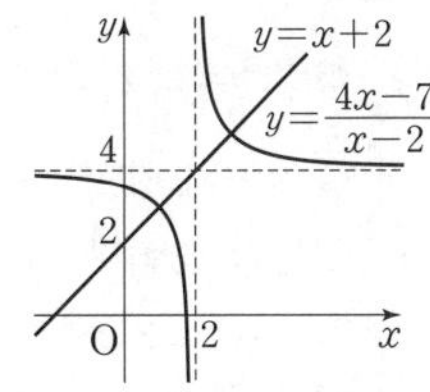
와 직선 $y=x+2$의 교점이어야
한다.

$\dfrac{4x-7}{x-2}=x+2$에서

$4x-7=(x+2)(x-2)$

$x^2-4x+3=0,\ (x-1)(x-3)=0$

$\therefore x=1$ 또는 $x=3$

따라서 두 점 P, Q의 좌표가 각각 $(1,\ 3),\ (3,\ 5)$일 때
선분 PQ의 길이가 최소이고 그 값은

$\sqrt{(3-1)^2+(5-3)^2}=2\sqrt{2}$

09 오른쪽 그림과 같이 직선

$y=-x+6$이 x축, y축과 만나는

점을 각각 A, B라 하면 두 점 A,

B의 좌표는 각각 $(6,\,0)$, $(0,\,6)$

이다.

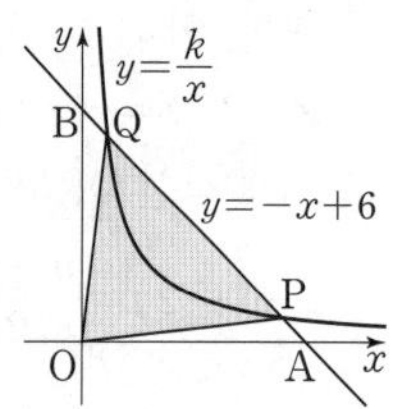

즉, 삼각형 OAB의 넓이는

$$\frac{1}{2}\times\overline{\text{OA}}\times\overline{\text{OB}}=\frac{1}{2}\times6\times6=18$$

한편, 직선 $y=-x+6$과 함수 $y=\dfrac{k}{x}$의 그래프는 모두

직선 $y=x$에 대하여 대칭이므로 점 P와 점 Q도 직선

$y=x$에 대하여 대칭이다.

즉, 두 삼각형 OAP, OBQ는 서로 합동(SAS 합동)이다.

점 P의 좌표를 $(a,\,b)$라 하면

$$\triangle\text{OPQ}=\triangle\text{OAB}-(\triangle\text{OAP}+\triangle\text{OBQ})$$
$$=\triangle\text{OAB}-2\triangle\text{OAP}$$

에서

$$14=\frac{1}{2}\times\overline{\text{OA}}\times\overline{\text{OB}}-2\times\frac{1}{2}\times\overline{\text{OA}}\times b$$

$$14=18-2\times\frac{1}{2}\times6\times b$$

$$14=18-6b$$

$$\therefore b=\frac{2}{3}$$

이때 점 P가 직선 $y=-x+6$ 위의 점이므로

$b=-a+6$에서

$$\frac{2}{3}=-a+6 \qquad \therefore a=\frac{16}{3}$$

따라서 점 P의 좌표는 $\left(\dfrac{16}{3},\,\dfrac{2}{3}\right)$이고, 점 P가 유리함수

$y=\dfrac{k}{x}$의 그래프 위의 점이므로

$$\frac{2}{3}=\frac{k}{\frac{16}{3}},\ \frac{2}{3}=\frac{3}{16}k$$

$$\therefore k=\frac{32}{9}$$

10 함수 $y=f(x)$의 그래프는 함수 $y=\dfrac{a}{x}\ (a>0)$의 그래프

를 x축의 방향으로 2만큼, y축의 방향으로 -3만큼 평행

이동한 것이다.

즉, $3\le x\le6$에서 함수 $y=f(x)$

의 그래프는 오른쪽 그림과 같으

므로 $x=3$일 때 최댓값

$M_1=f(3)=a-3$,

$x=6$일 때 최솟값

$m_1=f(6)=\dfrac{a}{4}-3$을 갖는다. … ❶

한편, 함수 $y=g(x)$의 그래프는 함수 $y=-\dfrac{6}{x}$의 그래프

를 y축의 방향으로 b만큼 평행이동한 것이다.

즉, $3\le x\le6$에서 함수 $y=g(x)$

의 그래프는 오른쪽 그림과 같으

므로 $x=6$일 때 최댓값

$M_2=g(6)=-1+b$,

$x=3$일 때 최솟값

$m_2=g(3)=-2+b$를 갖는다.

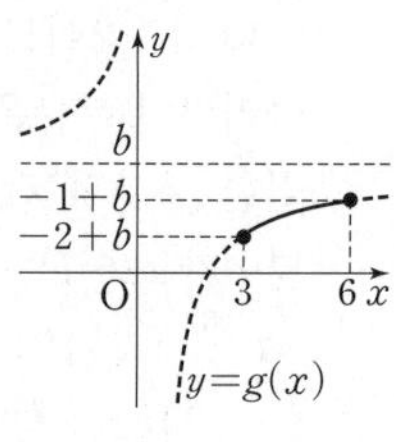

… ❷

이때 $M_1=m_2$에서

$$a-3=-2+b \qquad \therefore a-b=1 \qquad \cdots\cdots\ \bigcirc$$

$M_2+m_1=0$에서

$$(-1+b)+\left(\frac{a}{4}-3\right)=0 \qquad \therefore a+4b=16 \qquad \cdots\cdots\ \bigcirc$$

$\bigcirc$, $\bigcirc$을 연립하여 풀면

$$a=4,\ b=3$$

$$\therefore a+b=4+3=7 \qquad \cdots\ ❸$$

채점 기준	배점 비율
❶ M_1, m_1을 각각 a를 이용하여 나타내기	40%
❷ M_2, m_2를 각각 b를 이용하여 나타내기	40%
❸ 조건을 만족시키는 두 상수 a, b의 값을 각각 구하여 $a+b$의 값 구하기	20%

11 $y=\dfrac{2x+a}{x+1}=\dfrac{2(x+1)+a-2}{x+1}=\dfrac{a-2}{x+1}+2$

이므로 주어진 함수의 그래프는 함수 $y=\dfrac{a-2}{x}$의 그래

프를 x축의 방향으로 -1만큼, y축의 방향으로 2만큼 평

행이동한 것이다.

이때 $a>2$이므로 $x\ge1$에서 함수

$y=\dfrac{2x+a}{x+1}$의 그래프는 오른쪽 그림

과 같다.

즉, 주어진 함수의 치역은

$$\left\{y\,\middle|\,2<y\le\frac{2+a}{2}\right\}$$

이고, 치역에 속하는 자연수의 개수가 5이므로

$$7\le\frac{2+a}{2}<8 \qquad \therefore 12\le a<14$$

(→ 3, 4, 5, 6, 7의 5개)

따라서 정수 a는 12, 13이므로 그 합은

$$12+13=25$$

12 조건 ㈎에 의하여 곡선 $y=f(x)$가 두 직선 $y=-3$,

$y=3$과 각각 만나는 점의 개수의 합은 1이다.

곡선 $y=f(x)$가 x축과 평행한 직선과 만나는 점의 개수는

점근선을 제외하면 모두 1이므로 두 직선 $y=-3$, $y=3$

중 하나는 곡선 $y=f(x)$의 점근선이다.

이때 $y=b$는 곡선 $y=f(x)$의 점근선이므로

$$b=3 \text{ 또는 } b=-3 \qquad \cdots\cdots\ \bigcirc$$

한편, $f(x)=\dfrac{a}{x}+b$에서 $y=\dfrac{a}{x}+b$라 하면

$\dfrac{a}{x}=y-b,\ x=\dfrac{a}{y-b}$

x와 y를 서로 바꾸면

$y=\dfrac{a}{x-b}$ $\therefore f^{-1}(x)=\dfrac{a}{x-b}$

이때 조건 (나)의 $f^{-1}(3)=f(3)-1$에서

$\dfrac{a}{3-b}=\dfrac{a}{3}+b-1$ $\cdots\cdots$ ㉡

㉡에서 $b\neq3$이므로 $b=-3$ ($\because$ ㉠)

$b=-3$을 ㉡에 대입하면

$\dfrac{a}{3-(-3)}=\dfrac{a}{3}+(-3)-1,\ \dfrac{a}{6}=\dfrac{a}{3}-4$

$\dfrac{a}{6}=4$ $\therefore a=24$

따라서 $f(x)=\dfrac{24}{x}-3$이므로

$f(6)=\dfrac{24}{6}-3=1$

13 $f(x)=\dfrac{3x-a}{ax+1}$에서

$(f\circ f)(x)=f(f(x))=f\!\left(\dfrac{3x-a}{ax+1}\right)$

$=\dfrac{3\times\dfrac{3x-a}{ax+1}-a}{a\times\dfrac{3x-a}{ax+1}+1}$

$=\dfrac{\dfrac{3(3x-a)-a(ax+1)}{ax+1}}{\dfrac{a(3x-a)+(ax+1)}{ax+1}}$

$=\dfrac{\dfrac{(9-a^2)x-4a}{ax+1}}{\dfrac{4ax-a^2+1}{ax+1}}=\dfrac{(9-a^2)x-4a}{4ax-a^2+1}$

이때 $(f\circ f)(3)=\dfrac{5}{3}$이므로

$\dfrac{(9-a^2)\times3-4a}{4a\times3-a^2+1}=\dfrac{5}{3}$

$9(9-a^2)-12a=60a-5a^2+5$

$4a^2+72a-76=0,\ a^2+18a-19=0$

$(a+19)(a-1)=0$ $\therefore a=1$ ($\because a>0$)

| 다른 풀이 |

$(f\circ f)(3)=f(f(3))=\dfrac{3f(3)-a}{af(3)+1}=\dfrac{5}{3}$에서

$9f(3)-3a=5af(3)+5,\ (9-5a)f(3)=3a+5$

$\therefore f(3)=\dfrac{3a+5}{9-5a}$

즉, $\dfrac{9-a}{3a+1}=\dfrac{3a+5}{9-5a}$에서

$(9-a)(9-5a)=(3a+5)(3a+1)$

$81-54a+5a^2=9a^2+18a+5$

$4a^2+72a-76=0,\ a^2+18a-19=0$

$(a+19)(a-1)=0$ $\therefore a=1$ ($\because a>0$)

14 $A\cap B\neq\varnothing$이려면 함수 $y=\dfrac{5x+6}{x+2}$의 그래프와 직선

$y=mx-2m+n$은 m의 값에 관계없이 교점을 가져야 한다.

$y=\dfrac{5x+6}{x+2}=\dfrac{5(x+2)-4}{x+2}=-\dfrac{4}{x+2}+5$

이므로 함수 $y=\dfrac{5x+6}{x+2}$의 그래프는 함수 $y=-\dfrac{4}{x}$의 그래프를 x축의 방향으로 -2만큼, y축의 방향으로 5만큼 평행이동한 것이다.

한편, $y=mx-2m+n=m(x-2)+n$이므로 직선 $y=mx-2m+n$은 m의 값에 관계없이 점 $(2,\,n)$을 지난다.

$f(x)=\dfrac{5x+6}{x+2}$이라 할 때, m의 값에 관계없이 함수 $y=f(x)$의 그래프와 직선이 교점을 가지려면 오른쪽 그림과 같이

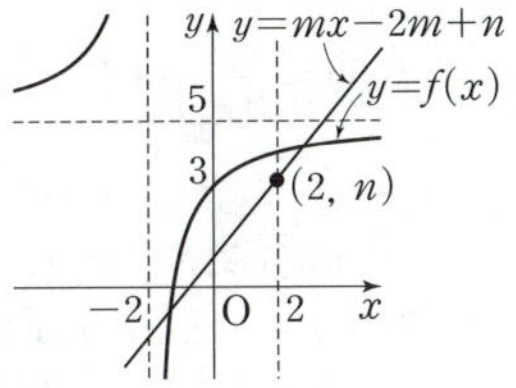

$n\leq f(2)=\dfrac{5\times2+6}{2+2}=4$

이어야 한다.

따라서 실수 n의 최댓값은 4이다.

15 (풀이 전략) 주어진 조건을 이용하여 선분 PQ의 중점과 두 점 R, S가 한 직선 위에 있음을 파악한 후 곡선 $y=f(x)$의 식을 구한다.

곡선 $y=f(x)$의 점근선의 방정식이 $x=a,\ y=b$이므로 → 점 $(a,\,b)$에 대하여 대칭

곡선 $y=f(x)$는 직선 $y-b=x-a$, 즉 $y=x-a+b$에 대하여 대칭이다.

조건 (가)에 의하여 두 점 P, Q는 직선 $y=x-a+b$에 대하여 대칭이므로 선분 PQ의 중점을 M이라 하면 점 M$(3,\,4)$는 조건 (나)에 의하여 직선 $y=x-a+b$ 위에 있다.

이때 직선 MR의 기울기는

$\dfrac{4-(2+\sqrt{3})}{3-(1+\sqrt{3})}=\dfrac{2-\sqrt{3}}{2-\sqrt{3}}=1,$

직선 MS의 기울기는

$\dfrac{4-(2-\sqrt{3})}{3-(1-\sqrt{3})}=\dfrac{2+\sqrt{3}}{2+\sqrt{3}}=1$ → 기울기가 1이고 점 $(3,\,4)$를 지나는 직선이므로 $y=x+1$이다.

이므로 두 점 R, S는 직선 $y=x-a+b$ 위에 있고 두 직선 MR, MS는 직선 $y=x-a+b$와 일치한다.

즉, 두 점 R, S는 직선 $y=x-a+b$와 곡선 $y=f(x)$의 교점이므로 오른쪽 그림과 같아야 한다.

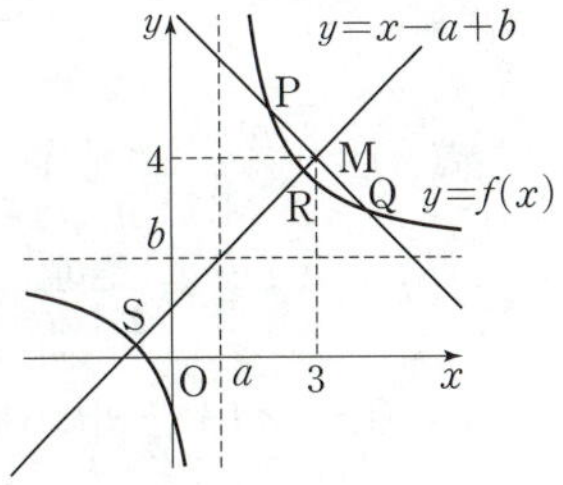

또한, 두 점 R, S는 점 $(a,\,b)$에 대하여 대칭이므로 선분 RS의 중점은 두 직선 $y=x-a+b$,

$y=-x+a+b$의 교점이다.

선분 RS의 중점의 좌표는 → 점 (a, b)를 지나고 기울기가 -1인 직선

$$\left(\frac{(1+\sqrt{3})+(1-\sqrt{3})}{2}, \frac{(2+\sqrt{3})+(2-\sqrt{3})}{2}\right),$$

즉 $(1, 2)$이므로 $a=1$, $b=2$

$$\therefore f(x)=\frac{k}{x-1}+2$$

이때 점 R가 곡선 $y=f(x)$ 위의 점이므로

$$2+\sqrt{3}=\frac{k}{(1+\sqrt{3})-1}+2$$

$$\sqrt{3}=\frac{k}{\sqrt{3}} \qquad \therefore k=3$$

따라서 $f(x)=\dfrac{3}{x-1}+2$이므로

$$f(0)=\frac{3}{0-1}+2=-1$$

| 참고 |

$k<0$이면 곡선 $y=f(x)$와 직선 $y=x-a+b$가 교점을 갖지 않으므로 두 점 R, S가 곡선 위의 점일 수 없다.

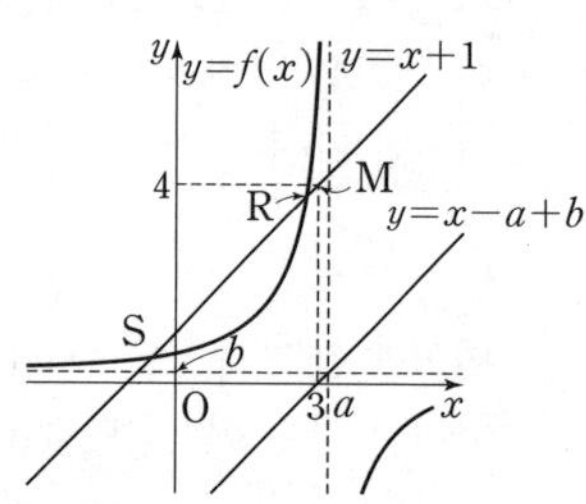

16 (풀이전략) 함수의 그래프가 y축에 대하여 대칭이기 위한 점근선의 방정식을 생각해 본다.

함수 $y=\left|f(x+a)+\dfrac{a}{2}\right|$의 그래프는 함수

$y=f(x+a)+\dfrac{a}{2}$의 그래프에서 x축 아래에 그려진 부분을 x축에 대하여 대칭이동한 그래프이고, 이 함수의 그래프가 y축에 대하여 대칭이려면 함수 $y=f(x+a)+\dfrac{a}{2}$의 그래프의 점근선의 방정식은 다음 그림과 같이 $x=0$, $y=0$이어야 한다.

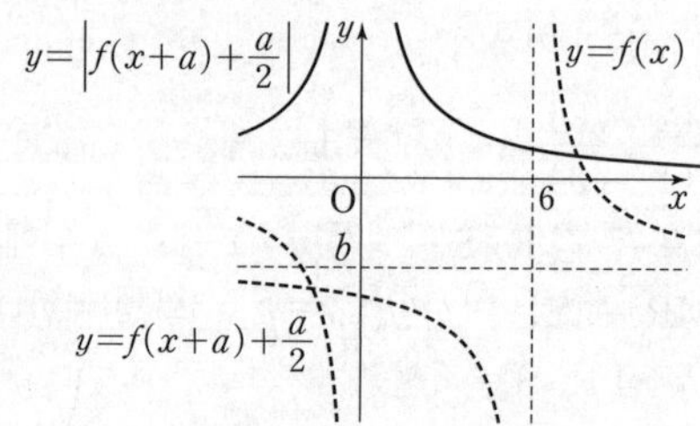

$f(x)=\dfrac{a}{x-6}+b$에서

$f(x+a)+\dfrac{a}{2}=\dfrac{a}{x+a-6}+b+\dfrac{a}{2}$이므로 함수

$y=f(x+a)+\dfrac{a}{2}$의 그래프의 점근선의 방정식은

$x=-a+6$, $y=b+\dfrac{a}{2}$

앞의 점근선의 방정식이 $x=0$, $y=0$이어야 하므로

$$-a+6=0, \quad b+\frac{a}{2}=0$$

$$\therefore a=6, \quad b=-3$$

따라서 $f(x)=\dfrac{6}{x-6}-3$이므로

$$f(b)=f(-3)=\frac{6}{(-3)-6}-3=-\frac{11}{3}$$

17 (풀이전략) 함수 $f(x)=\dfrac{mx+n}{x+2}$을 $f(x)=\dfrac{k}{x-p}+q$ 꼴로 변형한 후, k의 값의 부호에 따라 경우를 나누어 생각한다.

$$f(x)=\frac{mx+n}{x+2}=\frac{m(x+2)-2m+n}{x+2}$$

$$=\frac{n-2m}{x+2}+m$$

(i) $n-2m>0$인 경우

함수 $f(x)$는 $x=0$에서 최댓값 $\dfrac{n}{2}$을 가지므로 조건 ㈎에 의하여

$\dfrac{n}{2}\leq 10$에서 $n\leq 20$ …… ㉠

이때 m이 자연수이므로

$n-2m\leq 18$

$y=\dfrac{n-2m}{x+2}+m$에 $x=1$을 대입하여 정리하면

→ y좌표는 자연수이어야 한다.

$y=\dfrac{n-2m}{3}+m$이므로 $n-2m\geq 3$이고, 조건 ㈏에 의하여 $n-2m$은 3 이상의 약수가 3개인 자연수이다.

ⓐ $n-2m$이 홀수일 때

$n-2m$의 값은 3 이상 20 이하의 자연수 중에서 약수의 개수가 1을 포함하여 4개인 자연수이어야 한다. └→ $n-2m\geq 3$

• $n-2m$이 서로 다른 두 소수의 곱일 때

$n-2m=3\times 5$, 즉 $n-2m=15$ …… ㉡

㉠, ㉡을 만족시키는 순서쌍 (m, n)은

$(1, 17)$, $(2, 19)$

• $n-2m$이 (홀수인 소수)^{3}일 때

(홀수인 소수)^{3}의 최솟값은 $3^3=27>20$이므로 조건을 만족시키는 $n-2m$의 값은 존재하지 않는다.

즉, 조건을 만족시키는 순서쌍 (m, n)은

$(1, 17)$, $(2, 19)$

ⓑ $n-2m$이 짝수일 때

$n-2m$의 값은 3 이상 20 이하의 자연수 중에서 약수의 개수가 1, 2를 포함하여 5개인 자연수이어야 한다. └→ $n-2m\geq 3$

$n-2m=2^4$, 즉 $n-2m=16$ …… ㉢

㉠, ㉢을 만족시키는 순서쌍 (m, n)은

$(1, 18)$, $(2, 20)$

ⓐ, ⓑ에서 순서쌍 (m, n)은

$(1, 17), (1, 18), (2, 19), (2, 20)$

(ii) $n-2m=0$인 경우

$f(x)=m$이므로 조건 (나)를 만족시키지 않는다.

(iii) $n-2m<0$인 경우

$x\geq 0$에서 $\dfrac{n}{2}\leq f(x)<m$이

므로 함수 $f(x)$는 최댓값을

갖지 않는다.

즉, 조건 (가)를 만족시키지 않

는다.

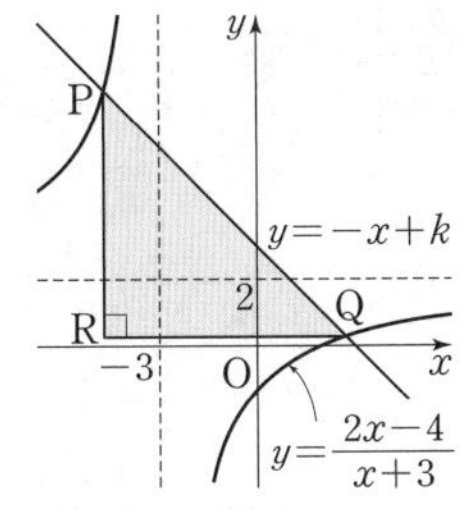

(i), (ii), (iii)에서 순서쌍 (m, n)은

$(1, 17), (1, 18), (2, 19), (1, 20)$의 4개

18 (풀이 전략) 유리함수의 식과 직선의 방정식을 연립하여 유리함수의 그래프와 직선이 만나는 두 점의 x좌표 사이의 관계식을 k에 대한 식으로 나타낸다.

$$y=\frac{2x-4}{x+3}=\frac{2(x+3)-10}{x+3}=-\frac{10}{x+3}+2$$

이므로 함수 $y=\dfrac{2x-4}{x+3}$의 그래프는 함수 $y=-\dfrac{10}{x}$의 그래프를 x축의 방향으로 -3만큼, y축의 방향으로 2만큼 평행이동한 것이고, $y=-x+k$는 기울기가 -1이고 y절편이 k인 직선이다.

오른쪽 그림과 같이 함수

$y=\dfrac{2x-4}{x+3}$의 그래프와 직선

$y=-x+k$가 만나는 두 점을

각각 P, Q라 하고, 점 P를 지

나고 x축에 수직인 직선과 점

Q를 지나고 y축에 수직인 직선

이 만나는 점을 R라 하면 직선

$y=-x+k$의 기울기가 -1이므로 삼각형 PRQ는 빗변

이 $\overline{\text{PQ}}$인 직각이등변삼각형이다.

$\dfrac{2x-4}{x+3}=-x+k$에서

$-x^2+(k-3)x+3k=2x-4$

$\therefore x^2-(k-5)x-3k-4=0$ ...... ㉠

두 점 P, Q의 x좌표를 각각 α, β $(\alpha<\beta)$라 하면 α, β는 이차방정식 ㉠의 서로 다른 두 실근이므로 이차방정식의 근과 계수의 관계에 의하여

$\alpha+\beta=k-5,\ \alpha\beta=-3k-4$

$$\begin{aligned}(\beta-\alpha)^2&=(\alpha+\beta)^2-4\alpha\beta\\&=(k-5)^2-4(-3k-4)\\&=k^2+2k+41\end{aligned}$$

$\therefore \beta-\alpha=\sqrt{k^2+2k+41}\ (\because \alpha<\beta)$

즉, 선분 QR의 길이가 $\sqrt{k^2+2k+41}$이므로

$\overline{\text{PR}}=\overline{\text{QR}}=\sqrt{k^2+2k+41}$

이때 $\overline{\text{PQ}}=4\sqrt{7}$이므로 직각삼각형 PRQ에서

$\overline{\text{PR}}^2+\overline{\text{QR}}^2=\overline{\text{PQ}}^2$

$(\sqrt{k^2+2k+41})^2+(\sqrt{k^2+2k+41})^2=(4\sqrt{7})^2$

$2k^2+4k+82=112,\ k^2+2k-15=0$

$(k+5)(k-3)=0$ $\therefore k=-5$ 또는 $k=3$

따라서 모든 상수 k의 값의 합은

$(-5)+3=-2$

01 무리식

개념확인 • 본문 274쪽

1 답 (1) $\dfrac{\sqrt{x+2}+\sqrt{x}}{2}$ (2) $\dfrac{2(\sqrt{x}-\sqrt{y})}{x-y}$

(1) $\dfrac{1}{\sqrt{x+2}-\sqrt{x}}=\dfrac{\sqrt{x+2}+\sqrt{x}}{(\sqrt{x+2}-\sqrt{x})(\sqrt{x+2}+\sqrt{x})}$

$\qquad =\dfrac{\sqrt{x+2}+\sqrt{x}}{(\sqrt{x+2})^2-(\sqrt{x})^2}=\dfrac{\sqrt{x+2}+\sqrt{x}}{(x+2)-x}$

$\qquad =\dfrac{\sqrt{x+2}+\sqrt{x}}{2}$

(2) $\dfrac{2}{\sqrt{x}+\sqrt{y}}=\dfrac{2(\sqrt{x}-\sqrt{y})}{(\sqrt{x}+\sqrt{y})(\sqrt{x}-\sqrt{y})}$

$\qquad =\dfrac{2(\sqrt{x}-\sqrt{y})}{(\sqrt{x})^2-(\sqrt{y})^2}$

$\qquad =\dfrac{2(\sqrt{x}-\sqrt{y})}{x-y}$

유제 • 본문 275~276쪽

01-❶ 답 4

무리식 $\sqrt{x-4}+\sqrt{x+4}$의 값이 실수가 되려면
(근호 안의 식의 값)≥0이어야 하므로
$x-4\geq0$에서 $x\geq4$ ······ ㉠
$x+4\geq0$에서 $x\geq-4$ ······ ㉡
㉠, ㉡의 공통부분을 구하면
$x\geq4$
따라서 정수 x의 최솟값은 4이다.

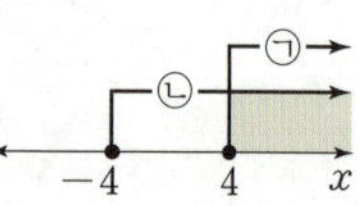

01-❷ 답 $-3<x\leq3$

무리식 $\dfrac{x+1}{\sqrt{x+3}}+\sqrt{6-2x}$의 값이 실수가 되려면

(근호 안의 식의 값)≥0, (분모)$\neq0$이어야 하므로
$x+3>0$에서 $x>-3$ ······ ㉠
$6-2x\geq0$에서 $x\leq3$ ······ ㉡
㉠, ㉡의 공통부분을 구하면
$-3<x\leq3$

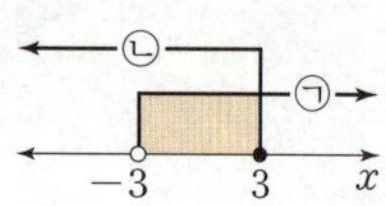

01-❸ 답 21

무리식 $\sqrt{(k+1)x^2-(k+1)x+5}$의 값이 실수가 되게 하려면
(근호 안의 식의 값)≥0이어야 하므로
$(k+1)x^2-(k+1)x+5\geq0$

(ⅰ) $k=-1$일 때
$(-1+1)x^2-(-1+1)x+5=5\geq0$
이므로 모든 실수 x에 대하여 성립한다.

(ⅱ) $k\neq-1$일 때
이차방정식 $(k+1)x^2-(k+1)x+5=0$의 판별식을 D라
하면
$D=\{-(k+1)\}^2-4\times(k+1)\times5\leq0$
$k^2-18k-19\leq0$, $(k+1)(k-19)\leq0$
$\therefore\ -1<k\leq19\ (\because\ k\neq-1)$

(ⅰ), (ⅱ)에서 $-1\leq k\leq19$
따라서 조건을 만족시키는 정수 k는 -1, 0, 1, $\cdots$, 19의 21
개이다.

02-❶ 답 $\dfrac{x}{4}$

$\dfrac{\sqrt{x}}{\sqrt{x+3}+\sqrt{x-1}}\times\dfrac{\sqrt{x}}{\sqrt{x+3}-\sqrt{x-1}}$

$=\dfrac{(\sqrt{x})^2}{(\sqrt{x+3}+\sqrt{x-1})(\sqrt{x+3}-\sqrt{x-1})}$

$=\dfrac{(\sqrt{x})^2}{(\sqrt{x+3})^2-(\sqrt{x-1})^2}$

$=\dfrac{x}{(x+3)-(x-1)}=\dfrac{x}{4}$

02-❷ 답 $\sqrt{5}+2$

$\dfrac{\sqrt{x+1}+\sqrt{x-1}}{\sqrt{x+1}-\sqrt{x-1}}=\dfrac{(\sqrt{x+1}+\sqrt{x-1})^2}{(\sqrt{x+1}-\sqrt{x-1})(\sqrt{x+1}+\sqrt{x-1})}$

$\qquad =\dfrac{(\sqrt{x+1})^2+2\sqrt{x+1}\sqrt{x-1}+(\sqrt{x-1})^2}{(\sqrt{x+1})^2-(\sqrt{x-1})^2}$

$\qquad =\dfrac{(x+1)+2\sqrt{(x+1)(x-1)}+(x-1)}{(x+1)-(x-1)}$

$\qquad =\dfrac{2x+2\sqrt{x^2-1}}{2}$

$\qquad =x+\sqrt{x^2-1}$

위의 식에 $x=\sqrt{5}$를 대입하면 구하는 식의 값은
$\sqrt{5}+\sqrt{(\sqrt{5})^2-1}=\sqrt{5}+2$

02-❸ 답 $\dfrac{\sqrt{3}}{3}$

$\dfrac{\sqrt{x}-\sqrt{y}}{\sqrt{x}+\sqrt{y}}=\dfrac{(\sqrt{x}-\sqrt{y})^2}{(\sqrt{x}+\sqrt{y})(\sqrt{x}-\sqrt{y})}=\dfrac{(\sqrt{x})^2-2\sqrt{x}\sqrt{y}+(\sqrt{y})^2}{(\sqrt{x})^2-(\sqrt{y})^2}$

$\qquad =\dfrac{x+y-2\sqrt{xy}}{x-y}$

이때 $x+y=(2+\sqrt{3})+(2-\sqrt{3})=4$,
$x-y=(2+\sqrt{3})-(2-\sqrt{3})=2\sqrt{3}$,
$xy=(2+\sqrt{3})(2-\sqrt{3})=1$
이므로 구하는 식의 값은
$\dfrac{4-2\times\sqrt{1}}{2\sqrt{3}}=\dfrac{\sqrt{3}}{3}$

01 ③ 02 $\dfrac{2(x+1)}{x}$ 03 ⑤ 04 1

01 무리식 $\sqrt{x^2-5x-6}+\dfrac{x^2+3}{\sqrt{13-x}}$ 의 값이 실수가 되려면
(근호 안의 식의 값)≥0, (분모)$\neq0$이어야 하므로
$x^2-5x-6\geq0$에서 $(x+1)(x-6)\geq0$
$\therefore x\leq-1$ 또는 $x\geq6$ …… ㉠
$13-x>0$에서 $x<13$ …… ㉡
㉠, ㉡의 공통부분을 구하면
$x\leq-1$ 또는 $6\leq x<13$
따라서 자연수 x는
6, 7, 8, $\cdots$, 12의 7개이다.

02 $\dfrac{\sqrt{x+1}}{\sqrt{2x+1}-\sqrt{x+1}}-\dfrac{\sqrt{x+1}}{\sqrt{2x+1}+\sqrt{x+1}}$
$=\dfrac{\sqrt{x+1}\{(\sqrt{2x+1}+\sqrt{x+1})-(\sqrt{2x+1}-\sqrt{x+1})\}}{(\sqrt{2x+1}-\sqrt{x+1})(\sqrt{2x+1}+\sqrt{x+1})}$
$=\dfrac{\sqrt{x+1}\times2\sqrt{x+1}}{(\sqrt{2x+1})^2-(\sqrt{x+1})^2}=\dfrac{2(\sqrt{x+1})^2}{(2x+1)-(x+1)}$
$=\dfrac{2(x+1)}{x}$

03 $\dfrac{\sqrt{x}+1}{x-\sqrt{x}}-\dfrac{\sqrt{x}-1}{x+\sqrt{x}}$
$=\dfrac{(\sqrt{x}+1)(x+\sqrt{x})-(\sqrt{x}-1)(x-\sqrt{x})}{(x-\sqrt{x})(x+\sqrt{x})}$
$=\dfrac{\{x\sqrt{x}+(\sqrt{x})^2+x+\sqrt{x}\}-\{x\sqrt{x}-(\sqrt{x})^2-x+\sqrt{x}\}}{x^2-(\sqrt{x})^2}$
$=\dfrac{(x\sqrt{x}+2x+\sqrt{x})-(x\sqrt{x}-2x+\sqrt{x})}{x^2-x}$
$=\dfrac{4x}{x(x-1)}=\dfrac{4}{x-1}$
이때 $x=\dfrac{1}{\sqrt{2}-1}=\dfrac{\sqrt{2}+1}{(\sqrt{2}-1)(\sqrt{2}+1)}=\sqrt{2}+1$이므로 구하는 식의 값은
$\dfrac{4}{(\sqrt{2}+1)-1}=2\sqrt{2}$

04 $\sqrt{x}-\sqrt{y}$를 제곱하면
$(\sqrt{x}-\sqrt{y})^2=(\sqrt{x})^2-2\sqrt{x}\sqrt{y}+(\sqrt{y})^2=x+y-2\sqrt{xy}$
이때 $x+y=\dfrac{7+\sqrt{13}}{2}+\dfrac{7-\sqrt{13}}{2}=7$
$xy=\dfrac{7+\sqrt{13}}{2}\times\dfrac{7-\sqrt{13}}{2}=\dfrac{(7+\sqrt{13})(7-\sqrt{13})}{4}=9$
이므로 $(\sqrt{x}-\sqrt{y})^2=7-2\sqrt{9}=1$
$x>y$에서 $\sqrt{x}>\sqrt{y}$이므로
$\sqrt{x}-\sqrt{y}>0$ $\therefore \sqrt{x}-\sqrt{y}=1$

02 무리함수

1 **답** (1) $y=\sqrt{2(x-2)}-1$ (2) $y=\sqrt{2(x+1)}+3$

(1) 함수 $y=\sqrt{2x}$의 그래프를 x축의 방향으로 2만큼, y축의 방향으로 -1만큼 평행이동한 그래프의 식은 $y=\sqrt{2x}$에 x 대신 $x-2$를, y 대신 $y+1$을 대입한 것이므로
$y+1=\sqrt{2(x-2)}$
$\therefore y=\sqrt{2(x-2)}-1$

(2) 함수 $y=\sqrt{2x}$의 그래프를 x축의 방향으로 -1만큼, y축의 방향으로 3만큼 평행이동한 그래프의 식은 $y=\sqrt{2x}$에 x 대신 $x+1$을, y 대신 $y-3$을 대입한 것이므로
$y-3=\sqrt{2(x+1)}$
$\therefore y=\sqrt{2(x+1)}+3$

01 해설 참조 02 해설 참조

01 (1) 함수 $y=\sqrt{x-4}+3$의 그래프는 함수 $y=\sqrt{x}$의 그래프를 x축의 방향으로 4만큼, y축의 방향으로 3만큼 평행이동한 것이므로 다음 그림과 같다.

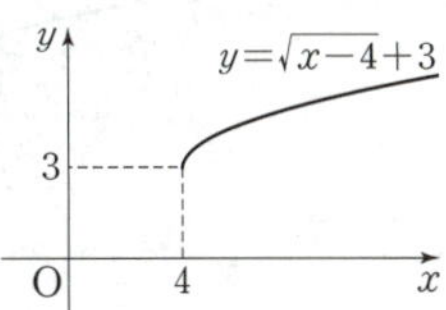

(2) 함수 $y=\sqrt{-(x+2)}-1$의 그래프는 함수 $y=\sqrt{-x}$의 그래프를 x축의 방향으로 -2만큼, y축의 방향으로 -1만큼 평행이동한 것이므로 다음 그림과 같다.

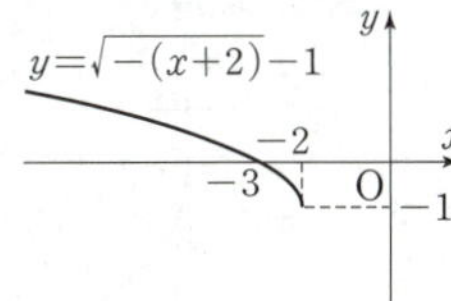

(3) 함수 $y=-\sqrt{3(x-1)}-5$의 그래프는 함수 $y=-\sqrt{3x}$의 그래프를 x축의 방향으로 1만큼, y축의 방향으로 -5만큼 평행이동한 것이므로 다음 그림과 같다.

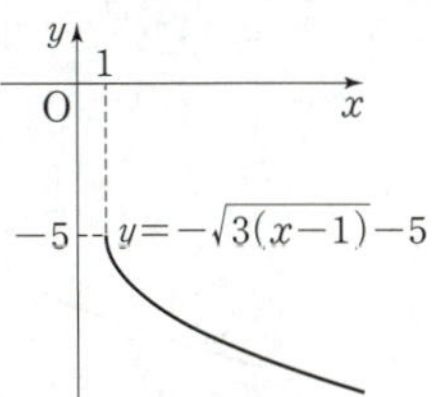

(4) 함수 $y=-\sqrt{-2(x+3)}+2$의 그래프는 함수
$y=-\sqrt{-2x}$의 그래프를 x축의 방향으로 -3만큼, y
축의 방향으로 2만큼 평행이동한 것이므로 다음 그림
과 같다.

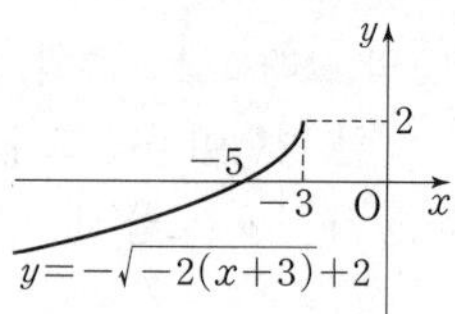

02 (1) $y=\sqrt{2x+6}+1=\sqrt{2(x+3)}+1$

에서 주어진 함수의 그래프는 함수 $y=\sqrt{2x}$의 그래프
를 x축의 방향으로 -3만큼, y축의 방향으로 1만큼
평행이동한 것이므로 다음 그림과 같다.

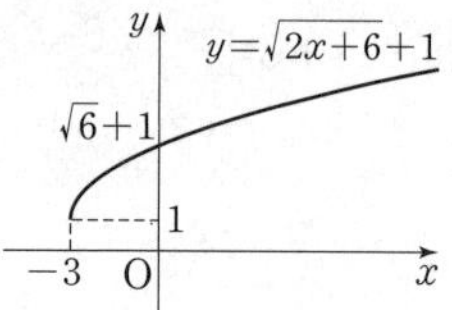

(2) $y=\sqrt{2-x}-3=\sqrt{-(x-2)}-3$

에서 주어진 함수의 그래프는 함수 $y=\sqrt{-x}$의 그래
프를 x축의 방향으로 2만큼, y축의 방향으로 -3만
큼 평행이동한 것이므로 다음 그림과 같다.

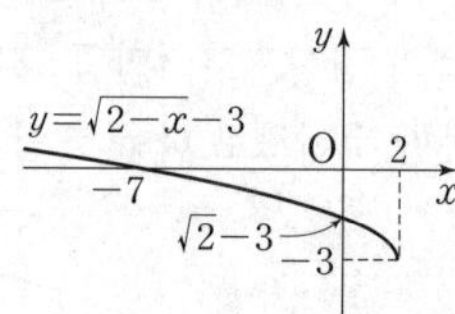

(3) $y=-\sqrt{5x+1}-1=-\sqrt{5\left(x+\dfrac{1}{5}\right)}-1$

에서 주어진 함수의 그래프는 함수 $y=-\sqrt{5x}$의 그
래프를 x축의 방향으로 $-\dfrac{1}{5}$만큼, y축의 방향으로
-1만큼 평행이동한 것이므로 다음 그림과 같다.

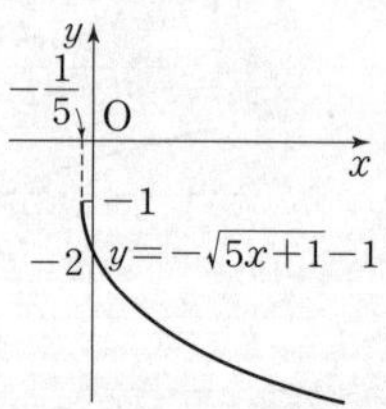

(4) $y=-\sqrt{3-3x}+2=-\sqrt{-3(x-1)}+2$

에서 주어진 함수의 그래프는 함수 $y=-\sqrt{-3x}$의
그래프를 x축의 방향으로 1만큼, y축의 방향으로 2
만큼 평행이동한 것이므로 다음 그림과 같다.

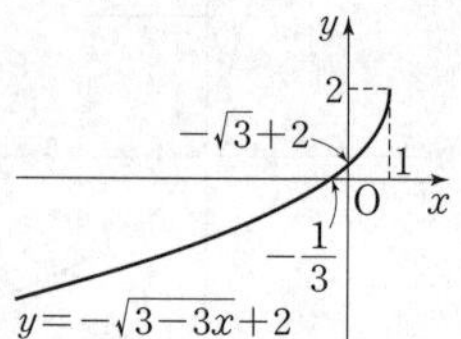

유제

01-❶ 답 해설 참조

(1) 함수 $y=-\sqrt{-(x+4)}-5$의 그래프는 함수 $y=-\sqrt{-x}$
의 그래프를 x축의 방향으로 -4만큼, y축의 방향으로
-5만큼 평행이동한 것이다.
따라서 함수
$y=-\sqrt{-(x+4)}-5$의 그래프
는 오른쪽 그림과 같고,
정의역은 $\{x\,|\,x\leq-4\}$,
치역은 $\{y\,|\,y\leq-5\}$이다.

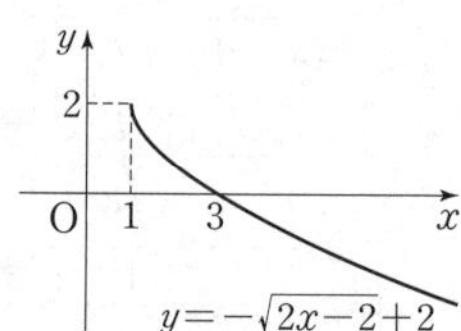

(2) $y=-\sqrt{2x-2}+2=-\sqrt{2(x-1)}+2$

이므로 주어진 함수의 그래프는 함수 $y=-\sqrt{2x}$의 그래프
를 x축의 방향으로 1만큼, y축의 방향으로 2만큼 평행이
동한 것이다.
따라서 함수 $y=-\sqrt{2x-2}+2$
의 그래프는 오른쪽 그림과 같고,
정의역은 $\{x\,|\,x\geq1\}$,
치역은 $\{y\,|\,y\leq2\}$이다.

01-❷ 답 해설 참조

$y=\sqrt{2x+4}-3=\sqrt{2(x+2)}-3$
이므로 함수 $y=\sqrt{2x+4}-3$의 그래프는 함수 $y=\sqrt{2x}$의 그
래프를 x축의 방향으로 -2만큼, y축의 방향으로 -3만큼 평
행이동한 것이다.
또한,
$y=\sqrt{3x+6}-3=\sqrt{3(x+2)}-3$
이므로 함수 $y=\sqrt{3x+6}-3$의 그래프는 함수 $y=\sqrt{3x}$의 그
래프를 x축의 방향으로 -2만큼, y축의 방향으로 -3만큼 평
행이동한 것이다.
따라서 두 함수
$y=\sqrt{2x+4}-3$,
$y=\sqrt{3x+6}-3$의 그래프는 오
른쪽 그림과 같다.
이때 주어진 두 함수의 정의역
과 치역은 모두 각각 $\{x\,|\,x\geq-2\}$, $\{y\,|\,y\geq-3\}$이다.

02-❶ 답 10

함수 $y=\sqrt{ax+6}+b$의 그래프를 x축의 방향으로 -3만큼,
y축의 방향으로 5만큼 평행이동하면
$y-5=\sqrt{a(x+3)+6}+b$
$\therefore y=\sqrt{ax+3a+6}+b+5$
즉, $\sqrt{ax+3a+6}+b+5=\sqrt{ax}$이므로
$3a+6=0,\ b+5=0$

따라서 $a=-2$, $b=-5$이므로
$ab=(-2)\times(-5)=10$

02-❷ 답 15

함수 $y=\sqrt{4x}$의 그래프를 x축의 방향으로 4만큼, y축의 방향으로 -3만큼 평행이동하면
$y+3=\sqrt{4(x-4)}$
$\therefore y=\sqrt{4(x-4)}-3$
위의 함수의 그래프를 원점에 대하여 대칭이동하면
$-y=\sqrt{4(-x-4)}-3$ $\longrightarrow$ x 대신 $-x$를, y 대신 $-y$를 대입
$\therefore y=-\sqrt{-4x-16}+3$
즉, $-\sqrt{-4x-16}+3=-\sqrt{ax+b}+c$이므로
$-4=a$, $-16=b$, $3=c$
따라서 $a=-4$, $b=-16$, $c=3$이므로
$a-b+c=(-4)-(-16)+3=15$

| 참고 | **무리함수의 그래프의 대칭이동**
무리함수 $y=\sqrt{ax+b}+c$의 그래프를
(1) x축에 대하여 대칭이동 ➡ y 대신 $-y$를 대입한다.
       ➡ $y=-\sqrt{ax+b}-c$
(2) y축에 대하여 대칭이동 ➡ x 대신 $-x$를 대입한다.
       ➡ $y=\sqrt{-ax+b}+c$
(3) 원점에 대하여 대칭이동 ➡ x 대신 $-x$를, y 대신 $-y$를 대입한다.
       ➡ $y=-\sqrt{-ax+b}-c$

02-❸ 답 ㄱ, ㄷ, ㄹ

ㄱ. 함수 $y=-\sqrt{x+2}$의 그래프는 함수 $y=-\sqrt{x}$의 그래프를 x축의 방향으로 -2만큼 평행이동한 것이다.

ㄴ. 함수 $y=\sqrt{2x}$의 그래프는 함수 $y=-\sqrt{x}$의 그래프를 평행이동 또는 대칭이동하여 겹쳐지지 않는다.

ㄷ. $y=\sqrt{2-x}+2=\sqrt{-(x-2)}+2$ $\longrightarrow$ $y=-\sqrt{x} \rightarrow y=\sqrt{-x}$ $\rightarrow y=\sqrt{-(x-2)}+2$
이므로 주어진 함수의 그래프는 함수 $y=-\sqrt{x}$의 그래프를 원점에 대하여 대칭이동한 후 x축의 방향으로 2만큼, y축의 방향으로 2만큼 평행이동한 것이다.

ㄹ. 함수 $y=-\sqrt{-x}-2$의 그래프는 함수 $y=-\sqrt{x}$의 그래프를 y축에 대하여 대칭이동한 후 y축의 방향으로 -2만큼 평행이동한 것이다. $\longrightarrow$ $y=-\sqrt{x} \rightarrow y=-\sqrt{-x} \rightarrow y=-\sqrt{-x}-2$

따라서 함수 $y=-\sqrt{x}$의 그래프를 평행이동 또는 대칭이동하여 겹쳐지는 함수인 것은 ㄱ, ㄷ, ㄹ이다.

03-❶ 답 2

주어진 함수의 정의역이 $\{x\,|\,x\leq3\}$ $\longleftarrow$ 이므로 $a<0$임을 알 수 있다.

주어진 함수의 그래프는 함수 $y=\sqrt{ax}$ $(a<0)$의 그래프를 x축의 방향으로 3만큼, y축의 방향으로 -2만큼 평행이동한 것이므로
$y=\sqrt{a(x-3)}-2$ $(a<0)$
라 하면 그 그래프가 점 $(-5, 2)$를 지나므로
$2=\sqrt{a(-5-3)}-2$, $\sqrt{-8a}=4$
$-8a=16$ $\therefore a=-2$

따라서 $y=\sqrt{-2(x-3)}-2=\sqrt{-2x+6}-2$이므로
$b=6$, $c=-2$
$\therefore a+b+c=(-2)+6+(-2)=2$

03-❷ 답 -5

함수 $y=-\sqrt{2x}$의 그래프를 x축의 방향으로 p만큼, y축의 방향으로 3만큼 평행이동한 것이므로 $q=3$이고,
$y=-\sqrt{2(x-p)}+3$
이라 하면 그 그래프가 점 $(0, -1)$을 지나므로
$-1=-\sqrt{2\times(0-p)}+3$, $\sqrt{-2p}=4$
$-2p=16$ $\therefore p=-8$
$\therefore p+q=(-8)+3=-5$

03-❸ 답 $(-4, 0)$

주어진 함수의 그래프는 함수 $y=-\sqrt{ax}$ $(a<0)$의 그래프를 x축의 방향으로 $-\dfrac{5}{a}$만큼, y축의 방향으로 3만큼 평행이동한 것이므로 $\longrightarrow$ $ax+5=0$에서 $x=-\dfrac{5}{a}$
$y=-\sqrt{a\left(x+\dfrac{5}{a}\right)}+3$ $(a<0)$ …… ㉠
이라 하면 그 그래프가 점 $(1, 1)$을 지나므로
$1=-\sqrt{a\left(1+\dfrac{5}{a}\right)}+3$, $\sqrt{a+5}=2$
$a+5=4$ $\therefore a=-1$
$a=-1$을 ㉠에 대입하여 정리하면
$y=-\sqrt{-x+5}+3$
$\therefore b=3$
이때 함수 $y=-\sqrt{-x+5}+3$의 그래프와 x축이 만나는 점의 x좌표는
$0=-\sqrt{-x+5}+3$, $\sqrt{-x+5}=3$
$-x+5=9$ $\therefore x=-4$
따라서 구하는 점의 좌표는 $(-4, 0)$이다.

04-❶ 답 3

$y=-\sqrt{12-3x}-2=-\sqrt{-3(x-4)}-2$
이므로 주어진 함수의 그래프는 함수 $y=-\sqrt{-3x}$의 그래프를 x축의 방향으로 4만큼, y축의 방향으로 -2만큼 평행이동한 것이다.
즉, $-8\leq x\leq1$에서 함수 $y=-\sqrt{12-3x}-2$의 그래프는 오른쪽 그림과 같다.
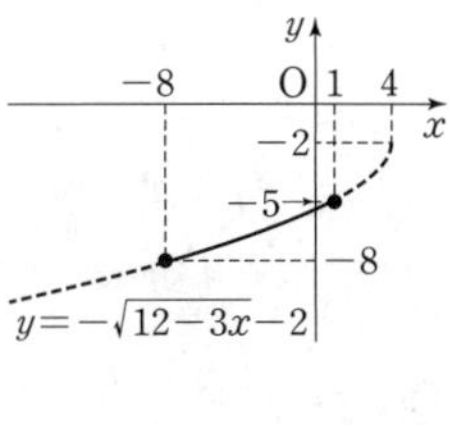

따라서 $x=1$일 때 최댓값
$a=-\sqrt{12-3\times1}-2=-5$,
$x=-8$일 때 최솟값
$b=-\sqrt{12-3\times(-8)}-2=-8$
을 갖는다.
$\therefore a-b=(-5)-(-8)=3$

04-❷ 답 3

$$f(x)=\sqrt{-ax+1}=\sqrt{-a\left(x-\dfrac{1}{a}\right)}$$

이므로 주어진 함수의 그래프는 $y=\sqrt{-ax}$의 그래프를 x축의

방향으로 $\dfrac{1}{a}$만큼 평행이동한 것이다.

즉, $-5\leq x\leq -1$에서 함수
$f(x)=\sqrt{-ax+1}\ (a>0)$의 그래프는
오른쪽 그림과 같으므로
$x=-5$일 때 최댓값 4를 갖는다.

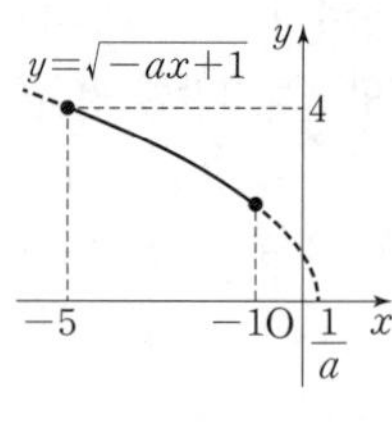

따라서 $f(-5)=4$이므로
$\sqrt{-a\times(-5)+1}=4,\ \sqrt{5a+1}=4$
$5a+1=16$ $\quad\therefore a=3$

04-❸ 답 -1

$$y=-\sqrt{2x+a}-3=-\sqrt{2\left(x+\dfrac{a}{2}\right)}-3$$

이므로 주어진 함수의 그래프는 함수 $y=-\sqrt{2x}$의 그래프를

x축의 방향으로 $-\dfrac{a}{2}$만큼, y축의 방향으로 -3만큼 평행이

동한 것이다.

이때 $0\leq x\leq 6$에서 함수
$y=-\sqrt{2x+a}-3$의 최솟값이 -7이
므로 그 그래프는 오른쪽 그림과 같다.
즉, 주어진 함수는 $x=6$일 때 최솟값
-7을 가지므로
$-7=-\sqrt{2\times6+a}-3,\ \sqrt{a+12}=4$
$a+12=16$ $\quad\therefore a=4$
따라서 $x=0$일 때 최댓값 b를 가지므로
$b=-\sqrt{2\times0+4}-3=-5$
$\therefore a+b=4+(-5)=-1$

05-❶ 답 $f^{-1}(x)=-(x-4)^2+3\ (x\leq 4)$

$f^{-1}(2)=-1$에서 $f(-1)=2$이므로
$2=-\sqrt{a\times(-1)+3}+4,\ \sqrt{-a+3}=2$
$-a+3=4$ $\quad\therefore a=-1$
함수 $f(x)=-\sqrt{-x+3}+4$의 치역이 $\{y\,|\,y\leq 4\}$이므로 역함
수 $f^{-1}(x)$의 정의역은 $\{x\,|\,x\leq 4\}$이다.
$y=-\sqrt{-x+3}+4$라 하면
$y-4=-\sqrt{-x+3},\ (y-4)^2=-x+3$
$\therefore x=-(y-4)^2+3$
x와 y를 서로 바꾸면
$y=-(x-4)^2+3$ $\quad\therefore f^{-1}(x)=-(x-4)^2+3\ (x\leq 4)$

05-❷ 답 7

함수 $y=\sqrt{ax+b}$의 역함수의 그래프가 두 점 $(2,0)$, $(5,7)$을
지나므로 함수 $y=\sqrt{ax+b}$의 그래프는 두 점 $(0,2)$, $(7,5)$를
지난다. → 함수 $y=f(x)$의 그래프와 그 역함수 $y=f^{-1}(x)$의 그래프는
　　　　직선 $y=x$에 대하여 대칭이다.

즉, $y=\sqrt{ax+b}$에서
$2=\sqrt{a\times0+b},\ 2=\sqrt{b}$ $\quad\therefore b=4$
$5=\sqrt{a\times7+b},\ 5=\sqrt{7a+4}$
$25=7a+4$ $\quad\therefore a=3$
$\therefore a+b=3+4=7$

| 다른 풀이 |

함수 $y=\sqrt{ax+b}$의 그래프는 두 점 $(0,2)$, $(7,5)$를 지나므
로 $a>0$이고, 이 함수의 치역이 $\{y\,|\,y\geq 0\}$이므로 역함수
$f^{-1}(x)$의 정의역은 $\{x\,|\,x\geq 0\}$이다.
$y=\sqrt{ax+b}$에서
$y^2=ax+b$ $\quad\therefore x=\dfrac{y^2-b}{a}$
x와 y를 서로 바꾸면
$y=\dfrac{x^2-b}{a}\ (x\geq 0)$
위의 함수의 그래프가 두 점 $(2,0)$, $(5,7)$을 지나므로
$0=\dfrac{2^2-b}{a}$ $\quad\therefore b=4$ → 점 $(2,0)$을 지남을 이용
$7=\dfrac{5^2-b}{a},\ 7a=25-b$ → 점 $(5,7)$을 지남을 이용
$7a=21\ (\because b=4)$ $\quad\therefore a=3$
$\therefore a+b=3+4=7$

05-❸ 답 4

함수 $y=\sqrt{x+a}+b$의 치역이 $\{y\,|\,y\geq b\}$이므로 역함수의 정
의역은 $\{x\,|\,x\geq b\}$이다.
$y=\sqrt{x+a}+b$에서 $y-b=\sqrt{x+a}$
$(y-b)^2=x+a$ $\quad\therefore x=(y-b)^2-a$
x와 y를 서로 바꾸면
$y=(x-b)^2-a$
$\therefore g(x)=(x-b)^2-a\ (x\geq b)$
$x\geq b$에서 함수 $g(x)$는 $x=b$일 때 최솟값 $-a$를 가지므로
$a=1,\ b=3$
$\therefore a+b=1+3=4$

06-❶ 답 -8

$$y=-\sqrt{-2x+1}-1=-\sqrt{-2\left(x-\dfrac{1}{2}\right)}-1$$

이므로 주어진 함수의 그래프는 함수 $y=-\sqrt{-2x}$의 그래프

를 x축의 방향으로 $\dfrac{1}{2}$만큼, y축의 방향으로 -1만큼 평행이

동한 것이다.

함수 $y=-\sqrt{-2x+1}-1$의 그래
프와 그 역함수의 그래프는 직선
$y=x$에 대하여 대칭이므로 오른쪽
그림과 같다.
즉, 함수 $y=-\sqrt{-2x+1}-1$의 그
래프와 그 역함수의 그래프의 교점

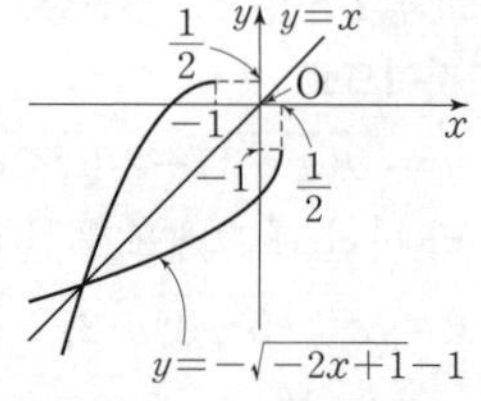

은 함수 $y=-\sqrt{-2x+1}-1$의 그래프와 직선 $y=x$의 교점과
같으므로
$-\sqrt{-2x+1}-1=x$에서
$-\sqrt{-2x+1}=x+1$
$-2x+1=(x+1)^2$
$x^2+4x=0$, $x(x+4)=0$
$\therefore x=-4$ 또는 $x=0$
그런데 함수 $y=-\sqrt{-2x+1}-1$의 치역이 $\{y\,|\,y\leq-1\}$이므
로 역함수의 정의역은 $\{x\,|\,x\leq-1\}$이다.
이때 $x=0$은 역함수의 정의역에 속하지 않으므로
$x=-4$
따라서 교점의 좌표는 $(-4,\,-4)$이므로
$a=-4$, $b=-4$
$\therefore a+b=(-4)+(-4)=-8$

06-❷ 답 ③

주어진 함수의 그래프는 함수 $y=\sqrt{x}$의 그래프를 x축의 방향
으로 -4만큼, y축의 방향으로 1만큼 평행이동한 것이므로
$y=\sqrt{x+4}+1$
함수 $y=f(x)$의 그래프와 그 역함수의 그래프는 직선 $y=x$
에 대하여 대칭이므로 오른쪽 그림과 같다.
즉, 함수 $y=f(x)$의 그래프와 그
역함수 $y=f^{-1}(x)$의 그래프의
교점은 함수 $y=f(x)$의 그래프
와 직선 $y=x$의 교점과 같으므로

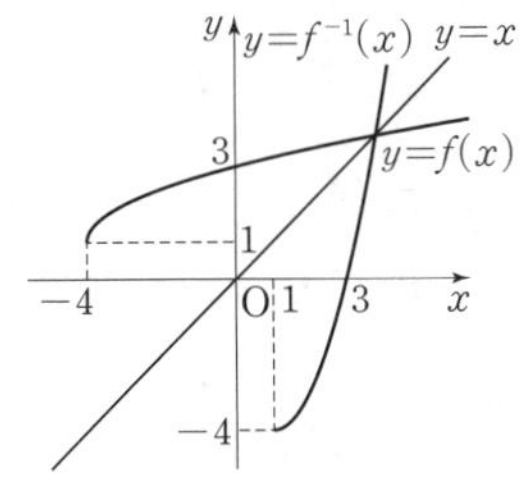

$\sqrt{x+4}+1=x$에서
$\sqrt{x+4}=x-1$
$x+4=(x-1)^2$, $x^2-3x-3=0$
$\therefore x=\dfrac{3\pm\sqrt{21}}{2}$
그런데 함수 $y=f(x)$의 치역이 $\{y\,|\,y\geq1\}$이므로 역함수의 정
의역은 $\{x\,|\,x\geq1\}$이다.
이때 $x=\dfrac{3-\sqrt{21}}{2}$은 역함수의 정의역에 속하지 않으므로
$x=\dfrac{3+\sqrt{21}}{2}$
따라서 $p=\dfrac{3+\sqrt{21}}{2}$, $q=\dfrac{3+\sqrt{21}}{2}$이므로
$p+q=\dfrac{3+\sqrt{21}}{2}+\dfrac{3+\sqrt{21}}{2}=3+\sqrt{21}$

06-❸ 답 $\sqrt{2}$

$y=\sqrt{3x-5}+1=\sqrt{3\left(x-\dfrac{5}{3}\right)}+1$
이므로 주어진 함수의 그래프는 함수 $y=\sqrt{3x}$의 그래프를 x
축의 방향으로 $\dfrac{5}{3}$만큼, y축의 방향으로 1만큼 평행이동한 것
이다.

함수 $y=\sqrt{3x-5}+1$의 그래프
와 그 역함수의 그래프는 직선
$y=x$에 대하여 대칭이므로 오
른쪽 그림과 같다.

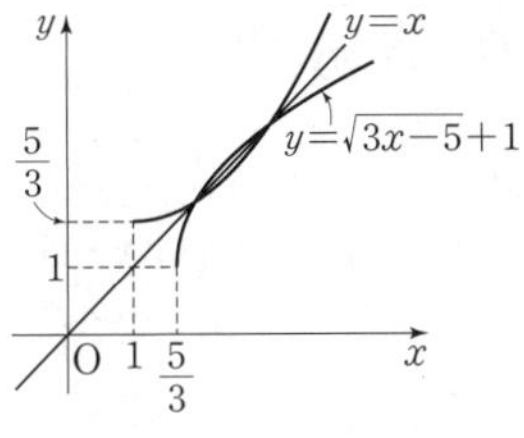

즉, 함수 $y=\sqrt{3x-5}+1$의 그
래프와 그 역함수의 그래프의
교점은 함수 $y=\sqrt{3x-5}+1$의 그래프와 직선 $y=x$의 교점과
같으므로
$\sqrt{3x-5}+1=x$에서 $\sqrt{3x-5}=x-1$
$3x-5=(x-1)^2$, $x^2-5x+6=0$
$(x-2)(x-3)=0$
$\therefore x=2$ 또는 $x=3\left(\because x\geq\dfrac{5}{3}\right)$
따라서 $\mathrm{P}(2,\,2)$, $\mathrm{Q}(3,\,3)$ 또는 $\mathrm{P}(3,\,3)$, $\mathrm{Q}(2,\,2)$이므로
$\overline{\mathrm{PQ}}=\sqrt{(3-2)^2+(3-2)^2}=\sqrt{2}$

07-❶ 답 1

주어진 함수의 그래프는 함수 $y=-\sqrt{x}$의 그래프를 x축의 방
향으로 -3만큼, y축의 방향으로 -2만큼 평행이동한 것이다.
직선 $y=x+k$는 기울기가 1이고 y
절편이 k이므로 오른쪽 그림에서
함수 $y=-\sqrt{x+3}-2$의 그래프와

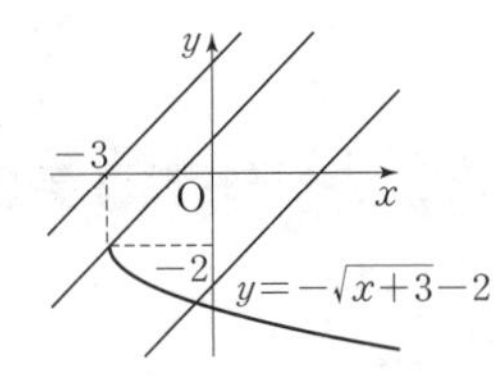

직선 $y=x+k$가 만나려면 직선
$y=x+k$의 y절편이 직선
$y=x+k$가 점 $(-3,\,-2)$를 지날 때의 y절편보다 작거나 같
아야 한다.
직선 $y=x+k$가 점 $(-3,\,-2)$를 지날 때의 y절편은
$-2=-3+k$ $\quad\therefore k=1$
따라서 $k\leq1$이어야 하므로 실수 k의 최댓값은 1이다.

07-❷ 답 $\dfrac{3}{2}$

$y=\sqrt{2x+2}=\sqrt{2(x+1)}$
이므로 함수 $y=\sqrt{2x+2}$의 그래프는 함수 $y=\sqrt{2x}$의 그래프
를 x축의 방향으로 -1만큼 평행이동한 것이다.
즉, $y=x+k$는 기울기가 1이고 y절편
이 k인 직선이므로 함수 $y=\sqrt{2x+2}$의
그래프와 직선 $y=x+k$가 접하려면 오
른쪽 그림과 같아야 한다.

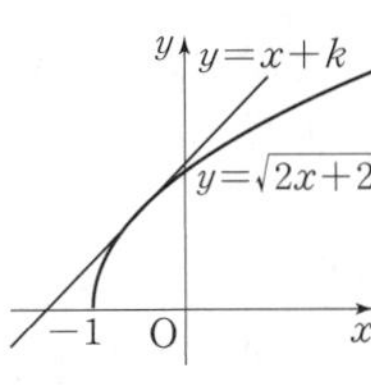

$\sqrt{2x+2}=x+k$에서
$2x+2=(x+k)^2$
$\therefore x^2+2(k-1)x+k^2-2=0$
위의 이차방정식의 판별식을 D라 하면
$\dfrac{D}{4}=(k-1)^2-1\times(k^2-2)=0$
$-2k+3=0$ $\quad\therefore k=\dfrac{3}{2}$

07-❸ 답 $\dfrac{\sqrt{6}}{4}$

$y=\sqrt{3x-6}=\sqrt{3(x-2)}$

이므로 함수 $y=\sqrt{3x-6}$의 그래프는 함수 $y=\sqrt{3x}$의 그래프를 x축의 방향으로 2만큼 평행이동한 것이다.

직선 $y=mx$는 기울기가 m이고 원점을 지나므로 함수 $y=\sqrt{3x-6}$의 그래프와 직선 $y=mx$가 한 점에서 만나려면 오른쪽 그림과 같이 $m>0$이고, 함수 $y=\sqrt{3x-6}$의 그래프와 직선 $y=mx$가 접해야 한다.

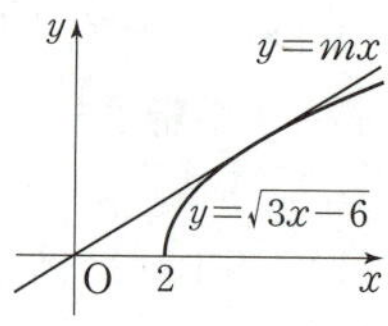

$\sqrt{3x-6}=mx$에서 $3x-6=m^2x^2$

$\therefore m^2x^2-3x+6=0$

위의 이차방정식의 판별식을 D라 하면

$D=(-3)^2-4\times m^2\times 6=0$

$9-24m^2=0,\ m^2=\dfrac{3}{8}$

$\therefore m=\dfrac{\sqrt{6}}{4}\ (\because m>0)$

소단원 점검 문제
• 본문 289~290쪽

01 $\{y\,|\,y\geq -18\}$ 02 ④ 03 ④

04 -1 05 ③ 06 $(3,3),(6,6)$

07 ⑤ 08 $4\leq k<\dfrac{9}{2}$

01 $y=\sqrt{3x+a}+2a=\sqrt{3\left(x+\dfrac{a}{3}\right)}+2a$

이므로 함수 $y=\sqrt{3x+a}+2a$의 그래프는 함수 $y=\sqrt{3x}$의 그래프를 x축의 방향으로 $-\dfrac{a}{3}$만큼, y축의 방향으로 $2a$만큼 평행이동한 것이다.

즉, 주어진 함수의 정의역은 $\left\{x\,\middle|\,x\geq -\dfrac{a}{3}\right\}$이므로

$-\dfrac{a}{3}=3\quad\therefore a=-9$

따라서 $y=\sqrt{3x-9}-18$이므로 이 함수의 치역은 $\{y\,|\,y\geq -18\}$

02 함수 $y=-\sqrt{2x+a}+5$의 그래프를 x축에 대하여 대칭이동한 그래프의 식은
$\underset{\downarrow\ y\ 대신\ -y를\ 대입}{}$

$-y=-\sqrt{2x+a}+5$

$\therefore y=\sqrt{2x+a}-5\quad\cdots\cdots\ \bigcirc$

함수 $\bigcirc$의 그래프가 점 $(3,-2)$를 지나므로

$-2=\sqrt{2\times 3+a}-5$에서 $\sqrt{a+6}=3$

$a+6=9\quad\therefore a=3$

$\therefore y=\sqrt{2x+3}-5$

또한, 함수 $\bigcirc$의 그래프가 점 $(b,0)$을 지나므로

$0=\sqrt{2b+3}-5$에서 $\sqrt{2b+3}=5$

$2b+3=25\quad\therefore b=11$

$\therefore a+b=3+11=14$

주어진 함수의 정의역이 $\{x\,|\,x\geq -4\}$이므로↵

03 주어진 함수의 그래프는 함수 $y=-\sqrt{ax}\ (a>0)$의 그래프를 x축의 방향으로 -4만큼, y축의 방향으로 c만큼 평행이동한 것이므로

$f(x)=-\sqrt{a(x+4)}+c\ (a>0)$

함수 $y=f(x)$의 그래프가 점 $(-3,0)$을 지나므로

$0=-\sqrt{a(-3+4)}+c$

$\therefore 0=-\sqrt{a}+c\quad\cdots\cdots\ \bigcirc$

또한, 함수 $y=f(x)$의 그래프가 점 $(0,-1)$을 지나므로

$-1=-\sqrt{a\times 4}+c$

$\therefore -1=-2\sqrt{a}+c\quad\cdots\cdots\ \bigcirc$

$\bigcirc$, $\bigcirc$을 연립하여 풀면

$a=1,\ c=1$

따라서 $f(x)=-\sqrt{x+4}+1$이므로

$f(5)=-\sqrt{5+4}+1=-2$

04 $y=3-\sqrt{2x-4}=-\sqrt{2(x-2)}+3$

이므로 함수 $y=3-\sqrt{2x-4}$의 그래프는 함수 $y=-\sqrt{2x}$의 그래프를 x축의 방향으로 2만큼, y축의 방향으로 3만큼 평행이동한 것이다.

즉, $2\leq x\leq 10$에서 함수 $y=3-\sqrt{2x-4}$의 그래프는 오른쪽 그림과 같으므로

$x=2$일 때 최댓값 $3-\sqrt{2\times 2-4}=3$,

$x=10$일 때 최솟값 $3-\sqrt{2\times 10-4}=-1$

을 갖는다.

이때 함수 $y=ax+b$에서 $a>0$이므로 함수 $y=ax+b$는 x의 값이 증가할 때 y의 값도 증가한다.

즉, $x=10$일 때 최댓값 3, $x=2$일 때 최솟값 -1을 갖는다.

따라서 함수 $y=ax+b$의 그래프는 두 점 $(2,-1),(10,3)$을 지나므로

$2a+b=-1,\ 10a+b=3$

위의 두 식을 연립하여 풀면

$a=\dfrac{1}{2},\ b=-2$

$\therefore ab=\dfrac{1}{2}\times(-2)=-1$

05 $y=\dfrac{x^2-4x+8}{4}=\dfrac{(x-2)^2+4}{4}=\dfrac{(x-2)^2}{4}+1\ (x\leq 2)$

에서 치역은 $\{y\,|\,y\geq 1\}$이므로 역함수의 정의역은 $\{x\,|\,x\geq 1\}$이다.

$y=\dfrac{(x-2)^2}{4}+1$에서

$y-1=\dfrac{(x-2)^2}{4}$, $4y-4=(x-2)^2$

이때 $x\leq 2$이므로

$x-2=-\sqrt{4y-4}$ $\quad \therefore x=-\sqrt{4y-4}+2$

x와 y를 서로 바꾸면

$y=-\sqrt{4x-4}+2$ $\quad \therefore y=-2\sqrt{x-1}+2 \ (x\geq 1)$

$a\sqrt{x+b}+c=-2\sqrt{x-1}+2$이므로

$a=-2$, $b=-1$, $c=2$

이 함수의 정의역이 $\{x\,|\,x\geq d\}$이므로 $d=1$

따라서 $a=-2$, $b=-1$, $c=2$, $d=1$이므로

$a+b+c+d=(-2)+(-1)+2+1=0$

06 함수 $y=\sqrt{9x-18}$에서 $y^2=9x-18$

$9x=y^2+18$ $\quad \therefore x=\dfrac{1}{9}y^2+2$

> 함수 $y=\sqrt{9x-18}$의 치역이 $\{y\,|\,y\geq 0\}$이므로

x와 y를 서로 바꾸면 $y=\dfrac{1}{9}x^2+2 \ (x\geq 0)$이므로 함수

$y=\dfrac{1}{9}x^2+2$는 함수 $y=\sqrt{9x-18}$의 역함수이다.

한편, 함수 $y=\sqrt{9x-18}=\sqrt{9(x-2)}$의 정의역은

$\{x\,|\,x\geq 2\}$이고, 두 함수

$y=\sqrt{9x-18}$, $y=\dfrac{1}{9}x^2+2$

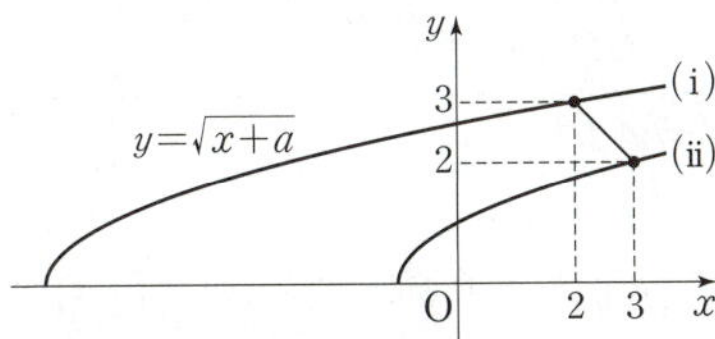

의 그래프는 직선 $y=x$에 대하여 대칭이므로 오른쪽 그림과 같다.

즉, 두 함수 $y=\sqrt{9x-18}$,

$y=\dfrac{1}{9}x^2+2 \ (x\geq 0)$의 그래프의 교점은 함수

$y=\dfrac{1}{9}x^2+2$의 그래프와 직선 $y=x$의 교점과 같으므로

$\dfrac{1}{9}x^2+2=x$에서 $x^2-9x+18=0$, $(x-3)(x-6)=0$

$\therefore x=3$ 또는 $x=6 \ (\because x\geq 2)$

따라서 구하는 교점의 좌표는 $(3,\,3)$, $(6,\,6)$이다.

07 곡선 $y=\sqrt{x+a}$는 곡선 $y=\sqrt{x}$를 x축의 방향으로 $-a$만큼 평행이동한 것이다.

곡선 $y=\sqrt{x+a}$가 두 점 $(2,\,3)$, $(3,\,2)$를 이은 선분과 만나려면 위의 그림에서 곡선 $y=\sqrt{x+a}$가 (i) 또는 (ii) 이거나 (i)과 (ii) 사이에 있어야 한다.

(i) 곡선 $y=\sqrt{x+a}$가 점 $(2,\,3)$을 지날 때

$3=\sqrt{2+a}$, $9=2+a$ $\quad \therefore a=7$

(ii) 곡선 $y=\sqrt{x+a}$가 점 $(3,\,2)$를 지날 때

$2=\sqrt{3+a}$, $4=3+a$ $\quad \therefore a=1$

(i), (ii)에서 $1\leq a\leq 7$

따라서 실수 a의 최댓값은 7, 최솟값은 1이므로

$M=7$, $m=1$

$\therefore M+m=7+1=8$

08 $y=\sqrt{2-2x}+3=\sqrt{-2(x-1)}+3$

이므로 함수 $y=\sqrt{2-2x}+3$의 그래프는 함수 $y=\sqrt{-2x}$의 그래프를 x축의 방향으로 1만큼, y축의 방향으로 3만큼 평행이동한 것이다.

즉, 직선 $y=-x+k$는 기울기가 -1이고 y절편이 k이므로 함수 $y=\sqrt{2-2x}+3$의 그래프와 직선 $y=-x+k$가 서로 다른 두 점에서 만나려면

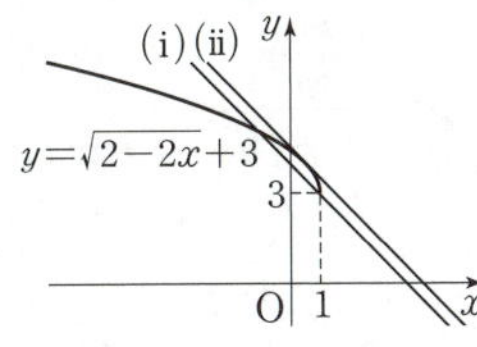

오른쪽 그림에서 직선 $y=-x+k$가 (i)이거나 (i)과 (ii) 사이에 있어야 한다.

(i) 직선 $y=-x+k$가 점 $(1,\,3)$을 지날 때

$3=-1+k$ $\quad \therefore k=4$

(ii) 함수 $y=\sqrt{2-2x}+3$의 그래프와 직선 $y=-x+k$가 접할 때

$\sqrt{2-2x}+3=-x+k$에서 $\sqrt{2-2x}=-x+k-3$

$2-2x=(x-k+3)^2$

$\therefore x^2-2(k-4)x+k^2-6k+7=0$

이 이차방정식의 판별식을 D라 하면

$\dfrac{D}{4}=\{-(k-4)\}^2-1\times(k^2-6k+7)=0$

$-2k+9=0$ $\quad \therefore k=\dfrac{9}{2}$

(i), (ii)에서 $4\leq k<\dfrac{9}{2}$

| 참고 |

직선이 (i)보다 아래쪽에 있거나 (ii)일 때는 함수의 그래프와 직선이 한 점에서 만나고, 직선이 (ii)보다 위쪽에 있을 때는 함수의 그래프와 직선이 만나지 않는다.

중단원 실전 문제 • 본문 291~293쪽

01 ②	**02** $\dfrac{\sqrt{66}}{3}$	**03** -2	**04** -20
05 2	**06** ①	**07** 5π	**08** 4
09 2	**10** ②	**11** ④	**12** 2
13 $\dfrac{3\sqrt{2}}{2}$	**14** 16	**15** ②	**16** ④
17 ④	**18** $\dfrac{9}{2}$		

01 $f(x)=\dfrac{1}{\sqrt{x}+\sqrt{x+1}}$ → 이 식의 분모, 분자에 각각
$\sqrt{x}-\sqrt{x+1}$을 곱해도 된다.

$$=\dfrac{\sqrt{x+1}-\sqrt{x}}{(\sqrt{x+1}+\sqrt{x})(\sqrt{x+1}-\sqrt{x})}$$

$$=\dfrac{\sqrt{x+1}-\sqrt{x}}{(\sqrt{x+1})^2-(\sqrt{x})^2}=\dfrac{\sqrt{x+1}-\sqrt{x}}{(x+1)-x}$$

$$=\sqrt{x+1}-\sqrt{x}$$

$$\therefore f(1)+f(2)+f(3)+\cdots+f(99)$$
$$=(\sqrt{2}-\sqrt{1})+(\sqrt{3}-\sqrt{2})+(\sqrt{4}-\sqrt{3})+\cdots$$
$$+(\sqrt{100}-\sqrt{99})$$
$$=(-\sqrt{1})+\sqrt{100}=(-1)+10=9$$

02 $\dfrac{\sqrt{x}}{\sqrt{x}-\sqrt{y}}-\dfrac{\sqrt{x}}{\sqrt{x}+\sqrt{y}}=\dfrac{\sqrt{x}\{(\sqrt{x}+\sqrt{y})-(\sqrt{x}-\sqrt{y})\}}{(\sqrt{x}-\sqrt{y})(\sqrt{x}+\sqrt{y})}$

$$=\dfrac{\sqrt{x}\times2\sqrt{y}}{(\sqrt{x})^2-(\sqrt{y})^2}=\dfrac{2\sqrt{xy}}{x-y}$$

이때 $x^2+y^2=(14+5\sqrt{3})+(14-5\sqrt{3})=28$,
$x^2y^2=(14+5\sqrt{3})\times(14-5\sqrt{3})=121$이므로
$xy=11$ $(\because x>0,\ y>0)$
$(x-y)^2=x^2+y^2-2xy=28-2\times11=6$이고
$x^2>y^2$에서 $x>y$ $(\because x>0,\ y>0)$이므로
$x-y>0$ $\therefore x-y=\sqrt{6}$
따라서 구하는 식의 값은
$$\dfrac{2\sqrt{xy}}{x-y}=\dfrac{2\sqrt{11}}{\sqrt{6}}=\dfrac{\sqrt{66}}{3}$$

03 $f(x)=\dfrac{3x+4}{x+2}$, $g(x)=\sqrt{-2x+4}+a$라 하자.

$$f(x)=\dfrac{3x+4}{x+2}=\dfrac{3(x+2)-2}{x+2}=-\dfrac{2}{x+2}+3$$

이므로 함수 $y=f(x)$의 그래프는 함수 $y=-\dfrac{2}{x}$의 그래프를 x축의 방향으로 -2만큼, y축의 방향으로 3만큼 평행이동한 것이다.
또한,
$$g(x)=\sqrt{-2x+4}+a=\sqrt{-2(x-2)}+a$$
이므로 함수 $y=g(x)$의 그래프는 함수 $y=\sqrt{-2x}$의 그래프를 x축의 방향으로 2만큼, y축의 방향으로 a만큼 평행이동한 것이다.
즉, 함수 $y=f(x)$의 그래프는 오른쪽 그림과 같이 제1, 2, 3 사분면을 지나므로 두 함수 $y=f(x)$, $y=g(x)$의 그래프가 동시에 지나는 사분면이 제2 사분면뿐이려면 함수 $y=g(x)$의 그래프는 제2, 4사분면만을 지나야 한다.

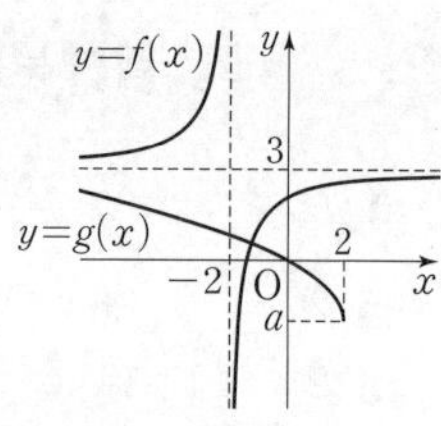

따라서 함수 $y=g(x)$의 그래프는 원점을 지나야 하므로
$$0=\sqrt{(-2)\times0+4}+a \quad \therefore a=-2$$

04 함수 $y=\sqrt{ax-4}+b$의 그래프를 x축의 방향으로 p만큼, y축의 방향으로 $3p$만큼 평행이동하면
$$y-3p=\sqrt{a(x-p)-4}+b$$
$$\therefore y=\sqrt{ax-ap-4}+b+3p$$
위의 함수의 그래프를 원점에 대하여 대칭이동하면
$$-y=\sqrt{a\times(-x)-ap-4}+b+3p$$
$$\therefore y=-\sqrt{-ax-ap-4}-b-3p$$
즉, $-\sqrt{-ax-ap-4}-b-3p=-\sqrt{-2x+b}-6$이므로
$a=2$, $-ap-4=b$, $-b-3p=-6$
$a=2$이므로
$$-2p-4=b,\ -b-3p=-6$$
위의 두 식을 연립하여 풀면
$$b=-24,\ p=10$$
따라서 $f(x)=\sqrt{2x-4}-24$이므로
$$f(p)=f(10)=\sqrt{2\times10-4}-24=-20$$

05 $a\neq0$이므로 $0\leq x\leq12$에서 함수 $y=\sqrt{ax+1}-3$의 그래프는 a의 부호에 따라 다음 그림과 같이 두 가지 경우가 있다.

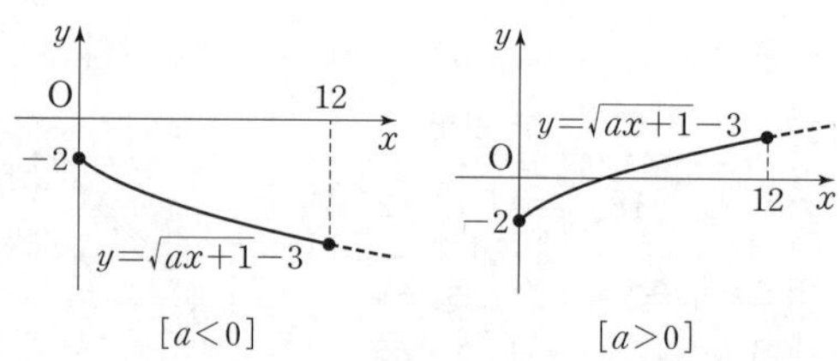

즉, $f(x)=\sqrt{ax+1}-3$이라 하면 $M=f(0)$, $m=f(12)$ 또는 $M=f(12)$, $m=f(0)$이다. $\qquad\cdots$❶
이때 $|M|=|m|$이므로
$M=-m$, 즉 $f(0)=-f(12)$에서
$f(0)+f(12)=0$ → $M=m$이면 함수 $f(x)$는 상수함수이다. $\cdots$❷
$$(\sqrt{a\times0+1}-3)+(\sqrt{a\times12+1}-3)=0$$
$$-2+\sqrt{12a+1}-3=0,\ \sqrt{12a+1}=5$$
$$12a+1=25 \quad \therefore a=2 \qquad\cdots❸$$

채점 기준	배점 비율
❶ $f(x)=\sqrt{ax+1}-3$이라 하고 M, m을 $f(x)$를 이용하여 나타내기	40%
❷ $\|M\|=\|m\|$임을 이용하여 $f(x)$의 값 사이의 관계식 구하기	40%
❸ 상수 a의 값 구하기	20%

06 주어진 그래프에서 함수 $f(x)$의 최솟값과 함수 $g(x)$의 최댓값이 3으로 같으므로 $c=3$
$$f(x)=\sqrt{ax+b}+3=\sqrt{a\left(x+\dfrac{b}{a}\right)}+3$$
이므로 함수 $y=f(x)$의 그래프는 함수 $y=\sqrt{ax}$ $(a>0)$의 그래프를 x축의 방향으로 $-\dfrac{b}{a}$만큼, y축의 방향으로

3만큼 평행이동한 것이다.

또한,
$$g(x)=-\sqrt{bx+a}+3=-\sqrt{b\left(x+\dfrac{a}{b}\right)}+3$$

이므로 함수 $y=g(x)$의 그래프는 함수

$y=-\sqrt{bx}\ (b<0)$의 그래프를 x축의 방향으로 $-\dfrac{a}{b}$만

큼, y축의 방향으로 3만큼 평행이동한 것이다.

이때 $-\dfrac{b}{a}=-\dfrac{a}{b}$이므로

> 그래프에서 알 수 있다.

$a^2=b^2$ $\quad \therefore a=-b\ (\because a>0,\ b<0)$

$\therefore f(x)=\sqrt{a(x-1)}+3,\ g(x)=-\sqrt{b(x-1)}+3$

한편, 함수 $y=f(x)$의 그래프가 점 $(3,5)$를 지나므로

$5=\sqrt{a(3-1)}+3,\ \sqrt{2a}=2$

$2a=4$ $\quad \therefore a=2$

$a=2$를 $a=-b$에 대입하여 정리하면 $b=-2$

$\therefore abc=2\times(-2)\times3=-12$

07 $y=\sqrt{2x-3}+2=\sqrt{2\left(x-\dfrac{3}{2}\right)}+2$

이므로 함수 $y=\sqrt{2x-3}+2$의 그래프는 함수 $y=\sqrt{2x}$의

그래프를 x축의 방향으로 $\dfrac{3}{2}$만큼, y축의 방향으로 2만큼

평행이동한 것이다.

점 P의 x좌표가 점 Q의 x좌표보다 작다고 하자.

곡선

$y=\sqrt{2x-3}+2\ (2\le x\le6)$ 위 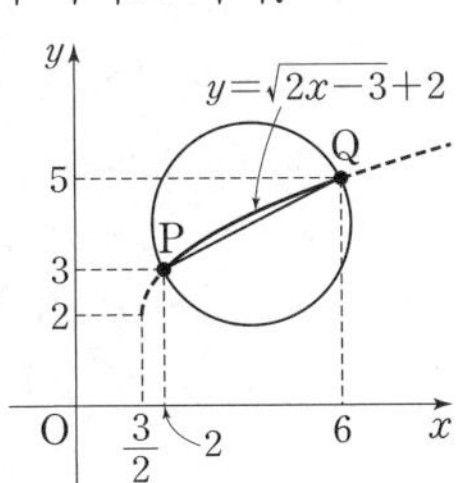
의 서로 다른 두 점 P, Q에 대
하여 선분 PQ를 지름으로 하
는 원의 넓이가 최대가 되려면
오른쪽 그림과 같이 두 점 P,
Q의 좌표가 각각 $(2,3)$, $(6,5)$
이어야 한다.

이때 선분 PQ의 길이는

$\overline{PQ}=\sqrt{(6-2)^2+(5-3)^2}=2\sqrt{5}$

이므로 선분 PQ를 지름으로 하는 원의 반지름의 길이의
최댓값은 $\sqrt{5}$이다.

따라서 원의 넓이의 최댓값은

$\pi\times(\sqrt{5})^2=5\pi$

08 $0\le x\le3$에서 함수 $y=g(x)$의 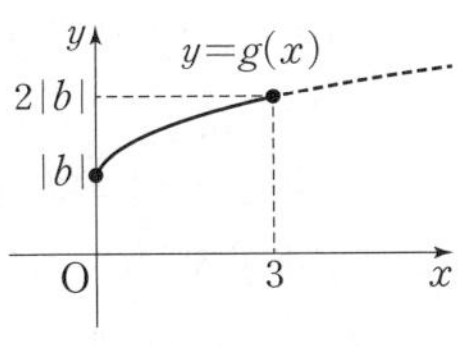
그래프의 개형은 오른쪽 그림
과 같으므로 함수 $g(x)$의 치역
은

$\{y\,|\,|b|\le y\le2|b|\}$ $\quad\cdots\cdots$ ㉠

또한,

$f(x)=\dfrac{x+a}{x+1}=\dfrac{(x+1)+a-1}{x+1}=\dfrac{a-1}{x+1}+1$

이므로

(ⅰ) $a-1<0$, 즉 $a<1$인 경우 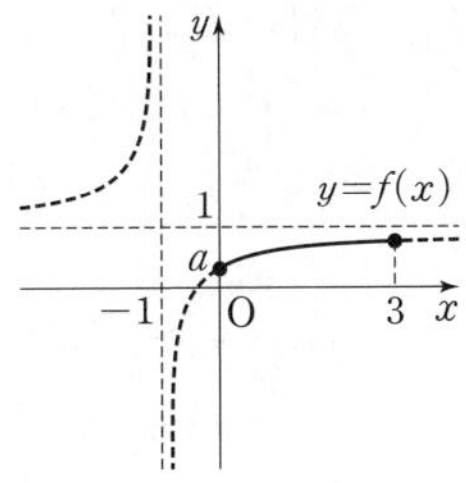
함수 $y=f(x)$의 그래프가
오른쪽 그림과 같으므로 함
수 $f(x)$의 치역은
$f(0)\le x\le f(3)$에서
$\left\{y\,\middle|\,a\le y\le\dfrac{a+3}{4}\right\}$
㉠과 비교하면
$a=|b|,\ \dfrac{a+3}{4}=2|b|$

$a=|b|$에서 $a^2=b^2$이므로 주어진 조건을 만족시키지
않는다.

(ⅱ) $a-1=0$, 즉 $a=1$인 경우
함수 $f(x)$의 치역이 $\{1\}$이므로 ㉠과 비교하면
$|b|=2|b|=1$
위의 식을 만족시키는 실수 b는 존재하지 않는다.

(ⅲ) $a-1>0$, 즉 $a>1$인 경우 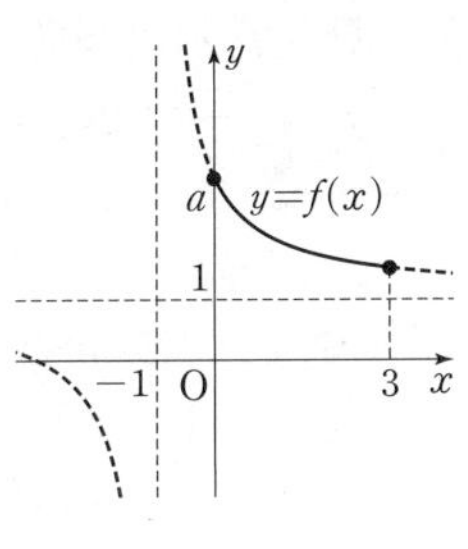
함수 $y=f(x)$의 그래프가
오른쪽 그림과 같으므로 함
수 $f(x)$의 치역은
$f(3)\le x\le f(0)$에서
$\left\{y\,\middle|\,\dfrac{a+3}{4}\le y\le a\right\}$
㉠과 비교하면
$\dfrac{a+3}{4}=|b|,\ a=2|b|$
위의 두 식을 연립하여 풀면
$a=3,\ |b|=\dfrac{3}{2}$

(ⅰ), (ⅱ), (ⅲ)에서 $a=3,\ |b|=\dfrac{3}{2}$이므로

$\dfrac{3a}{b^2}=\dfrac{3\times3}{\left(\dfrac{3}{2}\right)^2}=4$

09 $f^{-1}=g$, $g^{-1}=f$이므로
$(g\circ(g\circ f)^{-1}\circ f^{-1})(2)=2$에서
$(g\circ(f^{-1}\circ f)\circ f^{-1})(2)=2$
$(g\circ f^{-1})(2)=2$ $\quad \therefore g(2)=f(2)$ $\quad\cdots\cdots$ ㉠
한편, 함수 $y=f(x)$, 즉 $y=\sqrt{x+a}$의 그래프는 함수
$y=\sqrt{x}$의 그래프를 x축의 방향으로 $-a$만큼 평행이동한
것이다.

함수 $y=f(x)$의 그래프와 그 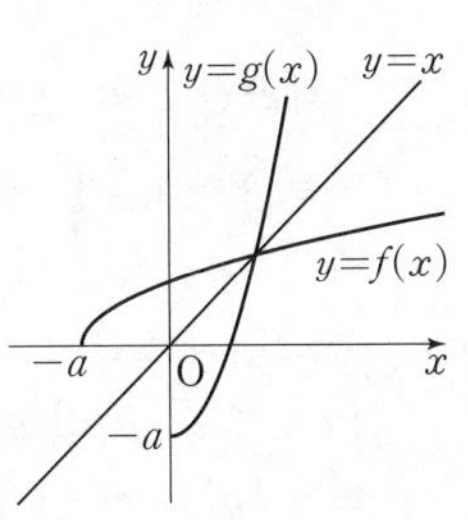
역함수 $y=g(x)$의 그래프는
직선 $y=x$에 대하여 대칭이므
로 오른쪽 그림과 같다.

㉠에서 두 함수 $y=f(x)$,
$y=g(x)$의 그래프의 교점의
x좌표가 2이고, 두 함수의 그

래프의 교점은 함수 $y=f(x)$의 그래프와 직선 $y=x$의
교점과 같으므로 2는 방정식 $f(x)=x$의 실근이다.
$\sqrt{x+a}=x$에서 $\sqrt{2+a}=2$
$2+a=4$　　$\therefore a=2$

㉠에서 $f(2)=k \ (k>0)$라 하면
$g(2)=k$이므로 $f(k)=2$
$f(2)=k$에서 $k=\sqrt{2+a}$　　$\therefore k^2=2+a$　……㉡
$f(k)=2$에서 $2=\sqrt{k+a}$　　$\therefore 4=k+a$　……㉢
㉡, ㉢을 연립하여 풀면
$k=2 \ (\because k>0), \ a=2$

10 함수 $y=f(x)$의 그래프는 함수 $y=\sqrt{x}$의 그래프를 x축
의 방향으로 2만큼, y축의 방향으로 2만큼 평행이동한 것
이다.
즉, 함수 $f(x)=\sqrt{x-2}+2$의 치역이 $\{y\,|\,y\geq 2\}$이므로
함수 $f(x)$의 역함수 $f^{-1}(x)$의 정의역은 $\{x\,|\,x\geq 2\}$이다.
$y=\sqrt{x-2}+2$라 하면 $\sqrt{x-2}=y-2$
$x-2=(y-2)^2$
$\therefore x=y^2-4y+6$
x와 y를 서로 바꾸면
$y=x^2-4x+6$
$\therefore f^{-1}(x)=x^2-4x+6 \ (x\geq 2)$
이때 $g(x)=f^{-1}(x)$이므로 함수 $g(x)$는 함수 $f(x)$의
역함수이다.
즉, 오른쪽 그림과 같이 두 함수
$y=f(x)$, $y=g(x)$의 그래프의
교점은 함수 $y=f(x)$의 그래프와
직선 $y=x$의 교점과 같으므로
$\sqrt{x-2}+2=x$에서 $\sqrt{x-2}=x-2$
$x-2=(x-2)^2$, $x^2-5x+6=0$
$(x-2)(x-3)=0$
$\therefore x=2$ 또는 $x=3 \ (\because x\geq 2)$
따라서 두 함수 $y=f(x)$, $y=g(x)$의 그래프의 교점은
$(2, 2)$, $(3, 3)$이므로 두 점 사이의 거리는
$\sqrt{(3-2)^2+(3-2)^2}=\sqrt{2}$

11 $y=\sqrt{3x+1}-1=\sqrt{3\left(x+\dfrac{1}{3}\right)}-1$
이므로 함수 $y=\sqrt{3x+1}-1$의 그래프는 함수 $y=\sqrt{3x}$의
그래프를 x축의 방향으로 $-\dfrac{1}{3}$만큼, y축의 방향으로 -1
만큼 평행이동한 것이다.
즉, 주어진 함수의 그래프가 오른
쪽 그림과 같으므로 정의역이
$\{x\,|\,a\leq x\leq b\}$인 함수 $f(x)$의 치
역은 $\{y\,|\,f(a)\leq y\leq f(b)\}$이다.

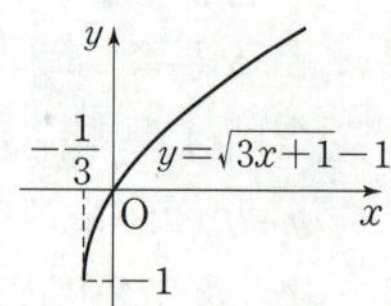

역함수 $f^{-1}(x)$의 정의역은 함수 $f(x)$의 치역이므로 역
함수 $f^{-1}(x)$의 정의역은 $\{x\,|\,f(a)\leq x\leq f(b)\}$이고, 함
수 $f(x)$와 역함수 $f^{-1}(x)$의 정의역이 서로 같으므로
$f(a)=a, \ f(b)=b$　→ 함수 $y=f(x)$의 그래프는 두 점 (a, a), (b, b)를 지난다.
즉, 함수 $y=f(x)$의 그래프와 직선 $y=x$의 교점의 x좌
표가 a, b이므로
$\sqrt{3x+1}-1=x$에서 $\sqrt{3x+1}=x+1$
$3x+1=(x+1)^2$, $x^2-x=0$
$x(x-1)=0$　　$\therefore x=0$ 또는 $x=1$
따라서 $a=0, \ b=1 \ (\because a<b)$이므로
$a+b=0+1=1$

12 $y=-\sqrt{-x+a}+3=-\sqrt{-(x-a)}+3$
이므로 주어진 함수의 그래프는 함수 $y=-\sqrt{-x}$의 그래
프를 x축의 방향으로 a만큼, y축의 방향으로 3만큼 평행
이동한 것이다.
주어진 함수의 그래프
와 그 역함수의 그래프
는 직선 $y=x$에 대하여
대칭이고, 두 함수가 만
나지 않으려면 오른쪽
그림과 같아야 한다.

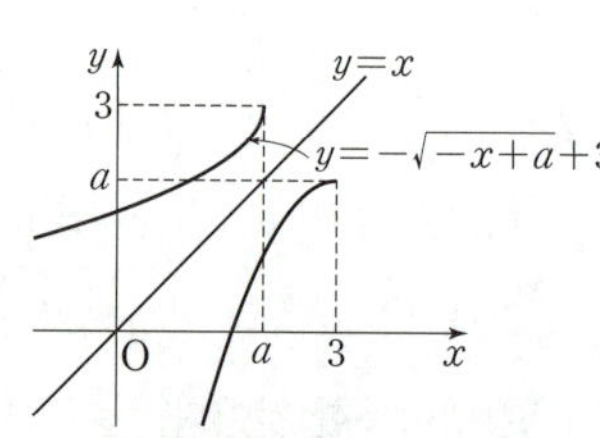

한편, 함수 $y=-\sqrt{-x+a}+3$의 그래프와 그 역함수의
그래프의 교점은 함수 $y=-\sqrt{-x+a}+3$의 그래프와 직
선 $y=x$의 교점과 같으므로
$-\sqrt{-x+a}+3=x$에서 $-\sqrt{-x+a}=x-3$
$-x+a=(x-3)^2$　　$\therefore x^2-5x-a+9=0$
위의 이차방정식의 판별식을 D라 하면
$D=(-5)^2-4\times 1\times(-a+9)<0$
$4a-11<0$　　$\therefore a<\dfrac{11}{4}$　→ 만나지 않아야 하므로
따라서 정수 a의 최댓값은 2이다.

13 곡선 $y=2\sqrt{x}$와 직선
$x-y+4=0$, 즉 $y=x+4$는
오른쪽 그림과 같으므로 직선
$y=x+4$와 평행한 직선이 곡
선 $y=2\sqrt{x}$에 접할 때의 접점

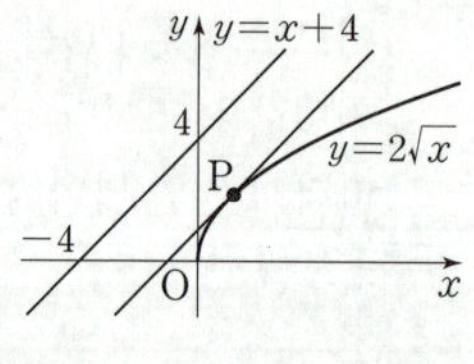

이 P일 때, 점 P와 직선 $y=x+4$ 사이의 거리는 최소가
된다.　→ 기울기가 1
직선 $y=x+4$와 평행하면서 곡선 $y=2\sqrt{x}$와 접하는 직
선의 방정식을 $y=x+k \ (k$는 상수$)$라 하면
$2\sqrt{x}=x+k$에서 $4x=(x+k)^2$
$\therefore x^2+2(k-2)x+k^2=0$
위의 이차방정식의 판별식을 D라 하면
$\dfrac{D}{4}=(k-2)^2-1\times k^2=0$

$-4k+4=0$ $\quad \therefore k=1$

즉, 구하는 거리의 최솟값은 두 직선 $y=x+4$, $y=x+1$ 사이의 거리와 같다.

직선 $y=x+1$ 위의 한 점 $(0,\ 1)$과 직선 $y=x+4$, 즉 $x-y+4=0$ 사이의 거리는

$$\frac{|1\times 0-1\times 1+4|}{\sqrt{1^2+(-1)^2}}=\frac{3\sqrt{2}}{2}$$

따라서 구하는 거리의 최솟값은 $\dfrac{3\sqrt{2}}{2}$이다.

14 $y=\dfrac{-2x+4}{x-1}=\dfrac{-2(x-1)+2}{x-1}=\dfrac{2}{x-1}-2$

이므로 함수 $y=\dfrac{-2x+4}{x-1}$의 그래프는 함수 $y=\dfrac{2}{x}$의 그래프를 x축의 방향으로 1만큼, y축의 방향으로 -2만큼 평행이동한 것이다.

즉, $3\leq x\leq 5$에서 두 함수 $y=\dfrac{-2x+4}{x-1}$와 $y=\sqrt{3x+k}$의 그래프가 한 점에서 만나려면 오른쪽 그림에서 함수 $y=\sqrt{3x+k}$의 그래프가

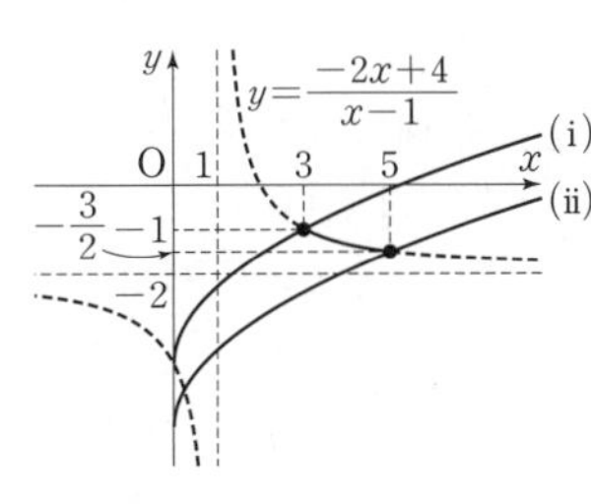

(i) 또는 (ii)이거나 (i)과 (ii) 사이에 있어야 한다.

(i) 함수 $y=\sqrt{3x+k}$의 그래프가 점 $(3,\ -1)$을 지날 때

$$-1=\sqrt{3\times 3}+k,\ -1=3+k$$
$$\therefore k=-4$$

(ii) 함수 $y=\sqrt{3x+k}$의 그래프가 점 $\left(5,\ -\dfrac{3}{2}\right)$을 지날 때

$$-\frac{3}{2}=\sqrt{3\times 5}+k \quad \therefore k=-\frac{3+2\sqrt{15}}{2}$$

(i), (ii)에서 $-\dfrac{3+2\sqrt{15}}{2}\leq k\leq -4$

따라서 실수 k의 최댓값은 -4이므로
$M=-4$
$\therefore M^2=(-4)^2=16$

15 (풀이전략) 주어진 두 함수의 그래프를 직접 그려 교점을 기준으로로 조건을 만족시키는 미지수의 값의 범위를 구한다.

$f(x)=\sqrt{2x-4}+2$, $g(x)=\sqrt{8-x}+2$라 하자.
$f(x)=\sqrt{2x-4}+2=\sqrt{2(x-2)}+2$

이므로 함수 $y=f(x)$의 그래프는 함수 $y=\sqrt{2x}$의 그래프를 x축의 방향으로 2만큼, y축의 방향으로 2만큼 평행이동한 것이다.

또한,
$g(x)=\sqrt{8-x}+2=\sqrt{-(x-8)}+2$

이므로 함수 $y=g(x)$의 그래프는 함수 $y=\sqrt{-x}$의 그래프를 x축의 방향으로 8만큼, y축의 방향으로 2만큼 평행이동한 것이다.

즉, 두 함수 $y=f(x)$, $y=g(x)$의 그래프는 다음 그림과 같으므로
$A=\{y\,|\,2\leq y\leq f(k)\}$, $B=\{y\,|\,2\leq y\leq g(k)\}$

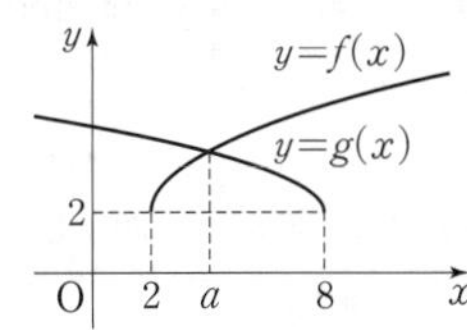

두 함수 $y=f(x)$, $y=g(x)$의 그래프의 교점의 x좌표를 a라 하면

$\sqrt{2a-4}+2=\sqrt{8-a}+2$에서 $\sqrt{2a-4}=\sqrt{8-a}$
$2a-4=8-a$, $3a=12$ $\quad \therefore a=4$

$A\subset B$가 성립하려면 $k\leq a$이어야 하므로
$2\leq k\leq 4$ $(\because 2\leq k\leq 8)$┘$k>a$이면 $f(k)>g(k)$이므로 $A\not\subset B$

따라서 실수 k의 최댓값은 4이다.

16 (풀이전략) x의 값의 범위를 나누어 주어진 함수의 그래프를 그린 후 주어진 위치 관계를 만족시키는 직선을 같은 좌표평면 위에 나타내어 본다.

$x\geq 2$일 때, $y=\sqrt{|x-2|}=\sqrt{x-2}$
$x<2$일 때, $y=\sqrt{|x-2|}=\sqrt{-(x-2)}$

절댓값 기호 안의 식의 값이 0이 되는 x의 값, 즉 $x=2$를 기준으로 범위를 나눈다.

즉, 함수 $y=\sqrt{|x-2|}$의 그래프는 다음 그림과 같다.

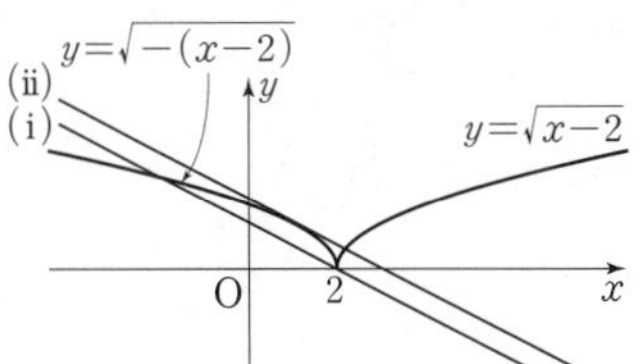

(i) 직선 $y=-\dfrac{1}{2}x+k$가 점 $(2,\ 0)$을 지날 때

$$0=-\frac{1}{2}\times 2+k \quad \therefore k=1$$

(ii) 함수 $y=\sqrt{-(x-2)}$의 그래프와 직선 $y=-\dfrac{1}{2}x+k$가 접할 때

$\sqrt{-(x-2)}=-\dfrac{1}{2}x+k$에서 $-2\sqrt{2-x}=x-2k$

$4(2-x)=(x-2k)^2$
$\therefore x^2-4(k-1)x+4k^2-8=0$

위의 이차방정식의 판별식을 D라 하면

$$\frac{D}{4}=\{-2(k-1)\}^2-1\times(4k^2-8)=0$$

$-8k+12=0 \quad \therefore k=\dfrac{3}{2}$

(i), (ii)에서 $k=1$ 또는 $k=\dfrac{3}{2}$

따라서 서로 다른 두 점에서 만나도록 하는 모든 상수 k의 값의 곱은

$$1\times\frac{3}{2}=\frac{3}{2}$$

직선이 (i)보다 아래쪽에 있거나 (ii)보다 위쪽에 있을 때는 함수의 그래프와 직선이 한 점에서 만나고, 직선이 (i)과 (ii) 사이에 있을 때는 함수의 그래프와 직선이 서로 다른 세 점에서 만난다.

17 (풀이전략) 주어진 두 곡선의 관계와 각각의 그래프의 개형을 파악하여 문제를 해결한다.

$f(x)=-\sqrt{kx+2k}+4$, $g(x)=\sqrt{-kx+2k}-4$라 하자.

ㄱ. 직선 $y=-\sqrt{kx+2k}+4$를 원점에 대하여 대칭이동하면

$$-y=-\sqrt{k(-x)+2k}+4$$
$$\therefore y=\sqrt{-kx+2k}-4$$

즉, 주어진 두 곡선은 서로 원점에 대하여 대칭이다.

(참)

ㄴ. $f(x)=-\sqrt{kx+2k}+4=-\sqrt{k(x+2)}+4$

이므로 곡선 $y=f(x)$는 곡선 $y=-\sqrt{kx}$를 x축의 방향으로 -2만큼, y축의 방향으로 4만큼 평행이동한 것이다.

또한, 곡선 $y=g(x)$는 곡선 $y=f(x)$를 원점에 대하여 대칭이동한 것이다. ($\because$ ㄱ)

즉, $k<0$인 경우 두 곡선 $y=f(x)$, $y=g(x)$는 오른쪽 그림과 같으므로 두 곡선은 만나지 않는다.

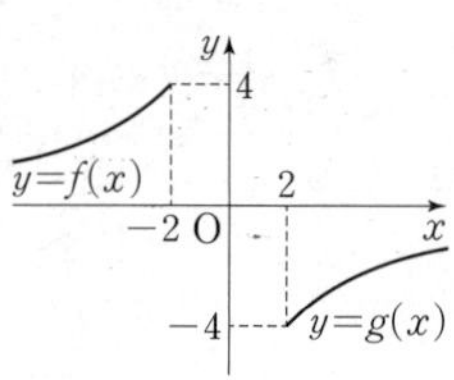

(거짓)

ㄷ. (i) $k<0$인 경우

ㄴ에 의하여 두 곡선 $y=f(x)$, $y=g(x)$는 만나지 않는다.

(ii) $k>0$인 경우

오른쪽 그림과 같이 두 곡선 $y=f(x)$, $y=g(x)$는 서로 원점에 대하여 대칭이고 ($\because$ ㄱ), k의 값이 커질수록 두 곡선 $y=f(x)$, $y=g(x)$가 가까워진다.

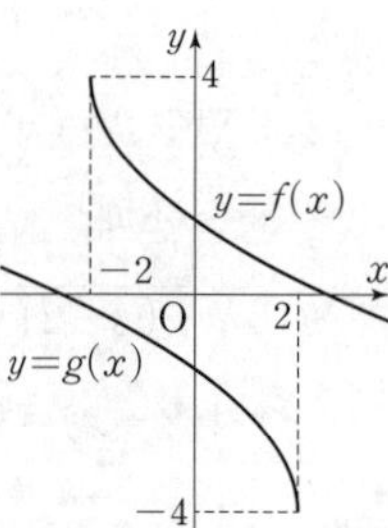

즉, 두 곡선 $y=f(x)$, $y=g(x)$가 서로 다른 두 점에서 만나도록 하는 k의 값이 최대일 때는 오른쪽 그림과 같이 곡선 $y=f(x)$가 점 $(2, -4)$를 지나고 곡선 $y=g(x)$가 점 $(-2, 4)$를 지날 때이다.

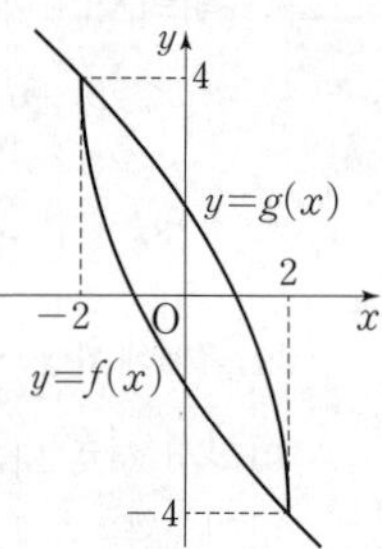

$f(2)=-4$에서

$$-\sqrt{k\times2+2k}+4=-4,\ \sqrt{4k}=8$$
$$4k=64 \qquad \therefore k=16$$

(i), (ii)에서 $k=16$ (참)

따라서 옳은 것은 ㄱ, ㄷ이다.

18 (풀이전략) 주어진 함수의 그래프와 그 역함수의 그래프가 만나는 교점의 좌표를 직선 $y=x$를 이용하여 구한 후 조건을 만족시키는 x의 값의 범위를 구한다.

$$f(x)=\sqrt{2x-3}+3=\sqrt{2\left(x-\frac{3}{2}\right)}+3$$

이므로 함수 $y=f(x)$의 그래프는 함수 $y=\sqrt{2x}$의 그래프를 x축의 방향으로 $\frac{3}{2}$만큼, y축의 방향으로 3만큼 평행이동한 것이다.

함수 $y=f(x)$의 그래프와 그 역함수의 그래프는 직선 $y=x$에 대하여 대칭이므로 오른쪽 그림과 같다.

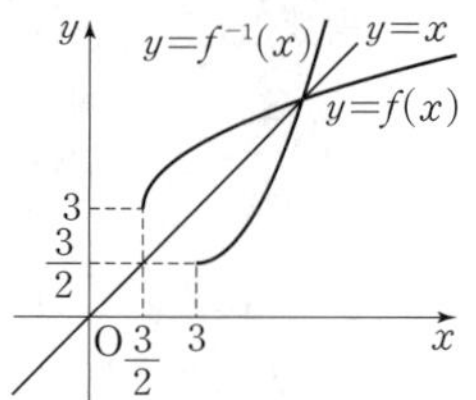

즉, 함수 $y=f(x)$의 그래프와 그 역함수의 그래프의 교점은 함수 $y=f(x)$의 그래프와 직선 $y=x$의 교점과 같으므로

$\sqrt{2x-3}+3=x$에서 $\sqrt{2x-3}=x-3$

$$2x-3=(x-3)^2,\ x^2-8x+12=0$$
$$(x-2)(x-6)=0 \qquad \therefore x=2 \text{ 또는 } x=6$$

그런데 함수 $y=f(x)$의 치역이 $\{y\,|\,y\geq3\}$이므로 그 역함수의 정의역은 $\{x\,|\,x\geq3\}$이다.

$$\therefore x=6$$

즉, 함수 $y=f(x)$의 그래프와 그 역함수의 그래프의 교점의 좌표는 $(6, 6)$이다.

또한, 조건 (내)에 의하여 $a<x<b$에서 두 함수 $y=f(x)$, $y=f^{-1}(x)$의 그래프가 만나지 않아야 하므로

$b\leq6$ 또는 $a\geq6$

이때 조건 (개)에 의하여 $a<x<b$에서 함수 $y=f(x)$의 그래프가 직선 $y=x$보다 위쪽에 있어야 하므로

$a\geq\dfrac{3}{2}$, $b\leq6$ → 함수 $y=f(x)$의 정의역이 $\left\{x\,\middle|\,x\geq\dfrac{3}{2}\right\}$이므로

따라서 $b-a\leq6-\dfrac{3}{2}=\dfrac{9}{2}$이므로 $b-a$의 최댓값은 $\dfrac{9}{2}$이다.

$b\leq6$이면 오른쪽 그림과 같이

$$f\left(\frac{a+b}{2}\right)>\frac{a+b}{2}$$

임을 알 수 있다.

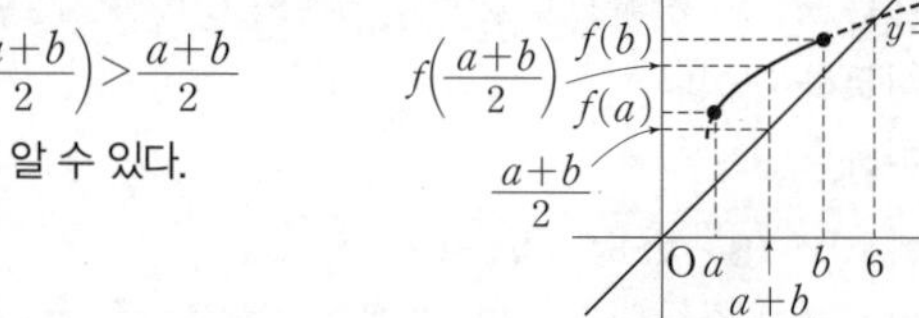